KUNSTSTOFFE

Technische Daten von Handelsprodukten

Thermoplaste   6

Merkblätter 2001-2400

Herausgegeben vom
Deutschen Kunststoff-Institut

Bearbeitet von
B. Carlowitz und J. Wierer

Springer-Verlag Berlin Heidelberg GmbH

Deutsches Kunststoff-Institut
Schloßgartenstraße 6R
6100 Darmstadt

Dr.-Ing. Bodo Carlowitz
Am Erdbeerstein 54
6240 Königstein im Taunus

Dipl.-Chem. Jutta Wierer
Deutsches Kunststoff-Institut
Schloßgartenstraße 6R
6100 Darmstadt

Die vorliegende Datensammlung stellt eine Auswahl
aus der Datenbank „Polymat" dar

ISBN 978-3-662-08669-8   ISBN 978-3-662-08668-1 (eBook)
DOI 10.1007/978-3-662-08668-1

Dieses Werk ist urheberrechtlich geschützt. Die dadurch begründeten Rechte, insbesondere die der Übersetzung, des Nachdrucks, des Vortrags, der Entnahme von Abbildungen und Tabellen, der Funksendung, der Mikroverfilmung oder der Vervielfältigung auf anderen Wegen und der Speicherung in Datenverarbeitungsanlagen, bleiben, auch bei nur auszugsweiser Verwertung, vorbehalten. Eine Vervielfältigung dieses Werkes oder von Teilen dieses Werkes ist auch im Einzelfall nur in den Grenzen der gesetzlichen Bestimmungen des Urheberrechtsgesetzes der Bundesrepublik Deutschland vom 9. September 1965 in der Fassung vom 24. Juni 1985 zulässig. Sie ist grundsätzlich vergütungspflichtig. Zuwiderhandlungen unterliegen den Strafbestimmungen des Urheberrechtsgesetzes.

© Springer-Verlag Berlin Heidelberg 1988
Ursprünglich erschienen bei Springer-Verlag Berlin Heidelberg New York 1988
Softcover reprint of the hardcover 1st edition 1988

Die Wiedergabe von Gebrauchsnamen, Handelsnamen, Warenbezeichnungen usw. in diesem Werk berechtigt auch ohne besondere Kennzeichnung nicht zu der Annahme, daß solche Namen im Sinne der Warenzeichen- und Markenschutz-Gesetzgebung als frei zu betrachten wären und daher von jedermann benutzt werden dürften.

Produkthaftung: Für Angaben über Dosierungsanweisungen und Applikationsformen kann vom Verlag keine Gewähr übernommen werden. Derartige Angaben müssen vom jeweiligen Anwender im Einzelfall anhand anderer Literaturstellen auf ihre Richtigkeit überprüft werden.

Satz (Datenverarbeitung) und Druck: Brühlsche Universitätsdruckerei, Gießen
Herstellung der Plastikordner: Lux-Plastik oHG, Murnau
2151/3130-543210

Geleitwort

Die für den Forschungs- und Entwicklungsprozeß in Wissenschaft und Praxis benötigten Informationen werden in zunehmendem Maße über Datenbanken zur Verfügung gestellt, die den direkten Zugriff auf Literaturhinweise, auf Fakten oder auch auf den Volltext eines Dokumentes gestatten. Die Bundesregierung fördert den Aufbau derartiger Datenbanken, da sie der Überzeugung ist, hiermit einen Beitrag zur Schaffung optimaler Voraussetzungen für den wissenschaftlichen Fortschritt und den industriellen Innovationsprozeß zu erbringen. Die gerade in der Bundesrepublik auf einer anerkannten Tradition beruhenden gedruckten Informationsdienste verlieren gegenüber elektronischer Fachinformation aber keineswegs an Bedeutung, da sie als preiswerte Nachschlagewerke jederzeit verfügbar sind.

Mit den vorliegenden ersten Bänden der Datensammlung „Kunststoffe – Technische Daten von Handelsprodukten" liegt ein Werk vor, das auf der Datenbank POLYMAT aufbaut. Diese Datenbank des Deutschen Kunststoff-Instituts wird vom Fachinformationszentrum Chemie über das Fachinformationszentrum Karlsruhe im internationalen Verbundsystem Scientific and Technical Information Network (STN) im Online-Zugriff angeboten. Im vorliegenden Werk sehe ich einen wichtigen Beitrag zur Forschung und Entwicklung in einem immer bedeutender werdenden Werkstoffbereich und bin davon überzeugt, daß hiermit allen auf diesem Gebiet Tätigen ein nützliches und gerne genutztes Informationsmittel in die Hand gegeben wird.

Dr. Albert Probst
Parlamentarischer Staatssekretär im
Bundesministerium für Forschung und Technologie

Vorwort

Die vorliegende Sammlung technischer Daten soll Konstrukteuren, Verarbeitern und Anwendern von Kunststoffen den Überblick über das Werkstoffangebot erleichtern. Sie soll bei der Werkstoffauswahl unterstützen und den Zugriff auf die für moderne, rechner-gestützte Fertigungsverfahren erforderlichen Daten vereinfachen.

Wie jede Zusammenstellung von Werkstoffkennwerten auf Merkblättern kann auch diese Sammlung nur die gegenwärtige Situation widerspiegeln. Lücken bei der Verfügbarkeit von Meßwerten und Unzulänglichkeiten bei der Vereinheitlichung der Prüfverfahren werden auf diese Weise deutlicher sichtbar. Aufgabe der für die Kunststoffprüfung und die Normung zuständigen Gremien und der Rohstoff-Hersteller ist es, sich um weitere Verbesserungen zu bemühen. Auch der Fachmann, der die tabellierten Werte zur Lösung seiner konstruktiven Aufgaben verwendet, wird aus der Verantwortung für die Beurteilung und Interpretation der Daten nicht entlassen. Das vorliegende Werk kann und soll weder Fachwissen noch Erfahrung ersetzen, sondern nur von der unproduktiven Arbeit des Suchens entlasten und das bestehende Angebot an Werkstoffen und an Werkstoffdaten transparent machen.

Für das Sammeln, Beurteilen und Auswählen der Daten wie auch für ihre Präsentation auf den Merkblättern zeichnet Herr Dr. B. Carlowitz verantwortlich. Die dokumentarische und organisatorische Betreuung des Werkes oblag Frau Dipl.-Chem. J. Wierer, die dabei von weiteren Mitarbeitern des Deutschen Kunststoff-Instituts unterstützt wurde. Hier sind vor allem die Herren Dipl.-Ing. N. Herrlich und Dipl.-Ing. V. Mauler zu nennen. An der Harmonisierung und Korrektur der chemischen Bezeichnungen und der Datei Chemikalienbeständigkeit haben Frau Dipl.-Chem. G. Klump und Frau Dipl.-Ing. S. Zopf mitgewirkt. Die Fachinformationszentrum Chemie GmbH hat die Programmierung und Datenverarbeitung für die Selektion und Aufbereitung der Daten für den Druck übernommen und die Register erstellt; beteiligt hierbei waren insbesondere Herr Dr. F. Ehrhardt und Herr Dipl.-Chem. U. Klingebiel.

Schließlich sei nicht versäumt, auf die Bemühungen von Herrn Dr. A. Franck, Stuttgart, um die Veröffentlichung des Werkes hinzuweisen.

Die Datensammlung und die ihr zugrunde liegende Datenbank wurde vom Bundesminister für Forschung und Technologie gefördert.

Allen, die am Zustandekommen dieses Werkes mitgewirkt haben, sei an dieser Stelle für Ihren Einsatz, für zahlreiche Anregungen und für wertvolle ideelle und materielle Hilfe gedankt.

Prof. Dr. D. Braun
Leiter des Deutschen Kunststoff-Instituts
Darmstadt, September 1988

Herausgeber, Autoren und Mitarbeiter haben den Inhalt der Merkblätter nach bestem Wissen und mit größtmöglicher Sorgfalt zusammengetragen und bearbeitet. Sie können jedoch keine Haftung übernehmen, falls aus der Anwendung des Werkes Schäden entstehen.

Gesamtinhaltsverzeichnis

Band: Erläuterungen und Register

Vorbemerkungen 1

Erläuterungen 3
    Auswahlkriterien 3
    Allgemeine Angaben 4
    Formmasseeigenschaften und Verarbeitungsbedingungen 4
    Mechanische Eigenschaften 4
    Abrieb und Reibung 5
    Thermische Eigenschaften 5
    Brandverhalten 5
    Elektrische Eigenschaften 5
    Beständigkeit 5
    Optische Eigenschaften 5

Hinweise zum Online-Zugang zur Kunststoff-Datenbank POLYMAT 7

Register
    A. Handelsnamenregister A.1–A.38
    B. Produktregister B.1–B.38
    C. Herstellerregister C.1–C.38
    D. Register der Datenbanknummern D.1–D.13
    E. Verzeichnis Produkt/Hersteller E.1–E.2
    F. Verzeichnis Hersteller/Produkt F.1–F.2
    G. Verzeichnis Handelsname/Hersteller G.1
    H. Verzeichnis der Herstelleranschriften H.1–H.3
    J. Verzeichnis der genormten Verfahren
       (Sortierung nach Eigenschaften wie im Merkblatt) J.1
    K. Verzeichnis der genormten Verfahren
       (Sortierung alphabetisch) K.1

Band 1: Merkblätter 1–400

Band 2: Merkblätter 401–804

Band 3: Merkblätter 805–1200

Band 4: Merkblätter 1201–1600

Band 5: Merkblätter 1601–2000

Band 6: Merkblätter 2001–2400

Datenbank-Nr.	**T04220**			Merkblatt-Nr.	**2001**

PC

Produkt	Polycarbonat
Handelsname	**Thermocomp DL-4010**
Hersteller	LNP
DIN-Bez 1	
DIN-Bez 2	

Zusätze	5% PTFE	Füllstoffe/Verstärkung	
Bevorzugte Verarbeitung	Spritzgiessen	Lieferform	Granulat
		Farben	
Besondere Merkmale	Ausgewogene mechanische Eigenschaften; Sehr geringe Reibung	Bevorzugte Anwendungen	Technisches Formteil

---

Dichte	g/cm³	1.23	Schmelzindex	g/10 min		:
Schüttdichte	g/cm³		Volumenfließindex	cm³/10 min		:
Viskositätszahl	ml/g					

Verarbeitungsbedingungen für Spritzgießen

Massetemp.	°C		Schwindung	%	lgs , quer
Werkzeugtemp.	°C		Bemerkungen		
Spritzdruck	bar				

Zugversuch 23 °C ASTM D 638;
Probekörper: Form
Zustand

Herstellung Spritzgiessen
Vorbehandlung Normalklima

Streckspannung	N/mm²	Dehnung bei Streckspannung	%
Zugfestigkeit	N/mm² 60	Reißdehnung	%
Reißfestigkeit	N/mm²	% Dehnspannung	N/mm²
E-Modul	N/mm²	Dehnung bei % Dehnspg.	%

Kriechmoduln und Zeitstandwerte 23 °C
Probekörper: Form
Zustand

Herstellung
Vorbehandlung

Kriechmodul	1 min N/mm²	Zeitstandzugfestigkeit	h N/mm²
Kriechmodul	1000 h N/mm²	Zeitdehnspg. %	h N/mm²
bei Spannung	N/mm²		

Biegeversuch 23 °C ASTM D 790;
Probekörper: Form
Zustand

Herstellung Spritzgiessen
Vorbehandlung Normalklima

Biegefestigkeit	N/mm²	E-Modul	N/mm² 2300
3,5% Biegespannung	N/mm²		

Härte 23 °C Probekörper: Zustand

Herstellung
Vorbehandlung

Kugeldruckhärte	N/mm² bei N, s	Shore-Härte	A
Rockwellhärte		Shore-Härte	D

Schlagversuch Probekörper: (1)
(2) V-Kerbe
Zustand

Herstellung Spritzgiessen
Vorbehandlung Normalklima

°C °C °C Probekörper-Form

Schlagzähigkeit	kJ/m²	
Kerbschlagzähigkeit (1)	kJ/m²	
IZOD-Kerbschlagzähigkeit (2)	J/m	23 140
Kerbschlagzugzähigkeit	kJ/m²	

Kunststoffe © Springer-Verlag Berlin Heidelberg 1988
Kopieren, Vervielfältigen und Speichern in Datenverarbeitungsanlagen (auch auszugsweise) ist nur mit schriftlicher Genehmigung des Verlages gestattet

Datenbank-Nr. **T04220** Merkblatt-Nr. **2001**

Abrieb und Reibung

Taber-Abrieb (Reibradverfahren)	mm³/100 U			
Abriebfaktor LNP (Thrust washer) Vergleichswert	150			
Statische Reibungszahl	0.14			
Dynamische Reibungszahl	(p·v = 0.28 N/mm² · 15 m/min)			0.20
Zulässiger p · v Wert	N/mm² · (m/min)	v = 3	m/min	13
		v = 30	m/min	19

Thermische Eigenschaften

Formbeständigkeit in der Wärme	Verfahren A		129 °C
Vicat Erweichungstemperatur (VST)	Verfahren		°C
	Verfahren		°C
Kristallit-Schmelzpunkt	Verfahren		°C
Längenausdehnungskoeffizient	Bereich °C		· $10^{-4} K^{-1}$
	Temperatur 23 °C		0.68 · $10^{-4} K^{-1}$
Wärmeleitfähigkeit	Verfahren		W/(K · m)
Spezifische Wärmekapazität	Verfahren		J/(K · g)
Glasumwandlungstemperatur	Torsionsschwingungsversuch	°C	
	Differentialkalorimetrie	°C	

Brandverhalten

UL-Test vertikal   Dicke 3.2 mm, Wert V-2
                   Dicke   mm, Wert

	Norm	Bewertung	Abmessungen
Sauerstoff-Index	ASTM D 2863	31 %	
Glühstab-Verfahren			
Brandverhalten	DIN 4102		
MVSS			
FAR			

Elektrische Eigenschaften

	Hz	°C		Probekörper, Form
Dielektrizitätszahl	50	23	3.15	
	10^3			
	10^6			
Dielektrischer Verlustfaktor tan δ	50	23	0.0006	
	10^3			
	10^6			
Spezifischer Durchgangs-widerstand	Ohm · cm			
Durchschlagfestigkeit	kV/mm	23	16	mm dick
Oberflächenwiderstand	Ohm			
Kriechstromfestigkeit		KC	KB	KA
Elektrolytische Korrosionswirkung				
Lichtbogenfestigkeit nach DIN				
nach ASTM	s			

Beständigkeit (Chemische Beständigkeit siehe Anhang)

Wasseraufnahme 23 C		1 d	0.14 %
Feuchtigkeitsaufnahme Normalklima			%
Wetterbeständigkeit			
Spannungskorrosion			

Optische Eigenschaften

Brechungszahl n_D		
Transmissionsgrad τ_c	%	mm dick
Lichtdurchlässigkeit		

Datenbank-Nr.	**T04221**		*Merkblatt-Nr.*	**2002**
				PC

Produkt	Polycarbonat
Handelsname	**Thermocomp DL-4020**
Hersteller	LNP
DIN-Bez 1	
DIN-Bez 2	

Zusätze	10% PTFE	*Füllstoffe/ Verstärkung*	
Bevorzugte Verarbeitung	Spritzgiessen	*Lieferform*	Granulat
		Farben	
Besondere Merkmale	Ausgewogene mechanische Eigenschaften; Sehr geringe Reibung	*Bevorzugte Anwendungen*	Technisches Formteil

---

Dichte	g/cm³	1.26	*Schmelzindex*	g/10 min		:
Schüttdichte	g/cm³		*Volumenfließindex*	cm³/10 min		:
Viskositätszahl	ml/g					

Verarbeitungsbedingungen für Spritzgießen

Massetemp.	°C	*Schwindung*	%	lgs	, quer
Werkzeugtemp.	°C	*Bemerkungen*			
Spritzdruck	bar				

Zugversuch 23 °C ASTM D 638;

	Probekörper: Form	*Herstellung*	Spritzgiessen
	Zustand	*Vorbehandlung*	Normalklima
Streckspannung	N/mm²	*Dehnung bei Streckspannung*	%
Zugfestigkeit	N/mm² 53	*Reißdehnung*	%
Reißfestigkeit	N/mm²	*% Dehnspannung*	N/mm²
E-Modul	N/mm²	*Dehnung bei % Dehnspg.*	%

Kriechmoduln und Zeitstandwerte 23 °C

	Probekörper: Form	*Herstellung*	
	Zustand	*Vorbehandlung*	
Kriechmodul	1 min N/mm²	*Zeitstandzugfestigkeit*	h N/mm²
Kriechmodul	1000 h N/mm²	*Zeitdehnspg. %*	h N/mm²
bei Spannung	N/mm²		

Biegeversuch 23 °C ASTM D 790;

	Probekörper: Form	*Herstellung*	Spritzgiessen
	Zustand	*Vorbehandlung*	Normalklima
Biegefestigkeit	N/mm²	*E-Modul*	N/mm² 2100
3,5% Biegespannung	N/mm²		

Härte 23 °C

	Probekörper: Zustand	*Herstellung*	
		Vorbehandlung	
Kugeldruckhärte	N/mm² bei N, s	*Shore-Härte* A	
Rockwellhärte		*Shore-Härte* D	

Schlagversuch

	Probekörper: (1)	*Herstellung*	Spritzgiessen
	(2) V-Kerbe	*Vorbehandlung*	Normalklima
	Zustand		
	°C °C °C		*Probekörper-Form*

Schlagzähigkeit	kJ/m²	
Kerbschlagzähigkeit (1)	kJ/m²	
IZOD-Kerbschlagzähigkeit (2)	J/m	23 130
Kerbschlagzugzähigkeit	kJ/m²	

Datenbank-Nr. **T04221** Merkblatt-Nr. **2002**

Abrieb und Reibung

Taber-Abrieb (Reibradverfahren)	mm³/100 U			
Abriebfaktor LNP (Thrust washer) Vergleichswert	100			
Statische Reibungszahl	0.11			
Dynamische Reibungszahl	(p·v = 0.28 N/mm² · 15	m/min)	0.17	
Zulässiger p · v Wert	N/mm² · (m/min) v = 3	m/min	30	
	v = 30	m/min	39	

Thermische Eigenschaften

Formbeständigkeit in der Wärme	Verfahren A	132 °C
	Verfahren	°C
Vicat Erweichungstemperatur (VST)	Verfahren	°C
	Verfahren	°C
Kristallit-Schmelzpunkt	Verfahren	
Längenausdehnungskoeffizient	Bereich °C	· 10⁻⁴ K⁻¹
	Temperatur 23 °C	0.70 · 10⁻⁴ K⁻¹
Wärmeleitfähigkeit	Verfahren	W/(K · m)
Spezifische Wärmekapazität	Verfahren	J/(K · g)
Glasumwandlungstemperatur	Torsionsschwingungsversuch	°C
	Differentialkalorimetrie	°C

Brandverhalten

UL-Test vertikal	Dicke	mm, Wert	
	Dicke	mm, Wert	

	Norm	Bewertung	Abmessungen
Sauerstoff-Index	ASTM D 2863		
Glühstab-Verfahren			
Brandverhalten	DIN 4102		
MVSS			
FAR			

Elektrische Eigenschaften

	Hz	°C	Probekörper, Form
Dielektrizitätszahl	50		
	10³		
	10⁶		
Dielektrischer Verlustfaktor tan δ	50		
	10³		
	10⁶		
Spezifischer Durchgangswiderstand	Ohm · cm		
Durchschlagfestigkeit	kV/mm		mm dick
Oberflächenwiderstand	Ohm		
Kriechstromfestigkeit	KC	KB	KA
Elektrolytische Korrosionswirkung			
Lichtbogenfestigkeit nach DIN			
nach ASTM	s		

Beständigkeit (Chemische Beständigkeit siehe Anhang)

Wasseraufnahme 23 C		1 d	0.13 %
Feuchtigkeitsaufnahme Normalklima			%
Wetterbeständigkeit			
Spannungskorrosion			

Optische Eigenschaften

Brechungszahl n_D		
Transmissionsgrad τ_c	%	mm dick
Lichtdurchlässigkeit		

Datenbank-Nr.	**T04222**	Merkblatt-Nr. **2003**
		PC
Produkt	Polycarbonat	
Handelsname	**Thermocomp DL-4020 FR**	
Hersteller	LNP	
DIN-Bez 1		
DIN-Bez 2		
Zusätze	10% PTFE; Brandschutzmittel	Füllstoffe/Verstärkung
Bevorzugte Verarbeitung	Spritzgiessen	Lieferform Granulat
		Farben
Besondere Merkmale	Ausgewogene Eigenschaften	Bevorzugte Anwendungen Bedarfsartikel; Technisches Formteil

---

Dichte	g/cm³	1.26	Schmelzindex	g/10 min	:
Schüttdichte	g/cm³		Volumenfließindex	cm³/10 min	:
Viskositätszahl	ml/g				

Verarbeitungsbedingungen für Spritzgießen

Massetemp.	°C		Schwindung	%	lgs 0.6, quer 0.6
Werkzeugtemp.	°C		Bemerkungen		
Spritzdruck	bar				

Zugversuch 23 °C ASTM D 638;
Probekörper: Form
Zustand

Herstellung Spritzgiessen
Vorbehandlung Normalklima

Streckspannung	N/mm²		Dehnung bei Streckspannung	%	
Zugfestigkeit	N/mm²	53	Reißdehnung	%	
Reißfestigkeit	N/mm²		% Dehnspannung	N/mm²	
E-Modul	N/mm²		Dehnung bei % Dehnspg.	%	

Kriechmoduln und Zeitstandwerte 23 °C
Probekörper: Form
Zustand

Herstellung
Vorbehandlung

Kriechmodul	1 min	N/mm²	Zeitstandzugfestigkeit	h	N/mm²
Kriechmodul	1000 h	N/mm²	Zeitdehnspg. %	h	N/mm²
bei Spannung		N/mm²			

Biegeversuch 23 °C ASTM D 790;
Probekörper: Form
Zustand

Herstellung Spritzgiessen
Vorbehandlung Normalklima

Biegefestigkeit	N/mm²	75	E-Modul	N/mm²	2100
3,5% Biegespannung	N/mm²				

Härte 23 °C   Probekörper: Zustand

Herstellung
Vorbehandlung

Kugeldruckhärte	N/mm²		bei N, s	Shore-Härte A	
Rockwellhärte				Shore-Härte D	

Schlagversuch   Probekörper: (1)
(2) V-Kerbe
Zustand

Herstellung Spritzgiessen
Vorbehandlung Normalklima

°C   °C   °C   Probekörper-Form

Schlagzähigkeit	kJ/m²		
Kerbschlagzähigkeit (1)	kJ/m²		
IZOD-Kerbschlagzähigkeit (2)	J/m	23	130
Kerbschlagzugzähigkeit	kJ/m²		

Datenbank-Nr. **T04222**　　　　　　　　　　　　　　　　　　　　　　　Merkblatt-Nr. **2003**

Abrieb und Reibung

Taber-Abrieb (Reibradverfahren)	mm³/100 U	
Abriebfaktor LNP (Thrust washer) Vergleichswert		
Statische Reibungszahl		
Dynamische Reibungszahl	(p·v= N/mm² ·	m/min)
Zulässiger p·v Wert	N/mm² · (m/min) v =	m/min
	v =	m/min

Thermische Eigenschaften

Formbeständigkeit in der Wärme	Verfahren A		129 °C
	Verfahren		°C
Vicat Erweichungstemperatur (VST)	Verfahren		°C
	Verfahren		°C
Kristallit-Schmelzpunkt	Verfahren		
Längenausdehnungskoeffizient	Bereich °C		$\cdot 10^{-4} K^{-1}$
	Temperatur 23 °C		$0.72 \cdot 10^{-4} K^{-1}$
Wärmeleitfähigkeit	Verfahren		W/(K·m)
Spezifische Wärmekapazität	Verfahren		J/(K·g)
Glasumwandlungstemperatur	Torsionsschwingungsversuch	°C	
	Differentialkalorimetrie	°C	

Brandverhalten

UL-Test vertikal　　　　　　　　Dicke 3.2 mm, Wert V-2
　　　　　　　　　　　　　　　　Dicke　　mm, Wert

	Norm	Bewertung	Abmessungen
Sauerstoff-Index	ASTM D 2863	31 %	
Glühstab-Verfahren			
Brandverhalten	DIN 4102		
MVSS			
FAR			

Elektrische Eigenschaften

	Hz	°C		Probekörper, Form
Dielektrizitätszahl	50	23	3.15	
	10³			
	10⁶	23	2.96	
Dielektrischer Verlustfaktor tan δ	50	23	0.0006	
	10³			
	10⁶	23	0.0100	
Spezifischer Durchgangs-widerstand	Ohm·cm			
Durchschlagfestigkeit	kV/mm	23	16	mm dick
Oberflächenwiderstand	Ohm			
Kriechstromfestigkeit		KC　　KB　　KA		
Elektrolytische Korrosionswirkung				
Lichtbogenfestigkeit nach DIN				
nach ASTM	s			

Beständigkeit (Chemische Beständigkeit siehe Anhang)

Wasseraufnahme 23 C		1 d	0.13 %
Feuchtigkeitsaufnahme Normalklima			%
Wetterbeständigkeit			
Spannungskorrosion			

Optische Eigenschaften

Brechungszahl n_D			
Transmissionsgrad τ_c	%	mm dick	
Lichtdurchlässigkeit			

Datenbank-Nr.	**T04223**		Merkblatt-Nr.	**2004**

PC

Produkt	Polycarbonat
Handelsname	**Thermocomp DL-4030**
Hersteller	LNP
DIN-Bez 1	
DIN-Bez 2	
Zusätze	15% PTFE
Füllstoffe/Verstärkung	
Bevorzugte Verarbeitung	Spritzgiessen
Lieferform	Granulat
Farben	
Besondere Merkmale	Sehr niedrige Reibung; Niedriger Abrieb
Bevorzugte Anwendungen	Technisches Formteil

Dichte	g/cm³	1.28	Schmelzindex	g/10 min		:
Schüttdichte	g/cm³		Volumenfließindex	cm³/10 min		:
Viskositätszahl	ml/g					

Verarbeitungsbedingungen für Spritzgießen

Massetemp.	°C		Schwindung	%	lgs	0.5, quer 0.5
Werkzeugtemp.	°C		Bemerkungen			
Spritzdruck	bar					

Zugversuch 23 °C ASTM D 638;

	Probekörper:	Form	Herstellung	Spritzgiessen
		Zustand	Vorbehandlung	Normalklima
Streckspannung	N/mm²		Dehnung bei Streckspannung	%
Zugfestigkeit	N/mm² 50		Reißdehnung	%
Reißfestigkeit	N/mm²		% Dehnspannung	N/mm²
E-Modul	N/mm²		Dehnung bei % Dehnspg.	%

Kriechmoduln und Zeitstandwerte 23 °C

	Probekörper:	Form	Herstellung	
		Zustand	Vorbehandlung	
Kriechmodul	1 min N/mm²		Zeitstandzugfestigkeit	h N/mm²
Kriechmodul	1000 h N/mm²		Zeitdehnspg. %	h N/mm²
bei Spannung	N/mm²			

Biegeversuch 23 °C ASTM D 790;

	Probekörper:	Form	Herstellung	Spritzgiessen
		Zustand	Vorbehandlung	Normalklima
Biegefestigkeit	N/mm² 70	E-Modul		N/mm² 2100
3,5% Biegespannung	N/mm²			

Härte 23 °C

	Probekörper:	Zustand	Herstellung	
			Vorbehandlung	
Kugeldruckhärte	N/mm²	bei N, s	Shore-Härte A	
Rockwellhärte			Shore-Härte D	

Schlagversuch

	Probekörper:	(1)		Herstellung	Spritzgiessen
		(2) V-Kerbe		Vorbehandlung	Normalklima
		Zustand			
		°C	°C	°C	Probekörper-Form
Schlagzähigkeit	kJ/m²				
Kerbschlagzähigkeit (1)	kJ/m²				
IZOD-Kerbschlagzähigkeit (2)	J/m	23 130			
Kerbschlagzugzähigkeit	kJ/m²				

Kunststoffe © Springer-Verlag Berlin Heidelberg 1988
Kopieren, Vervielfältigen und Speichern in Datenverarbeitungsanlagen (auch auszugsweise) ist nur mit schriftlicher Genehmigung des Verlages gestattet

Datenbank-Nr. **T04223** Merkblatt-Nr. **2004**

Abrieb und Reibung

Taber-Abrieb (Reibradverfahren)	mm³/100 U	
Abriebfaktor LNP (Thrust washer) Vergleichswert	89	
Statische Reibungszahl	0.09	
Dynamische Reibungszahl	(p·v = 0.28 N/mm² · 15 m/min)	0.15
Zulässiger p · v Wert	N/mm² · (m/min) v = 3 m/min	32
	v = 30 m/min	43

Thermische Eigenschaften

Formbeständigkeit in der Wärme	Verfahren A	135 °C
	Verfahren	°C
Vicat Erweichungstemperatur (VST)	Verfahren	°C
	Verfahren	°C
Kristallit-Schmelzpunkt	Verfahren	
Längenausdehnungskoeffizient	Bereich °C	· $10^{-4} K^{-1}$
	Temperatur 23 °C	0.70 · $10^{-4} K^{-1}$
Wärmeleitfähigkeit	Verfahren	W/(K · m)
Spezifische Wärmekapazität	Verfahren	J/(K · g)
Glasumwandlungstemperatur	Torsionsschwingungsversuch	°C
	Differentialkalorimetrie	°C

Brandverhalten

UL-Test vertikal Dicke mm, Wert
  Dicke mm, Wert

	Norm	Bewertung	Abmessungen
Sauerstoff-Index	ASTM D 2863		
Glühstab-Verfahren			
Brandverhalten	DIN 4102		
MVSS			
FAR			

Elektrische Eigenschaften

	Hz	°C	Probekörper, Form
Dielektrizitätszahl	50		
	10³		
	10⁶		
Dielektrischer Verlustfaktor tan δ	50		
	10³		
	10⁶		
Spezifischer Durchgangs-widerstand	Ohm · cm		
Durchschlagfestigkeit	kV/mm		mm dick
Oberflächenwiderstand	Ohm		
Kriechstromfestigkeit	KC KB KA		
Elektrolytische Korrosionswirkung			
Lichtbogenfestigkeit nach DIN			
nach ASTM	s		

Beständigkeit (Chemische Beständigkeit siehe Anhang)

Wasseraufnahme 23 C	1 d	0.12 %
Feuchtigkeitsaufnahme Normalklima		%
Wetterbeständigkeit		
Spannungskorrosion		

Optische Eigenschaften

Brechungszahl n_D
Transmissionsgrad τ_c %   mm dick
Lichtdurchlässigkeit

Datenbank-Nr.	**T04224**		Merkblatt-Nr.	**2005**
				PC

Produkt	Polycarbonat
Handelsname	**Thermocomp DL-4040**
Hersteller	LNP
DIN-Bez 1	
DIN-Bez 2	

Zusätze	20% PTFE	Füllstoffe/Verstärkung	
Bevorzugte Verarbeitung	Spritzgiessen	Lieferform	Granulat
		Farben	
Besondere Merkmale	Sehr niedrige Reibung; Niedriger Abrieb	Bevorzugte Anwendungen	Technisches Formteil

Dichte	g/cm³	1.32	Schmelzindex	g/10 min	:
Schüttdichte	g/cm³		Volumenfließindex	cm³/10 min	:
Viskositätszahl	ml/g				

Verarbeitungsbedingungen für Spritzgießen

Massetemp.	°C		Schwindung	%	lgs 0.5, quer 0.5
Werkzeugtemp.	°C		Bemerkungen		
Spritzdruck	bar				

Zugversuch 23 °C ASTM D 638;

Probekörper:	Form	Herstellung	Spritzgiessen
	Zustand	Vorbehandlung	Normalklima

Streckspannung	N/mm²	Dehnung bei Streckspannung	%
Zugfestigkeit	N/mm² 50	Reißdehnung	%
Reißfestigkeit	N/mm²	% Dehnspannung	N/mm²
E-Modul	N/mm²	Dehnung bei % Dehnspg.	%

Kriechmoduln und Zeitstandwerte 23 °C

Probekörper:	Form	Herstellung	
	Zustand	Vorbehandlung	

Kriechmodul	1 min N/mm²	Zeitstandzugfestigkeit	h N/mm²
Kriechmodul	1000 h N/mm²	Zeitdehnspg. %	h N/mm²
bei Spannung	N/mm²		

Biegeversuch 23 °C ASTM D 790;

Probekörper:	Form	Herstellung	Spritzgiessen
	Zustand	Vorbehandlung	Normalklima

Biegefestigkeit	N/mm²	E-Modul	N/mm² 2100
3,5% Biegespannung	N/mm²		

Härte 23 °C

Probekörper:	Zustand	Herstellung	
		Vorbehandlung	
Kugeldruckhärte	N/mm² bei N, s	Shore-Härte A	
Rockwellhärte		Shore-Härte D	

Schlagversuch

Probekörper:	(1)	Herstellung	Spritzgiessen
	(2) V-Kerbe	Vorbehandlung	Normalklima
	Zustand		
	°C °C	°C	Probekörper-Form

Schlagzähigkeit	kJ/m²	
Kerbschlagzähigkeit (1)	kJ/m²	
IZOD-Kerbschlagzähigkeit (2)	J/m	23 130
Kerbschlagzugzähigkeit	kJ/m²	

Kunststoffe © Springer-Verlag Berlin Heidelberg 1988
Kopieren, Vervielfältigen und Speichern in Datenverarbeitungsanlagen (auch auszugsweise) ist nur mit schriftlicher Genehmigung des Verlages gestattet

Datenbank-Nr. **T04224** *Merkblatt-Nr.* **2005**

Abrieb und Reibung

Taber-Abrieb (Reibradverfahren)	mm³/100 U	
Abriebfaktor LNP (Thrust washer) Vergleichswert	83	
Statische Reibungszahl	0.08	
Dynamische Reibungszahl	(p·v = 0.28 N/mm² · 15 m/min)	0.14
Zulässiger p·v Wert	N/mm² · (m/min) v = 3 m/min	34
	v = 30 m/min	47

Thermische Eigenschaften

Formbeständigkeit in der Wärme	Verfahren A	135 °C
	Verfahren	°C
Vicat Erweichungstemperatur (VST)	Verfahren	°C
	Verfahren	°C
Kristallit-Schmelzpunkt	Verfahren	
Längenausdehnungskoeffizient	Bereich °C	·10⁻⁴K⁻¹
	Temperatur 23 °C	0.70 ·10⁻⁴K⁻¹
Wärmeleitfähigkeit	Verfahren	W/(K·m)
Spezifische Wärmekapazität	Verfahren	J/(K·g)
Glasumwandlungstemperatur	Torsionsschwingungsversuch	°C
	Differentialkalorimetrie	°C

Brandverhalten

UL-Test vertikal Dicke mm, Wert
  Dicke mm, Wert

	Norm	Bewertung	Abmessungen
Sauerstoff-Index	ASTM D 2863		
Glühstab-Verfahren			
Brandverhalten	DIN 4102		
MVSS			
FAR			

Elektrische Eigenschaften

	Hz	°C	Probekörper, Form
Dielektrizitätszahl	50		
	10³		
	10⁶		
Dielektrischer Verlustfaktor tan δ	50		
	10³		
	10⁶		
Spezifischer Durchgangs- widerstand	Ohm·cm		
Durchschlagfestigkeit	kV/mm		mm dick
Oberflächenwiderstand	Ohm		
Kriechstromfestigkeit	KC	KB	KA
Elektrolytische Korrosionswirkung			
Lichtbogenfestigkeit nach DIN			
nach ASTM	s		

Beständigkeit (Chemische Beständigkeit siehe Anhang)

Wasseraufnahme 23 C   1 d   0.11 %

Feuchtigkeitsaufnahme Normalklima   %
Wetterbeständigkeit

Spannungskorrosion

Optische Eigenschaften

Brechungszahl n_D
Transmissionsgrad τ_c %   mm dick
Lichtdurchlässigkeit

Datenbank-Nr.	**T04225**		Merkblatt-Nr.	**2006**
				PC

Produkt	Polycarbonat
Handelsname	**Thermocomp DL-4410**
Hersteller	LNP
DIN-Bez 1	
DIN-Bez 2	

Zusätze	2% Silikon	Füllstoffe/Verstärkung	
Bevorzugte Verarbeitung	Spritzgiessen	Lieferform	Granulat
		Farben	
Besondere Merkmale	Sehr gutes Schlagverhalten; Geringe Reibung; geringer Abrieb	Bevorzugte Anwendungen	Technisches Formteil

Dichte	g/cm³	1.18	Schmelzindex	g/10 min	:
Schüttdichte	g/cm³		Volumenfließindex	cm³/10 min	:
Viskositätszahl	ml/g				

Verarbeitungsbedingungen für Spritzgießen

Massetemp.	°C	Schwindung	%	lgs 0.5–0.7, quer 0.5–0.7
Werkzeugtemp.	°C	Bemerkungen		
Spritzdruck	bar			

Zugversuch 23 °C ASTM D 638;

Probekörper:	Form	Herstellung	Spritzgiessen
	Zustand	Vorbehandlung	Normalklima
Streckspannung	N/mm²	Dehnung bei Streckspannung	%
Zugfestigkeit	N/mm² 60	Reißdehnung	%
Reißfestigkeit	N/mm²	% Dehnspannung	N/mm²
E-Modul	N/mm²	Dehnung bei % Dehnspg.	%

Kriechmoduln und Zeitstandwerte 23 °C

Probekörper:	Form	Herstellung	
	Zustand	Vorbehandlung	
Kriechmodul	1 min N/mm²	Zeitstandzugfestigkeit	h N/mm²
Kriechmodul	1000 h N/mm²	Zeitdehnspg. %	h N/mm²
bei Spannung	N/mm²		

Biegeversuch 23 °C ASTM D 790;

Probekörper:	Form	Herstellung	Spritzgiessen
	Zustand	Vorbehandlung	Normalklima
Biegefestigkeit	N/mm² 77	E-Modul	N/mm² 2250
3,5% Biegespannung	N/mm²		

Härte 23 °C

Probekörper:	Zustand	Herstellung	
		Vorbehandlung	
Kugeldruckhärte	N/mm² bei N, s	Shore-Härte A	
Rockwellhärte		Shore-Härte D	

Schlagversuch

Probekörper:	(1)	Herstellung	Spritzgiessen
	(2) V-Kerbe	Vorbehandlung	Normalklima
	Zustand		
	°C °C	°C	Probekörper-Form

Schlagzähigkeit	kJ/m²
Kerbschlagzähigkeit (1)	kJ/m²
IZOD-Kerbschlagzähigkeit (2)	J/m 23 850
Kerbschlagzugzähigkeit	kJ/m²

Kunststoffe © Springer-Verlag Berlin Heidelberg 1988
Kopieren, Vervielfältigen und Speichern in Datenverarbeitungsanlagen (auch auszugsweise) ist nur mit schriftlicher Genehmigung des Verlages gestattet

Datenbank-Nr. **T04225** *Merkblatt-Nr.* **2006**

Abrieb und Reibung

Taber-Abrieb (Reibradverfahren)	mm³/100 U			
Abriebfaktor LNP (Thrust washer) Vergleichswert	77			
Statische Reibungszahl	0.09			
Dynamische Reibungszahl	(p·v = 0.28 N/mm² · 15 m/min)			0.10
Zulässiger p · v Wert	N/mm² · (m/min)	v = 3	m/min	21
		v = 30	m/min	39

Thermische Eigenschaften

Formbeständigkeit in der Wärme	Verfahren A	129 °C
	Verfahren	°C
Vicat Erweichungstemperatur (VST)	Verfahren	°C
	Verfahren	°C
Kristallit-Schmelzpunkt	Verfahren	
Längenausdehnungskoeffizient	Bereich °C	·10⁻⁴K⁻¹
	Temperatur 23 °C	0.67 ·10⁻⁴K⁻¹
Wärmeleitfähigkeit	Verfahren	W/(K·m)
Spezifische Wärmekapazität	Verfahren	J/(K·g)
Glasumwandlungstemperatur	Torsionsschwingungsversuch	°C
	Differentialkalorimetrie	°C

Längenausdehnungskoeffizient: $\cdot 10^{-4} \text{K}^{-1}$; $0.67 \cdot 10^{-4} \text{K}^{-1}$

Brandverhalten

UL-Test vertikal		Dicke mm, Wert	
		Dicke mm, Wert	
	Norm	Bewertung	Abmessungen
Sauerstoff-Index	ASTM D 2863		
Glühstab-Verfahren			
Brandverhalten	DIN 4102		
MVSS			
FAR			

Elektrische Eigenschaften

	Hz	°C			Probekörper, Form
Dielektrizitätszahl	50				
	10³				
	10⁶				
Dielektrischer Verlustfaktor tan δ	50				
	10³				
	10⁶				
Spezifischer Durchgangs- widerstand	Ohm · cm				
Durchschlagfestigkeit	kV/mm				mm dick
Oberflächenwiderstand	Ohm				
Kriechstromfestigkeit		KC	KB	KA	
Elektrolytische Korrosionswirkung					
Lichtbogenfestigkeit nach DIN					
nach ASTM	s				

Frequencies: 50, 10^3, 10^6 Hz

Beständigkeit (Chemische Beständigkeit siehe Anhang)

Wasseraufnahme 23 C		1 d	0.12 %
Feuchtigkeitsaufnahme Normalklima			%
Wetterbeständigkeit			
Spannungskorrosion			

Optische Eigenschaften

Brechungszahl n_D		
Transmissionsgrad τ_c	%	mm dick
Lichtdurchlässigkeit		

Datenbank-Nr.	**T04226**	Merkblatt-Nr. **2007**

PC

Produkt	Polycarbonat
Handelsname	**Thermocomp DL-4530**
Hersteller	LNP
DIN-Bez 1	
DIN-Bez 2	
Zusätze	15% PTFE; Silikon
Füllstoffe/Verstärkung	
Bevorzugte Verarbeitung	Spritzgiessen
Lieferform	Granulat
Farben	
Besondere Merkmale	Sehr geringe Reibung; Sehr geringer Abrieb
Bevorzugte Anwendungen	Technisches Formteil

Dichte	g/cm³	1.26	Schmelzindex	g/10 min	:	
Schüttdichte	g/cm³		Volumenfließindex	cm³/10 min	:	
Viskositätszahl	ml/g					

Verarbeitungsbedingungen für Spritzgießen

Massetemp.	°C	Schwindung	%	lgs	0.5, quer 0.5
Werkzeugtemp.	°C	Bemerkungen			
Spritzdruck	bar				

Zugversuch 23 °C ASTM D 638;
Probekörper: Form
Zustand
Herstellung: Spritzgiessen
Vorbehandlung: Normalklima

Streckspannung	N/mm²	Dehnung bei Streckspannung	%
Zugfestigkeit	N/mm² 45	Reißdehnung	%
Reißfestigkeit	N/mm²	% Dehnspannung	N/mm²
E-Modul	N/mm²	Dehnung bei % Dehnspg.	%

Kriechmoduln und Zeitstandwerte 23 °C
Probekörper: Form
Zustand
Herstellung
Vorbehandlung

Kriechmodul	1 min N/mm²	Zeitstandzugfestigkeit	h N/mm²
Kriechmodul	1000 h N/mm²	Zeitdehnspg. %	h N/mm²
bei Spannung	N/mm²		

Biegeversuch 23 °C ASTM D 790;
Probekörper: Form
Zustand
Herstellung: Spritzgiessen
Vorbehandlung: Normalklima

Biegefestigkeit	N/mm² 63	E-Modul	N/mm² 1950
3,5% Biegespannung	N/mm²		

Härte 23 °C Probekörper: Zustand
Herstellung
Vorbehandlung

Kugeldruckhärte	N/mm² bei N, s	Shore-Härte A
Rockwellhärte		Shore-Härte D

Schlagversuch Probekörper: (1)
(2) V-Kerbe
Zustand
Herstellung: Spritzgiessen
Vorbehandlung: Normalklima

°C °C °C Probekörper-Form

Schlagzähigkeit	kJ/m²	
Kerbschlagzähigkeit (1)	kJ/m²	
IZOD-Kerbschlagzähigkeit (2)	J/m	23 185
Kerbschlagzugzähigkeit	kJ/m²	

Kunststoffe © Springer-Verlag Berlin Heidelberg 1988
Kopieren, Vervielfältigen und Speichern in Datenverarbeitungsanlagen (auch auszugsweise) ist nur mit schriftlicher Genehmigung des Verlages gestattet

Datenbank-Nr. **T04226** Merkblatt-Nr. **2007**

Abrieb und Reibung

Taber-Abrieb (Reibradverfahren)	mm³/100 U			
Abriebfaktor LNP (Thrust washer) Vergleichswert	47			
Statische Reibungszahl	0.06			
Dynamische Reibungszahl	(p·v = 0.28 N/mm² · 15 m/min)			0.09
Zulässiger p·v Wert	N/mm² · (m/min)	v = 3	m/min	30
		v = 30	m/min	49

Thermische Eigenschaften

Formbeständigkeit in der Wärme	Verfahren A		135 °C
	Verfahren		°C
Vicat Erweichungstemperatur (VST)	Verfahren		°C
	Verfahren		°C
Kristallit-Schmelzpunkt	Verfahren		
Längenausdehnungskoeffizient	Bereich °C		·10⁻⁴K⁻¹
	Temperatur 23 °C		0.70 ·10⁻⁴K⁻¹
Wärmeleitfähigkeit	Verfahren		W/(K·m)
Spezifische Wärmekapazität	Verfahren		J/(K·g)
Glasumwandlungstemperatur	Torsionsschwingungsversuch		°C
	Differentialkalorimetrie		°C

Brandverhalten

UL-Test vertikal Dicke mm, Wert
 Dicke mm, Wert

	Norm	Bewertung	Abmessungen
Sauerstoff-Index	ASTM D 2863		
Glühstab-Verfahren			
Brandverhalten	DIN 4102		
MVSS			
FAR			

Elektrische Eigenschaften

		Hz	°C			Probekörper, Form
Dielektrizitätszahl		50				
		10³				
		10⁶				
Dielektrischer Verlustfaktor tan δ		50				
		10³				
		10⁶				
Spezifischer Durchgangswiderstand	Ohm·cm					
Durchschlagfestigkeit	kV/mm					mm dick
Oberflächenwiderstand	Ohm					
Kriechstromfestigkeit		KC	KB	KA		
Elektrolytische Korrosionswirkung						
Lichtbogenfestigkeit nach DIN						
nach ASTM	s					

Beständigkeit (Chemische Beständigkeit siehe Anhang)

Wasseraufnahme 23 C		1 d	0.1 %
Feuchtigkeitsaufnahme Normalklima			%
Wetterbeständigkeit			
Spannungskorrosion			

Optische Eigenschaften

Brechungszahl n_D			
Transmissionsgrad τ_c	%	mm dick	
Lichtdurchlässigkeit			

Datenbank-Nr.	**T04227**		Merkblatt-Nr.	**2008**

Produkt	Polycarbonat		**PC**
Handelsname	**Thermocomp Stat-Kon <D>**		
Hersteller	LNP		
DIN-Bez 1			
DIN-Bez 2			
Zusätze	Antistatikum	Füllstoffe/Verstärkung	
Bevorzugte Verarbeitung	Spritzgiessen	Lieferform	Granulat
		Farben	
Besondere Merkmale	Verminderter elektrischer Widerstand	Bevorzugte Anwendungen	Technisches Formteil

Dichte	g/cm³	1.28	Schmelzindex	g/10 min		:
Schüttdichte	g/cm³		Volumenfließindex	cm³/10 min		:
Viskositätszahl	ml/g					

Verarbeitungsbedingungen für Spritzgießen

Massetemp.	°C	Schwindung	%	lgs	0.4, quer 0.4
Werkzeugtemp.	°C	Bemerkungen			
Spritzdruck	bar				

Zugversuch 23 °C ASTM D 638;

	Probekörper:	Form	Herstellung	Spritzgiessen
		Zustand	Vorbehandlung	Normalklima
Streckspannung	N/mm²		Dehnung bei Streckspannung	%
Zugfestigkeit	N/mm²	65	Reißdehnung	%
Reißfestigkeit	N/mm²		% Dehnspannung	N/mm²
E-Modul	N/mm²		Dehnung bei % Dehnspg.	%

Kriechmoduln und Zeitstandwerte 23 °C

	Probekörper:	Form	Herstellung	
		Zustand	Vorbehandlung	
Kriechmodul	1 min N/mm²		Zeitstandzugfestigkeit	h N/mm²
Kriechmodul	1000 h N/mm²		Zeitdehnspg. %	h N/mm²
bei Spannung	N/mm²			

Biegeversuch 23 °C ASTM D 790;

	Probekörper:	Form	Herstellung	Spritzgiessen
		Zustand	Vorbehandlung	Normalklima
Biegefestigkeit	N/mm²	95	E-Modul	N/mm² 3100
3,5% Biegespannung	N/mm²			

Härte 23 °C

	Probekörper:	Zustand	Herstellung
			Vorbehandlung
Kugeldruckhärte	N/mm²	bei N, s	Shore-Härte A
Rockwellhärte			Shore-Härte D

Schlagversuch

	Probekörper:	(1)	Herstellung	Spritzgiessen
		(2) V-Kerbe	Vorbehandlung	Normalklima
		Zustand		
		°C °C °C		Probekörper-Form
Schlagzähigkeit	kJ/m²			
Kerbschlagzähigkeit (1)	kJ/m²			
IZOD-Kerbschlagzähigkeit (2)	J/m	23 27		
Kerbschlagzugzähigkeit	kJ/m²			

Kunststoffe © Springer-Verlag Berlin Heidelberg 1988
Kopieren, Vervielfältigen und Speichern in Datenverarbeitungsanlagen (auch auszugsweise) ist nur mit schriftlicher Genehmigung des Verlages gestattet

Datenbank-Nr. **T04227**　　　　　　　　　　　　　　　　　　　　　　　　　　　　　　Merkblatt-Nr. **2008**

Abrieb und Reibung

Taber-Abrieb (Reibradverfahren)	mm³/100 U	
Abriebfaktor LNP (Thrust washer) Vergleichswert		
Statische Reibungszahl		
Dynamische Reibungszahl	(p·v= N/mm² ·	m/min)
Zulässiger p · v Wert	N/mm² · (m/min) v=	m/min
	v=	m/min

Thermische Eigenschaften

Formbeständigkeit in der Wärme	Verfahren	A	129 °C
	Verfahren	B	135 °C
Vicat Erweichungstemperatur (VST)	Verfahren		°C
	Verfahren		°C
Kristallit-Schmelzpunkt	Verfahren		
Längenausdehnungskoeffizient	Bereich	°C	$\cdot 10^{-4} K^{-1}$
	Temperatur 23 °C		$0.63 \cdot 10^{-4} K^{-1}$
Wärmeleitfähigkeit	Verfahren ASTM C 177	23 °C	0.23 W/(K · m)
Spezifische Wärmekapazität	Verfahren		J/(K · g)
Glasumwandlungstemperatur	Torsionsschwingungsversuch		°C
	Differentialkalorimetrie		°C

Brandverhalten

UL-Test vertikal　　　　Dicke　mm, Wert
　　　　　　　　　　　　Dicke　mm, Wert

	Norm	Bewertung	Abmessungen
Sauerstoff-Index	ASTM D 2863		
Glühstab-Verfahren			
Brandverhalten	DIN 4102		
MVSS			
FAR			

Elektrische Eigenschaften

		Hz	°C		Probekörper, Form
Dielektrizitätszahl		50			
		10³			
		10⁶			
Dielektrischer Verlustfaktor tan δ		50			
		10³			
		10⁶			
Spezifischer Durchgangs- widerstand	Ohm · cm				
Durchschlagfestigkeit	kV/mm				mm dick
Oberflächenwiderstand	Ohm		23	1.0*10**04	
Kriechstromfestigkeit		KC	KB	KA	
Elektrolytische Korrosionswirkung					
Lichtbogenfestigkeit nach DIN					
nach ASTM	s				

Beständigkeit (Chemische Beständigkeit siehe Anhang)

Wasseraufnahme 23 C		1 d	0.18 %
Feuchtigkeitsaufnahme Normalklima			
Wetterbeständigkeit			%
Spannungskorrosion			

Optische Eigenschaften

Brechungszahl n_D
Transmissionsgrad τ_c　　%　　　　　　　　mm dick
Lichtdurchlässigkeit

Datenbank-Nr.	**T04228**	Merkblatt-Nr. **2009**

PC

Produkt	Polycarbonat
Handelsname	**Thermocomp Stat-Kon** <DC-1003>
Hersteller	LNP
DIN-Bez 1	
DIN-Bez 2	

Zusätze	Antistatikum	Füllstoffe/Verstärkung	15% Kohlenstoffasern
Bevorzugte Verarbeitung	Spritzgiessen	Lieferform	Granulat
		Farben	
Besondere Merkmale	Verminderter elektrischer Widerstand; Hoher Modul; Hohe Festigkeit	Bevorzugte Anwendungen	Technisches Formteil

Dichte	g/cm³	1.25		Schmelzindex	g/10 min	
Schüttdichte	g/cm³			Volumenfließindex	cm³/10 min	
Viskositätszahl	ml/g					

Verarbeitungsbedingungen für Spritzgießen

Massetemp.	°C			Schwindung	%	lgs , quer
Werkzeugtemp.	°C			Bemerkungen		
Spritzdruck	bar					

Zugversuch 23 °C ASTM D 638;

	Probekörper: Form		Herstellung	Spritzgiessen
	Zustand		Vorbehandlung	Normalklima
Streckspannung	N/mm²		Dehnung bei Streckspannung	%
Zugfestigkeit	N/mm²	130	Reißdehnung	%
Reißfestigkeit	N/mm²		% Dehnspannung	N/mm²
E-Modul	N/mm²		Dehnung bei % Dehnspg.	%

Kriechmoduln und Zeitstandwerte 23 °C

	Probekörper: Form	Herstellung	
	Zustand	Vorbehandlung	
Kriechmodul	1 min N/mm²	Zeitstandzugfestigkeit	h N/mm²
Kriechmodul	1000 h N/mm²	Zeitdehnspg. %	h N/mm²
bei Spannung	N/mm²		

Biegeversuch 23 °C ASTM D 790;

	Probekörper: Form		Herstellung	Spritzgiessen
	Zustand		Vorbehandlung	Normalklima
Biegefestigkeit	N/mm²	190	E-Modul	N/mm² 8400
3,5% Biegespannung	N/mm²			

Härte 23 °C

	Probekörper: Zustand		Herstellung	
			Vorbehandlung	
Kugeldruckhärte	N/mm²	bei N, s	Shore-Härte A	
Rockwellhärte			Shore-Härte D	

Schlagversuch

	Probekörper: (1)			
	(2) V-Kerbe		Herstellung	Spritzgiessen
	Zustand		Vorbehandlung	Normalklima
	°C	°C	°C	Probekörper-Form
Schlagzähigkeit	kJ/m²			
Kerbschlagzähigkeit (1)	kJ/m²			
IZOD-Kerbschlagzähigkeit (2)	J/m	23 85		
Kerbschlagzugzähigkeit	kJ/m²			

Kunststoffe © Springer-Verlag Berlin Heidelberg 1988
Kopieren, Vervielfältigen und Speichern in Datenverarbeitungsanlagen (auch auszugsweise) ist nur mit schriftlicher Genehmigung des Verlages gestattet

Datenbank-Nr. **T04228** Merkblatt-Nr. **2009**

Abrieb und Reibung

Taber-Abrieb (Reibradverfahren)	mm³/100 U
Abriebfaktor LNP (Thrust washer) Vergleichswert	
Statische Reibungszahl	
Dynamische Reibungszahl	($p \cdot v =$ N/mm² · m/min)
Zulässiger $p \cdot v$ Wert	N/mm² · (m/min) $v =$ m/min
	$v =$ m/min

Thermische Eigenschaften

Formbeständigkeit in der Wärme	Verfahren A	127 °C
	Verfahren	°C
Vicat Erweichungstemperatur (VST)	Verfahren	°C
	Verfahren	°C
Kristallit-Schmelzpunkt	Verfahren	
Längenausdehnungskoeffizient	Bereich °C	$\cdot 10^{-4} K^{-1}$
	Temperatur	$\cdot 10^{-4} K^{-1}$
Wärmeleitfähigkeit	Verfahren	W/(K · m)
Spezifische Wärmekapazität	Verfahren	J/(K · g)
Glasumwandlungstemperatur	Torsionsschwingungsversuch	°C
	Differentialkalorimetrie	°C

Brandverhalten

UL-Test vertikal		Dicke mm, Wert	
		Dicke mm, Wert	
	Norm	Bewertung	Abmessungen
Sauerstoff-Index	ASTM D 2863		
Glühstab-Verfahren			
Brandverhalten	DIN 4102		
MVSS			
FAR			

Elektrische Eigenschaften

		Hz	°C		Probekörper, Form
Dielektrizitätszahl		50			
		10³			
		10⁶			
Dielektrischer Verlustfaktor tan δ		50			
		10³			
		10⁶			
Spezifischer Durchgangs-widerstand	Ohm · cm				
Durchschlagfestigkeit	kV/mm				mm dick
Oberflächenwiderstand	Ohm		23	1.0*10**04	
Kriechstromfestigkeit		KC	KB	KA	
Elektrolytische Korrosionswirkung					
Lichtbogenfestigkeit nach DIN					
nach ASTM	s				

Beständigkeit (Chemische Beständigkeit siehe Anhang)

Wasseraufnahme

Feuchtigkeitsaufnahme Normalklima   %
Wetterbeständigkeit

Spannungskorrosion

Optische Eigenschaften

Brechungszahl n_D
Transmissionsgrad τ_c %   mm dick
Lichtdurchlässigkeit

Datenbank-Nr.	**T04229**			*Merkblatt-Nr.*	**2010**
					PC
Produkt	Polycarbonat				
Handelsname	**Thermocomp Stat-Kon** <DC-1003 FR>				
Hersteller	LNP				
DIN-Bez 1					
DIN-Bez 2					
Zusätze	Brandschutzmittel; Antistatikum		*Füllstoffe/ Verstärkung*	15% Kohlenstoffasern	
Bevorzugte Verarbeitung	Spritzgiessen		*Lieferform*	Granulat	
			Farben		
Besondere Merkmale	Verminderter elektrischer Widerstand; Hoher Modul; Hohe Festigkeit		*Bevorzugte Anwendungen*	Technisches Formteil	

Dichte	g/cm³	1.28	*Schmelzindex*	g/10 min	:
Schüttdichte	g/cm³		*Volumenfließindex*	cm³/10 min	:
Viskositätszahl	ml/g				
Verarbeitungsbedingungen für Spritzgießen					
Massetemp.	°C		*Schwindung*	% lgs	0.2, quer
Werkzeugtemp.	°C		*Bemerkungen*		
Spritzdruck	bar				

Zugversuch 23 °C ASTM D 638;
Probekörper: Form   *Herstellung* Spritzgiessen
Zustand   *Vorbehandlung* Normalklima

Streckspannung	N/mm²		*Dehnung bei Streckspannung*		%
Zugfestigkeit	N/mm²	130	*Reißdehnung*		%
Reißfestigkeit	N/mm²		*% Dehnspannung*		N/mm²
E-Modul	N/mm²		*Dehnung bei*	% Dehnspg.	%

Kriechmoduln und Zeitstandwerte 23 °C
Probekörper: Form   *Herstellung*
Zustand   *Vorbehandlung*

Kriechmodul	1 min	N/mm²	*Zeitstandzugfestigkeit*	h	N/mm²
Kriechmodul	1000 h	N/mm²	*Zeitdehnspg.* %	h	N/mm²
bei Spannung		N/mm²			

Biegeversuch 23 °C ASTM D 790;
Probekörper: Form   *Herstellung* Spritzgiessen
Zustand   *Vorbehandlung* Normalklima

Biegefestigkeit	N/mm²	175	*E-Modul*	N/mm²	7300
3,5% Biegespannung	N/mm²				

Härte 23 °C *Probekörper:* Zustand   *Herstellung*
  Vorbehandlung

Kugeldruckhärte	N/mm²	bei	N, s	*Shore-Härte* A	
Rockwellhärte				*Shore-Härte* D	

Schlagversuch *Probekörper:* (1)   *Herstellung* Spritzgiessen
  (2) V-Kerbe   *Vorbehandlung* Normalklima
  Zustand
  °C °C °C   *Probekörper-Form*

Schlagzähigkeit	kJ/m²		
Kerbschlagzähigkeit (1)	kJ/m²		
IZOD-Kerbschlagzähigkeit (2)	J/m	23	64
Kerbschlagzugzähigkeit	kJ/m²		

Kunststoffe © Springer-Verlag Berlin Heidelberg 1988
Kopieren, Vervielfältigen und Speichern in Datenverarbeitungsanlagen (auch auszugsweise) ist nur mit schriftlicher Genehmigung des Verlages gestattet

Datenbank-Nr. **T04229** *Merkblatt-Nr.* **2010**

Abrieb und Reibung

Taber-Abrieb (Reibradverfahren)	mm³/100 U	
Abriebfaktor LNP (Thrust washer) Vergleichswert		
Statische Reibungszahl		
Dynamische Reibungszahl	(p·v= N/mm² ·	m/min)
Zulässiger p · v Wert	N/mm² · (m/min) v =	m/min
	v =	m/min

Thermische Eigenschaften

Formbeständigkeit in der Wärme	Verfahren A	143 °C
	Verfahren B	149 °C
Vicat Erweichungstemperatur (VST)	Verfahren	°C
	Verfahren	°C
Kristallit-Schmelzpunkt	Verfahren	
Längenausdehnungskoeffizient	Bereich °C	$\cdot 10^{-4} K^{-1}$
	Temperatur 23 °C	$0.23 \cdot 10^{-4} K^{-1}$
Wärmeleitfähigkeit	Verfahren ASTM C 177 23 °C	0.55 W/(K · m)
Spezifische Wärmekapazität	Verfahren	J/(K · g)
Glasumwandlungstemperatur	Torsionsschwingungsversuch	°C
	Differentialkalorimetrie	°C

Brandverhalten

UL-Test vertikal   Dicke 3.2 mm, Wert V-0
   Dicke mm, Wert

	Norm	Bewertung	Abmessungen
Sauerstoff-Index	ASTM D 2863		
Glühstab-Verfahren			
Brandverhalten	DIN 4102		
MVSS			
FAR			

Elektrische Eigenschaften

		Hz	°C		Probekörper, Form
Dielektrizitätszahl		50			
		10³			
		10⁶			
Dielektrischer Verlustfaktor tan δ		50			
		10³			
		10⁶			
Spezifischer Durchgangs-widerstand	Ohm · cm		23	1.0*10**04	
Durchschlagfestigkeit	kV/mm				mm dick
Oberflächenwiderstand	Ohm		23	1.0*10**03	
Kriechstromfestigkeit		KC	KB	KA	
Elektrolytische Korrosionswirkung					
Lichtbogenfestigkeit nach DIN					
nach ASTM	s				

Beständigkeit *(Chemische Beständigkeit siehe Anhang)*

Wasseraufnahme 23 C   1 d   0.10 %

Feuchtigkeitsaufnahme Normalklima   %
Wetterbeständigkeit

Spannungskorrosion

Optische Eigenschaften

Brechungszahl n_D
Transmissionsgrad τ_c %   mm dick
Lichtdurchlässigkeit

Datenbank-Nr.	**T04230**			*Merkblatt-Nr.*	**2011**
					PC
Produkt	Polycarbonat				
Handelsname	**Thermocomp Stat-Kon** <DF 30>				
Hersteller	LNP				
DIN-Bez 1					
DIN-Bez 2					
Zusätze	Antistatikum		*Füllstoffe/ Verstärkung*	30% Glasfasern	
Bevorzugte Verarbeitung	Spritzgiessen		*Lieferform*	Granulat	
			Farben		
Besondere Merkmale	Verminderter elektrischer Widerstand; Hoher Modul		*Bevorzugte Anwendungen*	Technisches Formteil	

Dichte	g/cm³	1.47	*Schmelzindex*	g/10 min	:
Schüttdichte	g/cm³		*Volumenfließindex*	cm³/10 min	:
Viskositätszahl	ml/g				

Verarbeitungsbedingungen für Spritzgießen

Massetemp.	°C	315	*Schwindung*	% lgs , quer	
Werkzeugtemp.	°C	120	*Bemerkungen*	Vortrocknen empfohlen 4 h bei 120 C	
Spritzdruck	bar				

Zugversuch 23 °C ASTM D 638;
Probekörper: Form
Zustand
Herstellung Spritzgiessen
Vorbehandlung Normalklima

Streckspannung	N/mm²	*Dehnung bei Streckspannung*	%
Zugfestigkeit	N/mm² 90	*Reißdehnung*	%
Reißfestigkeit	N/mm²	% *Dehnspannung*	N/mm²
E-Modul	N/mm²	*Dehnung bei* % *Dehnspg.*	%

Kriechmoduln und Zeitstandwerte 23 °C
Probekörper: Form
Zustand
Herstellung
Vorbehandlung

Kriechmodul	1 min N/mm²	*Zeitstandzugfestigkeit*	h N/mm²
Kriechmodul	1000 h N/mm²	*Zeitdehnspg.* %	h N/mm²
bei Spannung	N/mm²		

Biegeversuch 23 °C ASTM D 790;
Probekörper: Form
Zustand
Herstellung Spritzgiessen
Vorbehandlung Normalklima

Biegefestigkeit	N/mm² 110	*E-Modul*		N/mm² 7200
3,5% Biegespannung	N/mm²			

Härte 23 °C *Probekörper:* Zustand
Herstellung
Vorbehandlung

Kugeldruckhärte	N/mm²	bei N, s	*Shore-Härte* A	
Rockwellhärte			*Shore-Härte* D	

Schlagversuch *Probekörper:* (1)
(2) V-Kerbe
Zustand
Herstellung Spritzgiessen
Vorbehandlung Normalklima

		°C	°C	°C	*Probekörper-Form*
Schlagzähigkeit	kJ/m²				
Kerbschlagzähigkeit (1)	kJ/m²				
IZOD-Kerbschlagzähigkeit (2)	J/m	23 64			
Kerbschlagzugzähigkeit	kJ/m²				

Kunststoffe © Springer-Verlag Berlin Heidelberg 1988
Kopieren, Vervielfältigen und Speichern in Datenverarbeitungsanlagen (auch auszugsweise) ist nur mit schriftlicher Genehmigung des Verlages gestattet

Datenbank-Nr. **T04230** Merkblatt-Nr. **2011**

Abrieb und Reibung

Taber-Abrieb (Reibradverfahren) mm³/100 U
Abriebfaktor LNP (Thrust washer) Vergleichswert
Statische Reibungszahl
Dynamische Reibungszahl (p·v= N/mm² · m/min)
Zulässiger p·v Wert N/mm² · (m/min)   v= m/min
 v= m/min

Thermische Eigenschaften

Formbeständigkeit in der Wärme Verfahren A 149 °C
 Verfahren °C
Vicat Erweichungstemperatur (VST) Verfahren °C
 Verfahren °C
Kristallit-Schmelzpunkt Verfahren

Längenausdehnungskoeffizient Bereich °C $\cdot 10^{-4} K^{-1}$
 Temperatur $\cdot 10^{-4} K^{-1}$
Wärmeleitfähigkeit Verfahren W/(K·m)

Spezifische Wärmekapazität Verfahren J/(K·g)

Glasumwandlungstemperatur Torsionsschwingungsversuch °C
 Differentialkalorimetrie °C

Brandverhalten

UL-Test vertikal Dicke mm, Wert
 Dicke mm, Wert

	Norm	Bewertung	Abmessungen
Sauerstoff-Index	ASTM D 2863		
Glühstab-Verfahren			
Brandverhalten	DIN 4102		
MVSS			
FAR			

Elektrische Eigenschaften

	Hz	°C		Probekörper, Form
Dielektrizitätszahl	50			
	10³			
	10⁶			
Dielektrischer Verlustfaktor tan δ	50			
	10³			
	10⁶			

Spezifischer Durchgangs-
 widerstand Ohm·cm
Durchschlagfestigkeit kV/mm   mm dick
Oberflächenwiderstand Ohm 23 1.0*10**04
Kriechstromfestigkeit KC KB KA
Elektrolytische Korrosionswirkung
Lichtbogenfestigkeit nach DIN
 nach ASTM s

Beständigkeit (Chemische Beständigkeit siehe Anhang)

Wasseraufnahme

Feuchtigkeitsaufnahme Normalklima %
Wetterbeständigkeit

Spannungskorrosion

Optische Eigenschaften

Brechungszahl n_D
Transmissionsgrad τ_c % mm dick
Lichtdurchlässigkeit

Datenbank-Nr.	**T04231**		Merkblatt-Nr.	**2012**
Produkt	Polycarbonat			**PC**
Handelsname	**Thermocomp PDX-D 84224**			
Hersteller	LNP			
DIN-Bez 1				
DIN-Bez 2				
Zusätze	Antistatikum	Füllstoffe/Verstärkung	10% Glasfasern	
Bevorzugte Verarbeitung	Spritzgiessen	Lieferform	Granulat	
		Farben		
Besondere Merkmale	Verminderter elektrischer Widerstand	Bevorzugte Anwendungen	Technisches Formteil	

Dichte	g/cm³	1.28	Schmelzindex	g/10 min	:
Schüttdichte	g/cm³		Volumenfließindex	cm³/10 min	:
Viskositätszahl	ml/g				

Verarbeitungsbedingungen für Spritzgießen

Massetemp.	°C		Schwindung	% lgs	0.25, quer
Werkzeugtemp.	°C		Bemerkungen		
Spritzdruck	bar				

Zugversuch 23 °C ASTM D 638;
Probekörper: Form Herstellung: Spritzgiessen
Zustand Vorbehandlung: Normalklima

Streckspannung	N/mm²		Dehnung bei Streckspannung	%
Zugfestigkeit	N/mm²	78	Reißdehnung	%
Reißfestigkeit	N/mm²		% Dehnspannung	N/mm²
E-Modul	N/mm²		Dehnung bei % Dehnspg.	%

Kriechmoduln und Zeitstandwerte 23 °C
Probekörper: Form Herstellung
Zustand Vorbehandlung

Kriechmodul	1 min N/mm²		Zeitstandzugfestigkeit	h N/mm²
Kriechmodul	1000 h N/mm²		Zeitdehnspg. %	h N/mm²
bei Spannung	N/mm²			

Biegeversuch 23 °C ASTM D 790;
Probekörper: Form Herstellung: Spritzgiessen
Zustand Vorbehandlung: Normalklima

Biegefestigkeit	N/mm²	125	E-Modul	N/mm² 3600
3,5% Biegespannung	N/mm²			

Härte 23 °C
Probekörper: Zustand Herstellung
 Vorbehandlung

Kugeldruckhärte	N/mm²	bei N, s	Shore-Härte A	
Rockwellhärte			Shore-Härte D	

Schlagversuch
Probekörper: (1)
(2) V-Kerbe Herstellung: Spritzgiessen
Zustand Vorbehandlung: Normalklima

°C °C °C Probekörper-Form

Schlagzähigkeit	kJ/m²		
Kerbschlagzähigkeit (1)	kJ/m²		
IZOD-Kerbschlagzähigkeit (2)	J/m	23	105
Kerbschlagzugzähigkeit	kJ/m²		

Kunststoffe © Springer-Verlag Berlin Heidelberg 1988
Kopieren, Vervielfältigen und Speichern in Datenverarbeitungsanlagen (auch auszugsweise) ist nur mit schriftlicher Genehmigung des Verlages gestattet

Datenbank-Nr. **T04231** *Merkblatt-Nr.* **2012**

Abrieb und Reibung

Taber-Abrieb (Reibradverfahren)	mm³/100 U
Abriebfaktor LNP (Thrust washer) Vergleichswert	
Statische Reibungszahl	
Dynamische Reibungszahl	(p·v = N/mm² · m/min)
Zulässiger p·v Wert	N/mm² · (m/min) v = m/min
	v = m/min

Thermische Eigenschaften

Formbeständigkeit in der Wärme	Verfahren A	145 °C
	Verfahren	°C
Vicat Erweichungstemperatur (VST)	Verfahren	°C
	Verfahren	°C
Kristallit-Schmelzpunkt	Verfahren	
Längenausdehnungskoeffizient	Bereich °C	$\cdot 10^{-4} K^{-1}$
	Temperatur 23 °C	$0.36 \cdot 10^{-4} K^{-1}$
Wärmeleitfähigkeit	Verfahren	W/(K·m)
Spezifische Wärmekapazität	Verfahren	J/(K·g)
Glasumwandlungstemperatur	Torsionsschwingungsversuch	°C
	Differentialkalorimetrie	°C

Brandverhalten

UL-Test vertikal   Dicke 3.2 mm, Wert V-0
                       Dicke   mm, Wert

	Norm	Bewertung	Abmessungen
Sauerstoff-Index	ASTM D 2863		
Glühstab-Verfahren			
Brandverhalten	DIN 4102		
MVSS			
FAR			

Elektrische Eigenschaften

		Hz	°C		Probekörper, Form
Dielektrizitätszahl		50			
		10^3			
		10^6			
Dielektrischer Verlustfaktor tan δ		50			
		10^3			
		10^6			
Spezifischer Durchgangs-widerstand	Ohm·cm				
Durchschlagfestigkeit	kV/mm				mm dick
Oberflächenwiderstand	Ohm		23	1.0*10**07	
Kriechstromfestigkeit		KC	KB	KA	
Elektrolytische Korrosionswirkung					
Lichtbogenfestigkeit nach DIN					
nach ASTM	s				

Beständigkeit (Chemische Beständigkeit siehe Anhang)

Wasseraufnahme 23 C	1 d	0.12 %
Feuchtigkeitsaufnahme Normalklima		%
Wetterbeständigkeit		
Spannungskorrosion		

Optische Eigenschaften

Brechungszahl n_D		
Transmissionsgrad τ_c	%	mm dick
Lichtdurchlässigkeit		

Datenbank-Nr.	**T04232**				Merkblatt-Nr.	**2013**
						PP

Produkt	Polypropylen
Handelsname	**Hostalen PPH 1850**
Hersteller	HOECHST
DIN-Bez 1	16774-PP-H,MAHG,95-M003
DIN-Bez 2	

Zusätze		Füllstoffe/Verstärkung	
Bevorzugte Verarbeitung	Spritzgiessen	Lieferform	Granulat
		Farben	Natur
Besondere Merkmale	Kfz-Sondertyp	Bevorzugte Anwendungen	Kuehlwasserausgleichsbehaelter

Dichte	g/cm³	0.902	Schmelzindex	g/10 min	0.6 : 190/5.0
Schüttdichte	g/cm³		Volumenfließindex	cm³/10 min	:
Viskositätszahl	ml/g				

Verarbeitungsbedingungen für Spritzgießen

Massetemp.	°C	200–300	Schwindung	%	lgs 1.0–2.5, quer 1.0–2.5
Werkzeugtemp.	°C	20–80	Bemerkungen		
Spritzdruck	bar	≧ 600			

Zugversuch 23 °C DIN 53455;

	Probekörper:	Form	Nr 3 im Verh. 1:4	Herstellung: Aus Pressplatte
		Zustand		Vorbehandlung: Normalklima
Streckspannung	N/mm²	31	Dehnung bei Streckspannung	% 16
Zugfestigkeit	N/mm²		Reißdehnung	%
Reißfestigkeit	N/mm²		% Dehnspannung	N/mm²
E-Modul	N/mm²		Dehnung bei % Dehnspg.	%

Kriechmoduln und Zeitstandwerte 23 °C

	Probekörper:	Form		Herstellung
		Zustand		Vorbehandlung
Kriechmodul	1 min N/mm²		Zeitstandzugfestigkeit	h N/mm²
Kriechmodul	1000 h N/mm²		Zeitdehnspg. %	h N/mm²
bei Spannung	N/mm²			

Biegeversuch 23 °C DIN 53452;

	Probekörper:	Form	Stab 80x10x4 mm	Herstellung: Pressen
		Zustand		Vorbehandlung: Normalklima
Biegefestigkeit	N/mm²		E-Modul	N/mm²
3,5% Biegespannung	N/mm²	26		

Härte 23 °C

	Probekörper:	Zustand		Herstellung: Pressen
				Vorbehandlung: Normalklima
Kugeldruckhärte	N/mm²	63	bei 132 N, 30 s	Shore-Härte A
Rockwellhärte				Shore-Härte D 70

Schlagversuch

Probekörper: (1) V-Kerbe (2)
Zustand

Herstellung: Spritzgiessen
Vorbehandlung: Normalklima

		°C	°C	°C	Probekörper-Form
Schlagzähigkeit	kJ/m²	23 o.B.			
Kerbschlagzähigkeit (1)	kJ/m²	23 10	0 5	-20 4	NKS
IZOD-Kerbschlagzähigkeit (2)	J/m				
Kerbschlagzugzähigkeit	kJ/m²				

Kunststoffe © Springer-Verlag Berlin Heidelberg 1988
Kopieren, Vervielfältigen und Speichern in Datenverarbeitungsanlagen (auch auszugsweise) ist nur mit schriftlicher Genehmigung des Verlages gestattet

Datenbank-Nr. **T04232** Merkblatt-Nr. **2013**

Abrieb und Reibung

Taber-Abrieb (Reibradverfahren)	mm³/100 U	
Abriebfaktor LNP (Thrust washer) Vergleichswert		
Statische Reibungszahl		
Dynamische Reibungszahl	(p·v= N/mm² · m/min)	
Zulässiger p·v Wert	N/mm² · (m/min) v = m/min	
	v = m/min	

Thermische Eigenschaften

Formbeständigkeit in der Wärme	Verfahren A		56 °C
	Verfahren B		110 °C
Vicat Erweichungstemperatur (VST)	Verfahren A/50		150 °C
	Verfahren B/50		87 °C
Kristallit-Schmelzpunkt	Verfahren DIN 53736, Polarisationsmikroskop		165 °C
Längenausdehnungskoeffizient	Bereich 20–90 °C		$1-2 \cdot 10^{-4} K^{-1}$
	Temperatur °C		$\cdot 10^{-4} K^{-1}$
Wärmeleitfähigkeit	Verfahren DIN 53612	23 °C	0.22 W/(K·m)
Spezifische Wärmekapazität	Verfahren Adiabat. Kalorimeter	23 °C	1.7 J/(K·g)
Glasumwandlungstemperatur	Torsionsschwingungsversuch	°C	
	Differentialkalorimetrie	°C	

Brandverhalten

UL-Test vertikal	Dicke mm, Wert		
	Dicke mm, Wert		

	Norm	Bewertung	Abmessungen
Sauerstoff-Index	ASTM D 2863		
Glühstab-Verfahren			
Brandverhalten	DIN 4102		
MVSS			
FAR			

Elektrische Eigenschaften

		Hz	°C		Probekörper, Form
Dielektrizitätszahl		50	23	2.25	0.2 mm dick
		10³	23	2.25	0.2 mm dick
		10⁶	23	2.25	0.2 mm dick
Dielektrischer Verlustfaktor tan δ		50	23	0.0002–0.00028	0.2 mm dick
		10³	23	0.00021–0.00031	0.2 mm dick
		10⁶	23	0.00040–0.00050	0.2 mm dick
Spezifischer Durchgangs- widerstand	Ohm·cm		23	$\geq 1.0*10**16$	0.2 mm dick
Durchschlagfestigkeit	kV/mm		23	55–90	0.2 mm dick
Oberflächenwiderstand	Ohm		23	$\geq 1.0*10**13$	1 mm dick
Kriechstromfestigkeit		KC > 600	KB	KA	120x80x4 mm
Elektrolytische Korrosionswirkung					
Lichtbogenfestigkeit nach DIN		L4			120x120x10 m
nach ASTM	s				

Beständigkeit (Chemische Beständigkeit siehe Anhang)

Wasseraufnahme

Feuchtigkeitsaufnahme Normalklima   %
Wetterbeständigkeit

Spannungskorrosion

Optische Eigenschaften

Brechungszahl n_D
Transmissionsgrad τ_c %   mm dick
Lichtdurchlässigkeit

Datenbank-Nr.	**T04233**			Merkblatt-Nr.	**2014**
					PP

Produkt	Polypropylen
Handelsname	**Hostalen PPK 1060 F 1**
Hersteller	HOECHST
DIN-Bez 1	16774-PP-H,TAGN,95-M012
DIN-Bez 2	

Zusätze	Grundstabilisierung	Füllstoffe/Verstärkung	
Bevorzugte Verarbeitung	Spritzgiessen; Extrudieren	Lieferform	Granulat
		Farben	Natur; Standard
Besondere Merkmale	Ausgeglichene mechanische Eigenschaften; Grundstabilisierung	Bevorzugte Anwendungen	Normal beanspruchtes technisches Formteil z. B. fuer Kfz; Elektrogeraete; Haushaltsmaschinen, Sanitaereinrichtungen; Teil fuer den Moebelbau; Verpackung; Verpackungsband

Dichte	g/cm³	0.903	Schmelzindex	g/10 min	2: 190/5.0
Schüttdichte	g/cm³		Volumenfließindex	cm³/10 min	:
Viskositätszahl	ml/g				

Verarbeitungsbedingungen für Spritzgießen

Massetemp.	°C	200–300	Schwindung	%	lgs 1.0–2.5, quer 1.0–2.5
Werkzeugtemp.	°C	20–80	Bemerkungen		
Spritzdruck	bar	≧600			

Zugversuch 23 °C DIN 53455;

	Probekörper:	Form	Nr 3 im Verh. 1:4	Herstellung	Aus Pressplatte
		Zustand		Vorbehandlung	Normalklima
Streckspannung	N/mm²	34	Dehnung bei Streckspannung	%	18
Zugfestigkeit	N/mm²		Reißdehnung	%	
Reißfestigkeit	N/mm²		% Dehnspannung	N/mm²	
E-Modul	N/mm²		Dehnung bei % Dehnspg.	%	

Kriechmoduln und Zeitstandwerte 23 °C

	Probekörper:	Form		Herstellung	
		Zustand		Vorbehandlung	
Kriechmodul	1 min N/mm²		Zeitstandzugfestigkeit	h N/mm²	
Kriechmodul	1000 h N/mm²		Zeitdehnspg. %	h N/mm²	
bei Spannung	N/mm²				

Biegeversuch 23 °C

	Probekörper:	Form		Herstellung	
		Zustand		Vorbehandlung	
Biegefestigkeit	N/mm²		E-Modul	N/mm²	
3,5% Biegespannung	N/mm²				

Härte 23 °C

	Probekörper:	Zustand	Herstellung	Pressen
			Vorbehandlung	Normalklima
Kugeldruckhärte	N/mm² 68	bei 358 N, 30 s	Shore-Härte A	
Rockwellhärte			Shore-Härte D	73

Schlagversuch

	Probekörper:	(1) V-Kerbe		Herstellung	Spritzgiessen
		(2)		Vorbehandlung	Normalklima
		Zustand			
		°C	°C	°C	Probekörper-Form
Schlagzähigkeit	kJ/m²	23 o.B.			NKS
Kerbschlagzähigkeit (1)	kJ/m²	23 8			NKS
IZOD-Kerbschlagzähigkeit (2)	J/m				
Kerbschlagzugzähigkeit	kJ/m²				

Datenbank-Nr. **T04233** *Merkblatt-Nr.* **2014**

Abrieb und Reibung

Taber-Abrieb (Reibradverfahren)	mm³/100 U	
Abriebfaktor LNP (Thrust washer) Vergleichswert		
Statische Reibungszahl		
Dynamische Reibungszahl	(p·v = N/mm² · m/min)	
Zulässiger p · v Wert	N/mm² · (m/min) v = m/min	
	v = m/min	

Thermische Eigenschaften

Formbeständigkeit in der Wärme	Verfahren			°C
	Verfahren			°C
Vicat Erweichungstemperatur (VST)	Verfahren	A/50		152 °C
	Verfahren	B/50		88 °C
Kristallit-Schmelzpunkt	Verfahren	DIN 53736, Polarisationsmikroskop		165 °C
Längenausdehnungskoeffizient	Bereich	20–90 °C		$1-2 \cdot 10^{-4} K^{-1}$
	Temperatur °C			$\cdot 10^{-4} K^{-1}$
Wärmeleitfähigkeit	Verfahren	DIN 53612	23 °C	0.22 W/(K·m)
Spezifische Wärmekapazität	Verfahren	Adiabat. Kalorimeter	23 °C	1.7 J/(K·g)
Glasumwandlungstemperatur	Torsionsschwingungsversuch			°C
	Differentialkalorimetrie			°C

Brandverhalten

UL-Test vertikal Dicke mm, Wert
 Dicke mm, Wert

	Norm	Bewertung	Abmessungen
Sauerstoff-Index	ASTM D 2863		
Glühstab-Verfahren			
Brandverhalten	DIN 4102		
MVSS			
FAR			

Elektrische Eigenschaften

		Hz	°C		Probekörper, Form
Dielektrizitätszahl		50	23	2.25	0.2 mm dick
		10³	23	2.25	0.2 mm dick
		10⁶	23	2.25	0.2 mm dick
Dielektrischer Verlustfaktor tan δ		50	23	0.0002–0.00028	0.2 mm dick
		10³	23	0.00021–0.00031	0.2 mm dick
		10⁶	23	0.00040–0.00050	0.2 mm dick
Spezifischer Durchgangs- widerstand	Ohm · cm		23	$\geq 1.0*10**16$	0.2 mm dick
Durchschlagfestigkeit	kV/mm		23	55–90	0.2 mm dick
Oberflächenwiderstand	Ohm		23	$\geq 1.0*10**13$	1 mm dick
Kriechstromfestigkeit		KC >600	KB	KA	120x80x4 mm
Elektrolytische Korrosionswirkung					
Lichtbogenfestigkeit nach DIN		L4			120x120x10 m
nach ASTM	s				

Beständigkeit *(Chemische Beständigkeit siehe Anhang)*

Wasseraufnahme

Feuchtigkeitsaufnahme Normalklima %
Wetterbeständigkeit

Spannungskorrosion

Optische Eigenschaften

Brechungszahl n_D
Transmissionsgrad τ_c % mm dick
Lichtdurchlässigkeit

Datenbank-Nr.	**T04234**			Merkblatt-Nr.	**2015**
					PP

Produkt	Polypropylen
Handelsname	**Hostalen PPR 4160**
Hersteller	HOECHST
DIN-Bez 1	16774-PP-H,MAHG,95-M045
DIN-Bez 2	

Zusätze	Waermestabilisierung	Füllstoffe/Verstärkung	
Bevorzugte Verarbeitung	Spritzgiessen	Lieferform	Granulat
		Farben	Natur
Besondere Merkmale	Hochwaermebestaendig; Bestaendig gegen heisse Waschlauge	Bevorzugte Anwendungen	Spuelmaschinenteil; Waschmaschinenteil; Faerbehuelse

Dichte	g/cm³	0.905		Schmelzindex	g/10 min	5: 190/5.0
Schüttdichte	g/cm³			Volumenfließindex	cm³/10 min	:
Viskositätszahl	ml/g					

Verarbeitungsbedingungen für Spritzgießen

Massetemp.	°C	200–300	Schwindung	%	lgs 1.0–2.5, quer 1.0–2.5
Werkzeugtemp.	°C	20–80	Bemerkungen		
Spritzdruck	bar	≧600			

Zugversuch 23 °C DIN 53455;

	Probekörper:	Form	Nr 3 im Verh. 1:4	Herstellung Aus Pressplatte
		Zustand		Vorbehandlung Normalklima
Streckspannung	N/mm²	35	Dehnung bei Streckspannung	% 12
Zugfestigkeit	N/mm²		Reißdehnung	%
Reißfestigkeit	N/mm²		% Dehnspannung	N/mm²
E-Modul	N/mm²		Dehnung bei % Dehnspg.	%

Kriechmoduln und Zeitstandwerte 23 °C

	Probekörper:	Form		Herstellung
		Zustand		Vorbehandlung
Kriechmodul	1 min N/mm²		Zeitstandzugfestigkeit	h N/mm²
Kriechmodul	1000 h N/mm²		Zeitdehnspg. %	h N/mm²
bei Spannung	N/mm²			

Biegeversuch 23 °C DIN 53452;

	Probekörper:	Form	Stab 80x10x4 mm	Herstellung Pressen
		Zustand		Vorbehandlung Normalklima
Biegefestigkeit	N/mm²		E-Modul	N/mm²
3,5% Biegespannung	N/mm²	30		

Härte 23 °C

	Probekörper:	Zustand		Herstellung Pressen
				Vorbehandlung Normalklima
Kugeldruckhärte	N/mm²	73	bei 358 N, 30 s	Shore-Härte A
Rockwellhärte				Shore-Härte D 70

Schlagversuch

	Probekörper:	(1) V-Kerbe		Herstellung Spritzgiessen
		(2)		Vorbehandlung Normalklima
		Zustand		
		°C	°C °C	Probekörper-Form
Schlagzähigkeit	kJ/m²	23 o.B.		NKS
Kerbschlagzähigkeit (1)	kJ/m²	23 7		NKS
IZOD-Kerbschlagzähigkeit (2)	J/m			
Kerbschlagzugzähigkeit	kJ/m²			

Kunststoffe © Springer-Verlag Berlin Heidelberg 1988
Kopieren, Vervielfältigen und Speichern in Datenverarbeitungsanlagen (auch auszugsweise) ist nur mit schriftlicher Genehmigung des Verlages gestattet

Datenbank-Nr. **T04234**   Merkblatt-Nr. **2015**

Abrieb und Reibung

Taber-Abrieb (Reibradverfahren)	mm³/100 U	
Abriebfaktor LNP (Thrust washer) Vergleichswert		
Statische Reibungszahl		
Dynamische Reibungszahl	(p·v = N/mm² · m/min)	
Zulässiger p·v Wert	N/mm² · (m/min) v = m/min	
	v = m/min	

Thermische Eigenschaften

Formbeständigkeit in der Wärme	Verfahren	A		62 °C
	Verfahren	B		107 °C
Vicat Erweichungstemperatur (VST)	Verfahren			°C
	Verfahren			°C
Kristallit-Schmelzpunkt	Verfahren	DIN 53736 , Polarisationsmikroskop		165 °C
Längenausdehnungskoeffizient	Bereich	20–90 °C		$1-2 \cdot 10^{-4} K^{-1}$
	Temperatur °C			$\cdot 10^{-4} K^{-1}$
Wärmeleitfähigkeit	Verfahren	DIN 53612	23 °C	0.22 W/(K·m)
Spezifische Wärmekapazität	Verfahren	Adiabat. Kalorimeter	23 °C	1.7 J/(K·g)
Glasumwandlungstemperatur	Torsionsschwingungsversuch			°C
	Differentialkalorimetrie			°C

Brandverhalten

UL-Test vertikal   Dicke   mm, Wert
                 Dicke   mm, Wert

	Norm	Bewertung	Abmessungen
Sauerstoff-Index	ASTM D 2863		
Glühstab-Verfahren			
Brandverhalten	DIN 4102		
MVSS			
FAR			

Elektrische Eigenschaften

		Hz	°C		Probekörper, Form
Dielektrizitätszahl		50	23	2.25	0.2 mm dick
		10³	23	2.25	0.2 mm dick
		10⁶	23	2.25	0.2 mm dick
Dielektrischer Verlustfaktor tan δ		50	23	0.0002–0.00028	0.2 mm dick
		10³	23	0.00021–0.00031	0.2 mm dick
		10⁶	23	0.00040–0.00050	0.2 mm dick
Spezifischer Durchgangswiderstand	Ohm·cm		23	$\geq 1.0 \cdot 10^{16}$	0.2 mm dick
Durchschlagfestigkeit	kV/mm		23	55–90	0.2 mm dick
Oberflächenwiderstand	Ohm		23	$\geq 1.0 \cdot 10^{13}$	1 mm dick
Kriechstromfestigkeit		KC > 600	KB	KA	120x80x4 mm
Elektrolytische Korrosionswirkung					
Lichtbogenfestigkeit nach DIN		L4			120x120x10 mm
nach ASTM	s				

Beständigkeit (Chemische Beständigkeit siehe Anhang)

Wasseraufnahme

Feuchtigkeitsaufnahme Normalklima   %
Wetterbeständigkeit

Spannungskorrosion

Optische Eigenschaften

Brechungszahl n_D
Transmissionsgrad τ_c %   mm dick
Lichtdurchlässigkeit

Datenbank-Nr.	**T04235**			Merkblatt-Nr.	**2016**
					PP

Produkt	Polypropylen
Handelsname	**Hostalen PPU 2080 S 1**
Hersteller	HOECHST
DIN-Bez 1	16774-PP-H,MHGN,95-M200
DIN-Bez 2	

Zusätze	Waermestabilisierung	Füllstoffe/Verstärkung	
Bevorzugte Verarbeitung	Spritzgiessen	Lieferform	Granulat
		Farben	Natur
Besondere Merkmale	Hochwaermebestaendig	Bevorzugte Anwendungen	Duennwandige Lebensmittelverpak-kung; Pharmazeutischer Behaelter; Gehaeuse fuer Elektrokleingeraet

---

Dichte	g/cm³	0.907	Schmelzindex	g/10 min	25: 190/5.0
Schüttdichte	g/cm³		Volumenfließindex	cm³/10 min	:
Viskositätszahl	ml/g				

Verarbeitungsbedingungen für Spritzgießen

Massetemp.	°C	200–220	Schwindung	%	lgs 1.0–2.5, quer 1.0–2.5
Werkzeugtemp.	°C	20–80	Bemerkungen		
Spritzdruck	bar	≧600			

Zugversuch 23 °C

	Probekörper:	Form	Herstellung	
		Zustand	Vorbehandlung	
Streckspannung	N/mm²		Dehnung bei Streckspannung	%
Zugfestigkeit	N/mm²		Reißdehnung	%
Reißfestigkeit	N/mm²		% Dehnspannung	N/mm²
E-Modul	N/mm²		Dehnung bei % Dehnspg.	%

Kriechmoduln und Zeitstandwerte 23 °C

	Probekörper:	Form	Herstellung	
		Zustand	Vorbehandlung	
Kriechmodul	1 min N/mm²		Zeitstandzugfestigkeit	h N/mm²
Kriechmodul	1000 h N/mm²		Zeitdehnspg. %	h N/mm²
bei Spannung	N/mm²			

Biegeversuch 23 °C DIN 53452;

	Probekörper:	Form Stab 80x10x4 mm	Herstellung	Pressen
		Zustand	Vorbehandlung	Normalklima
Biegefestigkeit	N/mm²		E-Modul	N/mm²
3,5% Biegespannung	N/mm² 41			

Härte 23 °C

	Probekörper:	Zustand	Herstellung	Pressen
			Vorbehandlung	Normalklima
Kugeldruckhärte	N/mm² 90	bei 358 N, 30 s	Shore-Härte A	
Rockwellhärte			Shore-Härte D	75

Schlagversuch

	Probekörper:	(1) V-Kerbe			Herstellung	Spritzgiessen
		(2)			Vorbehandlung	Normalklima
		Zustand				
		°C		°C	°C	Probekörper-Form
Schlagzähigkeit	kJ/m²	23	15			NKS
Kerbschlagzähigkeit (1)	kJ/m²	23	4	0 2		NKS
IZOD-Kerbschlagzähigkeit (2)	J/m					
Kerbschlagzugzähigkeit	kJ/m²					

Kunststoffe © Springer-Verlag Berlin Heidelberg 1988
Kopieren, Vervielfältigen und Speichern in Datenverarbeitungsanlagen (auch auszugsweise) ist nur mit schriftlicher Genehmigung des Verlages gestattet

Datenbank-Nr. **T04235** Merkblatt-Nr. **2016**

Abrieb und Reibung

Taber-Abrieb (Reibradverfahren)	mm³/100 U	
Abriebfaktor LNP (Thrust washer) Vergleichswert		
Statische Reibungszahl		
Dynamische Reibungszahl	(p·v = N/mm² · m/min)	
Zulässiger p · v Wert	N/mm² · (m/min) v = m/min	
	v = m/min	

Thermische Eigenschaften

Formbeständigkeit in der Wärme	Verfahren	A	70 °C
	Verfahren	B	130 °C
Vicat Erweichungstemperatur (VST)	Verfahren	A/50	155 °C
	Verfahren	B/50	100 °C
Kristallit-Schmelzpunkt	Verfahren	DIN 53736, Polarisationsmikroskop	165 °C
Längenausdehnungskoeffizient	Bereich	20–90 °C	1–2 · 10⁻⁴ K⁻¹
	Temperatur °C		· 10⁻⁴ K⁻¹
Wärmeleitfähigkeit	Verfahren	DIN 53612	23 °C 0.22 W/(K · m)
Spezifische Wärmekapazität	Verfahren	Adiabat. Kalorimeter	23 °C 1.7 J/(K · g)
Glasumwandlungstemperatur	Torsionsschwingungsversuch		°C
	Differentialkalorimetrie		°C

Brandverhalten

UL-Test vertikal   Dicke   mm, Wert
                     Dicke   mm, Wert

	Norm	Bewertung	Abmessungen
Sauerstoff-Index	ASTM D 2863		
Glühstab-Verfahren			
Brandverhalten	DIN 4102		
MVSS			
FAR			

Elektrische Eigenschaften

	Hz	°C		Probekörper, Form
Dielektrizitätszahl	50	23	2.25	0.2 mm dick
	10³	23	2.25	0.2 mm dick
	10⁶	23	2.25	0.2 mm dick
Dielektrischer Verlustfaktor tan δ	50	23	0.0002–0.00028	0.2 mm dick
	10³	23	0.00021–0.00031	0.2 mm dick
	10⁶	23	0.00040–0.00050	0.2 mm dick
Spezifischer Durchgangswiderstand Ohm · cm		23	≥ 1.0*10**16	0.2 mm dick
Durchschlagfestigkeit kV/mm		23	55–90	0.2 mm dick
Oberflächenwiderstand Ohm		23	≥ 1.0*10**13	1 mm dick
Kriechstromfestigkeit	KC > 600	KB	KA	120x80x4 mm
Elektrolytische Korrosionswirkung				
Lichtbogenfestigkeit nach DIN	L4			120x120x10 mm
nach ASTM s				

Beständigkeit (Chemische Beständigkeit siehe Anhang)

Wasseraufnahme

Feuchtigkeitsaufnahme Normalklima   %
Wetterbeständigkeit

Spannungskorrosion

Optische Eigenschaften

Brechungszahl n_D
Transmissionsgrad τ_c   %   mm dick
Lichtdurchlässigkeit

Datenbank-Nr.	**T04236**	Merkblatt-Nr. **2017**

PP

Produkt	Polypropylen
Handelsname	**Hostalen PPW 1780 F 1**
Hersteller	HOECHST
DIN-Bez 1	16774-PP-H,YGAN,95-M400
DIN-Bez 2	

Zusätze		Füllstoffe/Verstärkung	
Bevorzugte Verarbeitung	Extrudieren	Lieferform	Granulat
		Farben	Natur
Besondere Merkmale	Sondereinstellung; Enge Molmasseverteilung	Bevorzugte Anwendungen	Stapelfaser; Spinnvlies

Dichte	g/cm³	0.91	Schmelzindex	g/10 min	65: 190/5.0
Schüttdichte	g/cm³		Volumenfließindex	cm³/10 min	:
Viskositätszahl	ml/g				

Verarbeitungsbedingungen für Spritzgießen

Massetemp.	°C	200–220	Schwindung	%	lgs 1.0–2.5, quer 1.0–2.5
Werkzeugtemp.	°C	20–80	Bemerkungen		
Spritzdruck	bar	≧600			

Zugversuch 23 °C

	Probekörper:	Form	Herstellung	
		Zustand	Vorbehandlung	
Streckspannung	N/mm²		Dehnung bei Streckspannung	%
Zugfestigkeit	N/mm²		Reißdehnung	%
Reißfestigkeit	N/mm²		% Dehnspannung	N/mm²
E-Modul	N/mm²		Dehnung bei % Dehnspg.	%

Kriechmoduln und Zeitstandwerte 23 °C

	Probekörper:	Form	Herstellung	
		Zustand	Vorbehandlung	
Kriechmodul	1 min N/mm²		Zeitstandzugfestigkeit	h N/mm²
Kriechmodul	1000 h N/mm²		Zeitdehnspg. %	h N/mm²
bei Spannung	N/mm²			

Biegeversuch 23 °C

	Probekörper:	Form	Herstellung	
		Zustand	Vorbehandlung	
Biegefestigkeit	N/mm²		E-Modul	N/mm²
3,5% Biegespannung	N/mm²			

Härte 23 °C

	Probekörper:	Zustand	Herstellung	Pressen
			Vorbehandlung	Normalklima
Kugeldruckhärte	N/mm² 85	bei 358 N, 30 s	Shore-Härte A	
Rockwellhärte			Shore-Härte D	74

Schlagversuch

	Probekörper:	(1) V-Kerbe				
		(2)		Herstellung	Spritzgiessen	
		Zustand		Vorbehandlung	Normalklima	
		°C	°C	°C		Probekörper-Form
Schlagzähigkeit	kJ/m²	23 20				NKS
Kerbschlagzähigkeit (1)	kJ/m²	23 4	0 2			NKS
IZOD-Kerbschlagzähigkeit (2)	J/m					
Kerbschlagzugzähigkeit	kJ/m²					

Kunststoffe © Springer-Verlag Berlin Heidelberg 1988
Kopieren, Vervielfältigen und Speichern in Datenverarbeitungsanlagen (auch auszugsweise) ist nur mit schriftlicher Genehmigung des Verlages gestattet

Datenbank-Nr. **T04236** Merkblatt-Nr. **2017**

Abrieb und Reibung

Taber-Abrieb (Reibradverfahren)	mm³/100 U	
Abriebfaktor LNP (Thrust washer) Vergleichswert		
Statische Reibungszahl		
Dynamische Reibungszahl	(p·v= N/mm² · m/min)	
Zulässiger p · v Wert	N/mm² · (m/min) v=	m/min
	v=	m/min

Thermische Eigenschaften

Formbeständigkeit in der Wärme	Verfahren	A		70 °C
	Verfahren	B		130 °C
Vicat Erweichungstemperatur (VST)	Verfahren	A/50		155 °C
	Verfahren	B/50		102 °C
Kristallit-Schmelzpunkt	Verfahren	DIN 53736, Polarisationsmikroskop		165 °C
Längenausdehnungskoeffizient	Bereich	20–90 °C		$1\text{--}2 \cdot 10^{-4} \text{K}^{-1}$
	Temperatur °C			$\cdot 10^{-4} \text{K}^{-1}$
Wärmeleitfähigkeit	Verfahren	DIN 53612	23 °C	0.22 W/(K·m)
Spezifische Wärmekapazität	Verfahren	Adiabat. Kalorimeter	23 °C	1.7 J/(K·g)
Glasumwandlungstemperatur	Torsionsschwingungsversuch		°C	
	Differentialkalorimetrie		°C	

Brandverhalten

UL-Test vertikal		Dicke	mm, Wert	
		Dicke	mm, Wert	
	Norm	Bewertung		Abmessungen
Sauerstoff-Index	ASTM D 2863			
Glühstab-Verfahren				
Brandverhalten	DIN 4102			
MVSS				
FAR				

Elektrische Eigenschaften

		Hz	°C		Probekörper, Form
Dielektrizitätszahl		50	23	2.25	0.2 mm dick
		10³	23	2.25	0.2 mm dick
		10⁶	23	2.25	0.2 mm dick
Dielektrischer Verlustfaktor tan δ		50	23	0.0002–0.00028	0.2 mm dick
		10³	23	0.00021–0.00031	0.2 mm dick
		10⁶	23	0.00040–0.00050	0.2 mm dick
Spezifischer Durchgangswiderstand	Ohm·cm		23	$\geq 1.0 \cdot 10^{16}$	0.2 mm dick
Durchschlagfestigkeit	kV/mm		23	55–90	0.2 mm dick
Oberflächenwiderstand	Ohm		23	$\geq 1.0 \cdot 10^{13}$	1 mm dick
Kriechstromfestigkeit		KC >600	KB	KA	120x80x4 mm
Elektrolytische Korrosionswirkung					
Lichtbogenfestigkeit nach DIN		L4			120x120x10 mm
nach ASTM	s				

Beständigkeit (Chemische Beständigkeit siehe Anhang)

Wasseraufnahme

Feuchtigkeitsaufnahme Normalklima   %
Wetterbeständigkeit

Spannungskorrosion

Optische Eigenschaften

Brechungszahl n_D
Transmissionsgrad τ_c %   mm dick
Lichtdurchlässigkeit

Datenbank-Nr.	**T04237**	Merkblatt-Nr. **2018**

PP

Produkt	Polypropylen
Handelsname	**Hostalen PPH 1822**
Hersteller	HOECHST
DIN-Bez 1	16774-PP-B,MAHG,95-M003
DIN-Bez 2	
Zusätze	
Füllstoffe/Verstärkung	
Bevorzugte Verarbeitung	Spritzgiessen
Lieferform	Granulat
Farben	Natur
Besondere Merkmale	Kfz-Sondertyp
Bevorzugte Anwendungen	Konstruktiv-starr ausgelegter Kuehlwasserausgleichsbehaelter

Dichte	g/cm³	0.90
Schüttdichte	g/cm³	
Viskositätszahl	ml/g	
Schmelzindex	g/10 min	0.6 : 190/5.0
Volumenfließindex	cm³/10 min	:

Verarbeitungsbedingungen für Spritzgießen

Massetemp.	°C	200–300
Werkzeugtemp.	°C	20–80
Spritzdruck	bar	≧600
Schwindung	%	lgs 1.0–2.5, quer 1.0–2.5
Bemerkungen		

Zugversuch 23 °C DIN 53455;
Probekörper: Form Nr 3 im Verh. 1:4 Herstellung Aus Pressplatte
Zustand Vorbehandlung Normalklima

Streckspannung	N/mm²	27	Dehnung bei Streckspannung	%	18
Zugfestigkeit	N/mm²		Reißdehnung	%	
Reißfestigkeit	N/mm²		% Dehnspannung	N/mm²	
E-Modul	N/mm²		Dehnung bei % Dehnspg.	%	

Kriechmoduln und Zeitstandwerte 23 °C
Probekörper: Form Herstellung
Zustand Vorbehandlung

Kriechmodul	1 min	N/mm²	Zeitstandzugfestigkeit	h	N/mm²
Kriechmodul	1000 h	N/mm²	Zeitdehnspg. %	h	N/mm²
bei Spannung		N/mm²			

Biegeversuch 23 °C DIN 53452;
Probekörper: Form Stab 80x10x4 mm Herstellung Pressen
Zustand Vorbehandlung Normalklima

Biegefestigkeit	N/mm²		E-Modul	N/mm²
3,5% Biegespannung	N/mm²	20		

Härte 23 °C Probekörper: Zustand Herstellung Pressen
 Vorbehandlung Normalklima

Kugeldruckhärte	N/mm²	49	bei 132 N, 30 s
Rockwellhärte			Shore-Härte A
			Shore-Härte D 66

Schlagversuch Probekörper: (1) V-Kerbe Herstellung Spritzgiessen
(2) Vorbehandlung Normalklima
Zustand

		°C	°C	°C	Probekörper-Form
Schlagzähigkeit	kJ/m²	23 o.B.			NKS
Kerbschlagzähigkeit (1)	kJ/m²	23 40	0 17	-20 10	NKS
IZOD-Kerbschlagzähigkeit (2)	J/m				
Kerbschlagzugzähigkeit	kJ/m²				

Datenbank-Nr. **T04237** Merkblatt-Nr. **2018**

Abrieb und Reibung

Taber-Abrieb (Reibradverfahren)	mm³/100 U	
Abriebfaktor LNP (Thrust washer) Vergleichswert		
Statische Reibungszahl		
Dynamische Reibungszahl	$(p \cdot v =$ N/mm² ·	m/min)
Zulässiger p · v Wert	N/mm² · (m/min) v =	m/min
	v =	m/min

Thermische Eigenschaften

Formbeständigkeit in der Wärme	Verfahren	A	51 °C
	Verfahren	B	95 °C
Vicat Erweichungstemperatur (VST)	Verfahren	A/50	145 °C
	Verfahren	B/50	73 °C
Kristallit-Schmelzpunkt	Verfahren	DIN 53736 , Polarisationsmikroskop	165 °C
Längenausdehnungskoeffizient	Bereich	20–90 °C	$1-2 \cdot 10^{-4} K^{-1}$
	Temperatur	°C	$\cdot 10^{-4} K^{-1}$
Wärmeleitfähigkeit	Verfahren	DIN 53612 23 °C	0.22 W/(K·m)
Spezifische Wärmekapazität	Verfahren	Adiabat. Kalorimeter 23 °C	1.7 J/(K·g)
Glasumwandlungstemperatur		Torsionsschwingungsversuch	°C
		Differentialkalorimetrie	°C

Brandverhalten

UL-Test vertikal   Dicke   mm, Wert
              Dicke   mm, Wert

	Norm	Bewertung	Abmessungen
Sauerstoff-Index	ASTM D 2863		
Glühstab-Verfahren			
Brandverhalten	DIN 4102		
MVSS			
FAR			

Elektrische Eigenschaften

	Hz	°C		Probekörper, Form
Dielektrizitätszahl	50	23	2.25	0.2 mm dick
	10³	23	2.25	0.2 mm dick
	10⁶	23	2.25	0.2 mm dick
Dielektrischer Verlustfaktor tan δ	50	23	0.0002–0.00028	0.2 mm dick
	10³	23	0.00021–0.00031	0.2 mm dick
	10⁶	23	0.00040–0.00050	0.2 mm dick
Spezifischer Durchgangswiderstand	Ohm · cm	23	$\geq 1.0 \cdot 10^{**}16$	0.2 mm dick
Durchschlagfestigkeit	kV/mm	23	55–90	0.2 mm dick
Oberflächenwiderstand	Ohm	23	$\geq 1.0 \cdot 10^{**}13$	1 mm dick
Kriechstromfestigkeit	KC >600	KB	KA	120x80x4 mm
Elektrolytische Korrosionswirkung				
Lichtbogenfestigkeit nach DIN	L4			120x120x10 mm
nach ASTM	s			

Beständigkeit (Chemische Beständigkeit siehe Anhang)

Wasseraufnahme

Feuchtigkeitsaufnahme Normalklima   %
Wetterbeständigkeit

Spannungskorrosion

Optische Eigenschaften

Brechungszahl n_D
Transmissionsgrad τ_c %   mm dick
Lichtdurchlässigkeit

Datenbank-Nr.	**T04238**		Merkblatt-Nr.	**2019**
				PP

Produkt	Polypropylen
Handelsname	**Hostalen PPR 1745**
Hersteller	HOECHST
DIN-Bez 1	16774-PP-B,MPAG,75-M045
DIN-Bez 2	

Zusätze	Grundstabilisierung	Füllstoffe/Verstärkung	
Bevorzugte Verarbeitung	Spritzgiessen	Lieferform	Granulat
		Farben	Natur
Besondere Merkmale	Sehr hohe Schlagzaehigkeit auch in der Kaelte	Bevorzugte Anwendungen	Stossbeanspruchtes Formteil; Batteriekasten; Werkzeugkoffer; Verbandkasten; Stuhlsitz; Kfz-Teil; Verkleidung; Schutzleiste; Konsole; Maschinengehaeuse

Dichte	g/cm³	0.906	Schmelzindex	g/10 min	6:	190/5.0
Schüttdichte	g/cm³		Volumenfließindex	cm³/10 min	:	
Viskositätszahl	ml/g					

Verarbeitungsbedingungen für Spritzgießen

Massetemp.	°C	200–300	Schwindung	%	lgs 1.0–2.5, quer 1.0–2.5
Werkzeugtemp.	°C	20–80	Bemerkungen		
Spritzdruck	bar	≧600			

Zugversuch 23 °C	DIN 53455;					
	Probekörper:	Form	Nr 3		Herstellung	Aus Pressplatte
		Zustand			Vorbehandlung	Normalklima
Streckspannung	N/mm²	22		Dehnung bei Streckspannung	%	10
Zugfestigkeit	N/mm²			Reißdehnung	%	
Reißfestigkeit	N/mm²			% Dehnspannung	N/mm²	
E-Modul	N/mm²			Dehnung bei % Dehnspg.	%	

Kriechmoduln und Zeitstandwerte 23 °C

	Probekörper:	Form		Herstellung	
		Zustand		Vorbehandlung	
Kriechmodul	1 min	N/mm²	Zeitstandzugfestigkeit	h	N/mm²
Kriechmodul	1000 h	N/mm²	Zeitdehnspg. %	h	N/mm²
bei Spannung		N/mm²			

Biegeversuch 23 °C	DIN 53452; DIN 53457				
	Probekörper:	Form	Stab 80x10x4 mm	Herstellung	Pressen
		Zustand		Vorbehandlung	Normalklima
Biegefestigkeit	N/mm²			E-Modul	N/mm² 1200
3,5% Biegespannung	N/mm²	26			

Härte 23 °C	Probekörper:	Zustand		Herstellung	Pressen
				Vorbehandlung	Normalklima
Kugeldruckhärte	N/mm²	54	bei 132 N, 30 s	Shore-Härte A	
Rockwellhärte				Shore-Härte D	65

Schlagversuch	Probekörper:	(1) V-Kerbe					
		(2)			Herstellung	Spritzgiessen	
		Zustand			Vorbehandlung	Normalklima	
		°C		°C	°C	Probekörper-Form	
Schlagzähigkeit	kJ/m²	23 o.B.				NKS	
Kerbschlagzähigkeit (1)	kJ/m²	23 38		0 17	-20 11	NKS	
IZOD-Kerbschlagzähigkeit (2)	J/m						
Kerbschlagzugzähigkeit	kJ/m²						

Datenbank-Nr. **T04238** Merkblatt-Nr. **2019**

Abrieb und Reibung

Taber-Abrieb (Reibradverfahren)	mm³/100 U	
Abriebfaktor LNP (Thrust washer) Vergleichswert		
Statische Reibungszahl		
Dynamische Reibungszahl	(p·v = N/mm² · m/min)	
Zulässiger p · v Wert	N/mm² · (m/min) v =	m/min
	v =	m/min

Thermische Eigenschaften

Formbeständigkeit in der Wärme	Verfahren	A		52 °C
	Verfahren	B		100 °C
Vicat Erweichungstemperatur (VST)	Verfahren	A/50		137 °C
	Verfahren	B/50		72 °C
Kristallit-Schmelzpunkt	Verfahren	DIN 53736, Polarisationsmikroskop		165 °C
Längenausdehnungskoeffizient	Bereich	20–90 °C		$1-2 \cdot 10^{-4} K^{-1}$
	Temperatur °C			$\cdot 10^{-4} K^{-1}$
Wärmeleitfähigkeit	Verfahren	DIN 53612	23 °C	0.22 W/(K · m)
Spezifische Wärmekapazität	Verfahren	Adiabat. Kalorimeter	23 °C	1.7 J/(K · g)
Glasumwandlungstemperatur	Torsionsschwingungsversuch			°C
	Differentialkalorimetrie			°C

Brandverhalten

UL-Test vertikal   Dicke mm, Wert
                   Dicke mm, Wert

	Norm	Bewertung	Abmessungen
Sauerstoff-Index	ASTM D 2863		
Glühstab-Verfahren			
Brandverhalten	DIN 4102		
MVSS			
FAR			

Elektrische Eigenschaften

		Hz	°C		Probekörper, Form
Dielektrizitätszahl		50	23	2.25	0.2 mm dick
		10^3	23	2.25	0.2 mm dick
		10^6	23	2.25	0.2 mm dick
Dielektrischer Verlustfaktor tan δ		50	23	0.0002–0.00028	0.2 mm dick
		10^3	23	0.00021–0.00031	0.2 mm dick
		10^6	23	0.00040–0.00050	0.2 mm dick
Spezifischer Durchgangs-widerstand	Ohm · cm		23	$\geq 1.0*10^{**}16$	0.2 mm dick
Durchschlagfestigkeit	kV/mm		23	55–90	0.2 mm dick
Oberflächenwiderstand	Ohm		23	$\geq 1.0*10^{**}13$	1 mm dick
Kriechstromfestigkeit		KC >600	KB	KA	120x80x4 mm
Elektrolytische Korrosionswirkung					
Lichtbogenfestigkeit nach DIN		L4			120x120x10 mm
nach ASTM	s				

Beständigkeit (Chemische Beständigkeit siehe Anhang)

Wasseraufnahme

Feuchtigkeitsaufnahme Normalklima   %
Wetterbeständigkeit

Spannungskorrosion

Optische Eigenschaften

Brechungszahl n_D
Transmissionsgrad τ_c %   mm dick
Lichtdurchlässigkeit

Datenbank-Nr.	**T04239**	Merkblatt-Nr. **2020**

PP

Produkt	Polypropylen
Handelsname	**Hostalen PPT 1752 S 1**
Hersteller	HOECHST
DIN-Bez 1	16774-PP-B,MAGN,85-M090
DIN-Bez 2	
Zusätze	
Füllstoffe/Verstärkung	
Bevorzugte Verarbeitung	Spritzgiessen
Lieferform	Granulat
Farben	Natur
Besondere Merkmale	Sondereinstellung; Enge Molmasseverteilung; Hohe Formbestaendigkeit in der Waerme
Bevorzugte Anwendungen	Verpackungseimer

Dichte	g/cm^3	0.904	Schmelzindex	g/10 min	11: 190/5.0
Schüttdichte	g/cm^3		Volumenfließindex	cm^3/10 min	:
Viskositätszahl	ml/g				

Verarbeitungsbedingungen für Spritzgießen

Massetemp.	°C	200–300	Schwindung	%	lgs 1.0–2.5, quer 1.0–2.5
Werkzeugtemp.	°C	20–80	Bemerkungen		
Spritzdruck	bar	≧600			

Zugversuch 23 °C DIN 53455;

	Probekörper:	Form	Nr 3 im Verh. 1:4	Herstellung	Aus Pressplatte
		Zustand		Vorbehandlung	Normalklima
Streckspannung	N/mm^2	29	Dehnung bei Streckspannung	%	14
Zugfestigkeit	N/mm^2		Reißdehnung	%	
Reißfestigkeit	N/mm^2		% Dehnspannung	N/mm^2	
E-Modul	N/mm^2		Dehnung bei % Dehnspg.	%	

Kriechmoduln und Zeitstandwerte 23 °C

	Probekörper:	Form		Herstellung	
		Zustand		Vorbehandlung	
Kriechmodul	1 min N/mm^2		Zeitstandzugfestigkeit	h N/mm^2	
Kriechmodul	1000 h N/mm^2		Zeitdehnspg. %	h N/mm^2	
bei Spannung	N/mm^2				

Biegeversuch 23 °C DIN 53452;

	Probekörper:	Form	Stab 80x10x4 mm	Herstellung	Pressen
		Zustand		Vorbehandlung	Normalklima
Biegefestigkeit	N/mm^2		E-Modul	N/mm^2	
3,5% Biegespannung	N/mm^2	28			

Härte 23 °C

	Probekörper:	Zustand		Herstellung	Pressen
				Vorbehandlung	Normalklima
Kugeldruckhärte	N/mm^2	57	bei 132 N, 30 s	Shore-Härte A	
Rockwellhärte				Shore-Härte D	67

Schlagversuch

	Probekörper:	(1) V-Kerbe
		(2)
		Zustand
	Herstellung	Spritzgiessen
	Vorbehandlung	Normalklima

		°C	°C	°C	Probekörper-Form
Schlagzähigkeit	kJ/m^2	23 o.B.			NKS
Kerbschlagzähigkeit (1)	kJ/m^2	23 15	0 8	-20 5	NKS
IZOD-Kerbschlagzähigkeit (2)	J/m				
Kerbschlagzugzähigkeit	kJ/m^2				

Datenbank-Nr. **T04239** Merkblatt-Nr. **2020**

Abrieb und Reibung

Taber-Abrieb (Reibradverfahren)	mm³/100 U	
Abriebfaktor LNP (Thrust washer) Vergleichswert		
Statische Reibungszahl		
Dynamische Reibungszahl	(p·v= N/mm² · m/min)	
Zulässiger p·v Wert	N/mm² · (m/min) v= m/min	
	v= m/min	

Thermische Eigenschaften

Formbeständigkeit in der Wärme	Verfahren	A	60 °C
	Verfahren	B	115 °C
Vicat Erweichungstemperatur (VST)	Verfahren	A/50	147 °C
	Verfahren	B/50	76 °C
Kristallit-Schmelzpunkt	Verfahren	DIN 53736, Polarisationsmikroskop	165 °C
Längenausdehnungskoeffizient	Bereich	20–90 °C	$1-2 \cdot 10^{-4} K^{-1}$
	Temperatur °C		$\cdot 10^{-4} K^{-1}$
Wärmeleitfähigkeit	Verfahren	DIN 53612 23 °C	0.22 W/(K·m)
Spezifische Wärmekapazität	Verfahren	Adiabat. Kalorimeter 23 °C	1.7 J/(K·g)
Glasumwandlungstemperatur	Torsionsschwingungsversuch		°C
	Differentialkalorimetrie		°C

Brandverhalten

UL-Test vertikal   Dicke   mm, Wert
   Dicke   mm, Wert

	Norm	Bewertung	Abmessungen
Sauerstoff-Index	ASTM D 2863		
Glühstab-Verfahren			
Brandverhalten	DIN 4102		
MVSS			
FAR			

Elektrische Eigenschaften

		Hz	°C		Probekörper, Form
Dielektrizitätszahl		50	23	2.25	0.2 mm dick
		10³	23	2.25	0.2 mm dick
		10⁶	23	2.25	0.2 mm dick
Dielektrischer Verlustfaktor tan δ		50	23	0.0002–0.00028	0.2 mm dick
		10³	23	0.00021–0.00031	0.2 mm dick
		10⁶	23	0.00040–0.00050	0.2 mm dick
Spezifischer Durchgangswiderstand	Ohm·cm		23	≧ 1.0*10**16	0.2 mm dick
Durchschlagfestigkeit	kV/mm		23	55–90	0.2 mm dick
Oberflächenwiderstand	Ohm		23	≧ 1.0*10**13	1 mm dick
Kriechstromfestigkeit		KC >600	KB	KA	120x80x4 mm
Elektrolytische Korrosionswirkung					
Lichtbogenfestigkeit nach DIN		L4			120x120x10 mm
nach ASTM	s				

Beständigkeit (Chemische Beständigkeit siehe Anhang)

Wasseraufnahme

Feuchtigkeitsaufnahme Normalklima
Wetterbeständigkeit   %

Spannungskorrosion

Optische Eigenschaften

Brechungszahl n_D
Transmissionsgrad τ_c %   mm dick
Lichtdurchlässigkeit

Datenbank-Nr.	**T04240**		Merkblatt-Nr.	**2021**
				PP
Produkt	Polypropylen-Elastomerblend			
Handelsname	**Hostalen PPN 8009**			
Hersteller	HOECHST			
DIN-Bez 1	16774-PP-Q,MAPG,00-M022			
DIN-Bez 2				
Zusätze	Grundstabilisierung	Füllstoffe/Verstärkung		
Bevorzugte Verarbeitung	Spritzgiessen	Lieferform	Granulat	
		Farben	Natur	
Besondere Merkmale	Extrem hohe Schlagzaehigkeit auch in der Kaelte	Bevorzugte Anwendungen	Kotfluegel fuer Nutzfahrzeuge; Pkw-Spoiler	

Dichte	g/cm³	0.896	Schmelzindex g/10 min	4: 190/5.0
Schüttdichte	g/cm³		Volumenfließindex cm³/10 min	:
Viskositätszahl	ml/g			

Verarbeitungsbedingungen für Spritzgießen

Massetemp.	°C	200–300	Schwindung %	lgs 1.0–2.5, quer 1.0–2.5
Werkzeugtemp.	°C	20–80	Bemerkungen	
Spritzdruck	bar	≧600		

Zugversuch 23 °C DIN 53455;

	Probekörper:	Form	Nr 3	Herstellung	Aus Pressplatte
		Zustand		Vorbehandlung	Normalklima
Streckspannung	N/mm²	10		Dehnung bei Streckspannung %	11
Zugfestigkeit	N/mm²			Reißdehnung %	
Reißfestigkeit	N/mm²			% Dehnspannung N/mm²	
E-Modul	N/mm²			Dehnung bei % Dehnspg. %	

Kriechmoduln und Zeitstandwerte 23 °C

	Probekörper:	Form	Herstellung	
		Zustand	Vorbehandlung	
Kriechmodul	1 min	N/mm²	Zeitstandzugfestigkeit h N/mm²	
Kriechmodul	1000 h	N/mm²	Zeitdehnspg. % h N/mm²	
bei Spannung		N/mm²		

Biegeversuch 23 °C

	Probekörper:	Form	Herstellung	
		Zustand	Vorbehandlung	
Biegefestigkeit	N/mm²		E-Modul	N/mm²
3,5% Biegespannung	N/mm²			

Härte 23 °C

	Probekörper:	Zustand	Herstellung	Pressen
			Vorbehandlung	Normalklima
Kugeldruckhärte	N/mm² 16	bei 49 N, 30 s	Shore-Härte A	
Rockwellhärte			Shore-Härte D	46

Schlagversuch

	Probekörper:	(1) V-Kerbe		Herstellung	Spritzgiessen
		(2)		Vorbehandlung	Normalklima
		Zustand			
		°C	°C	°C	Probekörper-Form
Schlagzähigkeit	kJ/m²	23 o.B.			NKS
Kerbschlagzähigkeit (1)	kJ/m²	23 o.B.	0 o.B.	-20 o.B.	NKS
IZOD-Kerbschlagzähigkeit (2)	J/m				
Kerbschlagzugzähigkeit	kJ/m²				

Datenbank-Nr. **T04240**   Merkblatt-Nr. **2021**

Abrieb und Reibung

Taber-Abrieb (Reibradverfahren)	mm³/100 U	
Abriebfaktor LNP (Thrust washer) Vergleichswert		
Statische Reibungszahl		
Dynamische Reibungszahl	(p·v = N/mm² ·	m/min)
Zulässiger p · v Wert	N/mm² · (m/min) v =	m/min
	v =	m/min

Thermische Eigenschaften

Formbeständigkeit in der Wärme	Verfahren	A	40 °C
	Verfahren	B	60 °C
Vicat Erweichungstemperatur (VST)	Verfahren	A/50	100 °C
	Verfahren		°C
Kristallit-Schmelzpunkt	Verfahren	DIN 53736, Polarisationsmikroskop	165 °C
Längenausdehnungskoeffizient	Bereich	20–90 °C	1–$2 \cdot 10^{-4} K^{-1}$
	Temperatur °C		$\cdot 10^{-4} K^{-1}$
Wärmeleitfähigkeit	Verfahren	DIN 53612 23 °C	0.22 W/(K · m)
Spezifische Wärmekapazität	Verfahren	Adiabat. Kalorimeter 23 °C	1.7 J/(K · g)
Glasumwandlungstemperatur	Torsionsschwingungsversuch		°C
	Differentialkalorimetrie		°C

Brandverhalten

UL-Test vertikal		Dicke	mm, Wert	
		Dicke	mm, Wert	
	Norm	Bewertung		Abmessungen
Sauerstoff-Index	ASTM D 2863			
Glühstab-Verfahren				
Brandverhalten	DIN 4102			
MVSS				
FAR				

Elektrische Eigenschaften

		Hz	°C		Probekörper, Form
Dielektrizitätszahl		50	23	2.25	0.2 mm dick
		10³	23	2.25	0.2 mm dick
		10⁶	23	2.25	0.2 mm dick
Dielektrischer Verlustfaktor tan δ		50	23	0.0002–0.00028	0.2 mm dick
		10³	23	0.00021–0.00031	0.2 mm dick
		10⁶	23	0.00040–0.00050	0.2 mm dick
Spezifischer Durchgangs-widerstand	Ohm · cm		23	$\geq 1.0 \ast 10^{\ast\ast}16$	0.2 mm dick
Durchschlagfestigkeit	kV/mm		23	55–90	0.2 mm dick
Oberflächenwiderstand	Ohm		23	$\geq 1.0 \ast 10^{\ast\ast}13$	1 mm dick
Kriechstromfestigkeit		KC >600	KB	KA	120x80x4 mm
Elektrolytische Korrosionswirkung					
Lichtbogenfestigkeit nach DIN		L4			120x120x10 mm
nach ASTM	s				

Beständigkeit (Chemische Beständigkeit siehe Anhang)

Wasseraufnahme

Feuchtigkeitsaufnahme Normalklima
Wetterbeständigkeit   %

Spannungskorrosion

Optische Eigenschaften

Brechungszahl n_D			
Transmissionsgrad τ_c	%	mm dick	
Lichtdurchlässigkeit			

Datenbank-Nr.	**T04241**	Merkblatt-Nr. **2022**

PEI

Produkt	Polyetherimid
Handelsname	**Thermocomp E-1000**
Hersteller	LNP
DIN-Bez 1	
DIN-Bez 2	
Zusätze	
Füllstoffe/Verstärkung	
Bevorzugte Verarbeitung	Spritzgiessen
Lieferform	Granulat
Farben	
Besondere Merkmale	Hohe Waermeformbestaendigkeit; Geringe Reibung
Bevorzugte Anwendungen	Technisches Formteil

Dichte	g/cm³	1.27
Schüttdichte	g/cm³	
Viskositätszahl	ml/g	
Schmelzindex	g/10 min	:
Volumenfließindex	cm³/10 min	:

Verarbeitungsbedingungen für Spritzgießen

Massetemp.	°C	
Werkzeugtemp.	°C	
Spritzdruck	bar	
Schwindung	%	lgs 0.5–0.7, quer 0.5–0.7
Bemerkungen		

Zugversuch 23 °C ASTM D 638;

Probekörper: Form / Zustand
Herstellung: Spritzgiessen
Vorbehandlung: Normalklima

Streckspannung	N/mm²	
Zugfestigkeit	N/mm²	105
Reißfestigkeit	N/mm²	
E-Modul	N/mm²	
Dehnung bei Streckspannung	%	
Reißdehnung	%	
% Dehnspannung	N/mm²	
Dehnung bei % Dehnspg.	%	

Kriechmoduln und Zeitstandwerte 23 °C

Probekörper: Form / Zustand
Herstellung / Vorbehandlung

Kriechmodul	1 min N/mm²	
Kriechmodul	1000 h N/mm²	
bei Spannung	N/mm²	
Zeitstandzugfestigkeit	h N/mm²	
Zeitdehnspg. %	h N/mm²	

Biegeversuch 23 °C ASTM D 790;

Probekörper: Form / Zustand
Herstellung: Spritzgiessen
Vorbehandlung: Normalklima

Biegefestigkeit	N/mm²	145
3,5% Biegespannung	N/mm²	
E-Modul	N/mm²	3350

Härte 23 °C

Probekörper: Zustand
Herstellung / Vorbehandlung

Kugeldruckhärte	N/mm²		bei	N, s
Rockwellhärte				
Shore-Härte A				
Shore-Härte D				

Schlagversuch

Probekörper: (1) / (2) V-Kerbe / Zustand
Herstellung: Spritzgiessen
Vorbehandlung: Normalklima

°C °C °C Probekörper-Form

Schlagzähigkeit	kJ/m²	
Kerbschlagzähigkeit (1)	kJ/m²	
IZOD-Kerbschlagzähigkeit (2)	J/m	23 27
Kerbschlagzugzähigkeit	kJ/m²	

Kunststoffe © Springer-Verlag Berlin Heidelberg 1988
Kopieren, Vervielfältigen und Speichern in Datenverarbeitungsanlagen (auch auszugsweise) ist nur mit schriftlicher Genehmigung des Verlages gestattet

Datenbank-Nr. **T04241**   *Merkblatt-Nr.* **2022**

Abrieb und Reibung

Taber-Abrieb (Reibradverfahren)	mm³/100 U	
Abriebfaktor LNP (Thrust washer) Vergleichswert	4700	
Statische Reibungszahl	0.18	
Dynamische Reibungszahl	(p·v = 0.28 N/mm² · 15 m/min)	0.17
Zulässiger p·v Wert	N/mm² · (m/min) v = m/min	
	v = m/min	

Thermische Eigenschaften

Formbeständigkeit in der Wärme	Verfahren A		199 °C
	Verfahren B		210 °C
Vicat Erweichungstemperatur (VST)	Verfahren		°C
	Verfahren		°C
Kristallit-Schmelzpunkt	Verfahren		
Längenausdehnungskoeffizient	Bereich °C		$\cdot 10^{-4} K^{-1}$
	Temperatur 23 °C		$0.61 \cdot 10^{-4} K^{-1}$
Wärmeleitfähigkeit	Verfahren ASTM C 177	23 °C	0.22 W/(K·m)
Spezifische Wärmekapazität	Verfahren		J/(K·g)
Glasumwandlungstemperatur	Torsionsschwingungsversuch	°C	
	Differentialkalorimetrie	°C	

Brandverhalten

UL-Test vertikal   Dicke   mm, Wert V-0
                   Dicke   mm, Wert

	Norm	Bewertung	Abmessungen
Sauerstoff-Index	ASTM D 2863	48 %	
Glühstab-Verfahren			
Brandverhalten	DIN 4102		
MVSS			
FAR			

Elektrische Eigenschaften

	Hz	°C		Probekörper, Form
Dielektrizitätszahl	50			
	10³			
	10⁶			
Dielektrischer Verlustfaktor tan δ	50			
	10³			
	10⁶			
Spezifischer Durchgangswiderstand	Ohm·cm			
Durchschlagfestigkeit	kV/mm			mm dick
Oberflächenwiderstand	Ohm	23	1.0*10**17	
Kriechstromfestigkeit	KC	KB	KA	
Elektrolytische Korrosionswirkung				
Lichtbogenfestigkeit nach DIN				
nach ASTM	s			

Beständigkeit (Chemische Beständigkeit siehe Anhang)

Wasseraufnahme 23 C		1 d	0.25 %
23 C Bis zur Saettigung			1.25 %
Feuchtigkeitsaufnahme Normalklima			%
Wetterbeständigkeit			
Spannungskorrosion			

Optische Eigenschaften

Brechungszahl n_D
Transmissionsgrad τ_c %   mm dick
Lichtdurchlässigkeit

Datenbank-Nr.	**T04242**			Merkblatt-Nr.	**2023**

PEI

Produkt	Polyetherimid
Handelsname	**Thermocomp EC-1006**
Hersteller	LNP
DIN-Bez 1	
DIN-Bez 2	

Zusätze		Füllstoffe/Verstärkung	30% Kohlenstoffasern
Bevorzugte Verarbeitung	Spritzgiessen	Lieferform	Granulat
		Farben	
Besondere Merkmale	Extrem hoher Modul; Sehr hohe Festigkeit; Geringer Abrieb	Bevorzugte Anwendungen	Technisches Formteil

---

Dichte	g/cm³	1.39		Schmelzindex	g/10 min	:
Schüttdichte	g/cm³			Volumenfließindex	cm³/10 min	:
Viskositätszahl	ml/g					

Verarbeitungsbedingungen für Spritzgießen

Massetemp.	°C		Schwindung	%	lgs 0.2, quer
Werkzeugtemp.	°C		Bemerkungen		
Spritzdruck	bar				

Zugversuch 23 °C ASTM D 638;

Probekörper:	Form		Herstellung	Spritzgiessen
	Zustand		Vorbehandlung	Normalklima

Streckspannung	N/mm²		Dehnung bei Streckspannung		%
Zugfestigkeit	N/mm²	235	Reißdehnung		%
Reißfestigkeit	N/mm²		% Dehnspannung		N/mm²
E-Modul	N/mm²		Dehnung bei % Dehnspg.		%

Kriechmoduln und Zeitstandwerte 23 °C

Probekörper:	Form	Herstellung	
	Zustand	Vorbehandlung	

Kriechmodul	1 min	N/mm²	Zeitstandzugfestigkeit	h	N/mm²
Kriechmodul	1000 h	N/mm²	Zeitdehnspg. %	h	N/mm²
bei Spannung		N/mm²			

Biegeversuch 23 °C ASTM D 790;

Probekörper:	Form		Herstellung	Spritzgiessen
	Zustand		Vorbehandlung	Normalklima

Biegefestigkeit	N/mm²	305	E-Modul	N/mm² 17500
3,5% Biegespannung	N/mm²			

Härte 23 °C

Probekörper:	Zustand	Herstellung	
		Vorbehandlung	

Kugeldruckhärte	N/mm²	bei	N, s	Shore-Härte A	
Rockwellhärte				Shore-Härte D	

Schlagversuch

Probekörper:	(1)	Herstellung	Spritzgiessen
	(2) V-Kerbe	Vorbehandlung	Normalklima
	Zustand		
	°C °C °C		Probekörper-Form

Schlagzähigkeit	kJ/m²		
Kerbschlagzähigkeit (1)	kJ/m²		
IZOD-Kerbschlagzähigkeit (2)	J/m	23	75
Kerbschlagzugzähigkeit	kJ/m²		

Kunststoffe © Springer-Verlag Berlin Heidelberg 1988
Kopieren, Vervielfältigen und Speichern in Datenverarbeitungsanlagen (auch auszugsweise) ist nur mit schriftlicher Genehmigung des Verlages gestattet

Datenbank-Nr. **T04242** Merkblatt-Nr. **2023**

Abrieb und Reibung

Taber-Abrieb (Reibradverfahren)	mm³/100 U	
Abriebfaktor LNP (Thrust washer) Vergleichswert	89	
Statische Reibungszahl	0.21	
Dynamische Reibungszahl	(p·v = 0.28 N/mm² · 15 m/min)	0.23
Zulässiger p·v Wert	N/mm² · (m/min) v = m/min	
	v = m/min	

Thermische Eigenschaften

Formbeständigkeit in der Wärme	Verfahren A		216 °C
	Verfahren B		218 °C
Vicat Erweichungstemperatur (VST)	Verfahren		°C
	Verfahren		°C
Kristallit-Schmelzpunkt	Verfahren		
Längenausdehnungskoeffizient	Bereich °C		$\cdot 10^{-4} K^{-1}$
	Temperatur 23 °C		$0.13 \cdot 10^{-4} K^{-1}$
Wärmeleitfähigkeit	Verfahren ASTM C 177	23 °C	0.74 W/(K·m)
Spezifische Wärmekapazität	Verfahren		J/(K·g)
Glasumwandlungstemperatur	Torsionsschwingungsversuch	°C	
	Differentialkalorimetrie	°C	

Brandverhalten

UL-Test vertikal	Dicke mm, Wert V-0		
	Dicke mm, Wert		
	Norm	Bewertung	Abmessungen
Sauerstoff-Index	ASTM D 2863	50 %	
Glühstab-Verfahren			
Brandverhalten	DIN 4102		
MVSS			
FAR			

Elektrische Eigenschaften

		Hz	°C		Probekörper, Form
Dielektrizitätszahl		50			
		10^3			
		10^6			
Dielektrischer Verlustfaktor tan δ		50			
		10^3			
		10^6			
Spezifischer Durchgangswiderstand	Ohm · cm		23	1.0*10**04	
Durchschlagfestigkeit	kV/mm				mm dick
Oberflächenwiderstand	Ohm		23	1.0*10**04	
Kriechstromfestigkeit		KC	KB	KA	
Elektrolytische Korrosionswirkung					
Lichtbogenfestigkeit nach DIN					
nach ASTM	s				

Beständigkeit (Chemische Beständigkeit siehe Anhang)

Wasseraufnahme 23 C		1 d	0.12 %
Feuchtigkeitsaufnahme Normalklima			%
Wetterbeständigkeit			
Spannungskorrosion			

Optische Eigenschaften

Brechungszahl n_D			
Transmissionsgrad τ_c	%	mm dick	
Lichtdurchlässigkeit			

Datenbank-Nr.	**T04243**	Merkblatt-Nr. **2024**
		PEI
Produkt	Polyetherimid	
Handelsname	**Thermocomp EC-1008**	
Hersteller	LNP	
DIN-Bez 1		
DIN-Bez 2		
Zusätze		Füllstoffe/Verstärkung: 40% Kohlenstoffasern
Bevorzugte Verarbeitung	Spritzgiessen	Lieferform: Granulat
		Farben
Besondere Merkmale	Extrem hoher Modul; Extrem hohe Festigkeit; Geringer Abrieb; Hohe Waermeformbestaendigkeit; Geringer elektrischer Widerstand	Bevorzugte Anwendungen: Technisches Formteil

Dichte	g/cm³	1.44	Schmelzindex	g/10 min
Schüttdichte	g/cm³		Volumenfließindex	cm³/10 min
Viskositätszahl	ml/g			

Verarbeitungsbedingungen für Spritzgießen

Massetemp.	°C		Schwindung	% lgs	0.1, quer
Werkzeugtemp.	°C		Bemerkungen		
Spritzdruck	bar				

Zugversuch 23 °C ASTM D 638;
Probekörper: Form
Zustand

Herstellung: Spritzgiessen
Vorbehandlung: Normalklima

Streckspannung	N/mm²		Dehnung bei Streckspannung	%
Zugfestigkeit	N/mm²	260	Reißdehnung	%
Reißfestigkeit	N/mm²		% Dehnspannung	N/mm²
E-Modul	N/mm²		Dehnung bei % Dehnspg.	%

Kriechmoduln und Zeitstandwerte 23 °C
Probekörper: Form
Zustand

Herstellung
Vorbehandlung

Kriechmodul	1 min	N/mm²	Zeitstandzugfestigkeit	h N/mm²
Kriechmodul	1000 h	N/mm²	Zeitdehnspg. %	h N/mm²
bei Spannung		N/mm²		

Biegeversuch 23 °C ASTM D 790;
Probekörper: Form
Zustand

Herstellung: Spritzgiessen
Vorbehandlung: Normalklima

Biegefestigkeit	N/mm²	330	E-Modul	N/mm² 19500
3,5% Biegespannung	N/mm²			

Härte 23 °C Probekörper: Zustand

Herstellung
Vorbehandlung

Kugeldruckhärte	N/mm²	bei N, s	Shore-Härte	A
Rockwellhärte			Shore-Härte	D

Schlagversuch Probekörper: (1)
(2) V-Kerbe
Zustand

Herstellung: Spritzgiessen
Vorbehandlung: Normalklima

°C °C °C Probekörper-Form

Schlagzähigkeit	kJ/m²	
Kerbschlagzähigkeit (1)	kJ/m²	
IZOD-Kerbschlagzähigkeit (2)	J/m	23 70
Kerbschlagzugzähigkeit	kJ/m²	

Kunststoffe © Springer-Verlag Berlin Heidelberg 1988
Kopieren, Vervielfältigen und Speichern in Datenverarbeitungsanlagen (auch auszugsweise) ist nur mit schriftlicher Genehmigung des Verlages gestattet

Datenbank-Nr. **T04243**   Merkblatt-Nr. **2024**

Abrieb und Reibung

Taber-Abrieb (Reibradverfahren)	mm³/100 U	
Abriebfaktor LNP (Thrust washer) Vergleichswert	83	
Statische Reibungszahl	0.20	
Dynamische Reibungszahl	($p \cdot v = 0.28$ N/mm² · 15 m/min)	0.22
Zulässiger $p \cdot v$ Wert	N/mm² · (m/min) $v =$ m/min	
	$v =$ m/min	

Thermische Eigenschaften

Formbeständigkeit in der Wärme	Verfahren A	216 °C
	Verfahren	°C
Vicat Erweichungstemperatur (VST)	Verfahren	°C
	Verfahren	°C
Kristallit-Schmelzpunkt	Verfahren	
Längenausdehnungskoeffizient	Bereich °C	$\cdot 10^{-4} K^{-1}$
	Temperatur 23 °C	$0.09 \cdot 10^{-4} K^{-1}$
Wärmeleitfähigkeit	Verfahren ASTM C 177 23 °C	0.94 W/(K·m)
Spezifische Wärmekapazität	Verfahren	J/(K·g)
Glasumwandlungstemperatur	Torsionsschwingungsversuch	°C
	Differentialkalorimetrie	°C

Brandverhalten

UL-Test vertikal	Dicke mm, Wert V-0		
	Dicke mm, Wert		
	Norm	Bewertung	Abmessungen
Sauerstoff-Index	ASTM D 2863	50 %	
Glühstab-Verfahren			
Brandverhalten	DIN 4102		
MVSS			
FAR			

Elektrische Eigenschaften

		Hz	°C		Probekörper, Form
Dielektrizitätszahl		50			
		10³			
		10⁶			
Dielektrischer Verlustfaktor tan δ		50			
		10³			
		10⁶			
Spezifischer Durchgangswiderstand	Ohm·cm		23	1.0*10**03	
Durchschlagfestigkeit	kV/mm				mm dick
Oberflächenwiderstand	Ohm		23	1.0*10**03	
Kriechstromfestigkeit		KC	KB	KA	
Elektrolytische Korrosionswirkung					
Lichtbogenfestigkeit nach DIN					
nach ASTM	s				

Beständigkeit (Chemische Beständigkeit siehe Anhang)

Wasseraufnahme 23 C	1 d	0.10 %
Feuchtigkeitsaufnahme Normalklima		%
Wetterbeständigkeit		
Spannungskorrosion		

Optische Eigenschaften

Brechungszahl n_D		
Transmissionsgrad τ_c %	mm dick	
Lichtdurchlässigkeit		

Datenbank-Nr.	**T04244**			Merkblatt-Nr.	**2025**

PEI

Produkt	Polyetherimid
Handelsname	**Thermocomp EF-1002**
Hersteller	LNP
DIN-Bez 1	
DIN-Bez 2	
Zusätze	
Füllstoffe/Verstärkung	10% Glasfasern
Bevorzugte Verarbeitung	Spritzgiessen
Lieferform	Granulat
Farben	
Besondere Merkmale	Mittlerer Modul; Hohe Festigkeit; Hohe Waermeformbestaendigkeit
Bevorzugte Anwendungen	Technisches Formteil

Dichte	g/cm³	1.34
Schüttdichte	g/cm³	
Viskositätszahl	ml/g	
Schmelzindex	g/10 min	
Volumenfließindex	cm³/10 min	

Verarbeitungsbedingungen für Spritzgießen

Massetemp.	°C	
Werkzeugtemp.	°C	
Spritzdruck	bar	
Schwindung %	lgs	0.4, quer
Bemerkungen		

Zugversuch 23 °C ASTM D 638;

Probekörper: Form / Zustand
Herstellung: Spritzgiessen
Vorbehandlung: Normalklima

Streckspannung	N/mm²	
Zugfestigkeit	N/mm²	115
Reißfestigkeit	N/mm²	
E-Modul	N/mm²	
Dehnung bei Streckspannung	%	
Reißdehnung	%	
% Dehnspannung	N/mm²	
Dehnung bei % Dehnspg.	%	

Kriechmoduln und Zeitstandwerte 23 °C

Probekörper: Form / Zustand
Herstellung / Vorbehandlung

Kriechmodul	1 min	N/mm²
Kriechmodul	1000 h	N/mm²
bei Spannung		N/mm²
Zeitstandzugfestigkeit	h	N/mm²
Zeitdehnspg. %	h	N/mm²

Biegeversuch 23 °C ASTM D 790;

Probekörper: Form / Zustand
Herstellung: Spritzgiessen
Vorbehandlung: Normalklima

Biegefestigkeit	N/mm²	195
3,5% Biegespannung	N/mm²	
E-Modul	N/mm²	4500

Härte 23 °C

Probekörper: Zustand
Herstellung / Vorbehandlung

Kugeldruckhärte	N/mm²	bei N, s
Rockwellhärte		
Shore-Härte	A	
Shore-Härte	D	

Schlagversuch

Probekörper: (1) (2) Zustand
Herstellung / Vorbehandlung

°C   °C   °C   Probekörper-Form

Schlagzähigkeit	kJ/m²
Kerbschlagzähigkeit (1)	kJ/m²
IZOD-Kerbschlagzähigkeit (2)	J/m
Kerbschlagzugzähigkeit	kJ/m²

Kunststoffe © Springer-Verlag Berlin Heidelberg 1988
Kopieren, Vervielfältigen und Speichern in Datenverarbeitungsanlagen (auch auszugsweise) ist nur mit schriftlicher Genehmigung des Verlages gestattet

Datenbank-Nr. **T04244** *Merkblatt-Nr.* **2025**

Abrieb und Reibung

Taber-Abrieb (Reibradverfahren)	mm³/100 U	
Abriebfaktor LNP (Thrust washer) Vergleichswert		
Statische Reibungszahl		
Dynamische Reibungszahl	($p \cdot v =$ N/mm² ·	m/min)
Zulässiger $p \cdot v$ Wert	N/mm² · (m/min) $v =$	m/min
	$v =$	m/min

Thermische Eigenschaften

Formbeständigkeit in der Wärme	Verfahren A	207 °C
	Verfahren B	210 °C
Vicat Erweichungstemperatur (VST)	Verfahren	°C
	Verfahren	°C
Kristallit-Schmelzpunkt	Verfahren	
Längenausdehnungskoeffizient	Bereich °C	$\cdot 10^{-4} K^{-1}$
	Temperatur 23 °C	$0.32 \cdot 10^{-4} K^{-1}$
Wärmeleitfähigkeit	Verfahren	W/(K·m)
Spezifische Wärmekapazität	Verfahren	J/(K·g)
Glasumwandlungstemperatur	Torsionsschwingungsversuch	°C
	Differentialkalorimetrie	°C

Brandverhalten

UL-Test vertikal		Dicke mm, Wert	
		Dicke mm, Wert	
	Norm	Bewertung	Abmessungen
Sauerstoff-Index	ASTM D 2863		
Glühstab-Verfahren			
Brandverhalten	DIN 4102		
MVSS			
FAR			

Elektrische Eigenschaften

	Hz	°C	Probekörper, Form
Dielektrizitätszahl	50		
	10³		
	10⁶		
Dielektrischer Verlustfaktor tan δ	50		
	10³		
	10⁶		
Spezifischer Durchgangs-widerstand	Ohm · cm		
Durchschlagfestigkeit	kV/mm		mm dick
Oberflächenwiderstand	Ohm		
Kriechstromfestigkeit	KC KB KA		
Elektrolytische Korrosionswirkung			
Lichtbogenfestigkeit nach DIN			
nach ASTM	s		

Beständigkeit (Chemische Beständigkeit siehe Anhang)

Wasseraufnahme 23 C	1 d	0.28 %
23 C Bis zur Saettigung		1.0 %
Feuchtigkeitsaufnahme Normalklima		%
Wetterbeständigkeit		

Spannungskorrosion

Optische Eigenschaften

Brechungszahl n_D
Transmissionsgrad τ_c %   mm dick
Lichtdurchlässigkeit

Datenbank-Nr.	**T04245**		Merkblatt-Nr.	**2026**

Produkt Polyetherimid **PEI**

Handelsname **Thermocomp EF-1004**

Hersteller LNP

DIN-Bez 1
DIN-Bez 2

Zusätze		Füllstoffe/Verstärkung	20% Glasfasern
Bevorzugte Verarbeitung	Spritzgiessen	Lieferform	Granulat
		Farben	
Besondere Merkmale	Hoher Modul; Hohe Festigkeit; Hohe Waermeformbestaendigkeit	Bevorzugte Anwendungen	Technisches Formteil

Dichte	g/cm³	1.41	Schmelzindex	g/10 min	:
Schüttdichte	g/cm³		Volumenfließindex	cm³/10 min	:
Viskositätszahl	ml/g				

Verarbeitungsbedingungen für Spritzgießen

Massetemp.	°C		Schwindung	%	lgs 0.3, quer
Werkzeugtemp.	°C		Bemerkungen		
Spritzdruck	bar				

Zugversuch 23 °C ASTM D 638;
Probekörper: Form / Zustand   *Herstellung* Spritzgiessen / *Vorbehandlung* Normalklima

Streckspannung	N/mm²	Dehnung bei Streckspannung	%
Zugfestigkeit	N/mm² 150	Reißdehnung	%
Reißfestigkeit	N/mm²	% Dehnspannung	N/mm²
E-Modul	N/mm²	Dehnung bei % Dehnspg.	%

Kriechmoduln und Zeitstandwerte 23 °C
Probekörper: Form / Zustand   *Herstellung* / *Vorbehandlung*

Kriechmodul	1 min N/mm²	Zeitstandzugfestigkeit	h N/mm²
Kriechmodul	1000 h N/mm²	Zeitdehnspg. %	h N/mm²
bei Spannung	N/mm²		

Biegeversuch 23 °C ASTM D 790;
Probekörper: Form / Zustand   *Herstellung* Spritzgiessen / *Vorbehandlung* Normalklima

Biegefestigkeit	N/mm² 220	E-Modul	N/mm² 6600
3,5% Biegespannung	N/mm²		

Härte 23 °C *Probekörper:* Zustand   *Herstellung* / *Vorbehandlung*

Kugeldruckhärte	N/mm² bei N, s	Shore-Härte A
Rockwellhärte		Shore-Härte D

Schlagversuch *Probekörper:* (1) / (2) V-Kerbe / Zustand   *Herstellung* Spritzgiessen / *Vorbehandlung* Normalklima

 °C   °C   °C   Probekörper-Form

Schlagzähigkeit	kJ/m²
Kerbschlagzähigkeit (1)	kJ/m²
IZOD-Kerbschlagzähigkeit (2)	J/m 23 80
Kerbschlagzugzähigkeit	kJ/m²

Kunststoffe © Springer-Verlag Berlin Heidelberg 1988
Kopieren, Vervielfältigen und Speichern in Datenverarbeitungsanlagen (auch auszugsweise) ist nur mit schriftlicher Genehmigung des Verlages gestattet

Datenbank-Nr. **T04245**　　　　　　　　　　　　　　　　　　　　　　　　　　　　　　Merkblatt-Nr. **2026**

Abrieb und Reibung

Taber-Abrieb (Reibradverfahren)	mm³/100 U			
Abriebfaktor LNP (Thrust washer) Vergleichswert	170			
Statische Reibungszahl	0.21			
Dynamische Reibungszahl	(p·v = 0.28 N/mm² · 15	m/min)	0.23	
Zulässiger p · v Wert	N/mm² · (m/min) v =	m/min		
	v =	m/min		

Thermische Eigenschaften

Formbeständigkeit in der Wärme	Verfahren A		213 °C
	Verfahren		°C
Vicat Erweichungstemperatur (VST)	Verfahren		°C
	Verfahren		°C
Kristallit-Schmelzpunkt	Verfahren		
Längenausdehnungskoeffizient	Bereich °C		$\cdot 10^{-4} K^{-1}$
	Temperatur 23 °C		$0.25 \cdot 10^{-4} K^{-1}$
Wärmeleitfähigkeit	Verfahren ASTM C 177	23 °C	0.36 W/(K · m)
Spezifische Wärmekapazität	Verfahren		J/(K · g)
Glasumwandlungstemperatur	Torsionsschwingungsversuch	°C	
	Differentialkalorimetrie	°C	

Brandverhalten

UL-Test vertikal	Dicke mm, Wert V-0		
	Dicke mm, Wert		
	Norm	Bewertung	Abmessungen
Sauerstoff-Index	ASTM D 2863	48 %	
Glühstab-Verfahren			
Brandverhalten	DIN 4102		
MVSS			
FAR			

Elektrische Eigenschaften

		Hz	°C		Probekörper, Form
Dielektrizitätszahl		50	23	3.50	
		10³			
		10⁶			
Dielektrischer Verlustfaktor tan δ		50	23	0.0015	
		10³			
		10⁶	23	0.0025	
Spezifischer Durchgangs- widerstand	Ohm · cm		23	1.0*10**16	
Durchschlagfestigkeit	kV/mm		23	25	mm dick
Oberflächenwiderstand	Ohm		23	1.0*10**17	
Kriechstromfestigkeit		KC	KB	KA	
Elektrolytische Korrosionswirkung					
Lichtbogenfestigkeit nach DIN					
nach ASTM	s	85			

Beständigkeit (Chemische Beständigkeit siehe Anhang)

Wasseraufnahme 23 C		1 d	0.22 %
23 C Bis zur Saettigung			1.0 %
Feuchtigkeitsaufnahme Normalklima			%
Wetterbeständigkeit			
Spannungskorrosion			

Optische Eigenschaften

Brechungszahl n_D			
Transmissionsgrad τ_c	%	mm dick	
Lichtdurchlässigkeit			

Datenbank-Nr.	**T04246**		Merkblatt-Nr.	**2027**

PEI

Produkt	Polyetherimid
Handelsname	**Thermocomp EF-1006**
Hersteller	LNP
DIN-Bez 1	
DIN-Bez 2	

Zusätze		Füllstoffe/Verstärkung	30% Glasfasern
Bevorzugte Verarbeitung	Spritzgiessen	Lieferform	Granulat
		Farben	
Besondere Merkmale	Hoher Modul; Sehr hohe Festigkeit; Hohe Waermeformbestaendigkeit	Bevorzugte Anwendungen	Technisches Formteil

---

Dichte	g/cm³	1.49		Schmelzindex	g/10 min	:
Schüttdichte	g/cm³			Volumenfließindex	cm³/10 min	:
Viskositätszahl	ml/g					

Verarbeitungsbedingungen für Spritzgießen

Massetemp.	°C	400	Schwindung	% lgs	0.2, quer
Werkzeugtemp.	°C	150	Bemerkungen	Vortrocknen empfohlen 4 h bei 150 C	
Spritzdruck	bar				

Zugversuch 23 °C ASTM D 638;

	Probekörper:	Form	Herstellung	Spritzgiessen
		Zustand	Vorbehandlung	Normalklima
Streckspannung	N/mm²		Dehnung bei Streckspannung	%
Zugfestigkeit	N/mm²	200	Reißdehnung	%
Reißfestigkeit	N/mm²		% Dehnspannung	N/mm²
E-Modul	N/mm²		Dehnung bei % Dehnspg.	%

Kriechmoduln und Zeitstandwerte 23 °C

	Probekörper:	Form	Herstellung	
		Zustand	Vorbehandlung	
Kriechmodul	1 min N/mm²		Zeitstandzugfestigkeit	h N/mm²
Kriechmodul	1000 h N/mm²		Zeitdehnspg. %	h N/mm²
bei Spannung	N/mm²			

Biegeversuch 23 °C ASTM D 790;

	Probekörper:	Form	Herstellung	Spritzgiessen
		Zustand	Vorbehandlung	Normalklima
Biegefestigkeit	N/mm²	260	E-Modul	N/mm² 8700
3,5% Biegespannung	N/mm²			

Härte 23 °C

	Probekörper:	Zustand	Herstellung	
			Vorbehandlung	
Kugeldruckhärte	N/mm²	bei N, s	Shore-Härte A	
Rockwellhärte			Shore-Härte D	

Schlagversuch

	Probekörper:	(1)	Herstellung	Spritzgiessen
		(2) V-Kerbe	Vorbehandlung	Normalklima
		Zustand		
		°C °C °C		Probekörper-Form
Schlagzähigkeit	kJ/m²			
Kerbschlagzähigkeit (1)	kJ/m²			
IZOD-Kerbschlagzähigkeit (2)	J/m	23 90		
Kerbschlagzugzähigkeit	kJ/m²			

Kunststoffe © Springer-Verlag Berlin Heidelberg 1988
Kopieren, Vervielfältigen und Speichern in Datenverarbeitungsanlagen (auch auszugsweise) ist nur mit schriftlicher Genehmigung des Verlages gestattet

Datenbank-Nr. **T04246** Merkblatt-Nr. **2027**

Abrieb und Reibung

Taber-Abrieb (Reibradverfahren)	mm³/100 U	
Abriebfaktor LNP (Thrust washer) Vergleichswert	150	
Statische Reibungszahl	0.22	
Dynamische Reibungszahl	(p·v = 0.28 N/mm²·15 m/min)	0.24
Zulässiger p·v Wert	N/mm²·(m/min) v = m/min	
	v = m/min	

Thermische Eigenschaften

Formbeständigkeit in der Wärme	Verfahren A		216 °C
	Verfahren		°C
Vicat Erweichungstemperatur (VST)	Verfahren		°C
	Verfahren		°C
Kristallit-Schmelzpunkt	Verfahren		
Längenausdehnungskoeffizient	Bereich °C		$\cdot 10^{-4} K^{-1}$
	Temperatur 23 °C		$0.20 \cdot 10^{-4} K^{-1}$
Wärmeleitfähigkeit	Verfahren ASTM C 177	23 °C	0.39 W/(K·m)
Spezifische Wärmekapazität	Verfahren		J/(K·g)
Glasumwandlungstemperatur	Torsionsschwingungsversuch	°C	
	Differentialkalorimetrie	°C	

Brandverhalten

UL-Test vertikal Dicke   mm, Wert V-0
 Dicke   mm, Wert

	Norm	Bewertung	Abmessungen
Sauerstoff-Index	ASTM D 2863	50 %	
Glühstab-Verfahren			
Brandverhalten	DIN 4102		
MVSS			
FAR			

Elektrische Eigenschaften

	Hz	°C		Probekörper, Form
Dielektrizitätszahl	50	23	3.50	
	10³			
	10⁶			
Dielektrischer Verlustfaktor tan δ	50	23	0.0015	
	10³			
	10⁶	23	0.0025	
Spezifischer Durchgangswiderstand	Ohm·cm			
Durchschlagfestigkeit	kV/mm	23	25	mm dick
Oberflächenwiderstand	Ohm	23	1.0*10**16	
Kriechstromfestigkeit		KC	KB KA	
Elektrolytische Korrosionswirkung				
Lichtbogenfestigkeit nach DIN				
nach ASTM	s	85		

Beständigkeit (Chemische Beständigkeit siehe Anhang)

Wasseraufnahme 23 C		1 d	0.18 %
23 C Bis zur Saettigung			0.9 %
Feuchtigkeitsaufnahme Normalklima			%
Wetterbeständigkeit			
Spannungskorrosion			

Optische Eigenschaften

Brechungszahl n_D
Transmissionsgrad τ_c %   mm dick
Lichtdurchlässigkeit

Datenbank-Nr.	**T04247**	Merkblatt-Nr. **2028**

PEI

Produkt	Polyetherimid
Handelsname	**Thermocomp EF-1008**
Hersteller	LNP
DIN-Bez 1	
DIN-Bez 2	
Zusätze	
Füllstoffe/Verstärkung	40% Glasfasern
Bevorzugte Verarbeitung	Spritzgiessen
Lieferform	Granulat
Farben	
Besondere Merkmale	Sehr hoher Modul; Sehr hohe Festigkeit; Hohe Waermeformbestaendigkeit
Bevorzugte Anwendungen	Technisches Formteil

Dichte	g/cm³	1.59
Schüttdichte	g/cm³	
Viskositätszahl	ml/g	
Schmelzindex	g/10 min	:
Volumenfließindex	cm³/10 min	:

Verarbeitungsbedingungen für Spritzgießen

Massetemp.	°C	
Werkzeugtemp.	°C	
Spritzdruck	bar	
Schwindung	% lgs	0.2, quer
Bemerkungen		

Zugversuch 23 °C ASTM D 638;

Probekörper:	Form		Herstellung	Spritzgiessen
	Zustand		Vorbehandlung	Normalklima
Streckspannung	N/mm²		Dehnung bei Streckspannung	%
Zugfestigkeit	N/mm²	225	Reißdehnung	%
Reißfestigkeit	N/mm²		% Dehnspannung	N/mm²
E-Modul	N/mm²		Dehnung bei % Dehnspg.	%

Kriechmoduln und Zeitstandwerte 23 °C

Probekörper:	Form		Herstellung	
	Zustand		Vorbehandlung	
Kriechmodul	1 min	N/mm²	Zeitstandzugfestigkeit	h N/mm²
Kriechmodul	1000 h	N/mm²	Zeitdehnspg. %	h N/mm²
bei Spannung		N/mm²		

Biegeversuch 23 °C ASTM D 790;

Probekörper:	Form		Herstellung	Spritzgiessen
	Zustand		Vorbehandlung	Normalklima
Biegefestigkeit	N/mm²	300	E-Modul	N/mm² 11200
3,5% Biegespannung	N/mm²			

Härte 23 °C

Probekörper:	Zustand	Herstellung	
		Vorbehandlung	
Kugeldruckhärte	N/mm²	bei N, s	Shore-Härte A
Rockwellhärte			Shore-Härte D

Schlagversuch

Probekörper:	(1)	Herstellung Spritzgiessen
	(2) V-Kerbe	Vorbehandlung Normalklima
	Zustand	
	°C °C °C	Probekörper-Form

Schlagzähigkeit	kJ/m²		
Kerbschlagzähigkeit (1)	kJ/m²		
IZOD-Kerbschlagzähigkeit (2)	J/m	23	100
Kerbschlagzugzähigkeit	kJ/m²		

Kunststoffe © Springer-Verlag Berlin Heidelberg 1988
Kopieren, Vervielfältigen und Speichern in Datenverarbeitungsanlagen (auch auszugsweise) ist nur mit schriftlicher Genehmigung des Verlages gestattet

Datenbank-Nr. **T04247**   Merkblatt-Nr. **2028**

Abrieb und Reibung

Taber-Abrieb (Reibradverfahren)	mm³/100 U	
Abriebfaktor LNP (Thrust washer) Vergleichswert	150	
Statische Reibungszahl	0.23	
Dynamische Reibungszahl	($p \cdot v = 0.28$ N/mm² · 15 m/min)	0.25
Zulässiger $p \cdot v$ Wert	N/mm² · (m/min) $v =$ m/min	
	$v =$ m/min	

Thermische Eigenschaften

Formbeständigkeit in der Wärme	Verfahren A	216 °C
	Verfahren	°C
Vicat Erweichungstemperatur (VST)	Verfahren	°C
	Verfahren	°C
Kristallit-Schmelzpunkt	Verfahren	
Längenausdehnungskoeffizient	Bereich °C	$\cdot 10^{-4} K^{-1}$
	Temperatur 23 °C	$0.18 \cdot 10^{-4} K^{-1}$
Wärmeleitfähigkeit	Verfahren ASTM C 177 23 °C	0.42 W/(K · m)
Spezifische Wärmekapazität	Verfahren	J/(K · g)
Glasumwandlungstemperatur	Torsionsschwingungsversuch	°C
	Differentialkalorimetrie	°C

Brandverhalten

UL-Test vertikal   Dicke mm, Wert V-0
                     Dicke mm, Wert

	Norm	Bewertung	Abmessungen
Sauerstoff-Index	ASTM D 2863	50 %	
Glühstab-Verfahren			
Brandverhalten	DIN 4102		
MVSS			
FAR			

Elektrische Eigenschaften

	Hz	°C		Probekörper, Form
Dielektrizitätszahl	50			
	10³			
	10⁶			
Dielektrischer Verlustfaktor tan δ	50			
	10³			
	10⁶			
Spezifischer Durchgangs-widerstand	Ohm · cm			
Durchschlagfestigkeit	kV/mm			mm dick
Oberflächenwiderstand	Ohm	23	1.0*10**17	
Kriechstromfestigkeit	KC	KB	KA	
Elektrolytische Korrosionswirkung				
Lichtbogenfestigkeit nach DIN				
nach ASTM	s			

Beständigkeit (Chemische Beständigkeit siehe Anhang)

Wasseraufnahme 23 C		1 d	0.16 %
Feuchtigkeitsaufnahme Normalklima			%
Wetterbeständigkeit			
Spannungskorrosion			

Optische Eigenschaften

Brechungszahl n_D
Transmissionsgrad τ_c %   mm dick
Lichtdurchlässigkeit

Datenbank-Nr.	**T04248**	Merkblatt-Nr.	**2029**

PEI

Produkt	Polyetherimid
Handelsname	**Thermocomp EFL-4036**
Hersteller	LNP
DIN-Bez 1	
DIN-Bez 2	
Zusätze	15% PTFE
Füllstoffe/Verstärkung	30% Glasfasern
Bevorzugte Verarbeitung	Spritzgiessen
Lieferform	Granulat
Farben	
Besondere Merkmale	Sehr hoher Modul; Hohe Festigkeit; Geringer Abrieb; GeringeReibung
Bevorzugte Anwendungen	Technisches Formteil

Dichte	g/cm³	1.61
Schüttdichte	g/cm³	
Viskositätszahl	ml/g	
Schmelzindex	g/10 min	:
Volumenfließindex	cm³/10 min	:

Verarbeitungsbedingungen für Spritzgießen

Massetemp.	°C	400
Werkzeugtemp.	°C	150
Spritzdruck	bar	
Schwindung	% lgs	0.2, quer
Bemerkungen		Vortrocknen empfohlen 4 h bei 150 C

Zugversuch 23 °C ASTM D 638;
Probekörper: Form
Zustand

Herstellung: Spritzgiessen
Vorbehandlung: Normalklima

Streckspannung	N/mm²	
Zugfestigkeit	N/mm²	180
Reißfestigkeit	N/mm²	
E-Modul	N/mm²	
Dehnung bei Streckspannung	%	
Reißdehnung	%	
% Dehnspannung	N/mm²	
Dehnung bei % Dehnspg.	%	

Kriechmoduln und Zeitstandwerte 23 °C
Probekörper: Form
Zustand

Herstellung:
Vorbehandlung:

Kriechmodul	1 min N/mm²	
Kriechmodul	1000 h N/mm²	
bei Spannung	N/mm²	
Zeitstandzugfestigkeit	h N/mm²	
Zeitdehnspg. %	h N/mm²	

Biegeversuch 23 °C ASTM D 790;
Probekörper: Form
Zustand

Herstellung: Spritzgiessen
Vorbehandlung: Normalklima

Biegefestigkeit	N/mm²	230
3,5% Biegespannung	N/mm²	
E-Modul	N/mm²	8700

Härte 23 °C Probekörper: Zustand

Herstellung:
Vorbehandlung:

Kugeldruckhärte	N/mm²	bei N, s
Rockwellhärte		
Shore-Härte	A	
Shore-Härte	D	

Schlagversuch Probekörper: (1)
(2) V-Kerbe
Zustand

Herstellung: Spritzgiessen
Vorbehandlung: Normalklima

°C °C °C Probekörper-Form

Schlagzähigkeit	kJ/m²	
Kerbschlagzähigkeit (1)	kJ/m²	
IZOD-Kerbschlagzähigkeit (2)	J/m	23 100
Kerbschlagzugzähigkeit	kJ/m²	

Kunststoffe © Springer-Verlag Berlin Heidelberg 1988
Kopieren, Vervielfältigen und Speichern in Datenverarbeitungsanlagen (auch auszugsweise) ist nur mit schriftlicher Genehmigung des Verlages gestattet

Datenbank-Nr. **T04248**   *Merkblatt-Nr.* **2029**

Abrieb und Reibung

Taber-Abrieb (Reibradverfahren)	mm³/100 U
Abriebfaktor LNP (Thrust washer) Vergleichswert	41
Statische Reibungszahl	0.19
Dynamische Reibungszahl	($p \cdot v = 0.28$ N/mm² · 15 m/min) 0.20
Zulässiger p · v Wert	N/mm² · (m/min) v = m/min
	v = m/min

Thermische Eigenschaften

Formbeständigkeit in der Wärme	Verfahren A	213 °C
	Verfahren	°C
Vicat Erweichungstemperatur (VST)	Verfahren	°C
	Verfahren	°C
Kristallit-Schmelzpunkt	Verfahren	
Längenausdehnungskoeffizient	Bereich °C	$\cdot 10^{-4} K^{-1}$
	Temperatur 23 °C	$0.22 \cdot 10^{-4} K^{-1}$
Wärmeleitfähigkeit	Verfahren ASTM C 177 23 °C	0.39 W/(K · m)
Spezifische Wärmekapazität	Verfahren	J/(K · g)
Glasumwandlungstemperatur	Torsionsschwingungsversuch	°C
	Differentialkalorimetrie	°C

Brandverhalten

UL-Test vertikal		Dicke mm, Wert V-0	
		Dicke mm, Wert	
	Norm	Bewertung	Abmessungen
Sauerstoff-Index	ASTM D 2863	52 %	
Glühstab-Verfahren			
Brandverhalten	DIN 4102		
MVSS			
FAR			

Elektrische Eigenschaften

	Hz	°C		Probekörper, Form
Dielektrizitätszahl	50			
	10³			
	10⁶			
Dielektrischer Verlustfaktor tan δ	50			
	10³			
	10⁶			
Spezifischer Durchgangs- widerstand	Ohm · cm			
Durchschlagfestigkeit	kV/mm			mm dick
Oberflächenwiderstand	Ohm	23	$1.0 \cdot 10^{17}$	
Kriechstromfestigkeit		KC	KB KA	
Elektrolytische Korrosionswirkung				
Lichtbogenfestigkeit nach DIN				
nach ASTM	s			

Beständigkeit *(Chemische Beständigkeit siehe Anhang)*

Wasseraufnahme 23 C	1 d	0.16 %
Feuchtigkeitsaufnahme Normalklima		%
Wetterbeständigkeit		
Spannungskorrosion		

Optische Eigenschaften

Brechungszahl n_D		
Transmissionsgrad τ_c	%	mm dick
Lichtdurchlässigkeit		

Datenbank-Nr. **T04249**		Merkblatt-Nr. **2030**
		PEI

Feld	Wert	Feld	Wert
Produkt	Polyetherimid		
Handelsname	**Thermocomp Stat-Kon** <EC-1003>		
Hersteller	LNP		
DIN-Bez 1			
DIN-Bez 2			
Zusätze	Antistatikum	Füllstoffe/Verstärkung	15% Kohlenstoffasern
Bevorzugte Verarbeitung	Spritzgiessen	Lieferform	Granulat
		Farben	
Besondere Merkmale	Sehr hoher Modul; Sehr hohe Festigkeit; Geringer elektrischer Widerstand	Bevorzugte Anwendungen	Technisches Formteil

Dichte	g/cm³	1.32	Schmelzindex	g/10 min	
Schüttdichte	g/cm³		Volumenfließindex	cm³/10 min	
Viskositätszahl	ml/g				

Verarbeitungsbedingungen für Spritzgießen

Massetemp.	°C		Schwindung	% lgs	0.2, quer
Werkzeugtemp.	°C		Bemerkungen		
Spritzdruck	bar				

Zugversuch 23 °C ASTM D 638;
Probekörper: Form / Zustand
Herstellung: Spritzgiessen
Vorbehandlung: Normalklima

Streckspannung	N/mm²		Dehnung bei Streckspannung	%
Zugfestigkeit	N/mm²	160	Reißdehnung	%
Reißfestigkeit	N/mm²		% Dehnspannung	N/mm²
E-Modul	N/mm²		Dehnung bei % Dehnspg.	%

Kriechmoduln und Zeitstandwerte 23 °C
Probekörper: Form / Zustand
Herstellung / Vorbehandlung

Kriechmodul	1 min N/mm²	Zeitstandzugfestigkeit	h N/mm²
Kriechmodul	1000 h N/mm²	Zeitdehnspg. %	h N/mm²
bei Spannung	N/mm²		

Biegeversuch 23 °C ASTM D 790;
Probekörper: Form / Zustand
Herstellung: Spritzgiessen
Vorbehandlung: Normalklima

Biegefestigkeit	N/mm²	240	E-Modul	N/mm² 11200
3,5% Biegespannung	N/mm²			

Härte 23 °C
Probekörper: Zustand
Herstellung / Vorbehandlung

Kugeldruckhärte	N/mm²	bei N, s	Shore-Härte A	
Rockwellhärte			Shore-Härte D	

Schlagversuch
Probekörper: (1) / (2) V-Kerbe / Zustand
Herstellung: Spritzgiessen
Vorbehandlung: Normalklima

	°C	°C	°C	Probekörper-Form
Schlagzähigkeit	kJ/m²			
Kerbschlagzähigkeit (1)	kJ/m²			
IZOD-Kerbschlagzähigkeit (2)	J/m	23 53		
Kerbschlagzugzähigkeit	kJ/m²			

Kunststoffe © Springer-Verlag Berlin Heidelberg 1988
Kopieren, Vervielfältigen und Speichern in Datenverarbeitungsanlagen (auch auszugsweise) ist nur mit schriftlicher Genehmigung des Verlages gestattet

Datenbank-Nr. **T04249** *Merkblatt-Nr.* **2030**

Abrieb und Reibung

Taber-Abrieb (Reibradverfahren)	mm³/100 U	
Abriebfaktor LNP (Thrust washer) Vergleichswert		
Statische Reibungszahl		
Dynamische Reibungszahl	(p·v = N/mm² · m/min)	
Zulässiger p·v Wert	N/mm² · (m/min) v = m/min	
	v = m/min	

Thermische Eigenschaften

Formbeständigkeit in der Wärme	Verfahren A	
	Verfahren B	210 °C
Vicat Erweichungstemperatur (VST)	Verfahren	213 °C
	Verfahren	°C
Kristallit-Schmelzpunkt	Verfahren	°C
Längenausdehnungskoeffizient	Bereich °C	·10⁻⁴K⁻¹
	Temperatur 23 °C	0.22 · 10⁻⁴K⁻¹
Wärmeleitfähigkeit	Verfahren ASTM C 177 23 °C	0.55 W/(K·m)
Spezifische Wärmekapazität	Verfahren	J/(K·g)
Glasumwandlungstemperatur	Torsionsschwingungsversuch	°C
	Differentialkalorimetrie	°C

Brandverhalten

UL-Test vertikal   Dicke   mm, Wert V-0
                   Dicke   mm, Wert

	Norm	Bewertung	Abmessungen
Sauerstoff-Index	ASTM D 2863		
Glühstab-Verfahren			
Brandverhalten	DIN 4102		
MVSS			
FAR			

Elektrische Eigenschaften

		Hz	°C		Probekörper, Form
Dielektrizitätszahl		50			
		10³			
		10⁶			
Dielektrischer Verlustfaktor tan δ		50			
		10³			
		10⁶			
Spezifischer Durchgangswiderstand	Ohm · cm		23	1.0*10**04	
Durchschlagfestigkeit	kV/mm				mm dick
Oberflächenwiderstand	Ohm		23	1.0*10**04	
Kriechstromfestigkeit		KC	KB	KA	
Elektrolytische Korrosionswirkung					
Lichtbogenfestigkeit nach DIN					
nach ASTM	s				

Beständigkeit (Chemische Beständigkeit siehe Anhang)

Wasseraufnahme 23 C		1 d	0.20 %
Feuchtigkeitsaufnahme Normalklima			
Wetterbeständigkeit			%
Spannungskorrosion			

Optische Eigenschaften

Brechungszahl n$_D$			
Transmissionsgrad τ$_c$	%	mm dick	
Lichtdurchlässigkeit			

Datenbank-Nr.	**T04250**			*Merkblatt-Nr.*	**2031**
					PE
Produkt	Polyethylen hoher Dichte				
Handelsname	**Thermocomp F-1000**				
Hersteller	LNP				
DIN-Bez 1					
DIN-Bez 2					
Zusätze			*Füllstoffe/ Verstärkung*		
Bevorzugte Verarbeitung	Spritzgiessen		*Lieferform*	Granulat	
			Farben		
Besondere Merkmale	Flexibel		*Bevorzugte Anwendungen*	Bedarfsartikel	

Dichte	g/cm³	0.96	*Schmelzindex*	g/10 min		:
Schüttdichte	g/cm³		*Volumenfließindex*	cm³/10 min		:
Viskositätszahl	ml/g					

Verarbeitungsbedingungen für Spritzgießen

Massetemp.	°C		*Schwindung*	%	lgs	, quer
Werkzeugtemp.	°C		*Bemerkungen*			
Spritzdruck	bar					

Zugversuch 23 °C ASTM D 638;
Probekörper: Form *Herstellung* Spritzgiessen
  Zustand *Vorbehandlung* Normalklima

Streckspannung	N/mm²		*Dehnung bei Streckspannung*	%
Zugfestigkeit	N/mm²	29	*Reißdehnung*	%
Reißfestigkeit	N/mm²		*% Dehnspannung*	N/mm²
E-Modul	N/mm²		*Dehnung bei % Dehnspg.*	%

Kriechmoduln und Zeitstandwerte 23 °C
Probekörper: Form *Herstellung*
  Zustand *Vorbehandlung*

Kriechmodul	1 min N/mm²		*Zeitstandzugfestigkeit*	h N/mm²
Kriechmodul	1000 h N/mm²		*Zeitdehnspg.* %	h N/mm²
bei Spannung	N/mm²			

Biegeversuch 23 °C ASTM D 790;
Probekörper: Form *Herstellung* Spritzgiessen
  Zustand *Vorbehandlung* Normalklima

Biegefestigkeit	N/mm²		*E-Modul*	N/mm² 940
3,5% Biegespannung	N/mm²			

Härte 23 °C *Probekörper:* Zustand *Herstellung*
   Vorbehandlung

Kugeldruckhärte	N/mm²	bei N, s	*Shore-Härte* A	
Rockwellhärte			*Shore-Härte* D	

Schlagversuch *Probekörper:* (1)
   (2) V-Kerbe *Herstellung* Spritzgiessen
  Zustand *Vorbehandlung* Normalklima
   °C °C °C *Probekörper-Form*

Schlagzähigkeit	kJ/m²		
Kerbschlagzähigkeit (1)	kJ/m²		
IZOD-Kerbschlagzähigkeit (2)	J/m	23 32	
Kerbschlagzugzähigkeit	kJ/m²		

Kunststoffe © Springer-Verlag Berlin Heidelberg 1988
Kopieren, Vervielfältigen und Speichern in Datenverarbeitungsanlagen (auch auszugsweise) ist nur mit schriftlicher Genehmigung des Verlages gestattet

Datenbank-Nr. **T04250** Merkblatt-Nr. **2031**

Abrieb und Reibung

Taber-Abrieb (Reibradverfahren)	mm³/100 U	
Abriebfaktor LNP (Thrust washer) Vergleichswert		
Statische Reibungszahl		
Dynamische Reibungszahl	(p·v= N/mm² ·	m/min)
Zulässiger p · v Wert	N/mm² · (m/min) v =	m/min
	v =	m/min

Thermische Eigenschaften

Formbeständigkeit in der Wärme	Verfahren A	49 °C
	Verfahren	°C
Vicat Erweichungstemperatur (VST)	Verfahren	°C
	Verfahren	°C
Kristallit-Schmelzpunkt	Verfahren	
Längenausdehnungskoeffizient	Bereich °C	· $10^{-4} K^{-1}$
	Temperatur 23 °C	1.08 · $10^{-4} K^{-1}$
Wärmeleitfähigkeit	Verfahren	W/(K · m)
Spezifische Wärmekapazität	Verfahren	J/(K · g)
Glasumwandlungstemperatur	Torsionsschwingungsversuch	°C
	Differentialkalorimetrie	°C

Brandverhalten

UL-Test vertikal		Dicke mm, Wert	
		Dicke mm, Wert	
	Norm	Bewertung	Abmessungen
Sauerstoff-Index	ASTM D 2863		
Glühstab-Verfahren			
Brandverhalten	DIN 4102		
MVSS			
FAR			

Elektrische Eigenschaften

	Hz	°C	Probekörper, Form
Dielektrizitätszahl	50		
	10^3		
	10^6		
Dielektrischer Verlustfaktor tan δ	50		
	10^3		
	10^6		
Spezifischer Durchgangs- widerstand	Ohm · cm		
Durchschlagfestigkeit	kV/mm		mm dick
Oberflächenwiderstand	Ohm		
Kriechstromfestigkeit	KC KB KA		
Elektrolytische Korrosionswirkung			
Lichtbogenfestigkeit nach DIN			
nach ASTM	s		

Beständigkeit (Chemische Beständigkeit siehe Anhang)

Wasseraufnahme 23 C	1 d	0.02 %
Feuchtigkeitsaufnahme Normalklima		%
Wetterbeständigkeit		
Spannungskorrosion		

Optische Eigenschaften

Brechungszahl n_D		
Transmissionsgrad τ_c	%	mm dick
Lichtdurchlässigkeit		

Datenbank-Nr.	**T04251**		Merkblatt-Nr.	**2032**

PE

Produkt	Polyethylen hoher Dichte
Handelsname	**Thermocomp FF-1004**
Hersteller	LNP
DIN-Bez 1	
DIN-Bez 2	

Zusätze		Füllstoffe/Verstärkung	20% Glasfasern
Bevorzugte Verarbeitung	Spritzgiessen	Lieferform	Granulat
		Farben	
Besondere Merkmale	Ausgewogene mechanische Eigenschaften; Gute dielektrische Eigenschaften	Bevorzugte Anwendungen	Technisches Formteil

Dichte	g/cm³	1.1	Schmelzindex	g/10 min	:
Schüttdichte	g/cm³		Volumenfließindex	cm³/10 min	:
Viskositätszahl	ml/g				

Verarbeitungsbedingungen für Spritzgießen

Massetemp.	°C		Schwindung	% lgs	0.35, quer
Werkzeugtemp.	°C		Bemerkungen		
Spritzdruck	bar				

Zugversuch 23 °C ASTM D 638;

Probekörper:	Form	Herstellung	Spritzgiessen
	Zustand	Vorbehandlung	Normalklima
Streckspannung	N/mm²	Dehnung bei Streckspannung	%
Zugfestigkeit	N/mm² 56	Reißdehnung	%
Reißfestigkeit	N/mm²	% Dehnspannung	N/mm²
E-Modul	N/mm²	Dehnung bei % Dehnspg.	%

Kriechmoduln und Zeitstandwerte 23 °C

Probekörper:	Form	Herstellung	
	Zustand	Vorbehandlung	
Kriechmodul	1 min N/mm²	Zeitstandzugfestigkeit	h N/mm²
Kriechmodul	1000 h N/mm²	Zeitdehnspg. %	h N/mm²
bei Spannung	N/mm²		

Biegeversuch 23 °C ASTM D 790;

Probekörper:	Form	Herstellung	Spritzgiessen
	Zustand	Vorbehandlung	Normalklima
Biegefestigkeit	N/mm² 70	E-Modul	N/mm² 4200
3,5% Biegespannung	N/mm²		

Härte 23 °C

Probekörper:	Zustand	Herstellung	Spritzgiessen
		Vorbehandlung	Normalklima
Kugeldruckhärte	N/mm² bei N, s	Shore-Härte A	
Rockwellhärte	R 80	Shore-Härte D	

Schlagversuch

Probekörper:	(1)	Herstellung	Spritzgiessen
	(2) V-Kerbe	Vorbehandlung	Normalklima
	Zustand		
	°C °C °C		Probekörper-Form

Schlagzähigkeit	kJ/m²	
Kerbschlagzähigkeit (1)	kJ/m²	
IZOD-Kerbschlagzähigkeit (2)	J/m	23 53
Kerbschlagzugzähigkeit	kJ/m²	

Datenbank-Nr. **T04251** Merkblatt-Nr. **2032**

Abrieb und Reibung

Taber-Abrieb (Reibradverfahren)	mm³/100 U	
Abriebfaktor LNP (Thrust washer) Vergleichswert		
Statische Reibungszahl		
Dynamische Reibungszahl	(p·v= N/mm² ·	m/min)
Zulässiger p·v Wert	N/mm² · (m/min) v=	m/min
	v=	m/min

Thermische Eigenschaften

Formbeständigkeit in der Wärme	Verfahren A	121 °C
	Verfahren B	129 °C
Vicat Erweichungstemperatur (VST)	Verfahren	°C
	Verfahren	°C
Kristallit-Schmelzpunkt	Verfahren	
Längenausdehnungskoeffizient	Bereich °C	$\cdot 10^{-4} K^{-1}$
	Temperatur 23 °C	$0.54 \cdot 10^{-4} K^{-1}$
Wärmeleitfähigkeit	Verfahren ASTM C 177 23 °C	0.35 W/(K·m)
Spezifische Wärmekapazität	Verfahren	J/(K·g)
Glasumwandlungstemperatur	Torsionsschwingungsversuch	°C
	Differentialkalorimetrie	°C

Brandverhalten

UL-Test vertikal	Dicke mm, Wert	
	Dicke mm, Wert	

	Norm	Bewertung	Abmessungen
Sauerstoff-Index	ASTM D 2863		
Glühstab-Verfahren			
Brandverhalten	DIN 4102		
MVSS			
FAR			

Elektrische Eigenschaften

		Hz	°C		Probekörper, Form
Dielektrizitätszahl		50			
		10³			
		10⁶			
Dielektrischer Verlustfaktor tan δ		50			
		10³			
		10⁶			
Spezifischer Durchgangs- widerstand	Ohm·cm				
Durchschlagfestigkeit	kV/mm				mm dick
Oberflächenwiderstand	Ohm				
Kriechstromfestigkeit		KC	KB	KA	
Elektrolytische Korrosionswirkung					
Lichtbogenfestigkeit nach DIN					
nach ASTM	s				

Beständigkeit (Chemische Beständigkeit siehe Anhang)

Wasseraufnahme 23 C		1 d	0.01 %
23 C Bis zur Saettigung			0.10 %
Feuchtigkeitsaufnahme Normalklima			%
Wetterbeständigkeit			
Spannungskorrosion			

Optische Eigenschaften

Brechungszahl n_D		
Transmissionsgrad τ_c	%	mm dick
Lichtdurchlässigkeit		

Datenbank-Nr.	**T04252**			Merkblatt-Nr.	**2033**

PE

Produkt	Polyethylen hoher Dichte
Handelsname	**Thermocomp FF-1006**
Hersteller	LNP
DIN-Bez 1	
DIN-Bez 2	

Zusätze		Füllstoffe/Verstärkung	30% Glasfasern
Bevorzugte Verarbeitung	Spritzgiessen	Lieferform	Granulat
		Farben	
Besondere Merkmale	Hoher Modul	Bevorzugte Anwendungen	Technisches Formteil

---

Dichte	g/cm³	1.17		Schmelzindex	g/10 min	:
Schüttdichte	g/cm³			Volumenfließindex	cm³/10 min	:
Viskositätszahl	ml/g					

Verarbeitungsbedingungen für Spritzgießen

Massetemp.	°C	230		Schwindung	% lgs	0.3, quer
Werkzeugtemp.	°C	40		Bemerkungen		
Spritzdruck	bar					

Zugversuch 23 °C ASTM D 638;

	Probekörper:	Form	Herstellung	Spritzgiessen
		Zustand	Vorbehandlung	Normalklima
Streckspannung	N/mm²		Dehnung bei Streckspannung	%
Zugfestigkeit	N/mm²	70	Reißdehnung	%
Reißfestigkeit	N/mm²		% Dehnspannung	N/mm²
E-Modul	N/mm²		Dehnung bei % Dehnspg.	%

Kriechmoduln und Zeitstandwerte 23 °C

	Probekörper:	Form	Herstellung	
		Zustand	Vorbehandlung	
Kriechmodul	1 min N/mm²		Zeitstandzugfestigkeit	h N/mm²
Kriechmodul	1000 h N/mm²		Zeitdehnspg. %	h N/mm²
bei Spannung	N/mm²			

Biegeversuch 23 °C ASTM D 790;

	Probekörper:	Form	Herstellung	Spritzgiessen
		Zustand	Vorbehandlung	Normalklima
Biegefestigkeit	N/mm²	81	E-Modul	N/mm² 6300
3,5% Biegespannung	N/mm²			

Härte 23 °C

	Probekörper:	Zustand	Herstellung	Spritzgiessen
			Vorbehandlung	Normalklima
Kugeldruckhärte	N/mm²	bei N, s	Shore-Härte A	
Rockwellhärte	R 85		Shore-Härte D	

Schlagversuch

	Probekörper:	(1)	Herstellung	Spritzgiessen
		(2) V-Kerbe	Vorbehandlung	Normalklima
		Zustand		
		°C °C °C		Probekörper-Form
Schlagzähigkeit	kJ/m²			
Kerbschlagzähigkeit (1)	kJ/m²			
IZOD-Kerbschlagzähigkeit (2)	J/m	23 59		
Kerbschlagzugzähigkeit	kJ/m²			

Kunststoffe © Springer-Verlag Berlin Heidelberg 1988
Kopieren, Vervielfältigen und Speichern in Datenverarbeitungsanlagen (auch auszugsweise) ist nur mit schriftlicher Genehmigung des Verlages gestattet

Datenbank-Nr. **T04252**   Merkblatt-Nr. **2033**

Abrieb und Reibung

Taber-Abrieb (Reibradverfahren)	mm³/100 U	
Abriebfaktor LNP (Thrust washer) Vergleichswert		
Statische Reibungszahl		
Dynamische Reibungszahl	(p·v= N/mm² · m/min)	
Zulässiger p · v Wert	N/mm² · (m/min) v=	m/min
	v=	m/min

Thermische Eigenschaften

Formbeständigkeit in der Wärme	Verfahren A		127 °C
	Verfahren B		132 °C
Vicat Erweichungstemperatur (VST)	Verfahren		°C
	Verfahren		°C
Kristallit-Schmelzpunkt	Verfahren		
Längenausdehnungskoeffizient	Bereich °C		· 10^{-4}K^{-1}
	Temperatur 23 °C		0.49 · 10^{-4}K^{-1}
Wärmeleitfähigkeit	Verfahren ASTM C 177	23 °C	0.37 W/(K · m)
Spezifische Wärmekapazität	Verfahren		J/(K · g)
Glasumwandlungstemperatur	Torsionsschwingungsversuch		°C
	Differentialkalorimetrie		°C

Brandverhalten

UL-Test vertikal		Dicke mm, Wert	
		Dicke mm, Wert	
	Norm	Bewertung	Abmessungen
Sauerstoff-Index	ASTM D 2863		
Glühstab-Verfahren			
Brandverhalten	DIN 4102		
MVSS			
FAR			

Elektrische Eigenschaften

	Hz	°C	Probekörper, Form
Dielektrizitätszahl	50		
	10³		
	10⁶		
Dielektrischer Verlustfaktor tan δ	50		
	10³		
	10⁶		
Spezifischer Durchgangs- widerstand	Ohm · cm		
Durchschlagfestigkeit	kV/mm		mm dick
Oberflächenwiderstand	Ohm		
Kriechstromfestigkeit	KC KB KA		
Elektrolytische Korrosionswirkung			
Lichtbogenfestigkeit nach DIN			
nach ASTM	s		

Beständigkeit (Chemische Beständigkeit siehe Anhang)

Wasseraufnahme 23 C		1 d	0.02 %
23 C Bis zur Saettigung			0.20 %
Feuchtigkeitsaufnahme Normalklima			%
Wetterbeständigkeit			
Spannungskorrosion			

Optische Eigenschaften

Brechungszahl n$_D$		
Transmissionsgrad τ$_c$	%	mm dick
Lichtdurchlässigkeit		

Datenbank-Nr.	**T04253**			Merkblatt-Nr.	**2034**

PE

Produkt	Polyethylen hoher Dichte
Handelsname	**Thermocomp FF-1008**
Hersteller	LNP
DIN-Bez 1	
DIN-Bez 2	
Zusätze		Füllstoffe/Verstärkung	40% Glasfasern
Bevorzugte Verarbeitung	Spritzgiessen	Lieferform	Granulat
		Farben	
Besondere Merkmale	Hoher Modul; Gutes Schlagverhalten	Bevorzugte Anwendungen	Technisches Formteil

---

Dichte	g/cm³	1.28		Schmelzindex	g/10 min	:
Schüttdichte	g/cm³			Volumenfließindex	cm³/10 min	:
Viskositätszahl	ml/g					

Verarbeitungsbedingungen für Spritzgießen

Massetemp.	°C		Schwindung	% lgs	0.25, quer
Werkzeugtemp.	°C		Bemerkungen		
Spritzdruck	bar				

Zugversuch 23 °C ASTM D 638;
  Probekörper: Form
         Zustand
Herstellung: Spritzgiessen
Vorbehandlung: Normalklima

Streckspannung	N/mm²		Dehnung bei Streckspannung	%
Zugfestigkeit	N/mm²	80	Reißdehnung	%
Reißfestigkeit	N/mm²		% Dehnspannung	N/mm²
E-Modul	N/mm²		Dehnung bei % Dehnspg.	%

Kriechmoduln und Zeitstandwerte 23 °C
  Probekörper: Form
         Zustand
Herstellung:
Vorbehandlung:

Kriechmodul	1 min	N/mm²	Zeitstandzugfestigkeit	h N/mm²
Kriechmodul	1000 h	N/mm²	Zeitdehnspg. %	h N/mm²
bei Spannung		N/mm²		

Biegeversuch 23 °C ASTM D 790;
  Probekörper: Form
         Zustand
Herstellung: Spritzgiessen
Vorbehandlung: Normalklima

Biegefestigkeit	N/mm²	98	E-Modul	N/mm²	7700
3,5% Biegespannung	N/mm²				

Härte 23 °C Probekörper: Zustand
Herstellung: Spritzgiessen
Vorbehandlung: Normalklima

Kugeldruckhärte	N/mm²		bei N, s	Shore-Härte A	
Rockwellhärte	R 90			Shore-Härte D	

Schlagversuch Probekörper: (1)
         (2) V-Kerbe
         Zustand
Herstellung: Spritzgiessen
Vorbehandlung: Normalklima

     °C   °C   °C   Probekörper-Form

Schlagzähigkeit	kJ/m²		
Kerbschlagzähigkeit (1)	kJ/m²		
IZOD-Kerbschlagzähigkeit (2)	J/m	23	70
Kerbschlagzugzähigkeit	kJ/m²		

Kunststoffe © Springer-Verlag Berlin Heidelberg 1988
Kopieren, Vervielfältigen und Speichern in Datenverarbeitungsanlagen (auch auszugsweise) ist nur mit schriftlicher Genehmigung des Verlages gestattet

Datenbank-Nr. **T04253** Merkblatt-Nr. **2034**

Abrieb und Reibung

Taber-Abrieb (Reibradverfahren)	mm³/100 U	
Abriebfaktor LNP (Thrust washer) Vergleichswert		
Statische Reibungszahl		
Dynamische Reibungszahl	(p·v= N/mm² ·	m/min)
Zulässiger p · v Wert	N/mm² · (m/min)	v= m/min
		v= m/min

Thermische Eigenschaften

Formbeständigkeit in der Wärme	Verfahren A	127 °C
	Verfahren B	132 °C
Vicat Erweichungstemperatur (VST)	Verfahren	°C
	Verfahren	°C
Kristallit-Schmelzpunkt	Verfahren	
Längenausdehnungskoeffizient	Bereich °C	$\cdot 10^{-4} K^{-1}$
	Temperatur 23 °C	$0.43 \cdot 10^{-4} K^{-1}$
Wärmeleitfähigkeit	Verfahren ASTM C 177	23 °C 0.40 W/(K · m)
Spezifische Wärmekapazität	Verfahren	J/(K · g)
Glasumwandlungstemperatur	Torsionsschwingungsversuch	°C
	Differentialkalorimetrie	°C

Brandverhalten

UL-Test vertikal	Dicke mm, Wert	
	Dicke mm, Wert	

	Norm	Bewertung	Abmessungen
Sauerstoff-Index	ASTM D 2863		
Glühstab-Verfahren			
Brandverhalten	DIN 4102		
MVSS			
FAR			

Elektrische Eigenschaften

	Hz	°C		Probekörper, Form
Dielektrizitätszahl	50			
	10³			
	10⁶			
Dielektrischer Verlustfaktor tan δ	50			
	10³			
	10⁶			
Spezifischer Durchgangs- widerstand	Ohm · cm			
Durchschlagfestigkeit	kV/mm			mm dick
Oberflächenwiderstand	Ohm			
Kriechstromfestigkeit	KC	KB	KA	
Elektrolytische Korrosionswirkung				
Lichtbogenfestigkeit nach DIN				
nach ASTM	s			

Beständigkeit (Chemische Beständigkeit siehe Anhang)

Wasseraufnahme 23 C		1 d	0.02 %
23 C Bis zur Saettigung			0.30 %
Feuchtigkeitsaufnahme Normalklima			%
Wetterbeständigkeit			

Spannungskorrosion

Optische Eigenschaften

Brechungszahl n_D			
Transmissionsgrad τ_c	%	mm dick	
Lichtdurchlässigkeit			

Datenbank-Nr.	**T04254**			Merkblatt-Nr.	**2035**
					PE

Produkt	Polyethylen hoher Dichte
Handelsname	**Thermocomp FL-4040**
Hersteller	LNP
DIN-Bez 1	
DIN-Bez 2	

Zusätze	20% PTFE	Füllstoffe/Verstärkung	
Bevorzugte Verarbeitung	Spritzgiessen	Lieferform	Granulat
		Farben	
Besondere Merkmale	Flexibel; Gute dielektrische Eigenschaften; Geringer Abrieb; Sehr geringe Reibung	Bevorzugte Anwendungen	Technisches Formteil

Dichte	g/cm³	1.08	Schmelzindex	g/10 min		:
Schüttdichte	g/cm³		Volumenfließindex	cm³/10 min		:
Viskositätszahl	ml/g					

Verarbeitungsbedingungen für Spritzgießen

Massetemp.	°C		Schwindung	%	lgs , quer
Werkzeugtemp.	°C		Bemerkungen		
Spritzdruck	bar				

Zugversuch 23 °C ASTM D 638;
Probekörper: Form
Zustand

Herstellung Spritzgiessen
Vorbehandlung Normalklima

Streckspannung	N/mm²	Dehnung bei Streckspannung	%
Zugfestigkeit	N/mm² 27	Reißdehnung	%
Reißfestigkeit	N/mm²	% Dehnspannung	N/mm²
E-Modul	N/mm²	Dehnung bei % Dehnspg.	%

Kriechmoduln und Zeitstandwerte 23 °C
Probekörper: Form
Zustand

Herstellung
Vorbehandlung

Kriechmodul	1 min N/mm²	Zeitstandzugfestigkeit	h N/mm²
Kriechmodul	1000 h N/mm²	Zeitdehnspg. %	h N/mm²
bei Spannung	N/mm²		

Biegeversuch 23 °C ASTM D 790;
Probekörper: Form
Zustand

Herstellung Spritzgiessen
Vorbehandlung Normalklima

Biegefestigkeit	N/mm²	E-Modul	N/mm² 900
3,5% Biegespannung	N/mm²		

Härte 23 °C Probekörper: Zustand

Herstellung
Vorbehandlung

Kugeldruckhärte	N/mm² bei N, s	Shore-Härte A	
Rockwellhärte		Shore-Härte D	

Schlagversuch Probekörper: (1)
(2) V-Kerbe
Zustand

Herstellung Spritzgiessen
Vorbehandlung Normalklima

		°C	°C	°C Probekörper-Form
Schlagzähigkeit	kJ/m²			
Kerbschlagzähigkeit (1)	kJ/m²			
IZOD-Kerbschlagzähigkeit (2)	J/m	23 32		
Kerbschlagzugzähigkeit	kJ/m²			

Datenbank-Nr. **T04254**　　　Merkblatt-Nr. **2035**

Abrieb und Reibung

Taber-Abrieb (Reibradverfahren)	mm³/100 U	
Abriebfaktor LNP (Thrust washer) Vergleichswert	53	
Statische Reibungszahl	0.09	
Dynamische Reibungszahl	($p \cdot v = 0.28$ N/mm² · 15 m/min)	0.13
Zulässiger $p \cdot v$ Wert	N/mm² · (m/min)　$v =$ m/min	
	$v =$ m/min	

Thermische Eigenschaften

Formbeständigkeit in der Wärme	Verfahren A	49 °C
	Verfahren	°C
Vicat Erweichungstemperatur (VST)	Verfahren	°C
	Verfahren	°C
Kristallit-Schmelzpunkt	Verfahren	°C
Längenausdehnungskoeffizient	Bereich °C	$\cdot 10^{-4} K^{-1}$
	Temperatur 23 °C	$1.12 \cdot 10^{-4} K^{-1}$
Wärmeleitfähigkeit	Verfahren	W/(K·m)
Spezifische Wärmekapazität	Verfahren	J/(K·g)
Glasumwandlungstemperatur	Torsionsschwingungsversuch	°C
	Differentialkalorimetrie	°C

Brandverhalten

UL-Test vertikal	Dicke mm, Wert	
	Dicke mm, Wert	

	Norm	Bewertung	Abmessungen
Sauerstoff-Index	ASTM D 2863		
Glühstab-Verfahren			
Brandverhalten	DIN 4102		
MVSS			
FAR			

Elektrische Eigenschaften

	Hz	°C	Probekörper, Form
Dielektrizitätszahl	50		
	10³		
	10⁶		
Dielektrischer Verlustfaktor tan δ	50		
	10³		
	10⁶		
Spezifischer Durchgangswiderstand	Ohm·cm		
Durchschlagfestigkeit	kV/mm		mm dick
Oberflächenwiderstand	Ohm		
Kriechstromfestigkeit	KC　KB　KA		
Elektrolytische Korrosionswirkung			
Lichtbogenfestigkeit nach DIN			
nach ASTM	s		

Beständigkeit (Chemische Beständigkeit siehe Anhang)

Wasseraufnahme 23 C		1 d	0.01 %
Feuchtigkeitsaufnahme Normalklima			%
Wetterbeständigkeit			
Spannungskorrosion			

Optische Eigenschaften

Brechungszahl n_D		
Transmissionsgrad τ_c	%	mm dick
Lichtdurchlässigkeit		

Datenbank-Nr.	**T04255**		Merkblatt-Nr.	**2036**

PE

Produkt	Polyethylen hoher Dichte
Handelsname	**Thermocomp Stat-Kon** <AS-F>
Hersteller	LNP
DIN-Bez 1	
DIN-Bez 2	
Zusätze	Antistatikum
	Füllstoffe/Verstärkung
Bevorzugte Verarbeitung	Spritzgiessen
	Lieferform: Granulat
	Farben
Besondere Merkmale	Gutes Schlagverhalten; Verminderter elektrischer Widerstand
	Bevorzugte Anwendungen: Technisches Formteil

Dichte	g/cm³	0.94
Schüttdichte	g/cm³	
Viskositätszahl	ml/g	
Schmelzindex	g/10 min	
Volumenfließindex	cm³/10 min	

Verarbeitungsbedingungen für Spritzgießen

Massetemp.	°C
Werkzeugtemp.	°C
Spritzdruck	bar
Schwindung %	lgs 0.26, quer 0.26
Bemerkungen	

Zugversuch 23 °C ASTM D 638;

Probekörper: Form / Zustand
Herstellung: Spritzgiessen
Vorbehandlung: Normalklima

Streckspannung	N/mm²	
Zugfestigkeit	N/mm²	23
Reißfestigkeit	N/mm²	
E-Modul	N/mm²	
Dehnung bei Streckspannung	%	
Reißdehnung	%	
% Dehnspannung	N/mm²	
Dehnung bei % Dehnspg.	%	

Kriechmoduln und Zeitstandwerte 23 °C

Probekörper: Form / Zustand
Herstellung / Vorbehandlung

Kriechmodul	1 min	N/mm²
Kriechmodul	1000 h	N/mm²
bei Spannung		N/mm²
Zeitstandzugfestigkeit	h	N/mm²
Zeitdehnspg. %	h	N/mm²

Biegeversuch 23 °C ASTM D 790;

Probekörper: Form / Zustand
Herstellung: Spritzgiessen
Vorbehandlung: Normalklima

Biegefestigkeit	N/mm²	20
3,5% Biegespannung	N/mm²	
E-Modul	N/mm²	560

Härte 23 °C

Probekörper: Zustand
Herstellung / Vorbehandlung

Kugeldruckhärte	N/mm²	bei	N, s	
Rockwellhärte				
Shore-Härte A				
Shore-Härte D				

Schlagversuch

Probekörper: (1) / (2) V-Kerbe / Zustand
Herstellung: Spritzgiessen
Vorbehandlung: Normalklima

°C °C °C Probekörper-Form

Schlagzähigkeit	kJ/m²	
Kerbschlagzähigkeit (1)	kJ/m²	
IZOD-Kerbschlagzähigkeit (2)	J/m	23 270
Kerbschlagzugzähigkeit	kJ/m²	

Kunststoffe © Springer-Verlag Berlin Heidelberg 1988
Kopieren, Vervielfältigen und Speichern in Datenverarbeitungsanlagen (auch auszugsweise) ist nur mit schriftlicher Genehmigung des Verlages gestattet

Datenbank-Nr. **T04255** Merkblatt-Nr. **2036**

Abrieb und Reibung

Taber-Abrieb (Reibradverfahren)	mm³/100 U	
Abriebfaktor LNP (Thrust washer) Vergleichswert		
Statische Reibungszahl		
Dynamische Reibungszahl	(p·v = N/mm² ·	m/min)
Zulässiger p·v Wert	N/mm² · (m/min) v =	m/min
	v =	m/min

Thermische Eigenschaften

Formbeständigkeit in der Wärme	Verfahren A		54 °C
	Verfahren		°C
Vicat Erweichungstemperatur (VST)	Verfahren		°C
	Verfahren		°C
Kristallit-Schmelzpunkt	Verfahren		
Längenausdehnungskoeffizient	Bereich °C		$\cdot 10^{-4} K^{-1}$
	Temperatur 23 °C		$1.03 \cdot 10^{-4} K^{-1}$
Wärmeleitfähigkeit	Verfahren ASTM C 177	23 °C	0.27 W/(K·m)
Spezifische Wärmekapazität	Verfahren		J/(K·g)
Glasumwandlungstemperatur	Torsionsschwingungsversuch	°C	
	Differentialkalorimetrie	°C	

Brandverhalten

UL-Test vertikal	Dicke	mm, Wert	
	Dicke	mm, Wert	
	Norm	Bewertung	Abmessungen
Sauerstoff-Index	ASTM D 2863		
Glühstab-Verfahren			
Brandverhalten	DIN 4102		
MVSS			
FAR			

Elektrische Eigenschaften

		Hz	°C		Probekörper, Form
Dielektrizitätszahl		50			
		10³			
		10⁶			
Dielektrischer Verlustfaktor tan δ		50			
		10³			
		10⁶			
Spezifischer Durchgangs-widerstand	Ohm·cm				
Durchschlagfestigkeit	kV/mm				mm dick
Oberflächenwiderstand	Ohm		23	1.0*10**10 – 1.0*10**13	
Kriechstromfestigkeit		KC	KB	KA	
Elektrolytische Korrosionswirkung					
Lichtbogenfestigkeit nach DIN					
nach ASTM	s				

Beständigkeit (Chemische Beständigkeit siehe Anhang)

Wasseraufnahme

Feuchtigkeitsaufnahme Normalklima %
Wetterbeständigkeit

Spannungskorrosion

Optische Eigenschaften

Brechungszahl n_D			
Transmissionsgrad τ_c	%	mm dick	
Lichtdurchlässigkeit			

Datenbank-Nr.	**T04256**			Merkblatt-Nr. **2037**	
					PE
Produkt	Polyethylen hoher Dichte				
Handelsname	**Thermocomp Stat-Kon** <FE>				
Hersteller	LNP				
DIN-Bez 1					
DIN-Bez 2					
Zusätze	Antistatikum		Füllstoffe/Verstärkung		
Bevorzugte Verarbeitung	Extrudieren		Lieferform	Granulat	
			Farben		
Besondere Merkmale	Geringer elektrischer Widerstand		Bevorzugte Anwendungen	Halbzeug; Profil	

Dichte	g/cm³	1.06	Schmelzindex	g/10 min	:
Schüttdichte	g/cm³		Volumenfließindex	cm³/10 min	:
Viskositätszahl	ml/g				

Verarbeitungsbedingungen für Spritzgießen

Massetemp.	°C	Schwindung	%	lgs 0.22, quer 0.22
Werkzeugtemp.	°C	Bemerkungen		
Spritzdruck	bar			

Zugversuch 23 °C ASTM D 638;

Probekörper:	Form		Herstellung	Spritzgiessen
	Zustand		Vorbehandlung	Normalklima
Streckspannung	N/mm²		Dehnung bei Streckspannung	%
Zugfestigkeit	N/mm² 32		Reißdehnung	%
Reißfestigkeit	N/mm²		% Dehnspannung	N/mm²
E-Modul	N/mm²		Dehnung bei % Dehnspg.	%

Kriechmoduln und Zeitstandwerte 23 °C

Probekörper:	Form		Herstellung	
	Zustand		Vorbehandlung	
Kriechmodul	1 min N/mm²		Zeitstandzugfestigkeit	h N/mm²
Kriechmodul	1000 h N/mm²		Zeitdehnspg. %	h N/mm²
bei Spannung	N/mm²			

Biegeversuch 23 °C ASTM D 790;

Probekörper:	Form		Herstellung	Spritzgiessen
	Zustand		Vorbehandlung	Normalklima
Biegefestigkeit	N/mm² 27	E-Modul	N/mm² 1150	
3,5% Biegespannung	N/mm²			

Härte 23 °C

Probekörper:	Zustand		Herstellung
			Vorbehandlung
Kugeldruckhärte	N/mm²	bei N, s	Shore-Härte A
Rockwellhärte			Shore-Härte D

Schlagversuch

Probekörper:	(1)		Herstellung Spritzgiessen
	(2) V-Kerbe		Vorbehandlung Normalklima
	Zustand		
	°C	°C °C	Probekörper-Form
Schlagzähigkeit	kJ/m²		
Kerbschlagzähigkeit (1)	kJ/m²		
IZOD-Kerbschlagzähigkeit (2)	J/m	23 65	
Kerbschlagzugzähigkeit	kJ/m²		

Kunststoffe © Springer-Verlag Berlin Heidelberg 1988
Kopieren, Vervielfältigen und Speichern in Datenverarbeitungsanlagen (auch auszugsweise) ist nur mit schriftlicher Genehmigung des Verlages gestattet

Datenbank-Nr. **T04256** Merkblatt-Nr. **2037**

Abrieb und Reibung

Taber-Abrieb (Reibradverfahren)	mm³/100 U	
Abriebfaktor LNP (Thrust washer) Vergleichswert		
Statische Reibungszahl		
Dynamische Reibungszahl	(p·v= N/mm² · m/min)	
Zulässiger p · v Wert	N/mm² · (m/min) v= m/min	
	v= m/min	

Thermische Eigenschaften

Formbeständigkeit in der Wärme	Verfahren A		54 °C
	Verfahren		°C
Vicat Erweichungstemperatur (VST)	Verfahren		°C
	Verfahren		°C
Kristallit-Schmelzpunkt	Verfahren		
Längenausdehnungskoeffizient	Bereich °C		· $10^{-4} K^{-1}$
	Temperatur 23 °C		1.08 · $10^{-4} K^{-1}$
Wärmeleitfähigkeit	Verfahren ASTM C 177	23 °C	0.27 W/(K · m)
Spezifische Wärmekapazität	Verfahren		J/(K · g)
Glasumwandlungstemperatur	Torsionsschwingungsversuch	°C	
	Differentialkalorimetrie	°C	

Brandverhalten

UL-Test vertikal	Dicke mm, Wert		
	Dicke mm, Wert		

	Norm	Bewertung	Abmessungen
Sauerstoff-Index	ASTM D 2863		
Glühstab-Verfahren			
Brandverhalten	DIN 4102		
MVSS			
FAR			

Elektrische Eigenschaften

		Hz	°C		Probekörper, Form
Dielektrizitätszahl		50			
		10^3			
		10^6			
Dielektrischer Verlustfaktor tan δ		50			
		10^3			
		10^6			
Spezifischer Durchgangs- widerstand	Ohm · cm		23	1.0*10**04	
Durchschlagfestigkeit	kV/mm				mm dick
Oberflächenwiderstand	Ohm		23	1.0*10**04	
Kriechstromfestigkeit		KC	KB	KA	
Elektrolytische Korrosionswirkung					
Lichtbogenfestigkeit nach DIN					
nach ASTM	s				

Beständigkeit (Chemische Beständigkeit siehe Anhang)

Wasseraufnahme 23 C		1 d	0.01 %
Feuchtigkeitsaufnahme Normalklima			%
Wetterbeständigkeit			
Spannungskorrosion			

Optische Eigenschaften

Brechungszahl n_D			
Transmissionsgrad τ_c	%	mm dick	
Lichtdurchlässigkeit			

Datenbank-Nr.	**T04257**			Merkblatt-Nr. **2038**	
					PE

Produkt	Polyethylen hoher Dichte
Handelsname	**Thermocomp PDX-828 13**
Hersteller	LNP
DIN-Bez 1	
DIN-Bez 2	

Zusätze	Antistatikum	Füllstoffe/Verstärkung	
Bevorzugte Verarbeitung	Blasformen	Lieferform	Granulat
		Farben	
Besondere Merkmale	Gutes Schlagverhalten; Geringer elektrischer Woiderstand	Bevorzugte Anwendungen	Hohlkoerper

---

Dichte	g/cm³	0.99	Schmelzindex	g/10 min	:
Schüttdichte	g/cm³		Volumenfließindex	cm³/10 min	:
Viskositätszahl	ml/g				

Verarbeitungsbedingungen für Spritzgießen

Massetemp.	°C	Schwindung	%	lgs 0.22, quer 0.22
Werkzeugtemp.	°C	Bemerkungen		
Spritzdruck	bar			

Zugversuch 23 °C ASTM D 638;
Probekörper: Form
Zustand

Herstellung Spritzgiessen
Vorbehandlung Normalklima

Streckspannung	N/mm²	Dehnung bei Streckspannung	%
Zugfestigkeit	N/mm² 28	Reißdehnung	%
Reißfestigkeit	N/mm²	% Dehnspannung	N/mm²
E-Modul	N/mm²	Dehnung bei % Dehnspg.	%

Kriechmoduln und Zeitstandwerte 23 °C
Probekörper: Form
Zustand

Herstellung
Vorbehandlung

Kriechmodul	1 min N/mm²	Zeitstandzugfestigkeit	h N/mm²
Kriechmodul	1000 h N/mm²	Zeitdehnspg. %	h N/mm²
bei Spannung	N/mm²		

Biegeversuch 23 °C ASTM D 790;
Probekörper: Form
Zustand

Herstellung Spritzgiessen
Vorbehandlung Normalklima

Biegefestigkeit	N/mm² 28	E-Modul	N/mm² 1050
3,5% Biegespannung	N/mm²		

Härte 23 °C Probekörper: Zustand

Herstellung
Vorbehandlung

Kugeldruckhärte	N/mm² bei N, s	Shore-Härte A	
Rockwellhärte		Shore-Härte D	

Schlagversuch Probekörper: (1)
(2) V-Kerbe
Zustand

Herstellung Spritzgiessen
Vorbehandlung Normalklima

°C °C °C Probekörper-Form

Schlagzähigkeit	kJ/m²	
Kerbschlagzähigkeit (1)	kJ/m²	
IZOD-Kerbschlagzähigkeit (2)	J/m	23 75
Kerbschlagzugzähigkeit	kJ/m²	

Datenbank-Nr. **T04257**　　　　　　　　　　　　　　　　　　　　　　　　　　　　　　　Merkblatt-Nr. **2038**

Abrieb und Reibung

Taber-Abrieb (Reibradverfahren)	mm³/100 U	
Abriebfaktor LNP (Thrust washer) Vergleichswert		
Statische Reibungszahl		
Dynamische Reibungszahl	(p·v=　　N/mm²·　　m/min)	
Zulässiger p·v Wert	N/mm² · (m/min)　v=　　m/min	
	v=　　m/min	

Thermische Eigenschaften

Formbeständigkeit in der Wärme	Verfahren A		54 °C
	Verfahren		°C
Vicat Erweichungstemperatur (VST)	Verfahren		°C
	Verfahren		°C
Kristallit-Schmelzpunkt	Verfahren		
Längenausdehnungskoeffizient	Bereich　°C		$\cdot 10^{-4} K^{-1}$
	Temperatur 23 °C		$1.10 \cdot 10^{-4} K^{-1}$
Wärmeleitfähigkeit	Verfahren ASTM C 177	23 °C	0.27 W/(K·m)
Spezifische Wärmekapazität	Verfahren		J/(K·g)
Glasumwandlungstemperatur	Torsionsschwingungsversuch	°C	
	Differentialkalorimetrie	°C	

Brandverhalten

UL-Test vertikal　　　　　Dicke　　mm, Wert
　　　　　　　　　　　　Dicke　　mm, Wert

	Norm	Bewertung	Abmessungen
Sauerstoff-Index	ASTM D 2863		
Glühstab-Verfahren			
Brandverhalten	DIN 4102		
MVSS			
FAR			

Elektrische Eigenschaften

		Hz	°C		Probekörper, Form
Dielektrizitätszahl		50			
		10³			
		10⁶			
Dielektrischer Verlustfaktor tan δ		50			
		10³			
		10⁶			
Spezifischer Durchgangswiderstand	Ohm·cm		23	1.0*10**04	
Durchschlagfestigkeit	kV/mm				mm dick
Oberflächenwiderstand	Ohm		23	1.0*10**04	
Kriechstromfestigkeit		KC	KB	KA	
Elektrolytische Korrosionswirkung					
Lichtbogenfestigkeit nach DIN					
nach ASTM	s				

Beständigkeit (Chemische Beständigkeit siehe Anhang)

Wasseraufnahme 23 C		1 d	0.01 %
Feuchtigkeitsaufnahme Normalklima			
Wetterbeständigkeit			%
Spannungskorrosion			

Optische Eigenschaften

Brechungszahl n_D
Transmissionsgrad τ_c　　　　%　　　　　　　　mm dick
Lichtdurchlässigkeit

Datenbank-Nr.	**T04258**			Merkblatt-Nr.	**2039**
Produkt	Polysulfon				**PSU**
Handelsname	**Thermocomp G-1000**				
Hersteller	LNP				

DIN-Bez 1			
DIN-Bez 2			
Zusätze		Füllstoffe/Verstärkung	
Bevorzugte Verarbeitung	Spritzgiessen	Lieferform	Granulat
		Farben	
Besondere Merkmale	Hohe Waermeformbestaendigkeit	Bevorzugte Anwendungen	Technisches Formteil

Dichte	g/cm³	1.24	Schmelzindex	g/10 min	:
Schüttdichte	g/cm³		Volumenfließindex	cm³/10 min	:
Viskositätszahl	ml/g				

Verarbeitungsbedingungen für Spritzgießen

Massetemp.	°C		Schwindung	%	lgs 0.75, quer 0.75
Werkzeugtemp.	°C		Bemerkungen		
Spritzdruck	bar				

Zugversuch 23 °C ASTM D 638;

	Probekörper:	Form	Herstellung	Spritzgiessen
		Zustand	Vorbehandlung	Normalklima
Streckspannung	N/mm²		Dehnung bei Streckspannung	%
Zugfestigkeit	N/mm²	70	Reißdehnung	%
Reißfestigkeit	N/mm²		% Dehnspannung	N/mm²
E-Modul	N/mm²		Dehnung bei % Dehnspg.	%

Kriechmoduln und Zeitstandwerte 23 °C

	Probekörper:	Form	Herstellung	
		Zustand	Vorbehandlung	
Kriechmodul	1 min N/mm²		Zeitstandzugfestigkeit	h N/mm²
Kriechmodul	1000 h N/mm²		Zeitdehnspg. %	h N/mm²
bei Spannung	N/mm²			

Biegeversuch 23 °C ASTM D 790;

	Probekörper:	Form	Herstellung	Spritzgiessen
		Zustand	Vorbehandlung	Normalklima
Biegefestigkeit	N/mm²	110	E-Modul N/mm²	2700
3,5% Biegespannung	N/mm²			

Härte 23 °C

	Probekörper:	Zustand	Herstellung	Spritzgiessen
			Vorbehandlung	Normalklima
Kugeldruckhärte	N/mm²	bei N, s	Shore-Härte A	
Rockwellhärte	R 120	M 69	Shore-Härte D	

Schlagversuch

	Probekörper:	(1)	Herstellung Spritzgiessen
		(2) V-Kerbe	Vorbehandlung Normalklima
		Zustand	
		°C °C °C	Probekörper-Form
Schlagzähigkeit	kJ/m²		
Kerbschlagzähigkeit (1)	kJ/m²		
IZOD-Kerbschlagzähigkeit (2)	J/m	23 64	
Kerbschlagzugzähigkeit	kJ/m²		

Datenbank-Nr. **T04258** Merkblatt-Nr. **2039**

Abrieb und Reibung

Taber-Abrieb (Reibradverfahren)	mm³/100 U			
Abriebfaktor LNP (Thrust washer) Vergleichswert	1800			
Statische Reibungszahl	0.29			
Dynamische Reibungszahl	(p·v = 0.28 N/mm² · 15 m/min)			0.37
Zulässiger p·v Wert	N/mm² · (m/min) v = 3 m/min			11
	v = 30 m/min			11

Thermische Eigenschaften

Formbeständigkeit in der Wärme	Verfahren A		174 °C
	Verfahren B		181 °C
Vicat Erweichungstemperatur (VST)	Verfahren		°C
	Verfahren		°C
Kristallit-Schmelzpunkt	Verfahren		
Längenausdehnungskoeffizient	Bereich °C		$\cdot 10^{-4} K^{-1}$
	Temperatur 23 °C		$0.56 \cdot 10^{-4} K^{-1}$
Wärmeleitfähigkeit	Verfahren ASTM C 177	23 °C	0.26 W/(K·m)
Spezifische Wärmekapazität	Verfahren		J/(K·g)
Glasumwandlungstemperatur	Torsionsschwingungsversuch		°C
	Differentialkalorimetrie		°C

Brandverhalten

UL-Test vertikal		Dicke mm, Wert V-0		
		Dicke mm, Wert		
	Norm	Bewertung		Abmessungen
Sauerstoff-Index	ASTM D 2863			
Glühstab-Verfahren				
Brandverhalten	DIN 4102			
MVSS				
FAR				

Elektrische Eigenschaften

		Hz	°C		Probekörper, Form
Dielektrizitätszahl		50			
		10³			
		10⁶			
Dielektrischer Verlustfaktor tan δ		50			
		10³			
		10⁶			
Spezifischer Durchgangswiderstand	Ohm · cm				
Durchschlagfestigkeit	kV/mm				mm dick
Oberflächenwiderstand	Ohm				
Kriechstromfestigkeit		KC	KB	KA	
Elektrolytische Korrosionswirkung					
Lichtbogenfestigkeit nach DIN					
nach ASTM	s				

Beständigkeit (Chemische Beständigkeit siehe Anhang)

Wasseraufnahme 23 C		1 d	0.20 %
23 C Bis zur Saettigung			0.60 %
Feuchtigkeitsaufnahme Normalklima			
Wetterbeständigkeit			%
Spannungskorrosion			

Optische Eigenschaften

Brechungszahl n_D			
Transmissionsgrad τ_c	%	mm dick	
Lichtdurchlässigkeit			

Datenbank-Nr.	**T04259**	Merkblatt-Nr. **2040**

PSU

Produkt	Polysulfon
Handelsname	**Thermocomp GC-1006**
Hersteller	LNP
DIN-Bez 1	
DIN-Bez 2	
Zusätze	
Füllstoffe/Verstärkung	30% Kohlenstoffasern
Bevorzugte Verarbeitung	Spritzgiessen
Lieferform	Granulat
Farben	
Besondere Merkmale	Extrem hoher Modul; Sehr hohe Festigkeit; Geringer Abrieb; Geringe Reibung
Bevorzugte Anwendungen	Technisches Formteil

Dichte	g/cm³	1.37
Schüttdichte	g/cm³	
Viskositätszahl	ml/g	
Schmelzindex	g/10 min	
Volumenfließindex	cm³/10 min	

Verarbeitungsbedingungen für Spritzgießen

Massetemp.	°C	
Werkzeugtemp.	°C	
Spritzdruck	bar	
Schwindung	% lgs	0.15, quer
Bemerkungen		

Zugversuch 23 °C ASTM D 638;

Probekörper:	Form	
	Zustand	
Herstellung	Spritzgiessen	
Vorbehandlung	Normalklima	

Streckspannung	N/mm²	
Zugfestigkeit	N/mm²	160
Reißfestigkeit	N/mm²	
E-Modul	N/mm²	
Dehnung bei Streckspannung	%	
Reißdehnung	%	
% Dehnspannung	N/mm²	
Dehnung bei % Dehnspg.	%	

Kriechmoduln und Zeitstandwerte 23 °C

Probekörper:	Form	
	Zustand	
Herstellung		
Vorbehandlung		

Kriechmodul	1 min	N/mm²
Kriechmodul	1000 h	N/mm²
bei Spannung		N/mm²
Zeitstandzugfestigkeit	h	N/mm²
Zeitdehnspg. %	h	N/mm²

Biegeversuch 23 °C ASTM D 790;

Probekörper:	Form	
	Zustand	
Herstellung	Spritzgiessen	
Vorbehandlung	Normalklima	

Biegefestigkeit	N/mm²	220
3,5% Biegespannung	N/mm²	
E-Modul	N/mm²	14300

Härte 23 °C

Probekörper:	Zustand	
Herstellung		
Vorbehandlung		

Kugeldruckhärte	N/mm²	bei	N, s	
Rockwellhärte				
Shore-Härte A				
Shore-Härte D				

Schlagversuch

Probekörper:	(1)	
	(2) V-Kerbe	
	Zustand	
Herstellung	Spritzgiessen	
Vorbehandlung	Normalklima	
	°C °C °C	Probekörper-Form

Schlagzähigkeit	kJ/m²	
Kerbschlagzähigkeit (1)	kJ/m²	
IZOD-Kerbschlagzähigkeit (2)	J/m	23 64
Kerbschlagzugzähigkeit	kJ/m²	

Kunststoffe © Springer-Verlag Berlin Heidelberg 1988
Kopieren, Vervielfältigen und Speichern in Datenverarbeitungsanlagen (auch auszugsweise) ist nur mit schriftlicher Genehmigung des Verlages gestattet

Datenbank-Nr. **T04259** Merkblatt-Nr. **2040**

Abrieb und Reibung

Taber-Abrieb (Reibradverfahren)	mm³/100 U			
Abriebfaktor LNP (Thrust washer) Vergleichswert	89			
Statische Reibungszahl	0.17			
Dynamische Reibungszahl	(p·v = 0.28 N/mm² · 15	m/min)	0.14	
Zulässiger p·v Wert	N/mm² · (m/min)	v = 3	m/min	18
		v = 30	m/min	18

Thermische Eigenschaften

Formbeständigkeit in der Wärme	Verfahren A		185 °C
	Verfahren B		191 °C
Vicat Erweichungstemperatur (VST)	Verfahren		°C
	Verfahren		°C
Kristallit-Schmelzpunkt	Verfahren		
Längenausdehnungskoeffizient	Bereich °C		· $10^{-4} K^{-1}$
	Temperatur 23 °C		0.11 · $10^{-4} K^{-1}$
Wärmeleitfähigkeit	Verfahren ASTM C 177	23 °C	0.79 W/(K·m)
Spezifische Wärmekapazität	Verfahren		J/(K·g)
Glasumwandlungstemperatur	Torsionsschwingungsversuch	°C	
	Differentialkalorimetrie	°C	

Brandverhalten

UL-Test vertikal	Dicke	mm, Wert V-0	
	Dicke	mm, Wert	

	Norm	Bewertung	Abmessungen
Sauerstoff-Index	ASTM D 2863		
Glühstab-Verfahren			
Brandverhalten	DIN 4102		
MVSS			
FAR			

Elektrische Eigenschaften

		Hz	°C		Probekörper, Form
Dielektrizitätszahl		50			
		10³			
		10⁶			
Dielektrischer Verlustfaktor tan δ		50			
		10³			
		10⁶			
Spezifischer Durchgangs-widerstand	Ohm·cm		23	1.0*10**02	
Durchschlagfestigkeit	kV/mm				mm dick
Oberflächenwiderstand	Ohm		23	1.0*10**02	
Kriechstromfestigkeit		KC	KB	KA	
Elektrolytische Korrosionswirkung					
Lichtbogenfestigkeit nach DIN					
nach ASTM	s				

Beständigkeit (Chemische Beständigkeit siehe Anhang)

Wasseraufnahme 23 C		1 d	0.15 %
Feuchtigkeitsaufnahme Normalklima			%
Wetterbeständigkeit			
Spannungskorrosion			

Optische Eigenschaften

Brechungszahl n_D			
Transmissionsgrad τ_c	%	mm dick	
Lichtdurchlässigkeit			

Datenbank-Nr.	**T04260**		Merkblatt-Nr.	**2041**
Produkt	Polysulfon			**PSU**
Handelsname	**Thermocomp GF-1004**			
Hersteller	LNP			
DIN-Bez 1				
DIN-Bez 2				
Zusätze		Füllstoffe/Verstärkung	20% Glasfasern	
Bevorzugte Verarbeitung	Spritzgiessen	Lieferform	Granulat	
		Farben		
Besondere Merkmale	Hoher Modul; Hohe Festigkeit; Hohe Waermeformbestaendigkeit	Bevorzugte Anwendungen	Technisches Formteil	

Dichte	g/cm³	1.38	Schmelzindex	g/10 min	:
Schüttdichte	g/cm³		Volumenfließindex	cm³/10 min	:
Viskositätszahl	ml/g				

Verarbeitungsbedingungen für Spritzgießen

Massetemp.	°C		Schwindung	% lgs	0.35, quer
Werkzeugtemp.	°C		Bemerkungen		
Spritzdruck	bar				

Zugversuch 23 °C ASTM D 638;

	Probekörper:	Form	Herstellung	Spritzgiessen
		Zustand	Vorbehandlung	Normalklima
Streckspannung	N/mm²		Dehnung bei Streckspannung	%
Zugfestigkeit	N/mm²	105	Reißdehnung	%
Reißfestigkeit	N/mm²		% Dehnspannung	N/mm²
E-Modul	N/mm²		Dehnung bei % Dehnspg.	%

Kriechmoduln und Zeitstandwerte 23 °C

	Probekörper:	Form	Herstellung	
		Zustand	Vorbehandlung	
Kriechmodul	1 min N/mm²		Zeitstandzugfestigkeit	h N/mm²
Kriechmodul	1000 h N/mm²		Zeitdehnspg. %	h N/mm²
bei Spannung	N/mm²			

Biegeversuch 23 °C ASTM D 790;

	Probekörper:	Form	Herstellung	Spritzgiessen
		Zustand	Vorbehandlung	Normalklima
Biegefestigkeit	N/mm²	145	E-Modul N/mm²	5900
3,5% Biegespannung	N/mm²			

Härte 23 °C

	Probekörper:	Zustand	Herstellung	Spritzgiessen
			Vorbehandlung	Normalklima
Kugeldruckhärte	N/mm²	bei N, s	Shore-Härte A	
Rockwellhärte	M 92	L 107	Shore-Härte D	

Schlagversuch

	Probekörper:	(1)	Herstellung	Spritzgiessen
		(2) V-Kerbe	Vorbehandlung	Normalklima
		Zustand		
		°C °C	°C	Probekörper-Form
Schlagzähigkeit	kJ/m²			
Kerbschlagzähigkeit (1)	kJ/m²			
IZOD-Kerbschlagzähigkeit (2)	J/m	23 70		
Kerbschlagzugzähigkeit	kJ/m²			

Kunststoffe © Springer-Verlag Berlin Heidelberg 1988
Kopieren, Vervielfältigen und Speichern in Datenverarbeitungsanlagen (auch auszugsweise) ist nur mit schriftlicher Genehmigung des Verlages gestattet

Datenbank-Nr. **T04260**   Merkblatt-Nr. **2041**

Abrieb und Reibung

Taber-Abrieb (Reibradverfahren)	mm³/100 U	
Abriebfaktor LNP (Thrust washer) Vergleichswert		
Statische Reibungszahl		
Dynamische Reibungszahl	(p·v = N/mm² · m/min)	
Zulässiger p · v Wert	N/mm² · (m/min) v = m/min	
	v = m/min	

Thermische Eigenschaften

Formbeständigkeit in der Wärme	Verfahren A	182 °C
	Verfahren B	188 °C
Vicat Erweichungstemperatur (VST)	Verfahren	°C
	Verfahren	°C
Kristallit-Schmelzpunkt	Verfahren	
Längenausdehnungskoeffizient	Bereich °C	· $10^{-4} K^{-1}$
	Temperatur 23 °C	0.31 · $10^{-4} K^{-1}$
Wärmeleitfähigkeit	Verfahren ASTM C 177 23 °C	0.29 W/(K·m)
Spezifische Wärmekapazität	Verfahren	J/(K·g)
Glasumwandlungstemperatur	Torsionsschwingungsversuch	°C
	Differentialkalorimetrie	°C

Brandverhalten

UL-Test vertikal		Dicke mm, Wert V-0	
		Dicke mm, Wert	
	Norm	Bewertung	Abmessungen
Sauerstoff-Index	ASTM D 2863		
Glühstab-Verfahren			
Brandverhalten	DIN 4102		
MVSS			
FAR			

Elektrische Eigenschaften

	Hz	°C	Probekörper, Form
Dielektrizitätszahl	50		
	10³		
	10⁶		
Dielektrischer Verlustfaktor tan δ	50		
	10³		
	10⁶		
Spezifischer Durchgangswiderstand	Ohm · cm		
Durchschlagfestigkeit	kV/mm		mm dick
Oberflächenwiderstand	Ohm		
Kriechstromfestigkeit	KC KB KA		
Elektrolytische Korrosionswirkung			
Lichtbogenfestigkeit nach DIN			
nach ASTM	s		

Beständigkeit (Chemische Beständigkeit siehe Anhang)

Wasseraufnahme 23 C	1 d	0.20 %
23 C Bis zur Saettigung		0.60 %
Feuchtigkeitsaufnahme Normalklima		%
Wetterbeständigkeit		
Spannungskorrosion		

Optische Eigenschaften

Brechungszahl n_D		
Transmissionsgrad τ_c	%	mm dick
Lichtdurchlässigkeit		

Datenbank-Nr.	**T04261**			Merkblatt-Nr.	**2042**

PSU

Produkt	Polysulfon
Handelsname	**Thermocomp GF-1006**
Hersteller	LNP
DIN-Bez 1	
DIN-Bez 2	
Zusätze	
Füllstoffe/Verstärkung	30% Glasfasern
Bevorzugte Verarbeitung	Spritzgiessen
Lieferform	Granulat
Farben	
Besondere Merkmale	Hoher Modul; Hohe Festigkeit; Hohe Dauerbetriebstemperatur
Bevorzugte Anwendungen	Technisches Formteil

Dichte	g/cm³	1.45	Schmelzindex	g/10 min	:
Schüttdichte	g/cm³		Volumenfließindex	cm³/10 min	:
Viskositätszahl	ml/g				

Verarbeitungsbedingungen für Spritzgießen

Massetemp.	°C	355	Schwindung	%	lgs 0.25, quer
Werkzeugtemp.	°C	150	Bemerkungen		Vortrocknen empfohlen 4 h bei 135 C
Spritzdruck	bar				

Zugversuch 23 °C ASTM D 638;

	Probekörper:	Form		Herstellung	Spritzgiessen
		Zustand		Vorbehandlung	Normalklima
Streckspannung	N/mm²		Dehnung bei Streckspannung		%
Zugfestigkeit	N/mm²	125	Reißdehnung		%
Reißfestigkeit	N/mm²		% Dehnspannung		N/mm²
E-Modul	N/mm²		Dehnung bei	% Dehnspg.	%

Kriechmoduln und Zeitstandwerte 23 °C

	Probekörper:	Form		Herstellung	
		Zustand		Vorbehandlung	
Kriechmodul	1 min N/mm²		Zeitstandzugfestigkeit	h	N/mm²
Kriechmodul	1000 h N/mm²		Zeitdehnspg. %	h	N/mm²
bei Spannung	N/mm²				

Biegeversuch 23 °C ASTM D 790;

	Probekörper:	Form		Herstellung	Spritzgiessen
		Zustand		Vorbehandlung	Normalklima
Biegefestigkeit	N/mm²	165	E-Modul	N/mm²	8400
3,5% Biegespannung	N/mm²				

Härte 23 °C

	Probekörper:	Zustand		Herstellung	Spritzgiessen
				Vorbehandlung	Normalklima
Kugeldruckhärte	N/mm²		bei N, s	Shore-Härte A	
Rockwellhärte		M 92	L 108	Shore-Härte D	

Schlagversuch

	Probekörper:	(1)		Herstellung	Spritzgiessen
		(2) V-Kerbe		Vorbehandlung	Normalklima
		Zustand			
		°C	°C	°C	Probekörper-Form
Schlagzähigkeit	kJ/m²				
Kerbschlagzähigkeit (1)	kJ/m²				
IZOD-Kerbschlagzähigkeit (2)	J/m	23 96			
Kerbschlagzugzähigkeit	kJ/m²				

Kunststoffe © Springer-Verlag Berlin Heidelberg 1988
Kopieren, Vervielfältigen und Speichern in Datenverarbeitungsanlagen (auch auszugsweise) ist nur mit schriftlicher Genehmigung des Verlages gestattet

Datenbank-Nr. **T04261** Merkblatt-Nr. **2042**

Abrieb und Reibung

Taber-Abrieb (Reibradverfahren)	mm³/100 U	
Abriebfaktor LNP (Thrust washer) Vergleichswert	190	
Statische Reibungszahl	0.24	
Dynamische Reibungszahl	($p \cdot v = 0.28$ N/mm² · 15 m/min)	0.22
Zulässiger p · v Wert	N/mm² · (m/min) v = m/min	
	v = m/min	

Thermische Eigenschaften

Formbeständigkeit in der Wärme	Verfahren A		185 °C
	Verfahren B		191 °C
Vicat Erweichungstemperatur (VST)	Verfahren		°C
	Verfahren		°C
Kristallit-Schmelzpunkt	Verfahren		
Längenausdehnungskoeffizient	Bereich °C		$\cdot 10^{-4} K^{-1}$
	Temperatur 23 °C		$0.25 \cdot 10^{-4} K^{-1}$
Wärmeleitfähigkeit	Verfahren ASTM C 177	23 °C	0.32 W/(K · m)
Spezifische Wärmekapazität	Verfahren		J/(K · g)
Glasumwandlungstemperatur	Torsionsschwingungsversuch	°C	
	Differentialkalorimetrie	°C	

Brandverhalten

UL-Test vertikal Dicke mm, Wert V-0
 Dicke mm, Wert

	Norm	Bewertung	Abmessungen
Sauerstoff-Index Glühstab-Verfahren	ASTM D 2863	39 %	
Brandverhalten	DIN 4102		
MVSS			
FAR			

Elektrische Eigenschaften

	Hz	°C		Probekörper, Form
Dielektrizitätszahl	50	23	3.55	
	10³			
	10⁶	23	3.49	
Dielektrischer Verlustfaktor tan δ	50	23	0.0020	
	10³			
	10⁶	23	0.0050	
Spezifischer Durchgangs-widerstand Ohm · cm		23	1.0*10**16	
Durchschlagfestigkeit kV/mm		23	19	mm dick
Oberflächenwiderstand Ohm				
Kriechstromfestigkeit	KC	KB	KA	
Elektrolytische Korrosionswirkung				
Lichtbogenfestigkeit nach DIN				
nach ASTM s	121			

Beständigkeit (*Chemische Beständigkeit siehe Anhang*)

Wasseraufnahme 23 C		1 d	0.80 %
23 C Bis zur Saettigung			0.58 %
Feuchtigkeitsaufnahme Normalklima			%
Wetterbeständigkeit			

Spannungskorrosion

Optische Eigenschaften

Brechungszahl n_D
Transmissionsgrad τ_c % mm dick
Lichtdurchlässigkeit

Datenbank-Nr.	**T04262**			Merkblatt-Nr.	**2043**
					PSU
Produkt	Polysulfon				
Handelsname	**Thermocomp GF-1006 FR**				
Hersteller	LNP				
DIN-Bez 1					
DIN-Bez 2					
Zusätze	Brandschutzmittel		Füllstoffe/Verstärkung	30% Glasfasern	
Bevorzugte Verarbeitung	Spritzgiessen		Lieferform	Granulat	
			Farben		
Besondere Merkmale	Hoher Modul; Hohe Festigkeit; Hohe Dauerbetriebstemperatur; Geringe Rauchentwicklung		Bevorzugte Anwendungen	Technisches Formteil	

Dichte	g/cm³	1.46	Schmelzindex	g/10 min	:
Schüttdichte	g/cm³		Volumenfließindex	cm³/10 min	:
Viskositätszahl	ml/g				
Verarbeitungsbedingungen für Spritzgießen					
Massetemp.	°C	355	Schwindung	% lgs	0.25, quer
Werkzeugtemp.	°C	150	Bemerkungen	Vortrocknen empfohlen 4 h bei 135 C	
Spritzdruck	bar				

Zugversuch 23 °C ASTM D 638;
Probekörper: Form
Zustand
Herstellung Spritzgiessen
Vorbehandlung Normalklima

Streckspannung	N/mm²		Dehnung bei Streckspannung	%	
Zugfestigkeit	N/mm²	105	Reißdehnung	%	
Reißfestigkeit	N/mm²		% Dehnspannung	N/mm²	
E-Modul	N/mm²		Dehnung bei % Dehnspg.	%	

Kriechmoduln und Zeitstandwerte 23 °C
Probekörper: Form
Zustand
Herstellung
Vorbehandlung

Kriechmodul	1 min N/mm²		Zeitstandzugfestigkeit	h N/mm²	
Kriechmodul	1000 h N/mm²		Zeitdehnspg. %	h N/mm²	
bei Spannung	N/mm²				

Biegeversuch 23 °C ASTM D 790;
Probekörper: Form
Zustand
Herstellung Spritzgiessen
Vorbehandlung Normalklima

Biegefestigkeit	N/mm²	145	E-Modul	N/mm² 7700
3,5% Biegespannung	N/mm²			

Härte 23 °C Probekörper: Zustand
Herstellung
Vorbehandlung

Kugeldruckhärte	N/mm²	bei N, s	Shore-Härte A	
Rockwellhärte			Shore-Härte D	

Schlagversuch Probekörper: (1)
(2) V-Kerbe
Zustand
Herstellung Spritzgiessen
Vorbehandlung Normalklima

°C °C °C Probekörper-Form

Schlagzähigkeit	kJ/m²	
Kerbschlagzähigkeit (1)	kJ/m²	
IZOD-Kerbschlagzähigkeit (2)	J/m	23 69
Kerbschlagzugzähigkeit	kJ/m²	

Kunststoffe © Springer-Verlag Berlin Heidelberg 1988
Kopieren, Vervielfältigen und Speichern in Datenverarbeitungsanlagen (auch auszugsweise) ist nur mit schriftlicher Genehmigung des Verlages gestattet

Datenbank-Nr. **T04262** *Merkblatt-Nr.* **2043**

Abrieb und Reibung

Taber-Abrieb (Reibradverfahren)	mm³/100 U	
Abriebfaktor LNP (Thrust washer) Vergleichswert		
Statische Reibungszahl		
Dynamische Reibungszahl	(p·v= N/mm² ·	m/min)
Zulässiger p·v Wert	N/mm² · (m/min) v=	m/min
	v=	m/min

Thermische Eigenschaften

Formbeständigkeit in der Wärme	Verfahren A		182 °C
	Verfahren		°C
Vicat Erweichungstemperatur (VST)	Verfahren		°C
	Verfahren		°C
Kristallit-Schmelzpunkt	Verfahren		
Längenausdehnungskoeffizient	Bereich °C		· 10⁻⁴ K⁻¹
	Temperatur 23 °C		0.25 · 10⁻⁴ K⁻¹
Wärmeleitfähigkeit	Verfahren ASTM C 177	23 °C	0.32 W/(K·m)
Spezifische Wärmekapazität	Verfahren		J/(K·g)
Glasumwandlungstemperatur	Torsionsschwingungsversuch		°C
	Differentialkalorimetrie		°C

Brandverhalten

UL-Test vertikal	Dicke mm, Wert V-0	
	Dicke mm, Wert	

	Norm	Bewertung	Abmessungen
Sauerstoff-Index	ASTM D 2863	39 %	
Glühstab-Verfahren			
Brandverhalten	DIN 4102		
MVSS			
FAR			

Elektrische Eigenschaften

	Hz	°C		Probekörper, Form
Dielektrizitätszahl	50	23	3.65	
	10³			
	10⁶	23	3.52	
Dielektrischer Verlustfaktor tan δ	50	23	0.0020	
	10³			
	10⁶	23	0.0050	
Spezifischer Durchgangs-widerstand	Ohm·cm			
Durchschlagfestigkeit	kV/mm	23	19	mm dick
Oberflächenwiderstand	Ohm	23	5.0*10**16	
Kriechstromfestigkeit	KC	KB	KA	
Elektrolytische Korrosionswirkung				
Lichtbogenfestigkeit nach DIN				
nach ASTM	s	121		

Beständigkeit (Chemische Beständigkeit siehe Anhang)

Wasseraufnahme 23 C		1 d	0.20 %
Feuchtigkeitsaufnahme Normalklima			%
Wetterbeständigkeit			
Spannungskorrosion			

Optische Eigenschaften

Brechungszahl n_D		
Transmissionsgrad τ_c	%	mm dick
Lichtdurchlässigkeit		

Datenbank-Nr.	**T04263**		*Merkblatt-Nr.*	**2044**
				PSU

Produkt	Polysulfon			
Handelsname	**Thermocomp GF-1008**			
Hersteller	LNP			
DIN-Bez 1				
DIN-Bez 2				
Zusätze		*Füllstoffe/Verstärkung*	40% Glasfasern	
Bevorzugte Verarbeitung	Spritzgiessen	*Lieferform*	Granulat	
		Farben		
Besondere Merkmale	Sehr hoher Modul; Sehr hohe Festigkeit; Hohe Dauerbetriebstemperatur	*Bevorzugte Anwendungen*	Technisches Formteil	

Dichte	g/cm³ 1.55	*Schmelzindex*	g/10 min	:
Schüttdichte	g/cm³	*Volumenfließindex*	cm³/10 min	:
Viskositätszahl	ml/g			

Verarbeitungsbedingungen für Spritzgießen

Massetemp.	°C	*Schwindung*	% lgs	0.18, quer
Werkzeugtemp.	°C	*Bemerkungen*		
Spritzdruck	bar			

Zugversuch 23 °C   ASTM D 638;
Probekörper: Form   Herstellung   Spritzgiessen
              Zustand   Vorbehandlung Normalklima

Streckspannung	N/mm²	*Dehnung bei Streckspannung*	%
Zugfestigkeit	N/mm² 140	*Reißdehnung*	%
Reißfestigkeit	N/mm²	% *Dehnspannung*	N/mm²
E-Modul	N/mm²	*Dehnung bei* % *Dehnspg.*	%

Kriechmoduln und Zeitstandwerte 23 °C
Probekörper: Form   Herstellung
              Zustand   Vorbehandlung

Kriechmodul	1 min N/mm²	*Zeitstandzugfestigkeit*	h N/mm²
Kriechmodul	1000 h N/mm²	*Zeitdehnspg.* %	h N/mm²
bei Spannung	N/mm²		

Biegeversuch 23 °C   ASTM D 790;
Probekörper: Form   Herstellung   Spritzgiessen
              Zustand   Vorbehandlung Normalklima

Biegefestigkeit	N/mm² 190	*E-Modul*	N/mm² 11200
3,5% Biegespannung	N/mm²		

Härte 23 °C   Probekörper: Zustand   Herstellung   Spritzgiessen
                                                Vorbehandlung Normalklima

Kugeldruckhärte	N/mm² bei N, s	*Shore-Härte* A	
Rockwellhärte	M 92 L 109	*Shore-Härte* D	

Schlagversuch   Probekörper: (1)
                                 (2) V-Kerbe   Herstellung   Spritzgiessen
                                 Zustand   Vorbehandlung Normalklima
                                 °C   °C   °C   Probekörper-Form

Schlagzähigkeit	kJ/m²
Kerbschlagzähigkeit (1)	kJ/m²
IZOD-Kerbschlagzähigkeit (2)	J/m 23 105
Kerbschlagzugzähigkeit	kJ/m²

Datenbank-Nr. **T04263** Merkblatt-Nr. **2044**

Abrieb und Reibung

Taber-Abrieb (Reibradverfahren)	mm³/100 U	
Abriebfaktor LNP (Thrust washer) Vergleichswert		
Statische Reibungszahl		
Dynamische Reibungszahl	(p·v= N/mm² ·	m/min)
Zulässiger p · v Wert	N/mm² · (m/min) v=	m/min
	v=	m/min

Thermische Eigenschaften

Formbeständigkeit in der Wärme	Verfahren A	188 °C
	Verfahren B	193 °C
Vicat Erweichungstemperatur (VST)	Verfahren	°C
	Verfahren	°C
Kristallit-Schmelzpunkt	Verfahren	
Längenausdehnungskoeffizient	Bereich °C	$\cdot 10^{-4} K^{-1}$
	Temperatur 23 °C	$0.22 \cdot 10^{-4} K^{-1}$
Wärmeleitfähigkeit	Verfahren ASTM C 177 23 °C	0.36 W/(K · m)
Spezifische Wärmekapazität	Verfahren	J/(K · g)
Glasumwandlungstemperatur	Torsionsschwingungsversuch	°C
	Differentialkalorimetrie	°C

Brandverhalten

UL-Test vertikal   Dicke   mm, Wert V-0
           Dicke   mm, Wert

	Norm	Bewertung	Abmessungen
Sauerstoff-Index	ASTM D 2863		
Glühstab-Verfahren			
Brandverhalten	DIN 4102		
MVSS			
FAR			

Elektrische Eigenschaften

	Hz	°C	Probekörper, Form
Dielektrizitätszahl	50		
	10³		
	10⁶		
Dielektrischer Verlustfaktor tan δ	50		
	10³		
	10⁶		
Spezifischer Durchgangs-widerstand	Ohm · cm		
Durchschlagfestigkeit	kV/mm		mm dick
Oberflächenwiderstand	Ohm		
Kriechstromfestigkeit	KC KB KA		
Elektrolytische Korrosionswirkung			
Lichtbogenfestigkeit nach DIN			
nach ASTM	s		

Beständigkeit (*Chemische Beständigkeit siehe Anhang*)

Wasseraufnahme 23 C		1 d	0.18 %
23 C Bis zur Saettigung			0.58 %
Feuchtigkeitsaufnahme Normalklima			%
Wetterbeständigkeit			

Spannungskorrosion

Optische Eigenschaften

Brechungszahl n_D
Transmissionsgrad τ_c %   mm dick
Lichtdurchlässigkeit

Datenbank-Nr.	**T04264**		Merkblatt-Nr.	**2045**
				PSU
Produkt	Polysulfon			
Handelsname	**Thermocomp GFL-4022**			
Hersteller	LNP			
DIN-Bez 1				
DIN-Bez 2				
Zusätze	10% PTFE	Füllstoffe/Verstärkung	10% Glasfasern	
Bevorzugte Verarbeitung	Spritzgiessen	Lieferform	Granulat	
		Farben		
Besondere Merkmale	Geringer Abrieb; Geringe Reibung; Hohe Waermeformbestaendigkeit	Bevorzugte Anwendungen	Technisches Formteil	

Dichte	g/cm³ 1.36	Schmelzindex	g/10 min
Schüttdichte	g/cm³	Volumenfließindex	cm³/10 min
Viskositätszahl	ml/g		

Verarbeitungsbedingungen für Spritzgießen

Massetemp.	°C	Schwindung	% lgs	, quer
Werkzeugtemp.	°C	Bemerkungen		
Spritzdruck	bar			

Zugversuch 23 °C ASTM D 638;
Probekörper: Form
Zustand

Herstellung Spritzgiessen
Vorbehandlung Normalklima

Streckspannung	N/mm²	Dehnung bei Streckspannung	%
Zugfestigkeit	N/mm² 80	Reißdehnung	%
Reißfestigkeit	N/mm²	% Dehnspannung	N/mm²
E-Modul	N/mm²	Dehnung bei % Dehnspg.	%

Kriechmoduln und Zeitstandwerte 23 °C
Probekörper: Form
Zustand

Herstellung
Vorbehandlung

Kriechmodul	1 min N/mm²	Zeitstandzugfestigkeit	h N/mm²
Kriechmodul	1000 h N/mm²	Zeitdehnspg. %	h N/mm²
bei Spannung	N/mm²		

Biegeversuch 23 °C ASTM D 790;
Probekörper: Form
Zustand

Herstellung Spritzgiessen
Vorbehandlung Normalklima

Biegefestigkeit	N/mm²	E-Modul	N/mm² 3800
3,5% Biegespannung	N/mm²		

Härte 23 °C Probekörper: Zustand

Herstellung
Vorbehandlung

Kugeldruckhärte	N/mm² bei N, s	Shore-Härte	A
Rockwellhärte		Shore-Härte	D

Schlagversuch Probekörper: (1)
(2) V-Kerbe
Zustand

Herstellung Spritzgiessen
Vorbehandlung Normalklima

°C °C °C Probekörper-Form

Schlagzähigkeit	kJ/m²	
Kerbschlagzähigkeit (1)	kJ/m²	
IZOD-Kerbschlagzähigkeit (2)	J/m	23 60
Kerbschlagzugzähigkeit	kJ/m²	

Kunststoffe © Springer-Verlag Berlin Heidelberg 1988
Kopieren, Vervielfältigen und Speichern in Datenverarbeitungsanlagen (auch auszugsweise) ist nur mit schriftlicher Genehmigung des Verlages gestattet

Datenbank-Nr. **T04264** Merkblatt-Nr. **2045**

Abrieb und Reibung

Taber-Abrieb (Reibradverfahren)	mm³/100 U	
Abriebfaktor LNP (Thrust washer) Vergleichswert	71	
Statische Reibungszahl	0.15	
Dynamische Reibungszahl	(p·v = 0.28 N/mm² · 15 m/min)	0.21
Zulässiger p·v Wert	N/mm² · (m/min) v = m/min	
	v = m/min	

Thermische Eigenschaften

Formbeständigkeit in der Wärme	Verfahren A	185 °C
	Verfahren	°C
Vicat Erweichungstemperatur (VST)	Verfahren	°C
	Verfahren	°C
Kristallit-Schmelzpunkt	Verfahren	
Längenausdehnungskoeffizient	Bereich °C	· $10^{-4} K^{-1}$
	Temperatur 23 °C	0.50 · $10^{-4} K^{-1}$
Wärmeleitfähigkeit	Verfahren	W/(K·m)
Spezifische Wärmekapazität	Verfahren	J/(K·g)
Glasumwandlungstemperatur	Torsionsschwingungsversuch	°C
	Differentialkalorimetrie	°C

Brandverhalten

UL-Test vertikal		Dicke mm, Wert	
		Dicke mm, Wert	
	Norm	Bewertung	Abmessungen
Sauerstoff-Index	ASTM D 2863		
Glühstab-Verfahren			
Brandverhalten	DIN 4102		
MVSS			
FAR			

Elektrische Eigenschaften

	Hz	°C	Probekörper, Form
Dielektrizitätszahl	50		
	10^3		
	10^6		
Dielektrischer Verlustfaktor tan δ	50		
	10^3		
	10^6		
Spezifischer Durchgangswiderstand	Ohm·cm		
Durchschlagfestigkeit	kV/mm		mm dick
Oberflächenwiderstand	Ohm		
Kriechstromfestigkeit	KC	KB	KA
Elektrolytische Korrosionswirkung			
Lichtbogenfestigkeit nach DIN			
nach ASTM	s		

Beständigkeit (Chemische Beständigkeit siehe Anhang)

Wasseraufnahme 23 C	1 d	0.17 %
Feuchtigkeitsaufnahme Normalklima		%
Wetterbeständigkeit		
Spannungskorrosion		

Optische Eigenschaften

Brechungszahl n_D		
Transmissionsgrad τ_c	%	mm dick
Lichtdurchlässigkeit		

Datenbank-Nr.	**T04265**			Merkblatt-Nr.	**2046**
Produkt	Polysulfon				**PSU**
Handelsname	**Thermocomp GFL-4036**				
Hersteller	LNP				
DIN-Bez 1					
DIN-Bez 2					
Zusätze	15% PTFE		Füllstoffe/ Verstärkung	30% Glasfasern	
Bevorzugte Verarbeitung	Spritzgiessen		Lieferform	Granulat	
			Farben		
Besondere Merkmale	Hoher Modul; Hohe Festigkeit; Geringer Abrieb; Geringe Reibung; Hohe Waermeformbestaendigkeit		Bevorzugte Anwendungen	Technisches Formteil	

Dichte	g/cm³	1.59	Schmelzindex	g/10 min	
Schüttdichte	g/cm³		Volumenfließindex	cm³/10 min	
Viskositätszahl	ml/g				

Verarbeitungsbedingungen für Spritzgießen

Massetemp.	°C	355	Schwindung	% lgs	0.2, quer
Werkzeugtemp.	°C	150	Bemerkungen	Vortrocknen empfohlen 4 h bei 135 C	
Spritzdruck	bar				

Zugversuch 23 °C ASTM D 638;
Probekörper: Form   Herstellung   Spritzgiessen
Zustand   Vorbehandlung   Normalklima

Streckspannung	N/mm²		Dehnung bei Streckspannung	%
Zugfestigkeit	N/mm²	110	Reißdehnung	%
Reißfestigkeit	N/mm²		% Dehnspannung	N/mm²
E-Modul	N/mm²		Dehnung bei % Dehnspg.	%

Kriechmoduln und Zeitstandwerte 23 °C
Probekörper: Form   Herstellung
Zustand   Vorbehandlung

Kriechmodul	1 min	N/mm²	Zeitstandzugfestigkeit	h	N/mm²
Kriechmodul	1000 h	N/mm²	Zeitdehnspg. %	h	N/mm²
bei Spannung		N/mm²			

Biegeversuch 23 °C ASTM D 790;
Probekörper: Form   Herstellung   Spritzgiessen
Zustand   Vorbehandlung   Normalklima

Biegefestigkeit	N/mm²	E-Modul	N/mm²	8700
3,5% Biegespannung	N/mm²			

Härte 23 °C Probekörper: Zustand   Herstellung
Vorbehandlung

Kugeldruckhärte	N/mm²	bei N, s	Shore-Härte A	
Rockwellhärte			Shore-Härte D	

Schlagversuch Probekörper: (1)
(2) V-Kerbe   Herstellung   Spritzgiessen
Zustand   Vorbehandlung   Normalklima
°C   °C   °C   Probekörper-Form

Schlagzähigkeit	kJ/m²	
Kerbschlagzähigkeit (1)	kJ/m²	
IZOD-Kerbschlagzähigkeit (2)	J/m	23 85
Kerbschlagzugzähigkeit	kJ/m²	

Kunststoffe © Springer-Verlag Berlin Heidelberg 1988
Kopieren, Vervielfältigen und Speichern in Datenverarbeitungsanlagen (auch auszugsweise) ist nur mit schriftlicher Genehmigung des Verlages gestattet

Datenbank-Nr. **T04265** Merkblatt-Nr. **2046**

Abrieb und Reibung

Taber-Abrieb (Reibradverfahren)	mm³/100 U			
Abriebfaktor LNP (Thrust washer) Vergleichswert	65			
Statische Reibungszahl	0.16			
Dynamische Reibungszahl	(p·v = 0.28 N/mm² · 15		m/min)	0.19
Zulässiger p·v Wert	N/mm² · (m/min)	v = 3	m/min	43
		v = 30	m/min	75

Thermische Eigenschaften

Formbeständigkeit in der Wärme	Verfahren A		182 °C
	Verfahren		°C
Vicat Erweichungstemperatur (VST)	Verfahren		°C
	Verfahren		°C
Kristallit-Schmelzpunkt	Verfahren		
Längenausdehnungskoeffizient	Bereich	°C	· 10⁻⁴ K⁻¹
	Temperatur 23 °C		0.29 · 10⁻⁴ K⁻¹
Wärmeleitfähigkeit	Verfahren		W/(K·m)
Spezifische Wärmekapazität	Verfahren		J/(K·g)
Glasumwandlungstemperatur	Torsionsschwingungsversuch		°C
	Differentialkalorimetrie		°C

Brandverhalten

UL-Test vertikal	Dicke	mm, Wert V-1	
	Dicke	mm, Wert	

	Norm	Bewertung	Abmessungen
Sauerstoff-Index Glühstab-Verfahren	ASTM D 2863		
Brandverhalten	DIN 4102		
MVSS			
FAR			

Elektrische Eigenschaften

	Hz	°C	Probekörper, Form
Dielektrizitätszahl	50		
	10³		
	10⁶		
Dielektrischer Verlustfaktor tan δ	50		
	10³		
	10⁶		
Spezifischer Durchgangswiderstand	Ohm · cm		
Durchschlagfestigkeit	kV/mm		mm dick
Oberflächenwiderstand	Ohm		
Kriechstromfestigkeit	KC	KB	KA
Elektrolytische Korrosionswirkung			
Lichtbogenfestigkeit nach DIN			
nach ASTM	s		

Beständigkeit (Chemische Beständigkeit siehe Anhang)

Wasseraufnahme 23 C	1 d	0.10 %
Feuchtigkeitsaufnahme Normalklima		%
Wetterbeständigkeit		
Spannungskorrosion		

Optische Eigenschaften

Brechungszahl n_D		
Transmissionsgrad τ_c	%	mm dick
Lichtdurchlässigkeit		

Datenbank-Nr. **T04266**		Merkblatt-Nr. **2047**
		PSU

Produkt	Polysulfon
Handelsname	**Thermocomp GL-4030**
Hersteller	LNP
DIN-Bez 1	
DIN-Bez 2	
Zusätze	15% PTFE
Füllstoffe/Verstärkung	
Bevorzugte Verarbeitung	Spritzgiessen
Lieferform	Granulat
Farben	
Besondere Merkmale	Geringer Abrieb; Sehr geringe Reibung
Bevorzugte Anwendungen	Technisches Formteil

Dichte	g/cm³	1.32
Schüttdichte	g/cm³	
Viskositätszahl	ml/g	
Schmelzindex	g/10 min	
Volumenfließindex	cm³/10 min	

Verarbeitungsbedingungen für Spritzgießen

Massetemp.	°C
Werkzeugtemp.	°C
Spritzdruck	bar
Schwindung	% lgs , quer
Bemerkungen	

Zugversuch 23 °C ASTM D 638;
Probekörper: Form
Zustand

Herstellung Spritzgiessen
Vorbehandlung Normalklima

Streckspannung	N/mm²	
Zugfestigkeit	N/mm²	55
Reißfestigkeit	N/mm²	
E-Modul	N/mm²	
Dehnung bei Streckspannung	%	
Reißdehnung	%	
% Dehnspannung	N/mm²	
Dehnung bei % Dehnspg.	%	

Kriechmoduln und Zeitstandwerte 23 °C
Probekörper: Form
Zustand

Herstellung
Vorbehandlung

Kriechmodul	1 min	N/mm²
Kriechmodul	1000 h	N/mm²
bei Spannung		N/mm²
Zeitstandzugfestigkeit	h N/mm²	
Zeitdehnspg. %	h N/mm²	

Biegeversuch 23 °C ASTM D 790;
Probekörper: Form
Zustand

Herstellung Spritzgiessen
Vorbehandlung Normalklima

Biegefestigkeit	N/mm²	
3,5% Biegespannung	N/mm²	
E-Modul	N/mm²	2650

Härte 23 °C Probekörper: Zustand

Herstellung
Vorbehandlung

Kugeldruckhärte	N/mm² bei N, s
Rockwellhärte	
Shore-Härte A	
Shore-Härte D	

Schlagversuch Probekörper: (1)
(2) V-Kerbe
Zustand

Herstellung Spritzgiessen
Vorbehandlung Normalklima

°C °C °C Probekörper-Form

Schlagzähigkeit	kJ/m²	
Kerbschlagzähigkeit (1)	kJ/m²	
IZOD-Kerbschlagzähigkeit (2)	J/m	23 65
Kerbschlagzugzähigkeit	kJ/m²	

Kunststoffe © Springer-Verlag Berlin Heidelberg 1988
Kopieren, Vervielfältigen und Speichern in Datenverarbeitungsanlagen (auch auszugsweise) ist nur mit schriftlicher Genehmigung des Verlages gestattet

Datenbank-Nr. **T04266** Merkblatt-Nr. **2047**

Abrieb und Reibung

Taber-Abrieb (Reibradverfahren)	mm³/100 U	
Abriebfaktor LNP (Thrust washer) Vergleichswert	54	
Statische Reibungszahl	0.09	
Dynamische Reibungszahl	(p·v = 0.28 N/mm² · 15 m/min)	0.14
Zulässiger p·v Wert	N/mm² · (m/min) v = m/min	
	v = m/min	

Thermische Eigenschaften

Formbeständigkeit in der Wärme	Verfahren A	177 °C
	Verfahren	°C
Vicat Erweichungstemperatur (VST)	Verfahren	°C
	Verfahren	°C
Kristallit-Schmelzpunkt	Verfahren	
Längenausdehnungskoeffizient	Bereich °C	$\cdot 10^{-4} K^{-1}$
	Temperatur 23 °C	$0.60 \cdot 10^{-4} K^{-1}$
Wärmeleitfähigkeit	Verfahren	W/(K·m)
Spezifische Wärmekapazität	Verfahren	J/(K·g)
Glasumwandlungstemperatur	Torsionsschwingungsversuch	°C
	Differentialkalorimetrie	°C

Brandverhalten

UL-Test vertikal	Dicke mm, Wert	
	Dicke mm, Wert	

	Norm	Bewertung	Abmessungen
Sauerstoff-Index	ASTM D 2863		
Glühstab-Verfahren			
Brandverhalten	DIN 4102		
MVSS			
FAR			

Elektrische Eigenschaften

	Hz	°C	Probekörper, Form
Dielektrizitätszahl	50		
	10³		
	10⁶		
Dielektrischer Verlustfaktor tan δ	50		
	10³		
	10⁶		
Spezifischer Durchgangswiderstand	Ohm·cm		
Durchschlagfestigkeit	kV/mm		mm dick
Oberflächenwiderstand	Ohm		
Kriechstromfestigkeit	KC KB KA		
Elektrolytische Korrosionswirkung			
Lichtbogenfestigkeit nach DIN			
nach ASTM	s		

Beständigkeit (Chemische Beständigkeit siehe Anhang)

Wasseraufnahme 23 C	1 d	0.15 %
Feuchtigkeitsaufnahme Normalklima		%
Wetterbeständigkeit		
Spannungskorrosion		

Optische Eigenschaften

Brechungszahl n_D		
Transmissionsgrad τ_c	%	mm dick
Lichtdurchlässigkeit		

Datenbank-Nr.	**T04267**		Merkblatt-Nr.	**2048**

PSU

Produkt	Polysulfon
Handelsname	**Thermocomp GL-4520**
Hersteller	LNP
DIN-Bez 1	
DIN-Bez 2	

Zusätze	10% PTFE; Silikon	Füllstoffe/Verstärkung	
Bevorzugte Verarbeitung	Spritzgiessen	Lieferform	Granulat
		Farben	
Besondere Merkmale	Geringe Reibung	Bevorzugte Anwendungen	Technisches Formteil

---

Dichte	g/cm³	1.28	Schmelzindex	g/10 min		:
Schüttdichte	g/cm³		Volumenfließindex	cm³/10 min		:
Viskositätszahl	ml/g					

Verarbeitungsbedingungen für Spritzgießen

Massetemp.	°C		Schwindung	%	lgs	, quer
Werkzeugtemp.	°C		Bemerkungen			
Spritzdruck	bar					

Zugversuch 23 °C ASTM D 638;

Probekörper:	Form	Herstellung	Spritzgiessen
	Zustand	Vorbehandlung	Normalklima

Streckspannung	N/mm²		Dehnung bei Streckspannung	%	
Zugfestigkeit	N/mm²	62	Reißdehnung	%	
Reißfestigkeit	N/mm²		% Dehnspannung	N/mm²	
E-Modul	N/mm²		Dehnung bei % Dehnspg.	%	

Kriechmoduln und Zeitstandwerte 23 °C

Probekörper:	Form	Herstellung	
	Zustand	Vorbehandlung	

Kriechmodul	1 min	N/mm²	Zeitstandzugfestigkeit	h N/mm²
Kriechmodul	1000 h	N/mm²	Zeitdehnspg. %	h N/mm²
bei Spannung		N/mm²		

Biegeversuch 23 °C ASTM D 790;

Probekörper:	Form	Herstellung	Spritzgiessen
	Zustand	Vorbehandlung	Normalklima

Biegefestigkeit	N/mm²		E-Modul	N/mm² 2600
3,5% Biegespannung	N/mm²			

Härte 23 °C

Probekörper:	Zustand	Herstellung	
		Vorbehandlung	

Kugeldruckhärte	N/mm²	bei N, s	Shore-Härte	A
Rockwellhärte			Shore-Härte	D

Schlagversuch

Probekörper:	(1)	Herstellung	Spritzgiessen
	(2) V-Kerbe	Vorbehandlung	Normalklima
	Zustand		
	°C °C °C		Probekörper-Form

Schlagzähigkeit	kJ/m²	
Kerbschlagzähigkeit (1)	kJ/m²	
IZOD-Kerbschlagzähigkeit (2)	J/m	23 65
Kerbschlagzugzähigkeit	kJ/m²	

Datenbank-Nr. **T04267**   *Merkblatt-Nr.* **2048**

Abrieb und Reibung

Taber-Abrieb (Reibradverfahren)	mm³/100 U			
Abriebfaktor LNP (Thrust washer) Vergleichswert	300			
Statische Reibungszahl	0.17			
Dynamische Reibungszahl	(p·v = 0.28 N/mm² · 15	m/min)	0.15	
Zulässiger p · v Wert	N/mm² · (m/min)	v =	m/min	
		v =	m/min	

Thermische Eigenschaften

Formbeständigkeit in der Wärme	Verfahren A		174 °C
	Verfahren		°C
Vicat Erweichungstemperatur (VST)	Verfahren		°C
	Verfahren		°C
Kristallit-Schmelzpunkt	Verfahren		
Längenausdehnungskoeffizient	Bereich °C		$\cdot 10^{-4} K^{-1}$
	Temperatur 23 °C		$0.59 \cdot 10^{-4} K^{-1}$
Wärmeleitfähigkeit	Verfahren		W/(K·m)
Spezifische Wärmekapazität	Verfahren		J/(K·g)
Glasumwandlungstemperatur	Torsionsschwingungsversuch	°C	
	Differentialkalorimetrie	°C	

Brandverhalten

UL-Test vertikal	Dicke mm, Wert		
	Dicke mm, Wert		

	Norm	Bewertung	Abmessungen
Sauerstoff-Index	ASTM D 2863		
Glühstab-Verfahren			
Brandverhalten	DIN 4102		
MVSS			
FAR			

Elektrische Eigenschaften

	Hz	°C	Probekörper, Form
Dielektrizitätszahl	50		
	10³		
	10⁶		
Dielektrischer Verlustfaktor tan δ	50		
	10³		
	10⁶		
Spezifischer Durchgangs-widerstand	Ohm · cm		
Durchschlagfestigkeit	kV/mm		mm dick
Oberflächenwiderstand	Ohm		
Kriechstromfestigkeit	KC	KB	KA
Elektrolytische Korrosionswirkung			
Lichtbogenfestigkeit nach DIN			
nach ASTM	s		

Beständigkeit *(Chemische Beständigkeit siehe Anhang)*

Wasseraufnahme 23 C		1 d	0.15 %
Feuchtigkeitsaufnahme Normalklima			%
Wetterbeständigkeit			
Spannungskorrosion			

Optische Eigenschaften

Brechungszahl n_D		
Transmissionsgrad τ_c	%	mm dick
Lichtdurchlässigkeit		

Datenbank-Nr.	**T04268**			Merkblatt-Nr. **2049**	

PSU

Produkt	Polysulfon
Handelsname	**Thermocomp GML-4362**
Hersteller	LNP
DIN-Bez 1	
DIN-Bez 2	

Zusätze	30% Graphit	Füllstoffe/Verstärkung	10% Mineral
Bevorzugte Verarbeitung	Spritzgiessen	Lieferform	Granulat
		Farben	
Besondere Merkmale	Hoher Modul; Geringe Reibung; Hohe Waermeformbestaendigkeit	Bevorzugte Anwendungen	Technisches Formteil

---

Dichte	g/cm³	1.52		Schmelzindex	g/10 min	:
Schüttdichte	g/cm³			Volumenfließindex	cm³/10 min	:
Viskositätszahl	ml/g					

Verarbeitungsbedingungen für Spritzgießen

Massetemp.	°C		Schwindung	%	lgs , quer
Werkzeugtemp.	°C		Bemerkungen		
Spritzdruck	bar				

Zugversuch 23 °C ASTM D 638;
Probekörper: Form
           Zustand

Herstellung Spritzgiessen
Vorbehandlung Normalklima

Streckspannung	N/mm²		Dehnung bei Streckspannung	%
Zugfestigkeit	N/mm²	65	Reißdehnung	%
Reißfestigkeit	N/mm²		% Dehnspannung	N/mm²
E-Modul	N/mm²		Dehnung bei % Dehnspg.	%

Kriechmoduln und Zeitstandwerte 23 °C
Probekörper: Form
           Zustand

Herstellung
Vorbehandlung

Kriechmodul	1 min	N/mm²	Zeitstandzugfestigkeit	h N/mm²
Kriechmodul	1000 h	N/mm²	Zeitdehnspg. %	h N/mm²
bei Spannung		N/mm²		

Biegeversuch 23 °C ASTM D 790;
Probekörper: Form
           Zustand

Herstellung Spritzgiessen
Vorbehandlung Normalklima

Biegefestigkeit	N/mm²		E-Modul	N/mm² 5300
3,5% Biegespannung	N/mm²			

Härte 23 °C Probekörper: Zustand

Herstellung
Vorbehandlung

Kugeldruckhärte	N/mm²	bei N, s	Shore-Härte A	
Rockwellhärte			Shore-Härte D	

Schlagversuch Probekörper: (1)
                         (2) V-Kerbe
                         Zustand

Herstellung Spritzgiessen
Vorbehandlung Normalklima

°C   °C   °C   Probekörper-Form

Schlagzähigkeit	kJ/m²	
Kerbschlagzähigkeit (1)	kJ/m²	
IZOD-Kerbschlagzähigkeit (2)	J/m	23 27
Kerbschlagzugzähigkeit	kJ/m²	

Kunststoffe © Springer-Verlag Berlin Heidelberg 1988
Kopieren, Vervielfältigen und Speichern in Datenverarbeitungsanlagen (auch auszugsweise) ist nur mit schriftlicher Genehmigung des Verlages gestattet

Datenbank-Nr. **T04268** Merkblatt-Nr. **2049**

Abrieb und Reibung

Taber-Abrieb (Reibradverfahren)	mm³/100 U	
Abriebfaktor LNP (Thrust washer) Vergleichswert	320	
Statische Reibungszahl	0.20	
Dynamische Reibungszahl	(p·v = 0.28 N/mm² · 15 m/min)	0.16
Zulässiger p·v Wert	N/mm² · (m/min) v = m/min	
	v = m/min	

Thermische Eigenschaften

Formbeständigkeit in der Wärme	Verfahren A	179 °C
	Verfahren	°C
Vicat Erweichungstemperatur (VST)	Verfahren	°C
	Verfahren	°C
Kristallit-Schmelzpunkt	Verfahren	
Längenausdehnungskoeffizient	Bereich °C	$\cdot 10^{-4} K^{-1}$
	Temperatur 23 °C	$0.32 \cdot 10^{-4} K^{-1}$
Wärmeleitfähigkeit	Verfahren	W/(K·m)
Spezifische Wärmekapazität	Verfahren	J/(K·g)
Glasumwandlungstemperatur	Torsionsschwingungsversuch	°C
	Differentialkalorimetrie	°C

Brandverhalten

UL-Test vertikal   Dicke   mm, Wert
                    Dicke   mm, Wert

	Norm	Bewertung	Abmessungen
Sauerstoff-Index	ASTM D 2863		
Glühstab-Verfahren			
Brandverhalten	DIN 4102		
MVSS			
FAR			

Elektrische Eigenschaften

		Hz	°C		Probekörper, Form
Dielektrizitätszahl		50			
		10³			
		10⁶			
Dielektrischer Verlustfaktor tan δ		50			
		10³			
		10⁶			
Spezifischer Durchgangswiderstand	Ohm·cm				
Durchschlagfestigkeit	kV/mm				mm dick
Oberflächenwiderstand	Ohm				
Kriechstromfestigkeit		KC	KB	KA	
Elektrolytische Korrosionswirkung					
Lichtbogenfestigkeit nach DIN					
nach ASTM	s				

Beständigkeit (Chemische Beständigkeit siehe Anhang)

Wasseraufnahme 23 C		1 d	0.13 %
Feuchtigkeitsaufnahme Normalklima			%
Wetterbeständigkeit			
Spannungskorrosion			

Optische Eigenschaften

Brechungszahl n_D			
Transmissionsgrad τ_c	%	mm dick	
Lichtdurchlässigkeit			

Datenbank-Nr. **T04269**		Merkblatt-Nr. **2050**
		PSU

Feld	Wert	Feld	Wert
Produkt	Polysulfon		
Handelsname	**Thermocomp GML-4334**		
Hersteller	LNP		
DIN-Bez 1			
DIN-Bez 2			
Zusätze	15% Graphit	Füllstoffe/Verstärkung	20% Mineral
Bevorzugte Verarbeitung	Spritzgiessen	Lieferform	Granulat
		Farben	
Besondere Merkmale	Hoher Modul; Geringe Reibung; Hohe Waermeformbestaendigkeit	Bevorzugte Anwendungen	Technisches Formteil

Dichte	g/cm³ 1.49	Schmelzindex	g/10 min	:
Schüttdichte	g/cm³	Volumenfließindex	cm³/10 min	:
Viskositätszahl	ml/g			

Verarbeitungsbedingungen für Spritzgießen

Massetemp.	°C	Schwindung	%	lgs	, quer
Werkzeugtemp.	°C	Bemerkungen			
Spritzdruck	bar				

Zugversuch 23 °C ASTM D 638;
Probekörper: Form / Zustand
Herstellung: Spritzgiessen
Vorbehandlung: Normalklima

Streckspannung	N/mm²	Dehnung bei Streckspannung	%
Zugfestigkeit	N/mm² 70	Reißdehnung	%
Reißfestigkeit	N/mm²	% Dehnspannung	N/mm²
E-Modul	N/mm²	Dehnung bei % Dehnspg.	%

Kriechmoduln und Zeitstandwerte 23 °C
Probekörper: Form / Zustand
Herstellung / Vorbehandlung

Kriechmodul	1 min N/mm²	Zeitstandzugfestigkeit	h N/mm²
Kriechmodul	1000 h N/mm²	Zeitdehnspg. %	h N/mm²
bei Spannung	N/mm²		

Biegeversuch 23 °C ASTM D 790;
Probekörper: Form / Zustand
Herstellung: Spritzgiessen
Vorbehandlung: Normalklima

Biegefestigkeit	N/mm²	E-Modul	N/mm² 5900
3,5% Biegespannung	N/mm²		

Härte 23 °C Probekörper: Zustand
Herstellung / Vorbehandlung

Kugeldruckhärte	N/mm² bei N, s	Shore-Härte A	
Rockwellhärte		Shore-Härte D	

Schlagversuch Probekörper: (1) / (2) V-Kerbe / Zustand
Herstellung: Spritzgiessen
Vorbehandlung: Normalklima

		°C	°C	°C	Probekörper-Form
Schlagzähigkeit	kJ/m²				
Kerbschlagzähigkeit (1)	kJ/m²				
IZOD-Kerbschlagzähigkeit (2)	J/m	23	32		
Kerbschlagzugzähigkeit	kJ/m²				

Kunststoffe © Springer-Verlag Berlin Heidelberg 1988
Kopieren, Vervielfältigen und Speichern in Datenverarbeitungsanlagen (auch auszugsweise) ist nur mit schriftlicher Genehmigung des Verlages gestattet

Datenbank-Nr. **T04269** Merkblatt-Nr. **2050**

Abrieb und Reibung

Taber-Abrieb (Reibradverfahren)	mm³/100 U	
Abriebfaktor LNP (Thrust washer) Vergleichswert	620	
Statische Reibungszahl	0.18	
Dynamische Reibungszahl	(p·v = 0.28 N/mm² · 15 m/min)	0.18
Zulässiger p·v Wert	N/mm² · (m/min) v = m/min	
	v = m/min	

Thermische Eigenschaften

Formbeständigkeit in der Wärme	Verfahren A	179 °C
Vicat Erweichungstemperatur (VST)	Verfahren	°C
	Verfahren	°C
Kristallit-Schmelzpunkt	Verfahren	°C
Längenausdehnungskoeffizient	Bereich °C	$\cdot 10^{-4} K^{-1}$
	Temperatur 23 °C	$0.31 \cdot 10^{-4} K^{-1}$
Wärmeleitfähigkeit	Verfahren	W/(K·m)
Spezifische Wärmekapazität	Verfahren	J/(K·g)
Glasumwandlungstemperatur	Torsionsschwingungsversuch	°C
	Differentialkalorimetrie	°C

Brandverhalten

UL-Test vertikal Dicke mm, Wert
  Dicke mm, Wert

	Norm	Bewertung	Abmessungen
Sauerstoff-Index	ASTM D 2863		
Glühstab-Verfahren			
Brandverhalten	DIN 4102		
MVSS			
FAR			

Elektrische Eigenschaften

	Hz	°C	Probekörper, Form
Dielektrizitätszahl	50		
	10³		
	10⁶		
Dielektrischer Verlustfaktor tan δ	50		
	10³		
	10⁶		
Spezifischer Durchgangs- widerstand	Ohm·cm		
Durchschlagfestigkeit	kV/mm		mm dick
Oberflächenwiderstand	Ohm		
Kriechstromfestigkeit	KC	KB	KA
Elektrolytische Korrosionswirkung			
Lichtbogenfestigkeit nach DIN			
nach ASTM	s		

Beständigkeit (Chemische Beständigkeit siehe Anhang)

Wasseraufnahme 23 C	1 d	0.10 %
Feuchtigkeitsaufnahme Normalklima		
Wetterbeständigkeit		%
Spannungskorrosion		

Optische Eigenschaften

Brechungszahl n_D
Transmissionsgrad τ_c %   mm dick
Lichtdurchlässigkeit

Datenbank-Nr.	**T04270**		*Merkblatt-Nr.*	**2051**
				PA

Produkt	Polyamid 11
Handelsname	**Thermocomp H-1000**
Hersteller	LNP
DIN-Bez 1	
DIN-Bez 2	

Zusätze		*Füllstoffe/Verstärkung*	
Bevorzugte Verarbeitung	Spritzgiessen	*Lieferform*	Granulat
		Farben	
Besondere Merkmale	Sehr geringe Wasseraufnahme; Sehr dimensionsstabil; Gutes Schlagverhalten	*Bevorzugte Anwendungen*	Technisches Formteil

Dichte	g/cm³	1.05	*Schmelzindex*	g/10 min	:
Schüttdichte	g/cm³		*Volumenfließindex*	cm³/10 min	:
Viskositätszahl	ml/g				

Verarbeitungsbedingungen für Spritzgießen

Massetemp.	°C		*Schwindung*	% lgs	1.2, quer 1.2
Werkzeugtemp.	°C		*Bemerkungen*		
Spritzdruck	bar				

Zugversuch 23 °C ASTM D 638;
Probekörper: Form *Herstellung* Spritzgiessen
 Zustand Spritzfrisch *Vorbehandlung*

Streckspannung	N/mm²	*Dehnung bei Streckspannung*	%
Zugfestigkeit	N/mm² 55	*Reißdehnung*	%
Reißfestigkeit	N/mm²	% *Dehnspannung*	N/mm²
E-Modul	N/mm²	*Dehnung bei* % *Dehnspg.*	%

Kriechmoduln und Zeitstandwerte 23 °C
Probekörper: Form *Herstellung*
 Zustand *Vorbehandlung*

Kriechmodul	1 min N/mm²	*Zeitstandzugfestigkeit*	h N/mm²
Kriechmodul	1000 h N/mm²	*Zeitdehnspg.* %	h N/mm²
bei Spannung	N/mm²		

Biegeversuch 23 °C ASTM D 790;
Probekörper: Form *Herstellung* Spritzgiessen
 Zustand Spritzfrisch *Vorbehandlung*

Biegefestigkeit	N/mm² 55	*E-Modul*	N/mm² 1000
3,5% Biegespannung	N/mm²		

Härte 23 °C
Probekörper: Zustand *Herstellung*
  Vorbehandlung

Kugeldruckhärte	N/mm² bei N, s	*Shore-Härte* A	
Rockwellhärte		*Shore-Härte* D	

Schlagversuch
Probekörper: (1)
 (2) V-Kerbe *Herstellung* Spritzgiessen
 Zustand Spritzfrisch *Vorbehandlung*
 °C °C °C *Probekörper-Form*

Schlagzähigkeit	kJ/m²
Kerbschlagzähigkeit (1)	kJ/m²
IZOD-Kerbschlagzähigkeit (2)	J/m 23 96
Kerbschlagzugzähigkeit	kJ/m²

Kunststoffe © Springer-Verlag Berlin Heidelberg 1988
Kopieren, Vervielfältigen und Speichern in Datenverarbeitungsanlagen (auch auszugsweise) ist nur mit schriftlicher Genehmigung des Verlages gestattet

Datenbank-Nr. **T04270**　　　　　　　　　　　　　　　　　　　　　　　　　　　　　　　　　　Merkblatt-Nr. **2051**

Abrieb und Reibung

Taber-Abrieb (Reibradverfahren)	mm³/100 U	
Abriebfaktor LNP (Thrust washer) Vergleichswert		
Statische Reibungszahl		
Dynamische Reibungszahl	(p·v= N/mm² ·	m/min)
Zulässiger p · v Wert	N/mm² · (m/min) v=	m/min
	v=	m/min

Thermische Eigenschaften

Formbeständigkeit in der Wärme	Verfahren A		54 °C
	Verfahren		°C
Vicat Erweichungstemperatur (VST)	Verfahren		°C
	Verfahren		°C
Kristallit-Schmelzpunkt	Verfahren		
Längenausdehnungskoeffizient	Bereich °C		· 10⁻⁴ K⁻¹
	Temperatur 23 °C		0.9 · 10⁻⁴ K⁻¹
Wärmeleitfähigkeit	Verfahren		W/(K · m)
Spezifische Wärmekapazität	Verfahren		J/(K · g)
Glasumwandlungstemperatur	Torsionsschwingungsversuch	°C	
	Differentialkalorimetrie	°C	

Brandverhalten

UL-Test vertikal	Dicke mm, Wert	
	Dicke mm, Wert	

	Norm	Bewertung	Abmessungen
Sauerstoff-Index	ASTM D 2863		
Glühstab-Verfahren			
Brandverhalten	DIN 4102		
MVSS			
FAR			

Elektrische Eigenschaften

		Hz	°C		Probekörper, Form
Dielektrizitätszahl		50			
		10³			
		10⁶			
Dielektrischer Verlustfaktor tan δ		50			
		10³			
		10⁶			
Spezifischer Durchgangs- widerstand	Ohm · cm				
Durchschlagfestigkeit	kV/mm				mm dick
Oberflächenwiderstand	Ohm				
Kriechstromfestigkeit		KC	KB	KA	
Elektrolytische Korrosionswirkung					
Lichtbogenfestigkeit nach DIN					
nach ASTM	s				

Beständigkeit (Chemische Beständigkeit siehe Anhang)

Wasseraufnahme 23 C		1 d	0.40 %
Feuchtigkeitsaufnahme Normalklima			%
Wetterbeständigkeit			

Spannungskorrosion Unempfindlicher als die Polyamide der 6-er Reihe

Optische Eigenschaften

Brechungszahl n_D			
Transmissionsgrad τ_c	%	mm dick	
Lichtdurchlässigkeit			

Datenbank-Nr. **T04271**		Merkblatt-Nr. **2052**

PA

Produkt	Polyamid 11
Handelsname	**Thermocomp HF-1006**
Hersteller	LNP
DIN-Bez 1	
DIN-Bez 2	
Zusätze	
Füllstoffe/Verstärkung	30% Glasfasern
Bevorzugte Verarbeitung	Spritzgiessen
Lieferform	Granulat
Farben	
Besondere Merkmale	Sehr geringe Wasseraufnahme; Sehr dimensionsstabil; Gutes Schlagverhalten; Hoher Modul; Hohe Festigkeit
Bevorzugte Anwendungen	Technisches Formteil

Dichte	g/cm³	1.24
Schüttdichte	g/cm³	
Viskositätszahl	ml/g	
Schmelzindex	g/10 min	
Volumenfließindex	cm³/10 min	

Verarbeitungsbedingungen für Spritzgießen

Massetemp.	°C	240
Werkzeugtemp.	°C	95
Spritzdruck	bar	
Schwindung	% lgs	0.3, quer
Bemerkungen		Vortrocknen empfohlen 4 h bei 95 C

Zugversuch 23 °C ASTM D 638;
Probekörper: Form
Zustand Spritzfrisch
Herstellung Vorbehandlung: Spritzgiessen

Streckspannung	N/mm²	
Zugfestigkeit	N/mm²	98
Reißfestigkeit	N/mm²	
E-Modul	N/mm²	
Dehnung bei Streckspannung	%	
Reißdehnung	%	
% Dehnspannung	N/mm²	
Dehnung bei % Dehnspg.	%	

Kriechmoduln und Zeitstandwerte 23 °C
Probekörper: Form
Zustand
Herstellung Vorbehandlung

Kriechmodul	1 min N/mm²	
Kriechmodul	1000 h N/mm²	
bei Spannung	N/mm²	
Zeitstandzugfestigkeit	h N/mm²	
Zeitdehnspg. %	h N/mm²	

Biegeversuch 23 °C ASTM D 790;
Probekörper: Form
Zustand Spritzfrisch
Herstellung Vorbehandlung: Spritzgiessen

Biegefestigkeit	N/mm²	140
3,5% Biegespannung	N/mm²	
E-Modul	N/mm²	6100

Härte 23 °C Probekörper: Zustand
Herstellung Vorbehandlung

Kugeldruckhärte	N/mm²	bei N, s
Rockwellhärte		
Shore-Härte A		
Shore-Härte D		

Schlagversuch Probekörper: (1)
(2) V-Kerbe
Zustand Spritzfrisch
Herstellung Vorbehandlung: Spritzgiessen
°C °C °C Probekörper-Form

Schlagzähigkeit	kJ/m²	
Kerbschlagzähigkeit (1)	kJ/m²	
IZOD-Kerbschlagzähigkeit (2)	J/m	23 115
Kerbschlagzugzähigkeit	kJ/m²	

Kunststoffe © Springer-Verlag Berlin Heidelberg 1988
Kopieren, Vervielfältigen und Speichern in Datenverarbeitungsanlagen (auch auszugsweise) ist nur mit schriftlicher Genehmigung des Verlages gestattet

Datenbank-Nr. **T04271**　　　　　　　　　　　　　　　　　　　　　　　　　Merkblatt-Nr. **2052**

Abrieb und Reibung

Taber-Abrieb (Reibradverfahren)	mm³/100 U	
Abriebfaktor LNP (Thrust washer) Vergleichswert		
Statische Reibungszahl		
Dynamische Reibungszahl	($p \cdot v =$　　N/mm² · 　m/min)	
Zulässiger $p \cdot v$ Wert	N/mm² · (m/min)　$v =$　m/min	
	$v =$　m/min	

Thermische Eigenschaften

Formbeständigkeit in der Wärme	Verfahren A	168 °C
Vicat Erweichungstemperatur (VST)	Verfahren	°C
	Verfahren	°C
Kristallit-Schmelzpunkt	Verfahren	°C
Längenausdehnungskoeffizient	Bereich　　　°C	$\cdot 10^{-4} K^{-1}$
	Temperatur	$\cdot 10^{-4} K^{-1}$
Wärmeleitfähigkeit	Verfahren	W/(K·m)
Spezifische Wärmekapazität	Verfahren	J/(K·g)
Glasumwandlungstemperatur	Torsionsschwingungsversuch	°C
	Differentialkalorimetrie	°C

Brandverhalten

UL-Test vertikal	Dicke mm, Wert		
	Dicke mm, Wert		
	Norm	Bewertung	Abmessungen
Sauerstoff-Index	ASTM D 2863		
Glühstab-Verfahren			
Brandverhalten	DIN 4102		
MVSS			
FAR			

Elektrische Eigenschaften

	Hz	°C	Probekörper, Form
Dielektrizitätszahl	50		
	10³		
	10⁶		
Dielektrischer Verlustfaktor tan δ	50		
	10³		
	10⁶		
Spezifischer Durchgangswiderstand	Ohm · cm		
Durchschlagfestigkeit	kV/mm		
Oberflächenwiderstand	Ohm		mm dick
Kriechstromfestigkeit	KC　　KB　　KA		
Elektrolytische Korrosionswirkung			
Lichtbogenfestigkeit nach DIN			
nach ASTM	s		

Beständigkeit (Chemische Beständigkeit siehe Anhang)

Wasseraufnahme 23 C	1 d	0.20 %
Feuchtigkeitsaufnahme Normalklima		%
Wetterbeständigkeit		

Spannungskorrosion Unempfindlicher als die Polyamide der 6-er Reihe

Optische Eigenschaften

Brechungszahl n_D		
Transmissionsgrad τ_c	%	mm dick
Lichtdurchlässigkeit		

Datenbank-Nr.	**T04272**		*Merkblatt-Nr.*	**2053**
				PA

Produkt	Polyamid 11
Handelsname	**Thermocomp HFL-4325**
Hersteller	LNP
DIN-Bez 1	
DIN-Bez 2	

Zusätze	10% Graphit	*Füllstoffe/ Verstärkung*	25% Glasfasern
Bevorzugte Verarbeitung	Spritzgiessen	*Lieferform*	Granulat
		Farben	
Besondere Merkmale	Sehr geringe Wasseraufnahme; Sehr dimensionsstabil; GeringeReibung; Hoher Modul	*Bevorzugte Anwendungen*	Technisches Formteil

Dichte	g/cm³	1.31	*Schmelzindex*	g/10 min	:
Schüttdichte	g/cm³		*Volumenfließindex*	cm³/10 min	:
Viskositätszahl	ml/g				

Verarbeitungsbedingungen für Spritzgießen

Massetemp.	°C		*Schwindung*	% lgs	, quer
Werkzeugtemp.	°C		*Bemerkungen*		
Spritzdruck	bar				

Zugversuch 23 °C ASTM D 638;

Probekörper: Form *Herstellung* Spritzgiessen
 Zustand Spritzfrisch *Vorbehandlung*

Streckspannung	N/mm²		*Dehnung bei Streckspannung*	%
Zugfestigkeit	N/mm²	88	*Reißdehnung*	%
Reißfestigkeit	N/mm²		% *Dehnspannung*	N/mm²
E-Modul	N/mm²		*Dehnung bei* % Dehnspg.	%

Kriechmoduln und Zeitstandwerte 23 °C

Probekörper: Form *Herstellung*
 Zustand *Vorbehandlung*

Kriechmodul	1 min N/mm²		*Zeitstandzugfestigkeit*	h N/mm²
Kriechmodul	1000 h N/mm²		*Zeitdehnspg.* %	h N/mm²
bei Spannung	N/mm²			

Biegeversuch 23 °C ASTM D 790;

Probekörper: Form *Herstellung* Spritzgiessen
 Zustand Spritzfrisch *Vorbehandlung*

Biegefestigkeit	N/mm²	*E-Modul*	N/mm² 5900
3,5% Biegespannung	N/mm²		

Härte 23 °C *Probekörper:* Zustand *Herstellung Vorbehandlung*

Kugeldruckhärte	N/mm² bei N, s	*Shore-Härte* A	
Rockwellhärte		*Shore-Härte* D	

Schlagversuch *Probekörper:* (1)
 (2) V-Kerbe *Herstellung* Spritzgiessen
 Zustand Spritzfrisch *Vorbehandlung*

 °C °C °C *Probekörper-Form*

Schlagzähigkeit	kJ/m²	
Kerbschlagzähigkeit (1)	kJ/m²	
IZOD-Kerbschlagzähigkeit (2)	J/m	23 64
Kerbschlagzugzähigkeit	kJ/m²	

Kunststoffe © Springer-Verlag Berlin Heidelberg 1988
Kopieren, Vervielfältigen und Speichern in Datenverarbeitungsanlagen (auch auszugsweise) ist nur mit schriftlicher Genehmigung des Verlages gestattet

Datenbank-Nr. **T04272** Merkblatt-Nr. **2053**

Abrieb und Reibung

Taber-Abrieb (Reibradverfahren)	mm³/100 U	
Abriebfaktor LNP (Thrust washer) Vergleichswert	35	
Statische Reibungszahl	0.18	
Dynamische Reibungszahl	(p·v = 0.28 N/mm² · 15 m/min)	0.22
Zulässiger p·v Wert	N/mm² · (m/min) v = m/min	
	v = m/min	

Thermische Eigenschaften

Formbeständigkeit in der Wärme	Verfahren A	166 °C
	Verfahren	°C
Vicat Erweichungstemperatur (VST)	Verfahren	°C
	Verfahren	°C
Kristallit-Schmelzpunkt	Verfahren	
Längenausdehnungskoeffizient	Bereich °C	$\cdot 10^{-4} K^{-1}$
	Temperatur 23 °C	$0.32 \cdot 10^{-4} K^{-1}$
Wärmeleitfähigkeit	Verfahren	W/(K·m)
Spezifische Wärmekapazität	Verfahren	J/(K·g)
Glasumwandlungstemperatur	Torsionsschwingungsversuch	°C
	Differentialkalorimetrie	°C

Brandverhalten

UL-Test vertikal   Dicke mm, Wert
               Dicke mm, Wert

	Norm	Bewertung	Abmessungen
Sauerstoff-Index	ASTM D 2863		
Glühstab-Verfahren			
Brandverhalten	DIN 4102		
MVSS			
FAR			

Elektrische Eigenschaften

	Hz	°C	Probekörper, Form
Dielektrizitätszahl	50		
	10^3		
	10^6		
Dielektrischer Verlustfaktor tan δ	50		
	10^3		
	10^6		
Spezifischer Durchgangswiderstand	Ohm·cm		
Durchschlagfestigkeit	kV/mm		mm dick
Oberflächenwiderstand	Ohm		
Kriechstromfestigkeit	KC	KB	KA
Elektrolytische Korrosionswirkung			
Lichtbogenfestigkeit nach DIN			
nach ASTM	s		

Beständigkeit (Chemische Beständigkeit siehe Anhang)

Wasseraufnahme 23 C	1 d	0.15 %
Feuchtigkeitsaufnahme Normalklima		%
Wetterbeständigkeit		

Spannungskorrosion Unempfindlicher als die Polyamide der 6-er Reihe

Optische Eigenschaften

Brechungszahl n_D
Transmissionsgrad τ_c %   mm dick
Lichtdurchlässigkeit

Datenbank-Nr.	**T04273**		Merkblatt-Nr.	**2054**

PA

Produkt	Polyamid 11
Handelsname	**Thermocomp PDX-4208**
Hersteller	LNP
DIN-Bez 1	
DIN-Bez 2	
Zusätze	
Füllstoffe/Verstärkung	85% Bronze
Bevorzugte Verarbeitung	
Lieferform	Granulat
Farben	
Besondere Merkmale	Sehr geringe Wasseraufnahme; Sehr dimensionsstabil; GeringeReibung; Hohe Dichte
Bevorzugte Anwendungen	Technisches Formteil

Dichte	g/cm³ 4.2	Schmelzindex	g/10 min	
Schüttdichte	g/cm³	Volumenfließindex	cm³/10 min	
Viskositätszahl	ml/g			

Verarbeitungsbedingungen für Spritzgießen

Massetemp.	°C	Schwindung	%	lgs	, quer
Werkzeugtemp.	°C	Bemerkungen			
Spritzdruck	bar				

Zugversuch 23 °C ASTM D 638;
Probekörper: Form
Zustand Spritzfrisch
Herstellung Spritzgiessen
Vorbehandlung

Streckspannung	N/mm²	Dehnung bei Streckspannung %
Zugfestigkeit	N/mm² 42	Reißdehnung %
Reißfestigkeit	N/mm²	% Dehnspannung N/mm²
E-Modul	N/mm²	Dehnung bei % Dehnspg. %

Kriechmoduln und Zeitstandwerte 23 °C
Probekörper: Form
Zustand
Herstellung
Vorbehandlung

Kriechmodul	1 min N/mm²	Zeitstandzugfestigkeit h N/mm²
Kriechmodul	1000 h N/mm²	Zeitdehnspg. % h N/mm²
bei Spannung	N/mm²	

Biegeversuch 23 °C ASTM D 790;
Probekörper: Form
Zustand Spritzfrisch
Herstellung Spritzgiessen
Vorbehandlung

Biegefestigkeit	N/mm²	E-Modul	N/mm² 6100
3,5% Biegespannung	N/mm²		

Härte 23 °C Probekörper: Zustand
Herstellung Vorbehandlung

Kugeldruckhärte	N/mm²	bei N, s	Shore-Härte A
Rockwellhärte			Shore-Härte D

Schlagversuch Probekörper: (1)
(2) V-Kerbe
Zustand Spritzfrisch
Herstellung Spritzgiessen
Vorbehandlung
°C °C °C Probekörper-Form

Schlagzähigkeit	kJ/m²	
Kerbschlagzähigkeit (1)	kJ/m²	
IZOD-Kerbschlagzähigkeit (2)	J/m	23 21
Kerbschlagzugzähigkeit	kJ/m²	

Kunststoffe © Springer-Verlag Berlin Heidelberg 1988
Kopieren, Vervielfältigen und Speichern in Datenverarbeitungsanlagen (auch auszugsweise) ist nur mit schriftlicher Genehmigung des Verlages gestattet

Datenbank-Nr. **T04273**   Merkblatt-Nr. **2054**

Abrieb und Reibung

Taber-Abrieb (Reibradverfahren)	mm³/100 U	
Abriebfaktor LNP (Thrust washer) Vergleichswert	97	
Statische Reibungszahl	0.15	
Dynamische Reibungszahl	(p·v = 0.28 N/mm² · 15 m/min)	0.15
Zulässiger p · v Wert	N/mm² · (m/min) v = m/min	
	v = m/min	

Thermische Eigenschaften

Formbeständigkeit in der Wärme	Verfahren A	102 °C
	Verfahren	°C
Vicat Erweichungstemperatur (VST)	Verfahren	°C
	Verfahren	°C
Kristallit-Schmelzpunkt	Verfahren	
Längenausdehnungskoeffizient	Bereich °C	· 10⁻⁴ K⁻¹
	Temperatur	· 10⁻⁴ K⁻¹
Wärmeleitfähigkeit	Verfahren	W/(K · m)
Spezifische Wärmekapazität	Verfahren	J/(K · g)
Glasumwandlungstemperatur	Torsionsschwingungsversuch	°C
	Differentialkalorimetrie	°C

Brandverhalten

UL-Test vertikal	Dicke mm, Wert	
	Dicke mm, Wert	

	Norm	Bewertung	Abmessungen
Sauerstoff-Index	ASTM D 2863		
Glühstab-Verfahren			
Brandverhalten	DIN 4102		
MVSS			
FAR			

Elektrische Eigenschaften

	Hz	°C	Probekörper, Form
Dielektrizitätszahl	50		
	10³		
	10⁶		
Dielektrischer Verlustfaktor tan δ	50		
	10³		
	10⁶		
Spezifischer Durchgangswiderstand	Ohm · cm		
Durchschlagfestigkeit	kV/mm		mm dick
Oberflächenwiderstand	Ohm		
Kriechstromfestigkeit	KC KB KA		
Elektrolytische Korrosionswirkung			
Lichtbogenfestigkeit nach DIN			
nach ASTM	s		

Beständigkeit (Chemische Beständigkeit siehe Anhang)

Wasseraufnahme 23 C	1 d	0.25 %
Feuchtigkeitsaufnahme Normalklima		%
Wetterbeständigkeit		
Spannungskorrosion	Unempfindlicher als die Polyamide der 6-er Reihe	

Optische Eigenschaften

Brechungszahl n_D		
Transmissionsgrad τ_c	%	mm dick
Lichtdurchlässigkeit		

Datenbank-Nr.	**T04274**	Merkblatt-Nr. **2055**

PA

Produkt	Polyamid 11
Handelsname	**Thermocomp PDX-5156**
Hersteller	LNP
DIN-Bez 1	
DIN-Bez 2	
Zusätze	3% Molybdaendisulfid
Füllstoffe/Verstärkung	83% Bronze
Bevorzugte Verarbeitung	
Lieferform	Granulat
Farben	
Besondere Merkmale	Sehr geringe Wasseraufnahme; Sehr dimensionsstabil; Geringe Reibung
Bevorzugte Anwendungen	Technisches Formteil

Dichte	g/cm^3	4.18
Schüttdichte	g/cm^3	
Viskositätszahl	ml/g	
Schmelzindex	g/10 min	:
Volumenfließindex	cm^3/10 min	:

Verarbeitungsbedingungen für Spritzgießen

Massetemp.	°C
Werkzeugtemp.	°C
Spritzdruck	bar
Schwindung	% lgs , quer
Bemerkungen	

Zugversuch 23 °C ASTM D 638;
Probekörper: Form
Zustand Spritzfrisch
Herstellung Spritzgiessen
Vorbehandlung

Streckspannung	N/mm^2	
Zugfestigkeit	N/mm^2	42
Reißfestigkeit	N/mm^2	
E-Modul	N/mm^2	
Dehnung bei Streckspannung	%	
Reißdehnung	%	
% Dehnspannung	N/mm^2	
Dehnung bei % Dehnspg.	%	

Kriechmoduln und Zeitstandwerte 23 °C
Probekörper: Form
Zustand
Herstellung
Vorbehandlung

Kriechmodul	1 min	N/mm^2
Kriechmodul	1000 h	N/mm^2
bei Spannung		N/mm^2
Zeitstandzugfestigkeit	h	N/mm^2
Zeitdehnspg. %	h	N/mm^2

Biegeversuch 23 °C ASTM D 790;
Probekörper: Form
Zustand Spritzfrisch
Herstellung Spritzgiessen
Vorbehandlung

Biegefestigkeit	N/mm^2
3,5% Biegespannung	N/mm^2
E-Modul	N/mm^2 6100

Härte 23 °C Probekörper: Zustand
Herstellung
Vorbehandlung

Kugeldruckhärte	N/mm^2 bei N, s
Rockwellhärte	
Shore-Härte A	
Shore-Härte D	

Schlagversuch Probekörper: (1)
(2) V-Kerbe
Zustand Spritzfrisch
Herstellung Spritzgiessen
Vorbehandlung

°C °C °C Probekörper-Form

Schlagzähigkeit	kJ/m^2	
Kerbschlagzähigkeit (1)	kJ/m^2	
IZOD-Kerbschlagzähigkeit (2)	J/m	23 21
Kerbschlagzugzähigkeit	kJ/m^2	

Kunststoffe © Springer-Verlag Berlin Heidelberg 1988
Kopieren, Vervielfältigen und Speichern in Datenverarbeitungsanlagen (auch auszugsweise) ist nur mit schriftlicher Genehmigung des Verlages gestattet

Datenbank-Nr. **T04274** Merkblatt-Nr. **2055**

Abrieb und Reibung

Taber-Abrieb (Reibradverfahren)	mm³/100 U	
Abriebfaktor LNP (Thrust washer) Vergleichswert	77	
Statische Reibungszahl	0.12	
Dynamische Reibungszahl	($p \cdot v = 0.28$ N/mm² · 15 m/min)	0.12
Zulässiger $p \cdot v$ Wert	N/mm² · (m/min) $v =$ m/min	
	$v =$ m/min	

Thermische Eigenschaften

Formbeständigkeit in der Wärme	Verfahren A	102 °C
	Verfahren	°C
Vicat Erweichungstemperatur (VST)	Verfahren	°C
	Verfahren	°C
Kristallit-Schmelzpunkt	Verfahren	
Längenausdehnungskoeffizient	Bereich °C	$\cdot 10^{-4} K^{-1}$
	Temperatur	$\cdot 10^{-4} K^{-1}$
Wärmeleitfähigkeit	Verfahren	W/(K · m)
Spezifische Wärmekapazität	Verfahren	J/(K · g)
Glasumwandlungstemperatur	Torsionsschwingungsversuch	°C
	Differentialkalorimetrie	°C

Brandverhalten

UL-Test vertikal	Dicke mm, Wert	
	Dicke mm, Wert	

	Norm	Bewertung	Abmessungen
Sauerstoff-Index	ASTM D 2863		
Glühstab-Verfahren			
Brandverhalten	DIN 4102		
MVSS			
FAR			

Elektrische Eigenschaften

	Hz	°C	Probekörper, Form
Dielektrizitätszahl	50		
	10³		
	10⁶		
Dielektrischer Verlustfaktor tan δ	50		
	10³		
	10⁶		

Spezifischer Durchgangswiderstand	Ohm · cm	
Durchschlagfestigkeit	kV/mm	mm dick
Oberflächenwiderstand	Ohm	

	KC	KB	KA
Kriechstromfestigkeit			
Elektrolytische Korrosionswirkung			
Lichtbogenfestigkeit nach DIN			
nach ASTM	s		

Beständigkeit (Chemische Beständigkeit siehe Anhang)

Wasseraufnahme 23 C	1 d	0.25 %
Feuchtigkeitsaufnahme Normalklima		%
Wetterbeständigkeit		

Spannungskorrosion Unempfindlicher als die Polyamide der 6-er Reihe

Optische Eigenschaften

Brechungszahl n_D		
Transmissionsgrad τ_c	%	mm dick
Lichtdurchlässigkeit		

Datenbank-Nr.	**T04275**		Merkblatt-Nr.	**2056**

PA

Produkt	Polyamid 612
Handelsname	**Thermocomp I-1000**
Hersteller	LNP
DIN-Bez 1	
DIN-Bez 2	

Zusätze		Füllstoffe/Verstärkung	
Bevorzugte Verarbeitung	Spritzgiessen	Lieferform	Granulat
		Farben	
Besondere Merkmale	Geringere Wasseraufnahme; Dimensionsstabil; Ausgewogene mechanische Eigenschaften	Bevorzugte Anwendungen	Technisches Formteil

Dichte	g/cm³	1.07	Schmelzindex	g/10 min
Schüttdichte	g/cm³		Volumenfließindex	cm³/10 min
Viskositätszahl	ml/g			

Verarbeitungsbedingungen für Spritzgießen

Massetemp.	°C	Schwindung %	lgs 1.2, quer 1.2
Werkzeugtemp.	°C	Bemerkungen	Vortrocknen empfohlen 4 h bei 95 C, wenn Farbaenderung akzeptiert werden kann, bei 107 C
Spritzdruck	bar		

Zugversuch 23 °C ASTM D 638;

Probekörper:	Form	Herstellung	Spritzgiessen
	Zustand Spritzfrisch	Vorbehandlung	
Streckspannung	N/mm²	Dehnung bei Streckspannung	%
Zugfestigkeit	N/mm² 62	Reißdehnung	%
Reißfestigkeit	N/mm²	% Dehnspannung	N/mm²
E-Modul	N/mm²	Dehnung bei % Dehnspg.	%

Kriechmoduln und Zeitstandwerte 23 °C

Probekörper:	Form	Herstellung	
	Zustand	Vorbehandlung	
Kriechmodul	1 min N/mm²	Zeitstandzugfestigkeit	h N/mm²
Kriechmodul	1000 h N/mm²	Zeitdehnspg. %	h N/mm²
bei Spannung	N/mm²		

Biegeversuch 23 °C ASTM D 790;

Probekörper:	Form	Herstellung	Spritzgiessen
	Zustand Spritzfrisch	Vorbehandlung	
Biegefestigkeit	N/mm² 85	E-Modul	N/mm² 2000
3,5% Biegespannung	N/mm²		

Härte 23 °C

Probekörper:	Zustand Spritzfrisch	Herstellung	Spritzgiessen
		Vorbehandlung	
Kugeldruckhärte	N/mm² bei N, s	Shore-Härte A	
Rockwellhärte	R 114	Shore-Härte D	

Schlagversuch

Probekörper:	(1)	Herstellung	Spritzgiessen
	(2) V-Kerbe	Vorbehandlung	
	Zustand Spritzfrisch		
	°C °C	°C	Probekörper-Form
Schlagzähigkeit	kJ/m²		
Kerbschlagzähigkeit (1)	kJ/m²		
IZOD-Kerbschlagzähigkeit (2)	J/m 23 53		
Kerbschlagzugzähigkeit	kJ/m²		

Kunststoffe © Springer-Verlag Berlin Heidelberg 1988
Kopieren, Vervielfältigen und Speichern in Datenverarbeitungsanlagen (auch auszugsweise) ist nur mit schriftlicher Genehmigung des Verlages gestattet

Datenbank-Nr. **T04275** Merkblatt-Nr. **2056**

Abrieb und Reibung

Taber-Abrieb (Reibradverfahren)	mm³/100 U			
Abriebfaktor LNP (Thrust washer) Vergleichswert	230			
Statische Reibungszahl	0.24			
Dynamische Reibungszahl	(p·v = 0.28 N/mm² · 15 m/min)			0.31
Zulässiger p·v Wert	N/mm² · (m/min)	v = 3	m/min	5.4
		v = 30	m/min	4.3

Thermische Eigenschaften

Formbeständigkeit in der Wärme	Verfahren A		57 °C
	Verfahren B		149 °C
Vicat Erweichungstemperatur (VST)	Verfahren		°C
	Verfahren		°C
Kristallit-Schmelzpunkt	Verfahren		
Längenausdehnungskoeffizient	Bereich °C		·10⁻⁴K⁻¹
	Temperatur 23°C		$0.9 \cdot 10^{-4} K^{-1}$
Wärmeleitfähigkeit	Verfahren ASTM C 177	23 °C	0.22 W/(K·m)
Spezifische Wärmekapazität	Verfahren		J/(K·g)
Glasumwandlungstemperatur	Torsionsschwingungsversuch		°C
	Differentialkalorimetrie		°C

Brandverhalten

UL-Test vertikal   Dicke   mm, Wert
                   Dicke   mm, Wert

	Norm	Bewertung	Abmessungen
Sauerstoff-Index	ASTM D 2863		
Glühstab-Verfahren			
Brandverhalten	DIN 4102		
MVSS			
FAR			

Elektrische Eigenschaften

	Hz	°C		Probekörper, Form
Dielektrizitätszahl	50			
	10³			
	10⁶			
Dielektrischer Verlustfaktor tan δ	50			
	10³			
	10⁶			
Spezifischer Durchgangs- widerstand	Ohm · cm			
Durchschlagfestigkeit	kV/mm			mm dick
Oberflächenwiderstand	Ohm			
Kriechstromfestigkeit	KC	KB	KA	
Elektrolytische Korrosionswirkung				
Lichtbogenfestigkeit nach DIN				
nach ASTM	s			

Beständigkeit (Chemische Beständigkeit siehe Anhang)

Wasseraufnahme 23 C		1 d	0.40 %
23 C Bis zur Saettigung			3.0 %
Feuchtigkeitsaufnahme Normalklima			%
Wetterbeständigkeit			

Spannungskorrosion Kann durch Konditionieren weitgehend vermieden werden

Optische Eigenschaften

Brechungszahl n_D
Transmissionsgrad τ_c %   mm dick
Lichtdurchlässigkeit

Datenbank-Nr.	**T04276**		Merkblatt-Nr. **2057**	
Produkt	Polyamid 612			**PA**
Handelsname	**Thermocomp IC-1006**			
Hersteller	LNP			
DIN-Bez 1				
DIN-Bez 2				
Zusätze		Füllstoffe/Verstärkung	30% Kohlenstoffasern	
Bevorzugte Verarbeitung	Spritzgiessen	Lieferform	Granulat	
		Farben		
Besondere Merkmale	Geringere Wasseraufnahme; Dimensionsstabil; Extrem hoher Modul; Geringer elt. Widerstand; Hohe Waermeformbestaendigkeit	Bevorzugte Anwendungen	Technisches Formteil	

Dichte	g/cm³	1.22	Schmelzindex	g/10 min
Schüttdichte	g/cm³		Volumenfließindex	cm³/10 min
Viskositätszahl	ml/g			

Verarbeitungsbedingungen für Spritzgießen

Massetemp.	°C	Schwindung	% lgs 0.2, quer
Werkzeugtemp.	°C	Bemerkungen	Vortrocknen empfohlen 4 h bei 95 C, wenn Farbaenderung akzeptiert werden kann, bei 107 C
Spritzdruck	bar		

Zugversuch 23 °C ASTM D 638;

Probekörper: Form   Zustand Spritzfrisch   Herstellung Spritzgiessen   Vorbehandlung

Streckspannung	N/mm²	Dehnung bei Streckspannung	%
Zugfestigkeit	N/mm² 200	Reißdehnung	%
Reißfestigkeit	N/mm²	% Dehnspannung	N/mm²
E-Modul	N/mm²	Dehnung bei % Dehnspg.	%

Kriechmoduln und Zeitstandwerte 23 °C

Probekörper: Form   Zustand   Herstellung   Vorbehandlung

Kriechmodul	1 min N/mm²	Zeitstandzugfestigkeit	h N/mm²
Kriechmodul	1000 h N/mm²	Zeitdehnspg. %	h N/mm²
bei Spannung	N/mm²		

Biegeversuch 23 °C ASTM D 790;

Probekörper: Form   Zustand Spritzfrisch   Herstellung Spritzgiessen   Vorbehandlung

Biegefestigkeit	N/mm² 290	E-Modul	N/mm² 16000
3,5% Biegespannung	N/mm²		

Härte 23 °C

Probekörper: Zustand   Herstellung   Vorbehandlung

Kugeldruckhärte	N/mm² bei N, s	Shore-Härte A	
Rockwellhärte		Shore-Härte D	

Schlagversuch

Probekörper: (1)
(2) V-Kerbe
Zustand Spritzfrisch   Herstellung Spritzgiessen   Vorbehandlung

°C   °C   °C   Probekörper-Form

Schlagzähigkeit	kJ/m²
Kerbschlagzähigkeit (1)	kJ/m²
IZOD-Kerbschlagzähigkeit (2)	J/m 23 95
Kerbschlagzugzähigkeit	kJ/m²

Kunststoffe © Springer-Verlag Berlin Heidelberg 1988
Kopieren, Vervielfältigen und Speichern in Datenverarbeitungsanlagen (auch auszugsweise) ist nur mit schriftlicher Genehmigung des Verlages gestattet

Datenbank-Nr. **T04276** Merkblatt-Nr. **2057**

Abrieb und Reibung

Taber-Abrieb (Reibradverfahren)	mm³/100 U	
Abriebfaktor LNP (Thrust washer) Vergleichswert	30	
Statische Reibungszahl	0.19	
Dynamische Reibungszahl	(p·v = 0.28 N/mm² · 15 m/min)	0.23
Zulässiger p·v Wert	N/mm² · (m/min) v = 3 m/min	39
	v = 30 m/min	43

Thermische Eigenschaften

Formbeständigkeit in der Wärme	Verfahren A	216 °C
	Verfahren B	218 °C
Vicat Erweichungstemperatur (VST)	Verfahren	°C
	Verfahren	°C
Kristallit-Schmelzpunkt	Verfahren	
Längenausdehnungskoeffizient	Bereich °C	$\cdot 10^{-4} K^{-1}$
	Temperatur 23 °C	$0.16 \cdot 10^{-4} K^{-1}$
Wärmeleitfähigkeit	Verfahren ASTM C 177 23 °C	0.94 W/(K·m)
Spezifische Wärmekapazität	Verfahren	J/(K·g)
Glasumwandlungstemperatur	Torsionsschwingungsversuch	°C
	Differentialkalorimetrie	°C

Brandverhalten

UL-Test vertikal Dicke mm, Wert
  Dicke mm, Wert

	Norm	Bewertung	Abmessungen
Sauerstoff-Index	ASTM D 2863		
Glühstab-Verfahren			
Brandverhalten	DIN 4102		
MVSS			
FAR			

Elektrische Eigenschaften

		Hz	°C		Probekörper, Form
Dielektrizitätszahl		50			
		10³			
		10⁶			
Dielektrischer Verlustfaktor tan δ		50			
		10³			
		10⁶			
Spezifischer Durchgangswiderstand	Ohm·cm		23	1.0*10**02	
Durchschlagfestigkeit	kV/mm				mm dick
Oberflächenwiderstand	Ohm		23	1.0*10**02	
Kriechstromfestigkeit		KC	KB	KA	
Elektrolytische Korrosionswirkung					
Lichtbogenfestigkeit nach DIN					
nach ASTM	s				

Beständigkeit (Chemische Beständigkeit siehe Anhang)

Wasseraufnahme 23 C		1 d	0.15 %
Feuchtigkeitsaufnahme Normalklima			%
Wetterbeständigkeit			

Spannungskorrosion Kann durch Konditionieren weitgehend vermieden werden

Optische Eigenschaften

Brechungszahl n_D
Transmissionsgrad τ_c % mm dick
Lichtdurchlässigkeit

Datenbank-Nr.	**T04277**		Merkblatt-Nr.	**2058**
				PA
Produkt	Polyamid 612			
Handelsname	**Thermocomp IC-1008**			
Hersteller	LNP			
DIN-Bez 1				
DIN-Bez 2				
Zusätze		Füllstoffe/Verstärkung	40% Kohlenstoffasern	
Bevorzugte Verarbeitung	Spritzgiessen	Lieferform	Granulat	
		Farben		
Besondere Merkmale	Geringere Wasseraufnahme; Dimensionsstabil; Extrem hoher Modul; Geringer elt. Widerstand; Hohe Waermeformbestaendigkeit	Bevorzugte Anwendungen	Technisches Formteil	

Dichte	g/cm³	1.29	Schmelzindex	g/10 min	
Schüttdichte	g/cm³		Volumenfließindex	cm³/10 min	
Viskositätszahl	ml/g				

Verarbeitungsbedingungen für Spritzgießen

Massetemp.	°C		Schwindung	%	lgs , quer
Werkzeugtemp.	°C		Bemerkungen		
Spritzdruck	bar				

Zugversuch 23 °C ASTM D 638;
Probekörper: Form
Zustand Spritzfrisch
Herstellung Vorbehandlung Spritzgiessen

Streckspannung	N/mm²		Dehnung bei Streckspannung	%
Zugfestigkeit	N/mm²	240	Reißdehnung	%
Reißfestigkeit	N/mm²		% Dehnspannung	N/mm²
E-Modul	N/mm²		Dehnung bei % Dehnspg.	%

Kriechmoduln und Zeitstandwerte 23 °C
Probekörper: Form
Zustand
Herstellung Vorbehandlung

Kriechmodul	1 min	N/mm²	Zeitstandzugfestigkeit	h N/mm²
Kriechmodul	1000 h	N/mm²	Zeitdehnspg. %	h N/mm²
bei Spannung		N/mm²		

Biegeversuch 23 °C ASTM D 790;
Probekörper: Form
Zustand Spritzfrisch
Herstellung Vorbehandlung Spritzgiessen

Biegefestigkeit	N/mm²	360	E-Modul	N/mm² 21000
3,5% Biegespannung	N/mm²			

Härte 23 °C Probekörper: Zustand
Herstellung Vorbehandlung

Kugeldruckhärte	N/mm²	bei N, s	Shore-Härte A	
Rockwellhärte			Shore-Härte D	

Schlagversuch Probekörper: (1)
(2) V-Kerbe
Zustand Spritzfrisch
°C °C °C
Herstellung Vorbehandlung Spritzgiessen
Probekörper-Form

Schlagzähigkeit	kJ/m²	
Kerbschlagzähigkeit (1)	kJ/m²	
IZOD-Kerbschlagzähigkeit (2)	J/m	23 130
Kerbschlagzugzähigkeit	kJ/m²	

Kunststoffe © Springer-Verlag Berlin Heidelberg 1988
Kopieren, Vervielfältigen und Speichern in Datenverarbeitungsanlagen (auch auszugsweise) ist nur mit schriftlicher Genehmigung des Verlages gestattet

Datenbank-Nr. **T04277** Merkblatt-Nr. **2058**

Abrieb und Reibung

Taber-Abrieb (Reibradverfahren)	mm³/100 U		
Abriebfaktor LNP (Thrust washer) Vergleichswert	24		
Statische Reibungszahl	0.17		
Dynamische Reibungszahl	(p·v = 0.28 N/mm² · 15 m/min)	0.21	
Zulässiger p·v Wert	N/mm² · (m/min) v = m/min		
	v = m/min		

Thermische Eigenschaften

Formbeständigkeit in der Wärme	Verfahren A		216 °C
	Verfahren		°C
Vicat Erweichungstemperatur (VST)	Verfahren		°C
	Verfahren		°C
Kristallit-Schmelzpunkt	Verfahren		
Längenausdehnungskoeffizient	Bereich °C		· 10⁻⁴ K⁻¹
	Temperatur 23 °C		0.13 · 10⁻⁴ K⁻¹
Wärmeleitfähigkeit	Verfahren ASTM C 177	23 °C	1.08 W/(K·m)
Spezifische Wärmekapazität	Verfahren		J/(K·g)
Glasumwandlungstemperatur	Torsionsschwingungsversuch	°C	
	Differentialkalorimetrie	°C	

Brandverhalten

UL-Test vertikal	Dicke mm, Wert		
	Dicke mm, Wert		

	Norm	Bewertung	Abmessungen
Sauerstoff-Index	ASTM D 2863		
Glühstab-Verfahren			
Brandverhalten	DIN 4102		
MVSS			
FAR			

Elektrische Eigenschaften

		Hz	°C		Probekörper, Form
Dielektrizitätszahl		50			
		10³			
		10⁶			
Dielektrischer Verlustfaktor tan δ		50			
		10³			
		10⁶			
Spezifischer Durchgangs- widerstand	Ohm · cm				
Durchschlagfestigkeit	kV/mm				mm dick
Oberflächenwiderstand	Ohm		23	1.0*10**02	
Kriechstromfestigkeit		KC	KB	KA	
Elektrolytische Korrosionswirkung					
Lichtbogenfestigkeit nach DIN					
nach ASTM	s				

Beständigkeit (Chemische Beständigkeit siehe Anhang)

Wasseraufnahme 23 C		1 d	0.10 %
Feuchtigkeitsaufnahme Normalklima			%
Wetterbeständigkeit			

Spannungskorrosion Kann durch Konditionieren weitgehend vermieden werden

Optische Eigenschaften

Brechungszahl n_D			
Transmissionsgrad τ_c	%	mm dick	
Lichtdurchlässigkeit			

Datenbank-Nr.	**T04278**	Merkblatt-Nr. **2059**
Produkt	Polyamid 612	**PA**
Handelsname	**Thermocomp IF-1002**	
Hersteller	LNP	
DIN-Bez 1		
DIN-Bez 2		
Zusätze		Füllstoffe/Verstärkung: 10% Glasfasern
Bevorzugte Verarbeitung	Spritzgiessen	Lieferform: Granulat
		Farben
Besondere Merkmale	Geringere Wasseraufnahme; Dimensionsstabil; Hoher Modul; Hohe Waermeformbestaendigkeit	Bevorzugte Anwendungen: Technisches Formteil

Dichte	g/cm³ 1.14	Schmelzindex g/10 min :
Schüttdichte	g/cm³	Volumenfließindex cm³/10 min :
Viskositätszahl	ml/g	

Verarbeitungsbedingungen für Spritzgießen

Massetemp.	°C	Schwindung % lgs 0.45, quer
Werkzeugtemp.	°C	Bemerkungen: Vortrocknen empfohlen 4 h bei 95 C, wenn Farbaenderung akzeptiert werden kann, bei 107 C
Spritzdruck	bar	

Zugversuch 23 °C ASTM D 638;
Probekörper: Form
Zustand Spritzfrisch
Herstellung Spritzgiessen
Vorbehandlung

Streckspannung	N/mm²	Dehnung bei Streckspannung	%
Zugfestigkeit	N/mm² 85	Reißdehnung	%
Reißfestigkeit	N/mm²	% Dehnspannung	N/mm²
E-Modul	N/mm²	Dehnung bei % Dehnspg.	%

Kriechmoduln und Zeitstandwerte 23 °C
Probekörper: Form
Zustand
Herstellung
Vorbehandlung

Kriechmodul	1 min N/mm²	Zeitstandzugfestigkeit	h N/mm²
Kriechmodul	1000 h N/mm²	Zeitdehnspg. %	h N/mm²
bei Spannung	N/mm²		

Biegeversuch 23 °C ASTM D 790;
Probekörper: Form
Zustand Spritzfrisch
Herstellung Spritzgiessen
Vorbehandlung

Biegefestigkeit	N/mm² 125	E-Modul	N/mm² 5200
3,5% Biegespannung	N/mm²		

Härte 23 °C Probekörper: Zustand Spritzfrisch
Herstellung Spritzgiessen
Vorbehandlung

Kugeldruckhärte	N/mm²	bei N, s	Shore-Härte A
Rockwellhärte	R 117	M 87	Shore-Härte D

Schlagversuch Probekörper: (1)
(2) V-Kerbe
Zustand Spritzfrisch
Herstellung Spritzgiessen
Vorbehandlung

°C °C °C Probekörper-Form

Schlagzähigkeit	kJ/m²	
Kerbschlagzähigkeit (1)	kJ/m²	
IZOD-Kerbschlagzähigkeit (2)	J/m	23 48
Kerbschlagzugzähigkeit	kJ/m²	

Kunststoffe © Springer-Verlag Berlin Heidelberg 1988
Kopieren, Vervielfältigen und Speichern in Datenverarbeitungsanlagen (auch auszugsweise) ist nur mit schriftlicher Genehmigung des Verlages gestattet

Datenbank-Nr. **T04278**　　　　　　　　　　　　　　　　　　　　　　Merkblatt-Nr. **2059**

Abrieb und Reibung

Taber-Abrieb (Reibradverfahren)	mm³/100 U	
Abriebfaktor LNP (Thrust washer) Vergleichswert		
Statische Reibungszahl		
Dynamische Reibungszahl	(p·v =　　N/mm² ·	m/min)
Zulässiger p·v Wert	N/mm² · (m/min)　v =	m/min
	v =	m/min

Thermische Eigenschaften

Formbeständigkeit in der Wärme	Verfahren A		204 °C
	Verfahren B		210 °C
Vicat Erweichungstemperatur (VST)	Verfahren		°C
	Verfahren		°C
Kristallit-Schmelzpunkt	Verfahren		
Längenausdehnungskoeffizient	Bereich　　°C		$\cdot 10^{-4} K^{-1}$
	Temperatur 23 °C		$0.45 \cdot 10^{-4} K^{-1}$
Wärmeleitfähigkeit	Verfahren ASTM C 177	23 °C	0.29 W/(K·m)
Spezifische Wärmekapazität	Verfahren		J/(K·g)
Glasumwandlungstemperatur	Torsionsschwingungsversuch	°C	
	Differentialkalorimetrie	°C	

Brandverhalten

UL-Test vertikal	Dicke　mm, Wert		
	Dicke　mm, Wert		

	Norm	Bewertung	Abmessungen
Sauerstoff-Index	ASTM D 2863		
Glühstab-Verfahren			
Brandverhalten	DIN 4102		
MVSS			
FAR			

Elektrische Eigenschaften

		Hz	°C	Probekörper, Form
Dielektrizitätszahl		50		
		10³		
		10⁶		
Dielektrischer Verlustfaktor tan δ		50		
		10³		
		10⁶		
Spezifischer Durchgangs- widerstand	Ohm·cm			
Durchschlagfestigkeit	kV/mm			mm dick
Oberflächenwiderstand	Ohm			
Kriechstromfestigkeit		KC　　KB　　KA		
Elektrolytische Korrosionswirkung				
Lichtbogenfestigkeit nach DIN				
nach ASTM	s			

Beständigkeit (Chemische Beständigkeit siehe Anhang)

Wasseraufnahme 23 C		1 d	0.24 %
23 C　Bis zur Saettigung			3.0 %
Feuchtigkeitsaufnahme Normalklima			%
Wetterbeständigkeit			

Spannungskorrosion Kann durch Konditionieren weitgehend vermieden werden

Optische Eigenschaften

Brechungszahl n_D			
Transmissionsgrad τ_c	%	mm dick	
Lichtdurchlässigkeit			

Datenbank-Nr. **T04279**		Merkblatt-Nr. **2060**
Produkt	Polyamid 612	**PA**
Handelsname	**Thermocomp IF-1004**	
Hersteller	LNP	

DIN-Bez 1			
DIN-Bez 2			
Zusätze		Füllstoffe/Verstärkung	20% Glasfasern
Bevorzugte Verarbeitung	Spritzgiessen	Lieferform	Granulat
		Farben	
Besondere Merkmale	Geringere Wasseraufnahme; Dimensionsstabil; Hoher Modul; Hohe Waermeformbestaendigkeit	Bevorzugte Anwendungen	Technisches Formteil

Dichte	g/cm³	1.21	Schmelzindex	g/10 min
Schüttdichte	g/cm³		Volumenfließindex	cm³/10 min
Viskositätszahl	ml/g			

Verarbeitungsbedingungen für Spritzgießen

Massetemp.	°C	Schwindung	% lgs 0.40, quer
Werkzeugtemp.	°C	Bemerkungen	Vortrocknen empfohlen 4 h bei 95 C, wenn Farbaenderung akzeptiert werden kann, bei 107 C
Spritzdruck	bar		

Zugversuch 23 °C ASTM D 638;

	Probekörper:	Form	Herstellung	Spritzgiessen
		Zustand Spritzfrisch	Vorbehandlung	
Streckspannung	N/mm²		Dehnung bei Streckspannung	%
Zugfestigkeit	N/mm²	125	Reißdehnung	%
Reißfestigkeit	N/mm²		% Dehnspannung	N/mm²
E-Modul	N/mm²		Dehnung bei % Dehnspg.	%

Kriechmoduln und Zeitstandwerte 23 °C

	Probekörper:	Form	Herstellung	
		Zustand	Vorbehandlung	
Kriechmodul	1 min N/mm²		Zeitstandzugfestigkeit	h N/mm²
Kriechmodul	1000 h N/mm²		Zeitdehnspg. %	h N/mm²
bei Spannung	N/mm²			

Biegeversuch 23 °C ASTM D 790;

	Probekörper:	Form	Herstellung	Spritzgiessen
		Zustand Spritzfrisch	Vorbehandlung	
Biegefestigkeit	N/mm²	195	E-Modul	N/mm² 6300
3,5% Biegespannung	N/mm²			

Härte 23 °C

	Probekörper: Zustand Spritzfrisch	Herstellung	Spritzgiessen
		Vorbehandlung	
Kugeldruckhärte	N/mm² bei N, s	Shore-Härte A	
Rockwellhärte	R 119 M 89	Shore-Härte D	

Schlagversuch

	Probekörper: (1)		
	(2) V-Kerbe	Herstellung	Spritzgiessen
	Zustand Spritzfrisch	Vorbehandlung	
	°C °C	°C	Probekörper-Form
Schlagzähigkeit	kJ/m²		
Kerbschlagzähigkeit (1)	kJ/m²		
IZOD-Kerbschlagzähigkeit (2)	J/m 23 60		
Kerbschlagzugzähigkeit	kJ/m²		

Datenbank-Nr. **T04279** Merkblatt-Nr. **2060**

Abrieb und Reibung

Taber-Abrieb (Reibradverfahren)	mm³/100 U	
Abriebfaktor LNP (Thrust washer) Vergleichswert		
Statische Reibungszahl		
Dynamische Reibungszahl	(p·v = N/mm² ·	m/min)
Zulässiger p·v Wert	N/mm² · (m/min) v =	m/min
	v =	m/min

Thermische Eigenschaften

Formbeständigkeit in der Wärme	Verfahren A		210 °C
	Verfahren B		216 °C
Vicat Erweichungstemperatur (VST)	Verfahren		°C
	Verfahren		°C
Kristallit-Schmelzpunkt	Verfahren		
Längenausdehnungskoeffizient	Bereich °C		$\cdot 10^{-4} K^{-1}$
	Temperatur 23 °C		$0.40 \cdot 10^{-4} K^{-1}$
Wärmeleitfähigkeit	Verfahren ASTM C 177	23 °C	0.43 W/(K·m)
Spezifische Wärmekapazität	Verfahren		J/(K·g)
Glasumwandlungstemperatur	Torsionsschwingungsversuch	°C	
	Differentialkalorimetrie	°C	

Brandverhalten

UL-Test vertikal   Dicke   mm, Wert
                     Dicke   mm, Wert

	Norm	Bewertung	Abmessungen
Sauerstoff-Index	ASTM D 2863		
Glühstab-Verfahren			
Brandverhalten	DIN 4102		
MVSS			
FAR			

Elektrische Eigenschaften

	Hz	°C	Probekörper, Form
Dielektrizitätszahl	50		
	10^3		
	10^6		
Dielektrischer Verlustfaktor tan δ	50		
	10^3		
	10^6		
Spezifischer Durchgangswiderstand	Ohm·cm		
Durchschlagfestigkeit	kV/mm		mm dick
Oberflächenwiderstand	Ohm		
Kriechstromfestigkeit	KC	KB	KA
Elektrolytische Korrosionswirkung			
Lichtbogenfestigkeit nach DIN			
nach ASTM	s		

Beständigkeit (Chemische Beständigkeit siehe Anhang)

Wasseraufnahme 23 C		1 d	0.22 %
23 C Bis zur Saettigung			2.0 %
Feuchtigkeitsaufnahme Normalklima			%
Wetterbeständigkeit			

Spannungskorrosion Kann durch Konditionieren weitgehend vermieden werden

Optische Eigenschaften

Brechungszahl n_D
Transmissionsgrad τ_c %   mm dick
Lichtdurchlässigkeit

Datenbank-Nr.	**T04280**	Merkblatt-Nr. **2061**

PA

Produkt	Polyamid 612			
Handelsname	**Thermocomp IF-1006**			
Hersteller	LNP			
DIN-Bez 1				
DIN-Bez 2				
Zusätze		Füllstoffe/Verstärkung	30% Glasfasern	
Bevorzugte Verarbeitung	Spritzgiessen	Lieferform	Granulat	
		Farben		
Besondere Merkmale	Geringere Wasseraufnahme; Dimensionsstabil; Hoher Modul; Hohe Waermeformbestaendigkeit	Bevorzugte Anwendungen	Technisches Formteil	

Dichte	g/cm³	1.3	Schmelzindex	g/10 min	:
Schüttdichte	g/cm³		Volumenfließindex	cm³/10 min	:
Viskositätszahl	ml/g				

Verarbeitungsbedingungen für Spritzgießen

Massetemp.	°C	280	Schwindung	% lgs	0.35, quer
Werkzeugtemp.	°C	95	Bemerkungen	Vortrocknen empfohlen 4 h bei 95 C, wenn Farbaenderung akzeptiert werden kann, bei 107 C	
Spritzdruck	bar				

Zugversuch 23 °C ASTM D 638;

	Probekörper:	Form		Herstellung	Spritzgiessen
		Zustand	Spritzfrisch	Vorbehandlung	
Streckspannung	N/mm²		Dehnung bei Streckspannung	%	
Zugfestigkeit	N/mm²	155	Reißdehnung	%	
Reißfestigkeit	N/mm²		% Dehnspannung	N/mm²	
E-Modul	N/mm²		Dehnung bei % Dehnspg.	%	

Kriechmoduln und Zeitstandwerte 23 °C

	Probekörper:	Form		Herstellung	
		Zustand		Vorbehandlung	
Kriechmodul	1 min N/mm²		Zeitstandzugfestigkeit	h N/mm²	
Kriechmodul	1000 h N/mm²		Zeitdehnspg. %	h N/mm²	
bei Spannung	N/mm²				

Biegeversuch 23 °C ASTM D 790;

	Probekörper:	Form		Herstellung	Spritzgiessen
		Zustand	Spritzfrisch	Vorbehandlung	
Biegefestigkeit	N/mm²	220	E-Modul	N/mm²	7700
3,5% Biegespannung	N/mm²				

Härte 23 °C

	Probekörper:	Zustand	Spritzfrisch	Herstellung	Spritzgiessen
				Vorbehandlung	
Kugeldruckhärte	N/mm²		bei N, s	Shore-Härte A	
Rockwellhärte	R 120		M 93	Shore-Härte D	

Schlagversuch

	Probekörper:	(1)		Herstellung	Spritzgiessen
		(2) V-Kerbe		Vorbehandlung	
		Zustand	Spritzfrisch		
		°C	°C	°C	Probekörper-Form
Schlagzähigkeit	kJ/m²				
Kerbschlagzähigkeit (1)	kJ/m²				
IZOD-Kerbschlagzähigkeit (2)	J/m	23 130			
Kerbschlagzugzähigkeit	kJ/m²				

Kunststoffe © Springer-Verlag Berlin Heidelberg 1988
Kopieren, Vervielfältigen und Speichern in Datenverarbeitungsanlagen (auch auszugsweise) ist nur mit schriftlicher Genehmigung des Verlages gestattet

Datenbank-Nr. **T04280** Merkblatt-Nr. **2061**

Abrieb und Reibung

Taber-Abrieb (Reibradverfahren)	mm³/100 U	
Abriebfaktor LNP (Thrust washer) Vergleichswert	100	
Statische Reibungszahl	0.27	
Dynamische Reibungszahl	(p·v = 0.28 N/mm² · 15 m/min)	0.33
Zulässiger p·v Wert	N/mm² · (m/min) v = m/min	22
	v = m/min	17

Thermische Eigenschaften

Formbeständigkeit in der Wärme	Verfahren A		213 °C
	Verfahren B		221 °C
Vicat Erweichungstemperatur (VST)	Verfahren		°C
	Verfahren		°C
Kristallit-Schmelzpunkt	Verfahren		
Längenausdehnungskoeffizient	Bereich °C		· $10^{-4} K^{-1}$
	Temperatur 23 °C		0.27 · $10^{-4} K^{-1}$
Wärmeleitfähigkeit	Verfahren ASTM C 177	23 °C	0.5 W/(K · m)
Spezifische Wärmekapazität	Verfahren		J/(K · g)
Glasumwandlungstemperatur	Torsionsschwingungsversuch	°C	
	Differentialkalorimetrie	°C	

Brandverhalten

UL-Test vertikal	Dicke	mm, Wert
	Dicke	mm, Wert

	Norm	Bewertung	Abmessungen
Sauerstoff-Index	ASTM D 2863		
Glühstab-Verfahren			
Brandverhalten	DIN 4102		
MVSS			
FAR			

Elektrische Eigenschaften

		Hz	°C		Probekörper, Form
Dielektrizitätszahl		50	23	4.20	
		10^3			
		10^6	23	3.50	
Dielektrischer Verlustfaktor tan δ		50	23	0.013	
		10^3			
		10^6	23	0.015	
Spezifischer Durchgangswiderstand	Ohm · cm				
Durchschlagfestigkeit	kV/mm		23	17	mm dick
Oberflächenwiderstand	Ohm				
Kriechstromfestigkeit		KC	KB	KA	
Elektrolytische Korrosionswirkung					
Lichtbogenfestigkeit nach DIN					
nach ASTM	s				

Beständigkeit (Chemische Beständigkeit siehe Anhang)

Wasseraufnahme 23 C		1 d	0.20 %
23 C Bis zur Saettigung			1.85 %
Feuchtigkeitsaufnahme Normalklima			%
Wetterbeständigkeit			

Spannungskorrosion Kann durch Konditionieren weitgehend vermieden werden

Optische Eigenschaften

Brechungszahl n_D			
Transmissionsgrad τ_c	%	mm dick	
Lichtdurchlässigkeit			

Datenbank-Nr.	**T04281**		Merkblatt-Nr.	**2062**

PA

Produkt	Polyamid 612
Handelsname	**Thermocomp IF-1008**
Hersteller	LNP
DIN-Bez 1	
DIN-Bez 2	
Zusätze	
Füllstoffe/Verstärkung	40% Glasfasern
Bevorzugte Verarbeitung	Spritzgiessen
Lieferform	Granulat
Farben	
Besondere Merkmale	Geringere Wasseraufnahme; Dimensionsstabil; Hoher Modul; Hohe Waermeformbestaendigkeit
Bevorzugte Anwendungen	Technisches Formteil

Dichte	g/cm³	1.4	Schmelzindex	g/10 min	:
Schüttdichte	g/cm³		Volumenfließindex	cm³/10 min	:
Viskositätszahl	ml/g				

Verarbeitungsbedingungen für Spritzgießen

Massetemp.	°C	Schwindung	%	lgs 0.30, quer
Werkzeugtemp.	°C	Bemerkungen		Vortrocknen empfohlen 4 h bei 95 C, wenn Farbaenderung akzeptiert werden kann, bei 107 C
Spritzdruck	bar			

Zugversuch 23 °C ASTM D 638;

Probekörper: Form
Zustand Spritzfrisch
Herstellung Spritzgiessen
Vorbehandlung

Streckspannung	N/mm²	Dehnung bei Streckspannung	%
Zugfestigkeit	N/mm² 180	Reißdehnung	%
Reißfestigkeit	N/mm²	% Dehnspannung	N/mm²
E-Modul	N/mm²	Dehnung bei % Dehnspg.	%

Kriechmoduln und Zeitstandwerte 23 °C

Probekörper: Form
Zustand
Herstellung
Vorbehandlung

Kriechmodul	1 min N/mm²	Zeitstandzugfestigkeit	h N/mm²
Kriechmodul	1000 h N/mm²	Zeitdehnspg. %	h N/mm²
bei Spannung	N/mm²		

Biegeversuch 23 °C ASTM D 790;

Probekörper: Form
Zustand Spritzfrisch
Herstellung Spritzgiessen
Vorbehandlung

Biegefestigkeit	N/mm² 270	E-Modul	N/mm² 9100
3,5% Biegespannung	N/mm²		

Härte 23 °C

Probekörper: Zustand Spritzfrisch
Herstellung Spritzgiessen
Vorbehandlung

Kugeldruckhärte	N/mm²	bei N, s	Shore-Härte A	
Rockwellhärte	R 121	M 93	Shore-Härte D	

Schlagversuch

Probekörper: (1)
(2) V-Kerbe
Zustand Spritzfrisch
Herstellung Spritzgiessen
Vorbehandlung

		°C	°C	°C	Probekörper-Form

Schlagzähigkeit	kJ/m²	
Kerbschlagzähigkeit (1)	kJ/m²	
IZOD-Kerbschlagzähigkeit (2)	J/m	23 170
Kerbschlagzugzähigkeit	kJ/m²	

Kunststoffe © Springer-Verlag Berlin Heidelberg 1988
Kopieren, Vervielfältigen und Speichern in Datenverarbeitungsanlagen (auch auszugsweise) ist nur mit schriftlicher Genehmigung des Verlages gestattet

Datenbank-Nr. **T04281** Merkblatt-Nr. **2062**

Abrieb und Reibung

Taber-Abrieb (Reibradverfahren)	mm³/100 U
Abriebfaktor LNP (Thrust washer) Vergleichswert	
Statische Reibungszahl	
Dynamische Reibungszahl	($p \cdot v =$ N/mm² · m/min)
Zulässiger $p \cdot v$ Wert	N/mm² · (m/min) $v =$ m/min
	$v =$ m/min

Thermische Eigenschaften

Formbeständigkeit in der Wärme	Verfahren A	216 °C
	Verfahren B	224 °C
Vicat Erweichungstemperatur (VST)	Verfahren	°C
	Verfahren	°C
Kristallit-Schmelzpunkt	Verfahren	
Längenausdehnungskoeffizient	Bereich °C	$\cdot 10^{-4} K^{-1}$
	Temperatur 23 °C	$0.22 \cdot 10^{-4} K^{-1}$
Wärmeleitfähigkeit	Verfahren ASTM C 177 23 °C	0.53 W/(K · m)
Spezifische Wärmekapazität	Verfahren	J/(K · g)
Glasumwandlungstemperatur	Torsionsschwingungsversuch	°C
	Differentialkalorimetrie	°C

Brandverhalten

UL-Test vertikal   Dicke mm, Wert
              Dicke mm, Wert

	Norm	Bewertung	Abmessungen
Sauerstoff-Index	ASTM D 2863		
Glühstab-Verfahren			
Brandverhalten	DIN 4102		
MVSS			
FAR			

Elektrische Eigenschaften

	Hz	°C	Probekörper, Form
Dielektrizitätszahl	50		
	10³		
	10⁶		
Dielektrischer Verlustfaktor tan δ	50		
	10³		
	10⁶		

Spezifischer Durchgangswiderstand	Ohm · cm	
Durchschlagfestigkeit	kV/mm	mm dick
Oberflächenwiderstand	Ohm	
Kriechstromfestigkeit	KC KB KA	
Elektrolytische Korrosionswirkung		
Lichtbogenfestigkeit nach DIN		
nach ASTM	s	

Beständigkeit (Chemische Beständigkeit siehe Anhang)

Wasseraufnahme 23 C		1 d	0.18 %
23 C Bis zur Saettigung			1.80 %
Feuchtigkeitsaufnahme Normalklima			%
Wetterbeständigkeit			

Spannungskorrosion Kann durch Konditionieren weitgehend vermieden werden

Optische Eigenschaften

Brechungszahl n_D
Transmissionsgrad τ_c %   mm dick
Lichtdurchlässigkeit

Datenbank-Nr.	**T04282**			Merkblatt-Nr.	**2063**
Produkt	Polyamid 612				**PA**
Handelsname	**Thermocomp IF-100-10**				
Hersteller	LNP				

DIN-Bez 1
DIN-Bez 2

Zusätze		Füllstoffe/Verstärkung	50% Glasfasern
Bevorzugte Verarbeitung	Spritzgiessen	Lieferform	Granulat
		Farben	
Besondere Merkmale	Geringere Wasseraufnahme; Dimensionsstabil; Sehr hoher Modul; Hohe Waermeformbestaendigkeit	Bevorzugte Anwendungen	Technisches Formteil

Dichte	g/cm³	1.49	Schmelzindex	g/10 min
Schüttdichte	g/cm³		Volumenfließindex	cm³/10 min
Viskositätszahl	ml/g			

Verarbeitungsbedingungen für Spritzgießen

Massetemp.	°C	Schwindung	% lgs 0.25, quer
Werkzeugtemp.	°C	Bemerkungen	Vortrocknen empfohlen 4 h bei 95 C, wenn Farbaenderung akzeptiert werden kann, bei 107 C
Spritzdruck	bar		

Zugversuch 23 °C ASTM D 638;

Probekörper:	Form	Herstellung	Spritzgiessen
	Zustand Spritzfrisch	Vorbehandlung	
Streckspannung	N/mm²	Dehnung bei Streckspannung	%
Zugfestigkeit	N/mm² 200	Reißdehnung	%
Reißfestigkeit	N/mm²	% Dehnspannung	N/mm²
E-Modul	N/mm²	Dehnung bei % Dehnspg.	%

Kriechmoduln und Zeitstandwerte 23 °C

Probekörper:	Form	Herstellung	
	Zustand	Vorbehandlung	
Kriechmodul	1 min N/mm²	Zeitstandzugfestigkeit	h N/mm²
Kriechmodul	1000 h N/mm²	Zeitdehnspg. %	h N/mm²
bei Spannung	N/mm²		

Biegeversuch 23 °C ASTM D 790;

Probekörper:	Form	Herstellung	Spritzgiessen
	Zustand Spritzfrisch	Vorbehandlung	
Biegefestigkeit	N/mm² 300	E-Modul	N/mm² 13300
3,5% Biegespannung	N/mm²		

Härte 23 °C

Probekörper:	Zustand Spritzfrisch	Herstellung	Spritzgiessen
		Vorbehandlung	
Kugeldruckhärte	N/mm²	bei N, s	Shore-Härte A
Rockwellhärte	R 122	M 90	Shore-Härte D

Schlagversuch

Probekörper:	(1)		
	(2) V-Kerbe	Herstellung	Spritzgiessen
	Zustand Spritzfrisch	Vorbehandlung	
	°C °C	°C	Probekörper-Form
Schlagzähigkeit	kJ/m²		
Kerbschlagzähigkeit (1)	kJ/m²		
IZOD-Kerbschlagzähigkeit (2)	J/m 23 240		
Kerbschlagzugzähigkeit	kJ/m²		

Kunststoffe © Springer-Verlag Berlin Heidelberg 1988
Kopieren, Vervielfältigen und Speichern in Datenverarbeitungsanlagen (auch auszugsweise) ist nur mit schriftlicher Genehmigung des Verlages gestattet

Datenbank-Nr. **T04282** Merkblatt-Nr. **2063**

Abrieb und Reibung

Taber-Abrieb (Reibradverfahren)   mm³/100 U
Abriebfaktor LNP (Thrust washer) Vergleichswert
Statische Reibungszahl
Dynamische Reibungszahl   (p·v=   N/mm² ·   m/min)
Zulässiger p·v Wert   N/mm² · (m/min)   v=   m/min
                                      v=   m/min

Thermische Eigenschaften

Formbeständigkeit in der Wärme   Verfahren A   218 °C
                                     Verfahren B   224 °C
Vicat Erweichungstemperatur (VST)   Verfahren   °C
                                     Verfahren   °C
Kristallit-Schmelzpunkt   Verfahren

Längenausdehnungskoeffizient   Bereich   °C $\cdot 10^{-4} K^{-1}$
                                     Temperatur 23 °C $0.16 \cdot 10^{-4} K^{-1}$
Wärmeleitfähigkeit   Verfahren ASTM C 177   23 °C   0.58 W/(K·m)

Spezifische Wärmekapazität   Verfahren   J/(K·g)

Glasumwandlungstemperatur   Torsionsschwingungsversuch   °C
                                     Differentialkalorimetrie   °C

Brandverhalten

UL-Test vertikal   Dicke   mm, Wert
               Dicke   mm, Wert

                  Norm   Bewertung   Abmessungen

Sauerstoff-Index   ASTM D 2863
Glühstab-Verfahren
Brandverhalten   DIN 4102
MVSS
FAR

Elektrische Eigenschaften

                  Hz   °C   Probekörper, Form

Dielektrizitätszahl   50
               10^3
               10^6
Dielektrischer Verlustfaktor tan δ   50
               10^3
               10^6

Spezifischer Durchgangs-
    widerstand   Ohm·cm
Durchschlagfestigkeit   kV/mm   mm dick
Oberflächenwiderstand   Ohm

Kriechstromfestigkeit   KC   KB   KA
Elektrolytische Korrosionswirkung
Lichtbogenfestigkeit nach DIN
    nach ASTM   s

Beständigkeit (Chemische Beständigkeit siehe Anhang)

Wasseraufnahme 23 C   1 d   0.14 %
                 23 C   Bis zur Saettigung   1.40 %
Feuchtigkeitsaufnahme Normalklima
Wetterbeständigkeit   %

Spannungskorrosion Kann durch Konditionieren weitgehend vermieden werden

Optische Eigenschaften

Brechungszahl n_D
Transmissionsgrad τ_c %   mm dick
Lichtdurchlässigkeit

Datenbank-Nr.	**T04283**		Merkblatt-Nr.	**2064**

PA

Produkt	Polyamid 612
Handelsname	**Thermocomp IF-100-12**
Hersteller	LNP
DIN-Bez 1	
DIN-Bez 2	
Zusätze	
Füllstoffe/Verstärkung	60% Glasfasern
Bevorzugte Verarbeitung	Spritzgiessen
Lieferform	Granulat
Farben	
Besondere Merkmale	Geringere Wasseraufnahme; Dimensionsstabil; Extrem hoher Modul; Hohe Waermeformbestaendigkeit
Bevorzugte Anwendungen	Technisches Formteil

Dichte	g/cm³	1.64
Schüttdichte	g/cm³	
Viskositätszahl	ml/g	
Schmelzindex	g/10 min	:
Volumenfließindex	cm³/10 min	:

Verarbeitungsbedingungen für Spritzgießen

Massetemp.	°C	
Werkzeugtemp.	°C	
Spritzdruck	bar	
Schwindung	%	lgs 0.20, quer
Bemerkungen		Vortrocknen empfohlen 4 h bei 95 C, wenn Farbaenderung akzeptiert werden kann, bei 107 C

Zugversuch 23 °C ASTM D 638;
Probekörper: Form
Zustand Spritzfrisch
Herstellung Spritzgiessen
Vorbehandlung

Streckspannung	N/mm²	
Zugfestigkeit	N/mm²	215
Reißfestigkeit	N/mm²	
E-Modul	N/mm²	
Dehnung bei Streckspannung	%	
Reißdehnung	%	
% Dehnspannung	N/mm²	
Dehnung bei % Dehnspg.	%	

Kriechmoduln und Zeitstandwerte 23 °C
Probekörper: Form
Zustand
Herstellung
Vorbehandlung

Kriechmodul	1 min N/mm²	
Kriechmodul	1000 h N/mm²	
bei Spannung	N/mm²	
Zeitstandzugfestigkeit	h N/mm²	
Zeitdehnspg. %	h N/mm²	

Biegeversuch 23 °C ASTM D 790;
Probekörper: Form
Zustand Spritzfrisch
Herstellung Spritzgiessen
Vorbehandlung

Biegefestigkeit	N/mm²	320
3,5% Biegespannung	N/mm²	
E-Modul	N/mm²	16100

Härte 23 °C Probekörper: Zustand Spritzfrisch
Herstellung Spritzgiessen
Vorbehandlung

Kugeldruckhärte	N/mm²		bei N, s
Rockwellhärte	R 123		M 102
Shore-Härte A			
Shore-Härte D			

Schlagversuch Probekörper: (1)
(2) V-Kerbe
Zustand Spritzfrisch
Herstellung Spritzgiessen
Vorbehandlung

°C   °C   °C   Probekörper-Form

Schlagzähigkeit	kJ/m²	
Kerbschlagzähigkeit (1)	kJ/m²	
IZOD-Kerbschlagzähigkeit (2)	J/m	23 240
Kerbschlagzugzähigkeit	kJ/m²	

Kunststoffe © Springer-Verlag Berlin Heidelberg 1988
Kopieren, Vervielfältigen und Speichern in Datenverarbeitungsanlagen (auch auszugsweise) ist nur mit schriftlicher Genehmigung des Verlages gestattet

Datenbank-Nr. **T04283** Merkblatt-Nr. **2064**

Abrieb und Reibung

Taber-Abrieb (Reibradverfahren)	mm³/100 U	
Abriebfaktor LNP (Thrust washer) Vergleichswert		
Statische Reibungszahl		
Dynamische Reibungszahl	(p·v = N/mm² ·	m/min)
Zulässiger p·v Wert	N/mm² · (m/min) v =	m/min
	v =	m/min

Thermische Eigenschaften

Formbeständigkeit in der Wärme	Verfahren A	218 °C
	Verfahren B	224 °C
Vicat Erweichungstemperatur (VST)	Verfahren	°C
	Verfahren	°C
Kristallit-Schmelzpunkt	Verfahren	
Längenausdehnungskoeffizient	Bereich °C	$\cdot 10^{-4} K^{-1}$
	Temperatur 23 °C	$0.14 \cdot 10^{-4} K^{-1}$
Wärmeleitfähigkeit	Verfahren ASTM C 177 23 °C	0.61 W/(K·m)
Spezifische Wärmekapazität	Verfahren	J/(K·g)
Glasumwandlungstemperatur	Torsionsschwingungsversuch	°C
	Differentialkalorimetrie	°C

Brandverhalten

UL-Test vertikal	Dicke mm, Wert	
	Dicke mm, Wert	

	Norm	Bewertung	Abmessungen
Sauerstoff-Index	ASTM D 2863		
Glühstab-Verfahren			
Brandverhalten	DIN 4102		
MVSS			
FAR			

Elektrische Eigenschaften

	Hz	°C			Probekörper, Form
Dielektrizitätszahl	50				
	10³				
	10⁶				
Dielektrischer Verlustfaktor tan δ	50				
	10³				
	10⁶				
Spezifischer Durchgangs-widerstand	Ohm·cm				
Durchschlagfestigkeit	kV/mm				mm dick
Oberflächenwiderstand	Ohm				
Kriechstromfestigkeit		KC	KB	KA	
Elektrolytische Korrosionswirkung					
Lichtbogenfestigkeit nach DIN					
nach ASTM	s				

Beständigkeit (Chemische Beständigkeit siehe Anhang)

Wasseraufnahme 23 C	1 d	0.13 %
23 C Bis zur Saettigung		0.85 %
Feuchtigkeitsaufnahme Normalklima		%
Wetterbeständigkeit		

Spannungskorrosion Kann durch Konditionieren weitgehend vermieden werden

Optische Eigenschaften

Brechungszahl n_D		
Transmissionsgrad τ_c	%	mm dick
Lichtdurchlässigkeit		

Datenbank-Nr.	**T04284**			Merkblatt-Nr.	**2065**

PA

Produkt	Polyamid 612
Handelsname	**Thermocomp IFL-4036**
Hersteller	LNP
DIN-Bez 1	
DIN-Bez 2	

Zusätze	15% PTFE	Füllstoffe/Verstärkung	30% Glasfasern
Bevorzugte Verarbeitung	Spritzgiessen	Lieferform	Granulat
		Farben	
Besondere Merkmale	Geringere Wasseraufnahme; Dimensionsstabil; Hoher Modul; Hohe Waermeformbestaendigkeit; Geringer Abrieb; Geringe Reibung	Bevorzugte Anwendungen	Technisches Formteil

Dichte	g/cm³	1.43	Schmelzindex	g/10 min	:
Schüttdichte	g/cm³		Volumenfließindex	cm³/10 min	:
Viskositätszahl	ml/g				

Verarbeitungsbedingungen für Spritzgießen

Massetemp.	°C	280	Schwindung	% lgs	0.35, quer
Werkzeugtemp.	°C	95	Bemerkungen	Vortrocknen empfohlen 4 h bei 95 C, wenn Farbaenderung akzeptiert werden kann, bei 107 C	
Spritzdruck	bar				

Zugversuch 23 °C ASTM D 638;

	Probekörper:	Form	Herstellung Vorbehandlung	Spritzgiessen
		Zustand Spritzfrisch		
Streckspannung	N/mm²		Dehnung bei Streckspannung	%
Zugfestigkeit	N/mm²	145	Reißdehnung	%
Reißfestigkeit	N/mm²		% Dehnspannung	N/mm²
E-Modul	N/mm²		Dehnung bei % Dehnspg.	%

Kriechmoduln und Zeitstandwerte 23 °C

	Probekörper:	Form	Herstellung Vorbehandlung	
		Zustand		
Kriechmodul	1 min N/mm²		Zeitstandzugfestigkeit	h N/mm²
Kriechmodul	1000 h N/mm²		Zeitdehnspg. %	h N/mm²
bei Spannung	N/mm²			

Biegeversuch 23 °C ASTM D 790;

	Probekörper:	Form	Herstellung Vorbehandlung	Spritzgiessen
		Zustand Spritzfrisch		
Biegefestigkeit	N/mm²		E-Modul	N/mm² 7350
3,5% Biegespannung	N/mm²			

Härte 23 °C

	Probekörper:	Zustand	Herstellung Vorbehandlung	
Kugeldruckhärte	N/mm²	bei N, s	Shore-Härte A	
Rockwellhärte			Shore-Härte D	

Schlagversuch

	Probekörper:	(1)	Herstellung Vorbehandlung	Spritzgiessen
		(2) V-Kerbe		
		Zustand Spritzfrisch		
		°C °C	°C	Probekörper-Form
Schlagzähigkeit	kJ/m²			
Kerbschlagzähigkeit (1)	kJ/m²			
IZOD-Kerbschlagzähigkeit (2)	J/m	23 105		
Kerbschlagzugzähigkeit	kJ/m²			

Kunststoffe © Springer-Verlag Berlin Heidelberg 1988
Kopieren, Vervielfältigen und Speichern in Datenverarbeitungsanlagen (auch auszugsweise) ist nur mit schriftlicher Genehmigung des Verlages gestattet

Datenbank-Nr. **T04284** Merkblatt-Nr. **2065**

Abrieb und Reibung

Taber-Abrieb (Reibradverfahren)	mm³/100 U	
Abriebfaktor LNP (Thrust washer) Vergleichswert	19	
Statische Reibungszahl	0.24	
Dynamische Reibungszahl	($p \cdot v = 0.28$ N/mm² · 15 m/min)	0.30
Zulässiger $p \cdot v$ Wert	N/mm² · (m/min) $v = 3$ m/min	43
	$v = 30$ m/min	32

Thermische Eigenschaften

Formbeständigkeit in der Wärme	Verfahren A	207 °C
	Verfahren	°C
Vicat Erweichungstemperatur (VST)	Verfahren	°C
	Verfahren	°C
Kristallit-Schmelzpunkt	Verfahren	
Längenausdehnungskoeffizient	Bereich °C	$\cdot 10^{-4} K^{-1}$
	Temperatur 23 °C	$0.49 \cdot 10^{-4} K^{-1}$
Wärmeleitfähigkeit	Verfahren	W/(K · m)
Spezifische Wärmekapazität	Verfahren	J/(K · g)
Glasumwandlungstemperatur	Torsionsschwingungsversuch	°C
	Differentialkalorimetrie	°C

Brandverhalten

UL-Test vertikal		Dicke mm, Wert	
		Dicke mm, Wert	
	Norm	Bewertung	Abmessungen
Sauerstoff-Index	ASTM D 2863		
Glühstab-Verfahren			
Brandverhalten	DIN 4102		
MVSS			
FAR			

Elektrische Eigenschaften

	Hz	°C	Probekörper, Form
Dielektrizitätszahl	50		
	10³		
	10⁶		
Dielektrischer Verlustfaktor tan δ	50		
	10³		
	10⁶		
Spezifischer Durchgangswiderstand	Ohm · cm		
Durchschlagfestigkeit	kV/mm		mm dick
Oberflächenwiderstand	Ohm		
Kriechstromfestigkeit	KC	KB	KA
Elektrolytische Korrosionswirkung			
Lichtbogenfestigkeit nach DIN			
nach ASTM	s		

Beständigkeit (Chemische Beständigkeit siehe Anhang)

Wasseraufnahme 23 C	1 d	0.15 %
Feuchtigkeitsaufnahme Normalklima		%
Wetterbeständigkeit		

Spannungskorrosion Kann durch Konditionieren weitgehend vermieden werden

Optische Eigenschaften

Brechungszahl n_D		
Transmissionsgrad τ_c %	mm dick	
Lichtdurchlässigkeit		

Datenbank-Nr.	**T04285**	Merkblatt-Nr. **2066**

PA

Produkt	Polyamid 612
Handelsname	**Thermocomp IFL-4536**
Hersteller	LNP
DIN-Bez 1	
DIN-Bez 2	
Zusätze	15% PTFE; Silikon
Füllstoffe/Verstärkung	30% Glasfasern
Bevorzugte Verarbeitung	Spritzgiessen
Lieferform	Granulat
Farben	
Besondere Merkmale	Geringere Wasseraufnahme; Dimensionsstabil; Hoher Modul; Hohe Waermeformbestaendigkeit; Geringer Abrieb; Geringe Reibung
Bevorzugte Anwendungen	Technisches Formteil

Dichte	g/cm³	1.41
Schüttdichte	g/cm³	
Viskositätszahl	ml/g	
Schmelzindex	g/10 min	:
Volumenfließindex	cm³/10 min	:

Verarbeitungsbedingungen für Spritzgießen

Massetemp.	°C	280
Werkzeugtemp.	°C	95
Spritzdruck	bar	
Schwindung	%	lgs , quer
Bemerkungen		Vortrocknen empfohlen 4 h bei 95 C, wenn Farbaenderung akzeptiert werden kann, bei 107 C

Zugversuch 23 °C ASTM D 638;
Probekörper: Form
Zustand Spritzfrisch
Herstellung Spritzgiessen
Vorbehandlung

Streckspannung	N/mm²	
Zugfestigkeit	N/mm²	140
Reißfestigkeit	N/mm²	
E-Modul	N/mm²	
Dehnung bei Streckspannung	%	
Reißdehnung	%	
% Dehnspannung	N/mm²	
Dehnung bei % Dehnspg.	%	

Kriechmoduln und Zeitstandwerte 23 °C
Probekörper: Form
Zustand
Herstellung
Vorbehandlung

Kriechmodul 1 min	N/mm²	
Kriechmodul 1000 h	N/mm²	
bei Spannung	N/mm²	
Zeitstandzugfestigkeit	h N/mm²	
Zeitdehnspg. %	h N/mm²	

Biegeversuch 23 °C ASTM D 790;
Probekörper: Form
Zustand Spritzfrisch
Herstellung Spritzgiessen
Vorbehandlung

Biegefestigkeit	N/mm²	
3,5% Biegespannung	N/mm²	
E-Modul	N/mm²	6600

Härte 23 °C Probekörper: Zustand
Herstellung
Vorbehandlung

Kugeldruckhärte	N/mm²	bei N, s
Rockwellhärte		
Shore-Härte A		
Shore-Härte D		

Schlagversuch Probekörper: (1)
(2) V-Kerbe
Zustand Spritzfrisch
Herstellung Spritzgiessen
Vorbehandlung

°C °C °C Probekörper-Form

Schlagzähigkeit	kJ/m²	
Kerbschlagzähigkeit (1)	kJ/m²	
IZOD-Kerbschlagzähigkeit (2)	J/m	23 105
Kerbschlagzugzähigkeit	kJ/m²	

Kunststoffe © Springer-Verlag Berlin Heidelberg 1988
Kopieren, Vervielfältigen und Speichern in Datenverarbeitungsanlagen (auch auszugsweise) ist nur mit schriftlicher Genehmigung des Verlages gestattet

Datenbank-Nr. **T04285** Merkblatt-Nr. **2066**

Abrieb und Reibung

Taber-Abrieb (Reibradverfahren)	mm³/100 U			
Abriebfaktor LNP (Thrust washer) Vergleichswert	11			
Statische Reibungszahl	0.19			
Dynamische Reibungszahl	(p·v = 0.28 N/mm² · 15	m/min	0.22	
Zulässiger p·v Wert	N/mm² · (m/min)	v = 3	m/min	43
		v = 30	m/min	32

Thermische Eigenschaften

Formbeständigkeit in der Wärme	Verfahren A		204 °C
	Verfahren		°C
Vicat Erweichungstemperatur (VST)	Verfahren		°C
	Verfahren		°C
Kristallit-Schmelzpunkt	Verfahren		
Längenausdehnungskoeffizient	Bereich	°C	$\cdot 10^{-4} K^{-1}$
	Temperatur 23 °C		$0.49 \cdot 10^{-4} K^{-1}$
Wärmeleitfähigkeit	Verfahren		W/(K·m)
Spezifische Wärmekapazität	Verfahren		J/(K·g)
Glasumwandlungstemperatur	Torsionsschwingungsversuch		°C
	Differentialkalorimetrie		°C

Brandverhalten

UL-Test vertikal	Dicke	mm, Wert
	Dicke	mm, Wert

	Norm	Bewertung	Abmessungen
Sauerstoff-Index Glühstab-Verfahren	ASTM D 2863		
Brandverhalten	DIN 4102		
MVSS			
FAR			

Elektrische Eigenschaften

	Hz	°C	Probekörper, Form
Dielektrizitätszahl	50		
	10³		
	10⁶		
Dielektrischer Verlustfaktor tan δ	50		
	10³		
	10⁶		
Spezifischer Durchgangs- widerstand	Ohm · cm		
Durchschlagfestigkeit	kV/mm		mm dick
Oberflächenwiderstand	Ohm		
Kriechstromfestigkeit	KC	KB	KA
Elektrolytische Korrosionswirkung			
Lichtbogenfestigkeit nach DIN			
nach ASTM	s		

Beständigkeit (Chemische Beständigkeit siehe Anhang)

Wasseraufnahme 23 C	1 d	0.12 %
Feuchtigkeitsaufnahme Normalklima		%
Wetterbeständigkeit		

Spannungskorrosion Kann durch Konditionieren weitgehend vermieden werden

Optische Eigenschaften

Brechungszahl n_D		
Transmissionsgrad τ_c	%	mm dick
Lichtdurchlässigkeit		

Datenbank-Nr.	**T04286**		Merkblatt-Nr.	**2067**

PA

Produkt	Polyamid 612
Handelsname	**Thermocomp IL-4040**
Hersteller	LNP
DIN-Bez 1	
DIN-Bez 2	
Zusätze	20% PTFE
Füllstoffe/Verstärkung	
Bevorzugte Verarbeitung	Spritzgiessen
Lieferform	Granulat
Farben	
Besondere Merkmale	Geringere Wasseraufnahme; Dimensionsstabil; Geringer Abrieb; Geringe Reibung
Bevorzugte Anwendungen	Technisches Formteil

Dichte	g/cm^3	1.19
Schüttdichte	g/cm^3	
Viskositätszahl	ml/g	
Schmelzindex	g/10 min	:
Volumenfließindex	cm^3/10 min	:

Verarbeitungsbedingungen für Spritzgießen

Massetemp.	°C	
Werkzeugtemp.	°C	
Spritzdruck	bar	
Schwindung	%	lgs , quer
Bemerkungen		

Zugversuch 23 °C ASTM D 638;
Probekörper: Form
Zustand Spritzfrisch
Herstellung Spritzgiessen
Vorbehandlung

Streckspannung	N/mm^2	
Zugfestigkeit	N/mm^2	50
Reißfestigkeit	N/mm^2	
E-Modul	N/mm^2	
Dehnung bei Streckspannung	%	
Reißdehnung	%	
% Dehnspannung	N/mm^2	
Dehnung bei % Dehnspg.	%	

Kriechmoduln und Zeitstandwerte 23 °C
Probekörper: Form
Zustand
Herstellung
Vorbehandlung

Kriechmodul	1 min N/mm^2	
Kriechmodul	1000 h N/mm^2	
bei Spannung	N/mm^2	
Zeitstandzugfestigkeit	h N/mm^2	
Zeitdehnspg. %	h N/mm^2	

Biegeversuch 23 °C ASTM D 790;
Probekörper: Form
Zustand Spritzfrisch
Herstellung Spritzgiessen
Vorbehandlung

Biegefestigkeit	N/mm^2	
3,5% Biegespannung	N/mm^2	
E-Modul	N/mm^2	1900

Härte 23 °C Probekörper: Zustand
Herstellung
Vorbehandlung

Kugeldruckhärte	N/mm^2	bei N, s
Rockwellhärte		
Shore-Härte A		
Shore-Härte D		

Schlagversuch Probekörper: (1)
(2) V-Kerbe
Zustand Spritzfrisch
°C °C °C
Herstellung Spritzgiessen
Vorbehandlung
Probekörper-Form

Schlagzähigkeit	kJ/m^2	
Kerbschlagzähigkeit (1)	kJ/m^2	
IZOD-Kerbschlagzähigkeit (2)	J/m	23 43
Kerbschlagzugzähigkeit	kJ/m^2	

Kunststoffe © Springer-Verlag Berlin Heidelberg 1988
Kopieren, Vervielfältigen und Speichern in Datenverarbeitungsanlagen (auch auszugsweise) ist nur mit schriftlicher Genehmigung des Verlages gestattet

Datenbank-Nr. **T04286**   Merkblatt-Nr. **2067**

Abrieb und Reibung

Taber-Abrieb (Reibradverfahren)	mm³/100 U	
Abriebfaktor LNP (Thrust washer) Vergleichswert	19	
Statische Reibungszahl	0.12	
Dynamische Reibungszahl	(p·v = 0.28 N/mm² · 15 m/min)	0.19
Zulässiger p·v Wert	N/mm² · (m/min) v = 3 m/min	19
	v = 30 m/min	39

Thermische Eigenschaften

Formbeständigkeit in der Wärme	Verfahren A		57 °C
	Verfahren		°C
Vicat Erweichungstemperatur (VST)	Verfahren		°C
	Verfahren		°C
Kristallit-Schmelzpunkt	Verfahren		
Längenausdehnungskoeffizient	Bereich °C		·10⁻⁴K⁻¹
	Temperatur 23 °C		0.94 ·10⁻⁴K⁻¹
Wärmeleitfähigkeit	Verfahren		W/(K·m)
Spezifische Wärmekapazität	Verfahren		J/(K·g)
Glasumwandlungstemperatur	Torsionsschwingungsversuch		°C
	Differentialkalorimetrie		°C

Brandverhalten

UL-Test vertikal   Dicke mm, Wert
                Dicke mm, Wert

	Norm	Bewertung	Abmessungen
Sauerstoff-Index Glühstab-Verfahren	ASTM D 2863		
Brandverhalten	DIN 4102		
MVSS			
FAR			

Elektrische Eigenschaften

	Hz	°C	Probekörper, Form
Dielektrizitätszahl	50		
	10³		
	10⁶		
Dielektrischer Verlustfaktor tan δ	50		
	10³		
	10⁶		
Spezifischer Durchgangswiderstand	Ohm·cm		
Durchschlagfestigkeit	kV/mm		mm dick
Oberflächenwiderstand	Ohm		
Kriechstromfestigkeit	KC	KB	KA
Elektrolytische Korrosionswirkung			
Lichtbogenfestigkeit nach DIN			
nach ASTM	s		

Beständigkeit (Chemische Beständigkeit siehe Anhang)

Wasseraufnahme 23 C	1 d	0.30 %
Feuchtigkeitsaufnahme Normalklima		%
Wetterbeständigkeit		

Spannungskorrosion Kann durch Konditionieren weitgehend vermieden werden

Optische Eigenschaften

Brechungszahl n_D		
Transmissionsgrad τ_c	%	mm dick
Lichtdurchlässigkeit		

Datenbank-Nr.	**T04287**		Merkblatt-Nr.	**2068**

PA

Produkt	Polyamid 612
Handelsname	**Thermocomp IL-4210**
Hersteller	LNP
DIN-Bez 1	
DIN-Bez 2	
Zusätze	Molybdaendisulfid
Füllstoffe/Verstärkung	
Bevorzugte Verarbeitung	Spritzgiessen
Lieferform	Granulat
Farben	
Besondere Merkmale	Geringere Wasseraufnahme; Dimensionsstabil
Bevorzugte Anwendungen	Technisches Formteil

Dichte	g/cm³	1.12
Schüttdichte	g/cm³	
Viskositätszahl	ml/g	
Schmelzindex	g/10 min	
Volumenfließindex	cm³/10 min	

Verarbeitungsbedingungen für Spritzgießen

Massetemp.	°C	
Werkzeugtemp.	°C	
Spritzdruck	bar	
Schwindung	%	lgs 0.6, quer 0.6
Bemerkungen		

Zugversuch 23 °C ASTM D 638;
Probekörper: Form
Zustand Spritzfrisch
Herstellung Spritzgiessen
Vorbehandlung

Streckspannung	N/mm²	
Zugfestigkeit	N/mm²	67
Reißfestigkeit	N/mm²	
E-Modul	N/mm²	
Dehnung bei Streckspannung	%	
Reißdehnung	%	
% Dehnspannung	N/mm²	
Dehnung bei % Dehnspg.	%	

Kriechmoduln und Zeitstandwerte 23 °C
Probekörper: Form
Zustand
Herstellung
Vorbehandlung

Kriechmodul	1 min N/mm²	
Kriechmodul	1000 h N/mm²	
bei Spannung	N/mm²	
Zeitstandzugfestigkeit	h N/mm²	
Zeitdehnspg. %	h N/mm²	

Biegeversuch 23 °C ASTM D 790;
Probekörper: Form
Zustand Spritzfrisch
Herstellung Spritzgiessen
Vorbehandlung

Biegefestigkeit	N/mm²	95
3,5% Biegespannung	N/mm²	
E-Modul	N/mm²	2250

Härte 23 °C Probekörper: Zustand Spritzfrisch
Herstellung Spritzgiessen
Vorbehandlung

Kugeldruckhärte	N/mm²	bei N, s
Rockwellhärte	R 116	
Shore-Härte A		
Shore-Härte D		

Schlagversuch Probekörper: (1)
(2) V-Kerbe
Zustand Spritzfrisch
Herstellung Spritzgiessen
Vorbehandlung
°C   °C   °C   Probekörper-Form

Schlagzähigkeit	kJ/m²	
Kerbschlagzähigkeit (1)	kJ/m²	
IZOD-Kerbschlagzähigkeit (2)	J/m	23 43
Kerbschlagzugzähigkeit	kJ/m²	

Kunststoffe © Springer-Verlag Berlin Heidelberg 1988
Kopieren, Vervielfältigen und Speichern in Datenverarbeitungsanlagen (auch auszugsweise) ist nur mit schriftlicher Genehmigung des Verlages gestattet

Datenbank-Nr. **T04287** *Merkblatt-Nr.* **2068**

Abrieb und Reibung

Taber-Abrieb (Reibradverfahren)	mm³/100 U	
Abriebfaktor LNP (Thrust washer) Vergleichswert	170	
Statische Reibungszahl	0.33	
Dynamische Reibungszahl	(p·v = 0.28 N/mm² · 15 m/min)	0.33
Zulässiger p · v Wert	N/mm² · (m/min) v = 3 m/min	16
	v = 30 m/min	13

Thermische Eigenschaften

Formbeständigkeit in der Wärme	Verfahren A	66 °C
	Verfahren B	154 °C
Vicat Erweichungstemperatur (VST)	Verfahren	°C
Kristallit-Schmelzpunkt	Verfahren	°C
Längenausdehnungskoeffizient	Bereich °C	· 10⁻⁴ K⁻¹
	Temperatur 23 °C	0.56 · 10⁻⁴ K⁻¹
Wärmeleitfähigkeit	Verfahren	W/(K · m)
Spezifische Wärmekapazität	Verfahren	J/(K · g)
Glasumwandlungstemperatur	Torsionsschwingungsversuch	°C
	Differentialkalorimetrie	°C

Brandverhalten

UL-Test vertikal   Dicke   mm, Wert
                     Dicke   mm, Wert

	Norm	Bewertung	Abmessungen
Sauerstoff-Index	ASTM D 2863		
Glühstab-Verfahren			
Brandverhalten	DIN 4102		
MVSS			
FAR			

Elektrische Eigenschaften

	Hz	°C		Probekörper, Form
Dielektrizitätszahl	50			
	10³			
	10⁶			
Dielektrischer Verlustfaktor tan δ	50			
	10³			
	10⁶			
Spezifischer Durchgangs-widerstand	Ohm · cm			
Durchschlagfestigkeit	kV/mm			mm dick
Oberflächenwiderstand	Ohm			
Kriechstromfestigkeit	KC	KB	KA	
Elektrolytische Korrosionswirkung				
Lichtbogenfestigkeit nach DIN				
nach ASTM	s			

Beständigkeit (Chemische Beständigkeit siehe Anhang)

Wasseraufnahme 23 C	1 d	0.25 %
Feuchtigkeitsaufnahme Normalklima		
Wetterbeständigkeit		%

Spannungskorrosion Kann durch Konditionieren weitgehend vermieden werden

Optische Eigenschaften

Brechungszahl n_D
Transmissionsgrad τ_c %   mm dick
Lichtdurchlässigkeit

Datenbank-Nr.	**T04288**	Merkblatt-Nr. **2069**

PA

Produkt	Polyamid 612
Handelsname	**Thermocomp IL-4410**
Hersteller	LNP
DIN-Bez 1	
DIN-Bez 2	

Zusätze	2% Silikon	Füllstoffe/Verstärkung	
Bevorzugte Verarbeitung	Spritzgiessen	Lieferform	Granulat
		Farben	
Besondere Merkmale	Geringere Wasseraufnahme; Dimensionsstabil; Geringer Abrieb; geringe Reibung	Bevorzugte Anwendungen	Technisches Formteil

Dichte	g/cm³	1.05		Schmelzindex	g/10 min		:
Schüttdichte	g/cm³			Volumenfließindex	cm³/10 min		:
Viskositätszahl	ml/g						

Verarbeitungsbedingungen für Spritzgießen

Massetemp.	°C		Schwindung	%	lgs , quer
Werkzeugtemp.	°C		Bemerkungen		
Spritzdruck	bar				

Zugversuch 23 °C ASTM D 638;

	Probekörper:	Form	Herstellung	Spritzgiessen
		Zustand Spritzfrisch	Vorbehandlung	
Streckspannung	N/mm²		Dehnung bei Streckspannung	%
Zugfestigkeit	N/mm² 55		Reißdehnung	%
Reißfestigkeit	N/mm²		% Dehnspannung	N/mm²
E-Modul	N/mm²		Dehnung bei % Dehnspg.	%

Kriechmoduln und Zeitstandwerte 23 °C

	Probekörper:	Form	Herstellung	
		Zustand	Vorbehandlung	
Kriechmodul	1 min N/mm²		Zeitstandzugfestigkeit	h N/mm²
Kriechmodul	1000 h N/mm²		Zeitdehnspg. %	h N/mm²
bei Spannung	N/mm²			

Biegeversuch 23 °C ASTM D 790;

	Probekörper:	Form	Herstellung	Spritzgiessen
		Zustand Spritzfrisch	Vorbehandlung	
Biegefestigkeit	N/mm²		E-Modul	N/mm² 1800
3,5% Biegespannung	N/mm²			

Härte 23 °C

	Probekörper: Zustand		Herstellung / Vorbehandlung
Kugeldruckhärte	N/mm²	bei N, s	Shore-Härte A
Rockwellhärte			Shore-Härte D

Schlagversuch

	Probekörper:	(1)	Herstellung Spritzgiessen
		(2) V-Kerbe	Vorbehandlung
		Zustand Spritzfrisch	
		°C °C	°C Probekörper-Form
Schlagzähigkeit	kJ/m²		
Kerbschlagzähigkeit (1)	kJ/m²		
IZOD-Kerbschlagzähigkeit (2)	J/m	23 65	
Kerbschlagzugzähigkeit	kJ/m²		

Kunststoffe © Springer-Verlag Berlin Heidelberg 1988
Kopieren, Vervielfältigen und Speichern in Datenverarbeitungsanlagen (auch auszugsweise) ist nur mit schriftlicher Genehmigung des Verlages gestattet

Datenbank-Nr. **T04288** Merkblatt-Nr. **2069**

Abrieb und Reibung

Taber-Abrieb (Reibradverfahren)	mm³/100 U	
Abriebfaktor LNP (Thrust washer) Vergleichswert	57	
Statische Reibungszahl	0.10	
Dynamische Reibungszahl	(p·v = 0.28 N/mm² · 15 m/min)	0.12
Zulässiger p·v Wert	N/mm² · (m/min) v = 3 m/min	6.4
	v = 30 m/min	8.6

Thermische Eigenschaften

Formbeständigkeit in der Wärme	Verfahren A	54 °C
	Verfahren	°C
Vicat Erweichungstemperatur (VST)	Verfahren	°C
	Verfahren	°C
Kristallit-Schmelzpunkt	Verfahren	
Längenausdehnungskoeffizient	Bereich °C	· 10⁻⁴ K⁻¹
	Temperatur 23 °C	0.9 · 10⁻⁴ K⁻¹
Wärmeleitfähigkeit	Verfahren	W/(K·m)
Spezifische Wärmekapazität	Verfahren	J/(K·g)
Glasumwandlungstemperatur	Torsionsschwingungsversuch	°C
	Differentialkalorimetrie	°C

Brandverhalten

UL-Test vertikal	Dicke	mm, Wert	
	Dicke	mm, Wert	
	Norm	Bewertung	Abmessungen
Sauerstoff-Index	ASTM D 2863		
Glühstab-Verfahren			
Brandverhalten	DIN 4102		
MVSS			
FAR			

Elektrische Eigenschaften

	Hz	°C		Probekörper, Form
Dielektrizitätszahl	50			
	10³			
	10⁶			
Dielektrischer Verlustfaktor tan δ	50			
	10³			
	10⁶			
Spezifischer Durchgangswiderstand	Ohm·cm			
Durchschlagfestigkeit	kV/mm			mm dick
Oberflächenwiderstand	Ohm			
Kriechstromfestigkeit	KC	KB	KA	
Elektrolytische Korrosionswirkung				
Lichtbogenfestigkeit nach DIN				
nach ASTM	s			

Beständigkeit (Chemische Beständigkeit siehe Anhang)

Wasseraufnahme 23 C		1 d	0.28 %
Feuchtigkeitsaufnahme Normalklima			%
Wetterbeständigkeit			

Spannungskorrosion Kann durch Konditionieren weitgehend vermieden werden

Optische Eigenschaften

Brechungszahl n_D			
Transmissionsgrad τ_c	%	mm dick	
Lichtdurchlässigkeit			

Datenbank-Nr.	**T04289**		Merkblatt-Nr.	**2070**

PA

Produkt	Polyamid 612
Handelsname	**Thermocomp IL-4540**
Hersteller	LNP
DIN-Bez 1	
DIN-Bez 2	

Zusätze	20% PTFE; Silikon	Füllstoffe/Verstärkung	
Bevorzugte Verarbeitung	Spritzgiessen	Lieferform	Granulat
		Farben	
Besondere Merkmale	Geringere Wasseraufnahme; Dimensionsstabil; Sehr geringer Abrieb; Sehr geringe Reibung	Bevorzugte Anwendungen	Technisches Formteil

Dichte	g/cm³	1.17	Schmelzindex	g/10 min	
Schüttdichte	g/cm³		Volumenfließindex	cm³/10 min	
Viskositätszahl	ml/g				

Verarbeitungsbedingungen für Spritzgießen

Massetemp.	°C		Schwindung	%	lgs , quer
Werkzeugtemp.	°C		Bemerkungen		
Spritzdruck	bar				

Zugversuch 23 °C ASTM D 638;

	Probekörper: Form	Herstellung	Spritzgiessen
	Zustand Spritzfrisch	Vorbehandlung	
Streckspannung	N/mm²	Dehnung bei Streckspannung	%
Zugfestigkeit	N/mm² 45	Reißdehnung	%
Reißfestigkeit	N/mm²	% Dehnspannung	N/mm²
E-Modul	N/mm²	Dehnung bei % Dehnspg.	%

Kriechmoduln und Zeitstandwerte 23 °C

	Probekörper: Form	Herstellung	
	Zustand	Vorbehandlung	
Kriechmodul	1 min N/mm²	Zeitstandzugfestigkeit	h N/mm²
Kriechmodul	1000 h N/mm²	Zeitdehnspg. %	h N/mm²
bei Spannung	N/mm²		

Biegeversuch 23 °C ASTM D 790;

	Probekörper: Form	Herstellung	Spritzgiessen
	Zustand Spritzfrisch	Vorbehandlung	
Biegefestigkeit	N/mm²	E-Modul	N/mm² 1750
3,5% Biegespannung	N/mm²		

Härte 23 °C

	Probekörper: Zustand	Herstellung	
		Vorbehandlung	
Kugeldruckhärte	N/mm² bei N, s	Shore-Härte A	
Rockwellhärte		Shore-Härte D	

Schlagversuch

	Probekörper: (1)	Herstellung	Spritzgiessen
	(2) V-Kerbe	Vorbehandlung	
	Zustand Spritzfrisch		
	°C °C	°C	Probekörper-Form
Schlagzähigkeit	kJ/m²		
Kerbschlagzähigkeit (1)	kJ/m²		
IZOD-Kerbschlagzähigkeit (2)	J/m 23 53		
Kerbschlagzugzähigkeit	kJ/m²		

Kunststoffe © Springer-Verlag Berlin Heidelberg 1988
Kopieren, Vervielfältigen und Speichern in Datenverarbeitungsanlagen (auch auszugsweise) ist nur mit schriftlicher Genehmigung des Verlages gestattet

Datenbank-Nr. **T04289** Merkblatt-Nr. **2070**

Abrieb und Reibung

Taber-Abrieb (Reibradverfahren)	mm³/100 U				
Abriebfaktor LNP (Thrust washer) Vergleichswert	12				
Statische Reibungszahl	0.08				
Dynamische Reibungszahl	(p·v = 0.28	N/mm² · 15	m/min)	0.10	
Zulässiger p·v Wert	N/mm² · (m/min)	v = 3	m/min	19	
		v = 30	m/min	43	

Thermische Eigenschaften

Formbeständigkeit in der Wärme	Verfahren A		57 °C
	Verfahren		°C
Vicat Erweichungstemperatur (VST)	Verfahren		°C
	Verfahren		°C
Kristallit-Schmelzpunkt	Verfahren		
Längenausdehnungskoeffizient	Bereich	°C	$\cdot 10^{-4} K^{-1}$
	Temperatur 23 °C		$0.94 \cdot 10^{-4} K^{-1}$
Wärmeleitfähigkeit	Verfahren		W/(K·m)
Spezifische Wärmekapazität	Verfahren		J/(K·g)
Glasumwandlungstemperatur	Torsionsschwingungsversuch	°C	
	Differentialkalorimetrie	°C	

Brandverhalten

UL-Test vertikal   Dicke   mm, Wert
                   Dicke   mm, Wert

	Norm	Bewertung	Abmessungen
Sauerstoff-Index	ASTM D 2863		
Glühstab-Verfahren			
Brandverhalten	DIN 4102		
MVSS			
FAR			

Elektrische Eigenschaften

	Hz	°C	Probekörper, Form
Dielektrizitätszahl	50		
	10^3		
	10^6		
Dielektrischer Verlustfaktor tan δ	50		
	10^3		
	10^6		
Spezifischer Durchgangs-widerstand	Ohm·cm		
Durchschlagfestigkeit	kV/mm		mm dick
Oberflächenwiderstand	Ohm		
Kriechstromfestigkeit	KC	KB	KA
Elektrolytische Korrosionswirkung			
Lichtbogenfestigkeit nach DIN			
nach ASTM	s		

Beständigkeit (Chemische Beständigkeit siehe Anhang)

Wasseraufnahme 23 C   1 d   0.25 %

Feuchtigkeitsaufnahme Normalklima   %
Wetterbeständigkeit

Spannungskorrosion Kann durch Konditionieren weitgehend vermieden werden

Optische Eigenschaften

Brechungszahl n_D
Transmissionsgrad τ_c %   mm dick
Lichtdurchlässigkeit

Datenbank-Nr.	**T00748**		Merkblatt-Nr.	**2071**
Produkt	Hart-PVC-Extrusionsmasse			**PVC**
Handelsname	**Trosiplast 1000**			
Hersteller	HUELSTRO			
DIN-Bez 1	7748-PVC-U,EG,078-1033		Viskositätszahl ml/g	
DIN-Bez 2			K-Wert	
Zusätze	Stabilisatoren		Füllstoffe/Verstärkung	
Bevorzugte Verarbeitung	Extrudieren		Lieferform	Granulat
			Farben	Grau; Weiss; Gedeckt
Besondere Merkmale	Formstabil; Witterungsbestaendig; Flammwidrig		Bevorzugte Anwendungen	Rolladen; Elektroprofil; Moebelprofil; Fassadenprofil; Garagentor; Faltwand; Elektroisolierrohr; Kabelkanal

Kornverteilung

Kornklasse μm	Rückstand %		Dichte	g/cm³	1.53
			Schüttdichte	g/cm³	
			Stampfdichte	g/cm³	
			Rieselfähigkeit		
			Rieselzeit	s/100 g	
			Kornbeschaffenheit		
Allgemeine Hinweise			Flüchtige Bestandteile	%	
			Sulfatasche	%	

Zugversuch 23 °C DIN 53455; DIN 53457

	Probekörper:	Form		Herstellung	
		Zustand		Vorbehandlung	
Streckspannung	N/mm²	48	Dehnung bei Streckspannung	%	
Zugfestigkeit	N/mm²		Reißdehnung	%	60
Reißfestigkeit	N/mm²		% Dehnspannung	N/mm²	
E-Modul	N/mm²	3600	Dehnung bei % Dehnspg.	%	

Kriechmoduln und Zeitstandwerte 23 °C

	Probekörper:	Form		Herstellung	
		Zustand		Vorbehandlung	
Kriechmodul	1 min N/mm²		Zeitstandzugfestigkeit	h N/mm²	
Kriechmodul	1000 h N/mm²		Zeitdehnspg. %	h N/mm²	
bei Spannung	N/mm²				

Biegeversuch 23 °C

	Probekörper:	Form		Herstellung	
		Zustand		Vorbehandlung	
Biegefestigkeit	N/mm²		E-Modul	N/mm²	
3,5% Biegespannung	N/mm²				

Härte 23 °C

	Probekörper:	Zustand	Herstellung Vorbehandlung	
Kugeldruckhärte	N/mm² 128	bei N, 30 s	Shore-Härte A	
Rockwellhärte			Shore-Härte D	82

Schlagversuch

	Probekörper:	(1) U-Kerbe			
		(2)		Herstellung	
		Zustand		Vorbehandlung	
		°C	°C	°C	Probekörper-Form
Schlagzähigkeit	kJ/m²	-20 o.B.	-40 70		
Kerbschlagzähigkeit (1)	kJ/m²	23 6	0 3.5		
IZOD-Kerbschlagzähigkeit (2)	J/m				
Kerbschlagzugzähigkeit	kJ/m²				

Datenbank-Nr. **T00748** Merkblatt-Nr. **2071**

Abrieb und Reibung

Taber-Abrieb (Reibradverfahren)   mm³/100 U
Abriebfaktor LNP (Thrust washer) Vergleichswert
Statische Reibungszahl
Dynamische Reibungszahl   (p·v=   N/mm² ·   m/min)
Zulässiger p·v Wert   N/mm² · (m/min)   v=   m/min
                                                       v=   m/min

Thermische Eigenschaften

Formbeständigkeit in der Wärme   Verfahren   °C
                                    Verfahren   °C
Vicat Erweichungstemperatur (VST)   Verfahren B   79 °C
                                    Verfahren   °C
Kristallit-Schmelzpunkt   Verfahren

Längenausdehnungskoeffizient   Bereich   °C $\cdot 10^{-4} K^{-1}$
                                    Temperatur 23 °C $0.8 \cdot 10^{-4} K^{-1}$
Wärmeleitfähigkeit   Verfahren   W/(K·m)

Spezifische Wärmekapazität   Verfahren   J/(K·g)

Glasumwandlungstemperatur   Torsionsschwingungsversuch   °C
                                    Differentialkalorimetrie   °C

Brandverhalten

UL-Test vertikal   Dicke   mm, Wert
                      Dicke   mm, Wert

	Norm	Bewertung	Abmessungen
Sauerstoff-Index	ASTM D 2863		
Glühstab-Verfahren			
Brandverhalten	DIN 4102		
MVSS			
FAR			

Elektrische Eigenschaften

                                      Hz   °C   Probekörper, Form
Dielektrizitätszahl   50
                                    10^3
                                    10^6
Dielektrischer Verlustfaktor tan δ   50
                                    10^3
                                    10^6
Spezifischer Durchgangs-
     widerstand   Ohm·cm
Durchschlagfestigkeit   kV/mm   mm dick
Oberflächenwiderstand   Ohm
Kriechstromfestigkeit   KC   KB   KA
Kriechwegbildung

Elektrolytische Korrosionswirkung
Lichtbogenfestigkeit nach DIN
                nach ASTM   s

Beständigkeit *(Chemische Beständigkeit siehe Anhang)*

Wasseraufnahme

Feuchtigkeitsaufnahme Normalklima   %
Wetterbeständigkeit

Spannungskorrosion

Optische Eigenschaften

Brechungszahl n_D
Transmissionsgrad τ_c %   mm dick
Lichtdurchlässigkeit

Datenbank-Nr.	**T00749**		Merkblatt-Nr.	**2072**

PVC

Produkt	Hart-PVC-Extrusionsmasse
Handelsname	**Trosiplast 1001**
Hersteller	HUELSTRO
DIN-Bez 1	7748-PVC-U,EG,082-1033
DIN-Bez 2	

		Viskositätszahl ml/g	
		K-Wert	
Zusätze	Stabilisatoren	Füllstoffe/Verstärkung	
Bevorzugte Verarbeitung	Extrudieren	Lieferform	Granulat
		Farben	Grau; Weiss; Gedeckt
Besondere Merkmale	Formstabil; Witterungsbestaendig; Flammwidrig	Bevorzugte Anwendungen	Rolladen; Elektroprofil; Moebelprofil; Fassadenprofil; Garagentor; Faltwand; Elektroisolierrohr; Kabelkanal

Kornverteilung

Kornklasse µm	Rückstand %

Dichte	g/cm³	1.5
Schüttdichte	g/cm³	
Stampfdichte	g/cm³	
Rieselfähigkeit		
Rieselzeit	s/100 g	
Kornbeschaffenheit		
Flüchtige Bestandteile	%	
Sulfatasche	%	

Allgemeine Hinweise

Zugversuch 23 °C DIN 53455; DIN 53457

Probekörper: Form
Zustand
Herstellung
Vorbehandlung

Streckspannung	N/mm² 52	Dehnung bei Streckspannung	%	
Zugfestigkeit	N/mm²	Reißdehnung	%	60
Reißfestigkeit	N/mm²	% Dehnspannung	N/mm²	
E-Modul	N/mm² 3400	Dehnung bei % Dehnspg.	%	

Kriechmoduln und Zeitstandwerte 23 °C

Probekörper: Form
Zustand
Herstellung
Vorbehandlung

Kriechmodul	1 min N/mm²	Zeitstandzugfestigkeit	h N/mm²
Kriechmodul	1000 h N/mm²	Zeitdehnspg. %	h N/mm²
bei Spannung	N/mm²		

Biegeversuch 23 °C

Probekörper: Form
Zustand
Herstellung
Vorbehandlung

Biegefestigkeit	N/mm²	E-Modul	N/mm²
3,5% Biegespannung	N/mm²		

Härte 23 °C

Probekörper: Zustand
Herstellung
Vorbehandlung

Kugeldruckhärte	N/mm² 125	bei N, 30 s	Shore-Härte A	
Rockwellhärte			Shore-Härte D	83

Schlagversuch

Probekörper: (1) U-Kerbe
(2)
Zustand
Herstellung
Vorbehandlung

		°C	°C	°C	Probekörper-Form
Schlagzähigkeit	kJ/m²	-20 o.B.	-40 80		
Kerbschlagzähigkeit (1)	kJ/m²	23 6	0 3.5		
IZOD-Kerbschlagzähigkeit (2)	J/m				
Kerbschlagzugzähigkeit	kJ/m²				

Kunststoffe © Springer-Verlag Berlin Heidelberg 1988
Kopieren, Vervielfältigen und Speichern in Datenverarbeitungsanlagen (auch auszugsweise) ist nur mit schriftlicher Genehmigung des Verlages gestattet

Datenbank-Nr. **T00749** *Merkblatt-Nr.* **2072**

Abrieb und Reibung

Taber-Abrieb (Reibradverfahren)	mm³/100 U	
Abriebfaktor LNP (Thrust washer)	Vergleichswert	
Statische Reibungszahl		
Dynamische Reibungszahl	(p·v = N/mm² · m/min)	
Zulässiger p · v Wert	N/mm² · (m/min) v = m/min	
	v = m/min	

Thermische Eigenschaften

Formbeständigkeit in der Wärme	Verfahren	°C
	Verfahren	°C
Vicat Erweichungstemperatur (VST)	Verfahren B	82 °C
	Verfahren	°C
Kristallit-Schmelzpunkt	Verfahren	
Längenausdehnungskoeffizient	Bereich °C	· 10⁻⁴ K⁻¹
	Temperatur 23 °C	0.8 · 10⁻⁴ K⁻¹
Wärmeleitfähigkeit	Verfahren	W/(K · m)
Spezifische Wärmekapazität	Verfahren	J/(K · g)
Glasumwandlungstemperatur	Torsionsschwingungsversuch	°C
	Differentialkalorimetrie	°C

Brandverhalten

UL-Test vertikal   Dicke mm, Wert
              Dicke mm, Wert

	Norm	Bewertung	Abmessungen
Sauerstoff-Index	ASTM D 2863		
Glühstab-Verfahren			
Brandverhalten	DIN 4102		
MVSS			
FAR			

Elektrische Eigenschaften

	Hz	°C		Probekörper, Form
Dielektrizitätszahl	50			
	10³			
	10⁶			
Dielektrischer Verlustfaktor tan δ	50			
	10³			
	10⁶			

Spezifischer Durchgangswiderstand	Ohm · cm	
Durchschlagfestigkeit	kV/mm	mm dick
Oberflächenwiderstand	Ohm	

Kriechstromfestigkeit   KC   KB   KA
Kriechwegbildung

Elektrolytische Korrosionswirkung
Lichtbogenfestigkeit nach DIN
              nach ASTM   s

Beständigkeit *(Chemische Beständigkeit siehe Anhang)*

Wasseraufnahme

Feuchtigkeitsaufnahme Normalklima   %
Wetterbeständigkeit

Spannungskorrosion

Optische Eigenschaften

Brechungszahl n_D
Transmissionsgrad τ_c %   mm dick
Lichtdurchlässigkeit

Datenbank-Nr.	**T00750**	Merkblatt-Nr.	**2073**

PVC

Produkt	Hart-PVC-Extrusionsmasse
Handelsname	**Trosiplast 1002**
Hersteller	HUELSTRO
DIN-Bez 1	7748-PVC-U,EG,080-1033
DIN-Bez 2	
Zusätze	Stabilisatoren
Viskositätszahl ml/g	
K-Wert	
Füllstoffe/Verstärkung	
Bevorzugte Verarbeitung	Extrudieren
Lieferform	Granulat
Farben	Grau; Weiss; Gedeckt
Besondere Merkmale	Formstabil; Witterungsbestaendig; Flammwidrig
Bevorzugte Anwendungen	Rolladen; Elektroprofil; Moebelprofil; Fassadenprofil; Garagentor; Faltwand; Elektroisolierrohr; Kabelkanal

Kornverteilung

Kornklasse μm	Rückstand %

Dichte	g/cm³	1.5
Schüttdichte	g/cm³	
Stampfdichte	g/cm³	
Rieselfähigkeit		
Rieselzeit	s/100 g	
Kornbeschaffenheit		
Flüchtige Bestandteile	%	
Sulfatasche	%	

Allgemeine Hinweise

Zugversuch 23 °C   DIN 53455; DIN 53457

Probekörper: Form / Zustand
Herstellung / Vorbehandlung

Streckspannung	N/mm²	52
Zugfestigkeit	N/mm²	
Reißfestigkeit	N/mm²	
E-Modul	N/mm²	3500
Dehnung bei Streckspannung	%	
Reißdehnung	%	60
% Dehnspannung	N/mm²	
Dehnung bei % Dehnspg.	%	

Kriechmoduln und Zeitstandwerte 23 °C

Probekörper: Form / Zustand
Herstellung / Vorbehandlung

Kriechmodul	1 min N/mm²	
Kriechmodul	1000 h N/mm²	
bei Spannung	N/mm²	
Zeitstandzugfestigkeit	h N/mm²	
Zeitdehnspg. %	h N/mm²	

Biegeversuch 23 °C

Probekörper: Form / Zustand
Herstellung / Vorbehandlung

Biegefestigkeit	N/mm²		E-Modul	N/mm²
3,5% Biegespannung	N/mm²			

Härte 23 °C

Probekörper: Zustand
Herstellung / Vorbehandlung

Kugeldruckhärte	N/mm² 128	bei N, 30 s	Shore-Härte A	
Rockwellhärte			Shore-Härte D	82

Schlagversuch

Probekörper: (1) U-Kerbe (2) / Zustand
Herstellung / Vorbehandlung

		°C	°C	°C	Probekörper-Form
Schlagzähigkeit	kJ/m²	-20 o.B.	-40 80		
Kerbschlagzähigkeit (1)	kJ/m²	23 7	0 4		
IZOD-Kerbschlagzähigkeit (2)	J/m				
Kerbschlagzugzähigkeit	kJ/m²				

Datenbank-Nr. **T00750** Merkblatt-Nr. **2073**

Abrieb und Reibung

Taber-Abrieb (Reibradverfahren)	mm³/100 U	
Abriebfaktor LNP (Thrust washer) Vergleichswert		
Statische Reibungszahl		
Dynamische Reibungszahl	(p·v = N/mm² · m/min)	
Zulässiger p·v Wert	N/mm² · (m/min) v = m/min	
	v = m/min	

Thermische Eigenschaften

Formbeständigkeit in der Wärme	Verfahren	°C
	Verfahren	°C
Vicat Erweichungstemperatur (VST)	Verfahren B	80 °C
	Verfahren	°C
Kristallit-Schmelzpunkt	Verfahren	
Längenausdehnungskoeffizient	Bereich °C	$\cdot 10^{-4} K^{-1}$
	Temperatur 23 °C	$0.8 \cdot 10^{-4} K^{-1}$
Wärmeleitfähigkeit	Verfahren	W/(K·m)
Spezifische Wärmekapazität	Verfahren	J/(K·g)
Glasumwandlungstemperatur	Torsionsschwingungsversuch	°C
	Differentialkalorimetrie	°C

Brandverhalten

UL-Test vertikal Dicke mm, Wert
 Dicke mm, Wert

	Norm	Bewertung	Abmessungen
Sauerstoff-Index	ASTM D 2863		
Glühstab-Verfahren			
Brandverhalten	DIN 4102		
MVSS			
FAR			

Elektrische Eigenschaften

		Hz	°C			Probekörper, Form
Dielektrizitätszahl		50				
		10³				
		10⁶				
Dielektrischer Verlustfaktor tan δ		50				
		10³				
		10⁶				
Spezifischer Durchgangs- widerstand	Ohm·cm					
Durchschlagfestigkeit	kV/mm					mm dick
Oberflächenwiderstand	Ohm					
Kriechstromfestigkeit Kriechwegbildung		KC		KB	KA	
Elektrolytische Korrosionswirkung						
Lichtbogenfestigkeit nach DIN						
nach ASTM	s					

Beständigkeit (Chemische Beständigkeit siehe Anhang)

Wasseraufnahme

Feuchtigkeitsaufnahme Normalklima %
Wetterbeständigkeit

Spannungskorrosion

Optische Eigenschaften

Brechungszahl n_D
Transmissionsgrad τ_c % mm dick
Lichtdurchlässigkeit

Datenbank-Nr.	**T00751**		Merkblatt-Nr.	**2074**

Produkt	Hart-PVC-Extrusionsmasse		**PVC**
Handelsname	**Trosiplast 1004**		
Hersteller	HUELSTRO		
DIN-Bez 1	7748-PVC-U,EG,078-1033	Viskositätszahl ml/g	
DIN-Bez 2		K-Wert	
Zusätze	Stabilisatoren	Füllstoffe/ Verstärkung	
Bevorzugte Verarbeitung	Extrudieren	Lieferform	Granulat
		Farben	Grau; Weiss; Gedeckt
Besondere Merkmale	Formstabil; Witterungsbestaendig; Flammwidrig	Bevorzugte Anwendungen	Rolladen; Elektroprofil; Moebelprofil; Fassadenprofil; Garagentor; Faltwand; Elektroisolierrohr; Kabelkanal

Kornverteilung

Kornklasse µm	Rückstand %	Dichte g/cm^3	1.53	
		Schüttdichte g/cm^3		
		Stampfdichte g/cm^3		
		Rieselfähigkeit		
		Rieselzeit s/100 g		
		Kornbeschaffenheit		
Allgemeine Hinweise		Flüchtige Bestandteile %		
		Sulfatasche %		

Zugversuch 23 °C DIN 53455; DIN 53457

Probekörper: Form / Zustand — Herstellung / Vorbehandlung

Streckspannung	N/mm^2 48	Dehnung bei Streckspannung %	
Zugfestigkeit	N/mm^2	Reißdehnung %	60
Reißfestigkeit	N/mm^2	% Dehnspannung N/mm^2	
E-Modul	N/mm^2 3500	Dehnung bei % Dehnspg. %	

Kriechmoduln und Zeitstandwerte 23 °C

Probekörper: Form / Zustand — Herstellung / Vorbehandlung

Kriechmodul	1 min N/mm^2	Zeitstandzugfestigkeit	h N/mm^2
Kriechmodul	1000 h N/mm^2	Zeitdehnspg. %	h N/mm^2
bei Spannung	N/mm^2		

Biegeversuch 23 °C

Probekörper: Form / Zustand — Herstellung / Vorbehandlung

Biegefestigkeit	N/mm^2	E-Modul	N/mm^2
3,5% Biegespannung	N/mm^2		

Härte 23 °C Probekörper: Zustand — Herstellung / Vorbehandlung

Kugeldruckhärte	N/mm^2 128	bei N, 30 s	Shore-Härte A	
Rockwellhärte			Shore-Härte D	83

Schlagversuch Probekörper: (1) U-Kerbe (2) Zustand — Herstellung / Vorbehandlung

		°C	°C	°C	Probekörper-Form
Schlagzähigkeit	kJ/m^2	-20 o.B.	-40 70		
Kerbschlagzähigkeit (1)	kJ/m^2	23 6	0 3.5		
IZOD-Kerbschlagzähigkeit (2)	J/m				
Kerbschlagzugzähigkeit	kJ/m^2				

Datenbank-Nr. **T00751** Merkblatt-Nr. **2074**

Abrieb und Reibung

Taber-Abrieb (Reibradverfahren) — mm³/100 U
Abriebfaktor LNP (Thrust washer) Vergleichswert
Statische Reibungszahl
Dynamische Reibungszahl — (p·v= N/mm² · m/min)
Zulässiger p · v Wert — N/mm² · (m/min) v= m/min
 v= m/min

Thermische Eigenschaften

Formbeständigkeit in der Wärme	Verfahren	°C
	Verfahren	°C
Vicat Erweichungstemperatur (VST)	Verfahren B	79 °C
	Verfahren	°C
Kristallit-Schmelzpunkt	Verfahren	°C
Längenausdehnungskoeffizient	Bereich °C	· 10⁻⁴K⁻¹
	Temperatur 23 °C	0,8 · 10⁻⁴K⁻¹
Wärmeleitfähigkeit	Verfahren	W/(K · m)
Spezifische Wärmekapazität	Verfahren	J/(K · g)
Glasumwandlungstemperatur	Torsionsschwingungsversuch	°C
	Differentialkalorimetrie	°C

Brandverhalten

UL-Test vertikal — Dicke mm, Wert
 — Dicke mm, Wert

	Norm	Bewertung	Abmessungen
Sauerstoff-Index	ASTM D 2863		
Glühstab-Verfahren			
Brandverhalten	DIN 4102		
MVSS			
FAR			

Elektrische Eigenschaften

	Hz	°C		Probekörper, Form
Dielektrizitätszahl	50			
	10³			
	10⁶			
Dielektrischer Verlustfaktor tan δ	50			
	10³			
	10⁶			

Spezifischer Durchgangswiderstand — Ohm · cm
Durchschlagfestigkeit — kV/mm — mm dick
Oberflächenwiderstand — Ohm

Kriechstromfestigkeit — KC KB KA
Kriechwegbildung

Elektrolytische Korrosionswirkung
Lichtbogenfestigkeit nach DIN
 nach ASTM s

Beständigkeit (Chemische Beständigkeit siehe Anhang)

Wasseraufnahme

Feuchtigkeitsaufnahme Normalklima
Wetterbeständigkeit — %

Spannungskorrosion

Optische Eigenschaften

Brechungszahl n_D
Transmissionsgrad τ_c — % — mm dick
Lichtdurchlässigkeit

Datenbank-Nr. **T00752**		Merkblatt-Nr. **2075**
		PVC

Produkt	Hart-PVC-Extrusionsmasse
Handelsname	**Trosiplast 1006**
Hersteller	HUELSTRO
DIN-Bez 1	7748-PVC-U,EG,080-1033
DIN-Bez 2	
Zusätze	Stabilisatoren
Bevorzugte Verarbeitung	Extrudieren
Besondere Merkmale	Formstabil; Witterungsbestaendig; Flammwidrig

Viskositätszahl ml/g	
K-Wert	
Füllstoffe/Verstärkung	
Lieferform	Granulat
Farben	Grau; Weiss; Gedeckt
Bevorzugte Anwendungen	Rolladen; Elektroprofil; Moebelprofil; Fassadenprofil; Garagentor; Faltwand; Elektroisolierrohr; Kabelkanal

Kornverteilung

Kornklasse µm	Rückstand %

Dichte	g/cm^3	1.48
Schüttdichte	g/cm^3	
Stampfdichte	g/cm^3	
Rieselfähigkeit		
Rieselzeit	s/100 g	
Kornbeschaffenheit		
Flüchtige Bestandteile	%	
Sulfatasche	%	

Allgemeine Hinweise

Zugversuch 23 °C   DIN 53455; DIN 53457

Probekörper: Form / Zustand   Herstellung / Vorbehandlung

Streckspannung	N/mm^2	55
Zugfestigkeit	N/mm^2	
Reißfestigkeit	N/mm^2	
E-Modul	N/mm^2	3300

Dehnung bei Streckspannung	%	
Reißdehnung	%	60
% Dehnspannung	N/mm^2	
Dehnung bei % Dehnspg.	%	

Kriechmoduln und Zeitstandwerte 23 °C

Probekörper: Form / Zustand   Herstellung / Vorbehandlung

Kriechmodul	1 min	N/mm^2
Kriechmodul	1000 h	N/mm^2
bei Spannung		N/mm^2

Zeitstandzugfestigkeit	h	N/mm^2
Zeitdehnspg. %	h	N/mm^2

Biegeversuch 23 °C

Probekörper: Form / Zustand   Herstellung / Vorbehandlung

Biegefestigkeit	N/mm^2	
3,5% Biegespannung	N/mm^2	
E-Modul	N/mm^2	

Härte 23 °C

Probekörper: Zustand   Herstellung / Vorbehandlung

Kugeldruckhärte	N/mm^2	120	bei	N, 30 s	
Rockwellhärte					
Shore-Härte A					
Shore-Härte D	83				

Schlagversuch

Probekörper: (1) U-Kerbe / (2) / Zustand   Herstellung / Vorbehandlung

		°C	°C	°C	Probekörper-Form
Schlagzähigkeit	kJ/m^2	-20 o.B.	-40 90		
Kerbschlagzähigkeit (1)	kJ/m^2	23 8	0 4		
IZOD-Kerbschlagzähigkeit (2)	J/m				
Kerbschlagzugzähigkeit	kJ/m^2				

Kunststoffe © Springer-Verlag Berlin Heidelberg 1988
Kopieren, Vervielfältigen und Speichern in Datenverarbeitungsanlagen (auch auszugsweise) ist nur mit schriftlicher Genehmigung des Verlages gestattet

Datenbank-Nr. **T00752** *Merkblatt-Nr.* **2075**

Abrieb und Reibung
Taber-Abrieb (Reibradverfahren) mm³/100 U
Abriebfaktor LNP (Thrust washer) Vergleichswert
Statische Reibungszahl
Dynamische Reibungszahl (p·v = N/mm² · m/min)
Zulässiger p · v Wert N/mm² · (m/min) v = m/min
v = m/min

Thermische Eigenschaften
Formbeständigkeit in der Wärme Verfahren °C
Verfahren °C
Vicat Erweichungstemperatur (VST) Verfahren B 81 °C
Verfahren °C
Kristallit-Schmelzpunkt Verfahren

Längenausdehnungskoeffizient Bereich °C · $10^{-4} K^{-1}$
Temperatur 23 °C $0.8 \cdot 10^{-4} K^{-1}$
Wärmeleitfähigkeit Verfahren W/(K·m)

Spezifische Wärmekapazität Verfahren J/(K·g)

Glasumwandlungstemperatur Torsionsschwingungsversuch °C
Differentialkalorimetrie °C

Brandverhalten
UL-Test vertikal Dicke mm, Wert
Dicke mm, Wert

	Norm	Bewertung	Abmessungen
Sauerstoff-Index	ASTM D 2863		
Glühstab-Verfahren			
Brandverhalten	DIN 4102		
MVSS			
FAR			

Elektrische Eigenschaften
	Hz	°C		Probekörper, Form
Dielektrizitätszahl	50			
	10^3			
	10^6			
Dielektrischer Verlustfaktor tan δ	50			
	10^3			
	10^6			

*Spezifischer Durchgangs-
widerstand* Ohm · cm
Durchschlagfestigkeit kV/mm mm dick
Oberflächenwiderstand Ohm

Kriechstromfestigkeit KC KB KA
Kriechwegbildung

Elektrolytische Korrosionswirkung
Lichtbogenfestigkeit nach DIN
nach ASTM s

Beständigkeit *(Chemische Beständigkeit siehe Anhang)*
Wasseraufnahme

Feuchtigkeitsaufnahme Normalklima %
Wetterbeständigkeit

Spannungskorrosion

Optische Eigenschaften
Brechungszahl n_D
Transmissionsgrad τ_c % mm dick
Lichtdurchlässigkeit

Datenbank-Nr.	**T00753**			*Merkblatt-Nr.* **2076**

PVC

Produkt	Hart-PVC-Extrusionsmasse
Handelsname	**Trosiplast 1009**
Hersteller	HUELSTRO
DIN-Bez 1	7748-PVC-U,EG,080-0333
DIN-Bez 2	
Zusätze	Stabilisatoren
Bevorzugte Verarbeitung	Extrudieren
Besondere Merkmale	Formstabil; Witterungsbestaendig; Flammwidrig

Viskositätszahl ml/g	
K-Wert	
Füllstoffe/Verstärkung	
Lieferform	Granulat
Farben	Grau; Weiss; Gedeckt
Bevorzugte Anwendungen	Rolladen; Elektroprofil; Moebelprofil; Fassadenprofil; Garagentor; Faltwand; Elektroisolierrohr; Kabelkanal

---

Kornverteilung

Kornklasse μm   *Rückstand* %

Dichte	g/cm³	1.61
Schüttdichte	g/cm³	
Stampfdichte	g/cm³	
Rieselfähigkeit		
Rieselzeit	s/100 g	
Kornbeschaffenheit		
Flüchtige Bestandteile	%	
Sulfatasche	%	

Allgemeine Hinweise

Zugversuch 23 °C DIN 53455; DIN 53457

Probekörper: Form   *Herstellung*
Zustand   *Vorbehandlung*

Streckspannung	N/mm²	35	*Dehnung bei Streckspannung*	%	
Zugfestigkeit	N/mm²		*Reißdehnung*	%	40
Reißfestigkeit	N/mm²		% *Dehnspannung*	N/mm²	
E-Modul	N/mm²	4200	*Dehnung bei* % *Dehnspg.*	%	

Kriechmoduln und Zeitstandwerte 23 °C

Probekörper: Form   *Herstellung*
Zustand   *Vorbehandlung*

Kriechmodul	1 min	N/mm²	*Zeitstandzugfestigkeit*	h N/mm²
Kriechmodul	1000 h	N/mm²	*Zeitdehnspg.* %	h N/mm²
bei Spannung		N/mm²		

Biegeversuch 23 °C

Probekörper: Form   *Herstellung*
Zustand   *Vorbehandlung*

Biegefestigkeit	N/mm²	*E-Modul*	N/mm²
3,5% *Biegespannung*	N/mm²		

Härte 23 °C   *Probekörper:* Zustand   *Herstellung*
Vorbehandlung

Kugeldruckhärte	N/mm²	132	bei N, 30 s	*Shore-Härte* A
Rockwellhärte				*Shore-Härte* D 82

Schlagversuch   *Probekörper:* (1) U-Kerbe
(2)
Zustand   *Herstellung*
Vorbehandlung

		°C	°C	°C	*Probekörper-Form*
Schlagzähigkeit	kJ/m²	-20 50	-40 45		
Kerbschlagzähigkeit (1)	kJ/m²	23 4.5	0 2.5		
IZOD-Kerbschlagzähigkeit (2)	J/m				
Kerbschlagzugzähigkeit	kJ/m²				

Kunststoffe © Springer-Verlag Berlin Heidelberg 1988
Kopieren, Vervielfältigen und Speichern in Datenverarbeitungsanlagen (auch auszugsweise) ist nur mit schriftlicher Genehmigung des Verlages gestattet

Datenbank-Nr. **T00753** Merkblatt-Nr. **2076**

Abrieb und Reibung

Taber-Abrieb (Reibradverfahren)	mm³/100 U	
Abriebfaktor LNP (Thrust washer)	Vergleichswert	
Statische Reibungszahl		
Dynamische Reibungszahl	(p·v = N/mm² · m/min)	
Zulässiger p·v Wert	N/mm² · (m/min) v = m/min	
	v = m/min	

Thermische Eigenschaften

Formbeständigkeit in der Wärme	Verfahren	°C
	Verfahren	°C
Vicat Erweichungstemperatur (VST)	Verfahren B	81 °C
	Verfahren	°C
Kristallit-Schmelzpunkt	Verfahren	
Längenausdehnungskoeffizient	Bereich °C	$\cdot 10^{-4} K^{-1}$
	Temperatur 23 °C	$0{,}8 \cdot 10^{-4} K^{-1}$
Wärmeleitfähigkeit	Verfahren	W/(K·m)
Spezifische Wärmekapazität	Verfahren	J/(K·g)
Glasumwandlungstemperatur	Torsionsschwingungsversuch	°C
	Differentialkalorimetrie	°C

Brandverhalten

UL-Test vertikal Dicke mm, Wert
 Dicke mm, Wert

	Norm	Bewertung	Abmessungen
Sauerstoff-Index	ASTM D 2863		
Glühstab-Verfahren			
Brandverhalten	DIN 4102		
MVSS			
FAR			

Elektrische Eigenschaften

	Hz	°C		Probekörper, Form
Dielektrizitätszahl	50			
	10³			
	10⁶			
Dielektrischer Verlustfaktor tan δ	50			
	10³			
	10⁶			

Spezifischer Durchgangswiderstand	Ohm · cm	
Durchschlagfestigkeit	kV/mm	mm dick
Oberflächenwiderstand	Ohm	

	KC	KB	KA
Kriechstromfestigkeit			
Kriechwegbildung			

Elektrolytische Korrosionswirkung
Lichtbogenfestigkeit nach DIN
  nach ASTM s

Beständigkeit (Chemische Beständigkeit siehe Anhang)

Wasseraufnahme

Feuchtigkeitsaufnahme Normalklima %
Wetterbeständigkeit

Spannungskorrosion

Optische Eigenschaften

Brechungszahl n_D
Transmissionsgrad τ_c % mm dick
Lichtdurchlässigkeit

Datenbank-Nr.	**T00754**	Merkblatt-Nr. **2077**

PVC

Produkt	Hart-PVC-Extrusionsmasse
Handelsname	**Trosiplast 1013**
Hersteller	HUELSTRO
DIN-Bez 1	7748-PVC-U,EG,082-1033
DIN-Bez 2	
Zusätze	Stabilisatoren
Bevorzugte Verarbeitung	Extrudieren
Besondere Merkmale	Formstabil; Witterungsbestaendig; Flammwidrig; Transparent

Viskositätszahl ml/g	
K-Wert	
Füllstoffe/Verstärkung	
Lieferform	Granulat
Farben	Grau; Weiss; Gedeckt
Bevorzugte Anwendungen	Druckrohr nach DIN 8061 Blatt 1

Kornverteilung

Kornklasse µm	Rückstand %

Dichte	g/cm³	1.4
Schüttdichte	g/cm³	
Stampfdichte	g/cm³	
Rieselfähigkeit		
Rieselzeit	s/100 g	
Kornbeschaffenheit		
Flüchtige Bestandteile	%	
Sulfatasche	%	

Allgemeine Hinweise

Zugversuch 23 °C   DIN 53455; DIN 53457

Probekörper: Form / Zustand   Herstellung / Vorbehandlung

Streckspannung	N/mm²	57	Dehnung bei Streckspannung	%	
Zugfestigkeit	N/mm²		Reißdehnung	%	30
Reißfestigkeit	N/mm²		% Dehnspannung	N/mm²	
E-Modul	N/mm²	3200	Dehnung bei % Dehnspg.	%	

Kriechmoduln und Zeitstandwerte 23 °C

Probekörper: Form / Zustand   Herstellung / Vorbehandlung

Kriechmodul	1 min N/mm²		Zeitstandzugfestigkeit	h N/mm²
Kriechmodul	1000 h N/mm²		Zeitdehnspg. %	h N/mm²
bei Spannung	N/mm²			

Biegeversuch 23 °C

Probekörper: Form / Zustand   Herstellung / Vorbehandlung

Biegefestigkeit	N/mm²	E-Modul	N/mm²
3,5% Biegespannung	N/mm²		

Härte 23 °C

Probekörper: Zustand   Herstellung / Vorbehandlung

Kugeldruckhärte	N/mm² 120	bei N, 30 s	Shore-Härte A	
Rockwellhärte			Shore-Härte D	83

Schlagversuch

Probekörper: (1) U-Kerbe / (2) / Zustand   Herstellung / Vorbehandlung

		°C	°C	°C	Probekörper-Form
Schlagzähigkeit	kJ/m²	-20 o.B.	-40 80		
Kerbschlagzähigkeit (1)	kJ/m²	23 7	0 3		
IZOD-Kerbschlagzähigkeit (2)	J/m				
Kerbschlagzugzähigkeit	kJ/m²				

Datenbank-Nr. **T00754** Merkblatt-Nr. **2077**

Abrieb und Reibung

Taber-Abrieb (Reibradverfahren)   mm³/100 U
Abriebfaktor LNP (Thrust washer) Vergleichswert
Statische Reibungszahl
Dynamische Reibungszahl   (p·v =   N/mm² ·   m/min)
Zulässiger p · v Wert   N/mm² · (m/min)   v =   m/min
                            v =   m/min

Thermische Eigenschaften

Formbeständigkeit in der Wärme   Verfahren   °C
                           Verfahren   °C
Vicat Erweichungstemperatur (VST)   Verfahren B   83 °C
                           Verfahren   °C
Kristallit-Schmelzpunkt   Verfahren

Längenausdehnungskoeffizient   Bereich   °C $\cdot 10^{-4} K^{-1}$
                           Temperatur 23 °C $0.8 \cdot 10^{-4} K^{-1}$
Wärmeleitfähigkeit   Verfahren   W/(K·m)

Spezifische Wärmekapazität   Verfahren   J/(K·g)

Glasumwandlungstemperatur   Torsionsschwingungsversuch   °C
                           Differentialkalorimetrie   °C

Brandverhalten

UL-Test vertikal   Dicke   mm, Wert
              Dicke   mm, Wert

	Norm	Bewertung	Abmessungen
Sauerstoff-Index	ASTM D 2863		
Glühstab-Verfahren			
Brandverhalten	DIN 4102		
MVSS			
FAR			

Elektrische Eigenschaften

	Hz	°C		Probekörper, Form
Dielektrizitätszahl	50			
	10³			
	10⁶			
Dielektrischer Verlustfaktor tan δ	50			
	10³			
	10⁶			

Spezifischer Durchgangs-
   widerstand   Ohm · cm
Durchschlagfestigkeit   kV/mm
Oberflächenwiderstand   Ohm   mm dick

Kriechstromfestigkeit   KC   KB   KA
Kriechwegbildung

Elektrolytische Korrosionswirkung
Lichtbogenfestigkeit nach DIN
                   nach ASTM   s

Beständigkeit *(Chemische Beständigkeit siehe Anhang)*

Wasseraufnahme

Feuchtigkeitsaufnahme Normalklima   %
Wetterbeständigkeit

Spannungskorrosion

Optische Eigenschaften

Brechungszahl n_D
Transmissionsgrad τ_c %   mm dick
Lichtdurchlässigkeit

Datenbank-Nr.	**T00755**		Merkblatt-Nr.	**2078**

PVC

Produkt	Hart-PVC-Extrusionsmasse
Handelsname	**Trosiplast 1030**
Hersteller	HUELSTRO
DIN-Bez 1	7748-PVC-U,EG,082-1033
DIN-Bez 2	
Zusätze	Stabilisatoren
Bevorzugte Verarbeitung	Extrudieren
Besondere Merkmale	Formstabil; Witterungsbestaendig; Flammwidrig

Viskositätszahl ml/g	
K-Wert	
Füllstoffe/Verstärkung	
Lieferform	Granulat
Farben	Holzgemasert; Gedeckt
Bevorzugte Anwendungen	Rolladen; Elektroprofil

Kornverteilung

Kornklasse μm	Rückstand %

Dichte	g/cm³	1.5
Schüttdichte	g/cm³	
Stampfdichte	g/cm³	
Rieselfähigkeit		
Rieselzeit	s/100 g	
Kornbeschaffenheit		
Flüchtige Bestandteile	%	
Sulfatasche	%	

Allgemeine Hinweise

Zugversuch 23 °C DIN 53455; DIN 53457

Probekörper: Form   Herstellung
             Zustand   Vorbehandlung

Streckspannung	N/mm² 52	Dehnung bei Streckspannung	%	
Zugfestigkeit	N/mm²	Reißdehnung	%	60
Reißfestigkeit	N/mm²	% Dehnspannung	N/mm²	
E-Modul	N/mm² 3300	Dehnung bei % Dehnspg.	%	

Kriechmoduln und Zeitstandwerte 23 °C

Probekörper: Form   Herstellung
             Zustand   Vorbehandlung

Kriechmodul	1 min N/mm²	Zeitstandzugfestigkeit	h	N/mm²
Kriechmodul	1000 h N/mm²	Zeitdehnspg. %	h	N/mm²
bei Spannung	N/mm²			

Biegeversuch 23 °C

Probekörper: Form   Herstellung
             Zustand   Vorbehandlung

Biegefestigkeit	N/mm²	E-Modul	N/mm²
3,5% Biegespannung	N/mm²		

Härte 23 °C

Probekörper: Zustand   Herstellung
                            Vorbehandlung

Kugeldruckhärte	N/mm² 118	bei N, 30 s	Shore-Härte A	
Rockwellhärte			Shore-Härte D	82

Schlagversuch

Probekörper: (1) U-Kerbe
             (2)
             Zustand   Herstellung
                            Vorbehandlung

		°C	°C	°C	Probekörper-Form
Schlagzähigkeit	kJ/m²	-20 o.B.	-40 80		
Kerbschlagzähigkeit (1)	kJ/m²	23 6	0 3		
IZOD-Kerbschlagzähigkeit (2)	J/m				
Kerbschlagzugzähigkeit	kJ/m²				

Kunststoffe © Springer-Verlag Berlin Heidelberg 1988
Kopieren, Vervielfältigen und Speichern in Datenverarbeitungsanlagen (auch auszugsweise) ist nur mit schriftlicher Genehmigung des Verlages gestattet

Datenbank-Nr. **T00755**　　　　　　　　　　　　　　　　　　　　　Merkblatt-Nr. **2078**

Abrieb und Reibung

Taber-Abrieb (Reibradverfahren)	mm³/100 U	
Abriebfaktor LNP (Thrust washer) Vergleichswert		
Statische Reibungszahl		
Dynamische Reibungszahl	(p·v= N/mm² ·	m/min)
Zulässiger p · v Wert	N/mm² · (m/min) v=	m/min
	v=	m/min

Thermische Eigenschaften

Formbeständigkeit in der Wärme	Verfahren	°C
	Verfahren	°C
Vicat Erweichungstemperatur (VST)	Verfahren B	82 °C
	Verfahren	°C
Kristallit-Schmelzpunkt	Verfahren	
Längenausdehnungskoeffizient	Bereich °C	· 10⁻⁴ K⁻¹
	Temperatur 23 °C	0.8 · 10⁻⁴ K⁻¹
Wärmeleitfähigkeit	Verfahren	W/(K · m)
Spezifische Wärmekapazität	Verfahren	J/(K · g)
Glasumwandlungstemperatur	Torsionsschwingungsversuch	°C
	Differentialkalorimetrie	°C

Brandverhalten

UL-Test vertikal　　　　Dicke　　mm, Wert
　　　　　　　　　　　Dicke　　mm, Wert

	Norm	Bewertung	Abmessungen
Sauerstoff-Index	ASTM D 2863		
Glühstab-Verfahren			
Brandverhalten	DIN 4102		
MVSS			
FAR			

Elektrische Eigenschaften

	Hz	°C	Probekörper, Form
Dielektrizitätszahl	50		
	10³		
	10⁶		
Dielektrischer Verlustfaktor tan δ	50		
	10³		
	10⁶		
Spezifischer Durchgangswiderstand	Ohm · cm		
Durchschlagfestigkeit	kV/mm		
Oberflächenwiderstand	Ohm		mm dick
Kriechstromfestigkeit	KC	KB	KA
Kriechwegbildung			

Elektrolytische Korrosionswirkung
Lichtbogenfestigkeit nach DIN
　　　　　　　　　nach ASTM　　s

Beständigkeit (Chemische Beständigkeit siehe Anhang)

Wasseraufnahme

Feuchtigkeitsaufnahme Normalklima
Wetterbeständigkeit　　　　　　　　　　　　　　　　　　　　　%

Spannungskorrosion

Optische Eigenschaften

Brechungszahl n_D
Transmissionsgrad τ_c　　%
Lichtdurchlässigkeit　　　　　　　　　　mm dick

Datenbank-Nr.	**T00756**	Merkblatt-Nr. **2079**

PVC

Produkt	Hart-PVC-Extrusionsmasse
Handelsname	**Trosiplast 1125**
Hersteller	HUELSTRO
DIN-Bez 1	7748-PVC-U,EG,076-0328
DIN-Bez 2	
Zusätze	Stabilisatoren
Bevorzugte Verarbeitung	Extrudieren
Besondere Merkmale	Formstabil; Witterungsbestaendig; Flammwidrig

Viskositätszahl ml/g	
K-Wert	
Füllstoffe/Verstärkung	
Lieferform	Granulat
Farben	Transluzent; Blautransluzent
Bevorzugte Anwendungen	Rolladen; Elektroprofil; Lichtwandprofil

---

Kornverteilung

Kornklasse µm   Rückstand %

Dichte	g/cm³	1.37
Schüttdichte	g/cm³	
Stampfdichte	g/cm³	
Rieselfähigkeit		
Rieselzeit	s/100 g	
Kornbeschaffenheit		

Allgemeine Hinweise

Flüchtige Bestandteile %
Sulfatasche %

Zugversuch 23 °C DIN 53455; DIN 53457

Probekörper: Form / Zustand   Herstellung / Vorbehandlung

Streckspannung	N/mm²	48	Dehnung bei Streckspannung	%	
Zugfestigkeit	N/mm²		Reißdehnung	%	40
Reißfestigkeit	N/mm²		% Dehnspannung	N/mm²	
E-Modul	N/mm²	3000	Dehnung bei % Dehnspg.	%	

Kriechmoduln und Zeitstandwerte 23 °C

Probekörper: Form / Zustand   Herstellung / Vorbehandlung

Kriechmodul	1 min	N/mm²	Zeitstandzugfestigkeit	h	N/mm²
Kriechmodul	1000 h	N/mm²	Zeitdehnspg. %	h	N/mm²
bei Spannung		N/mm²			

Biegeversuch 23 °C

Probekörper: Form / Zustand   Herstellung / Vorbehandlung

Biegefestigkeit	N/mm²	E-Modul	N/mm²
3,5% Biegespannung	N/mm²		

Härte 23 °C   Probekörper: Zustand   Herstellung / Vorbehandlung

Kugeldruckhärte	N/mm²	121	bei N, 30 s	Shore-Härte A	
Rockwellhärte				Shore-Härte D	83

Schlagversuch   Probekörper: (1) U-Kerbe / (2) / Zustand   Herstellung / Vorbehandlung

		°C	°C	°C	Probekörper-Form
Schlagzähigkeit	kJ/m²	-20 o.B.	-40 60		
Kerbschlagzähigkeit (1)	kJ/m²	23 4.5	0 2.5		
IZOD-Kerbschlagzähigkeit (2)	J/m				
Kerbschlagzugzähigkeit	kJ/m²				

Kunststoffe © Springer-Verlag Berlin Heidelberg 1988
Kopieren, Vervielfältigen und Speichern in Datenverarbeitungsanlagen (auch auszugsweise) ist nur mit schriftlicher Genehmigung des Verlages gestattet

Datenbank-Nr. **T00756** Merkblatt-Nr. **2079**

Abrieb und Reibung

Taber-Abrieb (Reibradverfahren) mm³/100 U
Abriebfaktor LNP (Thrust washer) Vergleichswert
Statische Reibungszahl
Dynamische Reibungszahl (p·v = N/mm² · m/min)
Zulässiger p·v Wert N/mm² · (m/min) v = m/min
  v = m/min

Thermische Eigenschaften

Formbeständigkeit in der Wärme Verfahren °C
  Verfahren °C
Vicat Erweichungstemperatur (VST) Verfahren B 77 °C
  Verfahren °C
Kristallit-Schmelzpunkt Verfahren

Längenausdehnungskoeffizient Bereich °C · 10⁻⁴ K⁻¹
  Temperatur 23 °C 0.8 · 10⁻⁴ K⁻¹
Wärmeleitfähigkeit Verfahren W/(K·m)

Spezifische Wärmekapazität Verfahren J/(K·g)

Glasumwandlungstemperatur Torsionsschwingungsversuch °C
  Differentialkalorimetrie °C

Brandverhalten

UL-Test vertikal Dicke mm, Wert
  Dicke mm, Wert

	Norm	Bewertung	Abmessungen
Sauerstoff-Index	ASTM D 2863		
Glühstab-Verfahren			
Brandverhalten	DIN 4102		
MVSS			
FAR			

Elektrische Eigenschaften

	Hz	°C		Probekörper, Form
Dielektrizitätszahl	50			
	10³			
	10⁶			
Dielektrischer Verlustfaktor tan δ	50			
	10³			
	10⁶			

Spezifischer Durchgangs-
  widerstand Ohm · cm
Durchschlagfestigkeit kV/mm
Oberflächenwiderstand Ohm mm dick

Kriechstromfestigkeit KC KB KA
Kriechwegbildung

Elektrolytische Korrosionswirkung
Lichtbogenfestigkeit nach DIN
  nach ASTM s

Beständigkeit (Chemische Beständigkeit siehe Anhang)

Wasseraufnahme

Feuchtigkeitsaufnahme Normalklima
Wetterbeständigkeit %

Spannungskorrosion

Optische Eigenschaften

Brechungszahl n_D
Transmissionsgrad τ_c %
Lichtdurchlässigkeit mm dick

Datenbank-Nr.	**T00757**
Produkt	Hart-PVC-Extrusionsmasse
Handelsname	**Trosiplast 1126**
Hersteller	HUELSTRO
DIN-Bez 1	7748-PVC-U,EG,074-0328
DIN-Bez 2	
Zusätze	Stabilisatoren
Bevorzugte Verarbeitung	Extrudieren
Besondere Merkmale	Formstabil; Witterungsbestaendig; Flammwidrig

Merkblatt-Nr. **2080** — **PVC**

Viskositätszahl ml/g	
K-Wert	
Füllstoffe/Verstärkung	
Lieferform	Granulat
Farben	Grau; Weiss; Glasklar
Bevorzugte Anwendungen	Rolladen; Elektroprofil; Lichtwandprofil

Kornverteilung
Kornklasse μm   Rückstand %

Allgemeine Hinweise

Dichte	g/cm³	1.36
Schüttdichte	g/cm³	
Stampfdichte	g/cm³	
Rieselfähigkeit		
Rieselzeit	s/100 g	
Kornbeschaffenheit		
Flüchtige Bestandteile	%	
Sulfatasche	%	

Zugversuch 23 °C   DIN 53455; DIN 53457
Probekörper: Form / Zustand   Herstellung / Vorbehandlung

Streckspannung	N/mm²	48	Dehnung bei Streckspannung	%	
Zugfestigkeit	N/mm²		Reißdehnung	%	40
Reißfestigkeit	N/mm²		% Dehnspannung	N/mm²	
E-Modul	N/mm²	3000	Dehnung bei % Dehnspg.	%	

Kriechmoduln und Zeitstandwerte 23 °C
Probekörper: Form / Zustand   Herstellung / Vorbehandlung

Kriechmodul	1 min	N/mm²	Zeitstandzugfestigkeit	h N/mm²
Kriechmodul	1000 h	N/mm²	Zeitdehnspg. %	h N/mm²
bei Spannung		N/mm²		

Biegeversuch 23 °C
Probekörper: Form / Zustand   Herstellung / Vorbehandlung

Biegefestigkeit	N/mm²	E-Modul	N/mm²
3,5% Biegespannung	N/mm²		

Härte 23 °C
Probekörper: Zustand   Herstellung / Vorbehandlung

Kugeldruckhärte	N/mm²	112	bei N, 30 s	Shore-Härte A
Rockwellhärte				Shore-Härte D 83

Schlagversuch
Probekörper: (1) U-Kerbe / (2) / Zustand   Herstellung / Vorbehandlung

		°C	°C	°C	Probekörper-Form
Schlagzähigkeit	kJ/m²	-20 o.B.	-40 50		
Kerbschlagzähigkeit (1)	kJ/m²	23 4	0 2.5		
IZOD-Kerbschlagzähigkeit (2)	J/m				
Kerbschlagzugzähigkeit	kJ/m²				

Kunststoffe © Springer-Verlag Berlin Heidelberg 1988
Kopieren, Vervielfältigen und Speichern in Datenverarbeitungsanlagen (auch auszugsweise) ist nur mit schriftlicher Genehmigung des Verlages gestattet

Datenbank-Nr. **T00757**   *Merkblatt-Nr.* **2080**

Abrieb und Reibung

Taber-Abrieb (Reibradverfahren)	mm³/100 U	
Abriebfaktor LNP (Thrust washer) Vergleichswert		
Statische Reibungszahl		
Dynamische Reibungszahl	(p·v = N/mm² · m/min)	m/min
Zulässiger p · v Wert	N/mm² · (m/min) v =	m/min
	v =	m/min

Thermische Eigenschaften

Formbeständigkeit in der Wärme	Verfahren		°C
	Verfahren		°C
Vicat Erweichungstemperatur (VST)	Verfahren B		75 °C
	Verfahren		°C
Kristallit-Schmelzpunkt	Verfahren		
Längenausdehnungskoeffizient	Bereich °C		· 10⁻⁴ K⁻¹
	Temperatur 23 °C		0.8 · 10⁻⁴ K⁻¹
Wärmeleitfähigkeit	Verfahren		W/(K · m)
Spezifische Wärmekapazität	Verfahren		J/(K · g)
Glasumwandlungstemperatur	Torsionsschwingungsversuch		°C
	Differentialkalorimetrie		°C

Brandverhalten

UL-Test vertikal		Dicke mm, Wert		
		Dicke mm, Wert		
	Norm	Bewertung		Abmessungen
Sauerstoff-Index	ASTM D 2863			
Glühstab-Verfahren				
Brandverhalten	DIN 4102			
MVSS				
FAR				

Elektrische Eigenschaften

	Hz	°C		Probekörper, Form
Dielektrizitätszahl	50			
	10³			
	10⁶			
Dielektrischer Verlustfaktor tan δ	50			
	10³			
	10⁶			
Spezifischer Durchgangs-widerstand	Ohm · cm			
Durchschlagfestigkeit	kV/mm			
Oberflächenwiderstand	Ohm			mm dick
Kriechstromfestigkeit	KC	KB	KA	
Kriechwegbildung				
Elektrolytische Korrosionswirkung				
Lichtbogenfestigkeit nach DIN				
nach ASTM	s			

Beständigkeit (Chemische Beständigkeit siehe Anhang)

Wasseraufnahme

Feuchtigkeitsaufnahme Normalklima   %
Wetterbeständigkeit

Spannungskorrosion

Optische Eigenschaften

Brechungszahl n_D
Transmissionsgrad τ_c %   mm dick
Lichtdurchlässigkeit

Datenbank-Nr.	**T00758**	Merkblatt-Nr. **2081**

PVC

Produkt	Hart-PVC-Extrusionsmasse
Handelsname	**Trosiplast 1200**
Hersteller	HUELSTRO
DIN-Bez 1	7748-PVC-U,EG,X-03-18
DIN-Bez 2	

Viskositätszahl ml/g
K-Wert

Zusätze	Stabilisatoren

Füllstoffe/Verstärkung

Bevorzugte Verarbeitung	Extrudieren	Lieferform	Granulat
		Farben	Grau; Weiss; Gedeckt
Besondere Merkmale	Formstabil; Witterungsbestaendig; Flammwidrig	Bevorzugte Anwendungen	Schaumprofil; Sockelleiste; Moebelprofil; Fassadenprofil

---

Kornverteilung

Kornklasse µm	Rückstand %

Dichte g/cm³ 0.45–0.8
Schüttdichte g/cm³
Stampfdichte g/cm³
Rieselfähigkeit
Rieselzeit s/100 g
Kornbeschaffenheit

Allgemeine Hinweise

Flüchtige Bestandteile %
Sulfatasche %

Zugversuch 23 °C DIN 53455; DIN 53457

Probekörper: Form / Zustand   Herstellung / Vorbehandlung

Streckspannung	N/mm² 13–18	Dehnung bei Streckspannung	%	
Zugfestigkeit	N/mm²	Reißdehnung	%	24–35
Reißfestigkeit	N/mm²	% Dehnspannung	N/mm²	
E-Modul	N/mm² 1000–1600	Dehnung bei % Dehnspg.	%	

Kriechmoduln und Zeitstandwerte 23 °C

Probekörper: Form / Zustand   Herstellung / Vorbehandlung

Kriechmodul	1 min N/mm²	Zeitstandzugfestigkeit	h N/mm²
Kriechmodul	1000 h N/mm²	Zeitdehnspg. %	h N/mm²
bei Spannung	N/mm²		

Biegeversuch 23 °C

Probekörper: Form / Zustand   Herstellung / Vorbehandlung

Biegefestigkeit	N/mm²	E-Modul	N/mm²
3,5% Biegespannung	N/mm²		

Härte 23 °C

Probekörper: Zustand   Herstellung / Vorbehandlung

Kugeldruckhärte	N/mm²	bei	N, s	Shore-Härte A	
Rockwellhärte				Shore-Härte D	

Schlagversuch

Probekörper: (1) U-Kerbe (2) Zustand   Herstellung / Vorbehandlung

°C   °C   °C   Probekörper-Form

Schlagzähigkeit	kJ/m²	-20 o.B.	
Kerbschlagzähigkeit (1)	kJ/m²	23 2–3	
IZOD-Kerbschlagzähigkeit (2)	J/m		
Kerbschlagzugzähigkeit	kJ/m²		

Kunststoffe © Springer-Verlag Berlin Heidelberg 1988
Kopieren, Vervielfältigen und Speichern in Datenverarbeitungsanlagen (auch auszugsweise) ist nur mit schriftlicher Genehmigung des Verlages gestattet

Datenbank-Nr. **T00758**   Merkblatt-Nr. **2081**

Abrieb und Reibung

Taber-Abrieb (Reibradverfahren)	$mm^3/100\,U$	
Abriebfaktor LNP (Thrust washer) Vergleichswert		
Statische Reibungszahl		
Dynamische Reibungszahl	$(p \cdot v =$ $N/mm^2 \cdot$ m/min)	
Zulässiger $p \cdot v$ Wert	$N/mm^2 \cdot$ (m/min) $v =$ m/min	
	$v =$ m/min	

Thermische Eigenschaften

Formbeständigkeit in der Wärme	Verfahren	°C
	Verfahren	°C
Vicat Erweichungstemperatur (VST)	Verfahren A	74–78 °C
	Verfahren	°C
Kristallit-Schmelzpunkt	Verfahren	
Längenausdehnungskoeffizient	Bereich °C	$\cdot 10^{-4} K^{-1}$
	Temperatur	$\cdot 10^{-4} K^{-1}$
Wärmeleitfähigkeit	Verfahren	$W/(K \cdot m)$
Spezifische Wärmekapazität	Verfahren	$J/(K \cdot g)$
Glasumwandlungstemperatur	Torsionsschwingungsversuch	°C
	Differentialkalorimetrie	°C

Brandverhalten

UL-Test vertikal		Dicke mm, Wert	
		Dicke mm, Wert	
	Norm	Bewertung	Abmessungen
Sauerstoff-Index	ASTM D 2863		
Glühstab-Verfahren			
Brandverhalten	DIN 4102		
MVSS			
FAR			

Elektrische Eigenschaften

	Hz	°C		Probekörper, Form
Dielektrizitätszahl	50			
	10^3			
	10^6			
Dielektrischer Verlustfaktor $\tan \delta$	50			
	10^3			
	10^6			
Spezifischer Durchgangswiderstand	$Ohm \cdot cm$			
Durchschlagfestigkeit	kV/mm			mm dick
Oberflächenwiderstand	Ohm			
Kriechstromfestigkeit	KC	KB	KA	
Kriechwegbildung				

Elektrolytische Korrosionswirkung
Lichtbogenfestigkeit nach DIN
             nach ASTM   s

Beständigkeit (Chemische Beständigkeit siehe Anhang)

Wasseraufnahme

Feuchtigkeitsaufnahme Normalklima   %
Wetterbeständigkeit

Spannungskorrosion

Optische Eigenschaften

Brechungszahl n_D
Transmissionsgrad τ_c %   mm dick
Lichtdurchlässigkeit

Datenbank-Nr.	**T00759**		Merkblatt-Nr.	**2082**

PVC

Produkt	Hart-PVC-Extrusionsmasse
Handelsname	**Trosiplast 1050**
Hersteller	HUELSTRO
DIN-Bez 1	7748-PVC-U,EG,082-1033
DIN-Bez 2	
Zusätze	Stabilisatoren; Schlagzaehmacher
Bevorzugte Verarbeitung	Extrudieren
Besondere Merkmale	Formstabil; Witterungsbestaendig; Flammwidrig; Schlagzaehmodifiziert

Viskositätszahl ml/g	
K-Wert	
Füllstoffe/Verstärkung	
Lieferform	Granulat
Farben	Grau; Weiss; Gedeckt
Bevorzugte Anwendungen	Bauprofil; Fensterprofil; Sockelleiste; Moebelprofil; Fassadenprofil; Garagentor; Faltwand; Kabelkanal

Kornverteilung

Kornklasse μm	Rückstand %

Dichte	g/cm³	1.52
Schüttdichte	g/cm³	
Stampfdichte	g/cm³	
Rieselfähigkeit		
Rieselzeit	s/100 g	
Kornbeschaffenheit		
Flüchtige Bestandteile	%	
Sulfatasche	%	

Allgemeine Hinweise

Zugversuch 23 °C DIN 53455; DIN 53457

Probekörper: Form / Zustand
Herstellung / Vorbehandlung

Streckspannung	N/mm²	46	Dehnung bei Streckspannung	%	
Zugfestigkeit	N/mm²		Reißdehnung	%	40
Reißfestigkeit	N/mm²		% Dehnspannung	N/mm²	
E-Modul	N/mm²	3100	Dehnung bei % Dehnspg.	%	

Kriechmoduln und Zeitstandwerte 23 °C

Probekörper: Form / Zustand
Herstellung / Vorbehandlung

Kriechmodul	1 min N/mm²	
Kriechmodul	1000 h N/mm²	
bei Spannung	N/mm²	

Zeitstandzugfestigkeit	h	N/mm²
Zeitdehnspg. %	h	N/mm²

Biegeversuch 23 °C

Probekörper: Form / Zustand
Herstellung / Vorbehandlung

Biegefestigkeit	N/mm²		E-Modul	N/mm²
3,5% Biegespannung	N/mm²			

Härte 23 °C

Probekörper: Zustand
Herstellung / Vorbehandlung

Kugeldruckhärte	N/mm²	110	bei N, 30 s	Shore-Härte A	
Rockwellhärte				Shore-Härte D	81

Schlagversuch

Probekörper: (1) U-Kerbe / (2) / Zustand
Herstellung / Vorbehandlung

		°C	°C	°C	Probekörper-Form
Schlagzähigkeit	kJ/m²	-20 o.B.	-40 o.B.		
Kerbschlagzähigkeit (1)	kJ/m²	23 10	0 6		
IZOD-Kerbschlagzähigkeit (2)	J/m				
Kerbschlagzugzähigkeit	kJ/m²				

Kunststoffe © Springer-Verlag Berlin Heidelberg 1988
Kopieren, Vervielfältigen und Speichern in Datenverarbeitungsanlagen (auch auszugsweise) ist nur mit schriftlicher Genehmigung des Verlages gestattet

Datenbank-Nr. **T00759**　　　　　　　　　　　　　　　　　　　　　　　　　　　　　　　*Merkblatt-Nr.* **2082**

Abrieb und Reibung

Taber-Abrieb (Reibradverfahren)	mm³/100 U	
Abriebfaktor LNP (Thrust washer) Vergleichswert		
Statische Reibungszahl		
Dynamische Reibungszahl	(p·v = N/mm² ·	m/min)
Zulässiger p · v Wert	N/mm² · (m/min)　v =	m/min
	v =	m/min

Thermische Eigenschaften

Formbeständigkeit in der Wärme	Verfahren		°C
	Verfahren		°C
Vicat Erweichungstemperatur (VST)	Verfahren B		82 °C
	Verfahren		
Kristallit-Schmelzpunkt	Verfahren		°C
Längenausdehnungskoeffizient	Bereich　　　　°C		$\cdot 10^{-4} K^{-1}$
	Temperatur 23 °C		$0{,}8 \cdot 10^{-4} K^{-1}$
Wärmeleitfähigkeit	Verfahren		$W/(K \cdot m)$
Spezifische Wärmekapazität	Verfahren		$J/(K \cdot g)$
Glasumwandlungstemperatur	Torsionsschwingungsversuch	°C	
	Differentialkalorimetrie	°C	

Brandverhalten

UL-Test vertikal　　　　　　　　Dicke　　mm, Wert
　　　　　　　　　　　　　　　Dicke　　mm, Wert

	Norm	Bewertung	Abmessungen
Sauerstoff-Index	ASTM D 2863		
Glühstab-Verfahren			
Brandverhalten	DIN 4102		
MVSS			
FAR			

Elektrische Eigenschaften

	Hz	°C		Probekörper, Form
Dielektrizitätszahl	50			
	10³			
	10⁶			
Dielektrischer Verlustfaktor tan δ	50			
	10³			
	10⁶			
Spezifischer Durchgangswiderstand	Ohm · cm			
Durchschlagfestigkeit	kV/mm			mm dick
Oberflächenwiderstand	Ohm			
Kriechstromfestigkeit	KC	KB	KA	
Kriechwegbildung				

Elektrolytische Korrosionswirkung
Lichtbogenfestigkeit nach DIN
　　　　nach ASTM　　s

Beständigkeit *(Chemische Beständigkeit siehe Anhang)*

Wasseraufnahme

Feuchtigkeitsaufnahme Normalklima　　　　　　　　　　　　　　　　　　　　　　　　　　%
Wetterbeständigkeit

Spannungskorrosion

Optische Eigenschaften

Brechungszahl n_D
Transmissionsgrad τ_c　　%　　　　　　　　mm dick
Lichtdurchlässigkeit

Datenbank-Nr. **T00760**		Merkblatt-Nr. **2083**
		PVC
Produkt	Hart-PVC-Extrusionsmasse	
Handelsname	**Trosiplast 1052**	
Hersteller	HUELSTRO	
DIN-Bez 1	7748-PVC-U,EG,080-3028	Viskositätszahl ml/g
DIN-Bez 2		K-Wert
Zusätze	Stabilisatoren; Schlagzaehmacher	Füllstoffe/Verstärkung
Bevorzugte Verarbeitung	Extrudieren	Lieferform: Granulat
		Farben: Grau; Weiss; Gedeckt
Besondere Merkmale	Formstabil; Witterungsbestaendig; Flammwidrig; Schlagzaehmodifiziert	Bevorzugte Anwendungen: Bauprofil; Fensterprofil; Sockelleiste; Moebelprofil; Fassadenprofil; Garagentor; Faltwand; Kabelkanal

Kornverteilung
Kornklasse μm   Rückstand %

Dichte g/cm³ 1.45
Schüttdichte g/cm³
Stampfdichte g/cm³
Rieselfähigkeit
Rieselzeit s/100 g
Kornbeschaffenheit
Flüchtige Bestandteile %
Sulfatasche %

Allgemeine Hinweise

Zugversuch 23 °C   DIN 53455; DIN 53457
Probekörper: Form / Zustand
Herstellung / Vorbehandlung

Streckspannung N/mm² 46	Dehnung bei Streckspannung %	
Zugfestigkeit N/mm²	Reißdehnung % 40	
Reißfestigkeit N/mm²	% Dehnspannung N/mm²	
E-Modul N/mm² 3000	Dehnung bei % Dehnspg. %	

Kriechmoduln und Zeitstandwerte 23 °C
Probekörper: Form / Zustand
Herstellung / Vorbehandlung

Kriechmodul 1 min N/mm²   Zeitstandzugfestigkeit h N/mm²
Kriechmodul 1000 h N/mm² Zeitdehnspg. % h N/mm²
bei Spannung N/mm²

Biegeversuch 23 °C
Probekörper: Form / Zustand
Herstellung / Vorbehandlung

Biegefestigkeit N/mm²   E-Modul N/mm²
3,5% Biegespannung N/mm²

Härte 23 °C   Probekörper: Zustand
Herstellung / Vorbehandlung

Kugeldruckhärte N/mm² 104   bei N, 30 s   Shore-Härte A
Rockwellhärte   Shore-Härte D 81

Schlagversuch   Probekörper: (1) U-Kerbe / (2) / Zustand
Herstellung / Vorbehandlung

	°C	°C	°C	Probekörper-Form
Schlagzähigkeit kJ/m²	-20 o.B.	-40 o.B.		
Kerbschlagzähigkeit (1) kJ/m²	23 25	0 10		
IZOD-Kerbschlagzähigkeit (2) J/m				
Kerbschlagzugzähigkeit kJ/m²				

Kunststoffe © Springer-Verlag Berlin Heidelberg 1988
Kopieren, Vervielfältigen und Speichern in Datenverarbeitungsanlagen (auch auszugsweise) ist nur mit schriftlicher Genehmigung des Verlages gestattet

Datenbank-Nr. **T00760** Merkblatt-Nr. **2083**

Abrieb und Reibung

Taber-Abrieb (Reibradverfahren)	mm³/100 U	
Abriebfaktor LNP (Thrust washer) Vergleichswert		
Statische Reibungszahl		
Dynamische Reibungszahl	$(p \cdot v = $ N/mm² · m/min)	
Zulässiger p · v Wert	N/mm² · (m/min) v = m/min	
	v = m/min	

Thermische Eigenschaften

Formbeständigkeit in der Wärme	Verfahren	°C
	Verfahren	°C
Vicat Erweichungstemperatur (VST)	Verfahren B	81 °C
	Verfahren	°C
Kristallit-Schmelzpunkt	Verfahren	
Längenausdehnungskoeffizient	Bereich °C	$\cdot 10^{-4} K^{-1}$
	Temperatur 23 °C	$0.8 \cdot 10^{-4} K^{-1}$
Wärmeleitfähigkeit	Verfahren	W/(K · m)
Spezifische Wärmekapazität	Verfahren	J/(K · g)
Glasumwandlungstemperatur	Torsionsschwingungsversuch	°C
	Differentialkalorimetrie	°C

Brandverhalten

UL-Test vertikal Dicke   mm, Wert
               Dicke   mm, Wert

	Norm	Bewertung	Abmessungen
Sauerstoff-Index	ASTM D 2863		
Glühstab-Verfahren			
Brandverhalten	DIN 4102		
MVSS			
FAR			

Elektrische Eigenschaften

	Hz	°C			Probekörper, Form
Dielektrizitätszahl	50				
	10³				
	10⁶				
Dielektrischer Verlustfaktor tan δ	50				
	10³				
	10⁶				
Spezifischer Durchgangswiderstand	Ohm · cm				
Durchschlagfestigkeit	kV/mm				
Oberflächenwiderstand	Ohm				mm dick
Kriechstromfestigkeit	KC	KB	KA		
Kriechwegbildung					
Elektrolytische Korrosionswirkung					
Lichtbogenfestigkeit nach DIN					
nach ASTM	s				

Beständigkeit (Chemische Beständigkeit siehe Anhang)

Wasseraufnahme

Feuchtigkeitsaufnahme Normalklima   %
Wetterbeständigkeit

Spannungskorrosion

Optische Eigenschaften

Brechungszahl n_D
Transmissionsgrad τ_c %   mm dick
Lichtdurchlässigkeit

Datenbank-Nr.	**T00761**		Merkblatt-Nr.	**2084**
Produkt	Hart-PVC-Extrusionsmasse			**PVC**
Handelsname	**Trosiplast 1053**			
Hersteller	HUELSTRO			
DIN-Bez 1	7748-PVC-U,EG,080-1028		Viskositätszahl ml/g	
DIN-Bez 2			K-Wert	
Zusätze	Stabilisatoren; Schlagzaehmacher		Füllstoffe/Verstärkung	
Bevorzugte Verarbeitung	Extrudieren		Lieferform	Granulat
			Farben	Grau; Weiss; Gedeckt
Besondere Merkmale	Formstabil; Witterungsbestaendig; Flammwidrig; Schlagzaehmodifiziert		Bevorzugte Anwendungen	Bauprofil; Fensterprofil; Sockelleiste; Moebelprofil; Fassadenprofil; Garagentor; Faltwand; Kabelkanal

Kornverteilung

Kornklasse μm	Rückstand %	Dichte	g/cm^3	1.5
		Schüttdichte	g/cm^3	
		Stampfdichte	g/cm^3	
		Rieselfähigkeit		
		Rieselzeit	s/100 g	
		Kornbeschaffenheit		
Allgemeine Hinweise		Flüchtige Bestandteile	%	
		Sulfatasche	%	

Zugversuch 23 °C   DIN 53455; DIN 53457

Probekörper: Form   Herstellung
Zustand   Vorbehandlung

Streckspannung	N/mm^2 50	Dehnung bei Streckspannung	%
Zugfestigkeit	N/mm^2	Reißdehnung	% 60
Reißfestigkeit	N/mm^2	% Dehnspannung	N/mm^2
E-Modul	N/mm^2 3000	Dehnung bei % Dehnspg.	%

Kriechmoduln und Zeitstandwerte 23 °C

Probekörper: Form   Herstellung
Zustand   Vorbehandlung

Kriechmodul	1 min N/mm^2	Zeitstandzugfestigkeit	h N/mm^2
Kriechmodul	1000 h N/mm^2	Zeitdehnspg. %	h N/mm^2
bei Spannung	N/mm^2		

Biegeversuch 23 °C

Probekörper: Form   Herstellung
Zustand   Vorbehandlung

Biegefestigkeit	N/mm^2	E-Modul	N/mm^2
3,5% Biegespannung	N/mm^2		

Härte 23 °C   Probekörper: Zustand   Herstellung Vorbehandlung

Kugeldruckhärte	N/mm^2 106	bei N, 30 s	Shore-Härte A	
Rockwellhärte			Shore-Härte D	81

Schlagversuch   Probekörper: (1) U-Kerbe
                                  (2)
                                  Zustand

Herstellung Vorbehandlung

		°C	°C	°C	Probekörper-Form
Schlagzähigkeit	kJ/m^2	-20 o.B.	-40 o.B.		
Kerbschlagzähigkeit (1)	kJ/m^2	23 20	0 8		
IZOD-Kerbschlagzähigkeit (2)	J/m				
Kerbschlagzugzähigkeit	kJ/m^2				

Datenbank-Nr. **T00761** Merkblatt-Nr. **2084**

Abrieb und Reibung

Taber-Abrieb (Reibradverfahren)	mm³/100 U	
Abriebfaktor LNP (Thrust washer) Vergleichswert		
Statische Reibungszahl		
Dynamische Reibungszahl	$(p \cdot v =$ N/mm² ·	m/min)
Zulässiger p · v Wert	N/mm² · (m/min) v =	m/min
	v =	m/min

Thermische Eigenschaften

Formbeständigkeit in der Wärme	Verfahren	°C
	Verfahren	°C
Vicat Erweichungstemperatur (VST)	Verfahren B	81 °C
	Verfahren	°C
Kristallit-Schmelzpunkt	Verfahren	°C
Längenausdehnungskoeffizient	Bereich °C	$\cdot 10^{-4} K^{-1}$
	Temperatur 23 °C	$0.8 \cdot 10^{-4} K^{-1}$
Wärmeleitfähigkeit	Verfahren	W/(K · m)
Spezifische Wärmekapazität	Verfahren	J/(K · g)
Glasumwandlungstemperatur	Torsionsschwingungsversuch	°C
	Differentialkalorimetrie	°C

Brandverhalten

UL-Test vertikal		Dicke mm, Wert	
		Dicke mm, Wert	
	Norm	Bewertung	Abmessungen
Sauerstoff-Index	ASTM D 2863		
Glühstab-Verfahren			
Brandverhalten	DIN 4102		
MVSS			
FAR			

Elektrische Eigenschaften

	Hz	°C		Probekörper, Form
Dielektrizitätszahl	50			
	10³			
	10⁶			
Dielektrischer Verlustfaktor tan δ	50			
	10³			
	10⁶			
Spezifischer Durchgangs-widerstand	Ohm · cm			
Durchschlagfestigkeit	kV/mm			mm dick
Oberflächenwiderstand	Ohm			
Kriechstromfestigkeit Kriechwegbildung	KC	KB	KA	
Elektrolytische Korrosionswirkung				
Lichtbogenfestigkeit nach DIN				
nach ASTM	s			

Beständigkeit (Chemische Beständigkeit siehe Anhang)

Wasseraufnahme

Feuchtigkeitsaufnahme Normalklima %
Wetterbeständigkeit

Spannungskorrosion

Optische Eigenschaften

Brechungszahl n_D
Transmissionsgrad τ_c %   mm dick
Lichtdurchlässigkeit

Datenbank-Nr. **T00762**		Merkblatt-Nr. **2085**

PVC

Produkt	Hart-PVC-Extrusionsmasse
Handelsname	**Trosiplast SW 1056-1**
Hersteller	HUELSTRO
DIN-Bez 1	7748-PVC-U,EG,080-3028
DIN-Bez 2	
Zusätze	Stabilisatoren; Schlagzaehmacher
Bevorzugte Verarbeitung	Extrudieren
Besondere Merkmale	Formstabil; Witterungsbestaendig; Flammwidrig; Schlagzaehmodifiziert

Viskositätszahl ml/g	
K-Wert	
Füllstoffe/Verstärkung	
Lieferform	Granulat
Farben	Braun; Weiss; Gedeckt
Bevorzugte Anwendungen	Fensterprofil; Sockelleiste; Moebelprofil; Fassadenprofil; Garagentor; Faltwand; Kabelkanal

Kornverteilung

Kornklasse µm	Rückstand %

Dichte	g/cm³	1.41
Schüttdichte	g/cm³	
Stampfdichte	g/cm³	
Rieselfähigkeit		
Rieselzeit	s/100 g	
Kornbeschaffenheit		
Flüchtige Bestandteile	%	
Sulfatasche	%	

Allgemeine Hinweise

Zugversuch 23 °C   DIN 53455; DIN 53457

Probekörper: Form / Zustand   Herstellung / Vorbehandlung

Streckspannung	N/mm²	48	Dehnung bei Streckspannung	%	
Zugfestigkeit	N/mm²		Reißdehnung	%	60
Reißfestigkeit	N/mm²		% Dehnspannung	N/mm²	
E-Modul	N/mm²	2650	Dehnung bei % Dehnspg.	%	

Kriechmoduln und Zeitstandwerte 23 °C

Probekörper: Form / Zustand   Herstellung / Vorbehandlung

Kriechmodul	1 min	N/mm²	Zeitstandzugfestigkeit	h N/mm²
Kriechmodul	1000 h	N/mm²	Zeitdehnspg. %	h N/mm²
bei Spannung		N/mm²		

Biegeversuch 23 °C

Probekörper: Form / Zustand   Herstellung / Vorbehandlung

Biegefestigkeit	N/mm²	E-Modul	N/mm²
3,5% Biegespannung	N/mm²		

Härte 23 °C

Probekörper: Zustand   Herstellung / Vorbehandlung

Kugeldruckhärte	N/mm²	110	bei N, 30 s	Shore-Härte A
Rockwellhärte				Shore-Härte D 81

Schlagversuch

Probekörper: (1) U-Kerbe (2) Zustand   Herstellung / Vorbehandlung

		°C	°C	°C	Probekörper-Form
Schlagzähigkeit	kJ/m²	-20 o.B.	-40 o.B.		
Kerbschlagzähigkeit (1)	kJ/m²	23 35	0 15		
IZOD-Kerbschlagzähigkeit (2)	J/m				
Kerbschlagzugzähigkeit	kJ/m²				

Kunststoffe © Springer-Verlag Berlin Heidelberg 1988
Kopieren, Vervielfältigen und Speichern in Datenverarbeitungsanlagen (auch auszugsweise) ist nur mit schriftlicher Genehmigung des Verlages gestattet

Datenbank-Nr. **T00762**   Merkblatt-Nr. **2085**

Abrieb und Reibung

Taber-Abrieb (Reibradverfahren)   mm³/100 U
Abriebfaktor LNP (Thrust washer) Vergleichswert
Statische Reibungszahl
Dynamische Reibungszahl   ($p \cdot v =$ N/mm² ·   m/min)
Zulässiger $p \cdot v$ Wert   N/mm² · (m/min) $v =$ m/min
     $v =$ m/min

Thermische Eigenschaften

Formbeständigkeit in der Wärme   Verfahren   °C
     Verfahren   °C
Vicat Erweichungstemperatur (VST)   Verfahren B   80 °C
     Verfahren   °C
Kristallit-Schmelzpunkt   Verfahren

Längenausdehnungskoeffizient   Bereich   °C $\cdot 10^{-4} K^{-1}$
     Temperatur 23 °C $0.8 \cdot 10^{-4} K^{-1}$
Wärmeleitfähigkeit   Verfahren   W/(K · m)

Spezifische Wärmekapazität   Verfahren   J/(K · g)

Glasumwandlungstemperatur   Torsionsschwingungsversuch   °C
     Differentialkalorimetrie   °C

Brandverhalten

UL-Test vertikal   Dicke   mm, Wert
     Dicke   mm, Wert

	Norm	Bewertung	Abmessungen
Sauerstoff-Index	ASTM D 2863		
Glühstab-Verfahren			
Brandverhalten	DIN 4102		
MVSS			
FAR			

Elektrische Eigenschaften

	Hz	°C	Probekörper, Form
Dielektrizitätszahl	50		
	10³		
	10⁶		
Dielektrischer Verlustfaktor tan δ	50		
	10³		
	10⁶		

Spezifischer Durchgangs-
     widerstand   Ohm · cm
Durchschlagfestigkeit   kV/mm
Oberflächenwiderstand   Ohm   mm dick

Kriechstromfestigkeit   KC   KB   KA
Kriechwegbildung

Elektrolytische Korrosionswirkung
Lichtbogenfestigkeit nach DIN
     nach ASTM   s

Beständigkeit (Chemische Beständigkeit siehe Anhang)

Wasseraufnahme

Feuchtigkeitsaufnahme Normalklima   %
Wetterbeständigkeit

Spannungskorrosion

Optische Eigenschaften

Brechungszahl n_D
Transmissionsgrad τ_c %   mm dick
Lichtdurchlässigkeit

Datenbank-Nr.	**T00763**	Merkblatt-Nr.	**2086**

PVC

Produkt	Hart-PVC-Extrusionsmasse
Handelsname	**Trosiplast SW 1056-5**
Hersteller	HUELSTRO
DIN-Bez 1	7748-PVC-U,EG,076-3028
DIN-Bez 2	
Zusätze	Stabilisatoren; Schlagzaehmacher
Bevorzugte Verarbeitung	Extrudieren
Besondere Merkmale	Formstabil; Witterungsbestaendig; Flammwidrig; Schlagzaehmodifiziert

Viskositätszahl ml/g	
K-Wert	
Füllstoffe/Verstärkung	
Lieferform	Granulat
Farben	Braun; Weiss; Gedeckt
Bevorzugte Anwendungen	Fensterprofil; Sockelleiste; Moebelprofil; Fassadenprofil; Garagentor; Faltwand; Kabelkanal

Kornverteilung

Kornklasse µm	Rückstand %

Dichte	g/cm³	1.44
Schüttdichte	g/cm³	
Stampfdichte	g/cm³	
Rieselfähigkeit		
Rieselzeit	s/100 g	
Kornbeschaffenheit		
Flüchtige Bestandteile	%	
Sulfatasche	%	

Allgemeine Hinweise

Zugversuch 23 °C   DIN 53455; DIN 53457

Probekörper: Form / Zustand — Herstellung / Vorbehandlung

Streckspannung	N/mm²	48	Dehnung bei Streckspannung	%	
Zugfestigkeit	N/mm²		Reißdehnung	%	40
Reißfestigkeit	N/mm²		% Dehnspannung	N/mm²	
E-Modul	N/mm²	2700	Dehnung bei % Dehnspg.	%	

Kriechmoduln und Zeitstandwerte 23 °C

Probekörper: Form / Zustand — Herstellung / Vorbehandlung

Kriechmodul	1 min N/mm²	
Kriechmodul	1000 h N/mm²	
bei Spannung	N/mm²	

Zeitstandzugfestigkeit	h	N/mm²
Zeitdehnspg. %	h	N/mm²

Biegeversuch 23 °C

Probekörper: Form / Zustand — Herstellung / Vorbehandlung

Biegefestigkeit	N/mm²	E-Modul		N/mm²
3,5% Biegespannung	N/mm²			

Härte 23 °C

Probekörper: Zustand — Herstellung / Vorbehandlung

Kugeldruckhärte	N/mm² 100	bei	N, 30 s	Shore-Härte A
Rockwellhärte				Shore-Härte D 81

Schlagversuch

Probekörper: (1) U-Kerbe (2) / Zustand — Herstellung / Vorbehandlung

		°C	°C	°C	Probekörper-Form
Schlagzähigkeit	kJ/m²	-20 o.B.	-40 o.B.		
Kerbschlagzähigkeit (1)	kJ/m²	23 35	0 15		
IZOD-Kerbschlagzähigkeit (2)	J/m				
Kerbschlagzugzähigkeit	kJ/m²				

Kunststoffe © Springer-Verlag Berlin Heidelberg 1988
Kopieren, Vervielfältigen und Speichern in Datenverarbeitungsanlagen (auch auszugsweise) ist nur mit schriftlicher Genehmigung des Verlages gestattet

Datenbank-Nr. **T00763**   Merkblatt-Nr. **2086**

Abrieb und Reibung

Taber-Abrieb (Reibradverfahren)	mm³/100 U	
Abriebfaktor LNP (Thrust washer) Vergleichswert		
Statische Reibungszahl		
Dynamische Reibungszahl	(p·v = N/mm² · m/min)	
Zulässiger p · v Wert	N/mm² · (m/min)	v = m/min
		v = m/min

Thermische Eigenschaften

Formbeständigkeit in der Wärme	Verfahren		°C
	Verfahren		°C
Vicat Erweichungstemperatur (VST)	Verfahren	B	76 °C
	Verfahren		°C
Kristallit-Schmelzpunkt	Verfahren		
Längenausdehnungskoeffizient	Bereich	°C	· 10⁻⁴ K⁻¹
	Temperatur 23 °C		0.8 · 10⁻⁴ K⁻¹
Wärmeleitfähigkeit	Verfahren		W/(K · m)
Spezifische Wärmekapazität	Verfahren		J/(K · g)
Glasumwandlungstemperatur	Torsionsschwingungsversuch		°C
	Differentialkalorimetrie		°C

Brandverhalten

UL-Test vertikal   Dicke   mm, Wert
                    Dicke   mm, Wert

	Norm	Bewertung	Abmessungen
Sauerstoff-Index	ASTM D 2863		
Glühstab-Verfahren			
Brandverhalten	DIN 4102		
MVSS			
FAR			

Elektrische Eigenschaften

	Hz	°C	Probekörper, Form
Dielektrizitätszahl	50		
	10³		
	10⁶		
Dielektrischer Verlustfaktor tan δ	50		
	10³		
	10⁶		
Spezifischer Durchgangswiderstand	Ohm · cm		
Durchschlagfestigkeit	kV/mm		mm dick
Oberflächenwiderstand	Ohm		
Kriechstromfestigkeit	KC	KB	KA
Kriechwegbildung			

Elektrolytische Korrosionswirkung
Lichtbogenfestigkeit nach DIN
           nach ASTM   s

Beständigkeit *(Chemische Beständigkeit siehe Anhang)*

Wasseraufnahme

Feuchtigkeitsaufnahme Normalklima   %
Wetterbeständigkeit

Spannungskorrosion

Optische Eigenschaften

Brechungszahl n_D
Transmissionsgrad τ_c %
Lichtdurchlässigkeit   mm dick

Datenbank-Nr.	**T00764**	Merkblatt-Nr. **2087**

PVC

Produkt	Hart-PVC-Extrusionsmasse
Handelsname	**Trosiplast 1158**
Hersteller	HUELSTRO
DIN-Bez 1	7748-PVC-U,EG,078-1028
DIN-Bez 2	
Zusätze	Stabilisatoren
Bevorzugte Verarbeitung	Extrudieren
Besondere Merkmale	Formstabil; Witterungsbestaendig; Flammwidrig; Schlagzaehmodifiziert

Viskositätszahl ml/g	
K-Wert	
Füllstoffe/Verstärkung	
Lieferform	Granulat
Farben	Blautransparent; Transparent
Bevorzugte Anwendungen	Lichtwandprofil; Rolladen

Kornverteilung

Kornklasse µm	Rückstand %

Dichte	g/cm³	1.35
Schüttdichte	g/cm³	
Stampfdichte	g/cm³	
Rieselfähigkeit		
Rieselzeit	s/100 g	
Kornbeschaffenheit		

Allgemeine Hinweise

Flüchtige Bestandteile	%
Sulfatasche	%

Zugversuch 23 °C   DIN 53455; DIN 53457

Probekörper: Form / Zustand   Herstellung / Vorbehandlung

Streckspannung	N/mm²	48	Dehnung bei Streckspannung	%	
Zugfestigkeit	N/mm²		Reißdehnung	%	40
Reißfestigkeit	N/mm²		% Dehnspannung	N/mm²	
E-Modul	N/mm²	2700	Dehnung bei % Dehnspg.	%	

Kriechmoduln und Zeitstandwerte 23 °C

Probekörper: Form / Zustand   Herstellung / Vorbehandlung

Kriechmodul	1 min	N/mm²	Zeitstandzugfestigkeit	h N/mm²
Kriechmodul	1000 h	N/mm²	Zeitdehnspg. %	h N/mm²
bei Spannung		N/mm²		

Biegeversuch 23 °C

Probekörper: Form / Zustand   Herstellung / Vorbehandlung

Biegefestigkeit	N/mm²		E-Modul	N/mm²
3,5% Biegespannung	N/mm²			

Härte 23 °C   Probekörper: Zustand   Herstellung / Vorbehandlung

Kugeldruckhärte	N/mm²	99	bei	N, 30 s
Rockwellhärte				

Shore-Härte A
Shore-Härte D   81

Schlagversuch   Probekörper: (1) U-Kerbe / (2) / Zustand   Herstellung / Vorbehandlung

		°C	°C	°C	Probekörper-Form
Schlagzähigkeit	kJ/m²	-20 o.B.	-40 o.B.		
Kerbschlagzähigkeit (1)	kJ/m²	23 20	0 12		
IZOD-Kerbschlagzähigkeit (2)	J/m				
Kerbschlagzugzähigkeit	kJ/m²				

Datenbank-Nr. **T00764** Merkblatt-Nr. **2087**

Abrieb und Reibung

Taber-Abrieb (Reibradverfahren)	mm³/100 U	
Abriebfaktor LNP (Thrust washer) Vergleichswert		
Statische Reibungszahl		
Dynamische Reibungszahl	($p \cdot v =$ N/mm² · m/min)	
Zulässiger $p \cdot v$ Wert	N/mm² · (m/min)	$v =$ m/min
		$v =$ m/min

Thermische Eigenschaften

Formbeständigkeit in der Wärme	Verfahren	°C
	Verfahren	°C
Vicat Erweichungstemperatur (VST)	Verfahren B	78 °C
	Verfahren	°C
Kristallit-Schmelzpunkt	Verfahren	
Längenausdehnungskoeffizient	Bereich °C	$\cdot 10^{-4} K^{-1}$
	Temperatur 23 °C	$0.8 \cdot 10^{-4} K^{-1}$
Wärmeleitfähigkeit	Verfahren	W/(K · m)
Spezifische Wärmekapazität	Verfahren	J/(K · g)
Glasumwandlungstemperatur	Torsionsschwingungsversuch	°C
	Differentialkalorimetrie	°C

Brandverhalten

UL-Test vertikal Dicke mm, Wert
 Dicke mm, Wert

	Norm	Bewertung	Abmessungen
Sauerstoff-Index	ASTM D 2863		
Glühstab-Verfahren			
Brandverhalten	DIN 4102		
MVSS			
FAR			

Elektrische Eigenschaften

	Hz	°C	Probekörper, Form
Dielektrizitätszahl	50		
	10³		
	10⁶		
Dielektrischer Verlustfaktor tan δ	50		
	10³		
	10⁶		
Spezifischer Durchgangswiderstand	Ohm · cm		
Durchschlagfestigkeit	kV/mm		mm dick
Oberflächenwiderstand	Ohm		
Kriechstromfestigkeit	KC	KB	KA
Kriechwegbildung			

Elektrolytische Korrosionswirkung
Lichtbogenfestigkeit nach DIN
 nach ASTM s

Beständigkeit (Chemische Beständigkeit siehe Anhang)

Wasseraufnahme

Feuchtigkeitsaufnahme Normalklima %
Wetterbeständigkeit

Spannungskorrosion

Optische Eigenschaften

Brechungszahl n_D
Transmissionsgrad τ_c % mm dick
Lichtdurchlässigkeit

Datenbank-Nr.	**T00765**		*Merkblatt-Nr.*	**2088**
				PVC

Produkt	Hart-PVC-Blasmasse
Handelsname	**Trosiplast 2000**
Hersteller	HUELSTRO
DIN-Bez 1	7748-PVC-U,BG,076-03-X
DIN-Bez 2	
Zusätze	Stabilisatoren
Bevorzugte Verarbeitung	Blasformen
Besondere Merkmale	Formstabil; Witterungsbestaendig; Flammwidrig; Schlagzaeh
Viskositätszahl ml/g	
K-Wert	
Füllstoffe/Verstärkung	
Lieferform	Granulat
Farben	Standard; Glasklar; Gedeckt
Bevorzugte Anwendungen	Hohlkoerper; Lebensmittelverpackung; Genussmittel; Kosmetika; Haushaltsreiniger; Technisches Fuellgut

---

Kornverteilung

Kornklasse μm   *Rückstand* %

Dichte	g/cm³	1.39
Schüttdichte	g/cm³	
Stampfdichte	g/cm³	
Rieselfähigkeit		
Rieselzeit	s/100 g	
Kornbeschaffenheit		
Flüchtige Bestandteile	%	
Sulfatasche	%	

Allgemeine Hinweise

Zugversuch 23 °C   DIN 53455; DIN 53457

Probekörper: Form   *Herstellung*
               Zustand *Vorbehandlung* Normalklima

Streckspannung	N/mm²		*Dehnung bei Streckspannung*	%
Zugfestigkeit	N/mm² 58		*Reißdehnung*	% 20
Reißfestigkeit	N/mm²		% *Dehnspannung*	N/mm²
E-Modul	N/mm² 3300		*Dehnung bei* % *Dehnspg.*	%

Kriechmoduln und Zeitstandwerte 23 °C

Probekörper: Form   *Herstellung*
               Zustand *Vorbehandlung*

Kriechmodul	1 min N/mm²		*Zeitstandzugfestigkeit*	h N/mm²
Kriechmodul	1000 h N/mm²		*Zeitdehnspg.* %	h N/mm²
bei Spannung	N/mm²			

Biegeversuch 23 °C

Probekörper: Form   *Herstellung*
               Zustand *Vorbehandlung*

Biegefestigkeit	N/mm²	*E-Modul*		N/mm²
3,5% *Biegespannung*	N/mm²			

Härte 23 °C

Probekörper: Zustand   *Herstellung*
                            Vorbehandlung

Kugeldruckhärte	N/mm²	bei N, s	*Shore-Härte* A	
Rockwellhärte			*Shore-Härte* D	

Schlagversuch

Probekörper: (1) U-Kerbe
               (2) V-Kerbe
               Zustand   *Herstellung*
                                   Vorbehandlung Normalklima

		°C	°C	°C	*Probekörper-Form*
Schlagzähigkeit	kJ/m²				
Kerbschlagzähigkeit (1)	kJ/m²	23 3	0 2.7		NKS
IZOD-Kerbschlagzähigkeit (2)	J/m	23 48			
Kerbschlagzugzähigkeit	kJ/m²				

Kunststoffe © Springer-Verlag Berlin Heidelberg 1988
Kopieren, Vervielfältigen und Speichern in Datenverarbeitungsanlagen (auch auszugsweise) ist nur mit schriftlicher Genehmigung des Verlages gestattet

Datenbank-Nr. **T00765** Merkblatt-Nr. **2088**

Abrieb und Reibung

Taber-Abrieb (Reibradverfahren)	mm³/100 U	
Abriebfaktor LNP (Thrust washer) Vergleichswert		
Statische Reibungszahl		
Dynamische Reibungszahl	($p \cdot v =$ N/mm² ·	m/min)
Zulässiger $p \cdot v$ Wert	N/mm² · (m/min) $v =$	m/min
	$v =$	m/min

Thermische Eigenschaften

Formbeständigkeit in der Wärme	Verfahren	°C
	Verfahren	°C
Vicat Erweichungstemperatur (VST)	Verfahren B	76 °C
	Verfahren	°C
Kristallit-Schmelzpunkt	Verfahren	
Längenausdehnungskoeffizient	Bereich °C	$\cdot 10^{-4} K^{-1}$
Wärmeleitfähigkeit	Temperatur	$\cdot 10^{-4} K^{-1}$
	Verfahren	W/(K · m)
Spezifische Wärmekapazität	Verfahren	J/(K · g)
Glasumwandlungstemperatur	Torsionsschwingungsversuch	°C
	Differentialkalorimetrie	°C

Brandverhalten

UL-Test vertikal Dicke mm, Wert
 Dicke mm, Wert

	Norm	Bewertung	Abmessungen
Sauerstoff-Index	ASTM D 2863		
Glühstab-Verfahren			
Brandverhalten	DIN 4102		
MVSS			
FAR			

Elektrische Eigenschaften

	Hz	°C	Probekörper, Form
Dielektrizitätszahl	50		
	10³		
	10⁶		
Dielektrischer Verlustfaktor tan δ	50		
	10³		
	10⁶		

Spezifischer Durchgangswiderstand	Ohm · cm	
Durchschlagfestigkeit	kV/mm	mm dick
Oberflächenwiderstand	Ohm	
Kriechstromfestigkeit	KC KB KA	
Kriechwegbildung		
Elektrolytische Korrosionswirkung		
Lichtbogenfestigkeit nach DIN		
nach ASTM	s	

Beständigkeit (Chemische Beständigkeit siehe Anhang)

Wasseraufnahme

Feuchtigkeitsaufnahme Normalklima %
Wetterbeständigkeit

Spannungskorrosion

Optische Eigenschaften

Brechungszahl n_D
Transmissionsgrad τ_c %   mm dick
Lichtdurchlässigkeit

Datenbank-Nr.	**T00766**		Merkblatt-Nr.	**2089**

PVC

Produkt	Hart-PVC-Blasmasse
Handelsname	**Trosiplast 2004**
Hersteller	HUELSTRO
DIN-Bez 1	7748-PVC-U,BG,072-03-X
DIN-Bez 2	

Viskositätszahl	ml/g		
K-Wert			
Zusätze	Stabilisatoren	Füllstoffe/Verstärkung	
Bevorzugte Verarbeitung	Spritzblasformen	Lieferform	Granulat
		Farben	Standard; Glasklar; Gedeckt
Besondere Merkmale	Formstabil; Witterungsbestaendig; Flammwidrig; Schlagzaeh; Spritzblasmasse	Bevorzugte Anwendungen	Hohlkoerper; Lebensmittelverpackung; Genussmittel; Kosmetika; Haushaltsreiniger; Technisches Fuellgut

Kornverteilung

Kornklasse μm	Rückstand %

Dichte	g/cm³	1.38
Schüttdichte	g/cm³	
Stampfdichte	g/cm³	
Rieselfähigkeit		
Rieselzeit	s/100 g	
Kornbeschaffenheit		
Flüchtige Bestandteile	%	
Sulfatasche	%	

Allgemeine Hinweise

Zugversuch 23 °C DIN 53455; DIN 53457

Probekörper:	Form		Herstellung	
	Zustand		Vorbehandlung	Normalklima
Streckspannung	N/mm²		Dehnung bei Streckspannung	%
Zugfestigkeit	N/mm² 59		Reißdehnung	% 20
Reißfestigkeit	N/mm²		% Dehnspannung	N/mm²
E-Modul	N/mm² 3200		Dehnung bei % Dehnspg.	%

Kriechmoduln und Zeitstandwerte 23 °C

Probekörper:	Form	Herstellung	
	Zustand	Vorbehandlung	
Kriechmodul	1 min N/mm²	Zeitstandzugfestigkeit	h N/mm²
Kriechmodul	1000 h N/mm²	Zeitdehnspg. %	h N/mm²
bei Spannung	N/mm²		

Biegeversuch 23 °C

Probekörper:	Form	Herstellung	
	Zustand	Vorbehandlung	
Biegefestigkeit	N/mm²	E-Modul	N/mm²
3,5% Biegespannung	N/mm²		

Härte 23 °C

Probekörper:	Zustand		Herstellung	
			Vorbehandlung	
Kugeldruckhärte	N/mm²	bei N, s	Shore-Härte A	
Rockwellhärte			Shore-Härte D	

Schlagversuch

Probekörper:	(1) U-Kerbe	
	(2) V-Kerbe	Herstellung
	Zustand	Vorbehandlung Normalklima

		°C	°C	°C	Probekörper-Form
Schlagzähigkeit	kJ/m²				
Kerbschlagzähigkeit (1)	kJ/m²	23 2	0 1.5		NKS
IZOD-Kerbschlagzähigkeit (2)	J/m	23 37			
Kerbschlagzugzähigkeit	kJ/m²				

Kunststoffe © Springer-Verlag Berlin Heidelberg 1988
Kopieren, Vervielfältigen und Speichern in Datenverarbeitungsanlagen (auch auszugsweise) ist nur mit schriftlicher Genehmigung des Verlages gestattet

Datenbank-Nr. **T00766** Merkblatt-Nr. **2089**

Abrieb und Reibung

Taber-Abrieb (Reibradverfahren)	mm³/100 U	
Abriebfaktor LNP (Thrust washer) Vergleichswert		
Statische Reibungszahl		
Dynamische Reibungszahl	(p·v = N/mm² · m/min)	
Zulässiger p·v Wert	N/mm² · (m/min) v = m/min	
	v = m/min	

Thermische Eigenschaften

Formbeständigkeit in der Wärme	Verfahren		°C
	Verfahren		°C
Vicat Erweichungstemperatur (VST)	Verfahren B		73 °C
	Verfahren		°C
Kristallit-Schmelzpunkt	Verfahren		
Längenausdehnungskoeffizient	Bereich °C		$\cdot 10^{-4} K^{-1}$
	Temperatur		$\cdot 10^{-4} K^{-1}$
Wärmeleitfähigkeit	Verfahren		W/(K·m)
Spezifische Wärmekapazität	Verfahren		J/(K·g)
Glasumwandlungstemperatur	Torsionsschwingungsversuch	°C	
	Differentialkalorimetrie	°C	

Brandverhalten

UL-Test vertikal Dicke mm, Wert
 Dicke mm, Wert

	Norm	Bewertung	Abmessungen
Sauerstoff-Index	ASTM D 2863		
Glühstab-Verfahren			
Brandverhalten	DIN 4102		
MVSS			
FAR			

Elektrische Eigenschaften

	Hz	°C		Probekörper, Form
Dielektrizitätszahl	50			
	10³			
	10⁶			
Dielektrischer Verlustfaktor tan δ	50			
	10³			
	10⁶			
Spezifischer Durchgangswiderstand	Ohm·cm			
Durchschlagfestigkeit	kV/mm			mm dick
Oberflächenwiderstand	Ohm			
Kriechstromfestigkeit	KC	KB	KA	
Kriechwegbildung				

Elektrolytische Korrosionswirkung
Lichtbogenfestigkeit nach DIN
 nach ASTM s

Beständigkeit (Chemische Beständigkeit siehe Anhang)

Wasseraufnahme

Feuchtigkeitsaufnahme Normalklima %
Wetterbeständigkeit

Spannungskorrosion

Optische Eigenschaften

Brechungszahl n_D
Transmissionsgrad τ_c % mm dick
Lichtdurchlässigkeit

Datenbank-Nr.	**T00767**		Merkblatt-Nr. **2090**
			PVC
Produkt	Hart-PVC-Blasmasse		
Handelsname	**Trosiplast 2020**		
Hersteller	HUELSTRO		
DIN-Bez 1	7748-PVC-U,BG,076-03-X	Viskositätszahl ml/g	
DIN-Bez 2		K-Wert	
Zusätze	Stabilisatoren	Füllstoffe/Verstärkung	
Bevorzugte Verarbeitung	Blasformen	Lieferform	Granulat
		Farben	Standard; Glasklar; Gedeckt
Besondere Merkmale	Formstabil; Witterungsbestaendig; Flammwidrig; Schlagzaeh	Bevorzugte Anwendungen	Hohlkoerper; Lebensmittelverpackung; Genussmittel; Kosmetika; Haushaltsreiniger; Technisches Fuellgut

Kornverteilung

Kornklasse µm	Rückstand %		
		Dichte g/cm³	1.35
		Schüttdichte g/cm³	
		Stampfdichte g/cm³	
		Rieselfähigkeit	
		Rieselzeit s/100 g	
		Kornbeschaffenheit	
Allgemeine Hinweise		Flüchtige Bestandteile %	
		Sulfatasche %	

Zugversuch 23 °C DIN 53455; DIN 53457

Probekörper: Form / Zustand   Herstellung / Vorbehandlung Normalklima

Streckspannung	N/mm²		Dehnung bei Streckspannung	%	
Zugfestigkeit	N/mm²	49	Reißdehnung	%	25
Reißfestigkeit	N/mm²		% Dehnspannung	N/mm²	
E-Modul	N/mm²	3000	Dehnung bei % Dehnspg.	%	

Kriechmoduln und Zeitstandwerte 23 °C

Probekörper: Form / Zustand   Herstellung / Vorbehandlung

Kriechmodul	1 min N/mm²		Zeitstandzugfestigkeit	h N/mm²
Kriechmodul	1000 h N/mm²		Zeitdehnspg. %	h N/mm²
bei Spannung	N/mm²			

Biegeversuch 23 °C

Probekörper: Form / Zustand   Herstellung / Vorbehandlung

Biegefestigkeit	N/mm²	E-Modul	N/mm²
3,5% Biegespannung	N/mm²		

Härte 23 °C Probekörper: Zustand   Herstellung / Vorbehandlung

Kugeldruckhärte	N/mm²	bei N, s	Shore-Härte A	
Rockwellhärte			Shore-Härte D	

Schlagversuch Probekörper: (1) U-Kerbe / (2) V-Kerbe / Zustand   Herstellung / Vorbehandlung Normalklima

		°C	°C	°C	Probekörper-Form
Schlagzähigkeit	kJ/m²				
Kerbschlagzähigkeit (1)	kJ/m²	23 5	0 3.3		NKS
IZOD-Kerbschlagzähigkeit (2)	J/m	23 69			
Kerbschlagzugzähigkeit	kJ/m²				

Kunststoffe © Springer-Verlag Berlin Heidelberg 1988
Kopieren, Vervielfältigen und Speichern in Datenverarbeitungsanlagen (auch auszugsweise) ist nur mit schriftlicher Genehmigung des Verlages gestattet

Datenbank-Nr. **T00767** Merkblatt-Nr. **2090**

Abrieb und Reibung

Taber-Abrieb (Reibradverfahren)	mm³/100 U	
Abriebfaktor LNP (Thrust washer) Vergleichswert		
Statische Reibungszahl		
Dynamische Reibungszahl	(p·v = N/mm² ·	m/min)
Zulässiger p · v Wert	N/mm² · (m/min) v =	m/min
	v =	m/min

Thermische Eigenschaften

Formbeständigkeit in der Wärme	Verfahren		°C
	Verfahren		°C
Vicat Erweichungstemperatur (VST)	Verfahren	B	76 °C
	Verfahren		°C
Kristallit-Schmelzpunkt	Verfahren		
Längenausdehnungskoeffizient	Bereich	°C	$\cdot 10^{-4} K^{-1}$
	Temperatur		$\cdot 10^{-4} K^{-1}$
Wärmeleitfähigkeit	Verfahren		W/(K · m)
Spezifische Wärmekapazität	Verfahren		J/(K · g)
Glasumwandlungstemperatur	Torsionsschwingungsversuch		°C
	Differentialkalorimetrie		°C

Brandverhalten

UL-Test vertikal   Dicke   mm, Wert
            Dicke   mm, Wert

	Norm	Bewertung	Abmessungen
Sauerstoff-Index	ASTM D 2863		
Glühstab-Verfahren			
Brandverhalten	DIN 4102		
MVSS			
FAR			

Elektrische Eigenschaften

	Hz	°C		Probekörper, Form
Dielektrizitätszahl	50			
	10^3			
	10^6			
Dielektrischer Verlustfaktor tan δ	50			
	10^3			
	10^6			
Spezifischer Durchgangswiderstand	Ohm · cm			
Durchschlagfestigkeit	kV/mm			mm dick
Oberflächenwiderstand	Ohm			
Kriechstromfestigkeit	KC	KB	KA	
Kriechwegbildung				

Elektrolytische Korrosionswirkung
Lichtbogenfestigkeit nach DIN
            nach ASTM   s

Beständigkeit (Chemische Beständigkeit siehe Anhang)

Wasseraufnahme

Feuchtigkeitsaufnahme Normalklima
Wetterbeständigkeit   %

Spannungskorrosion

Optische Eigenschaften

Brechungszahl n_D
Transmissionsgrad τ_c %   mm dick
Lichtdurchlässigkeit

Datenbank-Nr.	**T00768**		Merkblatt-Nr.	**2091**

PVC

Produkt	Hart-PVC-Blasmasse
Handelsname	**Trosiplast 2030**
Hersteller	HUELSTRO
DIN-Bez 1	7748-PVC-U,BG,076-10-X
DIN-Bez 2	
Zusätze	Stabilisatoren
Bevorzugte Verarbeitung	Blasformen
Besondere Merkmale	Formstabil; Witterungsbestaendig; Flammwidrig; Erhoeht schlagzaeh
Viskositätszahl ml/g	
K-Wert	
Füllstoffe/Verstärkung	
Lieferform	Granulat
Farben	Standard; Glasklar; Gedeckt
Bevorzugte Anwendungen	Hohlkoerper; Lebensmittelverpackung; Genussmittel; Kosmetika; Haushaltsreiniger; Technisches Fuellgut

Kornverteilung

Kornklasse μm	Rückstand %

Dichte	g/cm³	1.34
Schüttdichte	g/cm³	
Stampfdichte	g/cm³	
Rieselfähigkeit		
Rieselzeit	s/100 g	
Kornbeschaffenheit		
Flüchtige Bestandteile	%	
Sulfatasche	%	

Allgemeine Hinweise

Zugversuch 23 °C DIN 53455; DIN 53457

Probekörper: Form / Zustand
Herstellung / Vorbehandlung: Normalklima

Streckspannung	N/mm²		Dehnung bei Streckspannung	%	
Zugfestigkeit	N/mm²	49	Reißdehnung	%	30
Reißfestigkeit	N/mm²		% Dehnspannung	N/mm²	
E-Modul	N/mm²	2800	Dehnung bei % Dehnspg.	%	

Kriechmoduln und Zeitstandwerte 23 °C

Probekörper: Form / Zustand
Herstellung / Vorbehandlung

Kriechmodul	1 min	N/mm²	Zeitstandzugfestigkeit	h	N/mm²
Kriechmodul	1000 h	N/mm²	Zeitdehnspg. %	h	N/mm²
bei Spannung		N/mm²			

Biegeversuch 23 °C

Probekörper: Form / Zustand
Herstellung / Vorbehandlung

Biegefestigkeit	N/mm²	E-Modul		N/mm²
3,5% Biegespannung	N/mm²			

Härte 23 °C

Probekörper: Zustand
Herstellung / Vorbehandlung

Kugeldruckhärte	N/mm²	bei	N, s	Shore-Härte A	
Rockwellhärte				Shore-Härte D	

Schlagversuch

Probekörper: (1) U-Kerbe / (2) V-Kerbe / Zustand
Herstellung / Vorbehandlung: Normalklima

		°C	°C	°C	Probekörper-Form
Schlagzähigkeit	kJ/m²				
Kerbschlagzähigkeit (1)	kJ/m²	23 8	0 4.4		NKS
IZOD-Kerbschlagzähigkeit (2)	J/m	23 107			
Kerbschlagzugzähigkeit	kJ/m²				

Kunststoffe © Springer-Verlag Berlin Heidelberg 1988
Kopieren, Vervielfältigen und Speichern in Datenverarbeitungsanlagen (auch auszugsweise) ist nur mit schriftlicher Genehmigung des Verlages gestattet

Datenbank-Nr. **T00768** Merkblatt-Nr. **2091**

Abrieb und Reibung
Taber-Abrieb (Reibradverfahren) mm³/100 U
Abriebfaktor LNP (Thrust washer) Vergleichswert
Statische Reibungszahl
Dynamische Reibungszahl (p·v= N/mm² · m/min)
Zulässiger p·v Wert N/mm² · (m/min) v= m/min
  v= m/min

Thermische Eigenschaften
Formbeständigkeit in der Wärme Verfahren °C
  Verfahren °C
Vicat Erweichungstemperatur (VST) Verfahren B 76 °C
  Verfahren °C
Kristallit-Schmelzpunkt Verfahren

Längenausdehnungskoeffizient Bereich °C ·10⁻⁴K⁻¹
  Temperatur ·10⁻⁴K⁻¹
Wärmeleitfähigkeit Verfahren W/(K·m)

Spezifische Wärmekapazität Verfahren J/(K·g)

Glasumwandlungstemperatur Torsionsschwingungsversuch °C
  Differentialkalorimetrie °C

Brandverhalten
UL-Test vertikal Dicke mm, Wert
  Dicke mm, Wert

	Norm	Bewertung	Abmessungen
Sauerstoff-Index	ASTM D 2863		
Glühstab-Verfahren			
Brandverhalten	DIN 4102		
MVSS			
FAR			

Elektrische Eigenschaften
	Hz	°C			Probekörper, Form
Dielektrizitätszahl	50				
	10³				
	10⁶				
Dielektrischer Verlustfaktor tan δ	50				
	10³				
	10⁶				

Spezifischer Durchgangs-
  widerstand Ohm·cm
Durchschlagfestigkeit kV/mm
Oberflächenwiderstand Ohm mm dick

Kriechstromfestigkeit KC KB KA
Kriechwegbildung

Elektrolytische Korrosionswirkung
Lichtbogenfestigkeit nach DIN
  nach ASTM s

Beständigkeit (Chemische Beständigkeit siehe Anhang)
Wasseraufnahme

Feuchtigkeitsaufnahme Normalklima
Wetterbeständigkeit %

Spannungskorrosion

Optische Eigenschaften
Brechungszahl n_D
Transmissionsgrad τ_c % mm dick
Lichtdurchlässigkeit

Datenbank-Nr. **T00769**		Merkblatt-Nr. **2092**
Produkt	Hart-PVC-Blasmasse	**PVC**
Handelsname	**Trosiplast 2220**	
Hersteller	HUELSTRO	

DIN-Bez 1	7748-PVC-U,BG,072-10-X	Viskositätszahl ml/g	
DIN-Bez 2		K-Wert	
Zusätze	Stabilisatoren	Füllstoffe/Verstärkung	
Bevorzugte Verarbeitung	Blasformen	Lieferform	Granulat
		Farben	Standard; Glasklar; Gedeckt
Besondere Merkmale	Formstabil; Witterungsbestaendig; Flammwidrig; Erhoeht schlagzaeh	Bevorzugte Anwendungen	Getraenkeflasche

Kornverteilung

Kornklasse µm	Rückstand %	Dichte	g/cm³	1.34
		Schüttdichte	g/cm³	
		Stampfdichte	g/cm³	
		Rieselfähigkeit		
		Rieselzeit	s/100 g	
		Kornbeschaffenheit		
Allgemeine Hinweise		Flüchtige Bestandteile	%	
		Sulfatasche	%	

Zugversuch 23 °C   DIN 53455; DIN 53457

	Probekörper: Form		Herstellung	
	Zustand		Vorbehandlung	Normalklima
Streckspannung	N/mm²	Dehnung bei Streckspannung	%	
Zugfestigkeit	N/mm² 18	Reißdehnung	%	20
Reißfestigkeit	N/mm²	% Dehnspannung	N/mm²	
E-Modul	N/mm² 2750	Dehnung bei % Dehnspg.	%	

Kriechmoduln und Zeitstandwerte 23 °C

	Probekörper: Form		Herstellung	
	Zustand		Vorbehandlung	
Kriechmodul	1 min N/mm²	Zeitstandzugfestigkeit	h N/mm²	
Kriechmodul	1000 h N/mm²	Zeitdehnspg. %	h N/mm²	
bei Spannung	N/mm²			

Biegeversuch 23 °C

	Probekörper: Form	Herstellung	
	Zustand	Vorbehandlung	
Biegefestigkeit	N/mm²	E-Modul	N/mm²
3,5% Biegespannung	N/mm²		

Härte 23 °C

	Probekörper: Zustand	Herstellung	
		Vorbehandlung	
Kugeldruckhärte	N/mm² bei N, s	Shore-Härte A	
Rockwellhärte		Shore-Härte D	

Schlagversuch

	Probekörper: (1) U-Kerbe			
	(2) V-Kerbe		Herstellung	
	Zustand		Vorbehandlung	Normalklima
	°C	°C	°C	Probekörper-Form
Schlagzähigkeit	kJ/m²			
Kerbschlagzähigkeit (1)	kJ/m² 23 7	0 3.8		NKS
IZOD-Kerbschlagzähigkeit (2)	J/m 23 74			
Kerbschlagzugzähigkeit	kJ/m²			

Kunststoffe © Springer-Verlag Berlin Heidelberg 1988
Kopieren, Vervielfältigen und Speichern in Datenverarbeitungsanlagen (auch auszugsweise) ist nur mit schriftlicher Genehmigung des Verlages gestattet

Datenbank-Nr. **T00769** Merkblatt-Nr. **2092**

Abrieb und Reibung

Taber-Abrieb (Reibradverfahren)	mm³/100 U	
Abriebfaktor LNP (Thrust washer) Vergleichswert		
Statische Reibungszahl		
Dynamische Reibungszahl	(p·v= N/mm² ·	m/min)
Zulässiger p · v Wert	N/mm² · (m/min) v=	m/min
	v=	m/min

Thermische Eigenschaften

Formbeständigkeit in der Wärme	Verfahren		°C
	Verfahren		°C
Vicat Erweichungstemperatur (VST)	Verfahren B		73 °C
	Verfahren		°C
Kristallit-Schmelzpunkt	Verfahren		
Längenausdehnungskoeffizient	Bereich °C		· 10⁻⁴K⁻¹
	Temperatur		· 10⁻⁴K⁻¹
Wärmeleitfähigkeit	Verfahren		W/(K·m)
Spezifische Wärmekapazität	Verfahren		J/(K·g)
Glasumwandlungstemperatur	Torsionsschwingungsversuch	°C	
	Differentialkalorimetrie	°C	

Brandverhalten

UL-Test vertikal   Dicke   mm, Wert
                    Dicke   mm, Wert

	Norm	Bewertung	Abmessungen
Sauerstoff-Index	ASTM D 2863		
Glühstab-Verfahren			
Brandverhalten	DIN 4102		
MVSS			
FAR			

Elektrische Eigenschaften

	Hz	°C	Probekörper, Form
Dielektrizitätszahl	50		
	10³		
	10⁶		
Dielektrischer Verlustfaktor tan δ	50		
	10³		
	10⁶		
Spezifischer Durchgangs- widerstand	Ohm · cm		
Durchschlagfestigkeit	kV/mm		mm dick
Oberflächenwiderstand	Ohm		
Kriechstromfestigkeit Kriechwegbildung	KC	KB KA	

Elektrolytische Korrosionswirkung
Lichtbogenfestigkeit nach DIN
           nach ASTM   s

Beständigkeit *(Chemische Beständigkeit siehe Anhang)*

Wasseraufnahme

Feuchtigkeitsaufnahme Normalklima   %
Wetterbeständigkeit

Spannungskorrosion

Optische Eigenschaften

Brechungszahl n_D
Transmissionsgrad τ_c %   mm dick
Lichtdurchlässigkeit

Datenbank-Nr.	**T00770**		Merkblatt-Nr.	**2093**

PVC

Produkt	Hart-PVC-Blasmasse
Handelsname	**Trosiplast 2040**
Hersteller	HUELSTRO
DIN-Bez 1	7748-PVC-U,BG,074-10-X
DIN-Bez 2	
Zusätze	Stabilisatoren
Bevorzugte Verarbeitung	Blasformen
Besondere Merkmale	Formstabil; Witterungsbestaendig; Flammwidrig; Hochschlagzaeh

Viskositätszahl ml/g	
K-Wert	
Füllstoffe/Verstärkung	
Lieferform	Granulat
Farben	Standard; Glasklar; Gedeckt
Bevorzugte Anwendungen	Hohlkoerper; Lebensmittelverpackung; Genussmittel; Kosmetika; Haushaltsreiniger; Technisches Fuellgut

Kornverteilung

Kornklasse μm	Rückstand %

Dichte	g/cm³	1.33
Schüttdichte	g/cm³	
Stampfdichte	g/cm³	
Rieselfähigkeit		
Rieselzeit	s/100 g	
Kornbeschaffenheit		
Flüchtige Bestandteile	%	
Sulfatasche	%	

Allgemeine Hinweise

Zugversuch 23 °C DIN 53455; DIN 53457

Probekörper:	Form		Herstellung	
	Zustand		Vorbehandlung	Normalklima
Streckspannung	N/mm²		Dehnung bei Streckspannung	%
Zugfestigkeit	N/mm² 48		Reißdehnung	% 35
Reißfestigkeit	N/mm²		% Dehnspannung	N/mm²
E-Modul	N/mm² 2700		Dehnung bei % Dehnspg.	%

Kriechmoduln und Zeitstandwerte 23 °C

Probekörper:	Form		Herstellung	
	Zustand		Vorbehandlung	
Kriechmodul	1 min N/mm²		Zeitstandzugfestigkeit	h N/mm²
Kriechmodul	1000 h N/mm²		Zeitdehnspg. %	h N/mm²
bei Spannung	N/mm²			

Biegeversuch 23 °C

Probekörper:	Form		Herstellung	
	Zustand		Vorbehandlung	
Biegefestigkeit	N/mm²		E-Modul	N/mm²
3,5% Biegespannung	N/mm²			

Härte 23 °C

Probekörper:	Zustand		Herstellung	
			Vorbehandlung	
Kugeldruckhärte	N/mm² bei N, s		Shore-Härte A	
Rockwellhärte			Shore-Härte D	

Schlagversuch

Probekörper: (1) U-Kerbe
(2) V-Kerbe
Zustand

Herstellung
Vorbehandlung Normalklima

	°C		°C		°C	Probekörper-Form
Schlagzähigkeit	kJ/m²					
Kerbschlagzähigkeit (1)	kJ/m²	23 18	0 5.4			NKS
IZOD-Kerbschlagzähigkeit (2)	J/m	23 139				
Kerbschlagzugzähigkeit	kJ/m²					

Kunststoffe © Springer-Verlag Berlin Heidelberg 1988
Kopieren, Vervielfältigen und Speichern in Datenverarbeitungsanlagen (auch auszugsweise) ist nur mit schriftlicher Genehmigung des Verlages gestattet

Datenbank-Nr. **T00770** Merkblatt-Nr. **2093**

Abrieb und Reibung

Taber-Abrieb (Reibradverfahren) mm³/100 U
Abriebfaktor LNP (Thrust washer) Vergleichswert
Statische Reibungszahl
Dynamische Reibungszahl (p·v= N/mm² · m/min)
Zulässiger p·v Wert N/mm² · (m/min) v= m/min
 v= m/min

Thermische Eigenschaften

Formbeständigkeit in der Wärme Verfahren °C
 Verfahren °C
Vicat Erweichungstemperatur (VST) Verfahren B 75 °C
 Verfahren °C
Kristallit-Schmelzpunkt Verfahren

Längenausdehnungskoeffizient Bereich °C $\cdot 10^{-4} K^{-1}$
 Temperatur $\cdot 10^{-4} K^{-1}$
Wärmeleitfähigkeit Verfahren W/(K·m)

Spezifische Wärmekapazität Verfahren J/(K·g)

Glasumwandlungstemperatur Torsionsschwingungsversuch °C
 Differentialkalorimetrie °C

Brandverhalten

UL-Test vertikal Dicke mm, Wert
 Dicke mm, Wert

	Norm	Bewertung	Abmessungen
Sauerstoff-Index	ASTM D 2863		
Glühstab-Verfahren			
Brandverhalten	DIN 4102		
MVSS			
FAR			

Elektrische Eigenschaften

	Hz	°C		Probekörper, Form
Dielektrizitätszahl	50			
	10³			
	10⁶			
Dielektrischer Verlustfaktor tan δ	50			
	10³			
	10⁶			

Spezifischer Durchgangs-
 widerstand Ohm·cm
Durchschlagfestigkeit kV/mm
Oberflächenwiderstand Ohm   mm dick

Kriechstromfestigkeit KC KB KA
Kriechwegbildung

Elektrolytische Korrosionswirkung
Lichtbogenfestigkeit nach DIN
 nach ASTM s

Beständigkeit (Chemische Beständigkeit siehe Anhang)

Wasseraufnahme

Feuchtigkeitsaufnahme Normalklima   %
Wetterbeständigkeit

Spannungskorrosion

Optische Eigenschaften

Brechungszahl n_D
Transmissionsgrad τ_c % mm dick
Lichtdurchlässigkeit

Datenbank-Nr.	**T00771**		Merkblatt-Nr.	**2094**

PVC

Produkt	Hart-PVC-Blasmasse
Handelsname	**Trosiplast 2050**
Hersteller	HUELSTRO
DIN-Bez 1	7748-PVC-U,BG,074-30-X
DIN-Bez 2	
Zusätze	Stabilisatoren
Bevorzugte Verarbeitung	Blasformen
Besondere Merkmale	Formstabil; Witterungsbestaendig; Flammwidrig; Hochschlagzaeh
Viskositätszahl ml/g	
K-Wert	
Füllstoffe/Verstärkung	
Lieferform	Granulat
Farben	Standard; Glasklar; Gedeckt
Bevorzugte Anwendungen	Hohlkoerper; Lebensmittelverpackung; Genussmittel; Kosmetika; Haushaltsreiniger; Technisches Fuellgut

---

Kornverteilung

Kornklasse μm	Rückstand %

Dichte g/cm³	1.32
Schüttdichte g/cm³	
Stampfdichte g/cm³	
Rieselfähigkeit	
Rieselzeit s/100 g	
Kornbeschaffenheit	
Flüchtige Bestandteile %	
Sulfatasche %	

Allgemeine Hinweise

Zugversuch 23 °C DIN 53455; DIN 53457

Probekörper: Form / Zustand
Herstellung / Vorbehandlung: Normalklima

Streckspannung	N/mm²		Dehnung bei Streckspannung	%
Zugfestigkeit	N/mm² 46		Reißdehnung	% 40
Reißfestigkeit	N/mm²		% Dehnspannung	N/mm²
E-Modul	N/mm² 2650		Dehnung bei % Dehnspg.	%

Kriechmoduln und Zeitstandwerte 23 °C

Probekörper: Form / Zustand
Herstellung / Vorbehandlung

Kriechmodul	1 min N/mm²	Zeitstandzugfestigkeit	h N/mm²
Kriechmodul	1000 h N/mm²	Zeitdehnspg. %	h N/mm²
bei Spannung	N/mm²		

Biegeversuch 23 °C

Probekörper: Form / Zustand
Herstellung / Vorbehandlung

Biegefestigkeit	N/mm²	E-Modul	N/mm²
3,5% Biegespannung	N/mm²		

Härte 23 °C

Probekörper: Zustand
Herstellung / Vorbehandlung

Kugeldruckhärte	N/mm²	bei N, s	Shore-Härte A	
Rockwellhärte			Shore-Härte D	

Schlagversuch

Probekörper: (1) U-Kerbe / (2) V-Kerbe / Zustand
Herstellung / Vorbehandlung: Normalklima

		°C	°C	°C	Probekörper-Form
Schlagzähigkeit	kJ/m²				
Kerbschlagzähigkeit (1)	kJ/m²	23 28	0 8.0		NKS
IZOD-Kerbschlagzähigkeit (2)	J/m	23 227			
Kerbschlagzugzähigkeit	kJ/m²				

Kunststoffe © Springer-Verlag Berlin Heidelberg 1988
Kopieren, Vervielfältigen und Speichern in Datenverarbeitungsanlagen (auch auszugsweise) ist nur mit schriftlicher Genehmigung des Verlages gestattet

Datenbank-Nr. **T00771** Merkblatt-Nr. **2094**

Abrieb und Reibung

Taber-Abrieb (Reibradverfahren)   mm³/100 U
Abriebfaktor LNP (Thrust washer) Vergleichswert
Statische Reibungszahl
Dynamische Reibungszahl   (p·v =   N/mm² ·   m/min)
Zulässiger p · v Wert   N/mm² · (m/min)   v =   m/min
   v =   m/min

Thermische Eigenschaften

Formbeständigkeit in der Wärme   Verfahren   °C
   Verfahren   °C
Vicat Erweichungstemperatur (VST)   Verfahren B   75 °C
   Verfahren   °C
Kristallit-Schmelzpunkt   Verfahren

Längenausdehnungskoeffizient   Bereich   °C   · $10^{-4} K^{-1}$
   Temperatur   · $10^{-4} K^{-1}$
Wärmeleitfähigkeit   Verfahren   W/(K · m)

Spezifische Wärmekapazität   Verfahren   J/(K · g)

Glasumwandlungstemperatur   Torsionsschwingungsversuch   °C
   Differentialkalorimetrie   °C

Brandverhalten

UL-Test vertikal   Dicke   mm, Wert
   Dicke   mm, Wert

	Norm	Bewertung	Abmessungen
Sauerstoff-Index	ASTM D 2863		
Glühstab-Verfahren			
Brandverhalten	DIN 4102		
MVSS			
FAR			

Elektrische Eigenschaften

	Hz	°C		Probekörper, Form
Dielektrizitätszahl	50			
	10^3			
	10^6			
Dielektrischer Verlustfaktor tan δ	50			
	10^3			
	10^6			

Spezifischer Durchgangs-
   widerstand   Ohm · cm
Durchschlagfestigkeit   kV/mm   mm dick
Oberflächenwiderstand   Ohm

Kriechstromfestigkeit   KC   KB   KA
Kriechwegbildung

Elektrolytische Korrosionswirkung
Lichtbogenfestigkeit nach DIN
   nach ASTM   s

Beständigkeit (Chemische Beständigkeit siehe Anhang)

Wasseraufnahme

Feuchtigkeitsaufnahme Normalklima   %
Wetterbeständigkeit

Spannungskorrosion

Optische Eigenschaften

Brechungszahl n_D
Transmissionsgrad τ_c %   mm dick
Lichtdurchlässigkeit

Datenbank-Nr.	**T00772**	Merkblatt-Nr. **2095**
Produkt	Hart-PVC-Blasmasse	**PVC**
Handelsname	**Trosiplast 2051**	
Hersteller	HUELSTRO	

DIN-Bez 1	7748-PVC-U,BG,074-30-X	Viskositätszahl ml/g	
DIN-Bez 2		K-Wert	
Zusätze	Stabilisatoren	Füllstoffe/Verstärkung	
Bevorzugte Verarbeitung	Blasformen	Lieferform	Granulat
		Farben	Standard; Gedeckt
Besondere Merkmale	Formstabil; Witterungsbestaendig; Flammwidrig; Hochschlagzaeh	Bevorzugte Anwendungen	Hohlkoerper; Lebensmittelverpackung; Genussmittel; Kosmetika; Haushaltsreiniger; Technisches Fuellgut

Kornverteilung

Kornklasse μm	Rückstand %		
		Dichte g/cm³	1.32
		Schüttdichte g/cm³	
		Stampfdichte g/cm³	
		Rieselfähigkeit	
		Rieselzeit s/100 g	
		Kornbeschaffenheit	
Allgemeine Hinweise		Flüchtige Bestandteile %	
		Sulfatasche %	

Zugversuch 23 °C   DIN 53455; DIN 53457

Probekörper: Form
Zustand
Herstellung
Vorbehandlung Normalklima

Streckspannung	N/mm²	Dehnung bei Streckspannung	%
Zugfestigkeit	N/mm² 46	Reißdehnung	% 40
Reißfestigkeit	N/mm²	% Dehnspannung	N/mm²
E-Modul	N/mm² 2650	Dehnung bei % Dehnspg.	%

Kriechmoduln und Zeitstandwerte 23 °C

Probekörper: Form
Zustand
Herstellung
Vorbehandlung

Kriechmodul	1 min N/mm²	Zeitstandzugfestigkeit	h N/mm²
Kriechmodul	1000 h N/mm²	Zeitdehnspg. %	h N/mm²
bei Spannung	N/mm²		

Biegeversuch 23 °C

Probekörper: Form
Zustand
Herstellung
Vorbehandlung

Biegefestigkeit	N/mm²	E-Modul	N/mm²
3,5% Biegespannung	N/mm²		

Härte 23 °C

Probekörper: Zustand
Herstellung
Vorbehandlung

Kugeldruckhärte	N/mm² bei N, s	Shore-Härte A	
Rockwellhärte		Shore-Härte D	

Schlagversuch

Probekörper: (1) U-Kerbe
(2) V-Kerbe
Zustand
Herstellung
Vorbehandlung Normalklima

		°C	°C	°C	Probekörper-Form
Schlagzähigkeit	kJ/m²				
Kerbschlagzähigkeit (1)	kJ/m²	23 28	0 8.0		NKS
IZOD-Kerbschlagzähigkeit (2)	J/m	23 227			
Kerbschlagzugzähigkeit	kJ/m²				

Kunststoffe © Springer-Verlag Berlin Heidelberg 1988
Kopieren, Vervielfältigen und Speichern in Datenverarbeitungsanlagen (auch auszugsweise) ist nur mit schriftlicher Genehmigung des Verlages gestattet

Datenbank-Nr. **T00772** Merkblatt-Nr. **2095**

Abrieb und Reibung

Taber-Abrieb (Reibradverfahren)   mm³/100 U
Abriebfaktor LNP (Thrust washer) Vergleichswert
Statische Reibungszahl
Dynamische Reibungszahl   (p·v=   N/mm² ·   m/min)
Zulässiger p·v Wert   N/mm² · (m/min)   v=   m/min
    v=   m/min

Thermische Eigenschaften

Formbeständigkeit in der Wärme   Verfahren   °C
    Verfahren   °C
Vicat Erweichungstemperatur (VST)   Verfahren B   75 °C
    Verfahren   °C
Kristallit-Schmelzpunkt   Verfahren

Längenausdehnungskoeffizient   Bereich   °C   · 10⁻⁴ K⁻¹
    Temperatur   · 10⁻⁴ K⁻¹
Wärmeleitfähigkeit   Verfahren   W/(K·m)

Spezifische Wärmekapazität   Verfahren   J/(K·g)

Glasumwandlungstemperatur   Torsionsschwingungsversuch   °C
    Differentialkalorimetrie   °C

Brandverhalten

UL-Test vertikal   Dicke   mm, Wert
    Dicke   mm, Wert

	Norm	Bewertung	Abmessungen
Sauerstoff-Index	ASTM D 2863		
Glühstab-Verfahren			
Brandverhalten	DIN 4102		
MVSS			
FAR			

Elektrische Eigenschaften

     Hz   °C   Probekörper, Form

Dielektrizitätszahl   50
    10³
    10⁶
Dielektrischer Verlustfaktor tan δ   50
    10³
    10⁶
Spezifischer Durchgangs-
   widerstand   Ohm·cm
Durchschlagfestigkeit   kV/mm   mm dick
Oberflächenwiderstand   Ohm

Kriechstromfestigkeit   KC   KB   KA
Kriechwegbildung

Elektrolytische Korrosionswirkung
Lichtbogenfestigkeit nach DIN
     nach ASTM   s

Beständigkeit *(Chemische Beständigkeit siehe Anhang)*

Wasseraufnahme

Feuchtigkeitsaufnahme Normalklima   %
Wetterbeständigkeit

Spannungskorrosion

Optische Eigenschaften

Brechungszahl n_D
Transmissionsgrad τ_c %   mm dick
Lichtdurchlässigkeit

Datenbank-Nr.	**T00773**		Merkblatt-Nr. **2096**

PVC

Produkt	Hart-PVC-Blasmasse
Handelsname	**Trosiplast 2060**
Hersteller	HUELSTRO
DIN-Bez 1	7748-PVC-U,BG,076-03-X
DIN-Bez 2	
Zusätze	Stabilisatoren
Bevorzugte Verarbeitung	Blasformen
Besondere Merkmale	Formstabil; Witterungsbestaendig; Flammwidrig; Hochschlagzaeh

Viskositätszahl ml/g	
K-Wert	
Füllstoffe/Verstärkung	
Lieferform	Granulat
Farben	Standard; Glasklar; Gedeckt
Bevorzugte Anwendungen	Hohlkoerper; Lebensmittelverpackung; Genussmittel; Kosmetika; Haushaltsreiniger; Technisches Fuellgut

---

Kornverteilung

Kornklasse μm	Rückstand %

Dichte	g/cm³	1.32
Schüttdichte	g/cm³	
Stampfdichte	g/cm³	
Rieselfähigkeit		
Rieselzeit	s/100 g	
Kornbeschaffenheit		
Flüchtige Bestandteile	%	
Sulfatasche	%	

Allgemeine Hinweise

Zugversuch 23 °C   DIN 53455; DIN 53457

Probekörper: Form
Zustand

Herstellung
Vorbehandlung Normalklima

Streckspannung	N/mm²		Dehnung bei Streckspannung	%	
Zugfestigkeit	N/mm²	44	Reißdehnung	%	40
Reißfestigkeit	N/mm²		% Dehnspannung	N/mm²	
E-Modul	N/mm²	2550	Dehnung bei % Dehnspg.	%	

Kriechmoduln und Zeitstandwerte 23 °C

Probekörper: Form
Zustand

Herstellung
Vorbehandlung

Kriechmodul	1 min N/mm²		Zeitstandzugfestigkeit	h N/mm²
Kriechmodul	1000 h N/mm²		Zeitdehnspg. %	h N/mm²
bei Spannung	N/mm²			

Biegeversuch 23 °C

Probekörper: Form
Zustand

Herstellung
Vorbehandlung

Biegefestigkeit	N/mm²	E-Modul	N/mm²
3,5% Biegespannung	N/mm²		

Härte 23 °C   Probekörper: Zustand

Herstellung
Vorbehandlung

Kugeldruckhärte	N/mm²	bei	N, s	Shore-Härte A
Rockwellhärte				Shore-Härte D

Schlagversuch   Probekörper: (1) U-Kerbe
(2) V-Kerbe
Zustand

Herstellung
Vorbehandlung Normalklima

		°C	°C	°C	Probekörper-Form
Schlagzähigkeit	kJ/m²				
Kerbschlagzähigkeit (1)	kJ/m²	23 ≥36	0 11.7		NKS
IZOD-Kerbschlagzähigkeit (2)	J/m	23 315			
Kerbschlagzugzähigkeit	kJ/m²				

Datenbank-Nr. **T00773**　　　　　　　　　　　　　　　　　　　　　　　　　　　Merkblatt-Nr. **2096**

Abrieb und Reibung

Taber-Abrieb (Reibradverfahren)	mm³/100 U	
Abriebfaktor LNP (Thrust washer) Vergleichswert		
Statische Reibungszahl		
Dynamische Reibungszahl	(p·v=　N/mm² ·	m/min)
Zulässiger p · v Wert	N/mm² · (m/min)　v=	m/min
	v=	m/min

Thermische Eigenschaften

Formbeständigkeit in der Wärme	Verfahren		°C
	Verfahren		°C
Vicat Erweichungstemperatur (VST)	Verfahren	B	75 °C
	Verfahren		°C
Kristallit-Schmelzpunkt	Verfahren		
Längenausdehnungskoeffizient	Bereich	°C	$\cdot 10^{-4} K^{-1}$
	Temperatur		$\cdot 10^{-4} K^{-1}$
Wärmeleitfähigkeit	Verfahren		W/(K · m)
Spezifische Wärmekapazität	Verfahren		J/(K · g)
Glasumwandlungstemperatur	Torsionsschwingungsversuch		°C
	Differentialkalorimetrie		°C

Brandverhalten

UL-Test vertikal　　Dicke　　mm, Wert
　　　　　　　　　Dicke　　mm, Wert

	Norm	Bewertung	Abmessungen
Sauerstoff-Index	ASTM D 2863		
Glühstab-Verfahren			
Brandverhalten	DIN 4102		
MVSS			
FAR			

Elektrische Eigenschaften

	Hz	°C			Probekörper, Form
Dielektrizitätszahl	50				
	10³				
	10⁶				
Dielektrischer Verlustfaktor tan δ	50				
	10³				
	10⁶				
Spezifischer Durchgangs-widerstand	Ohm · cm				
Durchschlagfestigkeit	kV/mm				mm dick
Oberflächenwiderstand	Ohm				
Kriechstromfestigkeit	KC	KB	KA		
Kriechwegbildung					

Elektrolytische Korrosionswirkung
Lichtbogenfestigkeit nach DIN
　　　　　　　　nach ASTM　s

Beständigkeit (Chemische Beständigkeit siehe Anhang)

Wasseraufnahme

Feuchtigkeitsaufnahme Normalklima　　　　　　　　　　　　　　%
Wetterbeständigkeit

Spannungskorrosion

Optische Eigenschaften

Brechungszahl n_D
Transmissionsgrad τ_c　　%　　　　　　　　mm dick
Lichtdurchlässigkeit

Datenbank-Nr.	**T00774**		Merkblatt-Nr.	**2097**

PVC

Produkt	Hart-PVC-Blasmasse
Handelsname	**Trosiplast 2080**
Hersteller	HUELSTRO
DIN-Bez 1	7748-PVC-U,BG,074-30-X
DIN-Bez 2	

		Viskositätszahl ml/g	
		K-Wert	
Zusätze	Stabilisatoren	Füllstoffe/Verstärkung	
Bevorzugte Verarbeitung	Blasformen	Lieferform	Granulat
		Farben	Standard; Glasklar; Gedeckt
Besondere Merkmale	Formstabil; Witterungsbestaendig; Flammwidrig; Schlagzaeh	Bevorzugte Anwendungen	Hohlkoerper; Lebensmittelverpackung; Genussmittel; Kosmetika; Haushaltsreiniger; Technisches Fuellgut

---

Kornverteilung

Kornklasse μm	Rückstand %	Dichte	g/cm³	1.3
		Schüttdichte	g/cm³	
		Stampfdichte	g/cm³	
		Rieselfähigkeit		
		Rieselzeit	s/100 g	
		Kornbeschaffenheit		
Allgemeine Hinweise		Flüchtige Bestandteile	%	
		Sulfatasche	%	

Zugversuch 23 °C DIN 53455; DIN 53457

Probekörper: Form
Zustand

Herstellung
Vorbehandlung Normalklima

Streckspannung	N/mm²	Dehnung bei Streckspannung	%	
Zugfestigkeit	N/mm² 42	Reißdehnung	%	45
Reißfestigkeit	N/mm²	% Dehnspannung	N/mm²	
E-Modul	N/mm² 2300	Dehnung bei % Dehnspg.	%	

Kriechmoduln und Zeitstandwerte 23 °C

Probekörper: Form
Zustand

Herstellung
Vorbehandlung

Kriechmodul	1 min N/mm²	Zeitstandzugfestigkeit	h N/mm²
Kriechmodul	1000 h N/mm²	Zeitdehnspg. %	h N/mm²
bei Spannung	N/mm²		

Biegeversuch 23 °C

Probekörper: Form
Zustand

Herstellung
Vorbehandlung

Biegefestigkeit	N/mm²	E-Modul	N/mm²
3,5% Biegespannung	N/mm²		

Härte 23 °C

Probekörper: Zustand

Herstellung
Vorbehandlung

Kugeldruckhärte	N/mm²	bei N, s	Shore-Härte A	
Rockwellhärte			Shore-Härte D	

Schlagversuch

Probekörper: (1) U-Kerbe
(2) V-Kerbe
Zustand

Herstellung
Vorbehandlung Normalklima

		°C	°C	°C	Probekörper-Form
Schlagzähigkeit	kJ/m²				
Kerbschlagzähigkeit (1)	kJ/m²	23 ≥45	0 15.0		NKS
IZOD-Kerbschlagzähigkeit (2)	J/m	23 530			
Kerbschlagzugzähigkeit	kJ/m²				

Datenbank-Nr. **T00774** Merkblatt-Nr. **2097**

Abrieb und Reibung

Taber-Abrieb (Reibradverfahren)   mm³/100 U
Abriebfaktor LNP (Thrust washer) Vergleichswert
Statische Reibungszahl
Dynamische Reibungszahl   (p·v=   N/mm² ·   m/min)
Zulässiger p · v Wert   N/mm² · (m/min)   v =   m/min
                      v =   m/min

Thermische Eigenschaften

Formbeständigkeit in der Wärme   Verfahren   °C
                 Verfahren   °C
Vicat Erweichungstemperatur (VST)   Verfahren   B   74 °C
                 Verfahren   °C
Kristallit-Schmelzpunkt   Verfahren

Längenausdehnungskoeffizient   Bereich   °C   · $10^{-4} K^{-1}$
                Temperatur   · $10^{-4} K^{-1}$
Wärmeleitfähigkeit   Verfahren   W/(K · m)

Spezifische Wärmekapazität   Verfahren   J/(K · g)

Glasumwandlungstemperatur   Torsionsschwingungsversuch   °C
               Differentialkalorimetrie   °C

Brandverhalten

UL-Test vertikal   Dicke   mm, Wert
         Dicke   mm, Wert

	Norm	Bewertung	Abmessungen
Sauerstoff-Index	ASTM D 2863		
Glühstab-Verfahren			
Brandverhalten	DIN 4102		
MVSS			
FAR			

Elektrische Eigenschaften

             Hz   °C   Probekörper, Form

Dielektrizitätszahl   50
          10^3
          10^6
Dielektrischer Verlustfaktor tan δ   50
                 10^3
                 10^6

Spezifischer Durchgangs-
  widerstand   Ohm · cm
Durchschlagfestigkeit   kV/mm   mm dick
Oberflächenwiderstand   Ohm

Kriechstromfestigkeit   KC   KB   KA
Kriechwegbildung

Elektrolytische Korrosionswirkung
Lichtbogenfestigkeit nach DIN
         nach ASTM   s

Beständigkeit (Chemische Beständigkeit siehe Anhang)

Wasseraufnahme

Feuchtigkeitsaufnahme Normalklima   %
Wetterbeständigkeit

Spannungskorrosion

Optische Eigenschaften

Brechungszahl n_D
Transmissionsgrad $τ_c$ %   mm dick
Lichtdurchlässigkeit

Datenbank-Nr.	**T00775**		Merkblatt-Nr. **2098**	
Produkt	Hart-PVC-Spritzgiessmasse			**PVC**
Handelsname	**Trosiplast 3111**			
Hersteller	HUELSTRO			
DIN-Bez 1	7748-PVC-U,MG,072-03-X		Viskositätszahl ml/g	
DIN-Bez 2			K-Wert	
Zusätze	Stabilisatoren		Füllstoffe/Verstärkung	
Bevorzugte Verarbeitung	Spritzgiessen		Lieferform	Granulat
			Farben	Standard; Gedeckt; Transparent
Besondere Merkmale	Schlagzaeh; Physiologisch unbedenklich		Bevorzugte Anwendungen	Lebensmittelverpackung; Verpackung allgemein; Cremedose; Gewuerzdose; Tubenkappe; Flaschenkappe

Kornverteilung			Dichte g/cm^3	1.38
Kornklasse μm	Rückstand %		Schüttdichte g/cm^3	
			Stampfdichte g/cm^3	
			Rieselfähigkeit	
			Rieselzeit s/100 g	
			Kornbeschaffenheit	
Allgemeine Hinweise			Flüchtige Bestandteile %	
			Sulfatasche %	

Zugversuch 23 °C   DIN 53455; DIN 53457
      Probekörper: Form   Herstellung
                     Zustand   Vorbehandlung   Normalklima

Streckspannung	N/mm^2	Dehnung bei Streckspannung	%
Zugfestigkeit	N/mm^2 60	Reißdehnung	% 30
Reißfestigkeit	N/mm^2	% Dehnspannung	N/mm^2
E-Modul	N/mm^2 3300	Dehnung bei % Dehnspg.	%

Kriechmoduln und Zeitstandwerte 23 °C
      Probekörper: Form   Herstellung
                     Zustand   Vorbehandlung

Kriechmodul	1 min N/mm^2	Zeitstandzugfestigkeit	h N/mm^2
Kriechmodul	1000 h N/mm^2	Zeitdehnspg. %	h N/mm^2
bei Spannung	N/mm^2		

Biegeversuch 23 °C
      Probekörper: Form   Herstellung
                     Zustand   Vorbehandlung

Biegefestigkeit	N/mm^2	E-Modul	N/mm^2
3,5% Biegespannung	N/mm^2		

Härte 23 °C   Probekörper: Zustand   Herstellung
                                                          Vorbehandlung   Normalklima

Kugeldruckhärte	N/mm^2 116	bei	N, 30 s	Shore-Härte A
Rockwellhärte				Shore-Härte D 83

Schlagversuch   Probekörper: (1) U-Kerbe
                                    (2)
                                    Zustand   Herstellung
                                                                      Vorbehandlung   Normalklima
                                                  °C   °C   °C   Probekörper-Form

Schlagzähigkeit	kJ/m^2	23 o.B.
Kerbschlagzähigkeit (1)	kJ/m^2	23 3
IZOD-Kerbschlagzähigkeit (2)	J/m	
Kerbschlagzugzähigkeit	kJ/m^2	

Datenbank-Nr. **T00775** Merkblatt-Nr. **2098**

Abrieb und Reibung
Taber-Abrieb (Reibradverfahren)   mm³/100 U
Abriebfaktor LNP (Thrust washer) Vergleichswert
Statische Reibungszahl
Dynamische Reibungszahl   (p·v=   N/mm² ·   m/min)
Zulässiger p·v Wert   N/mm² · (m/min)   v=   m/min
   v=   m/min

Thermische Eigenschaften
Formbeständigkeit in der Wärme   Verfahren   °C
   Verfahren   °C
Vicat Erweichungstemperatur (VST)   Verfahren B   73 °C
   Verfahren A   82 °C
Kristallit-Schmelzpunkt   Verfahren

Längenausdehnungskoeffizient   Bereich   °C   ·10⁻⁴K⁻¹
   Temperatur   ·10⁻⁴K⁻¹
Wärmeleitfähigkeit   Verfahren   W/(K·m)

Spezifische Wärmekapazität   Verfahren   J/(K·g)

Glasumwandlungstemperatur   Torsionsschwingungsversuch   °C
   Differentialkalorimetrie   °C

Brandverhalten
UL-Test vertikal   Dicke   mm, Wert
   Dicke   mm, Wert

	Norm	Bewertung	Abmessungen
Sauerstoff-Index	ASTM D 2863		
Glühstab-Verfahren			
Brandverhalten	DIN 4102		
MVSS			
FAR			

Elektrische Eigenschaften

	Hz	°C		Probekörper, Form
Dielektrizitätszahl	50			
	10³			
	10⁶			
Dielektrischer Verlustfaktor tan δ	50			
	10³			
	10⁶			
Spezifischer Durchgangswiderstand	Ohm·cm	23	≧ 1.0*10**16	
Durchschlagfestigkeit	kV/mm	23	22	mm dick
Oberflächenwiderstand	Ohm	23	1.0*10**12	
Kriechstromfestigkeit	KC	KB	KA	
Kriechwegbildung				

Elektrolytische Korrosionswirkung
Lichtbogenfestigkeit nach DIN
     nach ASTM   s

Beständigkeit (Chemische Beständigkeit siehe Anhang)
Wasseraufnahme

Feuchtigkeitsaufnahme Normalklima   %
Wetterbeständigkeit

Spannungskorrosion

Optische Eigenschaften
Brechungszahl n_D
Transmissionsgrad τ_c %   mm dick
Lichtdurchlässigkeit

Datenbank-Nr.	**T00776**		Merkblatt-Nr.	**2099**

Produkt	Hart-PVC-Spritzgiessmasse		**PVC**
Handelsname	**Trosiplast 3121**		
Hersteller	HUELSTRO		
DIN-Bez 1	7748-PVC-U,MG,068-03-X	Viskositätszahl ml/g	
DIN-Bez 2		K-Wert	
Zusätze	Stabilisatoren	Füllstoffe/Verstärkung	
Bevorzugte Verarbeitung	Spritzgiessen	Lieferform	Granulat
		Farben	Standard; Gedeckt; Transparent
Besondere Merkmale	Schlagzaeh; Glasklar	Bevorzugte Anwendungen	Transparente Abdeckung; Spannungspruefer; Schreibmaschinenteil; Faserschreiberhuelse; Buerolineal; Christbaumkerzenhuelse; Wasseraufbereitungsgehaeuse; Knallgasentwickler

Kornverteilung

Kornklasse µm	Rückstand %

Dichte	g/cm³	1.38
Schüttdichte	g/cm³	
Stampfdichte	g/cm³	
Rieselfähigkeit		
Rieselzeit	s/100 g	
Kornbeschaffenheit		
Flüchtige Bestandteile	%	
Sulfatasche	%	

Allgemeine Hinweise

Zugversuch 23 °C   DIN 53455; DIN 53457

Probekörper: Form / Zustand   Herstellung / Vorbehandlung: Normalklima

Streckspannung	N/mm²	Dehnung bei Streckspannung	%	
Zugfestigkeit	N/mm² 60	Reißdehnung	%	20
Reißfestigkeit	N/mm²	% Dehnspannung	N/mm²	
E-Modul	N/mm² 3200	Dehnung bei % Dehnspg.	%	

Kriechmoduln und Zeitstandwerte 23 °C

Probekörper: Form / Zustand   Herstellung / Vorbehandlung

Kriechmodul	1 min N/mm²	Zeitstandzugfestigkeit	h N/mm²
Kriechmodul	1000 h N/mm²	Zeitdehnspg. %	h N/mm²
bei Spannung	N/mm²		

Biegeversuch 23 °C

Probekörper: Form / Zustand   Herstellung / Vorbehandlung

Biegefestigkeit	N/mm²	E-Modul	N/mm²
3,5% Biegespannung	N/mm²		

Härte 23 °C

Probekörper: Zustand   Herstellung / Vorbehandlung: Normalklima

Kugeldruckhärte	N/mm² 112	bei	N, 30 s	Shore-Härte A	
Rockwellhärte				Shore-Härte D	83

Schlagversuch

Probekörper: (1) U-Kerbe (2) / Zustand   Herstellung / Vorbehandlung: Normalklima

		°C	°C	°C	Probekörper-Form
Schlagzähigkeit	kJ/m²	23 o.B.			
Kerbschlagzähigkeit (1)	kJ/m²	23 2			
IZOD-Kerbschlagzähigkeit (2)	J/m				
Kerbschlagzugzähigkeit	kJ/m²				

Kunststoffe © Springer-Verlag Berlin Heidelberg 1988
Kopieren, Vervielfältigen und Speichern in Datenverarbeitungsanlagen (auch auszugsweise) ist nur mit schriftlicher Genehmigung des Verlages gestattet

Datenbank-Nr. **T00776**   Merkblatt-Nr. **2099**

Abrieb und Reibung

Taber-Abrieb (Reibradverfahren)	mm³/100 U	
Abriebfaktor LNP (Thrust washer) Vergleichswert		
Statische Reibungszahl		
Dynamische Reibungszahl	$(p \cdot v =$ N/mm² $\cdot$ m/min)	
Zulässiger $p \cdot v$ Wert	N/mm² $\cdot$ (m/min) v = m/min	
	v = m/min	

Thermische Eigenschaften

Formbeständigkeit in der Wärme	Verfahren	°C
	Verfahren	°C
Vicat Erweichungstemperatur (VST)	Verfahren B	68 °C
Kristallit-Schmelzpunkt	Verfahren A	77 °C
Längenausdehnungskoeffizient	Bereich °C	$\cdot 10^{-4} K^{-1}$
	Temperatur	$\cdot 10^{-4} K^{-1}$
Wärmeleitfähigkeit	Verfahren	W/(K·m)
Spezifische Wärmekapazität	Verfahren	J/(K·g)
Glasumwandlungstemperatur	Torsionsschwingungsversuch	°C
	Differentialkalorimetrie	°C

Brandverhalten

UL-Test vertikal	Dicke mm, Wert	
	Dicke mm, Wert	

	Norm	Bewertung	Abmessungen
Sauerstoff-Index	ASTM D 2863		
Glühstab-Verfahren			
Brandverhalten	DIN 4102		
MVSS			
FAR			

Elektrische Eigenschaften

		Hz	°C		Probekörper, Form
Dielektrizitätszahl		50			
		10^3			
		10^6			
Dielektrischer Verlustfaktor tan δ		50			
		10^3			
		10^6			
Spezifischer Durchgangswiderstand	Ohm · cm		23	$\geq 1.0*10**16$	
Durchschlagfestigkeit	kV/mm		23	22	mm dick
Oberflächenwiderstand	Ohm		23	$1.0*10**12$	
Kriechstromfestigkeit		KC	KB	KA	
Kriechwegbildung					

Elektrolytische Korrosionswirkung
Lichtbogenfestigkeit nach DIN
         nach ASTM   s

Beständigkeit (Chemische Beständigkeit siehe Anhang)

Wasseraufnahme

Feuchtigkeitsaufnahme Normalklima   %
Wetterbeständigkeit

Spannungskorrosion

Optische Eigenschaften

Brechungszahl n_D
Transmissionsgrad τ_c %   mm dick
Lichtdurchlässigkeit

Datenbank-Nr.	**T00777**	Merkblatt-Nr. **2100**

Produkt	Hart-PVC-Spritzgiessmasse		**PVC**
Handelsname	**Trosiplast 3122**		
Hersteller	HUELSTRO		
DIN-Bez 1	7748-PVC-U,MG,068-03-X	Viskositätszahl ml/g	
DIN-Bez 2		K-Wert	
Zusätze	Stabilisatoren	Füllstoffe/Verstärkung	
Bevorzugte Verarbeitung	Spritzgiessen	Lieferform	Granulat
		Farben	Standard; Gedeckt; Transparent
Besondere Merkmale	Schlagzaeh; Glasklar; Hohes Fliessvermoegen	Bevorzugte Anwendungen	Transparente Abdeckung; Spannungspruefer; Schreibmaschinenteil; Faserschreiberhuelse; Buerolineal; Christbaumkerzenhuelse; Wasseraufbereitungsgehaeuse; Knallgasentwickler

Kornverteilung

Kornklasse μm	Rückstand %	Dichte	g/cm³	1.38
		Schüttdichte	g/cm³	
		Stampfdichte	g/cm³	
		Rieselfähigkeit		
		Rieselzeit	s/100 g	
		Kornbeschaffenheit		
Allgemeine Hinweise		Flüchtige Bestandteile	%	
		Sulfatasche	%	

Zugversuch 23 °C DIN 53455; DIN 53457

	Probekörper:	Form	Herstellung	
		Zustand	Vorbehandlung	Normalklima
Streckspannung	N/mm²		Dehnung bei Streckspannung	%
Zugfestigkeit	N/mm²	60	Reißdehnung	% 20
Reißfestigkeit	N/mm²		% Dehnspannung	N/mm²
E-Modul	N/mm²	3200	Dehnung bei % Dehnspg.	%

Kriechmoduln und Zeitstandwerte 23 °C

	Probekörper:	Form	Herstellung	
		Zustand	Vorbehandlung	
Kriechmodul	1 min	N/mm²	Zeitstandzugfestigkeit	h N/mm²
Kriechmodul	1000 h	N/mm²	Zeitdehnspg. %	h N/mm²
bei Spannung		N/mm²		

Biegeversuch 23 °C

	Probekörper:	Form	Herstellung	
		Zustand	Vorbehandlung	
Biegefestigkeit	N/mm²		E-Modul	N/mm²
3,5% Biegespannung	N/mm²			

Härte 23 °C

	Probekörper:	Zustand	Herstellung	
			Vorbehandlung	Normalklima
Kugeldruckhärte	N/mm² 112	bei N, 30 s	Shore-Härte A	
Rockwellhärte			Shore-Härte D	83

Schlagversuch

	Probekörper:	(1) U-Kerbe	Herstellung	
		(2)	Vorbehandlung	Normalklima
		Zustand		
	°C	°C	°C	Probekörper-Form
Schlagzähigkeit	kJ/m²	23 o.B.		
Kerbschlagzähigkeit (1)	kJ/m²	23 2		
IZOD-Kerbschlagzähigkeit (2)	J/m			
Kerbschlagzugzähigkeit	kJ/m²			

Kunststoffe © Springer-Verlag Berlin Heidelberg 1988
Kopieren, Vervielfältigen und Speichern in Datenverarbeitungsanlagen (auch auszugsweise) ist nur mit schriftlicher Genehmigung des Verlages gestattet

Datenbank-Nr. **T00777**　　　　　　　　　　　　　　　　　　　　　　　　　　　　Merkblatt-Nr. **2100**

Abrieb und Reibung

Taber-Abrieb (Reibradverfahren)	mm³/100 U	
Abriebfaktor LNP (Thrust washer) Vergleichswert		
Statische Reibungszahl		
Dynamische Reibungszahl	(p·v= N/mm² ·	m/min)
Zulässiger p · v Wert	N/mm² · (m/min) v =	m/min
	v =	m/min

Thermische Eigenschaften

Formbeständigkeit in der Wärme	Verfahren		°C
	Verfahren		°C
Vicat Erweichungstemperatur (VST)	Verfahren B		68 °C
	Verfahren A		77 °C
Kristallit-Schmelzpunkt	Verfahren		
Längenausdehnungskoeffizient	Bereich °C		· 10⁻⁴K⁻¹
	Temperatur		· 10⁻⁴K⁻¹
Wärmeleitfähigkeit	Verfahren		W/(K · m)
Spezifische Wärmekapazität	Verfahren		J/(K · g)
Glasumwandlungstemperatur	Torsionsschwingungsversuch	°C	
	Differentialkalorimetrie	°C	

Brandverhalten

UL-Test vertikal	Dicke	mm, Wert	
	Dicke	mm, Wert	
	Norm	Bewertung	Abmessungen
Sauerstoff-Index	ASTM D 2863		
Glühstab-Verfahren			
Brandverhalten	DIN 4102		
MVSS			
FAR			

Elektrische Eigenschaften

		Hz	°C		Probekörper, Form
Dielektrizitätszahl		50			
		10³			
		10⁶			
Dielektrischer Verlustfaktor tan δ		50			
		10³			
		10⁶			
Spezifischer Durchgangswiderstand	Ohm · cm		23	≧ 1.0*10**16	
Durchschlagfestigkeit	kV/mm		23	22	mm dick
Oberflächenwiderstand	Ohm		23	1.0*10**12	
Kriechstromfestigkeit		KC	KB	KA	
Kriechwegbildung					

Elektrolytische Korrosionswirkung
Lichtbogenfestigkeit nach DIN
　　　　　　　　nach ASTM　s

Beständigkeit (Chemische Beständigkeit siehe Anhang)

Wasseraufnahme

Feuchtigkeitsaufnahme Normalklima　　　　　　　　　　　　　　　　　　　　　　　　　%
Wetterbeständigkeit

Spannungskorrosion

Optische Eigenschaften

Brechungszahl n_D
Transmissionsgrad τ_c　　　%　　　　　　　　　mm dick
Lichtdurchlässigkeit

Datenbank-Nr.	**T00778**			Merkblatt-Nr. **2101**
Produkt	Hart-PVC-Spritzgiessmasse			**PVC**
Handelsname	**Trosiplast 3123**			
Hersteller	HUELSTRO			
DIN-Bez 1	7748-PVC-U,MG,080-03-X		Viskositätszahl ml/g	
DIN-Bez 2			K-Wert	
Zusätze	Stabilisatoren		Füllstoffe/Verstärkung	
Bevorzugte Verarbeitung	Spritzgiessen		Lieferform	Granulat
			Farben	Standard; Gedeckt; Transparent
Besondere Merkmale	Schlagzaeh; Glasklar; Waermeformbestaendig		Bevorzugte Anwendungen	Transparente Abdeckung; Spannungspruefer; Schreibmaschinenteil; Faserschreiberhuelse; Buerolineal; Christbaumkerzenhuelse; Wasseraufbereitungsgehaeuse; Knallgasentwickler

Kornverteilung

Kornklasse μm	Rückstand %		
		Dichte g/cm³	1.38
		Schüttdichte g/cm³	
		Stampfdichte g/cm³	
		Rieselfähigkeit	
		Rieselzeit s/100 g	
		Kornbeschaffenheit	
Allgemeine Hinweise		Flüchtige Bestandteile %	
		Sulfatasche %	

Zugversuch 23 °C   DIN 53455; DIN 53457

Probekörper: Form
Zustand

Herstellung
Vorbehandlung   Normalklima

Streckspannung	N/mm²	Dehnung bei Streckspannung	%
Zugfestigkeit	N/mm² 65	Reißdehnung	% 25
Reißfestigkeit	N/mm²	% Dehnspannung	N/mm²
E-Modul	N/mm² 3300	Dehnung bei % Dehnspg.	%

Kriechmoduln und Zeitstandwerte 23 °C

Probekörper: Form
Zustand

Herstellung
Vorbehandlung

Kriechmodul	1 min N/mm²	Zeitstandzugfestigkeit	h N/mm²
Kriechmodul	1000 h N/mm²	Zeitdehnspg. %	h N/mm²
bei Spannung	N/mm²		

Biegeversuch 23 °C

Probekörper: Form
Zustand

Herstellung
Vorbehandlung

Biegefestigkeit	N/mm²	E-Modul	N/mm²
3,5% Biegespannung	N/mm²		

Härte 23 °C

Probekörper: Zustand

Herstellung
Vorbehandlung   Normalklima

Kugeldruckhärte	N/mm² 116	bei N, 30 s	Shore-Härte A
Rockwellhärte			Shore-Härte D 84

Schlagversuch

Probekörper: (1) U-Kerbe
(2)
Zustand

Herstellung
Vorbehandlung   Normalklima

°C   °C   °C   Probekörper-Form

Schlagzähigkeit	kJ/m²	23 o.B.
Kerbschlagzähigkeit (1)	kJ/m²	23 3
IZOD-Kerbschlagzähigkeit (2)	J/m	
Kerbschlagzugzähigkeit	kJ/m²	

Datenbank-Nr. **T00778** Merkblatt-Nr. **2101**

Abrieb und Reibung

Taber-Abrieb (Reibradverfahren)	mm³/100 U	
Abriebfaktor LNP (Thrust washer) Vergleichswert		
Statische Reibungszahl		
Dynamische Reibungszahl	(p·v= N/mm² · m/min)	
Zulässiger p · v Wert	N/mm² · (m/min) v= m/min	
	v= m/min	

Thermische Eigenschaften

Formbeständigkeit in der Wärme	Verfahren	°C
	Verfahren	°C
Vicat Erweichungstemperatur (VST)	Verfahren B	80 °C
Kristallit-Schmelzpunkt	Verfahren A	89 °C
	Verfahren	
Längenausdehnungskoeffizient	Bereich °C	·10⁻⁴K⁻¹
	Temperatur	·10⁻⁴K⁻¹
Wärmeleitfähigkeit	Verfahren	W/(K · m)
Spezifische Wärmekapazität	Verfahren	J/(K · g)
Glasumwandlungstemperatur	Torsionsschwingungsversuch	°C
	Differentialkalorimetrie	°C

Brandverhalten

UL-Test vertikal	Dicke mm, Wert	
	Dicke mm, Wert	

	Norm	Bewertung	Abmessungen
Sauerstoff-Index	ASTM D 2863		
Glühstab-Verfahren			
Brandverhalten	DIN 4102		
MVSS			
FAR			

Elektrische Eigenschaften

	Hz	°C		Probekörper, Form
Dielektrizitätszahl	50			
	10³			
	10⁶			
Dielektrischer Verlustfaktor tan δ	50			
	10³			
	10⁶			
Spezifischer Durchgangswiderstand	Ohm · cm	23	$\geq 1.0*10**16$	
Durchschlagfestigkeit	kV/mm	23	22	mm dick
Oberflächenwiderstand	Ohm	23	$1.0*10**12$	
Kriechstromfestigkeit	KC	KB	KA	
Kriechwegbildung				

Elektrolytische Korrosionswirkung
Lichtbogenfestigkeit nach DIN
  nach ASTM   s

Beständigkeit (Chemische Beständigkeit siehe Anhang)

Wasseraufnahme

Feuchtigkeitsaufnahme Normalklima   %
Wetterbeständigkeit

Spannungskorrosion

Optische Eigenschaften

Brechungszahl n_D
Transmissionsgrad τ_c %   mm dick
Lichtdurchlässigkeit

Datenbank-Nr.	**T00779**	Merkblatt-Nr. **2102**

PVC

Produkt	Hart-PVC-Spritzgiessmasse
Handelsname	**Trosiplast 3161**
Hersteller	HUELSTRO
DIN-Bez 1	7748-PVC-U,MG,080-03-X
DIN-Bez 2	
Zusätze	Stabilisatoren
Bevorzugte Verarbeitung	Spritzgiessen
Besondere Merkmale	Schlagzaeh; Waermeformbestaendig

Viskositätszahl ml/g	
K-Wert	
Füllstoffe/Verstärkung	
Lieferform	Granulat
Farben	Standard; Gedeckt; Transparent
Bevorzugte Anwendungen	Tuerbeschlag; Moebelbeschlag; Badezimmerablauf; Dachentwaesserung; Fitting; Schutzgehaeuse; Hohlwanddose

Kornverteilung

Kornklasse μm	Rückstand %	

Allgemeine Hinweise

Dichte	g/cm³	1.4
Schüttdichte	g/cm³	
Stampfdichte	g/cm³	
Rieselfähigkeit		
Rieselzeit	s/100 g	
Kornbeschaffenheit		
Flüchtige Bestandteile	%	
Sulfatasche	%	

Zugversuch 23 °C   DIN 53455; DIN 53457

Probekörper: Form   Herstellung
Zustand   Vorbehandlung Normalklima

Streckspannung	N/mm²		Dehnung bei Streckspannung	%
Zugfestigkeit	N/mm² 60		Reißdehnung	% 30
Reißfestigkeit	N/mm²		% Dehnspannung	N/mm²
E-Modul	N/mm² 3200		Dehnung bei % Dehnspg.	%

Kriechmoduln und Zeitstandwerte 23 °C

Probekörper: Form   Herstellung
Zustand   Vorbehandlung

Kriechmodul	1 min N/mm²		Zeitstandzugfestigkeit	h N/mm²
Kriechmodul	1000 h N/mm²		Zeitdehnspg. %	h N/mm²
bei Spannung	N/mm²			

Biegeversuch 23 °C

Probekörper: Form   Herstellung
Zustand   Vorbehandlung

Biegefestigkeit	N/mm²	E-Modul		N/mm²
3,5% Biegespannung	N/mm²			

Härte 23 °C

Probekörper: Zustand   Herstellung
Vorbehandlung Normalklima

Kugeldruckhärte	N/mm² 122	bei	N, 30 s	Shore-Härte A
Rockwellhärte				Shore-Härte D 83

Schlagversuch

Probekörper: (1) U-Kerbe
(2)
Zustand   Herstellung
Vorbehandlung Normalklima

		°C	°C	°C	Probekörper-Form
Schlagzähigkeit	kJ/m²	23 o.B.			
Kerbschlagzähigkeit (1)	kJ/m²	23 5			
IZOD-Kerbschlagzähigkeit (2)	J/m				
Kerbschlagzugzähigkeit	kJ/m²				

Datenbank-Nr. **T00779** Merkblatt-Nr. **2102**

Abrieb und Reibung

Taber-Abrieb (Reibradverfahren)	mm³/100 U	
Abriebfaktor LNP (Thrust washer) Vergleichswert		
Statische Reibungszahl		
Dynamische Reibungszahl	(p·v = N/mm² ·	m/min)
Zulässiger p · v Wert	N/mm² · (m/min) v =	m/min
	v =	m/min

Thermische Eigenschaften

Formbeständigkeit in der Wärme	Verfahren		°C
	Verfahren		°C
Vicat Erweichungstemperatur (VST)	Verfahren B		81 °C
	Verfahren A		89 °C
Kristallit-Schmelzpunkt	Verfahren		
Längenausdehnungskoeffizient	Bereich	°C	$\cdot 10^{-4} K^{-1}$
	Temperatur		$\cdot 10^{-4} K^{-1}$
Wärmeleitfähigkeit	Verfahren		W/(K·m)
Spezifische Wärmekapazität	Verfahren		J/(K·g)
Glasumwandlungstemperatur	Torsionsschwingungsversuch	°C	
	Differentialkalorimetrie	°C	

Brandverhalten

UL-Test vertikal Dicke mm, Wert
 Dicke mm, Wert

	Norm	Bewertung	Abmessungen
Sauerstoff-Index	ASTM D 2863		
Glühstab-Verfahren			
Brandverhalten	DIN 4102		
MVSS			
FAR			

Elektrische Eigenschaften

		Hz	°C		Probekörper, Form
Dielektrizitätszahl		50			
		10^3			
		10^6			
Dielektrischer Verlustfaktor tan δ		50			
		10^3			
		10^6			
Spezifischer Durchgangswiderstand	Ohm·cm		23	$\geq 1.0*10**16$	
Durchschlagfestigkeit	kV/mm		23	22	mm dick
Oberflächenwiderstand	Ohm		23	$1.0*10**12$	
Kriechstromfestigkeit		KC	KB	KA	
Kriechwegbildung					

Elektrolytische Korrosionswirkung
Lichtbogenfestigkeit nach DIN
 nach ASTM s

Beständigkeit (Chemische Beständigkeit siehe Anhang)

Wasseraufnahme

Feuchtigkeitsaufnahme Normalklima %
Wetterbeständigkeit

Spannungskorrosion

Optische Eigenschaften

Brechungszahl n_D
Transmissionsgrad τ_c % mm dick
Lichtdurchlässigkeit

Datenbank-Nr.	**T00780**		Merkblatt-Nr. **2103**
Produkt	Hart-PVC-Spritzgiessmasse		**PVC**
Handelsname	**Trosiplast 3162**		
Hersteller	HUELSTRO		
DIN-Bez 1	7748-PVC-U,MG,076-03-X	Viskositätszahl ml/g	
DIN-Bez 2		K-Wert	
Zusätze	Stabilisatoren	Füllstoffe/Verstärkung	
Bevorzugte Verarbeitung	Spritzgiessen	Lieferform	Granulat
		Farben	Standard; Gedeckt
Besondere Merkmale	Schlagzaeh; Waermeformbestaendig	Bevorzugte Anwendungen	Tuerbeschlag; Moebelbeschlag; Badezimmerablauf; Dachentwaesserung; Fitting; Schutzgehaeuse; Hohlwanddose

Kornverteilung

Kornklasse μm	Rückstand %	Dichte	g/cm³	1.4
		Schüttdichte	g/cm³	
		Stampfdichte	g/cm³	
		Rieselfähigkeit		
		Rieselzeit	s/100 g	
		Kornbeschaffenheit		
Allgemeine Hinweise		Flüchtige Bestandteile	%	
		Sulfatasche	%	

Zugversuch 23 °C DIN 53455; DIN 53457

Probekörper: Form Herstellung
Zustand Vorbehandlung Normalklima

Streckspannung	N/mm²		Dehnung bei Streckspannung	%	
Zugfestigkeit	N/mm²	55	Reißdehnung	%	30
Reißfestigkeit	N/mm²		% Dehnspannung	N/mm²	
E-Modul	N/mm²	3200	Dehnung bei % Dehnspg.	%	

Kriechmoduln und Zeitstandwerte 23 °C

Probekörper: Form Herstellung
Zustand Vorbehandlung

Kriechmodul	1 min N/mm²	Zeitstandzugfestigkeit	h N/mm²
Kriechmodul	1000 h N/mm²	Zeitdehnspg. %	h N/mm²
bei Spannung	N/mm²		

Biegeversuch 23 °C

Probekörper: Form Herstellung
Zustand Vorbehandlung

Biegefestigkeit	N/mm²	E-Modul	N/mm²
3,5% Biegespannung	N/mm²		

Härte 23 °C Probekörper: Zustand Herstellung
Vorbehandlung Normalklima

Kugeldruckhärte	N/mm² 121	bei N, 30 s	Shore-Härte A	
Rockwellhärte			Shore-Härte D	83

Schlagversuch Probekörper: (1) U-Kerbe
(2)
Zustand Herstellung
Vorbehandlung Normalklima

		°C	°C	°C	Probekörper-Form
Schlagzähigkeit	kJ/m²	23 o.B.			
Kerbschlagzähigkeit (1)	kJ/m²	23 5			
IZOD-Kerbschlagzähigkeit (2)	J/m				
Kerbschlagzugzähigkeit	kJ/m²				

Datenbank-Nr. **T00780** *Merkblatt-Nr.* **2103**

Abrieb und Reibung

Taber-Abrieb (Reibradverfahren) mm³/100 U
Abriebfaktor LNP (Thrust washer) Vergleichswert
Statische Reibungszahl
Dynamische Reibungszahl (p·v= N/mm² · m/min)
Zulässiger p · v Wert N/mm² · (m/min) v= m/min
 v= m/min

Thermische Eigenschaften

Formbeständigkeit in der Wärme Verfahren °C
 Verfahren °C
Vicat Erweichungstemperatur (VST) Verfahren B 76 °C
 Verfahren A 84 °C
Kristallit-Schmelzpunkt Verfahren

Längenausdehnungskoeffizient Bereich °C · $10^{-4} K^{-1}$
 Temperatur · $10^{-4} K^{-1}$
Wärmeleitfähigkeit Verfahren W/(K · m)

Spezifische Wärmekapazität Verfahren J/(K · g)

Glasumwandlungstemperatur Torsionsschwingungsversuch °C
 Differentialkalorimetrie °C

Brandverhalten

UL-Test vertikal Dicke mm, Wert
 Dicke mm, Wert

	Norm	Bewertung	Abmessungen
Sauerstoff-Index	ASTM D 2863		
Glühstab-Verfahren			
Brandverhalten	DIN 4102		
MVSS			
FAR			

Elektrische Eigenschaften

		Hz	°C		Probekörper, Form
Dielektrizitätszahl		50			
		10³			
		10⁶			
Dielektrischer Verlustfaktor tan δ		50			
		10³			
		10⁶			
Spezifischer Durchgangswiderstand	Ohm · cm		23	≧ 1.0*10**16	
Durchschlagfestigkeit	kV/mm		23	22	mm dick
Oberflächenwiderstand	Ohm		23	1.0*10**12	
Kriechstromfestigkeit		KC	KB	KA	
Kriechwegbildung					

Elektrolytische Korrosionswirkung
Lichtbogenfestigkeit nach DIN
 nach ASTM s

Beständigkeit *(Chemische Beständigkeit siehe Anhang)*

Wasseraufnahme

Feuchtigkeitsaufnahme Normalklima %
Wetterbeständigkeit

Spannungskorrosion

Optische Eigenschaften

Brechungszahl n_D
Transmissionsgrad τ_c % mm dick
Lichtdurchlässigkeit

Datenbank-Nr.	**T00781**	Merkblatt-Nr. **2104**

PVC

Produkt	Hart-PVC-Spritzgiessmasse
Handelsname	**Trosiplast SW 3231**
Hersteller	HUELSTRO
DIN-Bez 1	7748-PVC-U,MG,072-10-X
DIN-Bez 2	
Zusätze	Stabilisatoren
Bevorzugte Verarbeitung	Spritzgiessen
Besondere Merkmale	Erhoeht schlagzaeh; Erhoehtes Fliessvermoegen; Witterungsbestaendig

Viskositätszahl ml/g	
K-Wert	
Füllstoffe/Verstärkung	
Lieferform	Granulat
Farben	Standard; Gedeckt
Bevorzugte Anwendungen	Tuerbeschlag; Moebelbeschlag; Sitz; Gartenzubehoer; Ornamentbaustein; Lueftergehaeuse; Luefterfluegel; Dachentwaesserung; Fitting fuer Abwasser; Dachentlueftung

---

Kornverteilung

Kornklasse µm	Rückstand %

Dichte	g/cm^3	1.35
Schüttdichte	g/cm^3	
Stampfdichte	g/cm^3	
Rieselfähigkeit		
Rieselzeit	s/100 g	
Kornbeschaffenheit		

Allgemeine Hinweise

Flüchtige Bestandteile	%	
Sulfatasche	%	

Zugversuch 23 °C DIN 53455; DIN 53457

Probekörper: Form
Zustand

Herstellung
Vorbehandlung Normalklima

Streckspannung	N/mm^2		Dehnung bei Streckspannung	%	
Zugfestigkeit	N/mm^2	53	Reißdehnung	%	35
Reißfestigkeit	N/mm^2		% Dehnspannung	N/mm^2	
E-Modul	N/mm^2	2900	Dehnung bei % Dehnspg.	%	

Kriechmoduln und Zeitstandwerte 23 °C

Probekörper: Form
Zustand

Herstellung
Vorbehandlung

Kriechmodul	1 min	N/mm^2	Zeitstandzugfestigkeit	h	N/mm^2
Kriechmodul	1000 h	N/mm^2	Zeitdehnspg. %	h	N/mm^2
bei Spannung		N/mm^2			

Biegeversuch 23 °C

Probekörper: Form
Zustand

Herstellung
Vorbehandlung

Biegefestigkeit	N/mm^2	E-Modul	N/mm^2
3,5% Biegespannung	N/mm^2		

Härte 23 °C

Probekörper: Zustand

Herstellung
Vorbehandlung Normalklima

Kugeldruckhärte	N/mm^2	108	bei N, 30 s	Shore-Härte A
Rockwellhärte				Shore-Härte D 81

Schlagversuch

Probekörper: (1) U-Kerbe
(2)
Zustand

Herstellung
Vorbehandlung Normalklima

		°C	°C	°C	Probekörper-Form

Schlagzähigkeit	kJ/m^2	23	o.B.
Kerbschlagzähigkeit (1)	kJ/m^2	23	14
IZOD-Kerbschlagzähigkeit (2)	J/m		
Kerbschlagzugzähigkeit	kJ/m^2		

Datenbank-Nr. **T00781** Merkblatt-Nr. **2104**

Abrieb und Reibung

Taber-Abrieb (Reibradverfahren)	mm³/100 U	
Abriebfaktor LNP (Thrust washer) Vergleichswert		
Statische Reibungszahl		
Dynamische Reibungszahl	(p·v= N/mm² ·	m/min)
Zulässiger p·v Wert	N/mm² · (m/min) v=	m/min
	v=	m/min

Thermische Eigenschaften

Formbeständigkeit in der Wärme	Verfahren		°C
	Verfahren		°C
Vicat Erweichungstemperatur (VST)	Verfahren B		73 °C
	Verfahren A		80 °C
Kristallit-Schmelzpunkt	Verfahren		
Längenausdehnungskoeffizient	Bereich	°C	·10⁻⁴K⁻¹
	Temperatur		·10⁻⁴K⁻¹
Wärmeleitfähigkeit	Verfahren		W/(K·m)
Spezifische Wärmekapazität	Verfahren		J/(K·g)
Glasumwandlungstemperatur	Torsionsschwingungsversuch		°C
	Differentialkalorimetrie		°C

Brandverhalten

UL-Test vertikal   Dicke   mm, Wert
                    Dicke   mm, Wert

	Norm	Bewertung	Abmessungen
Sauerstoff-Index	ASTM D 2863		
Glühstab-Verfahren			
Brandverhalten	DIN 4102		
MVSS			
FAR			

Elektrische Eigenschaften

		Hz	°C		Probekörper, Form
Dielektrizitätszahl		50			
		10³			
		10⁶			
Dielektrischer Verlustfaktor tan δ		50			
		10³			
		10⁶			
Spezifischer Durchgangs- widerstand	Ohm·cm		23	≧1.0*10**16	
Durchschlagfestigkeit	kV/mm		23	22	mm dick
Oberflächenwiderstand	Ohm		23	1.0*10**12	
Kriechstromfestigkeit		KC	KB	KA	
Kriechwegbildung					

Elektrolytische Korrosionswirkung
Lichtbogenfestigkeit nach DIN
               nach ASTM   s

Beständigkeit (Chemische Beständigkeit siehe Anhang)

Wasseraufnahme

Feuchtigkeitsaufnahme Normalklima   %
Wetterbeständigkeit

Spannungskorrosion

Optische Eigenschaften

Brechungszahl n_D
Transmissionsgrad τ_c %
Lichtdurchlässigkeit   mm dick

Datenbank-Nr.	**T00782**	Merkblatt-Nr. **2105**
Produkt	Hart-PVC-Spritzgiessmasse	**PVC**
Handelsname	**Trosiplast 3241**	
Hersteller	HUELSTRO	
DIN-Bez 1	7748-PVC-U,MG,060-30-X	Viskositätszahl ml/g
DIN-Bez 2		K-Wert
Zusätze	Stabilisatoren	Füllstoffe/Verstärkung
Bevorzugte Verarbeitung	Spritzgiessen	Lieferform — Granulat
		Farben — Standard; Gedeckt
Besondere Merkmale	Erhoeht schlagzaeh	Bevorzugte Anwendungen — Isolierroehrchen

Kornverteilung

Kornklasse μm	Rückstand %

Dichte	g/cm³	1.35
Schüttdichte	g/cm³	
Stampfdichte	g/cm³	
Rieselfähigkeit		
Rieselzeit	s/100 g	
Kornbeschaffenheit		
Flüchtige Bestandteile	%	
Sulfatasche	%	

Allgemeine Hinweise

Zugversuch 23 °C DIN 53455; DIN 53457

Probekörper: Form / Zustand   Herstellung / Vorbehandlung Normalklima

Streckspannung	N/mm²		Dehnung bei Streckspannung	%
Zugfestigkeit	N/mm²	30	Reißdehnung	% 150
Reißfestigkeit	N/mm²		% Dehnspannung	N/mm²
E-Modul	N/mm²	1000	Dehnung bei % Dehnspg.	%

Kriechmoduln und Zeitstandwerte 23 °C

Probekörper: Form / Zustand   Herstellung / Vorbehandlung

Kriechmodul	1 min N/mm²	Zeitstandzugfestigkeit	h N/mm²
Kriechmodul	1000 h N/mm²	Zeitdehnspg. %	h N/mm²
bei Spannung	N/mm²		

Biegeversuch 23 °C

Probekörper: Form / Zustand   Herstellung / Vorbehandlung

Biegefestigkeit	N/mm²	E-Modul	N/mm²
3,5% Biegespannung	N/mm²		

Härte 23 °C

Probekörper: Zustand   Herstellung / Vorbehandlung Normalklima

Kugeldruckhärte	N/mm²	64	bei N, 30 s	Shore-Härte A	
Rockwellhärte				Shore-Härte D	71

Schlagversuch

Probekörper: (1) U-Kerbe / (2) / Zustand   Herstellung / Vorbehandlung Normalklima

		°C	°C	°C	Probekörper-Form
Schlagzähigkeit	kJ/m²	23 o.B.			
Kerbschlagzähigkeit (1)	kJ/m²	23 50			
IZOD-Kerbschlagzähigkeit (2)	J/m				
Kerbschlagzugzähigkeit	kJ/m²				

Kunststoffe © Springer-Verlag Berlin Heidelberg 1988
Kopieren, Vervielfältigen und Speichern in Datenverarbeitungsanlagen (auch auszugsweise) ist nur mit schriftlicher Genehmigung des Verlages gestattet

Datenbank-Nr. **T00782** Merkblatt-Nr. **2105**

Abrieb und Reibung

Taber-Abrieb (Reibradverfahren)   mm³/100 U
Abriebfaktor LNP (Thrust washer) Vergleichswert
Statische Reibungszahl
Dynamische Reibungszahl   (p·v =   N/mm² ·   m/min)
Zulässiger p·v Wert   N/mm² · (m/min)   v =   m/min
                                         v =   m/min

Thermische Eigenschaften

Formbeständigkeit in der Wärme   Verfahren   °C
                                       Verfahren   °C
Vicat Erweichungstemperatur (VST)   Verfahren B   60 °C
                                       Verfahren A   65 °C
Kristallit-Schmelzpunkt   Verfahren

Längenausdehnungskoeffizient   Bereich   °C   · $10^{-4} K^{-1}$
                                       Temperatur   · $10^{-4} K^{-1}$
Wärmeleitfähigkeit   Verfahren   W/(K·m)

Spezifische Wärmekapazität   Verfahren   J/(K·g)

Glasumwandlungstemperatur   Torsionsschwingungsversuch   °C
                                       Differentialkalorimetrie   °C

Brandverhalten

UL-Test vertikal   Dicke   mm, Wert
                     Dicke   mm, Wert

	Norm	Bewertung	Abmessungen
Sauerstoff-Index	ASTM D 2863		
Glühstab-Verfahren			
Brandverhalten	DIN 4102		
MVSS			
FAR			

Elektrische Eigenschaften

		Hz	°C		Probekörper, Form
Dielektrizitätszahl		50			
		10³			
		10⁶			
Dielektrischer Verlustfaktor tan δ		50			
		10³			
		10⁶			
Spezifischer Durchgangswiderstand	Ohm·cm		23	≧ 1.0*10**16	
Durchschlagfestigkeit	kV/mm		23	22	mm dick
Oberflächenwiderstand	Ohm		23	1.0*10**12	
Kriechstromfestigkeit		KC	KB	KA	
Kriechwegbildung					

Elektrolytische Korrosionswirkung
Lichtbogenfestigkeit nach DIN
                    nach ASTM   s

Beständigkeit (Chemische Beständigkeit siehe Anhang)

Wasseraufnahme

Feuchtigkeitsaufnahme Normalklima   %
Wetterbeständigkeit

Spannungskorrosion

Optische Eigenschaften

Brechungszahl n_D
Transmissionsgrad τ_c %   mm dick
Lichtdurchlässigkeit

Datenbank-Nr.	**T00783**		Merkblatt-Nr.	**2106**

PVC

Produkt	Hart-PVC-Spritzgiessmasse
Handelsname	**Trosiplast SW 3251**
Hersteller	HUELSTRO
DIN-Bez 1	7748-PVC-U,MG,082-10-X
DIN-Bez 2	
Zusätze	Stabilisatoren
Bevorzugte Verarbeitung	Spritzgiessen
Besondere Merkmale	Erhoeht schlagzaeh; Erhoeht waermeformbestaendig; Witterungsbestaendig

Viskositätszahl ml/g	
K-Wert	
Füllstoffe/Verstärkung	
Lieferform	Granulat
Farben	Standard; Gedeckt
Bevorzugte Anwendungen	Beschlag; Sitz; Gartenzubehoer; Lueftergehaeuse; Luefterfluegel; Dachentwaesserung; Dachentlueftung; Fitting fuer Abwasser; Fassadenverkleidung; Ornamentbaustein

Kornverteilung

Kornklasse µm	Rückstand %

Dichte	g/cm³	1.27
Schüttdichte	g/cm³	
Stampfdichte	g/cm³	
Rieselfähigkeit		
Rieselzeit	s/100 g	
Kornbeschaffenheit		
Flüchtige Bestandteile	%	
Sulfatasche	%	

Allgemeine Hinweise

Zugversuch 23 °C DIN 53455; DIN 53457

Probekörper: Form
Zustand

Herstellung
Vorbehandlung Normalklima

Streckspannung	N/mm²	Dehnung bei Streckspannung	%
Zugfestigkeit	N/mm² 53	Reißdehnung	% 30
Reißfestigkeit	N/mm²	% Dehnspannung	N/mm²
E-Modul	N/mm² 2800	Dehnung bei % Dehnspg.	%

Kriechmoduln und Zeitstandwerte 23 °C

Probekörper: Form
Zustand

Herstellung
Vorbehandlung

Kriechmodul	1 min N/mm²	Zeitstandzugfestigkeit	h	N/mm²
Kriechmodul	1000 h N/mm²	Zeitdehnspg. %	h	N/mm²
bei Spannung	N/mm²			

Biegeversuch 23 °C

Probekörper: Form
Zustand

Herstellung
Vorbehandlung

Biegefestigkeit	N/mm²	E-Modul	N/mm²
3,5% Biegespannung	N/mm²		

Härte 23 °C

Probekörper: Zustand

Herstellung
Vorbehandlung Normalklima

Kugeldruckhärte	N/mm² 108	bei	N, 30 s	Shore-Härte A	
Rockwellhärte				Shore-Härte D	81

Schlagversuch

Probekörper: (1) U-Kerbe
(2)
Zustand

Herstellung
Vorbehandlung Normalklima

		°C	°C	°C	Probekörper-Form
Schlagzähigkeit	kJ/m²	23 o.B.			
Kerbschlagzähigkeit (1)	kJ/m²	23 10			
IZOD-Kerbschlagzähigkeit (2)	J/m				
Kerbschlagzugzähigkeit	kJ/m²				

Datenbank-Nr. **T00783** Merkblatt-Nr. **2106**

Abrieb und Reibung

Taber-Abrieb (Reibradverfahren)   mm³/100 U
Abriebfaktor LNP (Thrust washer) Vergleichswert
Statische Reibungszahl
Dynamische Reibungszahl   (p·v=   N/mm² ·   m/min)
Zulässiger p·v Wert   N/mm² · (m/min)   v=   m/min
                                                   v=   m/min

Thermische Eigenschaften

Eigenschaft	Verfahren	Wert
Formbeständigkeit in der Wärme	Verfahren	°C
	Verfahren	°C
Vicat Erweichungstemperatur (VST)	Verfahren B	83 °C
Kristallit-Schmelzpunkt	Verfahren A	91 °C
Längenausdehnungskoeffizient	Bereich °C	· 10⁻⁴ K⁻¹
Wärmeleitfähigkeit	Temperatur	· 10⁻⁴ K⁻¹
	Verfahren	W/(K · m)
Spezifische Wärmekapazität	Verfahren	J/(K · g)
Glasumwandlungstemperatur	Torsionsschwingungsversuch	°C
	Differentialkalorimetrie	°C

Brandverhalten

UL-Test vertikal   Dicke   mm, Wert
                 Dicke   mm, Wert

	Norm	Bewertung	Abmessungen
Sauerstoff-Index	ASTM D 2863		
Glühstab-Verfahren			
Brandverhalten	DIN 4102		
MVSS			
FAR			

Elektrische Eigenschaften

	Hz	°C		Probekörper, Form
Dielektrizitätszahl	50			
	10³			
	10⁶			
Dielektrischer Verlustfaktor tan δ	50			
	10³			
	10⁶			
Spezifischer Durchgangswiderstand	Ohm · cm	23	≧ 1.0*10**16	
Durchschlagfestigkeit	kV/mm	23	22	mm dick
Oberflächenwiderstand	Ohm	23	1.0*10**12	
Kriechstromfestigkeit	KC	KB	KA	
Kriechwegbildung				

Elektrolytische Korrosionswirkung
Lichtbogenfestigkeit nach DIN
        nach ASTM   s

Beständigkeit (Chemische Beständigkeit siehe Anhang)

Wasseraufnahme

Feuchtigkeitsaufnahme Normalklima
Wetterbeständigkeit   %

Spannungskorrosion

Optische Eigenschaften

Brechungszahl n_D
Transmissionsgrad τ_c %   mm dick
Lichtdurchlässigkeit

Datenbank-Nr.	**T00784**			Merkblatt-Nr. **2107**
				PVC
Produkt	Hart-PVC-Spritzgiessmasse			
Handelsname	**Trosiplast 3262**			
Hersteller	HUELSTRO			
DIN-Bez 1	7748-PVC-U,MG,080-10-X		Viskositätszahl ml/g	
DIN-Bez 2			K-Wert	
Zusätze	Stabilisatoren		Füllstoffe/Verstärkung	
Bevorzugte Verarbeitung	Spritzgiessen		Lieferform	Granulat
			Farben	Standard; Gedeckt
Besondere Merkmale	Erhoeht schlagzaeh; Erhoeht waermeformbestaendig		Bevorzugte Anwendungen	Rohrflansch; Akkuklemme; Zaehlertafel; Zaehlertragplatte; Fuellkoerper fuer Destillierkolonne

Kornverteilung

Kornklasse μm	Rückstand %		
		Dichte g/cm³	1.4
		Schüttdichte g/cm³	
		Stampfdichte g/cm³	
		Rieselfähigkeit	
		Rieselzeit s/100 g	
		Kornbeschaffenheit	
Allgemeine Hinweise		Flüchtige Bestandteile %	
		Sulfatasche %	

Zugversuch 23 °C DIN 53455; DIN 53457

Probekörper: Form
Zustand

Herstellung
Vorbehandlung Normalklima

Streckspannung	N/mm²	Dehnung bei Streckspannung	%
Zugfestigkeit	N/mm² 52	Reißdehnung	% 35
Reißfestigkeit	N/mm²	% Dehnspannung	N/mm²
E-Modul	N/mm² 2800	Dehnung bei % Dehnspg.	%

Kriechmoduln und Zeitstandwerte 23 °C

Probekörper: Form
Zustand

Herstellung
Vorbehandlung

Kriechmodul	1 min N/mm²	Zeitstandzugfestigkeit	h N/mm²
Kriechmodul	1000 h N/mm²	Zeitdehnspg. %	h N/mm²
bei Spannung	N/mm²		

Biegeversuch 23 °C

Probekörper: Form
Zustand

Herstellung
Vorbehandlung

Biegefestigkeit	N/mm²	E-Modul	N/mm²
3,5% Biegespannung	N/mm²		

Härte 23 °C

Probekörper: Zustand

Herstellung
Vorbehandlung Normalklima

Kugeldruckhärte	N/mm² 106	bei N, 30 s	Shore-Härte A	
Rockwellhärte			Shore-Härte D	80

Schlagversuch

Probekörper: (1) U-Kerbe
(2)
Zustand

Herstellung
Vorbehandlung Normalklima

°C °C °C Probekörper-Form

Schlagzähigkeit	kJ/m²	23 o.B.
Kerbschlagzähigkeit (1)	kJ/m²	23 20
IZOD-Kerbschlagzähigkeit (2)	J/m	
Kerbschlagzugzähigkeit	kJ/m²	

Datenbank-Nr. **T00784** *Merkblatt-Nr.* **2107**

Abrieb und Reibung

Taber-Abrieb (Reibradverfahren)	mm³/100 U	
Abriebfaktor LNP (Thrust washer) Vergleichswert		
Statische Reibungszahl		
Dynamische Reibungszahl	$(p \cdot v =$ N/mm² $\cdot$ m/min)	
Zulässiger p · v Wert	N/mm² · (m/min) $v =$ m/min	
	$v =$ m/min	

Thermische Eigenschaften

Formbeständigkeit in der Wärme	Verfahren	°C
	Verfahren	°C
Vicat Erweichungstemperatur (VST)	Verfahren B	80 °C
	Verfahren A	88 °C
Kristallit-Schmelzpunkt	Verfahren	
Längenausdehnungskoeffizient	Bereich °C	$\cdot 10^{-4} K^{-1}$
	Temperatur	$\cdot 10^{-4} K^{-1}$
Wärmeleitfähigkeit	Verfahren	W/(K · m)
Spezifische Wärmekapazität	Verfahren	J/(K · g)
Glasumwandlungstemperatur	Torsionsschwingungsversuch	°C
	Differentialkalorimetrie	°C

Brandverhalten

UL-Test vertikal Dicke mm, Wert
  Dicke mm, Wert

	Norm	Bewertung	Abmessungen
Sauerstoff-Index	ASTM D 2863		
Glühstab-Verfahren			
Brandverhalten	DIN 4102		
MVSS			
FAR			

Elektrische Eigenschaften

		Hz	°C		Probekörper, Form
Dielektrizitätszahl		50			
		10³			
		10⁶			
Dielektrischer Verlustfaktor tan δ		50			
		10³			
		10⁶			
Spezifischer Durchgangswiderstand	Ohm · cm		23	$\geq 1.0 \cdot 10^{15}$	
Durchschlagfestigkeit	kV/mm		23	27	mm dick
Oberflächenwiderstand	Ohm		23	$1.0 \cdot 10^{12}$	
Kriechstromfestigkeit		KC	KB	KA	
Kriechwegbildung					

Elektrolytische Korrosionswirkung
Lichtbogenfestigkeit nach DIN
  nach ASTM s

Beständigkeit *(Chemische Beständigkeit siehe Anhang)*

Wasseraufnahme

Feuchtigkeitsaufnahme Normalklima %
Wetterbeständigkeit

Spannungskorrosion

Optische Eigenschaften

Brechungszahl n_D
Transmissionsgrad τ_c % mm dick
Lichtdurchlässigkeit

Datenbank-Nr.	**T00785**		Merkblatt-Nr.	**2108**

Produkt	Hart-PVC-Spritzgiessmasse		**PVC**
Handelsname	**Trosiplast 3271**		
Hersteller	HUELSTRO		
DIN-Bez 1	7748-PVC-U,MG,072-10-X	Viskositätszahl ml/g	
DIN-Bez 2		K-Wert	
Zusätze	Stabilisatoren	Füllstoffe/ Verstärkung	
Bevorzugte Verarbeitung	Spritzgiessen	Lieferform	Granulat
		Farben	Standard; Gedeckt
Besondere Merkmale	Erhoeht schlagzaeh; Hohe Formstabilitaet	Bevorzugte Anwendungen	Schreibmaschinenteil

Kornverteilung

Kornklasse µm	Rückstand %	Dichte	g/cm³	1.34
		Schüttdichte	g/cm³	
		Stampfdichte	g/cm³	
		Rieselfähigkeit		
		Rieselzeit	s/100 g	
		Kornbeschaffenheit		
Allgemeine Hinweise		Flüchtige Bestandteile	%	
		Sulfatasche	%	

Zugversuch 23 °C   DIN 53455; DIN 53457

	Probekörper:	Form	Herstellung	
		Zustand	Vorbehandlung	Normalklima
Streckspannung	N/mm²		Dehnung bei Streckspannung	%
Zugfestigkeit	N/mm² 52		Reißdehnung	% 30
Reißfestigkeit	N/mm²		% Dehnspannung	N/mm²
E-Modul	N/mm² 4000		Dehnung bei % Dehnspg.	%

Kriechmoduln und Zeitstandwerte 23 °C

	Probekörper:	Form	Herstellung	
		Zustand	Vorbehandlung	
Kriechmodul	1 min N/mm²		Zeitstandzugfestigkeit	h N/mm²
Kriechmodul	1000 h N/mm²		Zeitdehnspg. %	h N/mm²
bei Spannung	N/mm²			

Biegeversuch 23 °C

	Probekörper:	Form	Herstellung	
		Zustand	Vorbehandlung	
Biegefestigkeit	N/mm²	E-Modul		N/mm²
3,5% Biegespannung	N/mm²			

Härte 23 °C

	Probekörper:	Zustand	Herstellung	
			Vorbehandlung	Normalklima
Kugeldruckhärte	N/mm² 110	bei N, 30 s	Shore-Härte A	
Rockwellhärte			Shore-Härte D	83

Schlagversuch

	Probekörper:	(1) U-Kerbe			
		(2)		Herstellung	
		Zustand		Vorbehandlung	Normalklima
		°C	°C	°C	Probekörper-Form
Schlagzähigkeit	kJ/m²	23 o.B.			
Kerbschlagzähigkeit (1)	kJ/m²	23 8			
IZOD-Kerbschlagzähigkeit (2)	J/m				
Kerbschlagzugzähigkeit	kJ/m²				

Kunststoffe © Springer-Verlag Berlin Heidelberg 1988
Kopieren, Vervielfältigen und Speichern in Datenverarbeitungsanlagen (auch auszugsweise) ist nur mit schriftlicher Genehmigung des Verlages gestattet

Datenbank-Nr. **T00785** Merkblatt-Nr. **2108**

Abrieb und Reibung

Taber-Abrieb (Reibradverfahren)	mm³/100 U	
Abriebfaktor LNP (Thrust washer) Vergleichswert		
Statische Reibungszahl		
Dynamische Reibungszahl	(p·v = N/mm² ·	m/min)
Zulässiger p · v Wert	N/mm² · (m/min) v =	m/min
	v =	m/min

Thermische Eigenschaften

Formbeständigkeit in der Wärme	Verfahren		°C
	Verfahren		°C
Vicat Erweichungstemperatur (VST)	Verfahren B		73 °C
	Verfahren A		80 °C
Kristallit-Schmelzpunkt	Verfahren		
Längenausdehnungskoeffizient	Bereich °C		· $10^{-4} K^{-1}$
	Temperatur		· $10^{-4} K^{-1}$
Wärmeleitfähigkeit	Verfahren		W/(K · m)
Spezifische Wärmekapazität	Verfahren		J/(K · g)
Glasumwandlungstemperatur	Torsionsschwingungsversuch	°C	
	Differentialkalorimetrie	°C	

Brandverhalten

UL-Test vertikal	Dicke	mm, Wert	
	Dicke	mm, Wert	

	Norm	Bewertung	Abmessungen
Sauerstoff-Index	ASTM D 2863		
Glühstab-Verfahren			
Brandverhalten	DIN 4102		
MVSS			
FAR			

Elektrische Eigenschaften

	Hz	°C		Probekörper, Form
Dielektrizitätszahl	50			
	10^3			
	10^6			
Dielektrischer Verlustfaktor tan δ	50			
	10^3			
	10^6			
Spezifischer Durchgangswiderstand	Ohm · cm	23	≧ 1.0*10**16	
Durchschlagfestigkeit	kV/mm	23	22	mm dick
Oberflächenwiderstand	Ohm	23	1.0*10**12	
Kriechstromfestigkeit	KC	KB	KA	
Kriechwegbildung				

Elektrolytische Korrosionswirkung
Lichtbogenfestigkeit nach DIN
        nach ASTM   s

Beständigkeit (Chemische Beständigkeit siehe Anhang)

Wasseraufnahme

Feuchtigkeitsaufnahme Normalklima   %
Wetterbeständigkeit

Spannungskorrosion

Optische Eigenschaften

Brechungszahl n_D
Transmissionsgrad τ_c %   mm dick
Lichtdurchlässigkeit

Datenbank-Nr.	**T00786**		Merkblatt-Nr.	**2109**

PVC

Produkt	Hart-PVC-Spritzgiessmasse
Handelsname	**Trosiplast 3272**
Hersteller	HUELSTRO
DIN-Bez 1	7748-PVC-U,MG,072-10-X
DIN-Bez 2	
Zusätze	Stabilisatoren
Bevorzugte Verarbeitung	Spritzgiessen
Besondere Merkmale	Erhoeht schlagzaeh; Antistatisch; Leitfaehig

Viskositätszahl ml/g	
K-Wert	
Füllstoffe/Verstärkung	
Lieferform	Granulat
Farben	Standard; Gedeckt
Bevorzugte Anwendungen	Leitfaehiges Fotolaborgeraet; Leitfaehiges Zubehoer fuer Bergbau

Kornverteilung

Kornklasse μm   Rückstand %

Dichte g/cm³	1.39
Schüttdichte g/cm³	
Stampfdichte g/cm³	
Rieselfähigkeit	
Rieselzeit s/100 g	
Kornbeschaffenheit	
Flüchtige Bestandteile %	
Sulfatasche %	

Allgemeine Hinweise

Zugversuch 23 °C   DIN 53455; DIN 53457

Probekörper: Form
Zustand

Herstellung
Vorbehandlung   Normalklima

Streckspannung	N/mm²		Dehnung bei Streckspannung	%
Zugfestigkeit	N/mm² 50		Reißdehnung	% 20
Reißfestigkeit	N/mm²		% Dehnspannung	N/mm²
E-Modul	N/mm² 2900		Dehnung bei % Dehnspg.	%

Kriechmoduln und Zeitstandwerte 23 °C

Probekörper: Form
Zustand

Herstellung
Vorbehandlung

Kriechmodul	1 min N/mm²	Zeitstandzugfestigkeit	h N/mm²
Kriechmodul	1000 h N/mm²	Zeitdehnspg. %	h N/mm²
bei Spannung	N/mm²		

Biegeversuch 23 °C

Probekörper: Form
Zustand

Herstellung
Vorbehandlung

Biegefestigkeit	N/mm²	E-Modul	N/mm²
3,5% Biegespannung	N/mm²		

Härte 23 °C

Probekörper: Zustand

Herstellung
Vorbehandlung   Normalklima

Kugeldruckhärte	N/mm² 107	bei	N, 30 s	Shore-Härte A	
Rockwellhärte				Shore-Härte D	81

Schlagversuch

Probekörper: (1) U-Kerbe
(2)
Zustand

Herstellung
Vorbehandlung   Normalklima

		°C	°C	°C	Probekörper-Form
Schlagzähigkeit	kJ/m²	23 o.B.			
Kerbschlagzähigkeit (1)	kJ/m²	23 10			
IZOD-Kerbschlagzähigkeit (2)	J/m				
Kerbschlagzugzähigkeit	kJ/m²				

Datenbank-Nr. **T00786** Merkblatt-Nr. **2109**

Abrieb und Reibung
Taber-Abrieb (Reibradverfahren)   mm³/100 U
Abriebfaktor LNP (Thrust washer) Vergleichswert
Statische Reibungszahl
Dynamische Reibungszahl   (p·v=   N/mm² ·   m/min)
Zulässiger p · v Wert   N/mm² · (m/min)   v =   m/min
                                                                          v =   m/min

Thermische Eigenschaften
Formbeständigkeit in der Wärme   Verfahren   °C
                                                                  Verfahren   °C
Vicat Erweichungstemperatur (VST)   Verfahren B   73 °C
                                                                  Verfahren A   82 °C
Kristallit-Schmelzpunkt   Verfahren
Längenausdehnungskoeffizient   Bereich   °C   · 10⁻⁴ K⁻¹
                                                       Temperatur   · 10⁻⁴ K⁻¹
Wärmeleitfähigkeit   Verfahren   W/(K · m)
Spezifische Wärmekapazität   Verfahren   J/(K · g)
Glasumwandlungstemperatur   Torsionsschwingungsversuch   °C
                                              Differentialkalorimetrie   °C

Brandverhalten
UL-Test vertikal   Dicke   mm, Wert
                     Dicke   mm, Wert

	Norm	Bewertung	Abmessungen
Sauerstoff-Index	ASTM D 2863		
Glühstab-Verfahren			
Brandverhalten	DIN 4102		
MVSS			
FAR			

Elektrische Eigenschaften

                               Hz   °C   Probekörper, Form
Dielektrizitätszahl   50
                              10³
                              10⁶
Dielektrischer Verlustfaktor tan δ 50
                              10³
                              10⁶
Spezifischer Durchgangs-
   widerstand   Ohm · cm   23   1.0*10**5
Durchschlagfestigkeit   kV/mm   23   23   mm dick
Oberflächenwiderstand   Ohm   23   1.0*10**5
Kriechstromfestigkeit   KC   KB   KA
Kriechwegbildung

Elektrolytische Korrosionswirkung
Lichtbogenfestigkeit nach DIN
                  nach ASTM   s

Beständigkeit (Chemische Beständigkeit siehe Anhang)
Wasseraufnahme

Feuchtigkeitsaufnahme Normalklima
Wetterbeständigkeit   %

Spannungskorrosion

Optische Eigenschaften
Brechungszahl n_D
Transmissionsgrad τ_c %   mm dick
Lichtdurchlässigkeit

Datenbank-Nr.	**T00787**			Merkblatt-Nr. **2110**
Produkt	Hart-PVC-Spritzgiessmasse			**PVC**
Handelsname	**Trosiplast 3273**			
Hersteller	HUELSTRO			
DIN-Bez 1	7748-PVC-U,MG,072-10-X	Viskositätszahl ml/g		
DIN-Bez 2		K-Wert		
Zusätze	Stabilisatoren	Füllstoffe/Verstärkung		
Bevorzugte Verarbeitung	Spritzgiessen	Lieferform	Granulat	
		Farben	Standard; Gedeckt	
Besondere Merkmale	Erhoeht schlagzaeh; Hoch formstabil; Schaeumbar	Bevorzugte Anwendungen	Geschaeumtes Gehaeuseteil	

Kornverteilung			Dichte	g/cm³	≦ 1.0
Kornklasse μm	Rückstand %		Schüttdichte	g/cm³	
			Stampfdichte	g/cm³	
			Rieselfähigkeit		
			Rieselzeit	s/100 g	
			Kornbeschaffenheit		
Allgemeine Hinweise			Flüchtige Bestandteile	%	
			Sulfatasche	%	

Zugversuch 23 °C DIN 53455; DIN 53457
Probekörper: Form Herstellung
  Zustand Vorbehandlung Normalklima

Streckspannung	N/mm²		Dehnung bei Streckspannung	%	
Zugfestigkeit	N/mm²	48	Reißdehnung	%	28
Reißfestigkeit	N/mm²		% Dehnspannung	N/mm²	
E-Modul	N/mm²	3800	Dehnung bei % Dehnspg.	%	

Kriechmoduln und Zeitstandwerte 23 °C
Probekörper: Form Herstellung
  Zustand Vorbehandlung

Kriechmodul	1 min N/mm²		Zeitstandzugfestigkeit	h N/mm²
Kriechmodul	1000 h N/mm²		Zeitdehnspg. %	h N/mm²
bei Spannung	N/mm²			

Biegeversuch 23 °C
Probekörper: Form Herstellung
  Zustand Vorbehandlung

| Biegefestigkeit | N/mm² | E-Modul | N/mm² |
| 3,5% Biegespannung | N/mm² | | |

Härte 23 °C Probekörper: Zustand Herstellung
  Vorbehandlung Normalklima

| Kugeldruckhärte | N/mm² 110 | bei | N, 30 s | Shore-Härte A | |
| Rockwellhärte | | | | Shore-Härte D | 81 |

Schlagversuch Probekörper: (1) U-Kerbe
  (2) Herstellung
  Zustand Vorbehandlung Normalklima
  °C °C °C Probekörper-Form

Schlagzähigkeit	kJ/m²	23 o.B.
Kerbschlagzähigkeit (1)	kJ/m²	23 6
IZOD-Kerbschlagzähigkeit (2)	J/m	
Kerbschlagzugzähigkeit	kJ/m²	

Kunststoffe © Springer-Verlag Berlin Heidelberg 1988
Kopieren, Vervielfältigen und Speichern in Datenverarbeitungsanlagen (auch auszugsweise) ist nur mit schriftlicher Genehmigung des Verlages gestattet

Datenbank-Nr. **T00787**　　　　　　　　　　　　　　　　　　　　　　　　　　　　　　　　　*Merkblatt-Nr.* **2110**

Abrieb und Reibung

Taber-Abrieb (Reibradverfahren)	mm³/100 U	
Abriebfaktor LNP (Thrust washer) Vergleichswert		
Statische Reibungszahl		
Dynamische Reibungszahl	(p·v =　N/mm² ·	m/min)
Zulässiger p · v Wert	N/mm² · (m/min)　v =	m/min
	v =	m/min

Thermische Eigenschaften

Formbeständigkeit in der Wärme	Verfahren		°C
	Verfahren		°C
Vicat Erweichungstemperatur (VST)	Verfahren	B	73 °C
	Verfahren	A	80 °C
Kristallit-Schmelzpunkt	Verfahren		
Längenausdehnungskoeffizient	Bereich	°C	· 10⁻⁴ K⁻¹
	Temperatur		· 10⁻⁴ K⁻¹
Wärmeleitfähigkeit	Verfahren		W/(K · m)
Spezifische Wärmekapazität	Verfahren		J/(K · g)
Glasumwandlungstemperatur	Torsionsschwingungsversuch	°C	
	Differentialkalorimetrie	°C	

Brandverhalten

UL-Test vertikal	Dicke	mm, Wert	
	Dicke	mm, Wert	

	Norm	Bewertung	Abmessungen
Sauerstoff-Index	ASTM D 2863		
Glühstab-Verfahren			
Brandverhalten	DIN 4102		
MVSS			
FAR			

Elektrische Eigenschaften

		Hz	°C		Probekörper, Form
Dielektrizitätszahl		50			
		10³			
		10⁶			
Dielektrischer Verlustfaktor tan δ		50			
		10³			
		10⁶			
Spezifischer Durchgangswiderstand	Ohm · cm		23	$\geq 1.0*10**16$	
Durchschlagfestigkeit	kV/mm		23	22	mm dick
Oberflächenwiderstand	Ohm		23	$1.0*10**12$	
Kriechstromfestigkeit		KC	KB	KA	
Kriechwegbildung					

Elektrolytische Korrosionswirkung
Lichtbogenfestigkeit nach DIN
　　　　nach ASTM　　s

Beständigkeit *(Chemische Beständigkeit siehe Anhang)*

Wasseraufnahme

Feuchtigkeitsaufnahme Normalklima　　　　　　　　　　　　　　　　　　　　　　　　%
Wetterbeständigkeit

Spannungskorrosion

Optische Eigenschaften

Brechungszahl n_D
Transmissionsgrad τ_c　　%　　　　　　mm dick
Lichtdurchlässigkeit

Datenbank-Nr.	**T00788**		Merkblatt-Nr.	**2111**
Produkt	Hart-PVC-Spritzgiessmasse			**PVC**
Handelsname	**Trosiplast 3311**			
Hersteller	HUELSTRO			
DIN-Bez 1	7748-PVC-U,MG,076-30-X	Viskositätszahl ml/g		
DIN-Bez 2		K-Wert		
Zusätze	Stabilisatoren	Füllstoffe/Verstärkung		
Bevorzugte Verarbeitung	Spritzgiessen	Lieferform	Granulat	
		Farben	Standard; Gedeckt	
Besondere Merkmale	Hochschlagzaeh; Physiologisch unbedenklich	Bevorzugte Anwendungen	Partyfass; Fitting; Rohrflansch; Ventil	

Kornverteilung

Kornklasse μm	Rückstand %			
		Dichte g/cm³	1.35	
		Schüttdichte g/cm³		
		Stampfdichte g/cm³		
		Rieselfähigkeit		
		Rieselzeit s/100 g		
		Kornbeschaffenheit		
Allgemeine Hinweise		Flüchtige Bestandteile %		
		Sulfatasche %		

Zugversuch 23 °C   DIN 53455; DIN 53457

Probekörper: Form
Zustand
Herstellung
Vorbehandlung Normalklima

Streckspannung	N/mm²	Dehnung bei Streckspannung	%
Zugfestigkeit	N/mm² 46	Reißdehnung	% 40
Reißfestigkeit	N/mm²	% Dehnspannung	N/mm²
E-Modul	N/mm² 2500	Dehnung bei % Dehnspg.	%

Kriechmoduln und Zeitstandwerte 23 °C

Probekörper: Form
Zustand
Herstellung
Vorbehandlung

Kriechmodul	1 min N/mm²	Zeitstandzugfestigkeit	h N/mm²
Kriechmodul	1000 h N/mm²	Zeitdehnspg. %	h N/mm²
bei Spannung	N/mm²		

Biegeversuch 23 °C

Probekörper: Form
Zustand
Herstellung
Vorbehandlung

Biegefestigkeit	N/mm²	E-Modul	N/mm²
3,5% Biegespannung	N/mm²		

Härte 23 °C

Probekörper: Zustand
Herstellung
Vorbehandlung Normalklima

Kugeldruckhärte	N/mm² 95 bei N, 30 s	Shore-Härte A	
Rockwellhärte		Shore-Härte D	76

Schlagversuch

Probekörper: (1) U-Kerbe
(2)
Zustand
Herstellung
Vorbehandlung Normalklima

°C   °C   °C   Probekörper-Form

Schlagzähigkeit	kJ/m²	23 o.B.	
Kerbschlagzähigkeit (1)	kJ/m²	23 55	
IZOD-Kerbschlagzähigkeit (2)	J/m		
Kerbschlagzugzähigkeit	kJ/m²		

Datenbank-Nr. **T00788** Merkblatt-Nr. **2111**

Abrieb und Reibung

Taber-Abrieb (Reibradverfahren)	mm³/100 U	
Abriebfaktor LNP (Thrust washer) Vergleichswert		
Statische Reibungszahl		
Dynamische Reibungszahl	(p·v= N/mm² · m/min)	
Zulässiger p·v Wert	N/mm² · (m/min) v= m/min	
	v= m/min	

Thermische Eigenschaften

Formbeständigkeit in der Wärme	Verfahren		°C
	Verfahren		°C
Vicat Erweichungstemperatur (VST)	Verfahren B		76 °C
	Verfahren A		84 °C
Kristallit-Schmelzpunkt	Verfahren		
Längenausdehnungskoeffizient	Bereich °C		·10⁻⁴K⁻¹
	Temperatur		·10⁻⁴K⁻¹
Wärmeleitfähigkeit	Verfahren		W/(K·m)
Spezifische Wärmekapazität	Verfahren		J/(K·g)
Glasumwandlungstemperatur	Torsionsschwingungsversuch	°C	
	Differentialkalorimetrie	°C	

Brandverhalten

UL-Test vertikal	Dicke mm, Wert		
	Dicke mm, Wert		

	Norm	Bewertung	Abmessungen
Sauerstoff-Index	ASTM D 2863		
Glühstab-Verfahren			
Brandverhalten	DIN 4102		
MVSS			
FAR			

Elektrische Eigenschaften

	Hz	°C			Probekörper, Form
Dielektrizitätszahl	50				
	10³				
	10⁶				
Dielektrischer Verlustfaktor tan δ	50				
	10³				
	10⁶				
Spezifischer Durchgangswiderstand	Ohm·cm	23	≥ 1.0*10**16		
Durchschlagfestigkeit	kV/mm	23	24		mm dick
Oberflächenwiderstand	Ohm	23	1.0*10**12		
Kriechstromfestigkeit	KC		KB	KA	
Kriechwegbildung					

Elektrolytische Korrosionswirkung
Lichtbogenfestigkeit nach DIN
    nach ASTM   s

Beständigkeit (Chemische Beständigkeit siehe Anhang)

Wasseraufnahme

Feuchtigkeitsaufnahme Normalklima   %
Wetterbeständigkeit

Spannungskorrosion

Optische Eigenschaften

Brechungszahl n_D
Transmissionsgrad τ_c %   mm dick
Lichtdurchlässigkeit

Datenbank-Nr.	**T00789**		Merkblatt-Nr.	**2112**

PVC

Produkt	Weich-PVC-Spritzgiessmasse
Handelsname	**Trosiplast 8517**
Hersteller	HUELSTRO
DIN-Bez 1	7749-PVC-P,MG,A50-15
DIN-Bez 2	
Zusätze	Stabilisatoren; Gleitmittel
Bevorzugte Verarbeitung	Spritzgiessen
Besondere Merkmale	Glasklar; Kaeltebruchtemperatur -40 C

Viskositätszahl ml/g	
K-Wert	
Füllstoffe/Verstärkung	
Lieferform	Linsenfoermiges Granulat 3 bis 6 mm
Farben	Natur
Bevorzugte Anwendungen	Haftsauger

Kornverteilung
Kornklasse μm   Rückstand %

Dichte	g/cm³	1.17
Schüttdichte	g/cm³	
Stampfdichte	g/cm³	
Rieselfähigkeit		
Rieselzeit	s/100 g	
Kornbeschaffenheit		
Flüchtige Bestandteile	%	
Sulfatasche	%	

Allgemeine Hinweise

Zugversuch 23 °C DIN 53455;
Probekörper: Form / Zustand   Herstellung / Vorbehandlung

Streckspannung	N/mm²	Dehnung bei Streckspannung	%	
Zugfestigkeit	N/mm²	Reißdehnung	%	380
Reißfestigkeit	N/mm² 8	% Dehnspannung	N/mm²	
E-Modul	N/mm²	Dehnung bei % Dehnspg.	%	

Kriechmoduln und Zeitstandwerte 23 °C
Probekörper: Form / Zustand   Herstellung / Vorbehandlung

Kriechmodul	1 min N/mm²	Zeitstandzugfestigkeit	h N/mm²
Kriechmodul	1000 h N/mm²	Zeitdehnspg. %	h N/mm²
bei Spannung	N/mm²		

Biegeversuch 23 °C
Probekörper: Form / Zustand   Herstellung / Vorbehandlung

Biegefestigkeit	N/mm²	E-Modul	N/mm²
3,5% Biegespannung	N/mm²		

Härte 23 °C
Probekörper: Zustand   Herstellung / Vorbehandlung

Kugeldruckhärte	N/mm² bei N, s	Shore-Härte A	50
Rockwellhärte		Shore-Härte D	

Schlagversuch
Probekörper: (1) / (2) / Zustand   Herstellung / Vorbehandlung

°C   °C   °C   Probekörper-Form

Schlagzähigkeit	kJ/m²
Kerbschlagzähigkeit (1)	kJ/m²
IZOD-Kerbschlagzähigkeit (2)	J/m
Kerbschlagzugzähigkeit	kJ/m²

Kunststoffe © Springer-Verlag Berlin Heidelberg 1988
Kopieren, Vervielfältigen und Speichern in Datenverarbeitungsanlagen (auch auszugsweise) ist nur mit schriftlicher Genehmigung des Verlages gestattet

Datenbank-Nr. **T00789** *Merkblatt-Nr.* **2112**

Abrieb und Reibung

Taber-Abrieb (Reibradverfahren)	mm³/100 U
Abriebfaktor LNP (Thrust washer) Vergleichswert	
Statische Reibungszahl	
Dynamische Reibungszahl	(p·v = N/mm² · m/min)
Zulässiger p · v Wert	N/mm² · (m/min) v = m/min
	v = m/min

Thermische Eigenschaften

Formbeständigkeit in der Wärme	Verfahren	°C
	Verfahren	°C
Vicat Erweichungstemperatur (VST)	Verfahren	°C
	Verfahren	°C
Kristallit-Schmelzpunkt	Verfahren	
Längenausdehnungskoeffizient	Bereich °C	$\cdot 10^{-4} K^{-1}$
	Temperatur	$\cdot 10^{-4} K^{-1}$
Wärmeleitfähigkeit	Verfahren	W/(K · m)
Spezifische Wärmekapazität	Verfahren	J/(K · g)
Glasumwandlungstemperatur	Torsionsschwingungsversuch	°C
	Differentialkalorimetrie	°C

Brandverhalten

UL-Test vertikal Dicke mm, Wert
  Dicke mm, Wert

	Norm	Bewertung	Abmessungen
Sauerstoff-Index	ASTM D 2863		
Glühstab-Verfahren			
Brandverhalten	DIN 4102		
MVSS			
FAR			

Elektrische Eigenschaften

	Hz	°C		Probekörper, Form
Dielektrizitätszahl	50			
	10³			
	10⁶			
Dielektrischer Verlustfaktor tan δ	50			
	10³			
	10⁶			

*Spezifischer Durchgangs-
  widerstand* Ohm · cm
Durchschlagfestigkeit kV/mm   mm dick
Oberflächenwiderstand Ohm

Kriechstromfestigkeit   KC   KB   KA
Kriechwegbildung

Elektrolytische Korrosionswirkung
Lichtbogenfestigkeit nach DIN
  nach ASTM s

Beständigkeit *(Chemische Beständigkeit siehe Anhang)*

Wasseraufnahme

Feuchtigkeitsaufnahme Normalklima   %
Wetterbeständigkeit

Spannungskorrosion

Optische Eigenschaften

Brechungszahl n_D
Transmissionsgrad τ_c %   mm dick
Lichtdurchlässigkeit

Datenbank-Nr.	**T00790**		Merkblatt-Nr.	**2113**

PVC

Produkt	Weich-PVC-Spritzgiessmasse
Handelsname	**Trosiplast 8012**
Hersteller	HUELSTRO
DIN-Bez 1	7749-PVC-P,MG,A50-20
DIN-Bez 2	

Viskositätszahl	ml/g		
K-Wert			

Zusätze	Stabilisatoren; Gleitmittel
Füllstoffe/Verstärkung	

Bevorzugte Verarbeitung	Spritzgiessen
Lieferform	Linsenfoermiges Granulat 3 bis 6 mm
Farben	Natur; Standard

Besondere Merkmale	Cadmiumfrei; Kaeltebruchtemperatur -40 C
Bevorzugte Anwendungen	Anschlusstuelle; Kabeltuelle; Bedienungsknopf; Manschette; Haftsauger; Karosserieabdichtung

---

Kornverteilung

Kornklasse µm	Rückstand %

Dichte	g/cm³	1.18
Schüttdichte	g/cm³	
Stampfdichte	g/cm³	
Rieselfähigkeit		
Rieselzeit	s/100 g	
Kornbeschaffenheit		

Allgemeine Hinweise

Flüchtige Bestandteile	%
Sulfatasche	%

Zugversuch 23 °C DIN 53455;

Probekörper: Form / Zustand   Herstellung / Vorbehandlung

Streckspannung	N/mm²	Dehnung bei Streckspannung	%	
Zugfestigkeit	N/mm²	Reißdehnung	%	380
Reißfestigkeit	N/mm² 8	% Dehnspannung	N/mm²	
E-Modul	N/mm²	Dehnung bei % Dehnspg.	%	

Kriechmoduln und Zeitstandwerte 23 °C

Probekörper: Form / Zustand   Herstellung / Vorbehandlung

Kriechmodul	1 min	N/mm²	Zeitstandzugfestigkeit	h N/mm²
Kriechmodul	1000 h	N/mm²	Zeitdehnspg. %	h N/mm²
bei Spannung		N/mm²		

Biegeversuch 23 °C

Probekörper: Form / Zustand   Herstellung / Vorbehandlung

Biegefestigkeit	N/mm²	E-Modul	N/mm²
3,5% Biegespannung	N/mm²		

Härte 23 °C Probekörper: Zustand   Herstellung / Vorbehandlung

Kugeldruckhärte	N/mm²	bei	N, s	
Rockwellhärte		Shore-Härte A	53	
		Shore-Härte D		

Schlagversuch Probekörper: (1) / (2) / Zustand   Herstellung / Vorbehandlung

  °C   °C   °C   Probekörper-Form

Schlagzähigkeit	kJ/m²
Kerbschlagzähigkeit (1)	kJ/m²
IZOD-Kerbschlagzähigkeit (2)	J/m
Kerbschlagzugzähigkeit	kJ/m²

Kunststoffe © Springer-Verlag Berlin Heidelberg 1988
Kopieren, Vervielfältigen und Speichern in Datenverarbeitungsanlagen (auch auszugsweise) ist nur mit schriftlicher Genehmigung des Verlages gestattet

Datenbank-Nr. **T00790** Merkblatt-Nr. **2113**

Abrieb und Reibung

Taber-Abrieb (Reibradverfahren)   mm³/100 U
Abriebfaktor LNP (Thrust washer) Vergleichswert
Statische Reibungszahl
Dynamische Reibungszahl   (p·v=   N/mm² ·   m/min)
Zulässiger p · v Wert   N/mm² · (m/min)   v =   m/min
  v =   m/min

Thermische Eigenschaften

Formbeständigkeit in der Wärme   Verfahren   °C
  Verfahren   °C
Vicat Erweichungstemperatur (VST)   Verfahren   °C
  Verfahren   °C
Kristallit-Schmelzpunkt   Verfahren

Längenausdehnungskoeffizient   Bereich   °C   · $10^{-4} K^{-1}$
  Temperatur   · $10^{-4} K^{-1}$
Wärmeleitfähigkeit   Verfahren   W/(K · m)

Spezifische Wärmekapazität   Verfahren   J/(K · g)

Glasumwandlungstemperatur   Torsionsschwingungsversuch   °C
  Differentialkalorimetrie   °C

Brandverhalten

UL-Test vertikal   Dicke   mm, Wert
  Dicke   mm, Wert

	Norm	Bewertung	Abmessungen
Sauerstoff-Index	ASTM D 2863		
Glühstab-Verfahren			
Brandverhalten	DIN 4102		
MVSS			
FAR			

Elektrische Eigenschaften

  Hz   °C   Probekörper, Form

Dielektrizitätszahl   50
  10^3
  10^6
Dielektrischer Verlustfaktor tan δ   50
  10^3
  10^6

Spezifischer Durchgangs-
  widerstand   Ohm · cm
Durchschlagfestigkeit   kV/mm   mm dick
Oberflächenwiderstand   Ohm

Kriechstromfestigkeit   KC   KB   KA
Kriechwegbildung

Elektrolytische Korrosionswirkung
Lichtbogenfestigkeit nach DIN
  nach ASTM   s

Beständigkeit (Chemische Beständigkeit siehe Anhang)

Wasseraufnahme

Feuchtigkeitsaufnahme Normalklima   %
Wetterbeständigkeit

Spannungskorrosion

Optische Eigenschaften

Brechungszahl n_D
Transmissionsgrad τ_c %   mm dick
Lichtdurchlässigkeit

Datenbank-Nr.	**T00791**		Merkblatt-Nr.	**2114**

PVC

Produkt	Weich-PVC-Spritzgiessmasse
Handelsname	**Trosiplast 8108**
Hersteller	HUELSTRO
DIN-Bez 1	7749-PVC-P,MG,A54-30-XX
DIN-Bez 2	

Viskositätszahl	ml/g		
K-Wert			

Zusätze	Stabilisatoren; Gleitmittel
Füllstoffe/Verstärkung	
Bevorzugte Verarbeitung	Spritzgiessen
Lieferform	Linsenfoermiges Granulat 3 bis 6 mm
Farben	Natur; Standard
Besondere Merkmale	Cadmiumfrei; Kaeltebruchtemperatur -35 C
Bevorzugte Anwendungen	Bedarfsartikel

Kornverteilung

Kornklasse μm	Rückstand %

Dichte	g/cm³	1.28
Schüttdichte	g/cm³	
Stampfdichte	g/cm³	
Rieselfähigkeit		
Rieselzeit	s/100 g	
Kornbeschaffenheit		
Flüchtige Bestandteile	%	
Sulfatasche	%	

Allgemeine Hinweise

Zugversuch 23 °C   DIN 53455;
Probekörper: Form / Zustand   Herstellung / Vorbehandlung

Streckspannung	N/mm²	Dehnung bei Streckspannung	%	
Zugfestigkeit	N/mm²	Reißdehnung	%	395
Reißfestigkeit	N/mm² 9	% Dehnspannung	N/mm²	
E-Modul	N/mm²	Dehnung bei % Dehnspg.	%	

Kriechmoduln und Zeitstandwerte 23 °C
Probekörper: Form / Zustand   Herstellung / Vorbehandlung

Kriechmodul	1 min N/mm²	Zeitstandzugfestigkeit	h N/mm²
Kriechmodul	1000 h N/mm²	Zeitdehnspg. %	h N/mm²
bei Spannung	N/mm²		

Biegeversuch 23 °C
Probekörper: Form / Zustand   Herstellung / Vorbehandlung

Biegefestigkeit	N/mm²	E-Modul	N/mm²
3,5% Biegespannung	N/mm²		

Härte 23 °C   Probekörper: Zustand   Herstellung / Vorbehandlung

Kugeldruckhärte	N/mm²	bei N, s	Shore-Härte A	55
Rockwellhärte			Shore-Härte D	

Schlagversuch   Probekörper: (1) / (2) / Zustand   Herstellung / Vorbehandlung

        °C   °C   °C   Probekörper-Form

Schlagzähigkeit	kJ/m²
Kerbschlagzähigkeit (1)	kJ/m²
IZOD-Kerbschlagzähigkeit (2)	J/m
Kerbschlagzugzähigkeit	kJ/m²

Datenbank-Nr. **T00791** Merkblatt-Nr. **2114**

Abrieb und Reibung

Taber-Abrieb (Reibradverfahren)		mm³/100 U
Abriebfaktor LNP (Thrust washer)	Vergleichswert	
Statische Reibungszahl		
Dynamische Reibungszahl	(p·v= N/mm² ·	m/min)
Zulässiger p · v Wert	N/mm² · (m/min) v =	m/min
	v =	m/min

Thermische Eigenschaften

Formbeständigkeit in der Wärme	Verfahren	°C
	Verfahren	°C
Vicat Erweichungstemperatur (VST)	Verfahren	°C
	Verfahren	°C
Kristallit-Schmelzpunkt	Verfahren	
Längenausdehnungskoeffizient	Bereich °C	·10⁻⁴K⁻¹
	Temperatur	·10⁻⁴K⁻¹
Wärmeleitfähigkeit	Verfahren	W/(K·m)
Spezifische Wärmekapazität	Verfahren	J/(K·g)
Glasumwandlungstemperatur	Torsionsschwingungsversuch	°C
	Differentialkalorimetrie	°C

Brandverhalten

UL-Test vertikal Dicke mm, Wert
 Dicke mm, Wert

	Norm	Bewertung	Abmessungen
Sauerstoff-Index	ASTM D 2863		
Glühstab-Verfahren			
Brandverhalten	DIN 4102		
MVSS			
FAR			

Elektrische Eigenschaften

	Hz	°C		Probekörper, Form
Dielektrizitätszahl	50			
	10³			
	10⁶			
Dielektrischer Verlustfaktor tan δ	50			
	10³			
	10⁶			

Spezifischer Durchgangswiderstand	Ohm · cm	
Durchschlagfestigkeit	kV/mm	mm dick
Oberflächenwiderstand	Ohm	
Kriechstromfestigkeit	KC KB KA	
Kriechwegbildung		
Elektrolytische Korrosionswirkung		
Lichtbogenfestigkeit nach DIN		
nach ASTM	s	

Beständigkeit (Chemische Beständigkeit siehe Anhang)

Wasseraufnahme

Feuchtigkeitsaufnahme Normalklima %
Wetterbeständigkeit

Spannungskorrosion

Optische Eigenschaften

Brechungszahl n_D
Transmissionsgrad τ_c % mm dick
Lichtdurchlässigkeit

Datenbank-Nr.	**T00792**	Merkblatt-Nr. **2115**

PVC

Produkt	Weich-PVC-Spritzgiessmasse
Handelsname	**Trosiplast 8018**
Hersteller	HUELSTRO
DIN-Bez 1	7749-PVC-P,MG,A56-20-XX
DIN-Bez 2	
Zusätze	Stabilisatoren; Gleitmittel
Bevorzugte Verarbeitung	Spritzgiessen
Besondere Merkmale	Cadmiumfrei; Kaeltebruchtemperatur -45 C

Viskositätszahl ml/g	
K-Wert	
Füllstoffe/Verstärkung	
Lieferform	Linsenfoermiges Granulat 3 bis 6 mm
Farben	Natur; Standard
Bevorzugte Anwendungen	Bedarfsartikel

Kornverteilung

Kornklasse μm	Rückstand %

Dichte	g/cm^3	1.19
Schüttdichte	g/cm^3	
Stampfdichte	g/cm^3	
Rieselfähigkeit		
Rieselzeit	s/100 g	
Kornbeschaffenheit		

Allgemeine Hinweise

Flüchtige Bestandteile	%
Sulfatasche	%

Zugversuch 23 °C   DIN 53455;

Probekörper: Form / Zustand
Herstellung / Vorbehandlung

Streckspannung	N/mm^2	Dehnung bei Streckspannung	%	
Zugfestigkeit	N/mm^2	Reißdehnung	%	360
Reißfestigkeit	N/mm^2 8	% Dehnspannung	N/mm^2	
E-Modul	N/mm^2	Dehnung bei % Dehnspg.	%	

Kriechmoduln und Zeitstandwerte 23 °C

Probekörper: Form / Zustand
Herstellung / Vorbehandlung

Kriechmodul	1 min	N/mm^2	Zeitstandzugfestigkeit	h N/mm^2
Kriechmodul	1000 h	N/mm^2	Zeitdehnspg. %	h N/mm^2
bei Spannung		N/mm^2		

Biegeversuch 23 °C

Probekörper: Form / Zustand
Herstellung / Vorbehandlung

Biegefestigkeit	N/mm^2	E-Modul	N/mm^2
3,5% Biegespannung	N/mm^2		

Härte 23 °C

Probekörper: Zustand
Herstellung / Vorbehandlung

Kugeldruckhärte	N/mm^2	bei N, s	Shore-Härte A	56
Rockwellhärte			Shore-Härte D	

Schlagversuch

Probekörper: (1) / (2) / Zustand
Herstellung / Vorbehandlung

	°C	°C	°C	Probekörper-Form

Schlagzähigkeit	kJ/m^2
Kerbschlagzähigkeit (1)	kJ/m^2
IZOD-Kerbschlagzähigkeit (2)	J/m
Kerbschlagzugzähigkeit	kJ/m^2

Kunststoffe © Springer-Verlag Berlin Heidelberg 1988
Kopieren, Vervielfältigen und Speichern in Datenverarbeitungsanlagen (auch auszugsweise) ist nur mit schriftlicher Genehmigung des Verlages gestattet

Datenbank-Nr. **T00792** Merkblatt-Nr. **2115**

Abrieb und Reibung

Taber-Abrieb (Reibradverfahren) mm³/100 U
Abriebfaktor LNP (Thrust washer) Vergleichswert
Statische Reibungszahl
Dynamische Reibungszahl $(p \cdot v =$ N/mm² ·   m/min)
Zulässiger p · v Wert   N/mm² · (m/min) v = m/min
          v = m/min

Thermische Eigenschaften

Formbeständigkeit in der Wärme Verfahren   °C
          Verfahren   °C
Vicat Erweichungstemperatur (VST) Verfahren   °C
          Verfahren   °C
Kristallit-Schmelzpunkt   Verfahren

Längenausdehnungskoeffizient Bereich   °C $\cdot 10^{-4} K^{-1}$
          Temperatur $\cdot 10^{-4} K^{-1}$
Wärmeleitfähigkeit   Verfahren   W/(K · m)

Spezifische Wärmekapazität Verfahren   J/(K · g)

Glasumwandlungstemperatur Torsionsschwingungsversuch °C
          Differentialkalorimetrie °C

Brandverhalten

UL-Test vertikal   Dicke mm, Wert
          Dicke mm, Wert

          Norm Bewertung   Abmessungen
Sauerstoff-Index   ASTM D 2863
Glühstab-Verfahren
Brandverhalten   DIN 4102
MVSS
FAR

Elektrische Eigenschaften

          Hz °C   Probekörper, Form
Dielektrizitätszahl   50
          10³
          10⁶
Dielektrischer Verlustfaktor tan δ 50
          10³
          10⁶
Spezifischer Durchgangs-
  widerstand   Ohm · cm
Durchschlagfestigkeit kV/mm   mm dick
Oberflächenwiderstand Ohm

Kriechstromfestigkeit   KC   KB   KA
Kriechwegbildung

Elektrolytische Korrosionswirkung
Lichtbogenfestigkeit nach DIN
   nach ASTM s

Beständigkeit (Chemische Beständigkeit siehe Anhang)

Wasseraufnahme

Feuchtigkeitsaufnahme Normalklima   %
Wetterbeständigkeit

Spannungskorrosion

Optische Eigenschaften

Brechungszahl n_D
Transmissionsgrad τ_c %   mm dick
Lichtdurchlässigkeit

Datenbank-Nr.	**T00793**	Merkblatt-Nr. **2116**

PVC

Produkt	Weich-PVC-Spritzgiessmasse
Handelsname	**Trosiplast 8507**
Hersteller	HUELSTRO
DIN-Bez 1	7749-PVC-P,MG,A58-20-XX
DIN-Bez 2	
	Viskositätszahl ml/g
	K-Wert
Zusätze	Stabilisatoren; Gleitmittel
	Füllstoffe/Verstärkung
Bevorzugte Verarbeitung	Spritzgiessen
	Lieferform — Linsenfoermiges Granulat 3 bis 6 mm
	Farben — Natur; Standard
Besondere Merkmale	Glasklar; Kaeltebruchtemperatur -35 C
	Bevorzugte Anwendungen — Haftsauger; Bademate

Kornverteilung

Kornklasse µm	Rückstand %

Dichte	g/cm³	1.19
Schüttdichte	g/cm³	
Stampfdichte	g/cm³	
Rieselfähigkeit		
Rieselzeit	s/100 g	
Kornbeschaffenheit		
Flüchtige Bestandteile	%	
Sulfatasche	%	

Allgemeine Hinweise

Zugversuch 23 °C — DIN 53455;
Probekörper: Form / Zustand
Herstellung / Vorbehandlung

Streckspannung	N/mm²	Dehnung bei Streckspannung	%	
Zugfestigkeit	N/mm²	Reißdehnung	%	370
Reißfestigkeit	N/mm² 13	% Dehnspannung	N/mm²	
E-Modul	N/mm²	Dehnung bei % Dehnspg.	%	

Kriechmoduln und Zeitstandwerte 23 °C
Probekörper: Form / Zustand
Herstellung / Vorbehandlung

Kriechmodul	1 min N/mm²	Zeitstandzugfestigkeit	h N/mm²
Kriechmodul	1000 h N/mm²	Zeitdehnspg. %	h N/mm²
bei Spannung	N/mm²		

Biegeversuch 23 °C
Probekörper: Form / Zustand
Herstellung / Vorbehandlung

Biegefestigkeit	N/mm²	E-Modul	N/mm²
3,5% Biegespannung	N/mm²		

Härte 23 °C
Probekörper: Zustand
Herstellung / Vorbehandlung

Kugeldruckhärte	N/mm²	bei N, s	Shore-Härte A	58
Rockwellhärte			Shore-Härte D	

Schlagversuch
Probekörper: (1) / (2) / Zustand
Herstellung / Vorbehandlung
°C °C °C Probekörper-Form

Schlagzähigkeit	kJ/m²
Kerbschlagzähigkeit (1)	kJ/m²
IZOD-Kerbschlagzähigkeit (2)	J/m
Kerbschlagzugzähigkeit	kJ/m²

Kunststoffe © Springer-Verlag Berlin Heidelberg 1988
Kopieren, Vervielfältigen und Speichern in Datenverarbeitungsanlagen (auch auszugsweise) ist nur mit schriftlicher Genehmigung des Verlages gestattet

Datenbank-Nr. **T00793** Merkblatt-Nr. **2116**

Abrieb und Reibung

Taber-Abrieb (Reibradverfahren)	mm³/100 U	
Abriebfaktor LNP (Thrust washer) Vergleichswert		
Statische Reibungszahl		
Dynamische Reibungszahl	(p·v = N/mm² ·	m/min)
Zulässiger p·v Wert	N/mm² · (m/min) v =	m/min
	v =	m/min

Thermische Eigenschaften

Formbeständigkeit in der Wärme	Verfahren	°C
	Verfahren	°C
Vicat Erweichungstemperatur (VST)	Verfahren	°C
	Verfahren	°C
Kristallit-Schmelzpunkt	Verfahren	
Längenausdehnungskoeffizient	Bereich °C	· $10^{-4} K^{-1}$
	Temperatur	· $10^{-4} K^{-1}$
Wärmeleitfähigkeit	Verfahren	W/(K · m)
Spezifische Wärmekapazität	Verfahren	J/(K · g)
Glasumwandlungstemperatur	Torsionsschwingungsversuch	°C
	Differentialkalorimetrie	°C

Brandverhalten

UL-Test vertikal		Dicke mm, Wert	
		Dicke mm, Wert	
	Norm	Bewertung	Abmessungen
Sauerstoff-Index	ASTM D 2863		
Glühstab-Verfahren			
Brandverhalten	DIN 4102		
MVSS			
FAR			

Elektrische Eigenschaften

	Hz	°C			Probekörper, Form
Dielektrizitätszahl	50				
	10^3				
	10^6				
Dielektrischer Verlustfaktor tan δ	50				
	10^3				
	10^6				
Spezifischer Durchgangs-widerstand	Ohm · cm				
Durchschlagfestigkeit	kV/mm				mm dick
Oberflächenwiderstand	Ohm				
Kriechstromfestigkeit	KC	KB		KA	
Kriechwegbildung					
Elektrolytische Korrosionswirkung					
Lichtbogenfestigkeit nach DIN					
nach ASTM	s				

Beständigkeit (Chemische Beständigkeit siehe Anhang)

Wasseraufnahme

Feuchtigkeitsaufnahme Normalklima %
Wetterbeständigkeit

Spannungskorrosion

Optische Eigenschaften

Brechungszahl n_D
Transmissionsgrad τ_c % mm dick
Lichtdurchlässigkeit

Datenbank-Nr.	**T05828**		Merkblatt-Nr.	**2117**

PVC

Produkt	Weich-PVC-Spritzgiessmasse
Handelsname	**Trosiplast 8022**
Hersteller	HUELSTRO
DIN-Bez 1	7749-PVC-P,MG,A59-20-XX
DIN-Bez 2	
Zusätze	Stabilisatoren; Gleitmittel
Bevorzugte Verarbeitung	Spritzgiessen
Besondere Merkmale	Kaeltebruchtemperatur -40 C; Cadmiumfrei

Viskositätszahl ml/g	
K-Wert	
Füllstoffe/Verstärkung	
Lieferform	Linsenfoermiges Granulat 3 bis 6 mm
Farben	
Bevorzugte Anwendungen	Faltenbalg

Kornverteilung
Kornklasse μm Rückstand %

Allgemeine Hinweise

Dichte	g/cm³	1.20
Schüttdichte	g/cm³	
Stampfdichte	g/cm³	
Rieselfähigkeit		
Rieselzeit	s/100 g	
Kornbeschaffenheit		
Flüchtige Bestandteile	%	
Sulfatasche	%	

Zugversuch 23 °C
DIN 53455;
Probekörper: Form / Zustand
Herstellung / Vorbehandlung

Streckspannung	N/mm²	
Zugfestigkeit	N/mm²	
Reißfestigkeit	N/mm² 11	
E-Modul	N/mm²	
Dehnung bei Streckspannung	%	
Reißdehnung	%	400
% Dehnspannung	N/mm²	
Dehnung bei % Dehnspg.	%	

Kriechmoduln und Zeitstandwerte 23 °C
Probekörper: Form / Zustand
Herstellung / Vorbehandlung

Kriechmodul 1 min	N/mm²
Kriechmodul 1000 h	N/mm²
bei Spannung	N/mm²
Zeitstandzugfestigkeit	h N/mm²
Zeitdehnspg. %	h N/mm²

Biegeversuch 23 °C
Probekörper: Form / Zustand
Herstellung / Vorbehandlung

Biegefestigkeit	N/mm²
3,5% Biegespannung	N/mm²
E-Modul	N/mm²

Härte 23 °C
Probekörper: Zustand
Herstellung / Vorbehandlung

Kugeldruckhärte	N/mm² bei N, s	
Rockwellhärte		
Shore-Härte A	59	
Shore-Härte D		

Schlagversuch
Probekörper: (1) / (2) / Zustand
Herstellung / Vorbehandlung
°C   °C   °C   Probekörper-Form

Schlagzähigkeit	kJ/m²
Kerbschlagzähigkeit (1)	kJ/m²
IZOD-Kerbschlagzähigkeit (2)	J/m
Kerbschlagzugzähigkeit	kJ/m²

Kunststoffe © Springer-Verlag Berlin Heidelberg 1988
Kopieren, Vervielfältigen und Speichern in Datenverarbeitungsanlagen (auch auszugsweise) ist nur mit schriftlicher Genehmigung des Verlages gestattet

Datenbank-Nr. **T05828**　　　　　　　　　　　　　　　　　　　　　　　　Merkblatt-Nr. **2117**

Abrieb und Reibung

Taber-Abrieb (Reibradverfahren)　　　　　　mm^3/100 U
Abriebfaktor LNP (Thrust washer) Vergleichswert
Statische Reibungszahl
Dynamische Reibungszahl　　　　　　　　　(p·v= 　N/mm^2 ·　　m/min)
Zulässiger p · v Wert　　　　　　　　　　　　N/mm^2 · (m/min)　v=　　m/min
　　　　　　　　　　　　　　　　　　　　　　　　　　　　　　　　v=　　m/min

Thermische Eigenschaften

Formbeständigkeit in der Wärme　　Verfahren　　　　　　　　　　　　　　　°C
　　　　　　　　　　　　　　　　　　Verfahren　　　　　　　　　　　　　　　°C
Vicat Erweichungstemperatur (VST)　Verfahren　　　　　　　　　　　　　　°C
　　　　　　　　　　　　　　　　　　Verfahren　　　　　　　　　　　　　　　°C
Kristallit-Schmelzpunkt　　　　　　　Verfahren

Längenausdehnungskoeffizient　　　Bereich　　　　°C　　　　　　　　　· 10^{-4}K^{-1}
　　　　　　　　　　　　　　　　　　Temperatur　　　　　　　　　　　　　· 10^{-4}K^{-1}
Wärmeleitfähigkeit　　　　　　　　　Verfahren　　　　　　　　　　　　　　W/(K · m)

Spezifische Wärmekapazität　　　　　Verfahren　　　　　　　　　　　　　　J/(K · g)

Glasumwandlungstemperatur　　　　Torsionsschwingungsversuch　　°C
　　　　　　　　　　　　　　　　　　Differentialkalorimetrie　　　　　°C

Brandverhalten

UL-Test vertikal　　　　　　　　　　　Dicke　　mm, Wert
　　　　　　　　　　　　　　　　　　Dicke　　mm, Wert

　　　　　　　　　Norm　　　　　Bewertung　　　　　　　　　　　　Abmessungen

Sauerstoff-Index　ASTM D 2863
Glühstab-Verfahren
Brandverhalten　　DIN 4102
MVSS
FAR

Elektrische Eigenschaften

　　　　　　　　　　　　　　　　　Hz　　　°C　　　　　　　　　　　　Probekörper, Form

Dielektrizitätszahl　　　　　　　　　50
　　　　　　　　　　　　　　　　　10^3
　　　　　　　　　　　　　　　　　10^6
Dielektrischer Verlustfaktor tan δ　50
　　　　　　　　　　　　　　　　　10^3
　　　　　　　　　　　　　　　　　10^6

Spezifischer Durchgangs-
　widerstand　　　　Ohm · cm
Durchschlagfestigkeit　kV/mm　　　　　　　　　　　　　　　　　　　mm dick
Oberflächenwiderstand　Ohm

Kriechstromfestigkeit　　　　　　KC　　　　KB　　　　KA
Kriechwegbildung

Elektrolytische Korrosionswirkung
Lichtbogenfestigkeit nach DIN
　　　　　　nach ASTM　　s

Beständigkeit (Chemische Beständigkeit siehe Anhang)

Wasseraufnahme

Feuchtigkeitsaufnahme Normalklima　　　　　　　　　　　　　　　　　　　　%
Wetterbeständigkeit

Spannungskorrosion

Optische Eigenschaften

Brechungszahl n$_D$
Transmissionsgrad τ$_c$　　%　　　　　　　　mm dick
Lichtdurchlässigkeit

Datenbank-Nr.	**T05829**		Merkblatt-Nr.	**2118**

Produkt	Weich-PVC-Spritzgiessmasse		**PVC**
Handelsname	**Trosiplast 8121**		
Hersteller	HUELSTRO		
DIN-Bez 1	7749-PVC-P,MG,A70-46-XX	Viskositätszahl ml/g	
DIN-Bez 2		K-Wert	
Zusätze	Stabilisatoren; Gleitmittel	Füllstoffe/Verstärkung	
Bevorzugte Verarbeitung	Spritzgiessen	Lieferform	Linsenfoermiges Granulat 3 bis 6 mm
		Farben	
Besondere Merkmale	Kaeltebruchtemperatur -20 C; Cadmiumfrei	Bevorzugte Anwendungen	Motorradgriff; Fahrradgriff; Koffergriff; Haltegriff im Kfz

Kornverteilung

Kornklasse µm	Rückstand %		
		Dichte g/cm³	1.46
		Schüttdichte g/cm³	
		Stampfdichte g/cm³	
		Rieselfähigkeit	
		Rieselzeit s/100 g	
		Kornbeschaffenheit	
Allgemeine Hinweise		Flüchtige Bestandteile %	
		Sulfatasche %	

Zugversuch 23 °C DIN 53455;
Probekörper: Form   Herstellung
Zustand   Vorbehandlung

Streckspannung	N/mm²	Dehnung bei Streckspannung	%	
Zugfestigkeit	N/mm²	Reißdehnung	%	320
Reißfestigkeit	N/mm² 11	% Dehnspannung	N/mm²	
E-Modul	N/mm²	Dehnung bei % Dehnspg.	%	

Kriechmoduln und Zeitstandwerte 23 °C
Probekörper: Form   Herstellung
Zustand   Vorbehandlung

Kriechmodul	1 min N/mm²	Zeitstandzugfestigkeit	h N/mm²
Kriechmodul	1000 h N/mm²	Zeitdehnspg. %	h N/mm²
bei Spannung	N/mm²		

Biegeversuch 23 °C
Probekörper: Form   Herstellung
Zustand   Vorbehandlung

Biegefestigkeit	N/mm²	E-Modul	N/mm²
3,5% Biegespannung	N/mm²		

Härte 23 °C Probekörper: Zustand   Herstellung
Vorbehandlung

Kugeldruckhärte	N/mm²	bei N, s	Shore-Härte A	71
Rockwellhärte			Shore-Härte D	

Schlagversuch Probekörper: (1)
(2)   Herstellung
Zustand   Vorbehandlung

°C   °C   °C   Probekörper-Form

Schlagzähigkeit	kJ/m²
Kerbschlagzähigkeit (1)	kJ/m²
IZOD-Kerbschlagzähigkeit (2)	J/m
Kerbschlagzugzähigkeit	kJ/m²

Kunststoffe © Springer-Verlag Berlin Heidelberg 1988
Kopieren, Vervielfältigen und Speichern in Datenverarbeitungsanlagen (auch auszugsweise) ist nur mit schriftlicher Genehmigung des Verlages gestattet

Datenbank-Nr. **T05829** Merkblatt-Nr. **2118**

Abrieb und Reibung

Taber-Abrieb (Reibradverfahren)	mm³/100 U	
Abriebfaktor LNP (Thrust washer) Vergleichswert		
Statische Reibungszahl		
Dynamische Reibungszahl	(p·v = N/mm² ·	m/min)
Zulässiger p · v Wert	N/mm² · (m/min) v =	m/min
	v =	m/min

Thermische Eigenschaften

Formbeständigkeit in der Wärme	Verfahren	°C
	Verfahren	°C
Vicat Erweichungstemperatur (VST)	Verfahren	°C
	Verfahren	°C
Kristallit-Schmelzpunkt	Verfahren	
Längenausdehnungskoeffizient	Bereich °C	· 10⁻⁴K⁻¹
	Temperatur	· 10⁻⁴K⁻¹
Wärmeleitfähigkeit	Verfahren	W/(K · m)
Spezifische Wärmekapazität	Verfahren	J/(K · g)
Glasumwandlungstemperatur	Torsionsschwingungsversuch	°C
	Differentialkalorimetrie	°C

Brandverhalten

UL-Test vertikal Dicke mm, Wert
  Dicke mm, Wert

	Norm	Bewertung	Abmessungen
Sauerstoff-Index	ASTM D 2863		
Glühstab-Verfahren			
Brandverhalten	DIN 4102		
MVSS			
FAR			

Elektrische Eigenschaften

	Hz	°C	Probekörper, Form
Dielektrizitätszahl	50		
	10³		
	10⁶		
Dielektrischer Verlustfaktor tan δ	50		
	10³		
	10⁶		
Spezifischer Durchgangs-widerstand	Ohm · cm		
Durchschlagfestigkeit	kV/mm		mm dick
Oberflächenwiderstand	Ohm		
Kriechstromfestigkeit	KC	KB	KA
Kriechwegbildung			

Elektrolytische Korrosionswirkung
Lichtbogenfestigkeit nach DIN
  nach ASTM s

Beständigkeit *(Chemische Beständigkeit siehe Anhang)*

Wasseraufnahme

Feuchtigkeitsaufnahme Normalklima %
Wetterbeständigkeit

Spannungskorrosion

Optische Eigenschaften

Brechungszahl n_D
Transmissionsgrad τ_c % mm dick
Lichtdurchlässigkeit

Datenbank-Nr.	**T00796**		*Merkblatt-Nr.*	**2119**
Produkt	Weich-PVC-Spritzgiessmasse			**PVC**
Handelsname	**Trosiplast 8021**			
Hersteller	HUELSTRO			
DIN-Bez 1	7749-PVC-P,MG,A58-20-XX	*Viskositätszahl* ml/g		
DIN-Bez 2		*K-Wert*		
Zusätze	Stabilisatoren; Gleitmittel	*Füllstoffe/ Verstärkung*		
Bevorzugte Verarbeitung	Spritzgiessen	*Lieferform*	Linsenfoermiges Granulat 3 bis 6 mm	
		Farben		
Besondere Merkmale	Cadmiumfrei; Kaeltebruchtemperatur -20 C	*Bevorzugte Anwendungen*	Autofensterdichtung; Karosserieabdichtung	

Kornverteilung

Kornklasse µm	*Rückstand* %	*Dichte* g/cm³	1.19
		Schüttdichte g/cm³	
		Stampfdichte g/cm³	
		Rieselfähigkeit	
		Rieselzeit s/100 g	
		Kornbeschaffenheit	
Allgemeine Hinweise		*Flüchtige Bestandteile* %	
		Sulfatasche %	

Zugversuch 23 °C DIN 53455;
Probekörper: Form   *Herstellung*
            Zustand   *Vorbehandlung*

Streckspannung N/mm²		*Dehnung bei Streckspannung* %	
Zugfestigkeit N/mm²		*Reißdehnung* %	405
Reißfestigkeit N/mm²	10	*% Dehnspannung* N/mm²	
E-Modul N/mm²		*Dehnung bei % Dehnspg.* %	

Kriechmoduln und Zeitstandwerte 23 °C
Probekörper: Form   *Herstellung*
            Zustand   *Vorbehandlung*

Kriechmodul	1 min N/mm²	*Zeitstandzugfestigkeit* h N/mm²	
Kriechmodul	1000 h N/mm²	*Zeitdehnspg.* % h N/mm²	
bei Spannung	N/mm²		

Biegeversuch 23 °C
Probekörper: Form   *Herstellung*
            Zustand   *Vorbehandlung*

Biegefestigkeit N/mm²		*E-Modul* N/mm²	
3,5% Biegespannung N/mm²			

Härte 23 °C *Probekörper:* Zustand   *Herstellung Vorbehandlung*

Kugeldruckhärte N/mm²	bei N, s	*Shore-Härte* A	59
Rockwellhärte		*Shore-Härte* D	

Schlagversuch *Probekörper:* (1)
                              (2)   *Herstellung*
                           Zustand   *Vorbehandlung*
                           °C   °C   °C   Probekörper-Form

Schlagzähigkeit	kJ/m²
Kerbschlagzähigkeit (1)	kJ/m²
IZOD-Kerbschlagzähigkeit (2)	J/m
Kerbschlagzugzähigkeit	kJ/m²

Kunststoffe © Springer-Verlag Berlin Heidelberg 1988
Kopieren, Vervielfältigen und Speichern in Datenverarbeitungsanlagen (auch auszugsweise) ist nur mit schriftlicher Genehmigung des Verlages gestattet

Datenbank-Nr. **T00796** Merkblatt-Nr. **2119**

Abrieb und Reibung

Taber-Abrieb (Reibradverfahren) mm³/100 U
Abriebfaktor LNP (Thrust washer) Vergleichswert
Statische Reibungszahl
Dynamische Reibungszahl ($p \cdot v =$ N/mm² · m/min)
Zulässiger $p \cdot v$ Wert N/mm² · (m/min) $v =$ m/min
 $v =$ m/min

Thermische Eigenschaften

Formbeständigkeit in der Wärme Verfahren °C
 Verfahren °C
Vicat Erweichungstemperatur (VST) Verfahren °C
 Verfahren °C
Kristallit-Schmelzpunkt Verfahren

Längenausdehnungskoeffizient Bereich °C $\cdot 10^{-4} K^{-1}$
 Temperatur $\cdot 10^{-4} K^{-1}$
Wärmeleitfähigkeit Verfahren W/(K · m)

Spezifische Wärmekapazität Verfahren J/(K · g)

Glasumwandlungstemperatur Torsionsschwingungsversuch °C
 Differentialkalorimetrie °C

Brandverhalten

UL-Test vertikal Dicke mm, Wert
 Dicke mm, Wert

	Norm	Bewertung	Abmessungen
Sauerstoff-Index	ASTM D 2863		
Glühstab-Verfahren			
Brandverhalten	DIN 4102		
MVSS			
FAR			

Elektrische Eigenschaften

 Hz °C Probekörper, Form

Dielektrizitätszahl 50
 10³
 10⁶
Dielektrischer Verlustfaktor tan δ 50
 10³
 10⁶
Spezifischer Durchgangs-
 widerstand Ohm · cm
Durchschlagfestigkeit kV/mm mm dick
Oberflächenwiderstand Ohm

Kriechstromfestigkeit KC KB KA
Kriechwegbildung

Elektrolytische Korrosionswirkung
Lichtbogenfestigkeit nach DIN
 nach ASTM s

Beständigkeit (Chemische Beständigkeit siehe Anhang)

Wasseraufnahme

Feuchtigkeitsaufnahme Normalklima %
Wetterbeständigkeit

Spannungskorrosion

Optische Eigenschaften

Brechungszahl n_D
Transmissionsgrad τ_c % mm dick
Lichtdurchlässigkeit

Datenbank-Nr.	**T00797**		Merkblatt-Nr.	**2120**

Produkt	Weich-PVC-Spritzgiessmasse		**PVC**
Handelsname	**Trosiplast 8114**		
Hersteller	HUELSTRO		
DIN-Bez 1	7749-PVC-P,MG,A60-25-XX	Viskositätszahl ml/g	
DIN-Bez 2		K-Wert	
Zusätze	Stabilisatoren; Gleitmittel	Füllstoffe/Verstärkung	
Bevorzugte Verarbeitung	Spritzgiessen	Lieferform	Linsenfoermiges Granulat 3 bis 6 mm
		Farben	
Besondere Merkmale	Cadmiumfrei; Selbstverloeschend; Entspricht FMVSS Nr. 302; Kaeltebruchtemperatur -35 C	Bevorzugte Anwendungen	Abdeckkappe; Tuelle; Aufhaenger; Bedienungsknopf; Dichtung; Fusskappe fuer Moebel; Fahrradgriff; Koffergriff; Haltegriff; Haftsauger; Schutzbrille; Wasserschutzkappe; Stopfen

Kornverteilung

Kornklasse µm	Rückstand %	Dichte g/cm³	1.25
		Schüttdichte g/cm³	
		Stampfdichte g/cm³	
		Rieselfähigkeit	
		Rieselzeit s/100 g	
		Kornbeschaffenheit	
Allgemeine Hinweise		Flüchtige Bestandteile %	
		Sulfatasche %	

Zugversuch 23 °C DIN 53455;

Probekörper: Form / Zustand Herstellung / Vorbehandlung

Streckspannung	N/mm²	Dehnung bei Streckspannung	%	
Zugfestigkeit	N/mm²	Reißdehnung	%	360
Reißfestigkeit	N/mm² 11	% Dehnspannung	N/mm²	
E-Modul	N/mm²	Dehnung bei % Dehnspg.	%	

Kriechmoduln und Zeitstandwerte 23 °C

Probekörper: Form / Zustand Herstellung / Vorbehandlung

Kriechmodul	1 min N/mm²	Zeitstandzugfestigkeit	h N/mm²
Kriechmodul	1000 h N/mm²	Zeitdehnspg. %	h N/mm²
bei Spannung	N/mm²		

Biegeversuch 23 °C

Probekörper: Form / Zustand Herstellung / Vorbehandlung

Biegefestigkeit	N/mm²	E-Modul	N/mm²
3,5% Biegespannung	N/mm²		

Härte 23 °C

Probekörper: Zustand Herstellung / Vorbehandlung

Kugeldruckhärte	N/mm²	bei N, s	Shore-Härte A	60
Rockwellhärte			Shore-Härte D	

Schlagversuch

Probekörper: (1) / (2) / Zustand Herstellung / Vorbehandlung

°C °C °C Probekörper-Form

Schlagzähigkeit	kJ/m²
Kerbschlagzähigkeit (1)	kJ/m²
IZOD-Kerbschlagzähigkeit (2)	J/m
Kerbschlagzugzähigkeit	kJ/m²

Kunststoffe © Springer-Verlag Berlin Heidelberg 1988
Kopieren, Vervielfältigen und Speichern in Datenverarbeitungsanlagen (auch auszugsweise) ist nur mit schriftlicher Genehmigung des Verlages gestattet

Datenbank-Nr. **T00797** Merkblatt-Nr. **2120**

Abrieb und Reibung

Taber-Abrieb (Reibradverfahren)	mm³/100 U	
Abriebfaktor LNP (Thrust washer) Vergleichswert		
Statische Reibungszahl		
Dynamische Reibungszahl	(p·v= N/mm² ·	m/min)
Zulässiger p · v Wert	N/mm² · (m/min) v =	m/min
	v =	m/min

Thermische Eigenschaften

Formbeständigkeit in der Wärme	Verfahren	°C
	Verfahren	°C
Vicat Erweichungstemperatur (VST)	Verfahren	°C
	Verfahren	°C
Kristallit-Schmelzpunkt	Verfahren	
Längenausdehnungskoeffizient	Bereich °C	· 10⁻⁴ K⁻¹
	Temperatur	· 10⁻⁴ K⁻¹
Wärmeleitfähigkeit	Verfahren	W/(K · m)
Spezifische Wärmekapazität	Verfahren	J/(K · g)
Glasumwandlungstemperatur	Torsionsschwingungsversuch	°C
	Differentialkalorimetrie	°C

Brandverhalten

UL-Test vertikal   Dicke 0.8 mm, Wert V–Z
   Dicke mm, Wert

	Norm	Bewertung	Abmessungen
Sauerstoff-Index	ASTM D 2863		
Glühstab-Verfahren			
Brandverhalten	DIN 4102		
MVSS			
FAR			

Elektrische Eigenschaften

	Hz	°C			Probekörper, Form
Dielektrizitätszahl	50				
	10³				
	10⁶				
Dielektrischer Verlustfaktor tan δ	50				
	10³				
	10⁶				
Spezifischer Durchgangswiderstand	Ohm · cm				
Durchschlagfestigkeit	kV/mm				mm dick
Oberflächenwiderstand	Ohm				
Kriechstromfestigkeit	KC	KB		KA	
Kriechwegbildung					

Elektrolytische Korrosionswirkung
Lichtbogenfestigkeit nach DIN
   nach ASTM s

Beständigkeit (Chemische Beständigkeit siehe Anhang)

Wasseraufnahme

Feuchtigkeitsaufnahme Normalklima   %
Wetterbeständigkeit

Spannungskorrosion

Optische Eigenschaften

Brechungszahl n_D
Transmissionsgrad τ_c %   mm dick
Lichtdurchlässigkeit

Datenbank-Nr.	**T00798**		Merkblatt-Nr.	**2121**

PVC

Produkt	Weich-PVC-Spritzgiessmasse
Handelsname	**Trosiplast 8281**
Hersteller	HUELSTRO
DIN-Bez 1	7749-PVC-P,MG,A60-25-XX
DIN-Bez 2	
Zusätze	Stabilisatoren; Gleitmittel
Bevorzugte Verarbeitung	Spritzgiessen
Besondere Merkmale	Cadmiumfrei; Selbstverloeschend; Entspricht FMVSS Nr. 302; Kaeltebruchtemperatur -40 C

Viskositätszahl ml/g	
K-Wert	
Füllstoffe/Verstärkung	
Lieferform	Linsenfoermiges Granulat 3 bis 6 mm
Farben	
Bevorzugte Anwendungen	Bedarfsartikel

Kornverteilung

Kornklasse μm	Rückstand %

Dichte	g/cm^3	1.23
Schüttdichte	g/cm^3	
Stampfdichte	g/cm^3	
Rieselfähigkeit		
Rieselzeit	s/100 g	
Kornbeschaffenheit		
Flüchtige Bestandteile	%	
Sulfatasche	%	

Allgemeine Hinweise

Zugversuch 23 °C DIN 53455;

Probekörper: Form / Zustand
Herstellung / Vorbehandlung

Streckspannung	N/mm^2	Dehnung bei Streckspannung	%
Zugfestigkeit	N/mm^2	Reißdehnung	% 355
Reißfestigkeit	N/mm^2 12	% Dehnspannung	N/mm^2
E-Modul	N/mm^2	Dehnung bei % Dehnspg.	%

Kriechmoduln und Zeitstandwerte 23 °C

Probekörper: Form / Zustand
Herstellung / Vorbehandlung

Kriechmodul	1 min N/mm^2	Zeitstandzugfestigkeit	h N/mm^2
Kriechmodul	1000 h N/mm^2	Zeitdehnspg. %	h N/mm^2
bei Spannung	N/mm^2		

Biegeversuch 23 °C

Probekörper: Form / Zustand
Herstellung / Vorbehandlung

Biegefestigkeit	N/mm^2	E-Modul	N/mm^2
3,5% Biegespannung	N/mm^2		

Härte 23 °C

Probekörper: Zustand
Herstellung / Vorbehandlung

Kugeldruckhärte	N/mm^2	bei N, s	Shore-Härte A	60
Rockwellhärte			Shore-Härte D	

Schlagversuch

Probekörper: (1) / (2) / Zustand
Herstellung / Vorbehandlung

°C °C °C Probekörper-Form

Schlagzähigkeit	kJ/m^2
Kerbschlagzähigkeit (1)	kJ/m^2
IZOD-Kerbschlagzähigkeit (2)	J/m
Kerbschlagzugzähigkeit	kJ/m^2

Kunststoffe © Springer-Verlag Berlin Heidelberg 1988
Kopieren, Vervielfältigen und Speichern in Datenverarbeitungsanlagen (auch auszugsweise) ist nur mit schriftlicher Genehmigung des Verlages gestattet

Datenbank-Nr. **T00798** Merkblatt-Nr. **2121**

Abrieb und Reibung

Taber-Abrieb (Reibradverfahren)   mm³/100 U
Abriebfaktor LNP (Thrust washer) Vergleichswert
Statische Reibungszahl
Dynamische Reibungszahl   (p·v=   N/mm² ·   m/min)
Zulässiger p · v Wert   N/mm² · (m/min) v=   m/min
  v=   m/min

Thermische Eigenschaften

Formbeständigkeit in der Wärme   Verfahren   °C
  Verfahren   °C
Vicat Erweichungstemperatur (VST)   Verfahren   °C
  Verfahren   °C
Kristallit-Schmelzpunkt   Verfahren

Längenausdehnungskoeffizient   Bereich   °C   ·10⁻⁴K⁻¹
  Temperatur   ·10⁻⁴K⁻¹
Wärmeleitfähigkeit   Verfahren   W/(K · m)

Spezifische Wärmekapazität   Verfahren   J/(K · g)

Glasumwandlungstemperatur   Torsionsschwingungsversuch   °C
  Differentialkalorimetrie   °C

Brandverhalten

UL-Test vertikal   Dicke   mm, Wert
  Dicke   mm, Wert

  Norm   Bewertung   Abmessungen

Sauerstoff-Index   ASTM D 2863
Glühstab-Verfahren
Brandverhalten   DIN 4102
MVSS
FAR

Elektrische Eigenschaften

  Hz   °C   Probekörper, Form

Dielektrizitätszahl   50
  10³
  10⁶
Dielektrischer Verlustfaktor tan δ   50
  10³
  10⁶
Spezifischer Durchgangs-
  widerstand   Ohm · cm
Durchschlagfestigkeit   kV/mm   mm dick
Oberflächenwiderstand   Ohm

Kriechstromfestigkeit   KC   KB   KA
Kriechwegbildung

Elektrolytische Korrosionswirkung
Lichtbogenfestigkeit nach DIN
  nach ASTM   s

Beständigkeit (Chemische Beständigkeit siehe Anhang)

Wasseraufnahme

Feuchtigkeitsaufnahme Normalklima   %
Wetterbeständigkeit

Spannungskorrosion

Optische Eigenschaften

Brechungszahl n_D
Transmissionsgrad τ_c %   mm dick
Lichtdurchlässigkeit

Datenbank-Nr.	T00799			Merkblatt-Nr. **2122**
				PVC
Produkt	Weich-PVC-Spritzgiessmasse			
Handelsname	**Trosiplast 8283**			
Hersteller	HUELSTRO			
DIN-Bez 1	7749-PVC-P,MG,A62-20-XX	Viskositätszahl ml/g		
DIN-Bez 2		K-Wert		
Zusätze	Stabilisatoren; Gleitmittel	Füllstoffe/Verstärkung		
Bevorzugte Verarbeitung	Spritzgiessen	Lieferform	Linsenfoermiges Granulat 3 bis 6 mm	
		Farben		
Besondere Merkmale	Cadmiumfrei; Kaeltebruchtemperatur -40 C	Bevorzugte Anwendungen	Autofensterdichtung	

Kornverteilung

Kornklasse μm	Rückstand %			
		Dichte	g/cm³	1.19
		Schüttdichte	g/cm³	
		Stampfdichte	g/cm³	
		Rieselfähigkeit		
		Rieselzeit	s/100 g	
		Kornbeschaffenheit		
Allgemeine Hinweise		Flüchtige Bestandteile	%	
		Sulfatasche	%	

Zugversuch 23 °C DIN 53455;
Probekörper: Form / Zustand   Herstellung / Vorbehandlung

Streckspannung	N/mm²	Dehnung bei Streckspannung	%	
Zugfestigkeit	N/mm²	Reißdehnung	%	350
Reißfestigkeit	N/mm² 9	% Dehnspannung	N/mm²	
E-Modul	N/mm²	Dehnung bei % Dehnspg.	%	

Kriechmoduln und Zeitstandwerte 23 °C
Probekörper: Form / Zustand   Herstellung / Vorbehandlung

Kriechmodul	1 min N/mm²	Zeitstandzugfestigkeit	h N/mm²	
Kriechmodul	1000 h N/mm²	Zeitdehnspg. %	h N/mm²	
bei Spannung	N/mm²			

Biegeversuch 23 °C
Probekörper: Form / Zustand   Herstellung / Vorbehandlung

Biegefestigkeit	N/mm²	E-Modul	N/mm²
3,5 % Biegespannung	N/mm²		

Härte 23 °C
Probekörper: Zustand   Herstellung / Vorbehandlung

Kugeldruckhärte	N/mm²	bei N, s	Shore-Härte A	62
Rockwellhärte			Shore-Härte D	

Schlagversuch
Probekörper: (1) / (2) / Zustand   Herstellung / Vorbehandlung

°C	°C	°C	Probekörper-Form

Schlagzähigkeit	kJ/m²
Kerbschlagzähigkeit (1)	kJ/m²
IZOD-Kerbschlagzähigkeit (2)	J/m
Kerbschlagzugzähigkeit	kJ/m²

Kunststoffe © Springer-Verlag Berlin Heidelberg 1988
Kopieren, Vervielfältigen und Speichern in Datenverarbeitungsanlagen (auch auszugsweise) ist nur mit schriftlicher Genehmigung des Verlages gestattet

Datenbank-Nr. **T00799** Merkblatt-Nr. **2122**

Abrieb und Reibung

Taber-Abrieb (Reibradverfahren) mm³/100 U
Abriebfaktor LNP (Thrust washer) Vergleichswert
Statische Reibungszahl
Dynamische Reibungszahl (p·v= N/mm² · m/min)
Zulässiger p · v Wert N/mm² · (m/min) v = m/min
  v = m/min

Thermische Eigenschaften

Formbeständigkeit in der Wärme Verfahren °C
  Verfahren °C
Vicat Erweichungstemperatur (VST) Verfahren °C
  Verfahren °C
Kristallit-Schmelzpunkt Verfahren

Längenausdehnungskoeffizient Bereich °C · $10^{-4} K^{-1}$
  Temperatur · $10^{-4} K^{-1}$
Wärmeleitfähigkeit Verfahren W/(K · m)

Spezifische Wärmekapazität Verfahren J/(K · g)

Glasumwandlungstemperatur Torsionsschwingungsversuch °C
  Differentialkalorimetrie °C

Brandverhalten

UL-Test vertikal Dicke mm, Wert
  Dicke mm, Wert

	Norm	Bewertung	Abmessungen
Sauerstoff-Index	ASTM D 2863		
Glühstab-Verfahren			
Brandverhalten	DIN 4102		
MVSS			
FAR			

Elektrische Eigenschaften

  Hz °C Probekörper, Form

Dielektrizitätszahl 50
  10^3
  10^6
Dielektrischer Verlustfaktor tan δ 50
  10^3
  10^6
Spezifischer Durchgangs-
  widerstand Ohm · cm
Durchschlagfestigkeit kV/mm mm dick
Oberflächenwiderstand Ohm
Kriechstromfestigkeit KC KB KA
Kriechwegbildung

Elektrolytische Korrosionswirkung
Lichtbogenfestigkeit nach DIN
  nach ASTM s

Beständigkeit (Chemische Beständigkeit siehe Anhang)

Wasseraufnahme

Feuchtigkeitsaufnahme Normalklima %
Wetterbeständigkeit

Spannungskorrosion

Optische Eigenschaften

Brechungszahl n_D
Transmissionsgrad τ_c % mm dick
Lichtdurchlässigkeit

Datenbank-Nr.	**T00800**		Merkblatt-Nr.	**2123**

PVC

Produkt	Weich-PVC-Spritzgiessmasse
Handelsname	**Trosiplast 8100**
Hersteller	HUELSTRO
DIN-Bez 1	7749-PVC-P,MG,A64-35-XX
DIN-Bez 2	

Viskositätszahl ml/g	
K-Wert	

Zusätze	Stabilisatoren; Gleitmittel
Füllstoffe/Verstärkung	

Bevorzugte Verarbeitung	Spritzgiessen
Lieferform	Linsenfoermiges Granulat 3 bis 6 mm
Farben	Gedeckt

Besondere Merkmale	Cadmiumfrei; Kaeltebruchtemperatur -20 C; Oelbestaendig; Benzinbestaendig
Bevorzugte Anwendungen	

Kornverteilung

Kornklasse µm	Rückstand %

Dichte	g/cm³	1.36
Schüttdichte	g/cm³	
Stampfdichte	g/cm³	
Rieselfähigkeit		
Rieselzeit	s/100 g	
Kornbeschaffenheit		

Allgemeine Hinweise

Flüchtige Bestandteile	%
Sulfatasche	%

Zugversuch 23 °C   DIN 53455;

Probekörper: Form / Zustand   Herstellung / Vorbehandlung

Streckspannung	N/mm²	Dehnung bei Streckspannung	%	
Zugfestigkeit	N/mm²	Reißdehnung	%	340
Reißfestigkeit	N/mm² 13	% Dehnspannung	N/mm²	
E-Modul	N/mm²	Dehnung bei % Dehnspg.	%	

Kriechmoduln und Zeitstandwerte 23 °C

Probekörper: Form / Zustand   Herstellung / Vorbehandlung

Kriechmodul	1 min N/mm²	Zeitstandzugfestigkeit	h	N/mm²
Kriechmodul	1000 h N/mm²	Zeitdehnspg. %	h	N/mm²
bei Spannung	N/mm²			

Biegeversuch 23 °C

Probekörper: Form / Zustand   Herstellung / Vorbehandlung

Biegefestigkeit	N/mm²	E-Modul	N/mm²
3,5% Biegespannung	N/mm²		

Härte 23 °C

Probekörper: Zustand   Herstellung / Vorbehandlung

Kugeldruckhärte	N/mm² bei N, s	Shore-Härte A	64
Rockwellhärte		Shore-Härte D	

Schlagversuch

Probekörper: (1) / (2) / Zustand   Herstellung / Vorbehandlung

°C   °C   °C   Probekörper-Form

Schlagzähigkeit	kJ/m²
Kerbschlagzähigkeit (1)	kJ/m²
IZOD-Kerbschlagzähigkeit (2)	J/m
Kerbschlagzugzähigkeit	kJ/m²

Kunststoffe © Springer-Verlag Berlin Heidelberg 1988
Kopieren, Vervielfältigen und Speichern in Datenverarbeitungsanlagen (auch auszugsweise) ist nur mit schriftlicher Genehmigung des Verlages gestattet

Datenbank-Nr. **T00800** *Merkblatt-Nr.* **2123**

Abrieb und Reibung

Taber-Abrieb (Reibradverfahren)	mm³/100 U	
Abriebfaktor LNP (Thrust washer) Vergleichswert		
Statische Reibungszahl		
Dynamische Reibungszahl	(p·v = N/mm² · m/min)	
Zulässiger p · v Wert	N/mm² · (m/min) v = m/min	
	v = m/min	

Thermische Eigenschaften

Formbeständigkeit in der Wärme	Verfahren	°C
	Verfahren	°C
Vicat Erweichungstemperatur (VST)	Verfahren	°C
	Verfahren	°C
Kristallit-Schmelzpunkt	Verfahren	
Längenausdehnungskoeffizient	Bereich °C	·10⁻⁴K⁻¹
	Temperatur	·10⁻⁴K⁻¹
Wärmeleitfähigkeit	Verfahren	W/(K·m)
Spezifische Wärmekapazität	Verfahren	J/(K·g)
Glasumwandlungstemperatur	Torsionsschwingungsversuch	°C
	Differentialkalorimetrie	°C

Brandverhalten

UL-Test vertikal Dicke mm, Wert
Dicke mm, Wert

	Norm	Bewertung	Abmessungen
Sauerstoff-Index	ASTM D 2863		
Glühstab-Verfahren			
Brandverhalten	DIN 4102		
MVSS			
FAR			

Elektrische Eigenschaften

	Hz	°C	Probekörper, Form
Dielektrizitätszahl	50		
	10³		
	10⁶		
Dielektrischer Verlustfaktor tan δ	50		
	10³		
	10⁶		

Spezifischer Durchgangswiderstand	Ohm·cm	
Durchschlagfestigkeit	kV/mm	mm dick
Oberflächenwiderstand	Ohm	
Kriechstromfestigkeit	KC KB KA	
Kriechwegbildung		

Elektrolytische Korrosionswirkung
Lichtbogenfestigkeit nach DIN
  nach ASTM s

Beständigkeit *(Chemische Beständigkeit siehe Anhang)*

Wasseraufnahme

Feuchtigkeitsaufnahme Normalklima %
Wetterbeständigkeit

Spannungskorrosion

Optische Eigenschaften

Brechungszahl n_D
Transmissionsgrad τ_c %   mm dick
Lichtdurchlässigkeit

Datenbank-Nr.	**T00801**		Merkblatt-Nr.	**2124**

Produkt	Weich-PVC-Spritzgiessmasse
Handelsname	**Trosiplast 8020**
Hersteller	HUELSTRO

PVC

DIN-Bez 1	7749-PVC-P,MG,A64-20-XX	Viskositätszahl ml/g	
DIN-Bez 2		K-Wert	
Zusätze	Stabilisatoren; Gleitmittel	Füllstoffe/Verstärkung	
Bevorzugte Verarbeitung	Spritzgiessen	Lieferform	Linsenfoermiges Granulat 3 bis 6 mm
		Farben	
Besondere Merkmale	Cadmiumfrei; Kaeltebruchtemperatur -35 C	Bevorzugte Anwendungen	Dichtung; Dichtstopfen

---

Kornverteilung

Kornklasse µm	Rückstand %		Dichte	g/cm³	1.21
			Schüttdichte	g/cm³	
			Stampfdichte	g/cm³	
			Rieselfähigkeit		
			Rieselzeit	s/100 g	
			Kornbeschaffenheit		
Allgemeine Hinweise			Flüchtige Bestandteile	%	
			Sulfatasche	%	

Zugversuch 23 °C   DIN 53455;

	Probekörper:	Form		Herstellung	
		Zustand		Vorbehandlung	
Streckspannung	N/mm²		Dehnung bei Streckspannung	%	
Zugfestigkeit	N/mm²		Reißdehnung	%	350
Reißfestigkeit	N/mm²	13	% Dehnspannung	N/mm²	
E-Modul	N/mm²		Dehnung bei % Dehnspg.	%	

Kriechmoduln und Zeitstandwerte 23 °C

	Probekörper:	Form		Herstellung	
		Zustand		Vorbehandlung	
Kriechmodul	1 min	N/mm²	Zeitstandzugfestigkeit	h	N/mm²
Kriechmodul	1000 h	N/mm²	Zeitdehnspg. %	h	N/mm²
bei Spannung		N/mm²			

Biegeversuch 23 °C

	Probekörper:	Form		Herstellung	
		Zustand		Vorbehandlung	
Biegefestigkeit	N/mm²		E-Modul		N/mm²
3,5% Biegespannung	N/mm²				

Härte 23 °C

	Probekörper:	Zustand	Herstellung	
			Vorbehandlung	
Kugeldruckhärte	N/mm²	bei N, s	Shore-Härte A	64
Rockwellhärte			Shore-Härte D	

Schlagversuch

	Probekörper:	(1)		
		(2)	Herstellung	
		Zustand	Vorbehandlung	
		°C °C	°C	Probekörper-Form
Schlagzähigkeit	kJ/m²			
Kerbschlagzähigkeit (1)	kJ/m²			
IZOD-Kerbschlagzähigkeit (2)	J/m			
Kerbschlagzugzähigkeit	kJ/m²			

Datenbank-Nr. **T00801** Merkblatt-Nr. **2124**

Abrieb und Reibung

Taber-Abrieb (Reibradverfahren)	mm³/100 U	
Abriebfaktor LNP (Thrust washer) Vergleichswert		
Statische Reibungszahl		
Dynamische Reibungszahl	(p·v = N/mm² ·	m/min)
Zulässiger p·v Wert	N/mm² · (m/min)	v = m/min
		v = m/min

Thermische Eigenschaften

Formbeständigkeit in der Wärme	Verfahren	°C
	Verfahren	°C
Vicat Erweichungstemperatur (VST)	Verfahren	°C
	Verfahren	°C
Kristallit-Schmelzpunkt	Verfahren	
Längenausdehnungskoeffizient	Bereich °C	·10⁻⁴K⁻¹
	Temperatur	·10⁻⁴K⁻¹
Wärmeleitfähigkeit	Verfahren	W/(K·m)
Spezifische Wärmekapazität	Verfahren	J/(K·g)
Glasumwandlungstemperatur	Torsionsschwingungsversuch	°C
	Differentialkalorimetrie	°C

Brandverhalten

UL-Test vertikal   Dicke   mm, Wert
                   Dicke   mm, Wert

	Norm	Bewertung	Abmessungen
Sauerstoff-Index	ASTM D 2863		
Glühstab-Verfahren			
Brandverhalten	DIN 4102		
MVSS			
FAR			

Elektrische Eigenschaften

	Hz	°C			Probekörper, Form
Dielektrizitätszahl	50				
	10³				
	10⁶				
Dielektrischer Verlustfaktor tan δ	50				
	10³				
	10⁶				

Spezifischer Durchgangs-
   widerstand   Ohm · cm
Durchschlagfestigkeit   kV/mm   mm dick
Oberflächenwiderstand   Ohm
Kriechstromfestigkeit   KC   KB   KA
Kriechwegbildung

Elektrolytische Korrosionswirkung
Lichtbogenfestigkeit nach DIN
            nach ASTM   s

Beständigkeit (Chemische Beständigkeit siehe Anhang)

Wasseraufnahme

Feuchtigkeitsaufnahme Normalklima   %
Wetterbeständigkeit

Spannungskorrosion

Optische Eigenschaften

Brechungszahl n_D
Transmissionsgrad τ_c %   mm dick
Lichtdurchlässigkeit

Datenbank-Nr.	**T00802**		Merkblatt-Nr.	**2125**

Produkt	Weich-PVC-Spritzgiessmasse		**PVC**
Handelsname	**Trosiplast 8518**		
Hersteller	HUELSTRO		
DIN-Bez 1	7749-PVC-P,MG,A64-25-XX	Viskositätszahl ml/g	
DIN-Bez 2		K-Wert	
Zusätze	Stabilisatoren; Gleitmittel	Füllstoffe/Verstärkung	
Bevorzugte Verarbeitung	Spritzgiessen	Lieferform	Linsenfoermiges Granulat 3 bis 6 mm
		Farben	
Besondere Merkmale	Cadmiumfrei; Kaeltebruchtemperatur -35 C	Bevorzugte Anwendungen	Saugpipette

Kornverteilung

Kornklasse μm	Rückstand %		
		Dichte g/cm³	1.24
		Schüttdichte g/cm³	
		Stampfdichte g/cm³	
		Rieselfähigkeit	
		Rieselzeit s/100 g	
		Kornbeschaffenheit	
Allgemeine Hinweise		Flüchtige Bestandteile %	
		Sulfatasche %	

Zugversuch 23 °C   DIN 53455;

Probekörper: Form   Herstellung
Zustand   Vorbehandlung

Streckspannung	N/mm²	Dehnung bei Streckspannung	%	
Zugfestigkeit	N/mm²	Reißdehnung	%	310
Reißfestigkeit	N/mm² 15	% Dehnspannung	N/mm²	
E-Modul	N/mm²	Dehnung bei % Dehnspg.	%	

Kriechmoduln und Zeitstandwerte 23 °C

Probekörper: Form   Herstellung
Zustand   Vorbehandlung

Kriechmodul	1 min N/mm²	Zeitstandzugfestigkeit h N/mm²	
Kriechmodul	1000 h N/mm²	Zeitdehnspg. % h N/mm²	
bei Spannung	N/mm²		

Biegeversuch 23 °C

Probekörper: Form   Herstellung
Zustand   Vorbehandlung

Biegefestigkeit	N/mm²	E-Modul	N/mm²
3,5% Biegespannung	N/mm²		

Härte 23 °C

Probekörper: Zustand   Herstellung
Vorbehandlung

Kugeldruckhärte	N/mm² bei N, s	Shore-Härte A	64
Rockwellhärte		Shore-Härte D	

Schlagversuch

Probekörper: (1)
(2)
Zustand   Herstellung Vorbehandlung

°C   °C   °C   Probekörper-Form

Schlagzähigkeit	kJ/m²
Kerbschlagzähigkeit (1)	kJ/m²
IZOD-Kerbschlagzähigkeit (2)	J/m
Kerbschlagzugzähigkeit	kJ/m²

Kunststoffe © Springer-Verlag Berlin Heidelberg 1988
Kopieren, Vervielfältigen und Speichern in Datenverarbeitungsanlagen (auch auszugsweise) ist nur mit schriftlicher Genehmigung des Verlages gestattet

Datenbank-Nr. **T00802** Merkblatt-Nr. **2125**

Abrieb und Reibung

Taber-Abrieb (Reibradverfahren) mm³/100 U
Abriebfaktor LNP (Thrust washer) Vergleichswert
Statische Reibungszahl
Dynamische Reibungszahl (p·v= N/mm² · m/min)
Zulässiger p·v Wert N/mm² · (m/min) v= m/min
  v= m/min

Thermische Eigenschaften

Formbeständigkeit in der Wärme Verfahren °C
  Verfahren °C
Vicat Erweichungstemperatur (VST) Verfahren °C
  Verfahren °C
Kristallit-Schmelzpunkt Verfahren

Längenausdehnungskoeffizient Bereich °C $\cdot 10^{-4} K^{-1}$
  Temperatur $\cdot 10^{-4} K^{-1}$
Wärmeleitfähigkeit Verfahren W/(K·m)

Spezifische Wärmekapazität Verfahren J/(K·g)

Glasumwandlungstemperatur Torsionsschwingungsversuch °C
  Differentialkalorimetrie °C

Brandverhalten

UL-Test vertikal Dicke mm, Wert
  Dicke mm, Wert

	Norm	Bewertung	Abmessungen
Sauerstoff-Index	ASTM D 2863		
Glühstab-Verfahren			
Brandverhalten	DIN 4102		
MVSS			
FAR			

Elektrische Eigenschaften

 Hz °C Probekörper, Form

Dielektrizitätszahl 50
  10^3
  10^6
Dielektrischer Verlustfaktor tan δ 50
  10^3
  10^6
Spezifischer Durchgangs-
  widerstand Ohm·cm
Durchschlagfestigkeit kV/mm mm dick
Oberflächenwiderstand Ohm

Kriechstromfestigkeit KC KB KA
Kriechwegbildung

Elektrolytische Korrosionswirkung
Lichtbogenfestigkeit nach DIN
  nach ASTM s

Beständigkeit (Chemische Beständigkeit siehe Anhang)

Wasseraufnahme

Feuchtigkeitsaufnahme Normalklima %
Wetterbeständigkeit

Spannungskorrosion

Optische Eigenschaften

Brechungszahl n_D
Transmissionsgrad τ_c % mm dick
Lichtdurchlässigkeit

Datenbank-Nr.	**T00803**		Merkblatt-Nr.	**2126**

PVC

Produkt	Weich-PVC-Spritzgiessmasse
Handelsname	**Trosiplast 8506**
Hersteller	HUELSTRO
DIN-Bez 1	7749-PVC-P,MG,A64-20-XX
DIN-Bez 2	
Viskositätszahl ml/g	
K-Wert	
Zusätze	Stabilisatoren; Gleitmittel
Füllstoffe/Verstärkung	
Bevorzugte Verarbeitung	Spritzgiessen
Lieferform	Linsenfoermiges Granulat 3 bis 6 mm
Farben	
Besondere Merkmale	Glasklar; Kaeltebruchtemperatur -35 C
Bevorzugte Anwendungen	Bedarfsartikel

Kornverteilung

Kornklasse µm   Rückstand %

Dichte	g/cm³	1.2
Schüttdichte	g/cm³	
Stampfdichte	g/cm³	
Rieselfähigkeit		
Rieselzeit	s/100 g	
Kornbeschaffenheit		
Flüchtige Bestandteile	%	
Sulfatasche	%	

Allgemeine Hinweise

Zugversuch 23 °C   DIN 53455;
Probekörper: Form
Zustand
Herstellung
Vorbehandlung

Streckspannung	N/mm²	Dehnung bei Streckspannung	%	
Zugfestigkeit	N/mm²	Reißdehnung	%	340
Reißfestigkeit	N/mm² 15	% Dehnspannung	N/mm²	
E-Modul	N/mm²	Dehnung bei % Dehnspg.	%	

Kriechmoduln und Zeitstandwerte 23 °C
Probekörper: Form
Zustand
Herstellung
Vorbehandlung

Kriechmodul	1 min N/mm²	Zeitstandzugfestigkeit	h	N/mm²
Kriechmodul	1000 h N/mm²	Zeitdehnspg. %	h	N/mm²
bei Spannung	N/mm²			

Biegeversuch 23 °C
Probekörper: Form
Zustand
Herstellung
Vorbehandlung

Biegefestigkeit	N/mm²	E-Modul	N/mm²
3,5% Biegespannung	N/mm²		

Härte 23 °C   Probekörper: Zustand
Herstellung
Vorbehandlung

Kugeldruckhärte	N/mm²	bei N, s	Shore-Härte A	65
Rockwellhärte			Shore-Härte D	

Schlagversuch   Probekörper: (1)
(2)
Zustand
Herstellung
Vorbehandlung

°C   °C   °C   Probekörper-Form

Schlagzähigkeit	kJ/m²
Kerbschlagzähigkeit (1)	kJ/m²
IZOD-Kerbschlagzähigkeit (2)	J/m
Kerbschlagzugzähigkeit	kJ/m²

Kunststoffe © Springer-Verlag Berlin Heidelberg 1988
Kopieren, Vervielfältigen und Speichern in Datenverarbeitungsanlagen (auch auszugsweise) ist nur mit schriftlicher Genehmigung des Verlages gestattet

Datenbank-Nr. **T00803** Merkblatt-Nr. **2126**

Abrieb und Reibung

Taber-Abrieb (Reibradverfahren)	mm³/100 U	
Abriebfaktor LNP (Thrust washer) Vergleichswert		
Statische Reibungszahl		
Dynamische Reibungszahl	(p·v = N/mm² ·	m/min)
Zulässiger p · v Wert	N/mm² · (m/min) v =	m/min
	v =	m/min

Thermische Eigenschaften

Formbeständigkeit in der Wärme	Verfahren	°C
	Verfahren	°C
Vicat Erweichungstemperatur (VST)	Verfahren	°C
	Verfahren	°C
Kristallit-Schmelzpunkt	Verfahren	
Längenausdehnungskoeffizient	Bereich °C	$\cdot 10^{-4} K^{-1}$
	Temperatur	$\cdot 10^{-4} K^{-1}$
Wärmeleitfähigkeit	Verfahren	W/(K · m)
Spezifische Wärmekapazität	Verfahren	J/(K · g)
Glasumwandlungstemperatur	Torsionsschwingungsversuch	°C
	Differentialkalorimetrie	°C

Brandverhalten

UL-Test vertikal	Dicke	mm, Wert	
	Dicke	mm, Wert	

	Norm	Bewertung	Abmessungen
Sauerstoff-Index	ASTM D 2863		
Glühstab-Verfahren			
Brandverhalten	DIN 4102		
MVSS			
FAR			

Elektrische Eigenschaften

	Hz	°C	Probekörper, Form
Dielektrizitätszahl	50		
	10³		
	10⁶		
Dielektrischer Verlustfaktor tan δ	50		
	10³		
	10⁶		
Spezifischer Durchgangs- widerstand	Ohm · cm		
Durchschlagfestigkeit	kV/mm		mm dick
Oberflächenwiderstand	Ohm		
Kriechstromfestigkeit Kriechwegbildung	KC	KB	KA

Elektrolytische Korrosionswirkung
Lichtbogenfestigkeit nach DIN
        nach ASTM s

Beständigkeit (Chemische Beständigkeit siehe Anhang)

Wasseraufnahme

Feuchtigkeitsaufnahme Normalklima %
Wetterbeständigkeit

Spannungskorrosion

Optische Eigenschaften

Brechungszahl n_D
Transmissionsgrad τ_c % mm dick
Lichtdurchlässigkeit

Datenbank-Nr.	**T00804**	Merkblatt-Nr. **2127**

PVC

Produkt	Weich-PVC-Spritzgiessmasse
Handelsname	**Trosiplast 8120**
Hersteller	HUELSTRO
DIN-Bez 1	7749-PVC-P,MG,A64-45-XX
DIN-Bez 2	
	Viskositätszahl ml/g
	K-Wert
Zusätze	Stabilisatoren; Gleitmittel
	Füllstoffe/Verstärkung
Bevorzugte Verarbeitung	Spritzgiessen
	Lieferform — Linsenfoermiges Granulat 3 bis 6 mm
	Farben
Besondere Merkmale	Cadmiumfrei; Selbstverloeschend; Entspricht FMVSS Nr. 302; Kaeltebruchtemperatur -25 C
	Bevorzugte Anwendungen — Autofensterdichtung

Kornverteilung

Kornklasse µm	Rückstand %

Dichte	g/cm³	1.43
Schüttdichte	g/cm³	
Stampfdichte	g/cm³	
Rieselfähigkeit		
Rieselzeit	s/100 g	
Kornbeschaffenheit		

Allgemeine Hinweise

Flüchtige Bestandteile	%
Sulfatasche	%

Zugversuch 23 °C
DIN 53455;
Probekörper: Form
Zustand
Herstellung
Vorbehandlung

Streckspannung	N/mm²	Dehnung bei Streckspannung	%	
Zugfestigkeit	N/mm²	Reißdehnung	%	300
Reißfestigkeit	N/mm² 9	% Dehnspannung	N/mm²	
E-Modul	N/mm²	Dehnung bei % Dehnspg.	%	

Kriechmoduln und Zeitstandwerte 23 °C
Probekörper: Form
Zustand
Herstellung
Vorbehandlung

Kriechmodul	1 min N/mm²	Zeitstandzugfestigkeit	h	N/mm²
Kriechmodul	1000 h N/mm²	Zeitdehnspg. %	h	N/mm²
bei Spannung	N/mm²			

Biegeversuch 23 °C
Probekörper: Form
Zustand
Herstellung
Vorbehandlung

Biegefestigkeit	N/mm²	E-Modul	N/mm²
3,5% Biegespannung	N/mm²		

Härte 23 °C
Probekörper: Zustand
Herstellung
Vorbehandlung

Kugeldruckhärte	N/mm²	bei	N, s	Shore-Härte A	65
Rockwellhärte				Shore-Härte D	

Schlagversuch
Probekörper: (1)
(2)
Zustand
Herstellung
Vorbehandlung

°C	°C	°C	Probekörper-Form

Schlagzähigkeit	kJ/m²
Kerbschlagzähigkeit (1)	kJ/m²
IZOD-Kerbschlagzähigkeit (2)	J/m
Kerbschlagzugzähigkeit	kJ/m²

Kunststoffe © Springer-Verlag Berlin Heidelberg 1988
Kopieren, Vervielfältigen und Speichern in Datenverarbeitungsanlagen (auch auszugsweise) ist nur mit schriftlicher Genehmigung des Verlages gestattet

Datenbank-Nr. **T00804** Merkblatt-Nr. **2127**

Abrieb und Reibung
Taber-Abrieb (Reibradverfahren) mm³/100 U
Abriebfaktor LNP (Thrust washer) Vergleichswert
Statische Reibungszahl
Dynamische Reibungszahl ($p \cdot v =$ N/mm² · m/min)
Zulässiger $p \cdot v$ Wert N/mm² · (m/min) $v =$ m/min
$v =$ m/min

Thermische Eigenschaften
Formbeständigkeit in der Wärme Verfahren °C
 Verfahren °C
Vicat Erweichungstemperatur (VST) Verfahren °C
 Verfahren °C
Kristallit-Schmelzpunkt Verfahren

Längenausdehnungskoeffizient Bereich °C $\cdot 10^{-4} K^{-1}$
 Temperatur $\cdot 10^{-4} K^{-1}$
Wärmeleitfähigkeit Verfahren W/(K·m)

Spezifische Wärmekapazität Verfahren J/(K·g)

Glasumwandlungstemperatur Torsionsschwingungsversuch °C
 Differentialkalorimetrie °C

Brandverhalten
UL-Test vertikal Dicke mm, Wert
 Dicke mm, Wert

	Norm	Bewertung	Abmessungen
Sauerstoff-Index	ASTM D 2863		
Glühstab-Verfahren			
Brandverhalten	DIN 4102		
MVSS			
FAR			

Elektrische Eigenschaften
 Hz °C Probekörper, Form

Dielektrizitätszahl 50
 10^3
 10^6
Dielektrischer Verlustfaktor tan δ 50
 10^3
 10^6
Spezifischer Durchgangs-
 widerstand Ohm·cm
Durchschlagfestigkeit kV/mm   mm dick
Oberflächenwiderstand Ohm

Kriechstromfestigkeit   KC KB KA
Kriechwegbildung

Elektrolytische Korrosionswirkung
Lichtbogenfestigkeit nach DIN
 nach ASTM s

Beständigkeit (Chemische Beständigkeit siehe Anhang)
Wasseraufnahme

Feuchtigkeitsaufnahme Normalklima %
Wetterbeständigkeit

Spannungskorrosion

Optische Eigenschaften
Brechungszahl n_D
Transmissionsgrad τ_c % mm dick
Lichtdurchlässigkeit

Datenbank-Nr.	**T00805**		Merkblatt-Nr.	**2128**

PVC

Produkt	Weich-PVC-Spritzgiessmasse
Handelsname	**Trosiplast 8003**
Hersteller	HUELSTRO
DIN-Bez 1	7749-PVC-P,MG,A64-25-XX
DIN-Bez 2	
Viskositätszahl ml/g	
K-Wert	
Zusätze	Stabilisatoren; Gleitmittel
Füllstoffe/Verstärkung	
Bevorzugte Verarbeitung	Spritzgiessen
Lieferform	Linsenfoermiges Granulat 3 bis 6 mm
Farben	
Besondere Merkmale	Cadmiumfrei; Kaeltebruchtemperatur -35 C
Bevorzugte Anwendungen	Daempfungselement; Dichtungselement; Stossstangenpuffer; Schutzbrille; Skibrille

Kornverteilung

Kornklasse μm	Rückstand %

Dichte	g/cm³	1.23
Schüttdichte	g/cm³	
Stampfdichte	g/cm³	
Rieselfähigkeit		
Rieselzeit	s/100 g	
Kornbeschaffenheit		
Flüchtige Bestandteile	%	
Sulfatasche	%	

Allgemeine Hinweise

Zugversuch 23 °C DIN 53455;
Probekörper: Form
Zustand

Herstellung
Vorbehandlung

Streckspannung	N/mm²	Dehnung bei Streckspannung	%	
Zugfestigkeit	N/mm²	Reißdehnung	%	340
Reißfestigkeit	N/mm² 15	% Dehnspannung	N/mm²	
E-Modul	N/mm²	Dehnung bei % Dehnspg.	%	

Kriechmoduln und Zeitstandwerte 23 °C
Probekörper: Form
Zustand

Herstellung
Vorbehandlung

Kriechmodul	1 min N/mm²	Zeitstandzugfestigkeit	h	N/mm²
Kriechmodul	1000 h N/mm²	Zeitdehnspg. %	h	N/mm²
bei Spannung	N/mm²			

Biegeversuch 23 °C
Probekörper: Form
Zustand

Herstellung
Vorbehandlung

Biegefestigkeit	N/mm²	E-Modul	N/mm²
3,5% Biegespannung	N/mm²		

Härte 23 °C Probekörper: Zustand

Herstellung
Vorbehandlung

Kugeldruckhärte	N/mm²	bei	N, s	Shore-Härte A	65
Rockwellhärte				Shore-Härte D	

Schlagversuch Probekörper: (1)
(2)
Zustand

Herstellung
Vorbehandlung

°C   °C   °C   Probekörper-Form

Schlagzähigkeit	kJ/m²
Kerbschlagzähigkeit (1)	kJ/m²
IZOD-Kerbschlagzähigkeit (2)	J/m
Kerbschlagzugzähigkeit	kJ/m²

Datenbank-Nr. **T00805** *Merkblatt-Nr.* **2128**

Abrieb und Reibung

Taber-Abrieb (Reibradverfahren)	mm³/100 U	
Abriebfaktor LNP (Thrust washer) Vergleichswert		
Statische Reibungszahl		
Dynamische Reibungszahl	($p \cdot v =$ N/mm² ·	m/min)
Zulässiger p · v Wert	N/mm² · (m/min) $v =$	m/min
	$v =$	m/min

Thermische Eigenschaften

Formbeständigkeit in der Wärme	Verfahren	°C
	Verfahren	°C
Vicat Erweichungstemperatur (VST)	Verfahren	°C
	Verfahren	°C
Kristallit-Schmelzpunkt	Verfahren	
Längenausdehnungskoeffizient	Bereich °C	$\cdot 10^{-4} K^{-1}$
	Temperatur	$\cdot 10^{-4} K^{-1}$
Wärmeleitfähigkeit	Verfahren	W/(K · m)
Spezifische Wärmekapazität	Verfahren	J/(K · g)
Glasumwandlungstemperatur	Torsionsschwingungsversuch	°C
	Differentialkalorimetrie	°C

Brandverhalten

UL-Test vertikal   Dicke   mm, Wert
                     Dicke   mm, Wert

	Norm	Bewertung	Abmessungen
Sauerstoff-Index	ASTM D 2863		
Glühstab-Verfahren			
Brandverhalten	DIN 4102		
MVSS			
FAR			

Elektrische Eigenschaften

	Hz	°C		Probekörper, Form
Dielektrizitätszahl	50			
	10³			
	10⁶			
Dielektrischer Verlustfaktor tan δ	50			
	10³			
	10⁶			
Spezifischer Durchgangs- widerstand	Ohm · cm			
Durchschlagfestigkeit	kV/mm			mm dick
Oberflächenwiderstand	Ohm			
Kriechstromfestigkeit Kriechwegbildung	KC	KB	KA	

Elektrolytische Korrosionswirkung
Lichtbogenfestigkeit nach DIN
            nach ASTM   s

Beständigkeit (Chemische Beständigkeit siehe Anhang)

Wasseraufnahme

Feuchtigkeitsaufnahme Normalklima   %
Wetterbeständigkeit

Spannungskorrosion

Optische Eigenschaften

Brechungszahl n_D
Transmissionsgrad τ_c %   mm dick
Lichtdurchlässigkeit

Datenbank-Nr.	**T00806**		Merkblatt-Nr.	**2129**

PVC

Produkt	Weich-PVC-Spritzgiessmasse
Handelsname	**Trosiplast 8284**
Hersteller	HUELSTRO
DIN-Bez 1	7749-PVC-P,MG,A68-20-XX
DIN-Bez 2	

Viskositätszahl ml/g		K-Wert	

Zusätze	Stabilisatoren; Gleitmittel
Füllstoffe/Verstärkung	

Bevorzugte Verarbeitung	Spritzgiessen	Lieferform	Linsenfoermiges Granulat 3 bis 6 mm
		Farben	
Besondere Merkmale	Erhoeht kaelteelastisch; Cadmiumfrei; Kaeltebruchtemperatur -45 C	Bevorzugte Anwendungen	Schutzbrille; Skibrille

Kornverteilung

Kornklasse µm	Rückstand %

Dichte	g/cm³	1.21
Schüttdichte	g/cm³	
Stampfdichte	g/cm³	
Rieselfähigkeit		
Rieselzeit	s/100 g	
Kornbeschaffenheit		
Flüchtige Bestandteile	%	
Sulfatasche	%	

Allgemeine Hinweise

Zugversuch 23 °C   DIN 53455;

Probekörper: Form / Zustand
Herstellung / Vorbehandlung

Streckspannung	N/mm²		Dehnung bei Streckspannung	%	
Zugfestigkeit	N/mm²		Reißdehnung	%	390
Reißfestigkeit	N/mm²	14	% Dehnspannung	N/mm²	
E-Modul	N/mm²		Dehnung bei % Dehnspg.	%	

Kriechmoduln und Zeitstandwerte 23 °C

Probekörper: Form / Zustand
Herstellung / Vorbehandlung

Kriechmodul	1 min	N/mm²	Zeitstandzugfestigkeit	h N/mm²
Kriechmodul	1000 h	N/mm²	Zeitdehnspg. %	h N/mm²
bei Spannung		N/mm²		

Biegeversuch 23 °C

Probekörper: Form / Zustand
Herstellung / Vorbehandlung

Biegefestigkeit	N/mm²	E-Modul	N/mm²
3,5% Biegespannung	N/mm²		

Härte 23 °C

Probekörper: Zustand
Herstellung / Vorbehandlung

Kugeldruckhärte	N/mm²	bei	N, s	Shore-Härte A	68
Rockwellhärte				Shore-Härte D	

Schlagversuch

Probekörper: (1) / (2) / Zustand
Herstellung / Vorbehandlung

°C   °C   °C   Probekörper-Form

Schlagzähigkeit	kJ/m²
Kerbschlagzähigkeit (1)	kJ/m²
IZOD-Kerbschlagzähigkeit (2)	J/m
Kerbschlagzugzähigkeit	kJ/m²

Kunststoffe © Springer-Verlag Berlin Heidelberg 1988
Kopieren, Vervielfältigen und Speichern in Datenverarbeitungsanlagen (auch auszugsweise) ist nur mit schriftlicher Genehmigung des Verlages gestattet

Datenbank-Nr. **T00806**　　　　　　　　　　　　　　　　　　　　　　　　　　Merkblatt-Nr. **2129**

Abrieb und Reibung

Taber-Abrieb (Reibradverfahren)　　　　　　mm³/100 U
Abriebfaktor LNP (Thrust washer) Vergleichswert
Statische Reibungszahl
Dynamische Reibungszahl　　　　　　　　　(p·v= 　N/mm²· 　m/min)
Zulässiger p·v Wert　　　　　　　　　　　　N/mm²·(m/min)　v= 　m/min
　　　　　　　　　　　　　　　　　　　　　　　　　　　　　　　v= 　m/min

Thermische Eigenschaften

Formbeständigkeit in der Wärme　　　Verfahren　　　　　　　　　　　　　　　°C
　　　　　　　　　　　　　　　　　　Verfahren　　　　　　　　　　　　　　　°C
Vicat Erweichungstemperatur (VST)　Verfahren　　　　　　　　　　　　　　　°C
　　　　　　　　　　　　　　　　　　Verfahren　　　　　　　　　　　　　　　°C
Kristallit-Schmelzpunkt　　　　　　　Verfahren

Längenausdehnungskoeffizient　　　Bereich　　　　°C　　　　　　　　·10⁻⁴K⁻¹
　　　　　　　　　　　　　　　　　　Temperatur　　　　　　　　　　　　　·10⁻⁴K⁻¹
Wärmeleitfähigkeit　　　　　　　　　Verfahren　　　　　　　　　　　　　W/(K·m)

Spezifische Wärmekapazität　　　　　Verfahren　　　　　　　　　　　　　J/(K·g)

Glasumwandlungstemperatur　　　　Torsionsschwingungsversuch　　　°C
　　　　　　　　　　　　　　　　　　Differentialkalorimetrie　　　　　　　°C

Brandverhalten

UL-Test vertikal　　　　　　　　　　　Dicke　　mm, Wert
　　　　　　　　　　　　　　　　　　Dicke　　mm, Wert

	Norm	Bewertung	Abmessungen
Sauerstoff-Index	ASTM D 2863		
Glühstab-Verfahren			
Brandverhalten	DIN 4102		
MVSS			
FAR			

Elektrische Eigenschaften

　　　　　　　　　　　　　　　　　　　Hz　　　°C　　　　　　　　　　　Probekörper, Form
Dielektrizitätszahl　　　　　　　　　　　50
　　　　　　　　　　　　　　　　　　　10³
　　　　　　　　　　　　　　　　　　　10⁶
Dielektrischer Verlustfaktor tan δ　　50
　　　　　　　　　　　　　　　　　　　10³
　　　　　　　　　　　　　　　　　　　10⁶
Spezifischer Durchgangs-
　widerstand　　　　　　　　Ohm·cm
Durchschlagfestigkeit　　　　kV/mm　　　　　　　　　　　　　　　　　　mm dick
Oberflächenwiderstand　　　Ohm

Kriechstromfestigkeit　　　　　　　　KC　　　　　KB　　　　KA
Kriechwegbildung

Elektrolytische Korrosionswirkung
Lichtbogenfestigkeit nach DIN
　　　　　　　　nach ASTM　　s

Beständigkeit (Chemische Beständigkeit siehe Anhang)

Wasseraufnahme

Feuchtigkeitsaufnahme Normalklima　　　　　　　　　　　　　　　　　　　　　　%
Wetterbeständigkeit

Spannungskorrosion

Optische Eigenschaften

Brechungszahl n_D
Transmissionsgrad τ_c　　%　　　　　　　　　mm dick
Lichtdurchlässigkeit

Datenbank-Nr.	**T00807**		Merkblatt-Nr.	**2130**

Produkt	Weich-PVC-Spritzgiessmasse		**PVC**
Handelsname	**Trosiplast 8504**		
Hersteller	HUELSTRO		
DIN-Bez 1	7749-PVC-P,MG,A70-20-XX	Viskositätszahl ml/g	
DIN-Bez 2		K-Wert	
Zusätze	Stabilisatoren; Gleitmittel	Füllstoffe/Verstärkung	
Bevorzugte Verarbeitung	Spritzgiessen	Lieferform	Linsenfoermiges Granulat 3 bis 6 mm
		Farben	
Besondere Merkmale	Glasklar; Kaeltebruchtemperatur -30 C	Bevorzugte Anwendungen	Bedarfsartikel

Kornverteilung

Kornklasse μm	Rückstand %		
		Dichte g/cm³	1.21
		Schüttdichte g/cm³	
		Stampfdichte g/cm³	
		Rieselfähigkeit	
		Rieselzeit s/100 g	
		Kornbeschaffenheit	
Allgemeine Hinweise		Flüchtige Bestandteile %	
		Sulfatasche %	

Zugversuch 23 °C DIN 53455;
Probekörper: Form — Herstellung
Zustand — Vorbehandlung

Streckspannung	N/mm²	Dehnung bei Streckspannung	%	
Zugfestigkeit	N/mm²	Reißdehnung	%	330
Reißfestigkeit	N/mm² 17	% Dehnspannung	N/mm²	
E-Modul	N/mm²	Dehnung bei % Dehnspg.	%	

Kriechmoduln und Zeitstandwerte 23 °C
Probekörper: Form — Herstellung
Zustand — Vorbehandlung

Kriechmodul	1 min N/mm²	Zeitstandzugfestigkeit h N/mm²	
Kriechmodul	1000 h N/mm²	Zeitdehnspg. % h N/mm²	
bei Spannung	N/mm²		

Biegeversuch 23 °C
Probekörper: Form — Herstellung
Zustand — Vorbehandlung

Biegefestigkeit	N/mm²	E-Modul	N/mm²
3,5% Biegespannung	N/mm²		

Härte 23 °C Probekörper: Zustand — Herstellung Vorbehandlung

Kugeldruckhärte	N/mm² bei N, s	Shore-Härte A 70
Rockwellhärte		Shore-Härte D

Schlagversuch Probekörper: (1)
(2)
Zustand — Herstellung Vorbehandlung

°C — °C — °C — Probekörper-Form

Schlagzähigkeit	kJ/m²
Kerbschlagzähigkeit (1)	kJ/m²
IZOD-Kerbschlagzähigkeit (2)	J/m
Kerbschlagzugzähigkeit	kJ/m²

Datenbank-Nr. **T00807**　　　　　　　　　　　　　　　　　　　　　　　　　　　Merkblatt-Nr. **2130**

Abrieb und Reibung

Taber-Abrieb (Reibradverfahren)		mm³/100 U
Abriebfaktor LNP (Thrust washer)	Vergleichswert	
Statische Reibungszahl		
Dynamische Reibungszahl	(p·v =	N/mm² · m/min)
Zulässiger p · v Wert	N/mm² · (m/min)	v = m/min
		v = m/min

Thermische Eigenschaften

Formbeständigkeit in der Wärme	Verfahren	°C
	Verfahren	°C
Vicat Erweichungstemperatur (VST)	Verfahren	°C
	Verfahren	°C
Kristallit-Schmelzpunkt	Verfahren	
Längenausdehnungskoeffizient	Bereich　　　°C	· 10⁻⁴ K⁻¹
	Temperatur	· 10⁻⁴ K⁻¹
Wärmeleitfähigkeit	Verfahren	W/(K · m)
Spezifische Wärmekapazität	Verfahren	J/(K · g)
Glasumwandlungstemperatur	Torsionsschwingungsversuch	°C
	Differentialkalorimetrie	°C

Brandverhalten

UL-Test vertikal	Dicke　　mm, Wert	
	Dicke　　mm, Wert	

	Norm	Bewertung	Abmessungen
Sauerstoff-Index	ASTM D 2863		
Glühstab-Verfahren			
Brandverhalten	DIN 4102		
MVSS			
FAR			

Elektrische Eigenschaften

	Hz	°C		Probekörper, Form
Dielektrizitätszahl	50			
	10³			
	10⁶			
Dielektrischer Verlustfaktor tan δ	50			
	10³			
	10⁶			
Spezifischer Durchgangswiderstand	Ohm · cm			
Durchschlagfestigkeit	kV/mm			mm dick
Oberflächenwiderstand	Ohm			
Kriechstromfestigkeit	KC	KB	KA	
Kriechwegbildung				
Elektrolytische Korrosionswirkung				
Lichtbogenfestigkeit nach DIN				
nach ASTM	s			

Beständigkeit (Chemische Beständigkeit siehe Anhang)

Wasseraufnahme

Feuchtigkeitsaufnahme Normalklima　　　　　　　　　　　　　　　　　　　　　%
Wetterbeständigkeit

Spannungskorrosion

Optische Eigenschaften

Brechungszahl n_D
Transmissionsgrad τ_c　　%　　　　　　　　mm dick
Lichtdurchlässigkeit

Datenbank-Nr.	**T00808**	Merkblatt-Nr. **2131**

PVC

Produkt	Weich-PVC-Spritzgiessmasse
Handelsname	**Trosiplast 8080**
Hersteller	HUELSTRO
DIN-Bez 1	7749-PVC-P,MG,A70-25-XX
DIN-Bez 2	
Zusätze	Stabilisatoren; Gleitmittel
Bevorzugte Verarbeitung	Spritzgiessen
Besondere Merkmale	Cadmiumfrei; Erhoeht kaelteelastisch; Kaeltebruchtemperatur -35 C

Viskositätszahl ml/g	
K-Wert	
Füllstoffe/Verstärkung	
Lieferform	Linsenfoermiges Granulat 3 bis 6 mm
Farben	
Bevorzugte Anwendungen	Bedarfsartikel

Kornverteilung

Kornklasse µm   Rückstand %

Dichte g/cm³	1.24
Schüttdichte g/cm³	
Stampfdichte g/cm³	
Rieselfähigkeit	
Rieselzeit s/100 g	
Kornbeschaffenheit	
Flüchtige Bestandteile %	
Sulfatasche %	

Allgemeine Hinweise

Zugversuch 23 °C

DIN 53455;
Probekörper: Form
Zustand

Herstellung
Vorbehandlung

Streckspannung	N/mm²	
Zugfestigkeit	N/mm²	
Reißfestigkeit	N/mm² 17	
E-Modul	N/mm²	

Dehnung bei Streckspannung %
Reißdehnung % 330
% Dehnspannung N/mm²
Dehnung bei % Dehnspg. %

Kriechmoduln und Zeitstandwerte 23 °C

Probekörper: Form
Zustand

Herstellung
Vorbehandlung

Kriechmodul 1 min N/mm²
Kriechmodul 1000 h N/mm²
bei Spannung N/mm²

Zeitstandzugfestigkeit h N/mm²
Zeitdehnspg. % h N/mm²

Biegeversuch 23 °C

Probekörper: Form
Zustand

Herstellung
Vorbehandlung

Biegefestigkeit N/mm²
3,5% Biegespannung N/mm²

E-Modul N/mm²

Härte 23 °C

Probekörper: Zustand

Herstellung
Vorbehandlung

Kugeldruckhärte N/mm² bei N, s
Rockwellhärte

Shore-Härte A 70
Shore-Härte D

Schlagversuch

Probekörper: (1)
(2)
Zustand

Herstellung
Vorbehandlung

°C   °C   °C   Probekörper-Form

Schlagzähigkeit kJ/m²
Kerbschlagzähigkeit (1) kJ/m²
IZOD-Kerbschlagzähigkeit (2) J/m
Kerbschlagzugzähigkeit kJ/m²

Kunststoffe © Springer-Verlag Berlin Heidelberg 1988
Kopieren, Vervielfältigen und Speichern in Datenverarbeitungsanlagen (auch auszugsweise) ist nur mit schriftlicher Genehmigung des Verlages gestattet

Datenbank-Nr. **T00808** *Merkblatt-Nr.* **2131**

Abrieb und Reibung

Taber-Abrieb (Reibradverfahren)	mm³/100 U	
Abriebfaktor LNP (Thrust washer) Vergleichswert		
Statische Reibungszahl		
Dynamische Reibungszahl	(p·v= N/mm² · m/min)	
Zulässiger p·v Wert	N/mm² · (m/min) v= m/min	
	v= m/min	

Thermische Eigenschaften

Formbeständigkeit in der Wärme	Verfahren		°C
	Verfahren		°C
Vicat Erweichungstemperatur (VST)	Verfahren		°C
	Verfahren		°C
Kristallit-Schmelzpunkt	Verfahren		
Längenausdehnungskoeffizient	Bereich °C		$\cdot 10^{-4} K^{-1}$
	Temperatur		$\cdot 10^{-4} K^{-1}$
Wärmeleitfähigkeit	Verfahren		W/(K·m)
Spezifische Wärmekapazität	Verfahren		J/(K·g)
Glasumwandlungstemperatur	Torsionsschwingungsversuch	°C	
	Differentialkalorimetrie	°C	

Brandverhalten

UL-Test vertikal	Dicke mm, Wert		
	Dicke mm, Wert		

	Norm	Bewertung	Abmessungen
Sauerstoff-Index	ASTM D 2863		
Glühstab-Verfahren			
Brandverhalten	DIN 4102		
MVSS			
FAR			

Elektrische Eigenschaften

	Hz	°C	Probekörper, Form
Dielektrizitätszahl	50		
	10³		
	10⁶		
Dielektrischer Verlustfaktor tan δ	50		
	10³		
	10⁶		

Spezifischer Durchgangswiderstand	Ohm·cm	
Durchschlagfestigkeit	kV/mm	mm dick
Oberflächenwiderstand	Ohm	
Kriechstromfestigkeit Kriechwegbildung	KC KB KA	
Elektrolytische Korrosionswirkung		
Lichtbogenfestigkeit nach DIN		
nach ASTM	s	

Beständigkeit (Chemische Beständigkeit siehe Anhang)

Wasseraufnahme

Feuchtigkeitsaufnahme Normalklima   %
Wetterbeständigkeit

Spannungskorrosion

Optische Eigenschaften

Brechungszahl n_D		
Transmissionsgrad τ_c	%	mm dick
Lichtdurchlässigkeit		

Datenbank-Nr.	**T00809**		Merkblatt-Nr.	**2132**

Produkt	Weich-PVC-Spritzgiessmasse		**PVC**
Handelsname	**Trosiplast 8000**		
Hersteller	HUELSTRO		
DIN-Bez 1	7749-PVC-P,MG,A70-25-XX	Viskositätszahl ml/g	
DIN-Bez 2		K-Wert	
Zusätze	Stabilisatoren; Gleitmittel	Füllstoffe/Verstärkung	
Bevorzugte Verarbeitung	Spritzgiessen	Lieferform	Linsenfoermiges Granulat 3 bis 6 mm
		Farben	
Besondere Merkmale	Cadmiumfrei; Kaeltebruchtemperatur -30 C	Bevorzugte Anwendungen	Tuelle; Aufhaenger fuer Reinigungsgeraet; Elektrostecker; Fahrradgriff; Motorradgriff; Koffergriff; Haltegriff in KFZ; Manschette

Kornverteilung

Kornklasse µm	Rückstand %			
		Dichte g/cm^3	1.24	
		Schüttdichte g/cm^3		
		Stampfdichte g/cm^3		
		Rieselfähigkeit		
		Rieselzeit s/100 g		
		Kornbeschaffenheit		
Allgemeine Hinweise		Flüchtige Bestandteile %		
		Sulfatasche %		

Zugversuch 23 °C   DIN 53455;
Probekörper: Form   Herstellung
Zustand   Vorbehandlung

Streckspannung	N/mm^2	Dehnung bei Streckspannung %	
Zugfestigkeit	N/mm^2	Reißdehnung %	330
Reißfestigkeit	N/mm^2 17	% Dehnspannung N/mm^2	
E-Modul	N/mm^2	Dehnung bei % Dehnspg. %	

Kriechmoduln und Zeitstandwerte 23 °C
Probekörper: Form   Herstellung
Zustand   Vorbehandlung

Kriechmodul	1 min N/mm^2	Zeitstandzugfestigkeit	h N/mm^2
Kriechmodul	1000 h N/mm^2	Zeitdehnspg. %	h N/mm^2
bei Spannung	N/mm^2		

Biegeversuch 23 °C
Probekörper: Form   Herstellung
Zustand   Vorbehandlung

Biegefestigkeit	N/mm^2	E-Modul	N/mm^2
3,5% Biegespannung	N/mm^2		

Härte 23 °C   Probekörper: Zustand   Herstellung Vorbehandlung

Kugeldruckhärte	N/mm^2 bei N, s	Shore-Härte A	70
Rockwellhärte		Shore-Härte D	

Schlagversuch   Probekörper: (1)
(2)
Zustand   Herstellung Vorbehandlung
°C   °C   °C   Probekörper-Form

Schlagzähigkeit	kJ/m^2
Kerbschlagzähigkeit (1)	kJ/m^2
IZOD-Kerbschlagzähigkeit (2)	J/m
Kerbschlagzugzähigkeit	kJ/m^2

Kunststoffe © Springer-Verlag Berlin Heidelberg 1988
Kopieren, Vervielfältigen und Speichern in Datenverarbeitungsanlagen (auch auszugsweise) ist nur mit schriftlicher Genehmigung des Verlages gestattet

Datenbank-Nr. **T00809**   Merkblatt-Nr. **2132**

Abrieb und Reibung

Taber-Abrieb (Reibradverfahren)	mm³/100 U	
Abriebfaktor LNP (Thrust washer) Vergleichswert		
Statische Reibungszahl		
Dynamische Reibungszahl	(p·v = N/mm² ·	m/min)
Zulässiger p · v Wert	N/mm² · (m/min) v =	m/min
	v =	m/min

Thermische Eigenschaften

Formbeständigkeit in der Wärme	Verfahren	°C
	Verfahren	°C
Vicat Erweichungstemperatur (VST)	Verfahren	°C
	Verfahren	°C
Kristallit-Schmelzpunkt	Verfahren	
Längenausdehnungskoeffizient	Bereich °C	· $10^{-4} K^{-1}$
	Temperatur	· $10^{-4} K^{-1}$
Wärmeleitfähigkeit	Verfahren	W/(K · m)
Spezifische Wärmekapazität	Verfahren	J/(K · g)
Glasumwandlungstemperatur	Torsionsschwingungsversuch	°C
	Differentialkalorimetrie	°C

Brandverhalten

UL-Test vertikal	Dicke mm, Wert	
	Dicke mm, Wert	

	Norm	Bewertung	Abmessungen
Sauerstoff-Index	ASTM D 2863		
Glühstab-Verfahren			
Brandverhalten	DIN 4102		
MVSS			
FAR			

Elektrische Eigenschaften

	Hz	°C			Probekörper, Form
Dielektrizitätszahl	50				
	10^3				
	10^6				
Dielektrischer Verlustfaktor tan δ	50				
	10^3				
	10^6				
Spezifischer Durchgangs-widerstand	Ohm · cm				
Durchschlagfestigkeit	kV/mm				mm dick
Oberflächenwiderstand	Ohm				
Kriechstromfestigkeit Kriechwegbildung		KC	KB	KA	
Elektrolytische Korrosionswirkung					
Lichtbogenfestigkeit nach DIN					
nach ASTM	s				

Beständigkeit (Chemische Beständigkeit siehe Anhang)

Wasseraufnahme

Feuchtigkeitsaufnahme Normalklima   %
Wetterbeständigkeit

Spannungskorrosion

Optische Eigenschaften

Brechungszahl n_D
Transmissionsgrad τ_c %   mm dick
Lichtdurchlässigkeit

Datenbank-Nr.	**T00810**			Merkblatt-Nr. **2133**
Produkt	Weich-PVC-Spritzgiessmasse			**PVC**
Handelsname	**Trosiplast 7566**			
Hersteller	HUELSTRO			
DIN-Bez 1	7749-PVC-P,MG,A70-40-XX	Viskositätszahl ml/g		
DIN-Bez 2		K-Wert		
Zusätze	Stabilisatoren; Gleitmittel	Füllstoffe/Verstärkung		
Bevorzugte Verarbeitung	Spritzgiessen	Lieferform	Linsenfoermiges Granulat 3 bis 6 mm	
		Farben		
Besondere Merkmale	Wanderungsarm; Cadmiumfrei; Kaeltebruchtemperatur -15 C	Bevorzugte Anwendungen	Bedarfsartikel	

Kornverteilung

Kornklasse µm	Rückstand %		
		Dichte g/cm³	1.43
		Schüttdichte g/cm³	
		Stampfdichte g/cm³	
		Rieselfähigkeit	
		Rieselzeit s/100 g	
		Kornbeschaffenheit	
Allgemeine Hinweise		Flüchtige Bestandteile %	
		Sulfatasche %	

Zugversuch 23 °C DIN 53455;
  Probekörper: Form   Herstellung
              Zustand Vorbehandlung

Streckspannung	N/mm²	Dehnung bei Streckspannung	%	
Zugfestigkeit	N/mm²	Reißdehnung	%	300
Reißfestigkeit	N/mm² 14	% Dehnspannung	N/mm²	
E-Modul	N/mm²	Dehnung bei · % Dehnspg.	%	

Kriechmoduln und Zeitstandwerte 23 °C
  Probekörper: Form   Herstellung
              Zustand Vorbehandlung

Kriechmodul	1 min N/mm²	Zeitstandzugfestigkeit	h N/mm²
Kriechmodul	1000 h N/mm²	Zeitdehnspg. %	h N/mm²
bei Spannung	N/mm²		

Biegeversuch 23 °C
  Probekörper: Form   Herstellung
              Zustand Vorbehandlung

Biegefestigkeit	N/mm²	E-Modul	N/mm²
3,5% Biegespannung	N/mm²		

Härte 23 °C Probekörper: Zustand   Herstellung Vorbehandlung

Kugeldruckhärte	N/mm²	bei	N, s	Shore-Härte A 70
Rockwellhärte				Shore-Härte D

Schlagversuch Probekörper: (1)
                              (2)   Herstellung
                              Zustand   Vorbehandlung
                  °C   °C   °C   Probekörper-Form

Schlagzähigkeit	kJ/m²
Kerbschlagzähigkeit (1)	kJ/m²
IZOD-Kerbschlagzähigkeit (2)	J/m
Kerbschlagzugzähigkeit	kJ/m²

Kunststoffe © Springer-Verlag Berlin Heidelberg 1988
Kopieren, Vervielfältigen und Speichern in Datenverarbeitungsanlagen (auch auszugsweise) ist nur mit schriftlicher Genehmigung des Verlages gestattet

Datenbank-Nr. **T00810** *Merkblatt-Nr.* **2133**

Abrieb und Reibung

Taber-Abrieb (Reibradverfahren)	mm³/100 U	
Abriebfaktor LNP (Thrust washer) Vergleichswert		
Statische Reibungszahl		
Dynamische Reibungszahl	(p·v= N/mm² · m/min)	
Zulässiger p · v Wert	N/mm² · (m/min) v= m/min	
	v= m/min	

Thermische Eigenschaften

Formbeständigkeit in der Wärme	Verfahren	°C
	Verfahren	°C
Vicat Erweichungstemperatur (VST)	Verfahren	°C
	Verfahren	°C
Kristallit-Schmelzpunkt	Verfahren	
Längenausdehnungskoeffizient	Bereich °C	·10⁻⁴K⁻¹
	Temperatur	·10⁻⁴K⁻¹
Wärmeleitfähigkeit	Verfahren	W/(K·m)
Spezifische Wärmekapazität	Verfahren	J/(K·g)
Glasumwandlungstemperatur	Torsionsschwingungsversuch	°C
	Differentialkalorimetrie	°C

Brandverhalten

UL-Test vertikal   Dicke   mm, Wert
Dicke   mm, Wert

	Norm	Bewertung	Abmessungen
Sauerstoff-Index	ASTM D 2863		
Glühstab-Verfahren			
Brandverhalten	DIN 4102		
MVSS			
FAR			

Elektrische Eigenschaften

	Hz	°C	Probekörper, Form
Dielektrizitätszahl	50		
	10³		
	10⁶		
Dielektrischer Verlustfaktor tan δ	50		
	10³		
	10⁶		

Spezifischer Durchgangswiderstand	Ohm · cm	
Durchschlagfestigkeit	kV/mm	mm dick
Oberflächenwiderstand	Ohm	
Kriechstromfestigkeit	KC KB KA	
Kriechwegbildung		

Elektrolytische Korrosionswirkung
Lichtbogenfestigkeit nach DIN
       nach ASTM   s

Beständigkeit (Chemische Beständigkeit siehe Anhang)

Wasseraufnahme

Feuchtigkeitsaufnahme Normalklima   %
Wetterbeständigkeit

Spannungskorrosion

Optische Eigenschaften

Brechungszahl n_D
Transmissionsgrad τ_c %   mm dick
Lichtdurchlässigkeit

Datenbank-Nr. **T00811**		Merkblatt-Nr. **2134**

PVC

Produkt	Weich-PVC-Spritzgiessmasse
Handelsname	**Trosiplast 7014**
Hersteller	HUELSTRO
DIN-Bez 1	7749-PVC-P,MG,A70-25-XX
DIN-Bez 2	
Viskositätszahl ml/g	
K-Wert	
Zusätze	Stabilisatoren; Gleitmittel
Füllstoffe/Verstärkung	
Bevorzugte Verarbeitung	Spritzgiessen
Lieferform	Linsenfoermiges Granulat 3 bis 6 mm
Farben	
Besondere Merkmale	Wanderungsarm; Cadmiumfrei; Kaeltebruchtemperatur -25 C
Bevorzugte Anwendungen	Bedarfsartikel

Kornverteilung

Kornklasse μm	Rückstand %

Dichte	g/cm³	1.25
Schüttdichte	g/cm³	
Stampfdichte	g/cm³	
Rieselfähigkeit		
Rieselzeit	s/100 g	
Kornbeschaffenheit		
Flüchtige Bestandteile	%	
Sulfatasche	%	

Allgemeine Hinweise

Zugversuch 23 °C DIN 53455;

Probekörper: Form / Zustand
Herstellung / Vorbehandlung

Streckspannung	N/mm²	Dehnung bei Streckspannung	%	
Zugfestigkeit	N/mm²	Reißdehnung	%	360
Reißfestigkeit	N/mm² 17	% Dehnspannung	N/mm²	
E-Modul	N/mm²	Dehnung bei % Dehnspg.	%	

Kriechmoduln und Zeitstandwerte 23 °C

Probekörper: Form / Zustand
Herstellung / Vorbehandlung

Kriechmodul	1 min N/mm²	Zeitstandzugfestigkeit	h N/mm²
Kriechmodul	1000 h N/mm²	Zeitdehnspg. %	h N/mm²
bei Spannung	N/mm²		

Biegeversuch 23 °C

Probekörper: Form / Zustand
Herstellung / Vorbehandlung

Biegefestigkeit	N/mm²	E-Modul	N/mm²
3,5% Biegespannung	N/mm²		

Härte 23 °C

Probekörper: Zustand
Herstellung / Vorbehandlung

Kugeldruckhärte	N/mm²	bei	N, s	Shore-Härte A	71
Rockwellhärte				Shore-Härte D	

Schlagversuch

Probekörper: (1) / (2) / Zustand
Herstellung / Vorbehandlung

°C	°C	°C	Probekörper-Form

Schlagzähigkeit	kJ/m²
Kerbschlagzähigkeit (1)	kJ/m²
IZOD-Kerbschlagzähigkeit (2)	J/m
Kerbschlagzugzähigkeit	kJ/m²

Kunststoffe © Springer-Verlag Berlin Heidelberg 1988
Kopieren, Vervielfältigen und Speichern in Datenverarbeitungsanlagen (auch auszugsweise) ist nur mit schriftlicher Genehmigung des Verlages gestattet

Datenbank-Nr. **T00811** *Merkblatt-Nr.* **2134**

Abrieb und Reibung
Taber-Abrieb (Reibradverfahren) mm³/100 U
Abriebfaktor LNP (Thrust washer) Vergleichswert
Statische Reibungszahl
Dynamische Reibungszahl (p·v=   N/mm² ·   m/min)
Zulässiger p · v Wert N/mm² · (m/min) v=   m/min
                                          v=   m/min

Thermische Eigenschaften
Formbeständigkeit in der Wärme Verfahren °C
                                  Verfahren °C
Vicat Erweichungstemperatur (VST) Verfahren °C
                                     Verfahren °C
Kristallit-Schmelzpunkt Verfahren

Längenausdehnungskoeffizient Bereich   °C   ·10⁻⁴K⁻¹
                                Temperatur   ·10⁻⁴K⁻¹
Wärmeleitfähigkeit Verfahren   W/(K · m)

Spezifische Wärmekapazität Verfahren   J/(K · g)

Glasumwandlungstemperatur Torsionsschwingungsversuch °C
                             Differentialkalorimetrie   °C

Brandverhalten
UL-Test vertikal Dicke   mm, Wert
                    Dicke   mm, Wert

                    Norm   *Bewertung*   *Abmessungen*
Sauerstoff-Index ASTM D 2863
Glühstab-Verfahren
Brandverhalten   DIN 4102
MVSS
FAR

Elektrische Eigenschaften
                                    Hz   °C   *Probekörper, Form*
Dielektrizitätszahl   50
                                    10³
                                    10⁶
Dielektrischer Verlustfaktor tan δ 50
                                    10³
                                    10⁶
Spezifischer Durchgangs-
 widerstand   Ohm · cm
Durchschlagfestigkeit kV/mm   mm dick
Oberflächenwiderstand Ohm

Kriechstromfestigkeit   KC   KB   KA
Kriechwegbildung

Elektrolytische Korrosionswirkung
Lichtbogenfestigkeit nach DIN
         nach ASTM s

Beständigkeit *(Chemische Beständigkeit siehe Anhang)*
Wasseraufnahme

Feuchtigkeitsaufnahme Normalklima   %
Wetterbeständigkeit

Spannungskorrosion

Optische Eigenschaften
Brechungszahl n_D
Transmissionsgrad τ_c   %   mm dick
Lichtdurchlässigkeit

Datenbank-Nr.	**T00812**	Merkblatt-Nr. **2135**

PVC

Produkt	Weich-PVC-Spritzgiessmasse
Handelsname	**Trosiplast 8101**
Hersteller	HUELSTRO
DIN-Bez 1	7749-PVC-P,MG,A72-30-XX
DIN-Bez 2	
Zusätze	Stabilisatoren; Gleitmittel
Bevorzugte Verarbeitung	Spritzgiessen
Besondere Merkmale	Cadmiumfrei; Kaeltebruchtemperatur -30 C

Viskositätszahl ml/g	
K-Wert	
Füllstoffe/Verstärkung	
Lieferform	Linsenfoermiges Granulat 3 bis 6 mm
Farben	
Bevorzugte Anwendungen	Elektrostecker; Steckervorrichtung; Manschette

Kornverteilung

Kornklasse µm	Rückstand %

Dichte	g/cm^3	1.29
Schüttdichte	g/cm^3	
Stampfdichte	g/cm^3	
Rieselfähigkeit		
Rieselzeit	s/100 g	
Kornbeschaffenheit		
Flüchtige Bestandteile	%	
Sulfatasche	%	

Allgemeine Hinweise

Zugversuch 23 °C DIN 53455;
Probekörper: Form Herstellung
Zustand Vorbehandlung

Streckspannung	N/mm^2	Dehnung bei Streckspannung	%	
Zugfestigkeit	N/mm^2	Reißdehnung	%	280
Reißfestigkeit	N/mm^2 14	% Dehnspannung	N/mm^2	
E-Modul	N/mm^2	Dehnung bei % Dehnspg.	%	

Kriechmoduln und Zeitstandwerte 23 °C
Probekörper: Form Herstellung
Zustand Vorbehandlung

Kriechmodul	1 min N/mm^2	Zeitstandzugfestigkeit	h	N/mm^2
Kriechmodul	1000 h N/mm^2	Zeitdehnspg. %	h	N/mm^2
bei Spannung	N/mm^2			

Biegeversuch 23 °C
Probekörper: Form Herstellung
Zustand Vorbehandlung

Biegefestigkeit	N/mm^2	E-Modul	N/mm^2
3,5% Biegespannung	N/mm^2		

Härte 23 °C Probekörper: Zustand Herstellung
Vorbehandlung

Kugeldruckhärte	N/mm^2	bei	N, s	Shore-Härte A	72
Rockwellhärte				Shore-Härte D	

Schlagversuch Probekörper: (1)
(2) Herstellung
Zustand Vorbehandlung

°C °C °C Probekörper-Form

Schlagzähigkeit	kJ/m^2
Kerbschlagzähigkeit (1)	kJ/m^2
IZOD-Kerbschlagzähigkeit (2)	J/m
Kerbschlagzugzähigkeit	kJ/m^2

Kunststoffe © Springer-Verlag Berlin Heidelberg 1988
Kopieren, Vervielfältigen und Speichern in Datenverarbeitungsanlagen (auch auszugsweise) ist nur mit schriftlicher Genehmigung des Verlages gestattet

Datenbank-Nr. **T00812** Merkblatt-Nr. **2135**

Abrieb und Reibung

Taber-Abrieb (Reibradverfahren) mm³/100 U
Abriebfaktor LNP (Thrust washer) Vergleichswert
Statische Reibungszahl
Dynamische Reibungszahl (p·v= N/mm² · m/min)
Zulässiger p · v Wert N/mm² · (m/min) v= m/min
                                        v= m/min

Thermische Eigenschaften

Formbeständigkeit in der Wärme Verfahren °C
                                Verfahren °C
Vicat Erweichungstemperatur (VST) Verfahren °C
                                    Verfahren °C
Kristallit-Schmelzpunkt Verfahren

Längenausdehnungskoeffizient Bereich °C $\cdot 10^{-4} K^{-1}$
                              Temperatur $\cdot 10^{-4} K^{-1}$
Wärmeleitfähigkeit Verfahren W/(K · m)

Spezifische Wärmekapazität Verfahren J/(K · g)

Glasumwandlungstemperatur Torsionsschwingungsversuch °C
                            Differentialkalorimetrie °C

Brandverhalten

UL-Test vertikal Dicke mm, Wert
                  Dicke mm, Wert

	Norm	Bewertung	Abmessungen
Sauerstoff-Index Glühstab-Verfahren	ASTM D 2863		
Brandverhalten	DIN 4102		
MVSS			
FAR			

Elektrische Eigenschaften

            Hz   °C   Probekörper, Form
Dielektrizitätszahl 50
                     10³
                     10⁶
Dielektrischer Verlustfaktor tan δ 50
                                    10³
                                    10⁶
Spezifischer Durchgangs-
  widerstand Ohm · cm
Durchschlagfestigkeit kV/mm   mm dick
Oberflächenwiderstand Ohm

Kriechstromfestigkeit   KC   KB   KA
Kriechwegbildung

Elektrolytische Korrosionswirkung
Lichtbogenfestigkeit nach DIN
             nach ASTM s

Beständigkeit (Chemische Beständigkeit siehe Anhang)

Wasseraufnahme

Feuchtigkeitsaufnahme Normalklima
Wetterbeständigkeit   %

Spannungskorrosion

Optische Eigenschaften

Brechungszahl n_D
Transmissionsgrad τ_c %   mm dick
Lichtdurchlässigkeit

Datenbank-Nr.	**T05830**		Merkblatt-Nr.	**2136**

PVC

Produkt	Weich-PVC-Spritzgiessmasse
Handelsname	**Trosiplast 8122**
Hersteller	HUELSTRO
DIN-Bez 1	7749-PVC-P,MG,A76-42-XX
DIN-Bez 2	
Zusätze	Stabilisatoren; Gleitmittel
Bevorzugte Verarbeitung	Spritzgiessen
Besondere Merkmale	Matte Oberflaeche; Kaeltebruchtemperatur -20 C; Cadmiumfrei

Viskositätszahl ml/g	
K-Wert	
Füllstoffe/Verstärkung	
Lieferform	Linsenfoermiges Granulat 3 bis 6 mm
Farben	
Bevorzugte Anwendungen	Kfz-Bau; Seitenschutzleiste fuer Pkw

Kornverteilung

Kornklasse µm	Rückstand %

Dichte	g/cm^3	1.42
Schüttdichte	g/cm^3	
Stampfdichte	g/cm^3	
Rieselfähigkeit		
Rieselzeit	s/100 g	
Kornbeschaffenheit		
Flüchtige Bestandteile	%	
Sulfatasche	%	

Allgemeine Hinweise

Zugversuch 23 °C DIN 53455;

Probekörper: Form / Zustand Herstellung / Vorbehandlung

Streckspannung	N/mm^2	Dehnung bei Streckspannung	%	
Zugfestigkeit	N/mm^2	Reißdehnung	%	250
Reißfestigkeit	N/mm^2 11	% Dehnspannung	N/mm^2	
E-Modul	N/mm^2	Dehnung bei % Dehnspg.	%	

Kriechmoduln und Zeitstandwerte 23 °C

Probekörper: Form / Zustand Herstellung / Vorbehandlung

Kriechmodul	1 min N/mm^2	Zeitstandzugfestigkeit	h N/mm^2
Kriechmodul	1000 h N/mm^2	Zeitdehnspg. %	h N/mm^2
bei Spannung	N/mm^2		

Biegeversuch 23 °C

Probekörper: Form / Zustand Herstellung / Vorbehandlung

Biegefestigkeit	N/mm^2	E-Modul	N/mm^2
3,5% Biegespannung	N/mm^2		

Härte 23 °C

Probekörper: Zustand Herstellung / Vorbehandlung

Kugeldruckhärte	N/mm^2	bei N, s	Shore-Härte A	76
Rockwellhärte			Shore-Härte D	

Schlagversuch

Probekörper: (1) / (2) / Zustand Herstellung / Vorbehandlung

°C   °C   °C   Probekörper-Form

Schlagzähigkeit	kJ/m^2
Kerbschlagzähigkeit (1)	kJ/m^2
IZOD-Kerbschlagzähigkeit (2)	J/m
Kerbschlagzugzähigkeit	kJ/m^2

Kunststoffe © Springer-Verlag Berlin Heidelberg 1988
Kopieren, Vervielfältigen und Speichern in Datenverarbeitungsanlagen (auch auszugsweise) ist nur mit schriftlicher Genehmigung des Verlages gestattet

Datenbank-Nr. **T05830** Merkblatt-Nr. **2136**

Abrieb und Reibung

Taber-Abrieb (Reibradverfahren)	mm³/100 U	
Abriebfaktor LNP (Thrust washer)	Vergleichswert	
Statische Reibungszahl		
Dynamische Reibungszahl	(p·v = N/mm² · m/min)	
Zulässiger p·v Wert	N/mm² · (m/min) v = m/min	
	v = m/min	

Thermische Eigenschaften

Formbeständigkeit in der Wärme	Verfahren	°C
	Verfahren	°C
Vicat Erweichungstemperatur (VST)	Verfahren	°C
	Verfahren	°C
Kristallit-Schmelzpunkt	Verfahren	
Längenausdehnungskoeffizient	Bereich °C	· 10⁻⁴ K⁻¹
	Temperatur	· 10⁻⁴ K⁻¹
Wärmeleitfähigkeit	Verfahren	W/(K·m)
Spezifische Wärmekapazität	Verfahren	J/(K·g)
Glasumwandlungstemperatur	Torsionsschwingungsversuch	°C
	Differentialkalorimetrie	°C

Brandverhalten

UL-Test vertikal Dicke mm, Wert
 Dicke mm, Wert

	Norm	Bewertung	Abmessungen
Sauerstoff-Index	ASTM D 2863		
Glühstab-Verfahren			
Brandverhalten	DIN 4102		
MVSS			
FAR			

Elektrische Eigenschaften

	Hz	°C		Probekörper, Form
Dielektrizitätszahl	50			
	10³			
	10⁶			
Dielektrischer Verlustfaktor tan δ	50			
	10³			
	10⁶			

Spezifischer Durchgangswiderstand	Ohm·cm	
Durchschlagfestigkeit	kV/mm	mm dick
Oberflächenwiderstand	Ohm	

Kriechstromfestigkeit KC KB KA
Kriechwegbildung

Elektrolytische Korrosionswirkung
Lichtbogenfestigkeit nach DIN
 nach ASTM s

Beständigkeit (Chemische Beständigkeit siehe Anhang)

Wasseraufnahme

Feuchtigkeitsaufnahme Normalklima %
Wetterbeständigkeit

Spannungskorrosion

Optische Eigenschaften

Brechungszahl n_D
Transmissionsgrad τ_c % mm dick
Lichtdurchlässigkeit

Datenbank-Nr.	**T00814**	Merkblatt-Nr. **2137**

Produkt	Weich-PVC-Spritzgiessmasse		**PVC**
Handelsname	**Trosiplast 8005**		
Hersteller	HUELSTRO		
DIN-Bez 1	7749-PVC-P,MG,A74-25-XX	Viskositätszahl ml/g	
DIN-Bez 2		K-Wert	
Zusätze	Stabilisatoren; Gleitmittel	Füllstoffe/Verstärkung	
Bevorzugte Verarbeitung	Spritzgiessen	Lieferform	Linsenfoermiges Granulat 3 bis 6 mm
		Farben	
Besondere Merkmale	Cadmiumfrei; Kaeltebruchtemperatur -20 C	Bevorzugte Anwendungen	Bedarfsartikel

Kornverteilung

Kornklasse μm	Rückstand %	Dichte	g/cm³	1.25
		Schüttdichte	g/cm³	
		Stampfdichte	g/cm³	
		Rieselfähigkeit		
		Rieselzeit	s/100 g	
		Kornbeschaffenheit		
Allgemeine Hinweise		Flüchtige Bestandteile	%	
		Sulfatasche	%	

Zugversuch 23 °C DIN 53455;

Probekörper: Form — Herstellung
Zustand — Vorbehandlung

Streckspannung	N/mm²	Dehnung bei Streckspannung	%	
Zugfestigkeit	N/mm²	Reißdehnung	%	220
Reißfestigkeit	N/mm² 11	% Dehnspannung	N/mm²	
E-Modul	N/mm²	Dehnung bei % Dehnspg.	%	

Kriechmoduln und Zeitstandwerte 23 °C

Probekörper: Form — Herstellung
Zustand — Vorbehandlung

Kriechmodul	1 min N/mm²	Zeitstandzugfestigkeit	h N/mm²
Kriechmodul	1000 h N/mm²	Zeitdehnspg. %	h N/mm²
bei Spannung	N/mm²		

Biegeversuch 23 °C

Probekörper: Form — Herstellung
Zustand — Vorbehandlung

Biegefestigkeit	N/mm²	E-Modul	N/mm²
3,5% Biegespannung	N/mm²		

Härte 23 °C

Probekörper: Zustand — Herstellung / Vorbehandlung

Kugeldruckhärte	N/mm²	bei N, s	Shore-Härte A	75
Rockwellhärte			Shore-Härte D	

Schlagversuch

Probekörper: (1) (2) Zustand — Herstellung / Vorbehandlung

°C °C °C Probekörper-Form

Schlagzähigkeit	kJ/m²
Kerbschlagzähigkeit (1)	kJ/m²
IZOD-Kerbschlagzähigkeit (2)	J/m
Kerbschlagzugzähigkeit	kJ/m²

Kunststoffe © Springer-Verlag Berlin Heidelberg 1988
Kopieren, Vervielfältigen und Speichern in Datenverarbeitungsanlagen (auch auszugsweise) ist nur mit schriftlicher Genehmigung des Verlages gestattet

Datenbank-Nr. **T00814**   *Merkblatt-Nr.* **2137**

Abrieb und Reibung

Taber-Abrieb (Reibradverfahren)   mm³/100 U
Abriebfaktor LNP (Thrust washer) Vergleichswert
Statische Reibungszahl
Dynamische Reibungszahl   (p·v =   N/mm² ·   m/min)
Zulässiger p · v Wert   N/mm² · (m/min)   v =   m/min
                           v =   m/min

Thermische Eigenschaften

Formbeständigkeit in der Wärme   Verfahren   °C
                                      Verfahren   °C
Vicat Erweichungstemperatur (VST)   Verfahren   °C
                                      Verfahren   °C
Kristallit-Schmelzpunkt   Verfahren

Längenausdehnungskoeffizient   Bereich   °C   · $10^{-4} K^{-1}$
                                    Temperatur   · $10^{-4} K^{-1}$
Wärmeleitfähigkeit   Verfahren   W/(K · m)

Spezifische Wärmekapazität   Verfahren   J/(K · g)

Glasumwandlungstemperatur   Torsionsschwingungsversuch   °C
                                   Differentialkalorimetrie   °C

Brandverhalten

UL-Test vertikal   Dicke   mm, Wert
                 Dicke   mm, Wert

	Norm	Bewertung	Abmessungen
Sauerstoff-Index	ASTM D 2863		
Glühstab-Verfahren			
Brandverhalten	DIN 4102		
MVSS			
FAR			

Elektrische Eigenschaften

                                  Hz   °C   *Probekörper, Form*

Dielektrizitätszahl   50
                        10^3
                        10^6
Dielektrischer Verlustfaktor tan δ   50
                        10^3
                        10^6

Spezifischer Durchgangs-
    widerstand   Ohm · cm
Durchschlagfestigkeit   kV/mm   mm dick
Oberflächenwiderstand   Ohm

Kriechstromfestigkeit   KC   KB   KA
Kriechwegbildung

Elektrolytische Korrosionswirkung
Lichtbogenfestigkeit nach DIN
                 nach ASTM   s

Beständigkeit *(Chemische Beständigkeit siehe Anhang)*

Wasseraufnahme

Feuchtigkeitsaufnahme Normalklima   %
Wetterbeständigkeit

Spannungskorrosion

Optische Eigenschaften

Brechungszahl n_D
Transmissionsgrad τ_c %   mm dick
Lichtdurchlässigkeit

Datenbank-Nr.	**T00815**	*Merkblatt-Nr.* **2138**

PVC

Produkt	Weich-PVC-Spritzgiessmasse
Handelsname	**Trosiplast 8117**
Hersteller	HUELSTRO
DIN-Bez 1	7749-PVC-P,MG,A78-25-XX
DIN-Bez 2	
Zusätze	Stabilisatoren; Gleitmittel
Bevorzugte Verarbeitung	Spritzgiessen
Besondere Merkmale	Matte Oberflaeche; Cadmiumfrei; Kaeltebruchtemperatur -25 C

Viskositätszahl ml/g	
K-Wert	
Füllstoffe/Verstärkung	
Lieferform	Linsenfoermiges Granulat 3 bis 6 mm
Farben	
Bevorzugte Anwendungen	Fahrradgriff; Motorradgriff; Koffergriff; Haltegriff im Kfz; Luesterklemme; Anschlussklemme; Tuerpuffer; Schutzkappe fuer Rohr; Zierleistenendstueck

Kornverteilung

Kornklasse μm	*Rückstand* %	

Allgemeine Hinweise

Dichte	g/cm³	1.45
Schüttdichte	g/cm³	
Stampfdichte	g/cm³	
Rieselfähigkeit		
Rieselzeit	s/100 g	
Kornbeschaffenheit		
Flüchtige Bestandteile	%	
Sulfatasche	%	

Zugversuch 23 °C DIN 53455;
Probekörper: Form / Zustand *Herstellung / Vorbehandlung*

Streckspannung	N/mm²		*Dehnung bei Streckspannung*	%	
Zugfestigkeit	N/mm²		*Reißdehnung*	%	280
Reißfestigkeit	N/mm²	12	*% Dehnspannung*	N/mm²	
E-Modul	N/mm²		*Dehnung bei % Dehnspg.*	%	

Kriechmoduln und Zeitstandwerte 23 °C
Probekörper: Form / Zustand *Herstellung / Vorbehandlung*

Kriechmodul	1 min N/mm²	*Zeitstandzugfestigkeit*	h	N/mm²
Kriechmodul	1000 h N/mm²	*Zeitdehnspg.* %	h	N/mm²
bei Spannung	N/mm²			

Biegeversuch 23 °C
Probekörper: Form / Zustand *Herstellung / Vorbehandlung*

Biegefestigkeit	N/mm²	*E-Modul*	N/mm²
3,5% Biegespannung	N/mm²		

Härte 23 °C
Probekörper: Zustand *Herstellung / Vorbehandlung*

Kugeldruckhärte	N/mm²	bei N, s	*Shore-Härte* A	76
Rockwellhärte			*Shore-Härte* D	

Schlagversuch
Probekörper: (1) (2) Zustand *Herstellung / Vorbehandlung*

°C °C °C Probekörper-Form

Schlagzähigkeit	kJ/m²
Kerbschlagzähigkeit (1)	kJ/m²
IZOD-Kerbschlagzähigkeit (2)	J/m
Kerbschlagzugzähigkeit	kJ/m²

Kunststoffe © Springer-Verlag Berlin Heidelberg 1988
Kopieren, Vervielfältigen und Speichern in Datenverarbeitungsanlagen (auch auszugsweise) ist nur mit schriftlicher Genehmigung des Verlages gestattet

Datenbank-Nr. **T00815** *Merkblatt-Nr.* **2138**

Abrieb und Reibung

Taber-Abrieb (Reibradverfahren)   mm³/100 U
Abriebfaktor LNP (Thrust washer) Vergleichswert
Statische Reibungszahl
Dynamische Reibungszahl   (p·v=   N/mm²·   m/min)
Zulässiger p·v Wert   N/mm²·(m/min)   v=   m/min
                                                                                v=   m/min

Thermische Eigenschaften

Formbeständigkeit in der Wärme   Verfahren   °C
                                        Verfahren   °C
Vicat Erweichungstemperatur (VST)   Verfahren   °C
                                        Verfahren   °C
Kristallit-Schmelzpunkt   Verfahren

Längenausdehnungskoeffizient   Bereich   °C $\cdot 10^{-4} K^{-1}$
                                    Temperatur $\cdot 10^{-4} K^{-1}$
Wärmeleitfähigkeit   Verfahren   W/(K·m)

Spezifische Wärmekapazität   Verfahren   J/(K·g)

Glasumwandlungstemperatur   Torsionsschwingungsversuch   °C
                                    Differentialkalorimetrie   °C

Brandverhalten

UL-Test vertikal   Dicke   mm, Wert
                  Dicke   mm, Wert

	Norm	Bewertung	Abmessungen
Sauerstoff-Index	ASTM D 2863		
Glühstab-Verfahren			
Brandverhalten	DIN 4102		
MVSS			
FAR			

Elektrische Eigenschaften

	Hz	°C		Probekörper, Form
Dielektrizitätszahl	50			
	10^3			
	10^6			
Dielektrischer Verlustfaktor tan δ	50			
	10^3			
	10^6			

Spezifischer Durchgangs-
   widerstand   Ohm·cm
Durchschlagfestigkeit   kV/mm   mm dick
Oberflächenwiderstand   Ohm

Kriechstromfestigkeit   KC   KB   KA
Kriechwegbildung

Elektrolytische Korrosionswirkung
Lichtbogenfestigkeit nach DIN
       nach ASTM   s

Beständigkeit *(Chemische Beständigkeit siehe Anhang)*

Wasseraufnahme

Feuchtigkeitsaufnahme Normalklima   %
Wetterbeständigkeit

Spannungskorrosion

Optische Eigenschaften

Brechungszahl n_D
Transmissionsgrad τ_c %   mm dick
Lichtdurchlässigkeit

Datenbank-Nr.	**T00816**			Merkblatt-Nr. **2139**
Produkt	Weich-PVC-Spritzgiessmasse			**PVC**
Handelsname	**Trosiplast 8002**			
Hersteller	HUELSTRO			
DIN-Bez 1	7749-PVC-P,MG,A78-25-XX		Viskositätszahl ml/g	
DIN-Bez 2			K-Wert	
Zusätze	Stabilisatoren; Gleitmittel		Füllstoffe/Verstärkung	
Bevorzugte Verarbeitung	Spritzgiessen		Lieferform	Linsenfoermiges Granulat 3 bis 6 mm
			Farben	
Besondere Merkmale	Cadmiumfrei; Kaeltebruchtemperatur -20 C		Bevorzugte Anwendungen	Daempfungselement; Dichtungselement; Stossstangenpuffer; Elektrostekker; Steckervorrichtung; Fahrradgriff; Motorradgriff; Koffergriff; Haltegriff in KFZ; Tuerpuffer; Klemme

Kornverteilung

Kornklasse µm	Rückstand %		Dichte	g/cm³	1.26
			Schüttdichte	g/cm³	
			Stampfdichte	g/cm³	
			Rieselfähigkeit		
			Rieselzeit	s/100 g	
			Kornbeschaffenheit		
Allgemeine Hinweise			Flüchtige Bestandteile	%	
			Sulfatasche	%	

Zugversuch 23 °C DIN 53455;

	Probekörper:	Form		Herstellung	
		Zustand		Vorbehandlung	
Streckspannung	N/mm²		Dehnung bei Streckspannung	%	
Zugfestigkeit	N/mm²		Reißdehnung	%	220
Reißfestigkeit	N/mm² 15		% Dehnspannung	N/mm²	
E-Modul	N/mm²		Dehnung bei % Dehnspg.	%	

Kriechmoduln und Zeitstandwerte 23 °C

	Probekörper:	Form		Herstellung	
		Zustand		Vorbehandlung	
Kriechmodul	1 min N/mm²		Zeitstandzugfestigkeit	h N/mm²	
Kriechmodul	1000 h N/mm²		Zeitdehnspg. %	h N/mm²	
bei Spannung	N/mm²				

Biegeversuch 23 °C

	Probekörper:	Form		Herstellung	
		Zustand		Vorbehandlung	
Biegefestigkeit	N/mm²		E-Modul	N/mm²	
3,5% Biegespannung	N/mm²				

Härte 23 °C

	Probekörper:	Zustand		Herstellung	
				Vorbehandlung	
Kugeldruckhärte	N/mm²	bei N, s	Shore-Härte A	78	
Rockwellhärte			Shore-Härte D		

Schlagversuch

	Probekörper:	(1)			
		(2)		Herstellung	
		Zustand		Vorbehandlung	
		°C	°C	°C	Probekörper-Form
Schlagzähigkeit	kJ/m²				
Kerbschlagzähigkeit (1)	kJ/m²				
IZOD-Kerbschlagzähigkeit (2)	J/m				
Kerbschlagzugzähigkeit	kJ/m²				

Kunststoffe © Springer-Verlag Berlin Heidelberg 1988
Kopieren, Vervielfältigen und Speichern in Datenverarbeitungsanlagen (auch auszugsweise) ist nur mit schriftlicher Genehmigung des Verlages gestattet

Datenbank-Nr. **T00816** Merkblatt-Nr. **2139**

Abrieb und Reibung

Taber-Abrieb (Reibradverfahren)   mm³/100 U
Abriebfaktor LNP (Thrust washer) Vergleichswert
Statische Reibungszahl
Dynamische Reibungszahl   ($p \cdot v =$ N/mm² ·   m/min)
Zulässiger $p \cdot v$ Wert   N/mm² · (m/min) $v =$ m/min
                                                                                                                                     $v =$ m/min

Thermische Eigenschaften

Formbeständigkeit in der Wärme   Verfahren   °C
                                                  Verfahren   °C
Vicat Erweichungstemperatur (VST)   Verfahren   °C
                                                  Verfahren   °C
Kristallit-Schmelzpunkt   Verfahren

Längenausdehnungskoeffizient   Bereich   °C   · $10^{-4} K^{-1}$
                                   Temperatur   · $10^{-4} K^{-1}$
Wärmeleitfähigkeit   Verfahren   W/(K · m)

Spezifische Wärmekapazität   Verfahren   J/(K · g)

Glasumwandlungstemperatur   Torsionsschwingungsversuch   °C
                                  Differentialkalorimetrie   °C

Brandverhalten

UL-Test vertikal   Dicke   mm, Wert
                Dicke   mm, Wert

	Norm	Bewertung	Abmessungen
Sauerstoff-Index	ASTM D 2863		
Glühstab-Verfahren			
Brandverhalten	DIN 4102		
MVSS			
FAR			

Elektrische Eigenschaften

	Hz	°C		Probekörper, Form
Dielektrizitätszahl	50			
	10³			
	10⁶			
Dielektrischer Verlustfaktor tan δ	50			
	10³			
	10⁶			

Spezifischer Durchgangs-
  widerstand   Ohm · cm
Durchschlagfestigkeit   kV/mm   mm dick
Oberflächenwiderstand   Ohm

Kriechstromfestigkeit   KC   KB   KA
Kriechwegbildung

Elektrolytische Korrosionswirkung
Lichtbogenfestigkeit nach DIN
                     nach ASTM   s

Beständigkeit (Chemische Beständigkeit siehe Anhang)

Wasseraufnahme

Feuchtigkeitsaufnahme Normalklima   %
Wetterbeständigkeit

Spannungskorrosion

Optische Eigenschaften

Brechungszahl n_D
Transmissionsgrad τ_c %   mm dick
Lichtdurchlässigkeit

Datenbank-Nr.	**T00817**		*Merkblatt-Nr.*	**2140**
Produkt	Weich-PVC-Spritzgiessmasse			**PVC**
Handelsname	**Trosiplast 8505**			
Hersteller	HUELSTRO			
DIN-Bez 1	7749-PVC-P,MG,A78-25-XX	*Viskositätszahl* ml/g		
DIN-Bez 2		*K-Wert*		
Zusätze	Stabilisatoren; Gleitmittel	*Füllstoffe/ Verstärkung*		
Bevorzugte Verarbeitung	Spritzgiessen	*Lieferform*	Linsenfoermiges Granulat 3 bis 6 mm	
		Farben		
Besondere Merkmale	Glasklar; Kaeltebruchtemperatur -20 C	*Bevorzugte Anwendungen*	Bedarfsartikel	

Kornverteilung

Kornklasse μm	*Rückstand* %	*Dichte*	g/cm³	1.24
		Schüttdichte	g/cm³	
		Stampfdichte	g/cm³	
		Rieselfähigkeit		
		Rieselzeit	s/100 g	
		Kornbeschaffenheit		
Allgemeine Hinweise		*Flüchtige Bestandteile*	%	
		Sulfatasche	%	

Zugversuch 23 °C DIN 53455;

Probekörper: Form   *Herstellung*
            Zustand   *Vorbehandlung*

Streckspannung	N/mm²	*Dehnung bei Streckspannung*	%	
Zugfestigkeit	N/mm²	*Reißdehnung*	%	220
Reißfestigkeit	N/mm² 15	% *Dehnspannung*	N/mm²	
E-Modul	N/mm²	*Dehnung bei* % *Dehnspg.*	%	

Kriechmoduln und Zeitstandwerte 23 °C

Probekörper: Form   *Herstellung*
            Zustand   *Vorbehandlung*

Kriechmodul	1 min N/mm²	*Zeitstandzugfestigkeit*	h N/mm²
Kriechmodul	1000 h N/mm²	*Zeitdehnspg.* %	h N/mm²
bei Spannung	N/mm²		

Biegeversuch 23 °C

Probekörper: Form   *Herstellung*
            Zustand   *Vorbehandlung*

Biegefestigkeit	N/mm²	*E-Modul*	N/mm²
3,5% Biegespannung	N/mm²		

Härte 23 °C *Probekörper:* Zustand   *Herstellung / Vorbehandlung*

Kugeldruckhärte	N/mm²	bei	N, s	*Shore-Härte* A 78
Rockwellhärte				*Shore-Härte* D

Schlagversuch *Probekörper:* (1)
                             (2)   *Herstellung*
                             Zustand   *Vorbehandlung*

                                °C   °C   °C   *Probekörper-Form*

Schlagzähigkeit	kJ/m²
Kerbschlagzähigkeit (1)	kJ/m²
IZOD-Kerbschlagzähigkeit (2)	J/m
Kerbschlagzugzähigkeit	kJ/m²

Kunststoffe © Springer-Verlag Berlin Heidelberg 1988
Kopieren, Vervielfältigen und Speichern in Datenverarbeitungsanlagen (auch auszugsweise) ist nur mit schriftlicher Genehmigung des Verlages gestattet

Datenbank-Nr. **T00817**   *Merkblatt-Nr.* **2140**

Abrieb und Reibung

Taber-Abrieb (Reibradverfahren)	mm³/100 U	
Abriebfaktor LNP (Thrust washer) Vergleichswert		
Statische Reibungszahl		
Dynamische Reibungszahl	(p·v = N/mm² ·	m/min)
Zulässiger p · v Wert	N/mm² · (m/min) v =	m/min
	v =	m/min

Thermische Eigenschaften

Formbeständigkeit in der Wärme	Verfahren	°C
	Verfahren	°C
Vicat Erweichungstemperatur (VST)	Verfahren	°C
	Verfahren	°C
Kristallit-Schmelzpunkt	Verfahren	
Längenausdehnungskoeffizient	Bereich °C	$\cdot 10^{-4} K^{-1}$
	Temperatur	$\cdot 10^{-4} K^{-1}$
Wärmeleitfähigkeit	Verfahren	W/(K · m)
Spezifische Wärmekapazität	Verfahren	J/(K · g)
Glasumwandlungstemperatur	Torsionsschwingungsversuch	°C
	Differentialkalorimetrie	°C

Brandverhalten

UL-Test vertikal   Dicke   mm, Wert
   Dicke   mm, Wert

	Norm	Bewertung	Abmessungen
Sauerstoff-Index	ASTM D 2863		
Glühstab-Verfahren			
Brandverhalten	DIN 4102		
MVSS			
FAR			

Elektrische Eigenschaften

	Hz	°C		Probekörper, Form
Dielektrizitätszahl	50			
	10^3			
	10^6			
Dielektrischer Verlustfaktor tan δ	50			
	10^3			
	10^6			
Spezifischer Durchgangswiderstand	Ohm · cm			
Durchschlagfestigkeit	kV/mm			
Oberflächenwiderstand	Ohm			mm dick
Kriechstromfestigkeit	KC	KB	KA	
Kriechwegbildung				

Elektrolytische Korrosionswirkung
Lichtbogenfestigkeit nach DIN
      nach ASTM   s

Beständigkeit (Chemische Beständigkeit siehe Anhang)

Wasseraufnahme

Feuchtigkeitsaufnahme Normalklima   %
Wetterbeständigkeit

Spannungskorrosion

Optische Eigenschaften

Brechungszahl n_D
Transmissionsgrad τ_c %   mm dick
Lichtdurchlässigkeit

Datenbank-Nr.	**T05831**		Merkblatt-Nr.	**2141**

PVC

Produkt	Weich-PVC-Spritzgiessmasse
Handelsname	**Trosiplast 8285**
Hersteller	HUELSTRO
DIN-Bez 1	7749-PVC-P,MG,A83-36-XX
DIN-Bez 2	

Viskositätszahl ml/g	
K-Wert	

Zusätze	Stabilisatoren; Gleitmittel

Füllstoffe/Verstärkung	

Bevorzugte Verarbeitung	Spritzgiessen

Lieferform	Linsenfoermiges Granulat 3 bis 6 mm
Farben	

Besondere Merkmale	Kaeltebruchtemperatur -25 C; Gute Fliesseigenschaften; Matte Oberflaeche; Cadmiumfrei

Bevorzugte Anwendungen	Seitenschutzleiste fuer Pkw

Kornverteilung

Kornklasse µm	Rückstand %

Dichte	g/cm³	1.37
Schüttdichte	g/cm³	
Stampfdichte	g/cm³	
Rieselfähigkeit		
Rieselzeit	s/100 g	
Kornbeschaffenheit		
Flüchtige Bestandteile	%	
Sulfatasche	%	

Allgemeine Hinweise

Zugversuch 23 °C DIN 53455;
Probekörper: Form
Zustand

Herstellung
Vorbehandlung

Streckspannung	N/mm²	Dehnung bei Streckspannung	%	
Zugfestigkeit	N/mm²	Reißdehnung	%	180
Reißfestigkeit	N/mm² 10	% Dehnspannung	N/mm²	
E-Modul	N/mm²	Dehnung bei % Dehnspg.	%	

Kriechmoduln und Zeitstandwerte 23 °C
Probekörper: Form
Zustand

Herstellung
Vorbehandlung

Kriechmodul	1 min N/mm²	Zeitstandzugfestigkeit	h	N/mm²
Kriechmodul	1000 h N/mm²	Zeitdehnspg. %	h	N/mm²
bei Spannung	N/mm²			

Biegeversuch 23 °C
Probekörper: Form
Zustand

Herstellung
Vorbehandlung

Biegefestigkeit	N/mm²	E-Modul	N/mm²
3,5% Biegespannung	N/mm²		

Härte 23 °C Probekörper: Zustand

Herstellung
Vorbehandlung

Kugeldruckhärte	N/mm²	bei	N, s	
Rockwellhärte				Shore-Härte A 83
				Shore-Härte D

Schlagversuch Probekörper: (1)
(2)
Zustand

Herstellung
Vorbehandlung

°C °C °C Probekörper-Form

Schlagzähigkeit	kJ/m²
Kerbschlagzähigkeit (1)	kJ/m²
IZOD-Kerbschlagzähigkeit (2)	J/m
Kerbschlagzugzähigkeit	kJ/m²

Kunststoffe © Springer-Verlag Berlin Heidelberg 1988
Kopieren, Vervielfältigen und Speichern in Datenverarbeitungsanlagen (auch auszugsweise) ist nur mit schriftlicher Genehmigung des Verlages gestattet

Datenbank-Nr. **T05831** Merkblatt-Nr. **2141**

Abrieb und Reibung

Taber-Abrieb (Reibradverfahren) — mm³/100 U
Abriebfaktor LNP (Thrust washer) Vergleichswert
Statische Reibungszahl
Dynamische Reibungszahl (p·v = N/mm² · m/min)
Zulässiger p·v Wert N/mm² · (m/min) v = m/min
 v = m/min

Thermische Eigenschaften

Formbeständigkeit in der Wärme Verfahren °C
 Verfahren °C
Vicat Erweichungstemperatur (VST) Verfahren °C
 Verfahren °C
Kristallit-Schmelzpunkt Verfahren

Längenausdehnungskoeffizient Bereich °C ·$10^{-4} K^{-1}$
 Temperatur ·$10^{-4} K^{-1}$
Wärmeleitfähigkeit Verfahren W/(K·m)

Spezifische Wärmekapazität Verfahren J/(K·g)

Glasumwandlungstemperatur Torsionsschwingungsversuch °C
 Differentialkalorimetrie °C

Brandverhalten

UL-Test vertikal Dicke mm, Wert
 Dicke mm, Wert

	Norm	Bewertung	Abmessungen
Sauerstoff-Index	ASTM D 2863		
Glühstab-Verfahren			
Brandverhalten	DIN 4102		
MVSS			
FAR			

Elektrische Eigenschaften

 Hz °C Probekörper, Form

Dielektrizitätszahl 50
 10^3
 10^6
Dielektrischer Verlustfaktor tan δ 50
 10^3
 10^6
Spezifischer Durchgangs-
 widerstand Ohm·cm
Durchschlagfestigkeit kV/mm
Oberflächenwiderstand Ohm   mm dick

Kriechstromfestigkeit   KC KB KA
Kriechwegbildung

Elektrolytische Korrosionswirkung
Lichtbogenfestigkeit nach DIN
 nach ASTM s

Beständigkeit (Chemische Beständigkeit siehe Anhang)

Wasseraufnahme

Feuchtigkeitsaufnahme Normalklima
Wetterbeständigkeit %

Spannungskorrosion

Optische Eigenschaften

Brechungszahl n_D
Transmissionsgrad τ_c % mm dick
Lichtdurchlässigkeit

Datenbank-Nr.	**T00819**				Merkblatt-Nr. **2142**
Produkt	Weich-PVC-Spritzgiessmasse				**PVC**
Handelsname	**Trosiplast 7509**				
Hersteller	HUELSTRO				
DIN-Bez 1	7749-PVC-P,MG,A78-28-XX		Viskositätszahl ml/g		
DIN-Bez 2			K-Wert		
Zusätze	Stabilisatoren; Gleitmittel		Füllstoffe/Verstärkung		
Bevorzugte Verarbeitung	Spritzgiessen		Lieferform	Linsenfoermiges Granulat 3 bis 6 mm	
			Farben		
Besondere Merkmale	Oelbestaendig; Benzinbestaendig; Kaeltebruchtemperatur -15 C		Bevorzugte Anwendungen	Dichtung; Dichtstopfen	

Kornverteilung
Kornklasse μm	Rückstand %			
		Dichte g/cm³	1.28	
		Schüttdichte g/cm³		
		Stampfdichte g/cm³		
		Rieselfähigkeit		
		Rieselzeit s/100 g		
		Kornbeschaffenheit		
Allgemeine Hinweise		Flüchtige Bestandteile %		
		Sulfatasche %		

Zugversuch 23 °C DIN 53455;
Probekörper: Form / Zustand
Herstellung / Vorbehandlung

Streckspannung	N/mm²	Dehnung bei Streckspannung	%
Zugfestigkeit	N/mm²	Reißdehnung	% 280
Reißfestigkeit	N/mm² 20	% Dehnspannung	N/mm²
E-Modul	N/mm²	Dehnung bei % Dehnspg.	%

Kriechmoduln und Zeitstandwerte 23 °C
Probekörper: Form / Zustand
Herstellung / Vorbehandlung

Kriechmodul	1 min N/mm²	Zeitstandzugfestigkeit	h N/mm²
Kriechmodul	1000 h N/mm²	Zeitdehnspg. %	h N/mm²
bei Spannung	N/mm²		

Biegeversuch 23 °C
Probekörper: Form / Zustand
Herstellung / Vorbehandlung

Biegefestigkeit	N/mm²	E-Modul	N/mm²
3,5% Biegespannung	N/mm²		

Härte 23 °C
Probekörper: Zustand
Herstellung / Vorbehandlung

Kugeldruckhärte	N/mm² bei N, s	Shore-Härte A	78
Rockwellhärte		Shore-Härte D	

Schlagversuch
Probekörper: (1) (2) Zustand
Herstellung / Vorbehandlung
°C   °C   °C   Probekörper-Form

Schlagzähigkeit	kJ/m²
Kerbschlagzähigkeit (1)	kJ/m²
IZOD-Kerbschlagzähigkeit (2)	J/m
Kerbschlagzugzähigkeit	kJ/m²

Kunststoffe © Springer-Verlag Berlin Heidelberg 1988
Kopieren, Vervielfältigen und Speichern in Datenverarbeitungsanlagen (auch auszugsweise) ist nur mit schriftlicher Genehmigung des Verlages gestattet

Datenbank-Nr. **T00819** Merkblatt-Nr. **2142**

Abrieb und Reibung

Taber-Abrieb (Reibradverfahren)		mm³/100 U
Abriebfaktor LNP (Thrust washer) Vergleichswert		
Statische Reibungszahl		
Dynamische Reibungszahl	(p·v =	N/mm² · m/min)
Zulässiger p · v Wert	N/mm² · (m/min)	v = m/min
		v = m/min

Thermische Eigenschaften

Formbeständigkeit in der Wärme	Verfahren	°C
	Verfahren	°C
Vicat Erweichungstemperatur (VST)	Verfahren	°C
	Verfahren	°C
Kristallit-Schmelzpunkt	Verfahren	
Längenausdehnungskoeffizient	Bereich °C	· 10⁻⁴K⁻¹
	Temperatur	· 10⁻⁴K⁻¹
Wärmeleitfähigkeit	Verfahren	W/(K · m)
Spezifische Wärmekapazität	Verfahren	J/(K · g)
Glasumwandlungstemperatur	Torsionsschwingungsversuch	°C
	Differentialkalorimetrie	°C

Brandverhalten

UL-Test vertikal		Dicke mm, Wert	
		Dicke mm, Wert	
	Norm	Bewertung	Abmessungen
Sauerstoff-Index	ASTM D 2863		
Glühstab-Verfahren			
Brandverhalten	DIN 4102		
MVSS			
FAR			

Elektrische Eigenschaften

	Hz	°C		Probekörper, Form
Dielektrizitätszahl	50			
	10³			
	10⁶			
Dielektrischer Verlustfaktor tan δ	50			
	10³			
	10⁶			
Spezifischer Durchgangswiderstand	Ohm · cm			
Durchschlagfestigkeit	kV/mm			mm dick
Oberflächenwiderstand	Ohm			
Kriechstromfestigkeit	KC	KB	KA	
Kriechwegbildung				
Elektrolytische Korrosionswirkung				
Lichtbogenfestigkeit nach DIN				
nach ASTM	s			

Beständigkeit (Chemische Beständigkeit siehe Anhang)

Wasseraufnahme

Feuchtigkeitsaufnahme Normalklima   %
Wetterbeständigkeit

Spannungskorrosion

Optische Eigenschaften

Brechungszahl n_D
Transmissionsgrad τ_c %   mm dick
Lichtdurchlässigkeit

Datenbank-Nr.	**T05832**	Merkblatt-Nr. **2143**

PVC

Produkt	Weich-PVC-Spritzgiessmasse
Handelsname	**Trosiplast 8124**
Hersteller	HUELSTRO
DIN-Bez 1	7749-PVC-P,MG,A84-43-XX
DIN-Bez 2	
Viskositätszahl ml/g	
K-Wert	
Zusätze	Stabilisatoren; Gleitmittel
Füllstoffe/Verstärkung	
Bevorzugte Verarbeitung	Spritzgiessen
Lieferform	Linsenfoermiges Granulat 3 bis 6 mm
Farben	
Besondere Merkmale	Kaeltebruchtemperatur -15 C; Cadmiumfrei
Bevorzugte Anwendungen	Autotuergriff

Kornverteilung

Kornklasse μm   Rückstand %

Dichte g/cm³ 1.43
Schüttdichte g/cm³
Stampfdichte g/cm³
Rieselfähigkeit
Rieselzeit s/100 g
Kornbeschaffenheit

Allgemeine Hinweise

Flüchtige Bestandteile %
Sulfatasche %

Zugversuch 23 °C DIN 53455;
Probekörper: Form / Zustand
Herstellung / Vorbehandlung

Streckspannung N/mm² Dehnung bei Streckspannung %
Zugfestigkeit N/mm² Reißdehnung % 200
Reißfestigkeit N/mm² 11 % Dehnspannung N/mm²
E-Modul N/mm² Dehnung bei % Dehnspg. %

Kriechmoduln und Zeitstandwerte 23 °C
Probekörper: Form / Zustand
Herstellung / Vorbehandlung

Kriechmodul 1 min N/mm² Zeitstandzugfestigkeit h N/mm²
Kriechmodul 1000 h N/mm² Zeitdehnspg. % h N/mm²
bei Spannung N/mm²

Biegeversuch 23 °C
Probekörper: Form / Zustand
Herstellung / Vorbehandlung

Biegefestigkeit N/mm² E-Modul N/mm²
3,5% Biegespannung N/mm²

Härte 23 °C Probekörper: Zustand
Herstellung / Vorbehandlung

Kugeldruckhärte N/mm² bei N, s   Shore-Härte A 84
Rockwellhärte Shore-Härte D

Schlagversuch Probekörper: (1) / (2) / Zustand
Herstellung / Vorbehandlung

°C °C °C Probekörper-Form

Schlagzähigkeit kJ/m²
Kerbschlagzähigkeit (1) kJ/m²
IZOD-Kerbschlagzähigkeit (2) J/m
Kerbschlagzugzähigkeit kJ/m²

Datenbank-Nr. **T05832** *Merkblatt-Nr.* **2143**

Abrieb und Reibung

Taber-Abrieb (Reibradverfahren)	mm³/100 U
Abriebfaktor LNP (Thrust washer) Vergleichswert	
Statische Reibungszahl	
Dynamische Reibungszahl	($p \cdot v =$ N/mm² · m/min)
Zulässiger $p \cdot v$ Wert	N/mm² · (m/min) $v =$ m/min
	$v =$ m/min

Thermische Eigenschaften

Formbeständigkeit in der Wärme	Verfahren	°C
	Verfahren	°C
Vicat Erweichungstemperatur (VST)	Verfahren	°C
	Verfahren	°C
Kristallit-Schmelzpunkt	Verfahren	
Längenausdehnungskoeffizient	Bereich °C	$\cdot 10^{-4} K^{-1}$
	Temperatur	$\cdot 10^{-4} K^{-1}$
Wärmeleitfähigkeit	Verfahren	W/(K·m)
Spezifische Wärmekapazität	Verfahren	J/(K·g)
Glasumwandlungstemperatur	Torsionsschwingungsversuch	°C
	Differentialkalorimetrie	°C

Brandverhalten

UL-Test vertikal   Dicke   mm, Wert
                   Dicke   mm, Wert

	Norm	Bewertung	Abmessungen
Sauerstoff-Index	ASTM D 2863		
Glühstab-Verfahren			
Brandverhalten	DIN 4102		
MVSS			
FAR			

Elektrische Eigenschaften

	Hz	°C	Probekörper, Form
Dielektrizitätszahl	50		
	10³		
	10⁶		
Dielektrischer Verlustfaktor tan δ	50		
	10³		
	10⁶		

Spezifischer Durchgangswiderstand	Ohm · cm	
Durchschlagfestigkeit	kV/mm	mm dick
Oberflächenwiderstand	Ohm	

Kriechstromfestigkeit   KC   KB   KA
Kriechwegbildung

Elektrolytische Korrosionswirkung
Lichtbogenfestigkeit nach DIN
               nach ASTM   s

Beständigkeit (Chemische Beständigkeit siehe Anhang)

Wasseraufnahme

Feuchtigkeitsaufnahme Normalklima   %
Wetterbeständigkeit

Spannungskorrosion

Optische Eigenschaften

Brechungszahl n_D
Transmissionsgrad τ_c %   mm dick
Lichtdurchlässigkeit

Datenbank-Nr.	**T00821**		Merkblatt-Nr.	**2144**

PVC

Produkt	Weich-PVC-Spritzgiessmasse
Handelsname	**Trosiplast 8115**
Hersteller	HUELSTRO
DIN-Bez 1	7749-PVC-P,MG,A80-34-XX
DIN-Bez 2	
Zusätze	Stabilisatoren; Gleitmittel
Bevorzugte Verarbeitung	Spritzgiessen
Besondere Merkmale	Matte Oberflaeche; Cadmiumfrei; Kaeltebruchtemperatur 0 C

Viskositätszahl ml/g	
K-Wert	
Füllstoffe/Verstärkung	
Lieferform	Linsenfoermiges Granulat 3 bis 6 mm
Farben	
Bevorzugte Anwendungen	Fahrradgriff; Motorradgriff; Koffergriff; Haltegriff in Kfz

Kornverteilung

Kornklasse μm	Rückstand %

Dichte	g/cm³	1.35
Schüttdichte	g/cm³	
Stampfdichte	g/cm³	
Rieselfähigkeit		
Rieselzeit	s/100 g	
Kornbeschaffenheit		
Flüchtige Bestandteile	%	
Sulfatasche	%	

Allgemeine Hinweise

Zugversuch 23 °C DIN 53455;

Probekörper: Form / Zustand

Herstellung / Vorbehandlung

Streckspannung	N/mm²		Dehnung bei Streckspannung	%	
Zugfestigkeit	N/mm²		Reißdehnung	%	160
Reißfestigkeit	N/mm²	10	% Dehnspannung	N/mm²	
E-Modul	N/mm²		Dehnung bei % Dehnspg.	%	

Kriechmoduln und Zeitstandwerte 23 °C

Probekörper: Form / Zustand

Herstellung / Vorbehandlung

Kriechmodul	1 min	N/mm²	Zeitstandzugfestigkeit	h	N/mm²
Kriechmodul	1000 h	N/mm²	Zeitdehnspg. %	h	N/mm²
bei Spannung		N/mm²			

Biegeversuch 23 °C

Probekörper: Form / Zustand

Herstellung / Vorbehandlung

Biegefestigkeit	N/mm²	E-Modul	N/mm²
3,5% Biegespannung	N/mm²		

Härte 23 °C

Probekörper: Zustand

Herstellung / Vorbehandlung

Kugeldruckhärte	N/mm²	bei	N, s	Shore-Härte A	80
Rockwellhärte				Shore-Härte D	

Schlagversuch

Probekörper: (1) / (2) / Zustand

Herstellung / Vorbehandlung

°C °C °C Probekörper-Form

Schlagzähigkeit	kJ/m²
Kerbschlagzähigkeit (1)	kJ/m²
IZOD-Kerbschlagzähigkeit (2)	J/m
Kerbschlagzugzähigkeit	kJ/m²

Kunststoffe © Springer-Verlag Berlin Heidelberg 1988
Kopieren, Vervielfältigen und Speichern in Datenverarbeitungsanlagen (auch auszugsweise) ist nur mit schriftlicher Genehmigung des Verlages gestattet

Datenbank-Nr. **T00821** Merkblatt-Nr. **2144**

Abrieb und Reibung

Taber-Abrieb (Reibradverfahren)	mm³/100 U	
Abriebfaktor LNP (Thrust washer) Vergleichswert		
Statische Reibungszahl		
Dynamische Reibungszahl	(p·v = N/mm² ·	m/min
Zulässiger p·v Wert	N/mm² · (m/min) v =	m/min
	v =	m/min

Thermische Eigenschaften

Formbeständigkeit in der Wärme	Verfahren	°C
	Verfahren	°C
Vicat Erweichungstemperatur (VST)	Verfahren	°C
	Verfahren	°C
Kristallit-Schmelzpunkt	Verfahren	
Längenausdehnungskoeffizient	Bereich °C	$\cdot 10^{-4} K^{-1}$
	Temperatur	$\cdot 10^{-4} K^{-1}$
Wärmeleitfähigkeit	Verfahren	W/(K·m)
Spezifische Wärmekapazität	Verfahren	J/(K·g)
Glasumwandlungstemperatur	Torsionsschwingungsversuch	°C
	Differentialkalorimetrie	°C

Brandverhalten

UL-Test vertikal		Dicke mm, Wert	
		Dicke mm, Wert	
	Norm	Bewertung	Abmessungen
Sauerstoff-Index	ASTM D 2863		
Glühstab-Verfahren			
Brandverhalten	DIN 4102		
MVSS			
FAR			

Elektrische Eigenschaften

	Hz	°C			Probekörper, Form
Dielektrizitätszahl	50				
	10³				
	10⁶				
Dielektrischer Verlustfaktor tan δ	50				
	10³				
	10⁶				
Spezifischer Durchgangs- widerstand	Ohm·cm				
Durchschlagfestigkeit	kV/mm				mm dick
Oberflächenwiderstand	Ohm				
Kriechstromfestigkeit		KC	KB	KA	
Kriechwegbildung					
Elektrolytische Korrosionswirkung					
Lichtbogenfestigkeit nach DIN					
nach ASTM	s				

Beständigkeit (Chemische Beständigkeit siehe Anhang)

Wasseraufnahme

Feuchtigkeitsaufnahme Normalklima %
Wetterbeständigkeit

Spannungskorrosion

Optische Eigenschaften

Brechungszahl n_D
Transmissionsgrad τ_c %   mm dick
Lichtdurchlässigkeit

Datenbank-Nr.	**T00822**	Merkblatt-Nr.	**2145**

PVC

Produkt	Weich-PVC-Spritzgiessmasse
Handelsname	**Trosiplast 8118**
Hersteller	HUELSTRO
DIN-Bez 1	7749-PVC-P,MG,A82-46-XX
DIN-Bez 2	
Zusätze	Stabilisatoren; Gleitmittel
Bevorzugte Verarbeitung	Spritzgiessen
Besondere Merkmale	Selbstverloeschend; Cadmiumfrei; Entspricht FMVSS Nr. 302; Kaeltebruchtemperatur -20 C
Viskositätszahl ml/g	
K-Wert	
Füllstoffe/Verstärkung	
Lieferform	Linsenfoermiges Granulat 3 bis 6 mm
Farben	
Bevorzugte Anwendungen	Bedarfsartikel

Kornverteilung

Kornklasse μm Rückstand %

Allgemeine Hinweise

Dichte	g/cm^3	1.46
Schüttdichte	g/cm^3	
Stampfdichte	g/cm^3	
Rieselfähigkeit		
Rieselzeit	s/100 g	
Kornbeschaffenheit		
Flüchtige Bestandteile	%	
Sulfatasche	%	

Zugversuch 23 °C DIN 53455;
Probekörper: Form
Zustand

Herstellung
Vorbehandlung

Streckspannung	N/mm^2	Dehnung bei Streckspannung	%	
Zugfestigkeit	N/mm^2	Reißdehnung	%	225
Reißfestigkeit	N/mm^2 13	% Dehnspannung	N/mm^2	
E-Modul	N/mm^2	Dehnung bei % Dehnspg.	%	

Kriechmoduln und Zeitstandwerte 23 °C
Probekörper: Form
Zustand

Herstellung
Vorbehandlung

Kriechmodul	1 min N/mm^2	Zeitstandzugfestigkeit	h N/mm^2
Kriechmodul	1000 h N/mm^2	Zeitdehnspg. %	h N/mm^2
bei Spannung	N/mm^2		

Biegeversuch 23 °C
Probekörper: Form
Zustand

Herstellung
Vorbehandlung

Biegefestigkeit	N/mm^2	E-Modul	N/mm^2
3,5% Biegespannung	N/mm^2		

Härte 23 °C Probekörper: Zustand

Herstellung
Vorbehandlung

Kugeldruckhärte	N/mm^2 bei N, s	Shore-Härte A	83
Rockwellhärte		Shore-Härte D	

Schlagversuch Probekörper: (1)
(2)
Zustand

Herstellung
Vorbehandlung

°C   °C   °C   Probekörper-Form

Schlagzähigkeit	kJ/m^2
Kerbschlagzähigkeit (1)	kJ/m^2
IZOD-Kerbschlagzähigkeit (2)	J/m
Kerbschlagzugzähigkeit	kJ/m^2

Kunststoffe © Springer-Verlag Berlin Heidelberg 1988
Kopieren, Vervielfältigen und Speichern in Datenverarbeitungsanlagen (auch auszugsweise) ist nur mit schriftlicher Genehmigung des Verlages gestattet

Datenbank-Nr. **T00822** Merkblatt-Nr. **2145**

Abrieb und Reibung

Taber-Abrieb (Reibradverfahren) mm³/100 U
Abriebfaktor LNP (Thrust washer) Vergleichswert
Statische Reibungszahl
Dynamische Reibungszahl (p·v= N/mm² · m/min)
Zulässiger p·v Wert N/mm² · (m/min) v= m/min
 v= m/min

Thermische Eigenschaften

Formbeständigkeit in der Wärme Verfahren °C
 Verfahren °C
Vicat Erweichungstemperatur (VST) Verfahren °C
 Verfahren °C
Kristallit-Schmelzpunkt Verfahren

Längenausdehnungskoeffizient Bereich °C ·10⁻⁴K⁻¹
 Temperatur ·10⁻⁴K⁻¹
Wärmeleitfähigkeit Verfahren W/(K·m)

Spezifische Wärmekapazität Verfahren J/(K·g)

Glasumwandlungstemperatur Torsionsschwingungsversuch °C
 Differentialkalorimetrie °C

Brandverhalten

UL-Test vertikal Dicke mm, Wert
 Dicke mm, Wert

	Norm	Bewertung	Abmessungen
Sauerstoff-Index	ASTM D 2863		
Glühstab-Verfahren			
Brandverhalten	DIN 4102		
MVSS			
FAR			

Elektrische Eigenschaften

 Hz °C Probekörper, Form

Dielektrizitätszahl 50
 10³
 10⁶
Dielektrischer Verlustfaktor tan δ 50
 10³
 10⁶
Spezifischer Durchgangs-
 widerstand Ohm·cm
Durchschlagfestigkeit kV/mm mm dick
Oberflächenwiderstand Ohm
Kriechstromfestigkeit KC KB KA
Kriechwegbildung

Elektrolytische Korrosionswirkung
Lichtbogenfestigkeit nach DIN
 nach ASTM s

Beständigkeit (Chemische Beständigkeit siehe Anhang)

Wasseraufnahme

Feuchtigkeitsaufnahme Normalklima
Wetterbeständigkeit %

Spannungskorrosion

Optische Eigenschaften

Brechungszahl n_D
Transmissionsgrad τ_c % mm dick
Lichtdurchlässigkeit

Datenbank-Nr.	**T00823**		Merkblatt-Nr.	**2146**

Produkt	Weich-PVC-Spritzgiessmasse		**PVC**
Handelsname	**Trosiplast 8509**		
Hersteller	HUELSTRO		
DIN-Bez 1	7749-PVC-P,MG,A84-26-XX	Viskositätszahl ml/g	
DIN-Bez 2		K-Wert	
Zusätze	Stabilisatoren; Gleitmittel	Füllstoffe/Verstärkung	
Bevorzugte Verarbeitung	Spritzgiessen	Lieferform	Linsenfoermiges Granulat 3 bis 6 mm
		Farben	
Besondere Merkmale	Glasklar; Cadmiumfrei; Kaeltebruch-temperatur -15 C	Bevorzugte Anwendungen	Schutzbrille; Skibrille

Kornverteilung
Kornklasse μm   Rückstand %

Dichte g/cm³ 1.26
Schüttdichte g/cm³
Stampfdichte g/cm³
Rieselfähigkeit
Rieselzeit s/100 g
Kornbeschaffenheit

Allgemeine Hinweise
Flüchtige Bestandteile %
Sulfatasche %

Zugversuch 23 °C   DIN 53455;
Probekörper: Form   Herstellung
Zustand   Vorbehandlung

Streckspannung	N/mm²	Dehnung bei Streckspannung	%
Zugfestigkeit	N/mm²	Reißdehnung	% 220
Reißfestigkeit	N/mm² 17	% Dehnspannung	N/mm²
E-Modul	N/mm²	Dehnung bei % Dehnspg.	%

Kriechmoduln und Zeitstandwerte 23 °C
Probekörper: Form   Herstellung
Zustand   Vorbehandlung

Kriechmodul   1 min N/mm²   Zeitstandzugfestigkeit   h N/mm²
Kriechmodul   1000 h N/mm²   Zeitdehnspg. %   h N/mm²
bei Spannung   N/mm²

Biegeversuch 23 °C
Probekörper: Form   Herstellung
Zustand   Vorbehandlung

Biegefestigkeit   N/mm²   E-Modul   N/mm²
3,5% Biegespannung   N/mm²

Härte 23 °C   Probekörper: Zustand   Herstellung
Vorbehandlung

Kugeldruckhärte N/mm²   bei N, s   Shore-Härte A 84
Rockwellhärte   Shore-Härte D

Schlagversuch Probekörper: (1)
(2)   Herstellung
Zustand   Vorbehandlung

°C   °C   °C   Probekörper-Form

Schlagzähigkeit   kJ/m²
Kerbschlagzähigkeit (1)   kJ/m²
IZOD-Kerbschlagzähigkeit (2) J/m
Kerbschlagzugzähigkeit   kJ/m²

Kunststoffe © Springer-Verlag Berlin Heidelberg 1988
Kopieren, Vervielfältigen und Speichern in Datenverarbeitungsanlagen (auch auszugsweise) ist nur mit schriftlicher Genehmigung des Verlages gestattet

Datenbank-Nr. **T00823** Merkblatt-Nr. **2146**

Abrieb und Reibung
Taber-Abrieb (Reibradverfahren) mm³/100 U
Abriebfaktor LNP (Thrust washer) Vergleichswert
Statische Reibungszahl
Dynamische Reibungszahl (p·v= N/mm² · m/min)
Zulässiger p · v Wert N/mm² · (m/min) v = m/min
  v = m/min

Thermische Eigenschaften
Formbeständigkeit in der Wärme Verfahren °C
  Verfahren °C
Vicat Erweichungstemperatur (VST) Verfahren °C
  Verfahren °C
Kristallit-Schmelzpunkt Verfahren

Längenausdehnungskoeffizient Bereich °C · 10⁻⁴ K⁻¹
  Temperatur · 10⁻⁴ K⁻¹
Wärmeleitfähigkeit Verfahren W/(K · m)

Spezifische Wärmekapazität Verfahren J/(K · g)

Glasumwandlungstemperatur Torsionsschwingungsversuch °C
  Differentialkalorimetrie °C

Brandverhalten
UL-Test vertikal Dicke mm, Wert
  Dicke mm, Wert

	Norm	Bewertung	Abmessungen
Sauerstoff-Index	ASTM D 2863		
Glühstab-Verfahren			
Brandverhalten	DIN 4102		
MVSS			
FAR			

Elektrische Eigenschaften
  Hz °C Probekörper, Form
Dielektrizitätszahl 50
  10³
  10⁶
Dielektrischer Verlustfaktor tan δ 50
  10³
  10⁶
Spezifischer Durchgangs-
  widerstand Ohm · cm
Durchschlagfestigkeit kV/mm mm dick
Oberflächenwiderstand Ohm

Kriechstromfestigkeit KC KB KA
Kriechwegbildung

Elektrolytische Korrosionswirkung
Lichtbogenfestigkeit nach DIN
  nach ASTM s

Beständigkeit (Chemische Beständigkeit siehe Anhang)
Wasseraufnahme

Feuchtigkeitsaufnahme Normalklima %
Wetterbeständigkeit

Spannungskorrosion

Optische Eigenschaften
Brechungszahl n_D
Transmissionsgrad τ_c % mm dick
Lichtdurchlässigkeit

Datenbank-Nr.	**T02014**		Merkblatt-Nr.	**2147**

Produkt	Weich-PVC-Blasmasse		**PVC**
Handelsname	**Trosiplast 7804**		
Hersteller	HUELSTRO		
DIN-Bez 1	7749-PVC-P,BG,A80-40-X	Viskositätszahl ml/g	
DIN-Bez 2		K-Wert	
Zusätze	Stabilisatoren; Gleitmittel	Füllstoffe/Verstärkung	
Bevorzugte Verarbeitung	Blasformen	Lieferform	Linsenfoermiges Granulat 3 bis 6 mm
		Farben	Natur; Schwarz; Standard
Besondere Merkmale	Resistent gegen Polyurethan-Fuellschaum und Polyether-Fuellschaum; Gegen Schweisseinwirkung; Sulfidverfaerbung; Abriebfestigkeit im Crockmetertest	Bevorzugte Anwendungen	Bedarfsartikel

Kornverteilung

Kornklasse µm	Rückstand %		
		Dichte g/cm³	1.38
		Schüttdichte g/cm³	
		Stampfdichte g/cm³	
		Rieselfähigkeit	
		Rieselzeit s/100 g	
		Kornbeschaffenheit	
Allgemeine Hinweise		Flüchtige Bestandteile %	
		Sulfatasche %	

Zugversuch 23 °C DIN 53455;
Probekörper: Form   Herstellung
Zustand   Vorbehandlung Normalklima

Streckspannung	N/mm²	Dehnung bei Streckspannung %	
Zugfestigkeit	N/mm²	Reißdehnung %	250
Reißfestigkeit	N/mm² 19	% Dehnspannung N/mm²	
E-Modul	N/mm²	Dehnung bei % Dehnspg. %	

Kriechmoduln und Zeitstandwerte 23 °C
Probekörper: Form   Herstellung
Zustand   Vorbehandlung

Kriechmodul	1 min N/mm²	Zeitstandzugfestigkeit h N/mm²	
Kriechmodul	1000 h N/mm²	Zeitdehnspg. % h N/mm²	
bei Spannung	N/mm²		

Biegeversuch 23 °C
Probekörper: Form   Herstellung
Zustand   Vorbehandlung

Biegefestigkeit	N/mm²	E-Modul	N/mm²
3,5% Biegespannung	N/mm²		

Härte 23 °C Probekörper: Zustand   Herstellung
Vorbehandlung

Kugeldruckhärte	N/mm²	bei N, s	Shore-Härte A	81
Rockwellhärte			Shore-Härte D	

Schlagversuch Probekörper: (1)
(2)   Herstellung
Zustand   Vorbehandlung
°C   °C   °C   Probekörper-Form

Schlagzähigkeit	kJ/m²
Kerbschlagzähigkeit (1)	kJ/m²
IZOD-Kerbschlagzähigkeit (2)	J/m
Kerbschlagzugzähigkeit	kJ/m²

Datenbank-Nr. **T02014** Merkblatt-Nr. **2147**

Abrieb und Reibung

Taber-Abrieb (Reibradverfahren) mm³/100 U
Abriebfaktor LNP (Thrust washer) Vergleichswert
Statische Reibungszahl
Dynamische Reibungszahl (p·v= N/mm² · m/min)
Zulässiger p · v Wert N/mm² · (m/min) v= m/min
  v= m/min

Thermische Eigenschaften

Formbeständigkeit in der Wärme Verfahren °C
  Verfahren °C
Vicat Erweichungstemperatur (VST) Verfahren °C
  Verfahren °C
Kristallit-Schmelzpunkt Verfahren

Längenausdehnungskoeffizient Bereich °C $\cdot 10^{-4} K^{-1}$
  Temperatur $\cdot 10^{-4} K^{-1}$
Wärmeleitfähigkeit Verfahren W/(K · m)

Spezifische Wärmekapazität Verfahren J/(K · g)

Glasumwandlungstemperatur Torsionsschwingungsversuch °C
  Differentialkalorimetrie °C

Brandverhalten

UL-Test vertikal Dicke mm, Wert
  Dicke mm, Wert

	Norm	Bewertung	Abmessungen
Sauerstoff-Index	ASTM D 2863		
Glühstab-Verfahren			
Brandverhalten	DIN 4102		
MVSS			
FAR			

Elektrische Eigenschaften

  Hz °C Probekörper, Form

Dielektrizitätszahl 50
  10³
  10⁶
Dielektrischer Verlustfaktor tan δ 50
  10³
  10⁶
Spezifischer Durchgangs-
 widerstand Ohm · cm
Durchschlagfestigkeit kV/mm mm dick
Oberflächenwiderstand Ohm

Kriechstromfestigkeit KC KB KA
Kriechwegbildung

Elektrolytische Korrosionswirkung
Lichtbogenfestigkeit nach DIN
  nach ASTM s

Beständigkeit (Chemische Beständigkeit siehe Anhang)

Wasseraufnahme

Feuchtigkeitsaufnahme Normalklima %
Wetterbeständigkeit

Spannungskorrosion

Optische Eigenschaften

Brechungszahl n_D
Transmissionsgrad τ_c % mm dick
Lichtdurchlässigkeit

Datenbank-Nr.	**T00825**	Merkblatt-Nr. **2148**

PVC

Produkt	Weich-PVC-Spritzgiessmasse
Handelsname	**Trosiplast 8006**
Hersteller	HUELSTRO
DIN-Bez 1	7749-PVC-P,MG,A84-30-XX
DIN-Bez 2	
Viskositätszahl ml/g	
K-Wert	
Zusätze	Stabilisatoren; Gleitmittel
Füllstoffe/Verstärkung	
Bevorzugte Verarbeitung	Spritzgiessen
Lieferform	Linsenfoermiges Granulat 3 bis 6 mm
Farben	
Besondere Merkmale	Cadmiumfrei; Selbstverloeschend; Entspricht FMVSS Nr. 302; Kaeltebruchtemperatur -15 C
Bevorzugte Anwendungen	Fusskappe fuer Moebel; Schutzkappe fuer Rohr; Spiegelrahmen fuer KFZ

Kornverteilung

Kornklasse μm   Rückstand %

Dichte g/cm³ 1.28
Schüttdichte g/cm³
Stampfdichte g/cm³
Rieselfähigkeit
Rieselzeit s/100 g
Kornbeschaffenheit
Flüchtige Bestandteile %
Sulfatasche %

Allgemeine Hinweise

Zugversuch 23 °C DIN 53455;
Probekörper: Form
Zustand
Herstellung
Vorbehandlung

Streckspannung	N/mm²	Dehnung bei Streckspannung %
Zugfestigkeit	N/mm²	Reißdehnung % 210
Reißfestigkeit	N/mm² 17	% Dehnspannung N/mm²
E-Modul	N/mm²	Dehnung bei % Dehnspg. %

Kriechmoduln und Zeitstandwerte 23 °C
Probekörper: Form
Zustand
Herstellung
Vorbehandlung

Kriechmodul 1 min N/mm²   Zeitstandzugfestigkeit h N/mm²
Kriechmodul 1000 h N/mm²   Zeitdehnspg. % h N/mm²
bei Spannung N/mm²

Biegeversuch 23 °C
Probekörper: Form
Zustand
Herstellung
Vorbehandlung

Biegefestigkeit N/mm²   E-Modul N/mm²
3,5% Biegespannung N/mm²

Härte 23 °C   Probekörper: Zustand
Herstellung
Vorbehandlung

Kugeldruckhärte N/mm²   bei N, s   Shore-Härte A 84
Rockwellhärte   Shore-Härte D

Schlagversuch   Probekörper: (1)
(2)
Zustand
Herstellung
Vorbehandlung

°C   °C   °C   Probekörper-Form

Schlagzähigkeit kJ/m²
Kerbschlagzähigkeit (1) kJ/m²
IZOD-Kerbschlagzähigkeit (2) J/m
Kerbschlagzugzähigkeit kJ/m²

Datenbank-Nr. **T00825** Merkblatt-Nr. **2148**

Abrieb und Reibung
Taber-Abrieb (Reibradverfahren) mm³/100 U
Abriebfaktor LNP (Thrust washer) Vergleichswert
Statische Reibungszahl
Dynamische Reibungszahl (p·v= N/mm² · m/min)
Zulässiger p · v Wert N/mm² · (m/min) v = m/min
  v = m/min

Thermische Eigenschaften
Formbeständigkeit in der Wärme Verfahren °C
  Verfahren °C
Vicat Erweichungstemperatur (VST) Verfahren °C
  Verfahren °C
Kristallit-Schmelzpunkt Verfahren

Längenausdehnungskoeffizient Bereich °C · $10^{-4} K^{-1}$
  Temperatur · $10^{-4} K^{-1}$
Wärmeleitfähigkeit Verfahren W/(K · m)

Spezifische Wärmekapazität Verfahren J/(K · g)

Glasumwandlungstemperatur Torsionsschwingungsversuch °C
  Differentialkalorimetrie °C

Brandverhalten
UL-Test vertikal Dicke mm, Wert
  Dicke mm, Wert

	Norm	Bewertung	Abmessungen
Sauerstoff-Index	ASTM D 2863		
Glühstab-Verfahren			
Brandverhalten	DIN 4102		
MVSS			
FAR			

Elektrische Eigenschaften

	Hz	°C	Probekörper, Form
Dielektrizitätszahl	50		
	10^3		
	10^6		
Dielektrischer Verlustfaktor tan δ	50		
	10^3		
	10^6		

Spezifischer Durchgangs-
  widerstand Ohm · cm
Durchschlagfestigkeit kV/mm mm dick
Oberflächenwiderstand Ohm
Kriechstromfestigkeit KC KB KA
Kriechwegbildung

Elektrolytische Korrosionswirkung
Lichtbogenfestigkeit nach DIN
  nach ASTM s

Beständigkeit (Chemische Beständigkeit siehe Anhang)
Wasseraufnahme

Feuchtigkeitsaufnahme Normalklima %
Wetterbeständigkeit

Spannungskorrosion

Optische Eigenschaften
Brechungszahl n_D
Transmissionsgrad τ_c % mm dick
Lichtdurchlässigkeit

Datenbank-Nr. **T00826**		Merkblatt-Nr. **2149**
Produkt	Weich-PVC-Spritzgiessmasse	**PVC**
Handelsname	**Trosiplast 7108**	
Hersteller	HUELSTRO	
DIN-Bez 1	7749-PVC-P,MG,A86-25-XX	Viskositätszahl ml/g
DIN-Bez 2		K-Wert
Zusätze	Stabilisatoren; Gleitmittel	Füllstoffe/Verstärkung
Bevorzugte Verarbeitung	Spritzgiessen	Lieferform — Linsenfoermiges Granulat 3 bis 6 mm
		Farben
Besondere Merkmale	Cadmiumfrei; Erhoeht waermebestaendig	Bevorzugte Anwendungen — Bedarfsartikel

Kornverteilung

Kornklasse μm	Rückstand %		
		Dichte g/cm³	1.32
		Schüttdichte g/cm³	
		Stampfdichte g/cm³	
		Rieselfähigkeit	
		Rieselzeit s/100 g	
		Kornbeschaffenheit	
Allgemeine Hinweise		Flüchtige Bestandteile %	
		Sulfatasche %	

Zugversuch 23 °C DIN 53455;

Probekörper: Form / Zustand
Herstellung / Vorbehandlung

Streckspannung	N/mm²	Dehnung bei Streckspannung	%
Zugfestigkeit	N/mm²	Reißdehnung	% 260
Reißfestigkeit	N/mm² 21	% Dehnspannung	N/mm²
E-Modul	N/mm²	Dehnung bei % Dehnspg.	%

Kriechmoduln und Zeitstandwerte 23 °C

Probekörper: Form / Zustand
Herstellung / Vorbehandlung

Kriechmodul	1 min N/mm²	Zeitstandzugfestigkeit	h N/mm²
Kriechmodul	1000 h N/mm²	Zeitdehnspg. %	h N/mm²
bei Spannung	N/mm²		

Biegeversuch 23 °C

Probekörper: Form / Zustand
Herstellung / Vorbehandlung

Biegefestigkeit	N/mm²	E-Modul	N/mm²
3,5% Biegespannung	N/mm²		

Härte 23 °C

Probekörper: Zustand
Herstellung / Vorbehandlung

Kugeldruckhärte	N/mm² bei N, s	Shore-Härte A	87
Rockwellhärte		Shore-Härte D	

Schlagversuch

Probekörper: (1) / (2) / Zustand
Herstellung / Vorbehandlung

°C   °C   °C   Probekörper-Form

Schlagzähigkeit	kJ/m²
Kerbschlagzähigkeit (1)	kJ/m²
IZOD-Kerbschlagzähigkeit (2)	J/m
Kerbschlagzugzähigkeit	kJ/m²

Kunststoffe © Springer-Verlag Berlin Heidelberg 1988
Kopieren, Vervielfältigen und Speichern in Datenverarbeitungsanlagen (auch auszugsweise) ist nur mit schriftlicher Genehmigung des Verlages gestattet

Datenbank-Nr. **T00826** Merkblatt-Nr. **2149**

Abrieb und Reibung

Taber-Abrieb (Reibradverfahren) mm³/100 U
Abriebfaktor LNP (Thrust washer) Vergleichswert
Statische Reibungszahl
Dynamische Reibungszahl (p·v= N/mm² · m/min)
Zulässiger p·v Wert N/mm² · (m/min) v= m/min
 v= m/min

Thermische Eigenschaften

Formbeständigkeit in der Wärme Verfahren °C
 Verfahren °C
Vicat Erweichungstemperatur (VST) Verfahren °C
 Verfahren °C
Kristallit-Schmelzpunkt Verfahren

Längenausdehnungskoeffizient Bereich °C $\cdot 10^{-4} K^{-1}$
 Temperatur $\cdot 10^{-4} K^{-1}$
Wärmeleitfähigkeit Verfahren W/(K·m)

Spezifische Wärmekapazität Verfahren J/(K·g)

Glasumwandlungstemperatur Torsionsschwingungsversuch °C
 Differentialkalorimetrie °C

Brandverhalten

UL-Test vertikal Dicke mm, Wert
 Dicke mm, Wert

	Norm	Bewertung	Abmessungen
Sauerstoff-Index	ASTM D 2863		
Glühstab-Verfahren			
Brandverhalten	DIN 4102		
MVSS			
FAR			

Elektrische Eigenschaften

	Hz	°C		Probekörper, Form
Dielektrizitätszahl	50			
	10³			
	10⁶			
Dielektrischer Verlustfaktor tan δ	50			
	10³			
	10⁶			

Spezifischer Durchgangs-
 widerstand Ohm·cm
Durchschlagfestigkeit kV/mm mm dick
Oberflächenwiderstand Ohm

Kriechstromfestigkeit KC KB KA
Kriechwegbildung

Elektrolytische Korrosionswirkung
Lichtbogenfestigkeit nach DIN
 nach ASTM s

Beständigkeit (Chemische Beständigkeit siehe Anhang)

Wasseraufnahme

Feuchtigkeitsaufnahme Normalklima
Wetterbeständigkeit %

Spannungskorrosion

Optische Eigenschaften

Brechungszahl n_D
Transmissionsgrad τ_c % mm dick
Lichtdurchlässigkeit

Datenbank-Nr.	**T00827**		Merkblatt-Nr.	**2150**

PVC

Produkt	Weich-PVC-Spritzgiessmasse
Handelsname	**Trosiplast 7510**
Hersteller	HUELSTRO
DIN-Bez 1	7749-PVC-P,MG,A86-35-XX
DIN-Bez 2	
Zusätze	Stabilisatoren; Gleitmittel
Bevorzugte Verarbeitung	Spritzgiessen
Besondere Merkmale	Cadmiumfrei; Oelbestaendig; Benzinbestaendig; Transparent; Kaeltebruchtemperatur -10 C

Viskositätszahl ml/g	
K-Wert	
Füllstoffe/Verstärkung	
Lieferform	Linsenfoermiges Granulat 3 bis 6 mm
Farben	
Bevorzugte Anwendungen	Dichtung; Dichtstopfen

Kornverteilung

Kornklasse μm	Rückstand %

Dichte	g/cm^3	1.33
Schüttdichte	g/cm^3	
Stampfdichte	g/cm^3	
Rieselfähigkeit		
Rieselzeit	s/100 g	
Kornbeschaffenheit		
Flüchtige Bestandteile	%	
Sulfatasche	%	

Allgemeine Hinweise

Zugversuch 23 °C DIN 53455;

Probekörper:	Form		Herstellung	
	Zustand		Vorbehandlung	
Streckspannung	N/mm^2	Dehnung bei Streckspannung	%	
Zugfestigkeit	N/mm^2	Reißdehnung	%	280
Reißfestigkeit	N/mm^2 22	% Dehnspannung	N/mm^2	
E-Modul	N/mm^2	Dehnung bei % Dehnspg.	%	

Kriechmoduln und Zeitstandwerte 23 °C

Probekörper:	Form	Herstellung	
	Zustand	Vorbehandlung	
Kriechmodul	1 min N/mm^2	Zeitstandzugfestigkeit	h N/mm^2
Kriechmodul	1000 h N/mm^2	Zeitdehnspg. %	h N/mm^2
bei Spannung	N/mm^2		

Biegeversuch 23 °C

Probekörper:	Form	Herstellung	
	Zustand	Vorbehandlung	
Biegefestigkeit	N/mm^2	E-Modul	N/mm^2
3,5% Biegespannung	N/mm^2		

Härte 23 °C

Probekörper:	Zustand	Herstellung	
		Vorbehandlung	
Kugeldruckhärte	N/mm^2 bei N, s	Shore-Härte A	87
Rockwellhärte		Shore-Härte D	

Schlagversuch

Probekörper:	(1)		Herstellung	
	(2)		Vorbehandlung	
	Zustand			
	°C	°C	°C	Probekörper-Form

Schlagzähigkeit	kJ/m^2
Kerbschlagzähigkeit (1)	kJ/m^2
IZOD-Kerbschlagzähigkeit (2)	J/m
Kerbschlagzugzähigkeit	kJ/m^2

Kunststoffe © Springer-Verlag Berlin Heidelberg 1988
Kopieren, Vervielfältigen und Speichern in Datenverarbeitungsanlagen (auch auszugsweise) ist nur mit schriftlicher Genehmigung des Verlages gestattet

Datenbank-Nr. **T00827** Merkblatt-Nr. **2150**

Abrieb und Reibung
Taber-Abrieb (Reibradverfahren) mm³/100 U
Abriebfaktor LNP (Thrust washer) Vergleichswert
Statische Reibungszahl
Dynamische Reibungszahl (p·v= N/mm² · m/min)
Zulässiger p · v Wert N/mm² · (m/min) v= m/min
                                       v= m/min

Thermische Eigenschaften
Formbeständigkeit in der Wärme Verfahren °C
                                Verfahren °C
Vicat Erweichungstemperatur (VST) Verfahren °C
                                   Verfahren °C
Kristallit-Schmelzpunkt Verfahren

Längenausdehnungskoeffizient Bereich °C $\cdot 10^{-4} K^{-1}$
                              Temperatur $\cdot 10^{-4} K^{-1}$
Wärmeleitfähigkeit Verfahren W/(K · m)

Spezifische Wärmekapazität Verfahren J/(K · g)

Glasumwandlungstemperatur Torsionsschwingungsversuch °C
                           Differentialkalorimetrie °C

Brandverhalten
UL-Test vertikal Dicke mm, Wert
                  Dicke mm, Wert

	Norm	Bewertung	Abmessungen
Sauerstoff-Index	ASTM D 2863		
Glühstab-Verfahren			
Brandverhalten	DIN 4102		
MVSS			
FAR			

Elektrische Eigenschaften

	Hz	°C		Probekörper, Form
Dielektrizitätszahl	50			
	10³			
	10⁶			
Dielektrischer Verlustfaktor tan δ	50			
	10³			
	10⁶			

Spezifischer Durchgangs-
    widerstand Ohm · cm
Durchschlagfestigkeit kV/mm mm dick
Oberflächenwiderstand Ohm

Kriechstromfestigkeit KC KB KA
Kriechwegbildung

Elektrolytische Korrosionswirkung
Lichtbogenfestigkeit nach DIN
                     nach ASTM s

Beständigkeit (Chemische Beständigkeit siehe Anhang)
Wasseraufnahme

Feuchtigkeitsaufnahme Normalklima %
Wetterbeständigkeit

Spannungskorrosion

Optische Eigenschaften
Brechungszahl n_D
Transmissionsgrad τ_c % mm dick
Lichtdurchlässigkeit

Datenbank-Nr.	**T00828**		*Merkblatt-Nr.*	**2151**

PVC

Produkt	Weich-PVC-Spritzgiessmasse
Handelsname	**Trosiplast 8007**
Hersteller	HUELSTRO
DIN-Bez 1	7749-PVC-P,MG,A88-30-XX
DIN-Bez 2	
Zusätze	Stabilisatoren; Gleitmittel
Bevorzugte Verarbeitung	Spritzgiessen
Besondere Merkmale	Cadmiumfrei; Kaeltebruchtemperatur -10 C

Viskositätszahl ml/g	
K-Wert	
Füllstoffe/Verstärkung	
Lieferform	Linsenfoermiges Granulat 3 bis 6 mm
Farben	
Bevorzugte Anwendungen	Dichtung; Dichtstopfen; Elektrostecker; Steckervorrichtung; Fusskappe fuer Moebel; Luesterklemme; Anschlussklemme

---

Kornverteilung

Kornklasse µm   *Rückstand* %

Dichte	g/cm^3	1.29
Schüttdichte	g/cm^3	
Stampfdichte	g/cm^3	
Rieselfähigkeit		
Rieselzeit	s/100 g	
Kornbeschaffenheit		
Flüchtige Bestandteile	%	
Sulfatasche	%	

Allgemeine Hinweise

Zugversuch 23 °C   DIN 53455;

Probekörper: Form / Zustand   *Herstellung Vorbehandlung*

Streckspannung	N/mm^2	*Dehnung bei Streckspannung*	%	
Zugfestigkeit	N/mm^2	*Reißdehnung*	%	205
Reißfestigkeit	N/mm^2 20	% *Dehnspannung*	N/mm^2	
E-Modul	N/mm^2	*Dehnung bei* % *Dehnspg.*	%	

Kriechmoduln und Zeitstandwerte 23 °C

Probekörper: Form / Zustand   *Herstellung Vorbehandlung*

Kriechmodul	1 min N/mm^2	*Zeitstandzugfestigkeit*	h	N/mm^2
Kriechmodul	1000 h N/mm^2	*Zeitdehnspg.* %	h	N/mm^2
bei Spannung	N/mm^2			

Biegeversuch 23 °C

Probekörper: Form / Zustand   *Herstellung Vorbehandlung*

Biegefestigkeit	N/mm^2	*E-Modul*	N/mm^2
3,5% *Biegespannung*	N/mm^2		

Härte 23 °C   *Probekörper:* Zustand   *Herstellung Vorbehandlung*

Kugeldruckhärte	N/mm^2	bei N, s	*Shore-Härte* A	88
Rockwellhärte			*Shore-Härte* D	

Schlagversuch   *Probekörper:* (1) / (2) / Zustand   *Herstellung Vorbehandlung*

°C   °C   °C   *Probekörper-Form*

Schlagzähigkeit	kJ/m^2
Kerbschlagzähigkeit (1)	kJ/m^2
IZOD-Kerbschlagzähigkeit (2)	J/m
Kerbschlagzugzähigkeit	kJ/m^2

Kunststoffe © Springer-Verlag Berlin Heidelberg 1988
Kopieren, Vervielfältigen und Speichern in Datenverarbeitungsanlagen (auch auszugsweise) ist nur mit schriftlicher Genehmigung des Verlages gestattet

Datenbank-Nr. **T00828** Merkblatt-Nr. **2151**

Abrieb und Reibung

Taber-Abrieb (Reibradverfahren)   mm³/100 U
Abriebfaktor LNP (Thrust washer) Vergleichswert
Statische Reibungszahl
Dynamische Reibungszahl   (p·v=   N/mm² ·   m/min)
Zulässiger p · v Wert   N/mm² · (m/min)   v =   m/min
                          v =   m/min

Thermische Eigenschaften

Formbeständigkeit in der Wärme   Verfahren   °C
                                       Verfahren   °C
Vicat Erweichungstemperatur (VST)   Verfahren   °C
                                       Verfahren   °C
Kristallit-Schmelzpunkt   Verfahren

Längenausdehnungskoeffizient   Bereich   °C   · $10^{-4} K^{-1}$
                                  Temperatur   · $10^{-4} K^{-1}$
Wärmeleitfähigkeit   Verfahren   W/(K · m)

Spezifische Wärmekapazität   Verfahren   J/(K · g)

Glasumwandlungstemperatur   Torsionsschwingungsversuch   °C
                                  Differentialkalorimetrie   °C

Brandverhalten

UL-Test vertikal   Dicke   mm, Wert
                  Dicke   mm, Wert

            Norm   Bewertung   Abmessungen

Sauerstoff-Index   ASTM D 2863
Glühstab-Verfahren
Brandverhalten   DIN 4102
MVSS
FAR

Elektrische Eigenschaften

                          Hz   °C   Probekörper, Form
Dielektrizitätszahl   50
                          10^3
                          10^6
Dielektrischer Verlustfaktor tan δ   50
                          10^3
                          10^6
Spezifischer Durchgangs-
     widerstand   Ohm · cm
Durchschlagfestigkeit   kV/mm   mm dick
Oberflächenwiderstand   Ohm
Kriechstromfestigkeit   KC   KB   KA
Kriechwegbildung

Elektrolytische Korrosionswirkung
Lichtbogenfestigkeit nach DIN
                nach ASTM   s

Beständigkeit (Chemische Beständigkeit siehe Anhang)

Wasseraufnahme

Feuchtigkeitsaufnahme Normalklima
Wetterbeständigkeit   %

Spannungskorrosion

Optische Eigenschaften

Brechungszahl n_D
Transmissionsgrad τ_c %   mm dick
Lichtdurchlässigkeit

Datenbank-Nr.	**T00829**		Merkblatt-Nr.	**2152**

Produkt	Weich-PVC-Spritzgiessmasse
Handelsname	**Trosiplast 8510**
Hersteller	HUELSTRO
DIN-Bez 1	7749-PVC-P,MG,A88-30-XX
DIN-Bez 2	
Zusätze	Stabilisatoren; Gleitmittel
Bevorzugte Verarbeitung	Spritzgiessen
Besondere Merkmale	Glasklar; Cadmiumfrei; Kaeltebruchtemperatur -10 C

PVC

Viskositätszahl ml/g	
K-Wert	
Füllstoffe/Verstärkung	
Lieferform	Linsenfoermiges Granulat 3 bis 6 mm
Farben	
Bevorzugte Anwendungen	Bedarfsartikel

Kornverteilung

Kornklasse µm	Rückstand %

Dichte	g/cm³	1.28
Schüttdichte	g/cm³	
Stampfdichte	g/cm³	
Rieselfähigkeit		
Rieselzeit	s/100 g	
Kornbeschaffenheit		
Flüchtige Bestandteile	%	
Sulfatasche	%	

Allgemeine Hinweise

Zugversuch 23 °C   DIN 53455;

Probekörper: Form / Zustand   Herstellung / Vorbehandlung

Streckspannung	N/mm²	Dehnung bei Streckspannung	%	
Zugfestigkeit	N/mm²	Reißdehnung	%	205
Reißfestigkeit	N/mm² 20	% Dehnspannung	N/mm²	
E-Modul	N/mm²	Dehnung bei % Dehnspg.	%	

Kriechmoduln und Zeitstandwerte 23 °C

Probekörper: Form / Zustand   Herstellung / Vorbehandlung

Kriechmodul	1 min N/mm²	Zeitstandzugfestigkeit	h	N/mm²
Kriechmodul	1000 h N/mm²	Zeitdehnspg. %	h	N/mm²
bei Spannung	N/mm²			

Biegeversuch 23 °C

Probekörper: Form / Zustand   Herstellung / Vorbehandlung

Biegefestigkeit	N/mm²	E-Modul	N/mm²
3,5% Biegespannung	N/mm²		

Härte 23 °C

Probekörper: Zustand   Herstellung / Vorbehandlung

Kugeldruckhärte	N/mm²	bei	N, s	Shore-Härte A	88
Rockwellhärte				Shore-Härte D	

Schlagversuch

Probekörper: (1) / (2) / Zustand   Herstellung / Vorbehandlung

°C   °C   °C   Probekörper-Form

Schlagzähigkeit	kJ/m²
Kerbschlagzähigkeit (1)	kJ/m²
IZOD-Kerbschlagzähigkeit (2)	J/m
Kerbschlagzugzähigkeit	kJ/m²

Datenbank-Nr. **T00829** Merkblatt-Nr. **2152**

Abrieb und Reibung

Taber-Abrieb (Reibradverfahren)	mm³/100 U	
Abriebfaktor LNP (Thrust washer)	Vergleichswert	
Statische Reibungszahl		
Dynamische Reibungszahl	(p·v = N/mm² ·	m/min)
Zulässiger p·v Wert	N/mm² · (m/min) v =	m/min
	v =	m/min

Thermische Eigenschaften

Formbeständigkeit in der Wärme	Verfahren	°C
	Verfahren	°C
Vicat Erweichungstemperatur (VST)	Verfahren	°C
	Verfahren	°C
Kristallit-Schmelzpunkt	Verfahren	
Längenausdehnungskoeffizient	Bereich °C	$\cdot 10^{-4} K^{-1}$
	Temperatur	$\cdot 10^{-4} K^{-1}$
Wärmeleitfähigkeit	Verfahren	W/(K·m)
Spezifische Wärmekapazität	Verfahren	J/(K·g)
Glasumwandlungstemperatur	Torsionsschwingungsversuch	°C
	Differentialkalorimetrie	°C

Brandverhalten

UL-Test vertikal   Dicke   mm, Wert
                    Dicke   mm, Wert

	Norm	Bewertung	Abmessungen
Sauerstoff-Index	ASTM D 2863		
Glühstab-Verfahren			
Brandverhalten	DIN 4102		
MVSS			
FAR			

Elektrische Eigenschaften

	Hz	°C		Probekörper, Form
Dielektrizitätszahl	50			
	10³			
	10⁶			
Dielektrischer Verlustfaktor tan δ	50			
	10³			
	10⁶			
Spezifischer Durchgangs-widerstand	Ohm·cm			
Durchschlagfestigkeit	kV/mm			mm dick
Oberflächenwiderstand	Ohm			
Kriechstromfestigkeit	KC	KB	KA	
Kriechwegbildung				

Elektrolytische Korrosionswirkung
Lichtbogenfestigkeit nach DIN
              nach ASTM   s

Beständigkeit (Chemische Beständigkeit siehe Anhang)

Wasseraufnahme

Feuchtigkeitsaufnahme Normalklima   %
Wetterbeständigkeit

Spannungskorrosion

Optische Eigenschaften

Brechungszahl n_D
Transmissionsgrad τ_c %   mm dick
Lichtdurchlässigkeit

Datenbank-Nr.	**T05833**		*Merkblatt-Nr.*	**2153**

Produkt	Weich-PVC-Spritzgiessmasse		**PVC**
Handelsname	**Trosiplast 8125**		
Hersteller	HUELSTRO		
DIN-Bez 1	7749-PVC-P,MG,A86-36-XX	*Viskositätszahl* ml/g	
DIN-Bez 2		*K-Wert*	
Zusätze	Stabilisatoren; Gleitmittel	*Füllstoffe/ Verstärkung*	
Bevorzugte Verarbeitung	Spritzgiessen	*Lieferform*	Linsenfoermiges Granulat 3 bis 6 mm
		Farben	
Besondere Merkmale	Gute Fliesseigenschaften; Matte Oberflaeche; Migrationsarm gegenueber Klebstoffen; Kaeltebruchtemperatur -10 C; Cadmiumfrei	*Bevorzugte Anwendungen*	Seitenschutzleiste fuer Pkw

Kornverteilung

Kornklasse μm	*Rückstand* %	*Dichte*	g/cm³	1.36
		Schüttdichte	g/cm³	
		Stampfdichte	g/cm³	
		Rieselfähigkeit		
		Rieselzeit	s/100 g	
		Kornbeschaffenheit		
Allgemeine Hinweise		*Flüchtige Bestandteile*	%	
		Sulfatasche	%	

Zugversuch 23 °C DIN 53455;

	Probekörper:	Form		*Herstellung*	
		Zustand		*Vorbehandlung*	
Streckspannung	N/mm²		*Dehnung bei Streckspannung*	%	
Zugfestigkeit	N/mm²		*Reißdehnung*	%	200
Reißfestigkeit	N/mm² 13		% *Dehnspannung*	N/mm²	
E-Modul	N/mm²		*Dehnung bei* % *Dehnspg.*	%	

Kriechmoduln und Zeitstandwerte 23 °C

	Probekörper:	Form		*Herstellung*	
		Zustand		*Vorbehandlung*	
Kriechmodul	1 min N/mm²		*Zeitstandzugfestigkeit*	h	N/mm²
Kriechmodul	1000 h N/mm²		*Zeitdehnspg.* %	h	N/mm²
bei Spannung	N/mm²				

Biegeversuch 23 °C

	Probekörper:	Form	*Herstellung*	
		Zustand	*Vorbehandlung*	
Biegefestigkeit	N/mm²		*E-Modul*	N/mm²
3,5% Biegespannung	N/mm²			

Härte 23 °C

	Probekörper:	Zustand		*Herstellung Vorbehandlung*	
Kugeldruckhärte	N/mm²	bei	N, s	*Shore-Härte* A	85
Rockwellhärte				*Shore-Härte* D	

Schlagversuch

	Probekörper:	(1)		
		(2)	*Herstellung*	
		Zustand	*Vorbehandlung*	
		°C °C	°C	*Probekörper-Form*

Schlagzähigkeit	kJ/m²
Kerbschlagzähigkeit (1)	kJ/m²
IZOD-Kerbschlagzähigkeit (2)	J/m
Kerbschlagzugzähigkeit	kJ/m²

Kunststoffe © Springer-Verlag Berlin Heidelberg 1988
Kopieren, Vervielfältigen und Speichern in Datenverarbeitungsanlagen (auch auszugsweise) ist nur mit schriftlicher Genehmigung des Verlages gestattet

Datenbank-Nr. **T05833** *Merkblatt-Nr.* **2153**

Abrieb und Reibung

Taber-Abrieb (Reibradverfahren) mm³/100 U
Abriebfaktor LNP (Thrust washer) Vergleichswert
Statische Reibungszahl
Dynamische Reibungszahl (p·v = N/mm² · m/min)
Zulässiger p · v Wert N/mm² · (m/min)   v = m/min
                                           v = m/min

Thermische Eigenschaften

Formbeständigkeit in der Wärme Verfahren °C
                                 Verfahren °C
Vicat Erweichungstemperatur (VST) Verfahren °C
                                    Verfahren °C
Kristallit-Schmelzpunkt Verfahren

Längenausdehnungskoeffizient Bereich °C ·10⁻⁴K⁻¹
                               Temperatur ·10⁻⁴K⁻¹
Wärmeleitfähigkeit Verfahren W/(K·m)

Spezifische Wärmekapazität Verfahren J/(K·g)

Glasumwandlungstemperatur Torsionsschwingungsversuch °C
                            Differentialkalorimetrie °C

Brandverhalten

UL-Test vertikal Dicke mm, Wert
                   Dicke mm, Wert

	Norm	Bewertung	Abmessungen
Sauerstoff-Index	ASTM D 2863		
Glühstab-Verfahren			
Brandverhalten	DIN 4102		
MVSS			
FAR			

Elektrische Eigenschaften

	Hz	°C		Probekörper, Form
Dielektrizitätszahl	50			
	10³			
	10⁶			
Dielektrischer Verlustfaktor tan δ	50			
	10³			
	10⁶			

Spezifischer Durchgangs-
   widerstand Ohm · cm
Durchschlagfestigkeit kV/mm   mm dick
Oberflächenwiderstand Ohm

Kriechstromfestigkeit KC   KB   KA
Kriechwegbildung

Elektrolytische Korrosionswirkung
Lichtbogenfestigkeit nach DIN
               nach ASTM s

Beständigkeit *(Chemische Beständigkeit siehe Anhang)*
Wasseraufnahme

Feuchtigkeitsaufnahme Normalklima   %
Wetterbeständigkeit

Spannungskorrosion

Optische Eigenschaften

Brechungszahl n_D
Transmissionsgrad τ_c %   mm dick
Lichtdurchlässigkeit

Datenbank-Nr.	**T00831**		Merkblatt-Nr.	**2154**

Produkt: Weich-PVC-Spritzgiessmasse **PVC**

Handelsname: **Trosiplast 8119**

Hersteller: HUELSTRO

DIN-Bez 1: 7749-PVC-P,MG,A90-40-XX

DIN-Bez 2:

Viskositätszahl ml/g
K-Wert

Zusätze: Stabilisatoren; Gleitmittel

Füllstoffe/Verstärkung

Bevorzugte Verarbeitung: Spritzgiessen

Lieferform: Linsenfoermiges Granulat 3 bis 6 mm

Farben

Besondere Merkmale: Cadmiumfrei; Matte Oberflaeche; Kaeltebruchtemperatur 0 C

Bevorzugte Anwendungen: Zierleistenendstueck; Seitenschutzleiste fuer Pkw

---

Kornverteilung

Kornklasse μm *Rückstand* %

Dichte g/cm³ 1.41
Schüttdichte g/cm³
Stampfdichte g/cm³
Rieselfähigkeit
Rieselzeit s/100 g
Kornbeschaffenheit

Allgemeine Hinweise

Flüchtige Bestandteile %
Sulfatasche %

Zugversuch 23 °C DIN 53455;

Probekörper: Form / Zustand

Herstellung / Vorbehandlung

Streckspannung N/mm² *Dehnung bei Streckspannung* %
Zugfestigkeit N/mm² *Reißdehnung* % 210
Reißfestigkeit N/mm² 18 *% Dehnspannung* N/mm²
E-Modul N/mm² *Dehnung bei* *% Dehnspg.* %

Kriechmoduln und Zeitstandwerte 23 °C

Probekörper: Form / Zustand

Herstellung / Vorbehandlung

Kriechmodul 1 min N/mm² *Zeitstandzugfestigkeit* h N/mm²
Kriechmodul 1000 h N/mm² *Zeitdehnspg.* % h N/mm²
bei Spannung N/mm²

Biegeversuch 23 °C

Probekörper: Form / Zustand

Herstellung / Vorbehandlung

Biegefestigkeit N/mm² *E-Modul* N/mm²
3,5% Biegespannung N/mm²

Härte 23 °C *Probekörper*: Zustand

Herstellung / Vorbehandlung

Kugeldruckhärte N/mm² bei N, s *Shore-Härte* A 91
Rockwellhärte *Shore-Härte* D

Schlagversuch *Probekörper*: (1) / (2) / Zustand

Herstellung / Vorbehandlung

°C °C °C *Probekörper-Form*

Schlagzähigkeit kJ/m²
Kerbschlagzähigkeit (1) kJ/m²
IZOD-Kerbschlagzähigkeit (2) J/m
Kerbschlagzugzähigkeit kJ/m²

Kunststoffe © Springer-Verlag Berlin Heidelberg 1988
Kopieren, Vervielfältigen und Speichern in Datenverarbeitungsanlagen (auch auszugsweise) ist nur mit schriftlicher Genehmigung des Verlages gestattet

Datenbank-Nr. **T00831** *Merkblatt-Nr.* **2154**

Abrieb und Reibung

Taber-Abrieb (Reibradverfahren)		mm³/100 U
Abriebfaktor LNP (Thrust washer)	*Vergleichswert*	
Statische Reibungszahl		
Dynamische Reibungszahl		(p·v= N/mm² · m/min
Zulässiger p·v Wert		N/mm² · (m/min) v= m/min
		v= m/min

Thermische Eigenschaften

Formbeständigkeit in der Wärme	*Verfahren*	°C
	Verfahren	°C
Vicat Erweichungstemperatur (VST)	*Verfahren*	°C
	Verfahren	°C
Kristallit-Schmelzpunkt	*Verfahren*	
Längenausdehnungskoeffizient	*Bereich* °C	$\cdot 10^{-4} K^{-1}$
	Temperatur	$\cdot 10^{-4} K^{-1}$
Wärmeleitfähigkeit	*Verfahren*	W/(K·m)
Spezifische Wärmekapazität	*Verfahren*	J/(K·g)
Glasumwandlungstemperatur	*Torsionsschwingungsversuch*	°C
	Differentialkalorimetrie	°C

Brandverhalten

UL-Test vertikal Dicke mm, Wert
 Dicke mm, Wert

	Norm	*Bewertung*	*Abmessungen*
Sauerstoff-Index	ASTM D 2863		
Glühstab-Verfahren			
Brandverhalten	DIN 4102		
MVSS			
FAR			

Elektrische Eigenschaften

	Hz	°C			*Probekörper, Form*
Dielektrizitätszahl	50				
	10^3				
	10^6				
Dielektrischer Verlustfaktor tan δ	50				
	10^3				
	10^6				
Spezifischer Durchgangswiderstand	Ohm · cm				
Durchschlagfestigkeit	kV/mm				mm dick
Oberflächenwiderstand	Ohm				
Kriechstromfestigkeit		KC	KB	KA	
Kriechwegbildung					

Elektrolytische Korrosionswirkung
Lichtbogenfestigkeit nach DIN
 nach ASTM s

Beständigkeit (Chemische Beständigkeit siehe Anhang)

Wasseraufnahme

Feuchtigkeitsaufnahme Normalklima %
Wetterbeständigkeit

Spannungskorrosion

Optische Eigenschaften

Brechungszahl n_D
Transmissionsgrad τ_c % mm dick
Lichtdurchlässigkeit

Datenbank-Nr.	**T05834**	Merkblatt-Nr. **2155**

PVC

Produkt	Weich-PVC-Spritzgiessmasse
Handelsname	**Trosiplast 8126**
Hersteller	HUELSTRO
DIN-Bez 1	7749-PVC-P,MG,A85-37-XX
DIN-Bez 2	

Viskositätszahl ml/g			
K-Wert			

Zusätze	Stabilisatoren; Gleitmittel

Füllstoffe/Verstärkung

Bevorzugte Verarbeitung	Spritzgiessen

Lieferform	Linsenfoermiges Granulat 3 bis 6 mm
Farben	

Besondere Merkmale	Gute Fliesseigenschaften; Matte Oberflaeche; Kaeltebruchtemperatur -20 C; Cadmiumfrei
Bevorzugte Anwendungen	Seitenschutzleiste fuer Pkw

Kornverteilung

Kornklasse µm	Rückstand %

Dichte	g/cm^3	1.37
Schüttdichte	g/cm^3	
Stampfdichte	g/cm^3	
Rieselfähigkeit		
Rieselzeit	s/100 g	
Kornbeschaffenheit		
Flüchtige Bestandteile	%	
Sulfatasche	%	

Allgemeine Hinweise

Zugversuch 23 °C DIN 53455;

Probekörper: Form / Zustand   Herstellung / Vorbehandlung

Streckspannung	N/mm^2	Dehnung bei Streckspannung	%	
Zugfestigkeit	N/mm^2	Reißdehnung	%	140
Reißfestigkeit	N/mm^2 12	% Dehnspannung	N/mm^2	
E-Modul	N/mm^2	Dehnung bei % Dehnspg.	%	

Kriechmoduln und Zeitstandwerte 23 °C

Probekörper: Form / Zustand   Herstellung / Vorbehandlung

Kriechmodul	1 min N/mm^2	Zeitstandzugfestigkeit	h N/mm^2
Kriechmodul	1000 h N/mm^2	Zeitdehnspg. %	h N/mm^2
bei Spannung	N/mm^2		

Biegeversuch 23 °C

Probekörper: Form / Zustand   Herstellung / Vorbehandlung

Biegefestigkeit	N/mm^2	E-Modul	N/mm^2
3,5% Biegespannung	N/mm^2		

Härte 23 °C

Probekörper: Zustand   Herstellung / Vorbehandlung

Kugeldruckhärte	N/mm^2	bei N, s	Shore-Härte A	85
Rockwellhärte			Shore-Härte D	

Schlagversuch

Probekörper: (1) / (2) / Zustand   Herstellung / Vorbehandlung

°C   °C   °C   Probekörper-Form

Schlagzähigkeit	kJ/m^2
Kerbschlagzähigkeit (1)	kJ/m^2
IZOD-Kerbschlagzähigkeit (2)	J/m
Kerbschlagzugzähigkeit	kJ/m^2

Datenbank-Nr. **T05834** *Merkblatt-Nr.* **2155**

Abrieb und Reibung

Taber-Abrieb (Reibradverfahren)	mm³/100 U	
Abriebfaktor LNP (Thrust washer) Vergleichswert		
Statische Reibungszahl		
Dynamische Reibungszahl	(p·v= N/mm² · m/min)	
Zulässiger p · v Wert	N/mm² · (m/min) v=	m/min
	v=	m/min

Thermische Eigenschaften

Formbeständigkeit in der Wärme	Verfahren	°C
	Verfahren	°C
Vicat Erweichungstemperatur (VST)	Verfahren	°C
	Verfahren	°C
Kristallit-Schmelzpunkt	Verfahren	
Längenausdehnungskoeffizient	Bereich °C	·10⁻⁴K⁻¹
	Temperatur	·10⁻⁴K⁻¹
Wärmeleitfähigkeit	Verfahren	W/(K · m)
Spezifische Wärmekapazität	Verfahren	J/(K · g)
Glasumwandlungstemperatur	Torsionsschwingungsversuch	°C
	Differentialkalorimetrie	°C

Brandverhalten

UL-Test vertikal	Dicke mm, Wert	
	Dicke mm, Wert	

	Norm	Bewertung	Abmessungen
Sauerstoff-Index	ASTM D 2863		
Glühstab-Verfahren			
Brandverhalten	DIN 4102		
MVSS			
FAR			

Elektrische Eigenschaften

	Hz	°C		Probekörper, Form
Dielektrizitätszahl	50			
	10³			
	10⁶			
Dielektrischer Verlustfaktor tan δ	50			
	10³			
	10⁶			
Spezifischer Durchgangs- widerstand	Ohm · cm			
Durchschlagfestigkeit	kV/mm			mm dick
Oberflächenwiderstand	Ohm			
Kriechstromfestigkeit Kriechwegbildung	KC	KB	KA	

Elektrolytische Korrosionswirkung
Lichtbogenfestigkeit nach DIN
  nach ASTM s

Beständigkeit *(Chemische Beständigkeit siehe Anhang)*

Wasseraufnahme

Feuchtigkeitsaufnahme Normalklima   %
Wetterbeständigkeit

Spannungskorrosion

Optische Eigenschaften

Brechungszahl n_D
Transmissionsgrad τ_c %   mm dick
Lichtdurchlässigkeit

Datenbank-Nr.	**T00833**		Merkblatt-Nr.	**2156**

PVC

Produkt	Weich-PVC-Spritzgiessmasse
Handelsname	**Trosiplast 8534**
Hersteller	HUELSTRO
DIN-Bez 1	7749-PVC-P,MG,A92-30-XX
DIN-Bez 2	
Zusätze	Stabilisatoren; Gleitmittel
Bevorzugte Verarbeitung	Spritzgiessen
Besondere Merkmale	Glasklar; Cadmiumfrei; Kaeltebruchtemperatur -20 C

Viskositätszahl ml/g	
K-Wert	
Füllstoffe/Verstärkung	
Lieferform	Linsenfoermiges Granulat 3 bis 6 mm
Farben	
Bevorzugte Anwendungen	Zangenschenkelhuelle

Kornverteilung

Kornklasse μm	Rückstand %

Dichte	g/cm³	1.28
Schüttdichte	g/cm³	
Stampfdichte	g/cm³	
Rieselfähigkeit		
Rieselzeit	s/100 g	
Kornbeschaffenheit		

Allgemeine Hinweise

Flüchtige Bestandteile	%
Sulfatasche	%

Zugversuch 23 °C DIN 53455;

Probekörper: Form / Zustand
Herstellung / Vorbehandlung

Streckspannung	N/mm²	Dehnung bei Streckspannung	%	
Zugfestigkeit	N/mm²	Reißdehnung	%	300
Reißfestigkeit	N/mm² 26	% Dehnspannung	N/mm²	
E-Modul	N/mm²	Dehnung bei % Dehnspg.	%	

Kriechmoduln und Zeitstandwerte 23 °C

Probekörper: Form / Zustand
Herstellung / Vorbehandlung

Kriechmodul	1 min N/mm²	Zeitstandzugfestigkeit	h N/mm²
Kriechmodul	1000 h N/mm²	Zeitdehnspg. %	h N/mm²
bei Spannung	N/mm²		

Biegeversuch 23 °C

Probekörper: Form / Zustand
Herstellung / Vorbehandlung

Biegefestigkeit	N/mm²	E-Modul	N/mm²
3,5% Biegespannung	N/mm²		

Härte 23 °C

Probekörper: Zustand
Herstellung / Vorbehandlung

Kugeldruckhärte	N/mm²	bei	N, s	Shore-Härte A	93
Rockwellhärte				Shore-Härte D	

Schlagversuch

Probekörper: (1) / (2) / Zustand
Herstellung / Vorbehandlung

°C	°C	°C	Probekörper-Form

Schlagzähigkeit	kJ/m²
Kerbschlagzähigkeit (1)	kJ/m²
IZOD-Kerbschlagzähigkeit (2)	J/m
Kerbschlagzugzähigkeit	kJ/m²

Kunststoffe © Springer-Verlag Berlin Heidelberg 1988
Kopieren, Vervielfältigen und Speichern in Datenverarbeitungsanlagen (auch auszugsweise) ist nur mit schriftlicher Genehmigung des Verlages gestattet

Datenbank-Nr. **T00833** Merkblatt-Nr. **2156**

Abrieb und Reibung

Taber-Abrieb (Reibradverfahren) mm³/100 U
Abriebfaktor LNP (Thrust washer) Vergleichswert
Statische Reibungszahl
Dynamische Reibungszahl (p·v= N/mm² · m/min)
Zulässiger p·v Wert N/mm² · (m/min) v= m/min
   v= m/min

Thermische Eigenschaften

Formbeständigkeit in der Wärme Verfahren °C
 Verfahren °C
Vicat Erweichungstemperatur (VST) Verfahren °C
 Verfahren °C
Kristallit-Schmelzpunkt Verfahren

Längenausdehnungskoeffizient Bereich °C · $10^{-4} K^{-1}$
 Temperatur · $10^{-4} K^{-1}$
Wärmeleitfähigkeit Verfahren W/(K·m)

Spezifische Wärmekapazität Verfahren J/(K·g)

Glasumwandlungstemperatur Torsionsschwingungsversuch °C
 Differentialkalorimetrie °C

Brandverhalten

UL-Test vertikal Dicke mm, Wert
 Dicke mm, Wert

	Norm	Bewertung	Abmessungen
Sauerstoff-Index	ASTM D 2863		
Glühstab-Verfahren			
Brandverhalten	DIN 4102		
MVSS			
FAR			

Elektrische Eigenschaften

	Hz	°C		Probekörper, Form
Dielektrizitätszahl	50			
	10³			
	10⁶			
Dielektrischer Verlustfaktor tan δ	50			
	10³			
	10⁶			

Spezifischer Durchgangs-
 widerstand Ohm·cm
Durchschlagfestigkeit kV/mm   mm dick
Oberflächenwiderstand Ohm

Kriechstromfestigkeit KC KB KA
Kriechwegbildung

Elektrolytische Korrosionswirkung
Lichtbogenfestigkeit nach DIN
   nach ASTM s

Beständigkeit (Chemische Beständigkeit siehe Anhang)

Wasseraufnahme

Feuchtigkeitsaufnahme Normalklima %
Wetterbeständigkeit

Spannungskorrosion

Optische Eigenschaften

Brechungszahl n_D
Transmissionsgrad τ_c % mm dick
Lichtdurchlässigkeit

Datenbank-Nr.	**T05835**		Merkblatt-Nr.	**2157**

PVC

Produkt	Weich-PVC-Spritzgiessmasse
Handelsname	**Trosiplast 8128**
Hersteller	HUELSTRO
DIN-Bez 1	7749-PVC-P,MG,A86-37-XX
DIN-Bez 2	
Zusätze	Stabilisatoren; Gleitmittel
Bevorzugte Verarbeitung	Spritzgiessen
Besondere Merkmale	Geringe Verarbeitungsschwindung; Matte Oberflaeche; Cadmiumfrei; Kaeltebruchtemperatur -15 C

Viskositätszahl ml/g	
K-Wert	
Füllstoffe/Verstärkung	
Lieferform	Linsenfoermiges Granulat 3 bis 6 mm
Farben	
Bevorzugte Anwendungen	Seitenschutzleiste fuer Pkw

Kornverteilung

Kornklasse μm	Rückstand %

Dichte	g/cm³	1.37
Schüttdichte	g/cm³	
Stampfdichte	g/cm³	
Rieselfähigkeit		
Rieselzeit	s/100 g	
Kornbeschaffenheit		
Flüchtige Bestandteile	%	
Sulfatasche	%	

Allgemeine Hinweise

Zugversuch 23 °C   DIN 53455;

Probekörper:	Form	Herstellung	
	Zustand	Vorbehandlung	
Streckspannung	N/mm²	Dehnung bei Streckspannung	%
Zugfestigkeit	N/mm²	Reißdehnung	% 130
Reißfestigkeit	N/mm² 12	% Dehnspannung	N/mm²
E-Modul	N/mm²	Dehnung bei % Dehnspg.	%

Kriechmoduln und Zeitstandwerte 23 °C

Probekörper:	Form	Herstellung	
	Zustand	Vorbehandlung	
Kriechmodul	1 min N/mm²	Zeitstandzugfestigkeit	h N/mm²
Kriechmodul	1000 h N/mm²	Zeitdehnspg. %	h N/mm²
bei Spannung	N/mm²		

Biegeversuch 23 °C

Probekörper:	Form	Herstellung	
	Zustand	Vorbehandlung	
Biegefestigkeit	N/mm²	E-Modul	N/mm²
3,5% Biegespannung	N/mm²		

Härte 23 °C

Probekörper:	Zustand	Herstellung Vorbehandlung	
Kugeldruckhärte	N/mm² bei N, s	Shore-Härte A	86
Rockwellhärte		Shore-Härte D	

Schlagversuch

Probekörper:	(1)		
	(2)	Herstellung	
	Zustand	Vorbehandlung	
	°C °C	°C	Probekörper-Form
Schlagzähigkeit	kJ/m²		
Kerbschlagzähigkeit (1)	kJ/m²		
IZOD-Kerbschlagzähigkeit (2)	J/m		
Kerbschlagzugzähigkeit	kJ/m²		

Abrieb und Reibung

Taber-Abrieb (Reibradverfahren)	mm^3/100 U	
Abriebfaktor LNP (Thrust washer) Vergleichswert		
Statische Reibungszahl		
Dynamische Reibungszahl	(p·v= N/mm^2·	m/min)
Zulässiger p · v Wert	N/mm^2 · (m/min) v=	m/min
	v=	m/min

Thermische Eigenschaften

Formbeständigkeit in der Wärme	*Verfahren*		°C
	Verfahren		°C
Vicat Erweichungstemperatur (VST)	*Verfahren*		°C
	Verfahren		°C
Kristallit-Schmelzpunkt	*Verfahren*		
Längenausdehnungskoeffizient	*Bereich*	°C	$\cdot 10^{-4} K^{-1}$
	Temperatur		$\cdot 10^{-4} K^{-1}$
Wärmeleitfähigkeit	*Verfahren*		W/(K · m)
Spezifische Wärmekapazität	*Verfahren*		J/(K · g)
Glasumwandlungstemperatur	*Torsionsschwingungsversuch*	°C	
	Differentialkalorimetrie	°C	

Brandverhalten

UL-Test vertikal	Dicke	mm, Wert
	Dicke	mm, Wert

	Norm	*Bewertung*	*Abmessungen*
Sauerstoff-Index	ASTM D 2863		
Glühstab-Verfahren			
Brandverhalten	DIN 4102		
MVSS			
FAR			

Elektrische Eigenschaften

		Hz	°C		*Probekörper, Form*
Dielektrizitätszahl		50			
		10^3			
		10^6			
Dielektrischer Verlustfaktor tan δ		50			
		10^3			
		10^6			
Spezifischer Durchgangswiderstand	Ohm · cm				
Durchschlagfestigkeit	kV/mm				mm dick
Oberflächenwiderstand	Ohm				
Kriechstromfestigkeit		KC	KB	KA	
Kriechwegbildung					
Elektrolytische Korrosionswirkung					
Lichtbogenfestigkeit nach DIN					
nach ASTM	s				

Beständigkeit *(Chemische Beständigkeit siehe Anhang)*

Wasseraufnahme

Feuchtigkeitsaufnahme Normalklima %

Wetterbeständigkeit

Spannungskorrosion

Optische Eigenschaften

Brechungszahl n_D		
Transmissionsgrad τ_c	%	mm dick
Lichtdurchlässigkeit		

Datenbank-Nr. **T05836**		Merkblatt-Nr. **2158**
Produkt	Weich-PVC-Spritzgiessmasse	**PVC**
Handelsname	**Trosiplast 8127**	
Hersteller	HUELSTRO	

DIN-Bez 1	7749-PVC-P,MG,A86-38-XX	Viskositätszahl ml/g	
DIN-Bez 2		K-Wert	
Zusätze	Stabilisatoren; Gleitmittel	Füllstoffe/Verstärkung	
Bevorzugte Verarbeitung	Spritzgiessen	Lieferform	Linsenfoermiges Granulat 3 bis 6 mm
		Farben	
Besondere Merkmale	Kaeltebruchtemperatur -15 C; Cadmiumfrei; Geringe Verarbeitungsschwindung; Matte Oberflaeche	Bevorzugte Anwendungen	Seitenschutzleiste fuer Pkw

Kornverteilung

Kornklasse µm	Rückstand %		
		Dichte g/cm³	1.38
		Schüttdichte g/cm³	
		Stampfdichte g/cm³	
		Rieselfähigkeit	
		Rieselzeit s/100 g	
		Kornbeschaffenheit	
Allgemeine Hinweise		Flüchtige Bestandteile %	
		Sulfatasche %	

Zugversuch 23 °C DIN 53455;
Probekörper: Form
Zustand
Herstellung
Vorbehandlung

Streckspannung	N/mm²	Dehnung bei Streckspannung	%	
Zugfestigkeit	N/mm²	Reißdehnung	%	150
Reißfestigkeit	N/mm² 11	% Dehnspannung	N/mm²	
E-Modul	N/mm²	Dehnung bei % Dehnspg.	%	

Kriechmoduln und Zeitstandwerte 23 °C
Probekörper: Form
Zustand
Herstellung
Vorbehandlung

Kriechmodul	1 min N/mm²	Zeitstandzugfestigkeit	h N/mm²
Kriechmodul	1000 h N/mm²	Zeitdehnspg. %	h N/mm²
bei Spannung	N/mm²		

Biegeversuch 23 °C
Probekörper: Form
Zustand
Herstellung
Vorbehandlung

Biegefestigkeit	N/mm²	E-Modul	N/mm²
3,5% Biegespannung	N/mm²		

Härte 23 °C
Probekörper: Zustand
Herstellung
Vorbehandlung

Kugeldruckhärte	N/mm² bei N, s	Shore-Härte A	87
Rockwellhärte		Shore-Härte D	

Schlagversuch Probekörper: (1)
(2)
Zustand
Herstellung
Vorbehandlung

°C °C °C Probekörper-Form

Schlagzähigkeit	kJ/m²
Kerbschlagzähigkeit (1)	kJ/m²
IZOD-Kerbschlagzähigkeit (2)	J/m
Kerbschlagzugzähigkeit	kJ/m²

Datenbank-Nr. **T05836**   Merkblatt-Nr. **2158**

Abrieb und Reibung

Taber-Abrieb (Reibradverfahren)   mm³/100 U
Abriebfaktor LNP (Thrust washer) Vergleichswert
Statische Reibungszahl
Dynamische Reibungszahl   (p·v=   N/mm² ·   m/min)
Zulässiger p · v Wert   N/mm² · (m/min)   v=   m/min
                                                               v=   m/min

Thermische Eigenschaften

Formbeständigkeit in der Wärme   Verfahren   °C
                                                        Verfahren   °C
Vicat Erweichungstemperatur (VST)   Verfahren   °C
                                                        Verfahren   °C
Kristallit-Schmelzpunkt   Verfahren

Längenausdehnungskoeffizient   Bereich   °C $\cdot 10^{-4} K^{-1}$
                                           Temperatur $\cdot 10^{-4} K^{-1}$
Wärmeleitfähigkeit   Verfahren   W/(K · m)

Spezifische Wärmekapazität   Verfahren   J/(K · g)

Glasumwandlungstemperatur   Torsionsschwingungsversuch   °C
                                         Differentialkalorimetrie   °C

Brandverhalten

UL-Test vertikal   Dicke   mm, Wert
                 Dicke   mm, Wert

             Norm   Bewertung   Abmessungen

Sauerstoff-Index   ASTM D 2863
Glühstab-Verfahren
Brandverhalten   DIN 4102
MVSS
FAR

Elektrische Eigenschaften

              Hz   °C   Probekörper, Form

Dielektrizitätszahl   50
               10^3
               10^6
Dielektrischer Verlustfaktor $\tan \delta$ 50
               10^3
               10^6

Spezifischer Durchgangs-
    widerstand   Ohm · cm
Durchschlagfestigkeit   kV/mm   mm dick
Oberflächenwiderstand   Ohm

Kriechstromfestigkeit   KC   KB   KA
Kriechwegbildung

Elektrolytische Korrosionswirkung
Lichtbogenfestigkeit nach DIN
           nach ASTM   s

Beständigkeit (Chemische Beständigkeit siehe Anhang)

Wasseraufnahme

Feuchtigkeitsaufnahme Normalklima   %
Wetterbeständigkeit

Spannungskorrosion

Optische Eigenschaften

Brechungszahl n_D
Transmissionsgrad τ_c %   mm dick
Lichtdurchlässigkeit

Datenbank-Nr.	**T05837**	Merkblatt-Nr. **2159**

PVC

Produkt	Weich-PVC-Spritzgiessmasse
Handelsname	**Trosiplast 8129**
Hersteller	HUELSTRO
DIN-Bez 1	7749-PVC-P,MG,A91-44-XX
DIN-Bez 2	
	Viskositätszahl ml/g
	K-Wert
Zusätze	Stabilisatoren; Gleitmittel
	Füllstoffe/Verstärkung
Bevorzugte Verarbeitung	Spritzgiessen
	Lieferform: Linsenfoermiges Granulat 3 bis 6 mm
	Farben
Besondere Merkmale	Matte Oberflaeche; Kaeltebruchtemperatur 0 C; Cadmiumfrei
	Bevorzugte Anwendungen: Bedarfsartikel

Kornverteilung
Kornklasse µm   Rückstand %

- Dichte g/cm³ 1.44
- Schüttdichte g/cm³
- Stampfdichte g/cm³
- Rieselfähigkeit
- Rieselzeit s/100 g
- Kornbeschaffenheit

Allgemeine Hinweise
- Flüchtige Bestandteile %
- Sulfatasche %

Zugversuch 23 °C
DIN 53455;
Probekörper: Form / Zustand
Herstellung / Vorbehandlung

Streckspannung	N/mm²	Dehnung bei Streckspannung	%
Zugfestigkeit	N/mm²	Reißdehnung	% 120
Reißfestigkeit	N/mm² 12	% Dehnspannung	N/mm²
E-Modul	N/mm²	Dehnung bei % Dehnspg.	%

Kriechmoduln und Zeitstandwerte 23 °C
Probekörper: Form / Zustand
Herstellung / Vorbehandlung

Kriechmodul	1 min N/mm²	Zeitstandzugfestigkeit	h N/mm²
Kriechmodul	1000 h N/mm²	Zeitdehnspg. %	h N/mm²
bei Spannung	N/mm²		

Biegeversuch 23 °C
Probekörper: Form / Zustand
Herstellung / Vorbehandlung

Biegefestigkeit	N/mm²	E-Modul	N/mm²
3,5% Biegespannung	N/mm²		

Härte 23 °C
Probekörper: Zustand
Herstellung / Vorbehandlung

Kugeldruckhärte	N/mm² bei N, s	Shore-Härte A	91
Rockwellhärte		Shore-Härte D	

Schlagversuch
Probekörper: (1) / (2) / Zustand
Herstellung / Vorbehandlung
°C   °C   °C   Probekörper-Form

- Schlagzähigkeit kJ/m²
- Kerbschlagzähigkeit (1) kJ/m²
- IZOD-Kerbschlagzähigkeit (2) J/m
- Kerbschlagzugzähigkeit kJ/m²

Kunststoffe © Springer-Verlag Berlin Heidelberg 1988
Kopieren, Vervielfältigen und Speichern in Datenverarbeitungsanlagen (auch auszugsweise) ist nur mit schriftlicher Genehmigung des Verlages gestattet

Datenbank-Nr. **T05837** Merkblatt-Nr. **2159**

Abrieb und Reibung

Taber-Abrieb (Reibradverfahren)	mm³/100 U
Abriebfaktor LNP (Thrust washer) Vergleichswert	
Statische Reibungszahl	
Dynamische Reibungszahl	($p \cdot v =$ N/mm² · m/min)
Zulässiger $p \cdot v$ Wert	N/mm² · (m/min) $v =$ m/min
	$v =$ m/min

Thermische Eigenschaften

Formbeständigkeit in der Wärme	Verfahren	°C
	Verfahren	°C
Vicat Erweichungstemperatur (VST)	Verfahren	°C
	Verfahren	°C
Kristallit-Schmelzpunkt	Verfahren	
Längenausdehnungskoeffizient	Bereich °C	·10⁻⁴K⁻¹
	Temperatur	·10⁻⁴K⁻¹
Wärmeleitfähigkeit	Verfahren	W/(K·m)
Spezifische Wärmekapazität	Verfahren	J/(K·g)
Glasumwandlungstemperatur	Torsionsschwingungsversuch	°C
	Differentialkalorimetrie	°C

Brandverhalten

UL-Test vertikal	Dicke mm, Wert	
	Dicke mm, Wert	

	Norm	Bewertung	Abmessungen
Sauerstoff-Index	ASTM D 2863		
Glühstab-Verfahren			
Brandverhalten	DIN 4102		
MVSS			
FAR			

Elektrische Eigenschaften

	Hz	°C		Probekörper, Form
Dielektrizitätszahl	50			
	10³			
	10⁶			
Dielektrischer Verlustfaktor tan δ	50			
	10³			
	10⁶			
Spezifischer Durchgangswiderstand	Ohm·cm			
Durchschlagfestigkeit	kV/mm			mm dick
Oberflächenwiderstand	Ohm			
Kriechstromfestigkeit	KC	KB	KA	
Kriechwegbildung				

Elektrolytische Korrosionswirkung
Lichtbogenfestigkeit nach DIN
             nach ASTM   s

Beständigkeit (Chemische Beständigkeit siehe Anhang)

Wasseraufnahme

Feuchtigkeitsaufnahme Normalklima   %
Wetterbeständigkeit

Spannungskorrosion

Optische Eigenschaften

Brechungszahl n_D
Transmissionsgrad τ_c %   mm dick
Lichtdurchlässigkeit

Datenbank-Nr. **T05838**		Merkblatt-Nr. **2160**
		PVC

Produkt	Weich-PVC-Spritzgiessmasse
Handelsname	**Trosiplast 8123**
Hersteller	HUELSTRO
DIN-Bez 1	7749-PVC-P,MG,A92-44-XX
DIN-Bez 2	
Zusätze	Stabilisatoren; Gleitmittel
Viskositätszahl ml/g	
K-Wert	
Füllstoffe/Verstärkung	
Bevorzugte Verarbeitung	Spritzgiessen
Lieferform	Linsenfoermiges Granulat 3 bis 6 mm
Farben	
Besondere Merkmale	Matte Oberflaeche; Kaeltebruchtemperatur -5 C; Cadmiumfrei
Bevorzugte Anwendungen	Zierleistenendstueck

Kornverteilung

Kornklasse µm	Rückstand %

Dichte	g/cm³	1.44
Schüttdichte	g/cm³	
Stampfdichte	g/cm³	
Rieselfähigkeit		
Rieselzeit	s/100 g	
Kornbeschaffenheit		
Flüchtige Bestandteile	%	
Sulfatasche	%	

Allgemeine Hinweise

Zugversuch 23 °C DIN 53455;

Probekörper:	Form		Herstellung	
	Zustand		Vorbehandlung	
Streckspannung	N/mm²		Dehnung bei Streckspannung	%
Zugfestigkeit	N/mm²		Reißdehnung	% 230
Reißfestigkeit	N/mm² 15		% Dehnspannung	N/mm²
E-Modul	N/mm²		Dehnung bei % Dehnspg.	%

Kriechmoduln und Zeitstandwerte 23 °C

Probekörper:	Form		Herstellung	
	Zustand		Vorbehandlung	
Kriechmodul	1 min N/mm²		Zeitstandzugfestigkeit	h N/mm²
Kriechmodul	1000 h N/mm²		Zeitdehnspg. %	h N/mm²
bei Spannung	N/mm²			

Biegeversuch 23 °C

Probekörper:	Form		Herstellung	
	Zustand		Vorbehandlung	
Biegefestigkeit	N/mm²	E-Modul		N/mm²
3,5% Biegespannung	N/mm²			

Härte 23 °C

Probekörper:	Zustand		Herstellung Vorbehandlung	
Kugeldruckhärte	N/mm²	bei N, s	Shore-Härte A	92
Rockwellhärte			Shore-Härte D	

Schlagversuch

Probekörper:	(1)			
	(2)		Herstellung	
	Zustand		Vorbehandlung	
	°C	°C	°C	Probekörper-Form

Schlagzähigkeit	kJ/m²
Kerbschlagzähigkeit (1)	kJ/m²
IZOD-Kerbschlagzähigkeit (2)	J/m
Kerbschlagzugzähigkeit	kJ/m²

Kunststoffe © Springer-Verlag Berlin Heidelberg 1988
Kopieren, Vervielfältigen und Speichern in Datenverarbeitungsanlagen (auch auszugsweise) ist nur mit schriftlicher Genehmigung des Verlages gestattet

Datenbank-Nr. **T05838** Merkblatt-Nr. **2160**

Abrieb und Reibung

Taber-Abrieb (Reibradverfahren)	mm³/100 U	
Abriebfaktor LNP (Thrust washer) Vergleichswert		
Statische Reibungszahl		
Dynamische Reibungszahl	(p·v = N/mm² · m/min)	
Zulässiger p·v Wert	N/mm² · (m/min)	v = m/min
		v = m/min

Thermische Eigenschaften

Formbeständigkeit in der Wärme	Verfahren	°C
	Verfahren	°C
Vicat Erweichungstemperatur (VST)	Verfahren	°C
	Verfahren	°C
Kristallit-Schmelzpunkt	Verfahren	
Längenausdehnungskoeffizient	Bereich °C	·10⁻⁴ K⁻¹
	Temperatur	·10⁻⁴ K⁻¹
Wärmeleitfähigkeit	Verfahren	W/(K·m)
Spezifische Wärmekapazität	Verfahren	J/(K·g)
Glasumwandlungstemperatur	Torsionsschwingungsversuch	°C
	Differentialkalorimetrie	°C

Brandverhalten

UL-Test vertikal   Dicke mm, Wert
           Dicke mm, Wert

	Norm	Bewertung	Abmessungen
Sauerstoff-Index	ASTM D 2863		
Glühstab-Verfahren			
Brandverhalten	DIN 4102		
MVSS			
FAR			

Elektrische Eigenschaften

	Hz	°C	Probekörper, Form
Dielektrizitätszahl	50		
	10³		
	10⁶		
Dielektrischer Verlustfaktor tan δ	50		
	10³		
	10⁶		

Spezifischer Durchgangs-
  widerstand   Ohm·cm
Durchschlagfestigkeit   kV/mm   mm dick
Oberflächenwiderstand   Ohm

Kriechstromfestigkeit   KC   KB   KA
Kriechwegbildung

Elektrolytische Korrosionswirkung
Lichtbogenfestigkeit nach DIN
      nach ASTM   s

Beständigkeit (Chemische Beständigkeit siehe Anhang)

Wasseraufnahme

Feuchtigkeitsaufnahme Normalklima   %
Wetterbeständigkeit

Spannungskorrosion

Optische Eigenschaften

Brechungszahl n_D
Transmissionsgrad τ_c %   mm dick
Lichtdurchlässigkeit

Datenbank-Nr. **T00838**		Merkblatt-Nr. **2161**

PVC

Produkt	Weich-PVC-Extrusionsmasse
Handelsname	**Trosiplast 7003**
Hersteller	HUELSTRO
DIN-Bez 1	7749-PVC-P,EG,A72-20-XX
DIN-Bez 2	
Zusätze	
Viskositätszahl ml/g	
K-Wert	
Füllstoffe/Verstärkung	
Bevorzugte Verarbeitung	Extrudieren
Lieferform	Granulat
Farben	Natur; Schwarz
Besondere Merkmale	Normaltyp; Cadmiumfrei; Kaeltebruchtemperatur -30 C
Bevorzugte Anwendungen	Einsetzbar nach VDE 0207 YM 2

Kornverteilung

Kornklasse µm	Rückstand %

Dichte	g/cm³	1.22
Schüttdichte	g/cm³	
Stampfdichte	g/cm³	
Rieselfähigkeit		
Rieselzeit	s/100 g	
Kornbeschaffenheit		
Flüchtige Bestandteile	%	
Sulfatasche	%	

Allgemeine Hinweise

Zugversuch 23 °C
DIN 53455;
Probekörper: Form
Zustand

Herstellung
Vorbehandlung Normalklima

Streckspannung	N/mm²	
Zugfestigkeit	N/mm²	
Reißfestigkeit	N/mm²	17
E-Modul	N/mm²	

Dehnung bei Streckspannung	%	
Reißdehnung	%	340
% Dehnspannung	N/mm²	
Dehnung bei % Dehnspg.	%	

Kriechmoduln und Zeitstandwerte 23 °C
Probekörper: Form
Zustand

Herstellung
Vorbehandlung

Kriechmodul	1 min	N/mm²
Kriechmodul	1000 h	N/mm²
bei Spannung		N/mm²

Zeitstandzugfestigkeit   h   N/mm²
Zeitdehnspg. %   h   N/mm²

Biegeversuch 23 °C
Probekörper: Form
Zustand

Herstellung
Vorbehandlung

Biegefestigkeit	N/mm²
3,5% Biegespannung	N/mm²

E-Modul   N/mm²

Härte 23 °C
Probekörper: Zustand

Herstellung   Pressen
Vorbehandlung   Normalklima

Kugeldruckhärte	N/mm²	bei	N, s	
Rockwellhärte				

Shore-Härte A   72
Shore-Härte D

Schlagversuch
Probekörper: (1)
(2)
Zustand

Herstellung
Vorbehandlung

°C   °C   °C   Probekörper-Form

Schlagzähigkeit	kJ/m²
Kerbschlagzähigkeit (1)	kJ/m²
IZOD-Kerbschlagzähigkeit (2)	J/m
Kerbschlagzugzähigkeit	kJ/m²

Kunststoffe © Springer-Verlag Berlin Heidelberg 1988
Kopieren, Vervielfältigen und Speichern in Datenverarbeitungsanlagen (auch auszugsweise) ist nur mit schriftlicher Genehmigung des Verlages gestattet

Datenbank-Nr. **T00838** Merkblatt-Nr. **2161**

Abrieb und Reibung

Taber-Abrieb (Reibradverfahren) mm³/100 U
Abriebfaktor LNP (Thrust washer) Vergleichswert
Statische Reibungszahl
Dynamische Reibungszahl (p·v= N/mm² · m/min)
Zulässiger p · v Wert N/mm² · (m/min) v= m/min
 v= m/min

Thermische Eigenschaften

Formbeständigkeit in der Wärme Verfahren °C
 Verfahren °C
Vicat Erweichungstemperatur (VST) Verfahren °C
 Verfahren °C
Kristallit-Schmelzpunkt Verfahren

Längenausdehnungskoeffizient Bereich °C ·10⁻⁴K⁻¹
 Temperatur   ·10⁻⁴K⁻¹
Wärmeleitfähigkeit Verfahren   W/(K · m)

Spezifische Wärmekapazität Verfahren   J/(K · g)

Glasumwandlungstemperatur Torsionsschwingungsversuch °C
 Differentialkalorimetrie °C

Brandverhalten

UL-Test vertikal Dicke mm, Wert
 Dicke mm, Wert

	Norm	Bewertung	Abmessungen
Sauerstoff-Index	ASTM D 2863		
Glühstab-Verfahren			
Brandverhalten	DIN 4102		
MVSS			
FAR			

Elektrische Eigenschaften

		Hz	°C		Probekörper, Form
Dielektrizitätszahl		50			
		10³			
		10⁶			
Dielektrischer Verlustfaktor tan δ		50			
		10³			
		10⁶			
Spezifischer Durchgangswiderstand	Ohm · cm		70	0.3*10**11	NY-Ader 1mm(2)x0,6mm
Durchschlagfestigkeit	kV/mm				mm dick
Oberflächenwiderstand	Ohm				
Kriechstromfestigkeit		KC	KB	KA	
Kriechwegbildung					

Elektrolytische Korrosionswirkung
Lichtbogenfestigkeit nach DIN
 nach ASTM s

Beständigkeit (Chemische Beständigkeit siehe Anhang)

Wasseraufnahme

Feuchtigkeitsaufnahme Normalklima   %
Wetterbeständigkeit

Spannungskorrosion

Optische Eigenschaften

Brechungszahl n_D
Transmissionsgrad τ_c % mm dick
Lichtdurchlässigkeit

Datenbank-Nr.	**T00839**		Merkblatt-Nr.	**2162**

Produkt	Weich-PVC-Extrusionsmasse		**PVC**
Handelsname	**Trosiplast 7002**		
Hersteller	HUELSTRO		
DIN-Bez 1	7749-PVC-P,KG,A78-25-X	Viskositätszahl ml/g	
DIN-Bez 2		K-Wert	
Zusätze		Füllstoffe/Verstärkung	
Bevorzugte Verarbeitung	Extrudieren	Lieferform	Granulat
		Farben	Natur; Schwarz
Besondere Merkmale	Normaltyp; Cadmiumfrei; Kaeltebruchtemperatur -20 C	Bevorzugte Anwendungen	Einsetzbar nach VDE 0207 YJ 1,2; YM 1,2

Kornverteilung

Kornklasse µm	Rückstand %	Dichte	g/cm³	1.26
		Schüttdichte	g/cm³	
		Stampfdichte	g/cm³	
		Rieselfähigkeit		
		Rieselzeit	s/100 g	
		Kornbeschaffenheit		
Allgemeine Hinweise		Flüchtige Bestandteile	%	
		Sulfatasche	%	

Zugversuch 23 °C DIN 53455;

Probekörper: Form
Zustand
Herstellung
Vorbehandlung Normalklima

Streckspannung	N/mm²	Dehnung bei Streckspannung	%	
Zugfestigkeit	N/mm²	Reißdehnung	%	320
Reißfestigkeit	N/mm² 18	% Dehnspannung	N/mm²	
E-Modul	N/mm²	Dehnung bei % Dehnspg.	%	

Kriechmoduln und Zeitstandwerte 23 °C

Probekörper: Form
Zustand
Herstellung
Vorbehandlung

Kriechmodul	1 min N/mm²	Zeitstandzugfestigkeit	h N/mm²
Kriechmodul	1000 h N/mm²	Zeitdehnspg. %	h N/mm²
bei Spannung	N/mm²		

Biegeversuch 23 °C

Probekörper: Form
Zustand
Herstellung
Vorbehandlung

Biegefestigkeit	N/mm²	E-Modul	N/mm²
3,5% Biegespannung	N/mm²		

Härte 23 °C

Probekörper: Zustand
Herstellung Pressen
Vorbehandlung Normalklima

Kugeldruckhärte	N/mm²	bei N, s	Shore-Härte A	79
Rockwellhärte			Shore-Härte D	

Schlagversuch

Probekörper: (1)
(2)
Zustand
Herstellung
Vorbehandlung

°C °C °C Probekörper-Form

Schlagzähigkeit	kJ/m²
Kerbschlagzähigkeit (1)	kJ/m²
IZOD-Kerbschlagzähigkeit (2)	J/m
Kerbschlagzugzähigkeit	kJ/m²

Datenbank-Nr. **T00839** Merkblatt-Nr. **2162**

Abrieb und Reibung

Taber-Abrieb (Reibradverfahren)		mm³/100 U
Abriebfaktor LNP (Thrust washer) Vergleichswert		
Statische Reibungszahl		
Dynamische Reibungszahl	(p·v =	N/mm² · m/min)
Zulässiger p·v Wert	N/mm² · (m/min)	v = m/min
		v = m/min

Thermische Eigenschaften

Formbeständigkeit in der Wärme	Verfahren	°C
	Verfahren	°C
Vicat Erweichungstemperatur (VST)	Verfahren	°C
	Verfahren	°C
Kristallit-Schmelzpunkt	Verfahren	
Längenausdehnungskoeffizient	Bereich °C	·10⁻⁴K⁻¹
	Temperatur	·10⁻⁴K⁻¹
Wärmeleitfähigkeit	Verfahren	W/(K·m)
Spezifische Wärmekapazität	Verfahren	J/(K·g)
Glasumwandlungstemperatur	Torsionsschwingungsversuch	°C
	Differentialkalorimetrie	°C

Längenausdehnungskoeffizient: $\cdot 10^{-4} K^{-1}$

Brandverhalten

UL-Test vertikal   Dicke   mm, Wert
                    Dicke   mm, Wert

	Norm	Bewertung	Abmessungen
Sauerstoff-Index	ASTM D 2863		
Glühstab-Verfahren			
Brandverhalten	DIN 4102		
MVSS			
FAR			

Elektrische Eigenschaften

		Hz	°C		Probekörper, Form
Dielektrizitätszahl		50			
		10³			
		10⁶			
Dielektrischer Verlustfaktor tan δ		50			
		10³			
		10⁶			
Spezifischer Durchgangswiderstand	Ohm·cm		70	0.5*10**11	NY-Ader 1mm(2)x0,6mm
Durchschlagfestigkeit	kV/mm				mm dick
Oberflächenwiderstand	Ohm				
Kriechstromfestigkeit		KC	KB	KA	
Kriechwegbildung					
Elektrolytische Korrosionswirkung					
Lichtbogenfestigkeit nach DIN					
nach ASTM	s				

Beständigkeit (Chemische Beständigkeit siehe Anhang)

Wasseraufnahme

Feuchtigkeitsaufnahme Normalklima   %
Wetterbeständigkeit

Spannungskorrosion

Optische Eigenschaften

Brechungszahl n_D
Transmissionsgrad τ_c %   mm dick
Lichtdurchlässigkeit

Datenbank-Nr.	**T00840**	Merkblatt-Nr. **2163**

PVC

Produkt	Weich-PVC-Extrusionsmasse
Handelsname	**Trosiplast 7004**
Hersteller	HUELSTRO
DIN-Bez 1	7749-PVC-P,KG,A78-25-X
DIN-Bez 2	
Zusätze	
Bevorzugte Verarbeitung	Extrudieren
Besondere Merkmale	Normaltyp; Cadmiumfrei; Flammwidrig nach VDE 0472; Kaeltebruchtemperatur -20 C

Viskositätszahl ml/g	
K-Wert	
Füllstoffe/Verstärkung	
Lieferform	Granulat
Farben	Natur; Schwarz
Bevorzugte Anwendungen	Einsetzbar nach VDE 0207 YJ 1,2; YM 1,2

Kornverteilung

Kornklasse μm	Rückstand %

Dichte	g/cm³	1.27
Schüttdichte	g/cm³	
Stampfdichte	g/cm³	
Rieselfähigkeit		
Rieselzeit	s/100 g	
Kornbeschaffenheit		
Flüchtige Bestandteile	%	
Sulfatasche	%	

Allgemeine Hinweise

Zugversuch 23 °C   DIN 53455;

Probekörper: Form / Zustand   Herstellung / Vorbehandlung   Normalklima

Streckspannung	N/mm²	Dehnung bei Streckspannung	%	
Zugfestigkeit	N/mm²	Reißdehnung	%	320
Reißfestigkeit	N/mm² 18	% Dehnspannung	N/mm²	
E-Modul	N/mm²	Dehnung bei % Dehnspg.	%	

Kriechmoduln und Zeitstandwerte 23 °C

Probekörper: Form / Zustand   Herstellung / Vorbehandlung

Kriechmodul	1 min	N/mm²	Zeitstandzugfestigkeit	h N/mm²
Kriechmodul	1000 h	N/mm²	Zeitdehnspg. %	h N/mm²
bei Spannung		N/mm²		

Biegeversuch 23 °C

Probekörper: Form / Zustand   Herstellung / Vorbehandlung

Biegefestigkeit	N/mm²	E-Modul	N/mm²
3,5% Biegespannung	N/mm²		

Härte 23 °C

Probekörper: Zustand   Herstellung / Vorbehandlung   Pressen / Normalklima

Kugeldruckhärte	N/mm²	bei N, s	Shore-Härte A 79
Rockwellhärte			Shore-Härte D

Schlagversuch

Probekörper: (1) / (2) / Zustand   Herstellung / Vorbehandlung

°C   °C   °C   Probekörper-Form

Schlagzähigkeit	kJ/m²
Kerbschlagzähigkeit (1)	kJ/m²
IZOD-Kerbschlagzähigkeit (2)	J/m
Kerbschlagzugzähigkeit	kJ/m²

Kunststoffe © Springer-Verlag Berlin Heidelberg 1988
Kopieren, Vervielfältigen und Speichern in Datenverarbeitungsanlagen (auch auszugsweise) ist nur mit schriftlicher Genehmigung des Verlages gestattet

Datenbank-Nr. **T00840** *Merkblatt-Nr.* **2163**

Abrieb und Reibung

Taber-Abrieb (Reibradverfahren)   mm³/100 U
Abriebfaktor LNP (Thrust washer) Vergleichswert
Statische Reibungszahl
Dynamische Reibungszahl   (p·v =   N/mm² ·   m/min)
Zulässiger p·v Wert   N/mm² · (m/min)   v =   m/min
                                         v =   m/min

Thermische Eigenschaften

Formbeständigkeit in der Wärme   Verfahren   °C
                                         Verfahren   °C
Vicat Erweichungstemperatur (VST)   Verfahren   °C
                                         Verfahren   °C
Kristallit-Schmelzpunkt   Verfahren

Längenausdehnungskoeffizient   Bereich   °C $\cdot 10^{-4} K^{-1}$
                                      Temperatur $\cdot 10^{-4} K^{-1}$
Wärmeleitfähigkeit   Verfahren   W/(K·m)

Spezifische Wärmekapazität   Verfahren   J/(K·g)

Glasumwandlungstemperatur   Torsionsschwingungsversuch   °C
                                      Differentialkalorimetrie   °C

Brandverhalten

UL-Test vertikal   Dicke   mm, Wert
                 Dicke   mm, Wert

	Norm	Bewertung	Abmessungen
Sauerstoff-Index	ASTM D 2863		
Glühstab-Verfahren			
Brandverhalten	DIN 4102		
MVSS			
FAR			

Elektrische Eigenschaften

                                           Hz   °C   Probekörper, Form

Dielektrizitätszahl   50
                   10^3
                   10^6
Dielektrischer Verlustfaktor tan δ   50
                   10^3
                   10^6

Spezifischer Durchgangs-
    widerstand   Ohm·cm   70 $0.5 \cdot 10^{**11}$ NY-Ader 1mm(2)x0,6mm
Durchschlagfestigkeit   kV/mm   mm dick
Oberflächenwiderstand   Ohm

Kriechstromfestigkeit   KC   KB   KA
Kriechwegbildung

Elektrolytische Korrosionswirkung
Lichtbogenfestigkeit nach DIN
                 nach ASTM   s

Beständigkeit *(Chemische Beständigkeit siehe Anhang)*

Wasseraufnahme

Feuchtigkeitsaufnahme Normalklima   %
Wetterbeständigkeit

Spannungskorrosion

Optische Eigenschaften

Brechungszahl n_D
Transmissionsgrad τ_c %   mm dick
Lichtdurchlässigkeit

Datenbank-Nr.	**T00841**			Merkblatt-Nr. **2164**
Produkt	Weich-PVC-Extrusionsmasse			**PVC**
Handelsname	**Trosiplast 7000**			
Hersteller	HUELSTRO			
DIN-Bez 1	7749-PVC-P,KG,A86-25-X		Viskositätszahl ml/g	
DIN-Bez 2			K-Wert	
Zusätze			Füllstoffe/Verstärkung	
Bevorzugte Verarbeitung	Extrudieren		Lieferform	Granulat
			Farben	Natur; Schwarz
Besondere Merkmale	Normaltyp; Cadmiumfrei; Flammwidrig nach VDE 0472; Kaeltebruchtemperatur -20 C		Bevorzugte Anwendungen	Einsetzbar nach VDE 0207 YJ 1,2; YM 1,2

Kornverteilung			Dichte	g/cm³	1.27
Kornklasse μm	Rückstand %		Schüttdichte	g/cm³	
			Stampfdichte	g/cm³	
			Rieselfähigkeit		
			Rieselzeit	s/100 g	
			Kornbeschaffenheit		
Allgemeine Hinweise			Flüchtige Bestandteile	%	
			Sulfatasche	%	

Zugversuch 23 °C	DIN 53455;			Herstellung	
	Probekörper:	Form Zustand		Vorbehandlung	Normalklima
Streckspannung	N/mm²		Dehnung bei Streckspannung	%	
Zugfestigkeit	N/mm²		Reißdehnung	%	280
Reißfestigkeit	N/mm² 24		% Dehnspannung	N/mm²	
E-Modul	N/mm²		Dehnung bei % Dehnspg.	%	

Kriechmoduln und Zeitstandwerte 23 °C				
	Probekörper:	Form Zustand	Herstellung Vorbehandlung	
Kriechmodul	1 min N/mm²		Zeitstandzugfestigkeit	h N/mm²
Kriechmodul	1000 h N/mm²		Zeitdehnspg. %	h N/mm²
bei Spannung	N/mm²			

Biegeversuch 23 °C				
	Probekörper:	Form Zustand	Herstellung Vorbehandlung	
Biegefestigkeit	N/mm²		E-Modul	N/mm²
3,5% Biegespannung	N/mm²			

Härte 23 °C	Probekörper:	Zustand	Herstellung	Pressen
			Vorbehandlung	Normalklima
Kugeldruckhärte	N/mm²	bei N, s	Shore-Härte A	87
Rockwellhärte			Shore-Härte D	

Schlagversuch	Probekörper:	(1) (2) Zustand	Herstellung Vorbehandlung	
		°C °C	°C	Probekörper-Form
Schlagzähigkeit	kJ/m²			
Kerbschlagzähigkeit (1)	kJ/m²			
IZOD-Kerbschlagzähigkeit (2)	J/m			
Kerbschlagzugzähigkeit	kJ/m²			

Kunststoffe © Springer-Verlag Berlin Heidelberg 1988
Kopieren, Vervielfältigen und Speichern in Datenverarbeitungsanlagen (auch auszugsweise) ist nur mit schriftlicher Genehmigung des Verlages gestattet

Datenbank-Nr. **T00841** Merkblatt-Nr. **2164**

Abrieb und Reibung

Taber-Abrieb (Reibradverfahren)	mm³/100 U	
Abriebfaktor LNP (Thrust washer) Vergleichswert		
Statische Reibungszahl		
Dynamische Reibungszahl	(p·v= N/mm² ·	m/min)
Zulässiger p · v Wert	N/mm² · (m/min) v=	m/min
	v=	m/min

Thermische Eigenschaften

Formbeständigkeit in der Wärme	Verfahren	°C
	Verfahren	°C
Vicat Erweichungstemperatur (VST)	Verfahren	°C
	Verfahren	°C
Kristallit-Schmelzpunkt	Verfahren	
Längenausdehnungskoeffizient	Bereich °C	· $10^{-4} K^{-1}$
	Temperatur	· $10^{-4} K^{-1}$
Wärmeleitfähigkeit	Verfahren	W/(K · m)
Spezifische Wärmekapazität	Verfahren	J/(K · g)
Glasumwandlungstemperatur	Torsionsschwingungsversuch	°C
	Differentialkalorimetrie	°C

Brandverhalten

UL-Test vertikal Dicke mm, Wert
  Dicke mm, Wert

	Norm	Bewertung	Abmessungen
Sauerstoff-Index	ASTM D 2863		
Glühstab-Verfahren			
Brandverhalten	DIN 4102		
MVSS			
FAR			

Elektrische Eigenschaften

		Hz	°C		Probekörper, Form
Dielektrizitätszahl		50			
		10^3			
		10^6			
Dielektrischer Verlustfaktor tan δ		50			
		10^3			
		10^6			
Spezifischer Durchgangswiderstand	Ohm · cm		70	$1.0*10^{**}11$	NY-Ader 1mm(2)x0,6mm
Durchschlagfestigkeit	kV/mm				mm dick
Oberflächenwiderstand	Ohm				
Kriechstromfestigkeit		KC	KB	KA	
Kriechwegbildung					

Elektrolytische Korrosionswirkung
Lichtbogenfestigkeit nach DIN
  nach ASTM s

Beständigkeit (Chemische Beständigkeit siehe Anhang)

Wasseraufnahme

Feuchtigkeitsaufnahme Normalklima %
Wetterbeständigkeit

Spannungskorrosion

Optische Eigenschaften

Brechungszahl n_D
Transmissionsgrad τ_c % mm dick
Lichtdurchlässigkeit

Datenbank-Nr.	**T00842**	*Merkblatt-Nr.* **2165**

Produkt	Weich-PVC-Extrusionsmasse		**PVC**
Handelsname	**Trosiplast 7001**		
Hersteller	HUELSTRO		
DIN-Bez 1	7749-PVC-P,KG,A94-30-X	*Viskositätszahl* ml/g	
DIN-Bez 2		*K-Wert*	
Zusätze		*Füllstoffe/ Verstärkung*	
Bevorzugte Verarbeitung	Extrudieren	*Lieferform*	Granulat
		Farben	Natur; Schwarz
Besondere Merkmale	Normaltyp; Cadmiumfrei; Flammwidrig nach VDE 0472; Kaeltebruchtemperatur -10 C	*Bevorzugte Anwendungen*	Einsetzbar nach VDE 0207 YJ 1,2; YM 1,2

Kornverteilung

Kornklasse μm	*Rückstand* %	*Dichte*	g/cm³	1.3
		Schüttdichte	g/cm³	
		Stampfdichte	g/cm³	
		Rieselfähigkeit		
		Rieselzeit	s/100 g	
		Kornbeschaffenheit		
Allgemeine Hinweise		*Flüchtige Bestandteile*	%	
		Sulfatasche	%	

Zugversuch 23 °C DIN 53455;

	Probekörper: Form		*Herstellung*	
	Zustand		*Vorbehandlung*	Normalklima
Streckspannung	N/mm²	*Dehnung bei Streckspannung*	%	
Zugfestigkeit	N/mm²	*Reißdehnung*	%	240
Reißfestigkeit	N/mm² 26	*% Dehnspannung*	N/mm²	
E-Modul	N/mm²	*Dehnung bei % Dehnspg.*	%	

Kriechmoduln und Zeitstandwerte 23 °C

	Probekörper: Form		*Herstellung*	
	Zustand		*Vorbehandlung*	
Kriechmodul	1 min N/mm²	*Zeitstandzugfestigkeit*	h N/mm²	
Kriechmodul	1000 h N/mm²	*Zeitdehnspg.* %	h N/mm²	
bei Spannung	N/mm²			

Biegeversuch 23 °C

	Probekörper: Form		*Herstellung*	
	Zustand		*Vorbehandlung*	
Biegefestigkeit	N/mm²	*E-Modul*	N/mm²	
3,5% Biegespannung	N/mm²			

Härte 23 °C

	Probekörper: Zustand		*Herstellung*	Pressen
			Vorbehandlung	Normalklima
Kugeldruckhärte	N/mm² bei N, s	*Shore-Härte* A	94	
Rockwellhärte		*Shore-Härte* D		

Schlagversuch

	Probekörper: (1)			
	(2)		*Herstellung*	
	Zustand		*Vorbehandlung*	
	°C	°C	°C	*Probekörper-Form*
Schlagzähigkeit	kJ/m²			
Kerbschlagzähigkeit (1)	kJ/m²			
IZOD-Kerbschlagzähigkeit (2)	J/m			
Kerbschlagzugzähigkeit	kJ/m²			

Datenbank-Nr. **T00842** *Merkblatt-Nr.* **2165**

Abrieb und Reibung

Taber-Abrieb (Reibradverfahren)	mm³/100 U
Abriebfaktor LNP (Thrust washer) Vergleichswert	
Statische Reibungszahl	
Dynamische Reibungszahl	(p·v = N/mm² · m/min)
Zulässiger p·v Wert	N/mm² · (m/min) v = m/min
	v = m/min

Thermische Eigenschaften

Formbeständigkeit in der Wärme	Verfahren	°C
	Verfahren	°C
Vicat Erweichungstemperatur (VST)	Verfahren	°C
	Verfahren	°C
Kristallit-Schmelzpunkt	Verfahren	
Längenausdehnungskoeffizient	Bereich °C	$\cdot 10^{-4} K^{-1}$
	Temperatur	$\cdot 10^{-4} K^{-1}$
Wärmeleitfähigkeit	Verfahren	W/(K·m)
Spezifische Wärmekapazität	Verfahren	J/(K·g)
Glasumwandlungstemperatur	Torsionsschwingungsversuch	°C
	Differentialkalorimetrie	°C

Brandverhalten

UL-Test vertikal Dicke mm, Wert
 Dicke mm, Wert

	Norm	Bewertung	Abmessungen
Sauerstoff-Index	ASTM D 2863		
Glühstab-Verfahren			
Brandverhalten	DIN 4102		
MVSS			
FAR			

Elektrische Eigenschaften

	Hz	°C		Probekörper, Form
Dielektrizitätszahl	50			
	10³			
	10⁶			
Dielektrischer Verlustfaktor tan δ	50			
	10³			
	10⁶			
Spezifischer Durchgangs- widerstand	Ohm·cm	70	1.5*10**11	NY-Ader 1mm(2)x0,6mm
Durchschlagfestigkeit	kV/mm			mm dick
Oberflächenwiderstand	Ohm			
Kriechstromfestigkeit Kriechwegbildung		KC	KB KA	

Elektrolytische Korrosionswirkung
Lichtbogenfestigkeit nach DIN
 nach ASTM s

Beständigkeit (Chemische Beständigkeit siehe Anhang)

Wasseraufnahme

Feuchtigkeitsaufnahme Normalklima   %
Wetterbeständigkeit

Spannungskorrosion

Optische Eigenschaften

Brechungszahl n_D
Transmissionsgrad τ_c %   mm dick
Lichtdurchlässigkeit

Datenbank-Nr.	**T00843**		*Merkblatt-Nr.*	**2166**

Produkt	Weich-PVC-Extrusionsmasse
Handelsname	**Trosiplast 7005**
Hersteller	HUELSTRO

PVC

DIN-Bez 1	7749-PVC-P,KG,A94-30-X	*Viskositätszahl* ml/g	
DIN-Bez 2		*K-Wert*	
Zusätze		*Füllstoffe/ Verstärkung*	
Bevorzugte Verarbeitung	Extrudieren	*Lieferform*	Granulat
		Farben	Natur; Schwarz
Besondere Merkmale	Normaltyp; Cadmiumfrei; Flammwidrig nach VDE 0472; Kaeltebruchtemperatur -10 C	*Bevorzugte Anwendungen*	Einsetzbar nach VDE 0207 YJ 1,2,3; YM 1,2

Kornverteilung

Kornklasse μm	*Rückstand* %	*Dichte*	g/cm³	1.3
		Schüttdichte	g/cm³	
		Stampfdichte	g/cm³	
		Rieselfähigkeit		
		Rieselzeit	s/100 g	
		Kornbeschaffenheit		
Allgemeine Hinweise		*Flüchtige Bestandteile*	%	
		Sulfatasche	%	

Zugversuch 23 °C   DIN 53455;

Probekörper: Form
Zustand

Herstellung Vorbehandlung Normalklima

Streckspannung	N/mm²	*Dehnung bei Streckspannung*	%	
Zugfestigkeit	N/mm²	*Reißdehnung*	%	240
Reißfestigkeit	N/mm² 26	*% Dehnspannung*	N/mm²	
E-Modul	N/mm²	*Dehnung bei % Dehnspg.*	%	

Kriechmoduln und Zeitstandwerte 23 °C

Probekörper: Form
Zustand

Herstellung Vorbehandlung

Kriechmodul	1 min N/mm²	*Zeitstandzugfestigkeit*	h	N/mm²
Kriechmodul	1000 h N/mm²	*Zeitdehnspg.* %	h	N/mm²
bei Spannung	N/mm²			

Biegeversuch 23 °C

Probekörper: Form
Zustand

Herstellung Vorbehandlung

Biegefestigkeit	N/mm²	*E-Modul*	N/mm²
3,5% Biegespannung	N/mm²		

Härte 23 °C

Probekörper: Zustand

Herstellung Vorbehandlung Pressen Normalklima

Kugeldruckhärte	N/mm² bei N, s	*Shore-Härte* A	94
Rockwellhärte		*Shore-Härte* D	

Schlagversuch

Probekörper: (1)
(2)
Zustand

Herstellung Vorbehandlung

°C   °C   °C   *Probekörper-Form*

Schlagzähigkeit	kJ/m²
Kerbschlagzähigkeit (1)	kJ/m²
IZOD-Kerbschlagzähigkeit (2)	J/m
Kerbschlagzugzähigkeit	kJ/m²

Kunststoffe © Springer-Verlag Berlin Heidelberg 1988
Kopieren, Vervielfältigen und Speichern in Datenverarbeitungsanlagen (auch auszugsweise) ist nur mit schriftlicher Genehmigung des Verlages gestattet

Datenbank-Nr. **T00843**　　　　　　　　　　　　　　　　　　　　　　　　　　　　　　　　　　　Merkblatt-Nr. **2166**

Abrieb und Reibung

Taber-Abrieb (Reibradverfahren)	mm³/100 U	
Abriebfaktor LNP (Thrust washer) Vergleichswert		
Statische Reibungszahl		
Dynamische Reibungszahl	(p·v=　　N/mm² ·	m/min)
Zulässiger p · v Wert	N/mm² · (m/min)　v=	m/min
	v=	m/min

Thermische Eigenschaften

Formbeständigkeit in der Wärme	Verfahren	°C
	Verfahren	°C
Vicat Erweichungstemperatur (VST)	Verfahren	°C
	Verfahren	°C
Kristallit-Schmelzpunkt	Verfahren	
Längenausdehnungskoeffizient	Bereich　　　　°C	· 10⁻⁴K⁻¹
	Temperatur	· 10⁻⁴K⁻¹
Wärmeleitfähigkeit	Verfahren	W/(K · m)
Spezifische Wärmekapazität	Verfahren	J/(K · g)
Glasumwandlungstemperatur	Torsionsschwingungsversuch	°C
	Differentialkalorimetrie	°C

Brandverhalten

UL-Test vertikal	Dicke	mm, Wert	
	Dicke	mm, Wert	

	Norm	Bewertung	Abmessungen
Sauerstoff-Index	ASTM D 2863		
Glühstab-Verfahren			
Brandverhalten	DIN 4102		
MVSS			
FAR			

Elektrische Eigenschaften

		Hz	°C		Probekörper, Form
Dielektrizitätszahl		50			
		10³			
		10⁶			
Dielektrischer Verlustfaktor tan δ		50			
		10³			
		10⁶			
Spezifischer Durchgangs-widerstand	Ohm · cm		70	2.0*10**12	NY-Ader 1mm(2)x0,6mm
Durchschlagfestigkeit	kV/mm				mm dick
Oberflächenwiderstand	Ohm				
Kriechstromfestigkeit		KC	KB	KA	
Kriechwegbildung					
Elektrolytische Korrosionswirkung					
Lichtbogenfestigkeit nach DIN					
nach ASTM	s				

Beständigkeit (Chemische Beständigkeit siehe Anhang)

Wasseraufnahme

Feuchtigkeitsaufnahme Normalklima　　　　　　　　　　　　　　　　　　　　　　　　　　　　　　　　　%
Wetterbeständigkeit

Spannungskorrosion

Optische Eigenschaften

Brechungszahl n_D
Transmissionsgrad τ_c　　　%　　　　　　　　mm dick
Lichtdurchlässigkeit

Datenbank-Nr. **T00844**		Merkblatt-Nr. **2167**
Produkt	Weich-PVC-Extrusionsmasse	**PVC**
Handelsname	**Trosiplast 7018**	
Hersteller	HUELSTRO	

DIN-Bez 1	7749-PVC-P,KG,A94-35-X	Viskositätszahl ml/g	
DIN-Bez 2		K-Wert	
Zusätze		Füllstoffe/ Verstärkung	
Bevorzugte Verarbeitung	Extrudieren	Lieferform	Granulat
		Farben	Natur; Schwarz
Besondere Merkmale	Normaltyp; Cadmiumfrei; Flammwidrig nach VDE 0472; Kaeltebruchtemperatur -10 C	Bevorzugte Anwendungen	Einsetzbar nach VDE 0207 YJ 1,2,3; YM 1,2

Kornverteilung

Kornklasse μm	Rückstand %		
		Dichte g/cm³	1.33
		Schüttdichte g/cm³	
		Stampfdichte g/cm³	
		Rieselfähigkeit	
		Rieselzeit s/100 g	
		Kornbeschaffenheit	
Allgemeine Hinweise		Flüchtige Bestandteile %	
		Sulfatasche %	

Zugversuch 23 °C DIN 53455;

Probekörper: Form
Zustand

Herstellung
Vorbehandlung Normalklima

Streckspannung	N/mm²	Dehnung bei Streckspannung %	
Zugfestigkeit	N/mm²	Reißdehnung %	240
Reißfestigkeit	N/mm² 26	% Dehnspannung N/mm²	
E-Modul	N/mm²	Dehnung bei % Dehnspg. %	

Kriechmoduln und Zeitstandwerte 23 °C

Probekörper: Form
Zustand

Herstellung
Vorbehandlung

Kriechmodul	1 min N/mm²	Zeitstandzugfestigkeit	h N/mm²
Kriechmodul	1000 h N/mm²	Zeitdehnspg. %	h N/mm²
bei Spannung	N/mm²		

Biegeversuch 23 °C

Probekörper: Form
Zustand

Herstellung
Vorbehandlung

Biegefestigkeit	N/mm²	E-Modul	N/mm²
3,5% Biegespannung	N/mm²		

Härte 23 °C

Probekörper: Zustand

Herstellung Pressen
Vorbehandlung Normalklima

Kugeldruckhärte	N/mm² bei N, s	Shore-Härte A	95
Rockwellhärte		Shore-Härte D	

Schlagversuch

Probekörper: (1)
(2)
Zustand

Herstellung
Vorbehandlung

°C   °C   °C   Probekörper-Form

Schlagzähigkeit	kJ/m²
Kerbschlagzähigkeit (1)	kJ/m²
IZOD-Kerbschlagzähigkeit (2)	J/m
Kerbschlagzugzähigkeit	kJ/m²

Datenbank-Nr. **T00844** *Merkblatt-Nr.* **2167**

Abrieb und Reibung

Taber-Abrieb (Reibradverfahren)	mm³/100 U	
Abriebfaktor LNP (Thrust washer) Vergleichswert		
Statische Reibungszahl		
Dynamische Reibungszahl	(p·v= N/mm² · m/min)	
Zulässiger p·v Wert	N/mm² · (m/min) v= m/min	
	v= m/min	

Thermische Eigenschaften

Formbeständigkeit in der Wärme	Verfahren	°C
	Verfahren	°C
Vicat Erweichungstemperatur (VST)	Verfahren	°C
	Verfahren	°C
Kristallit-Schmelzpunkt	Verfahren	
Längenausdehnungskoeffizient	Bereich °C	$\cdot 10^{-4} K^{-1}$
	Temperatur	$\cdot 10^{-4} K^{-1}$
Wärmeleitfähigkeit	Verfahren	W/(K·m)
Spezifische Wärmekapazität	Verfahren	J/(K·g)
Glasumwandlungstemperatur	Torsionsschwingungsversuch	°C
	Differentialkalorimetrie	°C

Brandverhalten

UL-Test vertikal   Dicke   mm, Wert
                    Dicke   mm, Wert

	Norm	Bewertung	Abmessungen
Sauerstoff-Index	ASTM D 2863		
Glühstab-Verfahren			
Brandverhalten	DIN 4102		
MVSS			
FAR			

Elektrische Eigenschaften

		Hz	°C		Probekörper, Form
Dielektrizitätszahl		50			
		10^3			
		10^6			
Dielektrischer Verlustfaktor tan δ		50			
		10^3			
		10^6			
Spezifischer Durchgangswiderstand	Ohm·cm		70	$3.0*10**12$	NY-Ader 1mm(2)x0,6mm mm dick
Durchschlagfestigkeit	kV/mm				
Oberflächenwiderstand	Ohm				
Kriechstromfestigkeit		KC	KB	KA	
Kriechwegbildung					
Elektrolytische Korrosionswirkung					
Lichtbogenfestigkeit nach DIN					
nach ASTM	s				

Beständigkeit (Chemische Beständigkeit siehe Anhang)

Wasseraufnahme

Feuchtigkeitsaufnahme Normalklima   %
Wetterbeständigkeit

Spannungskorrosion

Optische Eigenschaften

Brechungszahl n_D
Transmissionsgrad τ_c %   mm dick
Lichtdurchlässigkeit

Datenbank-Nr.	**T00845**	Merkblatt-Nr.	**2168**

PVC

Produkt	Weich-PVC-Extrusionsmasse
Handelsname	**Trosiplast 7119**
Hersteller	HUELSTRO
DIN-Bez 1	7749-PVC-P,KG,A70-35-X
DIN-Bez 2	
Zusätze	

Viskositätszahl	ml/g		
K-Wert			
Füllstoffe/Verstärkung			

Bevorzugte Verarbeitung	Extrudieren	Lieferform	Granulat	
		Farben	Natur; Schwarz	
Besondere Merkmale	Normaltyp; Cadmiumfrei; Kaeltebruchtemperatur -25 C	Bevorzugte Anwendungen	Einsetzbar nach VDE 0207 YM 2	

Kornverteilung

Kornklasse µm	Rückstand %

Dichte	g/cm^3	1.36
Schüttdichte	g/cm^3	
Stampfdichte	g/cm^3	
Rieselfähigkeit		
Rieselzeit	s/100 g	
Kornbeschaffenheit		
Flüchtige Bestandteile	%	
Sulfatasche	%	

Allgemeine Hinweise

Zugversuch 23 °C   DIN 53455;

Probekörper: Form / Zustand
Herstellung Vorbehandlung: Normalklima

Streckspannung	N/mm^2	Dehnung bei Streckspannung	%	
Zugfestigkeit	N/mm^2	Reißdehnung	%	280
Reißfestigkeit	N/mm^2 14	% Dehnspannung	N/mm^2	
E-Modul	N/mm^2	Dehnung bei % Dehnspg.	%	

Kriechmoduln und Zeitstandwerte 23 °C

Probekörper: Form / Zustand
Herstellung Vorbehandlung

Kriechmodul	1 min N/mm^2	Zeitstandzugfestigkeit	h N/mm^2
Kriechmodul	1000 h N/mm^2	Zeitdehnspg. %	h N/mm^2
bei Spannung	N/mm^2		

Biegeversuch 23 °C

Probekörper: Form / Zustand
Herstellung Vorbehandlung

Biegefestigkeit	N/mm^2	E-Modul	N/mm^2
3,5% Biegespannung	N/mm^2		

Härte 23 °C

Probekörper: Zustand
Herstellung Vorbehandlung: Pressen; Normalklima

Kugeldruckhärte	N/mm^2	bei N, s	Shore-Härte A	71
Rockwellhärte			Shore-Härte D	

Schlagversuch

Probekörper: (1) / (2) / Zustand
Herstellung Vorbehandlung

°C   °C   °C   Probekörper-Form

Schlagzähigkeit	kJ/m^2
Kerbschlagzähigkeit (1)	kJ/m^2
IZOD-Kerbschlagzähigkeit (2)	J/m
Kerbschlagzugzähigkeit	kJ/m^2

Kunststoffe © Springer-Verlag Berlin Heidelberg 1988
Kopieren, Vervielfältigen und Speichern in Datenverarbeitungsanlagen (auch auszugsweise) ist nur mit schriftlicher Genehmigung des Verlages gestattet

Datenbank-Nr. **T00845**   Merkblatt-Nr. **2168**

Abrieb und Reibung

Taber-Abrieb (Reibradverfahren)	mm³/100 U	
Abriebfaktor LNP (Thrust washer) Vergleichswert		
Statische Reibungszahl		
Dynamische Reibungszahl	(p·v = N/mm² ·	m/min)
Zulässiger p·v Wert	N/mm² · (m/min) v =	m/min
	v =	m/min

Thermische Eigenschaften

Formbeständigkeit in der Wärme	Verfahren	°C
	Verfahren	°C
Vicat Erweichungstemperatur (VST)	Verfahren	°C
	Verfahren	°C
Kristallit-Schmelzpunkt	Verfahren	
Längenausdehnungskoeffizient	Bereich °C	$\cdot 10^{-4} K^{-1}$
	Temperatur	$\cdot 10^{-4} K^{-1}$
Wärmeleitfähigkeit	Verfahren	W/(K·m)
Spezifische Wärmekapazität	Verfahren	J/(K·g)
Glasumwandlungstemperatur	Torsionsschwingungsversuch	°C
	Differentialkalorimetrie	°C

Brandverhalten

UL-Test vertikal	Dicke mm, Wert	
	Dicke mm, Wert	

	Norm	Bewertung	Abmessungen
Sauerstoff-Index	ASTM D 2863		
Glühstab-Verfahren			
Brandverhalten	DIN 4102		
MVSS			
FAR			

Elektrische Eigenschaften

		Hz	°C		Probekörper, Form
Dielektrizitätszahl		50			
		10^3			
		10^6			
Dielektrischer Verlustfaktor tan δ		50			
		10^3			
		10^6			
Spezifischer Durchgangswiderstand	Ohm·cm		70	0.3*10**11	NY-Ader 1mm(2)x0,6mm
Durchschlagfestigkeit	kV/mm				mm dick
Oberflächenwiderstand	Ohm				
Kriechstromfestigkeit	.	KC	KB	KA	
Kriechwegbildung					

Elektrolytische Korrosionswirkung
Lichtbogenfestigkeit nach DIN
          nach ASTM   s

Beständigkeit (Chemische Beständigkeit siehe Anhang)

Wasseraufnahme

Feuchtigkeitsaufnahme Normalklima   %
Wetterbeständigkeit

Spannungskorrosion

Optische Eigenschaften

Brechungszahl n_D
Transmissionsgrad τ_c %   mm dick
Lichtdurchlässigkeit

Datenbank-Nr.	**T00846**		Merkblatt-Nr.	**2169**
Produkt	Weich-PVC-Extrusionsmasse			**PVC**
Handelsname	**Trosiplast 7122**			
Hersteller	HUELSTRO			
DIN-Bez 1	7749-PVC-P,KG,A72-35-X	Viskositätszahl ml/g		
DIN-Bez 2		K-Wert		
Zusätze		Füllstoffe/Verstärkung		
Bevorzugte Verarbeitung	Extrudieren	Lieferform	Granulat	
		Farben	Natur; Schwarz	
Besondere Merkmale	Normaltyp; Cadmiumfrei; Kaeltebruch-temperatur -25 C	Bevorzugte Anwendungen	Einsetzbar nach VDE 0207 YM 2	

Kornverteilung

Kornklasse μm	Rückstand %			
		Dichte	g/cm³	1.34
		Schüttdichte	g/cm³	
		Stampfdichte	g/cm³	
		Rieselfähigkeit		
		Rieselzeit	s/100 g	
		Kornbeschaffenheit		
Allgemeine Hinweise		Flüchtige Bestandteile	%	
		Sulfatasche	%	

Zugversuch 23 °C DIN 53455;
Probekörper: Form
Zustand
Herstellung
Vorbehandlung Normalklima

Streckspannung	N/mm²	Dehnung bei Streckspannung	%
Zugfestigkeit	N/mm²	Reißdehnung	% 280
Reißfestigkeit	N/mm² 15	% Dehnspannung	N/mm²
E-Modul	N/mm²	Dehnung bei % Dehnspg.	%

Kriechmoduln und Zeitstandwerte 23 °C
Probekörper: Form
Zustand
Herstellung
Vorbehandlung

Kriechmodul	1 min N/mm²	Zeitstandzugfestigkeit	h N/mm²
Kriechmodul	1000 h N/mm²	Zeitdehnspg. %	h N/mm²
bei Spannung	N/mm²		

Biegeversuch 23 °C
Probekörper: Form
Zustand
Herstellung
Vorbehandlung

Biegefestigkeit	N/mm²	E-Modul	N/mm²
3,5% Biegespannung	N/mm²		

Härte 23 °C Probekörper: Zustand
Herstellung Pressen
Vorbehandlung Normalklima

Kugeldruckhärte	N/mm² bei N, s	Shore-Härte A	72
Rockwellhärte		Shore-Härte D	

Schlagversuch Probekörper: (1)
(2)
Zustand
Herstellung
Vorbehandlung

°C °C °C Probekörper-Form

Schlagzähigkeit	kJ/m²
Kerbschlagzähigkeit (1)	kJ/m²
IZOD-Kerbschlagzähigkeit (2)	J/m
Kerbschlagzugzähigkeit	kJ/m²

Kunststoffe © Springer-Verlag Berlin Heidelberg 1988
Kopieren, Vervielfältigen und Speichern in Datenverarbeitungsanlagen (auch auszugsweise) ist nur mit schriftlicher Genehmigung des Verlages gestattet

Datenbank-Nr. **T00846**　　　　　　　　　　　　　　　　　　　　　　Merkblatt-Nr. **2169**

Abrieb und Reibung

Taber-Abrieb (Reibradverfahren)　　　　　　mm³/100 U
Abriebfaktor LNP (Thrust washer) Vergleichswert
Statische Reibungszahl
Dynamische Reibungszahl　　　　　　　　　(p·v= 　N/mm² · 　m/min)
Zulässiger p · v Wert　　　　　　　　　　　N/mm² · (m/min)　v= 　m/min
　　　　　　　　　　　　　　　　　　　　　　　　　　　　　　　　v= 　m/min

Thermische Eigenschaften

Formbeständigkeit in der Wärme　　　Verfahren　　　　　　　　　　　　　　　　　°C
　　　　　　　　　　　　　　　　　　Verfahren　　　　　　　　　　　　　　　　　°C
Vicat Erweichungstemperatur (VST)　Verfahren　　　　　　　　　　　　　　　　　°C
　　　　　　　　　　　　　　　　　　Verfahren　　　　　　　　　　　　　　　　　°C
Kristallit-Schmelzpunkt　　　　　　　Verfahren

Längenausdehnungskoeffizient　　　　Bereich　　　　°C　　　　　　　　　· $10^{-4}K^{-1}$
　　　　　　　　　　　　　　　　　　Temperatur　　　　　　　　　　　　　　　　· $10^{-4}K^{-1}$
Wärmeleitfähigkeit　　　　　　　　　Verfahren　　　　　　　　　　　　　　　　W/(K · m)

Spezifische Wärmekapazität　　　　　Verfahren　　　　　　　　　　　　　　　　J/(K · g)

Glasumwandlungstemperatur　　　　Torsionsschwingungsversuch　　　°C
　　　　　　　　　　　　　　　　　　Differentialkalorimetrie　　　　　　°C

Brandverhalten

UL-Test vertikal　　　　　　　　　　Dicke　　　mm, Wert
　　　　　　　　　　　　　　　　　　Dicke　　　mm, Wert

　　　　　　　　　Norm　　　　　　Bewertung　　　　　　　　　　　Abmessungen
Sauerstoff-Index　ASTM D 2863
Glühstab-Verfahren
Brandverhalten　　DIN 4102
MVSS
FAR

Elektrische Eigenschaften

　　　　　　　　　　　　　　　　Hz　　　　°C　　　　　　　　　　　　Probekörper, Form
Dielektrizitätszahl　　　　　　　50
　　　　　　　　　　　　　　　　10^3
　　　　　　　　　　　　　　　　10^6
Dielektrischer Verlustfaktor tan δ　50
　　　　　　　　　　　　　　　　10^3
　　　　　　　　　　　　　　　　10^6
Spezifischer Durchgangs-
　widerstand　　　　Ohm · cm　　　70　　　0.4*10**11　　　　NY-Ader 1mm(2)x0,6mm
Durchschlagfestigkeit　kV/mm　　　　　　　　　　　　　　　　　　　　mm dick
Oberflächenwiderstand　Ohm

Kriechstromfestigkeit　　　　　　KC　　　KB　　　　KA
Kriechwegbildung

Elektrolytische Korrosionswirkung
Lichtbogenfestigkeit nach DIN
　　　　　　　nach ASTM　　s

Beständigkeit (Chemische Beständigkeit siehe Anhang)

Wasseraufnahme

Feuchtigkeitsaufnahme Normalklima
Wetterbeständigkeit　　　　　　　　　　　　　　　　　　　　　　　　　　　　%

Spannungskorrosion

Optische Eigenschaften

Brechungszahl n_D
Transmissionsgrad τ_c　　%　　　　　　　　mm dick
Lichtdurchlässigkeit

Datenbank-Nr. **T00847**		Merkblatt-Nr. **2170**
Produkt	Weich-PVC-Extrusionsmasse	**PVC**
Handelsname	**Trosiplast 7127**	
Hersteller	HUELSTRO	

DIN-Bez 1	7749-PVC-P,KG,A76-40-X	Viskositätszahl ml/g	
DIN-Bez 2		K-Wert	
Zusätze		Füllstoffe/ Verstärkung	
Bevorzugte Verarbeitung	Extrudieren	Lieferform	Granulat
		Farben	Natur; Schwarz
Besondere Merkmale	Normaltyp; Cadmiumfrei; Flammwidrig nach VDE 0472; Kaeltebruchtemperatur -20 C	Bevorzugte Anwendungen	Einsetzbar nach VDE 0207 YJ 2; YM 1,2

Kornverteilung

Kornklasse μm	Rückstand %		
		Dichte g/cm³	1.4
		Schüttdichte g/cm³	
		Stampfdichte g/cm³	
		Rieselfähigkeit	
		Rieselzeit s/100 g	
		Kornbeschaffenheit	
Allgemeine Hinweise		Flüchtige Bestandteile %	
		Sulfatasche %	

Zugversuch 23 °C DIN 53455;

Probekörper: Form
Zustand
Herstellung
Vorbehandlung Normalklima

Streckspannung	N/mm²	Dehnung bei Streckspannung	%	
Zugfestigkeit	N/mm²	Reißdehnung	%	250
Reißfestigkeit	N/mm² 16	% Dehnspannung	N/mm²	
E-Modul	N/mm²	Dehnung bei % Dehnspg.	%	

Kriechmoduln und Zeitstandwerte 23 °C

Probekörper: Form
Zustand
Herstellung
Vorbehandlung

Kriechmodul	1 min N/mm²	Zeitstandzugfestigkeit	h N/mm²
Kriechmodul	1000 h N/mm²	Zeitdehnspg. %	h N/mm²
bei Spannung	N/mm²		

Biegeversuch 23 °C

Probekörper: Form
Zustand
Herstellung
Vorbehandlung

Biegefestigkeit	N/mm²	E-Modul	N/mm²
3,5% Biegespannung	N/mm²		

Härte 23 °C

Probekörper: Zustand
Herstellung Pressen
Vorbehandlung Normalklima

Kugeldruckhärte	N/mm² bei N, s	Shore-Härte A	77
Rockwellhärte		Shore-Härte D	

Schlagversuch

Probekörper: (1)
(2)
Zustand
Herstellung
Vorbehandlung

°C °C °C Probekörper-Form

Schlagzähigkeit	kJ/m²
Kerbschlagzähigkeit (1)	kJ/m²
IZOD-Kerbschlagzähigkeit (2)	J/m
Kerbschlagzugzähigkeit	kJ/m²

Kunststoffe © Springer-Verlag Berlin Heidelberg 1988
Kopieren, Vervielfältigen und Speichern in Datenverarbeitungsanlagen (auch auszugsweise) ist nur mit schriftlicher Genehmigung des Verlages gestattet

Datenbank-Nr. **T00847**   Merkblatt-Nr. **2170**

Abrieb und Reibung

Taber-Abrieb (Reibradverfahren)   mm³/100 U
Abriebfaktor LNP (Thrust washer) Vergleichswert
Statische Reibungszahl
Dynamische Reibungszahl   (p·v=   N/mm² ·   m/min)
Zulässiger p · v Wert   N/mm² · (m/min)   v =   m/min
                                                                v =   m/min

Thermische Eigenschaften

Formbeständigkeit in der Wärme   Verfahren   °C
                                          Verfahren   °C
Vicat Erweichungstemperatur (VST)   Verfahren   °C
                                          Verfahren   °C
Kristallit-Schmelzpunkt   Verfahren

Längenausdehnungskoeffizient   Bereich   °C   · 10⁻⁴ K⁻¹
                                          Temperatur   · 10⁻⁴ K⁻¹
Wärmeleitfähigkeit   Verfahren   W/(K · m)

Spezifische Wärmekapazität   Verfahren   J/(K · g)

Glasumwandlungstemperatur   Torsionsschwingungsversuch   °C
                                          Differentialkalorimetrie   °C

Brandverhalten

UL-Test vertikal   Dicke   mm, Wert
                                          Dicke   mm, Wert

	Norm	Bewertung	Abmessungen
Sauerstoff-Index	ASTM D 2863		
Glühstab-Verfahren			
Brandverhalten	DIN 4102		
MVSS			
FAR			

Elektrische Eigenschaften

                                          Hz   °C   Probekörper, Form

Dielektrizitätszahl   50
                                          10³
                                          10⁶
Dielektrischer Verlustfaktor tan δ   50
                                          10³
                                          10⁶
Spezifischer Durchgangs-
   widerstand   Ohm · cm   70   0.5*10**11   NY-Ader 1mm(2)x0,6mm
Durchschlagfestigkeit   kV/mm   mm dick
Oberflächenwiderstand   Ohm

Kriechstromfestigkeit   KC   KB   KA
Kriechwegbildung

Elektrolytische Korrosionswirkung
Lichtbogenfestigkeit nach DIN
               nach ASTM   s

Beständigkeit *(Chemische Beständigkeit siehe Anhang)*

Wasseraufnahme

Feuchtigkeitsaufnahme Normalklima   %
Wetterbeständigkeit

Spannungskorrosion

Optische Eigenschaften

Brechungszahl n_D
Transmissionsgrad τ_c %   mm dick
Lichtdurchlässigkeit

Datenbank-Nr.	**T00848**		Merkblatt-Nr. **2171**
Produkt	Weich-PVC-Extrusionsmasse		**PVC**
Handelsname	**Trosiplast 7133**		
Hersteller	HUELSTRO		
DIN-Bez 1	7749-PVC-P,KG,A80-35-X	Viskositätszahl ml/g	
DIN-Bez 2		K-Wert	
Zusätze		Füllstoffe/Verstärkung	
Bevorzugte Verarbeitung	Extrudieren	Lieferform	Granulat
		Farben	Natur; Schwarz
Besondere Merkmale	Normaltyp; Cadmiumfrei; Flammwidrig nach VDE 0472; Kaeltebruchtemperatur -30 C	Bevorzugte Anwendungen	Einsetzbar nach VDE 0207 YJ 2; YM 1,2

Kornverteilung			Dichte	g/cm³	1.34
Kornklasse μm	Rückstand %		Schüttdichte	g/cm³	
			Stampfdichte	g/cm³	
			Rieselfähigkeit		
			Rieselzeit	s/100 g	
			Kornbeschaffenheit		
Allgemeine Hinweise			Flüchtige Bestandteile	%	
			Sulfatasche	%	

Zugversuch 23 °C   DIN 53455;

	Probekörper:	Form		Herstellung	
		Zustand		Vorbehandlung	Normalklima
Streckspannung	N/mm²		Dehnung bei Streckspannung	%	
Zugfestigkeit	N/mm²		Reißdehnung	%	300
Reißfestigkeit	N/mm²	18	% Dehnspannung	N/mm²	
E-Modul	N/mm²		Dehnung bei % Dehnspg.	%	

Kriechmoduln und Zeitstandwerte 23 °C

	Probekörper:	Form		Herstellung	
		Zustand		Vorbehandlung	
Kriechmodul	1 min N/mm²		Zeitstandzugfestigkeit	h N/mm²	
Kriechmodul	1000 h N/mm²		Zeitdehnspg. %	h N/mm²	
bei Spannung	N/mm²				

Biegeversuch 23 °C

	Probekörper:	Form		Herstellung	
		Zustand		Vorbehandlung	
Biegefestigkeit	N/mm²		E-Modul	N/mm²	
3,5% Biegespannung	N/mm²				

Härte 23 °C

	Probekörper:	Zustand		Herstellung	Pressen
				Vorbehandlung	Normalklima
Kugeldruckhärte	N/mm²	bei N, s	Shore-Härte A	80	
Rockwellhärte			Shore-Härte D		

Schlagversuch

	Probekörper:	(1)			
		(2)		Herstellung	
		Zustand		Vorbehandlung	
		°C	°C	°C	Probekörper-Form
Schlagzähigkeit	kJ/m²				
Kerbschlagzähigkeit (1)	kJ/m²				
IZOD-Kerbschlagzähigkeit (2)	J/m				
Kerbschlagzugzähigkeit	kJ/m²				

Kunststoffe © Springer-Verlag Berlin Heidelberg 1988
Kopieren, Vervielfältigen und Speichern in Datenverarbeitungsanlagen (auch auszugsweise) ist nur mit schriftlicher Genehmigung des Verlages gestattet

Datenbank-Nr. **T00848** *Merkblatt-Nr.* **2171**

Abrieb und Reibung

Taber-Abrieb (Reibradverfahren)	mm³/100 U	
Abriebfaktor LNP (Thrust washer) Vergleichswert		
Statische Reibungszahl		
Dynamische Reibungszahl	$(p \cdot v =$ N/mm² · m/min)	
Zulässiger $p \cdot v$ Wert	N/mm² · (m/min) $v =$ m/min	
	$v =$ m/min	

Thermische Eigenschaften

Formbeständigkeit in der Wärme	Verfahren	°C
	Verfahren	°C
Vicat Erweichungstemperatur (VST)	Verfahren	°C
	Verfahren	°C
Kristallit-Schmelzpunkt	Verfahren	
Längenausdehnungskoeffizient	Bereich °C	$\cdot 10^{-4} K^{-1}$
	Temperatur	$\cdot 10^{-4} K^{-1}$
Wärmeleitfähigkeit	Verfahren	W/(K·m)
Spezifische Wärmekapazität	Verfahren	J/(K·g)
Glasumwandlungstemperatur	Torsionsschwingungsversuch	°C
	Differentialkalorimetrie	°C

Brandverhalten

UL-Test vertikal	Dicke mm, Wert	
	Dicke mm, Wert	

	Norm	Bewertung	Abmessungen
Sauerstoff-Index	ASTM D 2863		
Glühstab-Verfahren			
Brandverhalten	DIN 4102		
MVSS			
FAR			

Elektrische Eigenschaften

	Hz	°C	Probekörper, Form
Dielektrizitätszahl	50		
	10³		
	10⁶		
Dielektrischer Verlustfaktor tan δ	50		
	10³		
	10⁶		
Spezifischer Durchgangswiderstand	Ohm · cm		
Durchschlagfestigkeit	kV/mm		mm dick
Oberflächenwiderstand	Ohm		

	KC	KB	KA
Kriechstromfestigkeit			
Kriechwegbildung			

Elektrolytische Korrosionswirkung
Lichtbogenfestigkeit nach DIN
  nach ASTM s

Beständigkeit (Chemische Beständigkeit siehe Anhang)

Wasseraufnahme

Feuchtigkeitsaufnahme Normalklima   %
Wetterbeständigkeit

Spannungskorrosion

Optische Eigenschaften

Brechungszahl n_D
Transmissionsgrad τ_c %   mm dick
Lichtdurchlässigkeit

Datenbank-Nr.	**T00849**	Merkblatt-Nr. **2172**

Produkt	Weich-PVC-Extrusionsmasse		**PVC**
Handelsname	**Trosiplast 7136**		
Hersteller	HUELSTRO		
DIN-Bez 1	7749-PVC-P,EG,A80-80-X	Viskositätszahl ml/g	
DIN-Bez 2		K-Wert	
Zusätze		Füllstoffe/ Verstärkung	
Bevorzugte Verarbeitung	Extrudieren	Lieferform	Granulat
		Farben	Natur; Schwarz
Besondere Merkmale	Normaltyp; Cadmiumfrei; Flammwidrig nach VDE 0472; Kaeltebruchtemperatur -10 C	Bevorzugte Anwendungen	

Kornverteilung

Kornklasse μm	Rückstand %	Dichte	g/cm^3	1.82
		Schüttdichte	g/cm^3	
		Stampfdichte	g/cm^3	
		Rieselfähigkeit		
		Rieselzeit	s/100 g	
		Kornbeschaffenheit		
Allgemeine Hinweise		Flüchtige Bestandteile	%	
		Sulfatasche	%	

Zugversuch 23 °C DIN 53455;

	Probekörper:	Form	Herstellung	
		Zustand	Vorbehandlung	Normalklima
Streckspannung	N/mm^2		Dehnung bei Streckspannung	%
Zugfestigkeit	N/mm^2		Reißdehnung	% 70
Reißfestigkeit	N/mm^2 4		% Dehnspannung	N/mm^2
E-Modul	N/mm^2		Dehnung bei % Dehnspg.	%

Kriechmoduln und Zeitstandwerte 23 °C

	Probekörper:	Form	Herstellung	
		Zustand	Vorbehandlung	
Kriechmodul	1 min N/mm^2		Zeitstandzugfestigkeit	h N/mm^2
Kriechmodul	1000 h N/mm^2		Zeitdehnspg. %	h N/mm^2
bei Spannung	N/mm^2			

Biegeversuch 23 °C

	Probekörper:	Form	Herstellung	
		Zustand	Vorbehandlung	
Biegefestigkeit	N/mm^2		E-Modul	N/mm^2
3,5% Biegespannung	N/mm^2			

Härte 23 °C

	Probekörper:	Zustand	Herstellung	Pressen
			Vorbehandlung	Normalklima
Kugeldruckhärte	N/mm^2	bei N, s	Shore-Härte A	80
Rockwellhärte			Shore-Härte D	

Schlagversuch

	Probekörper:	(1)		
		(2)	Herstellung	
		Zustand	Vorbehandlung	
		°C °C	°C	Probekörper-Form
Schlagzähigkeit	kJ/m^2			
Kerbschlagzähigkeit (1)	kJ/m^2			
IZOD-Kerbschlagzähigkeit (2)	J/m			
Kerbschlagzugzähigkeit	kJ/m^2			

Kunststoffe © Springer-Verlag Berlin Heidelberg 1988
Kopieren, Vervielfältigen und Speichern in Datenverarbeitungsanlagen (auch auszugsweise) ist nur mit schriftlicher Genehmigung des Verlages gestattet

Datenbank-Nr. **T00849** Merkblatt-Nr. **2172**

Abrieb und Reibung
Taber-Abrieb (Reibradverfahren) mm³/100 U
Abriebfaktor LNP (Thrust washer) Vergleichswert
Statische Reibungszahl
Dynamische Reibungszahl (p·v= N/mm² · m/min)
Zulässiger p · v Wert N/mm² · (m/min) v= m/min
v= m/min

Thermische Eigenschaften
Formbeständigkeit in der Wärme Verfahren °C
Verfahren °C
Vicat Erweichungstemperatur (VST) Verfahren °C
Verfahren °C
Kristallit-Schmelzpunkt Verfahren

Längenausdehnungskoeffizient Bereich °C · 10⁻⁴ K⁻¹
Temperatur · 10⁻⁴ K⁻¹
Wärmeleitfähigkeit Verfahren W/(K · m)

Spezifische Wärmekapazität Verfahren J/(K · g)

Glasumwandlungstemperatur Torsionsschwingungsversuch °C
Differentialkalorimetrie °C

Brandverhalten
UL-Test vertikal Dicke mm, Wert
Dicke mm, Wert

	Norm	Bewertung	Abmessungen
Sauerstoff-Index	ASTM D 2863		
Glühstab-Verfahren			
Brandverhalten	DIN 4102		
MVSS			
FAR			

Elektrische Eigenschaften

	Hz	°C		Probekörper, Form
Dielektrizitätszahl	50			
	10³			
	10⁶			
Dielektrischer Verlustfaktor tan δ	50			
	10³			
	10⁶			

Spezifischer Durchgangs-
widerstand Ohm · cm
Durchschlagfestigkeit kV/mm mm dick
Oberflächenwiderstand Ohm
Kriechstromfestigkeit KC KB KA
Kriechwegbildung

Elektrolytische Korrosionswirkung
Lichtbogenfestigkeit nach DIN
nach ASTM s

Beständigkeit (Chemische Beständigkeit siehe Anhang)
Wasseraufnahme

Feuchtigkeitsaufnahme Normalklima %
Wetterbeständigkeit

Spannungskorrosion

Optische Eigenschaften
Brechungszahl n_D
Transmissionsgrad τ_c % mm dick
Lichtdurchlässigkeit

Datenbank-Nr. **T00850**		Merkblatt-Nr. **2173**

Produkt	Weich-PVC-Extrusionsmasse	**PVC**
Handelsname	**Trosiplast 7102**	
Hersteller	HUELSTRO	
DIN-Bez 1	7749-PVC-P,KG,A82-40-X	Viskositätszahl ml/g
DIN-Bez 2		K-Wert
Zusätze		Füllstoffe/Verstärkung
Bevorzugte Verarbeitung	Extrudieren	Lieferform Granulat
		Farben Natur; Schwarz
Besondere Merkmale	Normaltyp; Cadmiumfrei; Flammwidrig nach VDE 0472; Kaeltebruchtemperatur -15 C	Bevorzugte Anwendungen Einsetzbar nach VDE 0207 YJ 1,2; YM 1,2

Kornverteilung

Kornklasse µm	Rückstand %		
		Dichte g/cm³	1.4
		Schüttdichte g/cm³	
		Stampfdichte g/cm³	
		Rieselfähigkeit	
		Rieselzeit s/100 g	
		Kornbeschaffenheit	
Allgemeine Hinweise		Flüchtige Bestandteile %	
		Sulfatasche %	

Zugversuch 23 °C   DIN 53455;

Probekörper: Form
             Zustand

Herstellung
Vorbehandlung   Normalklima

Streckspannung	N/mm²	Dehnung bei Streckspannung	%
Zugfestigkeit	N/mm²	Reißdehnung	% 270
Reißfestigkeit	N/mm² 20	% Dehnspannung	N/mm²
E-Modul	N/mm²	Dehnung bei % Dehnspg.	%

Kriechmoduln und Zeitstandwerte 23 °C

Probekörper: Form
             Zustand

Herstellung
Vorbehandlung

Kriechmodul	1 min N/mm²	Zeitstandzugfestigkeit	h N/mm²
Kriechmodul	1000 h N/mm²	Zeitdehnspg. %	h N/mm²
bei Spannung	N/mm²		

Biegeversuch 23 °C

Probekörper: Form
             Zustand

Herstellung
Vorbehandlung

Biegefestigkeit	N/mm²	E-Modul	N/mm²
3,5% Biegespannung	N/mm²		

Härte 23 °C

Probekörper: Zustand

Herstellung   Pressen
Vorbehandlung   Normalklima

Kugeldruckhärte	N/mm² bei N, s	Shore-Härte A 83
Rockwellhärte		Shore-Härte D

Schlagversuch

Probekörper: (1)
             (2)
             Zustand

Herstellung
Vorbehandlung

         °C   °C   °C   Probekörper-Form

Schlagzähigkeit	kJ/m²
Kerbschlagzähigkeit (1)	kJ/m²
IZOD-Kerbschlagzähigkeit (2)	J/m
Kerbschlagzugzähigkeit	kJ/m²

Kunststoffe © Springer-Verlag Berlin Heidelberg 1988
Kopieren, Vervielfältigen und Speichern in Datenverarbeitungsanlagen (auch auszugsweise) ist nur mit schriftlicher Genehmigung des Verlages gestattet

Datenbank-Nr. **T00850** *Merkblatt-Nr.* **2173**

Abrieb und Reibung

Taber-Abrieb (Reibradverfahren)	mm³/100 U	
Abriebfaktor LNP (Thrust washer) Vergleichswert		
Statische Reibungszahl		
Dynamische Reibungszahl	(p·v= N/mm² · m/min)	
Zulässiger p · v Wert	N/mm² · (m/min) v= m/min	
	v= m/min	

Thermische Eigenschaften

Formbeständigkeit in der Wärme	Verfahren	°C
	Verfahren	°C
Vicat Erweichungstemperatur (VST)	Verfahren	°C
	Verfahren	°C
Kristallit-Schmelzpunkt	Verfahren	
Längenausdehnungskoeffizient	Bereich °C	$\cdot 10^{-4} K^{-1}$
	Temperatur	$\cdot 10^{-4} K^{-1}$
Wärmeleitfähigkeit	Verfahren	W/(K · m)
Spezifische Wärmekapazität	Verfahren	J/(K · g)
Glasumwandlungstemperatur	Torsionsschwingungsversuch	°C
	Differentialkalorimetrie	°C

Brandverhalten

UL-Test vertikal   Dicke   mm, Wert
                     Dicke   mm, Wert

	Norm	Bewertung	Abmessungen
Sauerstoff-Index	ASTM D 2863		
Glühstab-Verfahren			
Brandverhalten	DIN 4102		
MVSS			
FAR			

Elektrische Eigenschaften

	Hz	°C		Probekörper, Form
Dielektrizitätszahl	50			
	10³			
	10⁶			
Dielektrischer Verlustfaktor tan δ	50			
	10³			
	10⁶			
Spezifischer Durchgangs- widerstand	Ohm · cm	70	0.5*10**11	NY-Ader 1mm(2)x0,6mm
Durchschlagfestigkeit	kV/mm			mm dick
Oberflächenwiderstand	Ohm			
Kriechstromfestigkeit		KC	KB KA	
Kriechwegbildung				

Elektrolytische Korrosionswirkung
Lichtbogenfestigkeit nach DIN
               nach ASTM   s

Beständigkeit (Chemische Beständigkeit siehe Anhang)

Wasseraufnahme

Feuchtigkeitsaufnahme Normalklima   %
Wetterbeständigkeit

Spannungskorrosion

Optische Eigenschaften

Brechungszahl n_D
Transmissionsgrad τ_c %   mm dick
Lichtdurchlässigkeit

Datenbank-Nr.	**T00851**	Merkblatt-Nr.	**2174**

PVC

Produkt	Weich-PVC-Extrusionsmasse
Handelsname	**Trosiplast 7124**
Hersteller	HUELSTRO
DIN-Bez 1	7749-PVC-P,KG,A84-45-X
DIN-Bez 2	
Zusätze	
Bevorzugte Verarbeitung	Extrudieren
Besondere Merkmale	Normaltyp; Cadmiumfrei; Flammwidrig nach VDE 0472; Kaeltebruchtemperatur -10 C

Viskositätszahl ml/g	
K-Wert	
Füllstoffe/Verstärkung	
Lieferform	Granulat
Farben	Natur; Schwarz
Bevorzugte Anwendungen	Einsetzbar nach VDE 0207 YJ 1,2; YM 1,2

Kornverteilung

Kornklasse µm	Rückstand %

Dichte	g/cm³	1.44
Schüttdichte	g/cm³	
Stampfdichte	g/cm³	
Rieselfähigkeit		
Rieselzeit	s/100 g	
Kornbeschaffenheit		
Flüchtige Bestandteile	%	
Sulfatasche	%	

Allgemeine Hinweise

Zugversuch 23 °C   DIN 53455;
Probekörper: Form
Zustand
Herstellung
Vorbehandlung   Normalklima

Streckspannung	N/mm²	Dehnung bei Streckspannung	%	
Zugfestigkeit	N/mm²	Reißdehnung	%	280
Reißfestigkeit	N/mm² 18	% Dehnspannung	N/mm²	
E-Modul	N/mm²	Dehnung bei % Dehnspg.	%	

Kriechmoduln und Zeitstandwerte 23 °C
Probekörper: Form
Zustand
Herstellung
Vorbehandlung

Kriechmodul	1 min N/mm²	Zeitstandzugfestigkeit	h	N/mm²
Kriechmodul	1000 h N/mm²	Zeitdehnspg. %	h	N/mm²
bei Spannung	N/mm²			

Biegeversuch 23 °C
Probekörper: Form
Zustand
Herstellung
Vorbehandlung

Biegefestigkeit	N/mm²	E-Modul	N/mm²
3,5% Biegespannung	N/mm²		

Härte 23 °C   Probekörper: Zustand   Herstellung Pressen / Vorbehandlung Normalklima

Kugeldruckhärte	N/mm²	bei N, s	Shore-Härte A	85
Rockwellhärte			Shore-Härte D	

Schlagversuch
Probekörper: (1)
(2)
Zustand
Herstellung
Vorbehandlung

°C	°C	°C	Probekörper-Form

Schlagzähigkeit	kJ/m²
Kerbschlagzähigkeit (1)	kJ/m²
IZOD-Kerbschlagzähigkeit (2)	J/m
Kerbschlagzugzähigkeit	kJ/m²

Kunststoffe © Springer-Verlag Berlin Heidelberg 1988
Kopieren, Vervielfältigen und Speichern in Datenverarbeitungsanlagen (auch auszugsweise) ist nur mit schriftlicher Genehmigung des Verlages gestattet

Datenbank-Nr. **T00851** Merkblatt-Nr. **2174**

Abrieb und Reibung

Taber-Abrieb (Reibradverfahren)	mm³/100 U	
Abriebfaktor LNP (Thrust washer) Vergleichswert		
Statische Reibungszahl		
Dynamische Reibungszahl	(p·v = N/mm² ·	m/min)
Zulässiger p · v Wert	N/mm² · (m/min) v =	m/min
	v =	m/min

Thermische Eigenschaften

Formbeständigkeit in der Wärme	Verfahren	°C
	Verfahren	°C
Vicat Erweichungstemperatur (VST)	Verfahren	°C
	Verfahren	°C
Kristallit-Schmelzpunkt	Verfahren	
Längenausdehnungskoeffizient	Bereich °C	$\cdot 10^{-4} K^{-1}$
	Temperatur	$\cdot 10^{-4} K^{-1}$
Wärmeleitfähigkeit	Verfahren	W/(K·m)
Spezifische Wärmekapazität	Verfahren	J/(K·g)
Glasumwandlungstemperatur	Torsionsschwingungsversuch	°C
	Differentialkalorimetrie	°C

Brandverhalten

UL-Test vertikal Dicke mm, Wert
 Dicke mm, Wert

	Norm	Bewertung	Abmessungen
Sauerstoff-Index	ASTM D 2863		
Glühstab-Verfahren			
Brandverhalten	DIN 4102		
MVSS			
FAR			

Elektrische Eigenschaften

		Hz	°C		Probekörper, Form
Dielektrizitätszahl		50			
		10³			
		10⁶			
Dielektrischer Verlustfaktor tan δ		50			
		10³			
		10⁶			
Spezifischer Durchgangs-					
widerstand	Ohm · cm		70	1.5*10**11	NY-Ader 1mm(2)x0,6mm
Durchschlagfestigkeit	kV/mm				mm dick
Oberflächenwiderstand	Ohm				
Kriechstromfestigkeit		KC	KB	KA	
Kriechwegbildung					

Elektrolytische Korrosionswirkung
Lichtbogenfestigkeit nach DIN
  nach ASTM s

Beständigkeit *(Chemische Beständigkeit siehe Anhang)*
Wasseraufnahme

Feuchtigkeitsaufnahme Normalklima
Wetterbeständigkeit %

Spannungskorrosion

Optische Eigenschaften

Brechungszahl n_D
Transmissionsgrad τ_c % mm dick
Lichtdurchlässigkeit

Datenbank-Nr.	**T05839**	Merkblatt-Nr. **2175**

PVC

Produkt	Weich-PVC-Extrusionsmasse
Handelsname	**Trosiplast 7086**
Hersteller	HUELSTRO
DIN-Bez 1	7749-PVC-P,KG,A96-32-X
DIN-Bez 2	
Zusätze	
Bevorzugte Verarbeitung	Extrudieren
Besondere Merkmale	Normaltyp; Cadmiumfrei; Flammwidrig nach VDE 0472; Kaeltebruchtemperatur -15 C

Viskositätszahl ml/g	
K-Wert	
Füllstoffe/Verstärkung	
Lieferform	Granulat
Farben	Natur; Schwarz
Bevorzugte Anwendungen	

Kornverteilung

Kornklasse µm	Rückstand %

Allgemeine Hinweise

Dichte	g/cm³	1.33
Schüttdichte	g/cm³	
Stampfdichte	g/cm³	
Rieselfähigkeit		
Rieselzeit	s/100 g	
Kornbeschaffenheit		
Flüchtige Bestandteile	%	
Sulfatasche	%	

Zugversuch 23 °C DIN 53455;

Probekörper: Form
Zustand

Herstellung
Vorbehandlung Normalklima

Streckspannung	N/mm²	Dehnung bei Streckspannung	%	
Zugfestigkeit	N/mm²	Reißdehnung	%	230
Reißfestigkeit	N/mm² 26	% Dehnspannung	N/mm²	
E-Modul	N/mm²	Dehnung bei % Dehnspg.	%	

Kriechmoduln und Zeitstandwerte 23 °C

Probekörper: Form
Zustand

Herstellung
Vorbehandlung

Kriechmodul	1 min N/mm²	Zeitstandzugfestigkeit	h N/mm²
Kriechmodul	1000 h N/mm²	Zeitdehnspg. %	h N/mm²
bei Spannung	N/mm²		

Biegeversuch 23 °C

Probekörper: Form
Zustand

Herstellung
Vorbehandlung

Biegefestigkeit	N/mm²	E-Modul	N/mm²
3,5% Biegespannung	N/mm²		

Härte 23 °C   Probekörper: Zustand

Herstellung Pressen
Vorbehandlung Normalklima

Kugeldruckhärte	N/mm²	bei	N, s	Shore-Härte A	96
Rockwellhärte				Shore-Härte D	

Schlagversuch   Probekörper: (1)
(2)
Zustand

Herstellung
Vorbehandlung

°C	°C	°C	Probekörper-Form

Schlagzähigkeit	kJ/m²
Kerbschlagzähigkeit (1)	kJ/m²
IZOD-Kerbschlagzähigkeit (2)	J/m
Kerbschlagzugzähigkeit	kJ/m²

Kunststoffe © Springer-Verlag Berlin Heidelberg 1988
Kopieren, Vervielfältigen und Speichern in Datenverarbeitungsanlagen (auch auszugsweise) ist nur mit schriftlicher Genehmigung des Verlages gestattet

Datenbank-Nr. **T05839** Merkblatt-Nr. **2175**

Abrieb und Reibung

Taber-Abrieb (Reibradverfahren) mm³/100 U
Abriebfaktor LNP (Thrust washer) Vergleichswert
Statische Reibungszahl
Dynamische Reibungszahl (p·v= N/mm² · m/min)
Zulässiger p·v Wert N/mm² · (m/min) v= m/min
 v= m/min

Thermische Eigenschaften

Formbeständigkeit in der Wärme Verfahren °C
 Verfahren °C
Vicat Erweichungstemperatur (VST) Verfahren °C
 Verfahren °C
Kristallit-Schmelzpunkt Verfahren

Längenausdehnungskoeffizient Bereich °C ·10^{-4}K^{-1}
 Temperatur ·10^{-4}K^{-1}
Wärmeleitfähigkeit Verfahren W/(K·m)

Spezifische Wärmekapazität Verfahren J/(K·g)

Glasumwandlungstemperatur Torsionsschwingungsversuch °C
 Differentialkalorimetrie °C

Brandverhalten

UL-Test vertikal Dicke mm, Wert
 Dicke mm, Wert

 Norm Bewertung Abmessungen

Sauerstoff-Index ASTM D 2863
Glühstab-Verfahren
Brandverhalten DIN 4102
MVSS
FAR

Elektrische Eigenschaften

 Hz °C Probekörper, Form
Dielektrizitätszahl 50
 10^3
 10^6
Dielektrischer Verlustfaktor tan δ 50
 10^3
 10^6
Spezifischer Durchgangs-
 widerstand Ohm·cm 95 1.0*10**11 NY-Ader 1mm(2)x0,6mm
Durchschlagfestigkeit kV/mm mm dick
Oberflächenwiderstand Ohm

Kriechstromfestigkeit KC KB KA
Kriechwegbildung

Elektrolytische Korrosionswirkung
Lichtbogenfestigkeit nach DIN
 nach ASTM s

Beständigkeit (Chemische Beständigkeit siehe Anhang)

Wasseraufnahme

Feuchtigkeitsaufnahme Normalklima
Wetterbeständigkeit %

Spannungskorrosion

Optische Eigenschaften

Brechungszahl n_D
Transmissionsgrad τ_c % mm dick
Lichtdurchlässigkeit

Datenbank-Nr. **T05840**		Merkblatt-Nr. **2176**
Produkt	Weich-PVC-Extrusionsmasse	**PVC**
Handelsname	**Trosiplast 7141**	
Hersteller	HUELSTRO	

DIN-Bez 1	7749-PVC-P,KG,A70-40-X	Viskositätszahl ml/g	
DIN-Bez 2		K-Wert	
Zusätze		Füllstoffe/Verstärkung	
Bevorzugte Verarbeitung	Extrudieren	Lieferform	Granulat
		Farben	Natur; Schwarz
Besondere Merkmale	Normaltyp; Cadmiumfrei; Kaeltebruch-temperatur -25 C	Bevorzugte Anwendungen	

Kornverteilung

Kornklasse µm	Rückstand %		
		Dichte g/cm³	1.39
		Schüttdichte g/cm³	
		Stampfdichte g/cm³	
		Rieselfähigkeit	
		Rieselzeit s/100 g	
		Kornbeschaffenheit	
Allgemeine Hinweise		Flüchtige Bestandteile %	
		Sulfatasche %	

Zugversuch 23 °C DIN 53455;

	Probekörper:	Form	Herstellung	
		Zustand	Vorbehandlung	Normalklima
Streckspannung	N/mm²		Dehnung bei Streckspannung %	
Zugfestigkeit	N/mm²		Reißdehnung %	260
Reißfestigkeit	N/mm²	13	% Dehnspannung N/mm²	
E-Modul	N/mm²		Dehnung bei % Dehnspg. %	

Kriechmoduln und Zeitstandwerte 23 °C

	Probekörper:	Form	Herstellung	
		Zustand	Vorbehandlung	
Kriechmodul	1 min N/mm²		Zeitstandzugfestigkeit h N/mm²	
Kriechmodul	1000 h N/mm²		Zeitdehnspg. % h N/mm²	
bei Spannung	N/mm²			

Biegeversuch 23 °C

	Probekörper:	Form	Herstellung	
		Zustand	Vorbehandlung	
Biegefestigkeit	N/mm²		E-Modul N/mm²	
3,5% Biegespannung	N/mm²			

Härte 23 °C

	Probekörper:	Zustand	Herstellung	Pressen
			Vorbehandlung	Normalklima
Kugeldruckhärte	N/mm²	bei N, s	Shore-Härte A	70
Rockwellhärte			Shore-Härte D	

Schlagversuch

	Probekörper:	(1)		
		(2)	Herstellung	
		Zustand	Vorbehandlung	
	°C	°C	°C	Probekörper-Form
Schlagzähigkeit	kJ/m²			
Kerbschlagzähigkeit (1)	kJ/m²			
IZOD-Kerbschlagzähigkeit (2)	J/m			
Kerbschlagzugzähigkeit	kJ/m²			

Kunststoffe © Springer-Verlag Berlin Heidelberg 1988
Kopieren, Vervielfältigen und Speichern in Datenverarbeitungsanlagen (auch auszugsweise) ist nur mit schriftlicher Genehmigung des Verlages gestattet

Datenbank-Nr. **T05840** Merkblatt-Nr. **2176**

Abrieb und Reibung

Taber-Abrieb (Reibradverfahren) mm³/100 U
Abriebfaktor LNP (Thrust washer) Vergleichswert
Statische Reibungszahl
Dynamische Reibungszahl (p·v= N/mm²· m/min)
Zulässiger p·v Wert N/mm²·(m/min) v= m/min
  v= m/min

Thermische Eigenschaften

Formbeständigkeit in der Wärme Verfahren °C
  Verfahren °C
Vicat Erweichungstemperatur (VST) Verfahren °C
  Verfahren °C
Kristallit-Schmelzpunkt Verfahren

Längenausdehnungskoeffizient Bereich °C $\cdot 10^{-4} K^{-1}$
  Temperatur $\cdot 10^{-4} K^{-1}$
Wärmeleitfähigkeit Verfahren W/(K·m)

Spezifische Wärmekapazität Verfahren J/(K·g)

Glasumwandlungstemperatur Torsionsschwingungsversuch °C
  Differentialkalorimetrie °C

Brandverhalten

UL-Test vertikal Dicke mm, Wert
  Dicke mm, Wert

	Norm	Bewertung	Abmessungen
Sauerstoff-Index	ASTM D 2863		
Glühstab-Verfahren			
Brandverhalten	DIN 4102		
MVSS			
FAR			

Elektrische Eigenschaften

	Hz	°C		Probekörper, Form
Dielektrizitätszahl	50			
	10³			
	10⁶			
Dielektrischer Verlustfaktor tan δ	50			
	10³			
	10⁶			
Spezifischer Durchgangswiderstand	Ohm·cm	95	1.0*10**11	NY-Ader 1mm(2)x0,6mm
Durchschlagfestigkeit	kV/mm			mm dick
Oberflächenwiderstand	Ohm			
Kriechstromfestigkeit		KC	KB	KA
Kriechwegbildung				

Elektrolytische Korrosionswirkung
Lichtbogenfestigkeit nach DIN
  nach ASTM s

Beständigkeit (Chemische Beständigkeit siehe Anhang)

Wasseraufnahme

Feuchtigkeitsaufnahme Normalklima %
Wetterbeständigkeit

Spannungskorrosion

Optische Eigenschaften

Brechungszahl n_D
Transmissionsgrad τ_c % mm dick
Lichtdurchlässigkeit

Datenbank-Nr.	**T05841**		Merkblatt-Nr.	**2177**

PVC

Produkt	Weich-PVC-Extrusionsmasse
Handelsname	**Trosiplast 7139**
Hersteller	HUELSTRO
DIN-Bez 1	7749-PVC-P,KG,A81-56-X
DIN-Bez 2	
Zusätze	

Viskositätszahl	ml/g		
K-Wert			
Füllstoffe/Verstärkung			

Bevorzugte Verarbeitung	Extrudieren
Lieferform	Granulat
Farben	Transparent

Besondere Merkmale	Normaltyp; Cadmiumfrei; Flammwidrig nach VDE 0472; Kaeltebruchtemperatur -10 C
Bevorzugte Anwendungen	

Kornverteilung

Kornklasse µm	Rückstand %

Dichte	g/cm³	1.56
Schüttdichte	g/cm³	
Stampfdichte	g/cm³	
Rieselfähigkeit		
Rieselzeit	s/100 g	
Kornbeschaffenheit		
Flüchtige Bestandteile	%	
Sulfatasche	%	

Allgemeine Hinweise

Zugversuch 23 °C   DIN 53455;

Probekörper: Form / Zustand   Herstellung Vorbehandlung: Normalklima

Streckspannung	N/mm²		Dehnung bei Streckspannung	%
Zugfestigkeit	N/mm²		Reißdehnung	% 210
Reißfestigkeit	N/mm² 9		% Dehnspannung	N/mm²
E-Modul	N/mm²		Dehnung bei % Dehnspg.	%

Kriechmoduln und Zeitstandwerte 23 °C

Probekörper: Form / Zustand   Herstellung / Vorbehandlung

Kriechmodul	1 min N/mm²	Zeitstandzugfestigkeit	h N/mm²
Kriechmodul	1000 h N/mm²	Zeitdehnspg. %	h N/mm²
bei Spannung	N/mm²		

Biegeversuch 23 °C

Probekörper: Form / Zustand   Herstellung / Vorbehandlung

Biegefestigkeit	N/mm²	E-Modul	N/mm²
3,5% Biegespannung	N/mm²		

Härte 23 °C   Probekörper: Zustand   Herstellung Vorbehandlung: Pressen / Normalklima

Kugeldruckhärte	N/mm²	bei N, s	Shore-Härte A	81
Rockwellhärte			Shore-Härte D	

Schlagversuch

Probekörper: (1) / (2) / Zustand   Herstellung / Vorbehandlung

°C	°C	°C	Probekörper-Form

Schlagzähigkeit	kJ/m²
Kerbschlagzähigkeit (1)	kJ/m²
IZOD-Kerbschlagzähigkeit (2)	J/m
Kerbschlagzugzähigkeit	kJ/m²

Kunststoffe © Springer-Verlag Berlin Heidelberg 1988
Kopieren, Vervielfältigen und Speichern in Datenverarbeitungsanlagen (auch auszugsweise) ist nur mit schriftlicher Genehmigung des Verlages gestattet

Datenbank-Nr. **T05841** *Merkblatt-Nr.* **2177**

Abrieb und Reibung

Taber-Abrieb (Reibradverfahren)	mm³/100 U	
Abriebfaktor LNP (Thrust washer) Vergleichswert		
Statische Reibungszahl		
Dynamische Reibungszahl	(p·v= N/mm² · m/min)	
Zulässiger p · v Wert	N/mm² · (m/min) v= m/min	
	v= m/min	

Thermische Eigenschaften

Formbeständigkeit in der Wärme	Verfahren	°C
	Verfahren	°C
Vicat Erweichungstemperatur (VST)	Verfahren	°C
	Verfahren	°C
Kristallit-Schmelzpunkt	Verfahren	
Längenausdehnungskoeffizient	Bereich °C	·10⁻⁴K⁻¹
	Temperatur	·10⁻⁴K⁻¹
Wärmeleitfähigkeit	Verfahren	W/(K · m)
Spezifische Wärmekapazität	Verfahren	J/(K · g)
Glasumwandlungstemperatur	Torsionsschwingungsversuch	°C
	Differentialkalorimetrie	°C

Brandverhalten

UL-Test vertikal Dicke   mm, Wert
 Dicke   mm, Wert

	Norm	Bewertung	Abmessungen
Sauerstoff-Index	ASTM D 2863		
Glühstab-Verfahren			
Brandverhalten	DIN 4102		
MVSS			
FAR			

Elektrische Eigenschaften

	Hz	°C		Probekörper, Form
Dielektrizitätszahl	50			
	10³			
	10⁶			
Dielektrischer Verlustfaktor tan δ	50			
	10³			
	10⁶			
Spezifischer Durchgangs-widerstand Ohm · cm		70	2.0*10**11	NY-Ader 1mm(2)x0,6mm mm dick
Durchschlagfestigkeit kV/mm				
Oberflächenwiderstand Ohm				
Kriechstromfestigkeit		KC	KB KA	
Kriechwegbildung				

Elektrolytische Korrosionswirkung
Lichtbogenfestigkeit nach DIN
 nach ASTM s

Beständigkeit (Chemische Beständigkeit siehe Anhang)

Wasseraufnahme

Feuchtigkeitsaufnahme Normalklima   %
Wetterbeständigkeit

Spannungskorrosion

Optische Eigenschaften

Brechungszahl n_D
Transmissionsgrad τ_c   %   mm dick
Lichtdurchlässigkeit

Datenbank-Nr.	**T00855**			Merkblatt-Nr. **2178**
				PVC

Produkt	Weich-PVC-Extrusionsmasse		
Handelsname	**Trosiplast 7112**		
Hersteller	HUELSTRO		
DIN-Bez 1	7749-PVC-P,KG,A90-35-X	Viskositätszahl ml/g	
DIN-Bez 2		K-Wert	
Zusätze		Füllstoffe/Verstärkung	
Bevorzugte Verarbeitung	Extrudieren	Lieferform	Granulat
		Farben	Natur; Schwarz
Besondere Merkmale	Normaltyp; Cadmiumfrei; Flammwidrig nach VDE 0472; Kaeltebruchtemperatur -10 C	Bevorzugte Anwendungen	Einsetzbar nach VDE 0207 YJ 1,2; YM 1,2

Kornverteilung

Kornklasse μm	Rückstand %

Dichte	g/cm³	1.37
Schüttdichte	g/cm³	
Stampfdichte	g/cm³	
Rieselfähigkeit		
Rieselzeit	s/100 g	
Kornbeschaffenheit		
Flüchtige Bestandteile	%	
Sulfatasche	%	

Allgemeine Hinweise

Zugversuch 23 °C   DIN 53455;

Probekörper:	Form		Herstellung	
	Zustand		Vorbehandlung	Normalklima
Streckspannung	N/mm²	Dehnung bei Streckspannung	%	
Zugfestigkeit	N/mm²	Reißdehnung	%	260
Reißfestigkeit	N/mm² 23	% Dehnspannung	N/mm²	
E-Modul	N/mm²	Dehnung bei % Dehnspg.	%	

Kriechmoduln und Zeitstandwerte 23 °C

Probekörper:	Form		Herstellung	
	Zustand		Vorbehandlung	
Kriechmodul	1 min N/mm²	Zeitstandzugfestigkeit	h N/mm²	
Kriechmodul	1000 h N/mm²	Zeitdehnspg. %	h N/mm²	
bei Spannung	N/mm²			

Biegeversuch 23 °C

Probekörper:	Form	Herstellung	
	Zustand	Vorbehandlung	
Biegefestigkeit	N/mm²	E-Modul	N/mm²
3,5% Biegespannung	N/mm²		

Härte 23 °C

Probekörper:	Zustand	Herstellung	Pressen
		Vorbehandlung	Normalklima
Kugeldruckhärte	N/mm² bei N, s	Shore-Härte A	91
Rockwellhärte		Shore-Härte D	

Schlagversuch

Probekörper:	(1)		Herstellung	
	(2)		Vorbehandlung	
	Zustand			
	°C	°C	°C	Probekörper-Form

Schlagzähigkeit	kJ/m²
Kerbschlagzähigkeit (1)	kJ/m²
IZOD-Kerbschlagzähigkeit (2)	J/m
Kerbschlagzugzähigkeit	kJ/m²

Kunststoffe © Springer-Verlag Berlin Heidelberg 1988
Kopieren, Vervielfältigen und Speichern in Datenverarbeitungsanlagen (auch auszugsweise) ist nur mit schriftlicher Genehmigung des Verlages gestattet

Datenbank-Nr. **T00855**　　　　　　　　　　　　　　　　　　　　　　　　　　　　*Merkblatt-Nr.* **2178**

Abrieb und Reibung

Taber-Abrieb (Reibradverfahren)	mm³/100 U	
Abriebfaktor LNP (Thrust washer) Vergleichswert		
Statische Reibungszahl		
Dynamische Reibungszahl	(p·v= N/mm² ·	m/min)
Zulässiger p · v Wert	N/mm² · (m/min) v =	m/min
	v =	m/min

Thermische Eigenschaften

Formbeständigkeit in der Wärme	Verfahren	°C
	Verfahren	°C
Vicat Erweichungstemperatur (VST)	Verfahren	°C
	Verfahren	°C
Kristallit-Schmelzpunkt	Verfahren	
Längenausdehnungskoeffizient	Bereich °C	·10⁻⁴K⁻¹
Wärmeleitfähigkeit	Temperatur	·10⁻⁴K⁻¹
	Verfahren	W/(K·m)
Spezifische Wärmekapazität	Verfahren	J/(K·g)
Glasumwandlungstemperatur	Torsionsschwingungsversuch	°C
	Differentialkalorimetrie	°C

Brandverhalten

UL-Test vertikal　　　　Dicke　　mm, Wert
　　　　　　　　　　　　Dicke　　mm, Wert

	Norm	Bewertung	Abmessungen
Sauerstoff-Index	ASTM D 2863		
Glühstab-Verfahren			
Brandverhalten	DIN 4102		
MVSS			
FAR			

Elektrische Eigenschaften

	Hz	°C		Probekörper, Form
Dielektrizitätszahl	50			
	10³			
	10⁶			
Dielektrischer Verlustfaktor tan δ	50			
	10³			
	10⁶			
Spezifischer Durchgangs-widerstand	Ohm · cm	70	2.0*10**11	NY-Ader 1mm(2)x0,6mm mm dick
Durchschlagfestigkeit	kV/mm			
Oberflächenwiderstand	Ohm			
Kriechstromfestigkeit		KC	KB	KA
Kriechwegbildung				

Elektrolytische Korrosionswirkung
Lichtbogenfestigkeit nach DIN
　　　　　　　　nach ASTM s

Beständigkeit (Chemische Beständigkeit siehe Anhang)

Wasseraufnahme

Feuchtigkeitsaufnahme Normalklima　　　　　　　　　　　　　　　　　　　　%
Wetterbeständigkeit

Spannungskorrosion

Optische Eigenschaften

Brechungszahl n_D
Transmissionsgrad τ_c　　%　　　　　　　mm dick
Lichtdurchlässigkeit

Datenbank-Nr.	**T00856**		Merkblatt-Nr.	**2179**

Produkt	Weich-PVC-Extrusionsmasse		**PVC**
Handelsname	**Trosiplast 7135**		
Hersteller	HUELSTRO		
DIN-Bez 1	7749-PVC-P,KG,A94-40-X	Viskositätszahl ml/g	
DIN-Bez 2		K-Wert	
Zusätze		Füllstoffe/Verstärkung	
Bevorzugte Verarbeitung	Extrudieren	Lieferform	Granulat
		Farben	Natur; Schwarz
Besondere Merkmale	Normaltyp; Cadmiumfrei; Flammwidrig nach VDE 0472; Kaeltebruchtemperatur -10 C	Bevorzugte Anwendungen	Einsetzbar nach VDE 0207 YJ 1,2; YM 1,2

Kornverteilung

Kornklasse µm	Rückstand %		
		Dichte g/cm³	1.4
		Schüttdichte g/cm³	
		Stampfdichte g/cm³	
		Rieselfähigkeit	
		Rieselzeit s/100 g	
		Kornbeschaffenheit	
Allgemeine Hinweise		Flüchtige Bestandteile %	
		Sulfatasche %	

Zugversuch 23 °C   DIN 53455;

Probekörper: Form / Zustand
Herstellung Vorbehandlung: Normalklima

Streckspannung	N/mm²	Dehnung bei Streckspannung	%
Zugfestigkeit	N/mm²	Reißdehnung	% 240
Reißfestigkeit	N/mm² 24	% Dehnspannung	N/mm²
E-Modul	N/mm²	Dehnung bei % Dehnspg.	%

Kriechmoduln und Zeitstandwerte 23 °C

Probekörper: Form / Zustand
Herstellung Vorbehandlung:

Kriechmodul	1 min N/mm²	Zeitstandzugfestigkeit	h N/mm²
Kriechmodul	1000 h N/mm²	Zeitdehnspg. %	h N/mm²
bei Spannung	N/mm²		

Biegeversuch 23 °C

Probekörper: Form / Zustand
Herstellung Vorbehandlung:

Biegefestigkeit	N/mm²	E-Modul	N/mm²
3,5% Biegespannung	N/mm²		

Härte 23 °C

Probekörper: Zustand
Herstellung Vorbehandlung: Pressen / Normalklima

Kugeldruckhärte	N/mm² bei N, s	Shore-Härte A	94
Rockwellhärte		Shore-Härte D	

Schlagversuch

Probekörper: (1) / (2) / Zustand
Herstellung Vorbehandlung:

°C   °C   °C   Probekörper-Form

Schlagzähigkeit	kJ/m²
Kerbschlagzähigkeit (1)	kJ/m²
IZOD-Kerbschlagzähigkeit (2)	J/m
Kerbschlagzugzähigkeit	kJ/m²

Datenbank-Nr. **T00856** Merkblatt-Nr. **2179**

Abrieb und Reibung

Taber-Abrieb (Reibradverfahren)	mm³/100 U	
Abriebfaktor LNP (Thrust washer) Vergleichswert		
Statische Reibungszahl		
Dynamische Reibungszahl	(p·v= N/mm² · m/min)	
Zulässiger p · v Wert	N/mm² · (m/min) v = m/min	
	v = m/min	

Thermische Eigenschaften

Formbeständigkeit in der Wärme	Verfahren	°C
	Verfahren	°C
Vicat Erweichungstemperatur (VST)	Verfahren	°C
	Verfahren	°C
Kristallit-Schmelzpunkt	Verfahren	
Längenausdehnungskoeffizient	Bereich °C	·10⁻⁴K⁻¹
	Temperatur	·10⁻⁴K⁻¹
Wärmeleitfähigkeit	Verfahren	W/(K · m)
Spezifische Wärmekapazität	Verfahren	J/(K · g)
Glasumwandlungstemperatur	Torsionsschwingungsversuch	°C
	Differentialkalorimetrie	°C

Brandverhalten

UL-Test vertikal   Dicke   mm, Wert
                       Dicke   mm, Wert

	Norm	Bewertung	Abmessungen
Sauerstoff-Index	ASTM D 2863		
Glühstab-Verfahren			
Brandverhalten	DIN 4102		
MVSS			
FAR			

Elektrische Eigenschaften

		Hz	°C		Probekörper, Form
Dielektrizitätszahl		50			
		10^3			
		10^6			
Dielektrischer Verlustfaktor tan δ		50			
		10^3			
		10^6			
Spezifischer Durchgangs- widerstand	Ohm · cm		70	2.0*10**11	NY-Ader 1mm(2)x0,6mm
Durchschlagfestigkeit	kV/mm				mm dick
Oberflächenwiderstand	Ohm				
Kriechstromfestigkeit		KC	KB	KA	
Kriechwegbildung					

Elektrolytische Korrosionswirkung
Lichtbogenfestigkeit nach DIN
              nach ASTM   s

Beständigkeit (Chemische Beständigkeit siehe Anhang)

Wasseraufnahme

Feuchtigkeitsaufnahme Normalklima   %
Wetterbeständigkeit

Spannungskorrosion

Optische Eigenschaften

Brechungszahl n_D
Transmissionsgrad τ_c %   mm dick
Lichtdurchlässigkeit

Datenbank-Nr.	**T05842**	Merkblatt-Nr. **2180**

PVC

Produkt	Weich-PVC-Extrusionsmasse
Handelsname	**Trosiplast 7137**
Hersteller	HUELSTRO
DIN-Bez 1	7749-PVC-P,KG,A91-37-X
DIN-Bez 2	
Zusätze	

Viskositätszahl	ml/g		
K-Wert			
Füllstoffe/Verstärkung			

Bevorzugte Verarbeitung	Extrudieren	Lieferform	Granulat	
		Farben	Natur; Schwarz	
Besondere Merkmale	Normaltyp; Cadmiumfrei; Flammwidrig nach VDE 0472; Kaeltebruchtemperatur -10 C	Bevorzugte Anwendungen		

Kornverteilung

Kornklasse μm	Rückstand %

Dichte	g/cm³	1.37
Schüttdichte	g/cm³	
Stampfdichte	g/cm³	
Rieselfähigkeit		
Rieselzeit	s/100 g	
Kornbeschaffenheit		
Flüchtige Bestandteile	%	
Sulfatasche	%	

Allgemeine Hinweise

Zugversuch 23 °C

DIN 53455;
Probekörper: Form
Zustand

Herstellung
Vorbehandlung: Normalklima

Streckspannung	N/mm²	Dehnung bei Streckspannung	%	
Zugfestigkeit	N/mm²	Reißdehnung	%	250
Reißfestigkeit	N/mm² 25	% Dehnspannung	N/mm²	
E-Modul	N/mm²	Dehnung bei % Dehnspg.	%	

Kriechmoduln und Zeitstandwerte 23 °C

Probekörper: Form
Zustand

Herstellung
Vorbehandlung

Kriechmodul	1 min N/mm²	Zeitstandzugfestigkeit	h	N/mm²
Kriechmodul	1000 h N/mm²	Zeitdehnspg. %	h	N/mm²
bei Spannung	N/mm²			

Biegeversuch 23 °C

Probekörper: Form
Zustand

Herstellung
Vorbehandlung

Biegefestigkeit	N/mm²	E-Modul	N/mm²
3,5% Biegespannung	N/mm²		

Härte 23 °C

Probekörper: Zustand

Herstellung Vorbehandlung: Pressen / Normalklima

Kugeldruckhärte	N/mm²	bei	N, s	Shore-Härte A	91
Rockwellhärte				Shore-Härte D	

Schlagversuch

Probekörper: (1)
(2)
Zustand

Herstellung
Vorbehandlung

°C   °C   °C   Probekörper-Form

Schlagzähigkeit	kJ/m²
Kerbschlagzähigkeit (1)	kJ/m²
IZOD-Kerbschlagzähigkeit (2)	J/m
Kerbschlagzugzähigkeit	kJ/m²

Kunststoffe © Springer-Verlag Berlin Heidelberg 1988
Kopieren, Vervielfältigen und Speichern in Datenverarbeitungsanlagen (auch auszugsweise) ist nur mit schriftlicher Genehmigung des Verlages gestattet

Datenbank-Nr. **T05842** Merkblatt-Nr. **2180**

Abrieb und Reibung

Taber-Abrieb (Reibradverfahren)	mm³/100 U	
Abriebfaktor LNP (Thrust washer) Vergleichswert		
Statische Reibungszahl		
Dynamische Reibungszahl	(p·v = N/mm² ·	m/min)
Zulässiger p·v Wert	N/mm² · (m/min) v =	m/min
	v =	m/min

Thermische Eigenschaften

Formbeständigkeit in der Wärme	Verfahren		°C
	Verfahren		°C
Vicat Erweichungstemperatur (VST)	Verfahren		°C
	Verfahren		°C
Kristallit-Schmelzpunkt	Verfahren		
Längenausdehnungskoeffizient	Bereich °C		$\cdot 10^{-4} K^{-1}$
	Temperatur		$\cdot 10^{-4} K^{-1}$
Wärmeleitfähigkeit	Verfahren		W/(K·m)
Spezifische Wärmekapazität	Verfahren		J/(K·g)
Glasumwandlungstemperatur	Torsionsschwingungsversuch	°C	
	Differentialkalorimetrie	°C	

Brandverhalten

UL-Test vertikal Dicke mm, Wert
 Dicke mm, Wert

	Norm	Bewertung	Abmessungen
Sauerstoff-Index	ASTM D 2863		
Glühstab-Verfahren			
Brandverhalten	DIN 4102		
MVSS			
FAR			

Elektrische Eigenschaften

		Hz	°C		Probekörper, Form
Dielektrizitätszahl		50			
		10³			
		10⁶			
Dielektrischer Verlustfaktor tan δ		50			
		10³			
		10⁶			
Spezifischer Durchgangs- widerstand	Ohm·cm		70	3.5*10**11	NY-Ader 1mm(2)x0,6mm
Durchschlagfestigkeit	kV/mm				mm dick
Oberflächenwiderstand	Ohm				
Kriechstromfestigkeit Kriechwegbildung		KC	KB	KA	

Elektrolytische Korrosionswirkung
Lichtbogenfestigkeit nach DIN
 nach ASTM s

Beständigkeit (Chemische Beständigkeit siehe Anhang)

Wasseraufnahme

Feuchtigkeitsaufnahme Normalklima   %
Wetterbeständigkeit

Spannungskorrosion

Optische Eigenschaften

Brechungszahl n_D
Transmissionsgrad τ_c % mm dick
Lichtdurchlässigkeit

Datenbank-Nr. **T05843**		Merkblatt-Nr. **2181**

PVC

Produkt	Weich-PVC-Extrusionsmasse
Handelsname	**Trosiplast 7535**
Hersteller	HUELSTRO
DIN-Bez 1	7749-PVC-P,KG,A77-22-X
DIN-Bez 2	
Zusätze	
Bevorzugte Verarbeitung	Extrudieren
Besondere Merkmale	Transparent-Typ; Flammwidrig nach VDE 0472; Kaeltebruchtemperatur -30 C

Viskositätszahl ml/g	
K-Wert	
Füllstoffe/Verstärkung	
Lieferform	Granulat
Farben	
Bevorzugte Anwendungen	Einsetzbar nach VDE 0207 YM 1,2

Kornverteilung

Kornklasse μm	Rückstand %

Allgemeine Hinweise

Dichte	g/cm³	1.23
Schüttdichte	g/cm³	
Stampfdichte	g/cm³	
Rieselfähigkeit		
Rieselzeit	s/100 g	
Kornbeschaffenheit		
Flüchtige Bestandteile	%	
Sulfatasche	%	

Zugversuch 23 °C

DIN 53455;
Probekörper: Form
Zustand

Herstellung
Vorbehandlung Normalklima

Streckspannung	N/mm²	Dehnung bei Streckspannung	%
Zugfestigkeit	N/mm²	Reißdehnung	% 320
Reißfestigkeit	N/mm² 18	% Dehnspannung	N/mm²
E-Modul	N/mm²	Dehnung bei % Dehnspg.	%

Kriechmoduln und Zeitstandwerte 23 °C

Probekörper: Form
Zustand

Herstellung
Vorbehandlung

Kriechmodul	1 min N/mm²	Zeitstandzugfestigkeit	h N/mm²
Kriechmodul	1000 h N/mm²	Zeitdehnspg. %	h N/mm²
bei Spannung	N/mm²		

Biegeversuch 23 °C

Probekörper: Form
Zustand

Herstellung
Vorbehandlung

Biegefestigkeit	N/mm²	E-Modul	N/mm²
3,5% Biegespannung	N/mm²		

Härte 23 °C

Probekörper: Zustand

Herstellung Pressen
Vorbehandlung Normalklima

Kugeldruckhärte	N/mm² bei N, s	Shore-Härte A 77
Rockwellhärte		Shore-Härte D

Schlagversuch

Probekörper: (1)
(2)
Zustand

Herstellung
Vorbehandlung

°C   °C   °C   Probekörper-Form

Schlagzähigkeit	kJ/m²
Kerbschlagzähigkeit (1)	kJ/m²
IZOD-Kerbschlagzähigkeit (2)	J/m
Kerbschlagzugzähigkeit	kJ/m²

Kunststoffe © Springer-Verlag Berlin Heidelberg 1988
Kopieren, Vervielfältigen und Speichern in Datenverarbeitungsanlagen (auch auszugsweise) ist nur mit schriftlicher Genehmigung des Verlages gestattet

Datenbank-Nr. **T05843** Merkblatt-Nr. **2181**

Abrieb und Reibung

Taber-Abrieb (Reibradverfahren)		mm³/100 U
Abriebfaktor LNP (Thrust washer) Vergleichswert		
Statische Reibungszahl		
Dynamische Reibungszahl	(p·v =	N/mm² · m/min)
Zulässiger p·v Wert	N/mm² · (m/min)	v = m/min
		v = m/min

Thermische Eigenschaften

Formbeständigkeit in der Wärme	Verfahren	°C
	Verfahren	°C
Vicat Erweichungstemperatur (VST)	Verfahren	°C
	Verfahren	°C
Kristallit-Schmelzpunkt	Verfahren	
Längenausdehnungskoeffizient	Bereich °C	$\cdot 10^{-4} K^{-1}$
	Temperatur	$\cdot 10^{-4} K^{-1}$
Wärmeleitfähigkeit	Verfahren	W/(K·m)
Spezifische Wärmekapazität	Verfahren	J/(K·g)
Glasumwandlungstemperatur	Torsionsschwingungsversuch	°C
	Differentialkalorimetrie	°C

Brandverhalten

UL-Test vertikal   Dicke   mm, Wert
    Dicke   mm, Wert

	Norm	Bewertung	Abmessungen
Sauerstoff-Index	ASTM D 2863		
Glühstab-Verfahren			
Brandverhalten	DIN 4102		
MVSS			
FAR			

Elektrische Eigenschaften

		Hz	°C		Probekörper, Form
Dielektrizitätszahl		50			
		10^3			
		10^6			
Dielektrischer Verlustfaktor tan δ		50			
		10^3			
		10^6			
Spezifischer Durchgangswiderstand	Ohm·cm		95	$2.0 \cdot 10^{11}$	NY-Ader 1mm(2)x0,6mm
Durchschlagfestigkeit	kV/mm				mm dick
Oberflächenwiderstand	Ohm				
Kriechstromfestigkeit		KC	KB	KA	
Kriechwegbildung					

Elektrolytische Korrosionswirkung
Lichtbogenfestigkeit nach DIN
    nach ASTM   s

Beständigkeit (Chemische Beständigkeit siehe Anhang)

Wasseraufnahme

Feuchtigkeitsaufnahme Normalklima   %
Wetterbeständigkeit

Spannungskorrosion

Optische Eigenschaften

Brechungszahl n_D
Transmissionsgrad τ_c %   mm dick
Lichtdurchlässigkeit

Datenbank-Nr. **T00859**		Merkblatt-Nr. **2182**
		PVC

Produkt	Weich-PVC-Extrusionsmasse
Handelsname	**Trosiplast 7310**
Hersteller	HUELSTRO
DIN-Bez 1	7749-PVC-P,KG,A70-25-X
DIN-Bez 2	
Zusätze	

		Viskositätszahl ml/g	
		K-Wert	
		Füllstoffe/Verstärkung	
Bevorzugte Verarbeitung	Extrudieren	Lieferform	Granulat
		Farben	Natur; Schwarz
Besondere Merkmale	Normaltyp; Cadmiumfrei; Material erhoeht feuchteempfindlich; Trocken lagern; Kaeltebruchtemperatur -35 C	Bevorzugte Anwendungen	

Kornverteilung

Kornklasse µm	Rückstand %		
		Dichte g/cm³	1.23
		Schüttdichte g/cm³	
		Stampfdichte g/cm³	
		Rieselfähigkeit	
		Rieselzeit s/100 g	
		Kornbeschaffenheit	
Allgemeine Hinweise		Flüchtige Bestandteile %	
		Sulfatasche %	

Zugversuch 23 °C DIN 53455;

Probekörper: Form Platte 1 mm
Zustand

Herstellung Pressen
Vorbehandlung Normalklima

Streckspannung	N/mm²	Dehnung bei Streckspannung	%
Zugfestigkeit	N/mm²	Reißdehnung	% 340
Reißfestigkeit	N/mm² 15	% Dehnspannung	N/mm²
E-Modul	N/mm²	Dehnung bei % Dehnspg.	%

Kriechmoduln und Zeitstandwerte 23 °C

Probekörper: Form
Zustand

Herstellung
Vorbehandlung

Kriechmodul	1 min N/mm²	Zeitstandzugfestigkeit	h N/mm²
Kriechmodul	1000 h N/mm²	Zeitdehnspg. %	h N/mm²
bei Spannung	N/mm²		

Biegeversuch 23 °C

Probekörper: Form
Zustand

Herstellung
Vorbehandlung

Biegefestigkeit	N/mm²	E-Modul	N/mm²
3,5% Biegespannung	N/mm²		

Härte 23 °C

Probekörper: Zustand Platte 6 mm

Herstellung Pressen
Vorbehandlung Normalklima

Kugeldruckhärte	N/mm² bei N, s	Shore-Härte A	70
Rockwellhärte		Shore-Härte D	

Schlagversuch

Probekörper: (1)
(2)
Zustand   °C   °C   °C

Herstellung
Vorbehandlung

Probekörper-Form

Schlagzähigkeit	kJ/m²
Kerbschlagzähigkeit (1)	kJ/m²
IZOD-Kerbschlagzähigkeit (2)	J/m
Kerbschlagzugzähigkeit	kJ/m²

Datenbank-Nr. **T00859**   Merkblatt-Nr. **2182**

Abrieb und Reibung

Taber-Abrieb (Reibradverfahren)   mm³/100 U
Abriebfaktor LNP (Thrust washer) Vergleichswert
Statische Reibungszahl
Dynamische Reibungszahl   (p·v =   N/mm² ·   m/min)
Zulässiger p · v Wert   N/mm² · (m/min)   v =   m/min
   v =   m/min

Thermische Eigenschaften

Formbeständigkeit in der Wärme   Verfahren   °C
   Verfahren   °C
Vicat Erweichungstemperatur (VST)   Verfahren   °C
   Verfahren   °C
Kristallit-Schmelzpunkt   Verfahren

Längenausdehnungskoeffizient   Bereich   °C $\cdot 10^{-4} K^{-1}$
   Temperatur $\cdot 10^{-4} K^{-1}$
Wärmeleitfähigkeit   Verfahren   W/(K · m)

Spezifische Wärmekapazität   Verfahren   J/(K · g)

Glasumwandlungstemperatur   Torsionsschwingungsversuch   °C
   Differentialkalorimetrie   °C

Brandverhalten

UL-Test vertikal   Dicke   mm, Wert
   Dicke   mm, Wert

	Norm	Bewertung	Abmessungen
Sauerstoff-Index	ASTM D 2863		
Glühstab-Verfahren			
Brandverhalten	DIN 4102		
MVSS			
FAR			

Elektrische Eigenschaften

	Hz	°C		Probekörper, Form
Dielektrizitätszahl	50			
	10³			
	10⁶			
Dielektrischer Verlustfaktor tan δ	50			
	10³			
	10⁶			

Spezifischer Durchgangs-
   widerstand   Ohm · cm
Durchschlagfestigkeit   kV/mm   mm dick
Oberflächenwiderstand   Ohm

Kriechstromfestigkeit   KC   KB   KA
Kriechwegbildung

Elektrolytische Korrosionswirkung
Lichtbogenfestigkeit nach DIN
   nach ASTM   s

Beständigkeit (Chemische Beständigkeit siehe Anhang)

Wasseraufnahme

Feuchtigkeitsaufnahme Normalklima   %
Wetterbeständigkeit

Spannungskorrosion

Optische Eigenschaften

Brechungszahl n_D
Transmissionsgrad τ_c %   mm dick
Lichtdurchlässigkeit

Datenbank-Nr. **T00860**		Merkblatt-Nr. **2183**

PVC

Produkt	Weich-PVC-Extrusionsmasse
Handelsname	**Trosiplast 7311**
Hersteller	HUELSTRO
DIN-Bez 1	7749-PVC-P,KG,A86-30-X
DIN-Bez 2	
Zusätze	
Viskositätszahl ml/g	
K-Wert	
Füllstoffe/Verstärkung	
Bevorzugte Verarbeitung	Extrudieren
Lieferform	Granulat
Farben	Natur; Schwarz
Besondere Merkmale	Normaltyp; Cadmiumfrei; Material erhoeht feuchteempfindlich; Trocken lagern; Kaeltebruchtemperatur -20 C; Flammwidrig nach VDE 0472
Bevorzugte Anwendungen	

Kornverteilung

Kornklasse μm	Rückstand %	Dichte g/cm³	1.28
		Schüttdichte g/cm³	
		Stampfdichte g/cm³	
		Rieselfähigkeit	
		Rieselzeit s/100 g	
		Kornbeschaffenheit	
Allgemeine Hinweise		Flüchtige Bestandteile %	
		Sulfatasche %	

Zugversuch 23 °C DIN 53455;

Probekörper: Form Platte 1 mm
Zustand

Herstellung Pressen
Vorbehandlung Normalklima

Streckspannung	N/mm²	Dehnung bei Streckspannung	%
Zugfestigkeit	N/mm²	Reißdehnung	% 280
Reißfestigkeit	N/mm² 22	% Dehnspannung	N/mm²
E-Modul	N/mm²	Dehnung bei % Dehnspg.	%

Kriechmoduln und Zeitstandwerte 23 °C

Probekörper: Form
Zustand

Herstellung
Vorbehandlung

Kriechmodul	1 min N/mm²	Zeitstandzugfestigkeit	h N/mm²
Kriechmodul	1000 h N/mm²	Zeitdehnspg. %	h N/mm²
bei Spannung	N/mm²		

Biegeversuch 23 °C

Probekörper: Form
Zustand

Herstellung
Vorbehandlung

Biegefestigkeit	N/mm²	E-Modul	N/mm²
3,5% Biegespannung	N/mm²		

Härte 23 °C

Probekörper: Zustand Platte 6 mm

Herstellung Pressen
Vorbehandlung Normalklima

Kugeldruckhärte	N/mm² bei N, s	Shore-Härte A	87
Rockwellhärte		Shore-Härte D	

Schlagversuch

Probekörper: (1)
(2)
Zustand

Herstellung
Vorbehandlung

°C °C °C Probekörper-Form

Schlagzähigkeit	kJ/m²
Kerbschlagzähigkeit (1)	kJ/m²
IZOD-Kerbschlagzähigkeit (2)	J/m
Kerbschlagzugzähigkeit	kJ/m²

Kunststoffe © Springer-Verlag Berlin Heidelberg 1988
Kopieren, Vervielfältigen und Speichern in Datenverarbeitungsanlagen (auch auszugsweise) ist nur mit schriftlicher Genehmigung des Verlages gestattet

Datenbank-Nr. **T00860** Merkblatt-Nr. **2183**

Abrieb und Reibung

Taber-Abrieb (Reibradverfahren) mm³/100 U
Abriebfaktor LNP (Thrust washer) Vergleichswert
Statische Reibungszahl
Dynamische Reibungszahl (p·v= N/mm² · m/min)
Zulässiger p·v Wert N/mm² · (m/min) v= m/min
 v= m/min

Thermische Eigenschaften

Formbeständigkeit in der Wärme Verfahren °C
 Verfahren °C
Vicat Erweichungstemperatur (VST) Verfahren °C
 Verfahren °C
Kristallit-Schmelzpunkt Verfahren

Längenausdehnungskoeffizient Bereich °C ·$10^{-4}K^{-1}$
 Temperatur ·$10^{-4}K^{-1}$
Wärmeleitfähigkeit Verfahren W/(K·m)

Spezifische Wärmekapazität Verfahren J/(K·g)

Glasumwandlungstemperatur Torsionsschwingungsversuch °C
 Differentialkalorimetrie °C

Brandverhalten

UL-Test vertikal Dicke mm, Wert
 Dicke mm, Wert

	Norm	Bewertung	Abmessungen
Sauerstoff-Index	ASTM D 2863		
Glühstab-Verfahren			
Brandverhalten	DIN 4102		
MVSS			
FAR			

Elektrische Eigenschaften

	Hz	°C	Probekörper, Form
Dielektrizitätszahl	50		
	10^3		
	10^6		
Dielektrischer Verlustfaktor tan δ	50		
	10^3		
	10^6		

Spezifischer Durchgangs-
 widerstand Ohm·cm
Durchschlagfestigkeit kV/mm mm dick
Oberflächenwiderstand Ohm

Kriechstromfestigkeit KC KB KA
Kriechwegbildung

Elektrolytische Korrosionswirkung
Lichtbogenfestigkeit nach DIN
 nach ASTM s

Beständigkeit (Chemische Beständigkeit siehe Anhang)

Wasseraufnahme

Feuchtigkeitsaufnahme Normalklima %
Wetterbeständigkeit

Spannungskorrosion

Optische Eigenschaften

Brechungszahl n_D
Transmissionsgrad τ_c % mm dick
Lichtdurchlässigkeit

Datenbank-Nr.	**T00861**			Merkblatt-Nr. **2184**
Produkt	Weich-PVC-Extrusionsmasse			**PVC**
Handelsname	**Trosiplast 7303**			
Hersteller	HUELSTRO			
DIN-Bez 1	7749-PVC-P,KG,A92-35-X		Viskositätszahl ml/g	
DIN-Bez 2			K-Wert	
Zusätze			Füllstoffe/Verstärkung	
Bevorzugte Verarbeitung	Extrudieren		Lieferform	Granulat
			Farben	Natur; Schwarz
Besondere Merkmale	Normaltyp; Cadmiumfrei; Material erhoeht feuchteempfindlich; Trocken lagern; Kaeltebruchtemperatur -15 C; Flammwidrig nach VDE 0472		Bevorzugte Anwendungen	

Kornverteilung

Kornklasse µm	Rückstand %			
		Dichte	g/cm³	1.35
		Schüttdichte	g/cm³	
		Stampfdichte	g/cm³	
		Rieselfähigkeit		
		Rieselzeit	s/100 g	
		Kornbeschaffenheit		
Allgemeine Hinweise		Flüchtige Bestandteile	%	
		Sulfatasche	%	

Zugversuch 23 °C   DIN 53455;

	Probekörper:	Form	Platte 1 mm	Herstellung	Pressen
		Zustand		Vorbehandlung	Normalklima
Streckspannung	N/mm²		Dehnung bei Streckspannung	%	
Zugfestigkeit	N/mm²		Reißdehnung	%	250
Reißfestigkeit	N/mm² 24		% Dehnspannung	N/mm²	
E-Modul	N/mm²		Dehnung bei % Dehnspg.	%	

Kriechmoduln und Zeitstandwerte 23 °C

	Probekörper:	Form		Herstellung	
		Zustand		Vorbehandlung	
Kriechmodul	1 min N/mm²		Zeitstandzugfestigkeit	h N/mm²	
Kriechmodul	1000 h N/mm²		Zeitdehnspg. %	h N/mm²	
bei Spannung	N/mm²				

Biegeversuch 23 °C

	Probekörper:	Form		Herstellung	
		Zustand		Vorbehandlung	
Biegefestigkeit	N/mm²		E-Modul	N/mm²	
3,5% Biegespannung	N/mm²				

Härte 23 °C

	Probekörper:	Zustand	Platte 6 mm	Herstellung	Pressen
				Vorbehandlung	Normalklima
Kugeldruckhärte	N/mm²	bei	N, s	Shore-Härte A	92
Rockwellhärte				Shore-Härte D	

Schlagversuch

	Probekörper:	(1)			
		(2)		Herstellung	
		Zustand		Vorbehandlung	
		°C	°C	°C	Probekörper-Form
Schlagzähigkeit	kJ/m²				
Kerbschlagzähigkeit (1)	kJ/m²				
IZOD-Kerbschlagzähigkeit (2)	J/m				
Kerbschlagzugzähigkeit	kJ/m²				

Kunststoffe © Springer-Verlag Berlin Heidelberg 1988
Kopieren, Vervielfältigen und Speichern in Datenverarbeitungsanlagen (auch auszugsweise) ist nur mit schriftlicher Genehmigung des Verlages gestattet

Datenbank-Nr. **T00861** Merkblatt-Nr. **2184**

Abrieb und Reibung
Taber-Abrieb (Reibradverfahren)   mm³/100 U
Abriebfaktor LNP (Thrust washer) Vergleichswert
Statische Reibungszahl
Dynamische Reibungszahl   (p·v=   N/mm² ·   m/min)
Zulässiger p · v Wert   N/mm² · (m/min)   v=   m/min
   v=   m/min

Thermische Eigenschaften
Formbeständigkeit in der Wärme   Verfahren   °C
   Verfahren   °C
Vicat Erweichungstemperatur (VST)   Verfahren   °C
   Verfahren   °C
Kristallit-Schmelzpunkt   Verfahren

Längenausdehnungskoeffizient   Bereich   °C $\cdot 10^{-4} K^{-1}$
   Temperatur $\cdot 10^{-4} K^{-1}$
Wärmeleitfähigkeit   Verfahren   W/(K · m)

Spezifische Wärmekapazität   Verfahren   J/(K · g)

Glasumwandlungstemperatur   Torsionsschwingungsversuch   °C
   Differentialkalorimetrie   °C

Brandverhalten
UL-Test vertikal   Dicke   mm, Wert
   Dicke   mm, Wert

	Norm	Bewertung	Abmessungen
Sauerstoff-Index	ASTM D 2863		
Glühstab-Verfahren			
Brandverhalten	DIN 4102		
MVSS			
FAR			

Elektrische Eigenschaften

	Hz	°C	Probekörper, Form
Dielektrizitätszahl	50		
	10³		
	10⁶		
Dielektrischer Verlustfaktor tan δ	50		
	10³		
	10⁶		

Spezifischer Durchgangs-
   widerstand   Ohm · cm
Durchschlagfestigkeit   kV/mm   mm dick
Oberflächenwiderstand   Ohm

Kriechstromfestigkeit   KC   KB   KA
Kriechwegbildung

Elektrolytische Korrosionswirkung
Lichtbogenfestigkeit nach DIN
     nach ASTM   s

Beständigkeit (Chemische Beständigkeit siehe Anhang)
Wasseraufnahme

Feuchtigkeitsaufnahme Normalklima   %
Wetterbeständigkeit

Spannungskorrosion

Optische Eigenschaften
Brechungszahl n_D
Transmissionsgrad τ_c %   mm dick
Lichtdurchlässigkeit

Datenbank-Nr.	**T00862**			Merkblatt-Nr.	**2185**

PVC

Produkt	Weich-PVC-Extrusionsmasse
Handelsname	**Trosiplast 7301**
Hersteller	HUELSTRO
DIN-Bez 1	7749-PVC-P,KG,A96-35-X
DIN-Bez 2	
Zusätze	

Viskositätszahl	ml/g		
K-Wert			
Füllstoffe/Verstärkung			

Bevorzugte Verarbeitung	Extrudieren

Lieferform	Granulat
Farben	Natur; Schwarz

Besondere Merkmale	Normaltyp; Cadmiumfrei; Material erhoeht feuchteempfindlich; Trocken lagern; Kaeltebruchtemperatur -10 C; Flammwidrig nach VDE 0472
Bevorzugte Anwendungen	

Kornverteilung

Kornklasse µm	Rückstand %

Dichte	g/cm³	1.33
Schüttdichte	g/cm³	
Stampfdichte	g/cm³	
Rieselfähigkeit		
Rieselzeit	s/100 g	
Kornbeschaffenheit		
Flüchtige Bestandteile	%	
Sulfatasche	%	

Allgemeine Hinweise

Zugversuch 23 °C   DIN 53455;

Probekörper:	Form	Platte 1 mm
	Zustand	
Herstellung	Pressen	
Vorbehandlung	Normalklima	

Streckspannung	N/mm²	Dehnung bei Streckspannung	%	
Zugfestigkeit	N/mm²	Reißdehnung	%	220
Reißfestigkeit	N/mm² 27	% Dehnspannung	N/mm²	
E-Modul	N/mm²	Dehnung bei % Dehnspg.	%	

Kriechmoduln und Zeitstandwerte 23 °C

Probekörper: Form	Herstellung
Zustand	Vorbehandlung

Kriechmodul	1 min	N/mm²	Zeitstandzugfestigkeit	h N/mm²
Kriechmodul	1000 h	N/mm²	Zeitdehnspg. %	h N/mm²
bei Spannung		N/mm²		

Biegeversuch 23 °C

Probekörper: Form	Herstellung
Zustand	Vorbehandlung

Biegefestigkeit	N/mm²	E-Modul	N/mm²
3,5% Biegespannung	N/mm²		

Härte 23 °C

Probekörper:	Zustand	Platte 6 mm	Herstellung	Pressen
			Vorbehandlung	Normalklima

Kugeldruckhärte	N/mm²	bei N, s	Shore-Härte A	96
Rockwellhärte			Shore-Härte D	

Schlagversuch

Probekörper: (1)	
(2)	Herstellung
Zustand	Vorbehandlung

°C	°C	°C	Probekörper-Form

Schlagzähigkeit	kJ/m²
Kerbschlagzähigkeit (1)	kJ/m²
IZOD-Kerbschlagzähigkeit (2)	J/m
Kerbschlagzugzähigkeit	kJ/m²

Datenbank-Nr. **T00862** *Merkblatt-Nr.* **2185**

Abrieb und Reibung

Taber-Abrieb (Reibradverfahren)   mm³/100 U
Abriebfaktor LNP (Thrust washer) Vergleichswert
Statische Reibungszahl
Dynamische Reibungszahl   (p·v=   N/mm² ·   m/min)
Zulässiger p·v Wert   N/mm² · (m/min)   v=   m/min
                          v=   m/min

Thermische Eigenschaften

Formbeständigkeit in der Wärme   Verfahren   °C
                                   Verfahren   °C
Vicat Erweichungstemperatur (VST)   Verfahren   °C
                                   Verfahren   °C
Kristallit-Schmelzpunkt   Verfahren

Längenausdehnungskoeffizient   Bereich   °C   · $10^{-4} K^{-1}$
                                   Temperatur   · $10^{-4} K^{-1}$
Wärmeleitfähigkeit   Verfahren   W/(K·m)

Spezifische Wärmekapazität   Verfahren   J/(K·g)

Glasumwandlungstemperatur   Torsionsschwingungsversuch   °C
                                   Differentialkalorimetrie   °C

Brandverhalten

UL-Test vertikal   Dicke   mm, Wert
                                   Dicke   mm, Wert

                Norm   Bewertung   Abmessungen

Sauerstoff-Index   ASTM D 2863
Glühstab-Verfahren
Brandverhalten   DIN 4102
MVSS
FAR

Elektrische Eigenschaften

                                     Hz   °C   Probekörper, Form

Dielektrizitätszahl   50
                                     10^3
                                     10^6
Dielektrischer Verlustfaktor tan δ   50
                                     10^3
                                     10^6
Spezifischer Durchgangs-
   widerstand   Ohm·cm
Durchschlagfestigkeit   kV/mm   mm dick
Oberflächenwiderstand   Ohm

Kriechstromfestigkeit   KC   KB   KA
Kriechwegbildung

Elektrolytische Korrosionswirkung
Lichtbogenfestigkeit nach DIN
            nach ASTM   s

Beständigkeit *(Chemische Beständigkeit siehe Anhang)*

Wasseraufnahme

Feuchtigkeitsaufnahme Normalklima   %
Wetterbeständigkeit

Spannungskorrosion

Optische Eigenschaften

Brechungszahl n_D
Transmissionsgrad τ_c %   mm dick
Lichtdurchlässigkeit

Datenbank-Nr.	**T00863**	Merkblatt-Nr. **2186**

PVC

Produkt	Weich-PVC-Extrusionsmasse
Handelsname	**Trosiplast 7406**
Hersteller	HUELSTRO
DIN-Bez 1	7749-PVC-P,KG,A70-30-X
DIN-Bez 2	
Zusätze	
Bevorzugte Verarbeitung	Extrudieren
Besondere Merkmale	Normaltyp; Cadmiumfrei; Material erhoeht feuchteempfindlich; Trocken lagern; Kaeltebruchtemperatur -25 C
Viskositätszahl ml/g	
K-Wert	
Füllstoffe/Verstärkung	
Lieferform	Granulat
Farben	Natur; Schwarz
Bevorzugte Anwendungen	Einsetzbar nach VDE 0207 YM 2

Kornverteilung

Kornklasse µm	Rückstand %	
	Dichte g/cm³	1.3
	Schüttdichte g/cm³	
	Stampfdichte g/cm³	
	Rieselfähigkeit	
	Rieselzeit s/100 g	
	Kornbeschaffenheit	
Allgemeine Hinweise	Flüchtige Bestandteile %	
	Sulfatasche %	

Zugversuch 23 °C DIN 53455;
Probekörper: Form Platte 1 mm   Herstellung Pressen
           Zustand   Vorbehandlung Normalklima

Streckspannung	N/mm²	Dehnung bei Streckspannung	%
Zugfestigkeit	N/mm²	Reißdehnung	% 340
Reißfestigkeit	N/mm² 16	% Dehnspannung	N/mm²
E-Modul	N/mm²	Dehnung bei % Dehnspg.	%

Kriechmoduln und Zeitstandwerte 23 °C
Probekörper: Form   Herstellung
           Zustand Vorbehandlung

Kriechmodul	1 min N/mm²	Zeitstandzugfestigkeit	h N/mm²
Kriechmodul	1000 h N/mm²	Zeitdehnspg. %	h N/mm²
bei Spannung	N/mm²		

Biegeversuch 23 °C
Probekörper: Form   Herstellung
           Zustand Vorbehandlung

Biegefestigkeit	N/mm²	E-Modul	N/mm²
3,5% Biegespannung	N/mm²		

Härte 23 °C   Probekörper: Zustand Platte 6 mm   Herstellung   Pressen
                                                     Vorbehandlung Normalklima

Kugeldruckhärte	N/mm²	bei	N, s	Shore-Härte A 71
Rockwellhärte				Shore-Härte D

Schlagversuch Probekörper: (1)
                              (2)   Herstellung
                              Zustand   Vorbehandlung
                              °C   °C   °C   Probekörper-Form

Schlagzähigkeit	kJ/m²
Kerbschlagzähigkeit (1)	kJ/m²
IZOD-Kerbschlagzähigkeit (2)	J/m
Kerbschlagzugzähigkeit	kJ/m²

Kunststoffe © Springer-Verlag Berlin Heidelberg 1988
Kopieren, Vervielfältigen und Speichern in Datenverarbeitungsanlagen (auch auszugsweise) ist nur mit schriftlicher Genehmigung des Verlages gestattet

Datenbank-Nr. **T00863**   Merkblatt-Nr. **2186**

Abrieb und Reibung

Taber-Abrieb (Reibradverfahren)		mm³/100 U
Abriebfaktor LNP (Thrust washer) Vergleichswert		
Statische Reibungszahl		
Dynamische Reibungszahl	(p·v = N/mm² ·	m/min)
Zulässiger p·v Wert	N/mm² · (m/min) v =	m/min
	v =	m/min

Thermische Eigenschaften

Formbeständigkeit in der Wärme	Verfahren	°C
	Verfahren	°C
Vicat Erweichungstemperatur (VST)	Verfahren	°C
	Verfahren	°C
Kristallit-Schmelzpunkt	Verfahren	
Längenausdehnungskoeffizient	Bereich °C	$\cdot 10^{-4} K^{-1}$
	Temperatur	$\cdot 10^{-4} K^{-1}$
Wärmeleitfähigkeit	Verfahren	W/(K·m)
Spezifische Wärmekapazität	Verfahren	J/(K·g)
Glasumwandlungstemperatur	Torsionsschwingungsversuch	°C
	Differentialkalorimetrie	°C

Brandverhalten

UL-Test vertikal	Dicke	mm, Wert	
	Dicke	mm, Wert	

	Norm	Bewertung	Abmessungen
Sauerstoff-Index	ASTM D 2863		
Glühstab-Verfahren			
Brandverhalten	DIN 4102		
MVSS			
FAR			

Elektrische Eigenschaften

	Hz	°C	Probekörper, Form
Dielektrizitätszahl	50		
	10^3		
	10^6		
Dielektrischer Verlustfaktor tan δ	50		
	10^3		
	10^6		
Spezifischer Durchgangs- widerstand	Ohm·cm		
Durchschlagfestigkeit	kV/mm		mm dick
Oberflächenwiderstand	Ohm		
Kriechstromfestigkeit Kriechwegbildung	KC	KB	KA
Elektrolytische Korrosionswirkung			
Lichtbogenfestigkeit nach DIN			
nach ASTM	s		

Beständigkeit (Chemische Beständigkeit siehe Anhang)

Wasseraufnahme

Feuchtigkeitsaufnahme Normalklima   %
Wetterbeständigkeit

Spannungskorrosion

Optische Eigenschaften

Brechungszahl n_D
Transmissionsgrad τ_c %   mm dick
Lichtdurchlässigkeit

Datenbank-Nr.	**T00864**		Merkblatt-Nr. **2187**
			PVC

Produkt	Weich-PVC-Extrusionsmasse			
Handelsname	**Trosiplast 7414**			
Hersteller	HUELSTRO			
DIN-Bez 1	7749-PVC-P,KG,A70-35-X		Viskositätszahl ml/g	
DIN-Bez 2			K-Wert	
Zusätze			Füllstoffe/Verstärkung	
Bevorzugte Verarbeitung	Extrudieren		Lieferform	Granulat
			Farben	Natur; Schwarz
Besondere Merkmale	Normaltyp; Cadmiumfrei; Material erhoeht feuchteempfindlich; Trocken lagern; Kaeltebruchtemperatur -25 C; Flammwidrig nach VDE 0472		Bevorzugte Anwendungen	Einsetzbar nach VDE 0207 YM 2

Kornverteilung

Kornklasse µm	Rückstand %		Dichte	g/cm³	1.36
			Schüttdichte	g/cm³	
			Stampfdichte	g/cm³	
			Rieselfähigkeit		
			Rieselzeit	s/100 g	
			Kornbeschaffenheit		
Allgemeine Hinweise			Flüchtige Bestandteile	%	
			Sulfatasche	%	

Zugversuch 23 °C   DIN 53455;
Probekörper: Form   Platte 1 mm   Herstellung   Pressen
                Zustand   Vorbehandlung   Normalklima

Streckspannung	N/mm²	Dehnung bei Streckspannung	%
Zugfestigkeit	N/mm²	Reißdehnung	% 250
Reißfestigkeit	N/mm² 12	% Dehnspannung	N/mm²
E-Modul	N/mm²	Dehnung bei % Dehnspg.	%

Kriechmoduln und Zeitstandwerte 23 °C
Probekörper: Form   Herstellung
                Zustand   Vorbehandlung

Kriechmodul	1 min N/mm²	Zeitstandzugfestigkeit	h N/mm²
Kriechmodul	1000 h N/mm²	Zeitdehnspg. %	h N/mm²
bei Spannung	N/mm²		

Biegeversuch 23 °C
Probekörper: Form   Herstellung
                Zustand   Vorbehandlung

Biegefestigkeit	N/mm²	E-Modul	N/mm²
3,5% Biegespannung	N/mm²		

Härte 23 °C   Probekörper: Zustand   Platte 6 mm   Herstellung   Pressen
                                                                     Vorbehandlung   Normalklima

Kugeldruckhärte	N/mm²	bei	N, s	Shore-Härte A 71
Rockwellhärte				Shore-Härte D

Schlagversuch   Probekörper: (1)
                                    (2)   Herstellung
                                    Zustand   Vorbehandlung
                                    °C   °C   °C   Probekörper-Form

Schlagzähigkeit	kJ/m²
Kerbschlagzähigkeit (1)	kJ/m²
IZOD-Kerbschlagzähigkeit (2)	J/m
Kerbschlagzugzähigkeit	kJ/m²

Kunststoffe © Springer-Verlag Berlin Heidelberg 1988
Kopieren, Vervielfältigen und Speichern in Datenverarbeitungsanlagen (auch auszugsweise) ist nur mit schriftlicher Genehmigung des Verlages gestattet

Datenbank-Nr. **T00864**   Merkblatt-Nr. **2187**

Abrieb und Reibung

Taber-Abrieb (Reibradverfahren)	mm³/100 U	
Abriebfaktor LNP (Thrust washer) Vergleichswert		
Statische Reibungszahl		
Dynamische Reibungszahl	(p·v = N/mm² · m/min)	
Zulässiger p·v Wert	N/mm² · (m/min) v = m/min	
	v = m/min	

Thermische Eigenschaften

Formbeständigkeit in der Wärme	Verfahren	°C
	Verfahren	°C
Vicat Erweichungstemperatur (VST)	Verfahren	°C
	Verfahren	°C
Kristallit-Schmelzpunkt	Verfahren	
Längenausdehnungskoeffizient	Bereich °C	$\cdot 10^{-4} K^{-1}$
	Temperatur	$\cdot 10^{-4} K^{-1}$
Wärmeleitfähigkeit	Verfahren	W/(K·m)
Spezifische Wärmekapazität	Verfahren	J/(K·g)
Glasumwandlungstemperatur	Torsionsschwingungsversuch	°C
	Differentialkalorimetrie	°C

Brandverhalten

UL-Test vertikal   Dicke mm, Wert
                  Dicke mm, Wert

	Norm	Bewertung	Abmessungen
Sauerstoff-Index	ASTM D 2863		
Glühstab-Verfahren			
Brandverhalten	DIN 4102		
MVSS			
FAR			

Elektrische Eigenschaften

	Hz	°C		Probekörper, Form
Dielektrizitätszahl	50			
	10³			
	10⁶			
Dielektrischer Verlustfaktor tan δ	50			
	10³			
	10⁶			
Spezifischer Durchgangswiderstand	Ohm·cm			
Durchschlagfestigkeit	kV/mm			mm dick
Oberflächenwiderstand	Ohm			
Kriechstromfestigkeit Kriechwegbildung	KC	KB	KA	

Elektrolytische Korrosionswirkung
Lichtbogenfestigkeit nach DIN
           nach ASTM   s

Beständigkeit (Chemische Beständigkeit siehe Anhang)

Wasseraufnahme

Feuchtigkeitsaufnahme Normalklima   %
Wetterbeständigkeit

Spannungskorrosion

Optische Eigenschaften

Brechungszahl n_D
Transmissionsgrad τ_c %   mm dick
Lichtdurchlässigkeit

Datenbank-Nr.	**T00865**			*Merkblatt-Nr.*	**2188**

Produkt Weich-PVC-Extrusionsmasse **PVC**

Handelsname **Trosiplast 7404**

Hersteller HUELSTRO

DIN-Bez 1	7749-PVC-P,KG,A76-40-X	*Viskositätszahl* ml/g	
DIN-Bez 2		*K-Wert*	
Zusätze		*Füllstoffe/ Verstärkung*	
Bevorzugte Verarbeitung	Extrudieren	*Lieferform*	Granulat
		Farben	Natur; Schwarz
Besondere Merkmale	Normaltyp; Cadmiumfrei; Material erhoeht feuchteempfindlich; Trocken lagern; Kaeltebruchtemperatur -20 C; Flammwidrig nach VDE 0472	*Bevorzugte Anwendungen*	Einsetzbar nach VDE 0207 YM 1,2

Kornverteilung

Kornklasse µm	*Rückstand* %			
		Dichte	g/cm³	1.4
		Schüttdichte	g/cm³	
		Stampfdichte	g/cm³	
		Rieselfähigkeit		
		Rieselzeit	s/100 g	
		Kornbeschaffenheit		
Allgemeine Hinweise		*Flüchtige Bestandteile*	%	
		Sulfatasche	%	

Zugversuch 23 °C DIN 53455;

Probekörper: Form Platte 1 mm *Herstellung* Pressen
Zustand *Vorbehandlung* Normalklima

Streckspannung	N/mm²	*Dehnung bei Streckspannung*	%	
Zugfestigkeit	N/mm²	*Reißdehnung*	%	250
Reißfestigkeit	N/mm² 16	*% Dehnspannung*	N/mm²	
E-Modul	N/mm²	*Dehnung bei % Dehnspg.*	%	

Kriechmoduln und Zeitstandwerte 23 °C

Probekörper: Form *Herstellung*
Zustand *Vorbehandlung*

Kriechmodul	1 min N/mm²	*Zeitstandzugfestigkeit*	h N/mm²
Kriechmodul	1000 h N/mm²	*Zeitdehnspg.* %	h N/mm²
bei Spannung	N/mm²		

Biegeversuch 23 °C

Probekörper: Form *Herstellung*
Zustand *Vorbehandlung*

Biegefestigkeit	N/mm²	*E-Modul*	N/mm²
3,5% Biegespannung	N/mm²		

Härte 23 °C *Probekörper:* Zustand Platte 6 mm *Herstellung* Pressen
Vorbehandlung Normalklima

Kugeldruckhärte	N/mm² bei N, s	*Shore-Härte* A	77
Rockwellhärte		*Shore-Härte* D	

Schlagversuch *Probekörper:* (1)
(2) *Herstellung*
Zustand *Vorbehandlung*

°C °C °C *Probekörper-Form*

Schlagzähigkeit	kJ/m²
Kerbschlagzähigkeit (1)	kJ/m²
IZOD-Kerbschlagzähigkeit (2)	J/m
Kerbschlagzugzähigkeit	kJ/m²

Kunststoffe © Springer-Verlag Berlin Heidelberg 1988
Kopieren, Vervielfältigen und Speichern in Datenverarbeitungsanlagen (auch auszugsweise) ist nur mit schriftlicher Genehmigung des Verlages gestattet

Datenbank-Nr. **T00865** Merkblatt-Nr. **2188**

Abrieb und Reibung

Taber-Abrieb (Reibradverfahren)   mm³/100 U
Abriebfaktor LNP (Thrust washer) Vergleichswert
Statische Reibungszahl
Dynamische Reibungszahl   ($p \cdot v =$ N/mm² ·   m/min)
Zulässiger $p \cdot v$ Wert   N/mm² · (m/min) $v =$ m/min
                                                      $v =$ m/min

Thermische Eigenschaften

Formbeständigkeit in der Wärme   Verfahren   °C
                               Verfahren   °C
Vicat Erweichungstemperatur (VST)   Verfahren   °C
                               Verfahren   °C
Kristallit-Schmelzpunkt   Verfahren

Längenausdehnungskoeffizient   Bereich   °C $\cdot 10^{-4} K^{-1}$
                               Temperatur $\cdot 10^{-4} K^{-1}$
Wärmeleitfähigkeit   Verfahren   W/(K · m)

Spezifische Wärmekapazität   Verfahren   J/(K · g)

Glasumwandlungstemperatur   Torsionsschwingungsversuch   °C
                               Differentialkalorimetrie   °C

Brandverhalten

UL-Test vertikal   Dicke   mm, Wert
                 Dicke   mm, Wert

          Norm   Bewertung   Abmessungen

Sauerstoff-Index   ASTM D 2863
Glühstab-Verfahren
Brandverhalten   DIN 4102
MVSS
FAR

Elektrische Eigenschaften

          Hz   °C   Probekörper, Form

Dielektrizitätszahl   50
                 10^3
                 10^6
Dielektrischer Verlustfaktor $\tan \delta$ 50
                 10^3
                 10^6
Spezifischer Durchgangs-
    widerstand   Ohm · cm
Durchschlagfestigkeit   kV/mm   mm dick
Oberflächenwiderstand   Ohm

Kriechstromfestigkeit   KC   KB   KA
Kriechwegbildung

Elektrolytische Korrosionswirkung
Lichtbogenfestigkeit nach DIN
          nach ASTM   s

Beständigkeit (Chemische Beständigkeit siehe Anhang)

Wasseraufnahme

Feuchtigkeitsaufnahme Normalklima   %
Wetterbeständigkeit

Spannungskorrosion

Optische Eigenschaften

Brechungszahl n_D
Transmissionsgrad τ_c %   mm dick
Lichtdurchlässigkeit

Datenbank-Nr.	**T00866**			*Merkblatt-Nr.* **2189**
Produkt	Weich-PVC-Extrusionsmasse			**PVC**
Handelsname	**Trosiplast 7415**			
Hersteller	HUELSTRO			
DIN-Bez 1	7749-PVC-P,KG,A78-45-X		*Viskositätszahl* ml/g	
DIN-Bez 2			*K-Wert*	
Zusätze			*Füllstoffe/ Verstärkung*	
Bevorzugte Verarbeitung	Extrudieren		*Lieferform*	Granulat
			Farben	Natur; Schwarz
Besondere Merkmale	Normaltyp; Cadmiumfrei; Material erhoeht feuchteempfindlich; Trocken lagern; Kaeltebruchtemperatur -20 C; Flammwidrig nach VDE 0472		*Bevorzugte Anwendungen*	Einsetzbar nach VDE 0207 YM 1,2

Kornverteilung			*Dichte* g/cm³	1.46
Kornklasse μm	*Rückstand* %		*Schüttdichte* g/cm³	
			Stampfdichte g/cm³	
			Rieselfähigkeit	
			Rieselzeit s/100 g	
			Kornbeschaffenheit	
Allgemeine Hinweise			*Flüchtige Bestandteile* %	
			Sulfatasche %	

Zugversuch 23 °C DIN 53455;
 Probekörper: Form Platte 1 mm *Herstellung* Pressen
  Zustand   *Vorbehandlung* Normalklima

Streckspannung	N/mm²	*Dehnung bei Streckspannung*	%
Zugfestigkeit	N/mm²	*Reißdehnung*	% 300
Reißfestigkeit	N/mm² 15	% *Dehnspannung*	N/mm²
E-Modul	N/mm²	*Dehnung bei* % *Dehnspg.*	%

Kriechmoduln und Zeitstandwerte 23 °C
 Probekörper: Form   *Herstellung*
  Zustand   *Vorbehandlung*

Kriechmodul	1 min N/mm²	*Zeitstandzugfestigkeit*	h N/mm²
Kriechmodul	1000 h N/mm²	*Zeitdehnspg.* %	h N/mm²
bei Spannung	N/mm²		

Biegeversuch 23 °C
 Probekörper: Form   *Herstellung*
  Zustand   *Vorbehandlung*

Biegefestigkeit	N/mm²	*E-Modul*	N/mm²
3,5% Biegespannung	N/mm²		

Härte 23 °C *Probekörper:* Zustand Platte 6 mm *Herstellung* Pressen
     Vorbehandlung Normalklima

Kugeldruckhärte	N/mm² bei N, s	*Shore-Härte* A	78
Rockwellhärte		*Shore-Härte* D	

Schlagversuch *Probekörper:* (1)
    (2)   *Herstellung*
    Zustand   *Vorbehandlung*
    °C °C °C *Probekörper-Form*

Schlagzähigkeit	kJ/m²
Kerbschlagzähigkeit (1)	kJ/m²
IZOD-Kerbschlagzähigkeit (2)	J/m
Kerbschlagzugzähigkeit	kJ/m²

Kunststoffe © Springer-Verlag Berlin Heidelberg 1988
Kopieren, Vervielfältigen und Speichern in Datenverarbeitungsanlagen (auch auszugsweise) ist nur mit schriftlicher Genehmigung des Verlages gestattet

Datenbank-Nr. **T00866**　　　　　　　　　　　　　　　　　　　　　　　　　　　　　　　　　　　　*Merkblatt-Nr.* **2189**

Abrieb und Reibung

Taber-Abrieb (Reibradverfahren)   mm³/100 U
Abriebfaktor LNP (Thrust washer) Vergleichswert
Statische Reibungszahl
Dynamische Reibungszahl $(p \cdot v =$ N/mm² ·   m/min)
Zulässiger p · v Wert   N/mm² · (m/min)   v =   m/min
                                              v =   m/min

Thermische Eigenschaften

Formbeständigkeit in der Wärme	Verfahren		°C
	Verfahren		°C
Vicat Erweichungstemperatur (VST)	Verfahren		°C
	Verfahren		°C
Kristallit-Schmelzpunkt	Verfahren		
Längenausdehnungskoeffizient	Bereich °C		$\cdot 10^{-4} K^{-1}$
	Temperatur		$\cdot 10^{-4} K^{-1}$
Wärmeleitfähigkeit	Verfahren		W/(K · m)
Spezifische Wärmekapazität	Verfahren		J/(K · g)
Glasumwandlungstemperatur	Torsionsschwingungsversuch	°C	
	Differentialkalorimetrie	°C	

Brandverhalten

UL-Test vertikal   Dicke   mm, Wert
                   Dicke   mm, Wert

	Norm	Bewertung	Abmessungen
Sauerstoff-Index	ASTM D 2863		
Glühstab-Verfahren			
Brandverhalten	DIN 4102		
MVSS			
FAR			

Elektrische Eigenschaften

	Hz	°C	Probekörper, Form
Dielektrizitätszahl	50		
	10³		
	10⁶		
Dielektrischer Verlustfaktor tan δ	50		
	10³		
	10⁶		

Spezifischer Durchgangs-
   widerstand   Ohm · cm
Durchschlagfestigkeit   kV/mm   mm dick
Oberflächenwiderstand   Ohm

Kriechstromfestigkeit   KC   KB   KA
Kriechwegbildung

Elektrolytische Korrosionswirkung
Lichtbogenfestigkeit nach DIN
          nach ASTM   s

Beständigkeit *(Chemische Beständigkeit siehe Anhang)*

Wasseraufnahme

Feuchtigkeitsaufnahme Normalklima   %
Wetterbeständigkeit

Spannungskorrosion

Optische Eigenschaften

Brechungszahl n_D
Transmissionsgrad τ_c %   mm dick
Lichtdurchlässigkeit

Datenbank-Nr.	**T00867**			*Merkblatt-Nr.* **2190**
Produkt	Weich-PVC-Extrusionsmasse			**PVC**
Handelsname	**Trosiplast 7412**			
Hersteller	HUELSTRO			
DIN-Bez 1	7749-PVC-P,KG,A80-25-X		*Viskositätszahl* ml/g	
DIN-Bez 2			*K-Wert*	
Zusätze			*Füllstoffe/ Verstärkung*	
Bevorzugte Verarbeitung	Extrudieren		*Lieferform*	Granulat
			Farben	Natur; Schwarz
Besondere Merkmale	Normaltyp; Cadmiumfrei; Material erhoeht feuchteempfindlich; Trocken lagern; Kaeltebruchtemperatur -25 C; Flammwidrig nach VDE 0472		*Bevorzugte Anwendungen*	Einsetzbar nach VDE 0207 YM 1,2

Kornverteilung

Kornklasse μm	*Rückstand* %	*Dichte* g/cm³	1.27	
		Schüttdichte g/cm³		
		Stampfdichte g/cm³		
		Rieselfähigkeit		
		Rieselzeit s/100 g		
		Kornbeschaffenheit		
Allgemeine Hinweise		*Flüchtige Bestandteile* %		
		Sulfatasche %		

Zugversuch 23 °C   DIN 53455;

	Probekörper:	*Form*	Platte 1 mm	*Herstellung*	Pressen
		Zustand		*Vorbehandlung*	Normalklima
Streckspannung	N/mm²		*Dehnung bei Streckspannung*	%	
Zugfestigkeit	N/mm²		*Reißdehnung*	%	300
Reißfestigkeit	N/mm² 18		% *Dehnspannung*	N/mm²	
E-Modul	N/mm²		*Dehnung bei* % *Dehnspg.*	%	

Kriechmoduln und Zeitstandwerte 23 °C

	Probekörper:	*Form*	*Herstellung*	
		Zustand	*Vorbehandlung*	
Kriechmodul	1 min N/mm²		*Zeitstandzugfestigkeit* h N/mm²	
Kriechmodul	1000 h N/mm²		*Zeitdehnspg.* % h N/mm²	
bei Spannung	N/mm²			

Biegeversuch 23 °C

	Probekörper:	*Form*	*Herstellung*	
		Zustand	*Vorbehandlung*	
Biegefestigkeit	N/mm²		*E-Modul*	N/mm²
3,5% Biegespannung	N/mm²			

Härte 23 °C

	Probekörper:	*Zustand*	Platte 6 mm	*Herstellung*	Pressen
				Vorbehandlung	Normalklima
Kugeldruckhärte	N/mm²	bei	N, s	*Shore-Härte* A	80
Rockwellhärte				*Shore-Härte* D	

Schlagversuch

	Probekörper:	(1)			
		(2)		*Herstellung*	
		Zustand		*Vorbehandlung*	
		°C	°C	°C	*Probekörper-Form*
Schlagzähigkeit	kJ/m²				
Kerbschlagzähigkeit (1)	kJ/m²				
IZOD-Kerbschlagzähigkeit (2)	J/m				
Kerbschlagzugzähigkeit	kJ/m²				

Datenbank-Nr. **T00867** Merkblatt-Nr. **2190**

Abrieb und Reibung
Taber-Abrieb (Reibradverfahren)   mm³/100 U
Abriebfaktor LNP (Thrust washer) Vergleichswert
Statische Reibungszahl
Dynamische Reibungszahl   (p·v =   N/mm² ·   m/min)
Zulässiger p·v Wert   N/mm² · (m/min)   v =   m/min
                                               v =   m/min

Thermische Eigenschaften
Formbeständigkeit in der Wärme   Verfahren   °C
                                     Verfahren   °C
Vicat Erweichungstemperatur (VST)   Verfahren   °C
                                     Verfahren   °C
Kristallit-Schmelzpunkt   Verfahren

Längenausdehnungskoeffizient   Bereich   °C   · $10^{-4} K^{-1}$
                                     Temperatur   · $10^{-4} K^{-1}$
Wärmeleitfähigkeit   Verfahren   W/(K·m)

Spezifische Wärmekapazität   Verfahren   J/(K·g)

Glasumwandlungstemperatur   Torsionsschwingungsversuch   °C
                                     Differentialkalorimetrie   °C

Brandverhalten
UL-Test vertikal   Dicke   mm, Wert
                     Dicke   mm, Wert

                 Norm   Bewertung   Abmessungen

Sauerstoff-Index   ASTM D 2863
Glühstab-Verfahren
Brandverhalten   DIN 4102
MVSS
FAR

Elektrische Eigenschaften
                 Hz   °C   Probekörper, Form

Dielektrizitätszahl   50
                  10^3
                  10^6
Dielektrischer Verlustfaktor tan δ   50
                  10^3
                  10^6
Spezifischer Durchgangs-
     widerstand   Ohm·cm
Durchschlagfestigkeit   kV/mm   mm dick
Oberflächenwiderstand   Ohm

Kriechstromfestigkeit   KC   KB   KA
Kriechwegbildung

Elektrolytische Korrosionswirkung
Lichtbogenfestigkeit nach DIN
            nach ASTM   s

Beständigkeit (Chemische Beständigkeit siehe Anhang)
Wasseraufnahme

Feuchtigkeitsaufnahme Normalklima   %
Wetterbeständigkeit

Spannungskorrosion

Optische Eigenschaften
Brechungszahl n_D
Transmissionsgrad τ_c %   mm dick
Lichtdurchlässigkeit

Datenbank-Nr.	**T00868**	Merkblatt-Nr. **2191**
Produkt	Weich-PVC-Extrusionsmasse	**PVC**
Handelsname	**Trosiplast 7402**	
Hersteller	HUELSTRO	
DIN-Bez 1	7749-PVC-P,KG,A82-35-X	Viskositätszahl ml/g
DIN-Bez 2		K-Wert
Zusätze		Füllstoffe/Verstärkung
Bevorzugte Verarbeitung	Extrudieren	Lieferform — Granulat
		Farben — Natur; Schwarz
Besondere Merkmale	Normaltyp; Cadmiumfrei; Material erhoeht feuchtempfindlich; Trocken lagern; Kaeltebruchtemperatur -15 C; Flammwidrig nach VDE 0472	Bevorzugte Anwendungen — Einsetzbar nach VDE 0207 YM 1,2

Kornverteilung

Kornklasse µm	Rückstand %

Dichte g/cm³ 1.35
Schüttdichte g/cm³
Stampfdichte g/cm³
Rieselfähigkeit
Rieselzeit s/100 g
Kornbeschaffenheit
Flüchtige Bestandteile %
Sulfatasche %

Allgemeine Hinweise

Zugversuch 23 °C
DIN 53455;
Probekörper: Form — Platte 1 mm
Zustand

Herstellung — Pressen
Vorbehandlung — Normalklima

Streckspannung	N/mm²	Dehnung bei Streckspannung	%
Zugfestigkeit	N/mm²	Reißdehnung	% 290
Reißfestigkeit	N/mm² 16	% Dehnspannung	N/mm²
E-Modul	N/mm²	Dehnung bei % Dehnspg.	%

Kriechmoduln und Zeitstandwerte 23 °C
Probekörper: Form
Zustand

Herstellung
Vorbehandlung

Kriechmodul	1 min	N/mm²	Zeitstandzugfestigkeit	h N/mm²
Kriechmodul	1000 h	N/mm²	Zeitdehnspg. %	h N/mm²
bei Spannung		N/mm²		

Biegeversuch 23 °C
Probekörper: Form
Zustand

Herstellung
Vorbehandlung

Biegefestigkeit	N/mm²	E-Modul	N/mm²
3,5% Biegespannung	N/mm²		

Härte 23 °C
Probekörper: Zustand — Platte 6 mm

Herstellung — Pressen
Vorbehandlung — Normalklima

Kugeldruckhärte	N/mm²	bei N, s	Shore-Härte A	82
Rockwellhärte			Shore-Härte D	

Schlagversuch
Probekörper: (1)
(2)
Zustand

Herstellung
Vorbehandlung

°C °C °C Probekörper-Form

Schlagzähigkeit	kJ/m²
Kerbschlagzähigkeit (1)	kJ/m²
IZOD-Kerbschlagzähigkeit (2)	J/m
Kerbschlagzugzähigkeit	kJ/m²

Datenbank-Nr. **T00868** *Merkblatt-Nr.* **2191**

Abrieb und Reibung

Taber-Abrieb (Reibradverfahren)	mm³/100 U	
Abriebfaktor LNP (Thrust washer) Vergleichswert		
Statische Reibungszahl		
Dynamische Reibungszahl	$(p \cdot v =$ N/mm² · m/min)	
Zulässiger $p \cdot v$ Wert	N/mm² · (m/min) v = m/min	
	v = m/min	

Thermische Eigenschaften

Formbeständigkeit in der Wärme	Verfahren	°C
	Verfahren	°C
Vicat Erweichungstemperatur (VST)	Verfahren	°C
	Verfahren	°C
Kristallit-Schmelzpunkt	Verfahren	
Längenausdehnungskoeffizient	Bereich °C	$\cdot 10^{-4} K^{-1}$
	Temperatur	$\cdot 10^{-4} K^{-1}$
Wärmeleitfähigkeit	Verfahren	$W/(K \cdot m)$
Spezifische Wärmekapazität	Verfahren	$J/(K \cdot g)$
Glasumwandlungstemperatur	Torsionsschwingungsversuch	°C
	Differentialkalorimetrie	°C

Brandverhalten

UL-Test vertikal   Dicke   mm, Wert
         Dicke   mm, Wert

	Norm	Bewertung	Abmessungen
Sauerstoff-Index	ASTM D 2863		
Glühstab-Verfahren			
Brandverhalten	DIN 4102		
MVSS			
FAR			

Elektrische Eigenschaften

	Hz	°C	Probekörper, Form
Dielektrizitätszahl	50		
	10³		
	10⁶		
Dielektrischer Verlustfaktor tan δ	50		
	10³		
	10⁶		

Spezifischer Durchgangs- widerstand	Ohm · cm	
Durchschlagfestigkeit	kV/mm	mm dick
Oberflächenwiderstand	Ohm	
Kriechstromfestigkeit Kriechwegbildung	KC KB KA	

Elektrolytische Korrosionswirkung
Lichtbogenfestigkeit nach DIN
         nach ASTM   s

Beständigkeit *(Chemische Beständigkeit siehe Anhang)*

Wasseraufnahme

Feuchtigkeitsaufnahme Normalklima   %
Wetterbeständigkeit

Spannungskorrosion

Optische Eigenschaften

Brechungszahl n_D
Transmissionsgrad τ_c %   mm dick
Lichtdurchlässigkeit

Datenbank-Nr.	**T00869**	Merkblatt-Nr. **2192**

PVC

Produkt	Weich-PVC-Extrusionsmasse
Handelsname	**Trosiplast 7413**
Hersteller	HUELSTRO
DIN-Bez 1	7749-PVC-P,KG,A82-35-X
DIN-Bez 2	
Zusätze	
Viskositätszahl ml/g	
K-Wert	
Füllstoffe/Verstärkung	
Bevorzugte Verarbeitung	Extrudieren
Lieferform	Granulat
Farben	Natur; Schwarz
Besondere Merkmale	Normaltyp; Cadmiumfrei; Material erhoeht feuchteempfindlich; Trocken lagern; Kaeltebruchtemperatur -20 C; Flammwidrig nach VDE 0472
Bevorzugte Anwendungen	Einsetzbar nach VDE 0207 YM 1,2

Kornverteilung

Kornklasse μm	Rückstand %

Dichte	g/cm³	1.35
Schüttdichte	g/cm³	
Stampfdichte	g/cm³	
Rieselfähigkeit		
Rieselzeit	s/100 g	
Kornbeschaffenheit		
Flüchtige Bestandteile	%	
Sulfatasche	%	

Allgemeine Hinweise

Zugversuch 23 °C DIN 53455;

Probekörper: Form | Platte 1 mm
Zustand

Herstellung: Pressen
Vorbehandlung: Normalklima

Streckspannung	N/mm²	Dehnung bei Streckspannung	%	
Zugfestigkeit	N/mm²	Reißdehnung	%	310
Reißfestigkeit	N/mm² 18	% Dehnspannung	N/mm²	
E-Modul	N/mm²	Dehnung bei % Dehnspg.	%	

Kriechmoduln und Zeitstandwerte 23 °C

Probekörper: Form
Zustand

Herstellung
Vorbehandlung

Kriechmodul	1 min N/mm²	
Kriechmodul	1000 h N/mm²	
bei Spannung	N/mm²	
Zeitstandzugfestigkeit	h N/mm²
Zeitdehnspg. %	h N/mm²

Biegeversuch 23 °C

Probekörper: Form
Zustand

Herstellung
Vorbehandlung

Biegefestigkeit	N/mm²	E-Modul	N/mm²
3,5% Biegespannung	N/mm²		

Härte 23 °C

Probekörper: Zustand Platte 6 mm

Herstellung: Pressen
Vorbehandlung: Normalklima

Kugeldruckhärte	N/mm²	bei	N, s	Shore-Härte A 83
Rockwellhärte				Shore-Härte D

Schlagversuch

Probekörper: (1)
(2)
Zustand

Herstellung
Vorbehandlung

°C   °C   °C   Probekörper-Form

Schlagzähigkeit	kJ/m²
Kerbschlagzähigkeit (1)	kJ/m²
IZOD-Kerbschlagzähigkeit (2)	J/m
Kerbschlagzugzähigkeit	kJ/m²

Datenbank-Nr. **T00869**   Merkblatt-Nr. **2192**

Abrieb und Reibung

Taber-Abrieb (Reibradverfahren)   mm³/100 U
Abriebfaktor LNP (Thrust washer) Vergleichswert
Statische Reibungszahl
Dynamische Reibungszahl   (p·v=   N/mm²·   m/min)
Zulässiger p·v Wert   N/mm²·(m/min)   v=   m/min
                                                           v=   m/min

Thermische Eigenschaften

Formbeständigkeit in der Wärme   Verfahren   °C
                                  Verfahren   °C
Vicat Erweichungstemperatur (VST) Verfahren   °C
                                  Verfahren   °C
Kristallit-Schmelzpunkt   Verfahren

Längenausdehnungskoeffizient   Bereich   °C   ·10⁻⁴K⁻¹
                                  Temperatur   ·10⁻⁴K⁻¹
Wärmeleitfähigkeit   Verfahren   W/(K·m)

Spezifische Wärmekapazität   Verfahren   J/(K·g)

Glasumwandlungstemperatur   Torsionsschwingungsversuch   °C
                                  Differentialkalorimetrie   °C

Brandverhalten

UL-Test vertikal   Dicke   mm, Wert
                                  Dicke   mm, Wert

	Norm	Bewertung	Abmessungen
Sauerstoff-Index	ASTM D 2863		
Glühstab-Verfahren			
Brandverhalten	DIN 4102		
MVSS			
FAR			

Elektrische Eigenschaften

	Hz	°C		Probekörper, Form
Dielektrizitätszahl	50			
	10³			
	10⁶			
Dielektrischer Verlustfaktor tan δ	50			
	10³			
	10⁶			

Spezifischer Durchgangs-
    widerstand   Ohm·cm
Durchschlagfestigkeit   kV/mm   mm dick
Oberflächenwiderstand   Ohm

Kriechstromfestigkeit   KC   KB   KA
Kriechwegbildung

Elektrolytische Korrosionswirkung
Lichtbogenfestigkeit nach DIN
                  nach ASTM   s

Beständigkeit (Chemische Beständigkeit siehe Anhang)

Wasseraufnahme

Feuchtigkeitsaufnahme Normalklima   %
Wetterbeständigkeit

Spannungskorrosion

Optische Eigenschaften

Brechungszahl n_D
Transmissionsgrad τ_c %   mm dick
Lichtdurchlässigkeit

Datenbank-Nr.	**T00870**	Merkblatt-Nr. **2193**
Produkt	Weich-PVC-Extrusionsmasse	**PVC**
Handelsname	**Trosiplast 7410**	
Hersteller	HUELSTRO	
DIN-Bez 1	7749-PVC-P,KG,A84-45-X	Viskositätszahl ml/g
DIN-Bez 2		K-Wert
Zusätze		Füllstoffe/Verstärkung
Bevorzugte Verarbeitung	Extrudieren	Lieferform — Granulat
		Farben — Natur; Schwarz
Besondere Merkmale	Normaltyp; Cadmiumfrei; Material erhoeht feuchteempfindlich; Trocken lagern; Kaeltebruchtemperatur -15 C; Flammwidrig nach VDE 0472	Bevorzugte Anwendungen — Einsetzbar nach VDE 0207 YM 1,2

Kornverteilung

Kornklasse μm	Rückstand %

Dichte	g/cm³	1.43
Schüttdichte	g/cm³	
Stampfdichte	g/cm³	
Rieselfähigkeit		
Rieselzeit	s/100 g	
Kornbeschaffenheit		
Flüchtige Bestandteile	%	
Sulfatasche	%	

Allgemeine Hinweise

Zugversuch 23 °C   DIN 53455;

Probekörper: Form — Platte 1 mm   Herstellung — Pressen
              Zustand   Vorbehandlung — Normalklima

Streckspannung	N/mm²	Dehnung bei Streckspannung	%
Zugfestigkeit	N/mm²	Reißdehnung	% 290
Reißfestigkeit	N/mm² 16	% Dehnspannung	N/mm²
E-Modul	N/mm²	Dehnung bei % Dehnspg.	%

Kriechmoduln und Zeitstandwerte 23 °C

Probekörper: Form   Herstellung
             Zustand   Vorbehandlung

Kriechmodul	1 min N/mm²	Zeitstandzugfestigkeit	h N/mm²
Kriechmodul	1000 h N/mm²	Zeitdehnspg. %	h N/mm²
bei Spannung	N/mm²		

Biegeversuch 23 °C

Probekörper: Form   Herstellung
             Zustand   Vorbehandlung

Biegefestigkeit	N/mm²	E-Modul	N/mm²
3,5% Biegespannung	N/mm²		

Härte 23 °C   Probekörper: Zustand — Platte 6 mm   Herstellung — Pressen
                                                                         Vorbehandlung — Normalklima

Kugeldruckhärte	N/mm² bei N, s	Shore-Härte A	85
Rockwellhärte		Shore-Härte D	

Schlagversuch   Probekörper: (1)
                               (2)   Herstellung
                               Zustand   Vorbehandlung

                                        °C   °C   °C   Probekörper-Form

Schlagzähigkeit	kJ/m²
Kerbschlagzähigkeit (1)	kJ/m²
IZOD-Kerbschlagzähigkeit (2)	J/m
Kerbschlagzugzähigkeit	kJ/m²

Kunststoffe © Springer-Verlag Berlin Heidelberg 1988
Kopieren, Vervielfältigen und Speichern in Datenverarbeitungsanlagen (auch auszugsweise) ist nur mit schriftlicher Genehmigung des Verlages gestattet

Datenbank-Nr. **T00870** *Merkblatt-Nr.* **2193**

Abrieb und Reibung

Taber-Abrieb (Reibradverfahren)	mm³/100 U	
Abriebfaktor LNP (Thrust washer) Vergleichswert		
Statische Reibungszahl		
Dynamische Reibungszahl	(p·v = N/mm² · m/min)	
Zulässiger p · v Wert	N/mm² · (m/min) v = m/min	
	v = m/min	

Thermische Eigenschaften

Formbeständigkeit in der Wärme	Verfahren	°C
	Verfahren	°C
Vicat Erweichungstemperatur (VST)	Verfahren	°C
	Verfahren	°C
Kristallit-Schmelzpunkt	Verfahren	
Längenausdehnungskoeffizient	Bereich °C	·10⁻⁴K⁻¹
	Temperatur	·10⁻⁴K⁻¹
Wärmeleitfähigkeit	Verfahren	W/(K·m)
Spezifische Wärmekapazität	Verfahren	J/(K·g)
Glasumwandlungstemperatur	Torsionsschwingungsversuch	°C
	Differentialkalorimetrie	°C

Brandverhalten

UL-Test vertikal   Dicke mm, Wert
                     Dicke mm, Wert

	Norm	Bewertung	Abmessungen
Sauerstoff-Index	ASTM D 2863		
Glühstab-Verfahren			
Brandverhalten	DIN 4102		
MVSS			
FAR			

Elektrische Eigenschaften

	Hz	°C	Probekörper, Form
Dielektrizitätszahl	50		
	10³		
	10⁶		
Dielektrischer Verlustfaktor tan δ	50		
	10³		
	10⁶		

*Spezifischer Durchgangs-
  widerstand*   Ohm · cm
Durchschlagfestigkeit kV/mm   mm dick
Oberflächenwiderstand Ohm

Kriechstromfestigkeit   KC   KB   KA
Kriechwegbildung

Elektrolytische Korrosionswirkung
Lichtbogenfestigkeit nach DIN
            nach ASTM   s

Beständigkeit *(Chemische Beständigkeit siehe Anhang)*

Wasseraufnahme

Feuchtigkeitsaufnahme Normalklima   %
Wetterbeständigkeit

Spannungskorrosion

Optische Eigenschaften

Brechungszahl n_D
Transmissionsgrad τ_c %   mm dick
Lichtdurchlässigkeit

Datenbank-Nr.	**T00871**		Merkblatt-Nr. **2194**
Produkt	Weich-PVC-Extrusionsmasse		**PVC**
Handelsname	**Trosiplast 7416**		
Hersteller	HUELSTRO		
DIN-Bez 1	7749-PVC-P,KG,A90-45-X	Viskositätszahl ml/g	
DIN-Bez 2		K-Wert	
Zusätze		Füllstoffe/Verstärkung	
Bevorzugte Verarbeitung	Extrudieren	Lieferform	Granulat
		Farben	Natur; Schwarz
Besondere Merkmale	Normaltyp; Cadmiumfrei; Material er-hoeht feuchteempfindlich; Trocken lagern; Kaeltebruchtemperatur -10 C; Flammwidrig nach VDE 0472	Bevorzugte Anwendungen	

Kornverteilung

Kornklasse μm	Rückstand %	Dichte	g/cm^3	1.45
		Schüttdichte	g/cm^3	
		Stampfdichte	g/cm^3	
		Rieselfähigkeit		
		Rieselzeit	s/100 g	
		Kornbeschaffenheit		
Allgemeine Hinweise		Flüchtige Bestandteile	%	
		Sulfatasche	%	

Zugversuch 23 °C   DIN 53455;

	Probekörper:	Form	Platte 1 mm	Herstellung	Pressen
		Zustand		Vorbehandlung	Normalklima
Streckspannung	N/mm^2			Dehnung bei Streckspannung	%
Zugfestigkeit	N/mm^2			Reißdehnung	% 270
Reißfestigkeit	N/mm^2 18			% Dehnspannung	N/mm^2
E-Modul	N/mm^2			Dehnung bei % Dehnspg.	%

Kriechmoduln und Zeitstandwerte 23 °C

	Probekörper:	Form	Herstellung
		Zustand	Vorbehandlung
Kriechmodul	1 min N/mm^2	Zeitstandzugfestigkeit	h N/mm^2
Kriechmodul	1000 h N/mm^2	Zeitdehnspg. %	h N/mm^2
bei Spannung	N/mm^2		

Biegeversuch 23 °C

	Probekörper:	Form	Herstellung	
		Zustand	Vorbehandlung	
Biegefestigkeit	N/mm^2	E-Modul	N/mm^2	
3,5% Biegespannung	N/mm^2			

Härte 23 °C

	Probekörper:	Zustand	Platte 6 mm	Herstellung	Pressen
				Vorbehandlung	Normalklima
Kugeldruckhärte	N/mm^2	bei	N, s	Shore-Härte A	90
Rockwellhärte				Shore-Härte D	

Schlagversuch

	Probekörper:	(1)		
		(2)		
		Zustand	Herstellung	
			Vorbehandlung	
		°C °C	°C	Probekörper-Form

Schlagzähigkeit	kJ/m^2
Kerbschlagzähigkeit (1)	kJ/m^2
IZOD-Kerbschlagzähigkeit (2)	J/m
Kerbschlagzugzähigkeit	kJ/m^2

Kunststoffe © Springer-Verlag Berlin Heidelberg 1988
Kopieren, Vervielfältigen und Speichern in Datenverarbeitungsanlagen (auch auszugsweise) ist nur mit schriftlicher Genehmigung des Verlages gestattet

Datenbank-Nr. **T00871** Merkblatt-Nr. **2194**

Abrieb und Reibung

Taber-Abrieb (Reibradverfahren) mm³/100 U
Abriebfaktor LNP (Thrust washer) Vergleichswert
Statische Reibungszahl
Dynamische Reibungszahl (p·v =   N/mm² ·   m/min)
Zulässiger p · v Wert N/mm² · (m/min) v = m/min
 v = m/min

Thermische Eigenschaften

Formbeständigkeit in der Wärme Verfahren °C
 Verfahren °C
Vicat Erweichungstemperatur (VST) Verfahren °C
 Verfahren °C
Kristallit-Schmelzpunkt Verfahren

Längenausdehnungskoeffizient Bereich °C $\cdot 10^{-4} K^{-1}$
 Temperatur $\cdot 10^{-4} K^{-1}$
Wärmeleitfähigkeit Verfahren W/(K · m)

Spezifische Wärmekapazität Verfahren J/(K · g)

Glasumwandlungstemperatur Torsionsschwingungsversuch °C
 Differentialkalorimetrie °C

Brandverhalten

UL-Test vertikal Dicke mm, Wert
 Dicke mm, Wert

	Norm	Bewertung	Abmessungen
Sauerstoff-Index	ASTM D 2863		
Glühstab-Verfahren			
Brandverhalten	DIN 4102		
MVSS			
FAR			

Elektrische Eigenschaften

 Hz °C Probekörper, Form
Dielektrizitätszahl 50
 10^3
 10^6
Dielektrischer Verlustfaktor tan δ 50
 10^3
 10^6
Spezifischer Durchgangs-
  widerstand Ohm · cm
Durchschlagfestigkeit kV/mm mm dick
Oberflächenwiderstand Ohm

Kriechstromfestigkeit KC KB KA
Kriechwegbildung

Elektrolytische Korrosionswirkung
Lichtbogenfestigkeit nach DIN
 nach ASTM s

Beständigkeit (Chemische Beständigkeit siehe Anhang)

Wasseraufnahme

Feuchtigkeitsaufnahme Normalklima %
Wetterbeständigkeit

Spannungskorrosion

Optische Eigenschaften

Brechungszahl n_D
Transmissionsgrad τ_c % mm dick
Lichtdurchlässigkeit

Datenbank-Nr.	**T00872**			*Merkblatt-Nr.*	**2195**

Produkt Weich-PVC-Extrusionsmasse **PVC**

Handelsname **Trosiplast 7524**

Hersteller HUELSTRO

DIN-Bez 1 7749-PVC-P,EG,A54-15-X *Viskositätszahl* ml/g
DIN-Bez 2   *K-Wert*

Zusätze   *Füllstoffe/Verstärkung*

Bevorzugte Verarbeitung Extrudieren   *Lieferform* Granulat

  Farben

Besondere Merkmale Transparent-Typ; Besonders kaeltestabil; Kaeltebruchtemperatur -45 C   *Bevorzugte Anwendungen*

Kornverteilung

Kornklasse μm	*Rückstand* %		
		Dichte g/cm^3	1.17
		Schüttdichte g/cm^3	
		Stampfdichte g/cm^3	
		Rieselfähigkeit	
		Rieselzeit s/100 g	
		Kornbeschaffenheit	
Allgemeine Hinweise		*Flüchtige Bestandteile* %	
		Sulfatasche %	

Zugversuch 23 °C DIN 53455;

Probekörper: Form Platte 1 mm *Herstellung* Pressen
Zustand *Vorbehandlung* Normalklima

Streckspannung N/mm^2		*Dehnung bei Streckspannung* %	
Zugfestigkeit N/mm^2		*Reißdehnung* %	420
Reißfestigkeit N/mm^2 11		% *Dehnspannung* N/mm^2	
E-Modul N/mm^2		*Dehnung bei* % *Dehnspg.* %	

Kriechmoduln und Zeitstandwerte 23 °C

Probekörper: Form *Herstellung*
Zustand *Vorbehandlung*

Kriechmodul	1 min N/mm^2	*Zeitstandzugfestigkeit* h N/mm^2	
Kriechmodul	1000 h N/mm^2	*Zeitdehnspg.* % h N/mm^2	
bei Spannung	N/mm^2		

Biegeversuch 23 °C

Probekörper: Form *Herstellung*
Zustand *Vorbehandlung*

Biegefestigkeit N/mm^2 *E-Modul* N/mm^2
3,5% Biegespannung N/mm^2

Härte 23 °C

Probekörper: Zustand Platte 6 mm *Herstellung* Pressen
 Vorbehandlung Normalklima

Kugeldruckhärte N/mm^2 bei N, s *Shore-Härte* A 55
Rockwellhärte *Shore-Härte* D

Schlagversuch

Probekörper: (1)
(2)
Zustand *Herstellung*
 Vorbehandlung

°C °C °C *Probekörper-Form*

Schlagzähigkeit kJ/m^2
Kerbschlagzähigkeit (1) kJ/m^2
IZOD-Kerbschlagzähigkeit (2) J/m
Kerbschlagzugzähigkeit kJ/m^2

Datenbank-Nr. **T00872** Merkblatt-Nr. **2195**

Abrieb und Reibung

Taber-Abrieb (Reibradverfahren)   mm³/100 U
Abriebfaktor LNP (Thrust washer) Vergleichswert
Statische Reibungszahl
Dynamische Reibungszahl   (p·v=   N/mm² ·   m/min)
Zulässiger p·v Wert   N/mm² · (m/min)   v=   m/min
             v=   m/min

Thermische Eigenschaften

Formbeständigkeit in der Wärme   Verfahren   °C
  Verfahren   °C
Vicat Erweichungstemperatur (VST)   Verfahren   °C
  Verfahren   °C
Kristallit-Schmelzpunkt   Verfahren

Längenausdehnungskoeffizient   Bereich   °C   ·10⁻⁴ K⁻¹
  Temperatur   ·10⁻⁴ K⁻¹
Wärmeleitfähigkeit   Verfahren   W/(K·m)

Spezifische Wärmekapazität   Verfahren   J/(K·g)

Glasumwandlungstemperatur   Torsionsschwingungsversuch   °C
  Differentialkalorimetrie   °C

Brandverhalten

UL-Test vertikal   Dicke   mm, Wert
  Dicke   mm, Wert

	Norm	Bewertung	Abmessungen
Sauerstoff-Index	ASTM D 2863		
Glühstab-Verfahren			
Brandverhalten	DIN 4102		
MVSS			
FAR			

Elektrische Eigenschaften

          Hz   °C   Probekörper, Form

Dielektrizitätszahl   50
  10³
  10⁶
Dielektrischer Verlustfaktor tan δ   50
  10³
  10⁶
Spezifischer Durchgangs-
  widerstand   Ohm·cm
Durchschlagfestigkeit   kV/mm   mm dick
Oberflächenwiderstand   Ohm

Kriechstromfestigkeit   KC   KB   KA
Kriechwegbildung

Elektrolytische Korrosionswirkung
Lichtbogenfestigkeit nach DIN
      nach ASTM   s

Beständigkeit (Chemische Beständigkeit siehe Anhang)

Wasseraufnahme

Feuchtigkeitsaufnahme Normalklima   %
Wetterbeständigkeit

Spannungskorrosion

Optische Eigenschaften

Brechungszahl n_D
Transmissionsgrad τ_c %   mm dick
Lichtdurchlässigkeit

Datenbank-Nr.	**T00873**			Merkblatt-Nr. **2196**
Produkt	Weich-PVC-Extrusionsmasse			**PVC**
Handelsname	**Trosiplast VYO3617**			
Hersteller	HUELSTRO			
DIN-Bez 1	7749-PVC-P,EG,A58-20-X		Viskositätszahl ml/g	
DIN-Bez 2			K-Wert	
Zusätze			Füllstoffe/Verstärkung	
Bevorzugte Verarbeitung	Extrudieren		Lieferform	Granulat
			Farben	
Besondere Merkmale	Transparent-Typ; Cadmiumfrei; Kaeltebruchtemperatur -45 C		Bevorzugte Anwendungen	

Kornverteilung			Dichte g/cm^3	1.19
Kornklasse µm	Rückstand %		Schüttdichte g/cm^3	
			Stampfdichte g/cm^3	
			Rieselfähigkeit	
			Rieselzeit s/100 g	
			Kornbeschaffenheit	
Allgemeine Hinweise			Flüchtige Bestandteile %	
			Sulfatasche %	

Zugversuch 23 °C	DIN 53455;		Herstellung	Pressen
	Probekörper: Form	Platte 1 mm	Vorbehandlung	Normalklima
	Zustand			
Streckspannung	N/mm^2		Dehnung bei Streckspannung %	
Zugfestigkeit	N/mm^2		Reißdehnung %	400
Reißfestigkeit	N/mm^2 11		% Dehnspannung N/mm^2	
E-Modul	N/mm^2		Dehnung bei % Dehnspg. %	

Kriechmoduln und Zeitstandwerte 23 °C				
	Probekörper: Form		Herstellung	
	Zustand		Vorbehandlung	
Kriechmodul	1 min N/mm^2		Zeitstandzugfestigkeit h N/mm^2	
Kriechmodul	1000 h N/mm^2		Zeitdehnspg. % h N/mm^2	
bei Spannung	N/mm^2			

Biegeversuch 23 °C				
	Probekörper: Form		Herstellung	
	Zustand		Vorbehandlung	
Biegefestigkeit	N/mm^2	E-Modul	N/mm^2	
3,5% Biegespannung	N/mm^2			

Härte 23 °C	Probekörper: Zustand	Platte 6 mm	Herstellung	Pressen
			Vorbehandlung	Normalklima
Kugeldruckhärte	N/mm^2 bei N, s		Shore-Härte A	58
Rockwellhärte			Shore-Härte D	

Schlagversuch	Probekörper: (1)			
	(2)		Herstellung	
	Zustand		Vorbehandlung	
	°C	°C	°C	Probekörper-Form
Schlagzähigkeit	kJ/m^2			
Kerbschlagzähigkeit (1)	kJ/m^2			
IZOD-Kerbschlagzähigkeit (2)	J/m			
Kerbschlagzugzähigkeit	kJ/m^2			

Datenbank-Nr. **T00873** Merkblatt-Nr. **2196**

Abrieb und Reibung

Taber-Abrieb (Reibradverfahren)	mm³/100 U	
Abriebfaktor LNP (Thrust washer) Vergleichswert		
Statische Reibungszahl		
Dynamische Reibungszahl	(p·v = N/mm² ·	m/min)
Zulässiger p·v Wert	N/mm² · (m/min) v =	m/min
	v =	m/min

Thermische Eigenschaften

Formbeständigkeit in der Wärme	Verfahren	°C
	Verfahren	°C
Vicat Erweichungstemperatur (VST)	Verfahren	°C
	Verfahren	°C
Kristallit-Schmelzpunkt	Verfahren	
Längenausdehnungskoeffizient	Bereich °C	·10⁻⁴K⁻¹
	Temperatur	·10⁻⁴K⁻¹
Wärmeleitfähigkeit	Verfahren	W/(K·m)
Spezifische Wärmekapazität	Verfahren	J/(K·g)
Glasumwandlungstemperatur	Torsionsschwingungsversuch	°C
	Differentialkalorimetrie	°C

Brandverhalten

UL-Test vertikal	Dicke mm, Wert	
	Dicke mm, Wert	

	Norm	Bewertung	Abmessungen
Sauerstoff-Index	ASTM D 2863		
Glühstab-Verfahren			
Brandverhalten	DIN 4102		
MVSS			
FAR			

Elektrische Eigenschaften

	Hz	°C	Probekörper, Form
Dielektrizitätszahl	50		
	10³		
	10⁶		
Dielektrischer Verlustfaktor tan δ	50		
	10³		
	10⁶		
Spezifischer Durchgangs- widerstand	Ohm · cm		
Durchschlagfestigkeit	kV/mm		mm dick
Oberflächenwiderstand	Ohm		
Kriechstromfestigkeit	KC KB KA		
Kriechwegbildung			
Elektrolytische Korrosionswirkung			
Lichtbogenfestigkeit nach DIN			
nach ASTM	s		

Beständigkeit (Chemische Beständigkeit siehe Anhang)

Wasseraufnahme

Feuchtigkeitsaufnahme Normalklima %
Wetterbeständigkeit

Spannungskorrosion

Optische Eigenschaften

Brechungszahl n_D
Transmissionsgrad τ_c %   mm dick
Lichtdurchlässigkeit

Datenbank-Nr. **T00874**		Merkblatt-Nr. **2197**
Produkt	Weich-PVC-Extrusionsmasse	**PVC**
Handelsname	**Trosiplast 7549**	
Hersteller	HUELSTRO	
DIN-Bez 1	7749-PVC-P,EG,A64-20-X	Viskositätszahl ml/g
DIN-Bez 2		K-Wert
Zusätze		Füllstoffe/Verstärkung
Bevorzugte Verarbeitung	Extrudieren	Lieferform Granulat
		Farben
Besondere Merkmale	Kaeltebruchtemperatur -35 C	Bevorzugte Anwendungen

Kornverteilung

Kornklasse μm	Rückstand %		
		Dichte g/cm³	1.2
		Schüttdichte g/cm³	
		Stampfdichte g/cm³	
		Rieselfähigkeit	
		Rieselzeit s/100 g	
		Kornbeschaffenheit	
Allgemeine Hinweise		Flüchtige Bestandteile %	
		Sulfatasche %	

Zugversuch 23 °C   DIN 53455;

Probekörper: Form   Platte 1 mm   Herstellung   Pressen
Zustand   Vorbehandlung   Normalklima

Streckspannung	N/mm²	Dehnung bei Streckspannung	%
Zugfestigkeit	N/mm²	Reißdehnung	% 350
Reißfestigkeit	N/mm² 14	% Dehnspannung	N/mm²
E-Modul	N/mm²	Dehnung bei % Dehnspg.	%

Kriechmoduln und Zeitstandwerte 23 °C

Probekörper: Form   Herstellung
Zustand   Vorbehandlung

Kriechmodul	1 min N/mm²	Zeitstandzugfestigkeit	h N/mm²
Kriechmodul	1000 h N/mm²	Zeitdehnspg. %	h N/mm²
bei Spannung	N/mm²		

Biegeversuch 23 °C

Probekörper: Form   Herstellung
Zustand   Vorbehandlung

Biegefestigkeit	N/mm²	E-Modul	N/mm²
3,5% Biegespannung	N/mm²		

Härte 23 °C   Probekörper: Zustand   Platte 6 mm   Herstellung   Pressen
Vorbehandlung   Normalklima

Kugeldruckhärte	N/mm²	bei N, s	Shore-Härte A	65
Rockwellhärte			Shore-Härte D	

Schlagversuch   Probekörper: (1)
(2)   Herstellung
Zustand   Vorbehandlung

°C   °C   °C   Probekörper-Form

Schlagzähigkeit	kJ/m²
Kerbschlagzähigkeit (1)	kJ/m²
IZOD-Kerbschlagzähigkeit (2)	J/m
Kerbschlagzugzähigkeit	kJ/m²

Kunststoffe © Springer-Verlag Berlin Heidelberg 1988
Kopieren, Vervielfältigen und Speichern in Datenverarbeitungsanlagen (auch auszugsweise) ist nur mit schriftlicher Genehmigung des Verlages gestattet

Datenbank-Nr. **T00874** Merkblatt-Nr. **2197**

Abrieb und Reibung

Taber-Abrieb (Reibradverfahren)	mm³/100 U	
Abriebfaktor LNP (Thrust washer) Vergleichswert		
Statische Reibungszahl		
Dynamische Reibungszahl	(p·v = N/mm² · m/min)	
Zulässiger p · v Wert	N/mm² · (m/min)	v = m/min
		v = m/min

Thermische Eigenschaften

Formbeständigkeit in der Wärme	Verfahren	°C
	Verfahren	°C
Vicat Erweichungstemperatur (VST)	Verfahren	°C
	Verfahren	°C
Kristallit-Schmelzpunkt	Verfahren	
Längenausdehnungskoeffizient	Bereich °C	$\cdot 10^{-4} K^{-1}$
	Temperatur	$\cdot 10^{-4} K^{-1}$
Wärmeleitfähigkeit	Verfahren	W/(K · m)
Spezifische Wärmekapazität	Verfahren	J/(K · g)
Glasumwandlungstemperatur	Torsionsschwingungsversuch	°C
	Differentialkalorimetrie	°C

Brandverhalten

UL-Test vertikal   Dicke   mm, Wert
                   Dicke   mm, Wert

	Norm	Bewertung	Abmessungen
Sauerstoff-Index	ASTM D 2863		
Glühstab-Verfahren			
Brandverhalten	DIN 4102		
MVSS			
FAR			

Elektrische Eigenschaften

	Hz	°C		Probekörper, Form
Dielektrizitätszahl	50			
	10^3			
	10^6			
Dielektrischer Verlustfaktor tan δ	50			
	10^3			
	10^6			

Spezifischer Durchgangswiderstand	Ohm · cm	
Durchschlagfestigkeit	kV/mm	mm dick
Oberflächenwiderstand	Ohm	

Kriechstromfestigkeit   KC   KB   KA
Kriechwegbildung

Elektrolytische Korrosionswirkung
Lichtbogenfestigkeit nach DIN
               nach ASTM   s

Beständigkeit (Chemische Beständigkeit siehe Anhang)

Wasseraufnahme

Feuchtigkeitsaufnahme Normalklima   %
Wetterbeständigkeit

Spannungskorrosion

Optische Eigenschaften

Brechungszahl n_D
Transmissionsgrad τ_c %   mm dick
Lichtdurchlässigkeit

Datenbank-Nr.	**T00875**	*Merkblatt-Nr.* **2198**

PVC

Produkt	Weich-PVC-Extrusionsmasse
Handelsname	**Trosiplast 7540**
Hersteller	HUELSTRO
DIN-Bez 1	7749-PVC-P,KG,A66-20-X
DIN-Bez 2	
Zusätze	
Bevorzugte Verarbeitung	Extrudieren
Besondere Merkmale	Kaeltebruchtemperatur -30 C

Viskositätszahl ml/g	
K-Wert	
Füllstoffe/Verstärkung	
Lieferform	Granulat
Farben	
Bevorzugte Anwendungen	

Kornverteilung

Kornklasse µm	*Rückstand* %

Allgemeine Hinweise

Dichte	g/cm³	1.22
Schüttdichte	g/cm³	
Stampfdichte	g/cm³	
Rieselfähigkeit		
Rieselzeit	s/100 g	
Kornbeschaffenheit		
Flüchtige Bestandteile	%	
Sulfatasche	%	

Zugversuch 23 °C DIN 53455;

Probekörper: Form Platte 1 mm   *Herstellung* Pressen
           Zustand   *Vorbehandlung* Normalklima

Streckspannung	N/mm²	*Dehnung bei Streckspannung*	%	
Zugfestigkeit	N/mm²	*Reißdehnung*	%	360
Reißfestigkeit	N/mm² 15	*% Dehnspannung*	N/mm²	
E-Modul	N/mm²	*Dehnung bei % Dehnspg.*	%	

Kriechmoduln und Zeitstandwerte 23 °C

Probekörper: Form   *Herstellung*
           Zustand   *Vorbehandlung*

Kriechmodul	1 min N/mm²	*Zeitstandzugfestigkeit*	h	N/mm²
Kriechmodul	1000 h N/mm²	*Zeitdehnspg.* %	h	N/mm²
bei Spannung	N/mm²			

Biegeversuch 23 °C

Probekörper: Form   *Herstellung*
           Zustand   *Vorbehandlung*

Biegefestigkeit	N/mm²	*E-Modul*	N/mm²
3,5% Biegespannung	N/mm²		

Härte 23 °C

Probekörper: Zustand Platte 6 mm   *Herstellung* Pressen
                              Vorbehandlung Normalklima

Kugeldruckhärte	N/mm² bei N, s	*Shore-Härte* A	67
Rockwellhärte		*Shore-Härte* D	

Schlagversuch

Probekörper: (1)
           (2)   *Herstellung*
           Zustand   *Vorbehandlung*
           °C   °C   °C   *Probekörper-Form*

Schlagzähigkeit	kJ/m²
Kerbschlagzähigkeit (1)	kJ/m²
IZOD-Kerbschlagzähigkeit (2)	J/m
Kerbschlagzugzähigkeit	kJ/m²

Datenbank-Nr. **T00875** Merkblatt-Nr. **2198**

Abrieb und Reibung
Taber-Abrieb (Reibradverfahren)   mm³/100 U
Abriebfaktor LNP (Thrust washer) Vergleichswert
Statische Reibungszahl
Dynamische Reibungszahl   (p·v =   N/mm² ·   m/min)
Zulässiger p · v Wert   N/mm² · (m/min)   v =   m/min
                                                                               v =   m/min

Thermische Eigenschaften
Formbeständigkeit in der Wärme   Verfahren   °C
                                         Verfahren   °C
Vicat Erweichungstemperatur (VST)   Verfahren   °C
                                         Verfahren   °C
Kristallit-Schmelzpunkt   Verfahren

Längenausdehnungskoeffizient   Bereich   °C   · $10^{-4} K^{-1}$
                                   Temperatur   · $10^{-4} K^{-1}$
Wärmeleitfähigkeit   Verfahren   W/(K · m)

Spezifische Wärmekapazität   Verfahren   J/(K · g)

Glasumwandlungstemperatur   Torsionsschwingungsversuch   °C
                                  Differentialkalorimetrie   °C

Brandverhalten
UL-Test vertikal   Dicke   mm, Wert
               Dicke   mm, Wert

           Norm   Bewertung   Abmessungen
Sauerstoff-Index   ASTM D 2863
Glühstab-Verfahren
Brandverhalten   DIN 4102
MVSS
FAR

Elektrische Eigenschaften
                                 Hz   °C   Probekörper, Form
Dielektrizitätszahl   50
                             10^3
                             10^6
Dielektrischer Verlustfaktor tan δ   50
                             10^3
                             10^6
Spezifischer Durchgangs-
   widerstand   Ohm · cm
Durchschlagfestigkeit   kV/mm   mm dick
Oberflächenwiderstand   Ohm

Kriechstromfestigkeit   KC   KB   KA
Kriechwegbildung

Elektrolytische Korrosionswirkung
Lichtbogenfestigkeit nach DIN
                nach ASTM   s

Beständigkeit (Chemische Beständigkeit siehe Anhang)
Wasseraufnahme

Feuchtigkeitsaufnahme Normalklima   %
Wetterbeständigkeit

Spannungskorrosion

Optische Eigenschaften
Brechungszahl n_D
Transmissionsgrad τ_c %   mm dick
Lichtdurchlässigkeit

Datenbank-Nr.	**T00876**			*Merkblatt-Nr.* **2199**
Produkt	Weich-PVC-Extrusionsmasse			**PVC**
Handelsname	**Trosiplast VE00026**			
Hersteller	HUELSTRO			
DIN-Bez 1	7749-PVC-P,KG,A70-20-X		*Viskositätszahl* ml/g	
DIN-Bez 2			*K-Wert*	
Zusätze			*Füllstoffe/ Verstärkung*	
Bevorzugte Verarbeitung	Extrudieren		*Lieferform*	Granulat
			Farben	
Besondere Merkmale	Transparent-Typ; Cadmiumfrei; Kaeltebruchtemperatur -30 C		*Bevorzugte Anwendungen*	Einsetzbar nach VDE 0207 YM 2

Kornverteilung

Kornklasse μm	*Rückstand* %			
		Dichte g/cm³	1.21	
		Schüttdichte g/cm³		
		Stampfdichte g/cm³		
		Rieselfähigkeit		
		Rieselzeit s/100 g		
		Kornbeschaffenheit		
Allgemeine Hinweise		*Flüchtige Bestandteile* %		
		Sulfatasche %		

Zugversuch 23 °C DIN 53455;

	Probekörper:	*Form*	Platte 1 mm	*Herstellung*	Pressen
		Zustand		*Vorbehandlung*	Normalklima
Streckspannung	N/mm²			*Dehnung bei Streckspannung*	%
Zugfestigkeit	N/mm²			*Reißdehnung*	% 360
Reißfestigkeit	N/mm² 15			% *Dehnspannung*	N/mm²
E-Modul	N/mm²			*Dehnung bei* % *Dehnspg.*	%

Kriechmoduln und Zeitstandwerte 23 °C

	Probekörper:	*Form*		*Herstellung*	
		Zustand		*Vorbehandlung*	
Kriechmodul	1 min N/mm²			*Zeitstandzugfestigkeit*	h N/mm²
Kriechmodul	1000 h N/mm²			*Zeitdehnspg.* %	h N/mm²
bei Spannung	N/mm²				

Biegeversuch 23 °C

	Probekörper:	*Form*		*Herstellung*	
		Zustand		*Vorbehandlung*	
Biegefestigkeit	N/mm²			*E-Modul*	N/mm²
3,5% Biegespannung	N/mm²				

Härte 23 °C

	Probekörper:	*Zustand*	Platte 6 mm	*Herstellung*	Pressen
				Vorbehandlung	Normalklima
Kugeldruckhärte	N/mm²	bei	N, s	*Shore-Härte* A	70
Rockwellhärte				*Shore-Härte* D	

Schlagversuch

	Probekörper:	(1)			
		(2)		*Herstellung*	
		Zustand		*Vorbehandlung*	
		°C	°C	°C	*Probekörper-Form*
Schlagzähigkeit	kJ/m²				
Kerbschlagzähigkeit (1)	kJ/m²				
IZOD-Kerbschlagzähigkeit (2)	J/m				
Kerbschlagzugzähigkeit	kJ/m²				

Kunststoffe © Springer-Verlag Berlin Heidelberg 1988
Kopieren, Vervielfältigen und Speichern in Datenverarbeitungsanlagen (auch auszugsweise) ist nur mit schriftlicher Genehmigung des Verlages gestattet

Datenbank-Nr. **T00876** *Merkblatt-Nr.* **2199**

Abrieb und Reibung

Taber-Abrieb (Reibradverfahren)	mm³/100 U
Abriebfaktor LNP (Thrust washer) Vergleichswert	
Statische Reibungszahl	
Dynamische Reibungszahl	(p·v= N/mm² · m/min)
Zulässiger p·v Wert	N/mm² · (m/min) v= m/min
	v= m/min

Thermische Eigenschaften

Formbeständigkeit in der Wärme	Verfahren		°C
	Verfahren		°C
Vicat Erweichungstemperatur (VST)	Verfahren		°C
	Verfahren		°C
Kristallit-Schmelzpunkt	Verfahren		
Längenausdehnungskoeffizient	Bereich	°C	$\cdot 10^{-4} K^{-1}$
	Temperatur		$\cdot 10^{-4} K^{-1}$
Wärmeleitfähigkeit	Verfahren		W/(K·m)
Spezifische Wärmekapazität	Verfahren		J/(K·g)
Glasumwandlungstemperatur	Torsionsschwingungsversuch	°C	
	Differentialkalorimetrie	°C	

Brandverhalten

UL-Test vertikal   Dicke   mm, Wert
                     Dicke   mm, Wert

	Norm	Bewertung	Abmessungen
Sauerstoff-Index	ASTM D 2863		
Glühstab-Verfahren			
Brandverhalten	DIN 4102		
MVSS			
FAR			

Elektrische Eigenschaften

	Hz	°C		Probekörper, Form
Dielektrizitätszahl	50			
	10³			
	10⁶			
Dielektrischer Verlustfaktor tan δ	50			
	10³			
	10⁶			
Spezifischer Durchgangs-widerstand	Ohm·cm			
Durchschlagfestigkeit	kV/mm			mm dick
Oberflächenwiderstand	Ohm			
Kriechstromfestigkeit		KC	KB	KA
Kriechwegbildung				

Elektrolytische Korrosionswirkung
Lichtbogenfestigkeit nach DIN
         nach ASTM   s

Beständigkeit (Chemische Beständigkeit siehe Anhang)

Wasseraufnahme

Feuchtigkeitsaufnahme Normalklima   %
Wetterbeständigkeit

Spannungskorrosion

Optische Eigenschaften

Brechungszahl n_D
Transmissionsgrad τ_c %   mm dick
Lichtdurchlässigkeit

Datenbank-Nr.	**T00877**			Merkblatt-Nr. **2200**
Produkt	Weich-PVC-Extrusionsmasse			**PVC**
Handelsname	**Trosiplast 7511**			
Hersteller	HUELSTRO			
DIN-Bez 1	7749-PVC-P,KG,A70-20-X		Viskositätszahl ml/g	
DIN-Bez 2			K-Wert	
Zusätze			Füllstoffe/Verstärkung	
Bevorzugte Verarbeitung	Extrudieren		Lieferform	Granulat
			Farben	
Besondere Merkmale	Kaeltebruchtemperatur -30 C		Bevorzugte Anwendungen	Einsetzbar nach VDE 0207 YM 2

Kornverteilung

Kornklasse μm	Rückstand %		Dichte	g/cm³	1.22
			Schüttdichte	g/cm³	
			Stampfdichte	g/cm³	
			Rieselfähigkeit		
			Rieselzeit	s/100 g	
			Kornbeschaffenheit		
Allgemeine Hinweise			Flüchtige Bestandteile	%	
			Sulfatasche	%	

Zugversuch 23 °C DIN 53455;

	Probekörper:	Form	Platte 1 mm	Herstellung	Pressen
		Zustand		Vorbehandlung	Normalklima
Streckspannung	N/mm²			Dehnung bei Streckspannung	%
Zugfestigkeit	N/mm²			Reißdehnung	% 350
Reißfestigkeit	N/mm² 16			% Dehnspannung	N/mm²
E-Modul	N/mm²			Dehnung bei % Dehnspg.	%

Kriechmoduln und Zeitstandwerte 23 °C

	Probekörper:	Form		Herstellung	
		Zustand		Vorbehandlung	
Kriechmodul	1 min N/mm²			Zeitstandzugfestigkeit	h N/mm²
Kriechmodul	1000 h N/mm²			Zeitdehnspg. %	h N/mm²
bei Spannung	N/mm²				

Biegeversuch 23 °C

	Probekörper:	Form		Herstellung	
		Zustand		Vorbehandlung	
Biegefestigkeit	N/mm²		E-Modul		N/mm²
3,5% Biegespannung	N/mm²				

Härte 23 °C

	Probekörper:	Zustand	Platte 6 mm	Herstellung	Pressen
				Vorbehandlung	Normalklima
Kugeldruckhärte	N/mm²	bei	N, s	Shore-Härte A	71
Rockwellhärte				Shore-Härte D	

Schlagversuch

	Probekörper:	(1)			
		(2)		Herstellung	
		Zustand		Vorbehandlung	
		°C	°C	°C	Probekörper-Form
Schlagzähigkeit	kJ/m²				
Kerbschlagzähigkeit (1)	kJ/m²				
IZOD-Kerbschlagzähigkeit (2)	J/m				
Kerbschlagzugzähigkeit	kJ/m²				

Kunststoffe © Springer-Verlag Berlin Heidelberg 1988
Kopieren, Vervielfältigen und Speichern in Datenverarbeitungsanlagen (auch auszugsweise) ist nur mit schriftlicher Genehmigung des Verlages gestattet

Datenbank-Nr. **T00877** *Merkblatt-Nr.* **2200**

Abrieb und Reibung

Taber-Abrieb (Reibradverfahren)	mm³/100 U	
Abriebfaktor LNP (Thrust washer) Vergleichswert		
Statische Reibungszahl		
Dynamische Reibungszahl	(p·v = N/mm² ·	m/min)
Zulässiger p · v Wert	N/mm² · (m/min) v =	m/min
	v =	m/min

Thermische Eigenschaften

Formbeständigkeit in der Wärme	Verfahren	°C
	Verfahren	°C
Vicat Erweichungstemperatur (VST)	Verfahren	°C
	Verfahren	°C
Kristallit-Schmelzpunkt	Verfahren	
Längenausdehnungskoeffizient	Bereich °C	·10⁻⁴ K⁻¹
	Temperatur	·10⁻⁴ K⁻¹
Wärmeleitfähigkeit	Verfahren	W/(K·m)
Spezifische Wärmekapazität	Verfahren	J/(K·g)
Glasumwandlungstemperatur	Torsionsschwingungsversuch	°C
	Differentialkalorimetrie	°C

Brandverhalten

UL-Test vertikal   Dicke   mm, Wert
    Dicke   mm, Wert

	Norm	Bewertung	Abmessungen
Sauerstoff-Index	ASTM D 2863		
Glühstab-Verfahren			
Brandverhalten	DIN 4102		
MVSS			
FAR			

Elektrische Eigenschaften

	Hz	°C	Probekörper, Form
Dielektrizitätszahl	50		
	10³		
	10⁶		
Dielektrischer Verlustfaktor tan δ	50		
	10³		
	10⁶		

Spezifischer Durchgangswiderstand	Ohm · cm	
Durchschlagfestigkeit	kV/mm	mm dick
Oberflächenwiderstand	Ohm	

Kriechstromfestigkeit   KC   KB   KA
Kriechwegbildung

Elektrolytische Korrosionswirkung
Lichtbogenfestigkeit nach DIN
        nach ASTM   s

Beständigkeit (Chemische Beständigkeit siehe Anhang)

Wasseraufnahme

Feuchtigkeitsaufnahme Normalklima   %
Wetterbeständigkeit

Spannungskorrosion

Optische Eigenschaften

Brechungszahl n_D
Transmissionsgrad τ_c %   mm dick
Lichtdurchlässigkeit

Datenbank-Nr. **T00878**		*Merkblatt-Nr.* **2201**

Produkt	Weich-PVC-Extrusionsmasse		**PVC**
Handelsname	**Trosiplast 7521**		
Hersteller	HUELSTRO		
DIN-Bez 1	7749-PVC-P,KG,A78-25-X	*Viskositätszahl* ml/g	
DIN-Bez 2		*K-Wert*	
Zusätze		*Füllstoffe/ Verstärkung*	
Bevorzugte Verarbeitung	Extrudieren	*Lieferform*	Granulat
		Farben	
Besondere Merkmale	Transparent-Typ; Flammwidrig nach VDE 0472; Kaeltebruchtemperatur -25 C	*Bevorzugte Anwendungen*	Einsetzbar nach VDE 0207 YM 1,2

Kornverteilung

Kornklasse μm	*Rückstand* %		
		Dichte g/cm³	1.24
		Schüttdichte g/cm³	
		Stampfdichte g/cm³	
		Rieselfähigkeit	
		Rieselzeit s/100 g	
		Kornbeschaffenheit	
Allgemeine Hinweise		*Flüchtige Bestandteile* %	
		Sulfatasche %	

Zugversuch 23 °C DIN 53455;

	Probekörper:	*Form*	Platte 1 mm	*Herstellung*	Pressen
		Zustand		*Vorbehandlung*	Normalklima
Streckspannung	N/mm²			*Dehnung bei Streckspannung*	%
Zugfestigkeit	N/mm²			*Reißdehnung* %	330
Reißfestigkeit	N/mm² 19			*% Dehnspannung* N/mm²	
E-Modul	N/mm²			*Dehnung bei* % *Dehnspg.* %	

Kriechmoduln und Zeitstandwerte 23 °C

	Probekörper:	*Form*		*Herstellung*	
		Zustand		*Vorbehandlung*	
Kriechmodul	1 min N/mm²		*Zeitstandzugfestigkeit*	h N/mm²	
Kriechmodul	1000 h N/mm²		*Zeitdehnspg.* %	h N/mm²	
bei Spannung	N/mm²				

Biegeversuch 23 °C

	Probekörper:	*Form*		*Herstellung*	
		Zustand		*Vorbehandlung*	
Biegefestigkeit	N/mm²		*E-Modul*	N/mm²	
3,5% Biegespannung	N/mm²				

Härte 23 °C

	Probekörper:	*Zustand*	Platte 6 mm	*Herstellung*	Pressen
				Vorbehandlung	Normalklima
Kugeldruckhärte	N/mm²	bei	N, s	*Shore-Härte* A	78
Rockwellhärte				*Shore-Härte* D	

Schlagversuch

	Probekörper:	(1)			
		(2)		*Herstellung*	
		Zustand		*Vorbehandlung*	
		°C	°C	°C	*Probekörper-Form*
Schlagzähigkeit	kJ/m²				
Kerbschlagzähigkeit (1)	kJ/m²				
IZOD-Kerbschlagzähigkeit (2)	J/m				
Kerbschlagzugzähigkeit	kJ/m²				

Kunststoffe © Springer-Verlag Berlin Heidelberg 1988
Kopieren, Vervielfältigen und Speichern in Datenverarbeitungsanlagen (auch auszugsweise) ist nur mit schriftlicher Genehmigung des Verlages gestattet

Datenbank-Nr. **T00878** *Merkblatt-Nr.* **2201**

Abrieb und Reibung

Taber-Abrieb (Reibradverfahren)	mm³/100 U
Abriebfaktor LNP (Thrust washer) Vergleichswert	
Statische Reibungszahl	
Dynamische Reibungszahl	$(p \cdot v =$ N/mm² · m/min)
Zulässiger $p \cdot v$ Wert	N/mm² · (m/min) $v =$ m/min
	$v =$ m/min

Thermische Eigenschaften

Formbeständigkeit in der Wärme	Verfahren		°C
	Verfahren		°C
Vicat Erweichungstemperatur (VST)	Verfahren		°C
	Verfahren		°C
Kristallit-Schmelzpunkt	Verfahren		
Längenausdehnungskoeffizient	Bereich °C		$\cdot 10^{-4} K^{-1}$
	Temperatur		$\cdot 10^{-4} K^{-1}$
Wärmeleitfähigkeit	Verfahren		$W/(K \cdot m)$
Spezifische Wärmekapazität	Verfahren		$J/(K \cdot g)$
Glasumwandlungstemperatur	Torsionsschwingungsversuch	°C	
	Differentialkalorimetrie	°C	

Brandverhalten

UL-Test vertikal	Dicke mm, Wert	
	Dicke mm, Wert	

	Norm	Bewertung	Abmessungen
Sauerstoff-Index	ASTM D 2863		
Glühstab-Verfahren			
Brandverhalten	DIN 4102		
MVSS			
FAR			

Elektrische Eigenschaften

	Hz	°C	Probekörper, Form
Dielektrizitätszahl	50		
	10³		
	10⁶		
Dielektrischer Verlustfaktor tan δ	50		
	10³		
	10⁶		

Spezifischer Durchgangswiderstand	Ohm · cm	
Durchschlagfestigkeit	kV/mm	mm dick
Oberflächenwiderstand	Ohm	

Kriechstromfestigkeit	KC	KB	KA
Kriechwegbildung			

Elektrolytische Korrosionswirkung
Lichtbogenfestigkeit nach DIN
 nach ASTM s

Beständigkeit (Chemische Beständigkeit siehe Anhang)

Wasseraufnahme

Feuchtigkeitsaufnahme Normalklima   %
Wetterbeständigkeit

Spannungskorrosion

Optische Eigenschaften

Brechungszahl n_D		
Transmissionsgrad τ_c	%	mm dick
Lichtdurchlässigkeit		

Datenbank-Nr.	**T05844**	Merkblatt-Nr. **2202**

PVC

Produkt	Weich-PVC-Extrusionsmasse
Handelsname	**Trosiplast 7525**
Hersteller	HUELSTRO
DIN-Bez 1	7749-PVC-P,KG,A74-25-X
DIN-Bez 2	
Zusätze	
Bevorzugte Verarbeitung	Extrudieren
Besondere Merkmale	Transparent-Typ; Flammwidrig nach VDE 0472; Cadmiumfrei; Kaeltebruchtemperatur -25 C

Viskositätszahl ml/g	
K-Wert	
Füllstoffe/Verstärkung	
Lieferform	Granulat
Farben	
Bevorzugte Anwendungen	Einsetzbar nach VDE 0207 YM 1,2

Kornverteilung

Kornklasse µm	Rückstand %

Dichte	g/cm³	1.23
Schüttdichte	g/cm³	
Stampfdichte	g/cm³	
Rieselfähigkeit		
Rieselzeit	s/100 g	
Kornbeschaffenheit		
Flüchtige Bestandteile	%	
Sulfatasche	%	

Allgemeine Hinweise

Zugversuch 23 °C DIN 53455;

Probekörper: Form Platte 1 mm   Herstellung Pressen
             Zustand   Vorbehandlung Normalklima

Streckspannung	N/mm²	Dehnung bei Streckspannung	%	
Zugfestigkeit	N/mm²	Reißdehnung	%	330
Reißfestigkeit	N/mm² 17	% Dehnspannung	N/mm²	
E-Modul	N/mm²	Dehnung bei % Dehnspg.	%	

Kriechmoduln und Zeitstandwerte 23 °C

Probekörper: Form   Herstellung
             Zustand   Vorbehandlung

Kriechmodul	1 min N/mm²	Zeitstandzugfestigkeit	h N/mm²	
Kriechmodul	1000 h N/mm²	Zeitdehnspg. %	h N/mm²	
bei Spannung	N/mm²			

Biegeversuch 23 °C

Probekörper: Form   Herstellung
             Zustand   Vorbehandlung

Biegefestigkeit	N/mm²	E-Modul	N/mm²
3,5% Biegespannung	N/mm²		

Härte 23 °C

Probekörper: Zustand Platte 6 mm   Herstellung Pressen
                                   Vorbehandlung Normalklima

Kugeldruckhärte	N/mm² bei N, s	Shore-Härte A	75
Rockwellhärte		Shore-Härte D	

Schlagversuch

Probekörper: (1)
             (2)   Herstellung
             Zustand   Vorbehandlung
             °C   °C   °C   Probekörper-Form

Schlagzähigkeit	kJ/m²
Kerbschlagzähigkeit (1)	kJ/m²
IZOD-Kerbschlagzähigkeit (2)	J/m
Kerbschlagzugzähigkeit	kJ/m²

Datenbank-Nr. **T05844**   Merkblatt-Nr. **2202**

Abrieb und Reibung

Taber-Abrieb (Reibradverfahren)   mm³/100 U
Abriebfaktor LNP (Thrust washer) Vergleichswert
Statische Reibungszahl
Dynamische Reibungszahl   ($p \cdot v =$ N/mm² ·   m/min)
Zulässiger $p \cdot v$ Wert   N/mm² · (m/min) $v =$ m/min
    $v =$ m/min

Thermische Eigenschaften

Formbeständigkeit in der Wärme   Verfahren   °C
    Verfahren   °C
Vicat Erweichungstemperatur (VST)   Verfahren   °C
    Verfahren   °C
Kristallit-Schmelzpunkt   Verfahren

Längenausdehnungskoeffizient   Bereich   °C $\cdot 10^{-4} K^{-1}$
    Temperatur $\cdot 10^{-4} K^{-1}$
Wärmeleitfähigkeit   Verfahren   W/(K·m)

Spezifische Wärmekapazität   Verfahren   J/(K·g)

Glasumwandlungstemperatur   Torsionsschwingungsversuch   °C
    Differentialkalorimetrie   °C

Brandverhalten

UL-Test vertikal   Dicke   mm, Wert
    Dicke   mm, Wert

	Norm	Bewertung	Abmessungen
Sauerstoff-Index	ASTM D 2863		
Glühstab-Verfahren			
Brandverhalten	DIN 4102		
MVSS			
FAR			

Elektrische Eigenschaften

    Hz   °C   Probekörper, Form
Dielektrizitätszahl   50
    10^3
    10^6
Dielektrischer Verlustfaktor tan δ   50
    10^3
    10^6
Spezifischer Durchgangs-
    widerstand   Ohm · cm
Durchschlagfestigkeit   kV/mm   mm dick
Oberflächenwiderstand   Ohm

Kriechstromfestigkeit   KC   KB   KA
Kriechwegbildung

Elektrolytische Korrosionswirkung
Lichtbogenfestigkeit nach DIN
    nach ASTM   s

Beständigkeit (Chemische Beständigkeit siehe Anhang)

Wasseraufnahme

Feuchtigkeitsaufnahme Normalklima   %
Wetterbeständigkeit

Spannungskorrosion

Optische Eigenschaften

Brechungszahl n_D
Transmissionsgrad τ_c %   mm dick
Lichtdurchlässigkeit

Datenbank-Nr.	**T00880**	Merkblatt-Nr. **2203**
Produkt	Weich-PVC-Extrusionsmasse	**PVC**
Handelsname	**Trosiplast 7562**	
Hersteller	HUELSTRO	

DIN-Bez 1	7749-PVC-P,KG,A78-25-X	Viskositätszahl ml/g	
DIN-Bez 2		K-Wert	
Zusätze		Füllstoffe/Verstärkung	
Bevorzugte Verarbeitung	Extrudieren	Lieferform	Granulat
		Farben	
Besondere Merkmale	Flammwidrig nach VDE 0472; Kaeltebruchtemperatur -15 C	Bevorzugte Anwendungen	Einsetzbar nach VDE 0207 YM 1,2

Kornverteilung

Kornklasse μm	Rückstand %		
		Dichte g/cm³	1.26
		Schüttdichte g/cm³	
		Stampfdichte g/cm³	
		Rieselfähigkeit	
		Rieselzeit s/100 g	
		Kornbeschaffenheit	
Allgemeine Hinweise		Flüchtige Bestandteile %	
		Sulfatasche %	

Zugversuch 23 °C   DIN 53455;

Probekörper:	Form	Platte 1 mm	Herstellung	Pressen
	Zustand		Vorbehandlung	Normalklima

Streckspannung N/mm²		Dehnung bei Streckspannung %	
Zugfestigkeit N/mm²		Reißdehnung %	330
Reißfestigkeit N/mm²	19	% Dehnspannung N/mm²	
E-Modul N/mm²		Dehnung bei % Dehnspg. %	

Kriechmoduln und Zeitstandwerte 23 °C

Probekörper:	Form	Herstellung	
	Zustand	Vorbehandlung	

Kriechmodul	1 min N/mm²	Zeitstandzugfestigkeit	h N/mm²
Kriechmodul	1000 h N/mm²	Zeitdehnspg. %	h N/mm²
bei Spannung	N/mm²		

Biegeversuch 23 °C

Probekörper:	Form	Herstellung	
	Zustand	Vorbehandlung	

Biegefestigkeit	N/mm²	E-Modul	N/mm²
3,5% Biegespannung	N/mm²		

Härte 23 °C

Probekörper:	Zustand	Platte 6 mm	Herstellung	Pressen
			Vorbehandlung	Normalklima

Kugeldruckhärte N/mm²	bei N, s	Shore-Härte A	78
Rockwellhärte		Shore-Härte D	

Schlagversuch

Probekörper:	(1)		
	(2)	Herstellung	
	Zustand	Vorbehandlung	
°C	°C	°C	Probekörper-Form

Schlagzähigkeit	kJ/m²
Kerbschlagzähigkeit (1)	kJ/m²
IZOD-Kerbschlagzähigkeit (2)	J/m
Kerbschlagzugzähigkeit	kJ/m²

Kunststoffe © Springer-Verlag Berlin Heidelberg 1988
Kopieren, Vervielfältigen und Speichern in Datenverarbeitungsanlagen (auch auszugsweise) ist nur mit schriftlicher Genehmigung des Verlages gestattet

Datenbank-Nr. **T00880** Merkblatt-Nr. **2203**

Abrieb und Reibung

Taber-Abrieb (Reibradverfahren)   mm³/100 U
Abriebfaktor LNP (Thrust washer) Vergleichswert
Statische Reibungszahl
Dynamische Reibungszahl   (p·v=   N/mm² ·   m/min)
Zulässiger p · v Wert   N/mm² · (m/min)   v =   m/min
                           v =   m/min

Thermische Eigenschaften

Formbeständigkeit in der Wärme   Verfahren   °C
                                         Verfahren   °C
Vicat Erweichungstemperatur (VST)   Verfahren   °C
                                         Verfahren   °C
Kristallit-Schmelzpunkt   Verfahren

Längenausdehnungskoeffizient   Bereich   °C $\cdot 10^{-4} K^{-1}$
                                         Temperatur $\cdot 10^{-4} K^{-1}$
Wärmeleitfähigkeit   Verfahren   W/(K · m)

Spezifische Wärmekapazität   Verfahren   J/(K · g)

Glasumwandlungstemperatur   Torsionsschwingungsversuch   °C
                                         Differentialkalorimetrie   °C

Brandverhalten

UL-Test vertikal   Dicke   mm, Wert
                    Dicke   mm, Wert

                 Norm   Bewertung   Abmessungen

Sauerstoff-Index   ASTM D 2863
Glühstab-Verfahren
Brandverhalten   DIN 4102
MVSS
FAR

Elektrische Eigenschaften

                 Hz   °C   Probekörper, Form

Dielektrizitätszahl   50
                 10^3
                 10^6
Dielektrischer Verlustfaktor tan δ   50
                 10^3
                 10^6
Spezifischer Durchgangs-
   widerstand   Ohm · cm
Durchschlagfestigkeit   kV/mm
Oberflächenwiderstand   Ohm   mm dick

Kriechstromfestigkeit   KC   KB   KA
Kriechwegbildung

Elektrolytische Korrosionswirkung
Lichtbogenfestigkeit nach DIN
        nach ASTM   s

Beständigkeit *(Chemische Beständigkeit siehe Anhang)*
Wasseraufnahme

Feuchtigkeitsaufnahme Normalklima   %
Wetterbeständigkeit

Spannungskorrosion

Optische Eigenschaften

Brechungszahl n_D
Transmissionsgrad τ_c %   mm dick
Lichtdurchlässigkeit

Datenbank-Nr.	**T05845**		Merkblatt-Nr.	**2204**

Produkt	Weich-PVC-Extrusionsmasse		**PVC**
Handelsname	**Trosiplast 7572**		
Hersteller	HUELSTRO		
DIN-Bez 1	7749-PVC-P,KG,A82-25-X	Viskositätszahl ml/g	
DIN-Bez 2		K-Wert	
Zusätze		Füllstoffe/Verstärkung	
Bevorzugte Verarbeitung	Extrudieren	Lieferform	Granulat
		Farben	
Besondere Merkmale	Flammwidrig nach VDE 0472; Kaeltebruchtemperatur -15 C	Bevorzugte Anwendungen	Einsetzbar nach VDE 0207 YM 1,2

Kornverteilung

Kornklasse μm	Rückstand %		
		Dichte g/cm³	1.25
		Schüttdichte g/cm³	
		Stampfdichte g/cm³	
		Rieselfähigkeit	
		Rieselzeit s/100 g	
		Kornbeschaffenheit	
Allgemeine Hinweise		Flüchtige Bestandteile %	
		Sulfatasche %	

Zugversuch 23 °C DIN 53455;
Probekörper: Form Platte 1 mm   Herstellung Pressen
Zustand   Vorbehandlung Normalklima

Streckspannung	N/mm²	Dehnung bei Streckspannung	%	
Zugfestigkeit	N/mm²	Reißdehnung	%	310
Reißfestigkeit	N/mm² 20	% Dehnspannung	N/mm²	
E-Modul	N/mm²	Dehnung bei % Dehnspg.	%	

Kriechmoduln und Zeitstandwerte 23 °C
Probekörper: Form   Herstellung
Zustand   Vorbehandlung

Kriechmodul	1 min N/mm²	Zeitstandzugfestigkeit	h	N/mm²
Kriechmodul	1000 h N/mm²	Zeitdehnspg. %	h	N/mm²
bei Spannung	N/mm²			

Biegeversuch 23 °C
Probekörper: Form   Herstellung
Zustand   Vorbehandlung

Biegefestigkeit	N/mm²	E-Modul	N/mm²
3,5% Biegespannung	N/mm²		

Härte 23 °C Probekörper: Zustand Platte 6 mm   Herstellung Pressen
                                                     Vorbehandlung Normalklima

Kugeldruckhärte	N/mm²	bei N, s	Shore-Härte A	82
Rockwellhärte			Shore-Härte D	

Schlagversuch Probekörper: (1)
                               (2)   Herstellung
                               Zustand   Vorbehandlung
                               °C   °C   °C   Probekörper-Form

Schlagzähigkeit	kJ/m²
Kerbschlagzähigkeit (1)	kJ/m²
IZOD-Kerbschlagzähigkeit (2)	J/m
Kerbschlagzugzähigkeit	kJ/m²

Kunststoffe © Springer-Verlag Berlin Heidelberg 1988
Kopieren, Vervielfältigen und Speichern in Datenverarbeitungsanlagen (auch auszugsweise) ist nur mit schriftlicher Genehmigung des Verlages gestattet

Datenbank-Nr. **T05845** Merkblatt-Nr. **2204**

Abrieb und Reibung

Taber-Abrieb (Reibradverfahren)	mm³/100 U	
Abriebfaktor LNP (Thrust washer) Vergleichswert		
Statische Reibungszahl		
Dynamische Reibungszahl	(p·v = N/mm² · m/min)	
Zulässiger p·v Wert	N/mm² · (m/min) v = m/min	
	v = m/min	

Thermische Eigenschaften

Formbeständigkeit in der Wärme	Verfahren	°C
	Verfahren	°C
Vicat Erweichungstemperatur (VST)	Verfahren	°C
	Verfahren	°C
Kristallit-Schmelzpunkt	Verfahren	
Längenausdehnungskoeffizient	Bereich °C	·10⁻⁴K⁻¹
	Temperatur	·10⁻⁴K⁻¹
Wärmeleitfähigkeit	Verfahren	W/(K·m)
Spezifische Wärmekapazität	Verfahren	J/(K·g)
Glasumwandlungstemperatur	Torsionsschwingungsversuch	°C
	Differentialkalorimetrie	°C

Brandverhalten

UL-Test vertikal	Dicke mm, Wert	
	Dicke mm, Wert	

	Norm	Bewertung	Abmessungen
Sauerstoff-Index	ASTM D 2863		
Glühstab-Verfahren			
Brandverhalten	DIN 4102		
MVSS			
FAR			

Elektrische Eigenschaften

	Hz	°C	Probekörper, Form
Dielektrizitätszahl	50		
	10³		
	10⁶		
Dielektrischer Verlustfaktor tan δ	50		
	10³		
	10⁶		

Spezifischer Durchgangswiderstand	Ohm · cm	
Durchschlagfestigkeit	kV/mm	mm dick
Oberflächenwiderstand	Ohm	

Kriechstromfestigkeit	KC	KB	KA
Kriechwegbildung			

Elektrolytische Korrosionswirkung
Lichtbogenfestigkeit nach DIN
             nach ASTM s

Beständigkeit (Chemische Beständigkeit siehe Anhang)

Wasseraufnahme

Feuchtigkeitsaufnahme Normalklima   %
Wetterbeständigkeit

Spannungskorrosion

Optische Eigenschaften

Brechungszahl n_D
Transmissionsgrad τ_c %   mm dick
Lichtdurchlässigkeit

Datenbank-Nr.	**T00882**		Merkblatt-Nr.	**2205**

PVC

Produkt	Weich-PVC-Extrusionsmasse
Handelsname	**Trosiplast 7520**
Hersteller	HUELSTRO
DIN-Bez 1	7749-PVC-P,KG,A82-25-X
DIN-Bez 2	
Zusätze	
Bevorzugte Verarbeitung	Extrudieren
Besondere Merkmale	Flammwidrig nach VDE 0472; Kaeltebruchtemperatur -20 C

Viskositätszahl ml/g	
K-Wert	
Füllstoffe/Verstärkung	
Lieferform	Granulat
Farben	
Bevorzugte Anwendungen	Einsetzbar nach VDE 0207 YM 1,2

Kornverteilung

Kornklasse μm	Rückstand %

Dichte	g/cm³	1.23
Schüttdichte	g/cm³	
Stampfdichte	g/cm³	
Rieselfähigkeit		
Rieselzeit	s/100 g	
Kornbeschaffenheit		
Flüchtige Bestandteile	%	
Sulfatasche	%	

Allgemeine Hinweise

Zugversuch 23 °C DIN 53455;

Probekörper:	Form	Platte 1 mm	Herstellung	Pressen
	Zustand		Vorbehandlung	Normalklima

Streckspannung	N/mm²	Dehnung bei Streckspannung	%	
Zugfestigkeit	N/mm²	Reißdehnung	%	310
Reißfestigkeit	N/mm² 19	% Dehnspannung	N/mm²	
E-Modul	N/mm²	Dehnung bei % Dehnspg.	%	

Kriechmoduln und Zeitstandwerte 23 °C

Probekörper:	Form	Herstellung
	Zustand	Vorbehandlung

Kriechmodul	1 min	N/mm²	Zeitstandzugfestigkeit	h N/mm²
Kriechmodul	1000 h	N/mm²	Zeitdehnspg. %	h N/mm²
bei Spannung		N/mm²		

Biegeversuch 23 °C

Probekörper:	Form	Herstellung
	Zustand	Vorbehandlung

Biegefestigkeit	N/mm²	E-Modul	N/mm²
3,5% Biegespannung	N/mm²		

Härte 23 °C

Probekörper:	Zustand	Platte 6 mm	Herstellung	Pressen
			Vorbehandlung	Normalklima

Kugeldruckhärte	N/mm²	bei N, s	Shore-Härte A	83
Rockwellhärte			Shore-Härte D	

Schlagversuch

Probekörper:	(1)			
	(2)		Herstellung	
	Zustand		Vorbehandlung	
	°C	°C	°C	Probekörper-Form

Schlagzähigkeit	kJ/m²
Kerbschlagzähigkeit (1)	kJ/m²
IZOD-Kerbschlagzähigkeit (2)	J/m
Kerbschlagzugzähigkeit	kJ/m²

Datenbank-Nr. **T00882** Merkblatt-Nr. **2205**

Abrieb und Reibung

Taber-Abrieb (Reibradverfahren) mm³/100 U
Abriebfaktor LNP (Thrust washer) Vergleichswert
Statische Reibungszahl
Dynamische Reibungszahl (p·v = N/mm² · m/min)
Zulässiger p · v Wert N/mm² · (m/min) v = m/min
  v = m/min

Thermische Eigenschaften

Formbeständigkeit in der Wärme Verfahren °C
  Verfahren °C
Vicat Erweichungstemperatur (VST) Verfahren °C
  Verfahren °C
Kristallit-Schmelzpunkt

Längenausdehnungskoeffizient Bereich °C $\cdot 10^{-4} K^{-1}$
  Temperatur $\cdot 10^{-4} K^{-1}$
Wärmeleitfähigkeit Verfahren W/(K · m)

Spezifische Wärmekapazität Verfahren J/(K · g)

Glasumwandlungstemperatur Torsionsschwingungsversuch °C
  Differentialkalorimetrie °C

Brandverhalten

UL-Test vertikal Dicke mm, Wert
  Dicke mm, Wert

	Norm	Bewertung	Abmessungen
Sauerstoff-Index	ASTM D 2863		
Glühstab-Verfahren			
Brandverhalten	DIN 4102		
MVSS			
FAR			

Elektrische Eigenschaften

	Hz	°C			Probekörper, Form
Dielektrizitätszahl	50				
	10³				
	10⁶				
Dielektrischer Verlustfaktor tan δ	50				
	10³				
	10⁶				

Spezifischer Durchgangs-
  widerstand Ohm · cm
Durchschlagfestigkeit kV/mm
Oberflächenwiderstand Ohm mm dick

Kriechstromfestigkeit KC KB KA
Kriechwegbildung

Elektrolytische Korrosionswirkung
Lichtbogenfestigkeit nach DIN
  nach ASTM s

Beständigkeit (Chemische Beständigkeit siehe Anhang)

Wasseraufnahme

Feuchtigkeitsaufnahme Normalklima
Wetterbeständigkeit %

Spannungskorrosion

Optische Eigenschaften

Brechungszahl n_D
Transmissionsgrad τ_c % mm dick
Lichtdurchlässigkeit

Datenbank-Nr.	**T00883**	Merkblatt-Nr. **2206**

PVC

Produkt	Weich-PVC-Extrusionsmasse
Handelsname	**Trosiplast 7507**
Hersteller	HUELSTRO
DIN-Bez 1	7749-PVC-P,KG,A86-25-X
DIN-Bez 2	
Zusätze	
Bevorzugte Verarbeitung	Extrudieren
Besondere Merkmale	Flammwidrig nach VDE 0472; Kaeltebruchtemperatur -20 C

Viskositätszahl ml/g	
K-Wert	
Füllstoffe/Verstärkung	
Lieferform	Granulat
Farben	
Bevorzugte Anwendungen	Einsetzbar nach VDE 0207 YM 1,2

Kornverteilung

Kornklasse µm	Rückstand %

Dichte	g/cm³	1.26
Schüttdichte	g/cm³	
Stampfdichte	g/cm³	
Rieselfähigkeit		
Rieselzeit	s/100 g	
Kornbeschaffenheit		
Flüchtige Bestandteile	%	
Sulfatasche	%	

Allgemeine Hinweise

Zugversuch 23 °C
DIN 53455;
Probekörper: Form — Platte 1 mm
Zustand

Herstellung: Pressen
Vorbehandlung: Normalklima

Streckspannung	N/mm²	Dehnung bei Streckspannung	%	
Zugfestigkeit	N/mm²	Reißdehnung	%	280
Reißfestigkeit	N/mm² 24	% Dehnspannung	N/mm²	
E-Modul	N/mm²	Dehnung bei % Dehnspg.	%	

Kriechmoduln und Zeitstandwerte 23 °C
Probekörper: Form
Zustand

Herstellung
Vorbehandlung

Kriechmodul	1 min N/mm²	Zeitstandzugfestigkeit	h N/mm²	
Kriechmodul	1000 h N/mm²	Zeitdehnspg. %	h N/mm²	
bei Spannung	N/mm²			

Biegeversuch 23 °C
Probekörper: Form
Zustand

Herstellung
Vorbehandlung

Biegefestigkeit	N/mm²	E-Modul	N/mm²
3,5% Biegespannung	N/mm²		

Härte 23 °C
Probekörper: Zustand — Platte 6 mm

Herstellung: Pressen
Vorbehandlung: Normalklima

Kugeldruckhärte	N/mm²	bei N, s	Shore-Härte A	87
Rockwellhärte			Shore-Härte D	

Schlagversuch
Probekörper: (1)
(2)
Zustand

Herstellung
Vorbehandlung

°C   °C   °C   Probekörper-Form

Schlagzähigkeit	kJ/m²
Kerbschlagzähigkeit (1)	kJ/m²
IZOD-Kerbschlagzähigkeit (2)	J/m
Kerbschlagzugzähigkeit	kJ/m²

Kunststoffe © Springer-Verlag Berlin Heidelberg 1988
Kopieren, Vervielfältigen und Speichern in Datenverarbeitungsanlagen (auch auszugsweise) ist nur mit schriftlicher Genehmigung des Verlages gestattet

Datenbank-Nr. **T00883** *Merkblatt-Nr.* **2206**

Abrieb und Reibung

Taber-Abrieb (Reibradverfahren) mm³/100 U
Abriebfaktor LNP (Thrust washer) Vergleichswert
Statische Reibungszahl
Dynamische Reibungszahl (p·v = N/mm² · m/min)
Zulässiger p · v Wert N/mm² · (m/min) v = m/min
  v = m/min

Thermische Eigenschaften

Formbeständigkeit in der Wärme Verfahren °C
  Verfahren °C
Vicat Erweichungstemperatur (VST) Verfahren °C
  Verfahren °C
Kristallit-Schmelzpunkt Verfahren

Längenausdehnungskoeffizient Bereich °C ·10⁻⁴K⁻¹
  Temperatur ·10⁻⁴K⁻¹
Wärmeleitfähigkeit Verfahren W/(K·m)

Spezifische Wärmekapazität Verfahren J/(K·g)

Glasumwandlungstemperatur Torsionsschwingungsversuch °C
  Differentialkalorimetrie °C

Brandverhalten

UL-Test vertikal Dicke mm, Wert
  Dicke mm, Wert

	Norm	Bewertung	Abmessungen
Sauerstoff-Index	ASTM D 2863		
Glühstab-Verfahren			
Brandverhalten	DIN 4102		
MVSS			
FAR			

Elektrische Eigenschaften

  Hz °C *Probekörper, Form*

Dielektrizitätszahl 50
  10³
  10⁶
Dielektrischer Verlustfaktor tan δ 50
  10³
  10⁶
Spezifischer Durchgangs-
  widerstand Ohm · cm
Durchschlagfestigkeit kV/mm   mm dick
Oberflächenwiderstand Ohm

Kriechstromfestigkeit KC KB KA
Kriechwegbildung

Elektrolytische Korrosionswirkung
Lichtbogenfestigkeit nach DIN
  nach ASTM s

Beständigkeit *(Chemische Beständigkeit siehe Anhang)*

Wasseraufnahme

Feuchtigkeitsaufnahme Normalklima %
Wetterbeständigkeit

Spannungskorrosion

Optische Eigenschaften

Brechungszahl n_D
Transmissionsgrad τ_c % mm dick
Lichtdurchlässigkeit

Datenbank-Nr.	**T05846**			*Merkblatt-Nr.* **2207**

PVC

Produkt	Weich-PVC-Extrusionsmasse
Handelsname	**Trosiplast VE 00061**
Hersteller	HUELSTRO
DIN-Bez 1	7749-PVC-P,KG,A88-25-X
DIN-Bez 2	
Zusätze	

		Viskositätszahl ml/g	
		K-Wert	
		Füllstoffe/ Verstärkung	
Bevorzugte Verarbeitung	Extrudieren	*Lieferform*	Granulat
		Farben	
Besondere Merkmale	Transparent-Typ; Flammwidrig nach VDE 0472; Cadmiumfrei; Kaeltebruchtemperatur -20 C	*Bevorzugte Anwendungen*	Einsetzbar nach VDE 0207 YM 1,2

Kornverteilung

Kornklasse μm	*Rückstand* %	*Dichte*	g/cm³	1.26
		Schüttdichte	g/cm³	
		Stampfdichte	g/cm³	
		Rieselfähigkeit		
		Rieselzeit	s/100 g	
		Kornbeschaffenheit		
Allgemeine Hinweise		*Flüchtige Bestandteile*	%	
		Sulfatasche	%	

Zugversuch 23 °C DIN 53455;
Probekörper: Form   Platte 1 mm   Herstellung   Pressen
               Zustand   Vorbehandlung Normalklima

Streckspannung	N/mm²	*Dehnung bei Streckspannung*	%
Zugfestigkeit	N/mm²	*Reißdehnung*	% 280
Reißfestigkeit	N/mm² 22	*% Dehnspannung*	N/mm²
E-Modul	N/mm²	*Dehnung bei % Dehnspg.*	%

Kriechmoduln und Zeitstandwerte 23 °C
Probekörper: Form   Herstellung
             Zustand   Vorbehandlung

Kriechmodul	1 min N/mm²	*Zeitstandzugfestigkeit*	h N/mm²
Kriechmodul	1000 h N/mm²	*Zeitdehnspg.* %	h N/mm²
bei Spannung	N/mm²		

Biegeversuch 23 °C
Probekörper: Form   Herstellung
             Zustand   Vorbehandlung

Biegefestigkeit	N/mm²	*E-Modul*	N/mm²
3,5% Biegespannung	N/mm²		

Härte 23 °C Probekörper: Zustand Platte 6 mm   Herstellung   Pressen
                                                     Vorbehandlung Normalklima

Kugeldruckhärte	N/mm² bei N, s	*Shore-Härte* A	88
Rockwellhärte		*Shore-Härte* D	

Schlagversuch Probekörper: (1)
                              (2)   Herstellung
                              Zustand   Vorbehandlung

                    °C   °C   °C   Probekörper-Form

Schlagzähigkeit	kJ/m²
Kerbschlagzähigkeit (1)	kJ/m²
IZOD-Kerbschlagzähigkeit (2)	J/m
Kerbschlagzugzähigkeit	kJ/m²

Kunststoffe © Springer-Verlag Berlin Heidelberg 1988
Kopieren, Vervielfältigen und Speichern in Datenverarbeitungsanlagen (auch auszugsweise) ist nur mit schriftlicher Genehmigung des Verlages gestattet

Datenbank-Nr. **T05846** *Merkblatt-Nr.* **2207**

Abrieb und Reibung

Taber-Abrieb (Reibradverfahren)	mm³/100 U	
Abriebfaktor LNP (Thrust washer) Vergleichswert		
Statische Reibungszahl		
Dynamische Reibungszahl	(p·v = N/mm² · m/min)	
Zulässiger p · v Wert	N/mm² · (m/min) v =	m/min
	v =	m/min

Thermische Eigenschaften

Formbeständigkeit in der Wärme	Verfahren	°C
	Verfahren	°C
Vicat Erweichungstemperatur (VST)	Verfahren	°C
	Verfahren	°C
Kristallit-Schmelzpunkt	Verfahren	
Längenausdehnungskoeffizient	Bereich °C	·10⁻⁴K⁻¹
	Temperatur	·10⁻⁴K⁻¹
Wärmeleitfähigkeit	Verfahren	W/(K·m)
Spezifische Wärmekapazität	Verfahren	J/(K·g)
Glasumwandlungstemperatur	Torsionsschwingungsversuch	°C
	Differentialkalorimetrie	°C

Brandverhalten

UL-Test vertikal	Dicke mm, Wert		
	Dicke mm, Wert		
	Norm	Bewertung	Abmessungen
Sauerstoff-Index	ASTM D 2863		
Glühstab-Verfahren			
Brandverhalten	DIN 4102		
MVSS			
FAR			

Elektrische Eigenschaften

	Hz	°C	Probekörper, Form
Dielektrizitätszahl	50		
	10³		
	10⁶		
Dielektrischer Verlustfaktor tan δ	50		
	10³		
	10⁶		
Spezifischer Durchgangs-widerstand	Ohm · cm		
Durchschlagfestigkeit	kV/mm		mm dick
Oberflächenwiderstand	Ohm		
Kriechstromfestigkeit	KC	KB	KA
Kriechwegbildung			

Elektrolytische Korrosionswirkung
Lichtbogenfestigkeit nach DIN
 nach ASTM s

Beständigkeit (Chemische Beständigkeit siehe Anhang)

Wasseraufnahme

Feuchtigkeitsaufnahme Normalklima %
Wetterbeständigkeit

Spannungskorrosion

Optische Eigenschaften

Brechungszahl n_D
Transmissionsgrad τ_c % mm dick
Lichtdurchlässigkeit

Datenbank-Nr.	**T00885**		*Merkblatt-Nr.*	**2208**

PVC

Produkt	Weich-PVC-Extrusionsmasse
Handelsname	**Trosiplast 7555**
Hersteller	HUELSTRO
DIN-Bez 1	7749-PVC-P,KG,A94-25-X
DIN-Bez 2	
Zusätze	
Bevorzugte Verarbeitung	Extrudieren
Besondere Merkmale	Flammwidrig nach VDE 0472; Kaeltebruchtemperatur -20 C

Viskositätszahl ml/g	
K-Wert	
Füllstoffe/Verstärkung	
Lieferform	Granulat
Farben	
Bevorzugte Anwendungen	Kabel

Kornverteilung

Kornklasse μm	*Rückstand* %

Dichte	g/cm³	1.27
Schüttdichte	g/cm³	
Stampfdichte	g/cm³	
Rieselfähigkeit		
Rieselzeit	s/100 g	
Kornbeschaffenheit		
Flüchtige Bestandteile	%	
Sulfatasche	%	

Allgemeine Hinweise

Zugversuch 23 °C DIN 53455;

Probekörper:	Form	Platte 1 mm	*Herstellung*	Pressen
	Zustand		*Vorbehandlung*	Normalklima

Streckspannung	N/mm²	*Dehnung bei Streckspannung*	%	
Zugfestigkeit	N/mm²	*Reißdehnung*	%	260
Reißfestigkeit	N/mm² 25	*% Dehnspannung*	N/mm²	
E-Modul	N/mm²	*Dehnung bei* % *Dehnspg.*	%	

Kriechmoduln und Zeitstandwerte 23 °C

Probekörper:	Form	*Herstellung*	
	Zustand	*Vorbehandlung*	

Kriechmodul	1 min N/mm²	*Zeitstandzugfestigkeit*	h	N/mm²
Kriechmodul	1000 h N/mm²	*Zeitdehnspg.* %	h	N/mm²
bei Spannung	N/mm²			

Biegeversuch 23 °C

Probekörper:	Form	*Herstellung*	
	Zustand	*Vorbehandlung*	

Biegefestigkeit	N/mm²	*E-Modul*	N/mm²
3,5% Biegespannung	N/mm²		

Härte 23 °C

Probekörper:	Zustand	Platte 6 mm	*Herstellung*	Pressen
			Vorbehandlung	Normalklima

Kugeldruckhärte	N/mm²	bei N, s	*Shore-Härte* A	94
Rockwellhärte			*Shore-Härte* D	

Schlagversuch

Probekörper:	(1)	*Herstellung*	
	(2)	*Vorbehandlung*	
	Zustand		
	°C °C	°C	*Probekörper-Form*

Schlagzähigkeit	kJ/m²
Kerbschlagzähigkeit (1)	kJ/m²
IZOD-Kerbschlagzähigkeit (2)	J/m
Kerbschlagzugzähigkeit	kJ/m²

Datenbank-Nr. **T00885** *Merkblatt-Nr.* **2208**

Abrieb und Reibung

Taber-Abrieb (Reibradverfahren)		mm³/100 U
Abriebfaktor LNP (Thrust washer) Vergleichswert		
Statische Reibungszahl		
Dynamische Reibungszahl	(p·v =	N/mm² · m/min)
Zulässiger p · v Wert	N/mm² · (m/min)	v = m/min
		v = m/min

Thermische Eigenschaften

Formbeständigkeit in der Wärme	Verfahren	°C
	Verfahren	°C
Vicat Erweichungstemperatur (VST)	Verfahren	°C
	Verfahren	°C
Kristallit-Schmelzpunkt	Verfahren	
Längenausdehnungskoeffizient	Bereich °C	·10⁻⁴K⁻¹
	Temperatur	·10⁻⁴K⁻¹
Wärmeleitfähigkeit	Verfahren	W/(K · m)
Spezifische Wärmekapazität	Verfahren	J/(K · g)
Glasumwandlungstemperatur	Torsionsschwingungsversuch	°C
	Differentialkalorimetrie	°C

Brandverhalten

UL-Test vertikal	Dicke	mm, Wert
	Dicke	mm, Wert

	Norm	Bewertung	Abmessungen
Sauerstoff-Index	ASTM D 2863		
Glühstab-Verfahren			
Brandverhalten	DIN 4102		
MVSS			
FAR			

Elektrische Eigenschaften

	Hz	°C			Probekörper, Form
Dielektrizitätszahl	50				
	10³				
	10⁶				
Dielektrischer Verlustfaktor tan δ	50				
	10³				
	10⁶				
Spezifischer Durchgangswiderstand	Ohm · cm				
Durchschlagfestigkeit	kV/mm				mm dick
Oberflächenwiderstand	Ohm				
Kriechstromfestigkeit	KC	KB	KA		
Kriechwegbildung					

Elektrolytische Korrosionswirkung
Lichtbogenfestigkeit nach DIN
  nach ASTM s

Beständigkeit (Chemische Beständigkeit siehe Anhang)

Wasseraufnahme

Feuchtigkeitsaufnahme Normalklima   %
Wetterbeständigkeit

Spannungskorrosion

Optische Eigenschaften

Brechungszahl n_D
Transmissionsgrad τ_c %   mm dick
Lichtdurchlässigkeit

Datenbank-Nr.	**T05847**	*Merkblatt-Nr.* **2209**

Produkt Weich-PVC-Extrusionsmasse **PVC**

Handelsname **Trosiplast 7574**

Hersteller HUELSTRO

DIN-Bez 1 7749-PVC-P,KG,A92-25-X *Viskositätszahl* ml/g
DIN-Bez 2 *K-Wert*

Zusätze *Füllstoffe/Verstärkung*

Bevorzugte Verarbeitung Extrudieren *Lieferform* Granulat

 Farben

Besondere Merkmale Transparent-Typ; Flammwidrig nach VDE 0472; Cadmiumfrei; Kaeltebruch-temperatur -20 C *Bevorzugte Anwendungen* Kabel

---

Kornverteilung

Kornklasse μm	*Rückstand* %

Dichte g/cm³ 1.26
Schüttdichte g/cm³
Stampfdichte g/cm³
Rieselfähigkeit
Rieselzeit s/100 g
Kornbeschaffenheit

Allgemeine Hinweise *Flüchtige Bestandteile* %
 Sulfatasche %

Zugversuch 23 °C DIN 53455;

Probekörper: Form Platte 1 mm *Herstellung* Pressen
 Zustand *Vorbehandlung* Normalklima

Streckspannung	N/mm²	*Dehnung bei Streckspannung*	%
Zugfestigkeit	N/mm²	*Reißdehnung*	% 270
Reißfestigkeit	N/mm² 24	% *Dehnspannung*	N/mm²
E-Modul	N/mm²	*Dehnung bei* % *Dehnspg.*	%

Kriechmoduln und Zeitstandwerte 23 °C

Probekörper: Form *Herstellung*
 Zustand *Vorbehandlung*

Kriechmodul	1 min N/mm²	*Zeitstandzugfestigkeit*	h N/mm²
Kriechmodul	1000 h N/mm²	*Zeitdehnspg.* %	h N/mm²
bei Spannung	N/mm²		

Biegeversuch 23 °C

Probekörper: Form *Herstellung*
 Zustand *Vorbehandlung*

| *Biegefestigkeit* | N/mm² | *E-Modul* | N/mm² |
| *3,5% Biegespannung* | N/mm² | | |

Härte 23 °C *Probekörper:* Zustand Platte 6 mm *Herstellung* Pressen
   Vorbehandlung Normalklima

| *Kugeldruckhärte* | N/mm² bei N, s | *Shore-Härte* A | 93 |
| *Rockwellhärte* | | *Shore-Härte* D | |

Schlagversuch *Probekörper:* (1)
  (2) *Herstellung*
  Zustand *Vorbehandlung*

  °C °C °C *Probekörper-Form*

Schlagzähigkeit kJ/m²
Kerbschlagzähigkeit (1) kJ/m²
IZOD-Kerbschlagzähigkeit (2) J/m
Kerbschlagzugzähigkeit kJ/m²

Kunststoffe © Springer-Verlag Berlin Heidelberg 1988
Kopieren, Vervielfältigen und Speichern in Datenverarbeitungsanlagen (auch auszugsweise) ist nur mit schriftlicher Genehmigung des Verlages gestattet

Datenbank-Nr. **T05847** Merkblatt-Nr. **2209**

Abrieb und Reibung
Taber-Abrieb (Reibradverfahren) mm³/100 U
Abriebfaktor LNP (Thrust washer) Vergleichswert
Statische Reibungszahl
Dynamische Reibungszahl $(p \cdot v =$ N/mm² · m/min)
Zulässiger p · v Wert N/mm² · (m/min) $v =$ m/min
 $v =$ m/min

Thermische Eigenschaften
Formbeständigkeit in der Wärme Verfahren °C
 Verfahren °C
Vicat Erweichungstemperatur (VST) Verfahren °C
 Verfahren °C
Kristallit-Schmelzpunkt Verfahren

Längenausdehnungskoeffizient Bereich °C $\cdot 10^{-4} K^{-1}$
 Temperatur $\cdot 10^{-4} K^{-1}$
Wärmeleitfähigkeit Verfahren W/(K · m)

Spezifische Wärmekapazität Verfahren J/(K · g)

Glasumwandlungstemperatur Torsionsschwingungsversuch °C
 Differentialkalorimetrie °C

Brandverhalten
UL-Test vertikal Dicke mm, Wert
 Dicke mm, Wert

	Norm	Bewertung	Abmessungen
Sauerstoff-Index	ASTM D 2863		
Glühstab-Verfahren			
Brandverhalten	DIN 4102		
MVSS			
FAR			

Elektrische Eigenschaften
	Hz	°C			Probekörper, Form
Dielektrizitätszahl	50				
	10³				
	10⁶				
Dielektrischer Verlustfaktor tan δ	50				
	10³				
	10⁶				

Spezifischer Durchgangs-
 widerstand Ohm · cm
Durchschlagfestigkeit kV/mm mm dick
Oberflächenwiderstand Ohm

Kriechstromfestigkeit KC KB KA
Kriechwegbildung

Elektrolytische Korrosionswirkung
Lichtbogenfestigkeit nach DIN
 nach ASTM s

Beständigkeit (Chemische Beständigkeit siehe Anhang)
Wasseraufnahme

Feuchtigkeitsaufnahme Normalklima %
Wetterbeständigkeit

Spannungskorrosion

Optische Eigenschaften
Brechungszahl n_D
Transmissionsgrad τ_c % mm dick
Lichtdurchlässigkeit

Datenbank-Nr.	**T05848**	Merkblatt-Nr. **2210**

PVC

Produkt	Weich-PVC-Extrusionsmasse
Handelsname	**Trosiplast 7573**
Hersteller	HUELSTRO
DIN-Bez 1	7749-PVC-P,KG,A52-17-X
DIN-Bez 2	
Zusätze	
Bevorzugte Verarbeitung	Extrudieren
Besondere Merkmale	Schaeumbar; Cadmiumfrei; Kaeltebruchtemperatur -45 C

Viskositätszahl ml/g	
K-Wert	
Füllstoffe/Verstärkung	
Lieferform	Granulat
Farben	Natur; Schwarz
Bevorzugte Anwendungen	

Kornverteilung

Kornklasse μm	Rückstand %

Dichte	g/cm³	1.17
Schüttdichte	g/cm³	
Stampfdichte	g/cm³	
Rieselfähigkeit		
Rieselzeit	s/100 g	
Kornbeschaffenheit		
Flüchtige Bestandteile	%	
Sulfatasche	%	

Allgemeine Hinweise

Zugversuch 23 °C
DIN 53455;
Probekörper: Form Platte 1 mm   Herstellung Pressen
Zustand   Vorbehandlung Normalklima

Streckspannung	N/mm²	Dehnung bei Streckspannung	%	
Zugfestigkeit	N/mm²	Reißdehnung	%	490
Reißfestigkeit	N/mm² 10	% Dehnspannung	N/mm²	
E-Modul	N/mm²	Dehnung bei % Dehnspg.	%	

Kriechmoduln und Zeitstandwerte 23 °C
Probekörper: Form   Herstellung
Zustand   Vorbehandlung

Kriechmodul	1 min N/mm²	Zeitstandzugfestigkeit	h N/mm²
Kriechmodul	1000 h N/mm²	Zeitdehnspg. %	h N/mm²
bei Spannung	N/mm²		

Biegeversuch 23 °C
Probekörper: Form   Herstellung
Zustand   Vorbehandlung

Biegefestigkeit	N/mm²	E-Modul	N/mm²
3,5% Biegespannung	N/mm²		

Härte 23 °C
Probekörper: Zustand Platte 6 mm   Herstellung Pressen
                                     Vorbehandlung Normalklima

Kugeldruckhärte	N/mm² bei N, s	Shore-Härte A	52
Rockwellhärte		Shore-Härte D	

Schlagversuch
Probekörper: (1)
(2)   Herstellung
Zustand   Vorbehandlung
°C   °C   °C   Probekörper-Form

Schlagzähigkeit	kJ/m²
Kerbschlagzähigkeit (1)	kJ/m²
IZOD-Kerbschlagzähigkeit (2)	J/m
Kerbschlagzugzähigkeit	kJ/m²

Kunststoffe © Springer-Verlag Berlin Heidelberg 1988
Kopieren, Vervielfältigen und Speichern in Datenverarbeitungsanlagen (auch auszugsweise) ist nur mit schriftlicher Genehmigung des Verlages gestattet

Datenbank-Nr. **T05848** *Merkblatt-Nr.* **2210**

Abrieb und Reibung

Taber-Abrieb (Reibradverfahren)	mm³/100 U	
Abriebfaktor LNP (Thrust washer) Vergleichswert		
Statische Reibungszahl		
Dynamische Reibungszahl	(p·v= N/mm² · m/min)	
Zulässiger p · v Wert	N/mm² · (m/min) v=	m/min
	v=	m/min

Thermische Eigenschaften

Formbeständigkeit in der Wärme	Verfahren		°C
	Verfahren		°C
Vicat Erweichungstemperatur (VST)	Verfahren		°C
	Verfahren		°C
Kristallit-Schmelzpunkt	Verfahren		
Längenausdehnungskoeffizient	Bereich °C		·10⁻⁴K⁻¹
	Temperatur		·10⁻⁴K⁻¹
Wärmeleitfähigkeit	Verfahren		W/(K·m)
Spezifische Wärmekapazität	Verfahren		J/(K·g)
Glasumwandlungstemperatur	Torsionsschwingungsversuch	°C	
	Differentialkalorimetrie	°C	

Brandverhalten

UL-Test vertikal	Dicke	mm, Wert
	Dicke	mm, Wert

	Norm	Bewertung	Abmessungen
Sauerstoff-Index	ASTM D 2863		
Glühstab-Verfahren			
Brandverhalten	DIN 4102		
MVSS			
FAR			

Elektrische Eigenschaften

	Hz	°C	Probekörper, Form
Dielektrizitätszahl	50		
	10³		
	10⁶		
Dielektrischer Verlustfaktor tan δ	50		
	10³		
	10⁶		
Spezifischer Durchgangswiderstand	Ohm · cm		
Durchschlagfestigkeit	kV/mm		mm dick
Oberflächenwiderstand	Ohm		
Kriechstromfestigkeit	KC	KB	KA
Kriechwegbildung			

Elektrolytische Korrosionswirkung
Lichtbogenfestigkeit nach DIN
  nach ASTM s

Beständigkeit *(Chemische Beständigkeit siehe Anhang)*

Wasseraufnahme

Feuchtigkeitsaufnahme Normalklima   %
Wetterbeständigkeit

Spannungskorrosion

Optische Eigenschaften

Brechungszahl n_D
Transmissionsgrad τ_c %   mm dick
Lichtdurchlässigkeit

Datenbank-Nr.	**T00888**			*Merkblatt-Nr.*	**2211**

Produkt Weich-PVC-Extrusionsmasse **PVC**

Handelsname **Trosiplast 7570**

Hersteller HUELSTRO

DIN-Bez 1 7749-PVC-P,EG,A56-20-X *Viskositätszahl* ml/g
DIN-Bez 2 *K-Wert*

Zusätze *Füllstoffe/Verstärkung*

Bevorzugte Verarbeitung Extrudieren *Lieferform* Granulat

 Farben

Besondere Merkmale Besonders kaeltestabil; Kaeltebruch-temperatur -45 C *Bevorzugte Anwendungen* Kabel; Schlauch

---

Kornverteilung

Kornklasse μm *Rückstand* %

Dichte g/cm³ 1.2
Schüttdichte g/cm³
Stampfdichte g/cm³
Rieselfähigkeit
Rieselzeit s/100 g
Kornbeschaffenheit

Allgemeine Hinweise *Flüchtige Bestandteile* %
 Sulfatasche %

Zugversuch 23 °C DIN 53455;
Probekörper: Form Platte 1 mm *Herstellung* Pressen
 Zustand *Vorbehandlung* Normalklima

Streckspannung N/mm² *Dehnung bei Streckspannung* %
Zugfestigkeit N/mm² *Reißdehnung* % 380
Reißfestigkeit N/mm² 11 % *Dehnspannung* N/mm²
E-Modul N/mm² *Dehnung bei* % *Dehnspg.* %

Kriechmoduln und Zeitstandwerte 23 °C
Probekörper: Form *Herstellung*
 Zustand *Vorbehandlung*

Kriechmodul 1 min N/mm² *Zeitstandzugfestigkeit* h N/mm²
Kriechmodul 1000 h N/mm² *Zeitdehnspg.* % h N/mm²
bei Spannung N/mm²

Biegeversuch 23 °C
Probekörper: Form *Herstellung*
 Zustand *Vorbehandlung*

Biegefestigkeit N/mm² *E-Modul* N/mm²
3,5% Biegespannung N/mm²

Härte 23 °C *Probekörper: Zustand* Platte 6 mm *Herstellung* Pressen
 Vorbehandlung Normalklima

Kugeldruckhärte N/mm² bei N, s *Shore-Härte* A 57
Rockwellhärte *Shore-Härte* D

Schlagversuch *Probekörper:* (1)
 (2) *Herstellung*
 Zustand *Vorbehandlung*
 °C °C °C *Probekörper-Form*

Schlagzähigkeit kJ/m²
Kerbschlagzähigkeit (1) kJ/m²
IZOD-Kerbschlagzähigkeit (2) J/m
Kerbschlagzugzähigkeit kJ/m²

Kunststoffe © Springer-Verlag Berlin Heidelberg 1988
Kopieren, Vervielfältigen und Speichern in Datenverarbeitungsanlagen (auch auszugsweise) ist nur mit schriftlicher Genehmigung des Verlages gestattet

Datenbank-Nr. **T00888** Merkblatt-Nr. **2211**

Abrieb und Reibung

Taber-Abrieb (Reibradverfahren) mm³/100 U
Abriebfaktor LNP (Thrust washer) Vergleichswert
Statische Reibungszahl
Dynamische Reibungszahl ($p \cdot v =$ N/mm² ·   m/min)
Zulässiger p · v Wert N/mm² · (m/min) $v =$ m/min
  $v =$ m/min

Thermische Eigenschaften

Formbeständigkeit in der Wärme Verfahren °C
  Verfahren °C
Vicat Erweichungstemperatur (VST) Verfahren °C
  Verfahren °C
Kristallit-Schmelzpunkt Verfahren

Längenausdehnungskoeffizient Bereich   °C · $10^{-4} K^{-1}$
  Temperatur · $10^{-4} K^{-1}$
Wärmeleitfähigkeit Verfahren W/(K · m)

Spezifische Wärmekapazität Verfahren J/(K · g)

Glasumwandlungstemperatur Torsionsschwingungsversuch °C
  Differentialkalorimetrie °C

Brandverhalten

UL-Test vertikal Dicke   mm, Wert
  Dicke   mm, Wert

	Norm	Bewertung	Abmessungen
Sauerstoff-Index	ASTM D 2863		
Glühstab-Verfahren			
Brandverhalten	DIN 4102		
MVSS			
FAR			

Elektrische Eigenschaften

	Hz	°C		Probekörper, Form
Dielektrizitätszahl	50			
	10³			
	10⁶			
Dielektrischer Verlustfaktor tan δ	50			
	10³			
	10⁶			

*Spezifischer Durchgangs-
  widerstand* Ohm · cm
Durchschlagfestigkeit kV/mm
Oberflächenwiderstand Ohm   mm dick

Kriechstromfestigkeit KC KB KA
Kriechwegbildung

Elektrolytische Korrosionswirkung
Lichtbogenfestigkeit nach DIN
  nach ASTM s

Beständigkeit (Chemische Beständigkeit siehe Anhang)

Wasseraufnahme

Feuchtigkeitsaufnahme Normalklima
Wetterbeständigkeit %

Spannungskorrosion

Optische Eigenschaften

Brechungszahl n_D
Transmissionsgrad τ_c %   mm dick
Lichtdurchlässigkeit

Datenbank-Nr.	**T00889**	Merkblatt-Nr. **2212**

PVC

Produkt	Weich-PVC-Extrusionsmasse
Handelsname	**Trosiplast 7580**
Hersteller	HUELSTRO
DIN-Bez 1	7749-PVC-P,EG,A58-15-X
DIN-Bez 2	
Zusätze	

		Viskositätszahl ml/g	
		K-Wert	
		Füllstoffe/Verstärkung	
Bevorzugte Verarbeitung	Extrudieren	Lieferform	Granulat
		Farben	Natur; Schwarz
Besondere Merkmale	Besonders kaeltestabil; Cadmiumfrei; Material erhoeht feuchteempfindlich; Trocken lagern; Kaeltebruchtemperatur -50 C	Bevorzugte Anwendungen	Kabel; Schlauch

---

Kornverteilung

Kornklasse µm	Rückstand %

Dichte	g/cm³	1.17
Schüttdichte	g/cm³	
Stampfdichte	g/cm³	
Rieselfähigkeit		
Rieselzeit	s/100 g	
Kornbeschaffenheit		

Allgemeine Hinweise

Flüchtige Bestandteile	%
Sulfatasche	%

Zugversuch 23 °C DIN 53455;

Probekörper:	Form	Platte 1 mm	Herstellung: Pressen
	Zustand		Vorbehandlung: Normalklima

Streckspannung	N/mm²	Dehnung bei Streckspannung	%	
Zugfestigkeit	N/mm²	Reißdehnung	%	400
Reißfestigkeit	N/mm² 11	% Dehnspannung	N/mm²	
E-Modul	N/mm²	Dehnung bei % Dehnspg.	%	

Kriechmoduln und Zeitstandwerte 23 °C

Probekörper:	Form		Herstellung
	Zustand		Vorbehandlung

Kriechmodul	1 min	N/mm²	Zeitstandzugfestigkeit	h N/mm²
Kriechmodul	1000 h	N/mm²	Zeitdehnspg. %	h N/mm²
bei Spannung		N/mm²		

Biegeversuch 23 °C

Probekörper:	Form	Herstellung
	Zustand	Vorbehandlung

Biegefestigkeit	N/mm²	E-Modul	N/mm²
3,5% Biegespannung	N/mm²		

Härte 23 °C

Probekörper:	Zustand	Platte 6 mm	Herstellung: Pressen
			Vorbehandlung: Normalklima

Kugeldruckhärte	N/mm²	bei	N, s	Shore-Härte A	59
Rockwellhärte				Shore-Härte D	

Schlagversuch

Probekörper:	(1)	
	(2)	Herstellung
	Zustand	Vorbehandlung
	°C °C °C	Probekörper-Form

Schlagzähigkeit	kJ/m²
Kerbschlagzähigkeit (1)	kJ/m²
IZOD-Kerbschlagzähigkeit (2)	J/m
Kerbschlagzugzähigkeit	kJ/m²

Datenbank-Nr. **T00889** Merkblatt-Nr. **2212**

Abrieb und Reibung

Taber-Abrieb (Reibradverfahren) mm³/100 U
Abriebfaktor LNP (Thrust washer) Vergleichswert
Statische Reibungszahl
Dynamische Reibungszahl $(p \cdot v =$ N/mm² · m/min)
Zulässiger p · v Wert N/mm² · (m/min) v = m/min
  v = m/min

Thermische Eigenschaften

Formbeständigkeit in der Wärme Verfahren °C
  Verfahren °C
Vicat Erweichungstemperatur (VST) Verfahren °C
  Verfahren °C
Kristallit-Schmelzpunkt Verfahren

Längenausdehnungskoeffizient Bereich °C $\cdot 10^{-4} K^{-1}$
  Temperatur $\cdot 10^{-4} K^{-1}$
Wärmeleitfähigkeit Verfahren W/(K · m)

Spezifische Wärmekapazität Verfahren J/(K · g)

Glasumwandlungstemperatur Torsionsschwingungsversuch °C
  Differentialkalorimetrie °C

Brandverhalten

UL-Test vertikal Dicke mm, Wert
  Dicke mm, Wert

	Norm	Bewertung	Abmessungen
Sauerstoff-Index	ASTM D 2863		
Glühstab-Verfahren			
Brandverhalten	DIN 4102		
MVSS			
FAR			

Elektrische Eigenschaften

	Hz	°C		Probekörper, Form
Dielektrizitätszahl	50			
	10³			
	10⁶			
Dielektrischer Verlustfaktor tan δ	50			
	10³			
	10⁶			

Spezifischer Durchgangs-
  widerstand Ohm · cm
Durchschlagfestigkeit kV/mm   mm dick
Oberflächenwiderstand Ohm

Kriechstromfestigkeit KC KB KA
Kriechwegbildung

Elektrolytische Korrosionswirkung
Lichtbogenfestigkeit nach DIN
  nach ASTM s

Beständigkeit (Chemische Beständigkeit siehe Anhang)

Wasseraufnahme

Feuchtigkeitsaufnahme Normalklima %
Wetterbeständigkeit

Spannungskorrosion

Optische Eigenschaften

Brechungszahl n_D
Transmissionsgrad τ_c %   mm dick
Lichtdurchlässigkeit

Datenbank-Nr. **T00890**		Merkblatt-Nr. **2213**
Produkt	Weich-PVC-Extrusionsmasse	**PVC**
Handelsname	**Trosiplast 7568**	
Hersteller	HUELSTRO	

DIN-Bez 1	7749-PVC-P,EG,A58-35-X	Viskositätszahl ml/g	
DIN-Bez 2		K-Wert	
Zusätze		Füllstoffe/Verstärkung	
Bevorzugte Verarbeitung	Extrudieren	Lieferform	Granulat
		Farben	
Besondere Merkmale	Migrationsfest gemaess Vorschrift der Deutschen Bundespost; Kaeltebruchtemperatur -25 C	Bevorzugte Anwendungen	Kabel; Schlauch

Kornverteilung

Kornklasse μm	Rückstand %			
		Dichte	g/cm³	1.36
		Schüttdichte	g/cm³	
		Stampfdichte	g/cm³	
		Rieselfähigkeit		
		Rieselzeit	s/100 g	
		Kornbeschaffenheit		
Allgemeine Hinweise		Flüchtige Bestandteile	%	
		Sulfatasche	%	

Zugversuch 23 °C DIN 53455;

Probekörper:	Form	Platte 1 mm	Herstellung	Pressen
	Zustand		Vorbehandlung	Normalklima
Streckspannung	N/mm²		Dehnung bei Streckspannung	%
Zugfestigkeit	N/mm²		Reißdehnung	% 360
Reißfestigkeit	N/mm² 13		% Dehnspannung	N/mm²
E-Modul	N/mm²		Dehnung bei % Dehnspg.	%

Kriechmoduln und Zeitstandwerte 23 °C

Probekörper:	Form		Herstellung	
	Zustand		Vorbehandlung	
Kriechmodul	1 min N/mm²		Zeitstandzugfestigkeit	h N/mm²
Kriechmodul	1000 h N/mm²		Zeitdehnspg. %	h N/mm²
bei Spannung	N/mm²			

Biegeversuch 23 °C

Probekörper:	Form	Herstellung	
	Zustand	Vorbehandlung	
Biegefestigkeit	N/mm²	E-Modul	N/mm²
3,5% Biegespannung	N/mm²		

Härte 23 °C

Probekörper:	Zustand	Platte 6 mm	Herstellung	Pressen
			Vorbehandlung	Normalklima
Kugeldruckhärte	N/mm²	bei N, s	Shore-Härte A	59
Rockwellhärte			Shore-Härte D	

Schlagversuch

Probekörper:	(1)			
	(2)		Herstellung	
	Zustand		Vorbehandlung	
	°C	°C	°C	Probekörper-Form
Schlagzähigkeit	kJ/m²			
Kerbschlagzähigkeit (1)	kJ/m²			
IZOD-Kerbschlagzähigkeit (2)	J/m			
Kerbschlagzugzähigkeit	kJ/m²			

Kunststoffe © Springer-Verlag Berlin Heidelberg 1988
Kopieren, Vervielfältigen und Speichern in Datenverarbeitungsanlagen (auch auszugsweise) ist nur mit schriftlicher Genehmigung des Verlages gestattet

Datenbank-Nr. **T00890** *Merkblatt-Nr.* **2213**

Abrieb und Reibung

Taber-Abrieb (Reibradverfahren)	mm³/100 U	
Abriebfaktor LNP (Thrust washer) Vergleichswert		
Statische Reibungszahl		
Dynamische Reibungszahl	(p·v = N/mm² · m/min)	
Zulässiger p · v Wert	N/mm² · (m/min) v = m/min	
	v = m/min	

Thermische Eigenschaften

Formbeständigkeit in der Wärme	Verfahren	°C
	Verfahren	°C
Vicat Erweichungstemperatur (VST)	Verfahren	°C
	Verfahren	°C
Kristallit-Schmelzpunkt	Verfahren	
Längenausdehnungskoeffizient	Bereich °C	·10⁻⁴K⁻¹
	Temperatur	·10⁻⁴K⁻¹
Wärmeleitfähigkeit	Verfahren	W/(K · m)
Spezifische Wärmekapazität	Verfahren	J/(K · g)
Glasumwandlungstemperatur	Torsionsschwingungsversuch	°C
	Differentialkalorimetrie	°C

Brandverhalten

UL-Test vertikal Dicke mm, Wert
              Dicke mm, Wert

	Norm	Bewertung	Abmessungen
Sauerstoff-Index	ASTM D 2863		
Glühstab-Verfahren			
Brandverhalten	DIN 4102		
MVSS			
FAR			

Elektrische Eigenschaften

	Hz	°C	Probekörper, Form
Dielektrizitätszahl	50		
	10³		
	10⁶		
Dielektrischer Verlustfaktor tan δ	50		
	10³		
	10⁶		
Spezifischer Durchgangswiderstand	Ohm · cm		
Durchschlagfestigkeit	kV/mm		mm dick
Oberflächenwiderstand	Ohm		
Kriechstromfestigkeit	KC	KB	KA
Kriechwegbildung			
Elektrolytische Korrosionswirkung			
Lichtbogenfestigkeit nach DIN			
nach ASTM	s		

Beständigkeit (Chemische Beständigkeit siehe Anhang)

Wasseraufnahme

Feuchtigkeitsaufnahme Normalklima   %
Wetterbeständigkeit

Spannungskorrosion

Optische Eigenschaften

Brechungszahl n_D
Transmissionsgrad τ_c %   mm dick
Lichtdurchlässigkeit

Datenbank-Nr.	**T00891**		Merkblatt-Nr.	**2214**
Produkt	Weich-PVC-Extrusionsmasse			**PVC**
Handelsname	**Trosiplast 7315**			
Hersteller	HUELSTRO			
DIN-Bez 1	7749-PVC-P,EG,A60-25-X	Viskositätszahl ml/g		
DIN-Bez 2		K-Wert		
Zusätze		Füllstoffe/Verstärkung		
Bevorzugte Verarbeitung	Extrudieren	Lieferform	Granulat	
		Farben	Natur; Schwarz	
Besondere Merkmale	Flammwidrig nach VDE 0472; Cadmiumfrei; Material erhoeht feuchteempfindlich; Trocken lagern; Kaeltebruchtemperatur -35 C	Bevorzugte Anwendungen	Kabel; Schlauch	

Kornverteilung

Kornklasse µm	Rückstand %	Dichte	g/cm³	1.23
		Schüttdichte	g/cm³	
		Stampfdichte	g/cm³	
		Rieselfähigkeit		
		Rieselzeit	s/100 g	
		Kornbeschaffenheit		
Allgemeine Hinweise		Flüchtige Bestandteile	%	
		Sulfatasche	%	

Zugversuch 23 °C DIN 53455;

	Probekörper:	Form	Platte 1 mm	Herstellung	Pressen
		Zustand		Vorbehandlung	Normalklima
Streckspannung	N/mm²		Dehnung bei Streckspannung	%	
Zugfestigkeit	N/mm²		Reißdehnung	%	360
Reißfestigkeit	N/mm² 10		% Dehnspannung	N/mm²	
E-Modul	N/mm²		Dehnung bei % Dehnspg.	%	

Kriechmoduln und Zeitstandwerte 23 °C

	Probekörper:	Form		Herstellung	
		Zustand		Vorbehandlung	
Kriechmodul	1 min N/mm²		Zeitstandzugfestigkeit	h N/mm²	
Kriechmodul	1000 h N/mm²		Zeitdehnspg. %	h N/mm²	
bei Spannung	N/mm²				

Biegeversuch 23 °C

	Probekörper:	Form		Herstellung	
		Zustand		Vorbehandlung	
Biegefestigkeit	N/mm²		E-Modul	N/mm²	
3,5% Biegespannung	N/mm²				

Härte 23 °C

	Probekörper:	Zustand	Platte 6 mm	Herstellung	Pressen
				Vorbehandlung	Normalklima
Kugeldruckhärte	N/mm²	bei	N, s	Shore-Härte A	61
Rockwellhärte				Shore-Härte D	

Schlagversuch

	Probekörper:	(1)			
		(2)		Herstellung	
		Zustand		Vorbehandlung	
		°C	°C	°C	Probekörper-Form
Schlagzähigkeit	kJ/m²				
Kerbschlagzähigkeit (1)	kJ/m²				
IZOD-Kerbschlagzähigkeit (2)	J/m				
Kerbschlagzugzähigkeit	kJ/m²				

Datenbank-Nr. **T00891**   Merkblatt-Nr. **2214**

Abrieb und Reibung

Taber-Abrieb (Reibradverfahren)	mm³/100 U	
Abriebfaktor LNP (Thrust washer) Vergleichswert		
Statische Reibungszahl		
Dynamische Reibungszahl	(p·v = N/mm² ·	m/min)
Zulässiger p·v Wert	N/mm² · (m/min) v =	m/min
	v =	m/min

Thermische Eigenschaften

Formbeständigkeit in der Wärme	Verfahren	°C
	Verfahren	°C
Vicat Erweichungstemperatur (VST)	Verfahren	°C
	Verfahren	°C
Kristallit-Schmelzpunkt	Verfahren	
Längenausdehnungskoeffizient	Bereich °C	$\cdot 10^{-4} K^{-1}$
	Temperatur	$\cdot 10^{-4} K^{-1}$
Wärmeleitfähigkeit	Verfahren	W/(K·m)
Spezifische Wärmekapazität	Verfahren	J/(K·g)
Glasumwandlungstemperatur	Torsionsschwingungsversuch	°C
	Differentialkalorimetrie	°C

Brandverhalten

UL-Test vertikal		Dicke mm, Wert	
		Dicke mm, Wert	
	Norm	Bewertung	Abmessungen
Sauerstoff-Index	ASTM D 2863		
Glühstab-Verfahren			
Brandverhalten	DIN 4102		
MVSS			
FAR			

Elektrische Eigenschaften

	Hz	°C			Probekörper, Form
Dielektrizitätszahl	50				
	10³				
	10⁶				
Dielektrischer Verlustfaktor tan δ	50				
	10³				
	10⁶				
Spezifischer Durchgangs- widerstand	Ohm·cm				
Durchschlagfestigkeit	kV/mm				mm dick
Oberflächenwiderstand	Ohm				
Kriechstromfestigkeit Kriechwegbildung		KC	KB	KA	
Elektrolytische Korrosionswirkung					
Lichtbogenfestigkeit nach DIN					
nach ASTM	s				

Beständigkeit (Chemische Beständigkeit siehe Anhang)

Wasseraufnahme

Feuchtigkeitsaufnahme Normalklima
Wetterbeständigkeit   %

Spannungskorrosion

Optische Eigenschaften

Brechungszahl n_D
Transmissionsgrad τ_c %   mm dick
Lichtdurchlässigkeit

Datenbank-Nr. **T00892**		Merkblatt-Nr. **2215**
Produkt	Weich-PVC-Extrusionsmasse	**PVC**
Handelsname	**Trosiplast 7131**	
Hersteller	HUELSTRO	
DIN-Bez 1	7749-PVC-P,EG,A64-30-X	Viskositätszahl ml/g
DIN-Bez 2		K-Wert
Zusätze		Füllstoffe/Verstärkung
Bevorzugte Verarbeitung	Extrudieren	Lieferform Granulat
		Farben
Besondere Merkmale	Schaeumbar; Kaeltebruchtemperatur -30 C	Bevorzugte Anwendungen

Kornverteilung

Kornklasse µm	Rückstand %		
		Dichte g/cm³	1.32
		Schüttdichte g/cm³	
		Stampfdichte g/cm³	
		Rieselfähigkeit	
		Rieselzeit s/100 g	
		Kornbeschaffenheit	
Allgemeine Hinweise		Flüchtige Bestandteile %	
		Sulfatasche %	

Zugversuch 23 °C   DIN 53455;

Probekörper: Form Platte 1 mm   Herstellung Pressen
            Zustand   Vorbehandlung Normalklima

Streckspannung	N/mm²	Dehnung bei Streckspannung %	
Zugfestigkeit	N/mm²	Reißdehnung %	360
Reißfestigkeit	N/mm² 11	% Dehnspannung N/mm²	
E-Modul	N/mm²	Dehnung bei % Dehnspg. %	

Kriechmoduln und Zeitstandwerte 23 °C

Probekörper: Form   Herstellung
            Zustand   Vorbehandlung

Kriechmodul	1 min N/mm²	Zeitstandzugfestigkeit	h N/mm²
Kriechmodul	1000 h N/mm²	Zeitdehnspg. %	h N/mm²
bei Spannung	N/mm²		

Biegeversuch 23 °C

Probekörper: Form   Herstellung
            Zustand   Vorbehandlung

Biegefestigkeit	N/mm²	E-Modul	N/mm²
3,5% Biegespannung	N/mm²		

Härte 23 °C

Probekörper: Zustand Platte 6 mm   Herstellung   Pressen
                                    Vorbehandlung Normalklima

Kugeldruckhärte	N/mm²	bei N, s	Shore-Härte A 65
Rockwellhärte			Shore-Härte D

Schlagversuch

Probekörper: (1)
             (2)   Herstellung
             Zustand   Vorbehandlung

°C   °C   °C   Probekörper-Form

Schlagzähigkeit	kJ/m²
Kerbschlagzähigkeit (1)	kJ/m²
IZOD-Kerbschlagzähigkeit (2)	J/m
Kerbschlagzugzähigkeit	kJ/m²

Kunststoffe © Springer-Verlag Berlin Heidelberg 1988
Kopieren, Vervielfältigen und Speichern in Datenverarbeitungsanlagen (auch auszugsweise) ist nur mit schriftlicher Genehmigung des Verlages gestattet

Datenbank-Nr. **T00892** *Merkblatt-Nr.* **2215**

Abrieb und Reibung

Taber-Abrieb (Reibradverfahren) mm³/100 U
Abriebfaktor LNP (Thrust washer) Vergleichswert
Statische Reibungszahl
Dynamische Reibungszahl (p·v= N/mm² · m/min)
Zulässiger p · v Wert N/mm² · (m/min) v= m/min
  v= m/min

Thermische Eigenschaften

Formbeständigkeit in der Wärme Verfahren °C
  Verfahren °C
Vicat Erweichungstemperatur (VST) Verfahren °C
  Verfahren °C
Kristallit-Schmelzpunkt Verfahren

Längenausdehnungskoeffizient Bereich °C · $10^{-4} K^{-1}$
  Temperatur · $10^{-4} K^{-1}$
Wärmeleitfähigkeit Verfahren W/(K · m)

Spezifische Wärmekapazität Verfahren J/(K · g)

Glasumwandlungstemperatur Torsionsschwingungsversuch °C
  Differentialkalorimetrie °C

Brandverhalten

UL-Test vertikal Dicke mm, Wert
  Dicke mm, Wert

  Norm Bewertung Abmessungen
Sauerstoff-Index ASTM D 2863
Glühstab-Verfahren
Brandverhalten DIN 4102
MVSS
FAR

Elektrische Eigenschaften

  Hz °C *Probekörper, Form*
Dielektrizitätszahl 50
  10^3
  10^6
Dielektrischer Verlustfaktor tan δ 50
  10^3
  10^6
Spezifischer Durchgangs-
  widerstand Ohm · cm
Durchschlagfestigkeit kV/mm mm dick
Oberflächenwiderstand Ohm

Kriechstromfestigkeit KC KB KA
Kriechwegbildung

Elektrolytische Korrosionswirkung
Lichtbogenfestigkeit nach DIN
  nach ASTM s

Beständigkeit *(Chemische Beständigkeit siehe Anhang)*

Wasseraufnahme

Feuchtigkeitsaufnahme Normalklima %
Wetterbeständigkeit

Spannungskorrosion

Optische Eigenschaften

Brechungszahl n_D
Transmissionsgrad τ_c % mm dick
Lichtdurchlässigkeit

Datenbank-Nr.	**T00893**			*Merkblatt-Nr.* **2216**
Produkt	Weich-PVC-Extrusionsmasse			**PVC**
Handelsname	**Trosiplast 7557**			
Hersteller	HUELSTRO			
DIN-Bez 1	7749-PVC-P,EG,A66-30-X		*Viskositätszahl* ml/g	
DIN-Bez 2			*K-Wert*	
Zusätze			*Füllstoffe/ Verstärkung*	
Bevorzugte Verarbeitung	Extrudieren		*Lieferform*	Granulat
			Farben	
Besondere Merkmale	Besonders kaeltestabil; Kaeltebruch-temperatur -45 C		*Bevorzugte Anwendungen*	

Kornverteilung

Kornklasse μm	*Rückstand* %	*Dichte*	g/cm³	1.29
		Schüttdichte	g/cm³	
		Stampfdichte	g/cm³	
		Rieselfähigkeit		
		Rieselzeit	s/100 g	
		Kornbeschaffenheit		
Allgemeine Hinweise		*Flüchtige Bestandteile*	%	
		Sulfatasche	%	

Zugversuch 23 °C DIN 53455;
Probekörper: *Form* Platte 1 mm *Herstellung* Pressen
 Zustand *Vorbehandlung* Normalklima

Streckspannung	N/mm²	*Dehnung bei Streckspannung*	%	
Zugfestigkeit	N/mm²	*Reißdehnung*	%	360
Reißfestigkeit	N/mm² 14	% *Dehnspannung*	N/mm²	
E-Modul	N/mm²	*Dehnung bei* % *Dehnspg.*	%	

Kriechmoduln und Zeitstandwerte 23 °C
Probekörper: *Form* *Herstellung*
 Zustand *Vorbehandlung*

Kriechmodul	1 min N/mm²	*Zeitstandzugfestigkeit*	h	N/mm²
Kriechmodul	1000 h N/mm²	*Zeitdehnspg.* %	h	N/mm²
bei Spannung	N/mm²			

Biegeversuch 23 °C
Probekörper: *Form* *Herstellung*
 Zustand *Vorbehandlung*

Biegefestigkeit	N/mm²	*E-Modul*	N/mm²
3,5% Biegespannung	N/mm²		

Härte 23 °C *Probekörper:* *Zustand* Platte 6 mm *Herstellung* Pressen
 Vorbehandlung Normalklima

Kugeldruckhärte	N/mm² bei N, s	*Shore-Härte* A	67
Rockwellhärte		*Shore-Härte* D	

Schlagversuch *Probekörper:* (1)
 (2) *Herstellung*
 Zustand *Vorbehandlung*

 °C °C °C *Probekörper-Form*

Schlagzähigkeit	kJ/m²
Kerbschlagzähigkeit (1)	kJ/m²
IZOD-Kerbschlagzähigkeit (2)	J/m
Kerbschlagzugzähigkeit	kJ/m²

Datenbank-Nr. **T00893** Merkblatt-Nr. **2216**

Abrieb und Reibung

Taber-Abrieb (Reibradverfahren) mm³/100 U
Abriebfaktor LNP (Thrust washer) Vergleichswert
Statische Reibungszahl
Dynamische Reibungszahl (p·v= N/mm² · m/min)
Zulässiger p · v Wert N/mm² · (m/min) v = m/min
    v = m/min

Thermische Eigenschaften

Formbeständigkeit in der Wärme Verfahren °C
    Verfahren °C
Vicat Erweichungstemperatur (VST) Verfahren °C
    Verfahren °C
Kristallit-Schmelzpunkt Verfahren

Längenausdehnungskoeffizient Bereich °C $\cdot 10^{-4} K^{-1}$
    Temperatur $\cdot 10^{-4} K^{-1}$
Wärmeleitfähigkeit Verfahren W/(K · m)

Spezifische Wärmekapazität Verfahren J/(K · g)

Glasumwandlungstemperatur Torsionsschwingungsversuch °C
    Differentialkalorimetrie °C

Brandverhalten

UL-Test vertikal Dicke mm, Wert
    Dicke mm, Wert

	Norm	Bewertung	Abmessungen
Sauerstoff-Index	ASTM D 2863		
Glühstab-Verfahren			
Brandverhalten	DIN 4102		
MVSS			
FAR			

Elektrische Eigenschaften

    Hz °C Probekörper, Form
Dielektrizitätszahl 50
    10³
    10⁶
Dielektrischer Verlustfaktor tan δ 50
    10³
    10⁶
Spezifischer Durchgangs-
  widerstand Ohm · cm
Durchschlagfestigkeit kV/mm   mm dick
Oberflächenwiderstand Ohm

Kriechstromfestigkeit KC KB KA
Kriechwegbildung

Elektrolytische Korrosionswirkung
Lichtbogenfestigkeit nach DIN
    nach ASTM s

Beständigkeit (Chemische Beständigkeit siehe Anhang)

Wasseraufnahme

Feuchtigkeitsaufnahme Normalklima   %
Wetterbeständigkeit

Spannungskorrosion

Optische Eigenschaften

Brechungszahl n_D
Transmissionsgrad τ_c % mm dick
Lichtdurchlässigkeit

Datenbank-Nr. **T00894**		Merkblatt-Nr. **2217**
Produkt	Weich-PVC-Extrusionsmasse	**PVC**
Handelsname	**Trosiplast 7563**	
Hersteller	HUELSTRO	
DIN-Bez 1	7749-PVC-P,EG,A66-20-X	Viskositätszahl ml/g
DIN-Bez 2		K-Wert
Zusätze		Füllstoffe/Verstärkung
Bevorzugte Verarbeitung	Extrudieren	Lieferform Granulat
		Farben Natur; Schwarz
Besondere Merkmale	Physiologisch unbedenklich; Cadmiumfrei; Kaeltebruchtemperatur -30 C	Bevorzugte Anwendungen Transport von Mehl und Griess

Kornverteilung

Kornklasse μm	Rückstand %		
		Dichte g/cm³	1.19
		Schüttdichte g/cm³	
		Stampfdichte g/cm³	
		Rieselfähigkeit	
		Rieselzeit s/100 g	
		Kornbeschaffenheit	
Allgemeine Hinweise		Flüchtige Bestandteile %	
		Sulfatasche %	

Zugversuch 23 °C DIN 53455;

Probekörper: Form Platte 1 mm   Herstellung Pressen
Zustand   Vorbehandlung Normalklima

Streckspannung	N/mm²	Dehnung bei Streckspannung	%
Zugfestigkeit	N/mm²	Reißdehnung	% 330
Reißfestigkeit	N/mm² 16	% Dehnspannung	N/mm²
E-Modul	N/mm²	Dehnung bei % Dehnspg.	%

Kriechmoduln und Zeitstandwerte 23 °C

Probekörper: Form   Herstellung
Zustand   Vorbehandlung

Kriechmodul	1 min N/mm²	Zeitstandzugfestigkeit	h N/mm²
Kriechmodul	1000 h N/mm²	Zeitdehnspg. %	h N/mm²
bei Spannung	N/mm²		

Biegeversuch 23 °C

Probekörper: Form   Herstellung
Zustand   Vorbehandlung

Biegefestigkeit	N/mm²	E-Modul	N/mm²
3,5% Biegespannung	N/mm²		

Härte 23 °C

Probekörper: Zustand Platte 6 mm   Herstellung Pressen
  Vorbehandlung Normalklima

Kugeldruckhärte	N/mm² bei N, s	Shore-Härte A	67
Rockwellhärte		Shore-Härte D	

Schlagversuch

Probekörper: (1)
(2)   Herstellung
Zustand   Vorbehandlung

°C °C °C Probekörper-Form

Schlagzähigkeit	kJ/m²
Kerbschlagzähigkeit (1)	kJ/m²
IZOD-Kerbschlagzähigkeit (2)	J/m
Kerbschlagzugzähigkeit	kJ/m²

Kunststoffe © Springer-Verlag Berlin Heidelberg 1988
Kopieren, Vervielfältigen und Speichern in Datenverarbeitungsanlagen (auch auszugsweise) ist nur mit schriftlicher Genehmigung des Verlages gestattet

Datenbank-Nr. **T00894**   Merkblatt-Nr. **2217**

Abrieb und Reibung
Taber-Abrieb (Reibradverfahren)   mm³/100 U
Abriebfaktor LNP (Thrust washer) Vergleichswert
Statische Reibungszahl
Dynamische Reibungszahl $(p \cdot v =$ N/mm² ·   m/min)
Zulässiger p · v Wert   N/mm² · (m/min) v =   m/min
                                                          v =   m/min

Thermische Eigenschaften
Formbeständigkeit in der Wärme   Verfahren   °C
                                   Verfahren   °C
Vicat Erweichungstemperatur (VST) Verfahren   °C
                                   Verfahren   °C
Kristallit-Schmelzpunkt   Verfahren

Längenausdehnungskoeffizient   Bereich   °C $\cdot 10^{-4} K^{-1}$
                                   Temperatur $\cdot 10^{-4} K^{-1}$
Wärmeleitfähigkeit   Verfahren   W/(K · m)

Spezifische Wärmekapazität   Verfahren   J/(K · g)

Glasumwandlungstemperatur   Torsionsschwingungsversuch   °C
                                   Differentialkalorimetrie   °C

Brandverhalten
UL-Test vertikal   Dicke   mm, Wert
                                   Dicke   mm, Wert

	Norm	Bewertung	Abmessungen
Sauerstoff-Index	ASTM D 2863		
Glühstab-Verfahren			
Brandverhalten	DIN 4102		
MVSS			
FAR			

Elektrische Eigenschaften
                                   Hz   °C   Probekörper, Form
Dielektrizitätszahl   50
                                   10³
                                   10⁶
Dielektrischer Verlustfaktor tan δ 50
                                   10³
                                   10⁶
Spezifischer Durchgangs-
   widerstand   Ohm · cm
Durchschlagfestigkeit   kV/mm   mm dick
Oberflächenwiderstand   Ohm

Kriechstromfestigkeit   KC   KB   KA
Kriechwegbildung

Elektrolytische Korrosionswirkung
Lichtbogenfestigkeit nach DIN
             nach ASTM   s

Beständigkeit (Chemische Beständigkeit siehe Anhang)
Wasseraufnahme

Feuchtigkeitsaufnahme Normalklima   %
Wetterbeständigkeit

Spannungskorrosion

Optische Eigenschaften
Brechungszahl n_D
Transmissionsgrad τ_c %   mm dick
Lichtdurchlässigkeit

Datenbank-Nr.	**T00895**	Merkblatt-Nr. **2218**

PVC

Produkt	Weich-PVC-Extrusionsmasse
Handelsname	**Trosiplast VX04182**
Hersteller	HUELSTRO
DIN-Bez 1	7749-PVC-P,EG,A68-20-X
DIN-Bez 2	

Zusätze		Viskositätszahl ml/g	
		K-Wert	
		Füllstoffe/Verstärkung	
Bevorzugte Verarbeitung	Extrudieren	Lieferform	Granulat
		Farben	Natur
Besondere Merkmale	Physiologisch unbedenklich; Cadmiumfrei; Kaeltebruchtemperatur -25 C	Bevorzugte Anwendungen	Milchschlauch; Zitzenschlauch

Kornverteilung

Kornklasse µm	Rückstand %		
		Dichte g/cm³	1.2
		Schüttdichte g/cm³	
		Stampfdichte g/cm³	
		Rieselfähigkeit	
		Rieselzeit s/100 g	
		Kornbeschaffenheit	
Allgemeine Hinweise		Flüchtige Bestandteile %	
		Sulfatasche %	

Zugversuch 23 °C DIN 53455;

	Probekörper:	Form	Platte 1 mm	Herstellung	Pressen
		Zustand		Vorbehandlung	Normalklima
Streckspannung	N/mm²			Dehnung bei Streckspannung	%
Zugfestigkeit	N/mm²			Reißdehnung	% 330
Reißfestigkeit	N/mm² 16			% Dehnspannung	N/mm²
E-Modul	N/mm²			Dehnung bei % Dehnspg.	%

Kriechmoduln und Zeitstandwerte 23 °C

	Probekörper:	Form	Herstellung
		Zustand	Vorbehandlung
Kriechmodul	1 min N/mm²	Zeitstandzugfestigkeit	h N/mm²
Kriechmodul	1000 h N/mm²	Zeitdehnspg. %	h N/mm²
bei Spannung	N/mm²		

Biegeversuch 23 °C

	Probekörper:	Form	Herstellung
		Zustand	Vorbehandlung
Biegefestigkeit	N/mm²	E-Modul	N/mm²
3,5% Biegespannung	N/mm²		

Härte 23 °C

	Probekörper:	Zustand	Platte 6 mm	Herstellung	Pressen
				Vorbehandlung	Normalklima
Kugeldruckhärte	N/mm²	bei	N, s	Shore-Härte A	68
Rockwellhärte				Shore-Härte D	

Schlagversuch

	Probekörper:	(1)		
		(2)		Herstellung
		Zustand		Vorbehandlung
		°C	°C	°C	Probekörper-Form

Schlagzähigkeit	kJ/m²
Kerbschlagzähigkeit (1)	kJ/m²
IZOD-Kerbschlagzähigkeit (2)	J/m
Kerbschlagzugzähigkeit	kJ/m²

Datenbank-Nr. **T00895** Merkblatt-Nr. **2218**

Abrieb und Reibung
Taber-Abrieb (Reibradverfahren)   mm³/100 U
Abriebfaktor LNP (Thrust washer) Vergleichswert
Statische Reibungszahl
Dynamische Reibungszahl   (p·v=   N/mm² ·   m/min)
Zulässiger p · v Wert   N/mm² · (m/min)   v =   m/min
   v =   m/min

Thermische Eigenschaften
Formbeständigkeit in der Wärme   Verfahren   °C
   Verfahren   °C
Vicat Erweichungstemperatur (VST)   Verfahren   °C
   Verfahren   °C
Kristallit-Schmelzpunkt   Verfahren

Längenausdehnungskoeffizient   Bereich   °C $\cdot 10^{-4} K^{-1}$
   Temperatur $\cdot 10^{-4} K^{-1}$
Wärmeleitfähigkeit   Verfahren   W/(K · m)

Spezifische Wärmekapazität   Verfahren   J/(K · g)

Glasumwandlungstemperatur   Torsionsschwingungsversuch   °C
   Differentialkalorimetrie   °C

Brandverhalten
UL-Test vertikal   Dicke   mm, Wert
   Dicke   mm, Wert

	Norm	Bewertung	Abmessungen
Sauerstoff-Index	ASTM D 2863		
Glühstab-Verfahren			
Brandverhalten	DIN 4102		
MVSS			
FAR			

Elektrische Eigenschaften
   Hz   °C   Probekörper, Form

Dielektrizitätszahl   50
   10³
   10⁶
Dielektrischer Verlustfaktor tan δ   50
   10³
   10⁶
Spezifischer Durchgangs-
   widerstand   Ohm · cm
Durchschlagfestigkeit   kV/mm   mm dick
Oberflächenwiderstand   Ohm
Kriechstromfestigkeit   KC   KB   KA
Kriechwegbildung

Elektrolytische Korrosionswirkung
Lichtbogenfestigkeit nach DIN
   nach ASTM   s

Beständigkeit (Chemische Beständigkeit siehe Anhang)
Wasseraufnahme

Feuchtigkeitsaufnahme Normalklima   %
Wetterbeständigkeit

Spannungskorrosion

Optische Eigenschaften
Brechungszahl n_D
Transmissionsgrad τ_c %   mm dick
Lichtdurchlässigkeit

Datenbank-Nr.	**T00896**			Merkblatt-Nr.	**2219**

Produkt	Weich-PVC-Extrusionsmasse
Handelsname	**Trosiplast 7566**
Hersteller	HUELSTRO

PVC

DIN-Bez 1	7749-PVC-P,KG,A70-45-X	Viskositätszahl ml/g	
DIN-Bez 2		K-Wert	
Zusätze		Füllstoffe/Verstärkung	
Bevorzugte Verarbeitung	Extrudieren	Lieferform	Granulat
		Farben	Natur; Schwarz
Besondere Merkmale	Migrationsfest gemaess Vorschrift der Deutschen Bundespost; Cadmiumfrei; Transparent-Typ; Kaeltebruchtemperatur -15 C	Bevorzugte Anwendungen	Einsetzbar nach VDE 0207 YM 2

Kornverteilung

Kornklasse μm	Rückstand %	Dichte	g/cm³	1.43
		Schüttdichte	g/cm³	
		Stampfdichte	g/cm³	
		Rieselfähigkeit		
		Rieselzeit	s/100 g	
		Kornbeschaffenheit		
Allgemeine Hinweise		Flüchtige Bestandteile	%	
		Sulfatasche	%	

Zugversuch 23 °C DIN 53455;

	Probekörper:	Form	Platte 1 mm	Herstellung	Pressen
		Zustand		Vorbehandlung	Normalklima
Streckspannung	N/mm²			Dehnung bei Streckspannung	%
Zugfestigkeit	N/mm²			Reißdehnung	% 300
Reißfestigkeit	N/mm² 14			% Dehnspannung	N/mm²
E-Modul	N/mm²			Dehnung bei % Dehnspg.	%

Kriechmoduln und Zeitstandwerte 23 °C

	Probekörper:	Form	Herstellung	
		Zustand	Vorbehandlung	
Kriechmodul	1 min N/mm²		Zeitstandzugfestigkeit	h N/mm²
Kriechmodul	1000 h N/mm²		Zeitdehnspg. %	h N/mm²
bei Spannung	N/mm²			

Biegeversuch 23 °C

	Probekörper:	Form	Herstellung	
		Zustand	Vorbehandlung	
Biegefestigkeit	N/mm²		E-Modul	N/mm²
3,5% Biegespannung	N/mm²			

Härte 23 °C

	Probekörper:	Zustand Platte 6 mm	Herstellung	Pressen
			Vorbehandlung	Normalklima
Kugeldruckhärte	N/mm²	bei N, s	Shore-Härte A	70
Rockwellhärte			Shore-Härte D	

Schlagversuch

	Probekörper:	(1)		
		(2)	Herstellung	
		Zustand	Vorbehandlung	
		°C °C	°C	Probekörper-Form
Schlagzähigkeit	kJ/m²			
Kerbschlagzähigkeit (1)	kJ/m²			
IZOD-Kerbschlagzähigkeit (2)	J/m			
Kerbschlagzugzähigkeit	kJ/m²			

Kunststoffe © Springer-Verlag Berlin Heidelberg 1988
Kopieren, Vervielfältigen und Speichern in Datenverarbeitungsanlagen (auch auszugsweise) ist nur mit schriftlicher Genehmigung des Verlages gestattet

Datenbank-Nr. **T00896** Merkblatt-Nr. **2219**

Abrieb und Reibung

Taber-Abrieb (Reibradverfahren) — mm³/100 U
Abriebfaktor LNP (Thrust washer) Vergleichswert
Statische Reibungszahl
Dynamische Reibungszahl — (p·v= N/mm² · m/min)
Zulässiger p·v Wert — N/mm² · (m/min) v= m/min
  v= m/min

Thermische Eigenschaften

Formbeständigkeit in der Wärme — Verfahren — °C
  Verfahren — °C
Vicat Erweichungstemperatur (VST) — Verfahren — °C
  Verfahren — °C
Kristallit-Schmelzpunkt — Verfahren

Längenausdehnungskoeffizient — Bereich — °C — ·10⁻⁴K⁻¹
  Temperatur — ·10⁻⁴K⁻¹
Wärmeleitfähigkeit — Verfahren — W/(K·m)

Spezifische Wärmekapazität — Verfahren — J/(K·g)

Glasumwandlungstemperatur — Torsionsschwingungsversuch — °C
  Differentialkalorimetrie — °C

Brandverhalten

UL-Test vertikal — Dicke mm, Wert
  Dicke mm, Wert

	Norm	Bewertung	Abmessungen
Sauerstoff-Index	ASTM D 2863		
Glühstab-Verfahren			
Brandverhalten	DIN 4102		
MVSS			
FAR			

Elektrische Eigenschaften

	Hz	°C		Probekörper, Form
Dielektrizitätszahl	50			
	10³			
	10⁶			
Dielektrischer Verlustfaktor tan δ	50			
	10³			
	10⁶			

*Spezifischer Durchgangs-
  widerstand* — Ohm·cm
Durchschlagfestigkeit — kV/mm — mm dick
Oberflächenwiderstand — Ohm

Kriechstromfestigkeit — KC KB KA
Kriechwegbildung

Elektrolytische Korrosionswirkung
Lichtbogenfestigkeit nach DIN
  nach ASTM s

Beständigkeit (Chemische Beständigkeit siehe Anhang)
Wasseraufnahme

Feuchtigkeitsaufnahme Normalklima — %
Wetterbeständigkeit

Spannungskorrosion

Optische Eigenschaften

Brechungszahl n_D
Transmissionsgrad τ_c — % — mm dick
Lichtdurchlässigkeit

Datenbank-Nr. **T00897**		Merkblatt-Nr. **2220**
Produkt	Weich-PVC-Extrusionsmasse	**PVC**
Handelsname	**Trosiplast 7314**	
Hersteller	HUELSTRO	
DIN-Bez 1	7749-PVC-P,KG,A70-25-X	Viskositätszahl ml/g
DIN-Bez 2		K-Wert
Zusätze		Füllstoffe/Verstärkung
Bevorzugte Verarbeitung	Extrudieren	Lieferform — Granulat
		Farben — Natur; Schwarz
Besondere Merkmale	Erhoeht flammwidrig; Cadmiumfrei; Material erhoeht feuchtempfindlich; Trocken lagern; Kaeltebruchtemperatur -30 C	Bevorzugte Anwendungen — Einsetzbar nach VDE 0207 YM 2

Kornverteilung

Kornklasse μm	Rückstand %		
		Dichte g/cm³	1.26
		Schüttdichte g/cm³	
		Stampfdichte g/cm³	
		Rieselfähigkeit	
		Rieselzeit s/100 g	
		Kornbeschaffenheit	
Allgemeine Hinweise		Flüchtige Bestandteile %	
		Sulfatasche %	

Zugversuch 23 °C   DIN 53455;
Probekörper: Form — Platte 1 mm   Herstellung — Pressen
           Zustand   Vorbehandlung — Normalklima

Streckspannung	N/mm²	Dehnung bei Streckspannung	%
Zugfestigkeit	N/mm²	Reißdehnung	% 340
Reißfestigkeit	N/mm² 15	% Dehnspannung	N/mm²
E-Modul	N/mm²	Dehnung bei % Dehnspg.	%

Kriechmoduln und Zeitstandwerte 23 °C
Probekörper: Form   Herstellung
           Zustand   Vorbehandlung

Kriechmodul	1 min N/mm²	Zeitstandzugfestigkeit	h N/mm²
Kriechmodul	1000 h N/mm²	Zeitdehnspg. %	h N/mm²
bei Spannung	N/mm²		

Biegeversuch 23 °C
Probekörper: Form   Herstellung
           Zustand   Vorbehandlung

Biegefestigkeit	N/mm²	E-Modul	N/mm²
3,5% Biegespannung	N/mm²		

Härte 23 °C   Probekörper: Zustand — Platte 6 mm   Herstellung — Pressen
                                                       Vorbehandlung — Normalklima

Kugeldruckhärte	N/mm² bei N, s	Shore-Härte A	70
Rockwellhärte		Shore-Härte D	

Schlagversuch   Probekörper: (1)
                              (2)   Herstellung
                              Zustand   Vorbehandlung
                   °C   °C   °C   Probekörper-Form

Schlagzähigkeit	kJ/m²
Kerbschlagzähigkeit (1)	kJ/m²
IZOD-Kerbschlagzähigkeit (2)	J/m
Kerbschlagzugzähigkeit	kJ/m²

Kunststoffe © Springer-Verlag Berlin Heidelberg 1988
Kopieren, Vervielfältigen und Speichern in Datenverarbeitungsanlagen (auch auszugsweise) ist nur mit schriftlicher Genehmigung des Verlages gestattet

Datenbank-Nr. **T00897** *Merkblatt-Nr.* **2220**

Abrieb und Reibung

Taber-Abrieb (Reibradverfahren)   mm³/100 U
Abriebfaktor LNP (Thrust washer) Vergleichswert
Statische Reibungszahl
Dynamische Reibungszahl   (p·v=   N/mm² ·   m/min)
Zulässiger p · v Wert   N/mm² · (m/min)   v=   m/min
                                                                                                         v=   m/min

Thermische Eigenschaften

Formbeständigkeit in der Wärme   Verfahren   °C
                                                                     Verfahren   °C
Vicat Erweichungstemperatur (VST)   Verfahren   °C
                                                                     Verfahren   °C
Kristallit-Schmelzpunkt   Verfahren

Längenausdehnungskoeffizient   Bereich   °C   · $10^{-4} K^{-1}$
                                                     Temperatur   · $10^{-4} K^{-1}$
Wärmeleitfähigkeit   Verfahren   W/(K · m)

Spezifische Wärmekapazität   Verfahren   J/(K · g)

Glasumwandlungstemperatur   Torsionsschwingungsversuch   °C
                                              Differentialkalorimetrie   °C

Brandverhalten

UL-Test vertikal   Dicke   mm, Wert
                     Dicke   mm, Wert

	Norm	Bewertung	Abmessungen
Sauerstoff-Index	ASTM D 2863		
Glühstab-Verfahren			
Brandverhalten	DIN 4102		
MVSS			
FAR			

Elektrische Eigenschaften

	Hz	°C	Probekörper, Form
Dielektrizitätszahl	50		
	10^3		
	10^6		
Dielektrischer Verlustfaktor tan δ	50		
	10^3		
	10^6		

Spezifischer Durchgangs-
   widerstand   Ohm · cm
Durchschlagfestigkeit   kV/mm   mm dick
Oberflächenwiderstand   Ohm

Kriechstromfestigkeit   KC   KB   KA
Kriechwegbildung

Elektrolytische Korrosionswirkung
Lichtbogenfestigkeit nach DIN
          nach ASTM   s

Beständigkeit *(Chemische Beständigkeit siehe Anhang)*

Wasseraufnahme

Feuchtigkeitsaufnahme Normalklima   %
Wetterbeständigkeit

Spannungskorrosion

Optische Eigenschaften

Brechungszahl n_D
Transmissionsgrad τ_c %   mm dick
Lichtdurchlässigkeit

Datenbank-Nr.	**T00898**	Merkblatt-Nr. **2221**

PVC

Produkt	Weich-PVC-Extrusionsmasse
Handelsname	**Trosiplast 7567**
Hersteller	HUELSTRO
DIN-Bez 1	7749-PVC-P,KG,A70-40-X
DIN-Bez 2	
Zusätze	
Bevorzugte Verarbeitung	Extrudieren
Besondere Merkmale	Oelbestaendig nach VDE 0472; Hohe Benzinbestaendigkeit; Cadmiumfrei; Kaeltebruchtemperatur -20 C; Opak

Viskositätszahl ml/g	
K-Wert	
Füllstoffe/Verstärkung	
Lieferform	Granulat
Farben	Natur; Schwarz
Bevorzugte Anwendungen	Kabel; Schlauch

Kornverteilung

Kornklasse µm	Rückstand %

Dichte	g/cm³	1.39
Schüttdichte	g/cm³	
Stampfdichte	g/cm³	
Rieselfähigkeit		
Rieselzeit	s/100 g	
Kornbeschaffenheit		
Flüchtige Bestandteile	%	
Sulfatasche	%	

Allgemeine Hinweise

Zugversuch 23 °C DIN 53455;

Probekörper: Form / Zustand: Platte 1 mm

Herstellung: Pressen
Vorbehandlung: Normalklima

Streckspannung	N/mm²	Dehnung bei Streckspannung	%	
Zugfestigkeit	N/mm²	Reißdehnung	%	320
Reißfestigkeit	N/mm² 16	% Dehnspannung	N/mm²	
E-Modul	N/mm²	Dehnung bei % Dehnspg.	%	

Kriechmoduln und Zeitstandwerte 23 °C

Probekörper: Form / Zustand

Herstellung / Vorbehandlung

Kriechmodul	1 min	N/mm²	Zeitstandzugfestigkeit	h N/mm²
Kriechmodul	1000 h	N/mm²	Zeitdehnspg. %	h N/mm²
bei Spannung		N/mm²		

Biegeversuch 23 °C

Probekörper: Form / Zustand

Herstellung / Vorbehandlung

Biegefestigkeit	N/mm²	E-Modul	N/mm²
3,5% Biegespannung	N/mm²		

Härte 23 °C

Probekörper: Zustand Platte 6 mm

Herstellung: Pressen
Vorbehandlung: Normalklima

Kugeldruckhärte	N/mm²	bei N, s	Shore-Härte A	71
Rockwellhärte			Shore-Härte D	

Schlagversuch

Probekörper: (1) / (2) / Zustand

Herstellung / Vorbehandlung

°C	°C	°C	Probekörper-Form

Schlagzähigkeit	kJ/m²
Kerbschlagzähigkeit (1)	kJ/m²
IZOD-Kerbschlagzähigkeit (2)	J/m
Kerbschlagzugzähigkeit	kJ/m²

Kunststoffe © Springer-Verlag Berlin Heidelberg 1988
Kopieren, Vervielfältigen und Speichern in Datenverarbeitungsanlagen (auch auszugsweise) ist nur mit schriftlicher Genehmigung des Verlages gestattet

Datenbank-Nr. **T00898** *Merkblatt-Nr.* **2221**

Abrieb und Reibung

Taber-Abrieb (Reibradverfahren)	mm³/100 U
Abriebfaktor LNP (Thrust washer) Vergleichswert	
Statische Reibungszahl	
Dynamische Reibungszahl	(p·v = N/mm² · m/min)
Zulässiger p · v Wert	N/mm² · (m/min) v = m/min
	v = m/min

Thermische Eigenschaften

Formbeständigkeit in der Wärme	Verfahren	°C
	Verfahren	°C
Vicat Erweichungstemperatur (VST)	Verfahren	°C
	Verfahren	°C
Kristallit-Schmelzpunkt	Verfahren	
Längenausdehnungskoeffizient	Bereich °C	·10⁻⁴ K⁻¹
	Temperatur	·10⁻⁴ K⁻¹
Wärmeleitfähigkeit	Verfahren	W/(K·m)
Spezifische Wärmekapazität	Verfahren	J/(K·g)
Glasumwandlungstemperatur	Torsionsschwingungsversuch	°C
	Differentialkalorimetrie	°C

Brandverhalten

UL-Test vertikal	Dicke mm, Wert	
	Dicke mm, Wert	

	Norm	Bewertung	Abmessungen
Sauerstoff-Index	ASTM D 2863		
Glühstab-Verfahren			
Brandverhalten	DIN 4102		
MVSS			
FAR			

Elektrische Eigenschaften

	Hz	°C		Probekörper, Form
Dielektrizitätszahl	50			
	10³			
	10⁶			
Dielektrischer Verlustfaktor tan δ	50			
	10³			
	10⁶			
Spezifischer Durchgangs- widerstand	Ohm · cm			
Durchschlagfestigkeit	kV/mm			mm dick
Oberflächenwiderstand	Ohm			
Kriechstromfestigkeit Kriechwegbildung	KC	KB	KA	
Elektrolytische Korrosionswirkung				
Lichtbogenfestigkeit nach DIN				
nach ASTM	s			

Beständigkeit *(Chemische Beständigkeit siehe Anhang)*

Wasseraufnahme

Feuchtigkeitsaufnahme Normalklima   %
Wetterbeständigkeit

Spannungskorrosion

Optische Eigenschaften

Brechungszahl n_D
Transmissionsgrad τ_c %   mm dick
Lichtdurchlässigkeit

Datenbank-Nr.	**T00899**			*Merkblatt-Nr.* **2222**
Produkt	Weich-PVC-Extrusionsmasse			**PVC**
Handelsname	**Trosiplast 7014**			
Hersteller	HUELSTRO			
DIN-Bez 1	7749-PVC-P,KG,A70-25-X		*Viskositätszahl* ml/g	
DIN-Bez 2			*K-Wert*	
Zusätze			*Füllstoffe/ Verstärkung*	
Bevorzugte Verarbeitung	Extrudieren		*Lieferform*	Granulat
			Farben	Natur; Schwarz
Besondere Merkmale	Migrationsfest gemaess Vorschrift der Deutschen Bundespost; Cadmiumfrei; Kaeltebruchtemperatur -25 C		*Bevorzugte Anwendungen*	Einsetzbar nach VDE 0207 YM 2

Kornverteilung

Kornklasse µm	*Rückstand* %	*Dichte* g/cm^3	1.24	
		Schüttdichte g/cm^3		
		Stampfdichte g/cm^3		
		Rieselfähigkeit		
		Rieselzeit s/100 g		
		Kornbeschaffenheit		
Allgemeine Hinweise		*Flüchtige Bestandteile* %		
		Sulfatasche %		

Zugversuch 23 °C DIN 53455;

	Probekörper:	*Form*	Platte 1 mm	*Herstellung*	Pressen
		Zustand		*Vorbehandlung*	Normalklima
Streckspannung	N/mm^2		*Dehnung bei Streckspannung*	%	
Zugfestigkeit	N/mm^2		*Reißdehnung*	%	360
Reißfestigkeit	N/mm^2 17		% *Dehnspannung*	N/mm^2	
E-Modul	N/mm^2		*Dehnung bei* % *Dehnspg.*	%	

Kriechmoduln und Zeitstandwerte 23 °C

	Probekörper:	*Form*	*Herstellung*	
		Zustand	*Vorbehandlung*	
Kriechmodul	1 min N/mm^2		*Zeitstandzugfestigkeit*	h N/mm^2
Kriechmodul	1000 h N/mm^2		*Zeitdehnspg.* %	h N/mm^2
bei Spannung	N/mm^2			

Biegeversuch 23 °C

	Probekörper:	*Form*	*Herstellung*	
		Zustand	*Vorbehandlung*	
Biegefestigkeit	N/mm^2		*E-Modul*	N/mm^2
3,5% Biegespannung	N/mm^2			

Härte 23 °C

	Probekörper:	*Zustand*	Platte 6 mm	*Herstellung*	Pressen
				Vorbehandlung	Normalklima
Kugeldruckhärte	N/mm^2	bei	N, s	*Shore-Härte* A	71
Rockwellhärte				*Shore-Härte* D	

Schlagversuch

	Probekörper:	(1)			
		(2)		*Herstellung*	
		Zustand		*Vorbehandlung*	
		°C	°C	°C	*Probekörper-Form*
Schlagzähigkeit	kJ/m^2				
Kerbschlagzähigkeit (1)	kJ/m^2				
IZOD-Kerbschlagzähigkeit (2)	J/m				
Kerbschlagzugzähigkeit	kJ/m^2				

Kunststoffe © Springer-Verlag Berlin Heidelberg 1988
Kopieren, Vervielfältigen und Speichern in Datenverarbeitungsanlagen (auch auszugsweise) ist nur mit schriftlicher Genehmigung des Verlages gestattet

Datenbank-Nr. **T00899** Merkblatt-Nr. **2222**

Abrieb und Reibung

Taber-Abrieb (Reibradverfahren) mm³/100 U
Abriebfaktor LNP (Thrust washer) Vergleichswert
Statische Reibungszahl
Dynamische Reibungszahl (p·v= N/mm² · m/min)
Zulässiger p·v Wert N/mm² · (m/min) v= m/min
  v= m/min

Thermische Eigenschaften

Formbeständigkeit in der Wärme Verfahren °C
  Verfahren °C
Vicat Erweichungstemperatur (VST) Verfahren °C
  Verfahren °C
Kristallit-Schmelzpunkt Verfahren

Längenausdehnungskoeffizient Bereich °C $\cdot 10^{-4} K^{-1}$
  Temperatur $\cdot 10^{-4} K^{-1}$
Wärmeleitfähigkeit Verfahren W/(K·m)

Spezifische Wärmekapazität Verfahren J/(K·g)

Glasumwandlungstemperatur Torsionsschwingungsversuch °C
  Differentialkalorimetrie °C

Brandverhalten

UL-Test vertikal Dicke mm, Wert
  Dicke mm, Wert

	Norm	Bewertung	Abmessungen
Sauerstoff-Index	ASTM D 2863		
Glühstab-Verfahren			
Brandverhalten	DIN 4102		
MVSS			
FAR			

Elektrische Eigenschaften

 Hz °C Probekörper, Form

Dielektrizitätszahl 50
  10^3
  10^6
Dielektrischer Verlustfaktor tan δ 50
  10^3
  10^6
Spezifischer Durchgangs-
  widerstand Ohm·cm
Durchschlagfestigkeit kV/mm mm dick
Oberflächenwiderstand Ohm

Kriechstromfestigkeit KC KB KA
Kriechwegbildung

Elektrolytische Korrosionswirkung
Lichtbogenfestigkeit nach DIN
  nach ASTM s

Beständigkeit (Chemische Beständigkeit siehe Anhang)

Wasseraufnahme

Feuchtigkeitsaufnahme Normalklima %
Wetterbeständigkeit

Spannungskorrosion

Optische Eigenschaften

Brechungszahl n_D
Transmissionsgrad τ_c % mm dick
Lichtdurchlässigkeit

Datenbank-Nr.	**T00900**		Merkblatt-Nr.	**2223**

PVC

Produkt	Weich-PVC-Extrusionsmasse
Handelsname	**Trosiplast 7082**
Hersteller	HUELSTRO
DIN-Bez 1	7749-PVC-P,KG,A74-20-X
DIN-Bez 2	
Zusätze	

		Viskositätszahl ml/g	
		K-Wert	
		Füllstoffe/Verstärkung	
Bevorzugte Verarbeitung	Extrudieren	Lieferform	Granulat
		Farben	Natur; Schwarz
Besondere Merkmale	Besonders kaeltestabil; Cadmiumfrei; Kaeltebruchtemperatur -50 C	Bevorzugte Anwendungen	Einsetzbar nach VDE 0207 YM 2

Kornverteilung

Kornklasse µm	Rückstand %		
		Dichte g/cm³	1.21
		Schüttdichte g/cm³	
		Stampfdichte g/cm³	
		Rieselfähigkeit	
		Rieselzeit s/100 g	
		Kornbeschaffenheit	
Allgemeine Hinweise		Flüchtige Bestandteile %	
		Sulfatasche %	

Zugversuch 23 °C   DIN 53455;

Probekörper:	Form Zustand	Platte 1 mm	Herstellung Pressen Vorbehandlung Normalklima
Streckspannung N/mm²		Dehnung bei Streckspannung %	
Zugfestigkeit N/mm²		Reißdehnung %	360
Reißfestigkeit N/mm² 17		% Dehnspannung N/mm²	
E-Modul N/mm²		Dehnung bei % Dehnspg. %	

Kriechmoduln und Zeitstandwerte 23 °C

Probekörper:	Form Zustand		Herstellung Vorbehandlung
Kriechmodul 1 min N/mm²		Zeitstandzugfestigkeit h N/mm²	
Kriechmodul 1000 h N/mm²		Zeitdehnspg. % h N/mm²	
bei Spannung N/mm²			

Biegeversuch 23 °C

Probekörper:	Form Zustand		Herstellung Vorbehandlung
Biegefestigkeit N/mm²		E-Modul N/mm²	
3,5% Biegespannung N/mm²			

Härte 23 °C

Probekörper:	Zustand	Platte 6 mm	Herstellung Pressen Vorbehandlung Normalklima
Kugeldruckhärte N/mm²	bei N, s	Shore-Härte A	74
Rockwellhärte		Shore-Härte D	

Schlagversuch

Probekörper:	(1) (2) Zustand		Herstellung Vorbehandlung
	°C	°C °C	Probekörper-Form

Schlagzähigkeit	kJ/m²
Kerbschlagzähigkeit (1)	kJ/m²
IZOD-Kerbschlagzähigkeit (2)	J/m
Kerbschlagzugzähigkeit	kJ/m²

Kunststoffe © Springer-Verlag Berlin Heidelberg 1988
Kopieren, Vervielfältigen und Speichern in Datenverarbeitungsanlagen (auch auszugsweise) ist nur mit schriftlicher Genehmigung des Verlages gestattet

Datenbank-Nr. **T00900** *Merkblatt-Nr.* **2223**

Abrieb und Reibung

Taber-Abrieb (Reibradverfahren)	mm³/100 U	
Abriebfaktor LNP (Thrust washer) Vergleichswert		
Statische Reibungszahl		
Dynamische Reibungszahl	(p·v = N/mm² · m/min)	
Zulässiger p · v Wert	N/mm² · (m/min) v =	m/min
	v =	m/min

Thermische Eigenschaften

Formbeständigkeit in der Wärme	Verfahren		°C
	Verfahren		°C
Vicat Erweichungstemperatur (VST)	Verfahren		°C
	Verfahren		°C
Kristallit-Schmelzpunkt	Verfahren		
Längenausdehnungskoeffizient	Bereich °C		·10⁻⁴ K⁻¹
	Temperatur		·10⁻⁴ K⁻¹
Wärmeleitfähigkeit	Verfahren		W/(K·m)
Spezifische Wärmekapazität	Verfahren		J/(K·g)
Glasumwandlungstemperatur	Torsionsschwingungsversuch	°C	
	Differentialkalorimetrie	°C	

Brandverhalten

UL-Test vertikal   Dicke   mm, Wert
 Dicke   mm, Wert

	Norm	Bewertung	Abmessungen
Sauerstoff-Index	ASTM D 2863		
Glühstab-Verfahren			
Brandverhalten	DIN 4102		
MVSS			
FAR			

Elektrische Eigenschaften

	Hz	°C		Probekörper, Form
Dielektrizitätszahl	50			
	10³			
	10⁶			
Dielektrischer Verlustfaktor tan δ	50			
	10³			
	10⁶			
Spezifischer Durchgangswiderstand	Ohm · cm			
Durchschlagfestigkeit	kV/mm			mm dick
Oberflächenwiderstand	Ohm			
Kriechstromfestigkeit	KC	KB	KA	
Kriechwegbildung				

Elektrolytische Korrosionswirkung
Lichtbogenfestigkeit nach DIN
 nach ASTM   s

Beständigkeit *(Chemische Beständigkeit siehe Anhang)*

Wasseraufnahme

Feuchtigkeitsaufnahme Normalklima   %
Wetterbeständigkeit

Spannungskorrosion

Optische Eigenschaften

Brechungszahl n_D
Transmissionsgrad τ_c %   mm dick
Lichtdurchlässigkeit

Datenbank-Nr.	**T00901**	Merkblatt-Nr. **2224**

PVC

Produkt	Weich-PVC-Extrusionsmasse
Handelsname	**Trosiplast 7513**
Hersteller	HUELSTRO
DIN-Bez 1	7749-PVC-P,KG,A74-35-X
DIN-Bez 2	
Zusätze	
Bevorzugte Verarbeitung	Extrudieren
Besondere Merkmale	Bedingt leitfaehig; Kaeltebruchtemperatur -25 C; Material erhoeht feuchteempfindlich; Trocken lagern; Cadmiumfrei

Viskositätszahl ml/g	
K-Wert	
Füllstoffe/Verstärkung	
Lieferform	Granulat
Farben	Schwarz
Bevorzugte Anwendungen	Einsetzbar nach VDE 0207 YM 2

Kornverteilung

Kornklasse µm	Rückstand %

Allgemeine Hinweise

Dichte	g/cm³	1.35
Schüttdichte	g/cm³	
Stampfdichte	g/cm³	
Rieselfähigkeit		
Rieselzeit	s/100 g	
Kornbeschaffenheit		
Flüchtige Bestandteile	%	
Sulfatasche	%	

Zugversuch 23 °C DIN 53455;
Probekörper: Form Platte 1 mm   Herstellung Pressen
             Zustand   Vorbehandlung Normalklima

Streckspannung	N/mm²		Dehnung bei Streckspannung	%
Zugfestigkeit	N/mm²		Reißdehnung	% 230
Reißfestigkeit	N/mm² 8		% Dehnspannung	N/mm²
E-Modul	N/mm²		Dehnung bei % Dehnspg.	%

Kriechmoduln und Zeitstandwerte 23 °C
Probekörper: Form   Herstellung
             Zustand   Vorbehandlung

Kriechmodul	1 min N/mm²		Zeitstandzugfestigkeit	h N/mm²
Kriechmodul	1000 h N/mm²		Zeitdehnspg. %	h N/mm²
bei Spannung	N/mm²			

Biegeversuch 23 °C
Probekörper: Form   Herstellung
             Zustand   Vorbehandlung

Biegefestigkeit	N/mm²		E-Modul	N/mm²
3,5% Biegespannung	N/mm²			

Härte 23 °C Probekörper: Zustand Platte 6 mm   Herstellung Pressen
                                                   Vorbehandlung Normalklima

Kugeldruckhärte	N/mm²	bei	N, s	Shore-Härte A	74
Rockwellhärte				Shore-Härte D	

Schlagversuch Probekörper: (1)
                              (2)   Herstellung
                              Zustand   Vorbehandlung
                                  °C   °C   °C   Probekörper-Form

Schlagzähigkeit	kJ/m²
Kerbschlagzähigkeit (1)	kJ/m²
IZOD-Kerbschlagzähigkeit (2)	J/m
Kerbschlagzugzähigkeit	kJ/m²

Kunststoffe © Springer-Verlag Berlin Heidelberg 1988
Kopieren, Vervielfältigen und Speichern in Datenverarbeitungsanlagen (auch auszugsweise) ist nur mit schriftlicher Genehmigung des Verlages gestattet

Datenbank-Nr. **T00901** Merkblatt-Nr. **2224**

Abrieb und Reibung

Taber-Abrieb (Reibradverfahren) mm³/100 U
Abriebfaktor LNP (Thrust washer) Vergleichswert
Statische Reibungszahl
Dynamische Reibungszahl (p·v = N/mm² · m/min)
Zulässiger p · v Wert N/mm² · (m/min) v = m/min
  v = m/min

Thermische Eigenschaften

Formbeständigkeit in der Wärme Verfahren °C
  Verfahren °C
Vicat Erweichungstemperatur (VST) Verfahren °C
  Verfahren °C
Kristallit-Schmelzpunkt Verfahren

Längenausdehnungskoeffizient Bereich °C $\cdot 10^{-4} K^{-1}$
  Temperatur $\cdot 10^{-4} K^{-1}$
Wärmeleitfähigkeit Verfahren W/(K · m)

Spezifische Wärmekapazität Verfahren J/(K · g)

Glasumwandlungstemperatur Torsionsschwingungsversuch °C
  Differentialkalorimetrie °C

Brandverhalten

UL-Test vertikal Dicke mm, Wert
  Dicke mm, Wert

	Norm	Bewertung	Abmessungen
Sauerstoff-Index	ASTM D 2863		
Glühstab-Verfahren			
Brandverhalten	DIN 4102		
MVSS			
FAR			

Elektrische Eigenschaften

	Hz	°C		Probekörper, Form
Dielektrizitätszahl	50			
	10³			
	10⁶			
Dielektrischer Verlustfaktor tan δ	50			
	10³			
	10⁶			

Spezifischer Durchgangs-
  widerstand Ohm · cm
Durchschlagfestigkeit kV/mm   mm dick
Oberflächenwiderstand Ohm $\leq 1.0*10**06$
Kriechstromfestigkeit KC KB KA
Kriechwegbildung

Elektrolytische Korrosionswirkung
Lichtbogenfestigkeit nach DIN
  nach ASTM s

Beständigkeit (Chemische Beständigkeit siehe Anhang)

Wasseraufnahme

Feuchtigkeitsaufnahme Normalklima %
Wetterbeständigkeit

Spannungskorrosion

Optische Eigenschaften

Brechungszahl n_D
Transmissionsgrad τ_c % mm dick
Lichtdurchlässigkeit

Datenbank-Nr. **T00902**		Merkblatt-Nr. **2225**
Produkt	Weich-PVC-Extrusionsmasse	**PVC**
Handelsname	**Trosiplast 7080**	
Hersteller	HUELSTRO	
DIN-Bez 1	7749-PVC-P,KG,A76-25-X	Viskositätszahl ml/g
DIN-Bez 2		K-Wert
Zusätze		Füllstoffe/Verstärkung
Bevorzugte Verarbeitung	Extrudieren	Lieferform Granulat
		Farben Natur; Schwarz
Besondere Merkmale	Besonders kaeltestabil; Cadmiumfrei; Kaeltebruchtemperatur -45 C	Bevorzugte Anwendungen Einsetzbar nach VDE 0207 YM 1,2

Kornverteilung

Kornklasse μm	Rückstand %		
		Dichte g/cm³	1.23
		Schüttdichte g/cm³	
		Stampfdichte g/cm³	
		Rieselfähigkeit	
		Rieselzeit s/100 g	
		Kornbeschaffenheit	
Allgemeine Hinweise		Flüchtige Bestandteile %	
		Sulfatasche %	

Zugversuch 23 °C   DIN 53455;

Probekörper: Form Platte 1 mm   Herstellung Pressen
Zustand   Vorbehandlung Normalklima

Streckspannung	N/mm²	Dehnung bei Streckspannung	%
Zugfestigkeit	N/mm²	Reißdehnung	% 330
Reißfestigkeit	N/mm² 20	% Dehnspannung	N/mm²
E-Modul	N/mm²	Dehnung bei % Dehnspg.	%

Kriechmoduln und Zeitstandwerte 23 °C

Probekörper: Form   Herstellung
Zustand   Vorbehandlung

Kriechmodul	1 min N/mm²	Zeitstandzugfestigkeit	h N/mm²
Kriechmodul	1000 h N/mm²	Zeitdehnspg. %	h N/mm²
bei Spannung	N/mm²		

Biegeversuch 23 °C

Probekörper: Form   Herstellung
Zustand   Vorbehandlung

Biegefestigkeit	N/mm²	E-Modul	N/mm²
3,5% Biegespannung	N/mm²		

Härte 23 °C

Probekörper: Zustand Platte 6 mm   Herstellung Pressen
Vorbehandlung Normalklima

Kugeldruckhärte	N/mm²	bei N, s	Shore-Härte A 77
Rockwellhärte			Shore-Härte D

Schlagversuch

Probekörper: (1)
(2)   Herstellung
Zustand   Vorbehandlung

°C   °C   °C   Probekörper-Form

Schlagzähigkeit	kJ/m²
Kerbschlagzähigkeit (1)	kJ/m²
IZOD-Kerbschlagzähigkeit (2)	J/m
Kerbschlagzugzähigkeit	kJ/m²

Kunststoffe © Springer-Verlag Berlin Heidelberg 1988
Kopieren, Vervielfältigen und Speichern in Datenverarbeitungsanlagen (auch auszugsweise) ist nur mit schriftlicher Genehmigung des Verlages gestattet

Datenbank-Nr. **T00902** Merkblatt-Nr. **2225**

Abrieb und Reibung

Taber-Abrieb (Reibradverfahren)	mm³/100 U
Abriebfaktor LNP (Thrust washer) Vergleichswert	
Statische Reibungszahl	
Dynamische Reibungszahl	$(p \cdot v =$ N/mm² · m/min)
Zulässiger $p \cdot v$ Wert	N/mm² · (m/min) v = m/min
	v = m/min

Thermische Eigenschaften

Formbeständigkeit in der Wärme	Verfahren	°C
	Verfahren	°C
Vicat Erweichungstemperatur (VST)	Verfahren	°C
	Verfahren	°C
Kristallit-Schmelzpunkt	Verfahren	
Längenausdehnungskoeffizient	Bereich °C	$\cdot 10^{-4} K^{-1}$
	Temperatur	$\cdot 10^{-4} K^{-1}$
Wärmeleitfähigkeit	Verfahren	W/(K·m)
Spezifische Wärmekapazität	Verfahren	J/(K·g)
Glasumwandlungstemperatur	Torsionsschwingungsversuch	°C
	Differentialkalorimetrie	°C

Brandverhalten

UL-Test vertikal	Dicke mm, Wert	
	Dicke mm, Wert	

	Norm	Bewertung	Abmessungen
Sauerstoff-Index	ASTM D 2863		
Glühstab-Verfahren			
Brandverhalten	DIN 4102		
MVSS			
FAR			

Elektrische Eigenschaften

	Hz	°C		Probekörper, Form
Dielektrizitätszahl	50			
	10³			
	10⁶			
Dielektrischer Verlustfaktor tan δ	50			
	10³			
	10⁶			
Spezifischer Durchgangswiderstand	Ohm · cm			
Durchschlagfestigkeit	kV/mm			mm dick
Oberflächenwiderstand	Ohm			
Kriechstromfestigkeit	KC	KB	KA	
Kriechwegbildung				
Elektrolytische Korrosionswirkung				
Lichtbogenfestigkeit nach DIN				
nach ASTM	s			

Beständigkeit *(Chemische Beständigkeit siehe Anhang)*

Wasseraufnahme

Feuchtigkeitsaufnahme Normalklima %
Wetterbeständigkeit

Spannungskorrosion

Optische Eigenschaften

Brechungszahl n_D
Transmissionsgrad τ_c % mm dick
Lichtdurchlässigkeit

Datenbank-Nr.	**T00903**			Merkblatt-Nr. **2226**
Produkt	Weich-PVC-Extrusionsmasse			**PVC**
Handelsname	**Trosiplast VX04080**			
Hersteller	HUELSTRO			
DIN-Bez 1	7749-PVC-P,KG,A78-25-X		Viskositätszahl ml/g	
DIN-Bez 2			K-Wert	
Zusätze			Füllstoffe/Verstärkung	
Bevorzugte Verarbeitung	Extrudieren		Lieferform	Granulat
			Farben	Natur
Besondere Merkmale	Physiologisch unbedenklich; Cadmiumfrei; Kaeltebruchtemperatur -20 C		Bevorzugte Anwendungen	Einsetzbar nach VDE 0207 YM 1,2; Getraenkeschlauch

Kornverteilung

Kornklasse μm	Rückstand %			
		Dichte g/cm³	1.27	
		Schüttdichte g/cm³		
		Stampfdichte g/cm³		
		Rieselfähigkeit		
		Rieselzeit s/100 g		
		Kornbeschaffenheit		
Allgemeine Hinweise		Flüchtige Bestandteile %		
		Sulfatasche %		

Zugversuch 23 °C DIN 53455;

	Probekörper:	Form	Platte 1 mm	Herstellung	Pressen
		Zustand		Vorbehandlung	Normalklima
Streckspannung	N/mm²			Dehnung bei Streckspannung %	
Zugfestigkeit	N/mm²			Reißdehnung %	270
Reißfestigkeit	N/mm² 20			% Dehnspannung N/mm²	
E-Modul	N/mm²			Dehnung bei % Dehnspg. %	

Kriechmoduln und Zeitstandwerte 23 °C

	Probekörper:	Form		Herstellung	
		Zustand		Vorbehandlung	
Kriechmodul	1 min N/mm²			Zeitstandzugfestigkeit h N/mm²	
Kriechmodul	1000 h N/mm²			Zeitdehnspg. % h N/mm²	
bei Spannung	N/mm²				

Biegeversuch 23 °C

	Probekörper:	Form		Herstellung	
		Zustand		Vorbehandlung	
Biegefestigkeit	N/mm²		E-Modul	N/mm²	
3,5% Biegespannung	N/mm²				

Härte 23 °C

	Probekörper:	Zustand	Platte 6 mm	Herstellung	Pressen
				Vorbehandlung	Normalklima
Kugeldruckhärte	N/mm²	bei	N, s	Shore-Härte A	78
Rockwellhärte				Shore-Härte D	

Schlagversuch

	Probekörper:	(1)			
		(2)		Herstellung	
		Zustand		Vorbehandlung	
		°C	°C	°C	Probekörper-Form
Schlagzähigkeit	kJ/m²				
Kerbschlagzähigkeit (1)	kJ/m²				
IZOD-Kerbschlagzähigkeit (2)	J/m				
Kerbschlagzugzähigkeit	kJ/m²				

Kunststoffe © Springer-Verlag Berlin Heidelberg 1988
Kopieren, Vervielfältigen und Speichern in Datenverarbeitungsanlagen (auch auszugsweise) ist nur mit schriftlicher Genehmigung des Verlages gestattet

Datenbank-Nr. **T00903**   *Merkblatt-Nr.* **2226**

Abrieb und Reibung

Taber-Abrieb (Reibradverfahren)   mm³/100 U
Abriebfaktor LNP (Thrust washer) Vergleichswert
Statische Reibungszahl
Dynamische Reibungszahl   (p·v=   N/mm² ·   m/min)
Zulässiger p · v Wert   N/mm² · (m/min)   v=   m/min
                               v=   m/min

Thermische Eigenschaften

Formbeständigkeit in der Wärme   Verfahren   °C
                                 Verfahren   °C
Vicat Erweichungstemperatur (VST)   Verfahren   °C
                                 Verfahren   °C
Kristallit-Schmelzpunkt   Verfahren

Längenausdehnungskoeffizient   Bereich   °C $\cdot 10^{-4} K^{-1}$
                                 Temperatur $\cdot 10^{-4} K^{-1}$
Wärmeleitfähigkeit   Verfahren   W/(K · m)

Spezifische Wärmekapazität   Verfahren   J/(K · g)

Glasumwandlungstemperatur   Torsionsschwingungsversuch   °C
                                 Differentialkalorimetrie   °C

Brandverhalten

UL-Test vertikal   Dicke   mm, Wert
                      Dicke   mm, Wert

           Norm   Bewertung   Abmessungen

Sauerstoff-Index   ASTM D 2863
Glühstab-Verfahren
Brandverhalten   DIN 4102
MVSS
FAR

Elektrische Eigenschaften

                              Hz   °C   Probekörper, Form
Dielektrizitätszahl   50
                      10^3
                      10^6
Dielektrischer Verlustfaktor tan δ   50
                      10^3
                      10^6

Spezifischer Durchgangs-
    widerstand   Ohm · cm
Durchschlagfestigkeit   kV/mm   mm dick
Oberflächenwiderstand   Ohm

Kriechstromfestigkeit   KC   KB   KA
Kriechwegbildung

Elektrolytische Korrosionswirkung
Lichtbogenfestigkeit nach DIN
                nach ASTM   s

Beständigkeit *(Chemische Beständigkeit siehe Anhang)*

Wasseraufnahme

Feuchtigkeitsaufnahme Normalklima
Wetterbeständigkeit   %

Spannungskorrosion

Optische Eigenschaften

Brechungszahl n_D
Transmissionsgrad τ_c %   mm dick
Lichtdurchlässigkeit

Datenbank-Nr.	**T00904**			Merkblatt-Nr. **2227**
Produkt	Weich-PVC-Extrusionsmasse			**PVC**
Handelsname	**Trosiplast 7509**			
Hersteller	HUELSTRO			
DIN-Bez 1	7749-PVC-P,KG,A78-30-X		Viskositätszahl ml/g	
DIN-Bez 2			K-Wert	
Zusätze			Füllstoffe/Verstärkung	
Bevorzugte Verarbeitung	Extrudieren		Lieferform	Granulat
			Farben	
Besondere Merkmale	Oelbestaendig nach VDE 0472; Hohe Benzinbestaendigkeit; Transparent; Kaeltebruchtemperatur -15 C		Bevorzugte Anwendungen	Einsetzbar nach VDE 0207 YM 1,2

Kornverteilung

Kornklasse μm	Rückstand %		
		Dichte g/cm³	1.28
		Schüttdichte g/cm³	
		Stampfdichte g/cm³	
		Rieselfähigkeit	
		Rieselzeit s/100 g	
		Kornbeschaffenheit	
Allgemeine Hinweise		Flüchtige Bestandteile %	
		Sulfatasche %	

Zugversuch 23 °C DIN 53455;

Probekörper: Form — Platte 1 mm
Zustand
Herstellung: Pressen
Vorbehandlung: Normalklima

Streckspannung	N/mm²	Dehnung bei Streckspannung	%
Zugfestigkeit	N/mm²	Reißdehnung	% 280
Reißfestigkeit	N/mm² 20	% Dehnspannung	N/mm²
E-Modul	N/mm²	Dehnung bei % Dehnspg.	%

Kriechmoduln und Zeitstandwerte 23 °C

Probekörper: Form
Zustand
Herstellung
Vorbehandlung

Kriechmodul	1 min N/mm²	Zeitstandzugfestigkeit	h N/mm²
Kriechmodul	1000 h N/mm²	Zeitdehnspg. %	h N/mm²
bei Spannung	N/mm²		

Biegeversuch 23 °C

Probekörper: Form
Zustand
Herstellung
Vorbehandlung

Biegefestigkeit	N/mm²	E-Modul	N/mm²
3,5% Biegespannung	N/mm²		

Härte 23 °C

Probekörper: Zustand Platte 6 mm
Herstellung: Pressen
Vorbehandlung: Normalklima

Kugeldruckhärte	N/mm² bei N, s	Shore-Härte A	78
Rockwellhärte		Shore-Härte D	

Schlagversuch

Probekörper: (1)
(2)
Zustand
Herstellung
Vorbehandlung

°C °C °C Probekörper-Form

Schlagzähigkeit	kJ/m²
Kerbschlagzähigkeit (1)	kJ/m²
IZOD-Kerbschlagzähigkeit (2)	J/m
Kerbschlagzugzähigkeit	kJ/m²

Datenbank-Nr. **T00904** Merkblatt-Nr. **2227**

Abrieb und Reibung

Taber-Abrieb (Reibradverfahren) mm³/100 U
Abriebfaktor LNP (Thrust washer) Vergleichswert
Statische Reibungszahl
Dynamische Reibungszahl (p·v= N/mm² · m/min)
Zulässiger p · v Wert N/mm² · (m/min) v = m/min
 v = m/min

Thermische Eigenschaften

Formbeständigkeit in der Wärme Verfahren °C
 Verfahren °C
Vicat Erweichungstemperatur (VST) Verfahren °C
 Verfahren °C
Kristallit-Schmelzpunkt Verfahren

Längenausdehnungskoeffizient Bereich °C $\cdot 10^{-4} K^{-1}$
 Temperatur $\cdot 10^{-4} K^{-1}$
Wärmeleitfähigkeit Verfahren W/(K · m)

Spezifische Wärmekapazität Verfahren J/(K · g)

Glasumwandlungstemperatur Torsionsschwingungsversuch °C
 Differentialkalorimetrie °C

Brandverhalten

UL-Test vertikal Dicke mm, Wert
 Dicke mm, Wert

	Norm	Bewertung	Abmessungen
Sauerstoff-Index	ASTM D 2863		
Glühstab-Verfahren			
Brandverhalten	DIN 4102		
MVSS			
FAR			

Elektrische Eigenschaften

 Hz °C Probekörper, Form

Dielektrizitätszahl 50
 10³
 10⁶
Dielektrischer Verlustfaktor tan δ 50
 10³
 10⁶

Spezifischer Durchgangs-
  widerstand Ohm · cm
Durchschlagfestigkeit kV/mm mm dick
Oberflächenwiderstand Ohm

Kriechstromfestigkeit KC KB KA
Kriechwegbildung

Elektrolytische Korrosionswirkung
Lichtbogenfestigkeit nach DIN
 nach ASTM s

Beständigkeit (Chemische Beständigkeit siehe Anhang)

Wasseraufnahme

Feuchtigkeitsaufnahme Normalklima %
Wetterbeständigkeit

Spannungskorrosion

Optische Eigenschaften

Brechungszahl n_D
Transmissionsgrad τ_c % mm dick
Lichtdurchlässigkeit

Datenbank-Nr. **T00905**		Merkblatt-Nr. **2228**

PVC

Produkt	Weich-PVC-Extrusionsmasse
Handelsname	**Trosiplast 7130**
Hersteller	HUELSTRO
DIN-Bez 1	7749-PVC-P,KG,A80-30-X
DIN-Bez 2	
Zusätze	

Viskositätszahl ml/g	
K-Wert	
Füllstoffe/Verstärkung	

Bevorzugte Verarbeitung	Extrudieren	Lieferform	Granulat
		Farben	Natur; Schwarz
Besondere Merkmale	Flammwidrig nach VDE 0472; Erfuellt UL-Norm; Cadmiumfrei; Kaeltebruchtemperatur -40 C	Bevorzugte Anwendungen	Einsetzbar nach VDE 0207 YM 1,2

Kornverteilung

Kornklasse μm	Rückstand %	Dichte	g/cm³	1.29
		Schüttdichte	g/cm³	
		Stampfdichte	g/cm³	
		Rieselfähigkeit		
		Rieselzeit	s/100 g	
		Kornbeschaffenheit		
Allgemeine Hinweise		Flüchtige Bestandteile	%	
		Sulfatasche	%	

Zugversuch 23 °C   DIN 53455;

Probekörper: Form   Platte 1 mm
Zustand

Herstellung   Pressen
Vorbehandlung   Normalklima

Streckspannung	N/mm²	Dehnung bei Streckspannung	%	
Zugfestigkeit	N/mm²	Reißdehnung	%	360
Reißfestigkeit	N/mm² 17	% Dehnspannung	N/mm²	
E-Modul	N/mm²	Dehnung bei % Dehnspg.	%	

Kriechmoduln und Zeitstandwerte 23 °C

Probekörper: Form
Zustand

Herstellung
Vorbehandlung

Kriechmodul	1 min N/mm²	Zeitstandzugfestigkeit	h N/mm²
Kriechmodul	1000 h N/mm²	Zeitdehnspg. %	h N/mm²
bei Spannung	N/mm²		

Biegeversuch 23 °C

Probekörper: Form
Zustand

Herstellung
Vorbehandlung

Biegefestigkeit	N/mm²	E-Modul	N/mm²
3,5% Biegespannung	N/mm²		

Härte 23 °C

Probekörper: Zustand   Platte 6 mm

Herstellung   Pressen
Vorbehandlung   Normalklima

Kugeldruckhärte	N/mm² bei N, s	Shore-Härte A	80
Rockwellhärte		Shore-Härte D	

Schlagversuch

Probekörper: (1)
(2)
Zustand

Herstellung
Vorbehandlung

°C	°C	°C	Probekörper-Form

Schlagzähigkeit	kJ/m²
Kerbschlagzähigkeit (1)	kJ/m²
IZOD-Kerbschlagzähigkeit (2)	J/m
Kerbschlagzugzähigkeit	kJ/m²

Kunststoffe © Springer-Verlag Berlin Heidelberg 1988
Kopieren, Vervielfältigen und Speichern in Datenverarbeitungsanlagen (auch auszugsweise) ist nur mit schriftlicher Genehmigung des Verlages gestattet

Datenbank-Nr. **T00905** Merkblatt-Nr. **2228**

Abrieb und Reibung

Taber-Abrieb (Reibradverfahren)   mm³/100 U
Abriebfaktor LNP (Thrust washer) Vergleichswert
Statische Reibungszahl
Dynamische Reibungszahl   (p·v=   N/mm² ·   m/min)
Zulässiger p · v Wert   N/mm² · (m/min)   v=   m/min
                                                             v=   m/min

Thermische Eigenschaften

Formbeständigkeit in der Wärme   Verfahren   °C
                                       Verfahren   °C
Vicat Erweichungstemperatur (VST)   Verfahren   °C
                                       Verfahren   °C
Kristallit-Schmelzpunkt   Verfahren

Längenausdehnungskoeffizient   Bereich   °C $\cdot 10^{-4} K^{-1}$
                                       Temperatur $\cdot 10^{-4} K^{-1}$
Wärmeleitfähigkeit   Verfahren   W/(K · m)

Spezifische Wärmekapazität   Verfahren   J/(K · g)

Glasumwandlungstemperatur   Torsionsschwingungsversuch   °C
                                       Differentialkalorimetrie   °C

Brandverhalten

UL-Test vertikal   Dicke   mm, Wert
                 Dicke   mm, Wert

	Norm	Bewertung	Abmessungen
Sauerstoff-Index	ASTM D 2863		
Glühstab-Verfahren			
Brandverhalten	DIN 4102		
MVSS			
FAR			

Elektrische Eigenschaften

                                         Hz   °C   Probekörper, Form

Dielektrizitätszahl   50
                     10^3
                     10^6
Dielektrischer Verlustfaktor tan δ   50
                     10^3
                     10^6

Spezifischer Durchgangs-
    widerstand   Ohm · cm
Durchschlagfestigkeit   kV/mm   mm dick
Oberflächenwiderstand   Ohm

Kriechstromfestigkeit   KC   KB   KA
Kriechwegbildung

Elektrolytische Korrosionswirkung
Lichtbogenfestigkeit nach DIN
                 nach ASTM   s

Beständigkeit (Chemische Beständigkeit siehe Anhang)

Wasseraufnahme

Feuchtigkeitsaufnahme Normalklima   %
Wetterbeständigkeit

Spannungskorrosion

Optische Eigenschaften

Brechungszahl n_D
Transmissionsgrad τ_c %   mm dick
Lichtdurchlässigkeit

Datenbank-Nr.	**T00906**	Merkblatt-Nr. **2229**
Produkt	Weich-PVC-Extrusionsmasse	**PVC**
Handelsname	**Trosiplast 7016**	
Hersteller	HUELSTRO	
DIN-Bez 1	7749-PVC-P,EG,A80-35-X	Viskositätszahl ml/g
DIN-Bez 2		K-Wert
Zusätze		Füllstoffe/Verstärkung
Bevorzugte Verarbeitung	Extrudieren	Lieferform — Granulat
		Farben — Natur; Schwarz
Besondere Merkmale	Migrationsfest gemaess Vorschrift der Deutschen Bundespost; Cadmiumfrei; Kaeltebruchtemperatur -15 C	Bevorzugte Anwendungen — Kabel; Schlauch

Kornverteilung

Kornklasse µm	Rückstand %

Dichte g/cm³ 1.35
Schüttdichte g/cm³
Stampfdichte g/cm³
Rieselfähigkeit
Rieselzeit s/100 g
Kornbeschaffenheit

Allgemeine Hinweise

Flüchtige Bestandteile %
Sulfatasche %

Zugversuch 23 °C

DIN 53455;
Probekörper: Form — Platte 1 mm
Zustand
Herstellung — Pressen
Vorbehandlung — Normalklima

Streckspannung	N/mm²	Dehnung bei Streckspannung	%
Zugfestigkeit	N/mm²	Reißdehnung	% 280
Reißfestigkeit	N/mm² 20	% Dehnspannung	N/mm²
E-Modul	N/mm²	Dehnung bei % Dehnspg.	%

Kriechmoduln und Zeitstandwerte 23 °C

Probekörper: Form
Zustand
Herstellung
Vorbehandlung

Kriechmodul	1 min N/mm²	Zeitstandzugfestigkeit	h N/mm²
Kriechmodul	1000 h N/mm²	Zeitdehnspg. %	h N/mm²
bei Spannung	N/mm²		

Biegeversuch 23 °C

Probekörper: Form
Zustand
Herstellung
Vorbehandlung

Biegefestigkeit	N/mm²	E-Modul	N/mm²
3,5% Biegespannung	N/mm²		

Härte 23 °C

Probekörper: Zustand — Platte 6 mm
Herstellung — Pressen
Vorbehandlung — Normalklima

Kugeldruckhärte	N/mm²	bei N, s	Shore-Härte A 80
Rockwellhärte			Shore-Härte D

Schlagversuch

Probekörper: (1)
(2)
Zustand
Herstellung
Vorbehandlung

°C °C °C Probekörper-Form

Schlagzähigkeit	kJ/m²
Kerbschlagzähigkeit (1)	kJ/m²
IZOD-Kerbschlagzähigkeit (2)	J/m
Kerbschlagzugzähigkeit	kJ/m²

Kunststoffe © Springer-Verlag Berlin Heidelberg 1988
Kopieren, Vervielfältigen und Speichern in Datenverarbeitungsanlagen (auch auszugsweise) ist nur mit schriftlicher Genehmigung des Verlages gestattet

Datenbank-Nr. **T00906** Merkblatt-Nr. **2229**

Abrieb und Reibung

Taber-Abrieb (Reibradverfahren)	mm³/100 U	
Abriebfaktor LNP (Thrust washer) Vergleichswert		
Statische Reibungszahl		
Dynamische Reibungszahl	$(p \cdot v =$ N/mm² · m/min)	
Zulässiger $p \cdot v$ Wert	N/mm² · (m/min) $v =$ m/min	
	$v =$ m/min	

Thermische Eigenschaften

Formbeständigkeit in der Wärme	Verfahren	°C
	Verfahren	°C
Vicat Erweichungstemperatur (VST)	Verfahren	°C
	Verfahren	°C
Kristallit-Schmelzpunkt	Verfahren	
Längenausdehnungskoeffizient	Bereich °C	$\cdot 10^{-4} K^{-1}$
	Temperatur	$\cdot 10^{-4} K^{-1}$
Wärmeleitfähigkeit	Verfahren	W/(K·m)
Spezifische Wärmekapazität	Verfahren	J/(K·g)
Glasumwandlungstemperatur	Torsionsschwingungsversuch	°C
	Differentialkalorimetrie	°C

Brandverhalten

UL-Test vertikal	Dicke mm, Wert	
	Dicke mm, Wert	

	Norm	Bewertung	Abmessungen
Sauerstoff-Index	ASTM D 2863		
Glühstab-Verfahren			
Brandverhalten	DIN 4102		
MVSS			
FAR			

Elektrische Eigenschaften

	Hz	°C	Probekörper, Form
Dielektrizitätszahl	50		
	10³		
	10⁶		
Dielektrischer Verlustfaktor tan δ	50		
	10³		
	10⁶		
Spezifischer Durchgangswiderstand	Ohm · cm		
Durchschlagfestigkeit	kV/mm		mm dick
Oberflächenwiderstand	Ohm		
Kriechstromfestigkeit	KC KB KA		
Kriechwegbildung			
Elektrolytische Korrosionswirkung			
Lichtbogenfestigkeit nach DIN			
nach ASTM	s		

Beständigkeit (Chemische Beständigkeit siehe Anhang)

Wasseraufnahme

Feuchtigkeitsaufnahme Normalklima %
Wetterbeständigkeit

Spannungskorrosion

Optische Eigenschaften

Brechungszahl n_D
Transmissionsgrad τ_c %   mm dick
Lichtdurchlässigkeit

Datenbank-Nr.	**T02001**	Merkblatt-Nr. **2230**

PVC

Produkt	Weich-PVC-Extrusionsmasse
Handelsname	**Trosiplast 7083**
Hersteller	HUELSTRO
DIN-Bez 1	7749-PVC-P,KG,A82-25-X
DIN-Bez 2	
Zusätze	
Bevorzugte Verarbeitung	Extrudieren
Besondere Merkmale	Besonders kaeltestabil; Cadmiumfrei; Kaeltebruchtemperatur -45 C

Viskositätszahl ml/g	
K-Wert	
Füllstoffe/Verstärkung	
Lieferform	Granulat
Farben	Natur; Schwarz
Bevorzugte Anwendungen	Einsetzbar nach VDE 0207 YM 1,2

Kornverteilung

Kornklasse μm	Rückstand %

Dichte	g/cm^3	1.27
Schüttdichte	g/cm^3	
Stampfdichte	g/cm^3	
Rieselfähigkeit		
Rieselzeit	s/100 g	
Kornbeschaffenheit		
Flüchtige Bestandteile	%	
Sulfatasche	%	

Allgemeine Hinweise

Zugversuch 23 °C   DIN 53455;

Probekörper:	Form	Platte 1 mm	Herstellung	Pressen
	Zustand		Vorbehandlung	Normalklima

Streckspannung	N/mm^2	Dehnung bei Streckspannung	%	
Zugfestigkeit	N/mm^2	Reißdehnung	%	290
Reißfestigkeit	N/mm^2 20	% Dehnspannung	N/mm^2	
E-Modul	N/mm^2	Dehnung bei % Dehnspg.	%	

Kriechmoduln und Zeitstandwerte 23 °C

Probekörper:	Form	Herstellung
	Zustand	Vorbehandlung

Kriechmodul	1 min N/mm^2	Zeitstandzugfestigkeit	h N/mm^2
Kriechmodul	1000 h N/mm^2	Zeitdehnspg. %	h N/mm^2
bei Spannung	N/mm^2		

Biegeversuch 23 °C

Probekörper:	Form	Herstellung
	Zustand	Vorbehandlung

Biegefestigkeit	N/mm^2	E-Modul	N/mm^2
3,5% Biegespannung	N/mm^2		

Härte 23 °C

Probekörper:	Zustand	Platte 6 mm	Herstellung	Pressen
			Vorbehandlung	Normalklima

Kugeldruckhärte	N/mm^2	bei N, s	Shore-Härte A	82
Rockwellhärte			Shore-Härte D	

Schlagversuch

Probekörper:	(1)			Herstellung
	(2)			Vorbehandlung
	Zustand			
	°C	°C	°C	Probekörper-Form

Schlagzähigkeit	kJ/m^2
Kerbschlagzähigkeit (1)	kJ/m^2
IZOD-Kerbschlagzähigkeit (2)	J/m
Kerbschlagzugzähigkeit	kJ/m^2

Kunststoffe © Springer-Verlag Berlin Heidelberg 1988
Kopieren, Vervielfältigen und Speichern in Datenverarbeitungsanlagen (auch auszugsweise) ist nur mit schriftlicher Genehmigung des Verlages gestattet

Datenbank-Nr. **T02001** Merkblatt-Nr. **2230**

Abrieb und Reibung

Taber-Abrieb (Reibradverfahren)	mm³/100 U
Abriebfaktor LNP (Thrust washer) Vergleichswert	
Statische Reibungszahl	
Dynamische Reibungszahl	(p·v= N/mm² · m/min)
Zulässiger p · v Wert	N/mm² · (m/min) v = m/min
	v = m/min

Thermische Eigenschaften

Formbeständigkeit in der Wärme	Verfahren		°C
	Verfahren		°C
Vicat Erweichungstemperatur (VST)	Verfahren		°C
	Verfahren		°C
Kristallit-Schmelzpunkt	Verfahren		
Längenausdehnungskoeffizient	Bereich	°C	· $10^{-4} K^{-1}$
	Temperatur		· $10^{-4} K^{-1}$
Wärmeleitfähigkeit	Verfahren		W/(K · m)
Spezifische Wärmekapazität	Verfahren		J/(K · g)
Glasumwandlungstemperatur	Torsionsschwingungsversuch		°C
	Differentialkalorimetrie		°C

Brandverhalten

UL-Test vertikal		Dicke	mm, Wert	
		Dicke	mm, Wert	
	Norm	Bewertung		Abmessungen
Sauerstoff-Index	ASTM D 2863			
Glühstab-Verfahren				
Brandverhalten	DIN 4102			
MVSS				
FAR				

Elektrische Eigenschaften

	Hz	°C		Probekörper, Form
Dielektrizitätszahl	50			
	10^3			
	10^6			
Dielektrischer Verlustfaktor tan δ	50			
	10^3			
	10^6			
Spezifischer Durchgangs-widerstand	Ohm · cm			
Durchschlagfestigkeit	kV/mm			mm dick
Oberflächenwiderstand	Ohm			
Kriechstromfestigkeit		KC KB KA		
Kriechwegbildung				
Elektrolytische Korrosionswirkung				
Lichtbogenfestigkeit nach DIN				
nach ASTM	s			

Beständigkeit (Chemische Beständigkeit siehe Anhang)

Wasseraufnahme

Feuchtigkeitsaufnahme Normalklima   %
Wetterbeständigkeit

Spannungskorrosion

Optische Eigenschaften

Brechungszahl n_D			
Transmissionsgrad τ_c	%	mm dick	
Lichtdurchlässigkeit			

Datenbank-Nr. **T02002**		Merkblatt-Nr. **2231**

PVC

Produkt	Weich-PVC-Extrusionsmasse
Handelsname	**Trosiplast 7118**
Hersteller	HUELSTRO
DIN-Bez 1	7749-PVC-P,KG,A84-40-X
DIN-Bez 2	
Zusätze	

Viskositätszahl	ml/g		
K-Wert			
Füllstoffe/Verstärkung			

Bevorzugte Verarbeitung	Extrudieren	Lieferform	Granulat
		Farben	Natur; Schwarz
Besondere Merkmale	Besonders kaeltestabil; Cadmiumfrei; Flammwidrig nach VDE 0472; Oelbestaendig nach VDE 0472; Hohe elektrische Daempfung; Kaeltebruchtemperatur -20 C	Bevorzugte Anwendungen	Einsetzbar nach VDE 0207 YM 1,2; YJ 1,2; Koaxialkabel mit hoher Migrationsfestigkeit gegenueber der PE-Isolierung

Kornverteilung

Kornklasse µm	Rückstand %		
		Dichte g/cm³	1.38
		Schüttdichte g/cm³	
		Stampfdichte g/cm³	
		Rieselfähigkeit	
		Rieselzeit s/100 g	
		Kornbeschaffenheit	
Allgemeine Hinweise		Flüchtige Bestandteile %	
		Sulfatasche %	

Zugversuch 23 °C   DIN 53455;

Probekörper: Form Platte 1 mm   Herstellung Pressen
Zustand   Vorbehandlung Normalklima

Streckspannung	N/mm²	Dehnung bei Streckspannung	%
Zugfestigkeit	N/mm²	Reißdehnung	% 280
Reißfestigkeit	N/mm² 20	% Dehnspannung	N/mm²
E-Modul	N/mm²	Dehnung bei % Dehnspg.	%

Kriechmoduln und Zeitstandwerte 23 °C

Probekörper: Form   Herstellung
Zustand   Vorbehandlung

Kriechmodul	1 min N/mm²	Zeitstandzugfestigkeit	h N/mm²
Kriechmodul	1000 h N/mm²	Zeitdehnspg. %	h N/mm²
bei Spannung	N/mm²		

Biegeversuch 23 °C

Probekörper: Form   Herstellung
Zustand   Vorbehandlung

Biegefestigkeit	N/mm²	E-Modul	N/mm²
3,5% Biegespannung	N/mm²		

Härte 23 °C

Probekörper: Zustand Platte 6 mm   Herstellung Pressen
  Vorbehandlung Normalklima

Kugeldruckhärte	N/mm² bei N, s	Shore-Härte A	84
Rockwellhärte		Shore-Härte D	

Schlagversuch

Probekörper: (1)
(2)
Zustand
Herstellung
Vorbehandlung

°C   °C   °C   Probekörper-Form

Schlagzähigkeit	kJ/m²
Kerbschlagzähigkeit (1)	kJ/m²
IZOD-Kerbschlagzähigkeit (2)	J/m
Kerbschlagzugzähigkeit	kJ/m²

Kunststoffe © Springer-Verlag Berlin Heidelberg 1988
Kopieren, Vervielfältigen und Speichern in Datenverarbeitungsanlagen (auch auszugsweise) ist nur mit schriftlicher Genehmigung des Verlages gestattet

Datenbank-Nr. **T02002** *Merkblatt-Nr.* **2231**

Abrieb und Reibung

Taber-Abrieb (Reibradverfahren) mm^3/100 U
Abriebfaktor LNP (Thrust washer) Vergleichswert
Statische Reibungszahl
Dynamische Reibungszahl (p·v = N/mm^2 · m/min)
Zulässiger p·v Wert N/mm^2 · (m/min) v = m/min
 v = m/min

Thermische Eigenschaften

Formbeständigkeit in der Wärme Verfahren °C
 Verfahren °C
Vicat Erweichungstemperatur (VST) Verfahren °C
 Verfahren °C
Kristallit-Schmelzpunkt Verfahren

Längenausdehnungskoeffizient Bereich °C ·10^{-4}K^{-1}
 Temperatur ·10^{-4}K^{-1}
Wärmeleitfähigkeit Verfahren W/(K·m)

Spezifische Wärmekapazität Verfahren J/(K·g)

Glasumwandlungstemperatur Torsionsschwingungsversuch °C
 Differentialkalorimetrie °C

Brandverhalten

UL-Test vertikal Dicke mm, Wert
 Dicke mm, Wert

	Norm	Bewertung	Abmessungen
Sauerstoff-Index	ASTM D 2863		
Glühstab-Verfahren			
Brandverhalten	DIN 4102		
MVSS			
FAR			

Elektrische Eigenschaften

	Hz	°C		Probekörper, Form
Dielektrizitätszahl	50			
	10^3			
	10^6			
Dielektrischer Verlustfaktor tan δ	50			
	10^3			
	10^6			

Spezifischer Durchgangs-
 widerstand Ohm·cm
Durchschlagfestigkeit kV/mm mm dick
Oberflächenwiderstand Ohm

Kriechstromfestigkeit KC KB KA
Kriechwegbildung

Elektrolytische Korrosionswirkung
Lichtbogenfestigkeit nach DIN
 nach ASTM s

Beständigkeit *(Chemische Beständigkeit siehe Anhang)*

Wasseraufnahme

Feuchtigkeitsaufnahme Normalklima %
Wetterbeständigkeit

Spannungskorrosion

Optische Eigenschaften

Brechungszahl n$_D$
Transmissionsgrad τ$_c$ % mm dick
Lichtdurchlässigkeit

Datenbank-Nr.	**T02003**			Merkblatt-Nr. **2232**

PVC

Produkt	Weich-PVC-Extrusionsmasse
Handelsname	**Trosiplast 7510**
Hersteller	HUELSTRO
DIN-Bez 1	7749-PVC-P,KG,A86-35-X
DIN-Bez 2	
Zusätze	
Bevorzugte Verarbeitung	Extrudieren
Besondere Merkmale	Flammwidrig nach VDE 0472; Oelbestaendig nach VDE 0472; Hohe Benzinbestaendigkeit; Transparent; Kaeltebruchtemperatur -10 C

Viskositätszahl ml/g	
K-Wert	
Füllstoffe/Verstärkung	
Lieferform	Granulat
Farben	
Bevorzugte Anwendungen	Einsetzbar nach VDE 0207 YM 1,2

Kornverteilung

Kornklasse μm	Rückstand %

Dichte	g/cm³	1.33
Schüttdichte	g/cm³	
Stampfdichte	g/cm³	
Rieselfähigkeit		
Rieselzeit	s/100 g	
Kornbeschaffenheit		
Flüchtige Bestandteile	%	
Sulfatasche	%	

Allgemeine Hinweise

Zugversuch 23 °C   DIN 53455;

Probekörper:	Form	Platte 1 mm	Herstellung	Pressen
	Zustand		Vorbehandlung	Normalklima

Streckspannung	N/mm²	Dehnung bei Streckspannung	%	
Zugfestigkeit	N/mm²	Reißdehnung	%	280
Reißfestigkeit	N/mm² 22	% Dehnspannung	N/mm²	
E-Modul	N/mm²	Dehnung bei % Dehnspg.	%	

Kriechmoduln und Zeitstandwerte 23 °C

Probekörper:	Form	Herstellung
	Zustand	Vorbehandlung

Kriechmodul	1 min N/mm²	Zeitstandzugfestigkeit	h N/mm²
Kriechmodul	1000 h N/mm²	Zeitdehnspg. %	h N/mm²
bei Spannung	N/mm²		

Biegeversuch 23 °C

Probekörper:	Form	Herstellung
	Zustand	Vorbehandlung

Biegefestigkeit	N/mm²	E-Modul	N/mm²
3,5% Biegespannung	N/mm²		

Härte 23 °C

Probekörper:	Zustand	Platte 6 mm	Herstellung	Pressen
			Vorbehandlung	Normalklima

Kugeldruckhärte	N/mm²	bei N, s	Shore-Härte A	87
Rockwellhärte			Shore-Härte D	

Schlagversuch

Probekörper:	(1)		Herstellung	
	(2)		Vorbehandlung	
	Zustand			
	°C	°C	°C	Probekörper-Form

Schlagzähigkeit	kJ/m²
Kerbschlagzähigkeit (1)	kJ/m²
IZOD-Kerbschlagzähigkeit (2)	J/m
Kerbschlagzugzähigkeit	kJ/m²

Datenbank-Nr. **T02003** Merkblatt-Nr. **2232**

Abrieb und Reibung

Taber-Abrieb (Reibradverfahren) mm³/100 U
Abriebfaktor LNP (Thrust washer) Vergleichswert
Statische Reibungszahl
Dynamische Reibungszahl (p·v= N/mm² · m/min)
Zulässiger p·v Wert N/mm² · (m/min) v= m/min
   v= m/min

Thermische Eigenschaften

Formbeständigkeit in der Wärme Verfahren °C
   Verfahren °C
Vicat Erweichungstemperatur (VST) Verfahren °C
   Verfahren °C
Kristallit-Schmelzpunkt Verfahren

Längenausdehnungskoeffizient Bereich °C ·$10^{-4}K^{-1}$
   Temperatur ·$10^{-4}K^{-1}$
Wärmeleitfähigkeit Verfahren W/(K·m)

Spezifische Wärmekapazität Verfahren J/(K·g)

Glasumwandlungstemperatur Torsionsschwingungsversuch °C
   Differentialkalorimetrie °C

Brandverhalten

UL-Test vertikal Dicke mm, Wert
   Dicke mm, Wert

	Norm	Bewertung	Abmessungen
Sauerstoff-Index	ASTM D 2863		
Glühstab-Verfahren			
Brandverhalten	DIN 4102		
MVSS			
FAR			

Elektrische Eigenschaften

   Hz °C Probekörper, Form
Dielektrizitätszahl 50
   10^3
   10^6
Dielektrischer Verlustfaktor tan δ 50
   10^3
   10^6
Spezifischer Durchgangs-
   widerstand Ohm · cm
Durchschlagfestigkeit kV/mm   mm dick
Oberflächenwiderstand Ohm

Kriechstromfestigkeit   KC KB KA
Kriechwegbildung

Elektrolytische Korrosionswirkung
Lichtbogenfestigkeit nach DIN
   nach ASTM s

Beständigkeit (Chemische Beständigkeit siehe Anhang)

Wasseraufnahme

Feuchtigkeitsaufnahme Normalklima   %
Wetterbeständigkeit

Spannungskorrosion

Optische Eigenschaften

Brechungszahl n_D
Transmissionsgrad τ_c % mm dick
Lichtdurchlässigkeit

Datenbank-Nr.	**T02004**	Merkblatt-Nr. **2233**
Produkt	Weich-PVC-Extrusionsmasse	**PVC**
Handelsname	**Trosiplast 7602**	
Hersteller	HUELSTRO	
DIN-Bez 1	7749-PVC-P,KG,A86-25-X	Viskositätszahl ml/g
DIN-Bez 2		K-Wert
Zusätze		Füllstoffe/Verstärkung
Bevorzugte Verarbeitung	Extrudieren	Lieferform — Granulat
		Farben — Natur; Schwarz
Besondere Merkmale	Flammwidrig nach VDE 0472; Cadmiumfrei; Kaeltebruchtemperatur -20 C; Physiologisch unbedenklich	Bevorzugte Anwendungen — Einsetzbar nach VDE 0207 YM 1,2; Tube; Paste; Beschichtung

Kornverteilung

Kornklasse µm	Rückstand %

Dichte g/cm³ 1.27
Schüttdichte g/cm³
Stampfdichte g/cm³
Rieselfähigkeit
Rieselzeit s/100 g
Kornbeschaffenheit
Flüchtige Bestandteile %
Sulfatasche %

Allgemeine Hinweise

Zugversuch 23 °C DIN 53455;
Probekörper: Form — Platte 1 mm   Herstellung — Pressen
Zustand   Vorbehandlung — Normalklima

Streckspannung N/mm²   Dehnung bei Streckspannung %
Zugfestigkeit N/mm²   Reißdehnung % 260
Reißfestigkeit N/mm² 23   % Dehnspannung N/mm²
E-Modul N/mm²   Dehnung bei % Dehnspg. %

Kriechmoduln und Zeitstandwerte 23 °C
Probekörper: Form   Herstellung
Zustand   Vorbehandlung

Kriechmodul 1 min N/mm²   Zeitstandzugfestigkeit h N/mm²
Kriechmodul 1000 h N/mm²   Zeitdehnspg. % h N/mm²
bei Spannung N/mm²

Biegeversuch 23 °C
Probekörper: Form   Herstellung
Zustand   Vorbehandlung

Biegefestigkeit N/mm²   E-Modul N/mm²
3,5% Biegespannung N/mm²

Härte 23 °C Probekörper: Zustand — Platte 6 mm   Herstellung — Pressen
Vorbehandlung — Normalklima

Kugeldruckhärte N/mm² bei N, s   Shore-Härte A 87
Rockwellhärte   Shore-Härte D

Schlagversuch Probekörper: (1)
(2)   Herstellung
Zustand   Vorbehandlung
°C   °C   °C   Probekörper-Form

Schlagzähigkeit kJ/m²
Kerbschlagzähigkeit (1) kJ/m²
IZOD-Kerbschlagzähigkeit (2) J/m
Kerbschlagzugzähigkeit kJ/m²

Kunststoffe © Springer-Verlag Berlin Heidelberg 1988
Kopieren, Vervielfältigen und Speichern in Datenverarbeitungsanlagen (auch auszugsweise) ist nur mit schriftlicher Genehmigung des Verlages gestattet

Datenbank-Nr. **T02004** *Merkblatt-Nr.* **2233**

Abrieb und Reibung

Taber-Abrieb (Reibradverfahren)   mm³/100 U
Abriebfaktor LNP (Thrust washer) Vergleichswert
Statische Reibungszahl
Dynamische Reibungszahl $(p \cdot v =$ N/mm² ·   m/min)
Zulässiger p · v Wert   N/mm² · (m/min)   v =   m/min
                                                    v =   m/min

Thermische Eigenschaften

Formbeständigkeit in der Wärme   Verfahren   °C
    Verfahren   °C
Vicat Erweichungstemperatur (VST)   Verfahren   °C
    Verfahren   °C
Kristallit-Schmelzpunkt   Verfahren

Längenausdehnungskoeffizient   Bereich   °C   · $10^{-4} K^{-1}$
    Temperatur   · $10^{-4} K^{-1}$
Wärmeleitfähigkeit   Verfahren   W/(K · m)

Spezifische Wärmekapazität   Verfahren   J/(K · g)

Glasumwandlungstemperatur   Torsionsschwingungsversuch   °C
    Differentialkalorimetrie   °C

Brandverhalten

UL-Test vertikal   Dicke   mm, Wert
    Dicke   mm, Wert

       Norm   Bewertung   Abmessungen

Sauerstoff-Index   ASTM D 2863
Glühstab-Verfahren
Brandverhalten   DIN 4102
MVSS
FAR

Elektrische Eigenschaften

        Hz   °C   Probekörper, Form

Dielektrizitätszahl   50
    10^3
    10^6
Dielektrischer Verlustfaktor tan δ   50
    10^3
    10^6

Spezifischer Durchgangs-
    widerstand   Ohm · cm
Durchschlagfestigkeit   kV/mm   mm dick
Oberflächenwiderstand   Ohm

Kriechstromfestigkeit   KC   KB   KA
Kriechwegbildung

Elektrolytische Korrosionswirkung
Lichtbogenfestigkeit nach DIN
                nach ASTM   s

Beständigkeit (Chemische Beständigkeit siehe Anhang)

Wasseraufnahme

Feuchtigkeitsaufnahme Normalklima   %
Wetterbeständigkeit

Spannungskorrosion

Optische Eigenschaften

Brechungszahl n_D
Transmissionsgrad τ_c %   mm dick
Lichtdurchlässigkeit

Datenbank-Nr.	**T02005**	*Merkblatt-Nr.* **2234**

PVC

Produkt	Weich-PVC-Extrusionsmasse
Handelsname	**Trosiplast 7084**
Hersteller	HUELSTRO
DIN-Bez 1	7749-PVC-P,KG,A90-30-X
DIN-Bez 2	
Zusätze	
Bevorzugte Verarbeitung	Extrudieren
Besondere Merkmale	Besonders kaeltestabil; Cadmiumfrei; Kaeltebruchtemperatur -35 C

Viskositätszahl ml/g	
K-Wert	
Füllstoffe/Verstärkung	
Lieferform	Granulat
Farben	Natur; Schwarz
Bevorzugte Anwendungen	Einsetzbar nach VDE 0207 YJ 1,2

Kornverteilung

Kornklasse μm	*Rückstand* %

Dichte	g/cm³	1.28
Schüttdichte	g/cm³	
Stampfdichte	g/cm³	
Rieselfähigkeit		
Rieselzeit	s/100 g	
Kornbeschaffenheit		
Flüchtige Bestandteile	%	
Sulfatasche	%	

Allgemeine Hinweise

Zugversuch 23 °C   DIN 53455;

Probekörper:	Form	Platte 1 mm	*Herstellung*	Pressen	
	Zustand		*Vorbehandlung*	Normalklima	
Streckspannung	N/mm²		*Dehnung bei Streckspannung*	%	
Zugfestigkeit	N/mm²		*Reißdehnung*	%	280
Reißfestigkeit	N/mm²	24	*% Dehnspannung*	N/mm²	
E-Modul	N/mm²		*Dehnung bei % Dehnspg.*	%	

Kriechmoduln und Zeitstandwerte 23 °C

Probekörper:	Form	*Herstellung*
	Zustand	*Vorbehandlung*
Kriechmodul	1 min N/mm²	*Zeitstandzugfestigkeit* h N/mm²
Kriechmodul	1000 h N/mm²	*Zeitdehnspg.* % h N/mm²
bei Spannung	N/mm²	

Biegeversuch 23 °C

Probekörper:	Form	*Herstellung*
	Zustand	*Vorbehandlung*
Biegefestigkeit	N/mm²	*E-Modul* N/mm²
3,5% Biegespannung	N/mm²	

Härte 23 °C

Probekörper:	Zustand	Platte 6 mm	*Herstellung*	Pressen
			Vorbehandlung	Normalklima
Kugeldruckhärte	N/mm²	bei N, s	*Shore-Härte* A	90
Rockwellhärte			*Shore-Härte* D	

Schlagversuch

Probekörper:	(1)	
	(2)	*Herstellung*
	Zustand	*Vorbehandlung*
	°C °C °C	*Probekörper-Form*

Schlagzähigkeit	kJ/m²
Kerbschlagzähigkeit (1)	kJ/m²
IZOD-Kerbschlagzähigkeit (2)	J/m
Kerbschlagzugzähigkeit	kJ/m²

Kunststoffe © Springer-Verlag Berlin Heidelberg 1988
Kopieren, Vervielfältigen und Speichern in Datenverarbeitungsanlagen (auch auszugsweise) ist nur mit schriftlicher Genehmigung des Verlages gestattet

Datenbank-Nr. **T02005** *Merkblatt-Nr.* **2234**

Abrieb und Reibung

Taber-Abrieb (Reibradverfahren)	mm³/100 U	
Abriebfaktor LNP (Thrust washer) Vergleichswert		
Statische Reibungszahl		
Dynamische Reibungszahl	(p·v= N/mm² ·	m/min)
Zulässiger p · v Wert	N/mm² · (m/min) v =	m/min
	v =	m/min

Thermische Eigenschaften

Formbeständigkeit in der Wärme	Verfahren		°C
	Verfahren		°C
Vicat Erweichungstemperatur (VST)	Verfahren		°C
	Verfahren		°C
Kristallit-Schmelzpunkt	Verfahren		
Längenausdehnungskoeffizient	Bereich °C		$\cdot 10^{-4} K^{-1}$
	Temperatur		$\cdot 10^{-4} K^{-1}$
Wärmeleitfähigkeit	Verfahren		W/(K·m)
Spezifische Wärmekapazität	Verfahren		J/(K·g)
Glasumwandlungstemperatur	Torsionsschwingungsversuch	°C	
	Differentialkalorimetrie	°C	

Brandverhalten

UL-Test vertikal Dicke mm, Wert
 Dicke mm, Wert

	Norm	Bewertung	Abmessungen
Sauerstoff-Index	ASTM D 2863		
Glühstab-Verfahren			
Brandverhalten	DIN 4102		
MVSS			
FAR			

Elektrische Eigenschaften

	Hz	°C			Probekörper, Form
Dielektrizitätszahl	50				
	10³				
	10⁶				
Dielektrischer Verlustfaktor tan δ	50				
	10³				
	10⁶				
Spezifischer Durchgangs- widerstand	Ohm · cm				
Durchschlagfestigkeit	kV/mm				mm dick
Oberflächenwiderstand	Ohm				
Kriechstromfestigkeit Kriechwegbildung		KC	KB	KA	

Elektrolytische Korrosionswirkung
Lichtbogenfestigkeit nach DIN
 nach ASTM s

Beständigkeit *(Chemische Beständigkeit siehe Anhang)*

Wasseraufnahme

Feuchtigkeitsaufnahme Normalklima %
Wetterbeständigkeit

Spannungskorrosion

Optische Eigenschaften

Brechungszahl n_D
Transmissionsgrad τ_c % mm dick
Lichtdurchlässigkeit

Datenbank-Nr.	**T02006**			Merkblatt-Nr. **2235**
Produkt	Weich-PVC-Extrusionsmasse			**PVC**
Handelsname	**Trosiplast 7103**			
Hersteller	HUELSTRO			
DIN-Bez 1	7749-PVC-P,KG,A92-40-X		Viskositätszahl ml/g	
DIN-Bez 2			K-Wert	
Zusätze			Füllstoffe/Verstärkung	
Bevorzugte Verarbeitung	Extrudieren		Lieferform	Granulat
			Farben	Natur; Schwarz
Besondere Merkmale	Flammwidrig nach VDE 0472; Besonders lichtbestaendig; Cadmiumfrei; Kaeltebruchtemperatur -5 C		Bevorzugte Anwendungen	

Kornverteilung

Kornklasse µm	Rückstand %	Dichte	g/cm³	1.38
		Schüttdichte	g/cm³	
		Stampfdichte	g/cm³	
		Rieselfähigkeit		
		Rieselzeit	s/100 g	
		Kornbeschaffenheit		
Allgemeine Hinweise		Flüchtige Bestandteile	%	
		Sulfatasche	%	

Zugversuch 23 °C DIN 53455;

	Probekörper:	Form	Platte 1 mm	Herstellung	Pressen
		Zustand		Vorbehandlung	Normalklima
Streckspannung	N/mm²			Dehnung bei Streckspannung	%
Zugfestigkeit	N/mm²			Reißdehnung	% 240
Reißfestigkeit	N/mm² 24			% Dehnspannung	N/mm²
E-Modul	N/mm²			Dehnung bei % Dehnspg.	%

Kriechmoduln und Zeitstandwerte 23 °C

	Probekörper:	Form		Herstellung	
		Zustand		Vorbehandlung	
Kriechmodul	1 min N/mm²			Zeitstandzugfestigkeit	h N/mm²
Kriechmodul	1000 h N/mm²			Zeitdehnspg. %	h N/mm²
bei Spannung	N/mm²				

Biegeversuch 23 °C

	Probekörper:	Form		Herstellung	
		Zustand		Vorbehandlung	
Biegefestigkeit	N/mm²		E-Modul		N/mm²
3,5% Biegespannung	N/mm²				

Härte 23 °C

	Probekörper:	Zustand	Platte 6 mm	Herstellung	Pressen
				Vorbehandlung	Normalklima
Kugeldruckhärte	N/mm²	bei	N, s	Shore-Härte A	92
Rockwellhärte				Shore-Härte D	

Schlagversuch

	Probekörper:	(1)			
		(2)		Herstellung	
		Zustand		Vorbehandlung	
		°C	°C	°C	Probekörper-Form
Schlagzähigkeit	kJ/m²				
Kerbschlagzähigkeit (1)	kJ/m²				
IZOD-Kerbschlagzähigkeit (2)	J/m				
Kerbschlagzugzähigkeit	kJ/m²				

Kunststoffe © Springer-Verlag Berlin Heidelberg 1988
Kopieren, Vervielfältigen und Speichern in Datenverarbeitungsanlagen (auch auszugsweise) ist nur mit schriftlicher Genehmigung des Verlages gestattet

Datenbank-Nr. **T02006**　　　　　　　　　　　　　　　　　　　　　　　　　　　　　　　　　*Merkblatt-Nr.* **2235**

Abrieb und Reibung

Taber-Abrieb (Reibradverfahren)	mm³/100 U	
Abriebfaktor LNP (Thrust washer) Vergleichswert		
Statische Reibungszahl		
Dynamische Reibungszahl	(p·v =　　N/mm² · 　　m/min)	
Zulässiger p·v Wert	N/mm² · (m/min)　v = 　m/min	
	v = 　m/min	

Thermische Eigenschaften

Formbeständigkeit in der Wärme	Verfahren	°C
	Verfahren	°C
Vicat Erweichungstemperatur (VST)	Verfahren	°C
	Verfahren	°C
Kristallit-Schmelzpunkt	Verfahren	
Längenausdehnungskoeffizient	Bereich　　°C	·10⁻⁴ K⁻¹
	Temperatur	·10⁻⁴ K⁻¹
Wärmeleitfähigkeit	Verfahren	W/(K·m)
Spezifische Wärmekapazität	Verfahren	J/(K·g)
Glasumwandlungstemperatur	Torsionsschwingungsversuch	°C
	Differentialkalorimetrie	°C

Brandverhalten

UL-Test vertikal　　　　Dicke　mm, Wert
　　　　　　　　　　　　Dicke　mm, Wert

	Norm	Bewertung	Abmessungen
Sauerstoff-Index	ASTM D 2863		
Glühstab-Verfahren			
Brandverhalten	DIN 4102		
MVSS			
FAR			

Elektrische Eigenschaften

	Hz	°C	Probekörper, Form
Dielektrizitätszahl	50		
	10³		
	10⁶		
Dielektrischer Verlustfaktor tan δ	50		
	10³		
	10⁶		
Spezifischer Durchgangs-widerstand	Ohm·cm		
Durchschlagfestigkeit	kV/mm		mm dick
Oberflächenwiderstand	Ohm		
Kriechstromfestigkeit	KC　　KB　　KA		
Kriechwegbildung			

Elektrolytische Korrosionswirkung
Lichtbogenfestigkeit nach DIN
　　　　　　nach ASTM　　s

Beständigkeit *(Chemische Beständigkeit siehe Anhang)*

Wasseraufnahme

Feuchtigkeitsaufnahme Normalklima　　　　　　　　　　　　　　　　%
Wetterbeständigkeit

Spannungskorrosion

Optische Eigenschaften

Brechungszahl n_D
Transmissionsgrad τ_c　%　　　　　　mm dick
Lichtdurchlässigkeit

Datenbank-Nr.	**T02007**	*Merkblatt-Nr.* **2236**

Produkt	Weich-PVC-Extrusionsmasse
Handelsname	**Trosiplast 7017**
Hersteller	HUELSTRO

PVC

DIN-Bez 1	7749-PVC-P,KG,A94-35-X	*Viskositätszahl* ml/g	
DIN-Bez 2		*K-Wert*	
Zusätze		*Füllstoffe/ Verstärkung*	
Bevorzugte Verarbeitung	Extrudieren	*Lieferform*	Granulat
		Farben	Natur; Schwarz
Besondere Merkmale	Flammwidrig nach VDE 0472; Besonders lichtbestaendig; Cadmiumfrei; Kaeltebruchtemperatur -10 C	*Bevorzugte Anwendungen*	

Kornverteilung

Kornklasse µm	*Rückstand* %		
		Dichte g/cm³	1.33
		Schüttdichte g/cm³	
		Stampfdichte g/cm³	
		Rieselfähigkeit	
		Rieselzeit s/100 g	
		Kornbeschaffenheit	
Allgemeine Hinweise		*Flüchtige Bestandteile* %	
		Sulfatasche %	

Zugversuch 23 °C DIN 53455;

	Probekörper:	*Form*	Platte 1 mm	*Herstellung*	Pressen
		Zustand		*Vorbehandlung*	Normalklima

Streckspannung	N/mm²	*Dehnung bei Streckspannung*	%
Zugfestigkeit	N/mm²	*Reißdehnung*	% 250
Reißfestigkeit	N/mm² 26	% *Dehnspannung*	N/mm²
E-Modul	N/mm²	*Dehnung bei* % *Dehnspg.*	%

Kriechmoduln und Zeitstandwerte 23 °C

	Probekörper:	*Form*	*Herstellung*	
		Zustand	*Vorbehandlung*	

Kriechmodul	1 min N/mm²	*Zeitstandzugfestigkeit*	h N/mm²
Kriechmodul	1000 h N/mm²	*Zeitdehnspg.* %	h N/mm²
bei Spannung	N/mm²		

Biegeversuch 23 °C

	Probekörper:	*Form*	*Herstellung*
		Zustand	*Vorbehandlung*

Biegefestigkeit	N/mm²	*E-Modul*	N/mm²
3,5% Biegespannung	N/mm²		

Härte 23 °C

	Probekörper:	*Zustand*	Platte 6 mm	*Herstellung*	Pressen
				Vorbehandlung	Normalklima

Kugeldruckhärte	N/mm²	bei	N, s	*Shore-Härte* A 94
Rockwellhärte				*Shore-Härte* D

Schlagversuch

	Probekörper:	(1)			
		(2)		*Herstellung*	
		Zustand		*Vorbehandlung*	
		°C	°C	°C	*Probekörper-Form*

Schlagzähigkeit	kJ/m²
Kerbschlagzähigkeit (1)	kJ/m²
IZOD-Kerbschlagzähigkeit (2)	J/m
Kerbschlagzugzähigkeit	kJ/m²

Datenbank-Nr. **T02007** *Merkblatt-Nr.* **2236**

Abrieb und Reibung

Taber-Abrieb (Reibradverfahren)		mm³/100 U
Abriebfaktor LNP (Thrust washer) Vergleichswert		
Statische Reibungszahl		
Dynamische Reibungszahl		$(p \cdot v =$ N/mm² · m/min)
Zulässiger $p \cdot v$ Wert		N/mm² · (m/min) $v =$ m/min
		$v =$ m/min

Thermische Eigenschaften

Formbeständigkeit in der Wärme	Verfahren	°C
	Verfahren	°C
Vicat Erweichungstemperatur (VST)	Verfahren	°C
	Verfahren	°C
Kristallit-Schmelzpunkt	Verfahren	
Längenausdehnungskoeffizient	Bereich °C	$\cdot 10^{-4} K^{-1}$
	Temperatur	$\cdot 10^{-4} K^{-1}$
Wärmeleitfähigkeit	Verfahren	W/(K · m)
Spezifische Wärmekapazität	Verfahren	J/(K · g)
Glasumwandlungstemperatur	Torsionsschwingungsversuch	°C
	Differentialkalorimetrie	°C

Brandverhalten

UL-Test vertikal Dicke mm, Wert
  Dicke mm, Wert

	Norm	Bewertung	Abmessungen
Sauerstoff-Index	ASTM D 2863		
Glühstab-Verfahren			
Brandverhalten	DIN 4102		
MVSS			
FAR			

Elektrische Eigenschaften

	Hz	°C	Probekörper, Form
Dielektrizitätszahl	50		
	10³		
	10⁶		
Dielektrischer Verlustfaktor tan δ	50		
	10³		
	10⁶		

Spezifischer Durchgangswiderstand	Ohm · cm	
Durchschlagfestigkeit	kV/mm	mm dick
Oberflächenwiderstand	Ohm	
Kriechstromfestigkeit	KC KB KA	
Kriechwegbildung		
Elektrolytische Korrosionswirkung		
Lichtbogenfestigkeit nach DIN		
nach ASTM	s	

Beständigkeit *(Chemische Beständigkeit siehe Anhang)*

Wasseraufnahme

Feuchtigkeitsaufnahme Normalklima %
Wetterbeständigkeit

Spannungskorrosion

Optische Eigenschaften

Brechungszahl n_D
Transmissionsgrad τ_c % mm dick
Lichtdurchlässigkeit

Datenbank-Nr.	**T02008**	Merkblatt-Nr. **2237**

PVC

Produkt	Weich-PVC-Extrusionsmasse
Handelsname	**Trosiplast 7561**
Hersteller	HUELSTRO
DIN-Bez 1	
DIN-Bez 2	
Zusätze	
Bevorzugte Verarbeitung	Extrudieren
Besondere Merkmale	Flammwidrig nach VDE 0472; Besonders niedrige Fluechtigkeit in der Waerme; Transparent in der Waerme; Kaeltebruchtemperatur -15 C

Viskositätszahl ml/g	
K-Wert	
Füllstoffe/Verstärkung	
Lieferform	Granulat
Farben	
Bevorzugte Anwendungen	

Kornverteilung

Kornklasse μm	Rückstand %	Dichte	g/cm³	1.29
		Schüttdichte	g/cm³	
		Stampfdichte	g/cm³	
		Rieselfähigkeit		
		Rieselzeit	s/100 g	
		Kornbeschaffenheit		
Allgemeine Hinweise		Flüchtige Bestandteile	%	
		Sulfatasche	%	

Zugversuch 23 °C DIN 53455;

	Probekörper:	Form	Platte 1 mm	Herstellung Pressen
		Zustand		Vorbehandlung Normalklima
Streckspannung	N/mm²		Dehnung bei Streckspannung	%
Zugfestigkeit	N/mm²		Reißdehnung	% 250
Reißfestigkeit	N/mm² 26		% Dehnspannung	N/mm²
E-Modul	N/mm²		Dehnung bei % Dehnspg.	%

Kriechmoduln und Zeitstandwerte 23 °C

	Probekörper:	Form		Herstellung
		Zustand		Vorbehandlung
Kriechmodul	1 min N/mm²		Zeitstandzugfestigkeit	h N/mm²
Kriechmodul	1000 h N/mm²		Zeitdehnspg. %	h N/mm²
bei Spannung	N/mm²			

Biegeversuch 23 °C

	Probekörper:	Form		Herstellung
		Zustand		Vorbehandlung
Biegefestigkeit	N/mm²		E-Modul	N/mm²
3,5% Biegespannung	N/mm²			

Härte 23 °C

	Probekörper:	Zustand	Platte 6 mm	Herstellung Pressen
				Vorbehandlung Normalklima
Kugeldruckhärte	N/mm²	bei N, s	Shore-Härte A	94
Rockwellhärte			Shore-Härte D	

Schlagversuch

	Probekörper:	(1)		
		(2)		Herstellung
		Zustand		Vorbehandlung
		°C	°C °C	Probekörper-Form
Schlagzähigkeit	kJ/m²			
Kerbschlagzähigkeit (1)	kJ/m²			
IZOD-Kerbschlagzähigkeit (2)	J/m			
Kerbschlagzugzähigkeit	kJ/m²			

Kunststoffe © Springer-Verlag Berlin Heidelberg 1988
Kopieren, Vervielfältigen und Speichern in Datenverarbeitungsanlagen (auch auszugsweise) ist nur mit schriftlicher Genehmigung des Verlages gestattet

Datenbank-Nr. **T02008** *Merkblatt-Nr.* **2237**

Abrieb und Reibung

Taber-Abrieb (Reibradverfahren)   mm³/100 U
Abriebfaktor LNP (Thrust washer) Vergleichswert
Statische Reibungszahl
Dynamische Reibungszahl   (p·v=   N/mm² ·   m/min)
Zulässiger p·v Wert   N/mm² · (m/min)   v=   m/min
                                                          v=   m/min

Thermische Eigenschaften

Formbeständigkeit in der Wärme   Verfahren   °C
                                  Verfahren   °C
Vicat Erweichungstemperatur (VST)   Verfahren   °C
                                  Verfahren   °C
Kristallit-Schmelzpunkt   Verfahren

Längenausdehnungskoeffizient   Bereich   °C $\cdot 10^{-4} K^{-1}$
                                  Temperatur $\cdot 10^{-4} K^{-1}$
Wärmeleitfähigkeit   Verfahren   W/(K·m)

Spezifische Wärmekapazität   Verfahren   J/(K·g)

Glasumwandlungstemperatur   Torsionsschwingungsversuch   °C
                                  Differentialkalorimetrie   °C

Brandverhalten

UL-Test vertikal   Dicke   mm, Wert
                    Dicke   mm, Wert

	Norm	Bewertung	Abmessungen
Sauerstoff-Index	ASTM D 2863		
Glühstab-Verfahren			
Brandverhalten	DIN 4102		
MVSS			
FAR			

Elektrische Eigenschaften

	Hz	°C		Probekörper, Form
Dielektrizitätszahl	50			
	10³			
	10⁶			
Dielektrischer Verlustfaktor tan δ	50			
	10³			
	10⁶			

Spezifischer Durchgangs-
  widerstand   Ohm·cm
Durchschlagfestigkeit   kV/mm   mm dick
Oberflächenwiderstand   Ohm

Kriechstromfestigkeit   KC   KB   KA
Kriechwegbildung

Elektrolytische Korrosionswirkung
Lichtbogenfestigkeit nach DIN
         nach ASTM   s

Beständigkeit *(Chemische Beständigkeit siehe Anhang)*

Wasseraufnahme

Feuchtigkeitsaufnahme Normalklima   %
Wetterbeständigkeit

Spannungskorrosion

Optische Eigenschaften

Brechungszahl n_D
Transmissionsgrad τ_c %   mm dick
Lichtdurchlässigkeit

Datenbank-Nr.	**T02009**	Merkblatt-Nr. **2238**

PVC

Produkt	Weich-PVC-Extrusionsmasse
Handelsname	**Trosiplast 7128**
Hersteller	HUELSTRO
DIN-Bez 1	7749-PVC-P,KG,A94-45-X
DIN-Bez 2	
Zusätze	

		Viskositätszahl ml/g	
		K-Wert	
		Füllstoffe/Verstärkung	
Bevorzugte Verarbeitung	Extrudieren	Lieferform	Granulat
		Farben	Natur; Schwarz
Besondere Merkmale	Erhoeht flammwidrig; Besonders niedrige Fluechtigkeit; UL 105 C; Cadmiumfrei; Kaeltebruchtemperatur -10 C; Erhoeht waermebestaendig	Bevorzugte Anwendungen	Einsetzbar nach VDE 0207 YJ 1,2,4,5,7

Kornverteilung

Kornklasse μm	Rückstand %

Dichte	g/cm³	1.45
Schüttdichte	g/cm³	
Stampfdichte	g/cm³	
Rieselfähigkeit		
Rieselzeit	s/100 g	
Kornbeschaffenheit		
Flüchtige Bestandteile	%	
Sulfatasche	%	

Allgemeine Hinweise

Zugversuch 23 °C DIN 53455;

Probekörper:	Form	Platte 1 mm	Herstellung	Pressen
	Zustand		Vorbehandlung	Normalklima

Streckspannung	N/mm²	Dehnung bei Streckspannung	%	
Zugfestigkeit	N/mm²	Reißdehnung	%	260
Reißfestigkeit	N/mm² 26	% Dehnspannung	N/mm²	
E-Modul	N/mm²	Dehnung bei % Dehnspg.	%	

Kriechmoduln und Zeitstandwerte 23 °C

Probekörper:	Form	Herstellung
	Zustand	Vorbehandlung

Kriechmodul	1 min N/mm²	Zeitstandzugfestigkeit	h N/mm²
Kriechmodul	1000 h N/mm²	Zeitdehnspg. %	h N/mm²
bei Spannung	N/mm²		

Biegeversuch 23 °C

Probekörper:	Form	Herstellung
	Zustand	Vorbehandlung

Biegefestigkeit	N/mm²	E-Modul	N/mm²
3,5% Biegespannung	N/mm²		

Härte 23 °C

Probekörper:	Zustand	Platte 6 mm	Herstellung	Pressen
			Vorbehandlung	Normalklima

Kugeldruckhärte	N/mm²	bei	N, s	Shore-Härte A	95
Rockwellhärte				Shore-Härte D	

Schlagversuch

Probekörper:	(1)			
	(2)		Herstellung	
	Zustand		Vorbehandlung	
	°C	°C	°C	Probekörper-Form

Schlagzähigkeit	kJ/m²
Kerbschlagzähigkeit (1)	kJ/m²
IZOD-Kerbschlagzähigkeit (2)	J/m
Kerbschlagzugzähigkeit	kJ/m²

Datenbank-Nr. **T02009** *Merkblatt-Nr.* **2238**

Abrieb und Reibung

Taber-Abrieb (Reibradverfahren)	mm³/100 U	
Abriebfaktor LNP (Thrust washer) Vergleichswert		
Statische Reibungszahl		
Dynamische Reibungszahl	(p·v= N/mm² ·	m/min)
Zulässiger p · v Wert	N/mm² · (m/min)	v = m/min
		v = m/min

Thermische Eigenschaften

Formbeständigkeit in der Wärme	Verfahren	°C
	Verfahren	°C
Vicat Erweichungstemperatur (VST)	Verfahren	°C
	Verfahren	°C
Kristallit-Schmelzpunkt	Verfahren	
Längenausdehnungskoeffizient	Bereich °C	· 10⁻⁴K⁻¹
	Temperatur	· 10⁻⁴K⁻¹
Wärmeleitfähigkeit	Verfahren	W/(K · m)
Spezifische Wärmekapazität	Verfahren	J/(K · g)
Glasumwandlungstemperatur	Torsionsschwingungsversuch	°C
	Differentialkalorimetrie	°C

Brandverhalten

UL-Test vertikal   Dicke mm, Wert
                 Dicke mm, Wert

	Norm	Bewertung	Abmessungen
Sauerstoff-Index	ASTM D 2863		
Glühstab-Verfahren			
Brandverhalten	DIN 4102		
MVSS			
FAR			

Elektrische Eigenschaften

	Hz	°C	Probekörper, Form
Dielektrizitätszahl	50		
	10³		
	10⁶		
Dielektrischer Verlustfaktor tan δ	50		
	10³		
	10⁶		

Spezifischer Durchgangswiderstand	Ohm · cm	
Durchschlagfestigkeit	kV/mm	
Oberflächenwiderstand	Ohm	mm dick
Kriechstromfestigkeit	KC KB KA	
Kriechwegbildung		

Elektrolytische Korrosionswirkung
Lichtbogenfestigkeit nach DIN
          nach ASTM   s

Beständigkeit *(Chemische Beständigkeit siehe Anhang)*

Wasseraufnahme

Feuchtigkeitsaufnahme Normalklima
Wetterbeständigkeit   %

Spannungskorrosion

Optische Eigenschaften

Brechungszahl n_D
Transmissionsgrad τ_c %   mm dick
Lichtdurchlässigkeit

Datenbank-Nr.	**T02010**		Merkblatt-Nr.	**2239**

PVC

Produkt	Weich-PVC-Extrusionsmasse
Handelsname	**Trosiplast 7020**
Hersteller	HUELSTRO
DIN-Bez 1	7749-PVC-P,KG,A94-30-X
DIN-Bez 2	
Zusätze	

		Viskositätszahl ml/g	
		K-Wert	
		Füllstoffe/Verstärkung	
Bevorzugte Verarbeitung	Extrudieren	Lieferform	Granulat
		Farben	Natur; Schwarz
Besondere Merkmale	Erhoeht flammwidrig; Cadmiumfrei; Kaeltebruchtemperatur -10 C	Bevorzugte Anwendungen	Einsetzbar nach VDE 0207 YJ 1,2,4

Kornverteilung

Kornklasse µm	Rückstand %			
		Dichte	g/cm³	1.32
		Schüttdichte	g/cm³	
		Stampfdichte	g/cm³	
		Rieselfähigkeit		
		Rieselzeit	s/100 g	
		Kornbeschaffenheit		
Allgemeine Hinweise		Flüchtige Bestandteile	%	
		Sulfatasche	%	

Zugversuch 23 °C   DIN 53455;

	Probekörper:	Form	Platte 1 mm	Herstellung	Pressen
		Zustand		Vorbehandlung	Normalklima
Streckspannung	N/mm²			Dehnung bei Streckspannung	%
Zugfestigkeit	N/mm²			Reißdehnung	% 240
Reißfestigkeit	N/mm² 26			% Dehnspannung	N/mm²
E-Modul	N/mm²			Dehnung bei % Dehnspg.	%

Kriechmoduln und Zeitstandwerte 23 °C

	Probekörper:	Form		Herstellung	
		Zustand		Vorbehandlung	
Kriechmodul	1 min N/mm²			Zeitstandzugfestigkeit	h N/mm²
Kriechmodul	1000 h N/mm²			Zeitdehnspg. %	h N/mm²
bei Spannung	N/mm²				

Biegeversuch 23 °C

	Probekörper:	Form		Herstellung	
		Zustand		Vorbehandlung	
Biegefestigkeit	N/mm² 240		E-Modul	N/mm² 5000
3,5% Biegespannung	N/mm²			

Härte 23 °C

	Probekörper:	Zustand	Platte 6 mm	Herstellung	Pressen
				Vorbehandlung	Normalklima
Kugeldruckhärte	N/mm²	bei	N, s	Shore-Härte A	95
Rockwellhärte				Shore-Härte D	

Schlagversuch

	Probekörper:	(1)			
		(2)		Herstellung	
		Zustand		Vorbehandlung	
		°C	°C	°C	Probekörper-Form
Schlagzähigkeit	kJ/m²				
Kerbschlagzähigkeit (1)	kJ/m²				
IZOD-Kerbschlagzähigkeit (2)	J/m				
Kerbschlagzugzähigkeit	kJ/m²				

Kunststoffe © Springer-Verlag Berlin Heidelberg 1988
Kopieren, Vervielfältigen und Speichern in Datenverarbeitungsanlagen (auch auszugsweise) ist nur mit schriftlicher Genehmigung des Verlages gestattet

Datenbank-Nr. **T02010** *Merkblatt-Nr.* **2239**

Abrieb und Reibung

Taber-Abrieb (Reibradverfahren)		mm³/100 U
Abriebfaktor LNP (Thrust washer) Vergleichswert		
Statische Reibungszahl		
Dynamische Reibungszahl	($p \cdot v =$	N/mm² · m/min)
Zulässiger p · v Wert	N/mm² · (m/min)	$v =$ m/min
		$v =$ m/min

Thermische Eigenschaften

Formbeständigkeit in der Wärme	Verfahren		°C
	Verfahren		°C
Vicat Erweichungstemperatur (VST)	Verfahren		°C
	Verfahren		°C
Kristallit-Schmelzpunkt	Verfahren		
Längenausdehnungskoeffizient	Bereich	°C	$\cdot 10^{-4} K^{-1}$
	Temperatur		$\cdot 10^{-4} K^{-1}$
Wärmeleitfähigkeit	Verfahren		W/(K · m)
Spezifische Wärmekapazität	Verfahren		J/(K · g)
Glasumwandlungstemperatur	Torsionsschwingungsversuch	°C	
	Differentialkalorimetrie	°C	

Brandverhalten

UL-Test vertikal   Dicke mm, Wert
  Dicke mm, Wert

	Norm	Bewertung	Abmessungen
Sauerstoff-Index	ASTM D 2863		
Glühstab-Verfahren			
Brandverhalten	DIN 4102		
MVSS			
FAR			

Elektrische Eigenschaften

	Hz	°C	Probekörper, Form
Dielektrizitätszahl	50		
	10³		
	10⁶		
Dielektrischer Verlustfaktor tan δ	50		
	10³		
	10⁶		

Spezifischer Durchgangs-widerstand	Ohm · cm	
Durchschlagfestigkeit	kV/mm	mm dick
Oberflächenwiderstand	Ohm	
Kriechstromfestigkeit	KC KB KA	
Kriechwegbildung		

Elektrolytische Korrosionswirkung
Lichtbogenfestigkeit nach DIN
  nach ASTM   s

Beständigkeit *(Chemische Beständigkeit siehe Anhang)*
Wasseraufnahme

Feuchtigkeitsaufnahme Normalklima   %
Wetterbeständigkeit

Spannungskorrosion

Optische Eigenschaften
Brechungszahl n_D
Transmissionsgrad τ_c % mm dick
Lichtdurchlässigkeit

Datenbank-Nr.	**T02011**	Merkblatt-Nr. **2240**

PVC

Produkt	Weich-PVC-Extrusionsmasse
Handelsname	**Trosiplast 7012**
Hersteller	HUELSTRO
DIN-Bez 1	7749-PVC-P,KG,A94-35-X
DIN-Bez 2	
Zusätze	

Viskositätszahl	ml/g		
K-Wert			
Füllstoffe/Verstärkung			

Bevorzugte Verarbeitung	Extrudieren	Lieferform	Granulat	
		Farben	Natur; Schwarz	
Besondere Merkmale	Cadmiumfrei; Kaeltebruchtemperatur -5 C; Migrationsfest	Bevorzugte Anwendungen	Einsetzbar nach VDE 0207 YJ 1,2,4; Migrationsfeste Schaltdrahtisolierung gemaess VDE 0812	

Kornverteilung

Kornklasse μm	Rückstand %

Dichte	g/cm^3	1.34
Schüttdichte	g/cm^3	
Stampfdichte	g/cm^3	
Rieselfähigkeit		
Rieselzeit	s/100 g	
Kornbeschaffenheit		
Flüchtige Bestandteile	%	
Sulfatasche	%	

Allgemeine Hinweise

Zugversuch 23 °C DIN 53455;

Probekörper:	Form	Platte 1 mm	Herstellung	Pressen
	Zustand		Vorbehandlung	Normalklima

Streckspannung	N/mm^2	Dehnung bei Streckspannung	%	
Zugfestigkeit	N/mm^2	Reißdehnung	%	230
Reißfestigkeit	N/mm^2 28	% Dehnspannung	N/mm^2	
E-Modul	N/mm^2	Dehnung bei % Dehnspg.	%	

Kriechmoduln und Zeitstandwerte 23 °C

Probekörper:	Form	Herstellung
	Zustand	Vorbehandlung

Kriechmodul	1 min	N/mm^2	Zeitstandzugfestigkeit	h N/mm^2
Kriechmodul	1000 h	N/mm^2	Zeitdehnspg. %	h N/mm^2
bei Spannung		N/mm^2		

Biegeversuch 23 °C

Probekörper:	Form	Herstellung
	Zustand	Vorbehandlung

Biegefestigkeit	N/mm^2 215	E-Modul	N/mm^2
3,5% Biegespannung	N/mm^2		

Härte 23 °C

Probekörper:	Zustand	Platte 6 mm	Herstellung	Pressen
			Vorbehandlung	Normalklima

Kugeldruckhärte	N/mm^2	bei N, s	Shore-Härte A	96
Rockwellhärte			Shore-Härte D	

Schlagversuch

Probekörper:	(1)			Herstellung	
	(2)			Vorbehandlung	
	Zustand				
	°C	°C	°C		Probekörper-Form

Schlagzähigkeit	kJ/m^2
Kerbschlagzähigkeit (1)	kJ/m^2
IZOD-Kerbschlagzähigkeit (2)	J/m
Kerbschlagzugzähigkeit	kJ/m^2

Kunststoffe © Springer-Verlag Berlin Heidelberg 1988
Kopieren, Vervielfältigen und Speichern in Datenverarbeitungsanlagen (auch auszugsweise) ist nur mit schriftlicher Genehmigung des Verlages gestattet

Datenbank-Nr. **T02011**　　　　　　　　　　　　　　　　　　　　　　　　　　　　　　　　　Merkblatt-Nr. **2240**

Abrieb und Reibung

Taber-Abrieb (Reibradverfahren)	mm³/100 U	
Abriebfaktor LNP (Thrust washer) Vergleichswert		
Statische Reibungszahl		
Dynamische Reibungszahl	($p \cdot v =$ N/mm² · m/min)	
Zulässiger $p \cdot v$ Wert	N/mm² · (m/min)	$v =$ m/min
		$v =$ m/min

Thermische Eigenschaften

Formbeständigkeit in der Wärme	Verfahren	°C
	Verfahren	°C
Vicat Erweichungstemperatur (VST)	Verfahren	°C
	Verfahren	°C
Kristallit-Schmelzpunkt	Verfahren	
Längenausdehnungskoeffizient	Bereich °C	$\cdot 10^{-4} K^{-1}$
	Temperatur	$\cdot 10^{-4} K^{-1}$
Wärmeleitfähigkeit	Verfahren	W/(K · m)
Spezifische Wärmekapazität	Verfahren	J/(K · g)
Glasumwandlungstemperatur	Torsionsschwingungsversuch	°C
	Differentialkalorimetrie	°C

Brandverhalten

UL-Test vertikal　　　Dicke　mm, Wert
　　　　　　　　　　Dicke　mm, Wert

	Norm	Bewertung	Abmessungen
Sauerstoff-Index	ASTM D 2863		
Glühstab-Verfahren			
Brandverhalten	DIN 4102		
MVSS			
FAR			

Elektrische Eigenschaften

	Hz	°C	Probekörper, Form
Dielektrizitätszahl	50		
	10³		
	10⁶		
Dielektrischer Verlustfaktor tan δ	50		
	10³		
	10⁶		

Spezifischer Durchgangswiderstand	Ohm · cm	
Durchschlagfestigkeit	kV/mm	mm dick
Oberflächenwiderstand	Ohm	
Kriechstromfestigkeit	KC　KB　KA	
Kriechwegbildung		

Elektrolytische Korrosionswirkung
Lichtbogenfestigkeit nach DIN
　　　　　　nach ASTM　　s

Beständigkeit *(Chemische Beständigkeit siehe Anhang)*

Wasseraufnahme

Feuchtigkeitsaufnahme Normalklima　　　　　　　　　　　　　　　　　　　　%
Wetterbeständigkeit

Spannungskorrosion

Optische Eigenschaften

Brechungszahl n_D
Transmissionsgrad τ_c　　%　　　　　　mm dick
Lichtdurchlässigkeit

Datenbank-Nr.	**T02012**		Merkblatt-Nr.	**2241**

PVC

Produkt	Weich-PVC-Extrusionsmasse
Handelsname	**Trosiplast 7019**
Hersteller	HUELSTRO
DIN-Bez 1	7749-PVC-P,KG,A94-35-X
DIN-Bez 2	
Zusätze	

Viskositätszahl	ml/g		
K-Wert			
Füllstoffe/Verstärkung			

Bevorzugte Verarbeitung	Extrudieren		Lieferform	Granulat
			Farben	Natur; Schwarz
Besondere Merkmale	Cadmiumfrei; Kaeltebruchtemperatur -5 C; Migrationsfest		Bevorzugte Anwendungen	Einsetzbar nach VDE 0207 YJ 1,2,4; Migrationsfeste Schaltdrahtisolierung gemaess VDE 0812

Kornverteilung

Kornklasse μm	Rückstand %

Dichte	g/cm^3	1.34
Schüttdichte	g/cm^3	
Stampfdichte	g/cm^3	
Rieselfähigkeit		
Rieselzeit	s/100 g	
Kornbeschaffenheit		
Flüchtige Bestandteile	%	
Sulfatasche	%	

Allgemeine Hinweise

Zugversuch 23 °C DIN 53455;

Probekörper:	Form	Platte 1 mm	Herstellung	Pressen
	Zustand		Vorbehandlung	Normalklima

Streckspannung	N/mm^2	Dehnung bei Streckspannung	%	
Zugfestigkeit	N/mm^2	Reißdehnung	%	230
Reißfestigkeit	N/mm^2 28	% Dehnspannung	N/mm^2	
E-Modul	N/mm^2	Dehnung bei % Dehnspg.	%	

Kriechmoduln und Zeitstandwerte 23 °C

Probekörper:	Form		Herstellung	
	Zustand		Vorbehandlung	

Kriechmodul	1 min N/mm^2	Zeitstandzugfestigkeit	h N/mm^2	
Kriechmodul	1000 h N/mm^2	Zeitdehnspg. %	h N/mm^2	
bei Spannung	N/mm^2			

Biegeversuch 23 °C

Probekörper:	Form		Herstellung	
	Zustand		Vorbehandlung	

Biegefestigkeit	N/mm^2 333	E-Modul	N/mm^2 11700	
3,5% Biegespannung	N/mm^2			

Härte 23 °C

Probekörper:	Zustand	Platte 6 mm	Herstellung	Pressen
			Vorbehandlung	Normalklima

Kugeldruckhärte	N/mm^2	bei N, s	Shore-Härte A	96
Rockwellhärte			Shore-Härte D	

Schlagversuch

Probekörper:	(1)		
	(2)		Herstellung
	Zustand		Vorbehandlung
	°C	°C	°C Probekörper-Form

Schlagzähigkeit	kJ/m^2
Kerbschlagzähigkeit (1)	kJ/m^2
IZOD-Kerbschlagzähigkeit (2)	J/m
Kerbschlagzugzähigkeit	kJ/m^2

Kunststoffe © Springer-Verlag Berlin Heidelberg 1988
Kopieren, Vervielfältigen und Speichern in Datenverarbeitungsanlagen (auch auszugsweise) ist nur mit schriftlicher Genehmigung des Verlages gestattet

Datenbank-Nr. **T02012**   *Merkblatt-Nr.* **2241**

Abrieb und Reibung

Taber-Abrieb (Reibradverfahren)	mm³/100 U	
Abriebfaktor LNP (Thrust washer) Vergleichswert		
Statische Reibungszahl		
Dynamische Reibungszahl	(p·v= N/mm² · m/min)	
Zulässiger p · v Wert	N/mm² · (m/min) v= m/min	
	v= m/min	

Thermische Eigenschaften

Formbeständigkeit in der Wärme	Verfahren	°C
	Verfahren	°C
Vicat Erweichungstemperatur (VST)	Verfahren	°C
	Verfahren	°C
Kristallit-Schmelzpunkt	Verfahren	
Längenausdehnungskoeffizient	Bereich °C	·10⁻⁴K⁻¹
	Temperatur	·10⁻⁴K⁻¹
Wärmeleitfähigkeit	Verfahren	W/(K · m)
Spezifische Wärmekapazität	Verfahren	J/(K · g)
Glasumwandlungstemperatur	Torsionsschwingungsversuch	°C
	Differentialkalorimetrie	°C

Brandverhalten

UL-Test vertikal Dicke   mm, Wert
  Dicke   mm, Wert

	Norm	Bewertung	Abmessungen
Sauerstoff-Index	ASTM D 2863		
Glühstab-Verfahren			
Brandverhalten	DIN 4102		
MVSS			
FAR			

Elektrische Eigenschaften

	Hz	°C		Probekörper, Form
Dielektrizitätszahl	50			
	10³			
	10⁶			
Dielektrischer Verlustfaktor tan δ	50			
	10³			
	10⁶			
Spezifischer Durchgangswiderstand	Ohm · cm			
Durchschlagfestigkeit	kV/mm			mm dick
Oberflächenwiderstand	Ohm			
Kriechstromfestigkeit		KC	KB KA	
Kriechwegbildung				

Elektrolytische Korrosionswirkung
Lichtbogenfestigkeit nach DIN
  nach ASTM   s

Beständigkeit (*Chemische Beständigkeit siehe Anhang*)

Wasseraufnahme

Feuchtigkeitsaufnahme Normalklima   %
Wetterbeständigkeit

Spannungskorrosion

Optische Eigenschaften

Brechungszahl n$_D$
Transmissionsgrad τ$_c$ %   mm dick
Lichtdurchlässigkeit

Datenbank-Nr.	**T02013**	Merkblatt-Nr. **2242**

Produkt	Weich-PVC-Extrusionsmasse		**PVC**
Handelsname	**Trosiplast VYO1181**		
Hersteller	HUELSTRO		
DIN-Bez 1	7749-PVC-P,KG,A94-35-X	Viskositätszahl ml/g	
DIN-Bez 2		K-Wert	
Zusätze		Füllstoffe/Verstärkung	
Bevorzugte Verarbeitung	Extrudieren	Lieferform	Granulat
		Farben	Natur; Schwarz
Besondere Merkmale	Cadmiumfrei; Erfuellt die UL-Norm; Kaeltebruchtemperatur -5 C; Erhoeht waermebestaendig	Bevorzugte Anwendungen	Einsetzbar nach VDE 0207 YJ 1,2,4

Kornverteilung

Kornklasse µm	Rückstand %		
		Dichte g/cm³	1.34
		Schüttdichte g/cm³	
		Stampfdichte g/cm³	
		Rieselfähigkeit	
		Rieselzeit s/100 g	
		Kornbeschaffenheit	
Allgemeine Hinweise		Flüchtige Bestandteile %	
		Sulfatasche %	

Zugversuch 23 °C DIN 53455;

Probekörper: Form Platte 1 mm Herstellung Pressen
Zustand Vorbehandlung Normalklima

Streckspannung	N/mm²	Dehnung bei Streckspannung	%	
Zugfestigkeit	N/mm²	Reißdehnung	%	200
Reißfestigkeit	N/mm² 28	% Dehnspannung	N/mm²	
E-Modul	N/mm²	Dehnung bei % Dehnspg.	%	

Kriechmoduln und Zeitstandwerte 23 °C

Probekörper: Form Herstellung
Zustand Vorbehandlung

Kriechmodul	1 min N/mm²	Zeitstandzugfestigkeit	h N/mm²
Kriechmodul	1000 h N/mm²	Zeitdehnspg. %	h N/mm²
bei Spannung	N/mm²		

Biegeversuch 23 °C

Probekörper: Form Herstellung
Zustand Vorbehandlung

Biegefestigkeit	N/mm² 350	E-Modul	N/mm² 19800
3,5% Biegespannung	N/mm²		

Härte 23 °C Probekörper: Zustand Platte 6 mm Herstellung Pressen
Vorbehandlung Normalklima

Kugeldruckhärte	N/mm² bei N, s	Shore-Härte A	98
Rockwellhärte		Shore-Härte D	

Schlagversuch Probekörper: (1)
(2) Herstellung
Zustand Vorbehandlung

°C °C °C Probekörper-Form

Schlagzähigkeit	kJ/m²
Kerbschlagzähigkeit (1)	kJ/m²
IZOD-Kerbschlagzähigkeit (2)	J/m
Kerbschlagzugzähigkeit	kJ/m²

Kunststoffe © Springer-Verlag Berlin Heidelberg 1988
Kopieren, Vervielfältigen und Speichern in Datenverarbeitungsanlagen (auch auszugsweise) ist nur mit schriftlicher Genehmigung des Verlages gestattet

Datenbank-Nr. **T02013** Merkblatt-Nr. **2242**

Abrieb und Reibung

Taber-Abrieb (Reibradverfahren)	mm³/100 U	
Abriebfaktor LNP (Thrust washer) Vergleichswert		
Statische Reibungszahl		
Dynamische Reibungszahl	(p·v = N/mm² ·	m/min)
Zulässiger p·v Wert	N/mm² · (m/min) v =	m/min
	v =	m/min

Thermische Eigenschaften

Formbeständigkeit in der Wärme	Verfahren	°C
	Verfahren	°C
Vicat Erweichungstemperatur (VST)	Verfahren	°C
	Verfahren	°C
Kristallit-Schmelzpunkt	Verfahren	
Längenausdehnungskoeffizient	Bereich °C	·10⁻⁴K⁻¹
	Temperatur	·10⁻⁴K⁻¹
Wärmeleitfähigkeit	Verfahren	W/(K·m)
Spezifische Wärmekapazität	Verfahren	J/(K·g)
Glasumwandlungstemperatur	Torsionsschwingungsversuch	°C
	Differentialkalorimetrie	°C

Brandverhalten

UL-Test vertikal Dicke mm, Wert
 Dicke mm, Wert

	Norm	Bewertung	Abmessungen
Sauerstoff-Index	ASTM D 2863		
Glühstab-Verfahren			
Brandverhalten	DIN 4102		
MVSS			
FAR			

Elektrische Eigenschaften

	Hz	°C			Probekörper, Form
Dielektrizitätszahl	50				
	10³				
	10⁶				
Dielektrischer Verlustfaktor tan δ	50				
	10³				
	10⁶				
Spezifischer Durchgangswiderstand	Ohm·cm				
Durchschlagfestigkeit	kV/mm				mm dick
Oberflächenwiderstand	Ohm				
Kriechstromfestigkeit	KC		KB	KA	
Kriechwegbildung					

Elektrolytische Korrosionswirkung
Lichtbogenfestigkeit nach DIN
 nach ASTM s

Beständigkeit (Chemische Beständigkeit siehe Anhang)

Wasseraufnahme

Feuchtigkeitsaufnahme Normalklima   %
Wetterbeständigkeit

Spannungskorrosion

Optische Eigenschaften

Brechungszahl n_D
Transmissionsgrad τ_c %   mm dick
Lichtdurchlässigkeit

Datenbank-Nr.	**T02087**		Merkblatt-Nr.	**2243**
				PVC
Produkt	Vinylchlorid-Homopolymerisat			
Handelsname	**Trosiplast M 157**			
Hersteller	HUELS			
DIN-Bez 1	7746-PVC-M,G,097-63	Viskositätszahl ml/g	80	
DIN-Bez 2		K-Wert	57	
Zusätze		Füllstoffe/Verstärkung		
Bevorzugte Verarbeitung	Spritzgiessen; Extrusionsblasformen; Spritzblasformen; Kalandrieren; Extrudieren von Folien; Extrudieren geschaeumter Profile	Lieferform		
		Farben		
Besondere Merkmale	Besondere Reinheit; Transparent; Geringe Wasseraufnahme; Sehr enge Kornverteilung	Bevorzugte Anwendungen	Fuer Hartverarbeitung; Rohrfitting; Hohlkoerper; Lebensmittelverpackung; Folie; Geschaeumtes Profil; Technisches Formteil	

Kornverteilung

Kornklasse µm	Rückstand %			
		Dichte g/cm³	1.39	
		Schüttdichte g/cm³	0.60–0.66	
		Stampfdichte g/cm³		
		Rieselfähigkeit	Rieselt gut	
		Rieselzeit s/100 g		
		Kornbeschaffenheit	Grob; Kompakt	
Allgemeine Hinweise		Flüchtige Bestandteile %	<0.3	
		Sulfatasche %	<0.1	

Zugversuch 23 °C

Probekörper: Form — Herstellung
Zustand — Vorbehandlung

Streckspannung	N/mm²	Dehnung bei Streckspannung %
Zugfestigkeit	N/mm²	Reißdehnung %
Reißfestigkeit	N/mm²	% Dehnspannung N/mm²
E-Modul	N/mm²	Dehnung bei % Dehnspg. %

Kriechmoduln und Zeitstandwerte 23 °C

Probekörper: Form — Herstellung
Zustand — Vorbehandlung

Kriechmodul	1 min N/mm²	Zeitstandzugfestigkeit h N/mm²
Kriechmodul	1000 h N/mm²	Zeitdehnspg. % h N/mm²
bei Spannung	N/mm²	

Biegeversuch 23 °C

Probekörper: Form — Herstellung
Zustand — Vorbehandlung

Biegefestigkeit	N/mm²	E-Modul	N/mm²
3,5% Biegespannung	N/mm²		

Härte 23 °C

Probekörper: Zustand — Herstellung / Vorbehandlung

Kugeldruckhärte	N/mm² bei N, s	Shore-Härte A	
Rockwellhärte		Shore-Härte D	

Schlagversuch

Probekörper: (1) / (2) / Zustand — Herstellung / Vorbehandlung

°C   °C   °C   Probekörper-Form

Schlagzähigkeit	kJ/m²
Kerbschlagzähigkeit (1)	kJ/m²
IZOD-Kerbschlagzähigkeit (2)	J/m
Kerbschlagzugzähigkeit	kJ/m²

Kunststoffe © Springer-Verlag Berlin Heidelberg 1988
Kopieren, Vervielfältigen und Speichern in Datenverarbeitungsanlagen (auch auszugsweise) ist nur mit schriftlicher Genehmigung des Verlages gestattet

Datenbank-Nr. **T02087** Merkblatt-Nr. **2243**

Abrieb und Reibung

Taber-Abrieb (Reibradverfahren)	mm³/100 U	
Abriebfaktor LNP (Thrust washer) Vergleichswert		
Statische Reibungszahl		
Dynamische Reibungszahl	(p·v = N/mm² ·	m/min)
Zulässiger p·v Wert	N/mm² · (m/min) v =	m/min
	v =	m/min

Thermische Eigenschaften

Formbeständigkeit in der Wärme	Verfahren	°C
	Verfahren	°C
Vicat Erweichungstemperatur (VST)	Verfahren	°C
	Verfahren	°C
Kristallit-Schmelzpunkt	Verfahren	
Längenausdehnungskoeffizient	Bereich °C	·10⁻⁴ K⁻¹
	Temperatur	·10⁻⁴ K⁻¹
Wärmeleitfähigkeit	Verfahren	W/(K·m)
Spezifische Wärmekapazität	Verfahren	J/(K·g)
Glasumwandlungstemperatur	Torsionsschwingungsversuch	°C
	Differentialkalorimetrie	°C

Brandverhalten

UL-Test vertikal	Dicke mm, Wert	
	Dicke mm, Wert	

	Norm	Bewertung	Abmessungen
Sauerstoff-Index	ASTM D 2863		
Glühstab-Verfahren			
Brandverhalten	DIN 4102		
MVSS			
FAR			

Elektrische Eigenschaften

	Hz	°C	Probekörper, Form
Dielektrizitätszahl	50		
	10³		
	10⁶		
Dielektrischer Verlustfaktor tan δ	50		
	10³		
	10⁶		
Spezifischer Durchgangs- widerstand	Ohm·cm		
Durchschlagfestigkeit	kV/mm		mm dick
Oberflächenwiderstand	Ohm		
Kriechstromfestigkeit Kriechwegbildung	KC	KB	KA
Elektrolytische Korrosionswirkung			
Lichtbogenfestigkeit nach DIN			
nach ASTM	s		

Beständigkeit *(Chemische Beständigkeit siehe Anhang)*

Wasseraufnahme

Feuchtigkeitsaufnahme Normalklima   %
Wetterbeständigkeit

Spannungskorrosion

Optische Eigenschaften

Brechungszahl n_D
Transmissionsgrad τ_c %   mm dick
Lichtdurchlässigkeit

Datenbank-Nr.	**T02088**		*Merkblatt-Nr.* **2244**
Produkt	Vinylchlorid-Homopolymerisat		**PVC**
Handelsname	**Trosiplast M 260**		
Hersteller	HUELS		
DIN-Bez 1	7746-PVC-M,G,092-60	*Viskositätszahl* ml/g	92
DIN-Bez 2		*K-Wert*	61
Zusätze		*Füllstoffe/ Verstärkung*	
Bevorzugte Verarbeitung	Spritzgiessen; Extrudieren; Kalandrieren	*Lieferform*	
		Farben	
Besondere Merkmale	Besondere Reinheit; Transparent; Geringe Wasseraufnahme; Sehr enge Kornverteilung; Fuer Hartverarbeitung; Fuer Weichverarbeitung	*Bevorzugte Anwendungen*	Abflussrohr; Postrohr; Kabelschutzrohr; Rolladenprofil; Schlauch; Profil; Glasklare Folie; Gedeckte Folie; Halbharte Folie; Weiche Folie; Technisches Teil aus Weich-PVC

Kornverteilung

Kornklasse μm	*Rückstand* %	*Dichte* g/cm³	1.39
		Schüttdichte g/cm³	0.57–0.63
		Stampfdichte g/cm³	
		Rieselfähigkeit	Rieselt gut
		Rieselzeit s/100 g	
		Kornbeschaffenheit	Grob; Poroes
Allgemeine Hinweise		*Flüchtige Bestandteile* %	<0.3
		Sulfatasche %	<0.1

Zugversuch 23 °C

	Probekörper: Form		*Herstellung*
	Zustand		*Vorbehandlung*
Streckspannung	N/mm²	*Dehnung bei Streckspannung*	%
Zugfestigkeit	N/mm²	*Reißdehnung*	%
Reißfestigkeit	N/mm²	% *Dehnspannung*	N/mm²
E-Modul	N/mm²	*Dehnung bei* % *Dehnspg.*	%

Kriechmoduln und Zeitstandwerte 23 °C

	Probekörper: Form		*Herstellung*
	Zustand		*Vorbehandlung*
Kriechmodul	1 min N/mm²	*Zeitstandzugfestigkeit*	h N/mm²
Kriechmodul	1000 h N/mm²	*Zeitdehnspg.* %	h N/mm²
bei Spannung	N/mm²		

Biegeversuch 23 °C

	Probekörper: Form		*Herstellung*
	Zustand		*Vorbehandlung*
Biegefestigkeit	N/mm²	*E-Modul*	N/mm²
3,5% Biegespannung	N/mm²		

Härte 23 °C

	Probekörper: Zustand		*Herstellung*
			Vorbehandlung
Kugeldruckhärte	N/mm² bei N, s	*Shore-Härte* A	
Rockwellhärte		*Shore-Härte* D	

Schlagversuch

	Probekörper: (1)			
	(2)		*Herstellung*	
	Zustand		*Vorbehandlung*	
	°C	°C	°C	*Probekörper-Form*
Schlagzähigkeit	kJ/m²			
Kerbschlagzähigkeit (1)	kJ/m²			
IZOD-Kerbschlagzähigkeit (2)	J/m			
Kerbschlagzugzähigkeit	kJ/m²			

Kunststoffe © Springer-Verlag Berlin Heidelberg 1988
Kopieren, Vervielfältigen und Speichern in Datenverarbeitungsanlagen (auch auszugsweise) ist nur mit schriftlicher Genehmigung des Verlages gestattet

Datenbank-Nr. **T02088** Merkblatt-Nr. **2244**

Abrieb und Reibung

Taber-Abrieb (Reibradverfahren)	mm³/100 U	
Abriebfaktor LNP (Thrust washer) Vergleichswert		
Statische Reibungszahl		
Dynamische Reibungszahl	(p·v = N/mm² ·	m/min)
Zulässiger p·v Wert	N/mm² · (m/min) v =	m/min
	v =	m/min

Thermische Eigenschaften

Formbeständigkeit in der Wärme	Verfahren		°C
	Verfahren		°C
Vicat Erweichungstemperatur (VST)	Verfahren		°C
	Verfahren		°C
Kristallit-Schmelzpunkt	Verfahren		
Längenausdehnungskoeffizient	Bereich °C		·10⁻⁴K⁻¹
	Temperatur		·10⁻⁴K⁻¹
Wärmeleitfähigkeit	Verfahren		W/(K·m)
Spezifische Wärmekapazität	Verfahren		J/(K·g)
Glasumwandlungstemperatur	Torsionsschwingungsversuch	°C	
	Differentialkalorimetrie	°C	

Brandverhalten

UL-Test vertikal Dicke mm, Wert
 Dicke mm, Wert

	Norm	Bewertung	Abmessungen
Sauerstoff-Index	ASTM D 2863		
Glühstab-Verfahren			
Brandverhalten	DIN 4102		
MVSS			
FAR			

Elektrische Eigenschaften

	Hz	°C	Probekörper, Form
Dielektrizitätszahl	50		
	10³		
	10⁶		
Dielektrischer Verlustfaktor tan δ	50		
	10³		
	10⁶		
Spezifischer Durchgangswiderstand	Ohm·cm		
Durchschlagfestigkeit	kV/mm		mm dick
Oberflächenwiderstand	Ohm		
Kriechstromfestigkeit	KC KB KA		
Kriechwegbildung			

Elektrolytische Korrosionswirkung
Lichtbogenfestigkeit nach DIN
 nach ASTM s

Beständigkeit (Chemische Beständigkeit siehe Anhang)

Wasseraufnahme

Feuchtigkeitsaufnahme Normalklima %
Wetterbeständigkeit

Spannungskorrosion

Optische Eigenschaften

Brechungszahl n_D
Transmissionsgrad τ_c % mm dick
Lichtdurchlässigkeit

Datenbank-Nr.	**T02089**			*Merkblatt-Nr.* **2245**
				PVC

Produkt	Vinylchlorid-Homopolymerisat
Handelsname	**Trosiplast M 265**
Hersteller	HUELS
DIN-Bez 1	7746-PVC-M,G,102-60
DIN-Bez 2	
Viskositätszahl ml/g	102
K-Wert	64
Zusätze	
Füllstoffe/Verstärkung	
Bevorzugte Verarbeitung	Extrudieren; Kalandrieren; Spritzgiessen
Lieferform	
Farben	
Besondere Merkmale	Besondere Reinheit; Transparent; Geringe Wasseraufnahme; Sehr enge Kornverteilung; Fuer Hartverarbeitung; Fuer Weichverarbeitung
Bevorzugte Anwendungen	Abflussrohr; Postrohr; Kabelschutzrohr; Rolladenprofil; Schlauch; Profil; Glasklare Folie; Gedeckte Folie; Halbharte Folie; Weiche Folie; Technisches Teil aus Weich-PVC

Kornverteilung

Kornklasse μm	*Rückstand* %

Dichte	g/cm^3	1.39
Schüttdichte	g/cm^3	0.57–0.63
Stampfdichte	g/cm^3	
Rieselfähigkeit		Rieselt gut
Rieselzeit	s/100 g	
Kornbeschaffenheit		Grob; Poroes
Flüchtige Bestandteile	%	<0.3
Sulfatasche	%	<0.1

Allgemeine Hinweise

Zugversuch 23 °C

Probekörper: Form
Zustand

Herstellung Vorbehandlung

Streckspannung	N/mm^2
Zugfestigkeit	N/mm^2
Reißfestigkeit	N/mm^2
E-Modul	N/mm^2
Dehnung bei Streckspannung	%
Reißdehnung	%
% *Dehnspannung*	N/mm^2
Dehnung bei % *Dehnspg.*	%

Kriechmoduln und Zeitstandwerte 23 °C

Probekörper: Form
Zustand

Herstellung Vorbehandlung

Kriechmodul	1 min	N/mm^2
Kriechmodul	1000 h	N/mm^2
bei Spannung		N/mm^2
Zeitstandzugfestigkeit	h	N/mm^2
Zeitdehnspg. %	h	N/mm^2

Biegeversuch 23 °C

Probekörper: Form
Zustand

Herstellung Vorbehandlung

Biegefestigkeit	N/mm^2
3,5% *Biegespannung*	N/mm^2
E-Modul	N/mm^2

Härte 23 °C

Probekörper: Zustand

Herstellung Vorbehandlung

Kugeldruckhärte	N/mm^2	bei N, s
Rockwellhärte		
Shore-Härte A		
Shore-Härte D		

Schlagversuch

Probekörper: (1)
(2)
Zustand

Herstellung Vorbehandlung

°C   °C   °C   *Probekörper-Form*

Schlagzähigkeit	kJ/m^2
Kerbschlagzähigkeit (1)	kJ/m^2
IZOD-Kerbschlagzähigkeit (2)	J/m
Kerbschlagzugzähigkeit	kJ/m^2

Kunststoffe © Springer-Verlag Berlin Heidelberg 1988
Kopieren, Vervielfältigen und Speichern in Datenverarbeitungsanlagen (auch auszugsweise) ist nur mit schriftlicher Genehmigung des Verlages gestattet

Datenbank-Nr. **T02089** *Merkblatt-Nr.* **2245**

Abrieb und Reibung

Taber-Abrieb (Reibradverfahren)	mm³/100 U	
Abriebfaktor LNP (Thrust washer) Vergleichswert		
Statische Reibungszahl		
Dynamische Reibungszahl	($p \cdot v =$ N/mm² · m/min)	
Zulässiger $p \cdot v$ Wert	N/mm² · (m/min) $v =$ m/min	
	$v =$ m/min	

Thermische Eigenschaften

Formbeständigkeit in der Wärme	Verfahren	°C
	Verfahren	°C
Vicat Erweichungstemperatur (VST)	Verfahren	°C
	Verfahren	°C
Kristallit-Schmelzpunkt	Verfahren	
Längenausdehnungskoeffizient	Bereich °C	$\cdot 10^{-4} K^{-1}$
	Temperatur	$\cdot 10^{-4} K^{-1}$
Wärmeleitfähigkeit	Verfahren	W/(K·m)
Spezifische Wärmekapazität	Verfahren	J/(K·g)
Glasumwandlungstemperatur	Torsionsschwingungsversuch	°C
	Differentialkalorimetrie	°C

Brandverhalten

UL-Test vertikal Dicke mm, Wert
  Dicke mm, Wert

	Norm	Bewertung	Abmessungen
Sauerstoff-Index	ASTM D 2863		
Glühstab-Verfahren			
Brandverhalten	DIN 4102		
MVSS			
FAR			

Elektrische Eigenschaften

	Hz	°C		Probekörper, Form
Dielektrizitätszahl	50			
	10³			
	10⁶			
Dielektrischer Verlustfaktor tan δ	50			
	10³			
	10⁶			

Spezifischer Durchgangswiderstand	Ohm · cm	
Durchschlagfestigkeit	kV/mm	mm dick
Oberflächenwiderstand	Ohm	
Kriechstromfestigkeit	KC KB KA	
Kriechwegbildung		
Elektrolytische Korrosionswirkung		
Lichtbogenfestigkeit nach DIN		
nach ASTM	s	

Beständigkeit (Chemische Beständigkeit siehe Anhang)

Wasseraufnahme

Feuchtigkeitsaufnahme Normalklima %
Wetterbeständigkeit

Spannungskorrosion

Optische Eigenschaften

Brechungszahl n_D
Transmissionsgrad τ_c % mm dick
Lichtdurchlässigkeit

Datenbank-Nr.	**T02090**		Merkblatt-Nr.	**2246**
				PVC
Produkt	Vinylchlorid-Homopolymerisat			
Handelsname	**Trosiplast M 268**			
Hersteller	HUELS			
DIN-Bez 1	7746-PVC-M,G,116-59	Viskositätszahl ml/g	116	
DIN-Bez 2		K-Wert	68	
Zusätze		Füllstoffe/Verstärkung		
Bevorzugte Verarbeitung	Extrudieren; Kalandrieren	Lieferform		
		Farben		
Besondere Merkmale	Besondere Reinheit; Transparent; Geringe Wasseraufnahme; Sehr enge Kornverteilung; Fuer Hartverarbeitung; Fuer Weichverarbeitung	Bevorzugte Anwendungen	Abflussrohr; Postrohr; Kabelschutzrohr; Rolladenprofil; Halbharter Schlauch; Weicher Schlauch; Profil; Glasklare Folie; Gedeckte Folie; Technisches Teil aus Weich-PVC	

Kornverteilung

Kornklasse µm	Rückstand %	Dichte	g/cm^3	1.39
		Schüttdichte	g/cm^3	0.56–0.62
		Stampfdichte	g/cm^3	
		Rieselfähigkeit		Rieselt gut
		Rieselzeit	s/100 g	
		Kornbeschaffenheit		Grob; Poroes
		Flüchtige Bestandteile	%	<0.3
Allgemeine Hinweise		Sulfatasche	%	<0.1

Zugversuch 23 °C

Probekörper: Form — Zustand

Herstellung — Vorbehandlung

Streckspannung	N/mm^2	Dehnung bei Streckspannung	%
Zugfestigkeit	N/mm^2	Reißdehnung	%
Reißfestigkeit	N/mm^2	% Dehnspannung	N/mm^2
E-Modul	N/mm^2	Dehnung bei % Dehnspg.	%

Kriechmoduln und Zeitstandwerte 23 °C

Probekörper: Form — Zustand

Herstellung — Vorbehandlung

Kriechmodul	1 min N/mm^2	Zeitstandzugfestigkeit	h N/mm^2
Kriechmodul	1000 h N/mm^2	Zeitdehnspg. %	h N/mm^2
bei Spannung	N/mm^2		

Biegeversuch 23 °C

Probekörper: Form — Zustand

Herstellung — Vorbehandlung

Biegefestigkeit	N/mm^2	E-Modul	N/mm^2
3,5% Biegespannung	N/mm^2		

Härte 23 °C

Probekörper: Zustand

Herstellung — Vorbehandlung

Kugeldruckhärte	N/mm^2	bei N, s	Shore-Härte A
Rockwellhärte			Shore-Härte D

Schlagversuch

Probekörper: (1) (2) Zustand

Herstellung — Vorbehandlung

°C °C °C Probekörper-Form

Schlagzähigkeit	kJ/m^2
Kerbschlagzähigkeit (1)	kJ/m^2
IZOD-Kerbschlagzähigkeit (2)	J/m
Kerbschlagzugzähigkeit	kJ/m^2

Kunststoffe © Springer-Verlag Berlin Heidelberg 1988
Kopieren, Vervielfältigen und Speichern in Datenverarbeitungsanlagen (auch auszugsweise) ist nur mit schriftlicher Genehmigung des Verlages gestattet

Datenbank-Nr. **T02090** *Merkblatt-Nr.* **2246**

Abrieb und Reibung

Taber-Abrieb (Reibradverfahren)	mm³/100 U	
Abriebfaktor LNP (Thrust washer) Vergleichswert		
Statische Reibungszahl		
Dynamische Reibungszahl	(p·v= N/mm² · m/min)	
Zulässiger p·v Wert	N/mm² · (m/min) v=	m/min
	v=	m/min

Thermische Eigenschaften

Formbeständigkeit in der Wärme	Verfahren	°C
	Verfahren	°C
Vicat Erweichungstemperatur (VST)	Verfahren	°C
	Verfahren	°C
Kristallit-Schmelzpunkt	Verfahren	
Längenausdehnungskoeffizient	Bereich °C	·10⁻⁴ K⁻¹
	Temperatur	·10⁻⁴ K⁻¹
Wärmeleitfähigkeit	Verfahren	W/(K·m)
Spezifische Wärmekapazität	Verfahren	J/(K·g)
Glasumwandlungstemperatur	Torsionsschwingungsversuch	°C
	Differentialkalorimetrie	°C

Brandverhalten

UL-Test vertikal   Dicke   mm, Wert
  Dicke   mm, Wert

	Norm	Bewertung	Abmessungen
Sauerstoff-Index	ASTM D 2863		
Glühstab-Verfahren			
Brandverhalten	DIN 4102		
MVSS			
FAR			

Elektrische Eigenschaften

	Hz	°C		Probekörper, Form
Dielektrizitätszahl	50			
	10³			
	10⁶			
Dielektrischer Verlustfaktor tan δ	50			
	10³			
	10⁶			
Spezifischer Durchgangswiderstand	Ohm·cm			
Durchschlagfestigkeit	kV/mm			mm dick
Oberflächenwiderstand	Ohm			
Kriechstromfestigkeit	KC	KB	KA	
Kriechwegbildung				

Elektrolytische Korrosionswirkung
Lichtbogenfestigkeit nach DIN
  nach ASTM   s

Beständigkeit *(Chemische Beständigkeit siehe Anhang)*

Wasseraufnahme

Feuchtigkeitsaufnahme Normalklima   %
Wetterbeständigkeit

Spannungskorrosion

Optische Eigenschaften

Brechungszahl n_D
Transmissionsgrad τ_c %   mm dick
Lichtdurchlässigkeit

Datenbank-Nr.	**T02091**			*Merkblatt-Nr.* **2247**
Produkt	Vinylchlorid-Homopolymerisat			**PVC**
Handelsname	**Trosiplast S 260**			
Hersteller	HUELS			
DIN-Bez 1	7746-PVC-S,G,088-60	*Viskositätszahl* ml/g	88	
DIN-Bez 2		*K-Wert*	60	
Zusätze		*Füllstoffe/ Verstärkung*		
Bevorzugte Verarbeitung	Extrudieren; Breitschlitz-Extrusion; Kalandrieren; Spritzgiessen	*Lieferform*		
		Farben		
Besondere Merkmale	Fuer Hartverarbeitung; Fuer Weichverarbeitung; Enge Kornverteilung; Gute Rieselfaehigkeit auch in Pulvermischung; Gute Thermostabilitaet; Gute Farbkonstanz	*Bevorzugte Anwendungen*	Drainagerohr; Elektroisolierrohr; Staubsaugerrohr; Vollprofil; Hohlprofil; Fensterprofil; Platte; Folie; Weichartikel spritzgegossen	

Kornverteilung

Kornklasse μm	*Rückstand* %	*Dichte*	g/cm³	1.39
		Schüttdichte	g/cm³	0.57–0.63
		Stampfdichte	g/cm³	
		Rieselfähigkeit		Rieselt gut
		Rieselzeit	s/100 g	
		Kornbeschaffenheit		Grob; Poroes
Allgemeine Hinweise		*Flüchtige Bestandteile* %		<0.3
		Sulfatasche %		<0.1

Zugversuch 23 °C

	Probekörper:	Form		*Herstellung*	
		Zustand		*Vorbehandlung*	
Streckspannung	N/mm²		*Dehnung bei Streckspannung*		%
Zugfestigkeit	N/mm²		*Reißdehnung*		%
Reißfestigkeit	N/mm²		% *Dehnspannung*		N/mm²
E-Modul	N/mm²		*Dehnung bei* % *Dehnspg.*		%

Kriechmoduln und Zeitstandwerte 23 °C

	Probekörper:	Form		*Herstellung*	
		Zustand		*Vorbehandlung*	
Kriechmodul	1 min N/mm²		*Zeitstandzugfestigkeit*	h	N/mm²
Kriechmodul	1000 h N/mm²		*Zeitdehnspg.* %	h	N/mm²
bei Spannung	N/mm²				

Biegeversuch 23 °C

	Probekörper:	Form		*Herstellung*	
		Zustand		*Vorbehandlung*	
Biegefestigkeit	N/mm²		*E-Modul*		N/mm²
3,5% Biegespannung	N/mm²				

Härte 23 °C

	Probekörper:	Zustand	*Herstellung*	
			Vorbehandlung	
Kugeldruckhärte	N/mm²	bei N, s	*Shore-Härte* A	
Rockwellhärte			*Shore-Härte* D	

Schlagversuch

	Probekörper:	(1)			
		(2)		*Herstellung*	
		Zustand		*Vorbehandlung*	
		°C	°C	°C	*Probekörper-Form*
Schlagzähigkeit	kJ/m²				
Kerbschlagzähigkeit (1)	kJ/m²				
IZOD-Kerbschlagzähigkeit (2)	J/m				
Kerbschlagzugzähigkeit	kJ/m²				

Kunststoffe © Springer-Verlag Berlin Heidelberg 1988
Kopieren, Vervielfältigen und Speichern in Datenverarbeitungsanlagen (auch auszugsweise) ist nur mit schriftlicher Genehmigung des Verlages gestattet

Datenbank-Nr. **T02091** Merkblatt-Nr. **2247**

Abrieb und Reibung

Taber-Abrieb (Reibradverfahren) mm³/100 U
Abriebfaktor LNP (Thrust washer) Vergleichswert
Statische Reibungszahl
Dynamische Reibungszahl (p·v= N/mm² · m/min)
Zulässiger p · v Wert N/mm² · (m/min) v = m/min
  v = m/min

Thermische Eigenschaften

Formbeständigkeit in der Wärme Verfahren °C
  Verfahren °C
Vicat Erweichungstemperatur (VST) Verfahren °C
  Verfahren °C
Kristallit-Schmelzpunkt Verfahren

Längenausdehnungskoeffizient Bereich °C $\cdot 10^{-4} K^{-1}$
  Temperatur $\cdot 10^{-4} K^{-1}$
Wärmeleitfähigkeit Verfahren W/(K·m)

Spezifische Wärmekapazität Verfahren J/(K·g)

Glasumwandlungstemperatur Torsionsschwingungsversuch °C
  Differentialkalorimetrie °C

Brandverhalten

UL-Test vertikal Dicke mm, Wert
  Dicke mm, Wert

	Norm	Bewertung	Abmessungen
Sauerstoff-Index	ASTM D 2863		
Glühstab-Verfahren			
Brandverhalten	DIN 4102		
MVSS			
FAR			

Elektrische Eigenschaften

	Hz	°C		Probekörper, Form
Dielektrizitätszahl	50			
	10^3			
	10^6			
Dielektrischer Verlustfaktor tan δ	50			
	10^3			
	10^6			

Spezifischer Durchgangs-
  widerstand Ohm · cm
Durchschlagfestigkeit kV/mm mm dick
Oberflächenwiderstand Ohm

Kriechstromfestigkeit KC KB KA
Kriechwegbildung

Elektrolytische Korrosionswirkung
Lichtbogenfestigkeit nach DIN
  nach ASTM s

Beständigkeit (Chemische Beständigkeit siehe Anhang)

Wasseraufnahme

Feuchtigkeitsaufnahme Normalklima %
Wetterbeständigkeit

Spannungskorrosion

Optische Eigenschaften

Brechungszahl n_D
Transmissionsgrad τ_c % mm dick
Lichtdurchlässigkeit

Datenbank-Nr.	**T02092**		Merkblatt-Nr.	**2248**
				PVC
Produkt	Vinylchlorid-Homopolymerisat			
Handelsname	**Trosiplast S 265**			
Hersteller	HUELS			
DIN-Bez 1	7746-PVC-S,G,110-54	Viskositätszahl ml/g	110	
DIN-Bez 2		K-Wert	66	
Zusätze		Füllstoffe/Verstärkung		
Bevorzugte Verarbeitung	Kalandrieren; Extrudieren; Spritzgiessen	Lieferform		
		Farben		
Besondere Merkmale	Fuer Hartverarbeitung; Fuer Weichverarbeitung; Enge Kornverteilung; Gute Rieselfaehigkeit auch in Pulvermischung; Gute Thermostabilitaet; Gute Farbkonstanz	Bevorzugte Anwendungen	Halbharte Kalanderfolie; Weiche Kalanderfolie; Blasfolie; Fensterprofil; Druckrohr; Abflussrohr; Kabelschutzrohr; Postrohr; Spritzgegossener technischer Weichartikel	

Kornverteilung

Kornklasse μm	Rückstand %			
		Dichte	g/cm³	1.39
		Schüttdichte	g/cm³	0.51–0.57
		Stampfdichte	g/cm³	
		Rieselfähigkeit		Rieselt gut
		Rieselzeit	s/100 g	
		Kornbeschaffenheit		Grob; Poroes
Allgemeine Hinweise		Flüchtige Bestandteile	%	<0.3
		Sulfatasche	%	<0.1

Zugversuch 23 °C

Probekörper: Form / Zustand   Herstellung / Vorbehandlung

Streckspannung	N/mm²	Dehnung bei Streckspannung	%
Zugfestigkeit	N/mm²	Reißdehnung	%
Reißfestigkeit	N/mm²	% Dehnspannung	N/mm²
E-Modul	N/mm²	Dehnung bei % Dehnspg.	%

Kriechmoduln und Zeitstandwerte 23 °C

Probekörper: Form / Zustand   Herstellung / Vorbehandlung

Kriechmodul	1 min N/mm²	Zeitstandzugfestigkeit	h N/mm²
Kriechmodul	1000 h N/mm²	Zeitdehnspg. %	h N/mm²
bei Spannung	N/mm²		

Biegeversuch 23 °C

Probekörper: Form / Zustand   Herstellung / Vorbehandlung

Biegefestigkeit	N/mm²	E-Modul	N/mm²
3,5% Biegespannung	N/mm²		

Härte 23 °C

Probekörper: Zustand   Herstellung / Vorbehandlung

Kugeldruckhärte	N/mm² bei N, s	Shore-Härte	A
Rockwellhärte		Shore-Härte	D

Schlagversuch

Probekörper: (1) / (2) / Zustand   Herstellung / Vorbehandlung

°C   °C   °C   Probekörper-Form

Schlagzähigkeit	kJ/m²
Kerbschlagzähigkeit (1)	kJ/m²
IZOD-Kerbschlagzähigkeit (2)	J/m
Kerbschlagzugzähigkeit	kJ/m²

Kunststoffe © Springer-Verlag Berlin Heidelberg 1988
Kopieren, Vervielfältigen und Speichern in Datenverarbeitungsanlagen (auch auszugsweise) ist nur mit schriftlicher Genehmigung des Verlages gestattet

Datenbank-Nr. **T02092** *Merkblatt-Nr.* **2248**

Abrieb und Reibung

Taber-Abrieb (Reibradverfahren)	mm³/100 U	
Abriebfaktor LNP (Thrust washer) Vergleichswert		
Statische Reibungszahl		
Dynamische Reibungszahl	(p·v= N/mm² ·	m/min)
Zulässiger p · v Wert	N/mm² · (m/min) v =	m/min
	v =	m/min

Thermische Eigenschaften

Formbeständigkeit in der Wärme	Verfahren	°C
	Verfahren	°C
Vicat Erweichungstemperatur (VST)	Verfahren	°C
	Verfahren	°C
Kristallit-Schmelzpunkt	Verfahren	
Längenausdehnungskoeffizient	Bereich °C	· $10^{-4} K^{-1}$
	Temperatur	· $10^{-4} K^{-1}$
Wärmeleitfähigkeit	Verfahren	W/(K · m)
Spezifische Wärmekapazität	Verfahren	J/(K · g)
Glasumwandlungstemperatur	Torsionsschwingungsversuch	°C
	Differentialkalorimetrie	°C

Brandverhalten

UL-Test vertikal	Dicke mm, Wert	
	Dicke mm, Wert	

	Norm	Bewertung	Abmessungen
Sauerstoff-Index	ASTM D 2863		
Glühstab-Verfahren			
Brandverhalten	DIN 4102		
MVSS			
FAR			

Elektrische Eigenschaften

	Hz	°C	Probekörper, Form
Dielektrizitätszahl	50		
	10^3		
	10^6		
Dielektrischer Verlustfaktor tan δ	50		
	10^3		
	10^6		
Spezifischer Durchgangs-			
widerstand	Ohm · cm		
Durchschlagfestigkeit	kV/mm		mm dick
Oberflächenwiderstand	Ohm		
Kriechstromfestigkeit	KC	KB	KA
Kriechwegbildung			

Elektrolytische Korrosionswirkung
Lichtbogenfestigkeit nach DIN
    nach ASTM s

Beständigkeit *(Chemische Beständigkeit siehe Anhang)*

Wasseraufnahme

Feuchtigkeitsaufnahme Normalklima %
Wetterbeständigkeit

Spannungskorrosion

Optische Eigenschaften

Brechungszahl n_D
Transmissionsgrad τ_c %   mm dick
Lichtdurchlässigkeit

Datenbank-Nr.	**T02093**		Merkblatt-Nr. **2249**
Produkt	Vinylchlorid-Homopolymerisat		**PVC**
Handelsname	**Trosiplast S 268**		
Hersteller	HUELS		
DIN-Bez 1	7746-PVC-S,G,112-52	Viskositätszahl ml/g	112
DIN-Bez 2		K-Wert	67
Zusätze		Füllstoffe/Verstärkung	
Bevorzugte Verarbeitung	Extrudieren; Spritzgiessen	Lieferform	
		Farben	
Besondere Merkmale	Fuer Hartverarbeitung; Fuer Weichverarbeitung; Enge Kornverteilung; Gute Rieselfaehigkeit auch in Pulvermischungen; Gute Thermostabilitaet; Gute Farbkonstanz	Bevorzugte Anwendungen	Hartprofil fuer die Bauindustrie; Weichprofil fuer die Bauindustrie; Rohr; Wellplatte; Fensterprofil; Spritzgegossener Weichartikel

Kornverteilung

Kornklasse μm	Rückstand %			
		Dichte	g/cm³	1.39
		Schüttdichte	g/cm³	0.49–0.55
		Stampfdichte	g/cm³	
		Rieselfähigkeit		Rieselt gut
		Rieselzeit	s/100 g	
		Kornbeschaffenheit		Grob; Poroes
Allgemeine Hinweise		Flüchtige Bestandteile	%	<0.3
		Sulfatasche	%	<0.1

Zugversuch 23 °C

	Probekörper:	Form		Herstellung	
		Zustand		Vorbehandlung	
Streckspannung	N/mm²		Dehnung bei Streckspannung		%
Zugfestigkeit	N/mm²		Reißdehnung		%
Reißfestigkeit	N/mm²		% Dehnspannung		N/mm²
E-Modul	N/mm²		Dehnung bei	% Dehnspg.	%

Kriechmoduln und Zeitstandwerte 23 °C

	Probekörper:	Form		Herstellung	
		Zustand		Vorbehandlung	
Kriechmodul	1 min N/mm²		Zeitstandzugfestigkeit	h	N/mm²
Kriechmodul	1000 h N/mm²		Zeitdehnspg. %	h	N/mm²
bei Spannung	N/mm²				

Biegeversuch 23 °C

	Probekörper:	Form		Herstellung	
		Zustand		Vorbehandlung	
Biegefestigkeit	N/mm²		E-Modul		N/mm²
3,5% Biegespannung	N/mm²				

Härte 23 °C

	Probekörper:	Zustand		Herstellung Vorbehandlung	
Kugeldruckhärte	N/mm²	bei	N, s	Shore-Härte A	
Rockwellhärte				Shore-Härte D	

Schlagversuch

	Probekörper:	(1)			
		(2)		Herstellung	
		Zustand		Vorbehandlung	
		°C	°C	°C	Probekörper-Form
Schlagzähigkeit	kJ/m²				
Kerbschlagzähigkeit (1)	kJ/m²				
IZOD-Kerbschlagzähigkeit (2)	J/m				
Kerbschlagzugzähigkeit	kJ/m²				

Kunststoffe © Springer-Verlag Berlin Heidelberg 1988
Kopieren, Vervielfältigen und Speichern in Datenverarbeitungsanlagen (auch auszugsweise) ist nur mit schriftlicher Genehmigung des Verlages gestattet

Datenbank-Nr. **T02093** *Merkblatt-Nr.* **2249**

Abrieb und Reibung

Taber-Abrieb (Reibradverfahren)	mm³/100 U
Abriebfaktor LNP (Thrust washer) Vergleichswert	
Statische Reibungszahl	
Dynamische Reibungszahl	(p·v = N/mm² · m/min)
Zulässiger p·v Wert	N/mm² · (m/min) v = m/min
	v = m/min

Thermische Eigenschaften

Formbeständigkeit in der Wärme	Verfahren	°C
	Verfahren	°C
Vicat Erweichungstemperatur (VST)	Verfahren	°C
	Verfahren	°C
Kristallit-Schmelzpunkt	Verfahren	
Längenausdehnungskoeffizient	Bereich °C	$\cdot 10^{-4} K^{-1}$
	Temperatur	$\cdot 10^{-4} K^{-1}$
Wärmeleitfähigkeit	Verfahren	W/(K·m)
Spezifische Wärmekapazität	Verfahren	J/(K·g)
Glasumwandlungstemperatur	Torsionsschwingungsversuch	°C
	Differentialkalorimetrie	°C

Brandverhalten

UL-Test vertikal	Dicke mm, Wert	
	Dicke mm, Wert	

	Norm	Bewertung	Abmessungen
Sauerstoff-Index	ASTM D 2863		
Glühstab-Verfahren			
Brandverhalten	DIN 4102		
MVSS			
FAR			

Elektrische Eigenschaften

	Hz	°C		Probekörper, Form
Dielektrizitätszahl	50			
	10³			
	10⁶			
Dielektrischer Verlustfaktor tan δ	50			
	10³			
	10⁶			

Spezifischer Durchgangswiderstand	Ohm·cm	
Durchschlagfestigkeit	kV/mm	mm dick
Oberflächenwiderstand	Ohm	

	KC	KB	KA
Kriechstromfestigkeit			
Kriechwegbildung			

Elektrolytische Korrosionswirkung
Lichtbogenfestigkeit nach DIN
nach ASTM   s

Beständigkeit *(Chemische Beständigkeit siehe Anhang)*

Wasseraufnahme

Feuchtigkeitsaufnahme Normalklima   %
Wetterbeständigkeit

Spannungskorrosion

Optische Eigenschaften

Brechungszahl n_D
Transmissionsgrad τ_c %   mm dick
Lichtdurchlässigkeit

Datenbank-Nr.	**T02094**			*Merkblatt-Nr.* **2250**
Produkt	Vinylchlorid-Homopolymerisat			**PVC**
Handelsname	**Trosiplast S 370**			
Hersteller	HUELS			
DIN-Bez 1	7746-PVC-S,G,124-47		*Viskositätszahl* ml/g	124
DIN-Bez 2			*K-Wert*	70
Zusätze			*Füllstoffe/ Verstärkung*	
Bevorzugte Verarbeitung	Extrudieren; Kalandrieren; Spritzgiessen		*Lieferform*	
			Farben	
Besondere Merkmale	Universaltyp fuer Weichverarbeitung als dry blend oder Granulat; Sehr enge Kornverteilung		*Bevorzugte Anwendungen*	Schlauch; Profil; Kabelisolierung; Kabelummantelung; Kalanderweichfolie; Fussbodenbelag; Spielzeug; Technisches Teil; Teil fuer die Elektroindustrie

Kornverteilung

Kornklasse μm	*Rückstand* %	*Dichte* g/cm³		1.39
		Schüttdichte g/cm³		0.44–0.50
		Stampfdichte g/cm³		
		Rieselfähigkeit		Rieselt gut
		Rieselzeit s/100 g		
		Kornbeschaffenheit		Sehr poroes
Allgemeine Hinweise		*Flüchtige Bestandteile* %		<0.3
		Sulfatasche %		<0.1

Zugversuch 23 °C

Probekörper: Form *Herstellung*
Zustand *Vorbehandlung*

Streckspannung	N/mm²	*Dehnung bei Streckspannung*		%
Zugfestigkeit	N/mm²	*Reißdehnung*		%
Reißfestigkeit	N/mm²	% *Dehnspannung*		N/mm²
E-Modul	N/mm²	*Dehnung bei* % Dehnspg.		%

Kriechmoduln und Zeitstandwerte 23 °C

Probekörper: Form *Herstellung*
Zustand *Vorbehandlung*

Kriechmodul	1 min N/mm²	*Zeitstandzugfestigkeit*	h	N/mm²
Kriechmodul	1000 h N/mm²	*Zeitdehnspg.* %	h	N/mm²
bei Spannung	N/mm²			

Biegeversuch 23 °C

Probekörper: Form *Herstellung*
Zustand *Vorbehandlung*

Biegefestigkeit	N/mm²	*E-Modul*	N/mm²
3,5% Biegespannung	N/mm²		

Härte 23 °C

Probekörper: Zustand *Herstellung*
 Vorbehandlung

Kugeldruckhärte	N/mm²	bei N, s	*Shore-Härte* A	
Rockwellhärte			*Shore-Härte* D	

Schlagversuch

Probekörper: (1)
(2) *Herstellung*
Zustand *Vorbehandlung*

°C °C °C *Probekörper-Form*

Schlagzähigkeit	kJ/m²
Kerbschlagzähigkeit (1)	kJ/m²
IZOD-Kerbschlagzähigkeit (2)	J/m
Kerbschlagzugzähigkeit	kJ/m²

Kunststoffe © Springer-Verlag Berlin Heidelberg 1988
Kopieren, Vervielfältigen und Speichern in Datenverarbeitungsanlagen (auch auszugsweise) ist nur mit schriftlicher Genehmigung des Verlages gestattet

Datenbank-Nr. **T02094** Merkblatt-Nr. **2250**

Abrieb und Reibung

Taber-Abrieb (Reibradverfahren)	mm³/100 U	
Abriebfaktor LNP (Thrust washer) Vergleichswert		
Statische Reibungszahl		
Dynamische Reibungszahl	(p·v = N/mm² · m/min)	
Zulässiger p·v Wert	N/mm² · (m/min) v = m/min	
	v = m/min	

Thermische Eigenschaften

Formbeständigkeit in der Wärme	Verfahren	°C
	Verfahren	°C
Vicat Erweichungstemperatur (VST)	Verfahren	°C
	Verfahren	°C
Kristallit-Schmelzpunkt	Verfahren	
Längenausdehnungskoeffizient	Bereich °C	·10⁻⁴K⁻¹
	Temperatur	·10⁻⁴K⁻¹
Wärmeleitfähigkeit	Verfahren	W/(K·m)
Spezifische Wärmekapazität	Verfahren	J/(K·g)
Glasumwandlungstemperatur	Torsionsschwingungsversuch	°C
	Differentialkalorimetrie	°C

Brandverhalten

UL-Test vertikal   Dicke   mm, Wert
            Dicke   mm, Wert

	Norm	Bewertung	Abmessungen
Sauerstoff-Index	ASTM D 2863		
Glühstab-Verfahren			
Brandverhalten	DIN 4102		
MVSS			
FAR			

Elektrische Eigenschaften

	Hz	°C	Probekörper, Form
Dielektrizitätszahl	50		
	10³		
	10⁶		
Dielektrischer Verlustfaktor tan δ	50		
	10³		
	10⁶		

Spezifischer Durchgangs-widerstand	Ohm·cm	
Durchschlagfestigkeit	kV/mm	mm dick
Oberflächenwiderstand	Ohm	

Kriechstromfestigkeit   KC   KB   KA
Kriechwegbildung

Elektrolytische Korrosionswirkung
Lichtbogenfestigkeit nach DIN
        nach ASTM   s

Beständigkeit *(Chemische Beständigkeit siehe Anhang)*

Wasseraufnahme

Feuchtigkeitsaufnahme Normalklima   %
Wetterbeständigkeit

Spannungskorrosion

Optische Eigenschaften

Brechungszahl n_D
Transmissionsgrad τ_c %   mm dick
Lichtdurchlässigkeit

Datenbank-Nr.	**T02095**	Merkblatt-Nr. **2251**

PVC

Produkt	Vinylchlorid-Homopolymerisat
Handelsname	**Trosiplast S 375**
Hersteller	HUELS
DIN-Bez 1	7746-PVC-S,G,145-47
DIN-Bez 2	

Viskositätszahl ml/g	145	
K-Wert	75	

Zusätze	
Füllstoffe/Verstärkung	
Bevorzugte Verarbeitung	Extrudieren; Kalandrieren
Lieferform	
Farben	
Besondere Merkmale	Fuer Weichverarbeitung; Fuer hoehere Festigkeit
Bevorzugte Anwendungen	

Kornverteilung

Kornklasse μm	Rückstand %

Dichte	g/cm³	1.39
Schüttdichte	g/cm³	0.44–0.50
Stampfdichte	g/cm³	
Rieselfähigkeit		Rieselt gut
Rieselzeit	s/100 g	
Kornbeschaffenheit		Sehr poroes
Flüchtige Bestandteile	%	<0.3
Sulfatasche	%	<0.1

Allgemeine Hinweise

Zugversuch 23 °C

Probekörper: Form / Zustand   Herstellung / Vorbehandlung

Streckspannung	N/mm²
Zugfestigkeit	N/mm²
Reißfestigkeit	N/mm²
E-Modul	N/mm²

Dehnung bei Streckspannung	%
Reißdehnung	%
% Dehnspannung	N/mm²
Dehnung bei % Dehnspg.	%

Kriechmoduln und Zeitstandwerte 23 °C

Probekörper: Form / Zustand   Herstellung / Vorbehandlung

Kriechmodul	1 min	N/mm²
Kriechmodul	1000 h	N/mm²
bei Spannung		N/mm²

Zeitstandzugfestigkeit	h	N/mm²
Zeitdehnspg. %	h	N/mm²

Biegeversuch 23 °C

Probekörper: Form / Zustand   Herstellung / Vorbehandlung

Biegefestigkeit	N/mm²	E-Modul		N/mm²
3,5% Biegespannung	N/mm²			

Härte 23 °C

Probekörper: Zustand   Herstellung / Vorbehandlung

Kugeldruckhärte	N/mm²	bei N, s	Shore-Härte A
Rockwellhärte			Shore-Härte D

Schlagversuch

Probekörper: (1) (2) Zustand   Herstellung / Vorbehandlung

°C   °C   °C   Probekörper-Form

Schlagzähigkeit	kJ/m²
Kerbschlagzähigkeit (1)	kJ/m²
IZOD-Kerbschlagzähigkeit (2)	J/m
Kerbschlagzugzähigkeit	kJ/m²

Kunststoffe © Springer-Verlag Berlin Heidelberg 1988
Kopieren, Vervielfältigen und Speichern in Datenverarbeitungsanlagen (auch auszugsweise) ist nur mit schriftlicher Genehmigung des Verlages gestattet

Datenbank-Nr. **T02095** *Merkblatt-Nr.* **2251**

Abrieb und Reibung

Taber-Abrieb (Reibradverfahren)   mm³/100 U
Abriebfaktor LNP (Thrust washer) Vergleichswert
Statische Reibungszahl
Dynamische Reibungszahl   (p·v=   N/mm² ·   m/min)
Zulässiger p·v Wert   N/mm² · (m/min)   v=   m/min
                                                                                                v=   m/min

Thermische Eigenschaften

Formbeständigkeit in der Wärme   Verfahren   °C
                                           Verfahren   °C
Vicat Erweichungstemperatur (VST)   Verfahren   °C
                                           Verfahren   °C
Kristallit-Schmelzpunkt   Verfahren

Längenausdehnungskoeffizient   Bereich   °C $\cdot 10^{-4} K^{-1}$
                                           Temperatur $\cdot 10^{-4} K^{-1}$
Wärmeleitfähigkeit   Verfahren   W/(K·m)

Spezifische Wärmekapazität   Verfahren   J/(K·g)

Glasumwandlungstemperatur   Torsionsschwingungsversuch   °C
                                           Differentialkalorimetrie   °C

Brandverhalten

UL-Test vertikal   Dicke   mm, Wert
                      Dicke   mm, Wert

	Norm	Bewertung	Abmessungen
Sauerstoff-Index	ASTM D 2863		
Glühstab-Verfahren			
Brandverhalten	DIN 4102		
MVSS			
FAR			

Elektrische Eigenschaften

		Hz	°C		Probekörper, Form
Dielektrizitätszahl		50			
		10^3			
		10^6			
Dielektrischer Verlustfaktor $\tan\delta$		50			
		10^3			
		10^6			

Spezifischer Durchgangs-
   widerstand   Ohm·cm
Durchschlagfestigkeit   kV/mm   mm dick
Oberflächenwiderstand   Ohm

Kriechstromfestigkeit   KC   KB   KA
Kriechwegbildung

Elektrolytische Korrosionswirkung
Lichtbogenfestigkeit nach DIN
                nach ASTM   s

Beständigkeit *(Chemische Beständigkeit siehe Anhang)*

Wasseraufnahme

Feuchtigkeitsaufnahme Normalklima   %
Wetterbeständigkeit

Spannungskorrosion

Optische Eigenschaften

Brechungszahl n_D
Transmissionsgrad τ_c %   mm dick
Lichtdurchlässigkeit

Datenbank-Nr.	**T02291**			Merkblatt-Nr. **2252**
Produkt	Vinylchlorid-Homopolymerisat			**PVC**
Handelsname	**Vinoflex S 5715**			
Hersteller	BASF			
DIN-Bez 1	7746-PVC-S,G,089-57		Viskositätszahl ml/g	80
DIN-Bez 2			K-Wert	57
Zusätze			Füllstoffe/Verstärkung	
Bevorzugte Verarbeitung	Extrudieren; Spritzblasformen; Spritzgiessen; Kalandrieren		Lieferform	Pulver
			Farben	
Besondere Merkmale	Gut rieselfaehig; Hohe Schuettdichte; Glasklar		Bevorzugte Anwendungen	Hartverarbeitung; Profil; Platte; Folie; Hohlkoerper; Spritzgiessartikel; Folie nach dem Hochtemperaturverfahren

Kornverteilung

Kornklasse μm	Rückstand %	Dichte g/cm³		
		Schüttdichte g/cm³	0.57	
		Stampfdichte g/cm³		
		Rieselfähigkeit	Rieselt gut	
		Rieselzeit s/100 g		
		Kornbeschaffenheit	Kompakt; Mikroporoes	
Allgemeine Hinweise	Korngroesse <0.3 mm	Flüchtige Bestandteile %	0.3	
		Sulfatasche %	0.1	

Zugversuch 23 °C

	Probekörper: Form Zustand		Herstellung Vorbehandlung	
Streckspannung	N/mm²	Dehnung bei Streckspannung		%
Zugfestigkeit	N/mm²	Reißdehnung		%
Reißfestigkeit	N/mm²	% Dehnspannung		N/mm²
E-Modul	N/mm²	Dehnung bei % Dehnspg.		%

Kriechmoduln und Zeitstandwerte 23 °C

	Probekörper: Form Zustand		Herstellung Vorbehandlung	
Kriechmodul	1 min N/mm²	Zeitstandzugfestigkeit	h	N/mm²
Kriechmodul	1000 h N/mm²	Zeitdehnspg. %	h	N/mm²
bei Spannung	N/mm²			

Biegeversuch 23 °C

	Probekörper: Form Zustand		Herstellung Vorbehandlung	
Biegefestigkeit	N/mm²	E-Modul		N/mm²
3,5% Biegespannung	N/mm²			

Härte 23 °C

	Probekörper: Zustand		Herstellung Vorbehandlung	
Kugeldruckhärte	N/mm² bei N, s	Shore-Härte A		
Rockwellhärte		Shore-Härte D		

Schlagversuch

	Probekörper: (1) (2) Zustand		Herstellung Vorbehandlung	
	°C	°C	°C	Probekörper-Form
Schlagzähigkeit	kJ/m²			
Kerbschlagzähigkeit (1)	kJ/m²			
IZOD-Kerbschlagzähigkeit (2)	J/m			
Kerbschlagzugzähigkeit	kJ/m²			

Datenbank-Nr. **T02291** Merkblatt-Nr. **2252**

Abrieb und Reibung
Taber-Abrieb (Reibradverfahren) mm³/100 U
Abriebfaktor LNP (Thrust washer) Vergleichswert
Statische Reibungszahl
Dynamische Reibungszahl (p·v= N/mm² · m/min)
Zulässiger p · v Wert N/mm² · (m/min) v= m/min
  v= m/min

Thermische Eigenschaften
Formbeständigkeit in der Wärme Verfahren
  Verfahren °C
Vicat Erweichungstemperatur (VST) Verfahren °C
  Verfahren °C
Kristallit-Schmelzpunkt Verfahren °C

Längenausdehnungskoeffizient Bereich °C ·10⁻⁴K⁻¹
  Temperatur ·10⁻⁴K⁻¹
Wärmeleitfähigkeit Verfahren W/(K·m)

Spezifische Wärmekapazität Verfahren J/(K·g)

Glasumwandlungstemperatur Torsionsschwingungsversuch °C
  Differentialkalorimetrie °C

Brandverhalten
UL-Test vertikal Dicke mm, Wert
  Dicke mm, Wert

	Norm	Bewertung	Abmessungen
Sauerstoff-Index	ASTM D 2863		
Glühstab-Verfahren			
Brandverhalten	DIN 4102		
MVSS			
FAR			

Elektrische Eigenschaften
 Hz °C Probekörper, Form
Dielektrizitätszahl 50
  10³
  10⁶
Dielektrischer Verlustfaktor tan δ 50
  10³
  10⁶
Spezifischer Durchgangs-
 widerstand Ohm · cm
Durchschlagfestigkeit kV/mm mm dick
Oberflächenwiderstand Ohm

Kriechstromfestigkeit KC KB KA
Kriechwegbildung

Elektrolytische Korrosionswirkung
Lichtbogenfestigkeit nach DIN
  nach ASTM s

Beständigkeit (Chemische Beständigkeit siehe Anhang)
Wasseraufnahme

Feuchtigkeitsaufnahme Normalklima %
Wetterbeständigkeit

Spannungskorrosion

Optische Eigenschaften
Brechungszahl n_D
Transmissionsgrad τ_c % mm dick
Lichtdurchlässigkeit Glasklar

Datenbank-Nr.	**T02292**		Merkblatt-Nr.	**2253**

Produkt	Vinylchlorid-Homopolymerisat		**PVC**
Handelsname	**Vinoflex S 6015**		
Hersteller	BASF		
DIN-Bez 1	7746-PVC-S,G,089-57	Viskositätszahl ml/g	89
DIN-Bez 2		K-Wert	60
Zusätze		Füllstoffe/Verstärkung	
Bevorzugte Verarbeitung	Kalandrieren; Extrudieren	Lieferform	Pulver
		Farben	
Besondere Merkmale	Gutes Verarbeitungsverhalten; Hohe Verarbeitungsgeschwindigkeiten	Bevorzugte Anwendungen	Glasklare Kalander-Hartfolie nach dem Hochtemperaturverfahren; Platte; Folie

Kornverteilung

Kornklasse µm	Rückstand %			
		Dichte	g/cm³	
		Schüttdichte	g/cm³	0.58
		Stampfdichte	g/cm³	
		Rieselfähigkeit		Rieselt gut
		Rieselzeit	s/100 g	
		Kornbeschaffenheit		Kompakt; Mikroporoes
Allgemeine Hinweise	Korngroesse <0.3 mm	Flüchtige Bestandteile	%	0.3
		Sulfatasche	%	0.1

Zugversuch 23 °C

Probekörper: Form / Zustand   Herstellung / Vorbehandlung

Streckspannung	N/mm²	Dehnung bei Streckspannung	%
Zugfestigkeit	N/mm²	Reißdehnung	%
Reißfestigkeit	N/mm²	% Dehnspannung	N/mm²
E-Modul	N/mm²	Dehnung bei % Dehnspg.	%

Kriechmoduln und Zeitstandwerte 23 °C

Probekörper: Form / Zustand   Herstellung / Vorbehandlung

Kriechmodul	1 min N/mm²	Zeitstandzugfestigkeit	h N/mm²
Kriechmodul	1000 h N/mm²	Zeitdehnspg. %	h N/mm²
bei Spannung	N/mm²		

Biegeversuch 23 °C

Probekörper: Form / Zustand   Herstellung / Vorbehandlung

Biegefestigkeit	N/mm²	E-Modul	N/mm²
3,5% Biegespannung	N/mm²		

Härte 23 °C

Probekörper: Zustand   Herstellung / Vorbehandlung

Kugeldruckhärte	N/mm²	bei	N, s	Shore-Härte A	
Rockwellhärte				Shore-Härte D	

Schlagversuch

Probekörper: (1) / (2) / Zustand   Herstellung / Vorbehandlung

	°C	°C	°C	Probekörper-Form
Schlagzähigkeit	kJ/m²			
Kerbschlagzähigkeit (1)	kJ/m²			
IZOD-Kerbschlagzähigkeit (2)	J/m			
Kerbschlagzugzähigkeit	kJ/m²			

Datenbank-Nr. **T02292**　　　　　　　　　　　　　　　　　　　　　　　　Merkblatt-Nr. **2253**

Abrieb und Reibung

Taber-Abrieb (Reibradverfahren)		mm³/100 U
Abriebfaktor LNP (Thrust washer) Vergleichswert		
Statische Reibungszahl		
Dynamische Reibungszahl	(p·v=	N/mm² · m/min)
Zulässiger p·v Wert	N/mm² · (m/min)	v = m/min
		v = m/min

Thermische Eigenschaften

Formbeständigkeit in der Wärme	Verfahren	°C
	Verfahren	°C
Vicat Erweichungstemperatur (VST)	Verfahren	°C
	Verfahren	°C
Kristallit-Schmelzpunkt	Verfahren	
Längenausdehnungskoeffizient	Bereich　°C	$\cdot 10^{-4} K^{-1}$
	Temperatur	$\cdot 10^{-4} K^{-1}$
Wärmeleitfähigkeit	Verfahren	W/(K·m)
Spezifische Wärmekapazität	Verfahren	J/(K·g)
Glasumwandlungstemperatur	Torsionsschwingungsversuch	°C
	Differentialkalorimetrie	°C

Brandverhalten

UL-Test vertikal	Dicke	mm, Wert
	Dicke	mm, Wert

	Norm	Bewertung	Abmessungen
Sauerstoff-Index	ASTM D 2863		
Glühstab-Verfahren			
Brandverhalten	DIN 4102		
MVSS			
FAR			

Elektrische Eigenschaften

	Hz	°C	Probekörper, Form
Dielektrizitätszahl	50		
	10³		
	10⁶		
Dielektrischer Verlustfaktor tan δ	50		
	10³		
	10⁶		

Spezifischer Durchgangswiderstand	Ohm·cm	
Durchschlagfestigkeit	kV/mm	mm dick
Oberflächenwiderstand	Ohm	

	KC	KB	KA
Kriechstromfestigkeit Kriechwegbildung			

Elektrolytische Korrosionswirkung
Lichtbogenfestigkeit nach DIN
　　　　　　　nach ASTM　　s

Beständigkeit (Chemische Beständigkeit siehe Anhang)

Wasseraufnahme

Feuchtigkeitsaufnahme Normalklima　　　　　　　　　　　　　　　　　　　　　%
Wetterbeständigkeit

Spannungskorrosion

Optische Eigenschaften

Brechungszahl n_D
Transmissionsgrad τ_c　　%　　　　　　mm dick
Lichtdurchlässigkeit　Glasklar

Datenbank-Nr.	**T02293**			Merkblatt-Nr. **2254**
Produkt	Vinylchlorid-Homopolymerisat			**PVC**
Handelsname	**Vinoflex S 6115**			
Hersteller	BASF			
DIN-Bez 1	7746-PVC-S,G,092-56		Viskositätszahl ml/g	89
DIN-Bez 2			K-Wert	60
Zusätze			Füllstoffe/Verstärkung	
Bevorzugte Verarbeitung	Extrudieren; Spritzgiessen; Kalandrieren		Lieferform	Pulver
			Farben	
Besondere Merkmale	Gut rieselfaehig; Hohe Schuettdichte; Glasklar		Bevorzugte Anwendungen	Hartverarbeitung; Profil; Platte; Folie; Rohr; Spritzgiessartikel; Schaum; Hohlkoerper

Kornverteilung

Kornklasse µm	Rückstand %	Dichte g/cm³		
		Schüttdichte g/cm³	0.56	
		Stampfdichte g/cm³		
		Rieselfähigkeit	Rieselt gut	
		Rieselzeit s/100 g		
		Kornbeschaffenheit	Kompakt; Mikroporoes	
Allgemeine Hinweise	Korngroesse <0.3 mm	Flüchtige Bestandteile %	0.3	
		Sulfatasche %	0.1	

Zugversuch 23 °C

Probekörper: Form / Zustand   Herstellung / Vorbehandlung

Streckspannung	N/mm²	Dehnung bei Streckspannung %
Zugfestigkeit	N/mm²	Reißdehnung %
Reißfestigkeit	N/mm²	% Dehnspannung N/mm²
E-Modul	N/mm²	Dehnung bei % Dehnspg. %

Kriechmoduln und Zeitstandwerte 23 °C

Probekörper: Form / Zustand   Herstellung / Vorbehandlung

Kriechmodul	1 min N/mm²	Zeitstandzugfestigkeit h N/mm²
Kriechmodul	1000 h N/mm²	Zeitdehnspg. % h N/mm²
bei Spannung	N/mm²	

Biegeversuch 23 °C

Probekörper: Form / Zustand   Herstellung / Vorbehandlung

Biegefestigkeit	N/mm²	E-Modul	N/mm²
3,5% Biegespannung	N/mm²		

Härte 23 °C

Probekörper: Zustand   Herstellung / Vorbehandlung

Kugeldruckhärte	N/mm²	bei N, s	Shore-Härte A	
Rockwellhärte			Shore-Härte D	

Schlagversuch

Probekörper: (1) / (2) / Zustand   Herstellung / Vorbehandlung

°C   °C   °C   Probekörper-Form

Schlagzähigkeit	kJ/m²
Kerbschlagzähigkeit (1)	kJ/m²
IZOD-Kerbschlagzähigkeit (2)	J/m
Kerbschlagzugzähigkeit	kJ/m²

Kunststoffe © Springer-Verlag Berlin Heidelberg 1988
Kopieren, Vervielfältigen und Speichern in Datenverarbeitungsanlagen (auch auszugsweise) ist nur mit schriftlicher Genehmigung des Verlages gestattet

Datenbank-Nr. **T02293** *Merkblatt-Nr.* **2254**

Abrieb und Reibung

Taber-Abrieb (Reibradverfahren)	mm³/100 U
Abriebfaktor LNP (Thrust washer) Vergleichswert	
Statische Reibungszahl	
Dynamische Reibungszahl	($p \cdot v =$ N/mm² · m/min)
Zulässiger $p \cdot v$ Wert	N/mm² · (m/min) $v=$ m/min
	$v=$ m/min

Thermische Eigenschaften

Formbeständigkeit in der Wärme	Verfahren	°C
	Verfahren	°C
Vicat Erweichungstemperatur (VST)	Verfahren	°C
	Verfahren	°C
Kristallit-Schmelzpunkt	Verfahren	
Längenausdehnungskoeffizient	Bereich °C	$\cdot 10^{-4} K^{-1}$
	Temperatur	$\cdot 10^{-4} K^{-1}$
Wärmeleitfähigkeit	Verfahren	W/(K·m)
Spezifische Wärmekapazität	Verfahren	J/(K·g)
Glasumwandlungstemperatur	Torsionsschwingungsversuch	°C
	Differentialkalorimetrie	°C

Brandverhalten

UL-Test vertikal   Dicke   mm, Wert
                  Dicke   mm, Wert

	Norm	Bewertung	Abmessungen
Sauerstoff-Index	ASTM D 2863		
Glühstab-Verfahren			
Brandverhalten	DIN 4102		
MVSS			
FAR			

Elektrische Eigenschaften

	Hz	°C	Probekörper, Form
Dielektrizitätszahl	50		
	10³		
	10⁶		
Dielektrischer Verlustfaktor tan δ	50		
	10³		
	10⁶		
Spezifischer Durchgangs- widerstand	Ohm · cm		
Durchschlagfestigkeit	kV/mm		
Oberflächenwiderstand	Ohm		mm dick
Kriechstromfestigkeit	KC KB KA		
Kriechwegbildung			
Elektrolytische Korrosionswirkung			
Lichtbogenfestigkeit nach DIN			
nach ASTM	s		

Beständigkeit *(Chemische Beständigkeit siehe Anhang)*

Wasseraufnahme

Feuchtigkeitsaufnahme Normalklima   %
Wetterbeständigkeit

Spannungskorrosion

Optische Eigenschaften

Brechungszahl n_D
Transmissionsgrad τ_c %   mm dick
Lichtdurchlässigkeit   Glasklar

Datenbank-Nr.	**T02294**			Merkblatt-Nr. **2255**
Produkt	Vinylchlorid-Homopolymerisat			**PVC**
Handelsname	**Vinoflex S 6514**			
Hersteller	BASF			
DIN-Bez 1	7746-PVC-S,G,106-47		Viskositätszahl ml/g	106
DIN-Bez 2			K-Wert	65
Zusätze			Füllstoffe/Verstärkung	
Bevorzugte Verarbeitung	Extrudieren; Spritzgiessen; Kalandrieren		Lieferform	Pulver
			Farben	
Besondere Merkmale	Glasklar		Bevorzugte Anwendungen	Weichverarbeitung; Profil; Platte; Folie; Fussbodenbelag; Schlauch; Spritzgiessteil; Kabel; Leitung

Kornverteilung

Kornklasse μm	Rückstand %			
		Dichte	g/cm³	
		Schüttdichte	g/cm³	0.47
		Stampfdichte	g/cm³	
		Rieselfähigkeit		Rieselt gut
		Rieselzeit	s/100 g	
		Kornbeschaffenheit		Poroes
Allgemeine Hinweise	Korngroesse <0.3 mm	Flüchtige Bestandteile	%	0.3
		Sulfatasche	%	0.1

Zugversuch 23 °C

Probekörper: Form
Zustand

Herstellung
Vorbehandlung

Streckspannung	N/mm²	Dehnung bei Streckspannung	%
Zugfestigkeit	N/mm²	Reißdehnung	%
Reißfestigkeit	N/mm²	% Dehnspannung	N/mm²
E-Modul	N/mm²	Dehnung bei % Dehnspg.	%

Kriechmoduln und Zeitstandwerte 23 °C

Probekörper: Form
Zustand

Herstellung
Vorbehandlung

Kriechmodul	1 min N/mm²	Zeitstandzugfestigkeit	h N/mm²
Kriechmodul	1000 h N/mm²	Zeitdehnspg. %	h N/mm²
bei Spannung	N/mm²		

Biegeversuch 23 °C

Probekörper: Form
Zustand

Herstellung
Vorbehandlung

Biegefestigkeit	N/mm²	E-Modul	N/mm²
3,5% Biegespannung	N/mm²		

Härte 23 °C

Probekörper: Zustand

Herstellung
Vorbehandlung

Kugeldruckhärte	N/mm²	bei	N, s	Shore-Härte A	
Rockwellhärte				Shore-Härte D	

Schlagversuch

Probekörper: (1)
(2)
Zustand

Herstellung
Vorbehandlung

°C   °C   °C   Probekörper-Form

Schlagzähigkeit	kJ/m²
Kerbschlagzähigkeit (1)	kJ/m²
IZOD-Kerbschlagzähigkeit (2)	J/m
Kerbschlagzugzähigkeit	kJ/m²

Kunststoffe © Springer-Verlag Berlin Heidelberg 1988
Kopieren, Vervielfältigen und Speichern in Datenverarbeitungsanlagen (auch auszugsweise) ist nur mit schriftlicher Genehmigung des Verlages gestattet

Datenbank-Nr. **T02294** *Merkblatt-Nr.* **2255**

Abrieb und Reibung

Taber-Abrieb (Reibradverfahren)	mm³/100 U	
Abriebfaktor LNP (Thrust washer) Vergleichswert		
Statische Reibungszahl		
Dynamische Reibungszahl	(p·v = N/mm² · m/min)	
Zulässiger p·v Wert	N/mm² · (m/min) v = m/min	
	v = m/min	

Thermische Eigenschaften

Formbeständigkeit in der Wärme	Verfahren	°C
	Verfahren	°C
Vicat Erweichungstemperatur (VST)	Verfahren	°C
	Verfahren	°C
Kristallit-Schmelzpunkt	Verfahren	
Längenausdehnungskoeffizient	Bereich °C	· 10⁻⁴ K⁻¹
	Temperatur	· 10⁻⁴ K⁻¹
Wärmeleitfähigkeit	Verfahren	W/(K·m)
Spezifische Wärmekapazität	Verfahren	J/(K·g)
Glasumwandlungstemperatur	Torsionsschwingungsversuch	°C
	Differentialkalorimetrie	°C

Brandverhalten

UL-Test vertikal Dicke mm, Wert
  Dicke mm, Wert

	Norm	Bewertung	Abmessungen
Sauerstoff-Index	ASTM D 2863		
Glühstab-Verfahren			
Brandverhalten	DIN 4102		
MVSS			
FAR			

Elektrische Eigenschaften

	Hz	°C	Probekörper, Form
Dielektrizitätszahl	50		
	10³		
	10⁶		
Dielektrischer Verlustfaktor tan δ	50		
	10³		
	10⁶		

*Spezifischer Durchgangs-
  widerstand*   Ohm · cm
Durchschlagfestigkeit   kV/mm   mm dick
Oberflächenwiderstand   Ohm

Kriechstromfestigkeit   KC   KB   KA
Kriechwegbildung

Elektrolytische Korrosionswirkung
Lichtbogenfestigkeit nach DIN
  nach ASTM   s

Beständigkeit *(Chemische Beständigkeit siehe Anhang)*

Wasseraufnahme

Feuchtigkeitsaufnahme Normalklima   %
Wetterbeständigkeit

Spannungskorrosion

Optische Eigenschaften

Brechungszahl n_D
Transmissionsgrad τ_c %
Lichtdurchlässigkeit Glasklar   mm dick

Datenbank-Nr.	**T02295**		*Merkblatt-Nr.*	**2256**
Produkt	Vinylchlorid-Homopolymerisat			**PVC**
Handelsname	**Vinoflex S 6815**			
Hersteller	BASF			
DIN-Bez 1	7746-PVC-S,G,116-57		*Viskositätszahl* ml/g	116
DIN-Bez 2			*K-Wert*	68
Zusätze			*Füllstoffe/ Verstärkung*	
Bevorzugte Verarbeitung	Extrudieren		*Lieferform*	Pulver
			Farben	
Besondere Merkmale	Gut rieselfaehig; Hohe Schuettdichte; Glasklar		*Bevorzugte Anwendungen*	Hartverarbeitung; Druckwasserrohr nach DIN 8061 und DIN 8062; Profil; Schaum; Weichverarbeitung; Platte; Folie

Kornverteilung

Kornklasse µm	*Rückstand* %	*Dichte*	g/cm³	
		Schüttdichte	g/cm³	0.57
		Stampfdichte	g/cm³	
		Rieselfähigkeit		Rieselt gut
		Rieselzeit	s/100 g	
		Kornbeschaffenheit		Kompakt; Mikroporoes
Allgemeine Hinweise	Korngroesse <0.3 mm	*Flüchtige Bestandteile*	%	0.3
		Sulfatasche	%	0.1

Zugversuch 23 °C

	Probekörper: Form Zustand		*Herstellung Vorbehandlung*	
Streckspannung	N/mm²	*Dehnung bei Streckspannung*		%
Zugfestigkeit	N/mm²	*Reißdehnung*		%
Reißfestigkeit	N/mm²	% *Dehnspannung*		N/mm²
E-Modul	N/mm²	*Dehnung bei* % *Dehnspg.*		%

Kriechmoduln und Zeitstandwerte 23 °C

	Probekörper: Form Zustand		*Herstellung Vorbehandlung*	
Kriechmodul	1 min N/mm²	*Zeitstandzugfestigkeit*	h	N/mm²
Kriechmodul	1000 h N/mm²	*Zeitdehnspg.* %	h	N/mm²
bei Spannung	N/mm²			

Biegeversuch 23 °C

	Probekörper: Form Zustand	*Herstellung Vorbehandlung*	
Biegefestigkeit	N/mm²	*E-Modul*	N/mm²
3,5% Biegespannung	N/mm²		

Härte 23 °C

	Probekörper: Zustand		*Herstellung Vorbehandlung*	
Kugeldruckhärte	N/mm²	bei N, s	*Shore-Härte* A	
Rockwellhärte			*Shore-Härte* D	

Schlagversuch

	Probekörper: (1) (2) Zustand			*Herstellung Vorbehandlung*	
		°C	°C	°C	*Probekörper-Form*
Schlagzähigkeit	kJ/m²				
Kerbschlagzähigkeit (1)	kJ/m²				
IZOD-Kerbschlagzähigkeit (2)	J/m				
Kerbschlagzugzähigkeit	kJ/m²				

Datenbank-Nr. **T02295** *Merkblatt-Nr.* **2256**

Abrieb und Reibung

Taber-Abrieb (Reibradverfahren)	mm³/100 U	
Abriebfaktor LNP (Thrust washer) Vergleichswert		
Statische Reibungszahl		
Dynamische Reibungszahl	(p·v= N/mm² · m/min)	
Zulässiger p·v Wert	N/mm² · (m/min) v= m/min	
	v= m/min	

Thermische Eigenschaften

Formbeständigkeit in der Wärme	Verfahren	°C
	Verfahren	°C
Vicat Erweichungstemperatur (VST)	Verfahren	°C
	Verfahren	°C
Kristallit-Schmelzpunkt	Verfahren	
Längenausdehnungskoeffizient	Bereich °C	·10⁻⁴K⁻¹
	Temperatur	·10⁻⁴K⁻¹
Wärmeleitfähigkeit	Verfahren	W/(K·m)
Spezifische Wärmekapazität	Verfahren	J/(K·g)
Glasumwandlungstemperatur	Torsionsschwingungsversuch	°C
	Differentialkalorimetrie	°C

Brandverhalten

UL-Test vertikal Dicke mm, Wert
 Dicke mm, Wert

	Norm	Bewertung	Abmessungen
Sauerstoff-Index	ASTM D 2863		
Glühstab-Verfahren			
Brandverhalten	DIN 4102		
MVSS			
FAR			

Elektrische Eigenschaften

	Hz	°C	Probekörper, Form
Dielektrizitätszahl	50		
	10³		
	10⁶		
Dielektrischer Verlustfaktor tan δ	50		
	10³		
	10⁶		

Spezifischer Durchgangs-widerstand Ohm·cm
Durchschlagfestigkeit kV/mm   mm dick
Oberflächenwiderstand Ohm

Kriechstromfestigkeit KC KB KA
Kriechwegbildung

Elektrolytische Korrosionswirkung
Lichtbogenfestigkeit nach DIN
 nach ASTM s

Beständigkeit *(Chemische Beständigkeit siehe Anhang)*

Wasseraufnahme

Feuchtigkeitsaufnahme Normalklima %
Wetterbeständigkeit

Spannungskorrosion

Optische Eigenschaften

Brechungszahl n_D
Transmissionsgrad τ_c %
Lichtdurchlässigkeit Glasklar mm dick

Datenbank-Nr.	**T02296**		Merkblatt-Nr.	**2257**

Produkt	Vinylchlorid-Homopolymerisat		**PVC**
Handelsname	**Vinoflex KR 3515**		
Hersteller	BASF		
DIN-Bez 1	7746-PVC-S,G,61-49	Viskositätszahl ml/g	61
DIN-Bez 2		K-Wert	50
Zusätze		Füllstoffe/Verstärkung	
Bevorzugte Verarbeitung	Extrudieren; Spritzgiessen; Kalandrieren	Lieferform	Pulver
		Farben	
Besondere Merkmale	Erhoehte Schuettdichte; Glasklar	Bevorzugte Anwendungen	

Kornverteilung			Dichte	g/cm³	
Kornklasse µm	Rückstand %		Schüttdichte	g/cm³	0.56
			Stampfdichte	g/cm³	
			Rieselfähigkeit		Rieselt gut
			Rieselzeit	s/100 g	
			Kornbeschaffenheit		Kompakt; Mikroporoes
Allgemeine Hinweise	Korngroesse <0.3 mm		Flüchtige Bestandteile	%	0.3
			Sulfatasche	%	0.05

Zugversuch 23 °C
Probekörper: Form　　　　Herstellung
　　　　　　Zustand　　　Vorbehandlung

Streckspannung	N/mm²	Dehnung bei Streckspannung	%
Zugfestigkeit	N/mm²	Reißdehnung	%
Reißfestigkeit	N/mm²	% Dehnspannung	N/mm²
E-Modul	N/mm²	Dehnung bei % Dehnspg.	%

Kriechmoduln und Zeitstandwerte 23 °C
Probekörper: Form　　　　Herstellung
　　　　　　Zustand　　　Vorbehandlung

Kriechmodul	1 min N/mm²	Zeitstandzugfestigkeit	h N/mm²
Kriechmodul	1000 h N/mm²	Zeitdehnspg. %	h N/mm²
bei Spannung	N/mm²		

Biegeversuch 23 °C
Probekörper: Form　　　　Herstellung
　　　　　　Zustand　　　Vorbehandlung

Biegefestigkeit	N/mm²	E-Modul	N/mm²
3,5% Biegespannung	N/mm²		

Härte 23 °C
Probekörper: Zustand　　　Herstellung
　　　　　　　　　　　　　Vorbehandlung

Kugeldruckhärte	N/mm²	bei N, s	Shore-Härte	A
Rockwellhärte			Shore-Härte	D

Schlagversuch
Probekörper: (1)
　　　　　　(2)
　　　　　　Zustand　　　Herstellung
　　　　　　　　　　　　　Vorbehandlung
　　　　　　°C　　　°C　　　°C　　　Probekörper-Form

Schlagzähigkeit	kJ/m²
Kerbschlagzähigkeit (1)	kJ/m²
IZOD-Kerbschlagzähigkeit (2)	J/m
Kerbschlagzugzähigkeit	kJ/m²

Datenbank-Nr. **T02296** Merkblatt-Nr. **2257**

Abrieb und Reibung

Taber-Abrieb (Reibradverfahren)	mm³/100 U	
Abriebfaktor LNP (Thrust washer) Vergleichswert		
Statische Reibungszahl		
Dynamische Reibungszahl	(p·v= N/mm² · m/min)	
Zulässiger p · v Wert	N/mm² · (m/min) v = m/min	
	v = m/min	

Thermische Eigenschaften

Formbeständigkeit in der Wärme	Verfahren		°C
	Verfahren		°C
Vicat Erweichungstemperatur (VST)	Verfahren		°C
	Verfahren		°C
Kristallit-Schmelzpunkt	Verfahren		
Längenausdehnungskoeffizient	Bereich °C		$\cdot 10^{-4} K^{-1}$
	Temperatur		$\cdot 10^{-4} K^{-1}$
Wärmeleitfähigkeit	Verfahren		W/(K · m)
Spezifische Wärmekapazität	Verfahren		J/(K · g)
Glasumwandlungstemperatur	Torsionsschwingungsversuch	°C	
	Differentialkalorimetrie	°C	

Brandverhalten

UL-Test vertikal	Dicke mm, Wert		
	Dicke mm, Wert		

	Norm	Bewertung	Abmessungen
Sauerstoff-Index	ASTM D 2863		
Glühstab-Verfahren			
Brandverhalten	DIN 4102		
MVSS			
FAR			

Elektrische Eigenschaften

	Hz	°C	Probekörper, Form
Dielektrizitätszahl	50		
	10³		
	10⁶		
Dielektrischer Verlustfaktor tan δ	50		
	10³		
	10⁶		

Spezifischer Durchgangswiderstand	Ohm · cm	
Durchschlagfestigkeit	kV/mm	mm dick
Oberflächenwiderstand	Ohm	
Kriechstromfestigkeit	KC KB KA	
Kriechwegbildung		
Elektrolytische Korrosionswirkung		
Lichtbogenfestigkeit nach DIN		
nach ASTM	s	

Beständigkeit (Chemische Beständigkeit siehe Anhang)

Wasseraufnahme

Feuchtigkeitsaufnahme Normalklima %
Wetterbeständigkeit

Spannungskorrosion

Optische Eigenschaften

Brechungszahl n_D
Transmissionsgrad τ_c % mm dick
Lichtdurchlässigkeit Glasklar

Datenbank-Nr.	**T02297**		Merkblatt-Nr.	**2258**
				PVC
Produkt	Vinylchlorid-Homopolymerisat			
Handelsname	**Vinoflex S 7114**			
Hersteller	BASF			
DIN-Bez 1	7746-PVC-S,G,128-46	Viskositätszahl ml/g	128	
DIN-Bez 2		K-Wert	71	
Zusätze		Füllstoffe/Verstärkung		
Bevorzugte Verarbeitung	Extrudieren; Spritzgiessen; Kalandrieren	Lieferform	Pulver	
		Farben		
Besondere Merkmale	Glasklar; Erhoehte Schuettdichte	Bevorzugte Anwendungen	Weichverarbeitung; Kabel; Leitung; Profil; Schlauch; Spritzgiessartikel; Platte; Folie; Kalanderfolie; Fussbodenbelag; Hartverarbeitung; Profil	

Kornverteilung

Kornklasse μm	Rückstand %		
		Dichte g/cm³	
		Schüttdichte g/cm³	0.46
		Stampfdichte g/cm³	
		Rieselfähigkeit	Rieselt gut
		Rieselzeit s/100 g	
		Kornbeschaffenheit	Poroes
Allgemeine Hinweise	Korngroesse <0.3 mm	Flüchtige Bestandteile %	0.3
		Sulfatasche %	0.05

Zugversuch 23 °C

Probekörper: Form   Herstellung
Zustand   Vorbehandlung

Streckspannung	N/mm²	Dehnung bei Streckspannung	%
Zugfestigkeit	N/mm²	Reißdehnung	%
Reißfestigkeit	N/mm²	% Dehnspannung	N/mm²
E-Modul	N/mm²	Dehnung bei % Dehnspg.	%

Kriechmoduln und Zeitstandwerte 23 °C

Probekörper: Form   Herstellung
Zustand   Vorbehandlung

Kriechmodul	1 min N/mm²	Zeitstandzugfestigkeit	h N/mm²
Kriechmodul	1000 h N/mm²	Zeitdehnspg. %	h N/mm²
bei Spannung	N/mm²		

Biegeversuch 23 °C

Probekörper: Form   Herstellung
Zustand   Vorbehandlung

Biegefestigkeit	N/mm²	E-Modul	N/mm²
3,5% Biegespannung	N/mm²		

Härte 23 °C

Probekörper: Zustand   Herstellung
Vorbehandlung

Kugeldruckhärte	N/mm²	bei	N, s	Shore-Härte A
Rockwellhärte				Shore-Härte D

Schlagversuch

Probekörper: (1)
(2)   Herstellung
Zustand   Vorbehandlung

°C   °C   °C   Probekörper-Form

Schlagzähigkeit	kJ/m²
Kerbschlagzähigkeit (1)	kJ/m²
IZOD-Kerbschlagzähigkeit (2)	J/m
Kerbschlagzugzähigkeit	kJ/m²

Kunststoffe © Springer-Verlag Berlin Heidelberg 1988
Kopieren, Vervielfältigen und Speichern in Datenverarbeitungsanlagen (auch auszugsweise) ist nur mit schriftlicher Genehmigung des Verlages gestattet

Datenbank-Nr. **T02297** Merkblatt-Nr. **2258**

Abrieb und Reibung

Taber-Abrieb (Reibradverfahren) mm³/100 U
Abriebfaktor LNP (Thrust washer) Vergleichswert
Statische Reibungszahl
Dynamische Reibungszahl (p·v = N/mm² · m/min)
Zulässiger p · v Wert N/mm² · (m/min) v = m/min
  v = m/min

Thermische Eigenschaften

Formbeständigkeit in der Wärme Verfahren °C
  Verfahren °C
Vicat Erweichungstemperatur (VST) Verfahren °C
  Verfahren °C
Kristallit-Schmelzpunkt Verfahren

Längenausdehnungskoeffizient Bereich °C · $10^{-4} K^{-1}$
  Temperatur · $10^{-4} K^{-1}$
Wärmeleitfähigkeit Verfahren W/(K · m)

Spezifische Wärmekapazität Verfahren J/(K · g)

Glasumwandlungstemperatur Torsionsschwingungsversuch °C
  Differentialkalorimetrie °C

Brandverhalten

UL-Test vertikal Dicke mm, Wert
  Dicke mm, Wert

 Norm Bewertung Abmessungen

Sauerstoff-Index ASTM D 2863
Glühstab-Verfahren
Brandverhalten DIN 4102
MVSS
FAR

Elektrische Eigenschaften

 Hz °C Probekörper, Form

Dielektrizitätszahl 50
  10³
  10⁶
Dielektrischer Verlustfaktor tan δ 50
  10³
  10⁶
*Spezifischer Durchgangs-
    widerstand* Ohm · cm
Durchschlagfestigkeit kV/mm
Oberflächenwiderstand Ohm mm dick

Kriechstromfestigkeit KC KB KA
Kriechwegbildung

Elektrolytische Korrosionswirkung
Lichtbogenfestigkeit nach DIN
    nach ASTM s

Beständigkeit (Chemische Beständigkeit siehe Anhang)
Wasseraufnahme

Feuchtigkeitsaufnahme Normalklima
Wetterbeständigkeit %

Spannungskorrosion

Optische Eigenschaften

Brechungszahl n_D
Transmissionsgrad τ_c % mm dick
Lichtdurchlässigkeit Glasklar

Datenbank-Nr.	**T02298**		Merkblatt-Nr.	**2259**

PVC

Produkt	Vinylchlorid-Homopolymerisat
Handelsname	**Vinoflex KR 3519**
Hersteller	BASF
DIN-Bez 1	7746-PVC-S,G,234-44
DIN-Bez 2	

Viskositätszahl	ml/g	234	
K-Wert		91	

Zusätze	
Füllstoffe/Verstärkung	

Bevorzugte Verarbeitung	Extrudieren; Spritzgiessen; Kalandrieren
Lieferform	Pulver
Farben	

Besondere Merkmale	Besonders gute mechanische Eigenschaften; Erweiterter Gebrauchstemperaturbereich
Bevorzugte Anwendungen	Weichverarbeitung; Kabel; Leitung; Profil; Schlauch; Spritzgiessartikel; Fussbodenbelag

---

Kornverteilung

Kornklasse µm	Rückstand %

Dichte	g/cm³	
Schüttdichte	g/cm³	0.44
Stampfdichte	g/cm³	
Rieselfähigkeit		Rieselt gut
Rieselzeit	s/100 g	
Kornbeschaffenheit		Poroes
Flüchtige Bestandteile	%	0.3
Sulfatasche	%	0.05

Allgemeine Hinweise: Korngroesse <0.3 mm

Zugversuch 23 °C

Probekörper: Form / Zustand   Herstellung / Vorbehandlung

Streckspannung	N/mm²	Dehnung bei Streckspannung		%
Zugfestigkeit	N/mm²	Reißdehnung		%
Reißfestigkeit	N/mm²	% Dehnspannung		N/mm²
E-Modul	N/mm²	Dehnung bei	% Dehnspg.	%

Kriechmoduln und Zeitstandwerte 23 °C

Probekörper: Form / Zustand   Herstellung / Vorbehandlung

Kriechmodul	1 min N/mm²	Zeitstandzugfestigkeit	h N/mm²
Kriechmodul	1000 h N/mm²	Zeitdehnspg. %	h N/mm²
bei Spannung	N/mm²		

Biegeversuch 23 °C

Probekörper: Form / Zustand   Herstellung / Vorbehandlung

Biegefestigkeit	N/mm²	E-Modul	N/mm²
3,5% Biegespannung	N/mm²		

Härte 23 °C

Probekörper: Zustand   Herstellung / Vorbehandlung

Kugeldruckhärte	N/mm²	bei N, s	Shore-Härte A	
Rockwellhärte			Shore-Härte D	

Schlagversuch

Probekörper: (1) / (2) / Zustand   Herstellung / Vorbehandlung

°C	°C	°C	Probekörper-Form

Schlagzähigkeit	kJ/m²
Kerbschlagzähigkeit (1)	kJ/m²
IZOD-Kerbschlagzähigkeit (2)	J/m
Kerbschlagzugzähigkeit	kJ/m²

Kunststoffe © Springer-Verlag Berlin Heidelberg 1988
Kopieren, Vervielfältigen und Speichern in Datenverarbeitungsanlagen (auch auszugsweise) ist nur mit schriftlicher Genehmigung des Verlages gestattet

Datenbank-Nr. **T02298** Merkblatt-Nr. **2259**

Abrieb und Reibung

Taber-Abrieb (Reibradverfahren) mm³/100 U
Abriebfaktor LNP (Thrust washer) Vergleichswert
Statische Reibungszahl
Dynamische Reibungszahl (p·v = N/mm² · m/min)
Zulässiger p · v Wert N/mm² · (m/min) v = m/min
 v = m/min

Thermische Eigenschaften

Formbeständigkeit in der Wärme Verfahren °C
 Verfahren °C
Vicat Erweichungstemperatur (VST) Verfahren °C
 Verfahren °C
Kristallit-Schmelzpunkt Verfahren

Längenausdehnungskoeffizient Bereich °C $\cdot 10^{-4} K^{-1}$
 Temperatur $\cdot 10^{-4} K^{-1}$
Wärmeleitfähigkeit Verfahren W/(K·m)

Spezifische Wärmekapazität Verfahren J/(K·g)

Glasumwandlungstemperatur Torsionsschwingungsversuch °C
 Differentialkalorimetrie °C

Brandverhalten

UL-Test vertikal Dicke mm, Wert
 Dicke mm, Wert

	Norm	Bewertung	Abmessungen
Sauerstoff-Index	ASTM D 2863		
Glühstab-Verfahren			
Brandverhalten	DIN 4102		
MVSS			
FAR			

Elektrische Eigenschaften

	Hz	°C		Probekörper, Form
Dielektrizitätszahl	50			
	10³			
	10⁶			
Dielektrischer Verlustfaktor tan δ	50			
	10³			
	10⁶			

Spezifischer Durchgangs-
 widerstand Ohm · cm
Durchschlagfestigkeit kV/mm   mm dick
Oberflächenwiderstand Ohm

Kriechstromfestigkeit KC KB KA
Kriechwegbildung

Elektrolytische Korrosionswirkung
Lichtbogenfestigkeit nach DIN
 nach ASTM s

Beständigkeit (Chemische Beständigkeit siehe Anhang)

Wasseraufnahme

Feuchtigkeitsaufnahme Normalklima   %
Wetterbeständigkeit

Spannungskorrosion

Optische Eigenschaften

Brechungszahl n_D
Transmissionsgrad τ_c %
Lichtdurchlässigkeit Glasklar mm dick

Datenbank-Nr.	**T02299**			Merkblatt-Nr. **2260**
Produkt	Vinylchlorid-Homopolymerisat			**PVC**
Handelsname	**Vinoflex E 6915**			
Hersteller	BASF			
DIN-Bez 1	7746-PVC-E,G,120-60		Viskositätszahl ml/g	120
DIN-Bez 2			K-Wert	69
Zusätze	Alkalisalze		Füllstoffe/Verstärkung	
Bevorzugte Verarbeitung	Extrudieren; Spritzgiessen; Kalandrieren		Lieferform	Pulver
			Farben	
Besondere Merkmale	Vorstabilisiert; Transparent		Bevorzugte Anwendungen	Hartverarbeitung; Rohr; Profil; Schaum; Weichverarbeitung; Profil; Folie; Schlauch; Fussbodenbelag; Kabel; Spritzgiessteil

Kornverteilung

Kornklasse µm	Rückstand %			
		Dichte	g/cm³	
		Schüttdichte	g/cm³	0.60
		Stampfdichte	g/cm³	
		Rieselfähigkeit		
		Rieselzeit	s/100 g	
		Kornbeschaffenheit		Pulvrig
Allgemeine Hinweise	Korngroesse <0.25 mm	Flüchtige Bestandteile	%	0.5
		Sulfatasche	%	1.5

Zugversuch 23 °C

Probekörper: Form
Zustand

Herstellung
Vorbehandlung

Streckspannung	N/mm²	Dehnung bei Streckspannung		%
Zugfestigkeit	N/mm²	Reißdehnung		%
Reißfestigkeit	N/mm²	% Dehnspannung		N/mm²
E-Modul	N/mm²	Dehnung bei	% Dehnspg.	%

Kriechmoduln und Zeitstandwerte 23 °C

Probekörper: Form
Zustand

Herstellung
Vorbehandlung

Kriechmodul	1 min N/mm²	Zeitstandzugfestigkeit	h	N/mm²
Kriechmodul	1000 h N/mm²	Zeitdehnspg. %	h	N/mm²
bei Spannung	N/mm²			

Biegeversuch 23 °C

Probekörper: Form
Zustand

Herstellung
Vorbehandlung

Biegefestigkeit	N/mm²	E-Modul	N/mm²
3,5% Biegespannung	N/mm²		

Härte 23 °C

Probekörper: Zustand

Herstellung
Vorbehandlung

Kugeldruckhärte	N/mm²	bei	N, s	Shore-Härte A
Rockwellhärte				Shore-Härte D

Schlagversuch

Probekörper: (1)
(2)
Zustand

Herstellung
Vorbehandlung

°C	°C	°C	Probekörper-Form

Schlagzähigkeit	kJ/m²
Kerbschlagzähigkeit (1)	kJ/m²
IZOD-Kerbschlagzähigkeit (2)	J/m
Kerbschlagzugzähigkeit	kJ/m²

Kunststoffe © Springer-Verlag Berlin Heidelberg 1988
Kopieren, Vervielfältigen und Speichern in Datenverarbeitungsanlagen (auch auszugsweise) ist nur mit schriftlicher Genehmigung des Verlages gestattet

Datenbank-Nr. **T02299** *Merkblatt-Nr.* **2260**

Abrieb und Reibung

Taber-Abrieb (Reibradverfahren)	mm³/100 U	
Abriebfaktor LNP (Thrust washer)	Vergleichswert	
Statische Reibungszahl		
Dynamische Reibungszahl	(p·v= N/mm² ·	m/min)
Zulässiger p·v Wert	N/mm² · (m/min)	v = m/min
		v = m/min

Thermische Eigenschaften

Formbeständigkeit in der Wärme	Verfahren	°C
	Verfahren	°C
Vicat Erweichungstemperatur (VST)	Verfahren	°C
	Verfahren	°C
Kristallit-Schmelzpunkt	Verfahren	
Längenausdehnungskoeffizient	Bereich °C	·10⁻⁴K⁻¹
	Temperatur	·10⁻⁴K⁻¹
Wärmeleitfähigkeit	Verfahren	W/(K·m)
Spezifische Wärmekapazität	Verfahren	J/(K·g)
Glasumwandlungstemperatur	Torsionsschwingungsversuch	°C
	Differentialkalorimetrie	°C

Brandverhalten

UL-Test vertikal Dicke mm, Wert
 Dicke mm, Wert

	Norm	Bewertung	Abmessungen
Sauerstoff-Index	ASTM D 2863		
Glühstab-Verfahren			
Brandverhalten	DIN 4102		
MVSS			
FAR			

Elektrische Eigenschaften

	Hz	°C		Probekörper, Form
Dielektrizitätszahl	50			
	10³			
	10⁶			
Dielektrischer Verlustfaktor tan δ	50			
	10³			
	10⁶			

Spezifischer Durchgangswiderstand	Ohm·cm	
Durchschlagfestigkeit	kV/mm	mm dick
Oberflächenwiderstand	Ohm	

Kriechstromfestigkeit KC KB KA
Kriechwegbildung

Elektrolytische Korrosionswirkung
Lichtbogenfestigkeit nach DIN
 nach ASTM s

Beständigkeit (Chemische Beständigkeit siehe Anhang)

Wasseraufnahme

Feuchtigkeitsaufnahme Normalklima
Wetterbeständigkeit %

Spannungskorrosion

Optische Eigenschaften

Brechungszahl n_D
Transmissionsgrad τ_c %
Lichtdurchlässigkeit Transparent   mm dick

Datenbank-Nr.	**T02300**		Merkblatt-Nr.	**2261**
Produkt	Vinylchlorid-Homopolymerisat			**PVC**
Handelsname	**Vinoflex E 7825**			
Hersteller	BASF			
DIN-Bez 1	7746-PVC-E,G,160-58	Viskositätszahl ml/g	160	
DIN-Bez 2		K-Wert	78	
Zusätze	Alkalisalze; Diphenylthioharnstoff; E-Wachs BASF	Füllstoffe/Verstärkung		
Bevorzugte Verarbeitung	Kalandrieren	Lieferform	Pulver	
		Farben		
Besondere Merkmale	Korngroesse < 0.25 mm Vorstabilisiert	Bevorzugte Anwendungen	Hartfolie nach dem Luvitherm-Verfahren	

Kornverteilung

Kornklasse μm	Rückstand %			
		Dichte	g/cm³	
		Schüttdichte	g/cm³	0.58
		Stampfdichte	g/cm³	
		Rieselfähigkeit		
		Rieselzeit	s/100 g	
		Kornbeschaffenheit		Pulvrig
Allgemeine Hinweise	Korngroesse L 0.25 mm	Flüchtige Bestandteile	%	0.5
		Sulfatasche	%	1.5

Zugversuch 23 °C

Probekörper: Form
Zustand
Herstellung
Vorbehandlung

Streckspannung	N/mm²	Dehnung bei Streckspannung	%
Zugfestigkeit	N/mm²	Reißdehnung	%
Reißfestigkeit	N/mm²	% Dehnspannung	N/mm²
E-Modul	N/mm²	Dehnung bei % Dehnspg.	%

Kriechmoduln und Zeitstandwerte 23 °C

Probekörper: Form
Zustand
Herstellung
Vorbehandlung

Kriechmodul	1 min N/mm²	Zeitstandzugfestigkeit	h N/mm²
Kriechmodul	1000 h N/mm²	Zeitdehnspg. %	h N/mm²
bei Spannung	N/mm²		

Biegeversuch 23 °C

Probekörper: Form
Zustand
Herstellung
Vorbehandlung

Biegefestigkeit	N/mm²	E-Modul	N/mm²
3,5% Biegespannung	N/mm²		

Härte 23 °C

Probekörper: Zustand
Herstellung
Vorbehandlung

Kugeldruckhärte	N/mm² bei N, s	Shore-Härte	A
Rockwellhärte		Shore-Härte	D

Schlagversuch

Probekörper: (1)
(2)
Zustand
Herstellung
Vorbehandlung

°C	°C	°C	Probekörper-Form

Schlagzähigkeit	kJ/m²
Kerbschlagzähigkeit (1)	kJ/m²
IZOD-Kerbschlagzähigkeit (2)	J/m
Kerbschlagzugzähigkeit	kJ/m²

Kunststoffe © Springer-Verlag Berlin Heidelberg 1988
Kopieren, Vervielfältigen und Speichern in Datenverarbeitungsanlagen (auch auszugsweise) ist nur mit schriftlicher Genehmigung des Verlages gestattet

Datenbank-Nr. **T02300** Merkblatt-Nr. **2261**

Abrieb und Reibung

Taber-Abrieb (Reibradverfahren)	mm³/100 U	
Abriebfaktor LNP (Thrust washer) Vergleichswert		
Statische Reibungszahl		
Dynamische Reibungszahl	(p·v = N/mm² · m/min)	
Zulässiger p·v Wert	N/mm² · (m/min) v = m/min	
	v = m/min	

Thermische Eigenschaften

Formbeständigkeit in der Wärme	Verfahren	°C
	Verfahren	°C
Vicat Erweichungstemperatur (VST)	Verfahren	°C
	Verfahren	°C
Kristallit-Schmelzpunkt	Verfahren	
Längenausdehnungskoeffizient	Bereich °C	·10⁻⁴ K⁻¹
	Temperatur	·10⁻⁴ K⁻¹
Wärmeleitfähigkeit	Verfahren	W/(K·m)
Spezifische Wärmekapazität	Verfahren	J/(K·g)
Glasumwandlungstemperatur	Torsionsschwingungsversuch	°C
	Differentialkalorimetrie	°C

Brandverhalten

UL-Test vertikal		Dicke mm, Wert	
		Dicke mm, Wert	
	Norm	Bewertung	Abmessungen
Sauerstoff-Index	ASTM D 2863		
Glühstab-Verfahren			
Brandverhalten	DIN 4102		
MVSS			
FAR			

Elektrische Eigenschaften

	Hz	°C			Probekörper, Form
Dielektrizitätszahl	50				
	10³				
	10⁶				
Dielektrischer Verlustfaktor tan δ	50				
	10³				
	10⁶				
Spezifischer Durchgangswiderstand	Ohm · cm				
Durchschlagfestigkeit	kV/mm				mm dick
Oberflächenwiderstand	Ohm				
Kriechstromfestigkeit		KC	KB	KA	
Kriechwegbildung					
Elektrolytische Korrosionswirkung					
Lichtbogenfestigkeit nach DIN					
nach ASTM	s				

Beständigkeit (Chemische Beständigkeit siehe Anhang)

Wasseraufnahme

Feuchtigkeitsaufnahme Normalklima   %
Wetterbeständigkeit

Spannungskorrosion

Optische Eigenschaften

Brechungszahl n_D		
Transmissionsgrad τ_c %	mm dick	
Lichtdurchlässigkeit Transparent		

Datenbank-Nr.	**T02301**		Merkblatt-Nr.	**2262**

PVC

Produkt	Vinylchlorid-Homopolymerisat
Handelsname	**Vinoflex E 7835**
Hersteller	BASF
DIN-Bez 1	7746-PVC-E,G,160-58
DIN-Bez 2	

Viskositätszahl ml/g	160	
K-Wert	78	

Zusätze	Alkalisalze
Füllstoffe/Verstärkung	
Bevorzugte Verarbeitung	Extrudieren; Kalandrieren
Lieferform	Pulver
Farben	
Besondere Merkmale	Vorstabilisiert
Bevorzugte Anwendungen	Hartfolie nach dem Luvitherm-Verfahren; Weichverarbeitung; Profil; Schlauch; Platte; Folie; Fussbodenbelag

Kornverteilung

Kornklasse μm	Rückstand %

Dichte	g/cm^3	
Schüttdichte	g/cm^3	0.58
Stampfdichte	g/cm^3	
Rieselfähigkeit		
Rieselzeit	s/100 g	
Kornbeschaffenheit		Pulvrig
Flüchtige Bestandteile	%	0.5
Sulfatasche	%	1.5

Allgemeine Hinweise: Korngroesse <0.25 mm

Zugversuch 23 °C

Probekörper: Form / Zustand
Herstellung / Vorbehandlung

Streckspannung	N/mm^2	Dehnung bei Streckspannung	%	
Zugfestigkeit	N/mm^2	Reißdehnung	%	
Reißfestigkeit	N/mm^2	% Dehnspannung	N/mm^2	
E-Modul	N/mm^2	Dehnung bei % Dehnspg.	%	

Kriechmoduln und Zeitstandwerte 23 °C

Probekörper: Form / Zustand
Herstellung / Vorbehandlung

Kriechmodul	1 min N/mm^2	Zeitstandzugfestigkeit	h	N/mm^2
Kriechmodul	1000 h N/mm^2	Zeitdehnspg. %	h	N/mm^2
bei Spannung	N/mm^2			

Biegeversuch 23 °C

Probekörper: Form / Zustand
Herstellung / Vorbehandlung

Biegefestigkeit	N/mm^2	E-Modul	N/mm^2
3,5% Biegespannung	N/mm^2		

Härte 23 °C

Probekörper: Zustand
Herstellung / Vorbehandlung

Kugeldruckhärte	N/mm^2	bei	N, s	Shore-Härte	A
Rockwellhärte				Shore-Härte	D

Schlagversuch

Probekörper: (1) / (2) / Zustand
Herstellung / Vorbehandlung

°C	°C	°C	Probekörper-Form

Schlagzähigkeit	kJ/m^2
Kerbschlagzähigkeit (1)	kJ/m^2
IZOD-Kerbschlagzähigkeit (2)	J/m
Kerbschlagzugzähigkeit	kJ/m^2

Kunststoffe © Springer-Verlag Berlin Heidelberg 1988
Kopieren, Vervielfältigen und Speichern in Datenverarbeitungsanlagen (auch auszugsweise) ist nur mit schriftlicher Genehmigung des Verlages gestattet

Datenbank-Nr. **T02301** Merkblatt-Nr. **2262**

Abrieb und Reibung

Taber-Abrieb (Reibradverfahren) mm³/100 U
Abriebfaktor LNP (Thrust washer) Vergleichswert
Statische Reibungszahl
Dynamische Reibungszahl (p·v = $\quad$ N/mm² · $\quad$ m/min)
Zulässiger p · v Wert N/mm² · (m/min) v = $\quad$ m/min
$\quad$ v = $\quad$ m/min

Thermische Eigenschaften

Formbeständigkeit in der Wärme Verfahren °C
$\quad$ Verfahren °C
Vicat Erweichungstemperatur (VST) Verfahren °C
$\quad$ Verfahren °C
Kristallit-Schmelzpunkt Verfahren

Längenausdehnungskoeffizient Bereich °C $\cdot 10^{-4} K^{-1}$
$\quad$ Temperatur $\cdot 10^{-4} K^{-1}$
Wärmeleitfähigkeit Verfahren W/(K · m)

Spezifische Wärmekapazität Verfahren J/(K · g)

Glasumwandlungstemperatur Torsionsschwingungsversuch °C
$\quad$ Differentialkalorimetrie °C

Brandverhalten

UL-Test vertikal Dicke $\quad$ mm, Wert
$\quad$ Dicke $\quad$ mm, Wert

	Norm	Bewertung	Abmessungen
Sauerstoff-Index	ASTM D 2863		
Glühstab-Verfahren			
Brandverhalten	DIN 4102		
MVSS			
FAR			

Elektrische Eigenschaften

	Hz	°C		Probekörper, Form
Dielektrizitätszahl	50			
	10³			
	10⁶			
Dielektrischer Verlustfaktor tan δ	50			
	10³			
	10⁶			

Spezifischer Durchgangs-
$\quad$ widerstand Ohm · cm
Durchschlagfestigkeit kV/mm $\quad$ mm dick
Oberflächenwiderstand Ohm

Kriechstromfestigkeit KC $\quad$ KB $\quad$ KA
Kriechwegbildung

Elektrolytische Korrosionswirkung
Lichtbogenfestigkeit nach DIN
$\quad$ nach ASTM s

Beständigkeit (Chemische Beständigkeit siehe Anhang)

Wasseraufnahme

Feuchtigkeitsaufnahme Normalklima %
Wetterbeständigkeit

Spannungskorrosion

Optische Eigenschaften

Brechungszahl n_D
Transmissionsgrad τ_c $\quad$ % $\quad$ mm dick
Lichtdurchlässigkeit Transparent

Datenbank-Nr.	**T02302**		*Merkblatt-Nr.*	**2263**
Produkt	Schlagzaeh modifiziertes Vinylchlorid-Polymerisat			**PVC**
Handelsname	**Vinidur SZ 6425**			
Hersteller	BASF			
DIN-Bez 1	7746-PVC-S + Acrylkautschuk,G,102-58	*Viskositätszahl* ml/g	102	
DIN-Bez 2		*K-Wert*	64	
Zusätze	11% Elastomergehalt	*Füllstoffe/ Verstärkung*		
Bevorzugte Verarbeitung	Hartverarbeitung; Extrudieren	*Lieferform*	Pulver	
		Farben	Natur	
Besondere Merkmale	Hochschlagzaeh; Opak	*Bevorzugte Anwendungen*	Rohr; Profil; Platte; Extruderfolie; Hohlkoerper; Spritzgiessartikel; Kalanderfolie nach dem Hochtemperaturverfahren; Extruderschaum	

Kornverteilung

Kornklasse μm	*Rückstand* %			
		Dichte g/cm³	1.34	
		Schüttdichte g/cm³	0.58	
		Stampfdichte g/cm³		
		Rieselfähigkeit	Rieselt gut	
		Rieselzeit s/100 g		
		Kornbeschaffenheit	Kompakt; Mikroporoes	
Allgemeine Hinweise	Korngroesse < 0.3 mm	*Flüchtige Bestandteile* %		
		Sulfatasche %		

Zugversuch 23 °C

Probekörper: Form *Herstellung*
Zustand *Vorbehandlung*

Streckspannung	N/mm²	*Dehnung bei Streckspannung*	%	
Zugfestigkeit	N/mm²	*Reißdehnung*	%	
Reißfestigkeit	N/mm²	% *Dehnspannung*	N/mm²	
E-Modul	N/mm²	*Dehnung bei* % *Dehnspg.*	%	

Kriechmoduln und Zeitstandwerte 23 °C

Probekörper: Form *Herstellung*
Zustand *Vorbehandlung*

Kriechmodul	1 min N/mm²	*Zeitstandzugfestigkeit*	h N/mm²	
Kriechmodul	1000 h N/mm²	*Zeitdehnspg.* %	h N/mm²	
bei Spannung	N/mm²			

Biegeversuch 23 °C

Probekörper: Form *Herstellung*
Zustand *Vorbehandlung*

Biegefestigkeit	N/mm²	*E-Modul*	N/mm²	
3,5% Biegespannung	N/mm²			

Härte 23 °C *Probekörper: Zustand* *Herstellung Vorbehandlung*

Kugeldruckhärte	N/mm² bei N, s	*Shore-Härte* A		
Rockwellhärte		*Shore-Härte* D		

Schlagversuch *Probekörper:* (1)
(2) *Herstellung*
Zustand *Vorbehandlung*

°C   °C   °C   *Probekörper-Form*

Schlagzähigkeit	kJ/m²	
Kerbschlagzähigkeit (1)	kJ/m²	
IZOD-Kerbschlagzähigkeit (2)	J/m	
Kerbschlagzugzähigkeit	kJ/m²	

Kunststoffe © Springer-Verlag Berlin Heidelberg 1988
Kopieren, Vervielfältigen und Speichern in Datenverarbeitungsanlagen (auch auszugsweise) ist nur mit schriftlicher Genehmigung des Verlages gestattet

Datenbank-Nr. **T02302** *Merkblatt-Nr.* **2263**

Abrieb und Reibung

Taber-Abrieb (Reibradverfahren)		mm³/100 U
Abriebfaktor LNP (Thrust washer) Vergleichswert		
Statische Reibungszahl		
Dynamische Reibungszahl	(p·v=	N/mm² · m/min)
Zulässiger p·v Wert	N/mm² · (m/min)	v= m/min
		v= m/min

Thermische Eigenschaften

Formbeständigkeit in der Wärme	Verfahren		°C
	Verfahren		°C
Vicat Erweichungstemperatur (VST)	Verfahren		°C
	Verfahren		°C
Kristallit-Schmelzpunkt	Verfahren		
Längenausdehnungskoeffizient	Bereich	°C	$\cdot 10^{-4} K^{-1}$
	Temperatur		$\cdot 10^{-4} K^{-1}$
Wärmeleitfähigkeit	Verfahren		W/(K·m)
Spezifische Wärmekapazität	Verfahren		J/(K·g)
Glasumwandlungstemperatur	Torsionsschwingungsversuch	°C	
	Differentialkalorimetrie	°C	

Brandverhalten

UL-Test vertikal		Dicke	mm, Wert	
		Dicke	mm, Wert	
	Norm	Bewertung		Abmessungen
Sauerstoff-Index	ASTM D 2863			
Glühstab-Verfahren				
Brandverhalten	DIN 4102			
MVSS				
FAR				

Elektrische Eigenschaften

	Hz	°C		Probekörper, Form
Dielektrizitätszahl	50			
	10³			
	10⁶			
Dielektrischer Verlustfaktor tan δ	50			
	10³			
	10⁶			
Spezifischer Durchgangs-widerstand	Ohm·cm			
Durchschlagfestigkeit	kV/mm			mm dick
Oberflächenwiderstand	Ohm			
Kriechstromfestigkeit	KC	KB	KA	
Kriechwegbildung				
Elektrolytische Korrosionswirkung				
Lichtbogenfestigkeit nach DIN				
nach ASTM	s			

Beständigkeit *(Chemische Beständigkeit siehe Anhang)*

Wasseraufnahme

Feuchtigkeitsaufnahme Normalklima %
Wetterbeständigkeit

Spannungskorrosion

Optische Eigenschaften

Brechungszahl n_D
Transmissionsgrad τ_c %   mm dick
Lichtdurchlässigkeit Opak

Datenbank-Nr.	**T02303**	*Merkblatt-Nr.* **2264**

Produkt	Schlagzaeh modifiziertes Vinylchlorid-Polymerisat			**PVC**
Handelsname	**Vinidur KR 3766**			
Hersteller	BASF			
DIN-Bez 1	7746-PVC-S + Acrylkautschuk,G,116-58	*Viskositätszahl* ml/g	109	
DIN-Bez 2		*K-Wert*	66	
Zusätze	5% Elastomergehalt	*Füllstoffe/ Verstärkung*		
Bevorzugte Verarbeitung	Hartverarbeitung; Extrudieren	*Lieferform*	Pulver	
		Farben	Natur	
Besondere Merkmale	Erhoeht schlagzaeh bis hochschlagzaeh; Opak	*Bevorzugte Anwendungen*	Fensterprofil; Rohr; Profil; Platte; Extruderfolie; Extruderschaum; Kalanderfolie	

Kornverteilung

Kornklasse µm	*Rückstand* %	*Dichte*	g/cm^3	1.36
		Schüttdichte	g/cm^3	0.57
		Stampfdichte	g/cm^3	
		Rieselfähigkeit		Rieselt gut
		Rieselzeit	s/100 g	
		Kornbeschaffenheit		Kompakt; Mikroporoes
Allgemeine Hinweise	Korngroesse <0.3 mm	*Flüchtige Bestandteile*	%	
		Sulfatasche	%	

Zugversuch 23 °C

	Probekörper: Form	*Herstellung*	
	Zustand	*Vorbehandlung*	
Streckspannung	N/mm^2	*Dehnung bei Streckspannung*	%
Zugfestigkeit	N/mm^2	*Reißdehnung*	%
Reißfestigkeit	N/mm^2	% *Dehnspannung*	N/mm^2
E-Modul	N/mm^2	*Dehnung bei* % *Dehnspg.*	%

Kriechmoduln und Zeitstandwerte 23 °C

	Probekörper: Form	*Herstellung*	
	Zustand	*Vorbehandlung*	
Kriechmodul	1 min N/mm^2	*Zeitstandzugfestigkeit* h	N/mm^2
Kriechmodul	1000 h N/mm^2	*Zeitdehnspg.* % h	N/mm^2
bei Spannung	N/mm^2		

Biegeversuch 23 °C

	Probekörper: Form	*Herstellung*	
	Zustand	*Vorbehandlung*	
Biegefestigkeit	N/mm^2	*E-Modul*	N/mm^2
3,5% Biegespannung	N/mm^2		

Härte 23 °C

	Probekörper: Zustand	*Herstellung*	
		Vorbehandlung	
Kugeldruckhärte	N/mm^2 bei N, s	*Shore-Härte* A	
Rockwellhärte		*Shore-Härte* D	

Schlagversuch

	Probekörper: (1)		
	(2)	*Herstellung*	
	Zustand	*Vorbehandlung*	
	°C °C °C		*Probekörper-Form*
Schlagzähigkeit	kJ/m^2		
Kerbschlagzähigkeit (1)	kJ/m^2		
IZOD-Kerbschlagzähigkeit (2)	J/m		
Kerbschlagzugzähigkeit	kJ/m^2		

Kunststoffe © Springer-Verlag Berlin Heidelberg 1988
Kopieren, Vervielfältigen und Speichern in Datenverarbeitungsanlagen (auch auszugsweise) ist nur mit schriftlicher Genehmigung des Verlages gestattet

Datenbank-Nr. **T02303** *Merkblatt-Nr.* **2264**

Abrieb und Reibung

Taber-Abrieb (Reibradverfahren)	mm³/100 U	
Abriebfaktor LNP (Thrust washer) Vergleichswert		
Statische Reibungszahl		
Dynamische Reibungszahl	(p·v = N/mm² · m/min)	
Zulässiger p · v Wert	N/mm² · (m/min) v = m/min	
	v = m/min	

Thermische Eigenschaften

Formbeständigkeit in der Wärme	Verfahren	°C
	Verfahren	°C
Vicat Erweichungstemperatur (VST)	Verfahren	°C
	Verfahren	°C
Kristallit-Schmelzpunkt	Verfahren	
Längenausdehnungskoeffizient	Bereich °C	·10⁻⁴K⁻¹
	Temperatur	·10⁻⁴K⁻¹
Wärmeleitfähigkeit	Verfahren	W/(K · m)
Spezifische Wärmekapazität	Verfahren	J/(K · g)
Glasumwandlungstemperatur	Torsionsschwingungsversuch	°C
	Differentialkalorimetrie	°C

Brandverhalten

UL-Test vertikal Dicke mm, Wert
  Dicke mm, Wert

	Norm	Bewertung	Abmessungen
Sauerstoff-Index	ASTM D 2863		
Glühstab-Verfahren			
Brandverhalten	DIN 4102		
MVSS			
FAR			

Elektrische Eigenschaften

	Hz	°C	Probekörper, Form
Dielektrizitätszahl	50		
	10³		
	10⁶		
Dielektrischer Verlustfaktor tan δ	50		
	10³		
	10⁶		

Spezifischer Durchgangswiderstand	Ohm · cm	
Durchschlagfestigkeit	kV/mm	mm dick
Oberflächenwiderstand	Ohm	

Kriechstromfestigkeit KC KB KA
Kriechwegbildung

Elektrolytische Korrosionswirkung
Lichtbogenfestigkeit nach DIN
  nach ASTM s

Beständigkeit *(Chemische Beständigkeit siehe Anhang)*

Wasseraufnahme

Feuchtigkeitsaufnahme Normalklima   %
Wetterbeständigkeit

Spannungskorrosion

Optische Eigenschaften

Brechungszahl n_D
Transmissionsgrad τ_c % mm dick
Lichtdurchlässigkeit Opak

Datenbank-Nr.	**T02543**	*Merkblatt-Nr.*	**2265**
			PVC

Produkt	Vinylchlorid-Homopolymerisat
Handelsname	**Solvic 156 RC**
Hersteller	SOLVAY
DIN-Bez 1	7746-PVC-E,G,077-55
DIN-Bez 2	

Viskositätszahl ml/g	77		
K-Wert	56		

Zusätze

Füllstoffe/Verstärkung

Bevorzugte Verarbeitung	Kalandrieren; Extrudieren
Lieferform	Pulver
Farben	Natur; Transparent
Besondere Merkmale	Niedriger Emulgatorgehalt; Nicht alkalisch vorstabilisiert; Abmischung mit SOLVIC 258 RB und SOLVIC 261 RB moeglich; Leicht verarbeitbar auch bei hohen Kalandergeschwindigkeiten
Bevorzugte Anwendungen	Hart-Kalanderfolie fuer Lebensmittelverpackungen; Profil und Rohr in Abmischung mit Solvic 200-Typen

Kornverteilung

Kornklasse µm	*Rückstand* %
≧ 125	25
≦ 63	30

Dichte	g/cm³	
Schüttdichte	g/cm³	0.55
Stampfdichte	g/cm³	0.62–0.72
Rieselfähigkeit		
Rieselzeit	s/100 g	33
Kornbeschaffenheit		
Flüchtige Bestandteile	%	≦ 0.3
Sulfatasche	%	

Allgemeine Hinweise

Zugversuch 23 °C

Probekörper: Form / Zustand
Herstellung / Vorbehandlung

Streckspannung	N/mm²
Zugfestigkeit	N/mm²
Reißfestigkeit	N/mm²
E-Modul	N/mm²

Dehnung bei Streckspannung	%
Reißdehnung	%
% *Dehnspannung*	N/mm²
Dehnung bei % *Dehnspg.*	%

Kriechmoduln und Zeitstandwerte 23 °C

Probekörper: Form / Zustand
Herstellung / Vorbehandlung

Kriechmodul	1 min	N/mm²
Kriechmodul	1000 h	N/mm²
bei Spannung		N/mm²

Zeitstandzugfestigkeit	h	N/mm²
Zeitdehnspg. %	h	N/mm²

Biegeversuch 23 °C

Probekörper: Form / Zustand
Herstellung / Vorbehandlung

Biegefestigkeit	N/mm²
3,5% Biegespannung	N/mm²

E-Modul N/mm²

Härte 23 °C

Probekörper: Zustand
Herstellung / Vorbehandlung

Kugeldruckhärte	N/mm²	bei	N, s
Rockwellhärte			

Shore-Härte A
Shore-Härte D

Schlagversuch

Probekörper: (1) (2) Zustand
Herstellung / Vorbehandlung

°C   °C   °C   *Probekörper-Form*

Schlagzähigkeit	kJ/m²
Kerbschlagzähigkeit (1)	kJ/m²
IZOD-Kerbschlagzähigkeit (2)	J/m
Kerbschlagzugzähigkeit	kJ/m²

Datenbank-Nr. **T02543** *Merkblatt-Nr.* **2265**

Abrieb und Reibung

Taber-Abrieb (Reibradverfahren) mm³/100 U
Abriebfaktor LNP (Thrust washer) Vergleichswert
Statische Reibungszahl
Dynamische Reibungszahl (p·v= N/mm² · m/min)
Zulässiger p·v Wert N/mm² · (m/min) v= m/min
  v= m/min

Thermische Eigenschaften

Formbeständigkeit in der Wärme Verfahren °C
  Verfahren °C
Vicat Erweichungstemperatur (VST) Verfahren °C
  Verfahren °C
Kristallit-Schmelzpunkt Verfahren

Längenausdehnungskoeffizient Bereich °C ·10⁻⁴K⁻¹
  Temperatur ·10⁻⁴K⁻¹
Wärmeleitfähigkeit Verfahren W/(K·m)

Spezifische Wärmekapazität Verfahren J/(K·g)

Glasumwandlungstemperatur Torsionsschwingungsversuch °C
  Differentialkalorimetrie °C

Brandverhalten

UL-Test vertikal Dicke mm, Wert
  Dicke mm, Wert

	Norm	Bewertung	Abmessungen
Sauerstoff-Index	ASTM D 2863		
Glühstab-Verfahren			
Brandverhalten	DIN 4102		
MVSS			
FAR			

Elektrische Eigenschaften

	Hz	°C		Probekörper, Form
Dielektrizitätszahl	50			
	10³			
	10⁶			
Dielektrischer Verlustfaktor tan δ	50			
	10³			
	10⁶			

*Spezifischer Durchgangs-
  widerstand* Ohm·cm
Durchschlagfestigkeit kV/mm mm dick
Oberflächenwiderstand Ohm

Kriechstromfestigkeit KC KB KA
Kriechwegbildung

Elektrolytische Korrosionswirkung
Lichtbogenfestigkeit nach DIN
  nach ASTM s

Beständigkeit *(Chemische Beständigkeit siehe Anhang)*

Wasseraufnahme

Feuchtigkeitsaufnahme Normalklima %
Wetterbeständigkeit

Spannungskorrosion

Optische Eigenschaften

Brechungszahl n_D
Transmissionsgrad τ_c % mm dick
Lichtdurchlässigkeit

Datenbank-Nr.	**T02544**			*Merkblatt-Nr.* **2266**
Produkt	Vinylchlorid-Homopolymerisat			**PVC**
Handelsname	**Solvic 158 GC**			
Hersteller	SOLVAY			
DIN-Bez 1	7746-PVC-E,G,084-XX	*Viskositätszahl* ml/g	84	
DIN-Bez 2		*K-Wert*	58	
Zusätze		*Füllstoffe/Verstärkung*		
Bevorzugte Verarbeitung	Kalandrieren; Extrudieren	*Lieferform*	Pulver	
		Farben	Natur	
Besondere Merkmale	Niedriger Emulgatorgehalt; Alkalisch vorstabilisiert; Leichte Verarbeitung auch bei hohen Kalandergeschwindigkeiten bzw. bei hohem Extruderausstoss	*Bevorzugte Anwendungen*	Opake bis glasklare, weiche und harte Kalanderfolie; Hart-PVC-Extrusion	

Kornverteilung

Kornklasse μm	Rückstand %
≥ 125	10
≤ 63	50–90

Allgemeine Hinweise

Dichte	g/cm³	
Schüttdichte	g/cm³	0.40
Stampfdichte	g/cm³	0.48–0.65
Rieselfähigkeit		Rieselt nicht
Rieselzeit	s/100 g	
Kornbeschaffenheit		
Flüchtige Bestandteile	%	≤ 0.3
Sulfatasche	%	

Zugversuch 23 °C

Probekörper: Form
Zustand
Herstellung Vorbehandlung

Streckspannung	N/mm²	*Dehnung bei Streckspannung*		%
Zugfestigkeit	N/mm²	*Reißdehnung*		%
Reißfestigkeit	N/mm²	% *Dehnspannung*		N/mm²
E-Modul	N/mm²	*Dehnung bei*	% Dehnspg.	%

Kriechmoduln und Zeitstandwerte 23 °C

Probekörper: Form
Zustand
Herstellung Vorbehandlung

Kriechmodul	1 min	N/mm²	*Zeitstandzugfestigkeit*	h	N/mm²
Kriechmodul	1000 h	N/mm²	*Zeitdehnspg.* %	h	N/mm²
bei Spannung		N/mm²			

Biegeversuch 23 °C

Probekörper: Form
Zustand
Herstellung Vorbehandlung

Biegefestigkeit	N/mm²	*E-Modul*	N/mm²
3,5% Biegespannung	N/mm²		

Härte 23 °C

Probekörper: Zustand
Herstellung Vorbehandlung

Kugeldruckhärte	N/mm²	bei	N, s	*Shore-Härte* A
Rockwellhärte				*Shore-Härte* D

Schlagversuch

Probekörper: (1)
(2)
Zustand
Herstellung Vorbehandlung

°C   °C   °C   *Probekörper-Form*

Schlagzähigkeit	kJ/m²
Kerbschlagzähigkeit (1)	kJ/m²
IZOD-Kerbschlagzähigkeit (2)	J/m
Kerbschlagzugzähigkeit	kJ/m²

Kunststoffe © Springer-Verlag Berlin Heidelberg 1988
Kopieren, Vervielfältigen und Speichern in Datenverarbeitungsanlagen (auch auszugsweise) ist nur mit schriftlicher Genehmigung des Verlages gestattet

Datenbank-Nr. **T02544** *Merkblatt-Nr.* **2266**

Abrieb und Reibung

Taber-Abrieb (Reibradverfahren)	mm³/100 U	
Abriebfaktor LNP (Thrust washer) Vergleichswert		
Statische Reibungszahl		
Dynamische Reibungszahl	(p·v = N/mm² ·	m/min)
Zulässiger p·v Wert	N/mm² · (m/min)	v = m/min
		v = m/min

Thermische Eigenschaften

Formbeständigkeit in der Wärme	Verfahren	°C
	Verfahren	°C
Vicat Erweichungstemperatur (VST)	Verfahren	°C
	Verfahren	°C
Kristallit-Schmelzpunkt	Verfahren	
Längenausdehnungskoeffizient	Bereich °C	·10⁻⁴K⁻¹
	Temperatur	·10⁻⁴K⁻¹
Wärmeleitfähigkeit	Verfahren	W/(K·m)
Spezifische Wärmekapazität	Verfahren	J/(K·g)
Glasumwandlungstemperatur	Torsionsschwingungsversuch	°C
	Differentialkalorimetrie	°C

Brandverhalten

UL-Test vertikal Dicke mm, Wert
    Dicke mm, Wert

	Norm	Bewertung	Abmessungen
Sauerstoff-Index	ASTM D 2863		
Glühstab-Verfahren			
Brandverhalten	DIN 4102		
MVSS			
FAR			

Elektrische Eigenschaften

	Hz	°C	Probekörper, Form
Dielektrizitätszahl	50		
	10³		
	10⁶		
Dielektrischer Verlustfaktor tan δ	50		
	10³		
	10⁶		

Spezifischer Durchgangswiderstand	Ohm·cm	
Durchschlagfestigkeit	kV/mm	mm dick
Oberflächenwiderstand	Ohm	

Kriechstromfestigkeit KC KB KA
Kriechwegbildung

Elektrolytische Korrosionswirkung
Lichtbogenfestigkeit nach DIN
     nach ASTM s

Beständigkeit *(Chemische Beständigkeit siehe Anhang)*

Wasseraufnahme

Feuchtigkeitsaufnahme Normalklima   %
Wetterbeständigkeit

Spannungskorrosion

Optische Eigenschaften

Brechungszahl n_D
Transmissionsgrad τ_c %   mm dick
Lichtdurchlässigkeit

Datenbank-Nr.	**T02545**		*Merkblatt-Nr.*	**2267**
Produkt	Vinylchlorid-Homopolymerisat			**PVC**
Handelsname	**Solvic 161 RC**			
Hersteller	SOLVAY			
DIN-Bez 1	7746-PVC-E,G,092-55		*Viskositätszahl* ml/g	92
DIN-Bez 2			*K-Wert*	61
Zusätze			*Füllstoffe/ Verstärkung*	
Bevorzugte Verarbeitung	Kalandrieren; Extrudieren		*Lieferform*	Pulver
			Farben	Natur
Besondere Merkmale	Niedriger Emulgatorgehalt; Nicht alkalisch vorstabilisiert; Abmischung mit SOLVIC 258 RB und SOLVIC 261 RB moeglich		*Bevorzugte Anwendungen*	Hart-PVC-Folie hoher Transparenz

Kornverteilung

Kornklasse μm	*Rückstand* %
≧ 125	20
≦ 63	35

Dichte	g/cm³	
Schüttdichte	g/cm³	0.55
Stampfdichte	g/cm³	0.62–0.72
Rieselfähigkeit		
Rieselzeit	s/100 g	27
Kornbeschaffenheit		
Flüchtige Bestandteile	%	≦ 0.3
Sulfatasche	%	

Allgemeine Hinweise

Zugversuch 23 °C

Probekörper: Form
  Zustand
Herstellung Vorbehandlung

Streckspannung	N/mm²	*Dehnung bei Streckspannung*	%
Zugfestigkeit	N/mm²	*Reißdehnung*	%
Reißfestigkeit	N/mm²	% *Dehnspannung*	N/mm²
E-Modul	N/mm²	*Dehnung bei* % *Dehnspg.*	%

Kriechmoduln und Zeitstandwerte 23 °C

Probekörper: Form
  Zustand
Herstellung Vorbehandlung

Kriechmodul	1 min N/mm²	*Zeitstandzugfestigkeit*	h N/mm²
Kriechmodul	1000 h N/mm²	*Zeitdehnspg.* %	h N/mm²
bei Spannung	N/mm²		

Biegeversuch 23 °C

Probekörper: Form
  Zustand
Herstellung Vorbehandlung

Biegefestigkeit	N/mm²	*E-Modul*	N/mm²
3,5% Biegespannung	N/mm²		

Härte 23 °C

Probekörper: Zustand
Herstellung Vorbehandlung

Kugeldruckhärte	N/mm²	bei N, s	*Shore-Härte* A	
Rockwellhärte			*Shore-Härte* D	

Schlagversuch

Probekörper: (1)
  (2)
  Zustand
Herstellung Vorbehandlung

°C	°C	°C	*Probekörper-Form*

Schlagzähigkeit	kJ/m²
Kerbschlagzähigkeit (1)	kJ/m²
IZOD-Kerbschlagzähigkeit (2)	J/m
Kerbschlagzugzähigkeit	kJ/m²

Datenbank-Nr. **T02545** Merkblatt-Nr. **2267**

Abrieb und Reibung

Taber-Abrieb (Reibradverfahren)		mm³/100 U
Abriebfaktor LNP (Thrust washer) Vergleichswert		
Statische Reibungszahl		
Dynamische Reibungszahl	($p \cdot v =$	N/mm² · m/min)
Zulässiger $p \cdot v$ Wert	N/mm² · (m/min)	$v =$ m/min
		$v =$ m/min

Thermische Eigenschaften

Formbeständigkeit in der Wärme	Verfahren	°C
	Verfahren	°C
Vicat Erweichungstemperatur (VST)	Verfahren	°C
	Verfahren	°C
Kristallit-Schmelzpunkt	Verfahren	
Längenausdehnungskoeffizient	Bereich °C	$\cdot 10^{-4} K^{-1}$
	Temperatur	$\cdot 10^{-4} K^{-1}$
Wärmeleitfähigkeit	Verfahren	W/(K · m)
Spezifische Wärmekapazität	Verfahren	J/(K · g)
Glasumwandlungstemperatur	Torsionsschwingungsversuch	°C
	Differentialkalorimetrie	°C

Brandverhalten

UL-Test vertikal Dicke mm, Wert
 Dicke mm, Wert

	Norm	Bewertung	Abmessungen
Sauerstoff-Index	ASTM D 2863		
Glühstab-Verfahren			
Brandverhalten	DIN 4102		
MVSS			
FAR			

Elektrische Eigenschaften

	Hz	°C			Probekörper, Form
Dielektrizitätszahl	50				
	10³				
	10⁶				
Dielektrischer Verlustfaktor tan δ	50				
	10³				
	10⁶				
Spezifischer Durchgangs-widerstand	Ohm · cm				
Durchschlagfestigkeit	kV/mm				mm dick
Oberflächenwiderstand	Ohm				
Kriechstromfestigkeit		KC	KB	KA	
Kriechwegbildung					

Elektrolytische Korrosionswirkung
Lichtbogenfestigkeit nach DIN
 nach ASTM s

Beständigkeit *(Chemische Beständigkeit siehe Anhang)*

Wasseraufnahme

Feuchtigkeitsaufnahme Normalklima %
Wetterbeständigkeit

Spannungskorrosion

Optische Eigenschaften

Brechungszahl n_D
Transmissionsgrad τ_c % mm dick
Lichtdurchlässigkeit

Datenbank-Nr.	**T02546**			Merkblatt-Nr. **2268**
				PVC

Produkt	Vinylchlorid-Homopolymerisat
Handelsname	**Solvic 161 RD**
Hersteller	SOLVAY

DIN-Bez 1	7746-PVC-E,G,092-40	Viskositätszahl ml/g	92
DIN-Bez 2		K-Wert	61
Zusätze		Füllstoffe/Verstärkung	
Bevorzugte Verarbeitung	Kalandrieren; Extrudieren	Lieferform	Pulver
		Farben	Natur
Besondere Merkmale	Niedriger Emulgatorgehalt; Nicht alkalisch vorstabilisiert; Abmischung mit SOLVIC 258 RB und SOLVIC 261 RB moeglich; Ergibt Teile mit guten mechanischen Eigenschaften; Antistatisch	Bevorzugte Anwendungen	Antistatische transparente oder opake Hart-PVC-Folie; Teil mit niedrigem Oberflaechenwiderstand; Profil; Rohr

Kornverteilung

Kornklasse µm	Rückstand %			
≥ 125	25	Dichte	g/cm³	
≤ 63	35	Schüttdichte	g/cm³	0.40
		Stampfdichte	g/cm³	0.66–0.76
		Rieselfähigkeit		
		Rieselzeit	s/100 g	31
		Kornbeschaffenheit		
Allgemeine Hinweise		Flüchtige Bestandteile	%	≤ 0.3
		Sulfatasche	%	

Zugversuch 23 °C

	Probekörper:	Form	Herstellung	
		Zustand	Vorbehandlung	
Streckspannung	N/mm²		Dehnung bei Streckspannung	%
Zugfestigkeit	N/mm²		Reißdehnung	%
Reißfestigkeit	N/mm²		% Dehnspannung	N/mm²
E-Modul	N/mm²		Dehnung bei % Dehnspg.	%

Kriechmoduln und Zeitstandwerte 23 °C

	Probekörper:	Form	Herstellung	
		Zustand	Vorbehandlung	
Kriechmodul	1 min	N/mm²	Zeitstandzugfestigkeit	h N/mm²
Kriechmodul	1000 h	N/mm²	Zeitdehnspg. %	h N/mm²
bei Spannung		N/mm²		

Biegeversuch 23 °C

	Probekörper:	Form	Herstellung	
		Zustand	Vorbehandlung	
Biegefestigkeit	N/mm²		E-Modul	N/mm²
3,5% Biegespannung	N/mm²			

Härte 23 °C

	Probekörper:	Zustand	Herstellung	
			Vorbehandlung	
Kugeldruckhärte	N/mm²	bei N, s	Shore-Härte A	
Rockwellhärte			Shore-Härte D	

Schlagversuch

	Probekörper:	(1)		
		(2)	Herstellung	
		Zustand	Vorbehandlung	
	°C	°C	°C	Probekörper-Form

Schlagzähigkeit	kJ/m²
Kerbschlagzähigkeit (1)	kJ/m²
IZOD-Kerbschlagzähigkeit (2)	J/m
Kerbschlagzugzähigkeit	kJ/m²

Kunststoffe © Springer-Verlag Berlin Heidelberg 1988
Kopieren, Vervielfältigen und Speichern in Datenverarbeitungsanlagen (auch auszugsweise) ist nur mit schriftlicher Genehmigung des Verlages gestattet

Datenbank-Nr. **T02546**   *Merkblatt-Nr.* **2268**

Abrieb und Reibung

Taber-Abrieb (Reibradverfahren)	mm³/100 U	
Abriebfaktor LNP (Thrust washer) Vergleichswert		
Statische Reibungszahl		
Dynamische Reibungszahl	(p·v= N/mm² ·	m/min)
Zulässiger p · v Wert	N/mm² · (m/min) v =	m/min
	v =	m/min

Thermische Eigenschaften

Formbeständigkeit in der Wärme	Verfahren		°C
	Verfahren		°C
Vicat Erweichungstemperatur (VST)	Verfahren		°C
	Verfahren		°C
Kristallit-Schmelzpunkt	Verfahren		
Längenausdehnungskoeffizient	Bereich	°C	$\cdot 10^{-4} K^{-1}$
	Temperatur		$\cdot 10^{-4} K^{-1}$
Wärmeleitfähigkeit	Verfahren		W/(K · m)
Spezifische Wärmekapazität	Verfahren		J/(K · g)
Glasumwandlungstemperatur	Torsionsschwingungsversuch	°C	
	Differentialkalorimetrie	°C	

Brandverhalten

UL-Test vertikal   Dicke   mm, Wert
               Dicke   mm, Wert

	Norm	*Bewertung*	*Abmessungen*
Sauerstoff-Index	ASTM D 2863		
Glühstab-Verfahren			
Brandverhalten	DIN 4102		
MVSS			
FAR			

Elektrische Eigenschaften

	Hz	°C	*Probekörper, Form*
Dielektrizitätszahl	50		
	10³		
	10⁶		
Dielektrischer Verlustfaktor tan δ	50		
	10³		
	10⁶		
Spezifischer Durchgangswiderstand	Ohm · cm		
Durchschlagfestigkeit	kV/mm		mm dick
Oberflächenwiderstand	Ohm		
Kriechstromfestigkeit	KC	KB	KA
Kriechwegbildung			

Elektrolytische Korrosionswirkung
Lichtbogenfestigkeit nach DIN
         nach ASTM   s

Beständigkeit *(Chemische Beständigkeit siehe Anhang)*

Wasseraufnahme

Feuchtigkeitsaufnahme Normalklima   %
Wetterbeständigkeit

Spannungskorrosion

Optische Eigenschaften

Brechungszahl n_D
Transmissionsgrad τ_c %   mm dick
Lichtdurchlässigkeit

Datenbank-Nr.	**T02547**	Merkblatt-Nr.	**2269**

Produkt	Vinylchlorid-Homopolymerisat		**PVC**
Handelsname	**Solvic 172 GA**		
Hersteller	SOLVAY		
DIN-Bez 1	7746-PVC-E,G,132-55	Viskositätszahl ml/g	130
DIN-Bez 2		K-Wert	72
Zusätze		Füllstoffe/Verstärkung	
Bevorzugte Verarbeitung	Kalandrieren; Extrudieren	Lieferform	Pulver
		Farben	Natur
Besondere Merkmale	Niedriger Emulgatorgehalt; Nicht alkalisch vorstabilisiert; Abmischung mit SOLVIC 264 GA oder 265 RC oder 268 RC bewaehrt	Bevorzugte Anwendungen	Hart-Extrusion; Profil; Rohr; Opake bis transparente Kalanderfolie; Weiche bis halbharte Folie; Fussbodenbelag

Kornverteilung

Kornklasse μm	Rückstand %		
≥ 125	15	Dichte g/cm³	
≤ 63	30–60	Schüttdichte g/cm³	0.57
		Stampfdichte g/cm³	0.64–0.72
		Rieselfähigkeit	Rieselt nicht
		Rieselzeit s/100 g	
		Kornbeschaffenheit	
Allgemeine Hinweise		Flüchtige Bestandteile %	≤ 0.3
		Sulfatasche %	

Zugversuch 23 °C

Probekörper: Form / Zustand   Herstellung / Vorbehandlung

Streckspannung	N/mm²	Dehnung bei Streckspannung	%
Zugfestigkeit	N/mm²	Reißdehnung	%
Reißfestigkeit	N/mm²	% Dehnspannung	N/mm²
E-Modul	N/mm²	Dehnung bei % Dehnspg.	%

Kriechmoduln und Zeitstandwerte 23 °C

Probekörper: Form / Zustand   Herstellung / Vorbehandlung

Kriechmodul	1 min N/mm²	Zeitstandzugfestigkeit	h N/mm²
Kriechmodul	1000 h N/mm²	Zeitdehnspg. %	h N/mm²
bei Spannung	N/mm²		

Biegeversuch 23 °C

Probekörper: Form / Zustand   Herstellung / Vorbehandlung

Biegefestigkeit	N/mm²	E-Modul	N/mm²
3,5% Biegespannung	N/mm²		

Härte 23 °C

Probekörper: Zustand   Herstellung / Vorbehandlung

Kugeldruckhärte	N/mm² bei N, s	Shore-Härte A	
Rockwellhärte		Shore-Härte D	

Schlagversuch

Probekörper: (1) (2) Zustand   Herstellung / Vorbehandlung

	°C	°C	°C	Probekörper-Form
Schlagzähigkeit	kJ/m²			
Kerbschlagzähigkeit (1)	kJ/m²			
IZOD-Kerbschlagzähigkeit (2)	J/m			
Kerbschlagzugzähigkeit	kJ/m²			

Datenbank-Nr. **T02547** *Merkblatt-Nr.* **2269**

Abrieb und Reibung

Taber-Abrieb (Reibradverfahren)	mm³/100 U
Abriebfaktor LNP (Thrust washer) Vergleichswert	
Statische Reibungszahl	
Dynamische Reibungszahl	(p·v = N/mm² · m/min)
Zulässiger p · v Wert	N/mm² · (m/min) v = m/min
	v = m/min

Thermische Eigenschaften

Formbeständigkeit in der Wärme	Verfahren	°C
	Verfahren	°C
Vicat Erweichungstemperatur (VST)	Verfahren	°C
	Verfahren	°C
Kristallit-Schmelzpunkt	Verfahren	
Längenausdehnungskoeffizient	Bereich °C	$\cdot 10^{-4} K^{-1}$
	Temperatur	$\cdot 10^{-4} K^{-1}$
Wärmeleitfähigkeit	Verfahren	W/(K·m)
Spezifische Wärmekapazität	Verfahren	J/(K·g)
Glasumwandlungstemperatur	Torsionsschwingungsversuch	°C
	Differentialkalorimetrie	°C

Brandverhalten

UL-Test vertikal Dicke mm, Wert
 Dicke mm, Wert

	Norm	Bewertung	Abmessungen
Sauerstoff-Index	ASTM D 2863		
Glühstab-Verfahren			
Brandverhalten	DIN 4102		
MVSS			
FAR			

Elektrische Eigenschaften

	Hz	°C		Probekörper, Form
Dielektrizitätszahl	50			
	10³			
	10⁶			
Dielektrischer Verlustfaktor tan δ	50			
	10³			
	10⁶			
Spezifischer Durchgangswiderstand	Ohm·cm			
Durchschlagfestigkeit	kV/mm			mm dick
Oberflächenwiderstand	Ohm			
Kriechstromfestigkeit	KC	KB	KA	
Kriechwegbildung				

Elektrolytische Korrosionswirkung
Lichtbogenfestigkeit nach DIN
 nach ASTM s

Beständigkeit (Chemische Beständigkeit siehe Anhang)

Wasseraufnahme

Feuchtigkeitsaufnahme Normalklima %
Wetterbeständigkeit

Spannungskorrosion

Optische Eigenschaften

Brechungszahl n_D
Transmissionsgrad τ_c % mm dick
Lichtdurchlässigkeit

Datenbank-Nr.	**T02548**			Merkblatt-Nr. **2270**
				PVC

Produkt	Vinylchlorid-Homopolymerisat
Handelsname	**Solvic 174 GB**
Hersteller	SOLVAY
DIN-Bez 1	7746-PVC-E,G,140-40
DIN-Bez 2	

			Viskositätszahl ml/g	140
			K-Wert	74

Zusätze	
Füllstoffe/Verstärkung	

Bevorzugte Verarbeitung	Extrudieren		Lieferform	Pulver
			Farben	Natur
Besondere Merkmale	Niedriger Emulgatorgehalt; Nicht alkalisch vorstabilisiert; Leicht homogenisierbar; Gute Plastifiziereigenschaften; Geringe Neigung zur Bildung von Fischaugen; Gute Oberflaeche		Bevorzugte Anwendungen	Weich-Verarbeitung; Handlauf; Kederprofil; Kuehlschrankdichtung; Bausektor; Moebelsektor; Kfz-Sektor; Abschlussprofil

Kornverteilung

Kornklasse µm	Rückstand %			
≥ 125	10			
≤ 63	40–80			

Dichte	g/cm³		
Schüttdichte	g/cm³	0.40	
Stampfdichte	g/cm³	0.52–0.62	
Rieselfähigkeit		Rieselt nicht	
Rieselzeit	s/100 g		
Kornbeschaffenheit			
Flüchtige Bestandteile	%	≤ 0.3	
Sulfatasche	%		

Allgemeine Hinweise

Zugversuch 23 °C

	Probekörper:	Form		Herstellung	
		Zustand		Vorbehandlung	
Streckspannung	N/mm²		Dehnung bei Streckspannung	%	
Zugfestigkeit	N/mm²		Reißdehnung	%	
Reißfestigkeit	N/mm²		% Dehnspannung	N/mm²	
E-Modul	N/mm²		Dehnung bei % Dehnspg.	%	

Kriechmoduln und Zeitstandwerte 23 °C

	Probekörper:	Form		Herstellung	
		Zustand		Vorbehandlung	
Kriechmodul	1 min N/mm²		Zeitstandzugfestigkeit	h N/mm²	
Kriechmodul	1000 h N/mm²		Zeitdehnspg. %	h N/mm²	
bei Spannung	N/mm²				

Biegeversuch 23 °C

	Probekörper:	Form		Herstellung	
		Zustand		Vorbehandlung	
Biegefestigkeit	N/mm²		E-Modul	N/mm²	
3,5% Biegespannung	N/mm²				

Härte 23 °C

	Probekörper:	Zustand		Herstellung	
				Vorbehandlung	
Kugeldruckhärte	N/mm²	bei N, s	Shore-Härte A		
Rockwellhärte			Shore-Härte D		

Schlagversuch

	Probekörper:	(1)			
		(2)		Herstellung	
		Zustand		Vorbehandlung	
		°C	°C	°C	Probekörper-Form

Schlagzähigkeit	kJ/m²
Kerbschlagzähigkeit (1)	kJ/m²
IZOD-Kerbschlagzähigkeit (2)	J/m
Kerbschlagzugzähigkeit	kJ/m²

Kunststoffe © Springer-Verlag Berlin Heidelberg 1988
Kopieren, Vervielfältigen und Speichern in Datenverarbeitungsanlagen (auch auszugsweise) ist nur mit schriftlicher Genehmigung des Verlages gestattet

Datenbank-Nr. **T02548**   Merkblatt-Nr. **2270**

Abrieb und Reibung

Taber-Abrieb (Reibradverfahren)   mm³/100 U
Abriebfaktor LNP (Thrust washer) Vergleichswert
Statische Reibungszahl
Dynamische Reibungszahl   (p·v=   N/mm² ·   m/min)
Zulässiger p·v Wert   N/mm² · (m/min)   v=   m/min
                                   v=   m/min

Thermische Eigenschaften

Formbeständigkeit in der Wärme   Verfahren   °C
                               Verfahren   °C
Vicat Erweichungstemperatur (VST)   Verfahren   °C
                               Verfahren   °C
Kristallit-Schmelzpunkt   Verfahren

Längenausdehnungskoeffizient   Bereich   °C $\cdot 10^{-4} K^{-1}$
                               Temperatur $\cdot 10^{-4} K^{-1}$
Wärmeleitfähigkeit   Verfahren   W/(K·m)

Spezifische Wärmekapazität   Verfahren   J/(K·g)

Glasumwandlungstemperatur   Torsionsschwingungsversuch   °C
                               Differentialkalorimetrie   °C

Brandverhalten

UL-Test vertikal   Dicke   mm, Wert
               Dicke   mm, Wert

       Norm   Bewertung   Abmessungen

Sauerstoff-Index   ASTM D 2863
Glühstab-Verfahren
Brandverhalten   DIN 4102
MVSS
FAR

Elektrische Eigenschaften

       Hz   °C   Probekörper, Form

Dielektrizitätszahl   50
              10^3
              10^6
Dielektrischer Verlustfaktor tan δ   50
              10^3
              10^6

Spezifischer Durchgangs-
    widerstand   Ohm·cm
Durchschlagfestigkeit   kV/mm   mm dick
Oberflächenwiderstand   Ohm

Kriechstromfestigkeit   KC   KB   KA
Kriechwegbildung

Elektrolytische Korrosionswirkung
Lichtbogenfestigkeit nach DIN
         nach ASTM   s

Beständigkeit (Chemische Beständigkeit siehe Anhang)

Wasseraufnahme

Feuchtigkeitsaufnahme Normalklima   %
Wetterbeständigkeit

Spannungskorrosion

Optische Eigenschaften

Brechungszahl n_D
Transmissionsgrad τ_c %   mm dick
Lichtdurchlässigkeit

Datenbank-Nr.	**T02549**		*Merkblatt-Nr.*	**2271**
Produkt	Vinylchlorid-Homopolymerisat			**PVC**
Handelsname	**Solvic 250 SA**			
Hersteller	SOLVAY			
DIN-Bez 1	7746-PVC-S,G,061-51	*Viskositätszahl* ml/g	61	
DIN-Bez 2		*K-Wert*	50	
Zusätze		*Füllstoffe/Verstärkung*		
Bevorzugte Verarbeitung	Spritzgiessen	*Lieferform*	Pulver	
		Farben	Natur	
Besondere Merkmale	Hervorragende Plastifizierfaehigkeit; Gute Thermostabilitaet; Geringe Neigung zur Bildung von Stippen und Fischaugen; Glasklarheit von Folien und Formteilen bei entspr. Rezeptierung	*Bevorzugte Anwendungen*	Grossformatiges Teil mit langen Fliesswegen und kleinen Wanddicken	

Kornverteilung

Kornklasse μm	Rückstand %
≥ 158	10
98–158	40
46–98	40
≤ 46	10

Allgemeine Hinweise

Dichte	g/cm³	
Schüttdichte	g/cm³	0.48–0.55
Stampfdichte	g/cm³	0.62–0.68
Rieselfähigkeit		
Rieselzeit	s/100 g	25
Kornbeschaffenheit		Locker; Zerklueftet
Flüchtige Bestandteile	%	≤ 0.3
Sulfatasche	%	

Zugversuch 23 °C

Probekörper: Form   *Herstellung*
Zustand   *Vorbehandlung*

Streckspannung	N/mm²	*Dehnung bei Streckspannung*	%
Zugfestigkeit	N/mm²	*Reißdehnung*	%
Reißfestigkeit	N/mm²	% *Dehnspannung*	N/mm²
E-Modul	N/mm²	*Dehnung bei* % Dehnspg.	%

Kriechmoduln und Zeitstandwerte 23 °C

Probekörper: Form   *Herstellung*
Zustand   *Vorbehandlung*

Kriechmodul	1 min N/mm²	*Zeitstandzugfestigkeit*	h N/mm²
Kriechmodul	1000 h N/mm²	*Zeitdehnspg.* %	h N/mm²
bei Spannung	N/mm²		

Biegeversuch 23 °C

Probekörper: Form   *Herstellung*
Zustand   *Vorbehandlung*

Biegefestigkeit	N/mm²	*E-Modul*	N/mm²
3,5% *Biegespannung*	N/mm²		

Härte 23 °C

Probekörper: Zustand   *Herstellung*
  Vorbehandlung

Kugeldruckhärte	N/mm²	bei	N, s	*Shore-Härte* A
Rockwellhärte				*Shore-Härte* D

Schlagversuch

Probekörper: (1)
(2)   *Herstellung*
Zustand   *Vorbehandlung*

°C   °C   °C   *Probekörper-Form*

Schlagzähigkeit	kJ/m²
Kerbschlagzähigkeit (1)	kJ/m²
IZOD-Kerbschlagzähigkeit (2)	J/m
Kerbschlagzugzähigkeit	kJ/m²

Kunststoffe © Springer-Verlag Berlin Heidelberg 1988
Kopieren, Vervielfältigen und Speichern in Datenverarbeitungsanlagen (auch auszugsweise) ist nur mit schriftlicher Genehmigung des Verlages gestattet

Datenbank-Nr. **T02549** *Merkblatt-Nr.* **2271**

Abrieb und Reibung

Taber-Abrieb (Reibradverfahren)	mm³/100 U	
Abriebfaktor LNP (Thrust washer) Vergleichswert		
Statische Reibungszahl		
Dynamische Reibungszahl	(p·v= N/mm² · m/min)	
Zulässiger p · v Wert	N/mm² · (m/min)	v = m/min
		v = m/min

Thermische Eigenschaften

Formbeständigkeit in der Wärme	Verfahren	°C
	Verfahren	°C
Vicat Erweichungstemperatur (VST)	Verfahren	°C
	Verfahren	°C
Kristallit-Schmelzpunkt	Verfahren	
Längenausdehnungskoeffizient	Bereich °C	$\cdot 10^{-4} K^{-1}$
	Temperatur	$\cdot 10^{-4} K^{-1}$
Wärmeleitfähigkeit	Verfahren	W/(K · m)
Spezifische Wärmekapazität	Verfahren	J/(K · g)
Glasumwandlungstemperatur	Torsionsschwingungsversuch	°C
	Differentialkalorimetrie	°C

Brandverhalten

UL-Test vertikal   Dicke   mm, Wert
  Dicke   mm, Wert

	Norm	Bewertung	Abmessungen
Sauerstoff-Index	ASTM D 2863		
Glühstab-Verfahren			
Brandverhalten	DIN 4102		
MVSS			
FAR			

Elektrische Eigenschaften

	Hz	°C	Probekörper, Form
Dielektrizitätszahl	50		
	10³		
	10⁶		
Dielektrischer Verlustfaktor tan δ	50		
	10³		
	10⁶		

*Spezifischer Durchgangs-
  widerstand*   Ohm · cm
Durchschlagfestigkeit   kV/mm   mm dick
Oberflächenwiderstand   Ohm

Kriechstromfestigkeit   KC   KB   KA
Kriechwegbildung

Elektrolytische Korrosionswirkung
Lichtbogenfestigkeit nach DIN
  nach ASTM   s

Beständigkeit (Chemische Beständigkeit siehe Anhang)

Wasseraufnahme

Feuchtigkeitsaufnahme Normalklima   %
Wetterbeständigkeit

Spannungskorrosion

Optische Eigenschaften

Brechungszahl n_D
Transmissionsgrad τ_c %   mm dick
Lichtdurchlässigkeit

Datenbank-Nr.	**T02550**		Merkblatt-Nr.	**2272**
Produkt	Vinylchlorid-Homopolymerisat			**PVC**
Handelsname	**Solvic 258 RB**			
Hersteller	SOLVAY			
DIN-Bez 1	7746-PVC-S,G,082-57	Viskositätszahl ml/g	82	
DIN-Bez 2		K-Wert	58	
Zusätze		Füllstoffe/Verstärkung		
Bevorzugte Verarbeitung	Kalandrieren; Extrudieren; Blasformen; Spritzgiessen; Wirbelbett-Beschichtung	Lieferform	Pulver	
		Farben	Natur	
Besondere Merkmale	Hervorragende Plastifizierfaehigkeit; Gute Thermostabilitaet; Wenig Neigung zur Bildung von Stippen und Fischaugen; Glasklarheit von Folien und Formteilen bei entspr. Rezeptierung	Bevorzugte Anwendungen	Hohlkoerper; Blasfolie; Glasklares Hart-PVC-Profil; Hartes Integralschaumprofil; Platte; Breitschlitzfolie; Druckfitting; Abwasserfitting; Gehaeuseteil; Geraeteteil	

Kornverteilung

Kornklasse µm	Rückstand %
≥ 165	10
125–165	40
88–125	40
≤ 88	10

Allgemeine Hinweise

Dichte	g/cm³	
Schüttdichte	g/cm³	0.54–0.60
Stampfdichte	g/cm³	0.64–0.70
Rieselfähigkeit		
Rieselzeit	s/100 g	20
Kornbeschaffenheit		Locker; Zerklueftet
Flüchtige Bestandteile	%	≤ 0.3
Sulfatasche	%	

Zugversuch 23 °C

Probekörper: Form Zustand — Herstellung Vorbehandlung

Streckspannung	N/mm²	Dehnung bei Streckspannung	%
Zugfestigkeit	N/mm²	Reißdehnung	%
Reißfestigkeit	N/mm²	% Dehnspannung	N/mm²
E-Modul	N/mm²	Dehnung bei % Dehnspg.	%

Kriechmoduln und Zeitstandwerte 23 °C

Probekörper: Form Zustand — Herstellung Vorbehandlung

Kriechmodul	1 min N/mm²	Zeitstandzugfestigkeit	h N/mm²
Kriechmodul	1000 h N/mm²	Zeitdehnspg. %	h N/mm²
bei Spannung	N/mm²		

Biegeversuch 23 °C

Probekörper: Form Zustand — Herstellung Vorbehandlung

Biegefestigkeit	N/mm²	E-Modul	N/mm²
3,5% Biegespannung	N/mm²		

Härte 23 °C

Probekörper: Zustand — Herstellung Vorbehandlung

Kugeldruckhärte	N/mm² bei N, s	Shore-Härte A	
Rockwellhärte		Shore-Härte D	

Schlagversuch

Probekörper: (1) (2) Zustand — Herstellung Vorbehandlung

°C °C °C Probekörper-Form

Schlagzähigkeit	kJ/m²
Kerbschlagzähigkeit (1)	kJ/m²
IZOD-Kerbschlagzähigkeit (2)	J/m
Kerbschlagzugzähigkeit	kJ/m²

Kunststoffe © Springer-Verlag Berlin Heidelberg 1988
Kopieren, Vervielfältigen und Speichern in Datenverarbeitungsanlagen (auch auszugsweise) ist nur mit schriftlicher Genehmigung des Verlages gestattet

Datenbank-Nr. **T02550** Merkblatt-Nr. **2272**

Abrieb und Reibung
Taber-Abrieb (Reibradverfahren) mm³/100 U
Abriebfaktor LNP (Thrust washer) Vergleichswert
Statische Reibungszahl
Dynamische Reibungszahl (p·v= N/mm² · m/min)
Zulässiger p · v Wert N/mm² · (m/min) v= m/min
 v= m/min

Thermische Eigenschaften
Formbeständigkeit in der Wärme Verfahren °C
 Verfahren °C
Vicat Erweichungstemperatur (VST) Verfahren °C
 Verfahren °C
Kristallit-Schmelzpunkt Verfahren

Längenausdehnungskoeffizient Bereich °C ·10⁻⁴K⁻¹
 Temperatur ·10⁻⁴K⁻¹
Wärmeleitfähigkeit Verfahren W/(K·m)

Spezifische Wärmekapazität Verfahren J/(K·g)

Glasumwandlungstemperatur Torsionsschwingungsversuch °C
 Differentialkalorimetrie °C

Brandverhalten
UL-Test vertikal Dicke mm, Wert
 Dicke mm, Wert

	Norm	Bewertung	Abmessungen
Sauerstoff-Index	ASTM D 2863		
Glühstab-Verfahren			
Brandverhalten	DIN 4102		
MVSS			
FAR			

Elektrische Eigenschaften

	Hz	°C		Probekörper, Form
Dielektrizitätszahl	50			
	10³			
	10⁶			
Dielektrischer Verlustfaktor tan δ	50			
	10³			
	10⁶			

*Spezifischer Durchgangs-
 widerstand* Ohm · cm
Durchschlagfestigkeit kV/mm mm dick
Oberflächenwiderstand Ohm

Kriechstromfestigkeit KC KB KA
Kriechwegbildung

Elektrolytische Korrosionswirkung
Lichtbogenfestigkeit nach DIN
 nach ASTM s

Beständigkeit *(Chemische Beständigkeit siehe Anhang)*
Wasseraufnahme

Feuchtigkeitsaufnahme Normalklima %
Wetterbeständigkeit

Spannungskorrosion

Optische Eigenschaften
Brechungszahl n_D
Transmissionsgrad τ_c % mm dick
Lichtdurchlässigkeit

Datenbank-Nr.	**T05885**			Merkblatt-Nr. **2273**
Produkt	Vinylchlorid-Homopolymerisat			**PVC**
Handelsname	**Solvic 260 RC**			
Hersteller	SOLVAY			
DIN-Bez 1	7746-PVC-S,G,089-54		Viskositätszahl ml/g	89
DIN-Bez 2			K-Wert	60
Zusätze			Füllstoffe/Verstärkung	
Bevorzugte Verarbeitung	Kalandrieren; Extrudieren; Blasformen; Spritzgiessen		Lieferform	Pulver
			Farben	Natur
Besondere Merkmale	Geringe Stippenbildungsneigung; Gute Thermostabilitaet; Geringer Gelbstich		Bevorzugte Anwendungen	Hart-Kalanderfolie opak und glasklar; Hohlkoerper; Hart-Extruderfolie; Profil; Spritzgiessteil

Kornverteilung

Kornklasse μm	Rückstand %

Dichte	g/cm³	
Schüttdichte	g/cm³	0.54
Stampfdichte	g/cm³	0.64
Rieselfähigkeit		
Rieselzeit	s/100 g	
Kornbeschaffenheit		Locker; Zerklueftet
Flüchtige Bestandteile	%	≤ 0.3
Sulfatasche	%	

Allgemeine Hinweise

Zugversuch 23 °C

Probekörper: Form / Zustand   Herstellung / Vorbehandlung

Streckspannung	N/mm²	Dehnung bei Streckspannung	%
Zugfestigkeit	N/mm²	Reißdehnung	%
Reißfestigkeit	N/mm²	% Dehnspannung	N/mm²
E-Modul	N/mm²	Dehnung bei % Dehnspg.	%

Kriechmoduln und Zeitstandwerte 23 °C

Probekörper: Form / Zustand   Herstellung / Vorbehandlung

Kriechmodul	1 min N/mm²	Zeitstandzugfestigkeit	h N/mm²
Kriechmodul	1000 h N/mm²	Zeitdehnspg. %	h N/mm²
bei Spannung	N/mm²		

Biegeversuch 23 °C

Probekörper: Form / Zustand   Herstellung / Vorbehandlung

Biegefestigkeit	N/mm²	E-Modul	N/mm²
3,5% Biegespannung	N/mm²		

Härte 23 °C

Probekörper: Zustand   Herstellung / Vorbehandlung

Kugeldruckhärte	N/mm²	bei N, s	Shore-Härte A	
Rockwellhärte			Shore-Härte D	

Schlagversuch

Probekörper: (1) / (2) / Zustand   Herstellung / Vorbehandlung

°C   °C   °C   Probekörper-Form

Schlagzähigkeit	kJ/m²
Kerbschlagzähigkeit (1)	kJ/m²
IZOD-Kerbschlagzähigkeit (2)	J/m
Kerbschlagzugzähigkeit	kJ/m²

Kunststoffe © Springer-Verlag Berlin Heidelberg 1988
Kopieren, Vervielfältigen und Speichern in Datenverarbeitungsanlagen (auch auszugsweise) ist nur mit schriftlicher Genehmigung des Verlages gestattet

Datenbank-Nr. **T05885**   *Merkblatt-Nr.* **2273**

Abrieb und Reibung

Taber-Abrieb (Reibradverfahren)	mm³/100 U	
Abriebfaktor LNP (Thrust washer) Vergleichswert		
Statische Reibungszahl		
Dynamische Reibungszahl	(p·v= N/mm² · m/min)	
Zulässiger p · v Wert	N/mm² · (m/min) v= m/min	
	v= m/min	

Thermische Eigenschaften

Formbeständigkeit in der Wärme	Verfahren	°C
	Verfahren	°C
Vicat Erweichungstemperatur (VST)	Verfahren	°C
	Verfahren	°C
Kristallit-Schmelzpunkt	Verfahren	
Längenausdehnungskoeffizient	Bereich °C	·10⁻⁴K⁻¹
	Temperatur	·10⁻⁴K⁻¹
Wärmeleitfähigkeit	Verfahren	W/(K · m)
Spezifische Wärmekapazität	Verfahren	J/(K · g)
Glasumwandlungstemperatur	Torsionsschwingungsversuch	°C
	Differentialkalorimetrie	°C

Brandverhalten

UL-Test vertikal   Dicke   mm, Wert
                Dicke   mm, Wert

	Norm	Bewertung	Abmessungen
Sauerstoff-Index	ASTM D 2863		
Glühstab-Verfahren			
Brandverhalten	DIN 4102		
MVSS			
FAR			

Elektrische Eigenschaften

	Hz	°C	Probekörper, Form
Dielektrizitätszahl	50		
	10³		
	10⁶		
Dielektrischer Verlustfaktor tan δ	50		
	10³		
	10⁶		

Spezifischer Durchgangswiderstand	Ohm · cm	
Durchschlagfestigkeit	kV/mm	mm dick
Oberflächenwiderstand	Ohm	

Kriechstromfestigkeit   KC   KB   KA
Kriechwegbildung

Elektrolytische Korrosionswirkung
Lichtbogenfestigkeit nach DIN
           nach ASTM   s

Beständigkeit (Chemische Beständigkeit siehe Anhang)

Wasseraufnahme

Feuchtigkeitsaufnahme Normalklima   %
Wetterbeständigkeit

Spannungskorrosion

Optische Eigenschaften

Brechungszahl n_D
Transmissionsgrad τ_c %   mm dick
Lichtdurchlässigkeit

Datenbank-Nr.	**T05886**			Merkblatt-Nr. **2274**
Produkt	Vinylchlorid-Homopolymerisat			**PVC**
Handelsname	**Solvic 271 PA**			
Hersteller	SOLVAY			
DIN-Bez 1	7746-PVC-S,G,129-49		Viskositätszahl ml/g	129
DIN-Bez 2			K-Wert	71
Zusätze			Füllstoffe/Verstärkung	
Bevorzugte Verarbeitung	Kalandrieren; Extrudieren; Spritzgiessen		Lieferform	Pulver
			Farben	Natur
Besondere Merkmale	Hervorragende Plastifizierfaehigkeit; Gute Klarheit von Folien und Formteilen bei entspr. Rezeptierung		Bevorzugte Anwendungen	Blutbeutel; Bluttransfusionsschlauch

Kornverteilung

Kornklasse μm	Rückstand %	Dichte	g/cm³	
		Schüttdichte	g/cm³	0.46–0.52
		Stampfdichte	g/cm³	0.56–0.62
		Rieselfähigkeit		hervorragend
		Rieselzeit	s/100 g	
		Kornbeschaffenheit		Locker; Zerklueftet
Allgemeine Hinweise	Mittlerer Korndurchmesser 125 mym	Flüchtige Bestandteile	%	≤ 0.3
		Sulfatasche	%	

Zugversuch 23 °C

Probekörper: Form / Zustand Herstellung / Vorbehandlung

Streckspannung	N/mm²	Dehnung bei Streckspannung	%
Zugfestigkeit	N/mm²	Reißdehnung	%
Reißfestigkeit	N/mm²	% Dehnspannung	N/mm²
E-Modul	N/mm²	Dehnung bei % Dehnspg.	%

Kriechmoduln und Zeitstandwerte 23 °C

Probekörper: Form / Zustand Herstellung / Vorbehandlung

Kriechmodul	1 min N/mm²	Zeitstandzugfestigkeit	h N/mm²
Kriechmodul	1000 h N/mm²	Zeitdehnspg. %	h N/mm²
bei Spannung	N/mm²		

Biegeversuch 23 °C

Probekörper: Form / Zustand Herstellung / Vorbehandlung

Biegefestigkeit	N/mm²	E-Modul	N/mm²
3,5% Biegespannung	N/mm²		

Härte 23 °C

Probekörper: Zustand Herstellung / Vorbehandlung

Kugeldruckhärte	N/mm² bei N, s	Shore-Härte	A
Rockwellhärte		Shore-Härte	D

Schlagversuch

Probekörper: (1) / (2) / Zustand Herstellung / Vorbehandlung

°C   °C   °C   Probekörper-Form

Schlagzähigkeit	kJ/m²
Kerbschlagzähigkeit (1)	kJ/m²
IZOD-Kerbschlagzähigkeit (2)	J/m
Kerbschlagzugzähigkeit	kJ/m²

Kunststoffe © Springer-Verlag Berlin Heidelberg 1988
Kopieren, Vervielfältigen und Speichern in Datenverarbeitungsanlagen (auch auszugsweise) ist nur mit schriftlicher Genehmigung des Verlages gestattet

Datenbank-Nr. **T05886** Merkblatt-Nr. **2274**

Abrieb und Reibung

Taber-Abrieb (Reibradverfahren)	mm³/100 U	
Abriebfaktor LNP (Thrust washer) Vergleichswert		
Statische Reibungszahl		
Dynamische Reibungszahl	(p·v= N/mm²·	m/min)
Zulässiger p·v Wert	N/mm² · (m/min) v =	m/min
	v =	m/min

Thermische Eigenschaften

Formbeständigkeit in der Wärme	Verfahren	°C
	Verfahren	°C
Vicat Erweichungstemperatur (VST)	Verfahren	°C
	Verfahren	°C
Kristallit-Schmelzpunkt	Verfahren	
Längenausdehnungskoeffizient	Bereich °C	$\cdot 10^{-4} K^{-1}$
	Temperatur	$\cdot 10^{-4} K^{-1}$
Wärmeleitfähigkeit	Verfahren	W/(K·m)
Spezifische Wärmekapazität	Verfahren	J/(K·g)
Glasumwandlungstemperatur	Torsionsschwingungsversuch	°C
	Differentialkalorimetrie	°C

Brandverhalten

UL-Test vertikal   Dicke   mm, Wert
                    Dicke   mm, Wert

	Norm	Bewertung	Abmessungen
Sauerstoff-Index	ASTM D 2863		
Glühstab-Verfahren			
Brandverhalten	DIN 4102		
MVSS			
FAR			

Elektrische Eigenschaften

	Hz	°C		Probekörper, Form
Dielektrizitätszahl	50			
	10³			
	10⁶			
Dielektrischer Verlustfaktor tan δ	50			
	10³			
	10⁶			
Spezifischer Durchgangswiderstand	Ohm · cm			
Durchschlagfestigkeit	kV/mm			mm dick
Oberflächenwiderstand	Ohm			
Kriechstromfestigkeit	KC	KB	KA	
Kriechwegbildung				

Elektrolytische Korrosionswirkung
Lichtbogenfestigkeit nach DIN
            nach ASTM   s

Beständigkeit (Chemische Beständigkeit siehe Anhang)

Wasseraufnahme

Feuchtigkeitsaufnahme Normalklima   %
Wetterbeständigkeit

Spannungskorrosion

Optische Eigenschaften

Brechungszahl n_D
Transmissionsgrad τ_c %   mm dick
Lichtdurchlässigkeit

Datenbank-Nr.	**T02553**			*Merkblatt-Nr.* **2275**
Produkt	Vinylchlorid-Homopolymerisat			**PVC**
Handelsname	**Solvic 264 GA**			
Hersteller	SOLVAY			
DIN-Bez 1	7746-PVC-S,G,102-47		*Viskositätszahl* ml/g	102
DIN-Bez 2			*K-Wert*	64
Zusätze			*Füllstoffe/ Verstärkung*	
Bevorzugte Verarbeitung	Kalandrieren; Extrudieren; Folienblasen; Spritzgiessen		*Lieferform*	Pulver
			Farben	Natur
Besondere Merkmale	Hervorragende Plastifizierfaehigkeit; Gute Thermostabilitaet; Wenig Neigung zur Bildung von Stippen und Fischaugen; Glasklarheit von Folien und Formteilen bei entspr. Rezeptierung		*Bevorzugte Anwendungen*	Rohr; Fensterprofil; Glasklare Blasfolie; Kabelummantelung; Aderisolation; Zaundrahtummantelung; Schlauch; Weich-Profil; Weiche bis halbharte Folie; Weiches bis halbhartes Formteil

Kornverteilung

Kornklasse μm	*Rückstand* %			
≥ 165	10	*Dichte*	g/cm³	
123–165	40	*Schüttdichte*	g/cm³	0.44–0.51
82–123	40	*Stampfdichte*	g/cm³	0.54–0.61
≤ 82	10	*Rieselfähigkeit*		
Allgemeine Hinweise		*Rieselzeit*	s/100 g	26
		Kornbeschaffenheit		Stark zerklueftet; Poroes
		Flüchtige Bestandteile	%	≤ 0.3
		Sulfatasche	%	

Zugversuch 23 °C

Probekörper: Form *Herstellung*
 Zustand *Vorbehandlung*

Streckspannung	N/mm²	*Dehnung bei Streckspannung*		%
Zugfestigkeit	N/mm²	*Reißdehnung*		%
Reißfestigkeit	N/mm²	% *Dehnspannung*		N/mm²
E-Modul	N/mm²	*Dehnung bei*	% Dehnspg.	%

Kriechmoduln und Zeitstandwerte 23 °C

Probekörper: Form *Herstellung*
 Zustand *Vorbehandlung*

Kriechmodul	1 min	N/mm²	*Zeitstandzugfestigkeit*	h N/mm²
Kriechmodul	1000 h	N/mm²	*Zeitdehnspg.* %	h N/mm²
bei Spannung		N/mm²		

Biegeversuch 23 °C

Probekörper: Form *Herstellung*
 Zustand *Vorbehandlung*

Biegefestigkeit	N/mm²	*E-Modul*	N/mm²
3,5% Biegespannung	N/mm²		

Härte 23 °C

Probekörper: Zustand *Herstellung*
  Vorbehandlung

Kugeldruckhärte	N/mm²	bei	N, s	*Shore-Härte* A	
Rockwellhärte				*Shore-Härte* D	

Schlagversuch

Probekörper: (1)
 (2) *Herstellung*
 Zustand *Vorbehandlung*

 °C °C °C *Probekörper-Form*

Schlagzähigkeit	kJ/m²
Kerbschlagzähigkeit (1)	kJ/m²
IZOD-Kerbschlagzähigkeit (2)	J/m
Kerbschlagzugzähigkeit	kJ/m²

Kunststoffe © Springer-Verlag Berlin Heidelberg 1988
Kopieren, Vervielfältigen und Speichern in Datenverarbeitungsanlagen (auch auszugsweise) ist nur mit schriftlicher Genehmigung des Verlages gestattet

Datenbank-Nr. **T02553** *Merkblatt-Nr.* **2275**

Abrieb und Reibung

Taber-Abrieb (Reibradverfahren)	mm³/100 U	
Abriebfaktor LNP (Thrust washer) Vergleichswert		
Statische Reibungszahl		
Dynamische Reibungszahl	(p·v = N/mm² · m/min)	
Zulässiger p·v Wert	N/mm² · (m/min) v = m/min	
	v = m/min	

Thermische Eigenschaften

Formbeständigkeit in der Wärme	Verfahren	°C
	Verfahren	°C
Vicat Erweichungstemperatur (VST)	Verfahren	°C
	Verfahren	°C
Kristallit-Schmelzpunkt	Verfahren	
Längenausdehnungskoeffizient	Bereich °C	·10⁻⁴K⁻¹
	Temperatur	·10⁻⁴K⁻¹
Wärmeleitfähigkeit	Verfahren	W/(K·m)
Spezifische Wärmekapazität	Verfahren	J/(K·g)
Glasumwandlungstemperatur	Torsionsschwingungsversuch	°C
	Differentialkalorimetrie	°C

Brandverhalten

UL-Test vertikal	Dicke mm, Wert		
	Dicke mm, Wert		
	Norm	Bewertung	Abmessungen
Sauerstoff-Index	ASTM D 2863		
Glühstab-Verfahren			
Brandverhalten	DIN 4102		
MVSS			
FAR			

Elektrische Eigenschaften

	Hz	°C	Probekörper, Form
Dielektrizitätszahl	50		
	10³		
	10⁶		
Dielektrischer Verlustfaktor tan δ	50		
	10³		
	10⁶		
Spezifischer Durchgangs-widerstand	Ohm·cm		
Durchschlagfestigkeit	kV/mm		
Oberflächenwiderstand	Ohm		mm dick
Kriechstromfestigkeit	KC	KB	KA
Kriechwegbildung			
Elektrolytische Korrosionswirkung			
Lichtbogenfestigkeit nach DIN			
nach ASTM	s		

Beständigkeit *(Chemische Beständigkeit siehe Anhang)*

Wasseraufnahme

Feuchtigkeitsaufnahme Normalklima %
Wetterbeständigkeit

Spannungskorrosion

Optische Eigenschaften

Brechungszahl n_D
Transmissionsgrad τ_c %   mm dick
Lichtdurchlässigkeit

Datenbank-Nr.	**T02554**		Merkblatt-Nr.	**2276**
Produkt	Vinylchlorid-Homopolymerisat			**PVC**
Handelsname	**Solvic 265 RC**			
Hersteller	SOLVAY			
DIN-Bez 1	7746-PVC-S,G,106-56	Viskositätszahl ml/g	106	
DIN-Bez 2		K-Wert	65	
Zusätze		Füllstoffe/Verstärkung		
Bevorzugte Verarbeitung	Extrudieren; Spritzgiessen	Lieferform	Pulver	
		Farben	Natur	
Besondere Merkmale	Hervorragende Plastifizierfaehigkeit; Gute Thermostabilitaet; Wenig Neigung zur Bildung von Stippen und Fischaugen; Glasklarheit von Folien und Formteilen bei entspr. Rezeptierung	Bevorzugte Anwendungen	Hart-PVC-Verarbeitung; Druckrohr; Kanalrohr; Halbzeug; Druckrohrfitting; Kanalrohrfitting; Kabelschutzrohr	

Kornverteilung

Kornklasse μm	Rückstand %		
≥ 192	10	Dichte g/cm³	
145–192	40	Schüttdichte g/cm³	0.53–0.59
100–145	40	Stampfdichte g/cm³	0.63–0.69
≤ 100	10	Rieselfähigkeit	
		Rieselzeit s/100 g	21
		Kornbeschaffenheit	Zerklueftet
Allgemeine Hinweise		Flüchtige Bestandteile %	≤ 0.3
		Sulfatasche %	

Zugversuch 23 °C

Probekörper: Form / Zustand Herstellung / Vorbehandlung

Streckspannung	N/mm²	Dehnung bei Streckspannung	%
Zugfestigkeit	N/mm²	Reißdehnung	%
Reißfestigkeit	N/mm²	% Dehnspannung	N/mm²
E-Modul	N/mm²	Dehnung bei % Dehnspg.	%

Kriechmoduln und Zeitstandwerte 23 °C

Probekörper: Form / Zustand Herstellung / Vorbehandlung

Kriechmodul	1 min N/mm²	Zeitstandzugfestigkeit	h N/mm²
Kriechmodul	1000 h N/mm²	Zeitdehnspg. %	h N/mm²
bei Spannung	N/mm²		

Biegeversuch 23 °C

Probekörper: Form / Zustand Herstellung / Vorbehandlung

Biegefestigkeit	N/mm²	E-Modul	N/mm²
3,5% Biegespannung	N/mm²		

Härte 23 °C

Probekörper: Zustand Herstellung / Vorbehandlung

Kugeldruckhärte	N/mm² bei N, s	Shore-Härte A	
Rockwellhärte		Shore-Härte D	

Schlagversuch

Probekörper: (1) / (2) / Zustand Herstellung / Vorbehandlung

°C °C °C Probekörper-Form

Schlagzähigkeit	kJ/m²
Kerbschlagzähigkeit (1)	kJ/m²
IZOD-Kerbschlagzähigkeit (2)	J/m
Kerbschlagzugzähigkeit	kJ/m²

Kunststoffe © Springer-Verlag Berlin Heidelberg 1988
Kopieren, Vervielfältigen und Speichern in Datenverarbeitungsanlagen (auch auszugsweise) ist nur mit schriftlicher Genehmigung des Verlages gestattet

Datenbank-Nr. **T02554** Merkblatt-Nr. **2276**

Abrieb und Reibung
Taber-Abrieb (Reibradverfahren)	mm³/100 U	
Abriebfaktor LNP (Thrust washer) Vergleichswert		
Statische Reibungszahl		
Dynamische Reibungszahl	(p·v = N/mm² · m/min)	
Zulässiger p·v Wert	N/mm² · (m/min) v = m/min	
	v = m/min	

Thermische Eigenschaften
Formbeständigkeit in der Wärme	Verfahren	°C
	Verfahren	°C
Vicat Erweichungstemperatur (VST)	Verfahren	°C
	Verfahren	°C
Kristallit-Schmelzpunkt	Verfahren	
Längenausdehnungskoeffizient	Bereich °C	·10⁻⁴K⁻¹
	Temperatur	·10⁻⁴K⁻¹
Wärmeleitfähigkeit	Verfahren	W/(K·m)
Spezifische Wärmekapazität	Verfahren	J/(K·g)
Glasumwandlungstemperatur	Torsionsschwingungsversuch	°C
	Differentialkalorimetrie	°C

Brandverhalten
UL-Test vertikal   Dicke   mm, Wert
                   Dicke   mm, Wert

	Norm	Bewertung	Abmessungen
Sauerstoff-Index	ASTM D 2863		
Glühstab-Verfahren			
Brandverhalten	DIN 4102		
MVSS			
FAR			

Elektrische Eigenschaften
	Hz	°C		Probekörper, Form
Dielektrizitätszahl	50			
	10³			
	10⁶			
Dielektrischer Verlustfaktor tan δ	50			
	10³			
	10⁶			
Spezifischer Durchgangs- widerstand	Ohm·cm			
Durchschlagfestigkeit	kV/mm			mm dick
Oberflächenwiderstand	Ohm			
Kriechstromfestigkeit	KC	KB	KA	
Kriechwegbildung				

Elektrolytische Korrosionswirkung
Lichtbogenfestigkeit nach DIN
            nach ASTM   s

Beständigkeit (Chemische Beständigkeit siehe Anhang)
Wasseraufnahme

Feuchtigkeitsaufnahme Normalklima   %
Wetterbeständigkeit

Spannungskorrosion

Optische Eigenschaften
Brechungszahl n_D
Transmissionsgrad τ_c %   mm dick
Lichtdurchlässigkeit

Datenbank-Nr.	**T02555**		Merkblatt-Nr. **2277**
Produkt	Vinylchlorid-Homopolymerisat		**PVC**
Handelsname	**Solvic 268 RC**		
Hersteller	SOLVAY		
DIN-Bez 1	7746-PVC-S,G,117-56	Viskositätszahl ml/g	117
DIN-Bez 2		K-Wert	68
Zusätze		Füllstoffe/Verstärkung	
Bevorzugte Verarbeitung	Extrudieren	Lieferform	Pulver
		Farben	Natur
Besondere Merkmale	Hervorragende Plastifizierfaehigkeit; Gute Thermostabilitaet; Wenig Neigung zur Bildung von Stippen und Fischaugen; Hoher Ausstoss bei Verarbeitung vom Pulver aus	Bevorzugte Anwendungen	Rohrsektor; Druckrohr fuer Trinkwasserleitung; Kanalrohr; Kabelschutzrohr; Halbzeug; Tafel; Platte; Profil mit groesserer Wanddicke

Kornverteilung

Kornklasse μm	Rückstand %
≥ 195	10
152–195	40
100–152	40
≤ 100	10

Allgemeine Hinweise

Dichte	g/cm³	
Schüttdichte	g/cm³	0.53–0.59
Stampfdichte	g/cm³	0.63–0.69
Rieselfähigkeit		
Rieselzeit	s/100 g	20
Kornbeschaffenheit		Zerklueftet
Flüchtige Bestandteile	%	≤ 0.3
Sulfatasche	%	

Zugversuch 23 °C

Probekörper: Form / Zustand   Herstellung / Vorbehandlung

Streckspannung	N/mm²	Dehnung bei Streckspannung	%
Zugfestigkeit	N/mm²	Reißdehnung	%
Reißfestigkeit	N/mm²	% Dehnspannung	N/mm²
E-Modul	N/mm²	Dehnung bei % Dehnspg.	%

Kriechmoduln und Zeitstandwerte 23 °C

Probekörper: Form / Zustand   Herstellung / Vorbehandlung

Kriechmodul	1 min N/mm²	Zeitstandzugfestigkeit	h N/mm²
Kriechmodul	1000 h N/mm²	Zeitdehnspg. %	h N/mm²
bei Spannung	N/mm²		

Biegeversuch 23 °C

Probekörper: Form / Zustand   Herstellung / Vorbehandlung

Biegefestigkeit	N/mm²	E-Modul	N/mm²
3,5% Biegespannung	N/mm²		

Härte 23 °C

Probekörper: Zustand   Herstellung / Vorbehandlung

Kugeldruckhärte	N/mm²	bei N, s	Shore-Härte A	
Rockwellhärte			Shore-Härte D	

Schlagversuch

Probekörper: (1) / (2) / Zustand   Herstellung / Vorbehandlung

°C   °C   °C   Probekörper-Form

Schlagzähigkeit	kJ/m²
Kerbschlagzähigkeit (1)	kJ/m²
IZOD-Kerbschlagzähigkeit (2)	J/m
Kerbschlagzugzähigkeit	kJ/m²

Kunststoffe © Springer-Verlag Berlin Heidelberg 1988
Kopieren, Vervielfältigen und Speichern in Datenverarbeitungsanlagen (auch auszugsweise) ist nur mit schriftlicher Genehmigung des Verlages gestattet

Datenbank-Nr. **T02555**　　　　　　　　　　　　　　　　　　　　　　　　　　　　Merkblatt-Nr. **2277**

Abrieb und Reibung

Taber-Abrieb (Reibradverfahren)	mm³/100 U	
Abriebfaktor LNP (Thrust washer) Vergleichswert		
Statische Reibungszahl		
Dynamische Reibungszahl	(p·v= N/mm² ·	m/min)
Zulässiger p · v Wert	N/mm² · (m/min) v=	m/min
	v=	m/min

Thermische Eigenschaften

Formbeständigkeit in der Wärme	Verfahren	°C
	Verfahren	°C
Vicat Erweichungstemperatur (VST)	Verfahren	°C
	Verfahren	°C
Kristallit-Schmelzpunkt	Verfahren	
Längenausdehnungskoeffizient	Bereich °C	$\cdot 10^{-4} K^{-1}$
Wärmeleitfähigkeit	Temperatur	$\cdot 10^{-4} K^{-1}$
	Verfahren	W/(K · m)
Spezifische Wärmekapazität	Verfahren	J/(K · g)
Glasumwandlungstemperatur	Torsionsschwingungsversuch	°C
	Differentialkalorimetrie	°C

Brandverhalten

UL-Test vertikal　　　Dicke　mm, Wert
　　　　　　　　　　Dicke　mm, Wert

	Norm	Bewertung	Abmessungen
Sauerstoff-Index	ASTM D 2863		
Glühstab-Verfahren			
Brandverhalten	DIN 4102		
MVSS			
FAR			

Elektrische Eigenschaften

	Hz	°C			Probekörper, Form
Dielektrizitätszahl	50				
	10³				
	10⁶				
Dielektrischer Verlustfaktor tan δ	50				
	10³				
	10⁶				

Spezifischer Durchgangswiderstand	Ohm · cm	
Durchschlagfestigkeit	kV/mm	mm dick
Oberflächenwiderstand	Ohm	

Kriechstromfestigkeit　　KC　　KB　　KA
Kriechwegbildung

Elektrolytische Korrosionswirkung
Lichtbogenfestigkeit nach DIN
　　　　　　　　nach ASTM　s

Beständigkeit (Chemische Beständigkeit siehe Anhang)

Wasseraufnahme

Feuchtigkeitsaufnahme Normalklima　　　　　　　　　　　　　　　　　　　%
Wetterbeständigkeit

Spannungskorrosion

Optische Eigenschaften

Brechungszahl n_D
Transmissionsgrad τ_c　　%　　　　　　mm dick
Lichtdurchlässigkeit

Datenbank-Nr.	**T05887**			Merkblatt-Nr. **2278**
Produkt	Vinylchlorid-Homopolymerisat			**PVC**
Handelsname	**Solvic 271 GC**			
Hersteller	SOLVAY			
DIN-Bez 1	7746-PVC-S,G,129-44		Viskositätszahl ml/g	129
DIN-Bez 2			K-Wert	71
Zusätze			Füllstoffe/Verstärkung	
Bevorzugte Verarbeitung	Kalandrieren; Extrudieren; Spritzgiessen		Lieferform	Pulver
			Farben	Natur
Besondere Merkmale	Hervorragende Plastifizierfaehigkeit; Gute Thermostabilitaet; Wenig Neigung zur Bildung von Stippen und Fischaugen; Glasklarheit von Folien und Formteilen bei entspr. Rezeptierung		Bevorzugte Anwendungen	Weich-PVC-Verarbeitung; Isolierhuelle; Kabelmantel; Weichprofil; Glasklare weiche bis halbharte Blasfolie; Glasklare weiche bis halbharte Folie; Weiches bis halbhartes Erzeugnis

Kornverteilung

Kornklasse µm	Rückstand %			
≥ 160	10	Dichte	g/cm^3	
125–160	40	Schüttdichte	g/cm^3	0.47
85–125	40	Stampfdichte	g/cm^3	0.57
≤ 85	10	Rieselfähigkeit		
		Rieselzeit	s/100 g	26
		Kornbeschaffenheit		Stark zerklueftet
Allgemeine Hinweise		Flüchtige Bestandteile	%	≤ 0.3
		Sulfatasche	%	

Zugversuch 23 °C

Probekörper: Form
 Zustand
Herstellung
Vorbehandlung

Streckspannung	N/mm^2	Dehnung bei Streckspannung	%
Zugfestigkeit	N/mm^2	Reißdehnung	%
Reißfestigkeit	N/mm^2	% Dehnspannung	N/mm^2
E-Modul	N/mm^2	Dehnung bei % Dehnspg.	%

Kriechmoduln und Zeitstandwerte 23 °C

Probekörper: Form
 Zustand
Herstellung
Vorbehandlung

Kriechmodul	1 min	N/mm^2	Zeitstandzugfestigkeit	h N/mm^2
Kriechmodul	1000 h	N/mm^2	Zeitdehnspg. %	h N/mm^2
bei Spannung		N/mm^2		

Biegeversuch 23 °C

Probekörper: Form
 Zustand
Herstellung
Vorbehandlung

Biegefestigkeit	N/mm^2	E-Modul	N/mm^2
3,5% Biegespannung	N/mm^2		

Härte 23 °C

Probekörper: Zustand
Herstellung
Vorbehandlung

Kugeldruckhärte	N/mm^2	bei N, s	Shore-Härte A	
Rockwellhärte			Shore-Härte D	

Schlagversuch

Probekörper: (1)
 (2)
 Zustand
Herstellung
Vorbehandlung

°C °C °C Probekörper-Form

Schlagzähigkeit	kJ/m^2
Kerbschlagzähigkeit (1)	kJ/m^2
IZOD-Kerbschlagzähigkeit (2)	J/m
Kerbschlagzugzähigkeit	kJ/m^2

Datenbank-Nr. **T05887** Merkblatt-Nr. **2278**

Abrieb und Reibung

Taber-Abrieb (Reibradverfahren)	mm³/100 U	
Abriebfaktor LNP (Thrust washer) Vergleichswert		
Statische Reibungszahl		
Dynamische Reibungszahl	(p·v = N/mm² · m/min)	
Zulässiger p·v Wert	N/mm² · (m/min) v = m/min	
	v = m/min	

Thermische Eigenschaften

Formbeständigkeit in der Wärme	Verfahren	°C
	Verfahren	°C
Vicat Erweichungstemperatur (VST)	Verfahren	°C
	Verfahren	°C
Kristallit-Schmelzpunkt	Verfahren	
Längenausdehnungskoeffizient	Bereich °C	·10⁻⁴K⁻¹
	Temperatur	·10⁻⁴K⁻¹
Wärmeleitfähigkeit	Verfahren	W/(K·m)
Spezifische Wärmekapazität	Verfahren	J/(K·g)
Glasumwandlungstemperatur	Torsionsschwingungsversuch	°C
	Differentialkalorimetrie	°C

Brandverhalten

UL-Test vertikal Dicke mm, Wert
 Dicke mm, Wert

	Norm	Bewertung	Abmessungen
Sauerstoff-Index	ASTM D 2863		
Glühstab-Verfahren			
Brandverhalten	DIN 4102		
MVSS			
FAR			

Elektrische Eigenschaften

	Hz	°C	Probekörper, Form
Dielektrizitätszahl	50		
	10^3		
	10^6		
Dielektrischer Verlustfaktor tan δ	50		
	10^3		
	10^6		

Spezifischer Durchgangswiderstand	Ohm·cm	
Durchschlagfestigkeit	kV/mm	mm dick
Oberflächenwiderstand	Ohm	

Kriechstromfestigkeit KC KB KA
Kriechwegbildung

Elektrolytische Korrosionswirkung
Lichtbogenfestigkeit nach DIN
 nach ASTM s

Beständigkeit (Chemische Beständigkeit siehe Anhang)

Wasseraufnahme

Feuchtigkeitsaufnahme Normalklima %
Wetterbeständigkeit

Spannungskorrosion

Optische Eigenschaften

Brechungszahl n_D
Transmissionsgrad τ_c % mm dick
Lichtdurchlässigkeit

Datenbank-Nr.	**T02557**		Merkblatt-Nr.	**2279**

PVC

Produkt	Vinylchlorid-Homopolymerisat
Handelsname	**Solvic 266 SF**
Hersteller	SOLVAY
DIN-Bez 1	7746-PVC-SP,110-X
DIN-Bez 2	

Viskositätszahl ml/g	110	K-Wert	66

Zusätze	
Füllstoffe/Verstärkung	
Bevorzugte Verarbeitung	Pastenverarbeitung
Lieferform	Pulver
Farben	Natur
Besondere Merkmale	Spezielles Verschnittharz, Extender, Fillerpolymer fuer Pasten, das nur mit anderen pastenbildenden VC-Polymerisaten verwendet werden kann
Bevorzugte Anwendungen	Zumischen zu SOLVIC-Typen der Serie 300, um die Pastenviskositaet zu erniedrigen

---

Kornverteilung

Kornklasse μm	Rückstand %
≦ 44	50

Dichte	g/cm³	
Schüttdichte	g/cm³	
Stampfdichte	g/cm³	≧ 0.78
Rieselfähigkeit		Rieselt nicht
Rieselzeit	s/100 g	
Kornbeschaffenheit		

Allgemeine Hinweise

Flüchtige Bestandteile	%	≦ 0.3
Sulfatasche	%	

Zugversuch 23 °C

Probekörper: Form / Zustand Herstellung / Vorbehandlung

Streckspannung	N/mm²	Dehnung bei Streckspannung		%
Zugfestigkeit	N/mm²	Reißdehnung		%
Reißfestigkeit	N/mm²	% Dehnspannung		N/mm²
E-Modul	N/mm²	Dehnung bei	% Dehnspg.	%

Kriechmoduln und Zeitstandwerte 23 °C

Probekörper: Form / Zustand Herstellung / Vorbehandlung

Kriechmodul	1 min	N/mm²	Zeitstandzugfestigkeit	h N/mm²
Kriechmodul	1000 h	N/mm²	Zeitdehnspg. %	h N/mm²
bei Spannung		N/mm²		

Biegeversuch 23 °C

Probekörper: Form / Zustand Herstellung / Vorbehandlung

Biegefestigkeit	N/mm²	E-Modul	N/mm²
3,5% Biegespannung	N/mm²		

Härte 23 °C

Probekörper: Zustand Herstellung / Vorbehandlung

Kugeldruckhärte	N/mm²	bei	N, s	Shore-Härte	A
Rockwellhärte				Shore-Härte	D

Schlagversuch

Probekörper: (1) / (2) / Zustand Herstellung / Vorbehandlung

	°C	°C	°C	Probekörper-Form
Schlagzähigkeit	kJ/m²			
Kerbschlagzähigkeit (1)	kJ/m²			
IZOD-Kerbschlagzähigkeit (2)	J/m			
Kerbschlagzugzähigkeit	kJ/m²			

Kunststoffe © Springer-Verlag Berlin Heidelberg 1988
Kopieren, Vervielfältigen und Speichern in Datenverarbeitungsanlagen (auch auszugsweise) ist nur mit schriftlicher Genehmigung des Verlages gestattet

Datenbank-Nr. **T02557** *Merkblatt-Nr.* **2279**

Abrieb und Reibung

Taber-Abrieb (Reibradverfahren)	mm³/100 U	
Abriebfaktor LNP (Thrust washer) Vergleichswert		
Statische Reibungszahl		
Dynamische Reibungszahl	(p·v = N/mm² · m/min)	
Zulässiger p·v Wert	N/mm² · (m/min) v = m/min	
	v = m/min	

Thermische Eigenschaften

Formbeständigkeit in der Wärme	Verfahren	°C
	Verfahren	°C
Vicat Erweichungstemperatur (VST)	Verfahren	°C
	Verfahren	°C
Kristallit-Schmelzpunkt	Verfahren	
Längenausdehnungskoeffizient	Bereich °C	·10⁻⁴ K⁻¹
	Temperatur	·10⁻⁴ K⁻¹
Wärmeleitfähigkeit	Verfahren	W/(K·m)
Spezifische Wärmekapazität	Verfahren	J/(K·g)
Glasumwandlungstemperatur	Torsionsschwingungsversuch	°C
	Differentialkalorimetrie	°C

Brandverhalten

UL-Test vertikal		Dicke mm, Wert	
		Dicke mm, Wert	
	Norm	Bewertung	Abmessungen
Sauerstoff-Index	ASTM D 2863		
Glühstab-Verfahren			
Brandverhalten	DIN 4102		
MVSS			
FAR			

Elektrische Eigenschaften

	Hz	°C	Probekörper, Form
Dielektrizitätszahl	50		
	10³		
	10⁶		
Dielektrischer Verlustfaktor tan δ	50		
	10³		
	10⁶		
Spezifischer Durchgangs-widerstand	Ohm·cm		
Durchschlagfestigkeit	kV/mm		mm dick
Oberflächenwiderstand	Ohm		
Kriechstromfestigkeit Kriechwegbildung	KC	KB	KA

Elektrolytische Korrosionswirkung
Lichtbogenfestigkeit nach DIN
   nach ASTM   s

Beständigkeit (*Chemische Beständigkeit siehe Anhang*)

Wasseraufnahme

Feuchtigkeitsaufnahme Normalklima   %
Wetterbeständigkeit

Spannungskorrosion

Optische Eigenschaften

Brechungszahl n_D
Transmissionsgrad τ_c %   mm dick
Lichtdurchlässigkeit

Datenbank-Nr.	**T02558**	Merkblatt-Nr.	**2280**

PVC

Produkt	Verpastbares Vinylchlorid-Homopolymerisat
Handelsname	**Solvic 372 HA**
Hersteller	SOLVAY
DIN-Bez 1	7746-PVC-E,P,130-82
DIN-Bez 2	
Zusätze	
Bevorzugte Verarbeitung	Pastenverarbeitung
Besondere Merkmale	Feinteilig; Keine alkalische Vorstabilisierung; Leichte Dispergierbarkeit; Ausgezeichnet verschaeumbar mit chemischen Treibmitteln; Im wesentlichen pseudoplastisch

Viskositätszahl ml/g	130
K-Wert	72
Füllstoffe/Verstärkung	
Lieferform	Pulver
Farben	Natur
Bevorzugte Anwendungen	Sehr weiche Kunstlederqualitaet; Kfz-Unterbodenschutz; Traegerloser Schaumstoff; Beschichtung von Gewebehandschuhen; Verdickungsmittel in Dichtungsmassen z. B. auf Basis Polyurethan

Kornverteilung

Kornklasse μm	Rückstand %

Dichte	g/cm³	
Schüttdichte	g/cm³	
Stampfdichte	g/cm³	
Rieselfähigkeit		
Rieselzeit	s/100 g	
Kornbeschaffenheit		
Flüchtige Bestandteile	%	≤ 0.3
Sulfatasche	%	

Allgemeine Hinweise

Zugversuch 23 °C

Probekörper: Form
Zustand

Herstellung
Vorbehandlung

Streckspannung	N/mm²
Zugfestigkeit	N/mm²
Reißfestigkeit	N/mm²
E-Modul	N/mm²

Dehnung bei Streckspannung	%
Reißdehnung	%
% Dehnspannung	N/mm²
Dehnung bei % Dehnspg.	%

Kriechmoduln und Zeitstandwerte 23 °C

Probekörper: Form
Zustand

Herstellung
Vorbehandlung

Kriechmodul	1 min	N/mm²
Kriechmodul	1000 h	N/mm²
bei Spannung		N/mm²

Zeitstandzugfestigkeit	h	N/mm²
Zeitdehnspg. %	h	N/mm²

Biegeversuch 23 °C

Probekörper: Form
Zustand

Herstellung
Vorbehandlung

Biegefestigkeit	N/mm²	E-Modul	N/mm²
3,5% Biegespannung	N/mm²		

Härte 23 °C

Probekörper: Zustand

Herstellung
Vorbehandlung

Kugeldruckhärte	N/mm²	bei	N, s	
Rockwellhärte				

Shore-Härte A
Shore-Härte D

Schlagversuch

Probekörper: (1)
(2)
Zustand

Herstellung
Vorbehandlung

	°C	°C	°C	Probekörper-Form

Schlagzähigkeit	kJ/m²
Kerbschlagzähigkeit (1)	kJ/m²
IZOD-Kerbschlagzähigkeit (2)	J/m
Kerbschlagzugzähigkeit	kJ/m²

Datenbank-Nr. **T02558** Merkblatt-Nr. **2280**

Abrieb und Reibung

Taber-Abrieb (Reibradverfahren)   mm³/100 U
Abriebfaktor LNP (Thrust washer) Vergleichswert
Statische Reibungszahl
Dynamische Reibungszahl   (p·v =   N/mm² ·   m/min)
Zulässiger p·v Wert   N/mm² · (m/min)   v =   m/min
                           v =   m/min

Thermische Eigenschaften

Formbeständigkeit in der Wärme   Verfahren   °C
                                   Verfahren   °C
Vicat Erweichungstemperatur (VST)   Verfahren   °C
                                   Verfahren   °C
Kristallit-Schmelzpunkt   Verfahren

Längenausdehnungskoeffizient   Bereich   °C $\cdot 10^{-4} K^{-1}$
                                   Temperatur $\cdot 10^{-4} K^{-1}$
Wärmeleitfähigkeit   Verfahren   W/(K·m)

Spezifische Wärmekapazität   Verfahren   J/(K·g)

Glasumwandlungstemperatur   Torsionsschwingungsversuch   °C
                                   Differentialkalorimetrie   °C

Brandverhalten

UL-Test vertikal   Dicke   mm, Wert
                 Dicke   mm, Wert

	Norm	Bewertung	Abmessungen
Sauerstoff-Index	ASTM D 2863		
Glühstab-Verfahren			
Brandverhalten	DIN 4102		
MVSS			
FAR			

Elektrische Eigenschaften

                                   Hz   °C   Probekörper, Form

Dielektrizitätszahl   50
                     10^3
                     10^6
Dielektrischer Verlustfaktor tan δ   50
                     10^3
                     10^6

Spezifischer Durchgangs-
   widerstand   Ohm · cm
Durchschlagfestigkeit   kV/mm   mm dick
Oberflächenwiderstand   Ohm

Kriechstromfestigkeit   KC   KB   KA
Kriechwegbildung

Elektrolytische Korrosionswirkung
Lichtbogenfestigkeit nach DIN
       nach ASTM   s

Beständigkeit (Chemische Beständigkeit siehe Anhang)

Wasseraufnahme

Feuchtigkeitsaufnahme Normalklima
Wetterbeständigkeit   %

Spannungskorrosion

Optische Eigenschaften

Brechungszahl n_D
Transmissionsgrad τ_c %   mm dick
Lichtdurchlässigkeit

Datenbank-Nr.	**T02559**		Merkblatt-Nr.	**2281**

PVC

Produkt	Verpastbares Vinylchlorid-Homopolymerisat
Handelsname	**Solvic 374 MB**
Hersteller	SOLVAY
DIN-Bez 1	7746-PVC-E,P,140-65
DIN-Bez 2	

Viskositätszahl ml/g	140	
K-Wert	74	

Zusätze	
Füllstoffe/Verstärkung	

Bevorzugte Verarbeitung	Pastenverarbeitung
Lieferform	Pulver
Farben	Natur

Besondere Merkmale	Feinteilig; Keine alkalische Vorstabilisierung; Leichte Dispergierbarkeit; Ausgezeichnet verschaeumbar mit chemischen Treibmitteln; Im wesentlichen pseudoplastisch; Thermostabil
Bevorzugte Anwendungen	Kunstleder; Planenstoff; Teppichrueckseitenbeschichtung; Traegerloser Schaumstoff; Gestrichener Bodenbelag; Antidroehnmasse; Korrosionsschutzmasse; Dichtung in Verschluessen

---

Kornverteilung

Kornklasse μm	Rückstand %

Dichte	g/cm³	
Schüttdichte	g/cm³	
Stampfdichte	g/cm³	
Rieselfähigkeit		
Rieselzeit	s/100 g	
Kornbeschaffenheit		
Flüchtige Bestandteile	%	≤ 0.3
Sulfatasche	%	

Allgemeine Hinweise

Zugversuch 23 °C

Probekörper: Form / Zustand   Herstellung / Vorbehandlung

Streckspannung	N/mm²
Zugfestigkeit	N/mm²
Reißfestigkeit	N/mm²
E-Modul	N/mm²

Dehnung bei Streckspannung	%
Reißdehnung	%
% Dehnspannung	N/mm²
Dehnung bei % Dehnspg.	%

Kriechmoduln und Zeitstandwerte 23 °C

Probekörper: Form / Zustand   Herstellung / Vorbehandlung

Kriechmodul 1 min	N/mm²
Kriechmodul 1000 h	N/mm²
bei Spannung	N/mm²

Zeitstandzugfestigkeit	h	N/mm²
Zeitdehnspg. %	h	N/mm²

Biegeversuch 23 °C

Probekörper: Form / Zustand   Herstellung / Vorbehandlung

Biegefestigkeit	N/mm²
3,5% Biegespannung	N/mm²

E-Modul   N/mm²

Härte 23 °C

Probekörper: Zustand   Herstellung / Vorbehandlung

Kugeldruckhärte	N/mm² bei N, s
Rockwellhärte	

Shore-Härte A
Shore-Härte D

Schlagversuch

Probekörper: (1) / (2) / Zustand   Herstellung / Vorbehandlung

°C   °C   °C   Probekörper-Form

Schlagzähigkeit	kJ/m²
Kerbschlagzähigkeit (1)	kJ/m²
IZOD-Kerbschlagzähigkeit (2)	J/m
Kerbschlagzugzähigkeit	kJ/m²

Datenbank-Nr. **T02559** *Merkblatt-Nr.* **2281**

Abrieb und Reibung

Taber-Abrieb (Reibradverfahren)	mm³/100 U	
Abriebfaktor LNP (Thrust washer) Vergleichswert		
Statische Reibungszahl		
Dynamische Reibungszahl	(p·v = N/mm² · m/min)	
Zulässiger p·v Wert	N/mm² · (m/min) v = m/min	
	v = m/min	

Thermische Eigenschaften

Formbeständigkeit in der Wärme	Verfahren	°C
	Verfahren	°C
Vicat Erweichungstemperatur (VST)	Verfahren	°C
	Verfahren	°C
Kristallit-Schmelzpunkt	Verfahren	
Längenausdehnungskoeffizient	Bereich °C	·10⁻⁴K⁻¹
	Temperatur	·10⁻⁴K⁻¹
Wärmeleitfähigkeit	Verfahren	W/(K·m)
Spezifische Wärmekapazität	Verfahren	J/(K·g)
Glasumwandlungstemperatur	Torsionsschwingungsversuch	°C
	Differentialkalorimetrie	°C

Brandverhalten

UL-Test vertikal	Dicke mm, Wert	
	Dicke mm, Wert	

	Norm	Bewertung	Abmessungen
Sauerstoff-Index	ASTM D 2863		
Glühstab-Verfahren			
Brandverhalten	DIN 4102		
MVSS			
FAR			

Elektrische Eigenschaften

	Hz	°C	Probekörper, Form
Dielektrizitätszahl	50		
	10³		
	10⁶		
Dielektrischer Verlustfaktor tan δ	50		
	10³		
	10⁶		
Spezifischer Durchgangs-widerstand	Ohm·cm		
Durchschlagfestigkeit	kV/mm		mm dick
Oberflächenwiderstand	Ohm		
Kriechstromfestigkeit	KC KB KA		
Kriechwegbildung			

Elektrolytische Korrosionswirkung
Lichtbogenfestigkeit nach DIN
  nach ASTM   s

Beständigkeit *(Chemische Beständigkeit siehe Anhang)*

Wasseraufnahme

Feuchtigkeitsaufnahme Normalklima   %
Wetterbeständigkeit

Spannungskorrosion

Optische Eigenschaften

Brechungszahl n_D
Transmissionsgrad τ_c %   mm dick
Lichtdurchlässigkeit

Datenbank-Nr.	**T02560**			Merkblatt-Nr. **2282**
Produkt	Verpastbares Vinylchlorid-Homopolymerisat			**PVC**
Handelsname	**Solvic 373 MC**			
Hersteller	SOLVAY			
DIN-Bez 1			Viskositätszahl ml/g	135
DIN-Bez 2			K-Wert	73
Zusätze			Füllstoffe/Verstärkung	
Bevorzugte Verarbeitung	Pastenverarbeitung		Lieferform	Pulver
			Farben	Natur
Besondere Merkmale	Feinteilig; Keine alkalische Vorstabilisierung; Leichte Dispergierbarkeit; Ausgezeichnet verschäumbar mit chemischen Treibmitteln; Im wesentlichen pseudoplastisch; Thermostabil		Bevorzugte Anwendungen	Kunstleder; Planenstoff; Traegerloser Schaumstoff; Teppichrueckseitenbeschichtung; Gestrichener Bodenbelag; Antidroehnmasse; Korrosionsschutzmasse; Dichtung; Handschuh

Kornverteilung

Kornklasse μm	Rückstand %			
		Dichte	g/cm^3	
		Schüttdichte	g/cm^3	
		Stampfdichte	g/cm^3	
		Rieselfähigkeit		
		Rieselzeit	s/100 g	
		Kornbeschaffenheit		
Allgemeine Hinweise		Flüchtige Bestandteile	%	≤ 0.5
		Sulfatasche	%	

Zugversuch 23 °C

Probekörper: Form / Zustand   Herstellung / Vorbehandlung

Streckspannung	N/mm^2	Dehnung bei Streckspannung	%
Zugfestigkeit	N/mm^2	Reißdehnung	%
Reißfestigkeit	N/mm^2	% Dehnspannung	N/mm^2
E-Modul	N/mm^2	Dehnung bei % Dehnspg.	%

Kriechmoduln und Zeitstandwerte 23 °C

Probekörper: Form / Zustand   Herstellung / Vorbehandlung

Kriechmodul	1 min N/mm^2	Zeitstandzugfestigkeit	h N/mm^2
Kriechmodul	1000 h N/mm^2	Zeitdehnspg. %	h N/mm^2
bei Spannung	N/mm^2		

Biegeversuch 23 °C

Probekörper: Form / Zustand   Herstellung / Vorbehandlung

Biegefestigkeit	N/mm^2	E-Modul	N/mm^2
3,5% Biegespannung	N/mm^2		

Härte 23 °C

Probekörper: Zustand   Herstellung / Vorbehandlung

Kugeldruckhärte	N/mm^2 bei N, s	Shore-Härte A	
Rockwellhärte		Shore-Härte D	

Schlagversuch

Probekörper: (1) / (2) / Zustand   Herstellung / Vorbehandlung

°C   °C   °C   Probekörper-Form

Schlagzähigkeit	kJ/m^2
Kerbschlagzähigkeit (1)	kJ/m^2
IZOD-Kerbschlagzähigkeit (2)	J/m
Kerbschlagzugzähigkeit	kJ/m^2

Kunststoffe © Springer-Verlag Berlin Heidelberg 1988
Kopieren, Vervielfältigen und Speichern in Datenverarbeitungsanlagen (auch auszugsweise) ist nur mit schriftlicher Genehmigung des Verlages gestattet

Datenbank-Nr. **T02560**　　　　　　　　　　　　　　　　　　　　　　　　　　　　　　　　　　　Merkblatt-Nr. **2282**

Abrieb und Reibung

Taber-Abrieb (Reibradverfahren)　　　　　　　　　mm³/100 U
Abriebfaktor LNP (Thrust washer) Vergleichswert
Statische Reibungszahl
Dynamische Reibungszahl　　　　　　　　　　　　(p·v= 　　N/mm² ·　　m/min)
Zulässiger p · v Wert　　　　　　　　　　　　　　N/mm² · (m/min)　v=　　m/min
　　　　　　　　　　　　　　　　　　　　　　　　　　　　　　　　　　　　v=　　m/min

Thermische Eigenschaften

Formbeständigkeit in der Wärme　　　Verfahren　　　　　　　　　　　　　　　°C
　　　　　　　　　　　　　　　　　　　　Verfahren　　　　　　　　　　　　　　　°C
Vicat Erweichungstemperatur (VST)　Verfahren　　　　　　　　　　　　　　　°C
　　　　　　　　　　　　　　　　　　　　Verfahren　　　　　　　　　　　　　　　°C
Kristallit-Schmelzpunkt　　　　　　　Verfahren

Längenausdehnungskoeffizient　　　　Bereich　　　　°C　　　　　　　　　　· 10⁻⁴K⁻¹
　　　　　　　　　　　　　　　　　　　　Temperatur　　　　　　　　　　　　　· 10⁻⁴K⁻¹
Wärmeleitfähigkeit　　　　　　　　　　Verfahren　　　　　　　　　　　　　　　W/(K · m)

Spezifische Wärmekapazität　　　　　　Verfahren　　　　　　　　　　　　　　　J/(K · g)

Glasumwandlungstemperatur　　　　　　Torsionsschwingungsversuch　　　°C
　　　　　　　　　　　　　　　　　　　　Differentialkalorimetrie　　　　　　°C

Brandverhalten

UL-Test vertikal　　　　　　　　　　　Dicke　　mm, Wert
　　　　　　　　　　　　　　　　　　　　Dicke　　mm, Wert

　　　　　　　　　　Norm　　　　Bewertung　　　　　　　　　　　　Abmessungen
Sauerstoff-Index　ASTM D 2863
Glühstab-Verfahren
Brandverhalten　　DIN 4102
MVSS
FAR

Elektrische Eigenschaften

　　　　　　　　　　　　　　　　　　　Hz　　　°C　　　　　　　　　　　Probekörper, Form
Dielektrizitätszahl　　　　　　　　　　50
　　　　　　　　　　　　　　　　　　　　10³
　　　　　　　　　　　　　　　　　　　　10⁶
Dielektrischer Verlustfaktor tan δ　50
　　　　　　　　　　　　　　　　　　　　10³
　　　　　　　　　　　　　　　　　　　　10⁶
Spezifischer Durchgangs-
　widerstand　　　　　　　　Ohm · cm
Durchschlagfestigkeit　　　kV/mm　　　　　　　　　　　　　　　　　　　　mm dick
Oberflächenwiderstand　　　Ohm

Kriechstromfestigkeit　　　　　　　　KC　　　　　KB　　　　　KA
Kriechwegbildung

Elektrolytische Korrosionswirkung
Lichtbogenfestigkeit nach DIN
　　　　　nach ASTM　　　s

Beständigkeit (Chemische Beständigkeit siehe Anhang)
Wasseraufnahme

Feuchtigkeitsaufnahme Normalklima　　　　　　　　　　　　　　　　　　　　　　　%
Wetterbeständigkeit

Spannungskorrosion

Optische Eigenschaften

Brechungszahl n_D
Transmissionsgrad τ_c　　%　　　　　　　mm dick
Lichtdurchlässigkeit

Datenbank-Nr.	**T02561**	Merkblatt-Nr.	**2283**

PVC

Produkt	Verpastbares Vinylchlorid-Homopolymerisat
Handelsname	**Solvic 371 NC**
Hersteller	SOLVAY
DIN-Bez 1	7746-PVC-E,P,128-45,,
DIN-Bez 2	
Zusätze	

Viskositätszahl ml/g	128
K-Wert	71
Füllstoffe/Verstärkung	

Bevorzugte Verarbeitung	Pastenverarbeitung
Lieferform	Pulver
Farben	Natur

Besondere Merkmale	Feinteilig; Keine alkalische Vorstabilisierung; Leichte Dispergierbarkeit; Ausgezeichnet verschaeumbar mit chemischen Treibmitteln; Im wesentlichen newtonsches Verhalten
Bevorzugte Anwendungen	Haerter eingestellte Kunstlederqualitaet; Hochgefuellte Teppichrueckseitenbeschichtung; Verschaeumen; Antidroehnmasse; Korrosionsschutzmasse; Rotationsgiessen

Kornverteilung

Kornklasse µm	Rückstand %

Dichte	g/cm^3	
Schüttdichte	g/cm^3	
Stampfdichte	g/cm^3	
Rieselfähigkeit		
Rieselzeit	s/100 g	
Kornbeschaffenheit		
Flüchtige Bestandteile	%	≤ 0.3
Sulfatasche	%	

Allgemeine Hinweise

Zugversuch 23 °C

Probekörper: Form / Zustand
Herstellung / Vorbehandlung

Streckspannung	N/mm^2
Zugfestigkeit	N/mm^2
Reißfestigkeit	N/mm^2
E-Modul	N/mm^2

Dehnung bei Streckspannung	%
Reißdehnung	%
% Dehnspannung	N/mm^2
Dehnung bei % Dehnspg.	%

Kriechmoduln und Zeitstandwerte 23 °C

Probekörper: Form / Zustand
Herstellung / Vorbehandlung

Kriechmodul	1 min	N/mm^2
Kriechmodul	1000 h	N/mm^2
bei Spannung		N/mm^2

Zeitstandzugfestigkeit	h	N/mm^2
Zeitdehnspg. %	h	N/mm^2

Biegeversuch 23 °C

Probekörper: Form / Zustand
Herstellung / Vorbehandlung

Biegefestigkeit	N/mm^2
3,5% Biegespannung	N/mm^2

E-Modul N/mm^2

Härte 23 °C

Probekörper: Zustand
Herstellung / Vorbehandlung

Kugeldruckhärte	N/mm^2	bei	N, s
Rockwellhärte			

Shore-Härte A
Shore-Härte D

Schlagversuch

Probekörper: (1) / (2) / Zustand
Herstellung / Vorbehandlung

°C   °C   °C   Probekörper-Form

Schlagzähigkeit	kJ/m^2
Kerbschlagzähigkeit (1)	kJ/m^2
IZOD-Kerbschlagzähigkeit (2)	J/m
Kerbschlagzugzähigkeit	kJ/m^2

Datenbank-Nr. **T02561** *Merkblatt-Nr.* **2283**

Abrieb und Reibung

Taber-Abrieb (Reibradverfahren)	mm³/100 U	
Abriebfaktor LNP (Thrust washer) Vergleichswert		
Statische Reibungszahl		
Dynamische Reibungszahl	(p·v = N/mm² · m/min)	
Zulässiger p·v Wert	N/mm² · (m/min) v = m/min	
	v = m/min	

Thermische Eigenschaften

Formbeständigkeit in der Wärme	Verfahren	°C
	Verfahren	°C
Vicat Erweichungstemperatur (VST)	Verfahren	°C
	Verfahren	°C
Kristallit-Schmelzpunkt	Verfahren	
Längenausdehnungskoeffizient	Bereich °C	· $10^{-4} K^{-1}$
	Temperatur	· $10^{-4} K^{-1}$
Wärmeleitfähigkeit	Verfahren	W/(K·m)
Spezifische Wärmekapazität	Verfahren	J/(K·g)
Glasumwandlungstemperatur	Torsionsschwingungsversuch	°C
	Differentialkalorimetrie	°C

Brandverhalten

UL-Test vertikal   Dicke mm, Wert
   Dicke mm, Wert

	Norm	Bewertung	Abmessungen
Sauerstoff-Index	ASTM D 2863		
Glühstab-Verfahren			
Brandverhalten	DIN 4102		
MVSS			
FAR			

Elektrische Eigenschaften

	Hz	°C		*Probekörper, Form*
Dielektrizitätszahl	50			
	10^3			
	10^6			
Dielektrischer Verlustfaktor tan δ	50			
	10^3			
	10^6			
Spezifischer Durchgangswiderstand	Ohm·cm			
Durchschlagfestigkeit	kV/mm			mm dick
Oberflächenwiderstand	Ohm			
Kriechstromfestigkeit	KC	KB	KA	
Kriechwegbildung				

Elektrolytische Korrosionswirkung
Lichtbogenfestigkeit nach DIN
   nach ASTM s

Beständigkeit *(Chemische Beständigkeit siehe Anhang)*
Wasseraufnahme

Feuchtigkeitsaufnahme Normalklima   %
Wetterbeständigkeit

Spannungskorrosion

Optische Eigenschaften

Brechungszahl n_D
Transmissionsgrad τ_c %   mm dick
Lichtdurchlässigkeit

Datenbank-Nr.	**T02562**	*Merkblatt-Nr.* **2284**

PVC

Produkt	Verpastbares Vinylchlorid-Homopolymerisat
Handelsname	**Solvic 372 LD**
Hersteller	SOLVAY

DIN-Bez 1	7746-PVC-X,P,130-45,,	*Viskositätszahl* ml/g	130
DIN-Bez 2		*K-Wert*	72
Zusätze		*Füllstoffe/ Verstärkung*	
Bevorzugte Verarbeitung	Pastenverarbeitung	*Lieferform*	Pulver
		Farben	Natur
Besondere Merkmale	Mikrosuspensionstyp; Feinteilig; Keine alkalische Vorstabilisierung; Leichte Dispergierbarkeit; Ausgezeichnet verschaeumbar; Im wesentlichen dilatant; Niedrige Viskositaet	*Bevorzugte Anwendungen*	Twist-off-Verschlussdichtung; Brillanter Deckstrich; Rotationsgiessformteil; Schaum; Dichtungsmasse

---

Kornverteilung

Kornklasse µm	*Rückstand* %		
		Dichte g/cm³	
		Schüttdichte g/cm³	
		Stampfdichte g/cm³	
		Rieselfähigkeit	
		Rieselzeit s/100 g	
		Kornbeschaffenheit	
Allgemeine Hinweise		*Flüchtige Bestandteile* %	≤ 0.3
		Sulfatasche %	

Zugversuch 23 °C

	Probekörper:	Form		*Herstellung*	
		Zustand		*Vorbehandlung*	
Streckspannung	N/mm²		*Dehnung bei Streckspannung*		%
Zugfestigkeit	N/mm²		*Reißdehnung*		%
Reißfestigkeit	N/mm²		% *Dehnspannung*		N/mm²
E-Modul	N/mm²		*Dehnung bei* % *Dehnspg.*		%

Kriechmoduln und Zeitstandwerte 23 °C

	Probekörper:	Form		*Herstellung*	
		Zustand		*Vorbehandlung*	
Kriechmodul	1 min N/mm²		*Zeitstandzugfestigkeit*	h	N/mm²
Kriechmodul	1000 h N/mm²		*Zeitdehnspg.* %	h	N/mm²
bei Spannung	N/mm²				

Biegeversuch 23 °C

	Probekörper:	Form		*Herstellung*	
		Zustand		*Vorbehandlung*	
Biegefestigkeit	N/mm²		*E-Modul*		N/mm²
3,5% Biegespannung	N/mm²				

Härte 23 °C

	Probekörper:	Zustand		*Herstellung*	
				Vorbehandlung	
Kugeldruckhärte	N/mm²	bei N, s	*Shore-Härte* A		
Rockwellhärte			*Shore-Härte* D		

Schlagversuch

	Probekörper:	(1)			
		(2)		*Herstellung*	
		Zustand		*Vorbehandlung*	
		°C	°C	°C	*Probekörper-Form*

Schlagzähigkeit	kJ/m²
Kerbschlagzähigkeit (1)	kJ/m²
IZOD-Kerbschlagzähigkeit (2)	J/m
Kerbschlagzugzähigkeit	kJ/m²

Kunststoffe © Springer-Verlag Berlin Heidelberg 1988
Kopieren, Vervielfältigen und Speichern in Datenverarbeitungsanlagen (auch auszugsweise) ist nur mit schriftlicher Genehmigung des Verlages gestattet

Datenbank-Nr. **T02562** Merkblatt-Nr. **2284**

Abrieb und Reibung

Taber-Abrieb (Reibradverfahren)	mm³/100 U	
Abriebfaktor LNP (Thrust washer) Vergleichswert		
Statische Reibungszahl		
Dynamische Reibungszahl	(p·v = N/mm² ·	m/min)
Zulässiger p·v Wert	N/mm² · (m/min) v =	m/min
	v =	m/min

Thermische Eigenschaften

Formbeständigkeit in der Wärme	Verfahren	°C
	Verfahren	°C
Vicat Erweichungstemperatur (VST)	Verfahren	°C
	Verfahren	°C
Kristallit-Schmelzpunkt	Verfahren	
Längenausdehnungskoeffizient	Bereich °C	$\cdot 10^{-4} K^{-1}$
	Temperatur	$\cdot 10^{-4} K^{-1}$
Wärmeleitfähigkeit	Verfahren	W/(K·m)
Spezifische Wärmekapazität	Verfahren	J/(K·g)
Glasumwandlungstemperatur	Torsionsschwingungsversuch	°C
	Differentialkalorimetrie	°C

Brandverhalten

UL-Test vertikal   Dicke   mm, Wert
              Dicke   mm, Wert

	Norm	Bewertung	Abmessungen
Sauerstoff-Index	ASTM D 2863		
Glühstab-Verfahren			
Brandverhalten	DIN 4102		
MVSS			
FAR			

Elektrische Eigenschaften

	Hz	°C		Probekörper, Form
Dielektrizitätszahl	50			
	10³			
	10⁶			
Dielektrischer Verlustfaktor tan δ	50			
	10³			
	10⁶			
Spezifischer Durchgangswiderstand	Ohm·cm			
Durchschlagfestigkeit	kV/mm			mm dick
Oberflächenwiderstand	Ohm			
Kriechstromfestigkeit	KC	KB	KA	
Kriechwegbildung				

Elektrolytische Korrosionswirkung
Lichtbogenfestigkeit nach DIN
              nach ASTM   s

Beständigkeit (Chemische Beständigkeit siehe Anhang)

Wasseraufnahme

Feuchtigkeitsaufnahme Normalklima   %
Wetterbeständigkeit

Spannungskorrosion

Optische Eigenschaften

Brechungszahl n_D
Transmissionsgrad τ_c %   mm dick
Lichtdurchlässigkeit

Datenbank-Nr.	**T02563**			Merkblatt-Nr. **2285**
Produkt	Verpastbares Vinylchlorid-Homopolymerisat			**PVC**
Handelsname	**Solvic 372 ND**			
Hersteller	SOLVAY			
DIN-Bez 1	7746-PVC-X,P,130-41		Viskositätszahl ml/g	130
DIN-Bez 2			K-Wert	72
Zusätze			Füllstoffe/Verstärkung	
Bevorzugte Verarbeitung	Pastenverarbeitung		Lieferform	Pulver
			Farben	Natur
Besondere Merkmale	Mikrosuspensionstyp; Feinteilig; Keine alkalische Vorstabilisierung; Leichte Dispergierbarkeit; Ausgezeichnet verschaeumbar; Im wesentlichen newtonsches Verhalten; Niedrige Viskositaet		Bevorzugte Anwendungen	Rotationsgiessformteil; Brillanter Deckstrich; Twist-off-Verschlussdichtung

Kornverteilung

Kornklasse μm	Rückstand %	Dichte	g/cm³	
		Schüttdichte	g/cm³	
		Stampfdichte	g/cm³	
		Rieselfähigkeit		
		Rieselzeit	s/100 g	
		Kornbeschaffenheit		
Allgemeine Hinweise		Flüchtige Bestandteile	%	≤ 0.3
		Sulfatasche	%	

Zugversuch 23 °C

Probekörper: Form   Herstellung
               Zustand   Vorbehandlung

Streckspannung	N/mm²	Dehnung bei Streckspannung	%
Zugfestigkeit	N/mm²	Reißdehnung	%
Reißfestigkeit	N/mm²	% Dehnspannung	N/mm²
E-Modul	N/mm²	Dehnung bei % Dehnspg.	%

Kriechmoduln und Zeitstandwerte 23 °C

Probekörper: Form   Herstellung
               Zustand   Vorbehandlung

Kriechmodul	1 min N/mm²	Zeitstandzugfestigkeit	h N/mm²
Kriechmodul	1000 h N/mm²	Zeitdehnspg. %	h N/mm²
bei Spannung	N/mm²		

Biegeversuch 23 °C

Probekörper: Form   Herstellung
               Zustand   Vorbehandlung

Biegefestigkeit	N/mm²	E-Modul	N/mm²
3,5% Biegespannung	N/mm²		

Härte 23 °C

Probekörper: Zustand   Herstellung / Vorbehandlung

Kugeldruckhärte	N/mm²	bei	N, s	Shore-Härte A
Rockwellhärte				Shore-Härte D

Schlagversuch

Probekörper: (1)
               (2)   Herstellung
               Zustand   Vorbehandlung

°C   °C   °C   Probekörper-Form

Schlagzähigkeit	kJ/m²
Kerbschlagzähigkeit (1)	kJ/m²
IZOD-Kerbschlagzähigkeit (2)	J/m
Kerbschlagzugzähigkeit	kJ/m²

Datenbank-Nr. **T02563**　　　　　　　　　　　　　　　　　　　　　　　　　　　Merkblatt-Nr. **2285**

Abrieb und Reibung

Taber-Abrieb (Reibradverfahren)	mm³/100 U	
Abriebfaktor LNP (Thrust washer) Vergleichswert		
Statische Reibungszahl		
Dynamische Reibungszahl	(p·v = N/mm² ·	m/min)
Zulässiger p·v Wert	N/mm² · (m/min) v =	m/min
	v =	m/min

Thermische Eigenschaften

Formbeständigkeit in der Wärme	Verfahren	°C
	Verfahren	°C
Vicat Erweichungstemperatur (VST)	Verfahren	°C
	Verfahren	°C
Kristallit-Schmelzpunkt	Verfahren	
Längenausdehnungskoeffizient	Bereich °C	·10⁻⁴ K⁻¹
	Temperatur	·10⁻⁴ K⁻¹
Wärmeleitfähigkeit	Verfahren	W/(K·m)
Spezifische Wärmekapazität	Verfahren	J/(K·g)
Glasumwandlungstemperatur	Torsionsschwingungsversuch	°C
	Differentialkalorimetrie	°C

Brandverhalten

UL-Test vertikal	Dicke	mm, Wert	
	Dicke	mm, Wert	

	Norm	Bewertung	Abmessungen
Sauerstoff-Index	ASTM D 2863		
Glühstab-Verfahren			
Brandverhalten	DIN 4102		
MVSS			
FAR			

Elektrische Eigenschaften

	Hz	°C	Probekörper, Form
Dielektrizitätszahl	50		
	10³		
	10⁶		
Dielektrischer Verlustfaktor tan δ	50		
	10³		
	10⁶		
Spezifischer Durchgangswiderstand	Ohm·cm		
Durchschlagfestigkeit	kV/mm		mm dick
Oberflächenwiderstand	Ohm		

	KC	KB	KA
Kriechstromfestigkeit			
Kriechwegbildung			

Elektrolytische Korrosionswirkung
Lichtbogenfestigkeit nach DIN
　　　　　　　　nach ASTM　　s

Beständigkeit *(Chemische Beständigkeit siehe Anhang)*

Wasseraufnahme

Feuchtigkeitsaufnahme Normalklima　　　　　　　　　　　　　　　　　　　　　%
Wetterbeständigkeit

Spannungskorrosion

Optische Eigenschaften

Brechungszahl n_D
Transmissionsgrad τ_c　　%　　　　　　　mm dick
Lichtdurchlässigkeit

Datenbank-Nr.	**T02564**			Merkblatt-Nr. **2286**
Produkt	Verpastbares Vinylchlorid-Homopolymerisat			**PVC**
Handelsname	**Solvic 367 NC**			
Hersteller	SOLVAY			
DIN-Bez 1	7746-PVC-E,P,113-41		Viskositätszahl ml/g	113
DIN-Bez 2			K-Wert	67
Zusätze			Füllstoffe/Verstärkung	
Bevorzugte Verarbeitung	Pastenverarbeitung		Lieferform	Pulver
			Farben	Natur
Besondere Merkmale	Feinteilig; Keine alkalische Vorstabilisierung; Leichte Dispergierbarkeit; Ausgezeichnet verschaeumbar; Im wesentlichen newtonsches Verhalten; Niedrige Viskositaet		Bevorzugte Anwendungen	Haerter eingestellte Kunstlederqualitaet; Fussbodenbelag; Hochgefuellte Teppichrueckseitenbeschichtung; Antidroehnmasse; Korrosionsschutzmasse; Rotationsgussformteil; Schaum

Kornverteilung

Kornklasse μm	Rückstand %	Dichte	g/cm³	
		Schüttdichte	g/cm³	
		Stampfdichte	g/cm³	
		Rieselfähigkeit		
		Rieselzeit	s/100 g	
		Kornbeschaffenheit		
Allgemeine Hinweise		Flüchtige Bestandteile	%	≤ 0.3
		Sulfatasche	%	

Zugversuch 23 °C

Probekörper: Form   Herstellung
             Zustand   Vorbehandlung

Streckspannung	N/mm²	Dehnung bei Streckspannung	%
Zugfestigkeit	N/mm²	Reißdehnung	%
Reißfestigkeit	N/mm²	% Dehnspannung	N/mm²
E-Modul	N/mm²	Dehnung bei % Dehnspg.	%

Kriechmoduln und Zeitstandwerte 23 °C

Probekörper: Form   Herstellung
             Zustand   Vorbehandlung

Kriechmodul	1 min	N/mm²	Zeitstandzugfestigkeit	h N/mm²
Kriechmodul	1000 h	N/mm²	Zeitdehnspg. %	h N/mm²
bei Spannung		N/mm²		

Biegeversuch 23 °C

Probekörper: Form   Herstellung
             Zustand   Vorbehandlung

Biegefestigkeit	N/mm²	E-Modul	N/mm²
3,5% Biegespannung	N/mm²		

Härte 23 °C

Probekörper: Zustand   Herstellung / Vorbehandlung

Kugeldruckhärte	N/mm²	bei	N, s	Shore-Härte A
Rockwellhärte				Shore-Härte D

Schlagversuch

Probekörper: (1)
             (2)
             Zustand   Herstellung / Vorbehandlung

     °C   °C   °C   Probekörper-Form

Schlagzähigkeit	kJ/m²
Kerbschlagzähigkeit (1)	kJ/m²
IZOD-Kerbschlagzähigkeit (2)	J/m
Kerbschlagzugzähigkeit	kJ/m²

Datenbank-Nr. **T02564** Merkblatt-Nr. **2286**

Abrieb und Reibung

Taber-Abrieb (Reibradverfahren)	mm³/100 U
Abriebfaktor LNP (Thrust washer) Vergleichswert	
Statische Reibungszahl	
Dynamische Reibungszahl	$(p \cdot v =$ N/mm² · m/min)
Zulässiger p · v Wert	N/mm² · (m/min) $v =$ m/min
	$v =$ m/min

Thermische Eigenschaften

Formbeständigkeit in der Wärme	Verfahren	°C
	Verfahren	°C
Vicat Erweichungstemperatur (VST)	Verfahren	°C
	Verfahren	°C
Kristallit-Schmelzpunkt	Verfahren	
Längenausdehnungskoeffizient	Bereich °C	$\cdot 10^{-4} K^{-1}$
	Temperatur	$\cdot 10^{-4} K^{-1}$
Wärmeleitfähigkeit	Verfahren	W/(K·m)
Spezifische Wärmekapazität	Verfahren	J/(K·g)
Glasumwandlungstemperatur	Torsionsschwingungsversuch	°C
	Differentialkalorimetrie	°C

Brandverhalten

UL-Test vertikal		Dicke mm, Wert	
		Dicke mm, Wert	
	Norm	Bewertung	Abmessungen
Sauerstoff-Index	ASTM D 2863		
Glühstab-Verfahren			
Brandverhalten	DIN 4102		
MVSS			
FAR			

Elektrische Eigenschaften

	Hz	°C			Probekörper, Form
Dielektrizitätszahl	50				
	10³				
	10⁶				
Dielektrischer Verlustfaktor tan δ	50				
	10³				
	10⁶				
Spezifischer Durchgangswiderstand	Ohm·cm				
Durchschlagfestigkeit	kV/mm				mm dick
Oberflächenwiderstand	Ohm				
Kriechstromfestigkeit		KC	KB	KA	
Kriechwegbildung					

Elektrolytische Korrosionswirkung
Lichtbogenfestigkeit nach DIN
  nach ASTM   s

Beständigkeit (Chemische Beständigkeit siehe Anhang)

Wasseraufnahme

Feuchtigkeitsaufnahme Normalklima   %
Wetterbeständigkeit

Spannungskorrosion

Optische Eigenschaften

Brechungszahl n_D
Transmissionsgrad τ_c %   mm dick
Lichtdurchlässigkeit

Datenbank-Nr.	**T02565**		Merkblatt-Nr. **2287**
Produkt	Verpastbares Vinylchlorid-Homopolymerisat		**PVC**
Handelsname	**Solvic 376 NB**		
Hersteller	SOLVAY		
DIN-Bez 1	7746-PVC-E,P,152-37	Viskositätszahl ml/g	152
DIN-Bez 2		K-Wert	76
Zusätze		Füllstoffe/Verstärkung	
Bevorzugte Verarbeitung	Pastenverarbeitung	Lieferform	Pulver
		Farben	Natur
Besondere Merkmale	Feinteilig; Keine alkalische Vorstabilisierung; Leichte Dispergierbarkeit; Ausgezeichnet verschaeumbar; Im wesentlichen newtonsches Verhalten; Niedrige Viskositaet	Bevorzugte Anwendungen	Kompaktbeschichtung; Abriebfester Deckstrich bei Fussbodenbelaegen; Kunstleder

Kornverteilung

Kornklasse µm	Rückstand %		
		Dichte g/cm³	
		Schüttdichte g/cm³	
		Stampfdichte g/cm³	
		Rieselfähigkeit	
		Rieselzeit s/100 g	
		Kornbeschaffenheit	
Allgemeine Hinweise		Flüchtige Bestandteile %	≤ 0.5
		Sulfatasche %	

Zugversuch 23 °C

Probekörper: Form / Zustand Herstellung / Vorbehandlung

Streckspannung	N/mm²	Dehnung bei Streckspannung	%
Zugfestigkeit	N/mm²	Reißdehnung	%
Reißfestigkeit	N/mm²	% Dehnspannung	N/mm²
E-Modul	N/mm²	Dehnung bei % Dehnspg.	%

Kriechmoduln und Zeitstandwerte 23 °C

Probekörper: Form / Zustand Herstellung / Vorbehandlung

Kriechmodul	1 min N/mm²	Zeitstandzugfestigkeit	h N/mm²
Kriechmodul	1000 h N/mm²	Zeitdehnspg. %	h N/mm²
bei Spannung	N/mm²		

Biegeversuch 23 °C

Probekörper: Form / Zustand Herstellung / Vorbehandlung

Biegefestigkeit	N/mm²	E-Modul	N/mm²
3,5% Biegespannung	N/mm²		

Härte 23 °C

Probekörper: Zustand Herstellung / Vorbehandlung

Kugeldruckhärte	N/mm² bei N, s	Shore-Härte A	
Rockwellhärte		Shore-Härte D	

Schlagversuch

Probekörper: (1) / (2) / Zustand Herstellung / Vorbehandlung

°C °C °C Probekörper-Form

Schlagzähigkeit	kJ/m²
Kerbschlagzähigkeit (1)	kJ/m²
IZOD-Kerbschlagzähigkeit (2)	J/m
Kerbschlagzugzähigkeit	kJ/m²

Datenbank-Nr. **T02565** Merkblatt-Nr. **2287**

Abrieb und Reibung

Taber-Abrieb (Reibradverfahren) mm³/100 U
Abriebfaktor LNP (Thrust washer) Vergleichswert
Statische Reibungszahl
Dynamische Reibungszahl (p·v= N/mm² · m/min)
Zulässiger p · v Wert N/mm² · (m/min) v= m/min
  v= m/min

Thermische Eigenschaften

Formbeständigkeit in der Wärme Verfahren °C
  Verfahren °C
Vicat Erweichungstemperatur (VST) Verfahren °C
  Verfahren °C
Kristallit-Schmelzpunkt Verfahren

Längenausdehnungskoeffizient Bereich °C $\cdot 10^{-4} K^{-1}$
  Temperatur $\cdot 10^{-4} K^{-1}$
Wärmeleitfähigkeit Verfahren W/(K·m)

Spezifische Wärmekapazität Verfahren J/(K·g)

Glasumwandlungstemperatur Torsionsschwingungsversuch °C
  Differentialkalorimetrie °C

Brandverhalten

UL-Test vertikal Dicke mm, Wert
  Dicke mm, Wert

	Norm	Bewertung	Abmessungen
Sauerstoff-Index	ASTM D 2863		
Glühstab-Verfahren			
Brandverhalten	DIN 4102		
MVSS			
FAR			

Elektrische Eigenschaften

  Hz °C Probekörper, Form

Dielektrizitätszahl 50
  10³
  10⁶
Dielektrischer Verlustfaktor tan δ 50
  10³
  10⁶
Spezifischer Durchgangs-
  widerstand Ohm · cm
Durchschlagfestigkeit kV/mm mm dick
Oberflächenwiderstand Ohm
Kriechstromfestigkeit KC KB KA
Kriechwegbildung

Elektrolytische Korrosionswirkung
Lichtbogenfestigkeit nach DIN
  nach ASTM s

Beständigkeit (Chemische Beständigkeit siehe Anhang)
Wasseraufnahme

Feuchtigkeitsaufnahme Normalklima %
Wetterbeständigkeit

Spannungskorrosion

Optische Eigenschaften

Brechungszahl n_D
Transmissionsgrad τ_c % mm dick
Lichtdurchlässigkeit

Datenbank-Nr.	**T05910**		Merkblatt-Nr.	**2288**
				PVC

Feld	Wert	Feld	Wert
Produkt	Verpastbares Vinylchlorid-Homopolymerisat		
Handelsname	**Solvic 367 NK**		
Hersteller	SOLVAY		
DIN-Bez 1	7746-PVC-X,P,113-X	Viskositätszahl ml/g	113
DIN-Bez 2		K-Wert	67
Zusätze		Füllstoffe/Verstärkung	
Bevorzugte Verarbeitung	Pastenverarbeitung	Lieferform	Pulver
		Farben	Natur
Besondere Merkmale	Mikrosuspensionstyp; Mittlere Viskositaet; Chemisch inhibierbar	Bevorzugte Anwendungen	Schaum mit hohem Weissgrad

Kornverteilung

Kornklasse μm	Rückstand %

Eigenschaft	Einheit	Wert
Dichte	g/cm³	
Schüttdichte	g/cm³	
Stampfdichte	g/cm³	
Rieselfähigkeit		
Rieselzeit	s/100 g	
Kornbeschaffenheit		
Flüchtige Bestandteile	%	≤ 0.3
Sulfatasche	%	

Allgemeine Hinweise

Zugversuch 23 °C

Probekörper: Form / Zustand   Herstellung / Vorbehandlung

Streckspannung	N/mm²		Dehnung bei Streckspannung	%
Zugfestigkeit	N/mm²		Reißdehnung	%
Reißfestigkeit	N/mm²		% Dehnspannung	N/mm²
E-Modul	N/mm²		Dehnung bei % Dehnspg.	%

Kriechmoduln und Zeitstandwerte 23 °C

Probekörper: Form / Zustand   Herstellung / Vorbehandlung

Kriechmodul	1 min N/mm²		Zeitstandzugfestigkeit	h N/mm²
Kriechmodul	1000 h N/mm²		Zeitdehnspg. %	h N/mm²
bei Spannung	N/mm²			

Biegeversuch 23 °C

Probekörper: Form / Zustand   Herstellung / Vorbehandlung

Biegefestigkeit	N/mm²		E-Modul	N/mm²
3,5% Biegespannung	N/mm²			

Härte 23 °C

Probekörper: Zustand   Herstellung / Vorbehandlung

Kugeldruckhärte	N/mm² bei N, s		Shore-Härte A
Rockwellhärte			Shore-Härte D

Schlagversuch

Probekörper: (1) / (2) / Zustand   Herstellung / Vorbehandlung

°C	°C	°C	Probekörper-Form

Schlagzähigkeit	kJ/m²
Kerbschlagzähigkeit (1)	kJ/m²
IZOD-Kerbschlagzähigkeit (2)	J/m
Kerbschlagzugzähigkeit	kJ/m²

Kunststoffe © Springer-Verlag Berlin Heidelberg 1988
Kopieren, Vervielfältigen und Speichern in Datenverarbeitungsanlagen (auch auszugsweise) ist nur mit schriftlicher Genehmigung des Verlages gestattet

Datenbank-Nr. **T05910**　　　　　　　　　　　　　　　　　　　　　　　　　　　　*Merkblatt-Nr.* **2288**

Abrieb und Reibung

Taber-Abrieb (Reibradverfahren)	mm³/100 U	
Abriebfaktor LNP (Thrust washer) Vergleichswert		
Statische Reibungszahl		
Dynamische Reibungszahl	(p·v =　N/mm² ·　m/min)	
Zulässiger p · v Wert	N/mm² · (m/min)　v =	m/min
	v =	m/min

Thermische Eigenschaften

Formbeständigkeit in der Wärme	Verfahren		°C
	Verfahren		°C
Vicat Erweichungstemperatur (VST)	Verfahren		°C
	Verfahren		°C
Kristallit-Schmelzpunkt	Verfahren		
Längenausdehnungskoeffizient	Bereich　°C		$\cdot 10^{-4} K^{-1}$
	Temperatur		$\cdot 10^{-4} K^{-1}$
Wärmeleitfähigkeit	Verfahren		W/(K · m)
Spezifische Wärmekapazität	Verfahren		J/(K · g)
Glasumwandlungstemperatur	Torsionsschwingungsversuch	°C	
	Differentialkalorimetrie	°C	

Brandverhalten

UL-Test vertikal　　Dicke　mm, Wert
　　　　　　　　　　Dicke　mm, Wert

	Norm	Bewertung	Abmessungen
Sauerstoff-Index	ASTM D 2863		
Glühstab-Verfahren			
Brandverhalten	DIN 4102		
MVSS			
FAR			

Elektrische Eigenschaften

	Hz	°C	Probekörper, Form
Dielektrizitätszahl	50		
	10^3		
	10^6		
Dielektrischer Verlustfaktor tan δ	50		
	10^3		
	10^6		
Spezifischer Durchgangs- widerstand	Ohm · cm		
Durchschlagfestigkeit	kV/mm		mm dick
Oberflächenwiderstand	Ohm		

Kriechstromfestigkeit	KC	KB	KA
Kriechwegbildung			

Elektrolytische Korrosionswirkung
Lichtbogenfestigkeit nach DIN
　　　　　　　　nach ASTM　s

Beständigkeit *(Chemische Beständigkeit siehe Anhang)*

Wasseraufnahme

Feuchtigkeitsaufnahme Normalklima　　　　　　　　　　　　　　　　　　　　%
Wetterbeständigkeit

Spannungskorrosion

Optische Eigenschaften

Brechungszahl n_D
Transmissionsgrad τ_c　　%　　　　　　　　mm dick
Lichtdurchlässigkeit

Datenbank-Nr.	**T02567**		*Merkblatt-Nr.*	**2289**
				PVC

Produkt	Vinylchlorid-Copolymerisat
Handelsname	**Solvic 466 SC**
Hersteller	SOLVAY

DIN-Bez 1	7746-VCX96-S,G,109-60	*Viskositätszahl* ml/g	109
DIN-Bez 2		*K-Wert*	66
Zusätze		*Füllstoffe/ Verstärkung*	
Bevorzugte Verarbeitung	Extrudieren	*Lieferform*	Pulver
		Farben	Natur
Besondere Merkmale	Gute Witterungsbestaendigkeit; Empfohlen zur Abmischung mit ueblichen Acrylatmodifiern	*Bevorzugte Anwendungen*	Fensterprofil

Kornverteilung

Kornklasse μm	Rückstand %
≥ 172	10
120–172	40
75–120	40
≤ 75	10

Allgemeine Hinweise

Dichte	g/cm³	
Schüttdichte	g/cm³	0.55–0.65
Stampfdichte	g/cm³	0.65–0.75
Rieselfähigkeit		
Rieselzeit	s/100 g	30
Kornbeschaffenheit		
Flüchtige Bestandteile	%	≤ 0.3
Sulfatasche	%	

Zugversuch 23 °C

Probekörper: Form / Zustand
Herstellung / Vorbehandlung

Streckspannung	N/mm²	*Dehnung bei Streckspannung*	%
Zugfestigkeit	N/mm²	*Reißdehnung*	%
Reißfestigkeit	N/mm²	% *Dehnspannung*	N/mm²
E-Modul	N/mm²	*Dehnung bei* % *Dehnspg.*	%

Kriechmoduln und Zeitstandwerte 23 °C

Probekörper: Form / Zustand
Herstellung / Vorbehandlung

Kriechmodul	1 min	N/mm²	*Zeitstandzugfestigkeit*	h N/mm²
Kriechmodul	1000 h	N/mm²	*Zeitdehnspg.* %	h N/mm²
bei Spannung		N/mm²		

Biegeversuch 23 °C

Probekörper: Form / Zustand
Herstellung / Vorbehandlung

Biegefestigkeit	N/mm²	*E-Modul*	N/mm²
3,5% *Biegespannung*	N/mm²		

Härte 23 °C

Probekörper: Zustand
Herstellung / Vorbehandlung

Kugeldruckhärte	N/mm² bei N, s	*Shore-Härte*	A
Rockwellhärte		*Shore-Härte*	D

Schlagversuch

Probekörper: (1) / (2) / Zustand
Herstellung / Vorbehandlung

°C °C °C *Probekörper-Form*

Schlagzähigkeit	kJ/m²
Kerbschlagzähigkeit (1)	kJ/m²
IZOD-Kerbschlagzähigkeit (2)	J/m
Kerbschlagzugzähigkeit	kJ/m²

Datenbank-Nr. **T02567** *Merkblatt-Nr.* **2289**

Abrieb und Reibung

Taber-Abrieb (Reibradverfahren) mm³/100 U
Abriebfaktor LNP (Thrust washer) Vergleichswert
Statische Reibungszahl
Dynamische Reibungszahl (p·v = N/mm² · m/min)
Zulässiger p·v Wert N/mm² · (m/min) v = m/min
  v = m/min

Thermische Eigenschaften

Formbeständigkeit in der Wärme Verfahren °C
  Verfahren °C
Vicat Erweichungstemperatur (VST) Verfahren °C
  Verfahren °C
Kristallit-Schmelzpunkt Verfahren

Längenausdehnungskoeffizient Bereich °C $\cdot 10^{-4} K^{-1}$
  Temperatur $\cdot 10^{-4} K^{-1}$
Wärmeleitfähigkeit Verfahren W/(K·m)

Spezifische Wärmekapazität Verfahren J/(K·g)

Glasumwandlungstemperatur Torsionsschwingungsversuch °C
  Differentialkalorimetrie °C

Brandverhalten

UL-Test vertikal Dicke mm, Wert
  Dicke mm, Wert

	Norm	Bewertung	Abmessungen
Sauerstoff-Index	ASTM D 2863		
Glühstab-Verfahren			
Brandverhalten	DIN 4102		
MVSS			
FAR			

Elektrische Eigenschaften

	Hz	°C	Probekörper, Form
Dielektrizitätszahl	50		
	10^3		
	10^6		
Dielektrischer Verlustfaktor $\tan \delta$	50		
	10^3		
	10^6		

Spezifischer Durchgangs-
  widerstand Ohm·cm
Durchschlagfestigkeit kV/mm mm dick
Oberflächenwiderstand Ohm

Kriechstromfestigkeit KC KB KA
Kriechwegbildung

Elektrolytische Korrosionswirkung
Lichtbogenfestigkeit nach DIN
  nach ASTM s

Beständigkeit *(Chemische Beständigkeit siehe Anhang)*
Wasseraufnahme

Feuchtigkeitsaufnahme Normalklima %
Wetterbeständigkeit

Spannungskorrosion

Optische Eigenschaften

Brechungszahl n_D
Transmissionsgrad τ_c % mm dick
Lichtdurchlässigkeit

Datenbank-Nr.	**T02568**		Merkblatt-Nr.	**2290**
				PVC
Produkt	Vinylchlorid-Copolymerisat			
Handelsname	**Solvic 468 RA**			
Hersteller	SOLVAY			
DIN-Bez 1	7746-VCEVA90-S,G,117-61	Viskositätszahl ml/g	117	
DIN-Bez 2		K-Wert	68	
Zusätze		Füllstoffe/Verstärkung		
Bevorzugte Verarbeitung	Extrudieren	Lieferform	Pulver	
		Farben	Natur	
Besondere Merkmale	Gute Witterungsbestaendigkeit; Grosser Durchsatz auf Hochleistungsextrudern; Vorwiegend fuer Abmischung mit SOLVIC-Typen der Serie 200	Bevorzugte Anwendungen	Profil; Platte; Folie; Einsatz im Bauwesen	

Kornverteilung

Kornklasse µm	Rückstand %
$\geq$ 160	10
112–160	40
62–112	40
$\leq$ 62	10

Allgemeine Hinweise

Dichte	g/cm^3	
Schüttdichte	g/cm^3	0.57–0.65
Stampfdichte	g/cm^3	0.67–0.75
Rieselfähigkeit		
Rieselzeit	s/100 g	25
Kornbeschaffenheit		
Flüchtige Bestandteile	%	$\leq$ 0.3
Sulfatasche	%	

Zugversuch 23 °C

Probekörper: Form / Zustand   Herstellung / Vorbehandlung

Streckspannung	N/mm^2	Dehnung bei Streckspannung	%
Zugfestigkeit	N/mm^2	Reißdehnung	%
Reißfestigkeit	N/mm^2	% Dehnspannung	N/mm^2
E-Modul	N/mm^2	Dehnung bei % Dehnspg.	%

Kriechmoduln und Zeitstandwerte 23 °C

Probekörper: Form / Zustand   Herstellung / Vorbehandlung

Kriechmodul	1 min N/mm^2	Zeitstandzugfestigkeit	h N/mm^2
Kriechmodul	1000 h N/mm^2	Zeitdehnspg. %	h N/mm^2
bei Spannung	N/mm^2		

Biegeversuch 23 °C

Probekörper: Form / Zustand   Herstellung / Vorbehandlung

Biegefestigkeit	N/mm^2	E-Modul	N/mm^2
3,5% Biegespannung	N/mm^2		

Härte 23 °C

Probekörper: Zustand   Herstellung / Vorbehandlung

Kugeldruckhärte	N/mm^2	bei	N, s	Shore-Härte	A
Rockwellhärte				Shore-Härte	D

Schlagversuch

Probekörper: (1) / (2) / Zustand   Herstellung / Vorbehandlung

°C   °C   °C   Probekörper-Form

Schlagzähigkeit	kJ/m^2
Kerbschlagzähigkeit (1)	kJ/m^2
IZOD-Kerbschlagzähigkeit (2)	J/m
Kerbschlagzugzähigkeit	kJ/m^2

Datenbank-Nr. **T02568** Merkblatt-Nr. **2290**

Abrieb und Reibung

Taber-Abrieb (Reibradverfahren) mm³/100 U
Abriebfaktor LNP (Thrust washer) Vergleichswert
Statische Reibungszahl
Dynamische Reibungszahl (p·v = N/mm² · m/min)
Zulässiger p · v Wert N/mm² · (m/min) v = m/min
v = m/min

Thermische Eigenschaften

Formbeständigkeit in der Wärme Verfahren °C
 Verfahren °C
Vicat Erweichungstemperatur (VST) Verfahren °C
 Verfahren °C
Kristallit-Schmelzpunkt Verfahren

Längenausdehnungskoeffizient Bereich °C · $10^{-4} K^{-1}$
 Temperatur · $10^{-4} K^{-1}$
Wärmeleitfähigkeit Verfahren W/(K·m)

Spezifische Wärmekapazität Verfahren J/(K·g)

Glasumwandlungstemperatur Torsionsschwingungsversuch °C
 Differentialkalorimetrie °C

Brandverhalten

UL-Test vertikal Dicke mm, Wert
 Dicke mm, Wert

	Norm	Bewertung	Abmessungen
Sauerstoff-Index	ASTM D 2863		
Glühstab-Verfahren			
Brandverhalten	DIN 4102		
MVSS			
FAR			

Elektrische Eigenschaften

 Hz °C Probekörper, Form

Dielektrizitätszahl 50
 10^3
 10^6
Dielektrischer Verlustfaktor tan δ 50
 10^3
 10^6
Spezifischer Durchgangs-
 widerstand Ohm · cm
Durchschlagfestigkeit kV/mm mm dick
Oberflächenwiderstand Ohm

Kriechstromfestigkeit KC KB KA
Kriechwegbildung

Elektrolytische Korrosionswirkung
Lichtbogenfestigkeit nach DIN
 nach ASTM s

Beständigkeit (Chemische Beständigkeit siehe Anhang)

Wasseraufnahme

Feuchtigkeitsaufnahme Normalklima %
Wetterbeständigkeit

Spannungskorrosion

Optische Eigenschaften

Brechungszahl n_D
Transmissionsgrad τ_c % mm dick
Lichtdurchlässigkeit

Datenbank-Nr.	**T02569**		Merkblatt-Nr.	**2291**

PVC

Produkt	Vinylchlorid-Copolymerisat
Handelsname	**Solvic 468 RB**
Hersteller	SOLVAY
DIN-Bez 1	7746-VCEVA94-S,G,117-65
DIN-Bez 2	
Zusätze	

Viskositätszahl ml/g	117
K-Wert	68
Füllstoffe/Verstärkung	

Bevorzugte Verarbeitung	Extrudieren

Lieferform	Pulver
Farben	Natur

Besondere Merkmale	Gute Witterungsbestaendigkeit; Grosser Durchsatz auf Hochleistungsextrudern
Bevorzugte Anwendungen	Profil; Platte; Folie; Ausseneinsatz im Bauwesen; Fensterprofil

Kornverteilung

Kornklasse μm	Rückstand %
≧ 140	10
97–140	40
60–97	40
≦ 60	10

Allgemeine Hinweise

Dichte	g/cm^3	
Schüttdichte	g/cm^3	0.61–0.69
Stampfdichte	g/cm^3	0.71–0.79
Rieselfähigkeit		
Rieselzeit	s/100 g	30
Kornbeschaffenheit		
Flüchtige Bestandteile	%	≦ 0.3
Sulfatasche	%	

Zugversuch 23 °C

Probekörper: Form / Zustand   Herstellung / Vorbehandlung

Streckspannung	N/mm^2
Zugfestigkeit	N/mm^2
Reißfestigkeit	N/mm^2
E-Modul	N/mm^2

Dehnung bei Streckspannung	%
Reißdehnung	%
% Dehnspannung	N/mm^2
Dehnung bei % Dehnspg.	%

Kriechmoduln und Zeitstandwerte 23 °C

Probekörper: Form / Zustand   Herstellung / Vorbehandlung

Kriechmodul	1 min	N/mm^2
Kriechmodul	1000 h	N/mm^2
bei Spannung		N/mm^2

Zeitstandzugfestigkeit	h	N/mm^2
Zeitdehnspg. %	h	N/mm^2

Biegeversuch 23 °C

Probekörper: Form / Zustand   Herstellung / Vorbehandlung

Biegefestigkeit	N/mm^2
3,5% Biegespannung	N/mm^2
E-Modul	N/mm^2

Härte 23 °C

Probekörper: Zustand   Herstellung / Vorbehandlung

Kugeldruckhärte	N/mm^2	bei N, s
Rockwellhärte		
Shore-Härte A		
Shore-Härte D		

Schlagversuch

Probekörper: (1) / (2) / Zustand   Herstellung / Vorbehandlung

°C   °C   °C   Probekörper-Form

Schlagzähigkeit	kJ/m^2
Kerbschlagzähigkeit (1)	kJ/m^2
IZOD-Kerbschlagzähigkeit (2)	J/m
Kerbschlagzugzähigkeit	kJ/m^2

Kunststoffe © Springer-Verlag Berlin Heidelberg 1988
Kopieren, Vervielfältigen und Speichern in Datenverarbeitungsanlagen (auch auszugsweise) ist nur mit schriftlicher Genehmigung des Verlages gestattet

Datenbank-Nr. **T02569** Merkblatt-Nr. **2291**

Abrieb und Reibung

Taber-Abrieb (Reibradverfahren) mm³/100 U
Abriebfaktor LNP (Thrust washer) Vergleichswert
Statische Reibungszahl
Dynamische Reibungszahl (p·v= N/mm² · m/min)
Zulässiger p·v Wert N/mm² · (m/min) v= m/min
  v= m/min

Thermische Eigenschaften

Formbeständigkeit in der Wärme Verfahren °C
  Verfahren °C
Vicat Erweichungstemperatur (VST) Verfahren °C
  Verfahren °C
Kristallit-Schmelzpunkt Verfahren

Längenausdehnungskoeffizient Bereich °C ·10⁻⁴K⁻¹
  Temperatur ·10⁻⁴K⁻¹
Wärmeleitfähigkeit Verfahren W/(K·m)

Spezifische Wärmekapazität Verfahren J/(K·g)

Glasumwandlungstemperatur Torsionsschwingungsversuch °C
  Differentialkalorimetrie °C

Brandverhalten

UL-Test vertikal Dicke mm, Wert
  Dicke mm, Wert

	Norm	Bewertung	Abmessungen
Sauerstoff-Index	ASTM D 2863		
Glühstab-Verfahren			
Brandverhalten	DIN 4102		
MVSS			
FAR			

Elektrische Eigenschaften

  Hz °C Probekörper, Form
Dielektrizitätszahl 50
  10³
  10⁶
Dielektrischer Verlustfaktor tan δ 50
  10³
  10⁶
Spezifischer Durchgangs-
 widerstand Ohm·cm
Durchschlagfestigkeit kV/mm
Oberflächenwiderstand Ohm mm dick
Kriechstromfestigkeit   KC KB KA
Kriechwegbildung

Elektrolytische Korrosionswirkung
Lichtbogenfestigkeit nach DIN
  nach ASTM s

Beständigkeit (Chemische Beständigkeit siehe Anhang)

Wasseraufnahme

Feuchtigkeitsaufnahme Normalklima %
Wetterbeständigkeit

Spannungskorrosion

Optische Eigenschaften

Brechungszahl n_D
Transmissionsgrad τ_c % mm dick
Lichtdurchlässigkeit

Datenbank-Nr.	**T02570**		Merkblatt-Nr. **2292**
Produkt	Vinylchlorid-Copolymerisat		**PVC**
Handelsname	**Solvic 550 GA**		
Hersteller	SOLVAY		
DIN-Bez 1	7746-VCVAC85-S,G,060-XX	Viskositätszahl ml/g	60
DIN-Bez 2		K-Wert	50
Zusätze		Füllstoffe/Verstärkung	
Bevorzugte Verarbeitung	Extrudieren; Kalandrieren; Beschichten; Kaschieren	Lieferform	Pulver
		Farben	Natur
Besondere Merkmale	Gute Fliessfaehigkeit; Vertraeglich mit hohen Anteilen Fuellstoff	Bevorzugte Anwendungen	Kalander-Hartfolie (Warmtiefziehfolie); Gewebebeschichtung; Gewebekaschierung; Kalandrierter Fussbodenbelag; Extrusionsfolie fuer Vakuumverformung mit Reckgraden ueber 500 %

Kornverteilung

Kornklasse µm	Rückstand %
≥ 135	10
95–135	40
55–95	40
≤ 55	10

Allgemeine Hinweise

Dichte	g/cm³	
Schüttdichte	g/cm³	0.54
Stampfdichte	g/cm³	0.60–0.68
Rieselfähigkeit		Rieselt nicht
Rieselzeit	s/100 g	
Kornbeschaffenheit		
Flüchtige Bestandteile	%	≦ 1.0
Sulfatasche	%	

Zugversuch 23 °C

Probekörper: Form / Zustand   Herstellung / Vorbehandlung

Streckspannung	N/mm²	Dehnung bei Streckspannung	%
Zugfestigkeit	N/mm²	Reißdehnung	%
Reißfestigkeit	N/mm²	% Dehnspannung	N/mm²
E-Modul	N/mm²	Dehnung bei % Dehnspg.	%

Kriechmoduln und Zeitstandwerte 23 °C

Probekörper: Form / Zustand   Herstellung / Vorbehandlung

Kriechmodul	1 min N/mm²	Zeitstandzugfestigkeit	h N/mm²
Kriechmodul	1000 h N/mm²	Zeitdehnspg. %	h N/mm²
bei Spannung	N/mm²		

Biegeversuch 23 °C

Probekörper: Form / Zustand   Herstellung / Vorbehandlung

Biegefestigkeit	N/mm²	E-Modul	N/mm²
3,5% Biegespannung	N/mm²		

Härte 23 °C

Probekörper: Zustand   Herstellung / Vorbehandlung

Kugeldruckhärte	N/mm² bei N, s	Shore-Härte A	
Rockwellhärte		Shore-Härte D	

Schlagversuch

Probekörper: (1) / (2) / Zustand   Herstellung / Vorbehandlung

°C   °C   °C   Probekörper-Form

Schlagzähigkeit	kJ/m²
Kerbschlagzähigkeit (1)	kJ/m²
IZOD-Kerbschlagzähigkeit (2)	J/m
Kerbschlagzugzähigkeit	kJ/m²

Kunststoffe © Springer-Verlag Berlin Heidelberg 1988
Kopieren, Vervielfältigen und Speichern in Datenverarbeitungsanlagen (auch auszugsweise) ist nur mit schriftlicher Genehmigung des Verlages gestattet

Datenbank-Nr. **T02570** Merkblatt-Nr. **2292**

Abrieb und Reibung

Taber-Abrieb (Reibradverfahren)   mm³/100 U
Abriebfaktor LNP (Thrust washer) Vergleichswert
Statische Reibungszahl
Dynamische Reibungszahl   (p·v=   N/mm² ·   m/min)
Zulässiger p · v Wert   N/mm² · (m/min)   v=   m/min
                                                                   v=   m/min

Thermische Eigenschaften

Formbeständigkeit in der Wärme   Verfahren   °C
                                         Verfahren   °C
Vicat Erweichungstemperatur (VST)   Verfahren   °C
                                         Verfahren   °C
Kristallit-Schmelzpunkt   Verfahren

Längenausdehnungskoeffizient   Bereich   °C   · $10^{-4} K^{-1}$
                                         Temperatur   · $10^{-4} K^{-1}$
Wärmeleitfähigkeit   Verfahren   W/(K · m)

Spezifische Wärmekapazität   Verfahren   J/(K · g)

Glasumwandlungstemperatur   Torsionsschwingungsversuch   °C
                                        Differentialkalorimetrie   °C

Brandverhalten

UL-Test vertikal   Dicke   mm, Wert
                  Dicke   mm, Wert

               Norm   Bewertung   Abmessungen

Sauerstoff-Index   ASTM D 2863
Glühstab-Verfahren
Brandverhalten   DIN 4102
MVSS
FAR

Elektrische Eigenschaften

               Hz   °C   Probekörper, Form

Dielektrizitätszahl   50
              10^3
              10^6
Dielektrischer Verlustfaktor tan δ   50
              10^3
              10^6
Spezifischer Durchgangs-
    widerstand   Ohm · cm
Durchschlagfestigkeit   kV/mm   mm dick
Oberflächenwiderstand   Ohm

Kriechstromfestigkeit   KC   KB   KA
Kriechwegbildung

Elektrolytische Korrosionswirkung
Lichtbogenfestigkeit nach DIN
          nach ASTM   s

Beständigkeit (Chemische Beständigkeit siehe Anhang)

Wasseraufnahme

Feuchtigkeitsaufnahme Normalklima   %
Wetterbeständigkeit

Spannungskorrosion

Optische Eigenschaften

Brechungszahl n_D
Transmissionsgrad τ_c %   mm dick
Lichtdurchlässigkeit

Datenbank-Nr.	**T02571**		Merkblatt-Nr.	**2293**
Produkt	Vinylchlorid-Copolymerisat			**PVC**
Handelsname	**Solvic 557 RA**			
Hersteller	SOLVAY			
DIN-Bez 1	7746-VCVAC90-S,G,080-XX	Viskositätszahl ml/g	80	
DIN-Bez 2		K-Wert	57	
Zusätze		Füllstoffe/Verstärkung		
Bevorzugte Verarbeitung	Extrudieren; Kalandrieren; Beschichten; Kaschieren	Lieferform	Pulver	
		Farben	Natur	
Besondere Merkmale	Gute Fliessfaehigkeit	Bevorzugte Anwendungen	Kalander-Hartfolie (Warmtiefziehfolie); Gewebebeschichtung; Gewebekaschierung; Kalandrierter Fussbodenbelag; Extrusionsfolie fuer Vakuumverformung mit Reckgraden ueber 500 %	

Kornverteilung

Kornklasse µm	Rückstand %
≥ 135	10
95–135	40
60–95	40
≤ 60	10

Allgemeine Hinweise

Dichte	g/cm³	
Schüttdichte	g/cm³	
Stampfdichte	g/cm³	0.59–0.65
Rieselfähigkeit		Rieselt nicht
Rieselzeit	s/100 g	
Kornbeschaffenheit		
Flüchtige Bestandteile	%	≤ 1.0
Sulfatasche	%	

Zugversuch 23 °C

Probekörper: Form
Zustand
Herstellung
Vorbehandlung

Streckspannung	N/mm²	Dehnung bei Streckspannung	%
Zugfestigkeit	N/mm²	Reißdehnung	%
Reißfestigkeit	N/mm²	% Dehnspannung	N/mm²
E-Modul	N/mm²	Dehnung bei % Dehnspg.	%

Kriechmoduln und Zeitstandwerte 23 °C

Probekörper: Form
Zustand
Herstellung
Vorbehandlung

Kriechmodul	1 min N/mm²	Zeitstandzugfestigkeit	h N/mm²
Kriechmodul	1000 h N/mm²	Zeitdehnspg. %	h N/mm²
bei Spannung	N/mm²		

Biegeversuch 23 °C

Probekörper: Form
Zustand
Herstellung
Vorbehandlung

Biegefestigkeit	N/mm²	E-Modul	N/mm²
3,5% Biegespannung	N/mm²		

Härte 23 °C

Probekörper: Zustand
Herstellung
Vorbehandlung

Kugeldruckhärte	N/mm² bei N, s	Shore-Härte A	
Rockwellhärte		Shore-Härte D	

Schlagversuch

Probekörper: (1)
(2)
Zustand
Herstellung
Vorbehandlung

°C °C °C Probekörper-Form

Schlagzähigkeit	kJ/m²
Kerbschlagzähigkeit (1)	kJ/m²
IZOD-Kerbschlagzähigkeit (2)	J/m
Kerbschlagzugzähigkeit	kJ/m²

Kunststoffe © Springer-Verlag Berlin Heidelberg 1988
Kopieren, Vervielfältigen und Speichern in Datenverarbeitungsanlagen (auch auszugsweise) ist nur mit schriftlicher Genehmigung des Verlages gestattet

Datenbank-Nr. **T02571**　　　　　　　　　　　　　　　　　　　　　　　　　　　　　　　*Merkblatt-Nr.* **2293**

Abrieb und Reibung

Taber-Abrieb (Reibradverfahren)	mm³/100 U
Abriebfaktor LNP (Thrust washer) Vergleichswert	
Statische Reibungszahl	
Dynamische Reibungszahl	(p·v =　　N/mm² ·　　m/min)
Zulässiger p · v Wert	N/mm² · (m/min)　v =　m/min
	v =　m/min

Thermische Eigenschaften

Formbeständigkeit in der Wärme	Verfahren	°C
	Verfahren	°C
Vicat Erweichungstemperatur (VST)	Verfahren	°C
	Verfahren	°C
Kristallit-Schmelzpunkt	Verfahren	
Längenausdehnungskoeffizient	Bereich　　°C	·10⁻⁴K⁻¹
	Temperatur	·10⁻⁴K⁻¹
Wärmeleitfähigkeit	Verfahren	W/(K·m)
Spezifische Wärmekapazität	Verfahren	J/(K·g)
Glasumwandlungstemperatur	Torsionsschwingungsversuch	°C
	Differentialkalorimetrie	°C

Brandverhalten

UL-Test vertikal　　　　　　　　　Dicke　　mm, Wert
　　　　　　　　　　　　　　　　　Dicke　　mm, Wert

	Norm	Bewertung	Abmessungen
Sauerstoff-Index	ASTM D 2863		
Glühstab-Verfahren			
Brandverhalten	DIN 4102		
MVSS			
FAR			

Elektrische Eigenschaften

	Hz	°C	Probekörper, Form
Dielektrizitätszahl	50		
	10³		
	10⁶		
Dielektrischer Verlustfaktor tan δ	50		
	10³		
	10⁶		

Spezifischer Durchgangswiderstand	Ohm · cm	
Durchschlagfestigkeit	kV/mm	mm dick
Oberflächenwiderstand	Ohm	

Kriechstromfestigkeit　　　　　　　KC　　　　KB　　　　KA
Kriechwegbildung

Elektrolytische Korrosionswirkung
Lichtbogenfestigkeit nach DIN
　　　　　　　nach ASTM　　s

Beständigkeit *(Chemische Beständigkeit siehe Anhang)*

Wasseraufnahme

Feuchtigkeitsaufnahme Normalklima　　　　　　　　　　　　　　　　　　　　　　　　　　　　%
Wetterbeständigkeit

Spannungskorrosion

Optische Eigenschaften

Brechungszahl n_D
Transmissionsgrad τ_c　　%　　　　　　　　mm dick
Lichtdurchlässigkeit

Datenbank-Nr.	**T02572**		Merkblatt-Nr. **2294**
Produkt	Hart-PVC-Spritzgiessmasse		**PVC**
Handelsname	**Solvic-PREMIX PIR 919**		
Hersteller	SOLVAY		
DIN-Bez 1	7748-PVC-U,MD,70-10-28	Viskositätszahl ml/g	
DIN-Bez 2		K-Wert	
Zusätze	Zinnstabilisierung	Füllstoffe/ Verstärkung	
Bevorzugte Verarbeitung	Spritzgiessen	Lieferform	Pulver
		Farben	Grau
Besondere Merkmale	Hohe Zeitstandfestigkeit; Gute Wetterbestaendigkeit; Grosse Schalldaemmung; Geringe Spannungsrissneigung; Sehr geringe Schwindung; Erhoeht schlagzaeh; Gut fliessend	Bevorzugte Anwendungen	Armatur; Bundbuechse; Fitting

Kornverteilung

Kornklasse μm	Rückstand %	Dichte g/cm³	1.34
		Schüttdichte g/cm³	
		Stampfdichte g/cm³	
		Rieselfähigkeit	
		Rieselzeit s/100 g	
		Kornbeschaffenheit	
Allgemeine Hinweise		Flüchtige Bestandteile %	
		Sulfatasche %	

Zugversuch 23 °C DIN 53455; DIN 53457

	Probekörper:	Form	Nr. 3	Herstellung	Pressen
		Zustand		Vorbehandlung	Normalklima
Streckspannung	N/mm² 47		Dehnung bei Streckspannung	%	5
Zugfestigkeit	N/mm²		Reißdehnung	%	
Reißfestigkeit	N/mm²		% Dehnspannung	N/mm²	
E-Modul	N/mm² 2600		Dehnung bei % Dehnspg.	%	

Kriechmoduln und Zeitstandwerte 23 °C

	Probekörper:	Form	Herstellung	
		Zustand	Vorbehandlung	
Kriechmodul	1 min N/mm²		Zeitstandzugfestigkeit	h N/mm²
Kriechmodul	1000 h N/mm²		Zeitdehnspg. %	h N/mm²
bei Spannung	N/mm²			

Biegeversuch 23 °C

	Probekörper:	Form	Herstellung	
		Zustand	Vorbehandlung	
Biegefestigkeit	N/mm²		E-Modul	N/mm²
3,5% Biegespannung	N/mm²			

Härte 23 °C

	Probekörper:	Zustand	Herstellung	Pressen
			Vorbehandlung	Normalklima
Kugeldruckhärte	N/mm² 104	bei 358 N, 30 s	Shore-Härte A	
Rockwellhärte			Shore-Härte D	

Schlagversuch

	Probekörper:	(1) U-Kerbe (2)	Herstellung	Pressen
		Zustand	Vorbehandlung	Normalklima
		°C °C °C		Probekörper-Form
Schlagzähigkeit	kJ/m²			
Kerbschlagzähigkeit (1)	kJ/m²	23 6.2 0 3.8		NKS
IZOD-Kerbschlagzähigkeit (2)	J/m			
Kerbschlagzugzähigkeit	kJ/m²			

Kunststoffe © Springer-Verlag Berlin Heidelberg 1988
Kopieren, Vervielfältigen und Speichern in Datenverarbeitungsanlagen (auch auszugsweise) ist nur mit schriftlicher Genehmigung des Verlages gestattet

Datenbank-Nr. **T02572**   Merkblatt-Nr. **2294**

Abrieb und Reibung

Taber-Abrieb (Reibradverfahren)	mm³/100 U	
Abriebfaktor LNP (Thrust washer) Vergleichswert		
Statische Reibungszahl		
Dynamische Reibungszahl	(p·v = N/mm² ·	m/min)
Zulässiger p · v Wert	N/mm² · (m/min)	v = m/min
		v = m/min

Thermische Eigenschaften

Formbeständigkeit in der Wärme	Verfahren		°C
	Verfahren		°C
Vicat Erweichungstemperatur (VST)	Verfahren B/50		71 °C
	Verfahren		°C
Kristallit-Schmelzpunkt	Verfahren		
Längenausdehnungskoeffizient	Bereich -30–30 °C		$0.70 \cdot 10^{-4} K^{-1}$
Wärmeleitfähigkeit	Temperatur		$\cdot 10^{-4} K^{-1}$
	Verfahren		W/(K·m)
Spezifische Wärmekapazität	Verfahren		J/(K·g)
Glasumwandlungstemperatur	Torsionsschwingungsversuch	°C	
	Differentialkalorimetrie	°C	

Brandverhalten

UL-Test vertikal Dicke mm, Wert
  Dicke mm, Wert

	Norm	Bewertung	Abmessungen
Sauerstoff-Index	ASTM D 2863		
Glühstab-Verfahren			
Brandverhalten	DIN 4102		
MVSS			
FAR			

Elektrische Eigenschaften

	Hz	°C			Probekörper, Form
Dielektrizitätszahl	50				
	10³				
	10⁶				
Dielektrischer Verlustfaktor tan δ	50				
	10³				
	10⁶				
Spezifischer Durchgangs- widerstand	Ohm · cm				
Durchschlagfestigkeit	kV/mm				mm dick
Oberflächenwiderstand	Ohm				
Kriechstromfestigkeit Kriechwegbildung		KC	KB	KA	

Elektrolytische Korrosionswirkung
Lichtbogenfestigkeit nach DIN
  nach ASTM s

Beständigkeit (Chemische Beständigkeit siehe Anhang)

Wasseraufnahme 23 C	1 d	0.05	%
Feuchtigkeitsaufnahme Normalklima			%
Wetterbeständigkeit			
Spannungskorrosion			

Optische Eigenschaften

Brechungszahl n_D			
Transmissionsgrad τ_c	%	mm dick	
Lichtdurchlässigkeit			

Datenbank-Nr.	**T02573**		Merkblatt-Nr.	**2295**

Produkt	Hart-PVC-Spritzgiessmasse		**PVC**
Handelsname	**Solvic-PREMIX PIR 932**		
Hersteller	SOLVAY		
DIN-Bez 1	7748-PVC-U,MD,76-03-33	Viskositätszahl ml/g	
DIN-Bez 2		K-Wert	
Zusätze	Bleistabilisierung	Füllstoffe/ Verstärkung	
Bevorzugte Verarbeitung	Spritzgiessen	Lieferform	Pulver
		Farben	Weiss: Weissgrau; Hellgrau
Besondere Merkmale	Hohe Zeitstandfestigkeit; Gute Wetterbestaendigkeit; Grosse Schalldaemmung; Geringe Spannungsrissneigung; Sehr geringe Schwindung; Normal schlagzaeh; Normal fliessend	Bevorzugte Anwendungen	Technischer Artikel; Installationsmaterial; Senkkasten; Bueromaschinenzubehoer

Kornverteilung

Kornklasse μm	Rückstand %	Dichte	g/cm³	1.41
		Schüttdichte	g/cm³	
		Stampfdichte	g/cm³	
		Rieselfähigkeit		
		Rieselzeit	s/100 g	
		Kornbeschaffenheit		
Allgemeine Hinweise		Flüchtige Bestandteile	%	
		Sulfatasche	%	

Zugversuch 23 °C DIN 53455; DIN 53457

	Probekörper:	Form	Nr. 3	Herstellung	Pressen
		Zustand		Vorbehandlung	Normalklima
Streckspannung	N/mm² 53			Dehnung bei Streckspannung	% 4
Zugfestigkeit	N/mm²			Reißdehnung	%
Reißfestigkeit	N/mm²			% Dehnspannung	N/mm²
E-Modul	N/mm² 3320			Dehnung bei % Dehnspg.	%

Kriechmoduln und Zeitstandwerte 23 °C

	Probekörper:	Form	Herstellung	
		Zustand	Vorbehandlung	
Kriechmodul	1 min N/mm²		Zeitstandzugfestigkeit	h N/mm²
Kriechmodul	1000 h N/mm²		Zeitdehnspg. %	h N/mm²
bei Spannung	N/mm²			

Biegeversuch 23 °C

	Probekörper:	Form	Herstellung	
		Zustand	Vorbehandlung	
Biegefestigkeit	N/mm²		E-Modul	N/mm²
3,5% Biegespannung	N/mm²			

Härte 23 °C

	Probekörper:	Zustand	Herstellung	Pressen
			Vorbehandlung	Normalklima
Kugeldruckhärte	N/mm² 120	bei 358 N, 30 s	Shore-Härte A	
Rockwellhärte			Shore-Härte D	

Schlagversuch

	Probekörper:	(1) U-Kerbe			
		(2)		Herstellung	Pressen
		Zustand		Vorbehandlung	Normalklima
		°C	°C	°C	Probekörper-Form
Schlagzähigkeit	kJ/m²				
Kerbschlagzähigkeit (1)	kJ/m²	23 4.3	0 4.0		NKS
IZOD-Kerbschlagzähigkeit (2)	J/m				
Kerbschlagzugzähigkeit	kJ/m²				

Kunststoffe © Springer-Verlag Berlin Heidelberg 1988
Kopieren, Vervielfältigen und Speichern in Datenverarbeitungsanlagen (auch auszugsweise) ist nur mit schriftlicher Genehmigung des Verlages gestattet

Datenbank-Nr. **T02573** *Merkblatt-Nr.* **2295**

Abrieb und Reibung

Taber-Abrieb (Reibradverfahren)	mm³/100 U	
Abriebfaktor LNP (Thrust washer) Vergleichswert		
Statische Reibungszahl		
Dynamische Reibungszahl	$(p \cdot v =$ N/mm² · m/min)	
Zulässiger p · v Wert	N/mm² · (m/min) $v =$ m/min	
	$v =$ m/min	

Thermische Eigenschaften

Formbeständigkeit in der Wärme	Verfahren		°C
	Verfahren		°C
Vicat Erweichungstemperatur (VST)	Verfahren B/50		76 °C
	Verfahren		°C
Kristallit-Schmelzpunkt	Verfahren		
Längenausdehnungskoeffizient	Bereich -30–30 °C		$0.51 \cdot 10^{-4} \text{K}^{-1}$
Wärmeleitfähigkeit	Temperatur		$\cdot 10^{-4} \text{K}^{-1}$
	Verfahren		W/(K·m)
Spezifische Wärmekapazität	Verfahren		J/(K·g)
Glasumwandlungstemperatur	Torsionsschwingungsversuch	°C	
	Differentialkalorimetrie	°C	

Brandverhalten

UL-Test vertikal Dicke mm, Wert
  Dicke mm, Wert

	Norm	Bewertung	Abmessungen
Sauerstoff-Index	ASTM D 2863		
Glühstab-Verfahren			
Brandverhalten	DIN 4102		
MVSS			
FAR			

Elektrische Eigenschaften

	Hz	°C	Probekörper, Form
Dielektrizitätszahl	50		
	10³		
	10⁶		
Dielektrischer Verlustfaktor tan δ	50		
	10³		
	10⁶		

*Spezifischer Durchgangs-
  widerstand* Ohm · cm
Durchschlagfestigkeit kV/mm   mm dick
Oberflächenwiderstand Ohm

Kriechstromfestigkeit KC KB KA
Kriechwegbildung

Elektrolytische Korrosionswirkung
Lichtbogenfestigkeit nach DIN
  nach ASTM s

Beständigkeit (Chemische Beständigkeit siehe Anhang)

Wasseraufnahme 23 C 1 d 0.03 %

Feuchtigkeitsaufnahme Normalklima %
Wetterbeständigkeit

Spannungskorrosion

Optische Eigenschaften

Brechungszahl n_D
Transmissionsgrad τ_c % mm dick
Lichtdurchlässigkeit

Datenbank-Nr.	**T02574**		Merkblatt-Nr.	**2296**
				PVC
Produkt	Hart-PVC-Spritzgiessmasse			
Handelsname	**Solvic-PREMIX PIR 936**			
Hersteller	SOLVAY			
DIN-Bez 1	7748-PVC-U,MD,68-03-33		Viskositätszahl ml/g	
DIN-Bez 2			K-Wert	
Zusätze	Bleistabilisierung		Füllstoffe/Verstärkung	
Bevorzugte Verarbeitung	Spritzgiessen		Lieferform	Pulver
			Farben	Weiss
Besondere Merkmale	Hohe Zeitstandfestigkeit; Gute Wetterbestaendigkeit; Grosse Schalldaemmung; Geringe Spannungsrissneigung; Sehr geringe Schwindung; Normal schlagzaeh; Gut fliessend		Bevorzugte Anwendungen	Zubehoer fuer Gartenmoebel; Gehaeuseteil; Elektrisches Installationsmaterial

Kornverteilung

Kornklasse μm	Rückstand %			
		Dichte	g/cm³	1.4
		Schüttdichte	g/cm³	
		Stampfdichte	g/cm³	
		Rieselfähigkeit		
		Rieselzeit	s/100 g	
		Kornbeschaffenheit		
Allgemeine Hinweise		Flüchtige Bestandteile	%	
		Sulfatasche	%	

Zugversuch 23 °C DIN 53455; DIN 53457

	Probekörper:	Form	Nr. 3	Herstellung	Pressen
		Zustand		Vorbehandlung	Normalklima
Streckspannung	N/mm² 56			Dehnung bei Streckspannung	% 5
Zugfestigkeit	N/mm²			Reißdehnung	%
Reißfestigkeit	N/mm²			% Dehnspannung	N/mm²
E-Modul	N/mm² 3600			Dehnung bei % Dehnspg.	%

Kriechmoduln und Zeitstandwerte 23 °C

	Probekörper:	Form		Herstellung	
		Zustand		Vorbehandlung	
Kriechmodul	1 min N/mm²			Zeitstandzugfestigkeit	h N/mm²
Kriechmodul	1000 h N/mm²			Zeitdehnspg. %	h N/mm²
bei Spannung	N/mm²				

Biegeversuch 23 °C

	Probekörper:	Form		Herstellung	
		Zustand		Vorbehandlung	
Biegefestigkeit	N/mm²		E-Modul		N/mm²
3,5% Biegespannung	N/mm²				

Härte 23 °C

	Probekörper:	Zustand		Herstellung	Pressen
				Vorbehandlung	Normalklima
Kugeldruckhärte	N/mm² 126	bei 358 N, 30 s		Shore-Härte A	
Rockwellhärte				Shore-Härte D	

Schlagversuch

	Probekörper:	(1) U-Kerbe			
		(2)		Herstellung	Pressen
		Zustand		Vorbehandlung	Normalklima
		°C	°C	°C	Probekörper-Form
Schlagzähigkeit	kJ/m²				
Kerbschlagzähigkeit (1)	kJ/m²	23 4.2	0 4.0		NKS
IZOD-Kerbschlagzähigkeit (2)	J/m				
Kerbschlagzugzähigkeit	kJ/m²				

Datenbank-Nr. **T02574** Merkblatt-Nr. **2296**

Abrieb und Reibung

Taber-Abrieb (Reibradverfahren)	mm³/100 U	
Abriebfaktor LNP (Thrust washer) Vergleichswert		
Statische Reibungszahl		
Dynamische Reibungszahl	(p·v= N/mm² ·	m/min)
Zulässiger p · v Wert	N/mm² · (m/min) v=	m/min
	v=	m/min

Thermische Eigenschaften

Formbeständigkeit in der Wärme	Verfahren		°C
	Verfahren		°C
Vicat Erweichungstemperatur (VST)	Verfahren	B/50	68 °C
	Verfahren		°C
Kristallit-Schmelzpunkt	Verfahren		
Längenausdehnungskoeffizient	Bereich	-30–30 °C	$0.51 \cdot 10^{-4} K^{-1}$
Wärmeleitfähigkeit	Temperatur		$\cdot 10^{-4} K^{-1}$
	Verfahren		W/(K · m)
Spezifische Wärmekapazität	Verfahren		J/(K · g)
Glasumwandlungstemperatur	Torsionsschwingungsversuch		°C
	Differentialkalorimetrie		°C

Brandverhalten

UL-Test vertikal   Dicke   mm, Wert
                    Dicke   mm, Wert

	Norm	Bewertung	Abmessungen
Sauerstoff-Index	ASTM D 2863		
Glühstab-Verfahren			
Brandverhalten	DIN 4102		
MVSS			
FAR			

Elektrische Eigenschaften

	Hz	°C	Probekörper, Form
Dielektrizitätszahl	50		
	10³		
	10⁶		
Dielektrischer Verlustfaktor tan δ	50		
	10³		
	10⁶		
Spezifischer Durchgangs- widerstand	Ohm · cm		
Durchschlagfestigkeit	kV/mm		mm dick
Oberflächenwiderstand	Ohm		

Kriechstromfestigkeit   KC   KB   KA
Kriechwegbildung

Elektrolytische Korrosionswirkung
Lichtbogenfestigkeit nach DIN
            nach ASTM   s

Beständigkeit (Chemische Beständigkeit siehe Anhang)

Wasseraufnahme 23 C	1 d	0.05	%
Feuchtigkeitsaufnahme Normalklima			
Wetterbeständigkeit			%
Spannungskorrosion			

Optische Eigenschaften

Brechungszahl n_D
Transmissionsgrad τ_c %   mm dick
Lichtdurchlässigkeit

Datenbank-Nr.	**T02575**		Merkblatt-Nr.	**2297**

PVC

Produkt	Hart-PVC-Spritzgiessmasse
Handelsname	**Solvic-PREMIX PIR 945**
Hersteller	SOLVAY
DIN-Bez 1	7748-PVC-U,MD,76-03-28
DIN-Bez 2	
Viskositätszahl ml/g	
K-Wert	
Zusätze	Zinnstabilisierung
Füllstoffe/Verstärkung	
Bevorzugte Verarbeitung	Spritzgiessen
Lieferform	Pulver
Farben	Dunkelgrau
Besondere Merkmale	Hohe Zeitstandfestigkeit; Gute Wetterbestaendigkeit; Grosse Schalldaemmung; Geringe Spannungsrissneigung; Sehr geringe Schwindung; Normal schlagzaeh; Normal fliessend
Bevorzugte Anwendungen	Druckfitting; Ventilkoerper; Flansch

Kornverteilung

Kornklasse µm	Rückstand %

Dichte	g/cm³	1.37
Schüttdichte	g/cm³	
Stampfdichte	g/cm³	
Rieselfähigkeit		
Rieselzeit	s/100 g	
Kornbeschaffenheit		

Allgemeine Hinweise

Flüchtige Bestandteile	%
Sulfatasche	%

Zugversuch 23 °C DIN 53455; DIN 53457

Probekörper:	Form	Nr. 3
	Zustand	
Herstellung	Pressen
Vorbehandlung	Normalklima

Streckspannung	N/mm²	53	Dehnung bei Streckspannung	%	4
Zugfestigkeit	N/mm²		Reißdehnung	%	
Reißfestigkeit	N/mm²		% Dehnspannung	N/mm²	
E-Modul	N/mm²	2860	Dehnung bei % Dehnspg.	%	

Kriechmoduln und Zeitstandwerte 23 °C

| Probekörper: | Form | Herstellung | |
| | Zustand | Vorbehandlung | |

Kriechmodul	1 min	N/mm²	Zeitstandzugfestigkeit	h	N/mm²
Kriechmodul	1000 h	N/mm²	Zeitdehnspg. %	h	N/mm²
bei Spannung		N/mm²			

Biegeversuch 23 °C

| Probekörper: | Form | Herstellung | |
| | Zustand | Vorbehandlung | |

Biegefestigkeit	N/mm²	E-Modul	N/mm²
3,5% Biegespannung	N/mm²		

Härte 23 °C

| Probekörper: | Zustand | Herstellung | Pressen |
| | | Vorbehandlung | Normalklima |

Kugeldruckhärte	N/mm²	89	bei 358 N, 30 s	Shore-Härte A
Rockwellhärte				Shore-Härte D

Schlagversuch

Probekörper:	(1) U-Kerbe		
	(2)	Herstellung	Pressen
	Zustand	Vorbehandlung	Normalklima

		°C	°C	°C	Probekörper-Form
Schlagzähigkeit	kJ/m²				
Kerbschlagzähigkeit (1)	kJ/m²	23 3.6	0 3		NKS
IZOD-Kerbschlagzähigkeit (2)	J/m				
Kerbschlagzugzähigkeit	kJ/m²				

Kunststoffe © Springer-Verlag Berlin Heidelberg 1988
Kopieren, Vervielfältigen und Speichern in Datenverarbeitungsanlagen (auch auszugsweise) ist nur mit schriftlicher Genehmigung des Verlages gestattet

Datenbank-Nr. **T02575** *Merkblatt-Nr.* **2297**

Abrieb und Reibung

Taber-Abrieb (Reibradverfahren)	mm³/100 U	
Abriebfaktor LNP (Thrust washer) Vergleichswert		
Statische Reibungszahl		
Dynamische Reibungszahl	(p·v = N/mm² · m/min)	
Zulässiger p·v Wert	N/mm² · (m/min) v = m/min	
	v = m/min	

Thermische Eigenschaften

Formbeständigkeit in der Wärme	Verfahren		°C
	Verfahren		°C
Vicat Erweichungstemperatur (VST)	Verfahren	B/50	77 °C
	Verfahren		°C
Kristallit-Schmelzpunkt	Verfahren		
Längenausdehnungskoeffizient	Bereich	−30–30 °C	$0.64 \cdot 10^{-4} \text{K}^{-1}$
	Temperatur		$\cdot 10^{-4} \text{K}^{-1}$
Wärmeleitfähigkeit	Verfahren		W/(K·m)
Spezifische Wärmekapazität	Verfahren		J/(K·g)
Glasumwandlungstemperatur	Torsionsschwingungsversuch	°C	
	Differentialkalorimetrie	°C	

Brandverhalten

UL-Test vertikal Dicke mm, Wert
 Dicke mm, Wert

	Norm	Bewertung	Abmessungen
Sauerstoff-Index	ASTM D 2863		
Glühstab-Verfahren			
Brandverhalten	DIN 4102		
MVSS			
FAR			

Elektrische Eigenschaften

	Hz	°C		Probekörper, Form
Dielektrizitätszahl	50			
	10³			
	10⁶			
Dielektrischer Verlustfaktor tan δ	50			
	10³			
	10⁶			

*Spezifischer Durchgangs-
  widerstand* Ohm·cm
Durchschlagfestigkeit kV/mm   mm dick
Oberflächenwiderstand Ohm

Kriechstromfestigkeit KC KB KA
Kriechwegbildung

Elektrolytische Korrosionswirkung
Lichtbogenfestigkeit nach DIN
        nach ASTM s

Beständigkeit *(Chemische Beständigkeit siehe Anhang)*

Wasseraufnahme 23 C 1 d 0.03 %

Feuchtigkeitsaufnahme Normalklima %
Wetterbeständigkeit

Spannungskorrosion

Optische Eigenschaften

Brechungszahl n_D
Transmissionsgrad τ_c % mm dick
Lichtdurchlässigkeit

Datenbank-Nr.	**T02576**		Merkblatt-Nr.	**2298**
Produkt	Hart-PVC-Spritzgiessmasse			**PVC**
Handelsname	**Solvic-PREMIX PIR 960**			
Hersteller	SOLVAY			
DIN-Bez 1	7748-PVC-U,MD,66-03-33		Viskositätszahl ml/g	
DIN-Bez 2			K-Wert	
Zusätze	Zinnstabilisierung		Füllstoffe/Verstärkung	
Bevorzugte Verarbeitung	Spritzgiessen		Lieferform	Pulver
			Farben	Glasklar
Besondere Merkmale	Hohe Zeitstandfestigkeit; Gute Wetterbestaendigkeit; Grosse Schalldaemmung; Geringe Spannungsrissneigung; Sehr geringe Schwindung; Normal schlagzaeh; Gut fliessend		Bevorzugte Anwendungen	Sanitaerbereich; Elektrogehaeuseteil

Kornverteilung

Kornklasse μm	Rückstand %	Dichte	g/cm³	1.36
		Schüttdichte	g/cm³	
		Stampfdichte	g/cm³	
		Rieselfähigkeit		
		Rieselzeit	s/100 g	
		Kornbeschaffenheit		
Allgemeine Hinweise		Flüchtige Bestandteile	%	
		Sulfatasche	%	

Zugversuch 23 °C DIN 53455; DIN 53457

Probekörper: Form Nr. 3 — Herstellung Pressen
Zustand — Vorbehandlung Normalklima

Streckspannung	N/mm² 66	Dehnung bei Streckspannung	% 5
Zugfestigkeit	N/mm²	Reißdehnung	%
Reißfestigkeit	N/mm²	% Dehnspannung	N/mm²
E-Modul	N/mm² 3040	Dehnung bei % Dehnspg.	%

Kriechmoduln und Zeitstandwerte 23 °C

Probekörper: Form — Herstellung
Zustand — Vorbehandlung

Kriechmodul	1 min N/mm²	Zeitstandzugfestigkeit	h N/mm²
Kriechmodul	1000 h N/mm²	Zeitdehnspg. %	h N/mm²
bei Spannung	N/mm²		

Biegeversuch 23 °C

Probekörper: Form — Herstellung
Zustand — Vorbehandlung

Biegefestigkeit	N/mm²	E-Modul	N/mm²
3,5% Biegespannung	N/mm²		

Härte 23 °C

Probekörper: Zustand — Herstellung Pressen
Vorbehandlung Normalklima

Kugeldruckhärte	N/mm² 116	bei 358 N, 30 s	Shore-Härte A
Rockwellhärte			Shore-Härte D

Schlagversuch

Probekörper: (1) U-Kerbe
(2)
Zustand — Herstellung Pressen
Vorbehandlung Normalklima

		°C	°C	°C	Probekörper-Form
Schlagzähigkeit	kJ/m²				
Kerbschlagzähigkeit (1)	kJ/m²	23 3	0 3		NKS
IZOD-Kerbschlagzähigkeit (2)	J/m				
Kerbschlagzugzähigkeit	kJ/m²				

Kunststoffe © Springer-Verlag Berlin Heidelberg 1988
Kopieren, Vervielfältigen und Speichern in Datenverarbeitungsanlagen (auch auszugsweise) ist nur mit schriftlicher Genehmigung des Verlages gestattet

Datenbank-Nr. **T02576** Merkblatt-Nr. **2298**

Abrieb und Reibung

Taber-Abrieb (Reibradverfahren) mm³/100 U
Abriebfaktor LNP (Thrust washer) Vergleichswert
Statische Reibungszahl
Dynamische Reibungszahl (p·v = N/mm² · m/min)
Zulässiger p · v Wert N/mm² · (m/min) v = m/min
  v = m/min

Thermische Eigenschaften

Formbeständigkeit in der Wärme Verfahren °C
  Verfahren °C
Vicat Erweichungstemperatur (VST) Verfahren B/50 66 °C
  Verfahren °C
Kristallit-Schmelzpunkt Verfahren
Längenausdehnungskoeffizient Bereich −30–30 °C $0.65 \cdot 10^{-4} K^{-1}$
  Temperatur $\cdot 10^{-4} K^{-1}$
Wärmeleitfähigkeit Verfahren W/(K·m)
Spezifische Wärmekapazität Verfahren J/(K·g)
Glasumwandlungstemperatur Torsionsschwingungsversuch °C
  Differentialkalorimetrie °C

Brandverhalten

UL-Test vertikal Dicke mm, Wert
  Dicke mm, Wert

	Norm	Bewertung	Abmessungen
Sauerstoff-Index	ASTM D 2863		
Glühstab-Verfahren			
Brandverhalten	DIN 4102		
MVSS			
FAR			

Elektrische Eigenschaften

  Hz °C Probekörper, Form
Dielektrizitätszahl 50
  10³
  10⁶
Dielektrischer Verlustfaktor tan δ 50
  10³
  10⁶
Spezifischer Durchgangs-
  widerstand Ohm · cm
Durchschlagfestigkeit kV/mm mm dick
Oberflächenwiderstand Ohm
Kriechstromfestigkeit KC KB KA
Kriechwegbildung
Elektrolytische Korrosionswirkung
Lichtbogenfestigkeit nach DIN
  nach ASTM s

Beständigkeit (Chemische Beständigkeit siehe Anhang)

Wasseraufnahme 23 C 1 d 0.03 %
Feuchtigkeitsaufnahme Normalklima %
Wetterbeständigkeit
Spannungskorrosion

Optische Eigenschaften

Brechungszahl n_D
Transmissionsgrad τ_c % mm dick
Lichtdurchlässigkeit

Datenbank-Nr.	**T02577**		Merkblatt-Nr.	**2299**

Produkt	Hart-PVC-Spritzgiessmasse
Handelsname	**Solvic-PREMIX PIR 961**
Hersteller	SOLVAY
DIN-Bez 1	7748-PVC-U,MD,74-03-33
DIN-Bez 2	
Zusätze	Zinnstabilisierung
Bevorzugte Verarbeitung	Spritzgiessen
Besondere Merkmale	Hohe Zeitstandfestigkeit; Gute Wetterbestaendigkeit; Grosse Schalldaemmung; Geringe Spannungsrissneigung; Sehr geringe Schwindung; Normal schlagzaeh; Gut fliessend
Viskositätszahl ml/g	
K-Wert	
Füllstoffe/Verstärkung	
Lieferform	Pulver
Farben	Glasklar
Bevorzugte Anwendungen	Verpackung von Lebensmitteln, Genussmitteln, Arzneimitteln und Kosmetika

PVC

Kornverteilung

Kornklasse μm	Rückstand %
Dichte g/cm³	1.38
Schüttdichte g/cm³	
Stampfdichte g/cm³	
Rieselfähigkeit	
Rieselzeit s/100 g	
Kornbeschaffenheit	
Flüchtige Bestandteile %	
Sulfatasche %	

Allgemeine Hinweise

Zugversuch 23 °C   DIN 53455; DIN 53457
Probekörper: Form Nr. 3   Herstellung   Pressen
Zustand   Vorbehandlung Normalklima

Streckspannung	N/mm²	54
Zugfestigkeit	N/mm²	
Reißfestigkeit	N/mm²	
E-Modul	N/mm²	3050
Dehnung bei Streckspannung	%	3
Reißdehnung	%	
% Dehnspannung	N/mm²	
Dehnung bei % Dehnspg.	%	

Kriechmoduln und Zeitstandwerte 23 °C
Probekörper: Form   Herstellung
Zustand   Vorbehandlung

Kriechmodul	1 min	N/mm²
Kriechmodul	1000 h	N/mm²
bei Spannung		N/mm²
Zeitstandzugfestigkeit	h	N/mm²
Zeitdehnspg. %	h	N/mm²

Biegeversuch 23 °C
Probekörper: Form   Herstellung
Zustand   Vorbehandlung

Biegefestigkeit	N/mm²
3,5% Biegespannung	N/mm²
E-Modul	N/mm²

Härte 23 °C   Probekörper: Zustand   Herstellung   Pressen
Vorbehandlung Normalklima

Kugeldruckhärte	N/mm²	121 bei 358 N, 30 s
Rockwellhärte		
Shore-Härte A		
Shore-Härte D		

Schlagversuch   Probekörper: (1) U-Kerbe
(2)
Zustand   Herstellung   Pressen
Vorbehandlung Normalklima

		°C	°C	°C	Probekörper-Form
Schlagzähigkeit	kJ/m²				
Kerbschlagzähigkeit (1)	kJ/m²	23 3	0 3		NKS
IZOD-Kerbschlagzähigkeit (2)	J/m				
Kerbschlagzugzähigkeit	kJ/m²				

Datenbank-Nr. **T02577** *Merkblatt-Nr.* **2299**

Abrieb und Reibung

Taber-Abrieb (Reibradverfahren)	mm³/100 U	
Abriebfaktor LNP (Thrust washer) Vergleichswert		
Statische Reibungszahl		
Dynamische Reibungszahl	(p·v = N/mm² · m/min)	
Zulässiger p·v Wert	N/mm² · (m/min) v = m/min	
	v = m/min	

Thermische Eigenschaften

Formbeständigkeit in der Wärme	Verfahren		°C
	Verfahren		°C
Vicat Erweichungstemperatur (VST)	Verfahren	B/50	75 °C
	Verfahren		°C
Kristallit-Schmelzpunkt	Verfahren		
Längenausdehnungskoeffizient	Bereich	−30–30 °C	$0.57 \cdot 10^{-4} \mathrm{K}^{-1}$
Wärmeleitfähigkeit	Temperatur		$\cdot 10^{-4} \mathrm{K}^{-1}$
	Verfahren		W/(K·m)
Spezifische Wärmekapazität	Verfahren		J/(K·g)
Glasumwandlungstemperatur	Torsionsschwingungsversuch	°C	
	Differentialkalorimetrie	°C	

Brandverhalten

UL-Test vertikal	Dicke	mm, Wert	
	Dicke	mm, Wert	
	Norm	Bewertung	Abmessungen
Sauerstoff-Index	ASTM D 2863		
Glühstab-Verfahren			
Brandverhalten	DIN 4102		
MVSS			
FAR			

Elektrische Eigenschaften

	Hz	°C	Probekörper, Form
Dielektrizitätszahl	50		
	10³		
	10⁶		
Dielektrischer Verlustfaktor tan δ	50		
	10³		
	10⁶		
Spezifischer Durchgangswiderstand	Ohm·cm		
Durchschlagfestigkeit	kV/mm		
Oberflächenwiderstand	Ohm		mm dick
Kriechstromfestigkeit	KC	KB	KA
Kriechwegbildung			
Elektrolytische Korrosionswirkung			
Lichtbogenfestigkeit nach DIN			
nach ASTM	s		

Beständigkeit (Chemische Beständigkeit siehe Anhang)

Wasseraufnahme 23 C		1 d	0.01 %
Feuchtigkeitsaufnahme Normalklima			%
Wetterbeständigkeit			
Spannungskorrosion			

Optische Eigenschaften

Brechungszahl n_D		
Transmissionsgrad τ_c	%	mm dick
Lichtdurchlässigkeit		

Datenbank-Nr.	**T05911**			Merkblatt-Nr. **2300**
Produkt	Hart-PVC-Spritzgiessmasse			**PVC**
Handelsname	**Solvic-PREMIX PIR 988/9359**			
Hersteller	SOLVAY			
DIN-Bez 1	7748-PVC-U,MD,76-03-33		Viskositätszahl ml/g	
DIN-Bez 2			K-Wert	
Zusätze	Bleistabilisierung		Füllstoffe/Verstärkung	
Bevorzugte Verarbeitung	Spritzgiessen		Lieferform	Pulver
			Farben	
Besondere Merkmale	Normal schlagzaeh; Hohe Waermeformbestaendigkeit; Leicht fliessend		Bevorzugte Anwendungen	Dachzubehoer

Kornverteilung

Kornklasse μm	Rückstand %		
		Dichte	g/cm³
		Schüttdichte	g/cm³
		Stampfdichte	g/cm³
		Rieselfähigkeit	
		Rieselzeit	s/100 g
		Kornbeschaffenheit	
Allgemeine Hinweise		Flüchtige Bestandteile	%
		Sulfatasche	%

Zugversuch 23 °C

Probekörper: Form / Zustand   Herstellung / Vorbehandlung

Streckspannung	N/mm²	Dehnung bei Streckspannung	%
Zugfestigkeit	N/mm²	Reißdehnung	%
Reißfestigkeit	N/mm²	% Dehnspannung	N/mm²
E-Modul	N/mm²	Dehnung bei % Dehnspg.	%

Kriechmoduln und Zeitstandwerte 23 °C

Probekörper: Form / Zustand   Herstellung / Vorbehandlung

Kriechmodul	1 min N/mm²	Zeitstandzugfestigkeit	h N/mm²
Kriechmodul	1000 h N/mm²	Zeitdehnspg. %	h N/mm²
bei Spannung	N/mm²		

Biegeversuch 23 °C

Probekörper: Form / Zustand   Herstellung / Vorbehandlung

Biegefestigkeit	N/mm²	E-Modul	N/mm²
3,5% Biegespannung	N/mm²		

Härte 23 °C

Probekörper: Zustand   Herstellung / Vorbehandlung

Kugeldruckhärte	N/mm²	bei N, s	Shore-Härte	A
Rockwellhärte			Shore-Härte	D

Schlagversuch

Probekörper: (1) (2) Zustand   Herstellung / Vorbehandlung

°C   °C   °C   Probekörper-Form

Schlagzähigkeit	kJ/m²
Kerbschlagzähigkeit (1)	kJ/m²
IZOD-Kerbschlagzähigkeit (2)	J/m
Kerbschlagzugzähigkeit	kJ/m²

Kunststoffe © Springer-Verlag Berlin Heidelberg 1988
Kopieren, Vervielfältigen und Speichern in Datenverarbeitungsanlagen (auch auszugsweise) ist nur mit schriftlicher Genehmigung des Verlages gestattet

Datenbank-Nr. **T05911** *Merkblatt-Nr.* **2300**

Abrieb und Reibung

Taber-Abrieb (Reibradverfahren)	mm³/100 U	
Abriebfaktor LNP (Thrust washer) Vergleichswert		
Statische Reibungszahl		
Dynamische Reibungszahl	($p \cdot v =$ N/mm² · m/min)	
Zulässiger p · v Wert	N/mm² · (m/min)	$v =$ m/min
		$v =$ m/min

Thermische Eigenschaften

Formbeständigkeit in der Wärme	Verfahren	°C
	Verfahren	°C
Vicat Erweichungstemperatur (VST)	Verfahren	°C
	Verfahren	°C
Kristallit-Schmelzpunkt	Verfahren	
Längenausdehnungskoeffizient	Bereich °C	$\cdot 10^{-4} K^{-1}$
	Temperatur	$\cdot 10^{-4} K^{-1}$
Wärmeleitfähigkeit	Verfahren	W/(K · m)
Spezifische Wärmekapazität	Verfahren	J/(K · g)
Glasumwandlungstemperatur	Torsionsschwingungsversuch	°C
	Differentialkalorimetrie	°C

Brandverhalten

UL-Test vertikal Dicke mm, Wert
 Dicke mm, Wert

	Norm	Bewertung	Abmessungen
Sauerstoff-Index	ASTM D 2863		
Glühstab-Verfahren			
Brandverhalten	DIN 4102		
MVSS			
FAR			

Elektrische Eigenschaften

	Hz	°C	Probekörper, Form
Dielektrizitätszahl	50		
	10³		
	10⁶		
Dielektrischer Verlustfaktor tan δ	50		
	10³		
	10⁶		

Spezifischer Durchgangswiderstand	Ohm · cm	
Durchschlagfestigkeit	kV/mm	mm dick
Oberflächenwiderstand	Ohm	

Kriechstromfestigkeit KC KB KA
Kriechwegbildung

Elektrolytische Korrosionswirkung
Lichtbogenfestigkeit nach DIN
  nach ASTM s

Beständigkeit *(Chemische Beständigkeit siehe Anhang)*

Wasseraufnahme

Feuchtigkeitsaufnahme Normalklima %
Wetterbeständigkeit

Spannungskorrosion

Optische Eigenschaften

Brechungszahl n_D
Transmissionsgrad τ_c % mm dick
Lichtdurchlässigkeit

Datenbank-Nr.	**T02579**		*Merkblatt-Nr.*	**2301**
Produkt	Hart-PVC-Spritzgiessmasse			**PVC**
Handelsname	**Solvic-PREMIX PIR 995**			
Hersteller	SOLVAY			
DIN-Bez 1	7748-PVC-U,MD,76-10-28	*Viskositätszahl* ml/g		
DIN-Bez 2		*K-Wert*		
Zusätze	Bleistabilisierung	*Füllstoffe/ Verstärkung*		
Bevorzugte Verarbeitung	Spritzgiessen	*Lieferform*	Pulver	
		Farben	Weissgrau	
Besondere Merkmale	Hohe Zeitstandfestigkeit; Gute Wetterbestaendigkeit; Grosse Schalldaemmung; Geringe Spannungsrissneigung; Sehr geringe Schwindung; Erhoeht schlagzaeh; Leichtfliessend	*Bevorzugte Anwendungen*	Formteil fuer Elektroindustrie	

Kornverteilung

Kornklasse μm	*Rückstand* %	*Dichte*	g/cm³	1.42
		Schüttdichte	g/cm³	
		Stampfdichte	g/cm³	
		Rieselfähigkeit		
		Rieselzeit	s/100 g	
		Kornbeschaffenheit		
Allgemeine Hinweise		*Flüchtige Bestandteile*	%	
		Sulfatasche	%	

Zugversuch 23 °C
DIN 53455; DIN 53457

Probekörper: Form Nr. 3   *Herstellung* Pressen
Zustand   *Vorbehandlung* Normalklima

Streckspannung	N/mm² 45	*Dehnung bei Streckspannung*	%	5
Zugfestigkeit	N/mm²	*Reißdehnung*	%	
Reißfestigkeit	N/mm²	% *Dehnspannung*	N/mm²	
E-Modul	N/mm² 2800	*Dehnung bei* % *Dehnspg.*	%	

Kriechmoduln und Zeitstandwerte 23 °C

Probekörper: Form   *Herstellung*
Zustand   *Vorbehandlung*

Kriechmodul	1 min N/mm²	*Zeitstandzugfestigkeit*	h N/mm²
Kriechmodul	1000 h N/mm²	*Zeitdehnspg.* %	h N/mm²
bei Spannung	N/mm²		

Biegeversuch 23 °C

Probekörper: Form   *Herstellung*
Zustand   *Vorbehandlung*

Biegefestigkeit	N/mm²	*E-Modul*	N/mm²
3,5% Biegespannung	N/mm²		

Härte 23 °C

Probekörper: Zustand   *Herstellung* Pressen
    Vorbehandlung Normalklima

Kugeldruckhärte	N/mm² 85	bei 358 N, 30 s	*Shore-Härte* A
Rockwellhärte			*Shore-Härte* D

Schlagversuch

Probekörper: (1) U-Kerbe
(2)
Zustand   *Herstellung* Pressen
    Vorbehandlung Normalklima

		°C	°C	°C	*Probekörper-Form*
Schlagzähigkeit	kJ/m²				
Kerbschlagzähigkeit (1)	kJ/m²	23 7.5	0 3		NKS
IZOD-Kerbschlagzähigkeit (2)	J/m				
Kerbschlagzugzähigkeit	kJ/m²				

Kunststoffe © Springer-Verlag Berlin Heidelberg 1988
Kopieren, Vervielfältigen und Speichern in Datenverarbeitungsanlagen (auch auszugsweise) ist nur mit schriftlicher Genehmigung des Verlages gestattet

Datenbank-Nr. **T02579** *Merkblatt-Nr.* **2301**

Abrieb und Reibung

Taber-Abrieb (Reibradverfahren)	mm³/100 U	
Abriebfaktor LNP (Thrust washer) Vergleichswert		
Statische Reibungszahl		
Dynamische Reibungszahl	(p·v= N/mm² · m/min)	
Zulässiger p · v Wert	N/mm² · (m/min) v= m/min	
	v= m/min	

Thermische Eigenschaften

Formbeständigkeit in der Wärme	Verfahren		°C
	Verfahren		°C
Vicat Erweichungstemperatur (VST)	Verfahren B/50		77 °C
	Verfahren		°C
Kristallit-Schmelzpunkt	Verfahren		
Längenausdehnungskoeffizient	Bereich −30–30 °C		$0.65 \cdot 10^{-4} K^{-1}$
Wärmeleitfähigkeit	Temperatur		$\cdot 10^{-4} K^{-1}$
	Verfahren		W/(K·m)
Spezifische Wärmekapazität	Verfahren		J/(K·g)
Glasumwandlungstemperatur	Torsionsschwingungsversuch	°C	
	Differentialkalorimetrie	°C	

Brandverhalten

UL-Test vertikal Dicke mm, Wert
 Dicke mm, Wert

	Norm	Bewertung	Abmessungen
Sauerstoff-Index	ASTM D 2863		
Glühstab-Verfahren			
Brandverhalten	DIN 4102		
MVSS			
FAR			

Elektrische Eigenschaften

	Hz	°C	Probekörper, Form
Dielektrizitätszahl	50		
	10³		
	10⁶		
Dielektrischer Verlustfaktor tan δ	50		
	10³		
	10⁶		
Spezifischer Durchgangs-widerstand	Ohm · cm		
Durchschlagfestigkeit	kV/mm		mm dick
Oberflächenwiderstand	Ohm		
Kriechstromfestigkeit	KC KB KA		
Kriechwegbildung			

Elektrolytische Korrosionswirkung
Lichtbogenfestigkeit nach DIN
 nach ASTM s

Beständigkeit *(Chemische Beständigkeit siehe Anhang)*

Wasseraufnahme 23 C	1 d	0.03	%
Feuchtigkeitsaufnahme Normalklima			%
Wetterbeständigkeit			

Spannungskorrosion

Optische Eigenschaften

Brechungszahl n_D
Transmissionsgrad τ_c % mm dick
Lichtdurchlässigkeit

Datenbank-Nr.	**T05912**		Merkblatt-Nr.	**2302**

Produkt	Hart-PVC-Spritzgiessmasse		**PVC**
Handelsname	**Solvic-PREMIX PIR 945**		
Hersteller	SOLVAY		
DIN-Bez 1	7748-PVC-U,MD,78-30-23	Viskositätszahl ml/g	
DIN-Bez 2		K-Wert	
Zusätze	Zinnstabilisierung	Füllstoffe/Verstärkung	
Bevorzugte Verarbeitung	Spritzgiessen	Lieferform	Pulver
		Farben	Glasklar
Besondere Merkmale	Normal schlagzaeh; Erhoehte Waermeformbestaendigkeit; Normal fliessend	Bevorzugte Anwendungen	Druckbehaelter

---

Kornverteilung

Kornklasse μm	Rückstand %		
		Dichte	g/cm³
		Schüttdichte	g/cm³
		Stampfdichte	g/cm³
		Rieselfähigkeit	
		Rieselzeit	s/100 g
		Kornbeschaffenheit	
Allgemeine Hinweise		Flüchtige Bestandteile	%
		Sulfatasche	%

Zugversuch 23 °C

Probekörper: Form   Herstellung
Zustand   Vorbehandlung

Streckspannung	N/mm²	Dehnung bei Streckspannung	%
Zugfestigkeit	N/mm²	Reißdehnung	%
Reißfestigkeit	N/mm²	% Dehnspannung	N/mm²
E-Modul	N/mm²	Dehnung bei % Dehnspg.	%

Kriechmoduln und Zeitstandwerte 23 °C

Probekörper: Form   Herstellung
Zustand   Vorbehandlung

Kriechmodul	1 min N/mm²	Zeitstandzugfestigkeit	h N/mm²
Kriechmodul	1000 h N/mm²	Zeitdehnspg. %	h N/mm²
bei Spannung	N/mm²		

Biegeversuch 23 °C

Probekörper: Form   Herstellung
Zustand   Vorbehandlung

Biegefestigkeit	N/mm²	E-Modul	N/mm²
3,5% Biegespannung	N/mm²		

Härte 23 °C

Probekörper: Zustand   Herstellung
Vorbehandlung

Kugeldruckhärte	N/mm²	bei	N, s	Shore-Härte A
Rockwellhärte				Shore-Härte D

Schlagversuch

Probekörper: (1)
(2)
Zustand   Herstellung Vorbehandlung

°C   °C   °C   Probekörper-Form

Schlagzähigkeit	kJ/m²
Kerbschlagzähigkeit (1)	kJ/m²
IZOD-Kerbschlagzähigkeit (2)	J/m
Kerbschlagzugzähigkeit	kJ/m²

Kunststoffe © Springer-Verlag Berlin Heidelberg 1988
Kopieren, Vervielfältigen und Speichern in Datenverarbeitungsanlagen (auch auszugsweise) ist nur mit schriftlicher Genehmigung des Verlages gestattet

Datenbank-Nr. **T05912**　　　　　　　　　　　　　　　　　　　　　　　　　　　　Merkblatt-Nr. **2302**

Abrieb und Reibung

Taber-Abrieb (Reibradverfahren)	mm³/100 U
Abriebfaktor LNP (Thrust washer) Vergleichswert	
Statische Reibungszahl	
Dynamische Reibungszahl	(p·v= N/mm² · m/min)
Zulässiger p·v Wert	N/mm² · (m/min) v= m/min
	v= m/min

Thermische Eigenschaften

Formbeständigkeit in der Wärme	Verfahren		°C
	Verfahren		°C
Vicat Erweichungstemperatur (VST)	Verfahren		°C
	Verfahren		°C
Kristallit-Schmelzpunkt	Verfahren		
Längenausdehnungskoeffizient	Bereich	°C	·10⁻⁴K⁻¹
Wärmeleitfähigkeit	Temperatur		·10⁻⁴K⁻¹
	Verfahren		W/(K·m)
Spezifische Wärmekapazität	Verfahren		J/(K·g)
Glasumwandlungstemperatur	Torsionsschwingungsversuch	°C	
	Differentialkalorimetrie	°C	

Brandverhalten

UL-Test vertikal	Dicke	mm, Wert
	Dicke	mm, Wert

	Norm	Bewertung	Abmessungen
Sauerstoff-Index	ASTM D 2863		
Glühstab-Verfahren			
Brandverhalten	DIN 4102		
MVSS			
FAR			

Elektrische Eigenschaften

	Hz	°C		Probekörper, Form
Dielektrizitätszahl	50			
	10³			
	10⁶			
Dielektrischer Verlustfaktor tan δ	50			
	10³			
	10⁶			
Spezifischer Durchgangswiderstand	Ohm·cm			
Durchschlagfestigkeit	kV/mm			mm dick
Oberflächenwiderstand	Ohm			
Kriechstromfestigkeit Kriechwegbildung	KC	KB	KA	

Elektrolytische Korrosionswirkung
Lichtbogenfestigkeit nach DIN
　　　　nach ASTM　　s

Beständigkeit (Chemische Beständigkeit siehe Anhang)

Wasseraufnahme

Feuchtigkeitsaufnahme Normalklima
Wetterbeständigkeit　　　　　　　　　　　　　　　　　　　　　　　　　　　　　　%

Spannungskorrosion

Optische Eigenschaften

Brechungszahl n_D
Transmissionsgrad τ_c　　%　　　　　　　mm dick
Lichtdurchlässigkeit

Datenbank-Nr.	**T02581**		*Merkblatt-Nr.*	**2303**

PVC

Produkt	Hart-PVC-Spritzgiessmasse
Handelsname	**Solvic-PREMIX VP-S 4629/27**
Hersteller	SOLVAY
DIN-Bez 1	7748-PVC-U,MD,74-03-28
DIN-Bez 2	
Viskositätszahl ml/g	
K-Wert	
Zusätze	Zinnstabilisierung
Füllstoffe/Verstärkung	
Bevorzugte Verarbeitung	Spritzgiessen
Lieferform	Pulver
Farben	Braun
Besondere Merkmale	Hohe Zeitstandfestigkeit; Gute Wetterbestaendigkeit; Grosse Schalldaemmung; Geringe Spannungsrissneigung; Sehr geringe Schwindung; Normal schlagzaeh; Normal fliessend
Bevorzugte Anwendungen	Fitting fuer Getraenkeleitung; Zubehoer fuer Getraenkeleitung

Kornverteilung

Kornklasse μm	*Rückstand* %

Dichte	g/cm³	1.35
Schüttdichte	g/cm³	
Stampfdichte	g/cm³	
Rieselfähigkeit		
Rieselzeit	s/100 g	
Kornbeschaffenheit		
Flüchtige Bestandteile	%	
Sulfatasche	%	

Allgemeine Hinweise

Zugversuch 23 °C DIN 53455; DIN 53457

Probekörper:	*Form*	Nr. 3	*Herstellung*	Pressen
	Zustand		*Vorbehandlung*	Normalklima

Streckspannung	N/mm²	49	*Dehnung bei Streckspannung*	%	4
Zugfestigkeit	N/mm²		*Reißdehnung*	%	
Reißfestigkeit	N/mm²		% *Dehnspannung*	N/mm²	
E-Modul	N/mm²	2610	*Dehnung bei* % *Dehnspg.*	%	

Kriechmoduln und Zeitstandwerte 23 °C

Probekörper:	*Form*	*Herstellung*	
	Zustand	*Vorbehandlung*	

Kriechmodul	1 min	N/mm²	*Zeitstandzugfestigkeit*	h	N/mm²
Kriechmodul	1000 h	N/mm²	*Zeitdehnspg.* %	h	N/mm²
bei Spannung		N/mm²			

Biegeversuch 23 °C

Probekörper:	*Form*	*Herstellung*	
	Zustand	*Vorbehandlung*	

Biegefestigkeit	N/mm²	*E-Modul*	N/mm²
3,5% Biegespannung	N/mm²		

Härte 23 °C

Probekörper:	*Zustand*	*Herstellung*	Pressen
		Vorbehandlung	Normalklima

Kugeldruckhärte	N/mm²	104	bei 358 N, 30 s	*Shore-Härte* A
Rockwellhärte				*Shore-Härte* D

Schlagversuch

Probekörper:	(1) U-Kerbe	*Herstellung*	Pressen
	(2)	*Vorbehandlung*	Normalklima
	Zustand		

		°C		°C		°C	*Probekörper-Form*
Schlagzähigkeit	kJ/m²						
Kerbschlagzähigkeit (1)	kJ/m²	23	3.7	0	3		NKS
IZOD-Kerbschlagzähigkeit (2)	J/m						
Kerbschlagzugzähigkeit	kJ/m²						

Datenbank-Nr. **T02581** *Merkblatt-Nr.* **2303**

Abrieb und Reibung

Taber-Abrieb (Reibradverfahren)	mm³/100 U	
Abriebfaktor LNP (Thrust washer) Vergleichswert		
Statische Reibungszahl		
Dynamische Reibungszahl	(p·v= N/mm² · m/min)	
Zulässiger p · v Wert	N/mm² · (m/min) v= m/min	
	v= m/min	

Thermische Eigenschaften

Formbeständigkeit in der Wärme	Verfahren		°C
	Verfahren		°C
Vicat Erweichungstemperatur (VST)	Verfahren B/50		75 °C
Kristallit-Schmelzpunkt	Verfahren		°C
	Verfahren		
Längenausdehnungskoeffizient	Bereich −30–30 °C		$0.64 \cdot 10^{-4} K^{-1}$
Wärmeleitfähigkeit	Temperatur		$\cdot 10^{-4} K^{-1}$
	Verfahren		W/(K·m)
Spezifische Wärmekapazität	Verfahren		J/(K·g)
Glasumwandlungstemperatur	Torsionsschwingungsversuch	°C	
	Differentialkalorimetrie	°C	

Brandverhalten

UL-Test vertikal Dicke mm, Wert
  Dicke mm, Wert

	Norm	Bewertung	Abmessungen
Sauerstoff-Index	ASTM D 2863		
Glühstab-Verfahren			
Brandverhalten	DIN 4102		
MVSS			
FAR			

Elektrische Eigenschaften

	Hz	°C		Probekörper, Form
Dielektrizitätszahl	50			
	10³			
	10⁶			
Dielektrischer Verlustfaktor tan δ	50			
	10³			
	10⁶			
Spezifischer Durchgangs- widerstand	Ohm·cm			
Durchschlagfestigkeit	kV/mm			mm dick
Oberflächenwiderstand	Ohm			
Kriechstromfestigkeit Kriechwegbildung	KC	KB	KA	

Elektrolytische Korrosionswirkung
Lichtbogenfestigkeit nach DIN
  nach ASTM s

Beständigkeit (Chemische Beständigkeit siehe Anhang)

Wasseraufnahme 23 C	1 d	0.02	%
Feuchtigkeitsaufnahme Normalklima			%
Wetterbeständigkeit			
Spannungskorrosion			

Optische Eigenschaften

Brechungszahl n_D
Transmissionsgrad τ_c % mm dick
Lichtdurchlässigkeit

Datenbank-Nr.	**T02582**	Merkblatt-Nr. **2304**

PVC

Produkt	Hart-PVC-Spritzgiessmasse
Handelsname	**Solvic-PREMIX VP-S 4646/31**
Hersteller	SOLVAY
DIN-Bez 1	7748-PVC-U,MD,76-03-33
DIN-Bez 2	
Viskositätszahl ml/g	
K-Wert	
Zusätze	Bleistabilisierung
Füllstoffe/Verstärkung	
Bevorzugte Verarbeitung	Spritzgiessen
Lieferform	Pulver
Farben	Braun
Besondere Merkmale	Hohe Zeitstandfestigkeit; Gute Wetterbestaendigkeit; Grosse Schalldaemmung; Geringe Spannungsrissneigung; Sehr geringe Schwindung; Normal schlagzaeh; Gut fliessend
Bevorzugte Anwendungen	Dachentwaesserung

Kornverteilung

Kornklasse μm	Rückstand %

Dichte	g/cm³	1.49
Schüttdichte	g/cm³	
Stampfdichte	g/cm³	
Rieselfähigkeit		
Rieselzeit	s/100 g	
Kornbeschaffenheit		
Flüchtige Bestandteile	%	
Sulfatasche	%	

Allgemeine Hinweise

Zugversuch 23 °C   DIN 53455; DIN 53457

Probekörper: Form Nr. 3
Zustand

Herstellung: Pressen
Vorbehandlung: Normalklima

Streckspannung	N/mm²	54	Dehnung bei Streckspannung	%	5
Zugfestigkeit	N/mm²		Reißdehnung	%	
Reißfestigkeit	N/mm²		% Dehnspannung	N/mm²	
E-Modul	N/mm²	3140	Dehnung bei % Dehnspg.	%	

Kriechmoduln und Zeitstandwerte 23 °C

Probekörper: Form
Zustand

Herstellung:
Vorbehandlung:

Kriechmodul	1 min	N/mm²	Zeitstandzugfestigkeit	h	N/mm²
Kriechmodul	1000 h	N/mm²	Zeitdehnspg. %	h	N/mm²
bei Spannung		N/mm²			

Biegeversuch 23 °C

Probekörper: Form
Zustand

Herstellung:
Vorbehandlung:

Biegefestigkeit	N/mm²	E-Modul	N/mm²
3,5% Biegespannung	N/mm²		

Härte 23 °C

Probekörper: Zustand

Herstellung: Pressen
Vorbehandlung: Normalklima

Kugeldruckhärte	N/mm² 109	bei 358 N, 30 s	Shore-Härte A
Rockwellhärte			Shore-Härte D

Schlagversuch

Probekörper: (1) U-Kerbe
(2)
Zustand

Herstellung: Pressen
Vorbehandlung: Normalklima

		°C	°C	°C	Probekörper-Form
Schlagzähigkeit	kJ/m²				
Kerbschlagzähigkeit (1)	kJ/m²	23 3.6	0 3		NKS
IZOD-Kerbschlagzähigkeit (2)	J/m				
Kerbschlagzugzähigkeit	kJ/m²				

Kunststoffe © Springer-Verlag Berlin Heidelberg 1988
Kopieren, Vervielfältigen und Speichern in Datenverarbeitungsanlagen (auch auszugsweise) ist nur mit schriftlicher Genehmigung des Verlages gestattet

Datenbank-Nr. **T02582** *Merkblatt-Nr.* **2304**

Abrieb und Reibung

Taber-Abrieb (Reibradverfahren)	mm³/100 U	
Abriebfaktor LNP (Thrust washer) Vergleichswert		
Statische Reibungszahl		
Dynamische Reibungszahl	$(p \cdot v =$ N/mm² ·	m/min)
Zulässiger p·v Wert	N/mm² · (m/min) v =	m/min
	v =	m/min

Thermische Eigenschaften

Formbeständigkeit in der Wärme	Verfahren		°C
	Verfahren		°C
Vicat Erweichungstemperatur (VST)	Verfahren	B/50	77 °C
	Verfahren		°C
Kristallit-Schmelzpunkt	Verfahren		
Längenausdehnungskoeffizient	Bereich	−30–30 °C	$0.65 \cdot 10^{-4} K^{-1}$
Wärmeleitfähigkeit	Temperatur		$\cdot 10^{-4} K^{-1}$
	Verfahren		W/(K·m)
Spezifische Wärmekapazität	Verfahren		J/(K·g)
Glasumwandlungstemperatur	Torsionsschwingungsversuch		°C
	Differentialkalorimetrie		°C

Brandverhalten

UL-Test vertikal   Dicke mm, Wert
                    Dicke mm, Wert

	Norm	Bewertung	Abmessungen
Sauerstoff-Index	ASTM D 2863		
Glühstab-Verfahren			
Brandverhalten	DIN 4102		
MVSS			
FAR			

Elektrische Eigenschaften

	Hz	°C		Probekörper, Form
Dielektrizitätszahl	50			
	10³			
	10⁶			
Dielektrischer Verlustfaktor tan δ	50			
	10³			
	10⁶			
Spezifischer Durchgangswiderstand	Ohm·cm			
Durchschlagfestigkeit	kV/mm			mm dick
Oberflächenwiderstand	Ohm			
Kriechstromfestigkeit	KC	KB	KA	
Kriechwegbildung				
Elektrolytische Korrosionswirkung				
Lichtbogenfestigkeit nach DIN				
nach ASTM	s			

Beständigkeit (Chemische Beständigkeit siehe Anhang)

Wasseraufnahme 23 C	1 d	0.02	%
Feuchtigkeitsaufnahme Normalklima			%
Wetterbeständigkeit			
Spannungskorrosion			

Optische Eigenschaften

Brechungszahl n_D
Transmissionsgrad τ_c %   mm dick
Lichtdurchlässigkeit

Datenbank-Nr.	**T02583**		Merkblatt-Nr. **2305**
Produkt	Hart-PVC-Spritzgiessmasse		**PVC**
Handelsname	**Solvic-PREMIX VP-S 4670/9**		
Hersteller	SOLVAY		
DIN-Bez 1	7748-PVC-U,MD,70-10-28	Viskositätszahl ml/g	
DIN-Bez 2		K-Wert	
Zusätze	Bleistabilisierung	Füllstoffe/Verstärkung	
Bevorzugte Verarbeitung	Spritzgiessen	Lieferform	Pulver
		Farben	Weissgrau
Besondere Merkmale	Hohe Zeitstandfestigkeit; Gute Wetterbestaendigkeit; Grosse Schalldaemmung; Geringe Spannungsrissneigung; Sehr geringe Schwindung; Erhoeht schlagzaeh; Gut fliessend	Bevorzugte Anwendungen	Gehaeuse und Zubehoer fuer elektrische Geraete

Kornverteilung

Kornklasse μm	Rückstand %		
		Dichte g/cm³	1.34
		Schüttdichte g/cm³	
		Stampfdichte g/cm³	
		Rieselfähigkeit	
		Rieselzeit s/100 g	
		Kornbeschaffenheit	
Allgemeine Hinweise		Flüchtige Bestandteile %	
		Sulfatasche %	

Zugversuch 23 °C   DIN 53455; DIN 53457

Probekörper: Form Nr. 3 Herstellung Pressen
Zustand   Vorbehandlung Normalklima

Streckspannung	N/mm² 47	Dehnung bei Streckspannung	%	4
Zugfestigkeit	N/mm²	Reißdehnung	%	
Reißfestigkeit	N/mm²	% Dehnspannung	N/mm²	
E-Modul	N/mm² 2730	Dehnung bei % Dehnspg.	%	

Kriechmoduln und Zeitstandwerte 23 °C

Probekörper: Form   Herstellung
Zustand   Vorbehandlung

Kriechmodul	1 min N/mm²	Zeitstandzugfestigkeit	h N/mm²
Kriechmodul	1000 h N/mm²	Zeitdehnspg. %	h N/mm²
bei Spannung	N/mm²		

Biegeversuch 23 °C

Probekörper: Form   Herstellung
Zustand   Vorbehandlung

Biegefestigkeit	N/mm²	E-Modul	N/mm²
3,5% Biegespannung	N/mm²		

Härte 23 °C

Probekörper: Zustand   Herstellung Pressen
   Vorbehandlung Normalklima

Kugeldruckhärte	N/mm² 108	bei 358 N, 30 s	Shore-Härte A
Rockwellhärte			Shore-Härte D

Schlagversuch

Probekörper: (1) U-Kerbe
(2)
Zustand   Herstellung Pressen
     Vorbehandlung Normalklima

		°C	°C	°C	Probekörper-Form
Schlagzähigkeit	kJ/m²				
Kerbschlagzähigkeit (1)	kJ/m²	23 6.8	0 3		NKS
IZOD-Kerbschlagzähigkeit (2)	J/m				
Kerbschlagzugzähigkeit	kJ/m²				

Datenbank-Nr. **T02583** *Merkblatt-Nr.* **2305**

Abrieb und Reibung

Taber-Abrieb (Reibradverfahren)	mm³/100 U	
Abriebfaktor LNP (Thrust washer) Vergleichswert		
Statische Reibungszahl		
Dynamische Reibungszahl	(p·v = N/mm² · m/min)	
Zulässiger p · v Wert	N/mm² · (m/min) v = m/min	
	v = m/min	

Thermische Eigenschaften

Formbeständigkeit in der Wärme	Verfahren		°C
	Verfahren		°C
Vicat Erweichungstemperatur (VST)	Verfahren B/50		71 °C
	Verfahren		°C
Kristallit-Schmelzpunkt	Verfahren		
Längenausdehnungskoeffizient	Bereich -30–30 °C		$0.67 \cdot 10^{-4} K^{-1}$
	Temperatur		$\cdot 10^{-4} K^{-1}$
Wärmeleitfähigkeit	Verfahren		W/(K · m)
Spezifische Wärmekapazität	Verfahren		J/(K · g)
Glasumwandlungstemperatur	Torsionsschwingungsversuch	°C	
	Differentialkalorimetrie	°C	

Brandverhalten

UL-Test vertikal Dicke mm, Wert
 Dicke mm, Wert

	Norm	Bewertung	Abmessungen
Sauerstoff-Index	ASTM D 2863		
Glühstab-Verfahren			
Brandverhalten	DIN 4102		
MVSS			
FAR			

Elektrische Eigenschaften

	Hz	°C	Probekörper, Form
Dielektrizitätszahl	50		
	10^3		
	10^6		
Dielektrischer Verlustfaktor tan δ	50		
	10^3		
	10^6		

Spezifischer Durchgangs- widerstand	Ohm · cm	
Durchschlagfestigkeit	kV/mm	mm dick
Oberflächenwiderstand	Ohm	
Kriechstromfestigkeit Kriechwegbildung	KC KB KA	
Elektrolytische Korrosionswirkung		
Lichtbogenfestigkeit nach DIN		
nach ASTM	s	

Beständigkeit *(Chemische Beständigkeit siehe Anhang)*

Wasseraufnahme 23 C	1 d	0.02	%
Feuchtigkeitsaufnahme Normalklima			%
Wetterbeständigkeit			
Spannungskorrosion			

Optische Eigenschaften

Brechungszahl n_D
Transmissionsgrad τ_c % mm dick
Lichtdurchlässigkeit

Datenbank-Nr.	**T02584**			Merkblatt-Nr. **2306**
Produkt	Hart-PVC-Spritzgiessmasse			**PVC**
Handelsname	**Solvic-PREMIX VP-S 4971/23**			
Hersteller	SOLVAY			
DIN-Bez 1	7748-PVC-U,MD,80-03-33		Viskositätszahl ml/g	
DIN-Bez 2			K-Wert	
Zusätze	Bleistabilisierung		Füllstoffe/Verstärkung	
Bevorzugte Verarbeitung	Spritzgiessen		Lieferform	Pulver
			Farben	Rostrot
Besondere Merkmale	Hohe Zeitstandfestigkeit; Gute Wetterbestaendigkeit; Grosse Schalldaemmung; Geringe Spannungsrissneigung; Sehr geringe Schwindung; Normal schlagzaeh; Normal fliessend		Bevorzugte Anwendungen	Kanalrohrfitting; Kanalrohrzubehoer

Kornverteilung

Kornklasse μm	Rückstand %			
		Dichte	g/cm³	1.45
		Schüttdichte	g/cm³	
		Stampfdichte	g/cm³	
		Rieselfähigkeit		
		Rieselzeit	s/100 g	
		Kornbeschaffenheit		
Allgemeine Hinweise		Flüchtige Bestandteile	%	
		Sulfatasche	%	

Zugversuch 23 °C DIN 53455; DIN 53457

Probekörper: Form Nr. 3   Herstellung Pressen
Zustand   Vorbehandlung Normalklima

Streckspannung	N/mm² 52	Dehnung bei Streckspannung	% 5
Zugfestigkeit	N/mm²	Reißdehnung	%
Reißfestigkeit	N/mm²	% Dehnspannung	N/mm²
E-Modul	N/mm² 3160	Dehnung bei % Dehnspg.	%

Kriechmoduln und Zeitstandwerte 23 °C

Probekörper: Form   Herstellung
Zustand   Vorbehandlung

Kriechmodul	1 min N/mm²	Zeitstandzugfestigkeit	h N/mm²
Kriechmodul	1000 h N/mm²	Zeitdehnspg. %	h N/mm²
bei Spannung	N/mm²		

Biegeversuch 23 °C

Probekörper: Form   Herstellung
Zustand   Vorbehandlung

Biegefestigkeit	N/mm²	E-Modul	N/mm²
3,5% Biegespannung	N/mm²		

Härte 23 °C

Probekörper: Zustand   Herstellung Pressen
    Vorbehandlung Normalklima

Kugeldruckhärte	N/mm² 116	bei 358 N, 30 s	Shore-Härte A
Rockwellhärte			Shore-Härte D

Schlagversuch

Probekörper: (1) U-Kerbe
(2)   Herstellung Pressen
Zustand   Vorbehandlung Normalklima

		°C	°C	°C	Probekörper-Form
Schlagzähigkeit	kJ/m²				
Kerbschlagzähigkeit (1)	kJ/m²	23 3	0 3		NKS
IZOD-Kerbschlagzähigkeit (2)	J/m				
Kerbschlagzugzähigkeit	kJ/m²				

Datenbank-Nr. **T02584** Merkblatt-Nr. **2306**

Abrieb und Reibung
Taber-Abrieb (Reibradverfahren) mm³/100 U
Abriebfaktor LNP (Thrust washer) Vergleichswert
Statische Reibungszahl
Dynamische Reibungszahl (p·v= N/mm² · m/min)
Zulässiger p · v Wert N/mm² · (m/min) v= m/min
  v= m/min

Thermische Eigenschaften
Formbeständigkeit in der Wärme Verfahren °C
  Verfahren °C
Vicat Erweichungstemperatur (VST) Verfahren B/50 81 °C
  Verfahren °C
Kristallit-Schmelzpunkt Verfahren

Längenausdehnungskoeffizient Bereich -30–30 °C $0.55 \cdot 10^{-4} K^{-1}$
  Temperatur $\cdot 10^{-4} K^{-1}$
Wärmeleitfähigkeit Verfahren W/(K · m)

Spezifische Wärmekapazität Verfahren J/(K · g)

Glasumwandlungstemperatur Torsionsschwingungsversuch °C
  Differentialkalorimetrie °C

Brandverhalten
UL-Test vertikal Dicke mm, Wert
  Dicke mm, Wert

 Norm Bewertung Abmessungen
Sauerstoff-Index ASTM D 2863
Glühstab-Verfahren
Brandverhalten DIN 4102
MVSS
FAR

Elektrische Eigenschaften
 Hz °C Probekörper, Form
Dielektrizitätszahl 50
  10^3
  10^6
Dielektrischer Verlustfaktor tan δ 50
  10^3
  10^6
Spezifischer Durchgangs-
  widerstand Ohm · cm
Durchschlagfestigkeit kV/mm mm dick
Oberflächenwiderstand Ohm
Kriechstromfestigkeit KC KB KA
Kriechwegbildung

Elektrolytische Korrosionswirkung
Lichtbogenfestigkeit nach DIN
  nach ASTM s

Beständigkeit (Chemische Beständigkeit siehe Anhang)
Wasseraufnahme 23 C 1 d 0.02 %

Feuchtigkeitsaufnahme Normalklima %
Wetterbeständigkeit

Spannungskorrosion

Optische Eigenschaften
Brechungszahl n_D
Transmissionsgrad τ_c % mm dick
Lichtdurchlässigkeit

Datenbank-Nr.	**T02585**	Merkblatt-Nr. **2307**
Produkt	Hart-PVC-Spritzgiessmasse	**PVC**
Handelsname	**Solvic-PREMIX VP-S 5644/70**	
Hersteller	SOLVAY	

DIN-Bez 1	7748-PVC-U,MD,74-10-23	Viskositätszahl ml/g	
DIN-Bez 2		K-Wert	
Zusätze	Zinnstabilisierung	Füllstoffe/Verstärkung	
Bevorzugte Verarbeitung	Spritzgiessen	Lieferform	Pulver
		Farben	Dunkelgrau
Besondere Merkmale	Hohe Zeitstandfestigkeit; Gute Wetterbestaendigkeit; Grosse Schalldaemmung; Geringe Spannungsrissneigung; Sehr geringe Schwindung; Erhoeht schlagzaeh; Normal fliessend	Bevorzugte Anwendungen	Ventilkoerper; Flansch; Armatur

Kornverteilung

Kornklasse μm	Rückstand %		
		Dichte g/cm³	1.33
		Schüttdichte g/cm³	
		Stampfdichte g/cm³	
		Rieselfähigkeit	
		Rieselzeit s/100 g	
		Kornbeschaffenheit	
Allgemeine Hinweise		Flüchtige Bestandteile %	
		Sulfatasche %	

Zugversuch 23 °C   DIN 53455; DIN 53457

	Probekörper:	Form Nr. 3	Herstellung	Pressen
		Zustand	Vorbehandlung	Normalklima
Streckspannung	N/mm² 47		Dehnung bei Streckspannung %	5
Zugfestigkeit	N/mm²		Reißdehnung %	
Reißfestigkeit	N/mm²		% Dehnspannung N/mm²	
E-Modul	N/mm² 2460		Dehnung bei % Dehnspg. %	

Kriechmoduln und Zeitstandwerte 23 °C

	Probekörper:	Form	Herstellung	
		Zustand	Vorbehandlung	
Kriechmodul	1 min N/mm²		Zeitstandzugfestigkeit h N/mm²	
Kriechmodul	1000 h N/mm²		Zeitdehnspg. % h N/mm²	
bei Spannung	N/mm²			

Biegeversuch 23 °C

	Probekörper:	Form	Herstellung	
		Zustand	Vorbehandlung	
Biegefestigkeit	N/mm²		E-Modul	N/mm²
3,5% Biegespannung	N/mm²			

Härte 23 °C

	Probekörper:	Zustand	Herstellung	Pressen
			Vorbehandlung	Normalklima
Kugeldruckhärte	N/mm² 88	bei 358 N, 30 s	Shore-Härte A	
Rockwellhärte			Shore-Härte D	

Schlagversuch

	Probekörper:	(1) U-Kerbe (2) Zustand	Herstellung	Pressen
			Vorbehandlung	Normalklima
		°C °C °C		Probekörper-Form
Schlagzähigkeit	kJ/m²			
Kerbschlagzähigkeit (1)	kJ/m²	23 19 0 6.1		NKS
IZOD-Kerbschlagzähigkeit (2)	J/m			
Kerbschlagzugzähigkeit	kJ/m²			

Kunststoffe © Springer-Verlag Berlin Heidelberg 1988
Kopieren, Vervielfältigen und Speichern in Datenverarbeitungsanlagen (auch auszugsweise) ist nur mit schriftlicher Genehmigung des Verlages gestattet

Datenbank-Nr. **T02585**   *Merkblatt-Nr.* **2307**

Abrieb und Reibung

Taber-Abrieb (Reibradverfahren)	mm³/100 U	
Abriebfaktor LNP (Thrust washer) Vergleichswert		
Statische Reibungszahl		
Dynamische Reibungszahl	(p·v= N/mm² · m/min)	
Zulässiger p · v Wert	N/mm² · (m/min) v= m/min	
	v= m/min	

Thermische Eigenschaften

Formbeständigkeit in der Wärme	Verfahren		°C
	Verfahren		°C
Vicat Erweichungstemperatur (VST)	Verfahren	B/50	74 °C
	Verfahren		°C
Kristallit-Schmelzpunkt	Verfahren		
Längenausdehnungskoeffizient	Bereich -30–30 °C		$0.65 \cdot 10^{-4} K^{-1}$
	Temperatur		$\cdot 10^{-4} K^{-1}$
Wärmeleitfähigkeit	Verfahren		W/(K·m)
Spezifische Wärmekapazität	Verfahren		J/(K·g)
Glasumwandlungstemperatur	Torsionsschwingungsversuch	°C	
	Differentialkalorimetrie	°C	

Brandverhalten

UL-Test vertikal   Dicke   mm, Wert
   Dicke   mm, Wert

	Norm	Bewertung	Abmessungen
Sauerstoff-Index	ASTM D 2863		
Glühstab-Verfahren			
Brandverhalten	DIN 4102		
MVSS			
FAR			

Elektrische Eigenschaften

	Hz	°C	Probekörper, Form
Dielektrizitätszahl	50		
	10³		
	10⁶		
Dielektrischer Verlustfaktor tan δ	50		
	10³		
	10⁶		
Spezifischer Durchgangs-widerstand	Ohm · cm		
Durchschlagfestigkeit	kV/mm		mm dick
Oberflächenwiderstand	Ohm		
Kriechstromfestigkeit	KC	KB	KA
Kriechwegbildung			

Elektrolytische Korrosionswirkung
Lichtbogenfestigkeit nach DIN
   nach ASTM   s

Beständigkeit *(Chemische Beständigkeit siehe Anhang)*

Wasseraufnahme 23 C	1 d	0.04	%
Feuchtigkeitsaufnahme Normalklima			%
Wetterbeständigkeit			

Spannungskorrosion

Optische Eigenschaften

Brechungszahl n_D
Transmissionsgrad τ_c %   mm dick
Lichtdurchlässigkeit

Datenbank-Nr.	**T02586**			Merkblatt-Nr. **2308**
Produkt	Hart-PVC-Spritzgiessmasse			**PVC**
Handelsname	**Solvic-PREMIX VP-S 5644/85**			
Hersteller	SOLVAY			
DIN-Bez 1	7748-PVC-U,MD,76-03-28		Viskositätszahl ml/g	
DIN-Bez 2			K-Wert	
Zusätze	Zinnstabilisierung		Füllstoffe/ Verstärkung	
Bevorzugte Verarbeitung	Spritzgiessen		Lieferform	Pulver
			Farben	Gelb-glasklar
Besondere Merkmale	Hohe Zeitstandfestigkeit; Gute Wetterbestaendigkeit; Grosse Schalldaemmung; Geringe Spannungsrissneigung; Sehr geringe Schwindung; Normal schlagzaeh; Normal fliessend		Bevorzugte Anwendungen	Klarsichtiges Druckbehaeltnis

Kornverteilung

Kornklasse μm	Rückstand %		Dichte	g/cm³	1.35
			Schüttdichte	g/cm³	
			Stampfdichte	g/cm³	
			Rieselfähigkeit		
			Rieselzeit	s/100 g	
			Kornbeschaffenheit		
Allgemeine Hinweise			Flüchtige Bestandteile	%	
			Sulfatasche	%	

Zugversuch 23 °C DIN 53455; DIN 53457

	Probekörper:	Form	Nr. 3	Herstellung	Pressen
		Zustand		Vorbehandlung	Normalklima
Streckspannung	N/mm² 55			Dehnung bei Streckspannung	% 5
Zugfestigkeit	N/mm²			Reißdehnung	%
Reißfestigkeit	N/mm²			% Dehnspannung	N/mm²
E-Modul	N/mm² 2790			Dehnung bei % Dehnspg.	%

Kriechmoduln und Zeitstandwerte 23 °C

	Probekörper:	Form	Herstellung	
		Zustand	Vorbehandlung	
Kriechmodul	1 min N/mm²		Zeitstandzugfestigkeit	h N/mm²
Kriechmodul	1000 h N/mm²		Zeitdehnspg. %	h N/mm²
bei Spannung	N/mm²			

Biegeversuch 23 °C

	Probekörper:	Form	Herstellung	
		Zustand	Vorbehandlung	
Biegefestigkeit	N/mm²		E-Modul	N/mm²
3,5% Biegespannung	N/mm²			

Härte 23 °C

	Probekörper:	Zustand	Herstellung	Pressen
			Vorbehandlung	Normalklima
Kugeldruckhärte	N/mm² 88	bei 358 N, 30 s	Shore-Härte A	
Rockwellhärte			Shore-Härte D	

Schlagversuch

	Probekörper:	(1) U-Kerbe			
		(2)		Herstellung	Pressen
		Zustand		Vorbehandlung	Normalklima
		°C	°C	°C	Probekörper-Form
Schlagzähigkeit	kJ/m²				
Kerbschlagzähigkeit (1)	kJ/m²	23 3	0 3		NKS
IZOD-Kerbschlagzähigkeit (2)	J/m				
Kerbschlagzugzähigkeit	kJ/m²				

Kunststoffe © Springer-Verlag Berlin Heidelberg 1988
Kopieren, Vervielfältigen und Speichern in Datenverarbeitungsanlagen (auch auszugsweise) ist nur mit schriftlicher Genehmigung des Verlages gestattet

Datenbank-Nr. **T02586**　　　　　　　　　　　　　　　　　　　　　　　　　*Merkblatt-Nr.* **2308**

Abrieb und Reibung

Taber-Abrieb (Reibradverfahren)	mm³/100 U	
Abriebfaktor LNP (Thrust washer) Vergleichswert		
Statische Reibungszahl		
Dynamische Reibungszahl	(p·v= N/mm² · m/min)	
Zulässiger p·v Wert	N/mm² · (m/min)　v= m/min	
	v= m/min	

Thermische Eigenschaften

Formbeständigkeit in der Wärme	Verfahren		°C
	Verfahren		°C
Vicat Erweichungstemperatur (VST)	Verfahren	B/50	77 °C
	Verfahren		°C
Kristallit-Schmelzpunkt	Verfahren		
Längenausdehnungskoeffizient	Bereich	−30–30 °C	$0.67 \cdot 10^{-4} K^{-1}$
	Temperatur		$\cdot 10^{-4} K^{-1}$
Wärmeleitfähigkeit	Verfahren		W/(K·m)
Spezifische Wärmekapazität	Verfahren		J/(K·g)
Glasumwandlungstemperatur	Torsionsschwingungsversuch	°C	
	Differentialkalorimetrie	°C	

Brandverhalten

UL-Test vertikal　　　Dicke　mm, Wert
　　　　　　　　　　Dicke　mm, Wert

	Norm	Bewertung	Abmessungen
Sauerstoff-Index	ASTM D 2863		
Glühstab-Verfahren			
Brandverhalten	DIN 4102		
MVSS			
FAR			

Elektrische Eigenschaften

	Hz	°C		Probekörper, Form
Dielektrizitätszahl	50			
	10^3			
	10^6			
Dielektrischer Verlustfaktor tan δ	50			
	10^3			
	10^6			
Spezifischer Durchgangswiderstand	Ohm·cm			
Durchschlagfestigkeit	kV/mm			mm dick
Oberflächenwiderstand	Ohm			
Kriechstromfestigkeit Kriechwegbildung	KC	KB	KA	
Elektrolytische Korrosionswirkung				
Lichtbogenfestigkeit nach DIN				
nach ASTM	s			

Beständigkeit *(Chemische Beständigkeit siehe Anhang)*

Wasseraufnahme 23 C	1 d	0.03	%
Feuchtigkeitsaufnahme Normalklima			%
Wetterbeständigkeit			
Spannungskorrosion			

Optische Eigenschaften

Brechungszahl n_D
Transmissionsgrad τ_c　　%　　　　　　mm dick
Lichtdurchlässigkeit

Datenbank-Nr. **T02587**		Merkblatt-Nr. **2309**
Produkt	Hart-PVC-Spritzgiessmasse	**PVC**
Handelsname	**Solvic-PREMIX VP-S 5799/91**	
Hersteller	SOLVAY	
DIN-Bez 1	7748-PVC-U,MD,84-03-28	Viskositätszahl ml/g
DIN-Bez 2		K-Wert
Zusätze	Bleistabilisierung	Füllstoffe/Verstärkung
Bevorzugte Verarbeitung	Spritzgiessen	Lieferform Pulver
		Farben
Besondere Merkmale	Hohe Zeitstandfestigkeit; Gute Wetterbestaendigkeit; Grosse Schalldaemmung; Geringe Spannungsrissneigung; Sehr geringe Schwindung; Normal schlagzaeh; Leichtfliessend	Bevorzugte Anwendungen Dachzubehoer

Kornverteilung

Kornklasse μm	Rückstand %		
		Dichte g/cm³	1.36
		Schüttdichte g/cm³	
		Stampfdichte g/cm³	
		Rieselfähigkeit	
		Rieselzeit s/100 g	
		Kornbeschaffenheit	
Allgemeine Hinweise		Flüchtige Bestandteile %	
		Sulfatasche %	

Zugversuch 23 °C DIN 53455; DIN 53457

Probekörper: Form Nr. 3 Herstellung Pressen
Zustand Vorbehandlung Normalklima

Streckspannung	N/mm² 52	Dehnung bei Streckspannung	%	6
Zugfestigkeit	N/mm²	Reißdehnung	%	
Reißfestigkeit	N/mm²	% Dehnspannung	N/mm²	
E-Modul	N/mm² 2860	Dehnung bei % Dehnspg.	%	

Kriechmoduln und Zeitstandwerte 23 °C

Probekörper: Form Herstellung
Zustand Vorbehandlung

Kriechmodul	1 min N/mm²	Zeitstandzugfestigkeit	h N/mm²
Kriechmodul	1000 h N/mm²	Zeitdehnspg. %	h N/mm²
bei Spannung	N/mm²		

Biegeversuch 23 °C

Probekörper: Form Herstellung
Zustand Vorbehandlung

Biegefestigkeit	N/mm²	E-Modul	N/mm²
3,5% Biegespannung	N/mm²		

Härte 23 °C Probekörper: Zustand Herstellung Pressen
Vorbehandlung Normalklima

Kugeldruckhärte	N/mm² 106	bei 358 N, 30 s	Shore-Härte A
Rockwellhärte			Shore-Härte D

Schlagversuch Probekörper: (1) U-Kerbe
(2)
Zustand Herstellung Pressen
Vorbehandlung Normalklima

		°C	°C	°C	Probekörper-Form
Schlagzähigkeit	kJ/m²				
Kerbschlagzähigkeit (1)	kJ/m²	23 4.4	0 3		NKS
IZOD-Kerbschlagzähigkeit (2)	J/m				
Kerbschlagzugzähigkeit	kJ/m²				

Datenbank-Nr. **T02587** *Merkblatt-Nr.* **2309**

Abrieb und Reibung

Taber-Abrieb (Reibradverfahren)	mm³/100 U	
Abriebfaktor LNP (Thrust washer) Vergleichswert		
Statische Reibungszahl		
Dynamische Reibungszahl	(p·v = N/mm² · m/min)	
Zulässiger p · v Wert	N/mm² · (m/min) v = m/min	
	v = m/min	

Thermische Eigenschaften

Formbeständigkeit in der Wärme	Verfahren		°C
	Verfahren		°C
Vicat Erweichungstemperatur (VST)	Verfahren B/50		84 °C
	Verfahren		°C
Kristallit-Schmelzpunkt	Verfahren		
Längenausdehnungskoeffizient	Bereich -30–30 °C		$0.65 \cdot 10^{-4} K^{-1}$
Wärmeleitfähigkeit	Temperatur		$\cdot 10^{-4} K^{-1}$
	Verfahren		W/(K · m)
Spezifische Wärmekapazität	Verfahren		J/(K · g)
Glasumwandlungstemperatur	Torsionsschwingungsversuch	°C	
	Differentialkalorimetrie	°C	

Brandverhalten

UL-Test vertikal Dicke mm, Wert
 Dicke mm, Wert

	Norm	Bewertung	Abmessungen
Sauerstoff-Index	ASTM D 2863		
Glühstab-Verfahren			
Brandverhalten	DIN 4102		
MVSS			
FAR			

Elektrische Eigenschaften

	Hz	°C		Probekörper, Form
Dielektrizitätszahl	50			
	10³			
	10⁶			
Dielektrischer Verlustfaktor tan δ	50			
	10³			
	10⁶			
Spezifischer Durchgangs-widerstand	Ohm · cm			
Durchschlagfestigkeit	kV/mm			mm dick
Oberflächenwiderstand	Ohm			
Kriechstromfestigkeit	KC	KB	KA	
Kriechwegbildung				

Elektrolytische Korrosionswirkung
Lichtbogenfestigkeit nach DIN
 nach ASTM s

Beständigkeit (*Chemische Beständigkeit siehe Anhang*)

Wasseraufnahme 23 C	1 d	0.06	%
Feuchtigkeitsaufnahme Normalklima			%
Wetterbeständigkeit			
Spannungskorrosion			

Optische Eigenschaften

Brechungszahl n_D
Transmissionsgrad τ_c % mm dick
Lichtdurchlässigkeit

Datenbank-Nr.	**T02588**	Merkblatt-Nr. **2310**

PVC

Produkt	Hart-PVC-Spritzgiessmasse
Handelsname	**Solvic-PREMIX VP-S 5981/1**
Hersteller	SOLVAY
DIN-Bez 1	7748-PVC-U,MD,76-03-33
DIN-Bez 2	
Viskositätszahl ml/g	
K-Wert	
Zusätze	Zinnstabilisierung
Füllstoffe/Verstärkung	
Bevorzugte Verarbeitung	Spritzgiessen
Lieferform	Pulver
Farben	Glasklar
Besondere Merkmale	Hohe Zeitstandfestigkeit; Gute Wetterbestaendigkeit; Grosse Schalldaemmung; Geringe Spannungsrissneigung; Sehr geringe Schwindung; Normal schlagzaeh; Gut fliessend
Bevorzugte Anwendungen	Becher; Dose; Zylinder; Glasklarer Behaelter oder Formteil

Kornverteilung

Kornklasse μm	Rückstand %

Dichte	g/cm³	1.37
Schüttdichte	g/cm³	
Stampfdichte	g/cm³	
Rieselfähigkeit		
Rieselzeit	s/100 g	
Kornbeschaffenheit		
Flüchtige Bestandteile	%	
Sulfatasche	%	

Allgemeine Hinweise

Zugversuch 23 °C DIN 53455; DIN 53457

Probekörper: Form Nr. 3
Zustand

Herstellung: Pressen
Vorbehandlung: Normalklima

Streckspannung	N/mm²	61	Dehnung bei Streckspannung	%	5
Zugfestigkeit	N/mm²		Reißdehnung	%	
Reißfestigkeit	N/mm²		% Dehnspannung	N/mm²	
E-Modul	N/mm²	3160	Dehnung bei % Dehnspg.	%	

Kriechmoduln und Zeitstandwerte 23 °C

Probekörper: Form
Zustand

Herstellung:
Vorbehandlung:

Kriechmodul	1 min	N/mm²	Zeitstandzugfestigkeit	h N/mm²
Kriechmodul	1000 h	N/mm²	Zeitdehnspg. %	h N/mm²
bei Spannung		N/mm²		

Biegeversuch 23 °C

Probekörper: Form
Zustand

Herstellung:
Vorbehandlung:

Biegefestigkeit	N/mm²	E-Modul	N/mm²
3,5% Biegespannung	N/mm²		

Härte 23 °C

Probekörper: Zustand

Herstellung: Pressen
Vorbehandlung: Normalklima

Kugeldruckhärte	N/mm²	94	bei 358 N, 30 s	Shore-Härte A
Rockwellhärte				Shore-Härte D

Schlagversuch

Probekörper: (1) U-Kerbe
(2)
Zustand

Herstellung: Pressen
Vorbehandlung: Normalklima

		°C	°C	°C	Probekörper-Form
Schlagzähigkeit	kJ/m²				
Kerbschlagzähigkeit (1)	kJ/m²	23 3	0 3		NKS
IZOD-Kerbschlagzähigkeit (2)	J/m				
Kerbschlagzugzähigkeit	kJ/m²				

Kunststoffe © Springer-Verlag Berlin Heidelberg 1988
Kopieren, Vervielfältigen und Speichern in Datenverarbeitungsanlagen (auch auszugsweise) ist nur mit schriftlicher Genehmigung des Verlages gestattet

Datenbank-Nr. **T02588** Merkblatt-Nr. **2310**

Abrieb und Reibung

Taber-Abrieb (Reibradverfahren)	mm³/100 U	
Abriebfaktor LNP (Thrust washer) Vergleichswert		
Statische Reibungszahl		
Dynamische Reibungszahl	(p·v = N/mm² · m/min)	v = m/min
Zulässiger p·v Wert	N/mm² · (m/min)	v = m/min

Thermische Eigenschaften

Formbeständigkeit in der Wärme	Verfahren		°C
	Verfahren		°C
Vicat Erweichungstemperatur (VST)	Verfahren	B/50	77 °C
	Verfahren		°C
Kristallit-Schmelzpunkt	Verfahren		
Längenausdehnungskoeffizient	Bereich	−30–30 °C	$0.59 \cdot 10^{-4} K^{-1}$
Wärmeleitfähigkeit	Temperatur		$\cdot 10^{-4} K^{-1}$
	Verfahren		W/(K·m)
Spezifische Wärmekapazität	Verfahren		J/(K·g)
Glasumwandlungstemperatur	Torsionsschwingungsversuch	°C	
	Differentialkalorimetrie	°C	

Brandverhalten

UL-Test vertikal   Dicke   mm, Wert
                   Dicke   mm, Wert

	Norm	Bewertung	Abmessungen
Sauerstoff-Index	ASTM D 2863		
Glühstab-Verfahren			
Brandverhalten	DIN 4102		
MVSS			
FAR			

Elektrische Eigenschaften

	Hz	°C	Probekörper, Form
Dielektrizitätszahl	50		
	10^3		
	10^6		
Dielektrischer Verlustfaktor tan δ	50		
	10^3		
	10^6		
Spezifischer Durchgangs-widerstand	Ohm·cm		
Durchschlagfestigkeit	kV/mm		mm dick
Oberflächenwiderstand	Ohm		
Kriechstromfestigkeit	KC	KB	KA
Kriechwegbildung			

Elektrolytische Korrosionswirkung
Lichtbogenfestigkeit nach DIN
        nach ASTM   s

Beständigkeit (Chemische Beständigkeit siehe Anhang)

Wasseraufnahme 23 C	1 d	0.03	%
Feuchtigkeitsaufnahme Normalklima			%
Wetterbeständigkeit			

Spannungskorrosion

Optische Eigenschaften

Brechungszahl n_D
Transmissionsgrad τ_c %   mm dick
Lichtdurchlässigkeit

Datenbank-Nr.	**T02589**	*Merkblatt-Nr.* **2311**
Produkt	Hart-PVC-Spritzgiessmasse	**PVC**
Handelsname	**Solvic-PREMIX VP-S 5981/4**	
Hersteller	SOLVAY	

DIN-Bez 1	7748-PVC-U,MD,74-03-28	*Viskositätszahl* ml/g	
DIN-Bez 2		*K-Wert*	
Zusätze	Zinnstabilisierung	*Füllstoffe/ Verstärkung*	
Bevorzugte Verarbeitung	Spritzgiessen	*Lieferform*	Pulver
		Farben	Glasklar
Besondere Merkmale	Hohe Zeitstandfestigkeit; Gute Wetterbestaendigkeit; Grosse Schalldaemmung; Geringe Spannungsrissneigung; Sehr geringe Schwindung; Normal schlagzaeh; Gut fliessend	*Bevorzugte Anwendungen*	Becher; Dose; Zylinder; Glasklarer Behaelter oder Formteil

Kornverteilung

Kornklasse μm	*Rückstand* %	*Dichte*	g/cm³	1.35
		Schüttdichte	g/cm³	
		Stampfdichte	g/cm³	
		Rieselfähigkeit		
		Rieselzeit	s/100 g	
		Kornbeschaffenheit		
Allgemeine Hinweise		*Flüchtige Bestandteile*	%	
		Sulfatasche	%	

Zugversuch 23 °C DIN 53455; DIN 53457

Probekörper:	Form Nr. 3	*Herstellung*	Pressen
	Zustand	*Vorbehandlung*	Normalklima
Streckspannung	N/mm² 56	*Dehnung bei Streckspannung* %	5
Zugfestigkeit	N/mm²	*Reißdehnung* %	
Reißfestigkeit	N/mm²	% *Dehnspannung* N/mm²	
E-Modul	N/mm² 2800	*Dehnung bei* % *Dehnspg.* %	

Kriechmoduln und Zeitstandwerte 23 °C

Probekörper:	Form	*Herstellung*	
	Zustand	*Vorbehandlung*	
Kriechmodul	1 min N/mm²	*Zeitstandzugfestigkeit* h N/mm²	
Kriechmodul	1000 h N/mm²	*Zeitdehnspg.* % h N/mm²	
bei Spannung	N/mm²		

Biegeversuch 23 °C

Probekörper:	Form	*Herstellung*	
	Zustand	*Vorbehandlung*	
Biegefestigkeit	N/mm²	*E-Modul*	N/mm²
3,5% Biegespannung	N/mm²		

Härte 23 °C

Probekörper:	Zustand	*Herstellung*	Pressen
		Vorbehandlung	Normalklima
Kugeldruckhärte	N/mm² 90	bei 358 N, 30 s	*Shore-Härte* A
Rockwellhärte			*Shore-Härte* D

Schlagversuch

Probekörper:	(1) U-Kerbe		
	(2)	*Herstellung*	Pressen
	Zustand	*Vorbehandlung*	Normalklima
	°C °C °C		*Probekörper-Form*
Schlagzähigkeit	kJ/m²		
Kerbschlagzähigkeit (1)	kJ/m² 23 3 0 3		NKS
IZOD-Kerbschlagzähigkeit (2)	J/m		
Kerbschlagzugzähigkeit	kJ/m²		

Kunststoffe © Springer-Verlag Berlin Heidelberg 1988
Kopieren, Vervielfältigen und Speichern in Datenverarbeitungsanlagen (auch auszugsweise) ist nur mit schriftlicher Genehmigung des Verlages gestattet

Datenbank-Nr. **T02589** Merkblatt-Nr. **2311**

Abrieb und Reibung

Taber-Abrieb (Reibradverfahren)   mm³/100 U
Abriebfaktor LNP (Thrust washer) Vergleichswert
Statische Reibungszahl
Dynamische Reibungszahl   (p·v=   N/mm² ·   m/min)
Zulässiger p · v Wert   N/mm² · (m/min)   v=   m/min
                                                      v=   m/min

Thermische Eigenschaften

Formbeständigkeit in der Wärme   Verfahren   °C
                                             Verfahren   °C
Vicat Erweichungstemperatur (VST)   Verfahren   B/50   75 °C
                                             Verfahren   °C
Kristallit-Schmelzpunkt   Verfahren

Längenausdehnungskoeffizient   Bereich   −30–30   °C $0.65 \cdot 10^{-4} K^{-1}$
                                           Temperatur $\cdot 10^{-4} K^{-1}$
Wärmeleitfähigkeit   Verfahren   W/(K · m)

Spezifische Wärmekapazität   Verfahren   J/(K · g)

Glasumwandlungstemperatur   Torsionsschwingungsversuch   °C
                                         Differentialkalorimetrie   °C

Brandverhalten

UL-Test vertikal   Dicke   mm, Wert
                  Dicke   mm, Wert

                Norm   Bewertung   Abmessungen

Sauerstoff-Index   ASTM D 2863
Glühstab-Verfahren
Brandverhalten   DIN 4102
MVSS
FAR

Elektrische Eigenschaften

                        Hz   °C   Probekörper, Form

Dielektrizitätszahl   50
                   10^3
                   10^6
Dielektrischer Verlustfaktor tan δ   50
                   10^3
                   10^6
Spezifischer Durchgangs-
     widerstand   Ohm · cm
Durchschlagfestigkeit   kV/mm   mm dick
Oberflächenwiderstand   Ohm

Kriechstromfestigkeit   KC   KB   KA
Kriechwegbildung

Elektrolytische Korrosionswirkung
Lichtbogenfestigkeit nach DIN
               nach ASTM   s

Beständigkeit (Chemische Beständigkeit siehe Anhang)

Wasseraufnahme 23 C   1 d   0.03   %

Feuchtigkeitsaufnahme Normalklima   %
Wetterbeständigkeit

Spannungskorrosion

Optische Eigenschaften

Brechungszahl n_D
Transmissionsgrad τ_c %   mm dick
Lichtdurchlässigkeit

Datenbank-Nr.	**T02590**		*Merkblatt-Nr.* **2312**
Produkt	Hart-PVC-Spritzgiessmasse		**PVC**
Handelsname	**Solvic-PREMIX VP-S 5999/9**		
Hersteller	SOLVAY		
DIN-Bez 1	7748-PVC-U,MD,70-03-33	*Viskositätszahl* ml/g	
DIN-Bez 2		*K-Wert*	
Zusätze	Bleistabilisierung	*Füllstoffe/ Verstärkung*	
Bevorzugte Verarbeitung	Spritzgiessen	*Lieferform*	Pulver
		Farben	Grau
Besondere Merkmale	Hohe Zeitstandfestigkeit; Gute Wetterbestaendigkeit; Grosse Schalldaemmung; Geringe Spannungsrissneigung; Sehr geringe Schwindung; Normal schlagzaeh; Gut fliessend	*Bevorzugte Anwendungen*	Technischer Artikel; Elektrogehaeuseteil; Kabelkanalzubehoer

Kornverteilung

Kornklasse μm	*Rückstand* %	*Dichte*	g/cm³	1.41
		Schüttdichte	g/cm³	
		Stampfdichte	g/cm³	
		Rieselfähigkeit		
		Rieselzeit	s/100 g	
		Kornbeschaffenheit		
Allgemeine Hinweise		*Flüchtige Bestandteile*	%	
		Sulfatasche	%	

Zugversuch 23 °C DIN 53455; DIN 53457

Probekörper: Form Nr. 3 — *Herstellung* Pressen
Zustand — *Vorbehandlung* Normalklima

Streckspannung	N/mm² 62	*Dehnung bei Streckspannung* %	5
Zugfestigkeit	N/mm²	*Reißdehnung* %	
Reißfestigkeit	N/mm²	% *Dehnspannung* N/mm²	
E-Modul	N/mm² 3150	*Dehnung bei* % *Dehnspg.* %	

Kriechmoduln und Zeitstandwerte 23 °C

Probekörper: Form — *Herstellung*
Zustand — *Vorbehandlung*

Kriechmodul	1 min N/mm²	*Zeitstandzugfestigkeit*	h N/mm²
Kriechmodul	1000 h N/mm²	*Zeitdehnspg.* %	h N/mm²
bei Spannung	N/mm²		

Biegeversuch 23 °C

Probekörper: Form — *Herstellung*
Zustand — *Vorbehandlung*

Biegefestigkeit	N/mm²	*E-Modul*	N/mm²
3,5% Biegespannung	N/mm²		

Härte 23 °C

Probekörper: Zustand — *Herstellung* Pressen
Vorbehandlung Normalklima

Kugeldruckhärte	N/mm² 120	bei 358 N, 30 s	*Shore-Härte* A
Rockwellhärte			*Shore-Härte* D

Schlagversuch

Probekörper: (1) U-Kerbe
(2)
Zustand — *Herstellung* Pressen
Vorbehandlung Normalklima

		°C	°C	°C	*Probekörper-Form*
Schlagzähigkeit	kJ/m²				
Kerbschlagzähigkeit (1)	kJ/m²	23 3	0 3		NKS
IZOD-Kerbschlagzähigkeit (2)	J/m				
Kerbschlagzugzähigkeit	kJ/m²				

Kunststoffe © Springer-Verlag Berlin Heidelberg 1988
Kopieren, Vervielfältigen und Speichern in Datenverarbeitungsanlagen (auch auszugsweise) ist nur mit schriftlicher Genehmigung des Verlages gestattet

Datenbank-Nr. **T02590** *Merkblatt-Nr.* **2312**

Abrieb und Reibung

Taber-Abrieb (Reibradverfahren)	mm³/100 U	
Abriebfaktor LNP (Thrust washer) Vergleichswert		
Statische Reibungszahl		
Dynamische Reibungszahl	(p·v = N/mm² · m/min)	
Zulässiger p·v Wert	N/mm² · (m/min) v = m/min	
	v = m/min	

Thermische Eigenschaften

Formbeständigkeit in der Wärme	Verfahren		°C
	Verfahren		°C
Vicat Erweichungstemperatur (VST)	Verfahren	B/50	71 °C
	Verfahren		°C
Kristallit-Schmelzpunkt	Verfahren		
Längenausdehnungskoeffizient	Bereich	-30–30 °C	$0.65 \cdot 10^{-4} K^{-1}$
	Temperatur		$\cdot 10^{-4} K^{-1}$
Wärmeleitfähigkeit	Verfahren		$W/(K \cdot m)$
Spezifische Wärmekapazität	Verfahren		$J/(K \cdot g)$
Glasumwandlungstemperatur	Torsionsschwingungsversuch	°C	
	Differentialkalorimetrie	°C	

Brandverhalten

UL-Test vertikal Dicke mm, Wert
  Dicke mm, Wert

	Norm	Bewertung	Abmessungen
Sauerstoff-Index	ASTM D 2863		
Glühstab-Verfahren			
Brandverhalten	DIN 4102		
MVSS			
FAR			

Elektrische Eigenschaften

	Hz	°C		Probekörper, Form
Dielektrizitätszahl	50			
	10^3			
	10^6			
Dielektrischer Verlustfaktor tan δ	50			
	10^3			
	10^6			
Spezifischer Durchgangswiderstand	Ohm · cm			
Durchschlagfestigkeit	kV/mm			mm dick
Oberflächenwiderstand	Ohm			
Kriechstromfestigkeit	KC	KB	KA	
Kriechwegbildung				

Elektrolytische Korrosionswirkung
Lichtbogenfestigkeit nach DIN
  nach ASTM s

Beständigkeit (Chemische Beständigkeit siehe Anhang)

Wasseraufnahme 23 C	1 d	0.03	%
Feuchtigkeitsaufnahme Normalklima			%
Wetterbeständigkeit			

Spannungskorrosion

Optische Eigenschaften

Brechungszahl n_D
Transmissionsgrad τ_c % mm dick
Lichtdurchlässigkeit

Datenbank-Nr.	**T02591**		Merkblatt-Nr.	**2313**

PVC

Produkt	Hart-PVC-Spritzgiessmasse
Handelsname	**Solvic-PREMIX VP-S 6082/100**
Hersteller	SOLVAY
DIN-Bez 1	7748-PVC-U,MD,74-03-33
DIN-Bez 2	
Viskositätszahl ml/g	
K-Wert	
Zusätze	Zinnstabilisierung
Füllstoffe/Verstärkung	
Bevorzugte Verarbeitung	Spritzgiessen
Lieferform	Pulver
Farben	Weissgrau
Besondere Merkmale	Hohe Zeitstandfestigkeit; Gute Wetterbestaendigkeit; Grosse Schalldaemmung; Geringe Spannungsrissneigung; Sehr geringe Schwindung; Normal schlagzaeh; Leichtfliessend
Bevorzugte Anwendungen	Becher; Dose; Zylinder; Glasklarer Behaelter oder Formteil

Kornverteilung

Kornklasse µm	Rückstand %

Dichte	g/cm³	1.36
Schüttdichte	g/cm³	
Stampfdichte	g/cm³	
Rieselfähigkeit		
Rieselzeit	s/100 g	
Kornbeschaffenheit		
Flüchtige Bestandteile	%	
Sulfatasche	%	

Allgemeine Hinweise

Zugversuch 23 °C DIN 53455; DIN 53457

Probekörper:	Form	Nr. 3	Herstellung	Pressen
	Zustand		Vorbehandlung	Normalklima
Streckspannung	N/mm²	58	Dehnung bei Streckspannung	% 3
Zugfestigkeit	N/mm²		Reißdehnung	%
Reißfestigkeit	N/mm²		% Dehnspannung	N/mm²
E-Modul	N/mm²	3130	Dehnung bei % Dehnspg.	%

Kriechmoduln und Zeitstandwerte 23 °C

Probekörper:	Form	Herstellung	
	Zustand	Vorbehandlung	
Kriechmodul	1 min N/mm²	Zeitstandzugfestigkeit	h N/mm²
Kriechmodul	1000 h N/mm²	Zeitdehnspg. %	h N/mm²
bei Spannung	N/mm²		

Biegeversuch 23 °C

Probekörper:	Form	Herstellung	
	Zustand	Vorbehandlung	
Biegefestigkeit	N/mm²	E-Modul	N/mm²
3,5% Biegespannung	N/mm²		

Härte 23 °C

Probekörper:	Zustand	Herstellung	Pressen
		Vorbehandlung	Normalklima
Kugeldruckhärte	N/mm² 106	bei 358 N, 30 s	Shore-Härte A
Rockwellhärte			Shore-Härte D

Schlagversuch

Probekörper:	(1) U-Kerbe		
	(2)	Herstellung	Pressen
	Zustand	Vorbehandlung	Normalklima
	°C °C °C		Probekörper-Form

Schlagzähigkeit	kJ/m²				
Kerbschlagzähigkeit (1)	kJ/m²	23 3	0 3		NKS
IZOD-Kerbschlagzähigkeit (2)	J/m				
Kerbschlagzugzähigkeit	kJ/m²				

Kunststoffe © Springer-Verlag Berlin Heidelberg 1988
Kopieren, Vervielfältigen und Speichern in Datenverarbeitungsanlagen (auch auszugsweise) ist nur mit schriftlicher Genehmigung des Verlages gestattet

Datenbank-Nr. **T02591** *Merkblatt-Nr.* **2313**

Abrieb und Reibung

Taber-Abrieb (Reibradverfahren)	mm³/100 U	
Abriebfaktor LNP (Thrust washer) Vergleichswert		
Statische Reibungszahl		
Dynamische Reibungszahl	(p·v= N/mm² · m/min)	
Zulässiger p·v Wert	N/mm² · (m/min) v= m/min	
	v= m/min	

Thermische Eigenschaften

Formbeständigkeit in der Wärme	Verfahren	°C
	Verfahren	°C
Vicat Erweichungstemperatur (VST)	Verfahren B/50	74 °C
	Verfahren	°C
Kristallit-Schmelzpunkt	Verfahren	
Längenausdehnungskoeffizient	Bereich -30–30 °C	$0.60 \cdot 10^{-4} K^{-1}$
	Temperatur	$\cdot 10^{-4} K^{-1}$
Wärmeleitfähigkeit	Verfahren	W/(K·m)
Spezifische Wärmekapazität	Verfahren	J/(K·g)
Glasumwandlungstemperatur	Torsionsschwingungsversuch	°C
	Differentialkalorimetrie	°C

Brandverhalten

UL-Test vertikal Dicke mm, Wert
Dicke mm, Wert

	Norm	Bewertung	Abmessungen
Sauerstoff-Index	ASTM D 2863		
Glühstab-Verfahren			
Brandverhalten	DIN 4102		
MVSS			
FAR			

Elektrische Eigenschaften

	Hz	°C			*Probekörper, Form*
Dielektrizitätszahl	50				
	10³				
	10⁶				
Dielektrischer Verlustfaktor tan δ	50				
	10³				
	10⁶				
Spezifischer Durchgangs-widerstand	Ohm·cm				
Durchschlagfestigkeit	kV/mm				mm dick
Oberflächenwiderstand	Ohm				
Kriechstromfestigkeit	KC	KB		KA	
Kriechwegbildung					

Elektrolytische Korrosionswirkung
Lichtbogenfestigkeit nach DIN
   nach ASTM s

Beständigkeit *(Chemische Beständigkeit siehe Anhang)*

Wasseraufnahme 23 C	1 d	0.03	%
Feuchtigkeitsaufnahme Normalklima			%
Wetterbeständigkeit			
Spannungskorrosion			

Optische Eigenschaften

Brechungszahl n_D
Transmissionsgrad τ_c % mm dick
Lichtdurchlässigkeit

Datenbank-Nr.	**T02592**	Merkblatt-Nr. **2314**

PVC

Produkt	Hart-PVC-Extrusionsmasse
Handelsname	**Solvic-PREMIX PER 902**
Hersteller	SOLVAY
DIN-Bez 1	7748-PVC-U,ED,84-03-33
DIN-Bez 2	
Viskositätszahl ml/g	
K-Wert	
Zusätze	Bleistabilisierung
Füllstoffe/Verstärkung	
Bevorzugte Verarbeitung	Extrudieren
Lieferform	Pulver
Farben	Standard
Besondere Merkmale	Normal bis erhoeht schlagzaeh
Bevorzugte Anwendungen	Abwasserrohr; Sanitaerrohr; Elektroisolierrohr

Kornverteilung

Kornklasse µm	Rückstand %

Dichte	g/cm³	1.41
Schüttdichte	g/cm³	0.60
Stampfdichte	g/cm³	
Rieselfähigkeit		
Rieselzeit	s/100 g	
Kornbeschaffenheit		
Flüchtige Bestandteile	%	
Sulfatasche	%	

Allgemeine Hinweise

Zugversuch 23 °C   DIN 53455; DIN 53457

Probekörper: Form Nr. 3
Zustand

Herstellung: Pressen
Vorbehandlung: Normalklima

Streckspannung	N/mm²	55	Dehnung bei Streckspannung	%	
Zugfestigkeit	N/mm²		Reißdehnung	%	120
Reißfestigkeit	N/mm²		% Dehnspannung	N/mm²	
E-Modul	N/mm²	3200	Dehnung bei % Dehnspg.	%	

Kriechmoduln und Zeitstandwerte 23 °C

Probekörper: Form
Zustand

Herstellung
Vorbehandlung

Kriechmodul	1 min N/mm²	Zeitstandzugfestigkeit h N/mm²
Kriechmodul	1000 h N/mm²	Zeitdehnspg. % h N/mm²
bei Spannung	N/mm²	

Biegeversuch 23 °C

Probekörper: Form
Zustand

Herstellung
Vorbehandlung

Biegefestigkeit	N/mm²	E-Modul	N/mm²
3,5% Biegespannung	N/mm²		

Härte 23 °C

Probekörper: Zustand

Herstellung
Vorbehandlung

Kugeldruckhärte	N/mm²	bei N, s	Shore-Härte A	
Rockwellhärte			Shore-Härte D	

Schlagversuch

Probekörper: (1) U-Kerbe
(2)
Zustand

Herstellung: Pressen
Vorbehandlung: Normalklima

		°C	°C	°C	Probekörper-Form
Schlagzähigkeit	kJ/m²				
Kerbschlagzähigkeit (1)	kJ/m²	23 4.1	0 3.9		NKS
IZOD-Kerbschlagzähigkeit (2)	J/m				
Kerbschlagzugzähigkeit	kJ/m²				

Datenbank-Nr. **T02592**　　　Merkblatt-Nr. **2314**

Abrieb und Reibung

Taber-Abrieb (Reibradverfahren)　　　mm³/100 U
Abriebfaktor LNP (Thrust washer) Vergleichswert
Statische Reibungszahl
Dynamische Reibungszahl　　　(p·v =　　N/mm² ·　　m/min)
Zulässiger p · v Wert　　　N/mm² · (m/min)　v =　　m/min
　　　　　　　　　　　　　　　　　　　　　　　　v =　　m/min

Thermische Eigenschaften

Formbeständigkeit in der Wärme　　Verfahren　　　　　　　　　　　　　°C
　　　　　　　　　　　　　　　　　Verfahren　　　　　　　　　　　　　°C
Vicat Erweichungstemperatur (VST)　Verfahren　B/50　　　　　　　　84 °C
　　　　　　　　　　　　　　　　　Verfahren　　　　　　　　　　　　　°C
Kristallit-Schmelzpunkt　　　　　　Verfahren

Längenausdehnungskoeffizient　　　Bereich　　　　°C　　　　　　　· 10⁻⁴ K⁻¹
　　　　　　　　　　　　　　　　　Temperatur　　　　　　　　　　　· 10⁻⁴ K⁻¹
Wärmeleitfähigkeit　　　　　　　　Verfahren　　　　　　　　　　　W/(K · m)

Spezifische Wärmekapazität　　　　Verfahren　　　　　　　　　　　J/(K · g)

Glasumwandlungstemperatur　　　Torsionsschwingungsversuch　°C
　　　　　　　　　　　　　　　　　Differentialkalorimetrie　　　°C

Brandverhalten

UL-Test vertikal　　　　Dicke　　mm, Wert
　　　　　　　　　　　Dicke　　mm, Wert

　　　　　　　Norm　　　Bewertung　　　　　　　　　Abmessungen
Sauerstoff-Index　ASTM D 2863
Glühstab-Verfahren
Brandverhalten　DIN 4102
MVSS
FAR

Elektrische Eigenschaften

　　　　　　　　　　　　　　　Hz　　°C　　　　　　　　Probekörper, Form
Dielektrizitätszahl　　　　　　50
　　　　　　　　　　　　　　　10³
　　　　　　　　　　　　　　　10⁶
Dielektrischer Verlustfaktor tan δ　50
　　　　　　　　　　　　　　　10³
　　　　　　　　　　　　　　　10⁶
Spezifischer Durchgangs-
　widerstand　　　　　　Ohm · cm
Durchschlagfestigkeit　　kV/mm　　　　　　　　　　　　　　mm dick
Oberflächenwiderstand　Ohm

Kriechstromfestigkeit　　　　KC　　　KB　　　KA
Kriechwegbildung

Elektrolytische Korrosionswirkung
Lichtbogenfestigkeit nach DIN
　　　　　　　nach ASTM　　s

Beständigkeit (Chemische Beständigkeit siehe Anhang)

Wasseraufnahme

Feuchtigkeitsaufnahme Normalklima　　　　　　　　　　　　　　　　%
Wetterbeständigkeit

Spannungskorrosion

Optische Eigenschaften

Brechungszahl n_D
Transmissionsgrad τ_c　　%　　　　　　　mm dick
Lichtdurchlässigkeit

Datenbank-Nr.	**T02593**		Merkblatt-Nr.	**2315**
Produkt	Hart-PVC-Extrusionsmasse			**PVC**
Handelsname	**Solvic-PREMIX PER 914**			
Hersteller	SOLVAY			
DIN-Bez 1	7748-PVC-U,ED,82-10-33		Viskositätszahl ml/g	
DIN-Bez 2			K-Wert	
Zusätze	Bleistabilisierung		Füllstoffe/Verstärkung	
Bevorzugte Verarbeitung	Extrudieren		Lieferform	Pulver
			Farben	Standard
Besondere Merkmale	Normal bis erhoeht schlagzaeh		Bevorzugte Anwendungen	Moebelprofil; Gardinenschiene; Duennwandiges Profil

---

Kornverteilung

Kornklasse μm	Rückstand %		Dichte	g/cm³	1.47
			Schüttdichte	g/cm³	0.58
			Stampfdichte	g/cm³	
			Rieselfähigkeit		
			Rieselzeit	s/100 g	
			Kornbeschaffenheit		
Allgemeine Hinweise			Flüchtige Bestandteile	%	
			Sulfatasche	%	

Zugversuch 23 °C DIN 53455; DIN 53457

Probekörper: Form Nr. 3   Herstellung Pressen
Zustand   Vorbehandlung Normalklima

Streckspannung	N/mm² 56	Dehnung bei Streckspannung	%	
Zugfestigkeit	N/mm²	Reißdehnung	%	125
Reißfestigkeit	N/mm²	% Dehnspannung	N/mm²	
E-Modul	N/mm² 3300	Dehnung bei % Dehnspg.	%	

Kriechmoduln und Zeitstandwerte 23 °C

Probekörper: Form   Herstellung
Zustand   Vorbehandlung

Kriechmodul	1 min N/mm²	Zeitstandzugfestigkeit	h N/mm²
Kriechmodul	1000 h N/mm²	Zeitdehnspg. %	h N/mm²
bei Spannung	N/mm²		

Biegeversuch 23 °C

Probekörper: Form   Herstellung
Zustand   Vorbehandlung

Biegefestigkeit	N/mm²	E-Modul	N/mm²
3,5% Biegespannung	N/mm²		

Härte 23 °C

Probekörper: Zustand   Herstellung
                        Vorbehandlung

Kugeldruckhärte	N/mm² bei N, s	Shore-Härte A	
Rockwellhärte		Shore-Härte D	

Schlagversuch

Probekörper: (1) U-Kerbe
             (2)   Herstellung Pressen
             Zustand   Vorbehandlung Normalklima

	°C	°C	°C	Probekörper-Form
Schlagzähigkeit kJ/m²				
Kerbschlagzähigkeit (1) kJ/m²	23 6.0	0 5.0		NKS
IZOD-Kerbschlagzähigkeit (2) J/m				
Kerbschlagzugzähigkeit kJ/m²				

Datenbank-Nr. **T02593** Merkblatt-Nr. **2315**

Abrieb und Reibung

Taber-Abrieb (Reibradverfahren) mm³/100 U
Abriebfaktor LNP (Thrust washer) Vergleichswert
Statische Reibungszahl
Dynamische Reibungszahl (p·v = N/mm² · m/min)
Zulässiger p·v Wert N/mm² · (m/min) v = m/min
v = m/min

Thermische Eigenschaften

Formbeständigkeit in der Wärme Verfahren °C
 Verfahren °C
Vicat Erweichungstemperatur (VST) Verfahren B/50 83 °C
 Verfahren °C
Kristallit-Schmelzpunkt Verfahren

Längenausdehnungskoeffizient Bereich °C · $10^{-4} K^{-1}$
 Temperatur · $10^{-4} K^{-1}$
Wärmeleitfähigkeit Verfahren W/(K·m)

Spezifische Wärmekapazität Verfahren J/(K·g)

Glasumwandlungstemperatur Torsionsschwingungsversuch °C
 Differentialkalorimetrie °C

Brandverhalten

UL-Test vertikal Dicke mm, Wert
 Dicke mm, Wert

	Norm	Bewertung	Abmessungen
Sauerstoff-Index	ASTM D 2863		
Glühstab-Verfahren			
Brandverhalten	DIN 4102		
MVSS			
FAR			

Elektrische Eigenschaften

 Hz °C Probekörper, Form

Dielektrizitätszahl 50
 10³
 10⁶
Dielektrischer Verlustfaktor tan δ 50
 10³
 10⁶
Spezifischer Durchgangs-
 widerstand Ohm·cm
Durchschlagfestigkeit kV/mm mm dick
Oberflächenwiderstand Ohm
Kriechstromfestigkeit KC KB KA
Kriechwegbildung

Elektrolytische Korrosionswirkung
Lichtbogenfestigkeit nach DIN
 nach ASTM s

Beständigkeit (Chemische Beständigkeit siehe Anhang)

Wasseraufnahme

Feuchtigkeitsaufnahme Normalklima %
Wetterbeständigkeit

Spannungskorrosion

Optische Eigenschaften

Brechungszahl n_D
Transmissionsgrad τ_c % mm dick
Lichtdurchlässigkeit

Datenbank-Nr.	**T02594**			Merkblatt-Nr. **2316**
Produkt	Hart-PVC-Extrusionsmasse			**PVC**
Handelsname	**Solvic-PREMIX PER 952**			
Hersteller	SOLVAY			
DIN-Bez 1	7748-PVC-U,ED,82-10-33		Viskositätszahl ml/g	
DIN-Bez 2			K-Wert	
Zusätze	Bleistabilisierung		Füllstoffe/Verstärkung	
Bevorzugte Verarbeitung	Extrudieren (Doppelschneckenextruder)		Lieferform	Pulver
			Farben	Standard
Besondere Merkmale	Erhoeht schlagzaeh		Bevorzugte Anwendungen	Rolladenprofil; Fassadenprofil; Balkonprofil

Kornverteilung

Kornklasse μm	Rückstand %			
		Dichte	g/cm³	1.49
		Schüttdichte	g/cm³	0.61
		Stampfdichte	g/cm³	
		Rieselfähigkeit		
		Rieselzeit	s/100 g	
		Kornbeschaffenheit		
Allgemeine Hinweise		Flüchtige Bestandteile	%	
		Sulfatasche	%	

Zugversuch 23 °C DIN 53455; DIN 53457

Probekörper: Form Nr. 3 Herstellung Pressen
Zustand Vorbehandlung Normalklima

Streckspannung	N/mm² 55	Dehnung bei Streckspannung	%	
Zugfestigkeit	N/mm²	Reißdehnung	%	120
Reißfestigkeit	N/mm²	% Dehnspannung	N/mm²	
E-Modul	N/mm² 3300	Dehnung bei % Dehnspg.	%	

Kriechmoduln und Zeitstandwerte 23 °C

Probekörper: Form Herstellung
Zustand Vorbehandlung

Kriechmodul	1 min N/mm²	Zeitstandzugfestigkeit	h N/mm²	
Kriechmodul	1000 h N/mm²	Zeitdehnspg. %	h N/mm²	
bei Spannung	N/mm²			

Biegeversuch 23 °C

Probekörper: Form Herstellung
Zustand Vorbehandlung

Biegefestigkeit	N/mm²	E-Modul	N/mm²
3,5% Biegespannung	N/mm²		

Härte 23 °C

Probekörper: Zustand Herstellung
 Vorbehandlung

Kugeldruckhärte	N/mm² bei N, s	Shore-Härte A	
Rockwellhärte		Shore-Härte D	

Schlagversuch

Probekörper: (1) U-Kerbe
(2)
Zustand Herstellung Pressen
 Vorbehandlung Normalklima

		°C	°C	°C	Probekörper-Form
Schlagzähigkeit	kJ/m²				
Kerbschlagzähigkeit (1)	kJ/m²	23 6.5	0 5.5		NKS
IZOD-Kerbschlagzähigkeit (2)	J/m				
Kerbschlagzugzähigkeit	kJ/m²				

Kunststoffe © Springer-Verlag Berlin Heidelberg 1988
Kopieren, Vervielfältigen und Speichern in Datenverarbeitungsanlagen (auch auszugsweise) ist nur mit schriftlicher Genehmigung des Verlages gestattet

Datenbank-Nr. **T02594**　　　　　　　　　　　　　　　　　　　　　　　　Merkblatt-Nr. **2316**

Abrieb und Reibung

Taber-Abrieb (Reibradverfahren)	mm³/100 U	
Abriebfaktor LNP (Thrust washer) Vergleichswert		
Statische Reibungszahl		
Dynamische Reibungszahl	(p·v=　　N/mm² · 　　m/min)	
Zulässiger p · v Wert	N/mm² · (m/min)　v= 　m/min	
	v= 　m/min	

Thermische Eigenschaften

Formbeständigkeit in der Wärme	Verfahren		°C
	Verfahren		°C
Vicat Erweichungstemperatur (VST)	Verfahren	B/50	83 °C
	Verfahren		°C
Kristallit-Schmelzpunkt	Verfahren		
Längenausdehnungskoeffizient	Bereich　　°C		$\cdot 10^{-4} K^{-1}$
	Temperatur		$\cdot 10^{-4} K^{-1}$
Wärmeleitfähigkeit	Verfahren		W/(K · m)
Spezifische Wärmekapazität	Verfahren		J/(K · g)
Glasumwandlungstemperatur	Torsionsschwingungsversuch	°C	
	Differentialkalorimetrie	°C	

Brandverhalten

UL-Test vertikal　　　　Dicke　　mm, Wert
　　　　　　　　　　　Dicke　　mm, Wert

	Norm	Bewertung	Abmessungen
Sauerstoff-Index	ASTM D 2863		
Glühstab-Verfahren			
Brandverhalten	DIN 4102		
MVSS			
FAR			

Elektrische Eigenschaften

	Hz	°C	Probekörper, Form
Dielektrizitätszahl	50		
	10³		
	10⁶		
Dielektrischer Verlustfaktor tan δ	50		
	10³		
	10⁶		
Spezifischer Durchgangs- widerstand	Ohm · cm		
Durchschlagfestigkeit	kV/mm		mm dick
Oberflächenwiderstand	Ohm		
Kriechstromfestigkeit Kriechwegbildung	KC	KB	KA

Elektrolytische Korrosionswirkung
Lichtbogenfestigkeit nach DIN
　　　nach ASTM　　s

Beständigkeit *(Chemische Beständigkeit siehe Anhang)*

Wasseraufnahme

Feuchtigkeitsaufnahme Normalklima　　　　　　　　　　　　　　　　　　　　　%
Wetterbeständigkeit

Spannungskorrosion

Optische Eigenschaften

Brechungszahl n_D
Transmissionsgrad τ_c　　%　　　　　　mm dick
Lichtdurchlässigkeit

Datenbank-Nr.	**T02595**		Merkblatt-Nr.	**2317**

PVC

Produkt	Hart-PVC-Extrusionsmasse
Handelsname	**Solvic-PREMIX PER 953**
Hersteller	SOLVAY
DIN-Bez 1	7748-PVC-U,ED,82-10-33
DIN-Bez 2	
Viskositätszahl ml/g	
K-Wert	
Zusätze	Bleistabilisierung
Füllstoffe/Verstärkung	
Bevorzugte Verarbeitung	Extrudieren (Einschneckenextruder)
Lieferform	Pulver
Farben	Standard
Besondere Merkmale	Erhoeht schlagzaeh
Bevorzugte Anwendungen	Rolladenprofil

Kornverteilung

Kornklasse µm	Rückstand %

Dichte	g/cm³	1.49
Schüttdichte	g/cm³	0.60
Stampfdichte	g/cm³	
Rieselfähigkeit		
Rieselzeit	s/100 g	
Kornbeschaffenheit		
Flüchtige Bestandteile	%	
Sulfatasche	%	

Allgemeine Hinweise

Zugversuch 23 °C DIN 53455; DIN 53457

Probekörper: Form Nr. 3
Zustand
Herstellung: Pressen
Vorbehandlung: Normalklima

Streckspannung	N/mm²	55	Dehnung bei Streckspannung	%	
Zugfestigkeit	N/mm²		Reißdehnung	%	120
Reißfestigkeit	N/mm²		% Dehnspannung	N/mm²	
E-Modul	N/mm²	3350	Dehnung bei % Dehnspg.	%	

Kriechmoduln und Zeitstandwerte 23 °C

Probekörper: Form
Zustand
Herstellung
Vorbehandlung

Kriechmodul	1 min N/mm²	
Kriechmodul	1000 h N/mm²	
bei Spannung	N/mm²	
Zeitstandzugfestigkeit	h N/mm²	
Zeitdehnspg. %	h N/mm²	

Biegeversuch 23 °C

Probekörper: Form
Zustand
Herstellung
Vorbehandlung

Biegefestigkeit	N/mm²	E-Modul	N/mm²
3,5% Biegespannung	N/mm²		

Härte 23 °C

Probekörper: Zustand
Herstellung
Vorbehandlung

Kugeldruckhärte	N/mm²	bei N, s	Shore-Härte A
Rockwellhärte			Shore-Härte D

Schlagversuch

Probekörper: (1) U-Kerbe
(2)
Zustand
Herstellung: Pressen
Vorbehandlung: Normalklima

		°C	°C	°C	Probekörper-Form
Schlagzähigkeit	kJ/m²				
Kerbschlagzähigkeit (1)	kJ/m²	23 6.0	0 5.1		NKS
IZOD-Kerbschlagzähigkeit (2)	J/m				
Kerbschlagzugzähigkeit	kJ/m²				

Kunststoffe © Springer-Verlag Berlin Heidelberg 1988
Kopieren, Vervielfältigen und Speichern in Datenverarbeitungsanlagen (auch auszugsweise) ist nur mit schriftlicher Genehmigung des Verlages gestattet

Datenbank-Nr. **T02595** *Merkblatt-Nr.* **2317**

Abrieb und Reibung

Taber-Abrieb (Reibradverfahren)	mm³/100 U	
Abriebfaktor LNP (Thrust washer) Vergleichswert		
Statische Reibungszahl		
Dynamische Reibungszahl	(p·v = N/mm² · m/min)	
Zulässiger p · v Wert	N/mm² · (m/min)	v = m/min
		v = m/min

Thermische Eigenschaften

Formbeständigkeit in der Wärme	Verfahren		°C
	Verfahren		°C
Vicat Erweichungstemperatur (VST)	Verfahren B/50		83 °C
	Verfahren		°C
Kristallit-Schmelzpunkt	Verfahren		
Längenausdehnungskoeffizient	Bereich °C		$\cdot 10^{-4} K^{-1}$
	Temperatur		$\cdot 10^{-4} K^{-1}$
Wärmeleitfähigkeit	Verfahren		W/(K·m)
Spezifische Wärmekapazität	Verfahren		J/(K·g)
Glasumwandlungstemperatur	Torsionsschwingungsversuch	°C	
	Differentialkalorimetrie	°C	

Brandverhalten

UL-Test vertikal   Dicke   mm, Wert
     Dicke   mm, Wert

	Norm	Bewertung	Abmessungen
Sauerstoff-Index	ASTM D 2863		
Glühstab-Verfahren			
Brandverhalten	DIN 4102		
MVSS			
FAR			

Elektrische Eigenschaften

	Hz	°C	Probekörper, Form
Dielektrizitätszahl	50		
	10³		
	10⁶		
Dielektrischer Verlustfaktor tan δ	50		
	10³		
	10⁶		

*Spezifischer Durchgangs-
 widerstand*   Ohm · cm
Durchschlagfestigkeit   kV/mm   mm dick
Oberflächenwiderstand   Ohm

Kriechstromfestigkeit   KC   KB   KA
Kriechwegbildung

Elektrolytische Korrosionswirkung
Lichtbogenfestigkeit nach DIN
      nach ASTM   s

Beständigkeit *(Chemische Beständigkeit siehe Anhang)*

Wasseraufnahme

Feuchtigkeitsaufnahme Normalklima   %
Wetterbeständigkeit

Spannungskorrosion

Optische Eigenschaften

Brechungszahl n_D
Transmissionsgrad τ_c %   mm dick
Lichtdurchlässigkeit

Datenbank-Nr.	**T02596**			Merkblatt-Nr. **2318**
Produkt	Hart-PVC-Extrusionsmasse			**PVC**
Handelsname	**Solvic-PREMIX PER 958**			
Hersteller	SOLVAY			
DIN-Bez 1	7748-PVC-U,ED,84-10-33		Viskositätszahl ml/g	
DIN-Bez 2			K-Wert	
Zusätze	Bleistabilisierung		Füllstoffe/Verstärkung	
Bevorzugte Verarbeitung	Extrudieren		Lieferform	Pulver
			Farben	Standard
Besondere Merkmale	Normal schlagzaeh		Bevorzugte Anwendungen	Kabelkanal

---

Kornverteilung

Kornklasse µm	Rückstand %			
		Dichte	g/cm³	1.5
		Schüttdichte	g/cm³	0.62
		Stampfdichte	g/cm³	
		Rieselfähigkeit		
		Rieselzeit	s/100 g	
		Kornbeschaffenheit		
Allgemeine Hinweise		Flüchtige Bestandteile	%	
		Sulfatasche	%	

Zugversuch 23 °C DIN 53455; DIN 53457

Probekörper: Form Nr. 3 Herstellung Pressen
Zustand   Vorbehandlung Normalklima

Streckspannung	N/mm² 45	Dehnung bei Streckspannung	%	
Zugfestigkeit	N/mm²	Reißdehnung	%	135
Reißfestigkeit	N/mm²	% Dehnspannung	N/mm²	
E-Modul	N/mm² 3500	Dehnung bei % Dehnspg.	%	

Kriechmoduln und Zeitstandwerte 23 °C

Probekörper: Form   Herstellung
Zustand   Vorbehandlung

Kriechmodul	1 min N/mm²	Zeitstandzugfestigkeit	h N/mm²
Kriechmodul	1000 h N/mm²	Zeitdehnspg. %	h N/mm²
bei Spannung	N/mm²		

Biegeversuch 23 °C

Probekörper: Form   Herstellung
Zustand   Vorbehandlung

Biegefestigkeit	N/mm²	E-Modul	N/mm²
3,5% Biegespannung	N/mm²		

Härte 23 °C

Probekörper: Zustand   Herstellung
   Vorbehandlung

Kugeldruckhärte	N/mm² bei N, s	Shore-Härte A
Rockwellhärte		Shore-Härte D

Schlagversuch

Probekörper: (1) U-Kerbe
(2)   Herstellung Pressen
Zustand   Vorbehandlung Normalklima

°C °C °C Probekörper-Form

Schlagzähigkeit	kJ/m²				
Kerbschlagzähigkeit (1)	kJ/m²	23 5.5	0 4.2		NKS
IZOD-Kerbschlagzähigkeit (2)	J/m				
Kerbschlagzugzähigkeit	kJ/m²				

Kunststoffe © Springer-Verlag Berlin Heidelberg 1988
Kopieren, Vervielfältigen und Speichern in Datenverarbeitungsanlagen (auch auszugsweise) ist nur mit schriftlicher Genehmigung des Verlages gestattet

Datenbank-Nr. **T02596** Merkblatt-Nr. **2318**

Abrieb und Reibung

Taber-Abrieb (Reibradverfahren)	mm³/100 U	
Abriebfaktor LNP (Thrust washer) Vergleichswert		
Statische Reibungszahl		
Dynamische Reibungszahl	(p·v = N/mm² · m/min)	
Zulässiger p·v Wert	N/mm² · (m/min) v = m/min	
	v = m/min	

Thermische Eigenschaften

Formbeständigkeit in der Wärme	Verfahren		°C
	Verfahren		°C
Vicat Erweichungstemperatur (VST)	Verfahren B/50		84 °C
	Verfahren		°C
Kristallit-Schmelzpunkt	Verfahren		
Längenausdehnungskoeffizient	Bereich °C		$\cdot 10^{-4} K^{-1}$
	Temperatur		$\cdot 10^{-4} K^{-1}$
Wärmeleitfähigkeit	Verfahren		W/(K·m)
Spezifische Wärmekapazität	Verfahren		J/(K·g)
Glasumwandlungstemperatur	Torsionsschwingungsversuch	°C	
	Differentialkalorimetrie	°C	

Brandverhalten

UL-Test vertikal	Dicke mm, Wert		
	Dicke mm, Wert		

	Norm	Bewertung	Abmessungen
Sauerstoff-Index	ASTM D 2863		
Glühstab-Verfahren			
Brandverhalten	DIN 4102		
MVSS			
FAR			

Elektrische Eigenschaften

	Hz	°C	Probekörper, Form
Dielektrizitätszahl	50		
	10³		
	10⁶		
Dielektrischer Verlustfaktor tan δ	50		
	10³		
	10⁶		
Spezifischer Durchgangswiderstand	Ohm · cm		
Durchschlagfestigkeit	kV/mm		mm dick
Oberflächenwiderstand	Ohm		
Kriechstromfestigkeit	KC	KB	KA
Kriechwegbildung			
Elektrolytische Korrosionswirkung			
Lichtbogenfestigkeit nach DIN			
nach ASTM	s		

Beständigkeit (Chemische Beständigkeit siehe Anhang)

Wasseraufnahme

Feuchtigkeitsaufnahme Normalklima %
Wetterbeständigkeit

Spannungskorrosion

Optische Eigenschaften

Brechungszahl n_D
Transmissionsgrad τ_c %   mm dick
Lichtdurchlässigkeit

Datenbank-Nr. **T02597**		Merkblatt-Nr. **2319**
Produkt	Hart-PVC-Extrusionsmasse	**PVC**
Handelsname	**Solvic-PREMIX VP-R3261/76**	
Hersteller	SOLVAY	
DIN-Bez 1	7748-PVC-U,ED,80-10-28	Viskositätszahl ml/g
DIN-Bez 2		K-Wert
Zusätze	Bleistabilisierung	Füllstoffe/Verstärkung
Bevorzugte Verarbeitung	Extrudieren	Lieferform Pulver
		Farben Standard
Besondere Merkmale	Erhoeht bis hoch schlagzaeh	Bevorzugte Anwendungen Sockelleiste; Teppichleiste

Kornverteilung

Kornklasse μm	Rückstand %

Dichte g/cm³	1.45
Schüttdichte g/cm³	0.60
Stampfdichte g/cm³	
Rieselfähigkeit	
Rieselzeit s/100 g	
Kornbeschaffenheit	
Flüchtige Bestandteile %	
Sulfatasche %	

Allgemeine Hinweise

Zugversuch 23 °C   DIN 53455; DIN 53457

Probekörper: Form Nr. 3
Zustand

Herstellung Pressen
Vorbehandlung Normalklima

Streckspannung	N/mm² 45	Dehnung bei Streckspannung	%	
Zugfestigkeit	N/mm²	Reißdehnung	%	140
Reißfestigkeit	N/mm²	% Dehnspannung	N/mm²	
E-Modul	N/mm² 2800	Dehnung bei % Dehnspg.	%	

Kriechmoduln und Zeitstandwerte 23 °C

Probekörper: Form
Zustand

Herstellung
Vorbehandlung

Kriechmodul	1 min N/mm²	Zeitstandzugfestigkeit	h N/mm²
Kriechmodul	1000 h N/mm²	Zeitdehnspg. %	h N/mm²
bei Spannung	N/mm²		

Biegeversuch 23 °C

Probekörper: Form
Zustand

Herstellung
Vorbehandlung

Biegefestigkeit	N/mm²	E-Modul	N/mm²
3,5% Biegespannung	N/mm²		

Härte 23 °C

Probekörper: Zustand

Herstellung
Vorbehandlung

Kugeldruckhärte	N/mm² bei N, s	Shore-Härte A
Rockwellhärte		Shore-Härte D

Schlagversuch

Probekörper: (1) U-Kerbe
(2)
Zustand

Herstellung Pressen
Vorbehandlung Normalklima

		°C	°C	°C	Probekörper-Form
Schlagzähigkeit	kJ/m²				
Kerbschlagzähigkeit (1)	kJ/m²	23 15	0 7.0		NKS
IZOD-Kerbschlagzähigkeit (2)	J/m				
Kerbschlagzugzähigkeit	kJ/m²				

Datenbank-Nr. **T02597** Merkblatt-Nr. **2319**

Abrieb und Reibung

Taber-Abrieb (Reibradverfahren) mm³/100 U
Abriebfaktor LNP (Thrust washer) Vergleichswert
Statische Reibungszahl
Dynamische Reibungszahl (p·v =   N/mm² ·   m/min)
Zulässiger p · v Wert N/mm² · (m/min) v = m/min
 v = m/min

Thermische Eigenschaften

Formbeständigkeit in der Wärme Verfahren °C
 Verfahren °C
Vicat Erweichungstemperatur (VST) Verfahren B/50 80 °C
 Verfahren °C
Kristallit-Schmelzpunkt Verfahren

Längenausdehnungskoeffizient Bereich °C $\cdot 10^{-4} K^{-1}$
 Temperatur $\cdot 10^{-4} K^{-1}$
Wärmeleitfähigkeit Verfahren W/(K · m)

Spezifische Wärmekapazität Verfahren J/(K · g)

Glasumwandlungstemperatur Torsionsschwingungsversuch °C
 Differentialkalorimetrie °C

Brandverhalten

UL-Test vertikal Dicke mm, Wert
 Dicke mm, Wert

	Norm	Bewertung	Abmessungen
Sauerstoff-Index	ASTM D 2863		
Glühstab-Verfahren			
Brandverhalten	DIN 4102		
MVSS			
FAR			

Elektrische Eigenschaften

	Hz	°C	Probekörper, Form
Dielektrizitätszahl	50		
	10³		
	10⁶		
Dielektrischer Verlustfaktor tan δ	50		
	10³		
	10⁶		

Spezifischer Durchgangs-
 widerstand Ohm · cm
Durchschlagfestigkeit kV/mm   mm dick
Oberflächenwiderstand Ohm

Kriechstromfestigkeit   KC KB KA
Kriechwegbildung

Elektrolytische Korrosionswirkung
Lichtbogenfestigkeit nach DIN
 nach ASTM s

Beständigkeit (Chemische Beständigkeit siehe Anhang)

Wasseraufnahme

Feuchtigkeitsaufnahme Normalklima %
Wetterbeständigkeit

Spannungskorrosion

Optische Eigenschaften

Brechungszahl n_D
Transmissionsgrad τ_c %   mm dick
Lichtdurchlässigkeit

Datenbank-Nr.	**T02598**			Merkblatt-Nr. **2320**
Produkt	Hart-PVC-Extrusionsmasse			**PVC**
Handelsname	**Solvic-PREMIX PER 937**			
Hersteller	SOLVAY			
DIN-Bez 1	7748-PVC-U,ED,80-30-28		Viskositätszahl ml/g	
DIN-Bez 2			K-Wert	
Zusätze	Bleistabilisierung		Füllstoffe/Verstärkung	
Bevorzugte Verarbeitung	Extrudieren		Lieferform	Pulver
			Farben	Standard
Besondere Merkmale	Hoch schlagzaeh		Bevorzugte Anwendungen	Gardinenschiene

Kornverteilung			Dichte g/cm³	1.4
Kornklasse µm	Rückstand %		Schüttdichte g/cm³	0.52
			Stampfdichte g/cm³	
			Rieselfähigkeit	
			Rieselzeit s/100 g	
			Kornbeschaffenheit	
Allgemeine Hinweise			Flüchtige Bestandteile %	
			Sulfatasche %	

Zugversuch 23 °C DIN 53455; DIN 53457
Probekörper: Form Nr. 3   Herstellung   Pressen
Zustand   Vorbehandlung   Normalklima

Streckspannung	N/mm² 44		Dehnung bei Streckspannung	%
Zugfestigkeit	N/mm²		Reißdehnung	% 145
Reißfestigkeit	N/mm²		% Dehnspannung	N/mm²
E-Modul	N/mm² 2890		Dehnung bei % Dehnspg.	%

Kriechmoduln und Zeitstandwerte 23 °C
Probekörper: Form   Herstellung
Zustand   Vorbehandlung

Kriechmodul	1 min N/mm²	Zeitstandzugfestigkeit	h N/mm²
Kriechmodul	1000 h N/mm²	Zeitdehnspg. %	h N/mm²
bei Spannung	N/mm²		

Biegeversuch 23 °C
Probekörper: Form   Herstellung
Zustand   Vorbehandlung

Biegefestigkeit	N/mm²	E-Modul	N/mm²
3,5% Biegespannung	N/mm²		

Härte 23 °C Probekörper: Zustand   Herstellung
                                           Vorbehandlung

Kugeldruckhärte	N/mm²	bei N, s	Shore-Härte A	
Rockwellhärte			Shore-Härte D	

Schlagversuch Probekörper: (1) U-Kerbe
(2)   Herstellung   Pressen
Zustand   Vorbehandlung Normalklima

		°C	°C	°C	Probekörper-Form
Schlagzähigkeit	kJ/m²				
Kerbschlagzähigkeit (1)	kJ/m²	23 45	0 20		NKS
IZOD-Kerbschlagzähigkeit (2)	J/m				
Kerbschlagzugzähigkeit	kJ/m²				

Datenbank-Nr. **T02598** Merkblatt-Nr. **2320**

Abrieb und Reibung

Taber-Abrieb (Reibradverfahren)	mm³/100 U	
Abriebfaktor LNP (Thrust washer) Vergleichswert		
Statische Reibungszahl		
Dynamische Reibungszahl	(p·v = N/mm² · m/min)	
Zulässiger p·v Wert	N/mm² · (m/min) v = m/min	
	v = m/min	

Thermische Eigenschaften

Formbeständigkeit in der Wärme	Verfahren		°C
	Verfahren		°C
Vicat Erweichungstemperatur (VST)	Verfahren	B/50	80 °C
	Verfahren		°C
Kristallit-Schmelzpunkt	Verfahren		
Längenausdehnungskoeffizient	Bereich	°C	$\cdot 10^{-4} K^{-1}$
	Temperatur		$\cdot 10^{-4} K^{-1}$
Wärmeleitfähigkeit	Verfahren		W/(K·m)
Spezifische Wärmekapazität	Verfahren		J/(K·g)
Glasumwandlungstemperatur	Torsionsschwingungsversuch		°C
	Differentialkalorimetrie		°C

Brandverhalten

UL-Test vertikal   Dicke   mm, Wert
  Dicke   mm, Wert

	Norm	Bewertung	Abmessungen
Sauerstoff-Index	ASTM D 2863		
Glühstab-Verfahren			
Brandverhalten	DIN 4102		
MVSS			
FAR			

Elektrische Eigenschaften

	Hz	°C	Probekörper, Form
Dielektrizitätszahl	50		
	10³		
	10⁶		
Dielektrischer Verlustfaktor tan δ	50		
	10³		
	10⁶		
Spezifischer Durchgangs-widerstand	Ohm·cm		
Durchschlagfestigkeit	kV/mm		mm dick
Oberflächenwiderstand	Ohm		

Kriechstromfestigkeit   KC   KB   KA
Kriechwegbildung

Elektrolytische Korrosionswirkung
Lichtbogenfestigkeit nach DIN
  nach ASTM   s

Beständigkeit (Chemische Beständigkeit siehe Anhang)

Wasseraufnahme

Feuchtigkeitsaufnahme Normalklima   %
Wetterbeständigkeit

Spannungskorrosion

Optische Eigenschaften

Brechungszahl n_D
Transmissionsgrad τ_c %   mm dick
Lichtdurchlässigkeit

Datenbank-Nr.	**T02599**			*Merkblatt-Nr.* **2321**
Produkt	Hart-PVC-Extrusionsmasse			**PVC**
Handelsname	**Solvic-PREMIX PER 962**			
Hersteller	SOLVAY			
DIN-Bez 1	7748-PVC-U,ED,82-30-23		*Viskositätszahl* ml/g	
DIN-Bez 2			*K-Wert*	
Zusätze	Bleistabilisierung; Schlagzaehmodifier auf Acrylat-Basis		*Füllstoffe/ Verstärkung*	
Bevorzugte Verarbeitung	Extrudieren		*Lieferform*	Pulver
			Farben	Standard
Besondere Merkmale	Hoch schlagzaeh		*Bevorzugte Anwendungen*	Fensterprofil; Rohr

Kornverteilung			*Dichte*	g/cm³	1.44
Kornklasse µm	*Rückstand* %		*Schüttdichte*	g/cm³	0.68
			Stampfdichte	g/cm³	
			Rieselfähigkeit		
			Rieselzeit	s/100 g	
			Kornbeschaffenheit		
Allgemeine Hinweise			*Flüchtige Bestandteile*	%	
			Sulfatasche	%	

Zugversuch 23 °C DIN 53455; DIN 53457
Probekörper: Form   Nr. 3   *Herstellung*   Pressen
Zustand   *Vorbehandlung* Normalklima

Streckspannung	N/mm² 44	*Dehnung bei Streckspannung*	%	
Zugfestigkeit	N/mm²	*Reißdehnung*	%	150
Reißfestigkeit	N/mm²	% *Dehnspannung*	N/mm²	
E-Modul	N/mm² 2500	*Dehnung bei* % *Dehnspg.*	%	

Kriechmoduln und Zeitstandwerte 23 °C
Probekörper: Form   *Herstellung*
Zustand   *Vorbehandlung*

Kriechmodul	1 min N/mm²	*Zeitstandzugfestigkeit*	h	N/mm²
Kriechmodul	1000 h N/mm²	*Zeitdehnspg.* %	h	N/mm²
bei Spannung	N/mm²			

Biegeversuch 23 °C DIN 53452;
Probekörper: Form   80x10x4 mm   *Herstellung*   Pressen
Zustand   *Vorbehandlung* Normalklima

Biegefestigkeit	N/mm²	*E-Modul*	N/mm²
3,5% Biegespannung	N/mm²		

Härte 23 °C   *Probekörper:* *Zustand*   *Herstellung*   Pressen
                                                         Vorbehandlung Normalklima

Kugeldruckhärte	N/mm² 74	bei 358 N, 30 s	*Shore-Härte* A
Rockwellhärte			*Shore-Härte* D

Schlagversuch   *Probekörper:* (1) U-Kerbe
                                   (2)   *Herstellung*   Pressen
                    Zustand   *Vorbehandlung* Normalklima

                    °C   °C   °C   *Probekörper-Form*

Schlagzähigkeit	kJ/m²	-40 o.B.			NKS
Kerbschlagzähigkeit (1)	kJ/m²	23 35	0 8.0		NKS
IZOD-Kerbschlagzähigkeit (2)	J/m				
Kerbschlagzugzähigkeit	kJ/m²				

Datenbank-Nr. **T02599** Merkblatt-Nr. **2321**

Abrieb und Reibung

Taber-Abrieb (Reibradverfahren)	mm³/100 U	
Abriebfaktor LNP (Thrust washer) Vergleichswert		
Statische Reibungszahl		
Dynamische Reibungszahl	(p·v = N/mm² · m/min)	
Zulässiger p·v Wert	N/mm² · (m/min) v = m/min	
	v = m/min	

Thermische Eigenschaften

Formbeständigkeit in der Wärme	Verfahren A		72 °C
	Verfahren		°C
Vicat Erweichungstemperatur (VST)	Verfahren B/50		82 °C
	Verfahren		°C
Kristallit-Schmelzpunkt	Verfahren		°C
Längenausdehnungskoeffizient	Bereich −30–30 °C		$0.7 \cdot 10^{-4} K^{-1}$
	Temperatur		$\cdot 10^{-4} K^{-1}$
Wärmeleitfähigkeit	Verfahren DIN 52613 Teil 1	23 °C	0.20 W/(K·m)
Spezifische Wärmekapazität	Verfahren		J/(K·g)
Glasumwandlungstemperatur	Torsionsschwingungsversuch	°C	
	Differentialkalorimetrie	°C	

Brandverhalten

UL-Test vertikal Dicke mm, Wert
 Dicke mm, Wert

	Norm	Bewertung	Abmessungen
Sauerstoff-Index	ASTM D 2863		
Glühstab-Verfahren			
Brandverhalten	DIN 4102		
MVSS			
FAR			

Elektrische Eigenschaften

	Hz	°C		Probekörper, Form
Dielektrizitätszahl	50			
	10³			
	10⁶			
Dielektrischer Verlustfaktor tan δ	50			
	10³			
	10⁶			
Spezifischer Durchgangs- widerstand	Ohm · cm			
Durchschlagfestigkeit	kV/mm			mm dick
Oberflächenwiderstand	Ohm			
Kriechstromfestigkeit Kriechwegbildung	KC	KB	KA	
Elektrolytische Korrosionswirkung				
Lichtbogenfestigkeit nach DIN				
nach ASTM	s			

Beständigkeit (Chemische Beständigkeit siehe Anhang)

Wasseraufnahme 23 C	1 d	0.04	%
Feuchtigkeitsaufnahme Normalklima			%
Wetterbeständigkeit			
Spannungskorrosion			

Optische Eigenschaften

Brechungszahl n_D
Transmissionsgrad τ_c % mm dick
Lichtdurchlässigkeit

Datenbank-Nr. **T02600**		Merkblatt-Nr. **2322**
Produkt	Hart-PVC-Extrusionsmasse	**PVC**
Handelsname	**Solvic-PREMIX PER 963**	
Hersteller	SOLVAY	

DIN-Bez 1	7748-PVC-U,ED,82-35-23	Viskositätszahl ml/g	
DIN-Bez 2		K-Wert	
Zusätze	Blei-Barium-Cadmiumstabilisierung; Acr-Modifier	Füllstoffe/ Verstärkung	
Bevorzugte Verarbeitung	Extrudieren	Lieferform	Pulver in Sondereinfaerbungen und -einstellungen
		Farben	
Besondere Merkmale	Hoch schlagzaeh	Bevorzugte Anwendungen	Fensterprofil

Kornverteilung

Kornklasse μm	Rückstand %		
		Dichte g/cm³	1.42
		Schüttdichte g/cm³	
		Stampfdichte g/cm³	
		Rieselfähigkeit	
		Rieselzeit s/100 g	
		Kornbeschaffenheit	
Allgemeine Hinweise		Flüchtige Bestandteile %	
		Sulfatasche %	

Zugversuch 23 °C DIN 53455; DIN 53457

Probekörper: Form Nr. 3   Herstellung Pressen
Zustand   Vorbehandlung Normalklima

Streckspannung	N/mm²	Dehnung bei Streckspannung %	
Zugfestigkeit	N/mm² 42	Reißdehnung %	58
Reißfestigkeit	N/mm²	% Dehnspannung N/mm²	
E-Modul	N/mm² 2400	Dehnung bei % Dehnspg. %	

Kriechmoduln und Zeitstandwerte 23 °C

Probekörper: Form   Herstellung
Zustand   Vorbehandlung

Kriechmodul	1 min N/mm²	Zeitstandzugfestigkeit	h N/mm²
Kriechmodul	1000 h N/mm²	Zeitdehnspg. %	h N/mm²
bei Spannung	N/mm²		

Biegeversuch 23 °C DIN 53452;

Probekörper: Form 80x10x4 mm   Herstellung Pressen
Zustand   Vorbehandlung Normalklima

Biegefestigkeit	N/mm² 67	E-Modul	N/mm²
3,5% Biegespannung	N/mm²		

Härte 23 °C

Probekörper: Zustand   Herstellung Pressen
Vorbehandlung Normalklima

Kugeldruckhärte	N/mm² 70	bei 358 N, 30 s	Shore-Härte A
Rockwellhärte			Shore-Härte D

Schlagversuch

Probekörper: (1) U-Kerbe
(2)
Zustand   Herstellung Pressen
Vorbehandlung Normalklima

		°C	°C	°C	Probekörper-Form
Schlagzähigkeit	kJ/m²	23 o.B.			NKS
Kerbschlagzähigkeit (1)	kJ/m²	23 35	0 8		NKS
IZOD-Kerbschlagzähigkeit (2)	J/m				
Kerbschlagzugzähigkeit	kJ/m²				

Kunststoffe © Springer-Verlag Berlin Heidelberg 1988
Kopieren, Vervielfältigen und Speichern in Datenverarbeitungsanlagen (auch auszugsweise) ist nur mit schriftlicher Genehmigung des Verlages gestattet

Datenbank-Nr. **T02600** Merkblatt-Nr. **2322**

Abrieb und Reibung

Taber-Abrieb (Reibradverfahren)	mm³/100 U	
Abriebfaktor LNP (Thrust washer) Vergleichswert		
Statische Reibungszahl		
Dynamische Reibungszahl	(p·v = N/mm² · m/min)	
Zulässiger p·v Wert	N/mm² · (m/min)	v = m/min
		v = m/min

Thermische Eigenschaften

Formbeständigkeit in der Wärme	Verfahren	A	72 °C
	Verfahren		°C
Vicat Erweichungstemperatur (VST)	Verfahren	B/50	82 °C
	Verfahren		°C
Kristallit-Schmelzpunkt	Verfahren		°C
Längenausdehnungskoeffizient	Bereich	−30–30 °C	$0.7 \cdot 10^{-4} K^{-1}$
	Temperatur		$\cdot 10^{-4} K^{-1}$
Wärmeleitfähigkeit	Verfahren DIN 52613 Teil 1	23 °C	0.2 W/(K·m)
Spezifische Wärmekapazität	Verfahren		J/(K·g)
Glasumwandlungstemperatur	Torsionsschwingungsversuch		°C
	Differentialkalorimetrie		°C

Brandverhalten

UL-Test vertikal Dicke mm, Wert
 Dicke mm, Wert

	Norm	Bewertung	Abmessungen
Sauerstoff-Index	ASTM D 2863		
Glühstab-Verfahren			
Brandverhalten	DIN 4102		
MVSS			
FAR			

Elektrische Eigenschaften

	Hz	°C		Probekörper, Form
Dielektrizitätszahl	50			
	10³			
	10⁶			
Dielektrischer Verlustfaktor tan δ	50			
	10³			
	10⁶			
Spezifischer Durchgangs-widerstand	Ohm · cm			
Durchschlagfestigkeit	kV/mm			mm dick
Oberflächenwiderstand	Ohm			
Kriechstromfestigkeit Kriechwegbildung	KC	KB	KA	

Elektrolytische Korrosionswirkung
Lichtbogenfestigkeit nach DIN
 nach ASTM s

Beständigkeit (Chemische Beständigkeit siehe Anhang)

Wasseraufnahme 23 C	1 d	0.04	%
Feuchtigkeitsaufnahme Normalklima			%
Wetterbeständigkeit			

Spannungskorrosion

Optische Eigenschaften

Brechungszahl n_D
Transmissionsgrad τ_c % mm dick
Lichtdurchlässigkeit

Datenbank-Nr.	**T02601**			Merkblatt-Nr. **2323**
Produkt	Hart-PVC-Extrusionsmasse			**PVC**
Handelsname	**Solvic-PREMIX PER 964**			
Hersteller	SOLVAY			
DIN-Bez 1	7748-PVC-U,ED,80-23-23		Viskositätszahl ml/g	
DIN-Bez 2			K-Wert	
Zusätze	Barium-Cadmiumstabilisierung; Acr-Modifier		Füllstoffe/Verstärkung	
Bevorzugte Verarbeitung	Extrudieren		Lieferform	Pulver in Sondereinfaerbungen und -einstellungen
			Farben	
Besondere Merkmale	Hoch schlagzaeh		Bevorzugte Anwendungen	Fensterprofil

Kornverteilung			Dichte g/cm³	1.4
Kornklasse μm	Rückstand %		Schüttdichte g/cm³	
			Stampfdichte g/cm³	
			Rieselfähigkeit	
			Rieselzeit s/100 g	
			Kornbeschaffenheit	
Allgemeine Hinweise			Flüchtige Bestandteile %	
			Sulfatasche %	

Zugversuch 23 °C DIN 53455; DIN 53457
Probekörper: Form Nr. 3 Herstellung Pressen
Zustand Vorbehandlung Normalklima

Streckspannung	N/mm²	Dehnung bei Streckspannung	%
Zugfestigkeit	N/mm² 43	Reißdehnung	% 81
Reißfestigkeit	N/mm²	% Dehnspannung	N/mm²
E-Modul	N/mm² 2400	Dehnung bei % Dehnspg.	%

Kriechmoduln und Zeitstandwerte 23 °C
Probekörper: Form Herstellung
Zustand Vorbehandlung

Kriechmodul	1 min N/mm²	Zeitstandzugfestigkeit	h N/mm²
Kriechmodul	1000 h N/mm²	Zeitdehnspg. %	h N/mm²
bei Spannung	N/mm²		

Biegeversuch 23 °C DIN 53452;
Probekörper: Form 80x10x4 mm Herstellung Pressen
Zustand Vorbehandlung Normalklima

Biegefestigkeit	N/mm² 69	E-Modul	N/mm²
3,5% Biegespannung	N/mm²		

Härte 23 °C Probekörper: Zustand Herstellung Pressen
 Vorbehandlung Normalklima

Kugeldruckhärte	N/mm² 72	bei 358 N, 30 s	Shore-Härte A
Rockwellhärte			Shore-Härte D

Schlagversuch Probekörper: (1) U-Kerbe
(2)
Zustand Herstellung Pressen
 Vorbehandlung Normalklima

		°C	°C	°C	Probekörper-Form
Schlagzähigkeit	kJ/m²	23 o.B.			NKS
Kerbschlagzähigkeit (1)	kJ/m²	23 35	0 8		NKS
IZOD-Kerbschlagzähigkeit (2)	J/m				
Kerbschlagzugzähigkeit	kJ/m²				

Kunststoffe © Springer-Verlag Berlin Heidelberg 1988
Kopieren, Vervielfältigen und Speichern in Datenverarbeitungsanlagen (auch auszugsweise) ist nur mit schriftlicher Genehmigung des Verlages gestattet

Datenbank-Nr. **T02601** *Merkblatt-Nr.* **2323**

Abrieb und Reibung

Taber-Abrieb (Reibradverfahren)	mm³/100 U	
Abriebfaktor LNP (Thrust washer) Vergleichswert		
Statische Reibungszahl		
Dynamische Reibungszahl	(p·v = N/mm² · m/min)	
Zulässiger p · v Wert	N/mm² · (m/min) v = m/min	
	v = m/min	

Thermische Eigenschaften

Formbeständigkeit in der Wärme	Verfahren A		69 °C
	Verfahren		°C
Vicat Erweichungstemperatur (VST)	Verfahren B/50		80 °C
	Verfahren		°C
Kristallit-Schmelzpunkt	Verfahren		°C
Längenausdehnungskoeffizient	Bereich −30–30 °C		$0.7 \cdot 10^{-4} K^{-1}$
	Temperatur		$\cdot 10^{-4} K^{-1}$
Wärmeleitfähigkeit	Verfahren DIN 52613 Teil 1	23 °C	0.2 W/(K·m)
Spezifische Wärmekapazität	Verfahren		J/(K·g)
Glasumwandlungstemperatur	Torsionsschwingungsversuch	°C	
	Differentialkalorimetrie	°C	

Brandverhalten

UL-Test vertikal   Dicke   mm, Wert
                Dicke   mm, Wert

	Norm	Bewertung	Abmessungen
Sauerstoff-Index	ASTM D 2863		
Glühstab-Verfahren			
Brandverhalten	DIN 4102		
MVSS			
FAR			

Elektrische Eigenschaften

	Hz	°C	Probekörper, Form
Dielektrizitätszahl	50		
	10³		
	10⁶		
Dielektrischer Verlustfaktor tan δ	50		
	10³		
	10⁶		
Spezifischer Durchgangswiderstand	Ohm·cm		
Durchschlagfestigkeit	kV/mm		mm dick
Oberflächenwiderstand	Ohm		
Kriechstromfestigkeit	KC KB KA		
Kriechwegbildung			

Elektrolytische Korrosionswirkung
Lichtbogenfestigkeit nach DIN
           nach ASTM   s

Beständigkeit *(Chemische Beständigkeit siehe Anhang)*

Wasseraufnahme 23 C	1 d	0.05	%
Feuchtigkeitsaufnahme Normalklima			%
Wetterbeständigkeit			

Spannungskorrosion

Optische Eigenschaften

Brechungszahl n_D
Transmissionsgrad τ_c %   mm dick
Lichtdurchlässigkeit

Datenbank-Nr.	**T02602**			*Merkblatt-Nr.*	**2324**
					PVC
Produkt	Hart-PVC-Extrusionsmasse				
Handelsname	**Solvic-PREMIX PER 970**				
Hersteller	SOLVAY				
DIN-Bez 1	7748-PVC-U,ED,76-35-28		*Viskositätszahl* ml/g		
DIN-Bez 2			*K-Wert*		
Zusätze	Barium-Cadmiumstabilisierung; EVA-Modifier		*Füllstoffe/ Verstärkung*		
Bevorzugte Verarbeitung	Extrudieren		*Lieferform*	Pulver in Sondereinfaerbungen und -einstellungen	
			Farben		
Besondere Merkmale	Hoch schlagzaeh		*Bevorzugte Anwendungen*	Fensterprofil	

Kornverteilung

Kornklasse μm	*Rückstand* %	*Dichte*	g/cm³	1.35
		Schüttdichte	g/cm³	
		Stampfdichte	g/cm³	
		Rieselfähigkeit		
		Rieselzeit	s/100 g	
		Kornbeschaffenheit		
Allgemeine Hinweise		*Flüchtige Bestandteile*	%	
		Sulfatasche	%	

Zugversuch 23 °C DIN 53455; DIN 53457

	Probekörper:	*Form*	Nr. 3	*Herstellung*	Pressen
		Zustand		*Vorbehandlung*	Normalklima
Streckspannung	N/mm²		*Dehnung bei Streckspannung*	%	
Zugfestigkeit	N/mm² 40		*Reißdehnung*	%	80
Reißfestigkeit	N/mm²		% *Dehnspannung*	N/mm²	
E-Modul	N/mm² 2500		*Dehnung bei* % *Dehnspg.*	%	

Kriechmoduln und Zeitstandwerte 23 °C

	Probekörper:	*Form*		*Herstellung*	
		Zustand		*Vorbehandlung*	
Kriechmodul	1 min N/mm²		*Zeitstandzugfestigkeit*	h	N/mm²
Kriechmodul	1000 h N/mm²		*Zeitdehnspg.* %	h	N/mm²
bei Spannung	N/mm²				

Biegeversuch 23 °C DIN 53452;

	Probekörper:	*Form*	80x10x4 mm	*Herstellung*	Pressen
		Zustand		*Vorbehandlung*	Normalklima
Biegefestigkeit	N/mm² 60		*E-Modul*	N/mm²	
3,5% Biegespannung	N/mm²				

Härte 23 °C

	Probekörper:	*Zustand*		*Herstellung*	Pressen
				Vorbehandlung	Normalklima
Kugeldruckhärte	N/mm² 95	bei 358 N, 30 s	*Shore-Härte* A		
Rockwellhärte			*Shore-Härte* D		

Schlagversuch

	Probekörper:	(1) U-Kerbe			
		(2)		*Herstellung*	Pressen
		Zustand		*Vorbehandlung*	Normalklima
		°C	°C	°C	*Probekörper-Form*
Schlagzähigkeit	kJ/m²	23 o.B.			NKS
Kerbschlagzähigkeit (1)	kJ/m²	23 32	0 8		NKS
IZOD-Kerbschlagzähigkeit (2)	J/m				
Kerbschlagzugzähigkeit	kJ/m²				

Kunststoffe © Springer-Verlag Berlin Heidelberg 1988
Kopieren, Vervielfältigen und Speichern in Datenverarbeitungsanlagen (auch auszugsweise) ist nur mit schriftlicher Genehmigung des Verlages gestattet

Datenbank-Nr. **T02602** Merkblatt-Nr. **2324**

Abrieb und Reibung

Taber-Abrieb (Reibradverfahren)	mm³/100 U	
Abriebfaktor LNP (Thrust washer) Vergleichswert		
Statische Reibungszahl		
Dynamische Reibungszahl	(p·v= N/mm² · m/min)	
Zulässiger p·v Wert	N/mm² · (m/min)	v = m/min
		v = m/min

Thermische Eigenschaften

Formbeständigkeit in der Wärme	Verfahren A		68 °C
	Verfahren		°C
Vicat Erweichungstemperatur (VST)	Verfahren B/50		76 °C
	Verfahren		°C
Kristallit-Schmelzpunkt	Verfahren		
Längenausdehnungskoeffizient	Bereich −30–30 °C		$0.8 \cdot 10^{-4} K^{-1}$
	Temperatur		$\cdot 10^{-4} K^{-1}$
Wärmeleitfähigkeit	Verfahren DIN 52613 Teil 1	23 °C	0.2 W/(K·m)
Spezifische Wärmekapazität	Verfahren		J/(K·g)
Glasumwandlungstemperatur	Torsionsschwingungsversuch		°C
	Differentialkalorimetrie		°C

Brandverhalten

UL-Test vertikal Dicke mm, Wert
                  Dicke mm, Wert

	Norm	Bewertung	Abmessungen
Sauerstoff-Index	ASTM D 2863		
Glühstab-Verfahren			
Brandverhalten	DIN 4102		
MVSS			
FAR			

Elektrische Eigenschaften

	Hz	°C		Probekörper, Form
Dielektrizitätszahl	50			
	10^3			
	10^6			
Dielektrischer Verlustfaktor tan δ	50			
	10^3			
	10^6			
Spezifischer Durchgangswiderstand	Ohm·cm			
Durchschlagfestigkeit	kV/mm			mm dick
Oberflächenwiderstand	Ohm			
Kriechstromfestigkeit	KC	KB	KA	
Kriechwegbildung				
Elektrolytische Korrosionswirkung				
Lichtbogenfestigkeit nach DIN				
nach ASTM	s			

Beständigkeit (Chemische Beständigkeit siehe Anhang)

Wasseraufnahme 23 C	1 d	0.04	%
Feuchtigkeitsaufnahme Normalklima			%
Wetterbeständigkeit			
Spannungskorrosion			

Optische Eigenschaften

Brechungszahl n_D
Transmissionsgrad τ_c %   mm dick
Lichtdurchlässigkeit

Datenbank-Nr.	**T02603**		*Merkblatt-Nr.*	**2325**
Produkt	Hart-PVC-Blasmasse			**PVC**
Handelsname	**Solvic-PREMIX PEB 910**			
Hersteller	SOLVAY			
DIN-Bez 1	7748-PVC-U,BD,78-03-28		*Viskositätszahl* ml/g	
DIN-Bez 2			*K-Wert*	
Zusätze	Zinnstabilisierung		*Füllstoffe/Verstärkung*	
Bevorzugte Verarbeitung	Extrusionsblasformen		*Lieferform*	Pulver
			Farben	Standard
Besondere Merkmale	Hohe Steifigkeit bei geringer Wanddikke; Geringe bis keine UV-Durchlaessigkeit; Ausgezeichnet aromadicht; Geruchs-und geschmacksneutral; Gut bedruckbar, lackierbar, metallisierbar		*Bevorzugte Anwendungen*	Hohlkoerper fuer die Verpackung von Lebensmitteln, Getraenken, Kosmetika, Detergentien, Pharmazeutika, Technischen Fuellguetern, Chemikalien

Kornverteilung

Kornklasse μm	*Rückstand* %	*Dichte*	g/cm³	1.38
		Schüttdichte	g/cm³	0.59
		Stampfdichte	g/cm³	
		Rieselfähigkeit		Rieselt gut
		Rieselzeit	s/100 g	
		Kornbeschaffenheit		
Allgemeine Hinweise		*Flüchtige Bestandteile*	%	
		Sulfatasche	%	

Zugversuch 23 °C DIN 53455; DIN 53457

	Probekörper:	Form	Nr. 3	*Herstellung*	Pressen
		Zustand		*Vorbehandlung*	Normalklima
Streckspannung	N/mm²	59		*Dehnung bei Streckspannung* %	4
Zugfestigkeit	N/mm²			*Reißdehnung* %	
Reißfestigkeit	N/mm²			% *Dehnspannung* N/mm²	
E-Modul	N/mm²	3000		*Dehnung bei* % *Dehnspg.* %	

Kriechmoduln und Zeitstandwerte 23 °C

	Probekörper: Form	*Herstellung*	
	Zustand	*Vorbehandlung*	
Kriechmodul	1 min N/mm²	*Zeitstandzugfestigkeit*	h N/mm²
Kriechmodul	1000 h N/mm²	*Zeitdehnspg.* %	h N/mm²
bei Spannung	N/mm²		

Biegeversuch 23 °C

	Probekörper: Form	*Herstellung*	
	Zustand	*Vorbehandlung*	
Biegefestigkeit	N/mm²	*E-Modul*	N/mm²
3,5% Biegespannung	N/mm²		

Härte 23 °C

	Probekörper: Zustand	*Herstellung*	
		Vorbehandlung	
Kugeldruckhärte	N/mm² bei N, s	*Shore-Härte* A	
Rockwellhärte		*Shore-Härte* D	

Schlagversuch

	Probekörper: (1)		*Herstellung*	Pressen
	(2)		*Vorbehandlung*	Normalklima
	Zustand			
	°C	°C °C		*Probekörper-Form*
Schlagzähigkeit	kJ/m²			
Kerbschlagzähigkeit (1)	kJ/m²	23 3		NKS
IZOD-Kerbschlagzähigkeit (2)	J/m			
Kerbschlagzugzähigkeit	kJ/m²			

Kunststoffe © Springer-Verlag Berlin Heidelberg 1988
Kopieren, Vervielfältigen und Speichern in Datenverarbeitungsanlagen (auch auszugsweise) ist nur mit schriftlicher Genehmigung des Verlages gestattet

Datenbank-Nr. **T02603** *Merkblatt-Nr.* **2325**

Abrieb und Reibung

Taber-Abrieb (Reibradverfahren)	mm³/100 U	
Abriebfaktor LNP (Thrust washer) Vergleichswert		
Statische Reibungszahl		
Dynamische Reibungszahl	(p·v= N/mm² · m/min)	
Zulässiger p·v Wert	N/mm² · (m/min) v= m/min	
	v= m/min	

Thermische Eigenschaften

Formbeständigkeit in der Wärme	Verfahren		°C
	Verfahren		°C
Vicat Erweichungstemperatur (VST)	Verfahren B/50		79 °C
	Verfahren		°C
Kristallit-Schmelzpunkt	Verfahren		
Längenausdehnungskoeffizient	Bereich °C		·10⁻⁴K⁻¹
	Temperatur		·10⁻⁴K⁻¹
Wärmeleitfähigkeit	Verfahren		W/(K·m)
Spezifische Wärmekapazität	Verfahren		J/(K·g)
Glasumwandlungstemperatur	Torsionsschwingungsversuch	°C	
	Differentialkalorimetrie	°C	

Brandverhalten

UL-Test vertikal Dicke mm, Wert
 Dicke mm, Wert

	Norm	Bewertung	Abmessungen
Sauerstoff-Index	ASTM D 2863		
Glühstab-Verfahren			
Brandverhalten	DIN 4102		
MVSS			
FAR			

Elektrische Eigenschaften

	Hz	°C	Probekörper, Form
Dielektrizitätszahl	50		
	10³		
	10⁶		
Dielektrischer Verlustfaktor tan δ	50		
	10³		
	10⁶		

Spezifischer Durchgangs- widerstand Ohm·cm
Durchschlagfestigkeit kV/mm   mm dick
Oberflächenwiderstand Ohm

Kriechstromfestigkeit KC KB KA
Kriechwegbildung

Elektrolytische Korrosionswirkung
Lichtbogenfestigkeit nach DIN
  nach ASTM s

Beständigkeit *(Chemische Beständigkeit siehe Anhang)*
Wasseraufnahme

Feuchtigkeitsaufnahme Normalklima   %
Wetterbeständigkeit

Spannungskorrosion

Optische Eigenschaften

Brechungszahl n_D
Transmissionsgrad τ_c %   mm dick
Lichtdurchlässigkeit Glasklar

Datenbank-Nr.	**T02604**	*Merkblatt-Nr.*	**2326**
Produkt	Hart-PVC-Blasmasse		**PVC**
Handelsname	**Solvic-PREMIX PEB 920**		
Hersteller	SOLVAY		
DIN-Bez 1	7748-PVC-U,BD,78-03-28	*Viskositätszahl* ml/g	
DIN-Bez 2		*K-Wert*	
Zusätze	Zinnstabilisierung	*Füllstoffe/ Verstärkung*	
Bevorzugte Verarbeitung	Extrusionsblasformen	*Lieferform*	Pulver
		Farben	Standard
Besondere Merkmale	Hohe Steifigkeit bei geringer Wanddikke; Geringe bis keine UV-Durchlaessigkeit; Ausgezeichnet aromadicht; Geruchs-und geschmacksneutral; Gut bedruckbar, lackierbar, metallisierbar	*Bevorzugte Anwendungen*	Hohlkoerper fuer die Verpackung von Lebensmitteln, Getraenken, Kosmetika, Detergentien, Pharmazeutika, Technischen Fuellguetern, Chemikalien

Kornverteilung

Kornklasse μm	*Rückstand* %	*Dichte*	g/cm^3	1.36
		Schüttdichte	g/cm^3	0.59
		Stampfdichte	g/cm^3	
		Rieselfähigkeit		Rieselt gut
		Rieselzeit	s/100 g	
		Kornbeschaffenheit		
Allgemeine Hinweise		*Flüchtige Bestandteile*	%	
		Sulfatasche	%	

Zugversuch 23 °C DIN 53455; DIN 53457

	Probekörper:	Form	Nr. 3	*Herstellung*	Pressen
		Zustand		*Vorbehandlung*	Normalklima
Streckspannung	N/mm^2	55		*Dehnung bei Streckspannung* %	4
Zugfestigkeit	N/mm^2			*Reißdehnung* %	
Reißfestigkeit	N/mm^2			% *Dehnspannung* N/mm^2	
E-Modul	N/mm^2	2800		*Dehnung bei* % *Dehnspg.* %	

Kriechmoduln und Zeitstandwerte 23 °C

	Probekörper:	Form	*Herstellung*	
		Zustand	*Vorbehandlung*	
Kriechmodul	1 min	N/mm^2	*Zeitstandzugfestigkeit*	h N/mm^2
Kriechmodul	1000 h	N/mm^2	*Zeitdehnspg.* %	h N/mm^2
bei Spannung		N/mm^2		

Biegeversuch 23 °C

	Probekörper:	Form	*Herstellung*	
		Zustand	*Vorbehandlung*	
Biegefestigkeit	N/mm^2		*E-Modul*	N/mm^2
3,5% Biegespannung	N/mm^2			

Härte 23 °C

	Probekörper:	Zustand	*Herstellung*	
			Vorbehandlung	
Kugeldruckhärte	N/mm^2	bei N, s	*Shore-Härte* A	
Rockwellhärte			*Shore-Härte* D	

Schlagversuch

	Probekörper:	(1)			*Herstellung*	Pressen
		(2)			*Vorbehandlung*	Normalklima
		Zustand				
		°C	°C	°C		*Probekörper-Form*
Schlagzähigkeit	kJ/m^2					
Kerbschlagzähigkeit (1)	kJ/m^2	23 4				NKS
IZOD-Kerbschlagzähigkeit (2)	J/m					
Kerbschlagzugzähigkeit	kJ/m^2					

Kunststoffe © Springer-Verlag Berlin Heidelberg 1988
Kopieren, Vervielfältigen und Speichern in Datenverarbeitungsanlagen (auch auszugsweise) ist nur mit schriftlicher Genehmigung des Verlages gestattet

Datenbank-Nr. **T02604** Merkblatt-Nr. **2326**

Abrieb und Reibung

Taber-Abrieb (Reibradverfahren)   mm³/100 U
Abriebfaktor LNP (Thrust washer) Vergleichswert
Statische Reibungszahl
Dynamische Reibungszahl   (p·v=   N/mm² ·   m/min)
Zulässiger p · v Wert   N/mm² · (m/min)   v =   m/min
                                                                                                           v =   m/min

Thermische Eigenschaften

Formbeständigkeit in der Wärme   Verfahren   °C
                                                         Verfahren   °C
Vicat Erweichungstemperatur (VST)   Verfahren   B/50   78 °C
Kristallit-Schmelzpunkt   Verfahren   °C

Längenausdehnungskoeffizient   Bereich   °C   · $10^{-4} K^{-1}$
                                                        Temperatur   · $10^{-4} K^{-1}$
Wärmeleitfähigkeit   Verfahren   W/(K · m)

Spezifische Wärmekapazität   Verfahren   J/(K · g)

Glasumwandlungstemperatur   Torsionsschwingungsversuch   °C
                                                         Differentialkalorimetrie   °C

Brandverhalten

UL-Test vertikal   Dicke   mm, Wert
                     Dicke   mm, Wert

	Norm	Bewertung	Abmessungen
Sauerstoff-Index	ASTM D 2863		
Glühstab-Verfahren			
Brandverhalten	DIN 4102		
MVSS			
FAR			

Elektrische Eigenschaften

                                                    Hz   °C   Probekörper, Form

Dielektrizitätszahl   50
                     10^3
                     10^6
Dielektrischer Verlustfaktor tan δ   50
                     10^3
                     10^6

Spezifischer Durchgangs-
   widerstand   Ohm · cm
Durchschlagfestigkeit   kV/mm   mm dick
Oberflächenwiderstand   Ohm

Kriechstromfestigkeit   KC   KB   KA
Kriechwegbildung

Elektrolytische Korrosionswirkung
Lichtbogenfestigkeit nach DIN
               nach ASTM   s

Beständigkeit *(Chemische Beständigkeit siehe Anhang)*

Wasseraufnahme

Feuchtigkeitsaufnahme Normalklima   %
Wetterbeständigkeit

Spannungskorrosion

Optische Eigenschaften

Brechungszahl n_D
Transmissionsgrad τ_c %   mm dick
Lichtdurchlässigkeit   Glasklar

Datenbank-Nr.	**T02605**		Merkblatt-Nr.	**2327**
				PVC
Produkt	Hart-PVC-Blasmasse			
Handelsname	**Solvic-PREMIX PEB 932**			
Hersteller	SOLVAY			
DIN-Bez 1	7748-PVC-U,BD,76-10-28	Viskositätszahl ml/g		
DIN-Bez 2		K-Wert		
Zusätze	Zinnstabilisierung	Füllstoffe/Verstärkung		
Bevorzugte Verarbeitung	Extrusionsblasformen	Lieferform	Pulver	
		Farben	Standard	
Besondere Merkmale	Hohe Steifigkeit bei geringer Wanddikke; Geringe bis keine UV-Durchlaessigkeit; Ausgezeichnet aromadicht; Geruchs-und geschmacksneutral; Gut bedruckbar, lackierbar, metallisierbar	Bevorzugte Anwendungen	Hohlkoerper fuer die Verpackung von Lebensmitteln, Getraenken, Kosmetika, Detergentien, Pharmazeutika, Technischen Fuellguetern, Chemikalien	

Kornverteilung

Kornklasse µm	Rückstand %			
		Dichte g/cm³	1.34	
		Schüttdichte g/cm³	0.57	
		Stampfdichte g/cm³		
		Rieselfähigkeit	Rieselt gut	
		Rieselzeit s/100 g		
		Kornbeschaffenheit		
Allgemeine Hinweise		Flüchtige Bestandteile %		
		Sulfatasche %		

Zugversuch 23 °C DIN 53455; DIN 53457

Probekörper: Form Nr. 3
Zustand
Herstellung: Pressen
Vorbehandlung: Normalklima

Streckspannung	N/mm² 52	Dehnung bei Streckspannung %	4
Zugfestigkeit	N/mm²	Reißdehnung %	
Reißfestigkeit	N/mm²	% Dehnspannung N/mm²	
E-Modul	N/mm² 2600	Dehnung bei % Dehnspg. %	

Kriechmoduln und Zeitstandwerte 23 °C

Probekörper: Form
Zustand
Herstellung
Vorbehandlung

Kriechmodul	1 min N/mm²	Zeitstandzugfestigkeit	h N/mm²
Kriechmodul	1000 h N/mm²	Zeitdehnspg. %	h N/mm²
bei Spannung	N/mm²		

Biegeversuch 23 °C

Probekörper: Form
Zustand
Herstellung
Vorbehandlung

Biegefestigkeit	N/mm²	E-Modul	N/mm²
3,5% Biegespannung	N/mm²		

Härte 23 °C

Probekörper: Zustand
Herstellung
Vorbehandlung

Kugeldruckhärte	N/mm² bei N, s	Shore-Härte A	
Rockwellhärte		Shore-Härte D	

Schlagversuch

Probekörper: (1)
(2)
Zustand
Herstellung: Pressen
Vorbehandlung: Normalklima

		°C	°C	°C	Probekörper-Form
Schlagzähigkeit	kJ/m²				
Kerbschlagzähigkeit (1)	kJ/m²	23	7		NKS
IZOD-Kerbschlagzähigkeit (2)	J/m				
Kerbschlagzugzähigkeit	kJ/m²				

Datenbank-Nr. **T02605**   *Merkblatt-Nr.* **2327**

Abrieb und Reibung

Taber-Abrieb (Reibradverfahren)	mm³/100 U	
Abriebfaktor LNP (Thrust washer) Vergleichswert		
Statische Reibungszahl		
Dynamische Reibungszahl	(p·v = N/mm² · m/min)	
Zulässiger p·v Wert	N/mm² · (m/min) v = m/min	
	v = m/min	

Thermische Eigenschaften

Formbeständigkeit in der Wärme	Verfahren	°C
	Verfahren	°C
Vicat Erweichungstemperatur (VST)	Verfahren B/50	76 °C
	Verfahren	°C
Kristallit-Schmelzpunkt	Verfahren	
Längenausdehnungskoeffizient	Bereich °C	·10⁻⁴ K⁻¹
	Temperatur	·10⁻⁴ K⁻¹
Wärmeleitfähigkeit	Verfahren	W/(K·m)
Spezifische Wärmekapazität	Verfahren	J/(K·g)
Glasumwandlungstemperatur	Torsionsschwingungsversuch	°C
	Differentialkalorimetrie	°C

Brandverhalten

UL-Test vertikal   Dicke   mm, Wert
               Dicke   mm, Wert

	Norm	Bewertung	Abmessungen
Sauerstoff-Index	ASTM D 2863		
Glühstab-Verfahren			
Brandverhalten	DIN 4102		
MVSS			
FAR			

Elektrische Eigenschaften

	Hz	°C	Probekörper, Form
Dielektrizitätszahl	50		
	10³		
	10⁶		
Dielektrischer Verlustfaktor tan δ	50		
	10³		
	10⁶		
Spezifischer Durchgangswiderstand	Ohm · cm		
Durchschlagfestigkeit	kV/mm		mm dick
Oberflächenwiderstand	Ohm		
Kriechstromfestigkeit	KC KB KA		
Kriechwegbildung			

Elektrolytische Korrosionswirkung
Lichtbogenfestigkeit nach DIN
         nach ASTM   s

Beständigkeit *(Chemische Beständigkeit siehe Anhang)*

Wasseraufnahme

Feuchtigkeitsaufnahme Normalklima   %
Wetterbeständigkeit

Spannungskorrosion

Optische Eigenschaften

Brechungszahl n_D
Transmissionsgrad τ_c %   mm dick
Lichtdurchlässigkeit   Glasklar

Datenbank-Nr. **T02606**		*Merkblatt-Nr.* **2328**
Produkt Hart-PVC-Blasmasse		**PVC**
Handelsname **Solvic-PREMIX PEB 941**		
Hersteller SOLVAY		

DIN-Bez 1	7748-PVC-U,BD,76-10-23	*Viskositätszahl* ml/g	
DIN-Bez 2		*K-Wert*	
Zusätze	Zinnstabilisierung	*Füllstoffe/ Verstärkung*	
Bevorzugte Verarbeitung	Extrusionsblasformen	*Lieferform*	Pulver
		Farben	Standard
Besondere Merkmale	Hohe Steifigkeit bei geringer Wanddikke; Geringe bis keine UV-Durchlaessigkeit; Ausgezeichnet aromadicht; Geruchs-und geschmacksneutral; Gut bedruckbar, lackierbar, metallisierbar	*Bevorzugte Anwendungen*	Hohlkoerper fuer die Verpackung von Lebensmitteln, Getraenken, Kosmetika, Detergentien, Pharmazeutika, Technischen Fuellguetern, Chemikalien

Kornverteilung

Kornklasse µm	*Rückstand* %	*Dichte*	g/cm³	1.33
		Schüttdichte	g/cm³	0.57
		Stampfdichte	g/cm³	
		Rieselfähigkeit		Rieselt gut
		Rieselzeit	s/100 g	
		Kornbeschaffenheit		
Allgemeine Hinweise		*Flüchtige Bestandteile*	%	
		Sulfatasche	%	

Zugversuch 23 °C

DIN 53455; DIN 53457

Probekörper:	Form	Nr. 3		*Herstellung*	Pressen
	Zustand			*Vorbehandlung*	Normalklima
Streckspannung	N/mm²	49	*Dehnung bei Streckspannung*	%	4
Zugfestigkeit	N/mm²		*Reißdehnung*	%	
Reißfestigkeit	N/mm²		% *Dehnspannung*	N/mm²	
E-Modul	N/mm²	2400	*Dehnung bei* % *Dehnspg.*	%	

Kriechmoduln und Zeitstandwerte 23 °C

Probekörper:	Form		*Herstellung*	
	Zustand		*Vorbehandlung*	
Kriechmodul	1 min	N/mm²	*Zeitstandzugfestigkeit*	h N/mm²
Kriechmodul	1000 h	N/mm²	*Zeitdehnspg.* %	h N/mm²
bei Spannung		N/mm²		

Biegeversuch 23 °C

Probekörper:	Form	*Herstellung*	
	Zustand	*Vorbehandlung*	
Biegefestigkeit	N/mm²	*E-Modul*	N/mm²
3,5% Biegespannung	N/mm²		

Härte 23 °C

Probekörper:	*Zustand*	*Herstellung*	
		Vorbehandlung	
Kugeldruckhärte	N/mm² bei N, s	*Shore-Härte* A	
Rockwellhärte		*Shore-Härte* D	

Schlagversuch

Probekörper:	(1)			
	(2)		*Herstellung*	Pressen
	Zustand		*Vorbehandlung*	Normalklima
	°C	°C	°C	*Probekörper-Form*

Schlagzähigkeit	kJ/m²			
Kerbschlagzähigkeit (1)	kJ/m²	23	15	NKS
IZOD-Kerbschlagzähigkeit (2)	J/m			
Kerbschlagzugzähigkeit	kJ/m²			

Kunststoffe © Springer-Verlag Berlin Heidelberg 1988
Kopieren, Vervielfältigen und Speichern in Datenverarbeitungsanlagen (auch auszugsweise) ist nur mit schriftlicher Genehmigung des Verlages gestattet

Datenbank-Nr. **T02606** Merkblatt-Nr. **2328**

Abrieb und Reibung

Taber-Abrieb (Reibradverfahren)   mm³/100 U
Abriebfaktor LNP (Thrust washer) Vergleichswert
Statische Reibungszahl
Dynamische Reibungszahl   (p·v=   N/mm² ·   m/min)
Zulässiger p·v Wert   N/mm² · (m/min)   v=   m/min
                                                v=   m/min

Thermische Eigenschaften

Formbeständigkeit in der Wärme   Verfahren   °C
                                      Verfahren   °C
Vicat Erweichungstemperatur (VST)   Verfahren   B/50   76 °C
                                      Verfahren   °C
Kristallit-Schmelzpunkt   Verfahren

Längenausdehnungskoeffizient   Bereich   °C   ·10⁻⁴ K⁻¹
                              Temperatur   ·10⁻⁴ K⁻¹
Wärmeleitfähigkeit   Verfahren   W/(K·m)

Spezifische Wärmekapazität   Verfahren   J/(K·g)

Glasumwandlungstemperatur   Torsionsschwingungsversuch   °C
                                Differentialkalorimetrie   °C

Formeln mit °C-Werten oben: Längenausdehnungskoeffizient mit Einheiten $\cdot 10^{-4} K^{-1}$.

Brandverhalten

UL-Test vertikal   Dicke   mm, Wert
                Dicke   mm, Wert

	Norm	Bewertung	Abmessungen
Sauerstoff-Index	ASTM D 2863		
Glühstab-Verfahren			
Brandverhalten	DIN 4102		
MVSS			
FAR			

Elektrische Eigenschaften

	Hz	°C		Probekörper, Form
Dielektrizitätszahl	50			
	10³			
	10⁶			
Dielektrischer Verlustfaktor tan δ	50			
	10³			
	10⁶			

Spezifischer Durchgangswiderstand   Ohm·cm
Durchschlagfestigkeit   kV/mm   mm dick
Oberflächenwiderstand   Ohm

Kriechstromfestigkeit   KC   KB   KA
Kriechwegbildung

Elektrolytische Korrosionswirkung
Lichtbogenfestigkeit nach DIN
                nach ASTM   s

Beständigkeit (Chemische Beständigkeit siehe Anhang)

Wasseraufnahme

Feuchtigkeitsaufnahme Normalklima   %
Wetterbeständigkeit

Spannungskorrosion

Optische Eigenschaften

Brechungszahl n_D
Transmissionsgrad τ_c %   mm dick
Lichtdurchlässigkeit   Glasklar

Datenbank-Nr.	**T02607**	Merkblatt-Nr. **2329**
Produkt	Hart-PVC-Blasmasse	**PVC**
Handelsname	**Solvic-PREMIX PEB 951**	
Hersteller	SOLVAY	

DIN-Bez 1	7748-PVC-U,BD,74-30-23	Viskositätszahl ml/g	
DIN-Bez 2		K-Wert	
Zusätze	Zinnstabilisierung	Füllstoffe/ Verstärkung	
Bevorzugte Verarbeitung	Extrusionsblasformen	Lieferform	Pulver
		Farben	Standard
Besondere Merkmale	Hohe Steifigkeit bei geringer Wanddikke; Geringe bis keine UV-Durchlaessigkeit; Ausgezeichnet aromadicht; Geruchs-und geschmacksneutral; Gut bedruckbar, lackierbar, metallisierbar	Bevorzugte Anwendungen	Hohlkoerper fuer die Verpackung von Lebensmitteln, Getraenken, Kosmetika, Detergentien, Pharmazeutika, Technischen Fuellguetern, Chemikalien

Kornverteilung

Kornklasse μm	Rückstand %			
		Dichte	g/cm³	1.31
		Schüttdichte	g/cm³	0.56
		Stampfdichte	g/cm³	
		Rieselfähigkeit		Rieselt gut
		Rieselzeit	s/100 g	
		Kornbeschaffenheit		
Allgemeine Hinweise		Flüchtige Bestandteile	%	
		Sulfatasche	%	

Zugversuch 23 °C   DIN 53455; DIN 53457

Probekörper: Form Nr. 3
Zustand
Herstellung: Pressen
Vorbehandlung: Normalklima

Streckspannung	N/mm²	46	Dehnung bei Streckspannung	% 4
Zugfestigkeit	N/mm²		Reißdehnung	%
Reißfestigkeit	N/mm²		% Dehnspannung	N/mm²
E-Modul	N/mm²	2300	Dehnung bei % Dehnspg.	%

Kriechmoduln und Zeitstandwerte 23 °C

Probekörper: Form
Zustand
Herstellung
Vorbehandlung

Kriechmodul	1 min N/mm²	Zeitstandzugfestigkeit	h N/mm²
Kriechmodul	1000 h N/mm²	Zeitdehnspg. %	h N/mm²
bei Spannung	N/mm²		

Biegeversuch 23 °C

Probekörper: Form
Zustand
Herstellung
Vorbehandlung

Biegefestigkeit	N/mm²	E-Modul	N/mm²
3,5% Biegespannung	N/mm²		

Härte 23 °C

Probekörper: Zustand
Herstellung
Vorbehandlung

Kugeldruckhärte	N/mm²	bei N, s	Shore-Härte A	
Rockwellhärte			Shore-Härte D	

Schlagversuch

Probekörper: (1)
(2)
Zustand
Herstellung: Pressen
Vorbehandlung: Normalklima

		°C	°C	°C	Probekörper-Form
Schlagzähigkeit	kJ/m²				
Kerbschlagzähigkeit (1)	kJ/m²	23	30		NKS
IZOD-Kerbschlagzähigkeit (2)	J/m				
Kerbschlagzugzähigkeit	kJ/m²				

Datenbank-Nr. **T02607** Merkblatt-Nr. **2329**

Abrieb und Reibung

Taber-Abrieb (Reibradverfahren)	mm³/100 U
Abriebfaktor LNP (Thrust washer) Vergleichswert	
Statische Reibungszahl	
Dynamische Reibungszahl	(p·v= N/mm² · m/min)
Zulässiger p·v Wert	N/mm² · (m/min) v= m/min
	v= m/min

Thermische Eigenschaften

Formbeständigkeit in der Wärme	Verfahren	°C
	Verfahren	°C
Vicat Erweichungstemperatur (VST)	Verfahren B/50	75 °C
	Verfahren	°C
Kristallit-Schmelzpunkt	Verfahren	
Längenausdehnungskoeffizient	Bereich °C	·10^{-4}K^{-1}
	Temperatur	·10^{-4}K^{-1}
Wärmeleitfähigkeit	Verfahren	W/(K·m)
Spezifische Wärmekapazität	Verfahren	J/(K·g)
Glasumwandlungstemperatur	Torsionsschwingungsversuch	°C
	Differentialkalorimetrie	°C

Brandverhalten

UL-Test vertikal Dicke mm, Wert
  Dicke mm, Wert

	Norm	Bewertung	Abmessungen
Sauerstoff-Index	ASTM D 2863		
Glühstab-Verfahren			
Brandverhalten	DIN 4102		
MVSS			
FAR			

Elektrische Eigenschaften

	Hz	°C		Probekörper, Form
Dielektrizitätszahl	50			
	10^3			
	10^6			
Dielektrischer Verlustfaktor tan δ	50			
	10^3			
	10^6			
Spezifischer Durchgangswiderstand	Ohm·cm			
Durchschlagfestigkeit	kV/mm			mm dick
Oberflächenwiderstand	Ohm			
Kriechstromfestigkeit	KC	KB	KA	
Kriechwegbildung				

Elektrolytische Korrosionswirkung
Lichtbogenfestigkeit nach DIN
  nach ASTM s

Beständigkeit *(Chemische Beständigkeit siehe Anhang)*

Wasseraufnahme

Feuchtigkeitsaufnahme Normalklima
Wetterbeständigkeit   %

Spannungskorrosion

Optische Eigenschaften

Brechungszahl n_D
Transmissionsgrad τ_c % mm dick
Lichtdurchlässigkeit Glasklar

Datenbank-Nr.	**T02608**		Merkblatt-Nr.	**2330**
Produkt	Hart-PVC-Blasmasse			**PVC**
Handelsname	**Solvic-PREMIX PEB 918**			
Hersteller	SOLVAY			
DIN-Bez 1	7748-PVC-U,BD,76-03-33		Viskositätszahl ml/g	
DIN-Bez 2			K-Wert	
Zusätze	Zinnstabilisierung		Füllstoffe/Verstärkung	
Bevorzugte Verarbeitung	Extrusionsblasformen		Lieferform	Pulver
			Farben	Standard
Besondere Merkmale	Hohe Steifigkeit bei geringer Wanddikke; Geringe bis keine UV-Durchlaessigkeit; Ausgezeichnet aromadicht; Geruchs-und geschmacksneutral; Gut bedruckbar, lackierbar, metallisierbar		Bevorzugte Anwendungen	Hohlkoerper fuer die Verpackung von Lebensmitteln, Getraenken, Kosmetika, Detergentien, Pharmazeutika, Technischen Fuellguetern, Chemikalien

Kornverteilung

Kornklasse μm	Rückstand %			
		Dichte g/cm³	1.41	
		Schüttdichte g/cm³	0.62	
		Stampfdichte g/cm³		
		Rieselfähigkeit	Rieselt gut	
		Rieselzeit s/100 g		
		Kornbeschaffenheit		
Allgemeine Hinweise		Flüchtige Bestandteile %		
		Sulfatasche %		

Zugversuch 23 °C DIN 53455; DIN 53457

Probekörper: Form Nr. 3
Zustand
Herstellung: Pressen
Vorbehandlung: Normalklima

Streckspannung	N/mm² 60	Dehnung bei Streckspannung	%	4
Zugfestigkeit	N/mm²	Reißdehnung	%	
Reißfestigkeit	N/mm²	% Dehnspannung	N/mm²	
E-Modul	N/mm² 3100	Dehnung bei % Dehnspg.	%	

Kriechmoduln und Zeitstandwerte 23 °C

Probekörper: Form
Zustand
Herstellung
Vorbehandlung

Kriechmodul	1 min N/mm²	Zeitstandzugfestigkeit	h N/mm²
Kriechmodul	1000 h N/mm²	Zeitdehnspg. %	h N/mm²
bei Spannung	N/mm²		

Biegeversuch 23 °C

Probekörper: Form
Zustand
Herstellung
Vorbehandlung

Biegefestigkeit	N/mm²	E-Modul	N/mm²
3,5% Biegespannung	N/mm²		

Härte 23 °C

Probekörper: Zustand
Herstellung
Vorbehandlung

Kugeldruckhärte	N/mm² bei N, s	Shore-Härte A	
Rockwellhärte		Shore-Härte D	

Schlagversuch

Probekörper: (1) (2) Zustand
Herstellung: Pressen
Vorbehandlung: Normalklima

		°C	°C	°C	Probekörper-Form
Schlagzähigkeit	kJ/m²				
Kerbschlagzähigkeit (1)	kJ/m²	23	3		NKS
IZOD-Kerbschlagzähigkeit (2)	J/m				
Kerbschlagzugzähigkeit	kJ/m²				

Datenbank-Nr. **T02608** Merkblatt-Nr. **2330**

Abrieb und Reibung

Taber-Abrieb (Reibradverfahren)   mm³/100 U
Abriebfaktor LNP (Thrust washer) Vergleichswert
Statische Reibungszahl
Dynamische Reibungszahl   (p·v =   N/mm² ·   m/min)
Zulässiger p·v Wert   N/mm² · (m/min)   v =   m/min
   v =   m/min

Thermische Eigenschaften

Formbeständigkeit in der Wärme	Verfahren		°C
	Verfahren		°C
Vicat Erweichungstemperatur (VST)	Verfahren B/50		77 °C
	Verfahren		°C
Kristallit-Schmelzpunkt	Verfahren		
Längenausdehnungskoeffizient	Bereich °C		·10^{-4}K^{-1}
	Temperatur		·10^{-4}K^{-1}
Wärmeleitfähigkeit	Verfahren		W/(K·m)
Spezifische Wärmekapazität	Verfahren		J/(K·g)
Glasumwandlungstemperatur	Torsionsschwingungsversuch	°C	
	Differentialkalorimetrie	°C	

Brandverhalten

UL-Test vertikal   Dicke   mm, Wert
              Dicke   mm, Wert

	Norm	Bewertung	Abmessungen
Sauerstoff-Index	ASTM D 2863		
Glühstab-Verfahren			
Brandverhalten	DIN 4102		
MVSS			
FAR			

Elektrische Eigenschaften

	Hz	°C	Probekörper, Form
Dielektrizitätszahl	50		
	10^3		
	10^6		
Dielektrischer Verlustfaktor tan δ	50		
	10^3		
	10^6		

Spezifischer Durchgangs-
  widerstand   Ohm·cm
Durchschlagfestigkeit   kV/mm   mm dick
Oberflächenwiderstand   Ohm

Kriechstromfestigkeit   KC   KB   KA
Kriechwegbildung

Elektrolytische Korrosionswirkung
Lichtbogenfestigkeit nach DIN
               nach ASTM   s

Beständigkeit (Chemische Beständigkeit siehe Anhang)

Wasseraufnahme

Feuchtigkeitsaufnahme Normalklima   %
Wetterbeständigkeit

Spannungskorrosion

Optische Eigenschaften

Brechungszahl n_D
Transmissionsgrad τ_c %   mm dick
Lichtdurchlässigkeit   Opak

Datenbank-Nr.	**T02609**			Merkblatt-Nr. **2331**
Produkt	Hart-PVC-Blasmasse			**PVC**
Handelsname	**Solvic-PREMIX PEB 929**			
Hersteller	SOLVAY			
DIN-Bez 1	7748-PVC-U,BD,76-03-28		Viskositätszahl ml/g	
DIN-Bez 2			K-Wert	
Zusätze	Zinnstabilisierung		Füllstoffe/ Verstärkung	
Bevorzugte Verarbeitung	Extrusionsblasformen		Lieferform	Pulver
			Farben	Standard
Besondere Merkmale	Hohe Steifigkeit bei geringer Wanddikke; Geringe bis keine UV-Durchlaessigkeit; Ausgezeichnet aromadicht; Geruchs-und geschmacksneutral; Gut bedruckbar, lackierbar, metallisierbar		Bevorzugte Anwendungen	Hohlkoerper fuer die Verpackung von Lebensmitteln, Getraenken, Kosmetika, Detergentien, Pharmazeutika, Technischen Fuellguetern, Chemikalien

Kornverteilung

Kornklasse μm	Rückstand %			
		Dichte	g/cm³	1.39
		Schüttdichte	g/cm³	0.60
		Stampfdichte	g/cm³	
		Rieselfähigkeit		Rieselt gut
		Rieselzeit	s/100 g	
		Kornbeschaffenheit		
Allgemeine Hinweise		Flüchtige Bestandteile	%	
		Sulfatasche	%	

Zugversuch 23 °C DIN 53455; DIN 53457

Probekörper: Form Nr. 3   Herstellung Pressen
                  Zustand   Vorbehandlung Normalklima

Streckspannung	N/mm²	53	Dehnung bei Streckspannung	%	4
Zugfestigkeit	N/mm²		Reißdehnung	%	
Reißfestigkeit	N/mm²		% Dehnspannung	N/mm²	
E-Modul	N/mm²	2800	Dehnung bei % Dehnspg.	%	

Kriechmoduln und Zeitstandwerte 23 °C

Probekörper: Form   Herstellung
                  Zustand   Vorbehandlung

Kriechmodul	1 min N/mm²	Zeitstandzugfestigkeit	h N/mm²
Kriechmodul	1000 h N/mm²	Zeitdehnspg. %	h N/mm²
bei Spannung	N/mm²		

Biegeversuch 23 °C

Probekörper: Form   Herstellung
                      Zustand   Vorbehandlung

Biegefestigkeit	N/mm²	E-Modul	N/mm²
3,5% Biegespannung	N/mm²		

Härte 23 °C

Probekörper: Zustand   Herstellung
                                      Vorbehandlung

Kugeldruckhärte	N/mm²	bei	N, s	Shore-Härte A	
Rockwellhärte				Shore-Härte D	

Schlagversuch

Probekörper: (1)
                  (2)   Herstellung Pressen
                  Zustand   Vorbehandlung Normalklima

		°C	°C	°C	Probekörper-Form
Schlagzähigkeit	kJ/m²				
Kerbschlagzähigkeit (1)	kJ/m²	23	4		NKS
IZOD-Kerbschlagzähigkeit (2)	J/m				
Kerbschlagzugzähigkeit	kJ/m²				

Kunststoffe © Springer-Verlag Berlin Heidelberg 1988
Kopieren, Vervielfältigen und Speichern in Datenverarbeitungsanlagen (auch auszugsweise) ist nur mit schriftlicher Genehmigung des Verlages gestattet

Datenbank-Nr. **T02609** *Merkblatt-Nr.* **2331**

Abrieb und Reibung

Taber-Abrieb (Reibradverfahren)	mm³/100 U	
Abriebfaktor LNP (Thrust washer) Vergleichswert		
Statische Reibungszahl		
Dynamische Reibungzahl	(p·v= N/mm² · m/min)	
Zulässiger p · v Wert	N/mm² · (m/min) v = m/min	
	v = m/min	

Thermische Eigenschaften

Formbeständigkeit in der Wärme	Verfahren		°C
	Verfahren		°C
Vicat Erweichungstemperatur (VST)	Verfahren B/50		76 °C
	Verfahren		°C
Kristallit-Schmelzpunkt	Verfahren		
Längenausdehnungskoeffizient	Bereich °C		·10⁻⁴ K⁻¹
	Temperatur		·10⁻⁴ K⁻¹
Wärmeleitfähigkeit	Verfahren		W/(K·m)
Spezifische Wärmekapazität	Verfahren		J/(K·g)
Glasumwandlungstemperatur	Torsionsschwingungsversuch	°C	
	Differentialkalorimetrie	°C	

Brandverhalten

UL-Test vertikal Dicke mm, Wert
Dicke mm, Wert

	Norm	Bewertung	Abmessungen
Sauerstoff-Index	ASTM D 2863		
Glühstab-Verfahren			
Brandverhalten	DIN 4102		
MVSS			
FAR			

Elektrische Eigenschaften

	Hz	°C	Probekörper, Form
Dielektrizitätszahl	50		
	10³		
	10⁶		
Dielektrischer Verlustfaktor tan δ	50		
	10³		
	10⁶		
Spezifischer Durchgangswiderstand	Ohm · cm		
Durchschlagfestigkeit	kV/mm		mm dick
Oberflächenwiderstand	Ohm		
Kriechstromfestigkeit	KC	KB	KA
Kriechwegbildung			

Elektrolytische Korrosionswirkung
Lichtbogenfestigkeit nach DIN
       nach ASTM   s

Beständigkeit *(Chemische Beständigkeit siehe Anhang)*

Wasseraufnahme

Feuchtigkeitsaufnahme Normalklima   %
Wetterbeständigkeit

Spannungskorrosion

Optische Eigenschaften

Brechungszahl n_D
Transmissionsgrad τ_c %   mm dick
Lichtdurchlässigkeit Glasklar

Datenbank-Nr.	**T02610**			*Merkblatt-Nr.* **2332**
Produkt	Hart-PVC-Blasmasse			**PVC**
Handelsname	**Solvic-PREMIX PEB 939**			
Hersteller	SOLVAY			
DIN-Bez 1	7748-PVC-U,BD,76-10-28		*Viskositätszahl* ml/g	
DIN-Bez 2			*K-Wert*	
Zusätze	Zinnstabilisierung		*Füllstoffe/ Verstärkung*	
Bevorzugte Verarbeitung	Extrusionsblasformen		*Lieferform*	Pulver
			Farben	Standard
Besondere Merkmale	Hohe Steifigkeit bei geringer Wanddikke; Geringe bis keine UV-Durchlaessigkeit; Ausgezeichnet aromadicht; Geruchs-und geschmacksneutral; Gut bedruckbar, lackierbar, metallisierbar		*Bevorzugte Anwendungen*	Hohlkoerper fuer die Verpackung von Lebensmitteln, Getraenken, Kosmetika, Detergentien, Pharmazeutika, Technischen Fuellguetern, Chemikalien

Kornverteilung

Kornklasse µm	*Rückstand* %	*Dichte*	g/cm³	1.37
		Schüttdichte	g/cm³	0.59
		Stampfdichte	g/cm³	
		Rieselfähigkeit		Rieselt gut
		Rieselzeit	s/100 g	
		Kornbeschaffenheit		
Allgemeine Hinweise		*Flüchtige Bestandteile*	%	
		Sulfatasche	%	

Zugversuch 23 °C DIN 53455; DIN 53457

Probekörper: Form Nr. 3 *Herstellung* Pressen
Zustand *Vorbehandlung* Normalklima

Streckspannung	N/mm² 49	*Dehnung bei Streckspannung*	%	4
Zugfestigkeit	N/mm²	*Reißdehnung*	%	
Reißfestigkeit	N/mm²	*% Dehnspannung*	N/mm²	
E-Modul	N/mm² 2700	*Dehnung bei % Dehnspg.*	%	

Kriechmoduln und Zeitstandwerte 23 °C

Probekörper: Form *Herstellung*
Zustand *Vorbehandlung*

Kriechmodul	1 min N/mm²	*Zeitstandzugfestigkeit*	h N/mm²
Kriechmodul	1000 h N/mm²	*Zeitdehnspg.* %	h N/mm²
bei Spannung	N/mm²		

Biegeversuch 23 °C

Probekörper: Form *Herstellung*
Zustand *Vorbehandlung*

Biegefestigkeit	N/mm²	*E-Modul*	N/mm²
3,5% Biegespannung	N/mm²		

Härte 23 °C

Probekörper: Zustand *Herstellung*
Vorbehandlung

Kugeldruckhärte	N/mm² bei N, s	*Shore-Härte* A	
Rockwellhärte		*Shore-Härte* D	

Schlagversuch

Probekörper: (1) *Herstellung* Pressen
(2) *Vorbehandlung* Normalklima
Zustand

°C °C °C *Probekörper-Form*

Schlagzähigkeit	kJ/m²		
Kerbschlagzähigkeit (1)	kJ/m² 23 7		NKS
IZOD-Kerbschlagzähigkeit (2)	J/m		
Kerbschlagzugzähigkeit	kJ/m²		

Datenbank-Nr. **T02610**   Merkblatt-Nr. **2332**

Abrieb und Reibung

Taber-Abrieb (Reibradverfahren)	mm³/100 U	
Abriebfaktor LNP (Thrust washer) Vergleichswert		
Statische Reibungszahl		
Dynamische Reibungszahl	(p·v = N/mm² · m/min)	
Zulässiger p·v Wert	N/mm² · (m/min) v = m/min	
	v = m/min	

Thermische Eigenschaften

Formbeständigkeit in der Wärme	Verfahren	°C
	Verfahren	°C
Vicat Erweichungstemperatur (VST)	Verfahren B/50	76 °C
	Verfahren	°C
Kristallit-Schmelzpunkt	Verfahren	
Längenausdehnungskoeffizient	Bereich °C	·10⁻⁴ K⁻¹
	Temperatur	·10⁻⁴ K⁻¹
Wärmeleitfähigkeit	Verfahren	W/(K·m)
Spezifische Wärmekapazität	Verfahren	J/(K·g)
Glasumwandlungstemperatur	Torsionsschwingungsversuch	°C
	Differentialkalorimetrie	°C

Brandverhalten

UL-Test vertikal   Dicke   mm, Wert
                    Dicke   mm, Wert

	Norm	Bewertung	Abmessungen
Sauerstoff-Index	ASTM D 2863		
Glühstab-Verfahren			
Brandverhalten	DIN 4102		
MVSS			
FAR			

Elektrische Eigenschaften

	Hz	°C	Probekörper, Form
Dielektrizitätszahl	50		
	10³		
	10⁶		
Dielektrischer Verlustfaktor tan δ	50		
	10³		
	10⁶		
Spezifischer Durchgangswiderstand	Ohm·cm		
Durchschlagfestigkeit	kV/mm		mm dick
Oberflächenwiderstand	Ohm		
Kriechstromfestigkeit	KC KB KA		
Kriechwegbildung			

Elektrolytische Korrosionswirkung
Lichtbogenfestigkeit nach DIN
               nach ASTM   s

Beständigkeit (Chemische Beständigkeit siehe Anhang)

Wasseraufnahme

Feuchtigkeitsaufnahme Normalklima   %
Wetterbeständigkeit

Spannungskorrosion

Optische Eigenschaften

Brechungszahl n_D
Transmissionsgrad τ_c %   mm dick
Lichtdurchlässigkeit   Opak

Datenbank-Nr.	**T02611**	Merkblatt-Nr. **2333**

PVC

Produkt	Hart-PVC-Blasmasse
Handelsname	**Solvic-PREMIX PEB 947**
Hersteller	SOLVAY
DIN-Bez 1	7748-PVC-U,BD,76-10-23
DIN-Bez 2	
Viskositätszahl ml/g	
K-Wert	
Zusätze	Zinnstabilisierung
Füllstoffe/Verstärkung	
Bevorzugte Verarbeitung	Extrusionsblasformen
Lieferform	Pulver
Farben	Standard
Besondere Merkmale	Hohe Steifigkeit bei geringer Wanddikke; Geringe bis keine UV-Durchlaessigkeit; Ausgezeichnet aromadicht; Geruchs-und geschmacksneutral; Gut bedruckbar, lackierbar, metallisierbar
Bevorzugte Anwendungen	Hohlkoerper fuer die Verpackung von Lebensmitteln, Getraenken, Kosmetika, Detergentien, Pharmazeutika, Technischen Fuellguetern, Chemikalien

Kornverteilung

Kornklasse μm	Rückstand %

Dichte	g/cm³	1.35
Schüttdichte	g/cm³	0.58
Stampfdichte	g/cm³	
Rieselfähigkeit		Rieselt gut
Rieselzeit	s/100 g	
Kornbeschaffenheit		

Allgemeine Hinweise

| Flüchtige Bestandteile | % |
| Sulfatasche | % |

Zugversuch 23 °C DIN 53455; DIN 53457

Probekörper: Form Nr. 3
Zustand
Herstellung Pressen
Vorbehandlung Normalklima

Streckspannung	N/mm²	47	Dehnung bei Streckspannung	%	3
Zugfestigkeit	N/mm²		Reißdehnung	%	
Reißfestigkeit	N/mm²		% Dehnspannung	N/mm²	
E-Modul	N/mm²	2500	Dehnung bei % Dehnspg.	%	

Kriechmoduln und Zeitstandwerte 23 °C

Probekörper: Form
Zustand
Herstellung
Vorbehandlung

Kriechmodul	1 min N/mm²	Zeitstandzugfestigkeit	h N/mm²
Kriechmodul	1000 h N/mm²	Zeitdehnspg. %	h N/mm²
bei Spannung	N/mm²		

Biegeversuch 23 °C

Probekörper: Form
Zustand
Herstellung
Vorbehandlung

| Biegefestigkeit | N/mm² | E-Modul | N/mm² |
| 3,5% Biegespannung | N/mm² | | |

Härte 23 °C

Probekörper: Zustand
Herstellung
Vorbehandlung

| Kugeldruckhärte | N/mm² | bei N, s | Shore-Härte A |
| Rockwellhärte | | | Shore-Härte D |

Schlagversuch

Probekörper: (1)
(2)
Zustand
Herstellung Pressen
Vorbehandlung Normalklima

°C °C °C Probekörper-Form

Schlagzähigkeit	kJ/m²		
Kerbschlagzähigkeit (1)	kJ/m²	23 15	NKS
IZOD-Kerbschlagzähigkeit (2)	J/m		
Kerbschlagzugzähigkeit	kJ/m²		

Datenbank-Nr. **T02611** *Merkblatt-Nr.* **2333**

Abrieb und Reibung

Taber-Abrieb (Reibradverfahren)	mm³/100 U	
Abriebfaktor LNP (Thrust washer) Vergleichswert		
Statische Reibungszahl		
Dynamische Reibungszahl	(p·v = N/mm² · m/min)	
Zulässiger p·v Wert	N/mm² · (m/min) v = m/min	
	v = m/min	

Thermische Eigenschaften

Formbeständigkeit in der Wärme	Verfahren		°C
	Verfahren		°C
Vicat Erweichungstemperatur (VST)	Verfahren B/50		76 °C
	Verfahren		°C
Kristallit-Schmelzpunkt	Verfahren		
Längenausdehnungskoeffizient	Bereich °C		$\cdot 10^{-4} K^{-1}$
	Temperatur		$\cdot 10^{-4} K^{-1}$
Wärmeleitfähigkeit	Verfahren		W/(K·m)
Spezifische Wärmekapazität	Verfahren		J/(K·g)
Glasumwandlungstemperatur	Torsionsschwingungsversuch	°C	
	Differentialkalorimetrie	°C	

Brandverhalten

UL-Test vertikal Dicke mm, Wert
  Dicke mm, Wert

	Norm	Bewertung	Abmessungen
Sauerstoff-Index	ASTM D 2863		
Glühstab-Verfahren			
Brandverhalten	DIN 4102		
MVSS			
FAR			

Elektrische Eigenschaften

	Hz	°C	Probekörper, Form
Dielektrizitätszahl	50		
	10³		
	10⁶		
Dielektrischer Verlustfaktor tan δ	50		
	10³		
	10⁶		

Spezifischer Durchgangs-
 widerstand Ohm·cm
Durchschlagfestigkeit kV/mm   mm dick
Oberflächenwiderstand Ohm

Kriechstromfestigkeit KC KB KA
Kriechwegbildung

Elektrolytische Korrosionswirkung
Lichtbogenfestigkeit nach DIN
  nach ASTM s

Beständigkeit *(Chemische Beständigkeit siehe Anhang)*
Wasseraufnahme

Feuchtigkeitsaufnahme Normalklima   %
Wetterbeständigkeit

Spannungskorrosion

Optische Eigenschaften

Brechungszahl n_D
Transmissionsgrad τ_c % mm dick
Lichtdurchlässigkeit Opak

Datenbank-Nr.	**T02612**		Merkblatt-Nr.	**2334**
				PVC

Produkt	Hart-PVC-Blasmasse
Handelsname	**Solvic-PREMIX PEB 958**
Hersteller	SOLVAY
DIN-Bez 1	7748-PVC-U,BD,76-10-23
DIN-Bez 2	
Viskositätszahl ml/g	
K-Wert	
Zusätze	Zinnstabilisierung
Füllstoffe/Verstärkung	
Bevorzugte Verarbeitung	Extrusionsblasformen
Lieferform	Pulver
Farben	Standard
Besondere Merkmale	Hohe Steifigkeit bei geringer Wanddikke; Geringe bis keine UV-Durchlaessigkeit; Ausgezeichnet aromadicht; Geruchs-und geschmacksneutral; Gut bedruckbar, lackierbar, metallisierbar
Bevorzugte Anwendungen	Hohlkoerper fuer die Verpackung von Lebensmitteln, Getraenken, Kosmetika, Detergentien, Pharmazeutika, Technischen Fuellguetern, Chemikalien

Kornverteilung

Kornklasse μm	Rückstand %

Dichte	g/cm³	1.34
Schüttdichte	g/cm³	0.58
Stampfdichte	g/cm³	
Rieselfähigkeit		Rieselt gut
Rieselzeit	s/100 g	
Kornbeschaffenheit		

Allgemeine Hinweise

Flüchtige Bestandteile	%
Sulfatasche	%

Zugversuch 23 °C   DIN 53455; DIN 53457

Probekörper: Form Nr. 3
Zustand
Herstellung: Pressen
Vorbehandlung: Normalklima

Streckspannung	N/mm²	46	Dehnung bei Streckspannung	%	3
Zugfestigkeit	N/mm²		Reißdehnung	%	
Reißfestigkeit	N/mm²		% Dehnspannung	N/mm²	
E-Modul	N/mm²	2400	Dehnung bei % Dehnspg.	%	

Kriechmoduln und Zeitstandwerte 23 °C

Probekörper: Form
Zustand
Herstellung:
Vorbehandlung:

Kriechmodul 1 min	N/mm²	
Kriechmodul 1000 h	N/mm²	
bei Spannung	N/mm²	
Zeitstandzugfestigkeit	h	N/mm²
Zeitdehnspg. %	h	N/mm²

Biegeversuch 23 °C

Probekörper: Form
Zustand
Herstellung:
Vorbehandlung:

Biegefestigkeit	N/mm²		E-Modul	N/mm²
3,5% Biegespannung	N/mm²			

Härte 23 °C

Probekörper: Zustand
Herstellung:
Vorbehandlung:

Kugeldruckhärte	N/mm²	bei N, s	Shore-Härte A
Rockwellhärte			Shore-Härte D

Schlagversuch

Probekörper: (1)
(2)
Zustand
Herstellung: Pressen
Vorbehandlung: Normalklima

		°C	°C	°C	Probekörper-Form
Schlagzähigkeit	kJ/m²				
Kerbschlagzähigkeit (1)	kJ/m²	23	20		NKS
IZOD-Kerbschlagzähigkeit (2)	J/m				
Kerbschlagzugzähigkeit	kJ/m²				

Kunststoffe © Springer-Verlag Berlin Heidelberg 1988
Kopieren, Vervielfältigen und Speichern in Datenverarbeitungsanlagen (auch auszugsweise) ist nur mit schriftlicher Genehmigung des Verlages gestattet

Datenbank-Nr. **T02612** Merkblatt-Nr. **2334**

Abrieb und Reibung

Taber-Abrieb (Reibradverfahren) mm³/100 U
Abriebfaktor LNP (Thrust washer) Vergleichswert
Statische Reibungszahl
Dynamische Reibungszahl (p·v = N/mm² · m/min)
Zulässiger p·v Wert N/mm² · (m/min)   v = m/min
 v = m/min

Thermische Eigenschaften

Formbeständigkeit in der Wärme Verfahren °C
 Verfahren °C
Vicat Erweichungstemperatur (VST) Verfahren B/50 76 °C
 Verfahren °C
Kristallit-Schmelzpunkt Verfahren

Längenausdehnungskoeffizient Bereich °C $\cdot 10^{-4} K^{-1}$
 Temperatur $\cdot 10^{-4} K^{-1}$
Wärmeleitfähigkeit Verfahren $W/(K \cdot m)$

Spezifische Wärmekapazität Verfahren $J/(K \cdot g)$

Glasumwandlungstemperatur Torsionsschwingungsversuch °C
 Differentialkalorimetrie °C

Brandverhalten

UL-Test vertikal Dicke mm, Wert
 Dicke mm, Wert

	Norm	Bewertung	Abmessungen
Sauerstoff-Index	ASTM D 2863		
Glühstab-Verfahren			
Brandverhalten	DIN 4102		
MVSS			
FAR			

Elektrische Eigenschaften

	Hz	°C		Probekörper, Form
Dielektrizitätszahl	50			
	10³			
	10⁶			
Dielektrischer Verlustfaktor tan δ	50			
	10³			
	10⁶			

Spezifischer Durchgangs-
 widerstand Ohm · cm
Durchschlagfestigkeit kV/mm   mm dick
Oberflächenwiderstand Ohm

Kriechstromfestigkeit KC KB KA
Kriechwegbildung

Elektrolytische Korrosionswirkung
Lichtbogenfestigkeit nach DIN
 nach ASTM s

Beständigkeit (Chemische Beständigkeit siehe Anhang)

Wasseraufnahme

Feuchtigkeitsaufnahme Normalklima   %
Wetterbeständigkeit

Spannungskorrosion

Optische Eigenschaften

Brechungszahl n_D
Transmissionsgrad τ_c % mm dick
Lichtdurchlässigkeit Opak

Datenbank-Nr.	**T02613**			*Merkblatt-Nr.* **2335**
Produkt	Hart-PVC-Blasmasse			**PVC**
Handelsname	**Solvic-PREMIX PIB 910**			
Hersteller	SOLVAY			
DIN-Bez 1			*Viskositätszahl* ml/g	
DIN-Bez 2			*K-Wert*	
Zusätze	Zinnstabilisierung		*Füllstoffe/ Verstärkung*	
Bevorzugte Verarbeitung	Spritzblasformen		*Lieferform*	Pulver
			Farben	Natur
Besondere Merkmale	Hohe Steifigkeit bei geringer Wanddikke; Geringe bis keine UV-Durchlaessigkeit; Ausgezeichnet aromadicht; Geruchs-und geschmacksneutral; Gut bedruckbar, lackierbar, metallisierbar		*Bevorzugte Anwendungen*	Hohlkoerper fuer die Verpackung von Lebensmitteln, Getraenken, Kosmetika, Detergentien, Pharmazeutika, Technischen Fuellguetern, Chemikalien

Kornverteilung

Kornklasse μm	*Rückstand* %	*Dichte*	g/cm^3	1.39
		Schüttdichte	g/cm^3	0.59
		Stampfdichte	g/cm^3	
		Rieselfähigkeit		Rieselt gut
		Rieselzeit	s/100 g	
		Kornbeschaffenheit		
Allgemeine Hinweise		*Flüchtige Bestandteile*	%	
		Sulfatasche	%	

Zugversuch 23 °C

Probekörper: Form *Herstellung*
           Zustand *Vorbehandlung*

Streckspannung	N/mm^2	*Dehnung bei Streckspannung*	%
Zugfestigkeit	N/mm^2	*Reißdehnung*	%
Reißfestigkeit	N/mm^2	% *Dehnspannung*	N/mm^2
E-Modul	N/mm^2	*Dehnung bei* % *Dehnspg.*	%

Kriechmoduln und Zeitstandwerte 23 °C

Probekörper: Form *Herstellung*
           Zustand *Vorbehandlung*

Kriechmodul	1 min N/mm^2	*Zeitstandzugfestigkeit*	h N/mm^2
Kriechmodul	1000 h N/mm^2	*Zeitdehnspg.* %	h N/mm^2
bei Spannung	N/mm^2		

Biegeversuch 23 °C

Probekörper: Form *Herstellung*
           Zustand *Vorbehandlung*

Biegefestigkeit	N/mm^2	*E-Modul*	N/mm^2
3,5% Biegespannung	N/mm^2		

Härte 23 °C

Probekörper: Zustand *Herstellung*
                    Vorbehandlung

Kugeldruckhärte	N/mm^2 bei N, s	*Shore-Härte* A	
Rockwellhärte		*Shore-Härte* D	

Schlagversuch

Probekörper: (1)
           (2)
           Zustand *Herstellung*
                    Vorbehandlung

°C °C °C *Probekörper-Form*

Schlagzähigkeit	kJ/m^2
Kerbschlagzähigkeit (1)	kJ/m^2
IZOD-Kerbschlagzähigkeit (2)	J/m
Kerbschlagzugzähigkeit	kJ/m^2

Kunststoffe © Springer-Verlag Berlin Heidelberg 1988
Kopieren, Vervielfältigen und Speichern in Datenverarbeitungsanlagen (auch auszugsweise) ist nur mit schriftlicher Genehmigung des Verlages gestattet

Datenbank-Nr. **T02613** *Merkblatt-Nr.* **2335**

Abrieb und Reibung

Taber-Abrieb (Reibradverfahren)	mm³/100 U	
Abriebfaktor LNP (Thrust washer) Vergleichswert		
Statische Reibungszahl		
Dynamische Reibungszahl	(p·v = N/mm² · m/min)	
Zulässiger p·v Wert	N/mm² · (m/min) v = m/min	
	v = m/min	

Thermische Eigenschaften

Formbeständigkeit in der Wärme	Verfahren	°C
	Verfahren	°C
Vicat Erweichungstemperatur (VST)	Verfahren	°C
	Verfahren	°C
Kristallit-Schmelzpunkt	Verfahren	
Längenausdehnungskoeffizient	Bereich °C	$\cdot 10^{-4} K^{-1}$
	Temperatur	$\cdot 10^{-4} K^{-1}$
Wärmeleitfähigkeit	Verfahren	W/(K·m)
Spezifische Wärmekapazität	Verfahren	J/(K·g)
Glasumwandlungstemperatur	Torsionsschwingungsversuch	°C
	Differentialkalorimetrie	°C

Brandverhalten

UL-Test vertikal   Dicke   mm, Wert
              Dicke   mm, Wert

	Norm	Bewertung	Abmessungen
Sauerstoff-Index	ASTM D 2863		
Glühstab-Verfahren			
Brandverhalten	DIN 4102		
MVSS			
FAR			

Elektrische Eigenschaften

	Hz	°C		Probekörper, Form
Dielektrizitätszahl	50			
	10^3			
	10^6			
Dielektrischer Verlustfaktor tan δ	50			
	10^3			
	10^6			

Spezifischer Durchgangswiderstand	Ohm·cm	
Durchschlagfestigkeit	kV/mm	mm dick
Oberflächenwiderstand	Ohm	

Kriechstromfestigkeit   KC   KB   KA
Kriechwegbildung

Elektrolytische Korrosionswirkung
Lichtbogenfestigkeit nach DIN
              nach ASTM   s

Beständigkeit *(Chemische Beständigkeit siehe Anhang)*

Wasseraufnahme

Feuchtigkeitsaufnahme Normalklima   %
Wetterbeständigkeit

Spannungskorrosion

Optische Eigenschaften

Brechungszahl n_D
Transmissionsgrad τ_c %   mm dick
Lichtdurchlässigkeit   Glasklar

Datenbank-Nr.	**T02614**	Merkblatt-Nr.	**2336**

PVC

Produkt	Hart-PVC-Blasmasse
Handelsname	**Solvay-4 P-IBS-Compound VP-I5811/700**
Hersteller	SOLVAY
DIN-Bez 1	
DIN-Bez 2	
---	---	---	---
		Viskositätszahl ml/g	
		K-Wert	
Zusätze	Zinnstabilisierung	Füllstoffe/Verstärkung	
Bevorzugte Verarbeitung	Spritzstreckblasformen	Lieferform	Pulver
		Farben	Natur
Besondere Merkmale	Hohe Steifigkeit bei geringer Wanddikke; Geringe bis keine UV-Durchlaessigkeit; Ausgezeichnet aromadicht; Geruchs- und geschmacksneutral; Gut bedruckbar, lackierbar, metallisierbar	Bevorzugte Anwendungen	Hohlkoerper fuer die Verpackung von Lebensmitteln, Getraenken, Kosmetika, Detergentien, Pharmazeutika, Technischen Fuellguetern, Chemikalien

Kornverteilung

Kornklasse µm	Rückstand %		Dichte	g/cm^3	1.38
			Schüttdichte	g/cm^3	0.59
			Stampfdichte	g/cm^3	
			Rieselfähigkeit		Rieselt gut
			Rieselzeit	s/100 g	
			Kornbeschaffenheit		
Allgemeine Hinweise			Flüchtige Bestandteile	%	
			Sulfatasche	%	

Zugversuch 23 °C

Probekörper: Form / Zustand
Herstellung / Vorbehandlung

Streckspannung	N/mm^2	Dehnung bei Streckspannung	%
Zugfestigkeit	N/mm^2	Reißdehnung	%
Reißfestigkeit	N/mm^2	% Dehnspannung	N/mm^2
E-Modul	N/mm^2	Dehnung bei % Dehnspg.	%

Kriechmoduln und Zeitstandwerte 23 °C

Probekörper: Form / Zustand
Herstellung / Vorbehandlung

Kriechmodul	1 min N/mm^2	Zeitstandzugfestigkeit	h N/mm^2
Kriechmodul	1000 h N/mm^2	Zeitdehnspg. %	h N/mm^2
bei Spannung	N/mm^2		

Biegeversuch 23 °C

Probekörper: Form / Zustand
Herstellung / Vorbehandlung

Biegefestigkeit	N/mm^2	E-Modul	N/mm^2
3,5% Biegespannung	N/mm^2		

Härte 23 °C

Probekörper: Zustand
Herstellung / Vorbehandlung

Kugeldruckhärte	N/mm^2 bei N, s	Shore-Härte A
Rockwellhärte		Shore-Härte D

Schlagversuch

Probekörper: (1) / (2) / Zustand
Herstellung / Vorbehandlung

°C °C °C Probekörper-Form

Schlagzähigkeit	kJ/m^2
Kerbschlagzähigkeit (1)	kJ/m^2
IZOD-Kerbschlagzähigkeit (2)	J/m
Kerbschlagzugzähigkeit	kJ/m^2

Kunststoffe © Springer-Verlag Berlin Heidelberg 1988
Kopieren, Vervielfältigen und Speichern in Datenverarbeitungsanlagen (auch auszugsweise) ist nur mit schriftlicher Genehmigung des Verlages gestattet

Datenbank-Nr. **T02614** *Merkblatt-Nr.* **2336**

Abrieb und Reibung

Taber-Abrieb (Reibradverfahren)	mm³/100 U	
Abriebfaktor LNP (Thrust washer) Vergleichswert		
Statische Reibungszahl		
Dynamische Reibungszahl	(p·v = N/mm² · m/min)	
Zulässiger p·v Wert	N/mm² · (m/min) v = m/min	
	v = m/min	

Thermische Eigenschaften

Formbeständigkeit in der Wärme	Verfahren	°C
	Verfahren	°C
Vicat Erweichungstemperatur (VST)	Verfahren	°C
	Verfahren	°C
Kristallit-Schmelzpunkt	Verfahren	
Längenausdehnungskoeffizient	Bereich °C	$\cdot 10^{-4} K^{-1}$
	Temperatur	$\cdot 10^{-4} K^{-1}$
Wärmeleitfähigkeit	Verfahren	W/(K·m)
Spezifische Wärmekapazität	Verfahren	J/(K·g)
Glasumwandlungstemperatur	Torsionsschwingungsversuch	°C
	Differentialkalorimetrie	°C

Brandverhalten

UL-Test vertikal   Dicke   mm, Wert
　　　　　　　　　 Dicke   mm, Wert

	Norm	Bewertung	Abmessungen
Sauerstoff-Index	ASTM D 2863		
Glühstab-Verfahren			
Brandverhalten	DIN 4102		
MVSS			
FAR			

Elektrische Eigenschaften

	Hz	°C	Probekörper, Form
Dielektrizitätszahl	50		
	10³		
	10⁶		
Dielektrischer Verlustfaktor tan δ	50		
	10³		
	10⁶		

Spezifischer Durchgangs-widerstand	Ohm·cm	
Durchschlagfestigkeit	kV/mm	mm dick
Oberflächenwiderstand	Ohm	

Kriechstromfestigkeit   KC   KB   KA
Kriechwegbildung

Elektrolytische Korrosionswirkung
Lichtbogenfestigkeit nach DIN
　　　　　　　　　 nach ASTM   s

Beständigkeit (Chemische Beständigkeit siehe Anhang)

Wasseraufnahme

Feuchtigkeitsaufnahme Normalklima   %
Wetterbeständigkeit

Spannungskorrosion

Optische Eigenschaften

Brechungszahl n_D
Transmissionsgrad τ_c %   mm dick
Lichtdurchlässigkeit   Glasklar

Datenbank-Nr.	**T02615**		Merkblatt-Nr.	**2337**
Produkt	Hart-PVC-Blasmasse			**PVC**
Handelsname	**Solvic-PREMIX VP-B 5902/9**			
Hersteller	SOLVAY			
DIN-Bez 1		Viskositätszahl ml/g		
DIN-Bez 2		K-Wert	61	
Zusätze	Zinnstabilisierung	Füllstoffe/Verstärkung		
Bevorzugte Verarbeitung	Extrusionsstreckblasformen	Lieferform	Pulver	
		Farben	Natur	
Besondere Merkmale	Hohe Steifigkeit bei geringer Wanddikke; Geringe bis keine UV-Durchlaessigkeit; Ausgezeichnet aromadicht; Geruchs-und geschmacksneutral; Gut bedruckbar, lackierbar, metallisierbar	Bevorzugte Anwendungen	Hohlkoerper fuer die Verpackung von Lebensmitteln, Getraenken, Kosmetika, Detergentien, Pharmazeutika, Technischen Fuellguetern, Chemikalien	

Kornverteilung

Kornklasse μm	Rückstand %			
		Dichte	g/cm³	1.389
		Schüttdichte	g/cm³	0.58
		Stampfdichte	g/cm³	
		Rieselfähigkeit		Rieselt gut
		Rieselzeit	s/100 g	
		Kornbeschaffenheit		
Allgemeine Hinweise		Flüchtige Bestandteile	%	
		Sulfatasche	%	

Zugversuch 23 °C

Probekörper: Form — Herstellung
Zustand — Vorbehandlung

Streckspannung	N/mm²	Dehnung bei Streckspannung	%	
Zugfestigkeit	N/mm²	Reißdehnung	%	
Reißfestigkeit	N/mm²	% Dehnspannung	N/mm²	
E-Modul	N/mm²	Dehnung bei % Dehnspg.	%	

Kriechmoduln und Zeitstandwerte 23 °C

Probekörper: Form — Herstellung
Zustand — Vorbehandlung

Kriechmodul	1 min N/mm²	Zeitstandzugfestigkeit	h N/mm²	
Kriechmodul	1000 h N/mm²	Zeitdehnspg. %	h N/mm²	
bei Spannung	N/mm²			

Biegeversuch 23 °C

Probekörper: Form — Herstellung
Zustand — Vorbehandlung

Biegefestigkeit	N/mm²	E-Modul	N/mm²
3,5% Biegespannung	N/mm²		

Härte 23 °C

Probekörper: Zustand — Herstellung Vorbehandlung

Kugeldruckhärte	N/mm²	bei N, s	Shore-Härte A	
Rockwellhärte			Shore-Härte D	

Schlagversuch

Probekörper: (1) / (2) / Zustand — Herstellung Vorbehandlung

°C	°C	°C	Probekörper-Form

Schlagzähigkeit	kJ/m²
Kerbschlagzähigkeit (1)	kJ/m²
IZOD-Kerbschlagzähigkeit (2)	J/m
Kerbschlagzugzähigkeit	kJ/m²

Kunststoffe © Springer-Verlag Berlin Heidelberg 1988
Kopieren, Vervielfältigen und Speichern in Datenverarbeitungsanlagen (auch auszugsweise) ist nur mit schriftlicher Genehmigung des Verlages gestattet

Datenbank-Nr. **T02615** *Merkblatt-Nr.* **2337**

Abrieb und Reibung

Taber-Abrieb (Reibradverfahren)	mm³/100 U	
Abriebfaktor LNP (Thrust washer) Vergleichswert		
Statische Reibungszahl		
Dynamische Reibungszahl	(p·v= N/mm² · m/min)	
Zulässiger p · v Wert	N/mm² · (m/min) v = m/min	
	v = m/min	

Thermische Eigenschaften

Formbeständigkeit in der Wärme	Verfahren	°C
	Verfahren	°C
Vicat Erweichungstemperatur (VST)	Verfahren	°C
	Verfahren	°C
Kristallit-Schmelzpunkt	Verfahren	
Längenausdehnungskoeffizient	Bereich °C	·10⁻⁴K⁻¹
	Temperatur	·10⁻⁴K⁻¹
Wärmeleitfähigkeit	Verfahren	W/(K·m)
Spezifische Wärmekapazität	Verfahren	J/(K·g)
Glasumwandlungstemperatur	Torsionsschwingungsversuch	°C
	Differentialkalorimetrie	°C

Brandverhalten

UL-Test vertikal	Dicke mm, Wert	
	Dicke mm, Wert	

	Norm	Bewertung	Abmessungen
Sauerstoff-Index	ASTM D 2863		
Glühstab-Verfahren			
Brandverhalten	DIN 4102		
MVSS			
FAR			

Elektrische Eigenschaften

	Hz	°C		Probekörper, Form
Dielektrizitätszahl	50			
	10³			
	10⁶			
Dielektrischer Verlustfaktor tan δ	50			
	10³			
	10⁶			
Spezifischer Durchgangs-widerstand	Ohm · cm			
Durchschlagfestigkeit	kV/mm			mm dick
Oberflächenwiderstand	Ohm			
Kriechstromfestigkeit	KC	KB	KA	
Kriechwegbildung				

Elektrolytische Korrosionswirkung
Lichtbogenfestigkeit nach DIN
           nach ASTM   s

Beständigkeit (*Chemische Beständigkeit siehe Anhang*)
Wasseraufnahme

Feuchtigkeitsaufnahme Normalklima   %
Wetterbeständigkeit

Spannungskorrosion

Optische Eigenschaften

Brechungszahl n$_D$
Transmissionsgrad τ$_c$ %   mm dick
Lichtdurchlässigkeit   Glasklar

Datenbank-Nr. **T02616**		Merkblatt-Nr. **2338**

PVC

Produkt	Hart-PVC-Blasmasse
Handelsname	**Solvic-PREMIX VP-B 5902/10**
Hersteller	SOLVAY
DIN-Bez 1	
DIN-Bez 2	
Viskositätszahl ml/g	
K-Wert	64
Zusätze	Zinnstabilisierung
Füllstoffe/Verstärkung	
Bevorzugte Verarbeitung	Extrusionsstreckblasformen
Lieferform	Pulver
Farben	Natur
Besondere Merkmale	Hohe Steifigkeit bei geringer Wanddikke; Geringe bis keine UV-Durchlaessigkeit; Ausgezeichnet aromadicht; Geruchs- und geschmacksneutral; Gut bedruckbar, lackierbar, metallisierbar
Bevorzugte Anwendungen	Hohlkoerper fuer die Verpackung von Lebensmitteln, Getraenken, Kosmetika, Detergentien, Pharmazeutika, Technischen Fuellguetern, Chemikalien

Kornverteilung

Kornklasse µm	Rückstand %

Dichte	g/cm³	1.387
Schüttdichte	g/cm³	0.53
Stampfdichte	g/cm³	
Rieselfähigkeit		Rieselt gut
Rieselzeit	s/100 g	
Kornbeschaffenheit		

Allgemeine Hinweise

Flüchtige Bestandteile %	
Sulfatasche %	

Zugversuch 23 °C

Probekörper: Form
Zustand
Herstellung
Vorbehandlung

Streckspannung N/mm²	Dehnung bei Streckspannung %
Zugfestigkeit N/mm²	Reißdehnung %
Reißfestigkeit N/mm²	% Dehnspannung N/mm²
E-Modul N/mm²	Dehnung bei % Dehnspg. %

Kriechmoduln und Zeitstandwerte 23 °C

Probekörper: Form
Zustand
Herstellung
Vorbehandlung

Kriechmodul 1 min N/mm²	Zeitstandzugfestigkeit h N/mm²
Kriechmodul 1000 h N/mm²	Zeitdehnspg. % h N/mm²
bei Spannung N/mm²	

Biegeversuch 23 °C

Probekörper: Form
Zustand
Herstellung
Vorbehandlung

Biegefestigkeit N/mm²	E-Modul N/mm²
3,5% Biegespannung N/mm²	

Härte 23 °C

Probekörper: Zustand
Herstellung
Vorbehandlung

Kugeldruckhärte N/mm² bei N, s	Shore-Härte A
Rockwellhärte	Shore-Härte D

Schlagversuch

Probekörper: (1)
(2)
Zustand
Herstellung
Vorbehandlung

°C   °C   °C   Probekörper-Form

Schlagzähigkeit	kJ/m²
Kerbschlagzähigkeit (1)	kJ/m²
IZOD-Kerbschlagzähigkeit (2)	J/m
Kerbschlagzugzähigkeit	kJ/m²

Datenbank-Nr. **T02616**   Merkblatt-Nr. **2338**

Abrieb und Reibung

Taber-Abrieb (Reibradverfahren)   mm³/100 U
Abriebfaktor LNP (Thrust washer) Vergleichswert
Statische Reibungszahl
Dynamische Reibungszahl   ($p \cdot v =$ N/mm² ·   m/min)
Zulässiger p · v Wert   N/mm² · (m/min) $v =$ m/min
                                            $v =$ m/min

Thermische Eigenschaften

Formbeständigkeit in der Wärme   Verfahren   °C
                                   Verfahren   °C
Vicat Erweichungstemperatur (VST)   Verfahren   °C
                                   Verfahren   °C
Kristallit-Schmelzpunkt   Verfahren

Längenausdehnungskoeffizient   Bereich   °C $\cdot 10^{-4} K^{-1}$
                                Temperatur $\cdot 10^{-4} K^{-1}$
Wärmeleitfähigkeit   Verfahren   W/(K · m)

Spezifische Wärmekapazität   Verfahren   J/(K · g)

Glasumwandlungstemperatur   Torsionsschwingungsversuch   °C
                              Differentialkalorimetrie   °C

Brandverhalten

UL-Test vertikal   Dicke   mm, Wert
                    Dicke   mm, Wert

	Norm	Bewertung	Abmessungen
Sauerstoff-Index	ASTM D 2863		
Glühstab-Verfahren			
Brandverhalten	DIN 4102		
MVSS			
FAR			

Elektrische Eigenschaften

	Hz	°C		Probekörper, Form
Dielektrizitätszahl	50			
	10³			
	10⁶			
Dielektrischer Verlustfaktor tan δ	50			
	10³			
	10⁶			

Spezifischer Durchgangs-
    widerstand   Ohm · cm
Durchschlagfestigkeit   kV/mm   mm dick
Oberflächenwiderstand   Ohm

Kriechstromfestigkeit   KC   KB   KA
Kriechwegbildung

Elektrolytische Korrosionswirkung
Lichtbogenfestigkeit nach DIN
            nach ASTM   s

Beständigkeit (Chemische Beständigkeit siehe Anhang)

Wasseraufnahme

Feuchtigkeitsaufnahme Normalklima   %
Wetterbeständigkeit

Spannungskorrosion

Optische Eigenschaften

Brechungszahl n_D
Transmissionsgrad τ_c %   mm dick
Lichtdurchlässigkeit   Glasklar

Datenbank-Nr.	**T02617**		Merkblatt-Nr.	**2339**
Produkt	Hart-PVC-Spritzgiessmasse			**PVC**
Handelsname	**Benvic IR 337**			
Hersteller	SOLVAY			
DIN-Bez 1	7748-PVC-U,MG,86-10-28		Viskositätszahl ml/g	
DIN-Bez 2			K-Wert	
Zusätze			Füllstoffe/Verstärkung	
Bevorzugte Verarbeitung	Spritzgiessen		Lieferform	Granulat
			Farben	Standard; Opak
Besondere Merkmale	Erhoeht schlagzaeh; Hohe Formbeständigkeit in der Waerme		Bevorzugte Anwendungen	Technisches Teil fuer den Innenbereich; Gehaeuseteil fuer die Elektroindustrie; Formteil fuer die Elektroindustrie

Kornverteilung

Kornklasse μm	Rückstand %		
		Dichte g/cm³	1.33
		Schüttdichte g/cm³	
		Stampfdichte g/cm³	
		Rieselfähigkeit	
		Rieselzeit s/100 g	
		Kornbeschaffenheit	
Allgemeine Hinweise		Flüchtige Bestandteile %	
		Sulfatasche %	

Zugversuch 23 °C   DIN 53455; DIN 53457

Probekörper: Form / Zustand
Herstellung: Pressen
Vorbehandlung: Normalklima

Streckspannung	N/mm² 45	Dehnung bei Streckspannung %	5.2
Zugfestigkeit	N/mm²	Reißdehnung %	
Reißfestigkeit	N/mm²	% Dehnspannung N/mm²	
E-Modul	N/mm² 2800	Dehnung bei % Dehnspg. %	

Kriechmoduln und Zeitstandwerte 23 °C

Probekörper: Form / Zustand
Herstellung / Vorbehandlung

Kriechmodul	1 min N/mm²	Zeitstandzugfestigkeit	h N/mm²
Kriechmodul	1000 h N/mm²	Zeitdehnspg. %	h N/mm²
bei Spannung	N/mm²		

Biegeversuch 23 °C

Probekörper: Form / Zustand
Herstellung / Vorbehandlung

Biegefestigkeit	N/mm²	E-Modul	N/mm²
3,5% Biegespannung	N/mm²		

Härte 23 °C

Probekörper: Zustand
Herstellung: Pressen
Vorbehandlung: Normalklima

Kugeldruckhärte	N/mm² 89	bei 358 N, 30 s	Shore-Härte A
Rockwellhärte			Shore-Härte D

Schlagversuch

Probekörper: (1) U-Kerbe (2) / Zustand
Herstellung: Pressen
Vorbehandlung: Normalklima

		°C	°C	°C	Probekörper-Form
Schlagzähigkeit	kJ/m²				
Kerbschlagzähigkeit (1)	kJ/m²	23 6	0 5		NKS
IZOD-Kerbschlagzähigkeit (2)	J/m				
Kerbschlagzugzähigkeit	kJ/m²				

Datenbank-Nr. **T02617** *Merkblatt-Nr.* **2339**

Abrieb und Reibung

Taber-Abrieb (Reibradverfahren)	mm³/100 U	
Abriebfaktor LNP (Thrust washer) Vergleichswert		
Statische Reibungszahl		
Dynamische Reibungszahl	(p·v= N/mm² · m/min)	
Zulässiger p · v Wert	N/mm² · (m/min) v = m/min	
	v = m/min	

Thermische Eigenschaften

Formbeständigkeit in der Wärme	Verfahren		°C
	Verfahren		°C
Vicat Erweichungstemperatur (VST)	Verfahren B/50		87 °C
	Verfahren		°C
Kristallit-Schmelzpunkt	Verfahren		
Längenausdehnungskoeffizient	Bereich -30–30 °C		$0.7 \cdot 10^{-4} K^{-1}$
Wärmeleitfähigkeit	Temperatur		$\cdot 10^{-4} K^{-1}$
	Verfahren		W/(K·m)
Spezifische Wärmekapazität	Verfahren		J/(K·g)
Glasumwandlungstemperatur	Torsionsschwingungsversuch	°C	
	Differentialkalorimetrie	°C	

Brandverhalten

UL-Test vertikal Dicke mm, Wert
Dicke mm, Wert

	Norm	Bewertung	Abmessungen
Sauerstoff-Index	ASTM D 2863		
Glühstab-Verfahren			
Brandverhalten	DIN 4102		
MVSS			
FAR			

Elektrische Eigenschaften

	Hz	°C	Probekörper, Form
Dielektrizitätszahl	50		
	10³		
	10⁶		
Dielektrischer Verlustfaktor tan δ	50		
	10³		
	10⁶		

*Spezifischer Durchgangs-
   widerstand* Ohm · cm
Durchschlagfestigkeit kV/mm
Oberflächenwiderstand Ohm   mm dick

Kriechstromfestigkeit KC KB KA
Kriechwegbildung

Elektrolytische Korrosionswirkung
Lichtbogenfestigkeit nach DIN
            nach ASTM s

Beständigkeit (Chemische Beständigkeit siehe Anhang)

Wasseraufnahme 3/23 C   1 d   0.04   %

Feuchtigkeitsaufnahme Normalklima   %
Wetterbeständigkeit

Spannungskorrosion

Optische Eigenschaften

Brechungszahl n_D
Transmissionsgrad τ_c %   mm dick
Lichtdurchlässigkeit

Datenbank-Nr. **T02618**		Merkblatt-Nr. **2340**

Produkt	Hart-PVC-Spritzgiessmasse			**PVC**
Handelsname	**Benvic IR 339**			
Hersteller	SOLVAY			
DIN-Bez 1	7748-PVC-U,MG,82-10-28		*Viskositätszahl* ml/g	
DIN-Bez 2			*K-Wert*	
Zusätze			*Füllstoffe/ Verstärkung*	
Bevorzugte Verarbeitung	Spritzgiessen		*Lieferform*	Granulat
			Farben	Standard; Opak
Besondere Merkmale	Erhoeht schlagzaeh; Hohe Formbestaendigkeit in der Waerme; Leichtfliessend		*Bevorzugte Anwendungen*	Technisches Teil fuer den Innenbereich; Gehaeuseteil fuer die Elektroindustrie; Formteil fuer die Elektroindustrie

Kornverteilung

Kornklasse µm	*Rückstand* %		
		Dichte g/cm³	1.43
		Schüttdichte g/cm³	
		Stampfdichte g/cm³	
		Rieselfähigkeit	
		Rieselzeit s/100 g	
		Kornbeschaffenheit	
Allgemeine Hinweise		*Flüchtige Bestandteile* %	
		Sulfatasche %	

Zugversuch 23 °C DIN 53455; DIN 53457

	Probekörper:	Form	Nr. 3	*Herstellung*	Pressen
		Zustand		*Vorbehandlung*	Normalklima
Streckspannung	N/mm²	47		*Dehnung bei Streckspannung* %	5.6
Zugfestigkeit	N/mm²			*Reißdehnung* %	
Reißfestigkeit	N/mm²			% *Dehnspannung* N/mm²	
E-Modul	N/mm²	2900		*Dehnung bei* % *Dehnspg.* %	

Kriechmoduln und Zeitstandwerte 23 °C

	Probekörper:	Form		*Herstellung*	
		Zustand		*Vorbehandlung*	
Kriechmodul	1 min N/mm²			*Zeitstandzugfestigkeit* h N/mm²	
Kriechmodul	1000 h N/mm²			*Zeitdehnspg.* % h N/mm²	
bei Spannung	N/mm²				

Biegeversuch 23 °C

	Probekörper:	Form		*Herstellung*	
		Zustand		*Vorbehandlung*	
Biegefestigkeit	N/mm²			*E-Modul* N/mm²	
3,5% Biegespannung	N/mm²				

Härte 23 °C

	Probekörper:	Zustand	*Herstellung*	Pressen
			Vorbehandlung	Normalklima
Kugeldruckhärte	N/mm² 98	bei 358 N, 30 s	*Shore-Härte* A	
Rockwellhärte			*Shore-Härte* D	

Schlagversuch

	Probekörper:	(1) U-Kerbe			
		(2)		*Herstellung*	Pressen
		Zustand		*Vorbehandlung*	Normalklima
		°C	°C	°C	*Probekörper-Form*
Schlagzähigkeit	kJ/m²				
Kerbschlagzähigkeit (1)	kJ/m²	23 6	0 5		NKS
IZOD-Kerbschlagzähigkeit (2)	J/m				
Kerbschlagzugzähigkeit	kJ/m²				

Datenbank-Nr. **T02618** *Merkblatt-Nr.* **2340**

Abrieb und Reibung

Taber-Abrieb (Reibradverfahren)	mm³/100 U	
Abriebfaktor LNP (Thrust washer) Vergleichswert		
Statische Reibungszahl		
Dynamische Reibungszahl	(p·v= N/mm² · m/min)	
Zulässiger p·v Wert	N/mm² · (m/min) v= m/min	
	v= m/min	

Thermische Eigenschaften

Formbeständigkeit in der Wärme	Verfahren		°C
	Verfahren		°C
Vicat Erweichungstemperatur (VST)	Verfahren	B/50	82 °C
	Verfahren		°C
Kristallit-Schmelzpunkt	Verfahren		
Längenausdehnungskoeffizient	Bereich	−30–30 °C	$0.6 \cdot 10^{-4} K^{-1}$
	Temperatur		$\cdot 10^{-4} K^{-1}$
Wärmeleitfähigkeit	Verfahren		W/(K·m)
Spezifische Wärmekapazität	Verfahren		J/(K·g)
Glasumwandlungstemperatur	Torsionsschwingungsversuch		°C
	Differentialkalorimetrie		°C

Brandverhalten

UL-Test vertikal   Dicke   mm, Wert
               Dicke   mm, Wert

	Norm	Bewertung	Abmessungen
Sauerstoff-Index	ASTM D 2863		
Glühstab-Verfahren			
Brandverhalten	DIN 4102		
MVSS			
FAR			

Elektrische Eigenschaften

	Hz	°C	Probekörper, Form
Dielektrizitätszahl	50		
	10³		
	10⁶		
Dielektrischer Verlustfaktor tan δ	50		
	10³		
	10⁶		

Spezifischer Durchgangswiderstand	Ohm·cm	
Durchschlagfestigkeit	kV/mm	mm dick
Oberflächenwiderstand	Ohm	

Kriechstromfestigkeit   KC   KB   KA
Kriechwegbildung

Elektrolytische Korrosionswirkung
Lichtbogenfestigkeit nach DIN
              nach ASTM   s

Beständigkeit *(Chemische Beständigkeit siehe Anhang)*

Wasseraufnahme 3/23 C	1 d	0.02	%
Feuchtigkeitsaufnahme Normalklima			%
Wetterbeständigkeit			
Spannungskorrosion			

Optische Eigenschaften

Brechungszahl n_D
Transmissionsgrad τ_c %   mm dick
Lichtdurchlässigkeit

Datenbank-Nr.	**T02619**			Merkblatt-Nr. **2341**
Produkt	Hart-PVC-Spritzgiessmasse			**PVC**
Handelsname	**Benvic S-ER 826/5670**			
Hersteller	SOLVAY			
DIN-Bez 1	7748-PVC-U,EG,82-15-33		Viskositätszahl ml/g	
DIN-Bez 2			K-Wert	
Zusätze			Füllstoffe/Verstärkung	
Bevorzugte Verarbeitung	Extrudieren		Lieferform	Granulat
			Farben	Braun
Besondere Merkmale	Erhoeht schlagzaeh; Hohe Formbestaendigkeit in der Waerme		Bevorzugte Anwendungen	Fensterprofil

Kornverteilung

Kornklasse μm	Rückstand %			
		Dichte	g/cm³	1.51
		Schüttdichte	g/cm³	
		Stampfdichte	g/cm³	
		Rieselfähigkeit		
		Rieselzeit	s/100 g	
		Kornbeschaffenheit		
Allgemeine Hinweise		Flüchtige Bestandteile	%	
		Sulfatasche	%	

Zugversuch 23 °C DIN 53455; DIN 53457

Probekörper: Form Nr. 3 Herstellung Pressen
Zustand Vorbehandlung Normalklima

Streckspannung	N/mm² 51	Dehnung bei Streckspannung	%
Zugfestigkeit	N/mm²	Reißdehnung	% 150
Reißfestigkeit	N/mm²	% Dehnspannung	N/mm²
E-Modul	N/mm² 3300	Dehnung bei % Dehnspg.	%

Kriechmoduln und Zeitstandwerte 23 °C

Probekörper: Form Herstellung
Zustand Vorbehandlung

Kriechmodul	1 min N/mm²	Zeitstandzugfestigkeit	h N/mm²
Kriechmodul	1000 h N/mm²	Zeitdehnspg. %	h N/mm²
bei Spannung	N/mm²		

Biegeversuch 23 °C DIN 53452;

Probekörper: Form 80x10x4 mm Herstellung Pressen
Zustand Vorbehandlung Normalklima

Biegefestigkeit	N/mm² 95	E-Modul	N/mm²
3,5% Biegespannung	N/mm²		

Härte 23 °C

Probekörper: Zustand Herstellung Pressen
 Vorbehandlung Normalklima

Kugeldruckhärte	N/mm² 89	bei 358 N, 30 s	Shore-Härte A
Rockwellhärte			Shore-Härte D

Schlagversuch

Probekörper: (1) U-Kerbe
(2)
Zustand Herstellung Pressen
 Vorbehandlung Normalklima

		°C	°C	°C	Probekörper-Form
Schlagzähigkeit	kJ/m²	-40 56.0			NKS
Kerbschlagzähigkeit (1)	kJ/m²	23 11	0 6		NKS
IZOD-Kerbschlagzähigkeit (2)	J/m				
Kerbschlagzugzähigkeit	kJ/m²				

Kunststoffe © Springer-Verlag Berlin Heidelberg 1988
Kopieren, Vervielfältigen und Speichern in Datenverarbeitungsanlagen (auch auszugsweise) ist nur mit schriftlicher Genehmigung des Verlages gestattet

Datenbank-Nr. **T02619** Merkblatt-Nr. **2341**

Abrieb und Reibung

Taber-Abrieb (Reibradverfahren)	mm³/100 U	
Abriebfaktor LNP (Thrust washer) Vergleichswert		
Statische Reibungszahl		
Dynamische Reibungszahl	$(p \cdot v =$ N/mm² ·	m/min)
Zulässiger $p \cdot v$ Wert	N/mm² · (m/min) $v =$	m/min
	$v =$	m/min

Thermische Eigenschaften

Formbeständigkeit in der Wärme	Verfahren			°C
	Verfahren			°C
Vicat Erweichungstemperatur (VST)	Verfahren	B/50		82 °C
	Verfahren			°C
Kristallit-Schmelzpunkt	Verfahren			
Längenausdehnungskoeffizient	Bereich	−30–30 °C		$0.6 \cdot 10^{-4} K^{-1}$
	Temperatur			$\cdot 10^{-4} K^{-1}$
Wärmeleitfähigkeit	Verfahren	DIN 53613 Teil 1	23 °C	0.185 W/(K·m)
Spezifische Wärmekapazität	Verfahren			J/(K·g)
Glasumwandlungstemperatur	Torsionsschwingungsversuch		°C	
	Differentialkalorimetrie		°C	

Brandverhalten

UL-Test vertikal	Dicke	mm, Wert	
	Dicke	mm, Wert	

	Norm	Bewertung	Abmessungen
Sauerstoff-Index	ASTM D 2863		
Glühstab-Verfahren			
Brandverhalten	DIN 4102		
MVSS			
FAR			

Elektrische Eigenschaften

	Hz	°C	Probekörper, Form
Dielektrizitätszahl	50		
	10³		
	10⁶		
Dielektrischer Verlustfaktor tan δ	50		
	10³		
	10⁶		
Spezifischer Durchgangswiderstand	Ohm · cm		
Durchschlagfestigkeit	kV/mm		mm dick
Oberflächenwiderstand	Ohm		
Kriechstromfestigkeit	KC	KB	KA
Kriechwegbildung			
Elektrolytische Korrosionswirkung			
Lichtbogenfestigkeit nach DIN			
nach ASTM	s		

Beständigkeit (Chemische Beständigkeit siehe Anhang)

Wasseraufnahme 1/23 C		1 d	0.02 %
Feuchtigkeitsaufnahme Normalklima			%
Wetterbeständigkeit			
Spannungskorrosion			

Optische Eigenschaften

Brechungszahl n_D		
Transmissionsgrad τ_c	%	mm dick
Lichtdurchlässigkeit		

Datenbank-Nr.	**T05667**		Merkblatt-Nr. **2342**
Produkt	Vinylchlorid-Homopolymerisat		**PVC**
Handelsname	**Hostalit S 1099**		
Hersteller	HOECHST		
DIN-Bez 1	7746-PVC-S,G,XX	Viskositätszahl ml/g	
DIN-Bez 2		K-Wert	
Zusätze		Füllstoffe/Verstärkung	
Bevorzugte Verarbeitung	Blasformen; Extrudieren	Lieferform	Pulver
		Farben	Natur
Besondere Merkmale	Grosse Reinheit; Glasklar; Hohe Lichtstabilitaet mit geeigneten Stabilisatoren; Waermeformbestaendig	Bevorzugte Anwendungen	Hohlkoerper; Hartverarbeitung; Profil; Folie; Weichverarbeitung; Schlauch

Kornverteilung

Kornklasse μm	Rückstand %
≧ 63	≦ 5
≧ 250	≦ 0.1

Allgemeine Hinweise

Dichte	g/cm³
Schüttdichte	g/cm³ 0.63
Stampfdichte	g/cm³
Rieselfähigkeit	
Rieselzeit	s/100 g
Kornbeschaffenheit	Kompakt
Flüchtige Bestandteile %	≦ 0.2
Sulfatasche	%

Zugversuch 23 °C

Probekörper: Form / Zustand — Herstellung / Vorbehandlung

Streckspannung	N/mm²
Zugfestigkeit	N/mm²
Reißfestigkeit	N/mm²
E-Modul	N/mm²
Dehnung bei Streckspannung	%
Reißdehnung	%
% Dehnspannung	N/mm²
Dehnung bei % Dehnspg.	%

Kriechmoduln und Zeitstandwerte 23 °C

Probekörper: Form / Zustand — Herstellung / Vorbehandlung

Kriechmodul	1 min N/mm²
Kriechmodul	1000 h N/mm²
bei Spannung	N/mm²
Zeitstandzugfestigkeit	h N/mm²
Zeitdehnspg. %	h N/mm²

Biegeversuch 23 °C

Probekörper: Form / Zustand — Herstellung / Vorbehandlung

Biegefestigkeit	N/mm²
3,5% Biegespannung	N/mm²
E-Modul	N/mm²

Härte 23 °C

Probekörper: Zustand — Herstellung / Vorbehandlung

Kugeldruckhärte	N/mm² bei N, s
Rockwellhärte	
Shore-Härte A	
Shore-Härte D	

Schlagversuch

Probekörper: (1) (2) Zustand — Herstellung / Vorbehandlung

°C °C °C   Probekörper-Form

Schlagzähigkeit	kJ/m²
Kerbschlagzähigkeit (1)	kJ/m²
IZOD-Kerbschlagzähigkeit (2)	J/m
Kerbschlagzugzähigkeit	kJ/m²

Kunststoffe © Springer-Verlag Berlin Heidelberg 1988
Kopieren, Vervielfältigen und Speichern in Datenverarbeitungsanlagen (auch auszugsweise) ist nur mit schriftlicher Genehmigung des Verlages gestattet

Datenbank-Nr. **T05667**　　　　　　　　　　　　　　　　　　　　　　　　　　　　Merkblatt-Nr. **2342**

Abrieb und Reibung

Taber-Abrieb (Reibradverfahren)	mm³/100 U	
Abriebfaktor LNP (Thrust washer) Vergleichswert		
Statische Reibungszahl		
Dynamische Reibungszahl	(p·v =　　N/mm² ·　　m/min)	
Zulässiger p · v Wert	N/mm² · (m/min)　v =　m/min	
	v =　m/min	

Thermische Eigenschaften

Formbeständigkeit in der Wärme	Verfahren	°C
	Verfahren	°C
Vicat Erweichungstemperatur (VST)	Verfahren	°C
	Verfahren	°C
Kristallit-Schmelzpunkt	Verfahren	
Längenausdehnungskoeffizient	Bereich　　　　°C	·10⁻⁴K⁻¹
	Temperatur	·10⁻⁴K⁻¹
Wärmeleitfähigkeit	Verfahren	W/(K · m)
Spezifische Wärmekapazität	Verfahren	J/(K · g)
Glasumwandlungstemperatur	Torsionsschwingungsversuch	°C
	Differentialkalorimetrie	°C

Brandverhalten

UL-Test vertikal	Dicke　mm, Wert		
	Dicke　mm, Wert		
	Norm	Bewertung	Abmessungen
Sauerstoff-Index	ASTM D 2863		
Glühstab-Verfahren			
Brandverhalten	DIN 4102		
MVSS			
FAR			

Elektrische Eigenschaften

	Hz	°C	Probekörper, Form
Dielektrizitätszahl	50		
	10³		
	10⁶		
Dielektrischer Verlustfaktor tan δ	50		
	10³		
	10⁶		
Spezifischer Durchgangs-widerstand	Ohm · cm		
Durchschlagfestigkeit	kV/mm		mm dick
Oberflächenwiderstand	Ohm		
Kriechstromfestigkeit	KC　　　KB　　　KA		
Kriechwegbildung			
Elektrolytische Korrosionswirkung			
Lichtbogenfestigkeit nach DIN			
nach ASTM	s		

Beständigkeit *(Chemische Beständigkeit siehe Anhang)*

Wasseraufnahme

Feuchtigkeitsaufnahme Normalklima　　　　　　　　　　　　　　　　　　　　　　　　　　　　　　%
Wetterbeständigkeit

Spannungskorrosion

Optische Eigenschaften

Brechungszahl n_D
Transmissionsgrad τ_c　　%　　　　　　　mm dick
Lichtdurchlässigkeit

Datenbank-Nr.	**T02826**		*Merkblatt-Nr.* **2343**
			PVC
Produkt	Vinylchlorid-Homopolymerisat		
Handelsname	**Hostalit S 1165**		
Hersteller	HOECHST		
DIN-Bez 1	7746-PVC-S,G,105-46	*Viskositätszahl* ml/g	105
DIN-Bez 2		*K-Wert*	65
Zusätze	Oberflaechenaktiva	*Füllstoffe/ Verstärkung*	
Bevorzugte Verarbeitung	Kontinuierlich arbeitendes Bandsinterverfahren	*Lieferform*	Pulver
		Farben	Natur
Besondere Merkmale	Grosse Reinheit; Glasklar; Hohe Lichtstabilitaet mit geeigneten Stabilisatoren; Feuchtigkeitsaufnahme gering; Gute elektrische Eigenschaften; Feinkoernig; Sintereigenschaften	*Bevorzugte Anwendungen*	Starterbatterieseparator

Kornverteilung

		Dichte	g/cm^3	
Kornklasse µm	*Rückstand* %	*Schüttdichte*	g/cm^3	0.46
>63	≦5	*Stampfdichte*	g/cm^3	
>250	≦0.1	*Rieselfähigkeit*		
		Rieselzeit	s/100 g	
		Kornbeschaffenheit		Kompakt
Allgemeine Hinweise		*Flüchtige Bestandteile*	%	≦0.3
		Sulfatasche	%	

Zugversuch 23 °C

Probekörper: Form   *Herstellung*
            Zustand   *Vorbehandlung*

Streckspannung	N/mm^2	*Dehnung bei Streckspannung*	%
Zugfestigkeit	N/mm^2	*Reißdehnung*	%
Reißfestigkeit	N/mm^2	% *Dehnspannung*	N/mm^2
E-Modul	N/mm^2	*Dehnung bei* % *Dehnspg.*	%

Kriechmoduln und Zeitstandwerte 23 °C

Probekörper: Form   *Herstellung*
            Zustand   *Vorbehandlung*

Kriechmodul	1 min N/mm^2	*Zeitstandzugfestigkeit*	h N/mm^2
Kriechmodul	1000 h N/mm^2	*Zeitdehnspg.* %	h N/mm^2
bei Spannung	N/mm^2		

Biegeversuch 23 °C

Probekörper: Form   *Herstellung*
            Zustand   *Vorbehandlung*

Biegefestigkeit	N/mm^2	*E-Modul*	N/mm^2
3,5% Biegespannung	N/mm^2		

Härte 23 °C

Probekörper: Zustand   *Herstellung / Vorbehandlung*

Kugeldruckhärte	N/mm^2 bei N, s	*Shore-Härte* A	
Rockwellhärte		*Shore-Härte* D	

Schlagversuch

Probekörper: (1)
             (2)   *Herstellung*
             Zustand   *Vorbehandlung*

         °C   °C   °C   *Probekörper-Form*

Schlagzähigkeit	kJ/m^2
Kerbschlagzähigkeit (1)	kJ/m^2
IZOD-Kerbschlagzähigkeit (2)	J/m
Kerbschlagzugzähigkeit	kJ/m^2

Datenbank-Nr. **T02826** *Merkblatt-Nr.* **2343**

Abrieb und Reibung

Taber-Abrieb (Reibradverfahren)		mm³/100 U
Abriebfaktor LNP (Thrust washer) Vergleichswert		
Statische Reibungszahl		
Dynamische Reibungszahl	(p·v=	N/mm² · m/min)
Zulässiger p·v Wert	N/mm² · (m/min)	v= m/min
		v= m/min

Thermische Eigenschaften

Formbeständigkeit in der Wärme	Verfahren	°C
	Verfahren	°C
Vicat Erweichungstemperatur (VST)	Verfahren	°C
	Verfahren	°C
Kristallit-Schmelzpunkt	Verfahren	
Längenausdehnungskoeffizient	Bereich °C	$\cdot 10^{-4} K^{-1}$
	Temperatur	$\cdot 10^{-4} K^{-1}$
Wärmeleitfähigkeit	Verfahren	W/(K·m)
Spezifische Wärmekapazität	Verfahren	J/(K·g)
Glasumwandlungstemperatur	Torsionsschwingungsversuch	°C
	Differentialkalorimetrie	°C

Brandverhalten

UL-Test vertikal	Dicke	mm, Wert
	Dicke	mm, Wert

	Norm	Bewertung	Abmessungen
Sauerstoff-Index	ASTM D 2863		
Glühstab-Verfahren			
Brandverhalten	DIN 4102		
MVSS			
FAR			

Elektrische Eigenschaften

	Hz	°C		Probekörper, Form
Dielektrizitätszahl	50			
	10³			
	10⁶			
Dielektrischer Verlustfaktor tan δ	50			
	10³			
	10⁶			
Spezifischer Durchgangs-widerstand	Ohm · cm			
Durchschlagfestigkeit	kV/mm			mm dick
Oberflächenwiderstand	Ohm			
Kriechstromfestigkeit	KC	KB	KA	
Kriechwegbildung				

Elektrolytische Korrosionswirkung
Lichtbogenfestigkeit nach DIN
    nach ASTM s

Beständigkeit (Chemische Beständigkeit siehe Anhang)

Wasseraufnahme

Feuchtigkeitsaufnahme Normalklima %
Wetterbeständigkeit

Spannungskorrosion

Optische Eigenschaften

Brechungszahl n_D
Transmissionsgrad τ_c % mm dick
Lichtdurchlässigkeit

Datenbank-Nr.	**T02827**			Merkblatt-Nr. **2344**
				PVC
Produkt	Vinylchlorid-Homopolymerisat			
Handelsname	**Hostalit S 3060**			
Hersteller	HOECHST			
DIN-Bez 1	7746-PVC-S,G,092-56		Viskositätszahl ml/g	88
DIN-Bez 2			K-Wert	60
Zusätze			Füllstoffe/Verstärkung	
Bevorzugte Verarbeitung	Kalandrieren; Extrudieren; Spritzgiessen		Lieferform	Pulver
			Farben	Natur
Besondere Merkmale	Grosse Reinheit; Glasklar; Hohe Lichtstabilitaet mit geeigneten Stabilisatoren; Feuchtigkeitsaufnahme gering; Gute elektrische Eigenschaften; Nicht staubend; Leicht plastifizierbar		Bevorzugte Anwendungen	Kalander-Hartfolie; Breitschlitzfolie; Hartprofil duenndwandig; Monofilament; Spritzgiessteil; Fitting; Abzweig; Hohlkoerper

Kornverteilung

Kornklasse μm	Rückstand %		Dichte	g/cm³	
>63	≧97		Schüttdichte	g/cm³	0.56
>250	≦1		Stampfdichte	g/cm³	
			Rieselfähigkeit		Rieselt gut
			Rieselzeit	s/100 g	
			Kornbeschaffenheit		Poroes
Allgemeine Hinweise			Flüchtige Bestandteile	%	≦0.2
			Sulfatasche	%	

Zugversuch 23 °C

		Probekörper:	Form		Herstellung	
			Zustand		Vorbehandlung	
Streckspannung	N/mm²			Dehnung bei Streckspannung		%
Zugfestigkeit	N/mm²			Reißdehnung		%
Reißfestigkeit	N/mm²			% Dehnspannung		N/mm²
E-Modul	N/mm²			Dehnung bei	% Dehnspg.	%

Kriechmoduln und Zeitstandwerte 23 °C

		Probekörper:	Form		Herstellung	
			Zustand		Vorbehandlung	
Kriechmodul	1 min	N/mm²		Zeitstandzugfestigkeit	h	N/mm²
Kriechmodul	1000 h	N/mm²		Zeitdehnspg. %	h	N/mm²
bei Spannung		N/mm²				

Biegeversuch 23 °C

		Probekörper:	Form		Herstellung	
			Zustand		Vorbehandlung	
Biegefestigkeit		N/mm²		E-Modul		N/mm²
3,5% Biegespannung		N/mm²				

Härte 23 °C

	Probekörper:	Zustand		Herstellung	
				Vorbehandlung	
Kugeldruckhärte	N/mm²	bei	N, s	Shore-Härte A	
Rockwellhärte				Shore-Härte D	

Schlagversuch

	Probekörper:	(1)				
		(2)		Herstellung		
		Zustand		Vorbehandlung		
		°C	°C	°C		Probekörper-Form
Schlagzähigkeit	kJ/m²					
Kerbschlagzähigkeit (1)	kJ/m²					
IZOD-Kerbschlagzähigkeit (2)	J/m					
Kerbschlagzugzähigkeit	kJ/m²					

Kunststoffe © Springer-Verlag Berlin Heidelberg 1988
Kopieren, Vervielfältigen und Speichern in Datenverarbeitungsanlagen (auch auszugsweise) ist nur mit schriftlicher Genehmigung des Verlages gestattet

Datenbank-Nr. **T02827**　　　　　　　　　　　　　　　　　　　　　　　　　　　　Merkblatt-Nr. **2344**

Abrieb und Reibung

Taber-Abrieb (Reibradverfahren)　　　　　　mm³/100 U
Abriebfaktor LNP (Thrust washer) Vergleichswert
Statische Reibungszahl
Dynamische Reibungszahl　　　　　　　　　　(p·v= 　　N/mm² ·　　m/min)
Zulässiger p · v Wert　　　　　　　　　　　　N/mm² · (m/min)　v =　　m/min
　　　　　　　　　　　　　　　　　　　　　　　　　　　　　　　　　v =　　m/min

Thermische Eigenschaften

Formbeständigkeit in der Wärme　　　Verfahren　　　　　　　　　　　　　　　　　°C
　　　　　　　　　　　　　　　　　　Verfahren　　　　　　　　　　　　　　　　　°C
Vicat Erweichungstemperatur (VST)　Verfahren　　　　　　　　　　　　　　　　　°C
　　　　　　　　　　　　　　　　　　Verfahren　　　　　　　　　　　　　　　　　°C
Kristallit-Schmelzpunkt　　　　　　　Verfahren

Längenausdehnungskoeffizient　　　Bereich　　　　　　°C　　　　　　　　· $10^{-4} K^{-1}$
　　　　　　　　　　　　　　　　　　Temperatur　　　　　　　　　　　　　　　　· $10^{-4} K^{-1}$
Wärmeleitfähigkeit　　　　　　　　　Verfahren　　　　　　　　　　　　　　　W/(K · m)

Spezifische Wärmekapazität　　　　　Verfahren　　　　　　　　　　　　　　　J/(K · g)

Glasumwandlungstemperatur　　　　Torsionsschwingungsversuch　　　°C
　　　　　　　　　　　　　　　　　　Differentialkalorimetrie　　　　　　°C

Brandverhalten

UL-Test vertikal　　　　　　　　　　Dicke　　mm, Wert
　　　　　　　　　　　　　　　　　　Dicke　　mm, Wert

	Norm	Bewertung	Abmessungen
Sauerstoff-Index	ASTM D 2863		
Glühstab-Verfahren			
Brandverhalten	DIN 4102		
MVSS			
FAR			

Elektrische Eigenschaften

　　　　　　　　　　　　　　　　　　Hz　　　°C　　　　　　　　　　　　　Probekörper, Form

Dielektrizitätszahl　　　　　　　　　50
　　　　　　　　　　　　　　　　　　10^3
　　　　　　　　　　　　　　　　　　10^6
Dielektrischer Verlustfaktor tan δ　50
　　　　　　　　　　　　　　　　　　10^3
　　　　　　　　　　　　　　　　　　10^6
Spezifischer Durchgangs-
　　widerstand　　　　　　　　　　　Ohm · cm
Durchschlagfestigkeit　　　　　　　kV/mm　　　　　　　　　　　　　　　　mm dick
Oberflächenwiderstand　　　　　　　Ohm

Kriechstromfestigkeit　　　　　　　　KC　　　　KB　　　　KA
Kriechwegbildung

Elektrolytische Korrosionswirkung
Lichtbogenfestigkeit nach DIN
　　　　　　　　nach ASTM　　　s

Beständigkeit (Chemische Beständigkeit siehe Anhang)

Wasseraufnahme

Feuchtigkeitsaufnahme Normalklima　　　　　　　　　　　　　　　　　　　　%
Wetterbeständigkeit

Spannungskorrosion

Optische Eigenschaften

Brechungszahl n_D
Transmissionsgrad τ_c　　　%　　　　　　　　mm dick
Lichtdurchlässigkeit

Datenbank-Nr.	**T02828**		Merkblatt-Nr.	**2345**

Produkt	Vinylchlorid-Homopolymerisat		**PVC**
Handelsname	**Hostalit S 3168**		
Hersteller	HOECHST		
DIN-Bez 1	7746-PVC-S,G,112-55	Viskositätszahl ml/g	115
DIN-Bez 2		K-Wert	68
Zusätze		Füllstoffe/Verstärkung	
Bevorzugte Verarbeitung	Extrudieren	Lieferform	Pulver
		Farben	Natur
Besondere Merkmale	Grosse Reinheit; Glasklar; Hohe Lichtstabilitaet mit geeigneten Stabilisatoren; Feuchtigkeitsaufnahme gering; Gute elektrische Eigenschaften; Gute mechanische Eigenschaften	Bevorzugte Anwendungen	Druckrohr; Kanalrohr; Draenrohr; Brunnenfilterrohr; Kabelschutzrohr; Hartprofil

Kornverteilung

Kornklasse µm	Rückstand %			
>63	≧95	Dichte	g/cm³	
>250	≦3	Schüttdichte	g/cm³	0.55
		Stampfdichte	g/cm³	
		Rieselfähigkeit		Rieselt gut
		Rieselzeit	s/100 g	
		Kornbeschaffenheit		Poroes
Allgemeine Hinweise		Flüchtige Bestandteile	%	≦0.2
		Sulfatasche	%	

Zugversuch 23 °C

		Probekörper:	Form		Herstellung	
			Zustand		Vorbehandlung	
Streckspannung	N/mm²			Dehnung bei Streckspannung		%
Zugfestigkeit	N/mm²			Reißdehnung		%
Reißfestigkeit	N/mm²			% Dehnspannung		N/mm²
E-Modul	N/mm²			Dehnung bei	% Dehnspg.	%

Kriechmoduln und Zeitstandwerte 23 °C

		Probekörper:	Form		Herstellung	
			Zustand		Vorbehandlung	
Kriechmodul	1 min	N/mm²		Zeitstandzugfestigkeit	h	N/mm²
Kriechmodul	1000 h	N/mm²		Zeitdehnspg. %	h	N/mm²
bei Spannung		N/mm²				

Biegeversuch 23 °C

		Probekörper:	Form		Herstellung	
			Zustand		Vorbehandlung	
Biegefestigkeit		N/mm²		E-Modul		N/mm²
3,5% Biegespannung		N/mm²				

Härte 23 °C

	Probekörper:	Zustand		Herstellung Vorbehandlung	
Kugeldruckhärte	N/mm²	bei	N, s	Shore-Härte A	
Rockwellhärte				Shore-Härte D	

Schlagversuch

	Probekörper:	(1)				
		(2)		Herstellung		
		Zustand		Vorbehandlung		
		°C	°C	°C		Probekörper-Form
Schlagzähigkeit	kJ/m²					
Kerbschlagzähigkeit (1)	kJ/m²					
IZOD-Kerbschlagzähigkeit (2)	J/m					
Kerbschlagzugzähigkeit	kJ/m²					

Kunststoffe © Springer-Verlag Berlin Heidelberg 1988
Kopieren, Vervielfältigen und Speichern in Datenverarbeitungsanlagen (auch auszugsweise) ist nur mit schriftlicher Genehmigung des Verlages gestattet

Datenbank-Nr. **T02828** Merkblatt-Nr. **2345**

Abrieb und Reibung

Taber-Abrieb (Reibradverfahren)	mm³/100 U	
Abriebfaktor LNP (Thrust washer) Vergleichswert		
Statische Reibungszahl		
Dynamische Reibungszahl	(p·v= N/mm² · m/min)	
Zulässiger p·v Wert	N/mm² · (m/min) v= m/min	
	v= m/min	

Thermische Eigenschaften

Formbeständigkeit in der Wärme	Verfahren	°C
	Verfahren	°C
Vicat Erweichungstemperatur (VST)	Verfahren	°C
	Verfahren	°C
Kristallit-Schmelzpunkt	Verfahren	
Längenausdehnungskoeffizient	Bereich °C	·10⁻⁴K⁻¹
	Temperatur	·10⁻⁴K⁻¹
Wärmeleitfähigkeit	Verfahren	W/(K·m)
Spezifische Wärmekapazität	Verfahren	J/(K·g)
Glasumwandlungstemperatur	Torsionsschwingungsversuch	°C
	Differentialkalorimetrie	°C

Brandverhalten

UL-Test vertikal   Dicke   mm, Wert
                   Dicke   mm, Wert

	Norm	Bewertung	Abmessungen
Sauerstoff-Index	ASTM D 2863		
Glühstab-Verfahren			
Brandverhalten	DIN 4102		
MVSS			
FAR			

Elektrische Eigenschaften

	Hz	°C			Probekörper, Form
Dielektrizitätszahl	50				
	10³				
	10⁶				
Dielektrischer Verlustfaktor tan δ	50				
	10³				
	10⁶				

Spezifischer Durchgangs-
   widerstand   Ohm·cm
Durchschlagfestigkeit   kV/mm   mm dick
Oberflächenwiderstand   Ohm

Kriechstromfestigkeit   KC   KB   KA
Kriechwegbildung

Elektrolytische Korrosionswirkung
Lichtbogenfestigkeit nach DIN
              nach ASTM   s

Beständigkeit (Chemische Beständigkeit siehe Anhang)

Wasseraufnahme

Feuchtigkeitsaufnahme Normalklima   %
Wetterbeständigkeit

Spannungskorrosion

Optische Eigenschaften

Brechungszahl n_D
Transmissionsgrad τ_c %   mm dick
Lichtdurchlässigkeit

Datenbank-Nr.	**T05668**		Merkblatt-Nr.	**2346**

Produkt	Vinylchlorid-Homopolymerisat		**PVC**
Handelsname	**Hostalit S 1165 V**		
Hersteller	HOECHST		
DIN-Bez 1	7746-S-PVC,G,105-40	Viskositätszahl ml/g	105
DIN-Bez 2		K-Wert	65
Zusätze		Füllstoffe/Verstärkung	
Bevorzugte Verarbeitung	Kontinuierlich arbeitendes Bandsinterverfahren	Lieferform	Pulver
		Farben	Natur
Besondere Merkmale	Glasklar	Bevorzugte Anwendungen	Starterbatterieseperator

Kornverteilung

Kornklasse µm	Rückstand %	Dichte	g/cm³	
≥ 63	≤ 5	Schüttdichte	g/cm³	0.41
≥ 250	≤ 0.1	Stampfdichte	g/cm³	
		Rieselfähigkeit		
		Rieselzeit	s/100 g	
		Kornbeschaffenheit		
Allgemeine Hinweise		Flüchtige Bestandteile	%	≤ 0.3
		Sulfatasche	%	

Zugversuch 23 °C

Probekörper: Form
Zustand
Herstellung
Vorbehandlung

Streckspannung	N/mm²	Dehnung bei Streckspannung	%	
Zugfestigkeit	N/mm²	Reißdehnung	%	
Reißfestigkeit	N/mm²	% Dehnspannung	N/mm²	
E-Modul	N/mm²	Dehnung bei	% Dehnspg.	%

Kriechmoduln und Zeitstandwerte 23 °C

Probekörper: Form
Zustand
Herstellung
Vorbehandlung

Kriechmodul	1 min N/mm²	Zeitstandzugfestigkeit	h N/mm²
Kriechmodul	1000 h N/mm²	Zeitdehnspg. %	h N/mm²
bei Spannung	N/mm²		

Biegeversuch 23 °C

Probekörper: Form
Zustand
Herstellung
Vorbehandlung

Biegefestigkeit	N/mm²	E-Modul	N/mm²
3,5% Biegespannung	N/mm²		

Härte 23 °C

Probekörper: Zustand
Herstellung
Vorbehandlung

Kugeldruckhärte	N/mm²	bei N, s	Shore-Härte A	
Rockwellhärte			Shore-Härte D	

Schlagversuch

Probekörper: (1)
(2)
Zustand
Herstellung
Vorbehandlung

°C   °C   °C   Probekörper-Form

Schlagzähigkeit	kJ/m²
Kerbschlagzähigkeit (1)	kJ/m²
IZOD-Kerbschlagzähigkeit (2)	J/m
Kerbschlagzugzähigkeit	kJ/m²

Kunststoffe © Springer-Verlag Berlin Heidelberg 1988
Kopieren, Vervielfältigen und Speichern in Datenverarbeitungsanlagen (auch auszugsweise) ist nur mit schriftlicher Genehmigung des Verlages gestattet

Datenbank-Nr. **T05668** Merkblatt-Nr. **2346**

Abrieb und Reibung

Taber-Abrieb (Reibradverfahren)	mm³/100 U	
Abriebfaktor LNP (Thrust washer) Vergleichswert		
Statische Reibungszahl		
Dynamische Reibungszahl	(p·v= N/mm² · m/min)	
Zulässiger p·v Wert	N/mm² · (m/min) v= m/min	
	v= m/min	

Thermische Eigenschaften

Formbeständigkeit in der Wärme	Verfahren	°C
	Verfahren	°C
Vicat Erweichungstemperatur (VST)	Verfahren	°C
	Verfahren	°C
Kristallit-Schmelzpunkt	Verfahren	
Längenausdehnungskoeffizient	Bereich °C	$\cdot 10^{-4} K^{-1}$
	Temperatur	$\cdot 10^{-4} K^{-1}$
Wärmeleitfähigkeit	Verfahren	W/(K·m)
Spezifische Wärmekapazität	Verfahren	J/(K·g)
Glasumwandlungstemperatur	Torsionsschwingungsversuch	°C
	Differentialkalorimetrie	°C

Brandverhalten

UL-Test vertikal   Dicke   mm, Wert
                   Dicke   mm, Wert

	Norm	Bewertung	Abmessungen
Sauerstoff-Index	ASTM D 2863		
Glühstab-Verfahren			
Brandverhalten	DIN 4102		
MVSS			
FAR			

Elektrische Eigenschaften

	Hz	°C		Probekörper, Form
Dielektrizitätszahl	50			
	10³			
	10⁶			
Dielektrischer Verlustfaktor tan δ	50			
	10³			
	10⁶			

Spezifischer Durchgangswiderstand	Ohm·cm	
Durchschlagfestigkeit	kV/mm	mm dick
Oberflächenwiderstand	Ohm	

Kriechstromfestigkeit   KC   KB   KA
Kriechwegbildung

Elektrolytische Korrosionswirkung
Lichtbogenfestigkeit nach DIN
                      nach ASTM   s

Beständigkeit (Chemische Beständigkeit siehe Anhang)

Wasseraufnahme

Feuchtigkeitsaufnahme Normalklima   %
Wetterbeständigkeit

Spannungskorrosion

Optische Eigenschaften

Brechungszahl n_D
Transmissionsgrad τ_c %   mm dick
Lichtdurchlässigkeit

Datenbank-Nr.	**T02830**			Merkblatt-Nr. **2347**
Produkt	Vinylchlorid-Homopolymerisat			**PVC**
Handelsname	**Hostalit S 4165**			
Hersteller	HOECHST			
DIN-Bez 1	7746-PVC-S,G,105-47		Viskositätszahl ml/g	105
DIN-Bez 2			K-Wert	65
Zusätze			Füllstoffe/Verstärkung	
Bevorzugte Verarbeitung	Extrudieren; Spritzgiessen		Lieferform	Pulver
			Farben	Natur
Besondere Merkmale	Grosse Reinheit; Glasklar; Hohe Lichtstabilitaet mit geeigneten Stabilisatoren; Feuchtigkeitsaufnahme gering; Gute elektrische Eigenschaften; Besonders poroese Kornstruktur		Bevorzugte Anwendungen	Weichfolie; Aderisolierung; Schnurummantelung; Seilummantelung; Schlauch; Weichprofil; Bodenbelag; Spritzgiessteil; Sandale; Schuhsohle; Formteil fuer Kabelsektor; Kabelummantelung

Kornverteilung

Kornklasse μm	Rückstand %		Dichte	g/cm³	
>63	≧95		Schüttdichte	g/cm³	0.475
>250	≦0.1		Stampfdichte	g/cm³	
			Rieselfähigkeit		Rieselt gut
			Rieselzeit	s/100 g	
			Kornbeschaffenheit		Poroes
Allgemeine Hinweise			Flüchtige Bestandteile	%	≦0.2
			Sulfatasche	%	

Zugversuch 23 °C

Probekörper: Form   Herstellung
Zustand   Vorbehandlung

Streckspannung	N/mm²	Dehnung bei Streckspannung		%
Zugfestigkeit	N/mm²	Reißdehnung		%
Reißfestigkeit	N/mm²	% Dehnspannung		N/mm²
E-Modul	N/mm²	Dehnung bei	% Dehnspg.	%

Kriechmoduln und Zeitstandwerte 23 °C

Probekörper: Form   Herstellung
Zustand   Vorbehandlung

Kriechmodul	1 min N/mm²	Zeitstandzugfestigkeit	h	N/mm²
Kriechmodul	1000 h N/mm²	Zeitdehnspg. %	h	N/mm²
bei Spannung	N/mm²			

Biegeversuch 23 °C

Probekörper: Form   Herstellung
Zustand   Vorbehandlung

Biegefestigkeit	N/mm²	E-Modul	N/mm²
3,5% Biegespannung	N/mm²		

Härte 23 °C

Probekörper: Zustand   Herstellung
Vorbehandlung

Kugeldruckhärte	N/mm²	bei N, s	Shore-Härte A	
Rockwellhärte			Shore-Härte D	

Schlagversuch

Probekörper: (1)
(2)   Herstellung
Zustand   Vorbehandlung

°C   °C   °C   Probekörper-Form

Schlagzähigkeit	kJ/m²
Kerbschlagzähigkeit (1)	kJ/m²
IZOD-Kerbschlagzähigkeit (2)	J/m
Kerbschlagzugzähigkeit	kJ/m²

Kunststoffe © Springer-Verlag Berlin Heidelberg 1988
Kopieren, Vervielfältigen und Speichern in Datenverarbeitungsanlagen (auch auszugsweise) ist nur mit schriftlicher Genehmigung des Verlages gestattet

Datenbank-Nr. **T02830** *Merkblatt-Nr.* **2347**

Abrieb und Reibung

Taber-Abrieb (Reibradverfahren)	mm³/100 U	
Abriebfaktor LNP (Thrust washer) Vergleichswert		
Statische Reibungszahl		
Dynamische Reibungszahl	(p·v= N/mm² · m/min)	
Zulässiger p · v Wert	N/mm² · (m/min) v= m/min	
	v= m/min	

Thermische Eigenschaften

Formbeständigkeit in der Wärme	Verfahren	°C
	Verfahren	°C
Vicat Erweichungstemperatur (VST)	Verfahren	°C
	Verfahren	°C
Kristallit-Schmelzpunkt	Verfahren	
Längenausdehnungskoeffizient	Bereich °C	·10⁻⁴K⁻¹
	Temperatur	·10⁻⁴K⁻¹
Wärmeleitfähigkeit	Verfahren	W/(K · m)
Spezifische Wärmekapazität	Verfahren	J/(K · g)
Glasumwandlungstemperatur	Torsionsschwingungsversuch	°C
	Differentialkalorimetrie	°C

Brandverhalten

UL-Test vertikal Dicke mm, Wert
  Dicke mm, Wert

	Norm	Bewertung	Abmessungen
Sauerstoff-Index	ASTM D 2863		
Glühstab-Verfahren			
Brandverhalten	DIN 4102		
MVSS			
FAR			

Elektrische Eigenschaften

	Hz	°C	Probekörper, Form
Dielektrizitätszahl	50		
	10³		
	10⁶		
Dielektrischer Verlustfaktor tan δ	50		
	10³		
	10⁶		

*Spezifischer Durchgangs-
  widerstand* Ohm · cm
Durchschlagfestigkeit kV/mm   mm dick
Oberflächenwiderstand Ohm
Kriechstromfestigkeit KC KB KA
Kriechwegbildung

Elektrolytische Korrosionswirkung
Lichtbogenfestigkeit nach DIN
  nach ASTM s

Beständigkeit *(Chemische Beständigkeit siehe Anhang)*

Wasseraufnahme

Feuchtigkeitsaufnahme Normalklima %
Wetterbeständigkeit

Spannungskorrosion

Optische Eigenschaften

Brechungszahl n_D
Transmissionsgrad τ_c % mm dick
Lichtdurchlässigkeit

Datenbank-Nr.	**T02831**	Merkblatt-Nr.	**2348**

				PVC
Produkt	Vinylchlorid-Homopolymerisat			
Handelsname	**Hostalit S 4170**			
Hersteller	HOECHST			
DIN-Bez 1	7746-PVC-S,G,124-46	Viskositätszahl ml/g	123	
DIN-Bez 2		K-Wert	70	
Zusätze		Füllstoffe/Verstärkung		
Bevorzugte Verarbeitung	Extrudieren; Spritzgiessen	Lieferform	Pulver	
		Farben	Natur	
Besondere Merkmale	Grosse Reinheit; Glasklar; Hohe Lichtstabilitaet mit geeigneten Stabilisatoren; Feuchtigkeitsaufnahme gering; Gute elektrische Eigenschaften; Besonders poroese Kornstruktur	Bevorzugte Anwendungen	Weichfolie; Aderisolierung; Kabelummantelung; Schnurummantelung; Seilummantelung; Schlauch; Weichprofil; Bodenbelag; Spritzgiessteil; Sandale; Schuhsohle; Formteil fuer Kabelsektor	

Kornverteilung

Kornklasse µm	Rückstand %		
>63	≧95	Dichte	g/cm^3
>250	≦0.1	Schüttdichte g/cm^3	0.46
		Stampfdichte g/cm^3	
		Rieselfähigkeit	Rieselt gut
		Rieselzeit s/100 g	
		Kornbeschaffenheit	Poroes
Allgemeine Hinweise		Flüchtige Bestandteile %	≦0.2
		Sulfatasche %	

Zugversuch 23 °C

	Probekörper:	Form		Herstellung	
		Zustand		Vorbehandlung	
Streckspannung	N/mm^2		Dehnung bei Streckspannung	%	
Zugfestigkeit	N/mm^2		Reißdehnung	%	
Reißfestigkeit	N/mm^2		% Dehnspannung	N/mm^2	
E-Modul	N/mm^2		Dehnung bei % Dehnspg.	%	

Kriechmoduln und Zeitstandwerte 23 °C

	Probekörper:	Form		Herstellung	
		Zustand		Vorbehandlung	
Kriechmodul	1 min N/mm^2		Zeitstandzugfestigkeit	h N/mm^2	
Kriechmodul	1000 h N/mm^2		Zeitdehnspg. %	h N/mm^2	
bei Spannung	N/mm^2				

Biegeversuch 23 °C

	Probekörper:	Form		Herstellung	
		Zustand		Vorbehandlung	
Biegefestigkeit	N/mm^2		E-Modul	N/mm^2	
3,5% Biegespannung	N/mm^2				

Härte 23 °C

	Probekörper:	Zustand		Herstellung	
				Vorbehandlung	
Kugeldruckhärte	N/mm^2	bei N, s	Shore-Härte A		
Rockwellhärte			Shore-Härte D		

Schlagversuch

	Probekörper:	(1)			
		(2)		Herstellung	
		Zustand		Vorbehandlung	
		°C	°C	°C	Probekörper-Form
Schlagzähigkeit	kJ/m^2				
Kerbschlagzähigkeit (1)	kJ/m^2				
IZOD-Kerbschlagzähigkeit (2)	J/m				
Kerbschlagzugzähigkeit	kJ/m^2				

Kunststoffe © Springer-Verlag Berlin Heidelberg 1988
Kopieren, Vervielfältigen und Speichern in Datenverarbeitungsanlagen (auch auszugsweise) ist nur mit schriftlicher Genehmigung des Verlages gestattet

Datenbank-Nr. **T02831** *Merkblatt-Nr.* **2348**

Abrieb und Reibung

Taber-Abrieb (Reibradverfahren)	mm³/100 U
Abriebfaktor LNP (Thrust washer) Vergleichswert	
Statische Reibungszahl	
Dynamische Reibungszahl	(p·v= N/mm² · m/min)
Zulässiger p · v Wert	N/mm² · (m/min) v= m/min
	v= m/min

Thermische Eigenschaften

Formbeständigkeit in der Wärme	Verfahren	°C
	Verfahren	°C
Vicat Erweichungstemperatur (VST)	Verfahren	°C
	Verfahren	°C
Kristallit-Schmelzpunkt	Verfahren	
Längenausdehnungskoeffizient	Bereich °C	·10⁻⁴K⁻¹
	Temperatur	·10⁻⁴K⁻¹
Wärmeleitfähigkeit	Verfahren	W/(K·m)
Spezifische Wärmekapazität	Verfahren	J/(K·g)
Glasumwandlungstemperatur	Torsionsschwingungsversuch	°C
	Differentialkalorimetrie	°C

Brandverhalten

UL-Test vertikal Dicke mm, Wert
Dicke mm, Wert

	Norm	Bewertung	Abmessungen
Sauerstoff-Index	ASTM D 2863		
Glühstab-Verfahren			
Brandverhalten	DIN 4102		
MVSS			
FAR			

Elektrische Eigenschaften

		Hz	°C		Probekörper, Form
Dielektrizitätszahl		50			
		10³			
		10⁶			
Dielektrischer Verlustfaktor tan δ		50			
		10³			
		10⁶			

Spezifischer Durchgangs-widerstand	Ohm·cm	
Durchschlagfestigkeit	kV/mm	mm dick
Oberflächenwiderstand	Ohm	

Kriechstromfestigkeit   KC   KB   KA
Kriechwegbildung

Elektrolytische Korrosionswirkung
Lichtbogenfestigkeit nach DIN
  nach ASTM   s

Beständigkeit *(Chemische Beständigkeit siehe Anhang)*

Wasseraufnahme

Feuchtigkeitsaufnahme Normalklima   %
Wetterbeständigkeit

Spannungskorrosion

Optische Eigenschaften

Brechungszahl n_D
Transmissionsgrad τ_c %   mm dick
Lichtdurchlässigkeit

Datenbank-Nr.	**T02832**			Merkblatt-Nr. **2349**
Produkt	Vinylchlorid-Vinylacetat-Copolymerisat			**VC/VAC**
Handelsname	**Hostalit SA 3060/10**			
Hersteller	HOECHST			
DIN-Bez 1	7747-VCVA90-S,G,086-50		Viskositätszahl ml/g	85
DIN-Bez 2			K-Wert	59
Zusätze			Füllstoffe/Verstärkung	
Bevorzugte Verarbeitung	Kalandrieren; Extrudieren; Spritzgiessen		Lieferform	Pulver
			Farben	Natur
Besondere Merkmale	Senkt die Verarbeitungstemperaturen; Verbessert das Fliessverhalten; Ausgezeichnete Vakuumformbarkeit von Folien und Tafeln		Bevorzugte Anwendungen	Hartverarbeitung; Kalanderfolie glasklar; Blasfolie; Tafel; Hohlkoerper; Spritzgiessteil; Verschnittharz der Schallplattenferigung; Hartfolie tiefziehfaehig

Kornverteilung

Kornklasse μm	Rückstand %	Dichte	g/cm³	
>63	≧90	Schüttdichte	g/cm³	0.60
>250	≦1	Stampfdichte	g/cm³	
		Rieselfähigkeit		Rieselt gut
		Rieselzeit	s/100 g	
		Kornbeschaffenheit		Poroes
Allgemeine Hinweise		Flüchtige Bestandteile	%	≦0.3
		Sulfatasche	%	

Zugversuch 23 °C

	Probekörper:	Form	Herstellung	
		Zustand	Vorbehandlung	
Streckspannung	N/mm²		Dehnung bei Streckspannung	%
Zugfestigkeit	N/mm²		Reißdehnung	%
Reißfestigkeit	N/mm²		% Dehnspannung	N/mm²
E-Modul	N/mm²		Dehnung bei % Dehnspg.	%

Kriechmoduln und Zeitstandwerte 23 °C

	Probekörper:	Form	Herstellung	
		Zustand	Vorbehandlung	
Kriechmodul	1 min N/mm²		Zeitstandzugfestigkeit	h N/mm²
Kriechmodul	1000 h N/mm²		Zeitdehnspg. %	h N/mm²
bei Spannung	N/mm²			

Biegeversuch 23 °C

	Probekörper:	Form	Herstellung	
		Zustand	Vorbehandlung	
Biegefestigkeit	N/mm²		E-Modul	N/mm²
3,5% Biegespannung	N/mm²			

Härte 23 °C

	Probekörper:	Zustand	Herstellung	
			Vorbehandlung	
Kugeldruckhärte	N/mm²	bei N, s	Shore-Härte A	
Rockwellhärte			Shore-Härte D	

Schlagversuch

	Probekörper:	(1)			
		(2)		Herstellung	
		Zustand		Vorbehandlung	
		°C	°C	°C	Probekörper-Form
Schlagzähigkeit	kJ/m²				
Kerbschlagzähigkeit (1)	kJ/m²				
IZOD-Kerbschlagzähigkeit (2)	J/m				
Kerbschlagzugzähigkeit	kJ/m²				

Kunststoffe © Springer-Verlag Berlin Heidelberg 1988
Kopieren, Vervielfältigen und Speichern in Datenverarbeitungsanlagen (auch auszugsweise) ist nur mit schriftlicher Genehmigung des Verlages gestattet

Datenbank-Nr. **T02832** *Merkblatt-Nr.* **2349**

Abrieb und Reibung

Taber-Abrieb (Reibradverfahren)	mm³/100 U	
Abriebfaktor LNP (Thrust washer) Vergleichswert		
Statische Reibungszahl		
Dynamische Reibungszahl	(p·v = N/mm² · m/min)	
Zulässiger p · v Wert	N/mm² · (m/min) v = m/min	
	v = m/min	

Thermische Eigenschaften

Formbeständigkeit in der Wärme Verfahren °C
  Verfahren °C
Vicat Erweichungstemperatur (VST) Verfahren °C
  Verfahren °C
Kristallit-Schmelzpunkt Verfahren

Längenausdehnungskoeffizient Bereich °C · $10^{-4} K^{-1}$
  Temperatur · $10^{-4} K^{-1}$
Wärmeleitfähigkeit Verfahren W/(K · m)

Spezifische Wärmekapazität Verfahren J/(K · g)

Glasumwandlungstemperatur Torsionsschwingungsversuch °C
  Differentialkalorimetrie °C

Brandverhalten

UL-Test vertikal Dicke mm, Wert
  Dicke mm, Wert

	Norm	Bewertung	Abmessungen
Sauerstoff-Index	ASTM D 2863		
Glühstab-Verfahren			
Brandverhalten	DIN 4102		
MVSS			
FAR			

Elektrische Eigenschaften

	Hz	°C		Probekörper, Form
Dielektrizitätszahl	50			
	10³			
	10⁶			
Dielektrischer Verlustfaktor tan δ	50			
	10³			
	10⁶			

Spezifischer Durchgangs-
  widerstand Ohm · cm
Durchschlagfestigkeit kV/mm mm dick
Oberflächenwiderstand Ohm

Kriechstromfestigkeit KC KB KA
Kriechwegbildung

Elektrolytische Korrosionswirkung
Lichtbogenfestigkeit nach DIN
  nach ASTM s

Beständigkeit (Chemische Beständigkeit siehe Anhang)

Wasseraufnahme

Feuchtigkeitsaufnahme Normalklima %
Wetterbeständigkeit

Spannungskorrosion

Optische Eigenschaften

Brechungszahl n_D
Transmissionsgrad τ_c % mm dick
Lichtdurchlässigkeit

Datenbank-Nr.	**T02833**		Merkblatt-Nr.	**2350**
Produkt	Vinylchlorid-Cyclohexylmaleinimid-Copolymerisat			**VC**
Handelsname	**Hostalit SC 3060/5**			
Hersteller	HOECHST			
DIN-Bez 1	7747-VCXX95-S,G,089-45	Viskositätszahl ml/g	88	
DIN-Bez 2		K-Wert	60	
Zusätze		Füllstoffe/Verstärkung		
Bevorzugte Verarbeitung	Extrusionsblasformen; Spritzblasformen; Spritzgiessen	Lieferform	Pulver	
		Farben	Natur	
Besondere Merkmale	Erhoehte Waermeformbestaendigkeit von etwa 7 K gegenueber Rein-PVC	Bevorzugte Anwendungen	Hohlkoerper und Spritzgiessteil mit erhoehter Waermeformbestaendigkeit fuer die Heissabfuellung von Lebensmitteln; Hartverarbeitung; Platte; Folie	

Kornverteilung

Kornklasse µm	Rückstand %			
>63	$\geq$ 90	Dichte	g/cm^3	
>250	$\leq$ 1	Schüttdichte	g/cm^3	0.45
		Stampfdichte	g/cm^3	
		Rieselfähigkeit		Rieselt gut
		Rieselzeit	s/100 g	
		Kornbeschaffenheit		Kompakt
Allgemeine Hinweise		Flüchtige Bestandteile	%	$\leq$ 0.3
		Sulfatasche	%	

Zugversuch 23 °C

Probekörper: Form
Zustand
Herstellung
Vorbehandlung

Streckspannung	N/mm^2	Dehnung bei Streckspannung	%	
Zugfestigkeit	N/mm^2	Reißdehnung	%	
Reißfestigkeit	N/mm^2	% Dehnspannung	N/mm^2	
E-Modul	N/mm^2	Dehnung bei % Dehnspg.	%	

Kriechmoduln und Zeitstandwerte 23 °C

Probekörper: Form
Zustand
Herstellung
Vorbehandlung

Kriechmodul	1 min N/mm^2	Zeitstandzugfestigkeit	h N/mm^2	
Kriechmodul	1000 h N/mm^2	Zeitdehnspg. %	h N/mm^2	
bei Spannung	N/mm^2			

Biegeversuch 23 °C

Probekörper: Form
Zustand
Herstellung
Vorbehandlung

Biegefestigkeit	N/mm^2	E-Modul	N/mm^2
3,5% Biegespannung	N/mm^2		

Härte 23 °C

Probekörper: Zustand
Herstellung
Vorbehandlung

Kugeldruckhärte	N/mm^2	bei N, s	Shore-Härte A	
Rockwellhärte			Shore-Härte D	

Schlagversuch

Probekörper: (1)
(2)
Zustand
Herstellung
Vorbehandlung

°C °C °C Probekörper-Form

Schlagzähigkeit	kJ/m^2
Kerbschlagzähigkeit (1)	kJ/m^2
IZOD-Kerbschlagzähigkeit (2)	J/m
Kerbschlagzugzähigkeit	kJ/m^2

Kunststoffe © Springer-Verlag Berlin Heidelberg 1988
Kopieren, Vervielfältigen und Speichern in Datenverarbeitungsanlagen (auch auszugsweise) ist nur mit schriftlicher Genehmigung des Verlages gestattet

Datenbank-Nr. **T02833** *Merkblatt-Nr.* **2350**

Abrieb und Reibung

Taber-Abrieb (Reibradverfahren)   mm³/100 U
Abriebfaktor LNP (Thrust washer) Vergleichswert
Statische Reibungszahl
Dynamische Reibungszahl   (p·v =   N/mm² ·   m/min)
Zulässiger p · v Wert   N/mm² · (m/min)   v =   m/min
                 v =   m/min

Thermische Eigenschaften

Formbeständigkeit in der Wärme   Verfahren   °C
     Verfahren   °C
Vicat Erweichungstemperatur (VST)   Verfahren   °C
     Verfahren   °C
Kristallit-Schmelzpunkt   Verfahren

Längenausdehnungskoeffizient   Bereich   °C   · $10^{-4} K^{-1}$
     Temperatur   · $10^{-4} K^{-1}$
Wärmeleitfähigkeit   Verfahren   W/(K · m)

Spezifische Wärmekapazität   Verfahren   J/(K · g)

Glasumwandlungstemperatur   Torsionsschwingungsversuch   °C
     Differentialkalorimetrie   °C

Brandverhalten

UL-Test vertikal   Dicke   mm, Wert
     Dicke   mm, Wert

	Norm	Bewertung	Abmessungen
Sauerstoff-Index	ASTM D 2863		
Glühstab-Verfahren			
Brandverhalten	DIN 4102		
MVSS			
FAR			

Elektrische Eigenschaften

     Hz   °C   Probekörper, Form

Dielektrizitätszahl   50
     10^3
     10^6
Dielektrischer Verlustfaktor tan δ   50
     10^3
     10^6

Spezifischer Durchgangs-
   widerstand   Ohm · cm
Durchschlagfestigkeit   kV/mm   mm dick
Oberflächenwiderstand   Ohm

Kriechstromfestigkeit   KC   KB   KA
Kriechwegbildung

Elektrolytische Korrosionswirkung
Lichtbogenfestigkeit nach DIN
     nach ASTM   s

Beständigkeit *(Chemische Beständigkeit siehe Anhang)*

Wasseraufnahme

Feuchtigkeitsaufnahme Normalklima   %
Wetterbeständigkeit

Spannungskorrosion

Optische Eigenschaften

Brechungszahl n_D
Transmissionsgrad τ_c %   mm dick
Lichtdurchlässigkeit

Datenbank-Nr.	**T05669**			*Merkblatt-Nr.* **2351**
Produkt	Vinylchlorid-Homopolymerisat			**PVC**
Handelsname	**Hostalit EB 2060/7**			
Hersteller	HOECHST			
DIN-Bez 1	7746-PVC-E,G,85-56		*Viskositätszahl* ml/g	85
DIN-Bez 2			*K-Wert*	59
Zusätze			*Füllstoffe/ Verstärkung*	
Bevorzugte Verarbeitung	Kalandrieren		*Lieferform*	Pulver
			Farben	Natur
Besondere Merkmale	Transluzent; Erhoeht schlagzaeh		*Bevorzugte Anwendungen*	Hartfolie

---

Kornverteilung

Kornklasse μm	*Rückstand* %			
≥ 63	≥ 50			
≥ 250	≤ 1			

Dichte	g/cm³	
Schüttdichte	g/cm³	0.56
Stampfdichte	g/cm³	
Rieselfähigkeit		
Rieselzeit	s/100 g	
Kornbeschaffenheit		Feinkoernig; Kompakt
Flüchtige Bestandteile	%	≤ 0.3
Sulfatasche	%	

Allgemeine Hinweise

Zugversuch 23 °C

	Probekörper:	Form		*Herstellung*	
		Zustand		*Vorbehandlung*	
Streckspannung	N/mm²		*Dehnung bei Streckspannung*		%
Zugfestigkeit	N/mm²		*Reißdehnung*		%
Reißfestigkeit	N/mm²		% *Dehnspannung*		N/mm²
E-Modul	N/mm²		*Dehnung bei*	% *Dehnspg.*	%

Kriechmoduln und Zeitstandwerte 23 °C

	Probekörper:	Form		*Herstellung*	
		Zustand		*Vorbehandlung*	
Kriechmodul	1 min N/mm²		*Zeitstandzugfestigkeit*	h	N/mm²
Kriechmodul	1000 h N/mm²		*Zeitdehnspg.* %	h	N/mm²
bei Spannung	N/mm²				

Biegeversuch 23 °C

	Probekörper:	Form		*Herstellung*	
		Zustand		*Vorbehandlung*	
Biegefestigkeit	N/mm²		*E-Modul*		N/mm²
3,5% Biegespannung	N/mm²				

Härte 23 °C

	Probekörper:	Zustand		*Herstellung*	
				Vorbehandlung	
Kugeldruckhärte	N/mm²	bei N, s	*Shore-Härte* A		
Rockwellhärte			*Shore-Härte* D		

Schlagversuch

	Probekörper:	(1)			
		(2)		*Herstellung*	
		Zustand		*Vorbehandlung*	
		°C	°C	°C	*Probekörper-Form*

Schlagzähigkeit	kJ/m²	
Kerbschlagzähigkeit (1)	kJ/m²	
IZOD-Kerbschlagzähigkeit (2)	J/m	
Kerbschlagzugzähigkeit	kJ/m²	

Kunststoffe © Springer-Verlag Berlin Heidelberg 1988
Kopieren, Vervielfältigen und Speichern in Datenverarbeitungsanlagen (auch auszugsweise) ist nur mit schriftlicher Genehmigung des Verlages gestattet

Datenbank-Nr. **T05669**   *Merkblatt-Nr.* **2351**

Abrieb und Reibung

Taber-Abrieb (Reibradverfahren)	$mm^3/100$ U	
Abriebfaktor LNP (Thrust washer) Vergleichswert		
Statische Reibungszahl		
Dynamische Reibungszahl	$(p \cdot v =$ $N/mm^2 \cdot$ m/min)	
Zulässiger $p \cdot v$ Wert	$N/mm^2 \cdot$ (m/min) v= m/min	
	v= m/min	

Thermische Eigenschaften

Formbeständigkeit in der Wärme	Verfahren	°C
	Verfahren	°C
Vicat Erweichungstemperatur (VST)	Verfahren	°C
	Verfahren	°C
Kristallit-Schmelzpunkt	Verfahren	
Längenausdehnungskoeffizient	Bereich °C	$\cdot 10^{-4} K^{-1}$
	Temperatur	$\cdot 10^{-4} K^{-1}$
Wärmeleitfähigkeit	Verfahren	$W/(K \cdot m)$
Spezifische Wärmekapazität	Verfahren	$J/(K \cdot g)$
Glasumwandlungstemperatur	Torsionsschwingungsversuch	°C
	Differentialkalorimetrie	°C

Brandverhalten

UL-Test vertikal   Dicke   mm, Wert
                    Dicke   mm, Wert

	Norm	Bewertung	Abmessungen
Sauerstoff-Index	ASTM D 2863		
Glühstab-Verfahren			
Brandverhalten	DIN 4102		
MVSS			
FAR			

Elektrische Eigenschaften

	Hz	°C		Probekörper, Form
Dielektrizitätszahl	50			
	10^3			
	10^6			
Dielektrischer Verlustfaktor tan δ	50			
	10^3			
	10^6			
Spezifischer Durchgangswiderstand	Ohm · cm			
Durchschlagfestigkeit	kV/mm			mm dick
Oberflächenwiderstand	Ohm			
Kriechstromfestigkeit Kriechwegbildung		KC KB KA		

Elektrolytische Korrosionswirkung
Lichtbogenfestigkeit nach DIN
                 nach ASTM   s

Beständigkeit *(Chemische Beständigkeit siehe Anhang)*

Wasseraufnahme

Feuchtigkeitsaufnahme Normalklima   %
Wetterbeständigkeit

Spannungskorrosion

Optische Eigenschaften

Brechungszahl n_D
Transmissionsgrad τ_c %   mm dick
Lichtdurchlässigkeit

Datenbank-Nr.	**T02835**			*Merkblatt-Nr.* **2352**
Produkt	Vinylchlorid-Homopolymerisat			**PVC**
Handelsname	**Hostalit E 2059**			
Hersteller	HOECHST			
DIN-Bez 1	7746-PVC-E,G,086-53		*Viskositätszahl* ml/g	85
DIN-Bez 2			*K-Wert*	59
Zusätze	Alkalische Vorstabilisierung		*Füllstoffe/ Verstärkung*	
Bevorzugte Verarbeitung	Kalandrieren		*Lieferform*	Pulver
			Farben	Natur
Besondere Merkmale	Emulgatorhaltig, dadurch Truebung der Fertigartikel; erleichterte Verarbeitbarkeit und verminderte elektrostatische Aufladbarkeit		*Bevorzugte Anwendungen*	Hartfolie tiefziehfaehig; Becherfolie; Deckelfolie

Kornverteilung

Kornklasse μm	*Rückstand* %	*Dichte* g/cm³	
>250	≦0.1	*Schüttdichte* g/cm³	0.53
		Stampfdichte g/cm³	
		Rieselfähigkeit	
		Rieselzeit s/100 g	
		Kornbeschaffenheit	Feinkoernig; Kompakt
Allgemeine Hinweise		*Flüchtige Bestandteile* %	≦0.3
		Sulfatasche %	

Zugversuch 23 °C

Probekörper: Form   *Herstellung*
             Zustand   *Vorbehandlung*

Streckspannung	N/mm²	*Dehnung bei Streckspannung*	%
Zugfestigkeit	N/mm²	*Reißdehnung*	%
Reißfestigkeit	N/mm²	% *Dehnspannung*	N/mm²
E-Modul	N/mm²	*Dehnung bei* % *Dehnspg.*	%

Kriechmoduln und Zeitstandwerte 23 °C

Probekörper: Form   *Herstellung*
             Zustand   *Vorbehandlung*

Kriechmodul	1 min N/mm²	*Zeitstandzugfestigkeit*	h N/mm²
Kriechmodul	1000 h N/mm²	*Zeitdehnspg.* %	h N/mm²
bei Spannung	N/mm²		

Biegeversuch 23 °C

Probekörper: Form   *Herstellung*
             Zustand   *Vorbehandlung*

Biegefestigkeit	N/mm²	*E-Modul*	N/mm²
3,5% Biegespannung	N/mm²		

Härte 23 °C

Probekörper: Zustand   *Herstellung Vorbehandlung*

Kugeldruckhärte	N/mm²	bei	N, s	*Shore-Härte* A
Rockwellhärte				*Shore-Härte* D

Schlagversuch

Probekörper: (1)
             (2)
             Zustand   *Herstellung Vorbehandlung*

         °C   °C   °C   *Probekörper-Form*

Schlagzähigkeit	kJ/m²
Kerbschlagzähigkeit (1)	kJ/m²
IZOD-Kerbschlagzähigkeit (2)	J/m
Kerbschlagzugzähigkeit	kJ/m²

Kunststoffe © Springer-Verlag Berlin Heidelberg 1988
Kopieren, Vervielfältigen und Speichern in Datenverarbeitungsanlagen (auch auszugsweise) ist nur mit schriftlicher Genehmigung des Verlages gestattet

Datenbank-Nr. **T02835** Merkblatt-Nr. **2352**

Abrieb und Reibung

Taber-Abrieb (Reibradverfahren)	mm³/100 U	
Abriebfaktor LNP (Thrust washer) Vergleichswert		
Statische Reibungszahl		
Dynamische Reibungszahl	(p·v = N/mm² · m/min)	
Zulässiger p·v Wert	N/mm² · (m/min) v = m/min	
	v = m/min	

Thermische Eigenschaften

Formbeständigkeit in der Wärme	Verfahren	°C
	Verfahren	°C
Vicat Erweichungstemperatur (VST)	Verfahren	°C
	Verfahren	°C
Kristallit-Schmelzpunkt	Verfahren	
Längenausdehnungskoeffizient	Bereich °C	·10⁻⁴ K⁻¹
	Temperatur	·10⁻⁴ K⁻¹
Wärmeleitfähigkeit	Verfahren	W/(K·m)
Spezifische Wärmekapazität	Verfahren	J/(K·g)
Glasumwandlungstemperatur	Torsionsschwingungsversuch	°C
	Differentialkalorimetrie	°C

Brandverhalten

UL-Test vertikal	Dicke mm, Wert	
	Dicke mm, Wert	

	Norm	Bewertung	Abmessungen
Sauerstoff-Index	ASTM D 2863		
Glühstab-Verfahren			
Brandverhalten	DIN 4102		
MVSS			
FAR			

Elektrische Eigenschaften

	Hz	°C		Probekörper, Form
Dielektrizitätszahl	50			
	10³			
	10⁶			
Dielektrischer Verlustfaktor tan δ	50			
	10³			
	10⁶			
Spezifischer Durchgangs- widerstand	Ohm·cm			
Durchschlagfestigkeit	kV/mm			mm dick
Oberflächenwiderstand	Ohm			
Kriechstromfestigkeit Kriechwegbildung	KC	KB	KA	

Elektrolytische Korrosionswirkung
Lichtbogenfestigkeit nach DIN
       nach ASTM   s

Beständigkeit (Chemische Beständigkeit siehe Anhang)

Wasseraufnahme

Feuchtigkeitsaufnahme Normalklima   %
Wetterbeständigkeit

Spannungskorrosion

Optische Eigenschaften

Brechungszahl n_D
Transmissionsgrad τ_c %   mm dick
Lichtdurchlässigkeit

Datenbank-Nr.	**T02836**		Merkblatt-Nr.	**2353**
Produkt	Vinylchlorid-Homopolymerisat			**PVC**
Handelsname	**Hostalit E 2064**			
Hersteller	HOECHST			
DIN-Bez 1	7746-PVC-E,G,102-51	Viskositätszahl ml/g	102	
DIN-Bez 2		K-Wert	64	
Zusätze	Alkalische Vorstabilisierung	Füllstoffe/Verstärkung		
Bevorzugte Verarbeitung	Kalandrieren	Lieferform	Pulver	
		Farben	Natur	
Besondere Merkmale	Emulgatorhaltig, dadurch Truebung der Fertigartikel; erleichterte Verarbeitbarkeit und verminderte elektrostatische Aufladbarkeit	Bevorzugte Anwendungen	Hartfolie tiefziehfaehig; Becherfolie; Deckelfolie	

Kornverteilung

Kornklasse μm	Rückstand %		
>250	≦0.1		

Dichte	g/cm³	
Schüttdichte	g/cm³	0.51
Stampfdichte	g/cm³	
Rieselfähigkeit		
Rieselzeit	s/100 g	
Kornbeschaffenheit		Feinkoernig; Kompakt
Flüchtige Bestandteile	%	≦0.3
Sulfatasche	%	

Allgemeine Hinweise

Zugversuch 23 °C

Probekörper: Form
Zustand

Herstellung
Vorbehandlung

Streckspannung	N/mm²	Dehnung bei Streckspannung	%
Zugfestigkeit	N/mm²	Reißdehnung	%
Reißfestigkeit	N/mm²	% Dehnspannung	N/mm²
E-Modul	N/mm²	Dehnung bei % Dehnspg.	%

Kriechmoduln und Zeitstandwerte 23 °C

Probekörper: Form
Zustand

Herstellung
Vorbehandlung

Kriechmodul	1 min	N/mm²	Zeitstandzugfestigkeit	h N/mm²
Kriechmodul	1000 h	N/mm²	Zeitdehnspg. %	h N/mm²
bei Spannung		N/mm²		

Biegeversuch 23 °C

Probekörper: Form
Zustand

Herstellung
Vorbehandlung

Biegefestigkeit	N/mm²	E-Modul	N/mm²
3,5% Biegespannung	N/mm²		

Härte 23 °C

Probekörper: Zustand

Herstellung
Vorbehandlung

Kugeldruckhärte	N/mm²	bei	N, s	Shore-Härte	A
Rockwellhärte				Shore-Härte	D

Schlagversuch

Probekörper: (1)
(2)
Zustand

Herstellung
Vorbehandlung

°C °C °C Probekörper-Form

Schlagzähigkeit	kJ/m²
Kerbschlagzähigkeit (1)	kJ/m²
IZOD-Kerbschlagzähigkeit (2)	J/m
Kerbschlagzugzähigkeit	kJ/m²

Datenbank-Nr. **T02836** *Merkblatt-Nr.* **2353**

Abrieb und Reibung

Taber-Abrieb (Reibradverfahren)	mm³/100 U	
Abriebfaktor LNP (Thrust washer) Vergleichswert		
Statische Reibungszahl		
Dynamische Reibungszahl	(p·v= N/mm² · m/min)	
Zulässiger p · v Wert	N/mm² · (m/min) v= m/min	
	v= m/min	

Thermische Eigenschaften

Formbeständigkeit in der Wärme	Verfahren	°C
	Verfahren	°C
Vicat Erweichungstemperatur (VST)	Verfahren	°C
	Verfahren	°C
Kristallit-Schmelzpunkt	Verfahren	
Längenausdehnungskoeffizient	Bereich °C	$\cdot 10^{-4} K^{-1}$
	Temperatur	$\cdot 10^{-4} K^{-1}$
Wärmeleitfähigkeit	Verfahren	W/(K · m)
Spezifische Wärmekapazität	Verfahren	J/(K · g)
Glasumwandlungstemperatur	Torsionsschwingungsversuch	°C
	Differentialkalorimetrie	°C

Brandverhalten

UL-Test vertikal   Dicke   mm, Wert
                     Dicke   mm, Wert

	Norm	Bewertung	Abmessungen
Sauerstoff-Index	ASTM D 2863		
Glühstab-Verfahren			
Brandverhalten	DIN 4102		
MVSS			
FAR			

Elektrische Eigenschaften

	Hz	°C	Probekörper, Form
Dielektrizitätszahl	50		
	10³		
	10⁶		
Dielektrischer Verlustfaktor tan δ	50		
	10³		
	10⁶		

Spezifischer Durchgangs- widerstand	Ohm · cm	
Durchschlagfestigkeit	kV/mm	mm dick
Oberflächenwiderstand	Ohm	
Kriechstromfestigkeit	KC KB KA	
Kriechwegbildung		

Elektrolytische Korrosionswirkung
Lichtbogenfestigkeit nach DIN
            nach ASTM   s

Beständigkeit *(Chemische Beständigkeit siehe Anhang)*

Wasseraufnahme

Feuchtigkeitsaufnahme Normalklima %
Wetterbeständigkeit

Spannungskorrosion

Optische Eigenschaften

Brechungszahl n_D
Transmissionsgrad τ_c %   mm dick
Lichtdurchlässigkeit

Datenbank-Nr.	**T02837**		Merkblatt-Nr. **2354**
			PVC
Produkt	Vinylchlorid-Homopolymerisat		
Handelsname	**Hostalit E 2069**		
Hersteller	HOECHST		
DIN-Bez 1	7746-PVC-E,G,120-51	Viskositätszahl ml/g	119
DIN-Bez 2		K-Wert	69
Zusätze	Alkalische Vorstabilisierung	Füllstoffe/Verstärkung	
Bevorzugte Verarbeitung	Kalandrieren	Lieferform	Pulver
		Farben	Natur
Besondere Merkmale	Emulgatorhaltig, dadurch Truebung der Fertigartikel; erleichterte Verarbeitbarkeit und verminderte elektrostatische Aufladbarkeit	Bevorzugte Anwendungen	Hartfolie tiefziehfaehig; Becherfolie; Deckelfolie

Kornverteilung

Kornklasse µm	Rückstand %		
>250	≦0.1	Dichte g/cm³	
		Schüttdichte g/cm³	0.51
		Stampfdichte g/cm³	
		Rieselfähigkeit	
		Rieselzeit s/100 g	
		Kornbeschaffenheit	Feinkoernig; Kompakt
Allgemeine Hinweise		Flüchtige Bestandteile %	≦0.3
		Sulfatasche %	

Zugversuch 23 °C

Probekörper: Form / Zustand   Herstellung / Vorbehandlung

Streckspannung	N/mm²	Dehnung bei Streckspannung	%
Zugfestigkeit	N/mm²	Reißdehnung	%
Reißfestigkeit	N/mm²	% Dehnspannung	N/mm²
E-Modul	N/mm²	Dehnung bei % Dehnspg.	%

Kriechmoduln und Zeitstandwerte 23 °C

Probekörper: Form / Zustand   Herstellung / Vorbehandlung

Kriechmodul	1 min N/mm²	Zeitstandzugfestigkeit	h N/mm²
Kriechmodul	1000 h N/mm²	Zeitdehnspg. %	h N/mm²
bei Spannung	N/mm²		

Biegeversuch 23 °C

Probekörper: Form / Zustand   Herstellung / Vorbehandlung

Biegefestigkeit	N/mm²	E-Modul	N/mm²
3,5% Biegespannung	N/mm²		

Härte 23 °C

Probekörper: Zustand   Herstellung / Vorbehandlung

Kugeldruckhärte	N/mm² bei N, s	Shore-Härte A	
Rockwellhärte		Shore-Härte D	

Schlagversuch

Probekörper: (1) (2) Zustand   Herstellung / Vorbehandlung

°C   °C   °C   Probekörper-Form

Schlagzähigkeit	kJ/m²
Kerbschlagzähigkeit (1)	kJ/m²
IZOD-Kerbschlagzähigkeit (2)	J/m
Kerbschlagzugzähigkeit	kJ/m²

Kunststoffe © Springer-Verlag Berlin Heidelberg 1988
Kopieren, Vervielfältigen und Speichern in Datenverarbeitungsanlagen (auch auszugsweise) ist nur mit schriftlicher Genehmigung des Verlages gestattet

Datenbank-Nr. **T02837** Merkblatt-Nr. **2354**

Abrieb und Reibung

Taber-Abrieb (Reibradverfahren)	mm³/100 U	
Abriebfaktor LNP (Thrust washer) Vergleichswert		
Statische Reibungszahl		
Dynamische Reibungszahl	(p·v = N/mm² · m/min)	
Zulässiger p·v Wert	N/mm² · (m/min) v = m/min	
	v = m/min	

Thermische Eigenschaften

Formbeständigkeit in der Wärme	Verfahren	°C
	Verfahren	°C
Vicat Erweichungstemperatur (VST)	Verfahren	°C
	Verfahren	°C
Kristallit-Schmelzpunkt	Verfahren	
Längenausdehnungskoeffizient	Bereich °C	·10⁻⁴K⁻¹
	Temperatur	·10⁻⁴K⁻¹
Wärmeleitfähigkeit	Verfahren	W/(K·m)
Spezifische Wärmekapazität	Verfahren	J/(K·g)
Glasumwandlungstemperatur	Torsionsschwingungsversuch	°C
	Differentialkalorimetrie	°C

Brandverhalten

UL-Test vertikal	Dicke mm, Wert	
	Dicke mm, Wert	

	Norm	Bewertung	Abmessungen
Sauerstoff-Index	ASTM D 2863		
Glühstab-Verfahren			
Brandverhalten	DIN 4102		
MVSS			
FAR			

Elektrische Eigenschaften

	Hz	°C	Probekörper, Form
Dielektrizitätszahl	50		
	10³		
	10⁶		
Dielektrischer Verlustfaktor tan δ	50		
	10³		
	10⁶		

Spezifischer Durchgangswiderstand	Ohm·cm	
Durchschlagfestigkeit	kV/mm	mm dick
Oberflächenwiderstand	Ohm	
Kriechstromfestigkeit	KC KB KA	
Kriechwegbildung		
Elektrolytische Korrosionswirkung		
Lichtbogenfestigkeit nach DIN		
nach ASTM	s	

Beständigkeit (Chemische Beständigkeit siehe Anhang)

Wasseraufnahme

Feuchtigkeitsaufnahme Normalklima %
Wetterbeständigkeit

Spannungskorrosion

Optische Eigenschaften

Brechungszahl n_D
Transmissionsgrad τ_c %   mm dick
Lichtdurchlässigkeit

Datenbank-Nr.	**T02838**		Merkblatt-Nr.	**2355**

Produkt	Vinylchlorid-Homopolymerisat			**PVC**
Handelsname	**Hostalit E 2078**			
Hersteller	HOECHST			
DIN-Bez 1	7746-PVC-E,G,159-48		Viskositätszahl ml/g	158
DIN-Bez 2			K-Wert	78
Zusätze	Alkalische Vorstabilisierung		Füllstoffe/Verstärkung	
Bevorzugte Verarbeitung	Kalandrieren		Lieferform	Pulver
			Farben	Natur
Besondere Merkmale	Emulgatorhaltig, dadurch Truebung der Fertigartikel; erleichterte Verarbeitbarkeit und verminderte elektrostatische Aufladbarkeit		Bevorzugte Anwendungen	Hartfolie; Klebebandfolie

Kornverteilung

Kornklasse μm	Rückstand %	Dichte	g/cm³	
>250	≤0.1	Schüttdichte	g/cm³	0.48
		Stampfdichte	g/cm³	
		Rieselfähigkeit		
		Rieselzeit	s/100 g	
		Kornbeschaffenheit		Feinkoernig; Kompakt
Allgemeine Hinweise		Flüchtige Bestandteile	%	≤0.3
		Sulfatasche	%	

Zugversuch 23 °C

Probekörper: Form / Zustand
Herstellung / Vorbehandlung

Streckspannung	N/mm²	Dehnung bei Streckspannung	%
Zugfestigkeit	N/mm²	Reißdehnung	%
Reißfestigkeit	N/mm²	% Dehnspannung	N/mm²
E-Modul	N/mm²	Dehnung bei % Dehnspg.	%

Kriechmoduln und Zeitstandwerte 23 °C

Probekörper: Form / Zustand
Herstellung / Vorbehandlung

Kriechmodul	1 min N/mm²	Zeitstandzugfestigkeit	h N/mm²
Kriechmodul	1000 h N/mm²	Zeitdehnspg. %	h N/mm²
bei Spannung	N/mm²		

Biegeversuch 23 °C

Probekörper: Form / Zustand
Herstellung / Vorbehandlung

Biegefestigkeit	N/mm²	E-Modul	N/mm²
3,5% Biegespannung	N/mm²		

Härte 23 °C

Probekörper: Zustand
Herstellung / Vorbehandlung

Kugeldruckhärte	N/mm²	bei	N, s	Shore-Härte A
Rockwellhärte				Shore-Härte D

Schlagversuch

Probekörper: (1) / (2) / Zustand
Herstellung / Vorbehandlung

°C °C °C Probekörper-Form

Schlagzähigkeit	kJ/m²
Kerbschlagzähigkeit (1)	kJ/m²
IZOD-Kerbschlagzähigkeit (2)	J/m
Kerbschlagzugzähigkeit	kJ/m²

Kunststoffe © Springer-Verlag Berlin Heidelberg 1988
Kopieren, Vervielfältigen und Speichern in Datenverarbeitungsanlagen (auch auszugsweise) ist nur mit schriftlicher Genehmigung des Verlages gestattet

Datenbank-Nr. **T02838**   *Merkblatt-Nr.* **2355**

Abrieb und Reibung

Taber-Abrieb (Reibradverfahren)	mm³/100 U	
Abriebfaktor LNP (Thrust washer) Vergleichswert		
Statische Reibungszahl		
Dynamische Reibungszahl	(p·v = N/mm² · m/min)	
Zulässiger p·v Wert	N/mm² · (m/min) v = m/min	
	v = m/min	

Thermische Eigenschaften

Formbeständigkeit in der Wärme	Verfahren	°C
	Verfahren	°C
Vicat Erweichungstemperatur (VST)	Verfahren	°C
	Verfahren	°C
Kristallit-Schmelzpunkt	Verfahren	
Längenausdehnungskoeffizient	Bereich °C	$\cdot 10^{-4} K^{-1}$
	Temperatur	$\cdot 10^{-4} K^{-1}$
Wärmeleitfähigkeit	Verfahren	W/(K·m)
Spezifische Wärmekapazität	Verfahren	J/(K·g)
Glasumwandlungstemperatur	Torsionsschwingungsversuch	°C
	Differentialkalorimetrie	°C

Brandverhalten

UL-Test vertikal   Dicke   mm, Wert
                        Dicke   mm, Wert

	Norm	Bewertung	Abmessungen
Sauerstoff-Index	ASTM D 2863		
Glühstab-Verfahren			
Brandverhalten	DIN 4102		
MVSS			
FAR			

Elektrische Eigenschaften

	Hz	°C		Probekörper, Form
Dielektrizitätszahl	50			
	10³			
	10⁶			
Dielektrischer Verlustfaktor tan δ	50			
	10³			
	10⁶			
Spezifischer Durchgangswiderstand	Ohm·cm			
Durchschlagfestigkeit	kV/mm			mm dick
Oberflächenwiderstand	Ohm			
Kriechstromfestigkeit		KC KB KA		
Kriechwegbildung				

Elektrolytische Korrosionswirkung
Lichtbogenfestigkeit nach DIN
               nach ASTM   s

Beständigkeit *(Chemische Beständigkeit siehe Anhang)*

Wasseraufnahme

Feuchtigkeitsaufnahme Normalklima   %
Wetterbeständigkeit

Spannungskorrosion

Optische Eigenschaften

Brechungszahl n_D
Transmissionsgrad τ_c %   mm dick
Lichtdurchlässigkeit

Datenbank-Nr.	**T02839**		Merkblatt-Nr.	**2356**

Produkt	Vinylchlorid-Homopolymerisat		**PVC**
Handelsname	**Hostalit E 3059**		
Hersteller	HOECHST		
DIN-Bez 1	7746-PVC-E,G,086-60,,	Viskositätszahl ml/g	85
DIN-Bez 2		K-Wert	59
Zusätze	Alkalische Vorstabilisierung	Füllstoffe/Verstärkung	
Bevorzugte Verarbeitung	Extrudieren	Lieferform	Pulver
		Farben	Natur
Besondere Merkmale	Emulgatorhaltig, dadurch Truebung der Fertigartikel; erleichterte Verarbeitbarkeit und verminderte elektrostatische Aufladbarkeit	Bevorzugte Anwendungen	Hartprofil; Extrusions-Hartfolie

Kornverteilung

Kornklasse μm	Rückstand %		
>250	≦5	Dichte	g/cm³
>63	≧75	Schüttdichte g/cm³	0.62
		Stampfdichte g/cm³	
		Rieselfähigkeit	
		Rieselzeit s/100 g	
		Kornbeschaffenheit	grobkoernig; Kompakt
Allgemeine Hinweise		Flüchtige Bestandteile %	≦0.3
		Sulfatasche %	

Zugversuch 23 °C

Probekörper: Form Herstellung
Zustand Vorbehandlung

Streckspannung	N/mm²	Dehnung bei Streckspannung	%
Zugfestigkeit	N/mm²	Reißdehnung	%
Reißfestigkeit	N/mm²	% Dehnspannung	N/mm²
E-Modul	N/mm²	Dehnung bei % Dehnspg.	%

Kriechmoduln und Zeitstandwerte 23 °C

Probekörper: Form Herstellung
Zustand Vorbehandlung

Kriechmodul	1 min N/mm²	Zeitstandzugfestigkeit	h N/mm²
Kriechmodul	1000 h N/mm²	Zeitdehnspg. %	h N/mm²
bei Spannung	N/mm²		

Biegeversuch 23 °C

Probekörper: Form Herstellung
Zustand Vorbehandlung

Biegefestigkeit	N/mm²	E-Modul	N/mm²
3,5% Biegespannung	N/mm²		

Härte 23 °C

Probekörper: Zustand Herstellung Vorbehandlung

Kugeldruckhärte	N/mm²	bei N, s	Shore-Härte	A
Rockwellhärte			Shore-Härte	D

Schlagversuch

Probekörper: (1)
(2)
Zustand Herstellung Vorbehandlung

°C °C °C Probekörper-Form

Schlagzähigkeit	kJ/m²
Kerbschlagzähigkeit (1)	kJ/m²
IZOD-Kerbschlagzähigkeit (2)	J/m
Kerbschlagzugzähigkeit	kJ/m²

Kunststoffe © Springer-Verlag Berlin Heidelberg 1988
Kopieren, Vervielfältigen und Speichern in Datenverarbeitungsanlagen (auch auszugsweise) ist nur mit schriftlicher Genehmigung des Verlages gestattet

Datenbank-Nr. **T02839**　　　　　　　　　　　　　　　　　　　　　　　　Merkblatt-Nr. **2356**

Abrieb und Reibung

Taber-Abrieb (Reibradverfahren)　　　　　　　mm³/100 U
Abriebfaktor LNP (Thrust washer) Vergleichswert
Statische Reibungszahl
Dynamische Reibungszahl　　　　　　　　　　(p·v= 　　N/mm² ·　　m/min)
Zulässiger p · v Wert　　　　　　　　　　　　N/mm² · (m/min)　v=　　m/min
　　　　　　　　　　　　　　　　　　　　　　　　　　　　　　　　v=　　m/min

Thermische Eigenschaften

Formbeständigkeit in der Wärme　　　　Verfahren　　　　　　　　　　　°C
　　　　　　　　　　　　　　　　　　　Verfahren　　　　　　　　　　　°C
Vicat Erweichungstemperatur (VST)　　Verfahren　　　　　　　　　　　°C
　　　　　　　　　　　　　　　　　　　Verfahren　　　　　　　　　　　°C
Kristallit-Schmelzpunkt　　　　　　　　Verfahren

Längenausdehnungskoeffizient　　　　　Bereich　　　　　°C　　　　　　·10⁻⁴K⁻¹
　　　　　　　　　　　　　　　　　　　Temperatur　　　　　　　　　　·10⁻⁴K⁻¹
Wärmeleitfähigkeit　　　　　　　　　　Verfahren　　　　　　　　　　　W/(K·m)

Spezifische Wärmekapazität　　　　　　Verfahren　　　　　　　　　　　J/(K·g)

Glasumwandlungstemperatur　　　　　　Torsionsschwingungsversuch　　°C
　　　　　　　　　　　　　　　　　　　Differentialkalorimetrie　　　　°C

Brandverhalten

UL-Test vertikal　　　　　　　　　　　Dicke　　mm, Wert
　　　　　　　　　　　　　　　　　　Dicke　　mm, Wert

　　　　　　　　　Norm　　　　　　　Bewertung　　　　　　　　　　　　Abmessungen
Sauerstoff-Index　ASTM D 2863
Glühstab-Verfahren
Brandverhalten　　DIN 4102
MVSS
FAR

Elektrische Eigenschaften

　　　　　　　　　　　　　　　　　　Hz　　　　°C　　　　　　　　　　Probekörper, Form
Dielektrizitätszahl　　　　　　　　　　50
　　　　　　　　　　　　　　　　　　10³
　　　　　　　　　　　　　　　　　　10⁶
Dielektrischer Verlustfaktor tan δ　　　50
　　　　　　　　　　　　　　　　　　10³
　　　　　　　　　　　　　　　　　　10⁶
Spezifischer Durchgangs-
　widerstand　　　　　　　　　Ohm·cm
Durchschlagfestigkeit　　　　　kV/mm　　　　　　　　　　　　　　　mm dick
Oberflächenwiderstand　　　　Ohm
Kriechstromfestigkeit　　　　　　　　　KC　　　　　KB　　　　　KA
Kriechwegbildung

Elektrolytische Korrosionswirkung
Lichtbogenfestigkeit nach DIN
　　　　　nach ASTM　　s

Beständigkeit (Chemische Beständigkeit siehe Anhang)
Wasseraufnahme

Feuchtigkeitsaufnahme Normalklima　　　　　　　　　　　　　　　　　　　　　　%
Wetterbeständigkeit

Spannungskorrosion

Optische Eigenschaften

Brechungszahl n_D
Transmissionsgrad τ_c　　%　　　　　mm dick
Lichtdurchlässigkeit

Datenbank-Nr. **T05882**		Merkblatt-Nr. **2357**

Produkt	Vinylchlorid-Pastenpolymerisat		**PVC**
Handelsname	**Hostalit P 3468**		
Hersteller	HOECHST		
DIN-Bez 1	7746-PVC-E,P	Viskositätszahl ml/g	112
DIN-Bez 2		K-Wert	67
Zusätze		Füllstoffe/Verstärkung	
Bevorzugte Verarbeitung	Pastenverarbeitung	Lieferform	Pulver
		Farben	Natur
Besondere Merkmale		Bevorzugte Anwendungen	Hartschaum; Schlagschaum; Dichtungsmasse fuer Kronenkork

Kornverteilung

Kornklasse μm	Rückstand %	Dichte	g/cm³	
		Schüttdichte	g/cm³	0.35
		Stampfdichte	g/cm³	
		Rieselfähigkeit		
		Rieselzeit	s/100 g	
		Kornbeschaffenheit		
Allgemeine Hinweise	Mittlere Teilchengroesse ≤ 0.01 mm	Flüchtige Bestandteile	%	≤ 0.3
		Sulfatasche	%	

Zugversuch 23 °C

Probekörper: Form Herstellung
Zustand Vorbehandlung

Streckspannung	N/mm²	Dehnung bei Streckspannung	%
Zugfestigkeit	N/mm²	Reißdehnung	%
Reißfestigkeit	N/mm²	% Dehnspannung	N/mm²
E-Modul	N/mm²	Dehnung bei % Dehnspg.	%

Kriechmoduln und Zeitstandwerte 23 °C

Probekörper: Form Herstellung
Zustand Vorbehandlung

Kriechmodul	1 min N/mm²	Zeitstandzugfestigkeit	h N/mm²
Kriechmodul	1000 h N/mm²	Zeitdehnspg. %	h N/mm²
bei Spannung	N/mm²		

Biegeversuch 23 °C

Probekörper: Form Herstellung
Zustand Vorbehandlung

Biegefestigkeit	N/mm²	E-Modul	N/mm²
3,5% Biegespannung	N/mm²		

Härte 23 °C

Probekörper: Zustand Herstellung
Vorbehandlung

Kugeldruckhärte	N/mm²	bei	N, s	Shore-Härte A
Rockwellhärte				Shore-Härte D

Schlagversuch

Probekörper: (1)
(2)
Zustand Herstellung Vorbehandlung

°C °C °C Probekörper-Form

Schlagzähigkeit	kJ/m²
Kerbschlagzähigkeit (1)	kJ/m²
IZOD-Kerbschlagzähigkeit (2)	J/m
Kerbschlagzugzähigkeit	kJ/m²

Kunststoffe © Springer-Verlag Berlin Heidelberg 1988
Kopieren, Vervielfältigen und Speichern in Datenverarbeitungsanlagen (auch auszugsweise) ist nur mit schriftlicher Genehmigung des Verlages gestattet

Datenbank-Nr. **T05882** *Merkblatt-Nr.* **2357**

Abrieb und Reibung

Taber-Abrieb (Reibradverfahren)	mm³/100 U	
Abriebfaktor LNP (Thrust washer) Vergleichswert		
Statische Reibungszahl		
Dynamische Reibungszahl	(p·v = N/mm² · m/min)	
Zulässiger p·v Wert	N/mm² · (m/min) v = m/min	
	v = m/min	

Thermische Eigenschaften

Formbeständigkeit in der Wärme	Verfahren	°C
	Verfahren	°C
Vicat Erweichungstemperatur (VST)	Verfahren	°C
	Verfahren	°C
Kristallit-Schmelzpunkt	Verfahren	
Längenausdehnungskoeffizient	Bereich °C	$\cdot 10^{-4} K^{-1}$
	Temperatur	$\cdot 10^{-4} K^{-1}$
Wärmeleitfähigkeit	Verfahren	W/(K·m)
Spezifische Wärmekapazität	Verfahren	J/(K·g)
Glasumwandlungstemperatur	Torsionsschwingungsversuch	°C
	Differentialkalorimetrie	°C

Brandverhalten

UL-Test vertikal Dicke mm, Wert
   Dicke mm, Wert

	Norm	Bewertung	Abmessungen
Sauerstoff-Index	ASTM D 2863		
Glühstab-Verfahren			
Brandverhalten	DIN 4102		
MVSS			
FAR			

Elektrische Eigenschaften

	Hz	°C	Probekörper, Form
Dielektrizitätszahl	50		
	10³		
	10⁶		
Dielektrischer Verlustfaktor tan δ	50		
	10³		
	10⁶		

Spezifischer Durchgangswiderstand	Ohm·cm	
Durchschlagfestigkeit	kV/mm	mm dick
Oberflächenwiderstand	Ohm	
Kriechstromfestigkeit	KC KB KA	
Kriechwegbildung		

Elektrolytische Korrosionswirkung
Lichtbogenfestigkeit nach DIN
      nach ASTM s

Beständigkeit (Chemische Beständigkeit siehe Anhang)

Wasseraufnahme

Feuchtigkeitsaufnahme Normalklima %
Wetterbeständigkeit

Spannungskorrosion

Optische Eigenschaften

Brechungszahl n_D
Transmissionsgrad τ_c % mm dick
Lichtdurchlässigkeit

Datenbank-Nr.	**T05883**		Merkblatt-Nr.	**2358**
Produkt	Vinylchlorid-Pastenpolymerisat			**PVC**
Handelsname	**Hostalit P 4465**			
Hersteller	HOECHST			
DIN-Bez 1	7746-E,P,120-130		Viskositätszahl ml/g	105
DIN-Bez 2			K-Wert	65
Zusätze			Füllstoffe/Verstärkung	
Bevorzugte Verarbeitung	Pastenverarbeitung		Lieferform	Pulver
			Farben	Natur
Besondere Merkmale			Bevorzugte Anwendungen	Hartschaum; Schlagschaum; Kompaktstrich

Kornverteilung

Kornklasse μm	Rückstand %			
		Dichte	g/cm^3	
		Schüttdichte	g/cm^3	0.31
		Stampfdichte	g/cm^3	
		Rieselfähigkeit		
		Rieselzeit	s/100 g	
		Kornbeschaffenheit		
Allgemeine Hinweise	Mittlere Teilchengroesse ≦ 0.01 mm	Flüchtige Bestandteile	%	≦ 0.3
		Sulfatasche	%	

Zugversuch 23 °C

Probekörper: Form
Zustand
Herstellung
Vorbehandlung

Streckspannung	N/mm^2	Dehnung bei Streckspannung	%
Zugfestigkeit	N/mm^2	Reißdehnung	%
Reißfestigkeit	N/mm^2	% Dehnspannung	N/mm^2
E-Modul	N/mm^2	Dehnung bei % Dehnspg.	%

Kriechmoduln und Zeitstandwerte 23 °C

Probekörper: Form
Zustand
Herstellung
Vorbehandlung

Kriechmodul	1 min N/mm^2	Zeitstandzugfestigkeit	h N/mm^2
Kriechmodul	1000 h N/mm^2	Zeitdehnspg. %	h N/mm^2
bei Spannung	N/mm^2		

Biegeversuch 23 °C

Probekörper: Form
Zustand
Herstellung
Vorbehandlung

Biegefestigkeit	N/mm^2	E-Modul	N/mm^2
3,5% Biegespannung	N/mm^2		

Härte 23 °C

Probekörper: Zustand
Herstellung
Vorbehandlung

Kugeldruckhärte	N/mm^2	bei N, s	Shore-Härte A	
Rockwellhärte			Shore-Härte D	

Schlagversuch

Probekörper: (1)
(2)
Zustand
Herstellung
Vorbehandlung

°C   °C   °C   Probekörper-Form

Schlagzähigkeit	kJ/m^2
Kerbschlagzähigkeit (1)	kJ/m^2
IZOD-Kerbschlagzähigkeit (2)	J/m
Kerbschlagzugzähigkeit	kJ/m^2

Kunststoffe © Springer-Verlag Berlin Heidelberg 1988
Kopieren, Vervielfältigen und Speichern in Datenverarbeitungsanlagen (auch auszugsweise) ist nur mit schriftlicher Genehmigung des Verlages gestattet

Datenbank-Nr. **T05883** Merkblatt-Nr. **2358**

Abrieb und Reibung
Taber-Abrieb (Reibradverfahren) mm³/100 U
Abriebfaktor LNP (Thrust washer) Vergleichswert
Statische Reibungszahl
Dynamische Reibungszahl (p·v= N/mm² · m/min)
Zulässiger p·v Wert N/mm² · (m/min) v= m/min
  v= m/min

Thermische Eigenschaften
Formbeständigkeit in der Wärme Verfahren °C
  Verfahren °C
Vicat Erweichungstemperatur (VST) Verfahren °C
  Verfahren °C
Kristallit-Schmelzpunkt Verfahren

Längenausdehnungskoeffizient Bereich °C $\cdot 10^{-4} K^{-1}$
  Temperatur $\cdot 10^{-4} K^{-1}$
Wärmeleitfähigkeit Verfahren W/(K·m)

Spezifische Wärmekapazität Verfahren J/(K·g)

Glasumwandlungstemperatur Torsionsschwingungsversuch °C
  Differentialkalorimetrie °C

Brandverhalten
UL-Test vertikal Dicke mm, Wert
  Dicke mm, Wert

  Norm Bewertung Abmessungen
Sauerstoff-Index ASTM D 2863
Glühstab-Verfahren
Brandverhalten DIN 4102
MVSS
FAR

Elektrische Eigenschaften
  Hz °C Probekörper, Form
Dielektrizitätszahl 50
  10^3
  10^6
Dielektrischer Verlustfaktor tan δ 50
  10^3
  10^6
Spezifischer Durchgangs-
  widerstand Ohm·cm
Durchschlagfestigkeit kV/mm mm dick
Oberflächenwiderstand Ohm
Kriechstromfestigkeit KC KB KA
Kriechwegbildung

Elektrolytische Korrosionswirkung
Lichtbogenfestigkeit nach DIN
  nach ASTM s

Beständigkeit (Chemische Beständigkeit siehe Anhang)
Wasseraufnahme

Feuchtigkeitsaufnahme Normalklima %
Wetterbeständigkeit

Spannungskorrosion

Optische Eigenschaften
Brechungszahl n_D
Transmissionsgrad τ_c % mm dick
Lichtdurchlässigkeit

Datenbank-Nr.	**T05884**			Merkblatt-Nr. **2359**
Produkt	Polyvinylchlorid-Extender			**PVC**
Handelsname	**Hostalit S 1067**			
Hersteller	HOECHST			
DIN-Bez 1	7746-PVC-E,P		Viskositätszahl ml/g	108
DIN-Bez 2			K-Wert	66
Zusätze			Füllstoffe/Verstärkung	
Bevorzugte Verarbeitung	Pastenverarbeitung		Lieferform	Pulver
			Farben	Natur
Besondere Merkmale	Grobkoernig		Bevorzugte Anwendungen	Hartschaum; Mittelharter Schaum; Schlagschaum; Transparenter Deckstrich; Opaker Deckstrich; Kompaktstrich; Kfz-Unterbodenschutz; Kronenkork

Kornverteilung

Kornklasse µm	Rückstand %		Dichte g/cm³	
			Schüttdichte g/cm³	0.64
			Stampfdichte g/cm³	
			Rieselfähigkeit	
			Rieselzeit s/100 g	
			Kornbeschaffenheit	
Allgemeine Hinweise	Mittlere Teilchengroesse 0.035 mm		Flüchtige Bestandteile %	≤ 0.2
			Sulfatasche %	

Zugversuch 23 °C

Probekörper: Form Herstellung
Zustand Vorbehandlung

Streckspannung	N/mm²	Dehnung bei Streckspannung	%
Zugfestigkeit	N/mm²	Reißdehnung	%
Reißfestigkeit	N/mm²	% Dehnspannung	N/mm²
E-Modul	N/mm²	Dehnung bei % Dehnspg.	%

Kriechmoduln und Zeitstandwerte 23 °C

Probekörper: Form Herstellung
Zustand Vorbehandlung

Kriechmodul	1 min N/mm²	Zeitstandzugfestigkeit	h N/mm²
Kriechmodul	1000 h N/mm²	Zeitdehnspg. %	h N/mm²
bei Spannung	N/mm²		

Biegeversuch 23 °C

Probekörper: Form Herstellung
Zustand Vorbehandlung

Biegefestigkeit	N/mm²	E-Modul	N/mm²
3,5% Biegespannung	N/mm²		

Härte 23 °C

Probekörper: Zustand Herstellung
Vorbehandlung

Kugeldruckhärte	N/mm²	bei N, s	Shore-Härte A	
Rockwellhärte			Shore-Härte D	

Schlagversuch

Probekörper: (1)
(2)
Zustand Herstellung
Vorbehandlung

°C °C °C Probekörper-Form

Schlagzähigkeit	kJ/m²
Kerbschlagzähigkeit (1)	kJ/m²
IZOD-Kerbschlagzähigkeit (2)	J/m
Kerbschlagzugzähigkeit	kJ/m²

Kunststoffe © Springer-Verlag Berlin Heidelberg 1988
Kopieren, Vervielfältigen und Speichern in Datenverarbeitungsanlagen (auch auszugsweise) ist nur mit schriftlicher Genehmigung des Verlages gestattet

Datenbank-Nr. **T05884** *Merkblatt-Nr.* **2359**

Abrieb und Reibung

Taber-Abrieb (Reibradverfahren) — mm³/100 U
Abriebfaktor LNP (Thrust washer) Vergleichswert
Statische Reibungszahl
Dynamische Reibungszahl — (p·v = N/mm² · m/min)
Zulässiger p · v Wert — N/mm² · (m/min) v = m/min
                                            v = m/min

Thermische Eigenschaften

Formbeständigkeit in der Wärme Verfahren °C
                                   Verfahren °C
Vicat Erweichungstemperatur (VST) Verfahren °C
                                     Verfahren °C
Kristallit-Schmelzpunkt Verfahren

Längenausdehnungskoeffizient Bereich °C ·10⁻⁴ K⁻¹
                                Temperatur   ·10⁻⁴ K⁻¹
Wärmeleitfähigkeit Verfahren W/(K · m)

Spezifische Wärmekapazität Verfahren J/(K · g)

Glasumwandlungstemperatur Torsionsschwingungsversuch °C
                             Differentialkalorimetrie °C

Brandverhalten

UL-Test vertikal Dicke mm, Wert
                    Dicke mm, Wert

	Norm	Bewertung	Abmessungen
Sauerstoff-Index	ASTM D 2863		
Glühstab-Verfahren			
Brandverhalten	DIN 4102		
MVSS			
FAR			

Elektrische Eigenschaften

	Hz	°C	Probekörper, Form
Dielektrizitätszahl	50		
	10³		
	10⁶		
Dielektrischer Verlustfaktor tan δ	50		
	10³		
	10⁶		

*Spezifischer Durchgangs-
 widerstand* Ohm · cm
Durchschlagfestigkeit kV/mm   mm dick
Oberflächenwiderstand Ohm

Kriechstromfestigkeit   KC   KB   KA
Kriechwegbildung

Elektrolytische Korrosionswirkung
Lichtbogenfestigkeit nach DIN
         nach ASTM s

Beständigkeit (Chemische Beständigkeit siehe Anhang)

Wasseraufnahme

Feuchtigkeitsaufnahme Normalklima   %
Wetterbeständigkeit

Spannungskorrosion

Optische Eigenschaften

Brechungszahl n_D
Transmissionsgrad τ_c %   mm dick
Lichtdurchlässigkeit

Datenbank-Nr.	**T02843**		Merkblatt-Nr. **2360**
Produkt	Vinylchlorid-Homopolymerisat		**PVC**
Handelsname	**Hostalit E 3569**		
Hersteller	HOECHST		
DIN-Bez 1	7746-PVC-E,G,120-62	Viskositätszahl ml/g	119
DIN-Bez 2		K-Wert	69
Zusätze	Alkalische Vorstabilisierung	Füllstoffe/ Verstärkung	
Bevorzugte Verarbeitung	Extrudieren	Lieferform	Pulver
		Farben	Natur
Besondere Merkmale	Emulgatorhaltig, dadurch Truebung der Fertigartikel; erleichterte Verarbeitbarkeit und verminderte elektrostatische Aufladbarkeit; Universell stabilisierbar	Bevorzugte Anwendungen	Hartprofil; Halbhartprofil; Stab; Rohr duennwandig

Kornverteilung

Kornklasse μm	Rückstand %		
>250	≦5	Dichte g/cm³	
>63	≧75	Schüttdichte g/cm³	0.64
		Stampfdichte g/cm³	
		Rieselfähigkeit	Rieselt gut
		Rieselzeit s/100 g	
		Kornbeschaffenheit	Grobkoernig; Kompakt
Allgemeine Hinweise		Flüchtige Bestandteile %	≦0.3
		Sulfatasche %	

Zugversuch 23 °C

Probekörper: Form / Zustand   Herstellung / Vorbehandlung

Streckspannung	N/mm²	Dehnung bei Streckspannung	%
Zugfestigkeit	N/mm²	Reißdehnung	%
Reißfestigkeit	N/mm²	% Dehnspannung	N/mm²
E-Modul	N/mm²	Dehnung bei % Dehnspg.	%

Kriechmoduln und Zeitstandwerte 23 °C

Probekörper: Form / Zustand   Herstellung / Vorbehandlung

Kriechmodul	1 min N/mm²	Zeitstandzugfestigkeit	h N/mm²
Kriechmodul	1000 h N/mm²	Zeitdehnspg. %	h N/mm²
bei Spannung	N/mm²		

Biegeversuch 23 °C

Probekörper: Form / Zustand   Herstellung / Vorbehandlung

Biegefestigkeit	N/mm²	E-Modul	N/mm²
3,5% Biegespannung	N/mm²		

Härte 23 °C

Probekörper: Zustand   Herstellung / Vorbehandlung

Kugeldruckhärte	N/mm² bei N, s	Shore-Härte A	
Rockwellhärte		Shore-Härte D	

Schlagversuch

Probekörper: (1) (2) Zustand   Herstellung / Vorbehandlung

	°C	°C	°C	Probekörper-Form
Schlagzähigkeit	kJ/m²			
Kerbschlagzähigkeit (1)	kJ/m²			
IZOD-Kerbschlagzähigkeit (2)	J/m			
Kerbschlagzugzähigkeit	kJ/m²			

Kunststoffe © Springer-Verlag Berlin Heidelberg 1988
Kopieren, Vervielfältigen und Speichern in Datenverarbeitungsanlagen (auch auszugsweise) ist nur mit schriftlicher Genehmigung des Verlages gestattet

Datenbank-Nr. **T02843** Merkblatt-Nr. **2360**

Abrieb und Reibung

Taber-Abrieb (Reibradverfahren)	mm³/100 U	
Abriebfaktor LNP (Thrust washer) Vergleichswert		
Statische Reibungszahl		
Dynamische Reibungszahl	(p·v = N/mm² · m/min)	
Zulässiger p · v Wert	N/mm² · (m/min) v = m/min	
	v = m/min	

Thermische Eigenschaften

Formbeständigkeit in der Wärme	Verfahren	°C
	Verfahren	°C
Vicat Erweichungstemperatur (VST)	Verfahren	°C
	Verfahren	°C
Kristallit-Schmelzpunkt	Verfahren	
Längenausdehnungskoeffizient	Bereich °C	$\cdot 10^{-4} K^{-1}$
	Temperatur	$\cdot 10^{-4} K^{-1}$
Wärmeleitfähigkeit	Verfahren	W/(K · m)
Spezifische Wärmekapazität	Verfahren	J/(K · g)
Glasumwandlungstemperatur	Torsionsschwingungsversuch	°C
	Differentialkalorimetrie	°C

Brandverhalten

UL-Test vertikal Dicke mm, Wert
   Dicke mm, Wert

	Norm	Bewertung	Abmessungen
Sauerstoff-Index	ASTM D 2863		
Glühstab-Verfahren			
Brandverhalten	DIN 4102		
MVSS			
FAR			

Elektrische Eigenschaften

	Hz	°C	Probekörper, Form
Dielektrizitätszahl	50		
	10^3		
	10^6		
Dielektrischer Verlustfaktor tan δ	50		
	10^3		
	10^6		

Spezifischer Durchgangswiderstand	Ohm · cm	
Durchschlagfestigkeit	kV/mm	mm dick
Oberflächenwiderstand	Ohm	

Kriechstromfestigkeit KC KB KA
Kriechwegbildung

Elektrolytische Korrosionswirkung
Lichtbogenfestigkeit nach DIN
       nach ASTM s

Beständigkeit (Chemische Beständigkeit siehe Anhang)

Wasseraufnahme

Feuchtigkeitsaufnahme Normalklima   %
Wetterbeständigkeit

Spannungskorrosion

Optische Eigenschaften

Brechungszahl n_D
Transmissionsgrad τ_c %   mm dick
Lichtdurchlässigkeit

Datenbank-Nr.	**T02844**	Merkblatt-Nr.	**2361**

PVC

Produkt	Vinylchlorid-Homopolymerisat
Handelsname	**Hostalit E 4569**
Hersteller	HOECHST
DIN-Bez 1	7746-PVC-E,G,120-40
DIN-Bez 2	
Zusätze	Alkalische Vorstabilisierung
Bevorzugte Verarbeitung	Extrudieren
Besondere Merkmale	Emulgatorhaltig, dadurch Truebung der Fertigartikel; erleichterte Verarbeitbarkeit und verminderte elektrostatische Aufladbarkeit; Universell stabilisierbar

Viskositätszahl ml/g	119
K-Wert	69
Füllstoffe/Verstärkung	
Lieferform	Pulver
Farben	Natur
Bevorzugte Anwendungen	Weichprofil; Halbhartprofil; Folie; Bodenbelag; Weichschlauch

Kornverteilung

Kornklasse μm	Rückstand %
>250	≤3
>63	≥40

Allgemeine Hinweise

Dichte	g/cm³	
Schüttdichte	g/cm³	0.43
Stampfdichte	g/cm³	
Rieselfähigkeit		
Rieselzeit	s/100 g	
Kornbeschaffenheit		Grobkoernig; Poroes
Flüchtige Bestandteile	%	≤0.3
Sulfatasche	%	

Zugversuch 23 °C

Probekörper: Form
Zustand
Herstellung
Vorbehandlung

Streckspannung	N/mm²	Dehnung bei Streckspannung		%
Zugfestigkeit	N/mm²	Reißdehnung		%
Reißfestigkeit	N/mm²	% Dehnspannung		N/mm²
E-Modul	N/mm²	Dehnung bei	% Dehnspg.	%

Kriechmoduln und Zeitstandwerte 23 °C

Probekörper: Form
Zustand
Herstellung
Vorbehandlung

Kriechmodul	1 min N/mm²	Zeitstandzugfestigkeit	h N/mm²
Kriechmodul	1000 h N/mm²	Zeitdehnspg. %	h N/mm²
bei Spannung	N/mm²		

Biegeversuch 23 °C

Probekörper: Form
Zustand
Herstellung
Vorbehandlung

Biegefestigkeit	N/mm²	E-Modul	N/mm²
3,5% Biegespannung	N/mm²		

Härte 23 °C

Probekörper: Zustand
Herstellung
Vorbehandlung

Kugeldruckhärte	N/mm²	bei	N, s	Shore-Härte A
Rockwellhärte				Shore-Härte D

Schlagversuch

Probekörper: (1)
(2)
Zustand
Herstellung
Vorbehandlung

	°C	°C	°C	Probekörper-Form
Schlagzähigkeit	kJ/m²			
Kerbschlagzähigkeit (1)	kJ/m²			
IZOD-Kerbschlagzähigkeit (2)	J/m			
Kerbschlagzugzähigkeit	kJ/m²			

Kunststoffe © Springer-Verlag Berlin Heidelberg 1988
Kopieren, Vervielfältigen und Speichern in Datenverarbeitungsanlagen (auch auszugsweise) ist nur mit schriftlicher Genehmigung des Verlages gestattet

Datenbank-Nr. **T02844** *Merkblatt-Nr.* **2361**

Abrieb und Reibung

Taber-Abrieb (Reibradverfahren)	mm³/100 U
Abriebfaktor LNP (Thrust washer) Vergleichswert	
Statische Reibungszahl	
Dynamische Reibungszahl	(p·v= N/mm² · m/min)
Zulässiger p·v Wert	N/mm² · (m/min) v= m/min
	v= m/min

Thermische Eigenschaften

Formbeständigkeit in der Wärme	Verfahren		°C
	Verfahren		°C
Vicat Erweichungstemperatur (VST)	Verfahren		°C
	Verfahren		°C
Kristallit-Schmelzpunkt	Verfahren		
Längenausdehnungskoeffizient	Bereich	°C	$\cdot 10^{-4} K^{-1}$
	Temperatur		$\cdot 10^{-4} K^{-1}$
Wärmeleitfähigkeit	Verfahren		W/(K·m)
Spezifische Wärmekapazität	Verfahren		J/(K·g)
Glasumwandlungstemperatur	Torsionsschwingungsversuch	°C	
	Differentialkalorimetrie	°C	

Brandverhalten

UL-Test vertikal		Dicke mm, Wert	
		Dicke mm, Wert	
	Norm	Bewertung	Abmessungen
Sauerstoff-Index	ASTM D 2863		
Glühstab-Verfahren			
Brandverhalten	DIN 4102		
MVSS			
FAR			

Elektrische Eigenschaften

	Hz	°C	Probekörper, Form
Dielektrizitätszahl	50		
	10³		
	10⁶		
Dielektrischer Verlustfaktor tan δ	50		
	10³		
	10⁶		
Spezifischer Durchgangswiderstand	Ohm·cm		
Durchschlagfestigkeit	kV/mm		mm dick
Oberflächenwiderstand	Ohm		
Kriechstromfestigkeit	KC	KB	KA
Kriechwegbildung			
Elektrolytische Korrosionswirkung			
Lichtbogenfestigkeit nach DIN			
nach ASTM	s		

Beständigkeit *(Chemische Beständigkeit siehe Anhang)*

Wasseraufnahme

Feuchtigkeitsaufnahme Normalklima %
Wetterbeständigkeit

Spannungskorrosion

Optische Eigenschaften

Brechungszahl n_D
Transmissionsgrad τ_c %   mm dick
Lichtdurchlässigkeit

Datenbank-Nr.	**T02845**		Merkblatt-Nr.	**2362**

Produkt	Vinylchlorid-Homopolymerisat		**PVC**
Handelsname	**Hostalit M 3057**		
Hersteller	HOECHST		
DIN-Bez 1	7746-PVC-M,G,082-61	Viskositätszahl ml/g	82
DIN-Bez 2		K-Wert	58
Zusätze		Füllstoffe/Verstärkung	
Bevorzugte Verarbeitung	Blasformen; Spritzgiessen; Extrudieren	Lieferform	Pulver
		Farben	Natur
Besondere Merkmale	Frei von Schutzkolloidresten; Brillanter als S-PVC; Poroeses Korn bei hoher Schuettdichte und enger Kornverteilung; Glasklar; Hohe Brillanz; Guenstige Fliesseigenschaften	Bevorzugte Anwendungen	Hartverarbeitung; Hohlkoerper; Hartfolie; Tafel; Spritzgiessteil; Monofilament; Profil

Kornverteilung

Kornklasse µm	Rückstand %		
>250	≦1	Dichte g/cm³	
>63	≧93	Schüttdichte g/cm³	0.62
		Stampfdichte g/cm³	
		Rieselfähigkeit	Rieselt gut
		Rieselzeit s/100 g	
		Kornbeschaffenheit	Poroes
Allgemeine Hinweise		Flüchtige Bestandteile %	≦0.3
		Sulfatasche %	

Zugversuch 23 °C

Probekörper: Form Herstellung
Zustand Vorbehandlung

Streckspannung	N/mm²	Dehnung bei Streckspannung	%
Zugfestigkeit	N/mm²	Reißdehnung	%
Reißfestigkeit	N/mm²	% Dehnspannung	N/mm²
E-Modul	N/mm²	Dehnung bei % Dehnspg.	%

Kriechmoduln und Zeitstandwerte 23 °C

Probekörper: Form Herstellung
Zustand Vorbehandlung

Kriechmodul	1 min N/mm²	Zeitstandzugfestigkeit	h N/mm²
Kriechmodul	1000 h N/mm²	Zeitdehnspg. %	h N/mm²
bei Spannung	N/mm²		

Biegeversuch 23 °C

Probekörper: Form Herstellung
Zustand Vorbehandlung

Biegefestigkeit	N/mm²	E-Modul	N/mm²
3,5% Biegespannung	N/mm²		

Härte 23 °C

Probekörper: Zustand Herstellung
Vorbehandlung

Kugeldruckhärte	N/mm² bei N, s	Shore-Härte A	
Rockwellhärte		Shore-Härte D	

Schlagversuch

Probekörper: (1)
(2) Herstellung
Zustand Vorbehandlung

°C   °C   °C   Probekörper-Form

Schlagzähigkeit	kJ/m²
Kerbschlagzähigkeit (1)	kJ/m²
IZOD-Kerbschlagzähigkeit (2)	J/m
Kerbschlagzugzähigkeit	kJ/m²

Kunststoffe © Springer-Verlag Berlin Heidelberg 1988
Kopieren, Vervielfältigen und Speichern in Datenverarbeitungsanlagen (auch auszugsweise) ist nur mit schriftlicher Genehmigung des Verlages gestattet

Datenbank-Nr. **T02845**   *Merkblatt-Nr.* **2362**

Abrieb und Reibung
Taber-Abrieb (Reibradverfahren) mm³/100 U
Abriebfaktor LNP (Thrust washer) Vergleichswert
Statische Reibungszahl
Dynamische Reibungszahl (p·v= N/mm² · m/min)
Zulässiger p·v Wert N/mm² · (m/min) v= m/min
v= m/min

Thermische Eigenschaften
Formbeständigkeit in der Wärme Verfahren °C
Verfahren °C
Vicat Erweichungstemperatur (VST) Verfahren °C
Verfahren °C
Kristallit-Schmelzpunkt Verfahren

Längenausdehnungskoeffizient Bereich °C ·10⁻⁴K⁻¹
Temperatur ·10⁻⁴K⁻¹
Wärmeleitfähigkeit Verfahren W/(K·m)

Spezifische Wärmekapazität Verfahren J/(K·g)

Glasumwandlungstemperatur Torsionsschwingungsversuch °C
Differentialkalorimetrie °C

Brandverhalten
UL-Test vertikal Dicke mm, Wert
Dicke mm, Wert

	Norm	Bewertung	Abmessungen
Sauerstoff-Index	ASTM D 2863		
Glühstab-Verfahren			
Brandverhalten	DIN 4102		
MVSS			
FAR			

Elektrische Eigenschaften
	Hz	°C	Probekörper, Form
Dielektrizitätszahl	50		
	10³		
	10⁶		
Dielektrischer Verlustfaktor tan δ	50		
	10³		
	10⁶		

Spezifischer Durchgangs-
widerstand Ohm·cm
Durchschlagfestigkeit kV/mm mm dick
Oberflächenwiderstand Ohm

Kriechstromfestigkeit KC KB KA
Kriechwegbildung

Elektrolytische Korrosionswirkung
Lichtbogenfestigkeit nach DIN
nach ASTM s

Beständigkeit *(Chemische Beständigkeit siehe Anhang)*
Wasseraufnahme

Feuchtigkeitsaufnahme Normalklima %
Wetterbeständigkeit

Spannungskorrosion

Optische Eigenschaften
Brechungszahl n_D
Transmissionsgrad τ_c % mm dick
Lichtdurchlässigkeit

Datenbank-Nr.	**T02846**			Merkblatt-Nr. **2363**
				PVC

Produkt	Vinylchlorid-Homopolymerisat
Handelsname	**Hostalit M 3060**
Hersteller	HOECHST
DIN-Bez 1	7746-PVC-M,G,092-61
DIN-Bez 2	
Zusätze	
Bevorzugte Verarbeitung	Extrudieren; Spritzgiessen; Blasformen
Besondere Merkmale	Frei von Schutzkolloidresten; Brillanter als S-PVC; Poroeses Korn bei hoher Schuettdichte und enger Kornverteilung; Glasklar; Hohe Brillanz; Guenstige Fliesseigenschaften

Viskositätszahl ml/g	91	
K-Wert	61	
Füllstoffe/ Verstärkung		
Lieferform	Pulver	
Farben	Natur	
Bevorzugte Anwendungen	Hartverarbeitung; Hohlkoerper; Hartfolie; Tafel; Spritzgiessteil; Monofilament; Hartprofil	

Kornverteilung

Kornklasse µm	Rückstand %
>250	≦1
>63	≧93

Allgemeine Hinweise

Dichte	g/cm³	
Schüttdichte	g/cm³	0.61
Stampfdichte	g/cm³	
Rieselfähigkeit		Rieselt gut
Rieselzeit	s/100 g	
Kornbeschaffenheit		Poroes
Flüchtige Bestandteile	%	≦0.3
Sulfatasche	%	

Zugversuch 23 °C

Probekörper: Form
Zustand

Herstellung
Vorbehandlung

Streckspannung	N/mm²	Dehnung bei Streckspannung		%
Zugfestigkeit	N/mm²	Reißdehnung		%
Reißfestigkeit	N/mm²	% Dehnspannung		N/mm²
E-Modul	N/mm²	Dehnung bei	% Dehnspg.	%

Kriechmoduln und Zeitstandwerte 23 °C

Probekörper: Form
Zustand

Herstellung
Vorbehandlung

Kriechmodul	1 min	N/mm²	Zeitstandzugfestigkeit	h N/mm²
Kriechmodul	1000 h	N/mm²	Zeitdehnspg. %	h N/mm²
bei Spannung		N/mm²		

Biegeversuch 23 °C

Probekörper: Form
Zustand

Herstellung
Vorbehandlung

Biegefestigkeit	N/mm²	E-Modul	N/mm²
3,5% Biegespannung	N/mm²		

Härte 23 °C

Probekörper: Zustand

Herstellung
Vorbehandlung

Kugeldruckhärte	N/mm²	bei	N, s	Shore-Härte A
Rockwellhärte				Shore-Härte D

Schlagversuch

Probekörper: (1)
(2)
Zustand

Herstellung
Vorbehandlung

°C	°C	°C	Probekörper-Form

Schlagzähigkeit	kJ/m²
Kerbschlagzähigkeit (1)	kJ/m²
IZOD-Kerbschlagzähigkeit (2)	J/m
Kerbschlagzugzähigkeit	kJ/m²

Datenbank-Nr. **T02846** Merkblatt-Nr. **2363**

Abrieb und Reibung

Taber-Abrieb (Reibradverfahren)   mm³/100 U
Abriebfaktor LNP (Thrust washer) Vergleichswert
Statische Reibungszahl
Dynamische Reibungszahl   (p·v = N/mm² · m/min)
Zulässiger p·v Wert   N/mm² · (m/min)   v = m/min
  v = m/min

Thermische Eigenschaften

Formbeständigkeit in der Wärme   Verfahren   °C
  Verfahren   °C
Vicat Erweichungstemperatur (VST)   Verfahren   °C
  Verfahren   °C
Kristallit-Schmelzpunkt   Verfahren

Längenausdehnungskoeffizient   Bereich   °C $\cdot 10^{-4} K^{-1}$
  Temperatur $\cdot 10^{-4} K^{-1}$
Wärmeleitfähigkeit   Verfahren   W/(K·m)

Spezifische Wärmekapazität   Verfahren   J/(K·g)

Glasumwandlungstemperatur   Torsionsschwingungsversuch   °C
  Differentialkalorimetrie   °C

Brandverhalten

UL-Test vertikal   Dicke   mm, Wert
  Dicke   mm, Wert

	Norm	Bewertung	Abmessungen
Sauerstoff-Index	ASTM D 2863		
Glühstab-Verfahren			
Brandverhalten	DIN 4102		
MVSS			
FAR			

Elektrische Eigenschaften

  Hz   °C   Probekörper, Form

Dielektrizitätszahl   50
  10³
  10⁶
Dielektrischer Verlustfaktor tan δ   50
  10³
  10⁶

Spezifischer Durchgangs-
  widerstand   Ohm·cm
Durchschlagfestigkeit   kV/mm   mm dick
Oberflächenwiderstand   Ohm

Kriechstromfestigkeit   KC   KB   KA
Kriechwegbildung

Elektrolytische Korrosionswirkung
Lichtbogenfestigkeit nach DIN
  nach ASTM   s

Beständigkeit (Chemische Beständigkeit siehe Anhang)

Wasseraufnahme

Feuchtigkeitsaufnahme Normalklima   %
Wetterbeständigkeit

Spannungskorrosion

Optische Eigenschaften

Brechungszahl n_D
Transmissionsgrad τ_c %   mm dick
Lichtdurchlässigkeit

Datenbank-Nr.	**T02847**		*Merkblatt-Nr.*	**2364**

Produkt	Vinylchlorid-Homopolymerisat		**PVC**
Handelsname	**Hostalit M 3067**		
Hersteller	HOECHST		
DIN-Bez 1	7746-PVC-M,G,112-60	*Viskositätszahl* ml/g	112
DIN-Bez 2		*K-Wert*	67
Zusätze		*Füllstoffe/ Verstärkung*	
Bevorzugte Verarbeitung	Extrudieren; Spritzgiessen	*Lieferform*	Pulver
		Farben	Natur
Besondere Merkmale	Frei von Schutzkolloidresten; Brillanter als S-PVC; Poroeses Korn bei hoher Schuettdichte und enger Kornverteilung; Glasklar; Hohe Brillanz; Leichtes Plastifizieren	*Bevorzugte Anwendungen*	Hartverarbeitung; Halbhartverarbeitung; Rohr; Profil; Spritzgiessteil dickwandig; Halbhartfolie; Halbhartprofil

Kornverteilung

Kornklasse μm	*Rückstand* %		
>250	≦1	*Dichte* g/cm³	
>63	≧95	*Schüttdichte* g/cm³	0.61
		Stampfdichte g/cm³	
		Rieselfähigkeit	Rieselt gut
		Rieselzeit s/100 g	
		Kornbeschaffenheit	Poroes
Allgemeine Hinweise		*Flüchtige Bestandteile* %	≦0.3
		Sulfatasche %	

Zugversuch 23 °C

	Probekörper: Form Zustand	*Herstellung Vorbehandlung*	
Streckspannung N/mm²		*Dehnung bei Streckspannung*	%
Zugfestigkeit N/mm²		*Reißdehnung*	%
Reißfestigkeit N/mm²		*% Dehnspannung*	N/mm²
E-Modul N/mm²		*Dehnung bei % Dehnspg.*	%

Kriechmoduln und Zeitstandwerte 23 °C

	Probekörper: Form Zustand	*Herstellung Vorbehandlung*	
Kriechmodul	1 min N/mm²	*Zeitstandzugfestigkeit*	h N/mm²
Kriechmodul	1000 h N/mm²	*Zeitdehnspg.* %	h N/mm²
bei Spannung	N/mm²		

Biegeversuch 23 °C

	Probekörper: Form Zustand	*Herstellung Vorbehandlung*	
Biegefestigkeit	N/mm²	*E-Modul*	N/mm²
3,5% Biegespannung	N/mm²		

Härte 23 °C

	Probekörper: Zustand	*Herstellung Vorbehandlung*	
Kugeldruckhärte	N/mm² bei N, s	*Shore-Härte* A	
Rockwellhärte		*Shore-Härte* D	

Schlagversuch

	Probekörper: (1) (2) Zustand	*Herstellung Vorbehandlung*	
	°C °C °C		*Probekörper-Form*
Schlagzähigkeit	kJ/m²		
Kerbschlagzähigkeit (1)	kJ/m²		
IZOD-Kerbschlagzähigkeit (2)	J/m		
Kerbschlagzugzähigkeit	kJ/m²		

Kunststoffe © Springer-Verlag Berlin Heidelberg 1988
Kopieren, Vervielfältigen und Speichern in Datenverarbeitungsanlagen (auch auszugsweise) ist nur mit schriftlicher Genehmigung des Verlages gestattet

Datenbank-Nr. **T02847** Merkblatt-Nr. **2364**

Abrieb und Reibung

Taber-Abrieb (Reibradverfahren) mm³/100 U
Abriebfaktor LNP (Thrust washer) Vergleichswert
Statische Reibungszahl
Dynamische Reibungszahl (p·v=   N/mm² ·   m/min)
Zulässiger p · v Wert N/mm² · (m/min) v =   m/min
  v =   m/min

Thermische Eigenschaften

Formbeständigkeit in der Wärme Verfahren °C
  Verfahren °C
Vicat Erweichungstemperatur (VST) Verfahren °C
  Verfahren °C
Kristallit-Schmelzpunkt Verfahren

Längenausdehnungskoeffizient Bereich   °C ·$10^{-4}K^{-1}$
  Temperatur ·$10^{-4}K^{-1}$
Wärmeleitfähigkeit Verfahren W/(K · m)

Spezifische Wärmekapazität Verfahren J/(K · g)

Glasumwandlungstemperatur Torsionsschwingungsversuch °C
  Differentialkalorimetrie °C

Brandverhalten

UL-Test vertikal Dicke mm, Wert
  Dicke mm, Wert

	Norm	Bewertung	Abmessungen
Sauerstoff-Index	ASTM D 2863		
Glühstab-Verfahren			
Brandverhalten	DIN 4102		
MVSS			
FAR			

Elektrische Eigenschaften

  Hz °C Probekörper, Form
Dielektrizitätszahl 50
  10^3
  10^6
Dielektrischer Verlustfaktor tan δ 50
  10^3
  10^6
Spezifischer Durchgangs-
  widerstand Ohm · cm
Durchschlagfestigkeit kV/mm mm dick
Oberflächenwiderstand Ohm

Kriechstromfestigkeit KC KB KA
Kriechwegbildung

Elektrolytische Korrosionswirkung
Lichtbogenfestigkeit nach DIN
  nach ASTM s

Beständigkeit (Chemische Beständigkeit siehe Anhang)
Wasseraufnahme

Feuchtigkeitsaufnahme Normalklima %
Wetterbeständigkeit

Spannungskorrosion

Optische Eigenschaften

Brechungszahl n_D
Transmissionsgrad τ_c % mm dick
Lichtdurchlässigkeit

Datenbank-Nr.	**T02848**			Merkblatt-Nr. **2365**
Produkt	Vinylchlorid-Pastenpolymerisat			**PVC**
Handelsname	**Hostalit P 4472**			
Hersteller	HOECHST			
DIN-Bez 1	7746-PVC-E,P,132-34		Viskositätszahl ml/g	132
DIN-Bez 2			K-Wert	72
Zusätze			Füllstoffe/Verstärkung	
Bevorzugte Verarbeitung	Pastenverarbeitung		Lieferform	Pulver
			Farben	Natur
Besondere Merkmale	Verpastbar; Stir in - Typ; Geringe Thixotropie; Keine Dilatanz; Gut dispergierbar; Gutes Fliessverhalten; Geringe Klebneigung bei Zylinder-Kontaktgelierung		Bevorzugte Anwendungen	Bodenbelag; Kunstleder; Tischbelag; Vinyl-Tapete; Grundstrich zur Herstellung von CV-Belaegen

Kornverteilung

Kornklasse μm	Rückstand %		Dichte	g/cm³	
			Schüttdichte	g/cm³	0.31
			Stampfdichte	g/cm³	
			Rieselfähigkeit		
			Rieselzeit	s/100 g	
			Kornbeschaffenheit		
Allgemeine Hinweise	Mittlere Teilchengroesse ≦0.010 mm		Flüchtige Bestandteile	%	≦0.3
			Sulfatasche	%	

Zugversuch 23 °C

Probekörper: Form / Zustand   Herstellung / Vorbehandlung

Streckspannung	N/mm²	Dehnung bei Streckspannung %
Zugfestigkeit	N/mm²	Reißdehnung %
Reißfestigkeit	N/mm²	% Dehnspannung N/mm²
E-Modul	N/mm²	Dehnung bei % Dehnspg. %

Kriechmoduln und Zeitstandwerte 23 °C

Probekörper: Form / Zustand   Herstellung / Vorbehandlung

Kriechmodul	1 min N/mm²	Zeitstandzugfestigkeit h N/mm²
Kriechmodul	1000 h N/mm²	Zeitdehnspg. % h N/mm²
bei Spannung	N/mm²	

Biegeversuch 23 °C

Probekörper: Form / Zustand   Herstellung / Vorbehandlung

Biegefestigkeit	N/mm²	E-Modul	N/mm²
3,5% Biegespannung	N/mm²		

Härte 23 °C

Probekörper: Zustand   Herstellung / Vorbehandlung

Kugeldruckhärte	N/mm²	bei N, s	Shore-Härte A	
Rockwellhärte			Shore-Härte D	

Schlagversuch

Probekörper: (1) / (2) / Zustand   Herstellung / Vorbehandlung

°C   °C   °C   Probekörper-Form

Schlagzähigkeit	kJ/m²
Kerbschlagzähigkeit (1)	kJ/m²
IZOD-Kerbschlagzähigkeit (2)	J/m
Kerbschlagzugzähigkeit	kJ/m²

Kunststoffe © Springer-Verlag Berlin Heidelberg 1988
Kopieren, Vervielfältigen und Speichern in Datenverarbeitungsanlagen (auch auszugsweise) ist nur mit schriftlicher Genehmigung des Verlages gestattet

Datenbank-Nr. **T02848** *Merkblatt-Nr.* **2365**

Abrieb und Reibung

Taber-Abrieb (Reibradverfahren)	mm³/100 U	
Abriebfaktor LNP (Thrust washer) Vergleichswert		
Statische Reibungszahl		
Dynamische Reibungszahl	(p·v = N/mm² · m/min)	
Zulässiger p·v Wert	N/mm² · (m/min) v = m/min	
	v = m/min	

Thermische Eigenschaften

Formbeständigkeit in der Wärme	Verfahren	°C
	Verfahren	°C
Vicat Erweichungstemperatur (VST)	Verfahren	°C
	Verfahren	°C
Kristallit-Schmelzpunkt	Verfahren	
Längenausdehnungskoeffizient	Bereich °C	·10⁻⁴K⁻¹
	Temperatur	·10⁻⁴K⁻¹
Wärmeleitfähigkeit	Verfahren	W/(K·m)
Spezifische Wärmekapazität	Verfahren	J/(K·g)
Glasumwandlungstemperatur	Torsionsschwingungsversuch °C	
	Differentialkalorimetrie °C	

Brandverhalten

UL-Test vertikal   Dicke mm, Wert
  Dicke mm, Wert

	Norm	Bewertung	Abmessungen
Sauerstoff-Index	ASTM D 2863		
Glühstab-Verfahren			
Brandverhalten	DIN 4102		
MVSS			
FAR			

Elektrische Eigenschaften

	Hz	°C		Probekörper, Form
Dielektrizitätszahl	50			
	10³			
	10⁶			
Dielektrischer Verlustfaktor tan δ	50			
	10³			
	10⁶			

Spezifischer Durchgangswiderstand	Ohm·cm	
Durchschlagfestigkeit	kV/mm	mm dick
Oberflächenwiderstand	Ohm	
Kriechstromfestigkeit	KC KB KA	
Kriechwegbildung		

Elektrolytische Korrosionswirkung
Lichtbogenfestigkeit nach DIN
  nach ASTM s

Beständigkeit *(Chemische Beständigkeit siehe Anhang)*

Wasseraufnahme

Feuchtigkeitsaufnahme Normalklima %
Wetterbeständigkeit

Spannungskorrosion

Optische Eigenschaften

Brechungszahl n_D
Transmissionsgrad τ_c %   mm dick
Lichtdurchlässigkeit

Datenbank-Nr.	**T02849**	Merkblatt-Nr.	**2366**

Produkt	Vinylchlorid-Pastenpolymerisat		**PVC**
Handelsname	**Hostalit P 5470**		
Hersteller	HOECHST		
DIN-Bez 1	7746-PVC-E,P,120-35	Viskositätszahl ml/g	119
DIN-Bez 2		K-Wert	69
Zusätze		Füllstoffe/Verstärkung	
Bevorzugte Verarbeitung	Pastenverarbeitung	Lieferform	Pulver
		Farben	Natur
Besondere Merkmale	Verpastbar; Stir in - Typ; Geringe Thixotropie; Keine Dilatanz; Gut dispergierbar	Bevorzugte Anwendungen	Bodenbelag; Kunstleder; Tischbelag; Tauchpaste; Giesspaste; Hochgefuellter Grundstrich; Weichschaum; Physikal-Weichschaum; Schaumkunstleder; Schaumschicht in Bodenbelaegen

Kornverteilung

Kornklasse µm	Rückstand %			
		Dichte	g/cm³	
		Schüttdichte	g/cm³	0.32
		Stampfdichte	g/cm³	
		Rieselfähigkeit		
		Rieselzeit	s/100 g	
		Kornbeschaffenheit		
Allgemeine Hinweise	Mittlere Teilchengroesse ≦0.010 mm	Flüchtige Bestandteile	%	≦0.3
		Sulfatasche	%	

Zugversuch 23 °C

Probekörper: Form / Zustand   Herstellung / Vorbehandlung

Streckspannung	N/mm²	Dehnung bei Streckspannung	%
Zugfestigkeit	N/mm²	Reißdehnung	%
Reißfestigkeit	N/mm²	% Dehnspannung	N/mm²
E-Modul	N/mm²	Dehnung bei % Dehnspg.	%

Kriechmoduln und Zeitstandwerte 23 °C

Probekörper: Form / Zustand   Herstellung / Vorbehandlung

Kriechmodul	1 min N/mm²	Zeitstandzugfestigkeit	h N/mm²
Kriechmodul	1000 h N/mm²	Zeitdehnspg. %	h N/mm²
bei Spannung	N/mm²		

Biegeversuch 23 °C

Probekörper: Form / Zustand   Herstellung / Vorbehandlung

Biegefestigkeit	N/mm²	E-Modul	N/mm²
3,5% Biegespannung	N/mm²		

Härte 23 °C

Probekörper: Zustand   Herstellung / Vorbehandlung

Kugeldruckhärte	N/mm²	bei	N, s	Shore-Härte	A
Rockwellhärte				Shore-Härte	D

Schlagversuch

Probekörper: (1) / (2) / Zustand   Herstellung / Vorbehandlung

°C   °C   °C   Probekörper-Form

Schlagzähigkeit	kJ/m²
Kerbschlagzähigkeit (1)	kJ/m²
IZOD-Kerbschlagzähigkeit (2)	J/m
Kerbschlagzugzähigkeit	kJ/m²

Kunststoffe © Springer-Verlag Berlin Heidelberg 1988
Kopieren, Vervielfältigen und Speichern in Datenverarbeitungsanlagen (auch auszugsweise) ist nur mit schriftlicher Genehmigung des Verlages gestattet

Abrieb und Reibung

Taber-Abrieb (Reibradverfahren)	mm^3/100 U		
Abriebfaktor LNP (Thrust washer) Vergleichswert			
Statische Reibungszahl			
Dynamische Reibungszahl	(p·v=	N/mm^2 ·	m/min)
Zulässiger p · v Wert	N/mm^2 · (m/min)	v=	m/min
		v=	m/min

Thermische Eigenschaften

Formbeständigkeit in der Wärme	*Verfahren*		°C
	Verfahren		°C
Vicat Erweichungstemperatur (VST)	*Verfahren*		°C
	Verfahren		°C
Kristallit-Schmelzpunkt	*Verfahren*		
Längenausdehnungskoeffizient	*Bereich*	°C	$\cdot 10^{-4} K^{-1}$
	Temperatur		$\cdot 10^{-4} K^{-1}$
Wärmeleitfähigkeit	*Verfahren*		W/(K · m)
Spezifische Wärmekapazität	*Verfahren*		J/(K · g)
Glasumwandlungstemperatur	*Torsionsschwingungsversuch*	°C	
	Differentialkalorimetrie	°C	

Brandverhalten

UL-Test vertikal — Dicke mm, Wert

Dicke mm, Wert

	Norm	*Bewertung*	*Abmessungen*
Sauerstoff-Index	ASTM D 2863		
Glühstab-Verfahren			
Brandverhalten	DIN 4102		
MVSS			
FAR			

Elektrische Eigenschaften

		Hz	°C		*Probekörper, Form*
Dielektrizitätszahl		50			
		10^3			
		10^6			
Dielektrischer Verlustfaktor tan δ		50			
		10^3			
		10^6			
Spezifischer Durchgangswiderstand	Ohm · cm				
Durchschlagfestigkeit	kV/mm				mm dick
Oberflächenwiderstand	Ohm				
Kriechstromfestigkeit		KC	KB	KA	
Kriechwegbildung					
Elektrolytische Korrosionswirkung					
Lichtbogenfestigkeit nach DIN					
nach ASTM	s				

Beständigkeit *(Chemische Beständigkeit siehe Anhang)*

Wasseraufnahme

Feuchtigkeitsaufnahme Normalklima %

Wetterbeständigkeit

Spannungskorrosion

Optische Eigenschaften

Brechungszahl n_D		
Transmissionsgrad τ_c	%	mm dick
Lichtdurchlässigkeit		

Datenbank-Nr.	**T02850**		Merkblatt-Nr.	**2367**

PVC

Produkt	Vinylchlorid-Pastenpolymerisat
Handelsname	**Hostalit P 9070**
Hersteller	HOECHST
DIN-Bez 1	7746-PVC-E,P,115-40
DIN-Bez 2	

Viskositätszahl ml/g	115	K-Wert	68

Zusätze		Füllstoffe/Verstärkung	
Bevorzugte Verarbeitung	Pastenverarbeitung	Lieferform	Pulver
		Farben	Natur
Besondere Merkmale	Verpastbar; Stir in - Typ; Etwas staerkere Thixotropie als P 4472 und P 5470	Bevorzugte Anwendungen	Beschichtung relativ offener Traegermaterialien ohne Durchschlag; Beschichtung und Kaschierung von leichten Geweben, Planen, Vliesen, Filzen, Teppichen; PVC-Weichschaum

---

Kornverteilung

Kornklasse μm	Rückstand %	Dichte	g/cm^3	
		Schüttdichte	g/cm^3	0.40
		Stampfdichte	g/cm^3	
		Rieselfähigkeit		
		Rieselzeit	s/100 g	
		Kornbeschaffenheit		
Allgemeine Hinweise	Mittlere Teilchengroesse ≤ 0.010 mm	Flüchtige Bestandteile	%	≤ 0.3
		Sulfatasche	%	

Zugversuch 23 °C

Probekörper:	Form	Herstellung
	Zustand	Vorbehandlung

Streckspannung	N/mm^2	Dehnung bei Streckspannung		%
Zugfestigkeit	N/mm^2	Reißdehnung		%
Reißfestigkeit	N/mm^2	% Dehnspannung		N/mm^2
E-Modul	N/mm^2	Dehnung bei	% Dehnspg.	%

Kriechmoduln und Zeitstandwerte 23 °C

Probekörper:	Form	Herstellung
	Zustand	Vorbehandlung

Kriechmodul	1 min	N/mm^2	Zeitstandzugfestigkeit	h N/mm^2
Kriechmodul	1000 h	N/mm^2	Zeitdehnspg. %	h N/mm^2
bei Spannung		N/mm^2		

Biegeversuch 23 °C

Probekörper:	Form	Herstellung
	Zustand	Vorbehandlung

Biegefestigkeit	N/mm^2	E-Modul	N/mm^2
3,5% Biegespannung	N/mm^2		

Härte 23 °C

Probekörper:	Zustand	Herstellung
		Vorbehandlung

Kugeldruckhärte	N/mm^2	bei N, s	Shore-Härte	A
Rockwellhärte			Shore-Härte	D

Schlagversuch

Probekörper:	(1)	
	(2)	Herstellung
	Zustand	Vorbehandlung

°C	°C	°C	Probekörper-Form

Schlagzähigkeit	kJ/m^2
Kerbschlagzähigkeit (1)	kJ/m^2
IZOD-Kerbschlagzähigkeit (2)	J/m
Kerbschlagzugzähigkeit	kJ/m^2

Kunststoffe © Springer-Verlag Berlin Heidelberg 1988
Kopieren, Vervielfältigen und Speichern in Datenverarbeitungsanlagen (auch auszugsweise) ist nur mit schriftlicher Genehmigung des Verlages gestattet

Datenbank-Nr. **T02850** *Merkblatt-Nr.* **2367**

Abrieb und Reibung

Taber-Abrieb (Reibradverfahren)   mm³/100 U
Abriebfaktor LNP (Thrust washer) Vergleichswert
Statische Reibungszahl
Dynamische Reibungszahl   (p·v=   N/mm² ·   m/min)
Zulässiger p·v Wert   N/mm² · (m/min)   v=   m/min
                         v=   m/min

Thermische Eigenschaften

Eigenschaft	Verfahren/Bereich	Einheit
Formbeständigkeit in der Wärme	Verfahren	°C
	Verfahren	°C
Vicat Erweichungstemperatur (VST)	Verfahren	°C
	Verfahren	°C
Kristallit-Schmelzpunkt	Verfahren	
Längenausdehnungskoeffizient	Bereich °C	$\cdot 10^{-4} K^{-1}$
	Temperatur	$\cdot 10^{-4} K^{-1}$
Wärmeleitfähigkeit	Verfahren	W/(K·m)
Spezifische Wärmekapazität	Verfahren	J/(K·g)
Glasumwandlungstemperatur	Torsionsschwingungsversuch	°C
	Differentialkalorimetrie	°C

Brandverhalten

UL-Test vertikal   Dicke   mm, Wert
                  Dicke   mm, Wert

	Norm	Bewertung	Abmessungen
Sauerstoff-Index	ASTM D 2863		
Glühstab-Verfahren			
Brandverhalten	DIN 4102		
MVSS			
FAR			

Elektrische Eigenschaften

	Hz	°C		Probekörper, Form
Dielektrizitätszahl	50			
	10³			
	10⁶			
Dielektrischer Verlustfaktor tan δ	50			
	10³			
	10⁶			

Spezifischer Durchgangs-
  widerstand   Ohm·cm
Durchschlagfestigkeit   kV/mm   mm dick
Oberflächenwiderstand   Ohm
Kriechstromfestigkeit   KC   KB   KA
Kriechwegbildung

Elektrolytische Korrosionswirkung
Lichtbogenfestigkeit nach DIN
           nach ASTM   s

Beständigkeit (Chemische Beständigkeit siehe Anhang)

Wasseraufnahme

Feuchtigkeitsaufnahme Normalklima   %
Wetterbeständigkeit

Spannungskorrosion

Optische Eigenschaften

Brechungszahl n_D
Transmissionsgrad τ_c %   mm dick
Lichtdurchlässigkeit

Datenbank-Nr.	**T02851**			Merkblatt-Nr. **2368**

PVC

Produkt	Vinylchlorid-Pastenpolymerisat
Handelsname	**Hostalit PA 5470/5**
Hersteller	HOECHST

DIN-Bez 1	7746-VCVA95-E,P,120-34	Viskositätszahl ml/g	119
DIN-Bez 2		K-Wert	69
Zusätze		Füllstoffe/Verstärkung	
Bevorzugte Verarbeitung	Pastenverarbeitung	Lieferform	Pulver
		Farben	Natur
Besondere Merkmale	Verpastbar; Stir in - Typ; Leicht pseudoplastisches Fliessverhalten bei niedrigem Schergefaelle; Niedrige Geliertemperaturen	Bevorzugte Anwendungen	Schlagschaum; Rueckenbeschichtung bzw. Kaschierung temperaturempfindlicher textiler Traeger; Beschichtung von Bodenbelag mit PP-Ruecken; Nahtabdichtung und Unterbodenschutz bei Kfz

Kornverteilung

Kornklasse μm	Rückstand %			
		Dichte	g/cm^3	
		Schüttdichte	g/cm^3	0.34
		Stampfdichte	g/cm^3	
		Rieselfähigkeit		
		Rieselzeit	s/100 g	
		Kornbeschaffenheit		
Allgemeine Hinweise	Mittlere Teilchengroesse ≤ 0.010 mm	Flüchtige Bestandteile	%	≤ 0.4
		Sulfatasche	%	

Zugversuch 23 °C

Probekörper:	Form	Herstellung	
	Zustand	Vorbehandlung	
Streckspannung	N/mm^2	Dehnung bei Streckspannung	%
Zugfestigkeit	N/mm^2	Reißdehnung	%
Reißfestigkeit	N/mm^2	% Dehnspannung	N/mm^2
E-Modul	N/mm^2	Dehnung bei % Dehnspg.	%

Kriechmoduln und Zeitstandwerte 23 °C

Probekörper:	Form	Herstellung	
	Zustand	Vorbehandlung	
Kriechmodul	1 min N/mm^2	Zeitstandzugfestigkeit	h N/mm^2
Kriechmodul	1000 h N/mm^2	Zeitdehnspg. %	h N/mm^2
bei Spannung	N/mm^2		

Biegeversuch 23 °C

Probekörper:	Form	Herstellung	
	Zustand	Vorbehandlung	
Biegefestigkeit	N/mm^2	E-Modul	N/mm^2
3,5% Biegespannung	N/mm^2		

Härte 23 °C

Probekörper:	Zustand	Herstellung	
		Vorbehandlung	
Kugeldruckhärte	N/mm^2 bei N, s	Shore-Härte A	
Rockwellhärte		Shore-Härte D	

Schlagversuch

Probekörper:	(1)			
	(2)	Herstellung		
	Zustand	Vorbehandlung		
	°C	°C	°C	Probekörper-Form
Schlagzähigkeit	kJ/m^2			
Kerbschlagzähigkeit (1)	kJ/m^2			
IZOD-Kerbschlagzähigkeit (2)	J/m			
Kerbschlagzugzähigkeit	kJ/m^2			

Kunststoffe © Springer-Verlag Berlin Heidelberg 1988
Kopieren, Vervielfältigen und Speichern in Datenverarbeitungsanlagen (auch auszugsweise) ist nur mit schriftlicher Genehmigung des Verlages gestattet

Datenbank-Nr. **T02851** Merkblatt-Nr. **2368**

Abrieb und Reibung

Taber-Abrieb (Reibradverfahren)   mm³/100 U
Abriebfaktor LNP (Thrust washer) Vergleichswert
Statische Reibungszahl
Dynamische Reibungszahl   (p·v=   N/mm² ·   m/min)
Zulässiger p·v Wert   N/mm² · (m/min)   v=   m/min
                                                                                  v=   m/min

Thermische Eigenschaften

Formbeständigkeit in der Wärme   Verfahren   °C
                                        Verfahren   °C
Vicat Erweichungstemperatur (VST)   Verfahren   °C
                                        Verfahren   °C
Kristallit-Schmelzpunkt   Verfahren

Längenausdehnungskoeffizient   Bereich   °C   · $10^{-4} K^{-1}$
                                        Temperatur   · $10^{-4} K^{-1}$
Wärmeleitfähigkeit   Verfahren   W/(K · m)

Spezifische Wärmekapazität   Verfahren   J/(K · g)

Glasumwandlungstemperatur   Torsionsschwingungsversuch   °C
                                        Differentialkalorimetrie   °C

Brandverhalten

UL-Test vertikal   Dicke   mm, Wert
                Dicke   mm, Wert

              Norm   Bewertung   Abmessungen
Sauerstoff-Index   ASTM D 2863
Glühstab-Verfahren
Brandverhalten   DIN 4102
MVSS
FAR

Elektrische Eigenschaften

                        Hz   °C   Probekörper, Form
Dielektrizitätszahl   50
                        10^3
                        10^6
Dielektrischer Verlustfaktor tan δ   50
                        10^3
                        10^6
Spezifischer Durchgangs-
     widerstand   Ohm · cm
Durchschlagfestigkeit   kV/mm   mm dick
Oberflächenwiderstand   Ohm

Kriechstromfestigkeit   KC   KB   KA
Kriechwegbildung

Elektrolytische Korrosionswirkung
Lichtbogenfestigkeit nach DIN
              nach ASTM   s

Beständigkeit (Chemische Beständigkeit siehe Anhang)

Wasseraufnahme

Feuchtigkeitsaufnahme Normalklima   %
Wetterbeständigkeit

Spannungskorrosion

Optische Eigenschaften

Brechungszahl n_D
Transmissionsgrad τ_c %   mm dick
Lichtdurchlässigkeit

Datenbank-Nr.	**T05968**		Merkblatt-Nr. **2369**
Produkt	Hart-PVC-Formmasse, schlagzaeh modifiziert		**PVC**
Handelsname	**Hostalit H 4057 B**		
Hersteller	HOECHST		
DIN-Bez 1		Viskositätszahl ml/g	82
DIN-Bez 2		K-Wert	58
Zusätze		Füllstoffe/Verstärkung	
Bevorzugte Verarbeitung	Spritzgiessen; Extrudieren	Lieferform	Pulver
		Farben	Natur
Besondere Merkmale	Gegenueber PVC verbesserte Schlagzaehigkeit besonders in der Kaelte; Hohe Alterungsbestaendigkeit; Hohe Witterungsbestaendigkeit; Geringfuegig weicher als PVC hart; Hochschlagzaeh	Bevorzugte Anwendungen	Spritzgiessteil; Platte

Kornverteilung

Kornklasse µm	Rückstand %		
≥ 500	≤ 5		

Dichte	g/cm³	
Schüttdichte	g/cm³	0.73
Stampfdichte	g/cm³	
Rieselfähigkeit		
Rieselzeit	s/100 g	
Kornbeschaffenheit		
Flüchtige Bestandteile	%	≤ 0.2
Sulfatasche	%	

Allgemeine Hinweise

Zugversuch 23 °C

Probekörper: Form / Zustand Herstellung / Vorbehandlung

Streckspannung	N/mm²	Dehnung bei Streckspannung	%	
Zugfestigkeit	N/mm²	Reißdehnung	%	
Reißfestigkeit	N/mm²	% Dehnspannung	N/mm²	
E-Modul	N/mm²	Dehnung bei	% Dehnspg.	%

Kriechmoduln und Zeitstandwerte 23 °C

Probekörper: Form / Zustand Herstellung / Vorbehandlung

Kriechmodul	1 min N/mm²	Zeitstandzugfestigkeit	h N/mm²
Kriechmodul	1000 h N/mm²	Zeitdehnspg. %	h N/mm²
bei Spannung	N/mm²		

Biegeversuch 23 °C

Probekörper: Form / Zustand Herstellung / Vorbehandlung

Biegefestigkeit	N/mm²	E-Modul	N/mm²
3,5% Biegespannung	N/mm²		

Härte 23 °C

Probekörper: Zustand Herstellung / Vorbehandlung

Kugeldruckhärte	N/mm²	bei N, s	Shore-Härte A	
Rockwellhärte			Shore-Härte D	

Schlagversuch

Probekörper: (1) U-Kerbe (2) Zustand Herstellung: Pressen Vorbehandlung: Normalklima

		°C	°C	°C	Probekörper-Form
Schlagzähigkeit	kJ/m²				
Kerbschlagzähigkeit (1)	kJ/m²	23 35	0 10		NKS
IZOD-Kerbschlagzähigkeit (2)	J/m				
Kerbschlagzugzähigkeit	kJ/m²				

Datenbank-Nr. **T05968** Merkblatt-Nr. **2369**

Abrieb und Reibung

Taber-Abrieb (Reibradverfahren) mm³/100 U
Abriebfaktor LNP (Thrust washer) Vergleichswert
Statische Reibungszahl
Dynamische Reibungszahl (p·v= N/mm² · m/min)
Zulässiger p · v Wert N/mm² · (m/min) v= m/min
  v= m/min

Thermische Eigenschaften

Formbeständigkeit in der Wärme Verfahren °C
  Verfahren °C
Vicat Erweichungstemperatur (VST) Verfahren °C
  Verfahren °C
Kristallit-Schmelzpunkt Verfahren

Längenausdehnungskoeffizient Bereich °C ·10⁻⁴K⁻¹
  Temperatur ·10⁻⁴K⁻¹
Wärmeleitfähigkeit Verfahren W/(K·m)

Spezifische Wärmekapazität Verfahren J/(K·g)

Glasumwandlungstemperatur Torsionsschwingungsversuch °C
  Differentialkalorimetrie °C

Brandverhalten

UL-Test vertikal Dicke mm, Wert
  Dicke mm, Wert

	Norm	Bewertung	Abmessungen
Sauerstoff-Index	ASTM D 2863		
Glühstab-Verfahren			
Brandverhalten	DIN 4102		
MVSS			
FAR			

Elektrische Eigenschaften

  Hz °C Probekörper, Form
Dielektrizitätszahl 50
  10³
  10⁶
Dielektrischer Verlustfaktor tan δ 50
  10³
  10⁶
Spezifischer Durchgangs-
  widerstand Ohm·cm
Durchschlagfestigkeit kV/mm mm dick
Oberflächenwiderstand Ohm
Kriechstromfestigkeit KC KB KA
Kriechwegbildung

Elektrolytische Korrosionswirkung
Lichtbogenfestigkeit nach DIN
  nach ASTM s

Beständigkeit (Chemische Beständigkeit siehe Anhang)

Wasseraufnahme

Feuchtigkeitsaufnahme Normalklima %
Wetterbeständigkeit

Spannungskorrosion

Optische Eigenschaften

Brechungszahl n_D
Transmissionsgrad τ_c % mm dick
Lichtdurchlässigkeit

Datenbank-Nr.	**T05969**		Merkblatt-Nr.	**2370**
Produkt	Hart-PVC-Formmasse, schlagzaeh modifiziert			**PVC**
Handelsname	**Hostalit HM 4057 B**			
Hersteller	HOECHST			
DIN-Bez 1		Viskositätszahl ml/g	82	
DIN-Bez 2		K-Wert	58	
Zusätze		Füllstoffe/Verstärkung		
Bevorzugte Verarbeitung	Spritzgiessen; Extrudieren	Lieferform	Pulver; Verarbeitungsfertige Mischung	
		Farben	Natur	
Besondere Merkmale	Gegenueber PVC verbesserte Schlagzaehigkeit besonders in der Kaelte; Hohe Alterungsbestaendigkeit; Hohe Witterungsbestaendigkeit; Geringfuegig weicher als PVC hart; Hochschlagzaeh	Bevorzugte Anwendungen	Spritzgiessteil; Platte	

Kornverteilung

Kornklasse μm	Rückstand %	Dichte	g/cm^3		
≧500	≦5	Schüttdichte	g/cm^3	0.73	
		Stampfdichte	g/cm^3		
		Rieselfähigkeit			
		Rieselzeit	s/100 g		
		Kornbeschaffenheit			
Allgemeine Hinweise		Flüchtige Bestandteile	%	≦0.2	
		Sulfatasche	%		

Zugversuch 23 °C

Probekörper: Form / Zustand   Herstellung / Vorbehandlung

Streckspannung	N/mm^2	Dehnung bei Streckspannung	%
Zugfestigkeit	N/mm^2	Reißdehnung	%
Reißfestigkeit	N/mm^2	% Dehnspannung	N/mm^2
E-Modul	N/mm^2	Dehnung bei % Dehnspg.	%

Kriechmoduln und Zeitstandwerte 23 °C

Probekörper: Form / Zustand   Herstellung / Vorbehandlung

Kriechmodul	1 min N/mm^2	Zeitstandzugfestigkeit	h N/mm^2
Kriechmodul	1000 h N/mm^2	Zeitdehnspg. %	h N/mm^2
bei Spannung	N/mm^2		

Biegeversuch 23 °C

Probekörper: Form / Zustand   Herstellung / Vorbehandlung

Biegefestigkeit	N/mm^2	E-Modul	N/mm^2
3,5% Biegespannung	N/mm^2		

Härte 23 °C

Probekörper: Zustand   Herstellung / Vorbehandlung

Kugeldruckhärte	N/mm^2	bei N, s	Shore-Härte A	
Rockwellhärte			Shore-Härte D	

Schlagversuch

Probekörper: (1) U-Kerbe / (2) / Zustand   Herstellung: Pressen   Vorbehandlung: Normalklima

		°C	°C	°C	Probekörper-Form
Schlagzähigkeit	kJ/m^2				
Kerbschlagzähigkeit (1)	kJ/m^2	23 35	0 10		NKS
IZOD-Kerbschlagzähigkeit (2)	J/m				
Kerbschlagzugzähigkeit	kJ/m^2				

Kunststoffe © Springer-Verlag Berlin Heidelberg 1988
Kopieren, Vervielfältigen und Speichern in Datenverarbeitungsanlagen (auch auszugsweise) ist nur mit schriftlicher Genehmigung des Verlages gestattet

Datenbank-Nr. **T05969** Merkblatt-Nr. **2370**

Abrieb und Reibung
Taber-Abrieb (Reibradverfahren) mm³/100 U
Abriebfaktor LNP (Thrust washer) Vergleichswert
Statische Reibungszahl
Dynamische Reibungszahl (p·v= N/mm² · m/min)
Zulässiger p · v Wert N/mm² · (m/min) v= m/min
v= m/min

Thermische Eigenschaften
Formbeständigkeit in der Wärme Verfahren °C
 Verfahren °C
Vicat Erweichungstemperatur (VST) Verfahren °C
 Verfahren °C
Kristallit-Schmelzpunkt Verfahren

Längenausdehnungskoeffizient Bereich °C ·10⁻⁴K⁻¹
 Temperatur ·10⁻⁴K⁻¹
Wärmeleitfähigkeit Verfahren W/(K·m)

Spezifische Wärmekapazität Verfahren J/(K·g)

Glasumwandlungstemperatur Torsionsschwingungsversuch °C
 Differentialkalorimetrie °C

Brandverhalten
UL-Test vertikal Dicke mm, Wert
 Dicke mm, Wert

	Norm	Bewertung	Abmessungen
Sauerstoff-Index	ASTM D 2863		
Glühstab-Verfahren			
Brandverhalten	DIN 4102		
MVSS			
FAR			

Elektrische Eigenschaften
		Hz	°C		Probekörper, Form
Dielektrizitätszahl		50			
		10³			
		10⁶			
Dielektrischer Verlustfaktor tan δ		50			
		10³			
		10⁶			

Spezifischer Durchgangs-
 widerstand Ohm · cm
Durchschlagfestigkeit kV/mm mm dick
Oberflächenwiderstand Ohm

Kriechstromfestigkeit KC KB KA
Kriechwegbildung

Elektrolytische Korrosionswirkung
Lichtbogenfestigkeit nach DIN
 nach ASTM s

Beständigkeit (Chemische Beständigkeit siehe Anhang)
Wasseraufnahme

Feuchtigkeitsaufnahme Normalklima %
Wetterbeständigkeit

Spannungskorrosion

Optische Eigenschaften
Brechungszahl n_D
Transmissionsgrad τ_c % mm dick
Lichtdurchlässigkeit

Datenbank-Nr.	**T05970**			Merkblatt-Nr. **2371**
Produkt	Hart-PVC-Formmasse, schlagzaeh modifiziert			**PVC**
Handelsname	**Hostalit Z 4057 B**			
Hersteller	HOECHST			
DIN-Bez 1			Viskositätszahl ml/g	82
DIN-Bez 2			K-Wert	58
Zusätze			Füllstoffe/Verstärkung	
Bevorzugte Verarbeitung	Spritzgiessen; Extrudieren		Lieferform	Granulat
			Farben	Natur; Standard
Besondere Merkmale	Gegenueber PVC verbesserte Schlagzaehigkeit besonders in der Kaelte; Hohe Alterungsbestaendigkeit; Hohe Witterungsbestaendigkeit; Geringfuegig weicher als PVC hart; Hochschlagzaeh		Bevorzugte Anwendungen	Spritzgiessteil; Platte

Kornverteilung

Kornklasse µm	Rückstand %			
		Dichte	g/cm³	
		Schüttdichte	g/cm³	
		Stampfdichte	g/cm³	
		Rieselfähigkeit		
		Rieselzeit	s/100 g	
		Kornbeschaffenheit		
Allgemeine Hinweise		Flüchtige Bestandteile	%	≤ 0.2
		Sulfatasche	%	

Zugversuch 23 °C

Probekörper: Form Herstellung
Zustand Vorbehandlung

Streckspannung	N/mm²	Dehnung bei Streckspannung	%	
Zugfestigkeit	N/mm²	Reißdehnung	%	
Reißfestigkeit	N/mm²	% Dehnspannung	N/mm²	
E-Modul	N/mm²	Dehnung bei	% Dehnspg.	%

Kriechmoduln und Zeitstandwerte 23 °C

Probekörper: Form Herstellung
Zustand Vorbehandlung

Kriechmodul	1 min N/mm²	Zeitstandzugfestigkeit	h	N/mm²
Kriechmodul	1000 h N/mm²	Zeitdehnspg. %	h	N/mm²
bei Spannung	N/mm²			

Biegeversuch 23 °C

Probekörper: Form Herstellung
Zustand Vorbehandlung

Biegefestigkeit	N/mm²	E-Modul	N/mm²
3,5% Biegespannung	N/mm²		

Härte 23 °C

Probekörper: Zustand Herstellung
Vorbehandlung

Kugeldruckhärte	N/mm²	bei	N, s	Shore-Härte A
Rockwellhärte				Shore-Härte D

Schlagversuch

Probekörper: (1) U-Kerbe
(2)
Zustand

Herstellung Pressen
Vorbehandlung Normalklima

		°C	°C	°C	Probekörper-Form
Schlagzähigkeit	kJ/m²				
Kerbschlagzähigkeit (1)	kJ/m²	23 35	0 10		NKS
IZOD-Kerbschlagzähigkeit (2)	J/m				
Kerbschlagzugzähigkeit	kJ/m²				

Datenbank-Nr. **T05970** *Merkblatt-Nr.* **2371**

Abrieb und Reibung

Taber-Abrieb (Reibradverfahren)   mm³/100 U
Abriebfaktor LNP (Thrust washer) Vergleichswert
Statische Reibungszahl
Dynamische Reibungszahl   (p·v =   N/mm² ·   m/min)
Zulässiger p · v Wert   N/mm² · (m/min)   v =   m/min
                             v =   m/min

Thermische Eigenschaften

Formbeständigkeit in der Wärme   Verfahren   °C
                                        Verfahren   °C
Vicat Erweichungstemperatur (VST)   Verfahren   °C
                                        Verfahren   °C
Kristallit-Schmelzpunkt   Verfahren

Längenausdehnungskoeffizient   Bereich   °C   ·$10^{-4}K^{-1}$
                                        Temperatur   ·$10^{-4}K^{-1}$
Wärmeleitfähigkeit   Verfahren   W/(K · m)

Spezifische Wärmekapazität   Verfahren   J/(K · g)

Glasumwandlungstemperatur   Torsionsschwingungsversuch   °C
                                        Differentialkalorimetrie   °C

Brandverhalten

UL-Test vertikal   Dicke   mm, Wert
                                        Dicke   mm, Wert

                     Norm   Bewertung   Abmessungen

Sauerstoff-Index   ASTM D 2863
Glühstab-Verfahren
Brandverhalten   DIN 4102
MVSS
FAR

Elektrische Eigenschaften

                                       Hz   °C   Probekörper, Form

Dielektrizitätszahl   50
                                       10^3
                                       10^6
Dielektrischer Verlustfaktor tan δ   50
                                       10^3
                                       10^6
Spezifischer Durchgangs-
    widerstand   Ohm · cm
Durchschlagfestigkeit   kV/mm   mm dick
Oberflächenwiderstand   Ohm

Kriechstromfestigkeit   KC   KB   KA
Kriechwegbildung

Elektrolytische Korrosionswirkung
Lichtbogenfestigkeit nach DIN
                  nach ASTM   s

Beständigkeit (Chemische Beständigkeit siehe Anhang)

Wasseraufnahme

Feuchtigkeitsaufnahme Normalklima   %
Wetterbeständigkeit

Spannungskorrosion

Optische Eigenschaften

Brechungszahl n_D
Transmissionsgrad τ_c %   mm dick
Lichtdurchlässigkeit

Datenbank-Nr. **T05900**		Merkblatt-Nr. **2372**
Produkt	Hart-PVC-Formmasse, schlagzaeh modifiziert	**PVC**
Handelsname	**Hostalit H 2061 BE**	
Hersteller	HOECHST	

DIN-Bez 1		Viskositätszahl	ml/g	88
DIN-Bez 2		K-Wert		60
Zusätze		Füllstoffe/Verstärkung		
Bevorzugte Verarbeitung	Extrudieren	Lieferform		Pulver
		Farben		Natur
Besondere Merkmale	Gegenueber PVC verbesserte Schlagzaehigkeit besonders in der Kaelte; Hohe Alterungsbestaendigkeit; Hohe Witterungsbestaendigkeit; Geringfuegig weicher als PVC hart; Schlagzaeh	Bevorzugte Anwendungen		Platte

Kornverteilung

Kornklasse μm	Rückstand %				
≧500	≦1	Dichte	g/cm³		
		Schüttdichte	g/cm³	0.64	
		Stampfdichte	g/cm³		
		Rieselfähigkeit			
		Rieselzeit	s/100 g		
		Kornbeschaffenheit			
Allgemeine Hinweise		Flüchtige Bestandteile	%	≦0.2	
		Sulfatasche	%		

Zugversuch 23 °C

	Probekörper:	Form		Herstellung	
		Zustand		Vorbehandlung	
Streckspannung	N/mm²		Dehnung bei Streckspannung		%
Zugfestigkeit	N/mm²		Reißdehnung		%
Reißfestigkeit	N/mm²		% Dehnspannung		N/mm²
E-Modul	N/mm²		Dehnung bei	% Dehnspg.	%

Kriechmoduln und Zeitstandwerte 23 °C

	Probekörper:	Form	Herstellung	
		Zustand	Vorbehandlung	
Kriechmodul	1 min	N/mm²	Zeitstandzugfestigkeit	h N/mm²
Kriechmodul	1000 h	N/mm²	Zeitdehnspg. %	h N/mm²
bei Spannung		N/mm²		

Biegeversuch 23 °C

	Probekörper:	Form	Herstellung	
		Zustand	Vorbehandlung	
Biegefestigkeit	N/mm²		E-Modul	N/mm²
3,5% Biegespannung	N/mm²			

Härte 23 °C

	Probekörper:	Zustand		Herstellung	
				Vorbehandlung	
Kugeldruckhärte	N/mm²	bei	N, s	Shore-Härte A	
Rockwellhärte				Shore-Härte D	

Schlagversuch

	Probekörper:	(1) U-Kerbe		Herstellung	Pressen
		(2)		Vorbehandlung	Normalklima
		Zustand			
		°C	°C	°C	Probekörper-Form
Schlagzähigkeit	kJ/m²				
Kerbschlagzähigkeit (1)	kJ/m²	23 8	0 4		NKS
IZOD-Kerbschlagzähigkeit (2)	J/m				
Kerbschlagzugzähigkeit	kJ/m²				

Kunststoffe © Springer-Verlag Berlin Heidelberg 1988
Kopieren, Vervielfältigen und Speichern in Datenverarbeitungsanlagen (auch auszugsweise) ist nur mit schriftlicher Genehmigung des Verlages gestattet

Datenbank-Nr. **T05900** Merkblatt-Nr. **2372**

Abrieb und Reibung
Taber-Abrieb (Reibradverfahren)   mm³/100 U
Abriebfaktor LNP (Thrust washer) Vergleichswert
Statische Reibungszahl
Dynamische Reibungszahl   (p·v=   N/mm² ·   m/min)
Zulässiger p·v Wert   N/mm² · (m/min)   v=   m/min
                                                   v=   m/min

Thermische Eigenschaften
Formbeständigkeit in der Wärme   Verfahren   °C
                                        Verfahren   °C
Vicat Erweichungstemperatur (VST)   Verfahren   °C
                                        Verfahren   °C
Kristallit-Schmelzpunkt   Verfahren

Längenausdehnungskoeffizient   Bereich   °C $\cdot 10^{-4} K^{-1}$
                                        Temperatur $\cdot 10^{-4} K^{-1}$
Wärmeleitfähigkeit   Verfahren   W/(K · m)

Spezifische Wärmekapazität   Verfahren   J/(K · g)

Glasumwandlungstemperatur   Torsionsschwingungsversuch   °C
                                        Differentialkalorimetrie   °C

Brandverhalten
UL-Test vertikal   Dicke   mm, Wert
                  Dicke   mm, Wert

          Norm   Bewertung   Abmessungen
Sauerstoff-Index   ASTM D 2863
Glühstab-Verfahren
Brandverhalten   DIN 4102
MVSS
FAR

Elektrische Eigenschaften
                                        Hz   °C   Probekörper, Form
Dielektrizitätszahl   50
                  10^3
                  10^6
Dielektrischer Verlustfaktor tan δ   50
                  10^3
                  10^6
Spezifischer Durchgangs-
    widerstand   Ohm · cm
Durchschlagfestigkeit   kV/mm   mm dick
Oberflächenwiderstand   Ohm
Kriechstromfestigkeit   KC   KB   KA
Kriechwegbildung

Elektrolytische Korrosionswirkung
Lichtbogenfestigkeit nach DIN
           nach ASTM   s

Beständigkeit (Chemische Beständigkeit siehe Anhang)
Wasseraufnahme

Feuchtigkeitsaufnahme Normalklima   %
Wetterbeständigkeit

Spannungskorrosion

Optische Eigenschaften
Brechungszahl n_D
Transmissionsgrad τ_c %   mm dick
Lichtdurchlässigkeit

Datenbank-Nr.	**T05901**			Merkblatt-Nr. **2373**
Produkt	Hart-PVC-Formmasse, schlagzaeh modifiziert			**PVC**
Handelsname	**Hostalit HM 2061 BE**			
Hersteller	HOECHST			
DIN-Bez 1			Viskositätszahl ml/g	88
DIN-Bez 2			K-Wert	60
Zusätze			Füllstoffe/Verstärkung	
Bevorzugte Verarbeitung	Extrudieren		Lieferform	Pulver; Verarbeitungsfertige Mischung
			Farben	Natur
Besondere Merkmale	Gegenueber PVC verbesserte Schlagzaehigkeit besonders in der Kaelte; Hohe Alterungsbestaendigkeit; Hohe Witterungsbestaendigkeit; Geringfuegig weicher als PVC hart; Schlagzaeh		Bevorzugte Anwendungen	Platte

Kornverteilung

Kornklasse μm ≥ 500	Rückstand % ≤ 1		Dichte	g/cm³	
			Schüttdichte	g/cm³	0.64
			Stampfdichte	g/cm³	
			Rieselfähigkeit		
			Rieselzeit	s/100 g	
			Kornbeschaffenheit		
Allgemeine Hinweise			Flüchtige Bestandteile	%	≤ 0.2
			Sulfatasche	%	

Zugversuch 23 °C

	Probekörper:	Form	Herstellung	
		Zustand	Vorbehandlung	
Streckspannung	N/mm²		Dehnung bei Streckspannung	%
Zugfestigkeit	N/mm²		Reißdehnung	%
Reißfestigkeit	N/mm²		% Dehnspannung	N/mm²
E-Modul	N/mm²		Dehnung bei % Dehnspg.	%

Kriechmoduln und Zeitstandwerte 23 °C

	Probekörper:	Form	Herstellung	
		Zustand	Vorbehandlung	
Kriechmodul	1 min N/mm²		Zeitstandzugfestigkeit	h N/mm²
Kriechmodul	1000 h N/mm²		Zeitdehnspg. %	h N/mm²
bei Spannung	N/mm²			

Biegeversuch 23 °C

	Probekörper:	Form	Herstellung	
		Zustand	Vorbehandlung	
Biegefestigkeit	N/mm²		E-Modul	N/mm²
3,5% Biegespannung	N/mm²			

Härte 23 °C

	Probekörper:	Zustand		Herstellung	
				Vorbehandlung	
Kugeldruckhärte	N/mm²	bei	N, s	Shore-Härte A	
Rockwellhärte				Shore-Härte D	

Schlagversuch

	Probekörper:	(1) U-Kerbe		Herstellung	Pressen
		(2)		Vorbehandlung	Normalklima
		Zustand			
		°C	°C	°C	Probekörper-Form
Schlagzähigkeit	kJ/m²				
Kerbschlagzähigkeit (1)	kJ/m²	23 8	0 4		NKS
IZOD-Kerbschlagzähigkeit (2)	J/m				
Kerbschlagzugzähigkeit	kJ/m²				

Datenbank-Nr. **T05901** *Merkblatt-Nr.* **2373**

Abrieb und Reibung

Taber-Abrieb (Reibradverfahren)	mm³/100 U	
Abriebfaktor LNP (Thrust washer) Vergleichswert		
Statische Reibungszahl		
Dynamische Reibungszahl	(p·v= N/mm² ·	m/min)
Zulässiger p·v Wert	N/mm² · (m/min) v =	m/min
	v =	m/min

Thermische Eigenschaften

Formbeständigkeit in der Wärme	Verfahren	°C
	Verfahren	°C
Vicat Erweichungstemperatur (VST)	Verfahren	°C
	Verfahren	°C
Kristallit-Schmelzpunkt	Verfahren	
Längenausdehnungskoeffizient	Bereich °C	$\cdot 10^{-4} K^{-1}$
	Temperatur	$\cdot 10^{-4} K^{-1}$
Wärmeleitfähigkeit	Verfahren	W/(K·m)
Spezifische Wärmekapazität	Verfahren	J/(K·g)
Glasumwandlungstemperatur	Torsionsschwingungsversuch	°C
	Differentialkalorimetrie	°C

Brandverhalten

UL-Test vertikal   Dicke   mm, Wert
　　　　　　　　　　Dicke   mm, Wert

	Norm	Bewertung	Abmessungen
Sauerstoff-Index	ASTM D 2863		
Glühstab-Verfahren			
Brandverhalten	DIN 4102		
MVSS			
FAR			

Elektrische Eigenschaften

	Hz	°C	Probekörper, Form
Dielektrizitätszahl	50		
	10³		
	10⁶		
Dielektrischer Verlustfaktor tan δ	50		
	10³		
	10⁶		

Spezifischer Durchgangs-
　widerstand　Ohm·cm
Durchschlagfestigkeit　kV/mm　　　　　　　　　　　　　　mm dick
Oberflächenwiderstand　Ohm

Kriechstromfestigkeit　　KC　　KB　　KA
Kriechwegbildung

Elektrolytische Korrosionswirkung
Lichtbogenfestigkeit nach DIN
　　　　nach ASTM　s

Beständigkeit *(Chemische Beständigkeit siehe Anhang)*

Wasseraufnahme

Feuchtigkeitsaufnahme Normalklima　　　　　　　　　　　　　　%
Wetterbeständigkeit

Spannungskorrosion

Optische Eigenschaften

Brechungszahl n_D
Transmissionsgrad τ_c　%　　　　　mm dick
Lichtdurchlässigkeit

Datenbank-Nr.	**T05902**			Merkblatt-Nr. **2374**
Produkt	Hart-PVC-Formmasse, schlagzaeh modifiziert			**PVC**
Handelsname	**Hostalit Z 2061 BE**			
Hersteller	HOECHST			
DIN-Bez 1			Viskositätszahl ml/g	88
DIN-Bez 2			K-Wert	60
Zusätze			Füllstoffe/Verstärkung	
Bevorzugte Verarbeitung	Extrudieren		Lieferform	Granulat
			Farben	Natur; Standard
Besondere Merkmale	Gegenueber PVC verbesserte Schlagzaehigkeit besonders in der Kaelte; Hohe Alterungsbestaendigkeit; Hohe Witterungsbestaendigkeit; Geringfuegig weicher als PVC hart; Schlagzaeh		Bevorzugte Anwendungen	Platte

Kornverteilung					
Kornklasse μm	Rückstand %		Dichte	g/cm³	
			Schüttdichte	g/cm³	
			Stampfdichte	g/cm³	
			Rieselfähigkeit		
			Rieselzeit	s/100 g	
			Kornbeschaffenheit		
Allgemeine Hinweise			Flüchtige Bestandteile	%	≤0.2
			Sulfatasche	%	

Zugversuch 23 °C					
	Probekörper:	Form		Herstellung	
		Zustand		Vorbehandlung	
Streckspannung	N/mm²		Dehnung bei Streckspannung		%
Zugfestigkeit	N/mm²		Reißdehnung		%
Reißfestigkeit	N/mm²		% Dehnspannung		N/mm²
E-Modul	N/mm²		Dehnung bei	% Dehnspg.	%

Kriechmoduln und Zeitstandwerte 23 °C					
	Probekörper:	Form		Herstellung	
		Zustand		Vorbehandlung	
Kriechmodul	1 min N/mm²		Zeitstandzugfestigkeit	h	N/mm²
Kriechmodul	1000 h N/mm²		Zeitdehnspg. %	h	N/mm²
bei Spannung	N/mm²				

Biegeversuch 23 °C				
	Probekörper:	Form		Herstellung
		Zustand		Vorbehandlung
Biegefestigkeit	N/mm²		E-Modul	N/mm²
3,5% Biegespannung	N/mm²			

Härte 23 °C					
	Probekörper:	Zustand		Herstellung	
				Vorbehandlung	
Kugeldruckhärte	N/mm²	bei	N, s	Shore-Härte A	
Rockwellhärte				Shore-Härte D	

Schlagversuch					
	Probekörper:	(1) U-Kerbe		Herstellung	Pressen
		(2)		Vorbehandlung	Normalklima
		Zustand			
		°C	°C	°C	Probekörper-Form
Schlagzähigkeit	kJ/m²				
Kerbschlagzähigkeit (1)	kJ/m²	23 8	0 4		NKS
IZOD-Kerbschlagzähigkeit (2)	J/m				
Kerbschlagzugzähigkeit	kJ/m²				

Kunststoffe © Springer-Verlag Berlin Heidelberg 1988
Kopieren, Vervielfältigen und Speichern in Datenverarbeitungsanlagen (auch auszugsweise) ist nur mit schriftlicher Genehmigung des Verlages gestattet

Datenbank-Nr. **T05902**   Merkblatt-Nr. **2374**

Abrieb und Reibung

Taber-Abrieb (Reibradverfahren)   mm³/100 U
Abriebfaktor LNP (Thrust washer) Vergleichswert
Statische Reibungszahl
Dynamische Reibungszahl   (p·v=   N/mm² ·   m/min)
Zulässiger p·v Wert   N/mm² · (m/min)   v=   m/min
                                           v=   m/min

Thermische Eigenschaften

Formbeständigkeit in der Wärme   Verfahren   °C
                                         Verfahren   °C
Vicat Erweichungstemperatur (VST)   Verfahren   °C
                                         Verfahren   °C
Kristallit-Schmelzpunkt   Verfahren

Längenausdehnungskoeffizient   Bereich   °C   ·10⁻⁴K⁻¹
                                         Temperatur   ·10⁻⁴K⁻¹

Wärmeleitfähigkeit   Verfahren   W/(K·m)

Spezifische Wärmekapazität   Verfahren   J/(K·g)

Glasumwandlungstemperatur   Torsionsschwingungsversuch   °C
                                         Differentialkalorimetrie   °C

Brandverhalten

UL-Test vertikal   Dicke   mm, Wert
                 Dicke   mm, Wert

                Norm   Bewertung   Abmessungen

Sauerstoff-Index   ASTM D 2863
Glühstab-Verfahren
Brandverhalten   DIN 4102
MVSS
FAR

Elektrische Eigenschaften

                                     Hz   °C   Probekörper, Form

Dielektrizitätszahl   50
                            10^3
                            10^6
Dielektrischer Verlustfaktor tan δ   50
                            10^3
                            10^6

Spezifischer Durchgangs-
    widerstand   Ohm·cm
Durchschlagfestigkeit   kV/mm   mm dick
Oberflächenwiderstand   Ohm

Kriechstromfestigkeit   KC   KB   KA
Kriechwegbildung

Elektrolytische Korrosionswirkung
Lichtbogenfestigkeit nach DIN
                nach ASTM   s

Beständigkeit (Chemische Beständigkeit siehe Anhang)

Wasseraufnahme

Feuchtigkeitsaufnahme Normalklima   %
Wetterbeständigkeit

Spannungskorrosion

Optische Eigenschaften

Brechungszahl n_D
Transmissionsgrad τ_c %   mm dick
Lichtdurchlässigkeit

Datenbank-Nr.	**T05903**			Merkblatt-Nr. **2375**
Produkt	Hart-PVC-Formmasse, schlagzaeh modifiziert			**PVC**
Handelsname	**Hostalit H 2060 E**			
Hersteller	HOECHST			
DIN-Bez 1			Viskositätszahl ml/g	88
DIN-Bez 2			K-Wert	60
Zusätze			Füllstoffe/ Verstärkung	
Bevorzugte Verarbeitung	Extrudieren		Lieferform	Pulver
			Farben	Natur
Besondere Merkmale	Gegenueber PVC verbesserte Schlagzaehigkeit besonders in der Kaelte; Hohe Alterungsbestaendigkeit; Hohe Witterungsbestaendigkeit; Geringfuegig weicher als PVC hart; Schlagzaeh		Bevorzugte Anwendungen	Profil

Kornverteilung

Kornklasse μm	Rückstand %		Dichte	g/cm³	
≧ 500	1		Schüttdichte	g/cm³	0.55
			Stampfdichte	g/cm³	
			Rieselfähigkeit		
			Rieselzeit	s/100 g	
			Kornbeschaffenheit		
Allgemeine Hinweise			Flüchtige Bestandteile	%	≦ 0.2
			Sulfatasche	%	

Zugversuch 23 °C

Probekörper: Form / Zustand   Herstellung / Vorbehandlung

Streckspannung	N/mm²	Dehnung bei Streckspannung		%
Zugfestigkeit	N/mm²	Reißdehnung		%
Reißfestigkeit	N/mm²	% Dehnspannung		N/mm²
E-Modul	N/mm²	Dehnung bei	% Dehnspg.	%

Kriechmoduln und Zeitstandwerte 23 °C

Probekörper: Form / Zustand   Herstellung / Vorbehandlung

Kriechmodul	1 min	N/mm²	Zeitstandzugfestigkeit	h N/mm²
Kriechmodul	1000 h	N/mm²	Zeitdehnspg. %	h N/mm²
bei Spannung		N/mm²		

Biegeversuch 23 °C

Probekörper: Form / Zustand   Herstellung / Vorbehandlung

Biegefestigkeit	N/mm²	E-Modul	N/mm²
3,5% Biegespannung	N/mm²		

Härte 23 °C

Probekörper: Zustand   Herstellung / Vorbehandlung

Kugeldruckhärte	N/mm²	bei	N, s	Shore-Härte A
Rockwellhärte				Shore-Härte D

Schlagversuch

Probekörper: (1) U-Kerbe / (2) / Zustand   Herstellung: Pressen   Vorbehandlung: Normalklima

		°C	°C	°C	Probekörper-Form
Schlagzähigkeit	kJ/m²				
Kerbschlagzähigkeit (1)	kJ/m²	23 10	0 7		NKS
IZOD-Kerbschlagzähigkeit (2)	J/m				
Kerbschlagzugzähigkeit	kJ/m²				

Kunststoffe © Springer-Verlag Berlin Heidelberg 1988
Kopieren, Vervielfältigen und Speichern in Datenverarbeitungsanlagen (auch auszugsweise) ist nur mit schriftlicher Genehmigung des Verlages gestattet

Datenbank-Nr. **T05903** *Merkblatt-Nr.* **2375**

Abrieb und Reibung

Taber-Abrieb (Reibradverfahren)	mm³/100 U	
Abriebfaktor LNP (Thrust washer) Vergleichswert		
Statische Reibungszahl		
Dynamische Reibungszahl	$(p \cdot v =$ N/mm² ·	m/min)
Zulässiger p · v Wert	N/mm² · (m/min)	$v =$ m/min
		$v =$ m/min

Thermische Eigenschaften

Formbeständigkeit in der Wärme	Verfahren	°C
	Verfahren	°C
Vicat Erweichungstemperatur (VST)	Verfahren	°C
	Verfahren	°C
Kristallit-Schmelzpunkt	Verfahren	
Längenausdehnungskoeffizient	Bereich °C	$\cdot 10^{-4} K^{-1}$
	Temperatur	$\cdot 10^{-4} K^{-1}$
Wärmeleitfähigkeit	Verfahren	W/(K · m)
Spezifische Wärmekapazität	Verfahren	J/(K · g)
Glasumwandlungstemperatur	Torsionsschwingungsversuch	°C
	Differentialkalorimetrie	°C

Brandverhalten

UL-Test vertikal Dicke mm, Wert
  Dicke mm, Wert

	Norm	Bewertung	Abmessungen
Sauerstoff-Index	ASTM D 2863		
Glühstab-Verfahren			
Brandverhalten	DIN 4102		
MVSS			
FAR			

Elektrische Eigenschaften

	Hz	°C	Probekörper, Form
Dielektrizitätszahl	50		
	10³		
	10⁶		
Dielektrischer Verlustfaktor tan δ	50		
	10³		
	10⁶		

Spezifischer Durchgangswiderstand	Ohm · cm	
Durchschlagfestigkeit	kV/mm	mm dick
Oberflächenwiderstand	Ohm	
Kriechstromfestigkeit	KC KB KA	
Kriechwegbildung		
Elektrolytische Korrosionswirkung		
Lichtbogenfestigkeit nach DIN		
nach ASTM	s	

Beständigkeit *(Chemische Beständigkeit siehe Anhang)*

Wasseraufnahme

Feuchtigkeitsaufnahme Normalklima %
Wetterbeständigkeit

Spannungskorrosion

Optische Eigenschaften

Brechungszahl n_D
Transmissionsgrad τ_c % mm dick
Lichtdurchlässigkeit

Datenbank-Nr.	**T05904**		Merkblatt-Nr. **2376**

Produkt	Hart-PVC-Formmasse, schlagzaeh modifiziert		**PVC, PVC-HI**
Handelsname	**Hostalit HM 2060 E**		
Hersteller	HOECHST		
DIN-Bez 1		Viskositätszahl ml/g	88
DIN-Bez 2		K-Wert	60
Zusätze		Füllstoffe/Verstärkung	
Bevorzugte Verarbeitung	Extrudieren	Lieferform	Pulver; Verarbeitungsfertige Mischung
		Farben	Natur
Besondere Merkmale	Gegenueber PVC verbesserte Schlagzaehigkeit besonders in der Kaelte; Hohe Alterungsbestaendigkeit; Hohe Witterungsbestaendigkeit; Geringfuegig weicher als PVC hart; Schlagzaeh	Bevorzugte Anwendungen	Profil

Kornverteilung

Kornklasse μm	Rückstand %			
≧500	≦1			

Dichte	g/cm³	
Schüttdichte	g/cm³	0.55
Stampfdichte	g/cm³	
Rieselfähigkeit		
Rieselzeit	s/100 g	
Kornbeschaffenheit		
Flüchtige Bestandteile	%	≦0.2
Sulfatasche	%	

Allgemeine Hinweise

Zugversuch 23 °C

Probekörper: Form   Herstellung
Zustand   Vorbehandlung

Streckspannung	N/mm²	Dehnung bei Streckspannung	%
Zugfestigkeit	N/mm²	Reißdehnung	%
Reißfestigkeit	N/mm²	% Dehnspannung	N/mm²
E-Modul	N/mm²	Dehnung bei % Dehnspg.	%

Kriechmoduln und Zeitstandwerte 23 °C

Probekörper: Form   Herstellung
Zustand   Vorbehandlung

Kriechmodul	1 min N/mm²	Zeitstandzugfestigkeit	h N/mm²
Kriechmodul	1000 h N/mm²	Zeitdehnspg. %	h N/mm²
bei Spannung	N/mm²		

Biegeversuch 23 °C

Probekörper: Form   Herstellung
Zustand   Vorbehandlung

Biegefestigkeit	N/mm²	E-Modul	N/mm²
3,5% Biegespannung	N/mm²		

Härte 23 °C

Probekörper: Zustand   Herstellung
Vorbehandlung

Kugeldruckhärte	N/mm²	bei N, s	Shore-Härte A	
Rockwellhärte			Shore-Härte D	

Schlagversuch

Probekörper: (1) U-Kerbe   Herstellung: Pressen
(2)   Vorbehandlung: Normalklima
Zustand

		°C	°C	°C	Probekörper-Form
Schlagzähigkeit	kJ/m²				
Kerbschlagzähigkeit (1)	kJ/m²	23 10	0 7		NKS
IZOD-Kerbschlagzähigkeit (2)	J/m				
Kerbschlagzugzähigkeit	kJ/m²				

Datenbank-Nr. **T05904** Merkblatt-Nr. **2376**

Abrieb und Reibung

Taber-Abrieb (Reibradverfahren)   mm³/100 U
Abriebfaktor LNP (Thrust washer) Vergleichswert
Statische Reibungszahl
Dynamische Reibungszahl   (p·v=   N/mm²·   m/min)
Zulässiger p·v Wert   N/mm²·(m/min)   v=   m/min
                                                 v=   m/min

Thermische Eigenschaften

Formbeständigkeit in der Wärme   Verfahren   °C
                                   Verfahren   °C
Vicat Erweichungstemperatur (VST)   Verfahren   °C
                                   Verfahren   °C
Kristallit-Schmelzpunkt   Verfahren

Längenausdehnungskoeffizient   Bereich   °C $\cdot 10^{-4} K^{-1}$
                                   Temperatur $\cdot 10^{-4} K^{-1}$
Wärmeleitfähigkeit   Verfahren   W/(K·m)

Spezifische Wärmekapazität   Verfahren   J/(K·g)

Glasumwandlungstemperatur   Torsionsschwingungsversuch   °C
                                   Differentialkalorimetrie   °C

Brandverhalten

UL-Test vertikal   Dicke   mm, Wert
                  Dicke   mm, Wert

	Norm	Bewertung	Abmessungen
Sauerstoff-Index	ASTM D 2863		
Glühstab-Verfahren			
Brandverhalten	DIN 4102		
MVSS			
FAR			

Elektrische Eigenschaften

                   Hz   °C   Probekörper, Form

Dielektrizitätszahl   50
                  10^3
                  10^6
Dielektrischer Verlustfaktor tan δ   50
                                           10^3
                                           10^6

Spezifischer Durchgangs-
     widerstand   Ohm·cm
Durchschlagfestigkeit   kV/mm   mm dick
Oberflächenwiderstand   Ohm

Kriechstromfestigkeit   KC   KB   KA
Kriechwegbildung

Elektrolytische Korrosionswirkung
Lichtbogenfestigkeit nach DIN
               nach ASTM   s

Beständigkeit (Chemische Beständigkeit siehe Anhang)

Wasseraufnahme

Feuchtigkeitsaufnahme Normalklima   %
Wetterbeständigkeit

Spannungskorrosion

Optische Eigenschaften

Brechungszahl n_D
Transmissionsgrad τ_c %   mm dick
Lichtdurchlässigkeit

Datenbank-Nr.	**T05905**	Merkblatt-Nr. **2377**

Produkt	Hart-PVC-Formmasse, schlagzaeh modifiziert		**PVC, PVC-HI**
Handelsname	**Hostalit Z 2060 E**		
Hersteller	HOECHST		
DIN-Bez 1		Viskositätszahl ml/g	88
DIN-Bez 2		K-Wert	60
Zusätze		Füllstoffe/Verstärkung	
Bevorzugte Verarbeitung	Extrudieren	Lieferform	Granulat
		Farben	Natur; Standard
Besondere Merkmale	Gegenueber PVC verbesserte Schlagzaehigkeit besonders in der Kaelte; Hohe Alterungsbestaendigkeit; Hohe Witterungsbestaendigkeit; Geringfuegig weicher als PVC hart; Schlagzaeh	Bevorzugte Anwendungen	Profil

---

Kornverteilung

Kornklasse μm	Rückstand %		
		Dichte g/cm³	
		Schüttdichte g/cm³	
		Stampfdichte g/cm³	
		Rieselfähigkeit	
		Rieselzeit s/100 g	
		Kornbeschaffenheit	
Allgemeine Hinweise		Flüchtige Bestandteile %	≤ 0.2
		Sulfatasche %	

Zugversuch 23 °C

Probekörper: Form / Zustand — Herstellung / Vorbehandlung

Streckspannung	N/mm²		Dehnung bei Streckspannung	%
Zugfestigkeit	N/mm²		Reißdehnung	%
Reißfestigkeit	N/mm²		% Dehnspannung	N/mm²
E-Modul	N/mm²		Dehnung bei % Dehnspg.	%

Kriechmoduln und Zeitstandwerte 23 °C

Probekörper: Form / Zustand — Herstellung / Vorbehandlung

Kriechmodul	1 min	N/mm²	Zeitstandzugfestigkeit	h N/mm²
Kriechmodul	1000 h	N/mm²	Zeitdehnspg. %	h N/mm²
bei Spannung		N/mm²		

Biegeversuch 23 °C

Probekörper: Form / Zustand — Herstellung / Vorbehandlung

Biegefestigkeit	N/mm²	E-Modul	N/mm²
3,5% Biegespannung	N/mm²		

Härte 23 °C

Probekörper: Zustand — Herstellung / Vorbehandlung

Kugeldruckhärte	N/mm²	bei N, s	Shore-Härte A
Rockwellhärte			Shore-Härte D

Schlagversuch

Probekörper: (1) U-Kerbe (2) Zustand — Herstellung: Pressen; Vorbehandlung: Normalklima

		°C	°C	°C	Probekörper-Form
Schlagzähigkeit	kJ/m²				
Kerbschlagzähigkeit (1)	kJ/m²	23 10	0 7		NKS
IZOD-Kerbschlagzähigkeit (2)	J/m				
Kerbschlagzugzähigkeit	kJ/m²				

Kunststoffe © Springer-Verlag Berlin Heidelberg 1988
Kopieren, Vervielfältigen und Speichern in Datenverarbeitungsanlagen (auch auszugsweise) ist nur mit schriftlicher Genehmigung des Verlages gestattet

Datenbank-Nr. **T05905** *Merkblatt-Nr.* **2377**

Abrieb und Reibung

Taber-Abrieb (Reibradverfahren)	mm³/100 U	
Abriebfaktor LNP (Thrust washer) Vergleichswert		
Statische Reibungszahl		
Dynamische Reibungszahl	(p·v= N/mm² · m/min)	
Zulässiger p·v Wert	N/mm² · (m/min) v= m/min	
	v= m/min	

Thermische Eigenschaften

Formbeständigkeit in der Wärme	Verfahren	°C
	Verfahren	°C
Vicat Erweichungstemperatur (VST)	Verfahren	°C
	Verfahren	°C
Kristallit-Schmelzpunkt	Verfahren	
Längenausdehnungskoeffizient	Bereich °C	$\cdot 10^{-4} K^{-1}$
	Temperatur	$\cdot 10^{-4} K^{-1}$
Wärmeleitfähigkeit	Verfahren	W/(K·m)
Spezifische Wärmekapazität	Verfahren	J/(K·g)
Glasumwandlungstemperatur	Torsionsschwingungsversuch	°C
	Differentialkalorimetrie	°C

Brandverhalten

UL-Test vertikal Dicke mm, Wert
 Dicke mm, Wert

	Norm	Bewertung	Abmessungen
Sauerstoff-Index	ASTM D 2863		
Glühstab-Verfahren			
Brandverhalten	DIN 4102		
MVSS			
FAR			

Elektrische Eigenschaften

	Hz	°C	Probekörper, Form
Dielektrizitätszahl	50		
	10³		
	10⁶		
Dielektrischer Verlustfaktor tan δ	50		
	10³		
	10⁶		
Spezifischer Durchgangswiderstand	Ohm·cm		
Durchschlagfestigkeit	kV/mm		mm dick
Oberflächenwiderstand	Ohm		
Kriechstromfestigkeit	KC	KB	KA
Kriechwegbildung			

Elektrolytische Korrosionswirkung
Lichtbogenfestigkeit nach DIN
  nach ASTM s

Beständigkeit (Chemische Beständigkeit siehe Anhang)

Wasseraufnahme

Feuchtigkeitsaufnahme Normalklima   %
Wetterbeständigkeit

Spannungskorrosion

Optische Eigenschaften

Brechungszahl n_D
Transmissionsgrad τ_c %   mm dick
Lichtdurchlässigkeit

Datenbank-Nr. **T05906**		Merkblatt-Nr. **2378**
Produkt	Hart-PVC-Formmasse, schlagzaeh modifiziert	**PVC**
Handelsname	**Hostalit H 2265 E**	
Hersteller	HOECHST	

DIN-Bez 1		Viskositätszahl ml/g	105
DIN-Bez 2		K-Wert	65
Zusätze		Füllstoffe/Verstärkung	
Bevorzugte Verarbeitung	Extrudieren	Lieferform	Pulver
		Farben	Natur
Besondere Merkmale	Gegenueber PVC verbesserte Schlagzaehigkeit besonders in der Kaelte; Hohe Alterungsbestaendigkeit; Hohe Witterungsbestaendigkeit; Geringfuegig weicher als PVC hart; Hochschlagzaeh	Bevorzugte Anwendungen	Regenrinne; Profil; Fensterprofil (weiss)

Kornverteilung

Kornklasse µm	Rückstand %		
≥ 500	≤ 1		

Dichte	g/cm³	
Schüttdichte	g/cm³	0.54
Stampfdichte	g/cm³	
Rieselfähigkeit		
Rieselzeit	s/100 g	
Kornbeschaffenheit		
Flüchtige Bestandteile	%	≤ 0.2
Sulfatasche	%	

Allgemeine Hinweise

Zugversuch 23 °C

Probekörper: Form / Zustand
Herstellung / Vorbehandlung

Streckspannung	N/mm²	Dehnung bei Streckspannung		%
Zugfestigkeit	N/mm²	Reißdehnung		%
Reißfestigkeit	N/mm²	% Dehnspannung		N/mm²
E-Modul	N/mm²	Dehnung bei	% Dehnspg.	%

Kriechmoduln und Zeitstandwerte 23 °C

Probekörper: Form / Zustand
Herstellung / Vorbehandlung

Kriechmodul	1 min N/mm²	Zeitstandzugfestigkeit	h	N/mm²
Kriechmodul	1000 h N/mm²	Zeitdehnspg. %	h	N/mm²
bei Spannung	N/mm²			

Biegeversuch 23 °C

Probekörper: Form / Zustand
Herstellung / Vorbehandlung

Biegefestigkeit	N/mm²	E-Modul	N/mm²
3,5% Biegespannung	N/mm²		

Härte 23 °C

Probekörper: Zustand
Herstellung / Vorbehandlung

Kugeldruckhärte	N/mm²	bei	N, s	Shore-Härte A	
Rockwellhärte				Shore-Härte D	

Schlagversuch

Probekörper: (1) U-Kerbe / (2) / Zustand
Herstellung: Pressen
Vorbehandlung: Normalklima
Probekörper-Form

		°C	°C	°C	
Schlagzähigkeit	kJ/m²				
Kerbschlagzähigkeit (1)	kJ/m²	23 30	0 8		NKS
IZOD-Kerbschlagzähigkeit (2)	J/m				
Kerbschlagzugzähigkeit	kJ/m²				

Kunststoffe © Springer-Verlag Berlin Heidelberg 1988
Kopieren, Vervielfältigen und Speichern in Datenverarbeitungsanlagen (auch auszugsweise) ist nur mit schriftlicher Genehmigung des Verlages gestattet

Datenbank-Nr. **T05906** Merkblatt-Nr. **2378**

Abrieb und Reibung

Taber-Abrieb (Reibradverfahren) mm³/100 U
Abriebfaktor LNP (Thrust washer) Vergleichswert
Statische Reibungszahl
Dynamische Reibungszahl (p·v= N/mm² · m/min)
Zulässiger p·v Wert N/mm² · (m/min) v= m/min
  v= m/min

Thermische Eigenschaften

Formbeständigkeit in der Wärme Verfahren °C
 Verfahren °C
Vicat Erweichungstemperatur (VST) Verfahren °C
 Verfahren °C
Kristallit-Schmelzpunkt Verfahren

Längenausdehnungskoeffizient Bereich °C ·10⁻⁴K⁻¹
 Temperatur ·10⁻⁴K⁻¹
Wärmeleitfähigkeit Verfahren W/(K·m)

Spezifische Wärmekapazität Verfahren J/(K·g)

Glasumwandlungstemperatur Torsionsschwingungsversuch °C
 Differentialkalorimetrie °C

Brandverhalten

UL-Test vertikal Dicke mm, Wert
 Dicke mm, Wert

	Norm	Bewertung	Abmessungen
Sauerstoff-Index	ASTM D 2863		
Glühstab-Verfahren			
Brandverhalten	DIN 4102		
MVSS			
FAR			

Elektrische Eigenschaften

 Hz °C Probekörper, Form

Dielektrizitätszahl 50
 10³
 10⁶
Dielektrischer Verlustfaktor tan δ 50
 10³
 10⁶

Spezifischer Durchgangs-
 widerstand Ohm · cm
Durchschlagfestigkeit kV/mm   mm dick
Oberflächenwiderstand Ohm

Kriechstromfestigkeit KC KB KA
Kriechwegbildung

Elektrolytische Korrosionswirkung
Lichtbogenfestigkeit nach DIN
 nach ASTM s

Beständigkeit (Chemische Beständigkeit siehe Anhang)

Wasseraufnahme

Feuchtigkeitsaufnahme Normalklima %
Wetterbeständigkeit

Spannungskorrosion

Optische Eigenschaften

Brechungszahl n_D
Transmissionsgrad τ_c % mm dick
Lichtdurchlässigkeit

Datenbank-Nr.	**T05907**		Merkblatt-Nr.	**2379**

Produkt	Hart-PVC-Formmasse, schlagzaeh modifiziert		**PVC**
Handelsname	**Hostalit HM 2265 E**		
Hersteller	HOECHST		
DIN-Bez 1		Viskositätszahl ml/g	105
DIN-Bez 2		K-Wert	65
Zusätze		Füllstoffe/Verstärkung	
Bevorzugte Verarbeitung	Extrudieren	Lieferform	Pulver; Verarbeitungsfertige Mischung
		Farben	Natur
Besondere Merkmale	Gegenueber PVC verbesserte Schlagzaehigkeit besonders in der Kaelte; Hohe Alterungsbestaendigkeit; Hohe Witterungsbestaendigkeit; Geringfuegig weicher als PVC hart; Hochschlagzaeh	Bevorzugte Anwendungen	Regenrinne; Profil; Fensterprofil (weiss)

Kornverteilung

Kornklasse μm	Rückstand %	Dichte	g/cm³	
≧ 500	≦ 1	Schüttdichte	g/cm³	0.54
		Stampfdichte	g/cm³	
		Rieselfähigkeit		
		Rieselzeit	s/100 g	
		Kornbeschaffenheit		
Allgemeine Hinweise		Flüchtige Bestandteile	%	≦ 0.2
		Sulfatasche	%	

Zugversuch 23 °C

Probekörper: Form / Zustand   Herstellung / Vorbehandlung

Streckspannung	N/mm²	Dehnung bei Streckspannung	%
Zugfestigkeit	N/mm²	Reißdehnung	%
Reißfestigkeit	N/mm²	% Dehnspannung	N/mm²
E-Modul	N/mm²	Dehnung bei % Dehnspg.	%

Kriechmoduln und Zeitstandwerte 23 °C

Probekörper: Form / Zustand   Herstellung / Vorbehandlung

Kriechmodul	1 min N/mm²	Zeitstandzugfestigkeit	h N/mm²
Kriechmodul	1000 h N/mm²	Zeitdehnspg. %	h N/mm²
bei Spannung	N/mm²		

Biegeversuch 23 °C

Probekörper: Form / Zustand   Herstellung / Vorbehandlung

Biegefestigkeit	N/mm²	E-Modul	N/mm²
3,5% Biegespannung	N/mm²		

Härte 23 °C

Probekörper: Zustand   Herstellung / Vorbehandlung

Kugeldruckhärte	N/mm²	bei	N, s	Shore-Härte A
Rockwellhärte				Shore-Härte D

Schlagversuch

Probekörper: (1) U-Kerbe / (2) Zustand   Herstellung: Pressen   Vorbehandlung: Normalklima

		°C	°C	°C	Probekörper-Form
Schlagzähigkeit	kJ/m²				
Kerbschlagzähigkeit (1)	kJ/m²	23 30	0 8		NKS
IZOD-Kerbschlagzähigkeit (2)	J/m				
Kerbschlagzugzähigkeit	kJ/m²				

Datenbank-Nr. **T05907**   *Merkblatt-Nr.* **2379**

Abrieb und Reibung

Taber-Abrieb (Reibradverfahren)	mm³/100 U	
Abriebfaktor LNP (Thrust washer) Vergleichswert		
Statische Reibungszahl		
Dynamische Reibungszahl	(p·v = N/mm² · m/min)	
Zulässiger p·v Wert	N/mm² · (m/min) v = m/min	
	v = m/min	

Thermische Eigenschaften

Formbeständigkeit in der Wärme	Verfahren	°C
	Verfahren	°C
Vicat Erweichungstemperatur (VST)	Verfahren	°C
	Verfahren	°C
Kristallit-Schmelzpunkt	Verfahren	
Längenausdehnungskoeffizient	Bereich °C	·10⁻⁴ K⁻¹
	Temperatur	·10⁻⁴ K⁻¹
Wärmeleitfähigkeit	Verfahren	W/(K·m)
Spezifische Wärmekapazität	Verfahren	J/(K·g)
Glasumwandlungstemperatur	Torsionsschwingungsversuch	°C
	Differentialkalorimetrie	°C

Brandverhalten

UL-Test vertikal   Dicke   mm, Wert
                 Dicke   mm, Wert

	Norm	Bewertung	Abmessungen
Sauerstoff-Index	ASTM D 2863		
Glühstab-Verfahren			
Brandverhalten	DIN 4102		
MVSS			
FAR			

Elektrische Eigenschaften

	Hz	°C		Probekörper, Form
Dielektrizitätszahl	50			
	10³			
	10⁶			
Dielektrischer Verlustfaktor tan δ	50			
	10³			
	10⁶			
Spezifischer Durchgangswiderstand	Ohm·cm			
Durchschlagfestigkeit	kV/mm			mm dick
Oberflächenwiderstand	Ohm			
Kriechstromfestigkeit	KC	KB	KA	
Kriechwegbildung				

Elektrolytische Korrosionswirkung
Lichtbogenfestigkeit nach DIN
               nach ASTM   s

Beständigkeit *(Chemische Beständigkeit siehe Anhang)*

Wasseraufnahme

Feuchtigkeitsaufnahme Normalklima   %
Wetterbeständigkeit

Spannungskorrosion

Optische Eigenschaften

Brechungszahl n_D
Transmissionsgrad τ_c %   mm dick
Lichtdurchlässigkeit

Datenbank-Nr. **T05908**		Merkblatt-Nr. **2380**
Produkt	Hart-PVC-Formmasse, schlagzaeh modifiziert	**PVC**
Handelsname	**Hostalit Z 2265 E**	
Hersteller	HOECHST	

DIN-Bez 1		Viskositätszahl ml/g	105
DIN-Bez 2		K-Wert	65
Zusätze		Füllstoffe/Verstärkung	
Bevorzugte Verarbeitung	Extrudieren	Lieferform	Granulat
		Farben	Natur; Standard
Besondere Merkmale	Gegenueber PVC verbesserte Schlagzaehigkeit besonders in der Kaelte; Hohe Alterungsbestaendigkeit; Hohe Witterungsbestaendigkeit; Geringfuegig weicher als PVC hart; Hochschlagzaeh	Bevorzugte Anwendungen	Regenrinne; Profil; Fensterprofil (weiss)

Kornverteilung

Kornklasse μm	Rückstand %		
		Dichte	g/cm³
		Schüttdichte	g/cm³
		Stampfdichte	g/cm³
		Rieselfähigkeit	
		Rieselzeit	s/100 g
		Kornbeschaffenheit	
Allgemeine Hinweise		Flüchtige Bestandteile %	≤ 0.2
		Sulfatasche %	

Zugversuch 23 °C

Probekörper: Form / Zustand   Herstellung / Vorbehandlung

Streckspannung	N/mm²	Dehnung bei Streckspannung	%	
Zugfestigkeit	N/mm²	Reißdehnung	%	
Reißfestigkeit	N/mm²	% Dehnspannung	N/mm²	
E-Modul	N/mm²	Dehnung bei % Dehnspg.	%	

Kriechmoduln und Zeitstandwerte 23 °C

Probekörper: Form / Zustand   Herstellung / Vorbehandlung

Kriechmodul	1 min N/mm²	Zeitstandzugfestigkeit	h N/mm²
Kriechmodul	1000 h N/mm²	Zeitdehnspg. %	h N/mm²
bei Spannung	N/mm²		

Biegeversuch 23 °C

Probekörper: Form / Zustand   Herstellung / Vorbehandlung

Biegefestigkeit	N/mm²	E-Modul	N/mm²
3,5% Biegespannung	N/mm²		

Härte 23 °C

Probekörper: Zustand   Herstellung / Vorbehandlung

Kugeldruckhärte	N/mm²	bei N, s	Shore-Härte A	
Rockwellhärte			Shore-Härte D	

Schlagversuch

Probekörper: (1) U-Kerbe (2) / Zustand   Herstellung: Pressen / Vorbehandlung: Normalklima

		°C	°C	°C	Probekörper-Form
Schlagzähigkeit	kJ/m²				
Kerbschlagzähigkeit (1)	kJ/m²	23 30	0 8		NKS
IZOD-Kerbschlagzähigkeit (2)	J/m				
Kerbschlagzugzähigkeit	kJ/m²				

Kunststoffe © Springer-Verlag Berlin Heidelberg 1988
Kopieren, Vervielfältigen und Speichern in Datenverarbeitungsanlagen (auch auszugsweise) ist nur mit schriftlicher Genehmigung des Verlages gestattet

Datenbank-Nr. **T05908** Merkblatt-Nr. **2380**

Abrieb und Reibung

Taber-Abrieb (Reibradverfahren) mm³/100 U
Abriebfaktor LNP (Thrust washer) Vergleichswert
Statische Reibungszahl
Dynamische Reibungszahl (p·v= N/mm² · m/min)
Zulässiger p·v Wert N/mm² · (m/min) v= m/min
 v= m/min

Thermische Eigenschaften

Formbeständigkeit in der Wärme Verfahren °C
 Verfahren °C
Vicat Erweichungstemperatur (VST) Verfahren °C
 Verfahren °C
Kristallit-Schmelzpunkt Verfahren

Längenausdehnungskoeffizient Bereich °C ·10⁻⁴K⁻¹
 Temperatur ·10⁻⁴K⁻¹
Wärmeleitfähigkeit Verfahren W/(K·m)

Spezifische Wärmekapazität Verfahren J/(K·g)

Glasumwandlungstemperatur Torsionsschwingungsversuch °C
 Differentialkalorimetrie °C

Brandverhalten

UL-Test vertikal Dicke mm, Wert
 Dicke mm, Wert

	Norm	Bewertung	Abmessungen
Sauerstoff-Index	ASTM D 2863		
Glühstab-Verfahren			
Brandverhalten	DIN 4102		
MVSS			
FAR			

Elektrische Eigenschaften

 Hz °C Probekörper, Form

Dielektrizitätszahl 50
 10³
 10⁶
Dielektrischer Verlustfaktor tan δ 50
 10³
 10⁶
Spezifischer Durchgangs-
 widerstand Ohm·cm
Durchschlagfestigkeit kV/mm mm dick
Oberflächenwiderstand Ohm

Kriechstromfestigkeit KC KB KA
Kriechwegbildung

Elektrolytische Korrosionswirkung
Lichtbogenfestigkeit nach DIN
 nach ASTM s

Beständigkeit (Chemische Beständigkeit siehe Anhang)

Wasseraufnahme

Feuchtigkeitsaufnahme Normalklima %
Wetterbeständigkeit

Spannungskorrosion

Optische Eigenschaften

Brechungszahl n_D
Transmissionsgrad τ_c % mm dick
Lichtdurchlässigkeit

Datenbank-Nr. **T05909**		Merkblatt-Nr. **2381**
Produkt	Hart-PVC-Formmasse, schlagzaeh modifiziert	**PVC, PVC-HI**

Handelsname	**Hostalit H 4070 F**
Hersteller	HOECHST
DIN-Bez 1	
DIN-Bez 2	
Zusätze	
Bevorzugte Verarbeitung	Extrudieren
Besondere Merkmale	Gegenueber PVC verbesserte Schlagzaehigkeit besonders in der Kaelte; Hohe Alterungsbestaendigkeit; Hohe Witterungsbestaendigkeit; Geringfuegig weicher als PVC hart; Hochschlagzaeh

Viskositätszahl ml/g	123
K-Wert	70
Füllstoffe/Verstärkung	
Lieferform	Pulver
Farben	Natur
Bevorzugte Anwendungen	Rohr, Lichtwandprofil

Kornverteilung

Kornklasse μm	Rückstand %
≧ 500	5

Dichte	g/cm³	
Schüttdichte	g/cm³	0.55
Stampfdichte	g/cm³	
Rieselfähigkeit		
Rieselzeit	s/100 g	
Kornbeschaffenheit		
Flüchtige Bestandteile	%	≦ 0.2
Sulfatasche	%	

Allgemeine Hinweise

Zugversuch 23 °C

Probekörper: Form / Zustand Herstellung / Vorbehandlung

Streckspannung	N/mm²	Dehnung bei Streckspannung		%
Zugfestigkeit	N/mm²	Reißdehnung		%
Reißfestigkeit	N/mm²	% Dehnspannung		N/mm²
E-Modul	N/mm²	Dehnung bei	% Dehnspg.	%

Kriechmoduln und Zeitstandwerte 23 °C

Probekörper: Form / Zustand Herstellung / Vorbehandlung

Kriechmodul	1 min N/mm²	Zeitstandzugfestigkeit	h N/mm²
Kriechmodul	1000 h N/mm²	Zeitdehnspg. %	h N/mm²
bei Spannung	N/mm²		

Biegeversuch 23 °C

Probekörper: Form / Zustand Herstellung / Vorbehandlung

Biegefestigkeit	N/mm²	E-Modul	N/mm²
3,5% Biegespannung	N/mm²		

Härte 23 °C

Probekörper: Zustand Herstellung / Vorbehandlung

Kugeldruckhärte	N/mm²	bei N, s	Shore-Härte A
Rockwellhärte			Shore-Härte D

Schlagversuch

Probekörper: (1) U-Kerbe / (2) / Zustand   Herstellung: Pressen   Vorbehandlung: Normalklima

		°C	°C	°C	Probekörper-Form
Schlagzähigkeit	kJ/m²				
Kerbschlagzähigkeit (1)	kJ/m²	23 35	0 10		NKS
IZOD-Kerbschlagzähigkeit (2)	J/m				
Kerbschlagzugzähigkeit	kJ/m²				

Kunststoffe © Springer-Verlag Berlin Heidelberg 1988
Kopieren, Vervielfältigen und Speichern in Datenverarbeitungsanlagen (auch auszugsweise) ist nur mit schriftlicher Genehmigung des Verlages gestattet

Datenbank-Nr. **T05909** Merkblatt-Nr. **2381**

Abrieb und Reibung

Taber-Abrieb (Reibradverfahren)	mm³/100 U	
Abriebfaktor LNP (Thrust washer) Vergleichswert		
Statische Reibungszahl		
Dynamische Reibungszahl	(p·v = N/mm² · m/min)	
Zulässiger p·v Wert	N/mm² · (m/min) v = m/min	
	v = m/min	

Thermische Eigenschaften

Formbeständigkeit in der Wärme	Verfahren	°C
	Verfahren	°C
Vicat Erweichungstemperatur (VST)	Verfahren	°C
	Verfahren	°C
Kristallit-Schmelzpunkt	Verfahren	
Längenausdehnungskoeffizient	Bereich °C	$\cdot 10^{-4} K^{-1}$
	Temperatur	$\cdot 10^{-4} K^{-1}$
Wärmeleitfähigkeit	Verfahren	W/(K·m)
Spezifische Wärmekapazität	Verfahren	J/(K·g)
Glasumwandlungstemperatur	Torsionsschwingungsversuch	°C
	Differentialkalorimetrie	°C

Brandverhalten

UL-Test vertikal	Dicke	mm, Wert	
	Dicke	mm, Wert	
	Norm	Bewertung	Abmessungen
Sauerstoff-Index	ASTM D 2863		
Glühstab-Verfahren			
Brandverhalten	DIN 4102		
MVSS			
FAR			

Elektrische Eigenschaften

	Hz	°C	Probekörper, Form
Dielektrizitätszahl	50		
	10³		
	10⁶		
Dielektrischer Verlustfaktor tan δ	50		
	10³		
	10⁶		
Spezifischer Durchgangs- widerstand	Ohm · cm		
Durchschlagfestigkeit	kV/mm		mm dick
Oberflächenwiderstand	Ohm		
Kriechstromfestigkeit Kriechwegbildung	KC	KB	KA
Elektrolytische Korrosionswirkung			
Lichtbogenfestigkeit nach DIN			
nach ASTM	s		

Beständigkeit (Chemische Beständigkeit siehe Anhang)

Wasseraufnahme

Feuchtigkeitsaufnahme Normalklima %
Wetterbeständigkeit

Spannungskorrosion

Optische Eigenschaften

Brechungszahl n_D
Transmissionsgrad τ_c %   mm dick
Lichtdurchlässigkeit

Datenbank-Nr. **T02916**				Merkblatt-Nr. **2382**

PVC

Produkt	Vinylchlorid-Polymerisat, schlagzaeh modifiziert
Handelsname	**Hostalit H 2057 B**
Hersteller	HOECHST
DIN-Bez 1	
DIN-Bez 2	
Zusätze	
Bevorzugte Verarbeitung	Spritzgiessen
Besondere Merkmale	Gegenueber PVC verbesserte Schlagzaehigkeit besonders in der Kaelte; Hohe Alterungsbestaendigkeit; Hohe Witterungsbestaendigkeit; Erhoeht schlagzaeh
Viskositätszahl ml/g	82
K-Wert	58
Füllstoffe/Verstärkung	
Lieferform	Pulver
Farben	Natur
Bevorzugte Anwendungen	Spritzgiessformteil; Platte

Kornverteilung

Kornklasse µm	Rückstand %	
Dichte g/cm³	1.38	
Schüttdichte g/cm³	0.73	
Stampfdichte g/cm³		
Rieselfähigkeit		
Rieselzeit s/100 g		
Kornbeschaffenheit		

Allgemeine Hinweise: Partikel ueber 500 mm: ≤ 1%
Flüchtige Bestandteile % < 0.2
Sulfatasche % 0.2

Zugversuch 23 °C DIN 53455; DIN 53457

Probekörper: Form Nr. 3
Zustand

Herstellung: Pressen
Vorbehandlung: Normalklima

Streckspannung N/mm²	
Zugfestigkeit N/mm²	51
Reißfestigkeit N/mm²	
E-Modul N/mm²	2600
Dehnung bei Streckspannung %	
Reißdehnung %	20
% Dehnspannung N/mm²	
Dehnung bei % Dehnspg. %	

Kriechmoduln und Zeitstandwerte 23 °C

Probekörper: Form
Zustand

Herstellung
Vorbehandlung

Kriechmodul 1 min N/mm²	
Kriechmodul 1000 h N/mm²	
bei Spannung N/mm²	
Zeitstandzugfestigkeit h N/mm²	
Zeitdehnspg. % h N/mm²	

Biegeversuch 23 °C DIN 53452;

Probekörper: Form NKS
Zustand

Herstellung: Pressen
Vorbehandlung: Normalklima

Biegefestigkeit N/mm²	
3,5% Biegespannung N/mm²	72
E-Modul N/mm²	

Härte 23 °C

Probekörper: Zustand

Herstellung: Pressen
Vorbehandlung: Normalklima

Kugeldruckhärte N/mm²	98 bei 365 N, 30 s
Rockwellhärte	
Shore-Härte A	
Shore-Härte D	81

Schlagversuch

Probekörper: (1) U-Kerbe
(2)
Zustand

Herstellung: Pressen
Vorbehandlung: Normalklima

	°C	°C	°C	Probekörper-Form
Schlagzähigkeit kJ/m²	23 o.B.	-20 o.B.	-40 50	NKS
Kerbschlagzähigkeit (1) kJ/m²	23 5	0 4		NKS
IZOD-Kerbschlagzähigkeit (2) J/m				
Kerbschlagzugzähigkeit kJ/m²				

Kunststoffe © Springer-Verlag Berlin Heidelberg 1988
Kopieren, Vervielfältigen und Speichern in Datenverarbeitungsanlagen (auch auszugsweise) ist nur mit schriftlicher Genehmigung des Verlages gestattet

Datenbank-Nr. **T02916** Merkblatt-Nr. **2382**

Abrieb und Reibung

Taber-Abrieb (Reibradverfahren) mm³/100 U
Abriebfaktor LNP (Thrust washer) Vergleichswert
Statische Reibungszahl
Dynamische Reibungszahl (p·v= N/mm² · m/min)
Zulässiger p · v Wert N/mm² · (m/min) v= m/min
v= m/min

Thermische Eigenschaften

Formbeständigkeit in der Wärme	Verfahren A		69 °C
	Verfahren		°C
Vicat Erweichungstemperatur (VST)	Verfahren B/50		78 °C
	Verfahren		°C
Kristallit-Schmelzpunkt	Verfahren		
Längenausdehnungskoeffizient	Bereich -30–50 °C		$0.8 \cdot 10^{-4} K^{-1}$
Wärmeleitfähigkeit	Temperatur		$\cdot 10^{-4} K^{-1}$
	Verfahren DIN 52612	20 °C	$0.16\ W/(K \cdot m)$
Spezifische Wärmekapazität	Verfahren Adiabat. Kalorimeter	20 °C	$1.05\ J/(K \cdot g)$
Glasumwandlungstemperatur	Torsionsschwingungsversuch	°C	
	Differentialkalorimetrie	°C	

Brandverhalten

UL-Test vertikal Dicke mm, Wert
Dicke mm, Wert

	Norm	Bewertung	Abmessungen
Sauerstoff-Index	ASTM D 2863		
Glühstab-Verfahren	DIN 53459	Stufe 2	120mm x 15mm x 3mm
Brandverhalten	DIN 4102		
MVSS			
FAR			

Elektrische Eigenschaften

		Hz	°C		Probekörper, Form
Dielektrizitätszahl		50			
		10^3			
		10^6			
Dielektrischer Verlustfaktor tan δ		50	23	0.014	0.2 mm dick
		10^3	23	0.025	0.2 mm dick
		10^6			
Spezifischer Durchgangswiderstand	Ohm · cm		23	$1.0*10**16$	0.2 mm dick
Durchschlagfestigkeit	kV/mm		23	50	0.2 mm dick
Oberflächenwiderstand	Ohm		23	$\geq 5.0*10**13$	1 mm dick
Kriechstromfestigkeit		KC	KB	KA 3 b	Platte
Kriechwegbildung					
Elektrolytische Korrosionswirkung					
Lichtbogenfestigkeit nach DIN		L4			120mm x 120mm x 10mm
nach ASTM	s				

Beständigkeit (Chemische Beständigkeit siehe Anhang)

Wasseraufnahme

Feuchtigkeitsaufnahme Normalklima %
Wetterbeständigkeit

Spannungskorrosion

Optische Eigenschaften

Brechungszahl n_D
Transmissionsgrad τ_c % mm dick
Lichtdurchlässigkeit Gedeckt

Datenbank-Nr.	T02917		Merkblatt-Nr.	**2383**

Produkt	Vinylchlorid-Polymerisat, schlagzaeh modifiziert

PVC

Handelsname	**Hostalit H 2060 B**
Hersteller	HOECHST
DIN-Bez 1	
DIN-Bez 2	
Zusätze	
Bevorzugte Verarbeitung	Extrudieren; Kalandrieren; Pressen
Besondere Merkmale	Gegenueber PVC verbesserte Schlagzaehigkeit besonders in der Kaelte; Hohe Alterungsbestaendigkeit; Hohe Witterungsbestaendigkeit; Erhoeht schlagzaeh

Viskositätszahl ml/g	88
K-Wert	60
Füllstoffe/Verstärkung	
Lieferform	Pulver
Farben	Natur
Bevorzugte Anwendungen	Platte; Duennwandiges Profil

Kornverteilung

Kornklasse μm	Rückstand %	Dichte g/cm³	1.38	
		Schüttdichte g/cm³	0.53	
		Stampfdichte g/cm³		
		Rieselfähigkeit		
		Rieselzeit s/100 g		
		Kornbeschaffenheit		
Allgemeine Hinweise	Partikel ueber 0.5 mm: ≦ 1%	Flüchtige Bestandteile %	< 0.2	
		Sulfatasche %	0.2	

Zugversuch 23 °C DIN 53455; DIN 53457

Probekörper:	Form	Nr. 3	Herstellung	Pressen
	Zustand		Vorbehandlung	Normalklima
Streckspannung	N/mm²		Dehnung bei Streckspannung %	
Zugfestigkeit	N/mm² 49		Reißdehnung %	30
Reißfestigkeit	N/mm²		% Dehnspannung N/mm²	
E-Modul	N/mm² 2600		Dehnung bei % Dehnspg. %	

Kriechmoduln und Zeitstandwerte 23 °C

Probekörper:	Form	Herstellung	
	Zustand	Vorbehandlung	
Kriechmodul	1 min N/mm²	Zeitstandzugfestigkeit	h N/mm²
Kriechmodul	1000 h N/mm²	Zeitdehnspg. %	h N/mm²
bei Spannung	N/mm²		

Biegeversuch 23 °C DIN 53452;

Probekörper:	Form	NKS	Herstellung	Pressen
	Zustand		Vorbehandlung	Normalklima
Biegefestigkeit	N/mm²		E-Modul	N/mm²
3,5% Biegespannung	N/mm² 70			

Härte 23 °C

Probekörper:	Zustand		Herstellung	Pressen
			Vorbehandlung	Normalklima
Kugeldruckhärte	N/mm² 98	bei 365 N, 30 s	Shore-Härte A	
Rockwellhärte			Shore-Härte D	81

Schlagversuch

Probekörper:	(1) U-Kerbe			
	(2)		Herstellung	Pressen
	Zustand		Vorbehandlung	Normalklima
	°C	°C	°C	Probekörper-Form
Schlagzähigkeit	kJ/m²	23 o.B.	-20 o.B.	-40 o.B.	NKS
Kerbschlagzähigkeit (1)	kJ/m²	23 7	0 4		NKS
IZOD-Kerbschlagzähigkeit (2)	J/m				
Kerbschlagzugzähigkeit	kJ/m²				

Datenbank-Nr. **T02917**　　Merkblatt-Nr. **2383**

Abrieb und Reibung

Taber-Abrieb (Reibradverfahren)	mm³/100 U	
Abriebfaktor LNP (Thrust washer) Vergleichswert		
Statische Reibungszahl		
Dynamische Reibungszahl	(p·v =　　N/mm² ·　　m/min)	
Zulässiger p · v Wert	N/mm² · (m/min)　v =　m/min	
	v =　m/min	

Thermische Eigenschaften

Formbeständigkeit in der Wärme	Verfahren A		69 °C
	Verfahren		°C
Vicat Erweichungstemperatur (VST)	Verfahren B/50		79 °C
	Verfahren		°C
Kristallit-Schmelzpunkt	Verfahren		
Längenausdehnungskoeffizient	Bereich −30–50 °C		$0.8 \cdot 10^{-4} K^{-1}$
Wärmeleitfähigkeit	Temperatur		$\cdot 10^{-4} K^{-1}$
	Verfahren DIN 52612	20 °C	0.16 W/(K · m)
Spezifische Wärmekapazität	Verfahren Adiabat. Kalorimeter	20 °C	1.05 J/(K · g)
Glasumwandlungstemperatur	Torsionsschwingungsversuch		°C
	Differentialkalorimetrie		°C

Brandverhalten

UL-Test vertikal　　　　　　　　　Dicke　　mm, Wert
　　　　　　　　　　　　　　　　　Dicke　　mm, Wert

	Norm	Bewertung	Abmessungen
Sauerstoff-Index	ASTM D 2863		
Glühstab-Verfahren	DIN 53459	Stufe 2	120mm x 15mm x 3mm
Brandverhalten	DIN 4102		
MVSS			
FAR			

Elektrische Eigenschaften

		Hz	°C		Probekörper, Form
Dielektrizitätszahl		50			
		10^3			
		10^6			
Dielektrischer Verlustfaktor tan δ		50	23	0.014	0.2 mm dick
		10^3	23	0.025	0.2 mm dick
		10^6			
Spezifischer Durchgangswiderstand	Ohm · cm		23	$1.0 \cdot 10^{16}$	0.2 mm dick
Durchschlagfestigkeit	kV/mm		23	50	0.2　mm dick
Oberflächenwiderstand	Ohm		23	$\geq 5.0 \cdot 10^{13}$	1 mm dick
Kriechstromfestigkeit		KC	KB	KA 3 b	Platte
Kriechwegbildung					
Elektrolytische Korrosionswirkung					
Lichtbogenfestigkeit nach DIN		L4			120mm x 120mm x 10mm
nach ASTM	s				

Beständigkeit (Chemische Beständigkeit siehe Anhang)

Wasseraufnahme

Feuchtigkeitsaufnahme Normalklima　　　　　　　　　　　　　　　　　　　　　　　　　　%
Wetterbeständigkeit

Spannungskorrosion

Optische Eigenschaften

Brechungszahl n_D
Transmissionsgrad τ_c　　%　　　　　　　　　mm dick
Lichtdurchlässigkeit　Gedeckt

Datenbank-Nr.	**T02918**		Merkblatt-Nr.	**2384**

Produkt	Vinylchlorid-Polymerisat, schlagzaeh modifiziert		**PVC**
Handelsname	**Hostalit H 2060 C**		
Hersteller	HOECHST		
DIN-Bez 1		Viskositätszahl ml/g	88
DIN-Bez 2		K-Wert	60
Zusätze		Füllstoffe/Verstärkung	
Bevorzugte Verarbeitung	Extrudieren; Kalandrieren; Pressen	Lieferform	Pulver
		Farben	Natur
Besondere Merkmale	Gegenueber PVC verbesserte Schlagzaehigkeit besonders in der Kaelte; Hohe Alterungsbestaendigkeit; Hohe Witterungsbestaendigkeit; Erhoeht schlagzaeh; Translucent	Bevorzugte Anwendungen	Lichtwandprofil

Kornverteilung

Kornklasse μm	Rückstand %	Dichte	g/cm³	1.38
		Schüttdichte	g/cm³	0.56
		Stampfdichte	g/cm³	
		Rieselfähigkeit		
		Rieselzeit	s/100 g	
		Kornbeschaffenheit		
Allgemeine Hinweise	Partikel ueber 0.5 mm: ≦1%	Flüchtige Bestandteile	%	<0.2
		Sulfatasche	%	0.2

Zugversuch 23 °C DIN 53455; DIN 53457

	Probekörper:	Form	Nr. 3	Herstellung	Pressen
		Zustand		Vorbehandlung	Normalklima
Streckspannung	N/mm²		Dehnung bei Streckspannung	%	
Zugfestigkeit	N/mm² 49		Reißdehnung	%	30
Reißfestigkeit	N/mm²		% Dehnspannung	N/mm²	
E-Modul	N/mm² 2600		Dehnung bei % Dehnspg.	%	

Kriechmoduln und Zeitstandwerte 23 °C

	Probekörper:	Form	Herstellung	
		Zustand	Vorbehandlung	
Kriechmodul	1 min N/mm²		Zeitstandzugfestigkeit	h N/mm²
Kriechmodul	1000 h N/mm²		Zeitdehnspg. %	h N/mm²
bei Spannung	N/mm²			

Biegeversuch 23 °C DIN 53452;

	Probekörper:	Form	NKS	Herstellung	Pressen
		Zustand		Vorbehandlung	Normalklima
Biegefestigkeit	N/mm²		E-Modul		N/mm²
3,5% Biegespannung	N/mm² 70				

Härte 23 °C

	Probekörper:	Zustand	Herstellung	Pressen
			Vorbehandlung	Normalklima
Kugeldruckhärte	N/mm² 98	bei 365 N, 30 s	Shore-Härte A	
Rockwellhärte			Shore-Härte D	81

Schlagversuch

	Probekörper:	(1) U-Kerbe (2)		Herstellung	Pressen	
		Zustand		Vorbehandlung	Normalklima	
		°C	°C	°C		Probekörper-Form
Schlagzähigkeit	kJ/m²	23 o.B.	-20 o.B.	-40 o.B.		NKS
Kerbschlagzähigkeit (1)	kJ/m²	23 6	0 3			NKS
IZOD-Kerbschlagzähigkeit (2)	J/m					
Kerbschlagzugzähigkeit	kJ/m²					

Datenbank-Nr. **T02918** Merkblatt-Nr. **2384**

Abrieb und Reibung
Taber-Abrieb (Reibradverfahren) mm³/100 U
Abriebfaktor LNP (Thrust washer) Vergleichswert
Statische Reibungszahl
Dynamische Reibungszahl (p·v= N/mm² · m/min)
Zulässiger p · v Wert N/mm² · (m/min) v= m/min
  v= m/min

Thermische Eigenschaften
Formbeständigkeit in der Wärme Verfahren A 69 °C
  Verfahren °C
Vicat Erweichungstemperatur (VST) Verfahren B/50 79 °C
  Verfahren °C
Kristallit-Schmelzpunkt Verfahren

Längenausdehnungskoeffizient Bereich -30–50 °C $0.8 \cdot 10^{-4} K^{-1}$
  Temperatur $\cdot 10^{-4} K^{-1}$
Wärmeleitfähigkeit Verfahren DIN 52612 20 °C 0.16 W/(K · m)

Spezifische Wärmekapazität Verfahren Adiabat. Kalorimeter 20 °C 1.05 J/(K · g)

Glasumwandlungstemperatur Torsionsschwingungsversuch °C
  Differentialkalorimetrie °C

Brandverhalten
UL-Test vertikal Dicke mm, Wert
  Dicke mm, Wert

	Norm	Bewertung			Abmessungen
Sauerstoff-Index	ASTM D 2863				
Glühstab-Verfahren	DIN 53459	Stufe 2			120mm x 15mm x 3mm
Brandverhalten	DIN 4102				
MVSS					
FAR					

Elektrische Eigenschaften
		Hz	°C		Probekörper, Form
Dielektrizitätszahl		50			
		10³			
		10⁶			
Dielektrischer Verlustfaktor tan δ		50	23	0.014	0.2 mm dick
		10³	23	0.025	0.2 mm dick
		10⁶			
Spezifischer Durchgangs- widerstand	Ohm · cm		23	1.0*10**16	0.2 mm dick
Durchschlagfestigkeit	kV/mm		23	50	0.2 mm dick
Oberflächenwiderstand	Ohm		23	≧ 5.0*10**13	1 mm dick
Kriechstromfestigkeit		KC	KB	KA 3 b	Platte
Kriechwegbildung					

Elektrolytische Korrosionswirkung
Lichtbogenfestigkeit nach DIN L4 120mm x 120mm x 10mm
  nach ASTM s

Beständigkeit (Chemische Beständigkeit siehe Anhang)
Wasseraufnahme

Feuchtigkeitsaufnahme Normalklima %
Wetterbeständigkeit

Spannungskorrosion

Optische Eigenschaften
Brechungszahl n_D
Transmissionsgrad τ_c % mm dick
Lichtdurchlässigkeit Translucent

Datenbank-Nr.	**T02919**		Merkblatt-Nr.	**2385**

Produkt	Vinylchlorid-Polymerisat, schlagzaeh modifiziert		**PVC**
Handelsname	**Hostalit H 2165 E**		
Hersteller	HOECHST		
DIN-Bez 1		Viskositätszahl ml/g	105
DIN-Bez 2		K-Wert	65
Zusätze		Füllstoffe/Verstärkung	
Bevorzugte Verarbeitung	Extrudieren; Kalandrieren; Pressen	Lieferform	Pulver
		Farben	Braun
Besondere Merkmale	Gegenueber PVC verbesserte Schlagzaehigkeit besonders in der Kaelte; Hohe Alterungsbestaendigkeit; Hohe Witterungsbestaendigkeit; Hochschlagzaeh	Bevorzugte Anwendungen	Fensterprofil; Dickwandiges Profil

Kornverteilung			Dichte g/cm³	1.38
Kornklasse μm	Rückstand %		Schüttdichte g/cm³	0.54
			Stampfdichte g/cm³	
			Rieselfähigkeit	
			Rieselzeit s/100 g	
			Kornbeschaffenheit	
Allgemeine Hinweise	Partikel ueber 0.5 mm: ≦1%		Flüchtige Bestandteile %	<0.2
			Sulfatasche %	0.2

Zugversuch 23 °C DIN 53455; DIN 53457

	Probekörper: Form Nr. 3 Zustand	Herstellung Vorbehandlung	Pressen Normalklima
Streckspannung N/mm²		Dehnung bei Streckspannung %	
Zugfestigkeit N/mm² 48		Reißdehnung %	30
Reißfestigkeit N/mm²		% Dehnspannung N/mm²	
E-Modul N/mm² 2600		Dehnung bei % Dehnspg. %	

Kriechmoduln und Zeitstandwerte 23 °C

Probekörper: Form Zustand	Herstellung Vorbehandlung	
Kriechmodul 1 min N/mm²	Zeitstandzugfestigkeit h N/mm²	
Kriechmodul 1000 h N/mm²	Zeitdehnspg. % h N/mm²	
bei Spannung N/mm²		

Biegeversuch 23 °C DIN 53452

Probekörper: Form Zustand	Herstellung Vorbehandlung
Biegefestigkeit N/mm²	E-Modul N/mm²
3,5% Biegespannung N/mm² 70	

Härte 23 °C

Probekörper: Zustand		Herstellung Vorbehandlung	Pressen Normalklima
Kugeldruckhärte N/mm² 98	bei 365 N, 30 s	Shore-Härte A	
Rockwellhärte		Shore-Härte D	81

Schlagversuch

Probekörper:	(1) U-Kerbe (2) Zustand		Herstellung Vorbehandlung	Pressen Normalklima
	°C	°C	°C	Probekörper-Form
Schlagzähigkeit kJ/m²	23 o.B.	-20 o.B.	-40 o.B.	NKS
Kerbschlagzähigkeit (1) kJ/m²	23 30	0 8		NKS
IZOD-Kerbschlagzähigkeit (2) J/m				
Kerbschlagzugzähigkeit kJ/m²				

Kunststoffe © Springer-Verlag Berlin Heidelberg 1988
Kopieren, Vervielfältigen und Speichern in Datenverarbeitungsanlagen (auch auszugsweise) ist nur mit schriftlicher Genehmigung des Verlages gestattet

Datenbank-Nr. **T02919** *Merkblatt-Nr.* **2385**

Abrieb und Reibung

Taber-Abrieb (Reibradverfahren)	mm³/100 U	
Abriebfaktor LNP (Thrust washer) Vergleichswert		
Statische Reibungszahl		
Dynamische Reibungszahl	(p·v= N/mm² · m/min)	
Zulässiger p · v Wert	N/mm² · (m/min) v= m/min	
	v= m/min	

Thermische Eigenschaften

Formbeständigkeit in der Wärme	Verfahren A	69 °C
	Verfahren	°C
Vicat Erweichungstemperatur (VST)	Verfahren B/50	79 °C
	Verfahren	°C
Kristallit-Schmelzpunkt	Verfahren	
Längenausdehnungskoeffizient	Bereich −30–50 °C	$0.8 \cdot 10^{-4} K^{-1}$
	Temperatur	$\cdot 10^{-4} K^{-1}$
Wärmeleitfähigkeit	Verfahren DIN 52612 20 °C	0.16 W/(K·m)
Spezifische Wärmekapazität	Verfahren Adiabat. Kalorimeter 20 °C	1.05 J/(K·g)
Glasumwandlungstemperatur	Torsionsschwingungsversuch	°C
	Differentialkalorimetrie	°C

Brandverhalten

UL-Test vertikal Dicke mm, Wert
  Dicke mm, Wert

	Norm	Bewertung	Abmessungen
Sauerstoff-Index	ASTM D 2863		
Glühstab-Verfahren	DIN 53459	Stufe 2	120mm x 15mm x 3mm
Brandverhalten	DIN 4102		
MVSS			
FAR			

Elektrische Eigenschaften

		Hz	°C		Probekörper, Form
Dielektrizitätszahl		50			
		10^3			
		10^6			
Dielektrischer Verlustfaktor tan δ		50	23	0.014	0.2 mm dick
		10^3	23	0.025	0.2 mm dick
		10^6			
Spezifischer Durchgangs-widerstand	Ohm·cm		23	1.0*10**16	0.2 mm dick
Durchschlagfestigkeit	kV/mm		23	50	0.2 mm dick
Oberflächenwiderstand	Ohm		23	≧5.0*10**13	1 mm dick
Kriechstromfestigkeit		KC	KB	KA 3 b	Platte
Kriechwegbildung					
Elektrolytische Korrosionswirkung					
Lichtbogenfestigkeit nach DIN		L4			120mm x 120mm x 10mm
nach ASTM	s				

Beständigkeit *(Chemische Beständigkeit siehe Anhang)*

Wasseraufnahme

Feuchtigkeitsaufnahme Normalklima %
Wetterbeständigkeit

Spannungskorrosion

Optische Eigenschaften

Brechungszahl n_D
Transmissionsgrad τ_c % mm dick
Lichtdurchlässigkeit Gedeckt

Datenbank-Nr.	**T02920**		Merkblatt-Nr.	**2386**
				PVC
Produkt	Vinylchlorid-Polymerisat, schlagzaeh modifiziert			
Handelsname	**Hostalit H 2070 B**			
Hersteller	HOECHST			
DIN-Bez 1		Viskositätszahl ml/g	123	
DIN-Bez 2		K-Wert	70	
Zusätze		Füllstoffe/Verstärkung		
Bevorzugte Verarbeitung	Extrudieren; Kalandrieren; Pressen	Lieferform	Pulver	
		Farben	Natur	
Besondere Merkmale	Gegenueber PVC verbesserte Schlagzaehigkeit besonders in der Kaelte; Hohe Alterungsbestaendigkeit; Hohe Witterungsbestaendigkeit; Hochschlagzaeh	Bevorzugte Anwendungen	Rohr	

Kornverteilung			Dichte	g/cm^3	1.38
Kornklasse μm	Rückstand %		Schüttdichte	g/cm^3	0.54
			Stampfdichte	g/cm^3	
			Rieselfähigkeit		
			Rieselzeit	s/100 g	
			Kornbeschaffenheit		
Allgemeine Hinweise	Partikel ueber 0.5 mm: ≦1%		Flüchtige Bestandteile	%	<0.2
			Sulfatasche	%	0.2

Zugversuch 23 °C	DIN 53455; DIN 53457				
	Probekörper:	Form Nr. 3	Herstellung	Pressen	
		Zustand	Vorbehandlung	Normalklima	
Streckspannung	N/mm^2		Dehnung bei Streckspannung	%	
Zugfestigkeit	N/mm^2 47		Reißdehnung	%	30
Reißfestigkeit	N/mm^2		% Dehnspannung	N/mm^2	
E-Modul	N/mm^2 2600		Dehnung bei % Dehnspg.	%	

Kriechmoduln und Zeitstandwerte 23 °C				
	Probekörper:	Form	Herstellung	
		Zustand	Vorbehandlung	
Kriechmodul	1 min N/mm^2		Zeitstandzugfestigkeit	h N/mm^2
Kriechmodul	1000 h N/mm^2		Zeitdehnspg. %	h N/mm^2
bei Spannung	N/mm^2			

Biegeversuch 23 °C	DIN 53452;			
	Probekörper:	Form NKS	Herstellung	Pressen
		Zustand	Vorbehandlung	Normalklima
Biegefestigkeit	N/mm^2		E-Modul	N/mm^2
3,5% Biegespannung	N/mm^2 62			

Härte 23 °C	Probekörper: Zustand		Herstellung	Pressen
			Vorbehandlung	Normalklima
Kugeldruckhärte	N/mm^2 98	bei 365 N, 30 s	Shore-Härte A	
Rockwellhärte			Shore-Härte D	81

Schlagversuch	Probekörper:	(1) U-Kerbe			
		(2)	Herstellung	Pressen	
		Zustand	Vorbehandlung	Normalklima	
		°C	°C	°C	Probekörper-Form
Schlagzähigkeit	kJ/m^2	23 o.B.	−20 o.B.	−40 o.B.	NKS
Kerbschlagzähigkeit (1)	kJ/m^2	23 20	0 8		NKS
IZOD-Kerbschlagzähigkeit (2)	J/m				
Kerbschlagzugzähigkeit	kJ/m^2				

Kunststoffe © Springer-Verlag Berlin Heidelberg 1988
Kopieren, Vervielfältigen und Speichern in Datenverarbeitungsanlagen (auch auszugsweise) ist nur mit schriftlicher Genehmigung des Verlages gestattet

Datenbank-Nr. **T02920** Merkblatt-Nr. **2386**

Abrieb und Reibung

Taber-Abrieb (Reibradverfahren)	mm³/100 U	
Abriebfaktor LNP (Thrust washer) Vergleichswert		
Statische Reibungszahl		
Dynamische Reibungszahl	(p·v = N/mm² · m/min)	
Zulässiger p·v Wert	N/mm² · (m/min) v = m/min	
	v = m/min	

Thermische Eigenschaften

Formbeständigkeit in der Wärme	Verfahren A		69 °C
	Verfahren		°C
Vicat Erweichungstemperatur (VST)	Verfahren B/50		80 °C
	Verfahren		°C
Kristallit-Schmelzpunkt	Verfahren		
Längenausdehnungskoeffizient	Bereich -30–50 °C		$0.8 \cdot 10^{-4} K^{-1}$
	Temperatur		$\cdot 10^{-4} K^{-1}$
Wärmeleitfähigkeit	Verfahren DIN 52612	20 °C	0.16 W/(K·m)
Spezifische Wärmekapazität	Verfahren Adiabat. Kalorimeter	20 °C	1.05 J/(K·g)
Glasumwandlungstemperatur	Torsionsschwingungsversuch	°C	
	Differentialkalorimetrie	°C	

Brandverhalten

UL-Test vertikal   Dicke   mm, Wert
                  Dicke   mm, Wert

	Norm	Bewertung	Abmessungen
Sauerstoff-Index	ASTM D 2863		
Glühstab-Verfahren	DIN 53459	Stufe 2	120mm x 15mm x 3mm
Brandverhalten	DIN 4102		
MVSS			
FAR			

Elektrische Eigenschaften

		Hz	°C		Probekörper, Form
Dielektrizitätszahl		50			
		10³			
		10⁶			
Dielektrischer Verlustfaktor tan δ		50	23	0.014	0.2 mm dick
		10³	23	0.025	0.2 mm dick
		10⁶			
Spezifischer Durchgangswiderstand	Ohm·cm		23	1.0*10**16	0.2 mm dick
Durchschlagfestigkeit	kV/mm		23	50	0.2 mm dick
Oberflächenwiderstand	Ohm		23	≥ 5.0*10**13	1 mm dick
Kriechstromfestigkeit		KC	KB	KA 3 b	Platte
Kriechwegbildung					
Elektrolytische Korrosionswirkung					
Lichtbogenfestigkeit nach DIN				L4	120mm x 120mm x 10mm
nach ASTM	s				

Beständigkeit (Chemische Beständigkeit siehe Anhang)

Wasseraufnahme

Feuchtigkeitsaufnahme Normalklima   %
Wetterbeständigkeit

Spannungskorrosion

Optische Eigenschaften

Brechungszahl n_D
Transmissionsgrad τ_c %   mm dick
Lichtdurchlässigkeit   Gedeckt

Datenbank-Nr.	**T02921**	Merkblatt-Nr. **2387**

PVC

Produkt	Vinylchlorid-Polymerisat, schlagzaeh modifiziert
Handelsname	**Hostalit H 2270 E**
Hersteller	HOECHST
DIN-Bez 1	
DIN-Bez 2	
Zusätze	
Bevorzugte Verarbeitung	Extrudieren; Kalandrieren; Pressen
Besondere Merkmale	Gegenueber PVC verbesserte Schlagzaehigkeit besonders in der Kaelte; Hohe Alterungsbestaendigkeit; Hohe Witterungsbestaendigkeit; Hochschlagzaeh

Viskositätszahl ml/g	123
K-Wert	70
Füllstoffe/Verstärkung	
Lieferform	Pulver
Farben	Natur
Bevorzugte Anwendungen	Fensterprofil; Profil

Kornverteilung

Kornklasse μm	Rückstand %		
		Dichte g/cm³	1.38
		Schüttdichte g/cm³	0.54
		Stampfdichte g/cm³	
		Rieselfähigkeit	
		Rieselzeit s/100 g	
		Kornbeschaffenheit	
Allgemeine Hinweise	Partikel ueber 0.5 mm: ≤ 1%	Flüchtige Bestandteile %	< 0.2
		Sulfatasche %	0.2

Zugversuch 23 °C DIN 53455; DIN 53457

Probekörper: Form Nr. 3
Zustand

Herstellung: Pressen
Vorbehandlung: Normalklima

Streckspannung	N/mm²	Dehnung bei Streckspannung %	
Zugfestigkeit	N/mm² 47	Reißdehnung %	30
Reißfestigkeit	N/mm²	% Dehnspannung N/mm²	
E-Modul	N/mm² 2600	Dehnung bei % Dehnspg. %	

Kriechmoduln und Zeitstandwerte 23 °C

Probekörper: Form
Zustand

Herstellung:
Vorbehandlung:

Kriechmodul	1 min N/mm²	Zeitstandzugfestigkeit	h N/mm²
Kriechmodul	1000 h N/mm²	Zeitdehnspg. %	h N/mm²
bei Spannung	N/mm²		

Biegeversuch 23 °C DIN 53452;

Probekörper: Form NKS
Zustand

Herstellung: Pressen
Vorbehandlung: Normalklima

Biegefestigkeit	N/mm²	E-Modul	N/mm²
3,5% Biegespannung	N/mm² 62		

Härte 23 °C

Probekörper: Zustand

Herstellung: Pressen
Vorbehandlung: Normalklima

Kugeldruckhärte	N/mm² 98	bei 365 N, 30 s	Shore-Härte A	
Rockwellhärte			Shore-Härte D	81

Schlagversuch

Probekörper: (1) U-Kerbe
(2)
Zustand

Herstellung: Pressen
Vorbehandlung: Normalklima

		°C	°C	°C	Probekörper-Form
Schlagzähigkeit	kJ/m²	23 o.B.	-20 o.B.	-40 o.B.	NKS
Kerbschlagzähigkeit (1)	kJ/m²	23 45	0 8		NKS
IZOD-Kerbschlagzähigkeit (2)	J/m				
Kerbschlagzugzähigkeit	kJ/m²				

Kunststoffe © Springer-Verlag Berlin Heidelberg 1988
Kopieren, Vervielfältigen und Speichern in Datenverarbeitungsanlagen (auch auszugsweise) ist nur mit schriftlicher Genehmigung des Verlages gestattet

Datenbank-Nr. **T02921** *Merkblatt-Nr.* **2387**

Abrieb und Reibung

Taber-Abrieb (Reibradverfahren)	mm³/100 U	
Abriebfaktor LNP (Thrust washer) Vergleichswert		
Statische Reibungszahl		
Dynamische Reibungszahl	(p·v = N/mm² · m/min)	
Zulässiger p·v Wert	N/mm² · (m/min) v = m/min	
	v = m/min	

Thermische Eigenschaften

Formbeständigkeit in der Wärme	Verfahren A		69 °C
	Verfahren		°C
Vicat Erweichungstemperatur (VST)	Verfahren B/50		80 °C
	Verfahren		°C
Kristallit-Schmelzpunkt	Verfahren		
Längenausdehnungskoeffizient	Bereich -30–50 °C		$0.8 \cdot 10^{-4} K^{-1}$
	Temperatur		$\cdot 10^{-4} K^{-1}$
Wärmeleitfähigkeit	Verfahren DIN 52612	20 °C	0.16 W/(K·m)
Spezifische Wärmekapazität	Verfahren Adiabat. Kalorimeter	20 °C	1.05 J/(K·g)
Glasumwandlungstemperatur	Torsionsschwingungsversuch	°C	
	Differentialkalorimetrie	°C	

Brandverhalten

UL-Test vertikal Dicke mm, Wert
  Dicke mm, Wert

	Norm	Bewertung	Abmessungen
Sauerstoff-Index	ASTM D 2863		
Glühstab-Verfahren	DIN 53459	Stufe 2	120mm x 15mm x 3mm
Brandverhalten	DIN 4102		
MVSS			
FAR			

Elektrische Eigenschaften

		Hz	°C		Probekörper, Form
Dielektrizitätszahl		50			
		10^3			
		10^6			
Dielektrischer Verlustfaktor tan δ		50	23	0.014	0.2 mm dick
		10^3	23	0.025	0.2 mm dick
		10^6			
Spezifischer Durchgangs-widerstand	Ohm·cm		23	$1.0 \cdot 10^{16}$	0.2 mm dick
Durchschlagfestigkeit	kV/mm		23	50	0.2 mm dick
Oberflächenwiderstand	Ohm		23	$\geq 5.0 \cdot 10^{13}$	1 mm dick
Kriechstromfestigkeit Kriechwegbildung		KC	KB	KA 3 b	Platte

Elektrolytische Korrosionswirkung
Lichtbogenfestigkeit nach DIN   L4   120mm x 120mm x 10mm
  nach ASTM s

Beständigkeit (Chemische Beständigkeit siehe Anhang)

Wasseraufnahme

Feuchtigkeitsaufnahme Normalklima   %
Wetterbeständigkeit

Spannungskorrosion

Optische Eigenschaften

Brechungszahl n_D
Transmissionsgrad τ_c %   mm dick
Lichtdurchlässigkeit Gedeckt

Datenbank-Nr.	**T02922**		Merkblatt-Nr.	**2388**
Produkt	Vinylchlorid-Polymerisat, schlagzaeh modifiziert			**PVC**
Handelsname	**Hostalit H 2264 Z**			
Hersteller	HOECHST			
DIN-Bez 1		Viskositätszahl ml/g	98	
DIN-Bez 2		K-Wert	63	
Zusätze		Füllstoffe/Verstärkung		
Bevorzugte Verarbeitung	Extrudieren; Kalandrieren; Pressen	Lieferform	Pulver	
		Farben	Natur	
Besondere Merkmale	Gegenueber PVC verbesserte Schlagzaehigkeit besonders in der Kaelte; Hohe Alterungsbestaendigkeit; Hohe Witterungsbestaendigkeit; Hochschlagzaeh	Bevorzugte Anwendungen	Fensterprofil; Dickwandiges Profil; Rohr	

Kornverteilung

Kornklasse μm	Rückstand %	Dichte	g/cm³	1.38	
		Schüttdichte	g/cm³	0.57	
		Stampfdichte	g/cm³		
		Rieselfähigkeit			
		Rieselzeit	s/100 g		
		Kornbeschaffenheit			
Allgemeine Hinweise	Partikel ueber 0.5 mm: ≦1%	Flüchtige Bestandteile	%	<0.2	
		Sulfatasche	%	0.2	

Zugversuch 23 °C DIN 53455; DIN 53457

Probekörper: Form Nr. 3
Zustand
Herstellung: Pressen
Vorbehandlung: Normalklima

Streckspannung	N/mm²	Dehnung bei Streckspannung	%
Zugfestigkeit	N/mm² 48	Reißdehnung	% 30
Reißfestigkeit	N/mm²	% Dehnspannung	N/mm²
E-Modul	N/mm² 2600	Dehnung bei % Dehnspg.	%

Kriechmoduln und Zeitstandwerte 23 °C

Probekörper: Form
Zustand
Herstellung
Vorbehandlung

Kriechmodul	1 min N/mm²	Zeitstandzugfestigkeit	h N/mm²
Kriechmodul	1000 h N/mm²	Zeitdehnspg. %	h N/mm²
bei Spannung	N/mm²		

Biegeversuch 23 °C DIN 53452

Probekörper: Form
Zustand
Herstellung
Vorbehandlung

Biegefestigkeit	N/mm²	E-Modul	N/mm²
3,5% Biegespannung	N/mm² 62		

Härte 23 °C

Probekörper: Zustand
Herstellung: Pressen
Vorbehandlung: Normalklima

Kugeldruckhärte	N/mm² 98	bei 365 N, 30 s	Shore-Härte A
Rockwellhärte			Shore-Härte D 81

Schlagversuch

Probekörper: (1) U-Kerbe
(2)
Zustand
Herstellung: Pressen
Vorbehandlung: Normalklima

		°C	°C	°C	Probekörper-Form
Schlagzähigkeit	kJ/m²	23 o.B.	-20 o.B.	-40 o.B.	NKS
Kerbschlagzähigkeit (1)	kJ/m²	23 45	0 8		NKS
IZOD-Kerbschlagzähigkeit (2)	J/m				
Kerbschlagzugzähigkeit	kJ/m²				

Datenbank-Nr. **T02922** *Merkblatt-Nr.* **2388**

Abrieb und Reibung
Taber-Abrieb (Reibradverfahren)   mm³/100 U
Abriebfaktor LNP (Thrust washer) Vergleichswert
Statische Reibungszahl
Dynamische Reibungszahl   (p·v= N/mm² · m/min)
Zulässiger p·v Wert   N/mm² · (m/min)   v= m/min
   v= m/min

Thermische Eigenschaften
Formbeständigkeit in der Wärme   Verfahren A   69 °C
   Verfahren   °C
Vicat Erweichungstemperatur (VST)   Verfahren B/50   79 °C
   Verfahren   °C
Kristallit-Schmelzpunkt   Verfahren

Längenausdehnungskoeffizient   Bereich -30–50 °C $0.8 \cdot 10^{-4} K^{-1}$
   Temperatur $\cdot 10^{-4} K^{-1}$
Wärmeleitfähigkeit   Verfahren DIN 52612   20 °C   0.16 W/(K·m)

Spezifische Wärmekapazität   Verfahren Adiabat. Kalorimeter   20 °C   1.05 J/(K·g)

Glasumwandlungstemperatur   Torsionsschwingungsversuch   °C
   Differentialkalorimetrie   °C

Brandverhalten
UL-Test vertikal   Dicke mm, Wert
   Dicke mm, Wert

	Norm	Bewertung			Abmessungen
Sauerstoff-Index	ASTM D 2863				
Glühstab-Verfahren	DIN 53459	Stufe 2			120mm x 15mm x 3mm
Brandverhalten	DIN 4102				
MVSS					
FAR					

Elektrische Eigenschaften
		Hz	°C		Probekörper, Form
Dielektrizitätszahl		50			
		10³			
		10⁶			
Dielektrischer Verlustfaktor tan δ		50	23	0.014	0.2 mm dick
		10³	23	0.025	0.2 mm dick
		10⁶			
Spezifischer Durchgangs-widerstand	Ohm·cm		23	1.0*10**16	0.2 mm dick
Durchschlagfestigkeit	kV/mm		23	50	0.2 mm dick
Oberflächenwiderstand	Ohm		23	≧ 5.0*10**13	1 mm dick
Kriechstromfestigkeit		KC	KB	KA 3 b	Platte
Kriechwegbildung					

Elektrolytische Korrosionswirkung
Lichtbogenfestigkeit nach DIN   L4   120mm x 120mm x 10mm
   nach ASTM   s

Beständigkeit (Chemische Beständigkeit siehe Anhang)
Wasseraufnahme

Feuchtigkeitsaufnahme Normalklima   %
Wetterbeständigkeit

Spannungskorrosion

Optische Eigenschaften
Brechungszahl n_D
Transmissionsgrad τ_c %   mm dick
Lichtdurchlässigkeit

Datenbank-Nr.	**T02923**			Merkblatt-Nr.	**2389**

Produkt	Hart-PVC-Extrusionsmasse, schlagzaeh modifiziert
Handelsname	**Hostalit HM 2060 B...**
Hersteller	HOECHST

PVC

DIN-Bez 1			Viskositätszahl ml/g	88
DIN-Bez 2			K-Wert	60
Zusätze			Füllstoffe/Verstärkung	
Bevorzugte Verarbeitung	Extrudieren		Lieferform	Pulver; Verarbeitungsfertige Mischung
			Farben	Standardfarben weiss 24 und transluzent natur 01
Besondere Merkmale	Gegenueber PVC verbesserte Schlagzaehigkeit besonders in der Kaelte; Hohe Alterungsbestaendigkeit; Hohe Witterungsbestaendigkeit; Geringfuegig weicher als PVC hart; Erh. Schlagzaeh		Bevorzugte Anwendungen	Platte; Duennwandiges Profil

Kornverteilung

Kornklasse µm	Rückstand %		Dichte	g/cm³	1.38
			Schüttdichte	g/cm³	0.53
			Stampfdichte	g/cm³	
			Rieselfähigkeit		
			Rieselzeit	s/100 g	
			Kornbeschaffenheit		
Allgemeine Hinweise	Partikel ueber 0.5 mm: ≦1%		Flüchtige Bestandteile	%	<0.2
			Sulfatasche	%	

Zugversuch 23 °C DIN 53455; DIN 53457

	Probekörper:	Form	Nr. 3	Herstellung	Pressen
		Zustand		Vorbehandlung	Normalklima
Streckspannung	N/mm²		Dehnung bei Streckspannung	%	
Zugfestigkeit	N/mm² 49		Reißdehnung	%	30
Reißfestigkeit	N/mm²		% Dehnspannung	N/mm²	
E-Modul	N/mm² 2600		Dehnung bei % Dehnspg.	%	

Kriechmoduln und Zeitstandwerte 23 °C

	Probekörper:	Form	Herstellung	
		Zustand	Vorbehandlung	
Kriechmodul	1 min N/mm²		Zeitstandzugfestigkeit	h N/mm²
Kriechmodul	1000 h N/mm²		Zeitdehnspg. %	h N/mm²
bei Spannung	N/mm²			

Biegeversuch 23 °C DIN 53452;

	Probekörper:	Form	NKS	Herstellung	Pressen
		Zustand		Vorbehandlung	Normalklima
Biegefestigkeit	N/mm²		E-Modul		N/mm²
3,5% Biegespannung	N/mm² 70				

Härte 23 °C

	Probekörper:	Zustand	Herstellung	Pressen
			Vorbehandlung	Normalklima
Kugeldruckhärte	N/mm² 98	bei 365 N, 30 s	Shore-Härte A	
Rockwellhärte			Shore-Härte D	81

Schlagversuch

	Probekörper:	(1) U-Kerbe			Herstellung	Pressen
		(2)			Vorbehandlung	Normalklima
		Zustand				
		°C	°C	°C		Probekörper-Form
Schlagzähigkeit	kJ/m²	23 o.B.	-20 o.B.	-40 o.B.		NKS
Kerbschlagzähigkeit (1)	kJ/m²	23 7	0 4			NKS
IZOD-Kerbschlagzähigkeit (2)	J/m					
Kerbschlagzugzähigkeit	kJ/m²					

Kunststoffe © Springer-Verlag Berlin Heidelberg 1988
Kopieren, Vervielfältigen und Speichern in Datenverarbeitungsanlagen (auch auszugsweise) ist nur mit schriftlicher Genehmigung des Verlages gestattet

Datenbank-Nr. **T02923** *Merkblatt-Nr.* **2389**

Abrieb und Reibung

Taber-Abrieb (Reibradverfahren)	mm³/100 U	
Abriebfaktor LNP (Thrust washer) Vergleichswert		
Statische Reibungszahl		
Dynamische Reibungszahl	(p·v = N/mm² · m/min)	
Zulässiger p·v Wert	N/mm² · (m/min) v = m/min	
	v = m/min	

Thermische Eigenschaften

Formbeständigkeit in der Wärme	Verfahren A		69 °C
	Verfahren		°C
Vicat Erweichungstemperatur (VST)	Verfahren B/50		79 °C
	Verfahren		°C
Kristallit-Schmelzpunkt	Verfahren		
Längenausdehnungskoeffizient	Bereich -30–50 °C		$0.8 \cdot 10^{-4} K^{-1}$
	Temperatur		$\cdot 10^{-4} K^{-1}$
Wärmeleitfähigkeit	Verfahren DIN 52612	20 °C	0.16 W/(K·m)
Spezifische Wärmekapazität	Verfahren Adiabat. Kalorimeter	20 °C	1.05 J/(K·g)
Glasumwandlungstemperatur	Torsionsschwingungsversuch		°C
	Differentialkalorimetrie		°C

Brandverhalten

UL-Test vertikal Dicke mm, Wert
 Dicke mm, Wert

	Norm	Bewertung	Abmessungen
Sauerstoff-Index	ASTM D 2863		
Glühstab-Verfahren	DIN 53459	Stufe 2	120mm x 15mm x 3mm
Brandverhalten	DIN 4102		
MVSS			
FAR			

Elektrische Eigenschaften

	Hz	°C		Probekörper, Form
Dielektrizitätszahl	50			
	10³			
	10⁶			
Dielektrischer Verlustfaktor tan δ	50	23	0.014	0.2 mm dick
	10³	23	0.025	0.2 mm dick
	10⁶			
Spezifischer Durchgangs- widerstand Ohm·cm		23	1.0*10**16	0.2 mm dick
Durchschlagfestigkeit kV/mm		23	50	0.2 mm dick
Oberflächenwiderstand Ohm		23	≧ 5.0*10**13	1 mm dick
Kriechstromfestigkeit	KC	KB	KA 3 b	Platte
Kriechwegbildung				
Elektrolytische Korrosionswirkung				
Lichtbogenfestigkeit nach DIN	L4			120mm x 120mm x 10mm
nach ASTM s				

Beständigkeit (*Chemische Beständigkeit siehe Anhang*)

Wasseraufnahme

Feuchtigkeitsaufnahme Normalklima   %
Wetterbeständigkeit

Spannungskorrosion

Optische Eigenschaften

Brechungszahl n_D
Transmissionsgrad τ_c % mm dick
Lichtdurchlässigkeit

Datenbank-Nr.	**T02924**		Merkblatt-Nr.	**2390**

Produkt	Hart-PVC-Formmasse, schlagzaeh modifiziert
Handelsname	**Hostalit HM 2060 C...**
Hersteller	HOECHST

PVC

DIN-Bez 1		Viskositätszahl	ml/g	88
DIN-Bez 2		K-Wert		60
Zusätze		Füllstoffe/Verstärkung		
Bevorzugte Verarbeitung	Extrudieren	Lieferform		Pulver; Verarbeitungsfertige Mischung
		Farben		Standardfarben weiss 24 und transluzent natur 01
Besondere Merkmale	Gegenueber PVC verbesserte Schlagzaehigkeit besonders in der Kaelte; Hohe Alterungsbestaendigkeit; Hohe Witterungsbestaendigkeit; Geringfuegig weicher als PVC hart; Transparent	Bevorzugte Anwendungen		Transparentes Profil

Kornverteilung			Dichte	g/cm³	1.38
Kornklasse μm	Rückstand %		Schüttdichte	g/cm³	0.56
			Stampfdichte	g/cm³	
			Rieselfähigkeit		
			Rieselzeit	s/100 g	
			Kornbeschaffenheit		
Allgemeine Hinweise	Partikel ueber 0.5 mm: ≤1%		Flüchtige Bestandteile	%	<0.2
			Sulfatasche	%	

Zugversuch 23 °C	DIN 53455; DIN 53457					
	Probekörper:	Form	Nr. 3	Herstellung	Pressen	
		Zustand		Vorbehandlung	Normalklima	
Streckspannung	N/mm²			Dehnung bei Streckspannung	%	
Zugfestigkeit	N/mm²	49		Reißdehnung	%	30
Reißfestigkeit	N/mm²			% Dehnspannung	N/mm²	
E-Modul	N/mm²	2600		Dehnung bei % Dehnspg.	%	

Kriechmoduln und Zeitstandwerte 23 °C					
	Probekörper:	Form		Herstellung	
		Zustand		Vorbehandlung	
Kriechmodul	1 min	N/mm²		Zeitstandzugfestigkeit	h N/mm²
Kriechmodul	1000 h	N/mm²		Zeitdehnspg. %	h N/mm²
bei Spannung		N/mm²			

Biegeversuch 23 °C	DIN 53452;				
	Probekörper:	Form	NKS	Herstellung	Pressen
		Zustand		Vorbehandlung	Normalklima
Biegefestigkeit	N/mm²			E-Modul	N/mm²
3,5% Biegespannung	N/mm²	70			

Härte 23 °C	Probekörper:	Zustand	Herstellung	Pressen
			Vorbehandlung	Normalklima
Kugeldruckhärte	N/mm² 98	bei 365 N, 30 s	Shore-Härte A	
Rockwellhärte			Shore-Härte D	81

Schlagversuch	Probekörper:	(1) U-Kerbe			
		(2)		Herstellung	Pressen
		Zustand		Vorbehandlung	Normalklima
		°C	°C	°C	Probekörper-Form
Schlagzähigkeit	kJ/m²	23 o.B.	-20 o.B.	-40 o.B.	NKS
Kerbschlagzähigkeit (1)	kJ/m²	23 6	0 3		NKS
IZOD-Kerbschlagzähigkeit (2)	J/m				
Kerbschlagzugzähigkeit	kJ/m²				

Kunststoffe © Springer-Verlag Berlin Heidelberg 1988
Kopieren, Vervielfältigen und Speichern in Datenverarbeitungsanlagen (auch auszugsweise) ist nur mit schriftlicher Genehmigung des Verlages gestattet

Datenbank-Nr. **T02924** *Merkblatt-Nr.* **2390**

Abrieb und Reibung

Taber-Abrieb (Reibradverfahren)	mm³/100 U	
Abriebfaktor LNP (Thrust washer) Vergleichswert		
Statische Reibungszahl		
Dynamische Reibungszahl	(p·v= N/mm² · m/min)	
Zulässiger p · v Wert	N/mm² · (m/min) v= m/min	
	v= m/min	

Thermische Eigenschaften

Formbeständigkeit in der Wärme	Verfahren A		69 °C
	Verfahren		°C
Vicat Erweichungstemperatur (VST)	Verfahren B/50		79 °C
	Verfahren		°C
Kristallit-Schmelzpunkt	Verfahren		
Längenausdehnungskoeffizient	Bereich -30–50 °C		$0.8 \cdot 10^{-4} K^{-1}$
	Temperatur		$\cdot 10^{-4} K^{-1}$
Wärmeleitfähigkeit	Verfahren DIN 52612	20 °C	0.16 W/(K · m)
Spezifische Wärmekapazität	Verfahren Adiabat. Kalorimeter	20 °C	1.05 J/(K · g)
Glasumwandlungstemperatur	Torsionsschwingungsversuch		°C
	Differentialkalorimetrie		°C

Brandverhalten

UL-Test vertikal   Dicke   mm, Wert
            Dicke   mm, Wert

	Norm	Bewertung	Abmessungen
Sauerstoff-Index	ASTM D 2863		
Glühstab-Verfahren	DIN 53459	Stufe 2	120mm x 15mm x 3mm
Brandverhalten	DIN 4102		
MVSS			
FAR			

Elektrische Eigenschaften

	Hz	°C		Probekörper, Form
Dielektrizitätszahl	50			
	10^3			
	10^6			
Dielektrischer Verlustfaktor tan δ	50	23	0.014	0.2 mm dick
	10^3	23	0.025	0.2 mm dick
	10^6			
Spezifischer Durchgangswiderstand	Ohm · cm	23	1.0*10**16	0.2 mm dick
Durchschlagfestigkeit	kV/mm	23	50	0.2 mm dick
Oberflächenwiderstand	Ohm	23	$\geq 5.0*10**13$	1 mm dick
Kriechstromfestigkeit	KC	KB	KA 3 b	Platte
Kriechwegbildung				
Elektrolytische Korrosionswirkung				
Lichtbogenfestigkeit nach DIN	L4			120mm x 120mm x 10mm
nach ASTM	s			

Beständigkeit (Chemische Beständigkeit siehe Anhang)

Wasseraufnahme

Feuchtigkeitsaufnahme Normalklima   %
Wetterbeständigkeit

Spannungskorrosion

Optische Eigenschaften

Brechungszahl n_D
Transmissionsgrad τ_c %   mm dick
Lichtdurchlässigkeit

Datenbank-Nr.	**T02925**		Merkblatt-Nr.	**2391**

Produkt	Hart-PVC-Formmasse, schlagzaeh modifiziert
Handelsname	**Hostalit HM 2165 E...**
Hersteller	HOECHST

PVC

DIN-Bez 1		Viskositätszahl	ml/g	105
DIN-Bez 2		K-Wert		65
Zusätze		Füllstoffe/Verstärkung		
Bevorzugte Verarbeitung	Extrudieren	Lieferform		Pulver; Verarbeitungsfertige Mischung
		Farben		Natur
Besondere Merkmale	Gegenueber PVC verbesserte Schlagzaehigkeit besonders in der Kaelte; Hohe Alterungsbestaendigkeit; Hohe Witterungsbestaendigkeit; Geringfuegig weicher als PVC hart; Hochschlagzaeh	Bevorzugte Anwendungen		Fensterprofil; Dickwandiges Profil; Rohr

Kornverteilung

Kornklasse μm	Rückstand %	Dichte	g/cm³	1.38	
		Schüttdichte	g/cm³	0.54	
		Stampfdichte	g/cm³		
		Rieselfähigkeit			
		Rieselzeit	s/100 g		
		Kornbeschaffenheit			
Allgemeine Hinweise	Partikel ueber 0.5 mm: ≦ 1%	Flüchtige Bestandteile	%	< 0.2	
		Sulfatasche	%		

Zugversuch 23 °C DIN 53455; DIN 53457

	Probekörper:	Form	Nr. 3	Herstellung	Pressen
		Zustand		Vorbehandlung	Normalklima
Streckspannung	N/mm²		Dehnung bei Streckspannung	%	
Zugfestigkeit	N/mm² 48		Reißdehnung	%	30
Reißfestigkeit	N/mm²		% Dehnspannung	N/mm²	
E-Modul	N/mm² 2600		Dehnung bei % Dehnspg.	%	

Kriechmoduln und Zeitstandwerte 23 °C

	Probekörper:	Form	Herstellung	
		Zustand	Vorbehandlung	
Kriechmodul	1 min N/mm²		Zeitstandzugfestigkeit	h N/mm²
Kriechmodul	1000 h N/mm²		Zeitdehnspg. %	h N/mm²
bei Spannung	N/mm²			

Biegeversuch 23 °C DIN 53452;

	Probekörper:	Form	NKS	Herstellung	Pressen
		Zustand		Vorbehandlung	Normalklima
Biegefestigkeit	N/mm²		E-Modul		N/mm²
3,5% Biegespannung	N/mm² 66				

Härte 23 °C

	Probekörper:	Zustand	Herstellung	Pressen
			Vorbehandlung	Normalklima
Kugeldruckhärte	N/mm² 98	bei 365 N, 30 s	Shore-Härte A	
Rockwellhärte			Shore-Härte D	81

Schlagversuch

	Probekörper:	(1) U-Kerbe		Herstellung	Pressen
		(2)		Vorbehandlung	Normalklima
		Zustand			
		°C	°C	°C	Probekörper-Form
Schlagzähigkeit	kJ/m²	23 o.B.	−20 o.B.	−40 o.B.	NKS
Kerbschlagzähigkeit (1)	kJ/m²	23 30	0 8		NKS
IZOD-Kerbschlagzähigkeit (2)	J/m				
Kerbschlagzugzähigkeit	kJ/m²				

Datenbank-Nr. **T02925**　　　　　　　　　　　　　　　　　　　　　　　　　　　　*Merkblatt-Nr.* **2391**

Abrieb und Reibung

Taber-Abrieb (Reibradverfahren)	mm³/100 U	
Abriebfaktor LNP (Thrust washer) Vergleichswert		
Statische Reibungszahl		
Dynamische Reibungszahl	(p·v= N/mm² · m/min)	
Zulässiger p·v Wert	N/mm² · (m/min)　v= m/min	
	v= m/min	

Thermische Eigenschaften

Formbeständigkeit in der Wärme	Verfahren A		69 °C
	Verfahren		°C
Vicat Erweichungstemperatur (VST)	Verfahren B/50		79 °C
	Verfahren		°C
Kristallit-Schmelzpunkt	Verfahren		
Längenausdehnungskoeffizient	Bereich -30–50 °C		$0.8 \cdot 10^{-4} K^{-1}$
	Temperatur		$\cdot 10^{-4} K^{-1}$
Wärmeleitfähigkeit	Verfahren DIN 52612	20 °C	0.16 W/(K·m)
Spezifische Wärmekapazität	Verfahren Adiabat. Kalorimeter	20 °C	1.05 J/(K·g)
Glasumwandlungstemperatur	Torsionsschwingungsversuch		°C
	Differentialkalorimetrie		°C

Brandverhalten

UL-Test vertikal　　　　Dicke　　mm, Wert
　　　　　　　　　　　　Dicke　　mm, Wert

	Norm	Bewertung	Abmessungen
Sauerstoff-Index	ASTM D 2863		
Glühstab-Verfahren	DIN 53459	Stufe 2	120mm x 15mm x 3mm
Brandverhalten	DIN 4102		
MVSS			
FAR			

Elektrische Eigenschaften

		Hz	°C		Probekörper, Form
Dielektrizitätszahl		50			
		10³			
		10⁶			
Dielektrischer Verlustfaktor tan δ		50	23	0.014	0.2 mm dick
		10³	23	0.025	0.2 mm dick
		10⁶			
Spezifischer Durchgangs-widerstand	Ohm·cm		23	1.0*10**16	0.2 mm dick
Durchschlagfestigkeit	kV/mm		23	50	0.2 mm dick
Oberflächenwiderstand	Ohm		23	≧5.0*10**13	1 mm dick
Kriechstromfestigkeit		KC	KB	KA 3 b	Platte
Kriechwegbildung					
Elektrolytische Korrosionswirkung					
Lichtbogenfestigkeit nach DIN		L4			120mm x 120mm x 10mm
nach ASTM	s				

Beständigkeit *(Chemische Beständigkeit siehe Anhang)*

Wasseraufnahme

Feuchtigkeitsaufnahme Normalklima　　　　　　　　　　　　　　　　　　　　　　%
Wetterbeständigkeit

Spannungskorrosion

Optische Eigenschaften

Brechungszahl n_D
Transmissionsgrad τ_c　　%　　　　　　　　　　mm dick
Lichtdurchlässigkeit

Datenbank-Nr.	**T02926**			Merkblatt-Nr. **2392**

PVC

Produkt	Hart-PVC-Formmasse, schlagzaeh modifiziert
Handelsname	**Hostalit HM 2070 B...**
Hersteller	HOECHST
DIN-Bez 1	
DIN-Bez 2	
Zusätze	

Viskositätszahl	ml/g	123	
K-Wert		70	
Füllstoffe/Verstärkung			

Bevorzugte Verarbeitung	Extrudieren	Lieferform	Pulver; Verarbeitungsfertige Mischung
		Farben	Natur
Besondere Merkmale	Gegenueber PVC verbesserte Schlagzaehigkeit besonders in der Kaelte; Hohe Alterungsbestaendigkeit; Hohe Witterungsbestaendigkeit; Geringfuegig weicher als PVC hart; Hochschlagzaeh	Bevorzugte Anwendungen	Fensterprofil; Dickwandiges Profil; Rohr

Kornverteilung

Kornklasse μm	Rückstand %			
		Dichte	g/cm³	1.38
		Schüttdichte	g/cm³	0.54
		Stampfdichte	g/cm³	
		Rieselfähigkeit		
		Rieselzeit	s/100 g	
		Kornbeschaffenheit		
Allgemeine Hinweise	Partikel ueber 0.5 mm: ≦1%	Flüchtige Bestandteile	%	<0.2
		Sulfatasche	%	

Zugversuch 23°C DIN 53455; DIN 53457

Probekörper:	Form	Nr. 3	Herstellung	Pressen	
	Zustand		Vorbehandlung	Normalklima	
Streckspannung	N/mm²		Dehnung bei Streckspannung	%	
Zugfestigkeit	N/mm²	47	Reißdehnung	%	30
Reißfestigkeit	N/mm²		% Dehnspannung	N/mm²	
E-Modul	N/mm²	2600	Dehnung bei % Dehnspg.	%	

Kriechmoduln und Zeitstandwerte 23°C

Probekörper:	Form	Herstellung	
	Zustand	Vorbehandlung	
Kriechmodul	1 min N/mm²	Zeitstandzugfestigkeit	h N/mm²
Kriechmodul	1000 h N/mm²	Zeitdehnspg. %	h N/mm²
bei Spannung	N/mm²		

Biegeversuch 23°C DIN 53452;

Probekörper:	Form	NKS	Herstellung	Pressen
	Zustand		Vorbehandlung	Normalklima
Biegefestigkeit	N/mm²		E-Modul	N/mm²
3,5% Biegespannung	N/mm²	62		

Härte 23°C

Probekörper:	Zustand		Herstellung	Pressen
			Vorbehandlung	Normalklima
Kugeldruckhärte	N/mm² 98	bei 365 N, 30 s	Shore-Härte A	
Rockwellhärte			Shore-Härte D	81

Schlagversuch

Probekörper:	(1) U-Kerbe			
	(2)		Herstellung	Pressen
	Zustand		Vorbehandlung	Normalklima
	°C	°C	°C	Probekörper-Form
Schlagzähigkeit	kJ/m² 23 o.B.	-20 o.B.	-40 o.B.	NKS
Kerbschlagzähigkeit (1)	kJ/m² 23 20	0 8		NKS
IZOD-Kerbschlagzähigkeit (2)	J/m			
Kerbschlagzugzähigkeit	kJ/m²			

Kunststoffe © Springer-Verlag Berlin Heidelberg 1988
Kopieren, Vervielfaltigen und Speichern in Datenverarbeitungsanlagen (auch auszugsweise) ist nur mit schriftlicher Genehmigung des Verlages gestattet

Datenbank-Nr. **T02926** Merkblatt-Nr. **2392**

Abrieb und Reibung

Taber-Abrieb (Reibradverfahren)	mm³/100 U	
Abriebfaktor LNP (Thrust washer) Vergleichswert		
Statische Reibungszahl		
Dynamische Reibungszahl	(p·v = N/mm² · m/min)	
Zulässiger p·v Wert	N/mm² · (m/min) v = m/min	
	v = m/min	

Thermische Eigenschaften

Formbeständigkeit in der Wärme	Verfahren A		69 °C
	Verfahren		°C
Vicat Erweichungstemperatur (VST)	Verfahren B/50		80 °C
	Verfahren		°C
Kristallit-Schmelzpunkt	Verfahren		
Längenausdehnungskoeffizient	Bereich -30–50 °C		$0.8 \cdot 10^{-4} K^{-1}$
	Temperatur		$\cdot 10^{-4} K^{-1}$
Wärmeleitfähigkeit	Verfahren DIN 52612	20 °C	0.16 W/(K·m)
Spezifische Wärmekapazität	Verfahren Adiabat. Kalorimeter	20 °C	1.05 J/(K·g)
Glasumwandlungstemperatur	Torsionsschwingungsversuch		°C
	Differentialkalorimetrie		°C

Brandverhalten

UL-Test vertikal   Dicke   mm, Wert
                    Dicke   mm, Wert

	Norm	Bewertung	Abmessungen
Sauerstoff-Index	ASTM D 2863		
Glühstab-Verfahren	DIN 53459	Stufe 2	120mm x 15mm x 3mm
Brandverhalten	DIN 4102		
MVSS			
FAR			

Elektrische Eigenschaften

		Hz	°C		Probekörper, Form
Dielektrizitätszahl		50			
		10³			
		10⁶			
Dielektrischer Verlustfaktor tan δ		50	23	0.014	0.2 mm dick
		10³	23	0.025	0.2 mm dick
		10⁶			
Spezifischer Durchgangs- widerstand	Ohm·cm		23	1.0*10**16	0.2 mm dick
Durchschlagfestigkeit	kV/mm		23	50	0.2 mm dick
Oberflächenwiderstand	Ohm		23	≧ 5.0*10**13	1 mm dick
Kriechstromfestigkeit		KC	KB	KA 3 b	Platte
Kriechwegbildung					
Elektrolytische Korrosionswirkung					
Lichtbogenfestigkeit nach DIN		L4			120mm x 120mm x 10mm
nach ASTM	s				

Beständigkeit (Chemische Beständigkeit siehe Anhang)

Wasseraufnahme

Feuchtigkeitsaufnahme Normalklima   %
Wetterbeständigkeit

Spannungskorrosion

Optische Eigenschaften

Brechungszahl n_D
Transmissionsgrad τ_c %   mm dick
Lichtdurchlässigkeit

Datenbank-Nr.	**T02927**		Merkblatt-Nr.	**2393**

Produkt	Hart-PVC-Formmasse, schlagzaeh modifiziert			**PVC**
Handelsname	**Hostalit HM 2270 E...**			
Hersteller	HOECHST			
DIN-Bez 1		Viskositätszahl ml/g	123	
DIN-Bez 2		K-Wert	70	
Zusätze		Füllstoffe/Verstärkung		
Bevorzugte Verarbeitung	Extrudieren	Lieferform	Pulver; Verarbeitungsfertige Mischung	
		Farben	Standardfarbe weiss 24	
Besondere Merkmale	Gegenueber PVC verbesserte Schlagzaehigkeit besonders in der Kaelte; Hohe Alterungsbestaendigkeit; Hohe Witterungsbestaendigkeit; Geringfuegig weicher als PVC hart; Hochschlagzaeh	Bevorzugte Anwendungen	Fensterprofil; Dickwandiges Profil; Rohr	

Kornverteilung

Kornklasse μm	Rückstand %			
		Dichte g/cm^3	1.38	
		Schüttdichte g/cm^3	0.54	
		Stampfdichte g/cm^3		
		Rieselfähigkeit		
		Rieselzeit s/100 g		
		Kornbeschaffenheit		
Allgemeine Hinweise		Flüchtige Bestandteile %		
		Sulfatasche %		

Zugversuch 23 °C   DIN 53455; DIN 53457

	Probekörper:	Form Nr. 3	Herstellung	Pressen
		Zustand	Vorbehandlung	Normalklima
Streckspannung	N/mm²		Dehnung bei Streckspannung	%
Zugfestigkeit	N/mm² 47		Reißdehnung	% 30
Reißfestigkeit	N/mm²		% Dehnspannung	N/mm²
E-Modul	N/mm² 2600		Dehnung bei % Dehnspg.	%

Kriechmoduln und Zeitstandwerte 23 °C

	Probekörper:	Form	Herstellung	
		Zustand	Vorbehandlung	
Kriechmodul	1 min N/mm²		Zeitstandzugfestigkeit	h N/mm²
Kriechmodul	1000 h N/mm²		Zeitdehnspg. %	h N/mm²
bei Spannung	N/mm²			

Biegeversuch 23 °C   DIN 53452;

	Probekörper:	Form NKS	Herstellung	Pressen
		Zustand	Vorbehandlung	Normalklima
Biegefestigkeit	N/mm²		E-Modul	N/mm²
3,5% Biegespannung	N/mm² 62			

Härte 23 °C

	Probekörper:	Zustand	Herstellung	Pressen
			Vorbehandlung	Normalklima
Kugeldruckhärte	N/mm² 98	bei 365 N, 30 s	Shore-Härte A	
Rockwellhärte			Shore-Härte D	81

Schlagversuch

	Probekörper:	(1) U-Kerbe			
		(2)		Herstellung	Pressen
		Zustand		Vorbehandlung	Normalklima
		°C	°C	°C	Probekörper-Form
Schlagzähigkeit	kJ/m²	23 o.B.	-20 o.B.	-40 o.B.	NKS
Kerbschlagzähigkeit (1)	kJ/m²	23 45	0 8		NKS
IZOD-Kerbschlagzähigkeit (2)	J/m				
Kerbschlagzugzähigkeit	kJ/m²				

Kunststoffe © Springer-Verlag Berlin Heidelberg 1988
Kopieren, Vervielfaltigen und Speichern in Datenverarbeitungsanlagen (auch auszugsweise) ist nur mit schriftlicher Genehmigung des Verlages gestattet

Datenbank-Nr. **T02927** *Merkblatt-Nr.* **2393**

Abrieb und Reibung

Taber-Abrieb (Reibradverfahren)	mm³/100 U	
Abriebfaktor LNP (Thrust washer) Vergleichswert		
Statische Reibungszahl		
Dynamische Reibungszahl	(p·v= N/mm² · m/min)	
Zulässiger p·v Wert	N/mm² · (m/min) v= m/min	
	v= m/min	

Thermische Eigenschaften

Formbeständigkeit in der Wärme	Verfahren	A	69 °C
	Verfahren		°C
Vicat Erweichungstemperatur (VST)	Verfahren	B/50	80 °C
	Verfahren		°C
Kristallit-Schmelzpunkt	Verfahren		
Längenausdehnungskoeffizient	Bereich	-30–50 °C	$0.8 \cdot 10^{-4} K^{-1}$
	Temperatur		$\cdot 10^{-4} K^{-1}$
Wärmeleitfähigkeit	Verfahren	DIN 52612 20°C	0.16 W/(K·m)
Spezifische Wärmekapazität	Verfahren	Adiabat. Kalorimeter 20°C	1.05 J/(K·g)
Glasumwandlungstemperatur	Torsionsschwingungsversuch		°C
	Differentialkalorimetrie		°C

Brandverhalten

UL-Test vertikal   Dicke   mm, Wert
  Dicke   mm, Wert

	Norm	Bewertung	Abmessungen
Sauerstoff-Index	ASTM D 2863		
Glühstab-Verfahren	DIN 53459	Stufe 2	
Brandverhalten	DIN 4102		120mm x 15mm x 3mm
MVSS			
FAR			

Elektrische Eigenschaften

		Hz	°C		Probekörper, Form
Dielektrizitätszahl		50			
		10³			
		10⁶			
Dielektrischer Verlustfaktor tan δ		50	23	0.014	0.2 mm dick
		10³	23	0.025	0.2 mm dick
		10⁶			
Spezifischer Durchgangswiderstand	Ohm·cm		23	1.0*10**16	0.2 mm dick
Durchschlagfestigkeit	kV/mm		23	50	0.2 mm dick
Oberflächenwiderstand	Ohm		23	≧5.0*10**13	1 mm dick
Kriechstromfestigkeit		KC	KB	KA 3 b	Platte
Kriechwegbildung					
Elektrolytische Korrosionswirkung					
Lichtbogenfestigkeit nach DIN		L4			120mm x 120mm x 10mm
nach ASTM	s				

Beständigkeit (Chemische Beständigkeit siehe Anhang)

Wasseraufnahme

Feuchtigkeitsaufnahme Normalklima   %
Wetterbeständigkeit

Spannungskorrosion

Optische Eigenschaften

Brechungszahl n_D
Transmissionsgrad τ_c %   mm dick
Lichtdurchlässigkeit

Datenbank-Nr.	**T02928**			Merkblatt-Nr. **2394**

PVC

Produkt	Hart-PVC-Formmasse, schlagzaeh modifiziert
Handelsname	**Hostalit HM 2264 Z...**
Hersteller	HOECHST

DIN-Bez 1		Viskositätszahl	ml/g	98
DIN-Bez 2		K-Wert		63
Zusätze		Füllstoffe/Verstärkung		
Bevorzugte Verarbeitung	Extrudieren	Lieferform		Pulver; Verarbeitungsfertige Mischung
		Farben		Standardfarbe weiss 24
Besondere Merkmale	Gegenueber PVC verbesserte Schlagzaehigkeit besonders in der Kaelte; Hohe Alterungsbestaendigkeit; Hohe Witterungsbestaendigkeit; Geringfuegig weicher als PVC hart; Hochschlagzaeh	Bevorzugte Anwendungen		Festerprofil; Dickwandiges Profil; Rohr

Kornverteilung

Kornklasse μm	Rückstand %	Dichte	g/cm³	1.38
		Schüttdichte	g/cm³	0.57
		Stampfdichte	g/cm³	
		Rieselfähigkeit		
		Rieselzeit	s/100 g	
		Kornbeschaffenheit		
Allgemeine Hinweise		Flüchtige Bestandteile	%	
		Sulfatasche	%	

Zugversuch 23 °C DIN 53455; DIN 53457

Probekörper:	Form	Nr. 3	Herstellung	Pressen
	Zustand		Vorbehandlung	Normalklima
Streckspannung	N/mm²		Dehnung bei Streckspannung	%
Zugfestigkeit	N/mm² 48		Reißdehnung	% 30
Reißfestigkeit	N/mm²		% Dehnspannung	N/mm²
E-Modul	N/mm² 2600		Dehnung bei % Dehnspg.	%

Kriechmoduln und Zeitstandwerte 23 °C

Probekörper:	Form	Herstellung	
	Zustand	Vorbehandlung	
Kriechmodul	1 min N/mm²	Zeitstandzugfestigkeit	h N/mm²
Kriechmodul	1000 h N/mm²	Zeitdehnspg. %	h N/mm²
bei Spannung	N/mm²		

Biegeversuch 23 °C DIN 53452;

Probekörper:	Form	NKS	Herstellung	Pressen
	Zustand		Vorbehandlung	Normalklima
Biegefestigkeit	N/mm²		E-Modul	N/mm²
3,5% Biegespannung	N/mm² 66			

Härte 23 °C

Probekörper:	Zustand		Herstellung	Pressen
			Vorbehandlung	Normalklima
Kugeldruckhärte	N/mm² 98	bei 365 N, 30 s	Shore-Härte A	
Rockwellhärte			Shore-Härte D	81

Schlagversuch

Probekörper:	(1) U-Kerbe		Herstellung	Pressen
	(2)		Vorbehandlung	Normalklima
	Zustand			
	°C	°C	°C	Probekörper-Form
Schlagzähigkeit	kJ/m² 23 o.B.	-20 o.B.	-40 o.B.	NKS
Kerbschlagzähigkeit (1)	kJ/m² 23 45	0 8		NKS
IZOD-Kerbschlagzähigkeit (2)	J/m			
Kerbschlagzugzähigkeit	kJ/m²			

Kunststoffe © Springer-Verlag Berlin Heidelberg 1988
Kopieren, Vervielfältigen und Speichern in Datenverarbeitungsanlagen (auch auszugsweise) ist nur mit schriftlicher Genehmigung des Verlages gestattet

Datenbank-Nr. **T02928** *Merkblatt-Nr.* **2394**

Abrieb und Reibung

Taber-Abrieb (Reibradverfahren)	mm³/100 U	
Abriebfaktor LNP (Thrust washer) Vergleichswert		
Statische Reibungszahl		
Dynamische Reibungszahl	(p·v = N/mm² · m/min)	
Zulässiger p · v Wert	N/mm² · (m/min) v = m/min	
	v = m/min	

Thermische Eigenschaften

Formbeständigkeit in der Wärme	Verfahren	A	69 °C
	Verfahren		°C
Vicat Erweichungstemperatur (VST)	Verfahren	B/50	79 °C
Kristallit-Schmelzpunkt	Verfahren		°C
Längenausdehnungskoeffizient	Bereich	−30–50 °C	$0.8 \cdot 10^{-4} K^{-1}$
	Temperatur		$\cdot 10^{-4} K^{-1}$
Wärmeleitfähigkeit	Verfahren DIN 52612	20 °C	0.16 W/(K · m)
Spezifische Wärmekapazität	Verfahren Adiabat. Kalorimeter	20 °C	1.05 J/(K · g)
Glasumwandlungstemperatur	Torsionsschwingungsversuch		°C
	Differentialkalorimetrie		°C

Brandverhalten

UL-Test vertikal Dicke mm, Wert
 Dicke mm, Wert

	Norm	Bewertung	Abmessungen
Sauerstoff-Index	ASTM D 2863		
Glühstab-Verfahren	DIN 53459	Stufe 2	120mm x 15mm x 3mm
Brandverhalten	DIN 4102		
MVSS			
FAR			

Elektrische Eigenschaften

		Hz	°C		Probekörper, Form
Dielektrizitätszahl		50			
		10^3			
		10^6			
Dielektrischer Verlustfaktor tan δ		50	23	0.014	0.2 mm dick
		10^3	23	0.025	0.2 mm dick
		10^6			
Spezifischer Durchgangswiderstand	Ohm · cm		23	$1.0 \cdot 10^{16}$	0.2 mm dick
Durchschlagfestigkeit	kV/mm		23	50	0.2 mm dick
Oberflächenwiderstand	Ohm		23	$\geq 5.0 \cdot 10^{13}$	1 mm dick
Kriechstromfestigkeit		KC	KB	KA 3 b	Platte
Kriechwegbildung					
Elektrolytische Korrosionswirkung					
Lichtbogenfestigkeit nach DIN		L4			120mm x 120mm x 10mm
nach ASTM	s				

Beständigkeit (Chemische Beständigkeit siehe Anhang)

Wasseraufnahme

Feuchtigkeitsaufnahme Normalklima   %
Wetterbeständigkeit

Spannungskorrosion

Optische Eigenschaften

Brechungszahl n_D
Transmissionsgrad τ_c %
Lichtdurchlässigkeit   mm dick

Datenbank-Nr.	**T02929**			Merkblatt-Nr. **2395**

PVC

Produkt	Hart-PVC-Formmasse, schlagzaeh modifiziert
Handelsname	**Hostalit Z 2057 B...**
Hersteller	HOECHST
DIN-Bez 1	
DIN-Bez 2	
Zusätze	

		Viskositätszahl ml/g	82
		K-Wert	58
		Füllstoffe/Verstärkung	

Bevorzugte Verarbeitung	Spritzgiessen	Lieferform	Granulat
		Farben	Standardfarbe grau 31
Besondere Merkmale	Gegenueber PVC verbesserte Schlagzaehigkeit besonders in der Kaelte; Hohe Alterungsbestaendigkeit; Hohe Witterungsbestaendigkeit; Geringfuegig weicher als PVC hart; Erh. schlagzaeh	Bevorzugte Anwendungen	Spritzgiessformteil

Kornverteilung

Kornklasse µm	Rückstand %			
		Dichte	g/cm^3	1.38
		Schüttdichte	g/cm^3	
		Stampfdichte	g/cm^3	
		Rieselfähigkeit		
		Rieselzeit	s/100 g	
		Kornbeschaffenheit		
Allgemeine Hinweise		Flüchtige Bestandteile	%	
		Sulfatasche	%	

Zugversuch 23 °C DIN 53455; DIN 53457

Probekörper:	Form	Nr. 3	Herstellung	Pressen
	Zustand		Vorbehandlung	Normalklima
Streckspannung	N/mm^2		Dehnung bei Streckspannung	%
Zugfestigkeit	N/mm^2 51		Reißdehnung	% 20
Reißfestigkeit	N/mm^2		% Dehnspannung	N/mm^2
E-Modul	N/mm^2 2600		Dehnung bei % Dehnspg.	%

Kriechmoduln und Zeitstandwerte 23 °C

Probekörper:	Form		Herstellung	
	Zustand		Vorbehandlung	
Kriechmodul	1 min N/mm^2		Zeitstandzugfestigkeit	h N/mm^2
Kriechmodul	1000 h N/mm^2		Zeitdehnspg. %	h N/mm^2
bei Spannung	N/mm^2			

Biegeversuch 23 °C DIN 53452;

Probekörper:	Form	NKS	Herstellung	Pressen
	Zustand		Vorbehandlung	Normalklima
Biegefestigkeit	N/mm^2		E-Modul	N/mm^2
3,5% Biegespannung	N/mm^2 72			

Härte 23 °C

Probekörper:	Zustand		Herstellung	Pressen
			Vorbehandlung	Normalklima
Kugeldruckhärte	N/mm^2 98	bei 365 N, 30 s	Shore-Härte A	
Rockwellhärte			Shore-Härte D	81

Schlagversuch

Probekörper: (1) U-Kerbe
(2)
Zustand

Herstellung: Pressen
Vorbehandlung: Normalklima

		°C	°C	°C	Probekörper-Form
Schlagzähigkeit	kJ/m^2	23 o.B.	-20 o.B.	40 50	NKS
Kerbschlagzähigkeit (1)	kJ/m^2	23 5	0 4		NKS
IZOD-Kerbschlagzähigkeit (2)	J/m				
Kerbschlagzugzähigkeit	kJ/m^2	23 100	0 40		Norm

Kunststoffe © Springer-Verlag Berlin Heidelberg 1988
Kopieren, Vervielfältigen und Speichern in Datenverarbeitungsanlagen (auch auszugsweise) ist nur mit schriftlicher Genehmigung des Verlages gestattet

Datenbank-Nr. **T02929** *Merkblatt-Nr.* **2395**

Abrieb und Reibung

Taber-Abrieb (Reibradverfahren)	mm³/100 U	
Abriebfaktor LNP (Thrust washer) Vergleichswert		
Statische Reibungszahl		
Dynamische Reibungszahl	(p·v = N/mm² ·	m/min)
Zulässiger p·v Wert	N/mm² · (m/min) v =	m/min
	v =	m/min

Thermische Eigenschaften

Formbeständigkeit in der Wärme	Verfahren	A		69 °C
	Verfahren			°C
Vicat Erweichungstemperatur (VST)	Verfahren	B/50		78 °C
	Verfahren			°C
Kristallit-Schmelzpunkt	Verfahren			
Längenausdehnungskoeffizient	Bereich	−30−50 °C		$0.8 \cdot 10^{-4} K^{-1}$
	Temperatur			$\cdot 10^{-4} K^{-1}$
Wärmeleitfähigkeit	Verfahren	DIN 52612	20 °C	0.16 W/(K·m)
Spezifische Wärmekapazität	Verfahren	Adiabat. Kalorimeter	20 °C	1.05 J/(K·g)
Glasumwandlungstemperatur	Torsionsschwingungsversuch			°C
	Differentialkalorimetrie			°C

Brandverhalten

UL-Test vertikal Dicke mm, Wert
 Dicke mm, Wert

	Norm	Bewertung		Abmessungen
Sauerstoff-Index	ASTM D 2863			
Glühstab-Verfahren	DIN 53459	Stufe 2		120mm x 15mm x 3mm
Brandverhalten	DIN 4102			
MVSS				
FAR				

Elektrische Eigenschaften

		Hz	°C		Probekörper, Form
Dielektrizitätszahl		50			
		10³			
		10⁶			
Dielektrischer Verlustfaktor tan δ		50	23	0.014	0.2 mm dick
		10³	23	0.025	0.2 mm dick
		10⁶			
Spezifischer Durchgangs- widerstand	Ohm·cm		23	1.0*10**16	0.2 mm dick
Durchschlagfestigkeit	kV/mm		23	50	0.2 mm dick
Oberflächenwiderstand	Ohm		23	≧ 5.0*10**13	1 mm dick
Kriechstromfestigkeit		KC	KB	KA 3 b	Platte
Kriechwegbildung					
Elektrolytische Korrosionswirkung					
Lichtbogenfestigkeit nach DIN		L4			120mm x 120mm x 10mm
nach ASTM	s				

Beständigkeit (Chemische Beständigkeit siehe Anhang)

Wasseraufnahme

Feuchtigkeitsaufnahme Normalklima %
Wetterbeständigkeit

Spannungskorrosion

Optische Eigenschaften

Brechungszahl n_D
Transmissionsgrad τ_c % mm dick
Lichtdurchlässigkeit

Datenbank-Nr.	**T02930**		Merkblatt-Nr.	**2396**

Produkt	Hart-PVC-Formmasse, schlagzaeh modifiziert		**PVC**
Handelsname	**Hostalit Z 2060 B...**		
Hersteller	HOECHST		
DIN-Bez 1		Viskositätszahl ml/g	88
DIN-Bez 2		K-Wert	60
Zusätze		Füllstoffe/Verstärkung	
Bevorzugte Verarbeitung	Extrudieren	Lieferform	Granulat
		Farben	Standardfarbe weiss 24
Besondere Merkmale	Gegenueber PVC verbesserte Schlagzaehigkeit besonders in der Kaelte; Hohe Alterungsbestaendigkeit; Hohe Witterungsbestaendigkeit; Geringfuegig weicher als PVC hart; Erh. schlagzaeh	Bevorzugte Anwendungen	Platte; Duennwandiges Profil

Kornverteilung			Dichte	g/cm³	1.38
Kornklasse µm	Rückstand %		Schüttdichte	g/cm³	
			Stampfdichte	g/cm³	
			Rieselfähigkeit		
			Rieselzeit	s/100 g	
			Kornbeschaffenheit		
Allgemeine Hinweise			Flüchtige Bestandteile	%	
			Sulfatasche	%	

Zugversuch 23 °C DIN 53455; DIN 53457
Probekörper: Form Nr. 3 Herstellung Pressen
Zustand Vorbehandlung Normalklima

Streckspannung	N/mm²		Dehnung bei Streckspannung	%
Zugfestigkeit	N/mm² 49		Reißdehnung	% 30
Reißfestigkeit	N/mm²		% Dehnspannung	N/mm²
E-Modul	N/mm² 2600		Dehnung bei % Dehnspg.	%

Kriechmoduln und Zeitstandwerte 23 °C
Probekörper: Form Herstellung
Zustand Vorbehandlung

Kriechmodul	1 min N/mm²		Zeitstandzugfestigkeit	h N/mm²
Kriechmodul	1000 h N/mm²		Zeitdehnspg. %	h N/mm²
bei Spannung	N/mm²			

Biegeversuch 23 °C DIN 53452;
Probekörper: Form NKS Herstellung Pressen
Zustand Vorbehandlung Normalklima

Biegefestigkeit	N/mm²		E-Modul	N/mm²
3,5% Biegespannung	N/mm² 70			

Härte 23 °C Probekörper: Zustand Herstellung Pressen
Vorbehandlung Normalklima

Kugeldruckhärte	N/mm² 98	bei 365 N, 30 s	Shore-Härte A	
Rockwellhärte			Shore-Härte D	81

Schlagversuch Probekörper: (1) U-Kerbe
(2) Herstellung Pressen
Zustand Vorbehandlung Normalklima

		°C	°C	°C	Probekörper-Form
Schlagzähigkeit	kJ/m²	23 o.B.	-20 o.B.	-40 o.B.	NKS
Kerbschlagzähigkeit (1)	kJ/m²	23 7	0 4		NKS
IZOD-Kerbschlagzähigkeit (2)	J/m				
Kerbschlagzugzähigkeit	kJ/m²	23 120	0 60		Norm

Kunststoffe © Springer-Verlag Berlin Heidelberg 1988
Kopieren, Vervielfältigen und Speichern in Datenverarbeitungsanlagen (auch auszugsweise) ist nur mit schriftlicher Genehmigung des Verlages gestattet

Datenbank-Nr. **T02930**   Merkblatt-Nr. **2396**

Abrieb und Reibung

Taber-Abrieb (Reibradverfahren)	mm³/100 U	
Abriebfaktor LNP (Thrust washer) Vergleichswert		
Statische Reibungszahl		
Dynamische Reibungszahl	(p·v = N/mm² · m/min)	
Zulässiger p·v Wert	N/mm² · (m/min) v = m/min	
	v = m/min	

Thermische Eigenschaften

Formbeständigkeit in der Wärme	Verfahren A	69 °C
	Verfahren	°C
Vicat Erweichungstemperatur (VST)	Verfahren B/50	79 °C
	Verfahren	°C
Kristallit-Schmelzpunkt	Verfahren	
Längenausdehnungskoeffizient	Bereich −30–50 °C	$0.8 \cdot 10^{-4} K^{-1}$
	Temperatur	$\cdot 10^{-4} K^{-1}$
Wärmeleitfähigkeit	Verfahren DIN 52612 20 °C	0.16 W/(K·m)
Spezifische Wärmekapazität	Verfahren Adiabat. Kalorimeter 20 °C	1.05 J/(K·g)
Glasumwandlungstemperatur	Torsionsschwingungsversuch	°C
	Differentialkalorimetrie	°C

Brandverhalten

UL-Test vertikal   Dicke   mm, Wert
                 Dicke   mm, Wert

	Norm	Bewertung	Abmessungen
Sauerstoff-Index	ASTM D 2863		
Glühstab-Verfahren	DIN 53459	Stufe 2	120mm x 15mm x 3mm
Brandverhalten	DIN 4102		
MVSS			
FAR			

Elektrische Eigenschaften

	Hz	°C		Probekörper, Form
Dielektrizitätszahl	50			
	10^3			
	10^6			
Dielektrischer Verlustfaktor tan δ	50	23	0.014	0.2 mm dick
	10^3	23	0.025	0.2 mm dick
	10^6			
Spezifischer Durchgangswiderstand	Ohm·cm	23	$1.0 \cdot 10^{16}$	0.2 mm dick
Durchschlagfestigkeit	kV/mm	23	50	0.2 mm dick
Oberflächenwiderstand	Ohm	23	$\geq 5.0 \cdot 10^{13}$	1 mm dick
Kriechstromfestigkeit Kriechwegbildung	KC	KB	KA 3 b	Platte
Elektrolytische Korrosionswirkung				
Lichtbogenfestigkeit nach DIN	L4			120mm x 120mm x 10mm
nach ASTM	s			

Beständigkeit (Chemische Beständigkeit siehe Anhang)

Wasseraufnahme 23 C	1 d	5–20	mg
Feuchtigkeitsaufnahme Normalklima			%
Wetterbeständigkeit			
Spannungskorrosion			

Optische Eigenschaften

Brechungszahl n_D		
Transmissionsgrad τ_c	%	mm dick
Lichtdurchlässigkeit		

Datenbank-Nr. **T02931**		Merkblatt-Nr. **2397**

PVC

Produkt	Hart-PVC-Formmasse, schlagzaeh modifiziert
Handelsname	**Hostalit Z 2060 C...**
Hersteller	HOECHST
DIN-Bez 1	
DIN-Bez 2	
Zusätze	
Bevorzugte Verarbeitung	Extrudieren
Besondere Merkmale	Gegenueber PVC verbesserte Schlagzaehigkeit besonders in der Kaelte; Hohe Alterungsbestaendigkeit; Hohe Witterungsbestaendigkeit; Geringfuegig weicher als PVC hart; Erh. schlagzaeh

Viskositätszahl ml/g	88
K-Wert	60
Füllstoffe/Verstärkung	
Lieferform	Granulat
Farben	Transluzent natur 01
Bevorzugte Anwendungen	Transparentes Profil

Kornverteilung

Kornklasse μm	Rückstand %

Dichte	g/cm³	1.38
Schüttdichte	g/cm³	
Stampfdichte	g/cm³	
Rieselfähigkeit		
Rieselzeit	s/100 g	
Kornbeschaffenheit		
Flüchtige Bestandteile	%	
Sulfatasche	%	

Allgemeine Hinweise

Zugversuch 23 °C DIN 53455; DIN 53457

Probekörper:	Form	Nr. 3
	Zustand	

Herstellung	Pressen
Vorbehandlung	Normalklima

Streckspannung	N/mm²	
Zugfestigkeit	N/mm²	49
Reißfestigkeit	N/mm²	
E-Modul	N/mm²	2600

Dehnung bei Streckspannung	%	
Reißdehnung	%	30
% Dehnspannung	N/mm²	
Dehnung bei % Dehnspg.	%	

Kriechmoduln und Zeitstandwerte 23 °C

Probekörper:	Form	
	Zustand	

Herstellung	
Vorbehandlung	

Kriechmodul	1 min	N/mm²
Kriechmodul	1000 h	N/mm²
bei Spannung		N/mm²

Zeitstandzugfestigkeit	h	N/mm²
Zeitdehnspg. %	h	N/mm²

Biegeversuch 23 °C DIN 53452;

Probekörper:	Form	NKS
	Zustand	

Herstellung	Pressen
Vorbehandlung	Normalklima

Biegefestigkeit	N/mm²	
3,5% Biegespannung	N/mm²	70

E-Modul	N/mm²

Härte 23 °C

Probekörper:	Zustand

Herstellung	Pressen
Vorbehandlung	Normalklima

Kugeldruckhärte	N/mm²	98 bei 365 N, 30 s
Rockwellhärte		

Shore-Härte	A	
Shore-Härte	D	81

Schlagversuch

Probekörper:	(1) U-Kerbe
	(2)
	Zustand

Herstellung	Pressen
Vorbehandlung	Normalklima

		°C	°C	°C	Probekörper-Form
Schlagzähigkeit	kJ/m²	23 o.B.	-20 o.B.	-40 o.B.	NKS
Kerbschlagzähigkeit (1)	kJ/m²	23 6	0 3		NKS
IZOD-Kerbschlagzähigkeit (2)	J/m	23 120	0 60		Norm
Kerbschlagzugzähigkeit	kJ/m²				

Kunststoffe © Springer-Verlag Berlin Heidelberg 1988
Kopieren, Vervielfältigen und Speichern in Datenverarbeitungsanlagen (auch auszugsweise) ist nur mit schriftlicher Genehmigung des Verlages gestattet

Datenbank-Nr. **T02931**　　　　　　　　　　　　　　　　　　　　　　　　*Merkblatt-Nr.* **2397**

Abrieb und Reibung

Taber-Abrieb (Reibradverfahren)	mm³/100 U	
Abriebfaktor LNP (Thrust washer) Vergleichswert		
Statische Reibungszahl		
Dynamische Reibungszahl	(p·v = N/mm² · m/min)	
Zulässiger p·v Wert	N/mm² · (m/min)　v = m/min	
	v = m/min	

Thermische Eigenschaften

Formbeständigkeit in der Wärme	Verfahren A		69 °C
	Verfahren		°C
Vicat Erweichungstemperatur (VST)	Verfahren B/50		79 °C
	Verfahren		°C
Kristallit-Schmelzpunkt	Verfahren		
Längenausdehnungskoeffizient	Bereich −30–50 °C		$0.8 \cdot 10^{-4} K^{-1}$
	Temperatur		$\cdot 10^{-4} K^{-1}$
Wärmeleitfähigkeit	Verfahren DIN 52612	20 °C	0.16 W/(K·m)
Spezifische Wärmekapazität	Verfahren Adiabat. Kalorimeter	20 °C	1.05 J/(K·g)
Glasumwandlungstemperatur	Torsionsschwingungsversuch		°C
	Differentialkalorimetrie		°C

Brandverhalten

UL-Test vertikal　　　Dicke　　mm, Wert
　　　　　　　　　　　Dicke　　mm, Wert

	Norm	Bewertung	Abmessungen
Sauerstoff-Index	ASTM D 2863		
Glühstab-Verfahren	DIN 53459	Stufe 2	120mm x 15mm x 3mm
Brandverhalten	DIN 4102		
MVSS			
FAR			

Elektrische Eigenschaften

		Hz	°C		Probekörper, Form
Dielektrizitätszahl		50			
		10³			
		10⁶			
Dielektrischer Verlustfaktor tan δ		50	23	0.014	0.2 mm dick
		10³	23	0.025	0.2 mm dick
		10⁶			
Spezifischer Durchgangs-widerstand	Ohm · cm		23	1.0*10**16	0.2 mm dick
Durchschlagfestigkeit	kV/mm		23	50	0.2 mm dick
Oberflächenwiderstand	Ohm		23	≧5.0*10**13	1 mm dick
Kriechstromfestigkeit		KC	KB	KA 3 b	Platte
Kriechwegbildung					
Elektrolytische Korrosionswirkung					
Lichtbogenfestigkeit nach DIN		L4			120mm x 120mm x 10mm
nach ASTM	s				

Beständigkeit (Chemische Beständigkeit siehe Anhang)

Wasseraufnahme 23 C　　　　　　　　　　　　1 d　　　5–20　　mg

Feuchtigkeitsaufnahme Normalklima　　　　　　　　　　　　　　　%
Wetterbeständigkeit

Spannungskorrosion

Optische Eigenschaften

Brechungszahl n_D
Transmissionsgrad τ_c　　%　　　　　　　mm dick
Lichtdurchlässigkeit

Datenbank-Nr.	**T02932**		*Merkblatt-Nr.*	**2398**

Produkt	Hart-PVC-Formmasse, schlagzaeh modifiziert		**PVC**
Handelsname	**Hostalit Z 2165 E...**		
Hersteller	HOECHST		
DIN-Bez 1		*Viskositätszahl* ml/g	105
DIN-Bez 2		*K-Wert*	65
Zusätze		*Füllstoffe/ Verstärkung*	
Bevorzugte Verarbeitung	Extrudieren	*Lieferform*	Granulat
		Farben	Natur
Besondere Merkmale	Gegenueber PVC verbesserte Schlagzaehigkeit besonders in der Kaelte; Hohe Alterungsbestaendigkeit; Hohe Witterungsbestaendigkeit; Geringfuegig weicher als PVC hart; Hochschlagzaeh	*Bevorzugte Anwendungen*	Fensterprofil; Dickwandiges Profil; Rohr

Kornverteilung

Kornklasse µm	*Rückstand* %	*Dichte*	g/cm^3	1.38
		Schüttdichte	g/cm^3	
		Stampfdichte	g/cm^3	
		Rieselfähigkeit		
		Rieselzeit	s/100 g	
		Kornbeschaffenheit		
Allgemeine Hinweise		*Flüchtige Bestandteile*	%	
		Sulfatasche	%	

Zugversuch 23 °C DIN 53455; DIN 53457

Probekörper: Form Nr. 3   *Herstellung* Pressen
            Zustand   *Vorbehandlung* Normalklima

Streckspannung	N/mm^2	*Dehnung bei Streckspannung*	%
Zugfestigkeit	N/mm^2 49	*Reißdehnung*	% 30
Reißfestigkeit	N/mm^2	% *Dehnspannung*	N/mm^2
E-Modul	N/mm^2 2600	*Dehnung bei* % *Dehnspg.*	%

Kriechmoduln und Zeitstandwerte 23 °C

Probekörper: Form   *Herstellung*
            Zustand   *Vorbehandlung*

Kriechmodul	1 min N/mm^2	*Zeitstandzugfestigkeit*	h N/mm^2
Kriechmodul	1000 h N/mm^2	*Zeitdehnspg.* %	h N/mm^2
bei Spannung	N/mm^2		

Biegeversuch 23 °C DIN 53452;

Probekörper: Form NKS   *Herstellung* Pressen
            Zustand   *Vorbehandlung* Normalklima

Biegefestigkeit	N/mm^2	*E-Modul*	N/mm^2
3,5% Biegespannung	N/mm^2 70		

Härte 23 °C

Probekörper: Zustand   *Herstellung* Pressen
                                      Vorbehandlung Normalklima

Kugeldruckhärte	N/mm^2 98	bei 365 N, 30 s	*Shore-Härte* A	
Rockwellhärte			*Shore-Härte* D	81

Schlagversuch

Probekörper: (1) U-Kerbe
               (2)   *Herstellung* Pressen
               Zustand   *Vorbehandlung* Normalklima

		°C	°C	°C	*Probekörper-Form*
Schlagzähigkeit	kJ/m^2	23 o.B.	-20 o.B.	-40 o.B.	NKS
Kerbschlagzähigkeit (1)	kJ/m^2	23 30	0 8		NKS
IZOD-Kerbschlagzähigkeit (2)	J/m				
Kerbschlagzugzähigkeit	kJ/m^2	23 120	0 60		Norm

Kunststoffe © Springer-Verlag Berlin Heidelberg 1988
Kopieren, Vervielfältigen und Speichern in Datenverarbeitungsanlagen (auch auszugsweise) ist nur mit schriftlicher Genehmigung des Verlages gestattet

Datenbank-Nr. **T02932** *Merkblatt-Nr.* **2398**

Abrieb und Reibung

Taber-Abrieb (Reibradverfahren)	mm³/100 U	
Abriebfaktor LNP (Thrust washer) Vergleichswert		
Statische Reibungszahl		
Dynamische Reibungszahl	(p·v= N/mm² · m/min)	
Zulässiger p · v Wert	N/mm² · (m/min) v= m/min	
	v= m/min	

Thermische Eigenschaften

Formbeständigkeit in der Wärme	Verfahren A		69 °C
	Verfahren		°C
Vicat Erweichungstemperatur (VST)	Verfahren B/50		79 °C
	Verfahren		°C
Kristallit-Schmelzpunkt	Verfahren		
Längenausdehnungskoeffizient	Bereich -30–50 °C		$0.8 \cdot 10^{-4} K^{-1}$
	Temperatur		$\cdot 10^{-4} K^{-1}$
Wärmeleitfähigkeit	Verfahren DIN 52612	20 °C	0.16 W/(K · m)
Spezifische Wärmekapazität	Verfahren Adiabat. Kalorimeter	20 °C	1.05 J/(K · g)
Glasumwandlungstemperatur	Torsionsschwingungsversuch	°C	
	Differentialkalorimetrie	°C	

Brandverhalten

UL-Test vertikal Dicke mm, Wert
 Dicke mm, Wert

	Norm	Bewertung	Abmessungen
Sauerstoff-Index	ASTM D 2863		
Glühstab-Verfahren	DIN 53459	Stufe 2	120mm x 15mm x 3mm
Brandverhalten	DIN 4102		
MVSS			
FAR			

Elektrische Eigenschaften

		Hz	°C		Probekörper, Form
Dielektrizitätszahl		50			
		10³			
		10⁶			
Dielektrischer Verlustfaktor tan δ		50	23	0.014	0.2 mm dick
		10³	23	0.025	0.2 mm dick
		10⁶			
Spezifischer Durchgangs- widerstand	Ohm · cm		23	1.0*10**16	0.2 mm dick
Durchschlagfestigkeit	kV/mm		23	50	0.2 mm dick
Oberflächenwiderstand	Ohm		23	≧5.0*10**13	1 mm dick
Kriechstromfestigkeit Kriechwegbildung		KC	KB	KA 3 b	Platte
Elektrolytische Korrosionswirkung					
Lichtbogenfestigkeit nach DIN		L4			120mm x 120mm x 10mm
nach ASTM	s				

Beständigkeit *(Chemische Beständigkeit siehe Anhang)*

Wasseraufnahme 23 C	1 d	5–20	mg
Feuchtigkeitsaufnahme Normalklima			%
Wetterbeständigkeit			
Spannungskorrosion			

Optische Eigenschaften

Brechungszahl n_D			
Transmissionsgrad τ_c	%	mm dick	
Lichtdurchlässigkeit			

Datenbank-Nr.	**T02933**		Merkblatt-Nr. **2399**	

PVC

Produkt	Hart-PVC-Formmasse, schlagzaeh modifiziert
Handelsname	**Hostalit Z 2070 B...**
Hersteller	HOECHST
DIN-Bez 1	
DIN-Bez 2	
Zusätze	
Bevorzugte Verarbeitung	Extrudieren
Besondere Merkmale	Gegenueber PVC verbesserte Schlagzaehigkeit besonders in der Kaelte; Hohe Alterungsbestaendigkeit; Hohe Witterungsbestaendigkeit; Geringfuegig weicher als PVC hart; Hochschlagzaeh

Viskositätszahl ml/g	123
K-Wert	70
Füllstoffe/Verstärkung	
Lieferform	Granulat
Farben	Natur; Standard
Bevorzugte Anwendungen	Dickwandiges Profil; Rohr

Kornverteilung

Kornklasse μm	Rückstand %

Allgemeine Hinweise

Dichte g/cm³	1.38
Schüttdichte g/cm³	
Stampfdichte g/cm³	
Rieselfähigkeit	
Rieselzeit s/100 g	
Kornbeschaffenheit	
Flüchtige Bestandteile %	
Sulfatasche %	

Zugversuch 23 °C DIN 53455; DIN 53457

Probekörper:	Form	Nr. 3	Herstellung	Pressen
	Zustand		Vorbehandlung	Normalklima

Streckspannung	N/mm²	
Zugfestigkeit	N/mm²	47
Reißfestigkeit	N/mm²	
E-Modul	N/mm²	2600

Dehnung bei Streckspannung	%	
Reißdehnung	%	30
% Dehnspannung	N/mm²	
Dehnung bei % Dehnspg.	%	

Kriechmoduln und Zeitstandwerte 23 °C

Probekörper:	Form	Herstellung
	Zustand	Vorbehandlung

Kriechmodul	1 min N/mm²	
Kriechmodul	1000 h N/mm²	
bei Spannung	N/mm²	

Zeitstandzugfestigkeit	h	N/mm²
Zeitdehnspg. %	h	N/mm²

Biegeversuch 23 °C DIN 53452;

Probekörper:	Form	NKS	Herstellung	Pressen
	Zustand		Vorbehandlung	Normalklima

Biegefestigkeit	N/mm²	
3,5% Biegespannung	N/mm²	62
E-Modul	N/mm²	

Härte 23 °C

Probekörper:	Zustand	Herstellung	Pressen
		Vorbehandlung	Normalklima

Kugeldruckhärte	N/mm² 98	bei 365 N, 30 s	Shore-Härte A	
Rockwellhärte			Shore-Härte D	81

Schlagversuch

Probekörper:	(1) U-Kerbe			
	(2) Zustand		Herstellung	Pressen
			Vorbehandlung	Normalklima
	°C	°C	°C	Probekörper-Form

Schlagzähigkeit	kJ/m²	23 o.B.	-20 o.B.	-40 o.B.	NKS
Kerbschlagzähigkeit (1)	kJ/m²	23 20	0 8		NKS
IZOD-Kerbschlagzähigkeit (2)	J/m				
Kerbschlagzugzähigkeit	kJ/m²	23 180	0 90		Norm

Kunststoffe © Springer-Verlag Berlin Heidelberg 1988
Kopieren, Vervielfältigen und Speichern in Datenverarbeitungsanlagen (auch auszugsweise) ist nur mit schriftlicher Genehmigung des Verlages gestattet

Datenbank-Nr. **T02933** Merkblatt-Nr. **2399**

Abrieb und Reibung

Taber-Abrieb (Reibradverfahren)	mm³/100 U	
Abriebfaktor LNP (Thrust washer) Vergleichswert		
Statische Reibungszahl		
Dynamische Reibungszahl	(p·v= N/mm² · m/min)	
Zulässiger p·v Wert	N/mm² · (m/min) v= m/min	
	v= m/min	

Thermische Eigenschaften

Formbeständigkeit in der Wärme	Verfahren A		69 °C
	Verfahren		°C
Vicat Erweichungstemperatur (VST)	Verfahren B/50		80 °C
	Verfahren		°C
Kristallit-Schmelzpunkt	Verfahren		
Längenausdehnungskoeffizient	Bereich -30–50 °C		$0.8 \cdot 10^{-4} K^{-1}$
	Temperatur		$\cdot 10^{-4} K^{-1}$
Wärmeleitfähigkeit	Verfahren DIN 52612	20 °C	0.16 W/(K·m)
Spezifische Wärmekapazität	Verfahren Adiabat. Kalorimeter	20 °C	1.05 J/(K·g)
Glasumwandlungstemperatur	Torsionsschwingungsversuch		°C
	Differentialkalorimetrie		°C

Brandverhalten

UL-Test vertikal Dicke mm, Wert
 Dicke mm, Wert

	Norm	Bewertung	Abmessungen
Sauerstoff-Index	ASTM D 2863		
Glühstab-Verfahren	DIN 53459	Stufe 2	
Brandverhalten	DIN 4102		120mm x 15mm x 3mm
MVSS			
FAR			

Elektrische Eigenschaften

		Hz	°C		Probekörper, Form
Dielektrizitätszahl		50			
		10^3			
		10^6			
Dielektrischer Verlustfaktor tan δ		50	23	0.014	0.2 mm dick
		10^3	23	0.025	0.2 mm dick
		10^6			
Spezifischer Durchgangswiderstand	Ohm·cm		23	$1.0 \cdot 10^{16}$	0.2 mm dick
Durchschlagfestigkeit	kV/mm		23	50	0.2 mm dick
Oberflächenwiderstand	Ohm		23	$\geq 5.0 \cdot 10^{13}$	1 mm dick
Kriechstromfestigkeit		KC	KB	KA 3 b	Platte
Kriechwegbildung					
Elektrolytische Korrosionswirkung					
Lichtbogenfestigkeit nach DIN		L4			120mm x 120mm x 10mm
nach ASTM	s				

Beständigkeit (Chemische Beständigkeit siehe Anhang)

Wasseraufnahme 23 C	1 d	5–20	mg
Feuchtigkeitsaufnahme Normalklima			%
Wetterbeständigkeit			
Spannungskorrosion			

Optische Eigenschaften

Brechungszahl n_D
Transmissionsgrad τ_c % mm dick
Lichtdurchlässigkeit

Datenbank-Nr.	**T02934**		Merkblatt-Nr.	**2400**

Produkt	Hart-PVC-Formmasse, schlagzaeh modifiziert
Handelsname	**Hostalit Z 2270 E...**
Hersteller	HOECHST
DIN-Bez 1	
DIN-Bez 2	
Zusätze	
Bevorzugte Verarbeitung	Extrudieren
Besondere Merkmale	Gegenueber PVC verbesserte Schlagzaehigkeit besonders in der Kaelte; Hohe Alterungsbestaendigkeit; Hohe Witterungsbestaendigkeit; Geringfuegig weicher als PVC hart; Hochschlagzaeh
Viskositätszahl ml/g	
K-Wert	
Füllstoffe/Verstärkung	
Lieferform	Granulat
Farben	Standardfarbe weiss 24
Bevorzugte Anwendungen	Fensterprofil; Dickwandiges Profil; Rohr

PVC

Kornverteilung

Kornklasse μm	Rückstand %

Allgemeine Hinweise

Dichte	g/cm³	1.38
Schüttdichte	g/cm³	
Stampfdichte	g/cm³	
Rieselfähigkeit		
Rieselzeit	s/100 g	
Kornbeschaffenheit		
Flüchtige Bestandteile	%	
Sulfatasche	%	

Zugversuch 23 °C   DIN 53455; DIN 53457

Probekörper: Form Nr. 3   Herstellung Pressen
Zustand   Vorbehandlung Normalklima

Streckspannung	N/mm²	Dehnung bei Streckspannung	%
Zugfestigkeit	N/mm² 47	Reißdehnung	% 30
Reißfestigkeit	N/mm²	% Dehnspannung	N/mm²
E-Modul	N/mm² 2600	Dehnung bei % Dehnspg.	%

Kriechmoduln und Zeitstandwerte 23 °C

Probekörper: Form   Herstellung
Zustand   Vorbehandlung

Kriechmodul	1 min N/mm²	Zeitstandzugfestigkeit	h N/mm²
Kriechmodul	1000 h N/mm²	Zeitdehnspg. %	h N/mm²
bei Spannung	N/mm²		

Biegeversuch 23 °C   DIN 53452;

Probekörper: Form NKS   Herstellung Pressen
Zustand   Vorbehandlung Normalklima

Biegefestigkeit	N/mm²	E-Modul	N/mm²
3,5% Biegespannung	N/mm² 62		

Härte 23 °C

Probekörper: Zustand   Herstellung Pressen
    Vorbehandlung Normalklima

Kugeldruckhärte	N/mm² 98	bei 365 N, 30 s	Shore-Härte A
Rockwellhärte			Shore-Härte D 81

Schlagversuch

Probekörper: (1) U-Kerbe
(2)
Zustand

Herstellung Pressen
Vorbehandlung Normalklima

		°C	°C	°C	Probekörper-Form
Schlagzähigkeit	kJ/m²	23 o.B.	-20 o.B.	-40 o.B.	NKS
Kerbschlagzähigkeit (1)	kJ/m²	23 45	0 8		NKS
IZOD-Kerbschlagzähigkeit (2)	J/m				
Kerbschlagzugzähigkeit	kJ/m²	23 180	0 90		Norm

Kunststoffe © Springer-Verlag Berlin Heidelberg 1988
Kopieren, Vervielfältigen und Speichern in Datenverarbeitungsanlagen (auch auszugsweise) ist nur mit schriftlicher Genehmigung des Verlages gestattet

Datenbank-Nr. **T02934** Merkblatt-Nr. **2400**

Abrieb und Reibung

Taber-Abrieb (Reibradverfahren)	mm³/100 U	
Abriebfaktor LNP (Thrust washer) Vergleichswert		
Statische Reibungszahl		
Dynamische Reibungszahl	(p·v= N/mm² · m/min)	
Zulässiger p · v Wert	N/mm² · (m/min) v= m/min	
	v= m/min	

Thermische Eigenschaften

Formbeständigkeit in der Wärme	Verfahren A		69 °C
	Verfahren		°C
Vicat Erweichungstemperatur (VST)	Verfahren B/50		80 °C
	Verfahren		°C
Kristallit-Schmelzpunkt	Verfahren		
Längenausdehnungskoeffizient	Bereich -30–50 °C		$0.8 \cdot 10^{-4} K^{-1}$
Wärmeleitfähigkeit	Temperatur		$\cdot 10^{-4} K^{-1}$
	Verfahren DIN 52612	20 °C	0.16 W/(K · m)
Spezifische Wärmekapazität	Verfahren Adiabat. Kalorimeter	20 °C	1.05 J/(K · g)
Glasumwandlungstemperatur	Torsionsschwingungsversuch		°C
	Differentialkalorimetrie		°C

Brandverhalten

UL-Test vertikal   Dicke   mm, Wert
   Dicke   mm, Wert

	Norm	Bewertung	Abmessungen
Sauerstoff-Index	ASTM D 2863		
Glühstab-Verfahren	DIN 53459	Stufe 2	
Brandverhalten	DIN 4102		120mm x 15mm x 3mm
MVSS			
FAR			

Elektrische Eigenschaften

		Hz	°C		Probekörper, Form
Dielektrizitätszahl		50			
		10^3			
		10^6			
Dielektrischer Verlustfaktor tan δ		50	23	0.014	0.2 mm dick
		10^3	23	0.025	0.2 mm dick
		10^6			
Spezifischer Durchgangswiderstand	Ohm · cm		23	$1.0 \cdot 10^{16}$	0.2 mm dick
Durchschlagfestigkeit	kV/mm		23	50	0.2 mm dick
Oberflächenwiderstand	Ohm		23	$\geq 5.0 \cdot 10^{13}$	1 mm dick
Kriechstromfestigkeit		KC	KB	KA 3 b	Platte
Kriechwegbildung					
Elektrolytische Korrosionswirkung					
Lichtbogenfestigkeit nach DIN		L4			120mm x 120mm x 10mm
nach ASTM	s				

Beständigkeit (Chemische Beständigkeit siehe Anhang)

Wasseraufnahme 23 C		1 d	5–20	mg
Feuchtigkeitsaufnahme Normalklima				%
Wetterbeständigkeit				
Spannungskorrosion				

Optische Eigenschaften

Brechungszahl n_D
Transmissionsgrad τ_c %   mm dick
Lichtdurchlässigkeit

If you have any concerns about our products,
you can contact us on
ProductSafety@springernature.com

In case Publisher is established outside the EU,
the EU authorized representative is:
**Springer Nature Customer Service Center GmbH
Europaplatz 3, 69115 Heidelberg, Germany**

Printed by Libri Plureos GmbH
in Hamburg, Germany